精彩案例赏析

卧室效果图

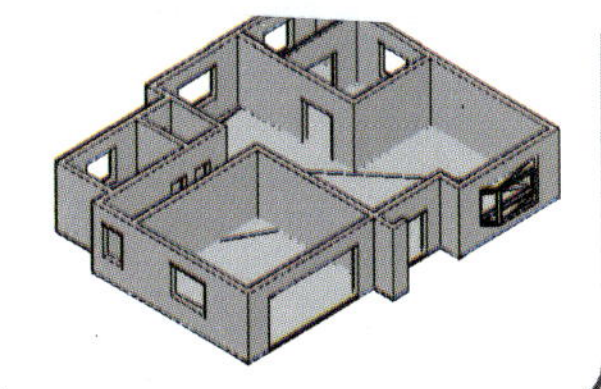

三维墙体

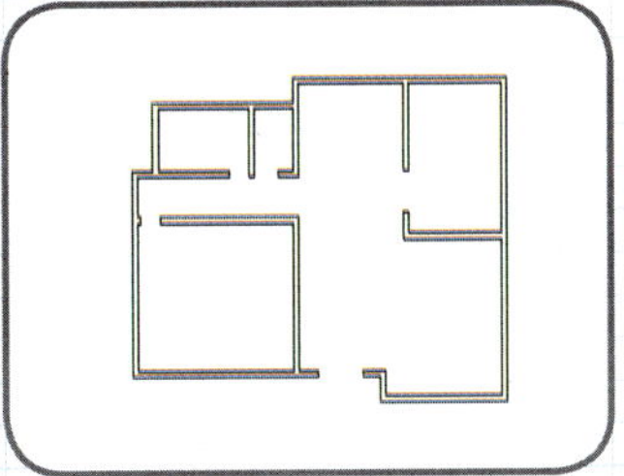

二维户型图的绘制

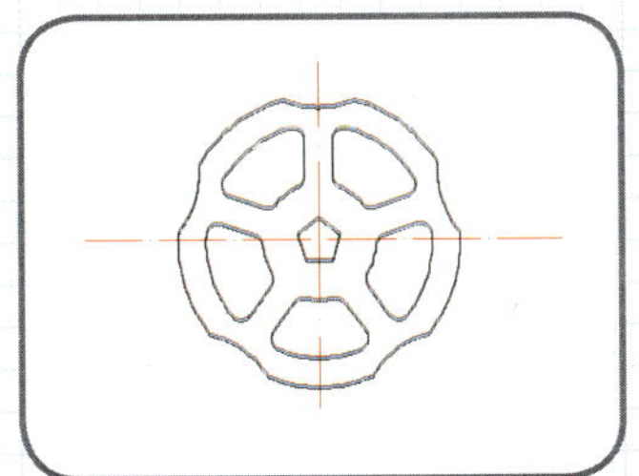

手轮

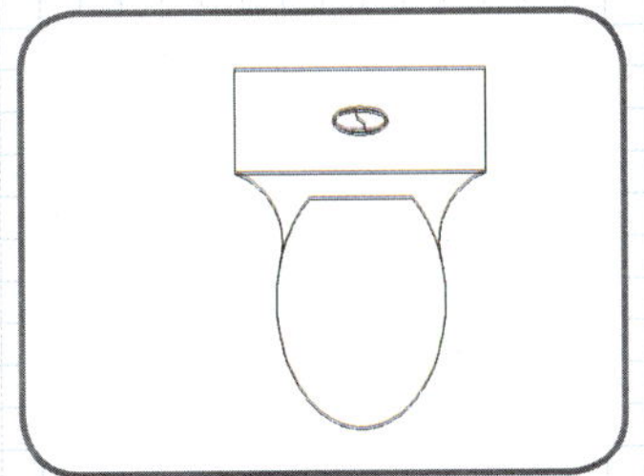

座便器

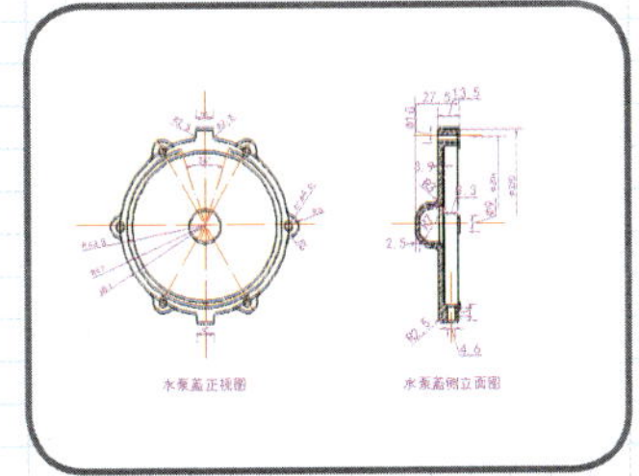

水泵盖零件图

三维弹簧

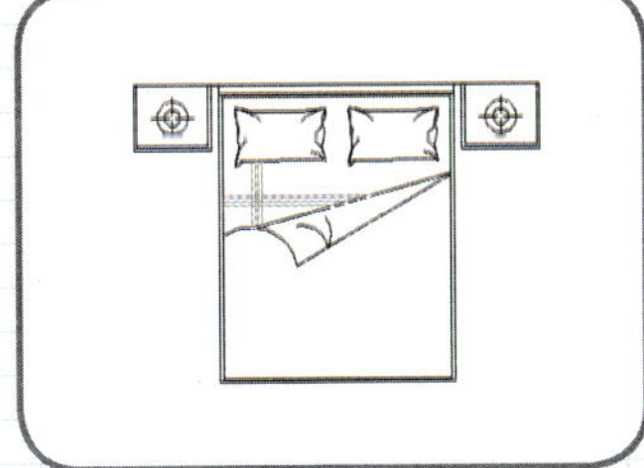

双人床

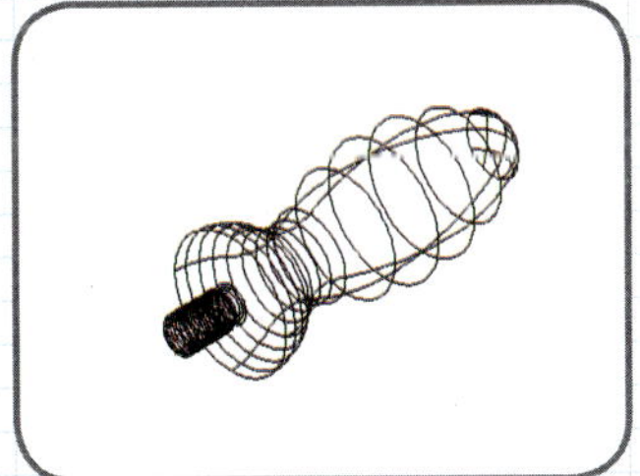

手柄模型

雨伞

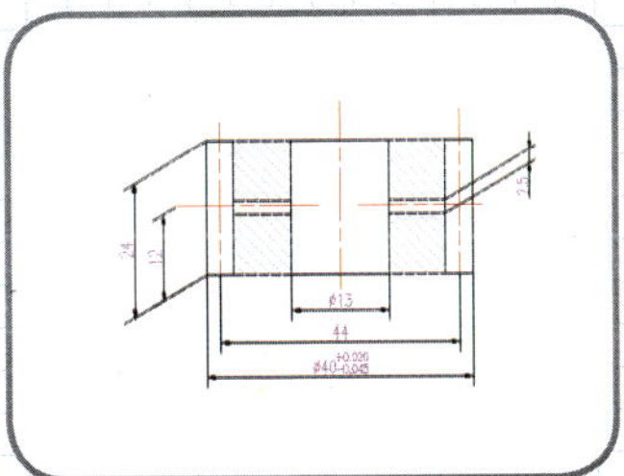

倾斜标注

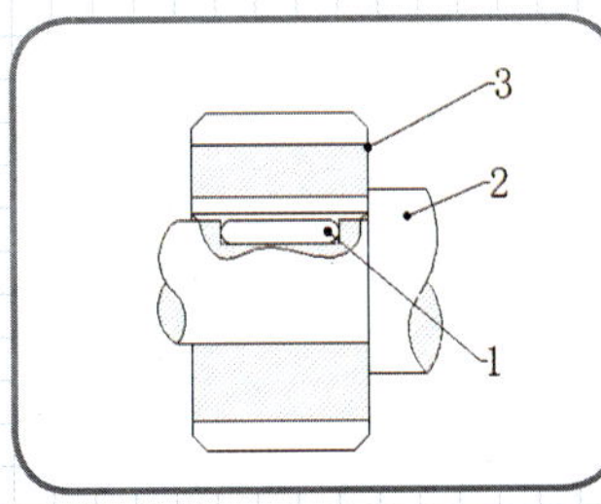

平键装配图

精彩案例赏析

建筑立面图的绘制

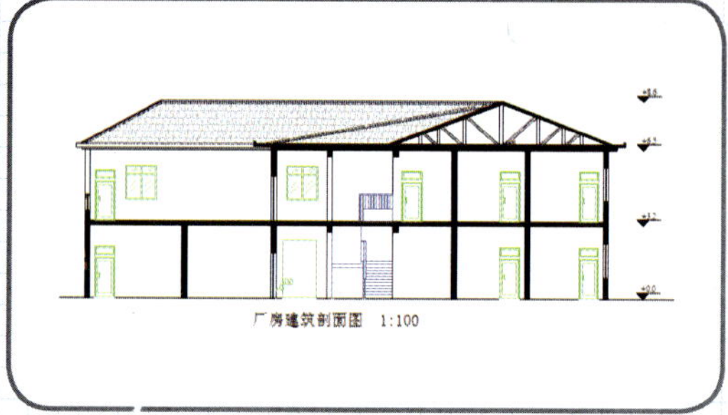

建筑剖面图的绘制

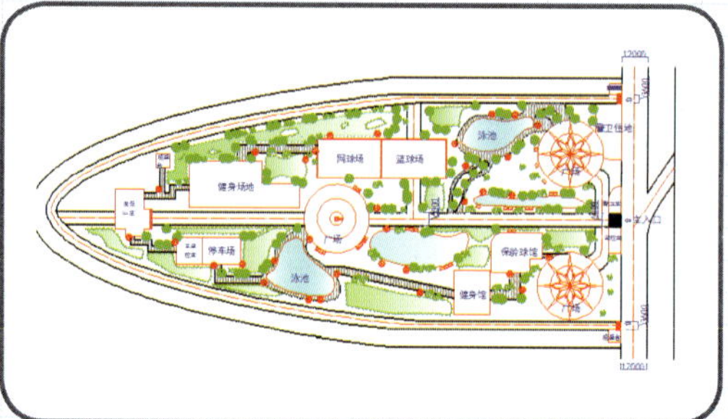

度假山庄规划图

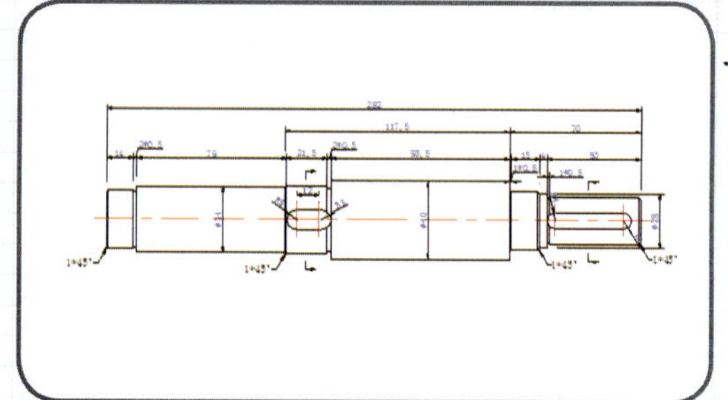

轴承零件图

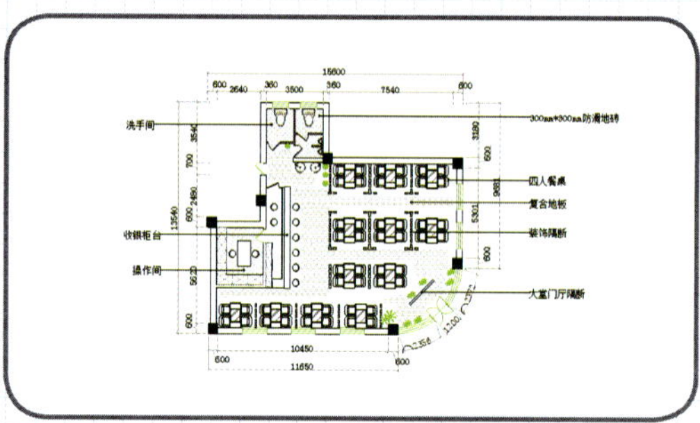

室内平面图的绘制

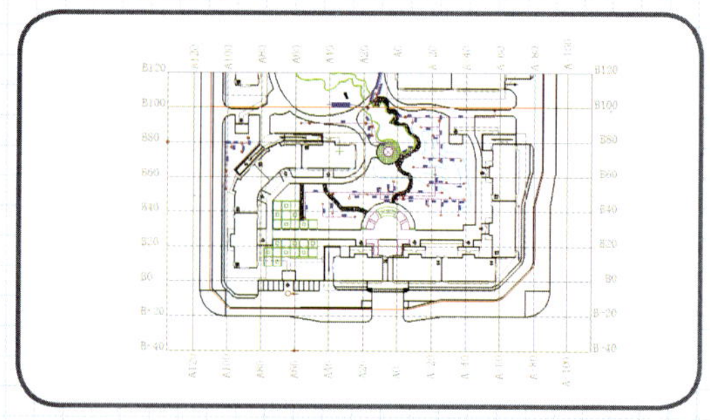

游泳池排水系统

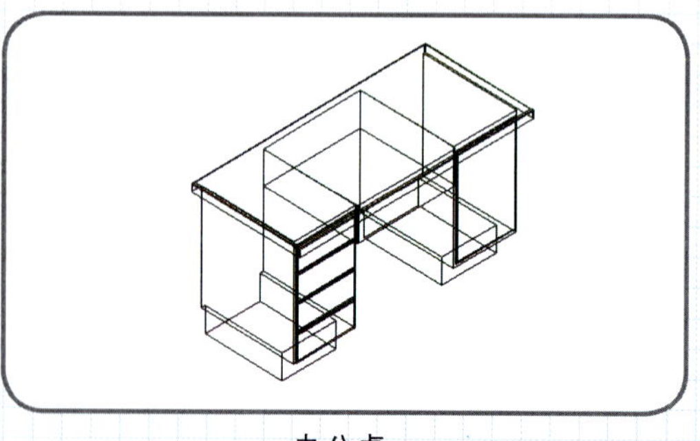

办公桌

开关图例	
单联单控开关	
双联单控开关	
三联单控开关	
单联双控开关	
双联双控开关	

开关图例

精彩案例赏析

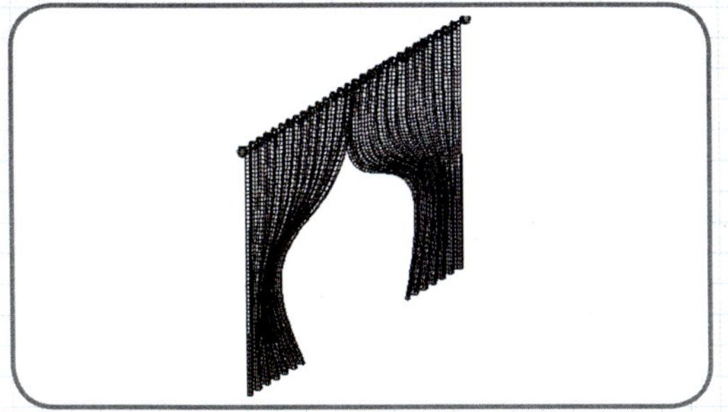

窗帘

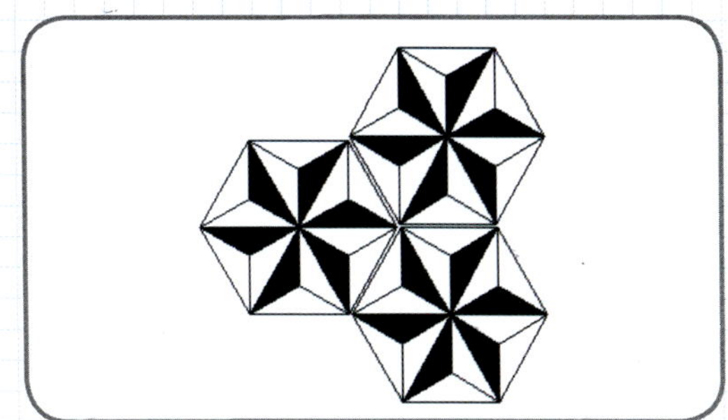

地砖拼花

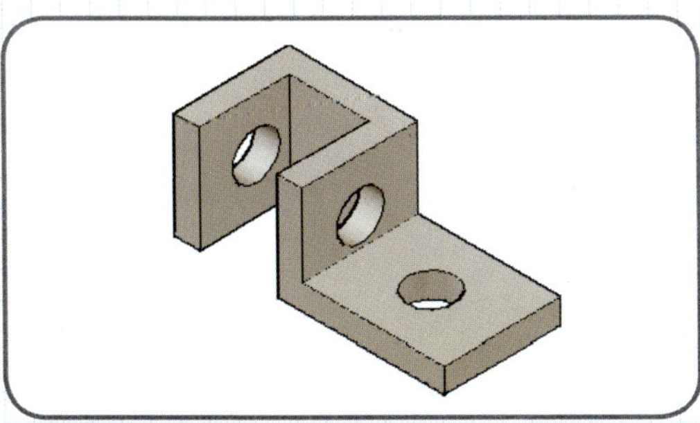

叉拨架

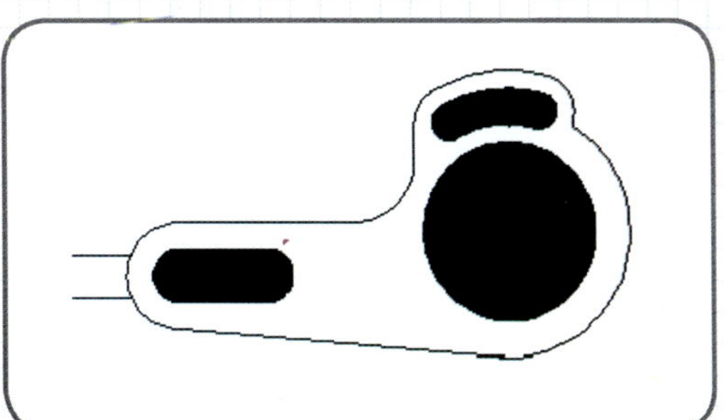

操作杆

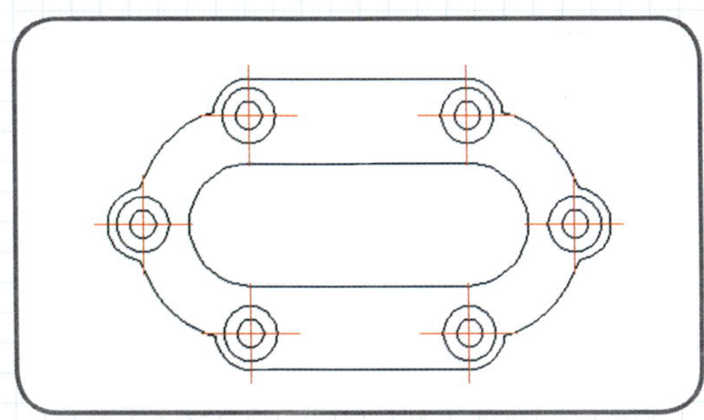

泵盖

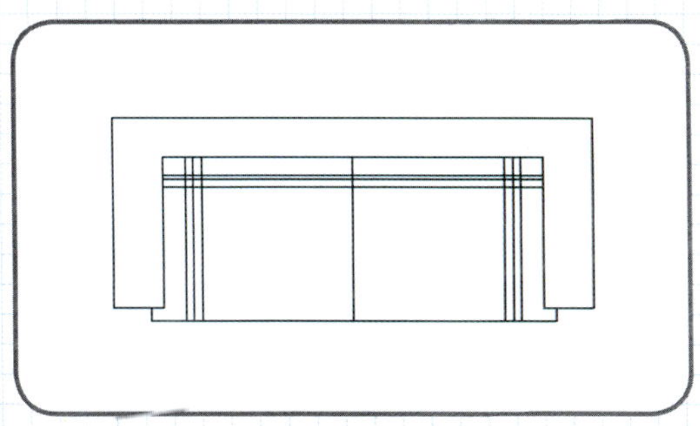

沙发平面

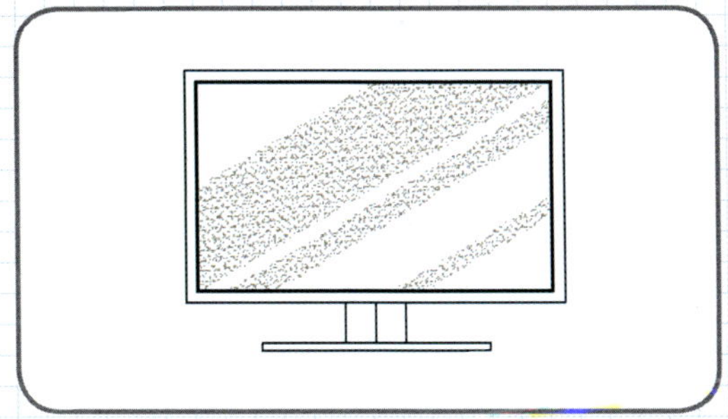

显示器

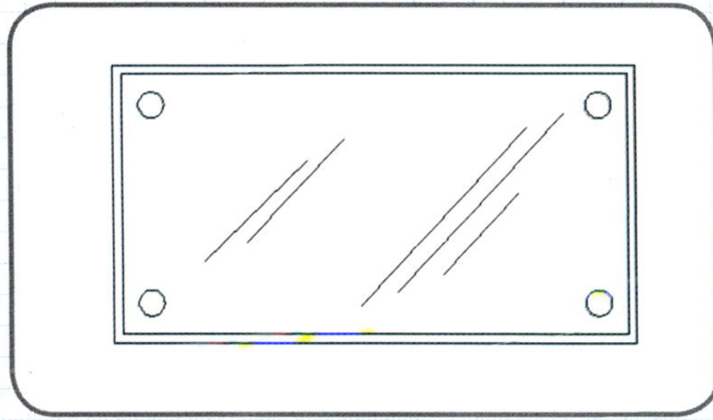

玻璃茶几

精彩案例赏析

水槽

渲染水槽

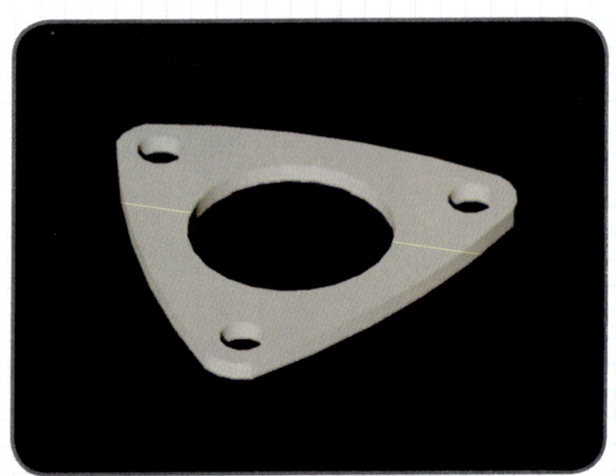

三角垫片

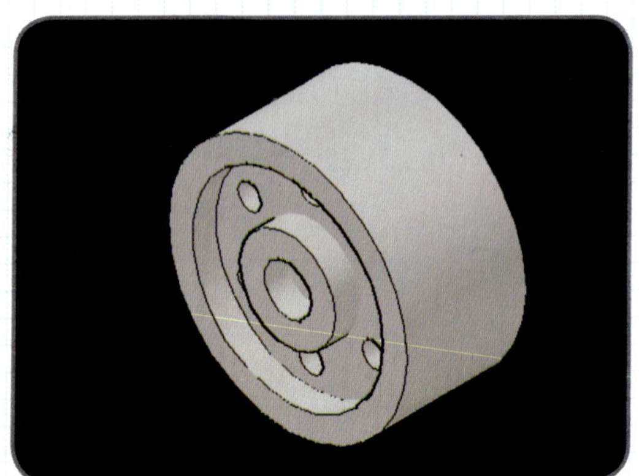

皮带轮

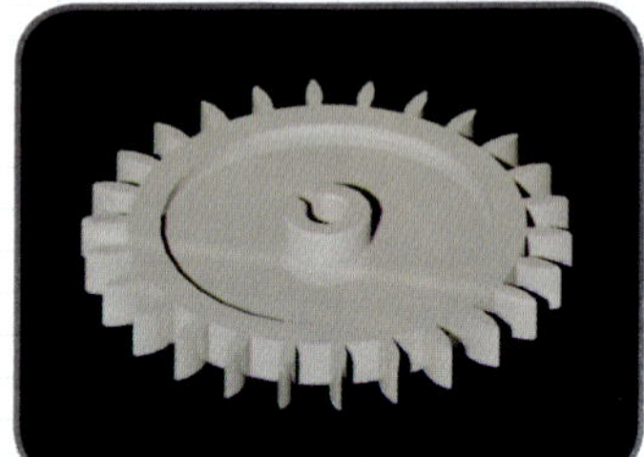

圆柱齿轮模型

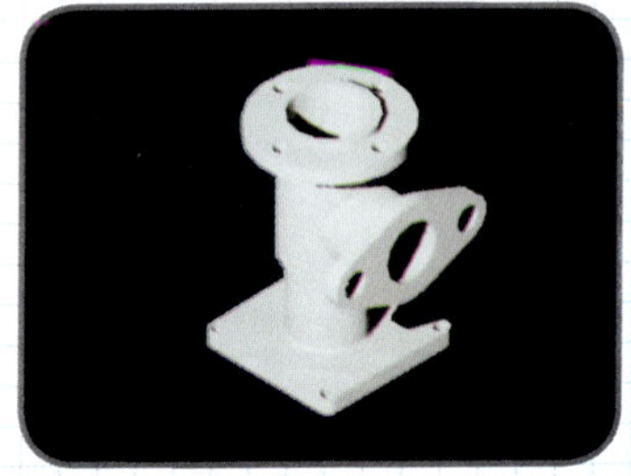

三通模型

添加客厅灯光

CAD/CAM/CAE 工程应用丛书

中文版 AutoCAD 2012 从入门到精通

（实战案例版）

李　航　高　翔　张润花　主　编
王春莲　何　伟　潘禄生　副主编
唐　龙　任海峰　等参编

机 械 工 业 出 版 社

本书是一本关于 AutoCAD 2012 辅助制图的专业书籍，其中内容包括进入 AutoCAD 2012 世界，创建基本二维图形，编辑二维图形，绘制复杂二维图形，图形捕捉工具的创建与使用，图形文本输入与表格的使用，图形标注尺寸的设置与使用，图块、外部参照及设计中心，三维空间环境的设置，创建三维图形，编辑三维图形，渲染三维模型，设置图形输出与网络应用，室内平面图的绘制，建筑立面图的绘制，建筑剖面图的绘制，建筑给排水图的绘制，机械零件图的绘制，机械装配图的绘制，电子电气图形的绘制，园林景观图的绘制，机械模型的绘制，工业产品模型的绘制，三维室内效果图的绘制等内容。本书以服务读者为出发点，力求将 AutoCAD 绘图技术讲解透彻。书中内容翔实、图文并茂，用语简单、通俗易懂，非常适合读者学习如何使用 AutoCAD 软件。

图书在版编目（CIP）数据

中文版 AutoCAD 2012 从入门到精通：实战案例版/李航，高翔，张润花主编.—北京：机械工业出版社，2011.12
（CAD/CAM/CAE 工程应用丛书）
ISBN 978-7-111-36953-0

Ⅰ.①中…　Ⅱ.①李…　②高…　③张…　Ⅲ.①AutoCAD 软件
Ⅳ.①TP391.72

中国版本图书馆 CIP 数据核字（2011）第 276911 号

机械工业出版社（北京市百万庄大街 22 号　邮政编码 100037）
责任编辑：丁　伦
责任印制：杨　曦
北京中兴印刷有限公司印刷
2012 年 6 月第 1 版・第 1 次印刷
184mm×260mm・33.25 印张・2 插页・825 千字
0 001—4 000 册
标准书号：ISBN 978-7-111-36953-0
　　　　　ISBN 978-7-89433-421-3（光盘）
定价：79.80 元（含 1CD）

凡购本书，如有缺页、倒页、脱页，由本社发行部调换
电话服务
社服务中心：(010)88361066
销售一部：(010)68326294
销售二部：(010)88379649
读者购书热线：(010)88379203

网络服务
门户网：http://www.cmpbook.com
教材网：http://www.cmpedu.com
封面无防伪标均为盗版

前　言

为什么 AutoCAD 2012 如此流行?

中文版 AutoCAD 2012 是 Autodesk 公司最新推出的专业化绘图软件，它在设计、绘图和相互协作方面展示了强大的实力，尤其在继承以往版本功能和特点的基础上，结合网络平台，提供了最新和最先进的工具，来完善创作的过程，使得用户可在轻松、便捷的操作环境中完成设计工作。

AutoCAD 2012 软件界面简洁、易于上手、使用方便，现已被广泛地应用于各个行业，其中包括室内装潢设计、建筑设计、园林设计、电子电路、机械设计、工业设计以及服装设计等领域，是各类设计师们人手必备的绘图工具。

本书究竟哪些方面值得一读?

对于读者来说，本书值得一读的方面有以下几点。

- 从零起步，快速入门

本书首先让读者了解 AutoCAD，并掌握新版本安装与启动的方法，其后介绍了图形文件的管理、绘图环境的基本设置，以及学习 AutoCAD 的各种操作技法。这对于大部分初学者来说都是必须要掌握的。

- 结构合理，内容翔实

本书按照学习的一般规律，由浅入深、循序渐进对 AutoCAD 2012 绘图知识进行了详细介绍。每个知识点都尽可能做到有基础有案例，如二维图形的绘制与编辑、文本的输入、表格的使用、标注尺寸的设置、图块的应用、外部参照的使用、三维图形的绘制、三维图形的渲染、图形的输出等。在讲解的过程中还介绍了许多辅助绘图技巧。

- 体例新颖，重在实践

在本书中，各知识点的理论介绍力求详尽，同时，紧随理论介绍还安排了专门的案例进行讲解，如“设计实践”、“综合演练”、“上机实训” 等。每个案例的列举都不是随意的，而是具有针对性、代表性、实用性。从而实现了基本操作和具体实例的双重讲解，以使读者真正掌握相关绘图方法。

- 附加值高，实时答疑

除了配备多媒体教学视频外，还提供了本书作者的联系方式，以便于解答在阅读过程中遇到的各种疑难问题，从而提高读者的学习兴趣和效率。

本书究竟讲了些什么?

本书从教学实际需求出发，合理安排知识结构，从零开始、由浅入深、循序渐进地讲解 AutoCAD 2012 软件的基本知识和操作方法。全书分为 2 篇，共 24 章，其主要内容如下。

基础入门篇（1 ~ 13 章）：主要介绍了 AutoCAD 2012 的基本操作知识，其中包括二维图形的创建与编辑；三维图形的创建与编辑；添加文字、表格的使用方法；图形标注的设置与使用；图形捕捉工具的使用方法，以及图形渲染技术等。

实战应用篇（14～24 章）：主要介绍了 AutoCAD 2012 在各个行业领域中的实际应用操作，如室内设计行业、电子电气行业、机械设计行业、景观园林行业以及工业设计行业等。在此列举了多个大型综合实例对各种图形的绘制进行了详细的讲解，从而对前面所学内容加以巩固和综合应用。

本书的创作团队

本着服务读者、奉献社会的理念，我们精心组织并编写了本书。本书由李航、高翔、张润花主编，王春莲、何伟、潘禄生副主编，参与本书编写的人员还包括王国胜、刘松云、李凤云、尼朋、张丽、蒋军军、王亚坤、胡娜、伏银恋、唐龙、尼春丽、顾乐敏和任海峰。在创作过程中，他们都花费了大量的心血，在此表示感谢。虽然我们已经尽力将本书的做到更好，但仍有疏漏与不足之处，恳请广大读者予以指正。如果您在阅读本书时遇到疑问，可随时与我们联系。作者联系 QQ：2496111983。

本书适合读者群

本书适合于 AutoCAD 初中级用户、建筑绘图人员、室内装潢设计人员、建筑施工相关人员、工程制图人员、计算机辅助设计爱好者、效果图制作者和图形爱好者的学习使用。同时，也可作为各类计算机培训中心、中职中专、高职高专等院校的教材教参，以及相关工程技术人员的参考用书。

目　录

前言

基础入门篇

第1章　进入 AutoCAD 2012 世界

第2章　创建基本二维图形

第3章 编辑二维图形

第4章 绘制复杂二维图形

第5章 图形捕捉工具的创建与使用

第6章 图形文本输入与表格的使用

第7章 图形标注尺寸的设置与使用

第8章 图块、外部参照及设计中心

第9章 三维空间环境的设置

第 10 章 创建三维图形

第 11 章 编辑三维图形

第 12 章 渲染三维模型

第 13 章 设置图形输出与网络应用

实战应用篇

第 14 章 室内平面图的绘制

第 15 章 建筑立面图的绘制

第 16 章 建筑剖面图的绘制

第 17 章 建筑给排水图的绘制

基础入门篇

第 1 章 进入 AutoCAD 2012 世界

本章概述

随着当今科学技术的发展，AutoCAD 软件已被广泛运用到了各行各业中，如建筑设计、工业设计、服装设计、机械设计以及电子电气设计等。本章将向读者介绍新版本AutoCAD 2012软件的一些新增功能、图形基本操作以及绘图环境的设置等基础知识。

学习向导

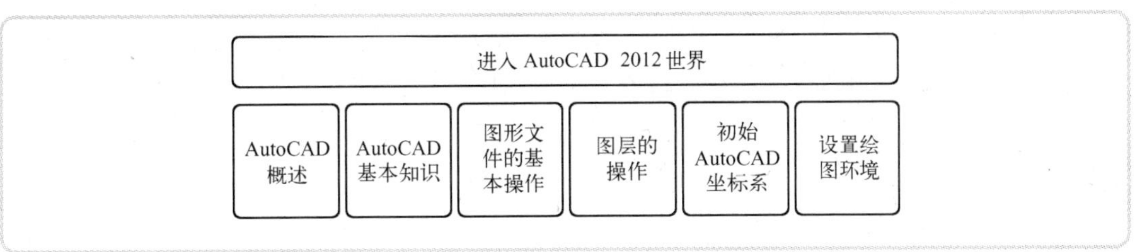

1.1 AutoCAD 概述

AutoCAD 是美国 Autodesk 公司首次于 1982 年生产的自动计算机辅助设计软件，用于二维绘图、详细绘制、设计文档和基本三维设计。下面将首先向读者阐述一下 AutoCAD 软件的特征和应用范围。

1.1.1 AutoCAD 是什么

AutoCAD 具有广泛的适应性，它可以在各种操作系统支持的微型计算机和工作站上运行，并支持分辨率由 320×200 像素到 2048×1024 像素的各种图形显示设备 40 多种，以及数字仪和鼠标器 30 多种，绘图仪和打印机数十种，这就为 AutoCAD 的普及创造了条件。

AutoCAD 软件具有如下 3 种基本功能。

- 平面绘图：以多种方式创建直线、圆、椭圆、多边形、样条曲线等基本图形对象，同时还提供了正交、对象捕捉、极轴追踪、捕捉追踪等绘图辅助工具。利用这些辅助工具能够更快、更好地绘制出所需图形对象。
- 图形编辑：AutoCAD 具有强大的编辑功能，可以移动、复制、旋转、阵列、拉伸、延长、修剪、缩放对象等，利用这些操作命令，可对当前所绘制的图形进行相应的编辑。

- 三维绘图：AutoCAD 不仅可以精确地绘制出二维图形，同时也能够根据二维图形来创建出三维效果。

1.1.2　AutoCAD 的行业应用

AutoCAD 的应用范围很广，它被广泛地应用于土木建筑、装饰装潢、城市规划、园林设计、电子电路、机械设计、服装鞋帽、航空航天、轻工化工等诸多领域。

在不同的行业中，Autodesk 开发了行业专用的版本和插件，其中，机械设计与制造行业中发行了 AutoCAD Mechanical 版本；电子电路设计行业中发行了 AutoCAD Electrical 版本；勘测、土方工程与道路设计发行了 Autodesk Civil 3D 版本；没有特殊要求的服装、机械、电子、建筑行业的公司都是用的 AutoCAD Simplified 版本，如下图所示。

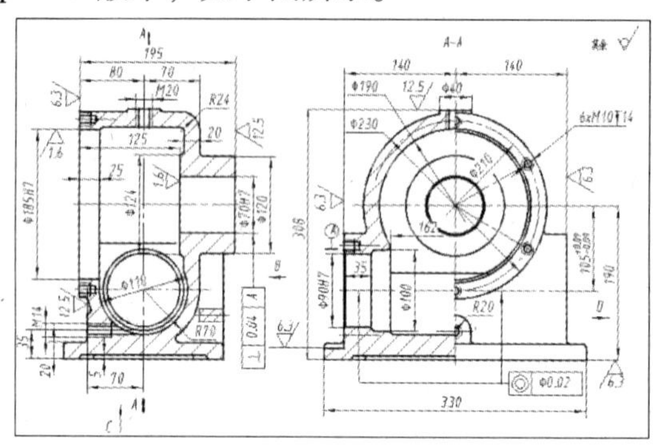

1.2　AutoCAD 基本知识

在了解了 CAD 软件的一些应用范围后，下面就需熟悉并掌握该软件的一些基本操作。

1.2.1　安装与启动 AutoCAD 2012

在学习 AutoCAD 2012 软件之前，需要学会安装该软件。下面就来介绍一下，如何安装并启动 AutoCAD 2012 软件。

步骤 1　在安装软件之前，需下载好 AutoCAD 2012 安装包，然后，双击该安装包，进入解压对话框。

步骤 2　在对话框中，单击“Install”按钮，将 AutoCAD 2012 安装包进行解压，解压后，即可进入安装界面。

3 在打开的安装界面中，单击“安装”超链接。

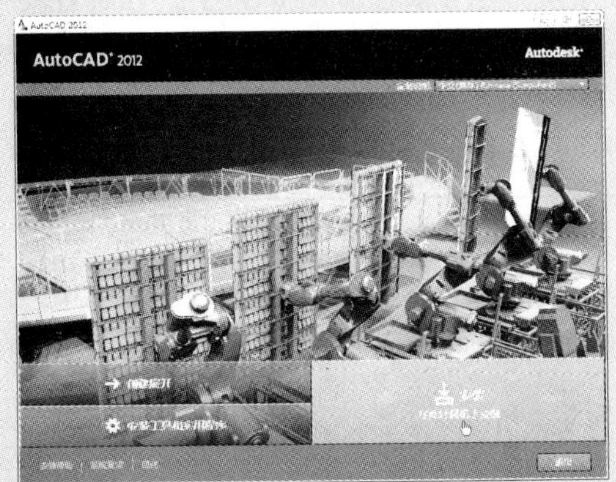

4 在“许可协议”对话框中，单击“我接受”单选按钮，单击“下一步”按钮。

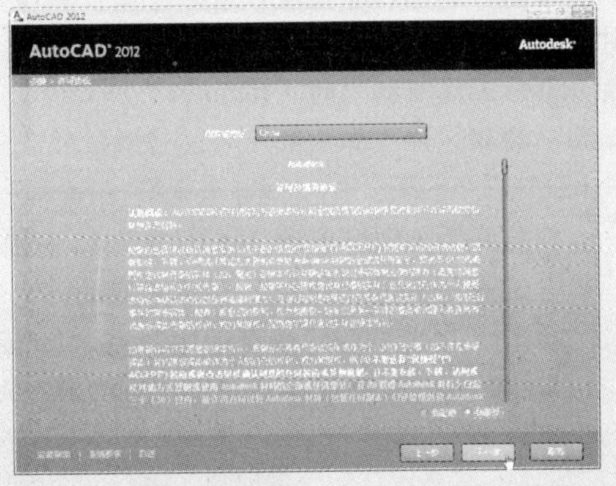

5 在打开的“产品信息”对话框中，输入“序列号”和“密钥”，其后，单击“下一步”按钮。

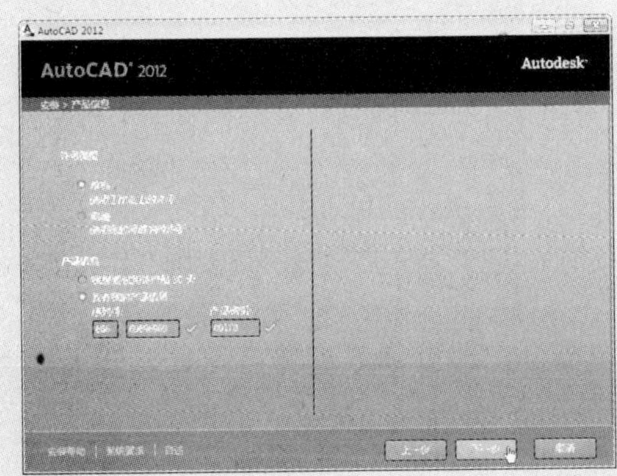

6 在打开的“配置安装”对话框中，根据用户需要，勾选相应的插件选项，其后，单击“安装”按钮。

7 在打开的“安装进度”对话框中，系统正在安装，用户需稍等片刻。

8 安装完成后，打开成功安装对话框，单击“完成”按钮，即可完成安装。

5

> **操作提示：**
>
> 通常安装完成后，需将该软件进行激活，当然用户也可以选择试用 30 天。在进行软件激活时，可用到软件相对应的注册机，例如，该软件是32 位的，就需用 32 位注册机，将申请号粘贴至注册机中的“Request”一栏中，然后先单击“Men Patch”按钮，再单击“Generate”按钮，即可算出激活码，将激活码复制到产品激活页面中，即可成功激活。

安装好后，即可启动 AutoCAD 2012 软件了。通常启动该软件有 3 种方法。

方法一：使用“开始”菜单来启动

单击“开始”→“所有程序”→“Autodesk”→“AutoCAD 2012”→“AutoCAD 2012 应用程序”命令，即可启动 AutoCAD 2012 软件，如下左图所示。

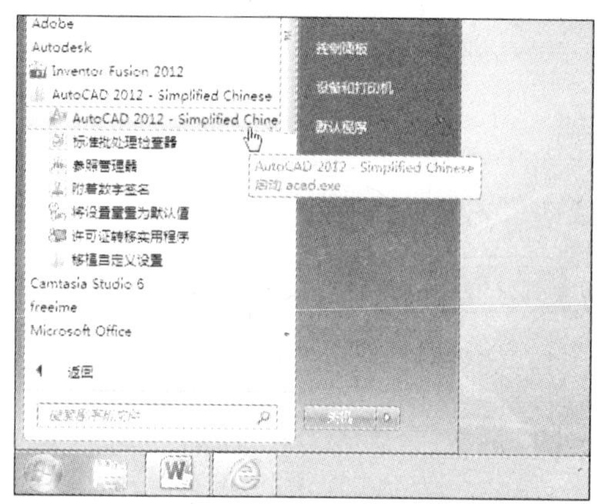

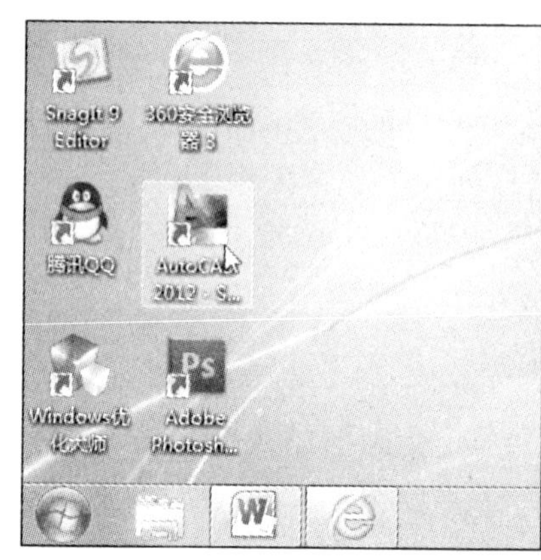

方法二：双击 AutoCAD 2012 快捷图标

在桌面上，双击“AutoCAD 2012”应用程序图标，即可快速启动该软件，如上右图所示。

方法三：双击格式为“＊. dwg”的 CAD 文件

除了以上两种方法外，还可以双击“＊. dwg”格式的文件，即可启动该软件。

1. 2. 2　AutoCAD 2012 工作界面

AutoCAD 2012 的工作界面与 AutoCAD 2011 的有所差别。中文版 AutoCAD 2012 工作界面，如下图所示，包括标题栏、文件菜单、菜单功能区、绘图区、命令行和状态栏。

（1）标题栏

标题栏位于该软件最上端，它是由“文件菜单”、“快速访问工具栏”、“当前文档标题”、“搜索栏”、“帮助”以及窗口控制按钮组成。

（2）文件菜单

文件菜单位于软件界面的左上角，单击后将会打开菜单列表，其中包括“新建”、“打开”、“保存”、“输出”、“关闭”等命令，用户可根据需要进行选择操作。

（3）菜单功能区

菜单功能区位于标题栏下方，该功能区是由工具栏和命令选项卡两部分组成的。用户只需在工具栏中选择任一命令，就会在其下方打开与该命令相对应的功能选项卡。

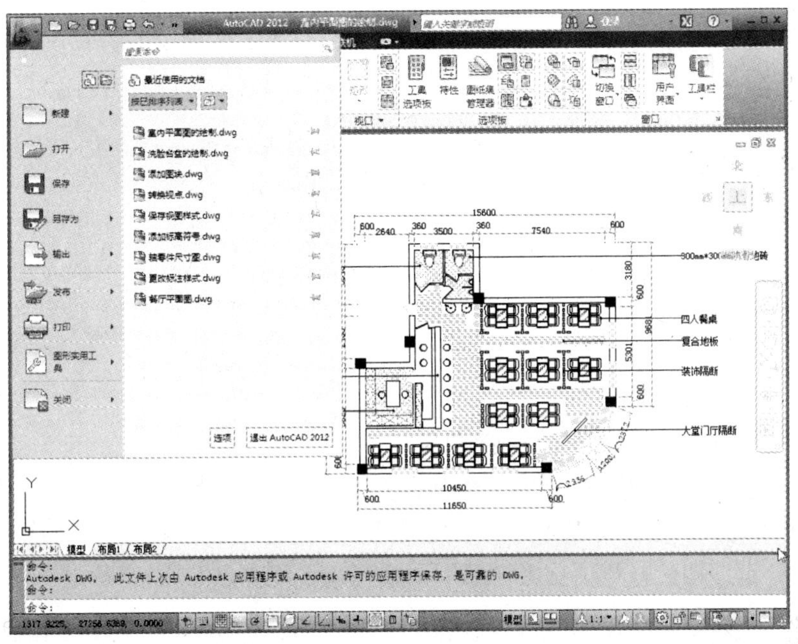

若想显示、隐藏所需的选项卡或操作面板时，在选项卡上单击鼠标右键，或在功能面板中单击鼠标右键，在打开的快捷菜单中，选择相应的选项卡或功能面板即可。

（4）绘图区

绘图区位于该软件的正中间，该区域是由“视图”、“窗口控制按钮”、“坐标系”以及“视图布局”这 4 项功能组成的。用户可在该区域中，绘制任意图形。

（5）命令行

命令行位于绘图区下方，用户需在该命令行中输入所需命令后，按空格（或回车键），即可执行相应的命令操作。

（6）状态栏

状态栏位于软件最下方，它是由“图形坐标”、“应用程序状态栏菜单”以及“显示视图”3 大功能选项组成。

1.3　图形文件的基本操作

在了解 AutoCAD 2012 工作界面后，就可对软件进行基本的操作了。下面将向读者介绍如何创建、保存文件的基本操作。

1.3.1　创建新文件

在 AutoCAD 2012 中，若想创建新文件，则可通过以下 3 种方法来操作。

方法一：通过命令行的操作来创建新文件

用户在绘制过程中，若想重新打开一个空白文件，可在命令行中，输入“New”，并按回车键，即可打开样板文件对话框，并创建新文件，具体操作如下：

步骤1 启动 AutoCAD 2012 软件，在命令行输入“New”命令，输入好后，按空格键。

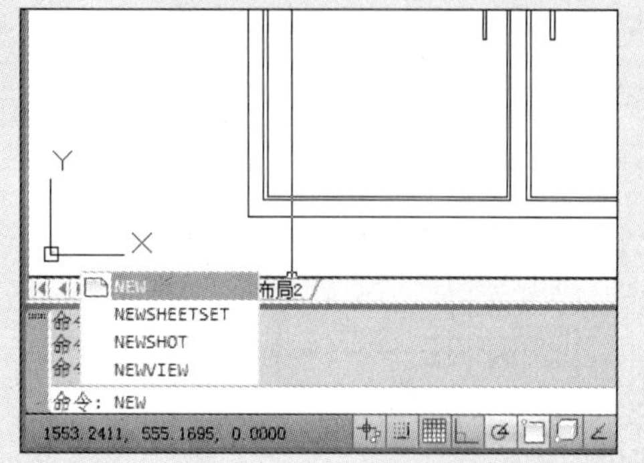

步骤2 在“选择样板”对话框中，选择一空白文档，单击“打开”按钮，完成创建。

方法二：通过“文件菜单”按钮，来创建文件

单击“文件菜单”按钮，在打开的下拉菜单中，选择“新建”→“图形”命令，或按“Ctrl + N”组合键，即可打开“选择样板”对话框来创建空白文件，如下左图所示。

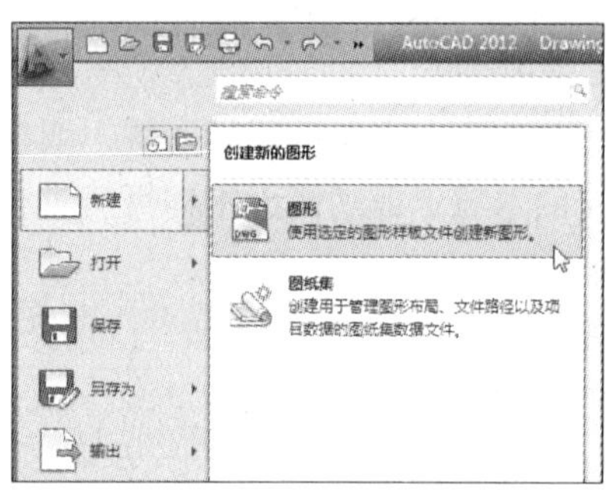

方法三：通过快速访问工具栏，来创建文件

在标题栏的快速访问工具栏中，单击“新建”命令，同样也可打开“选择样板”对话框，如上右图所示。

1.3.2 新建自定义样板文件

在 AutoCAD 2012 软件中，用户可创建自定义样板文件，具体操作步骤如下：

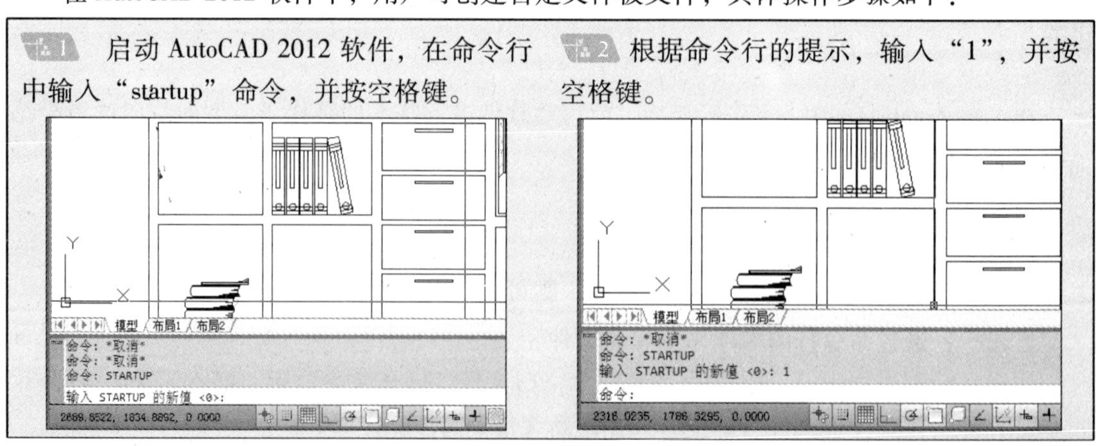
步骤1 启动 AutoCAD 2012 软件，在命令行中输入“startup”命令，并按空格键。

步骤2 根据命令行的提示，输入“1”，并按空格键。

3 在快速访问栏中，单击“新建”按钮，则可打开“创建新图形”对话框，单击“使用向导”按钮。

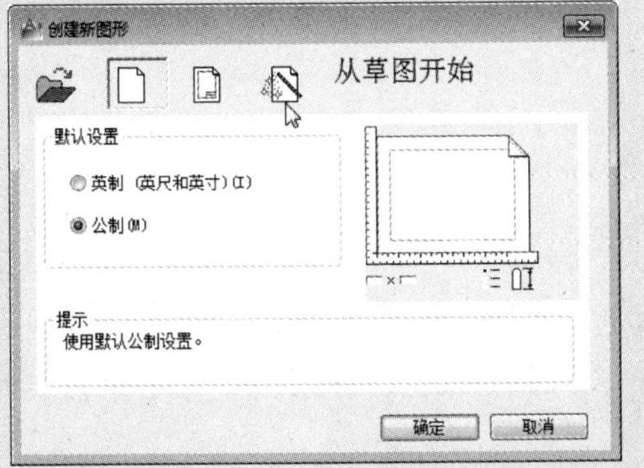

4 在打开的“使用向导”对话框中，单击“选择向导”下的“高级设置”选项，单击“确定”按钮。

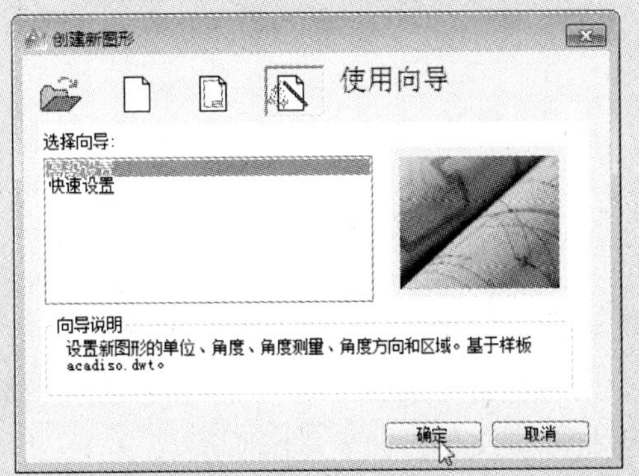

5 在“高级设置”界面中，单击“小数”单选按钮，并将“精度”设置为“0”。

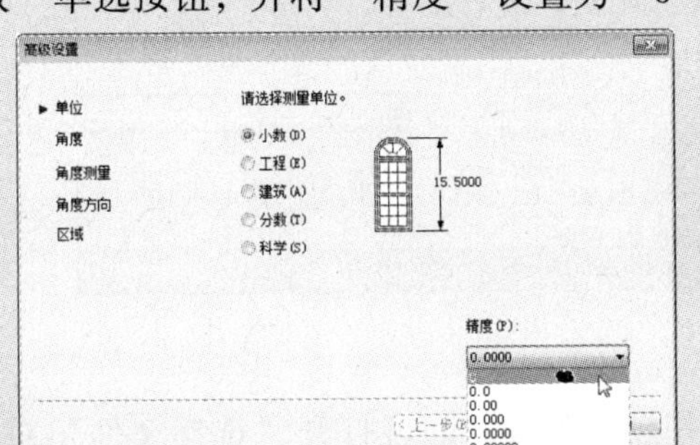

6 单击“下一步”按钮，在“角度”选项界面中，根据需要选择合适选项。

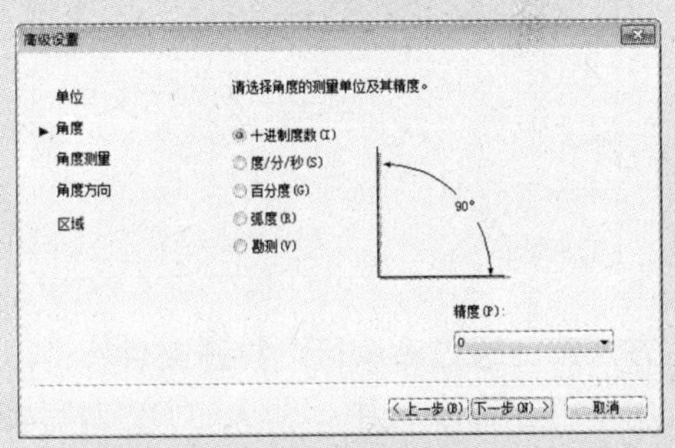

7 按照同样的操作方法，完成剩余选项的设置。

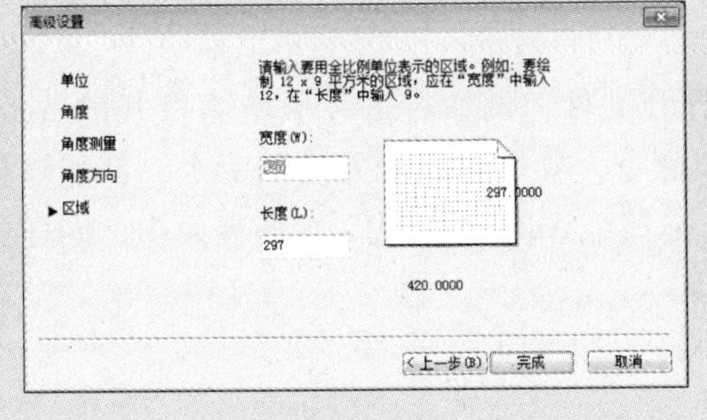

8 设置完成后，单击“完成”按钮，即可创建所设置好的空白文件。

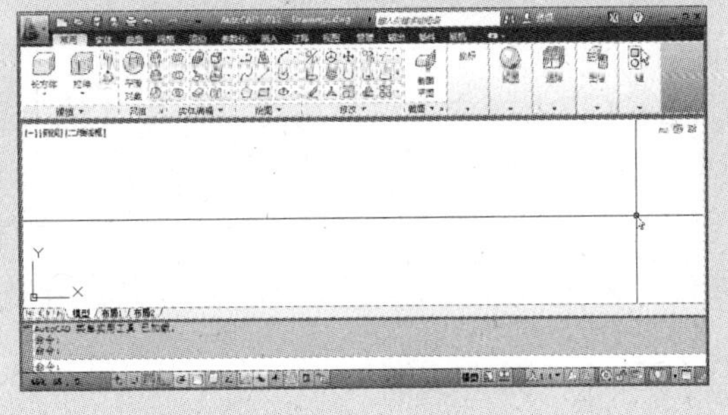

1.3.3　打开文件

在 AutoCAD 2012 中，打开文件的操作有多种，下面就来介绍几种常用方法。

方法一：通过“文件”命令打开

在制图过程中，若需打开新文件，用户则单击“文件”→“打开”命令，在“选择文件”对话框中，选择好所需打开的文件即可，如下图所示。

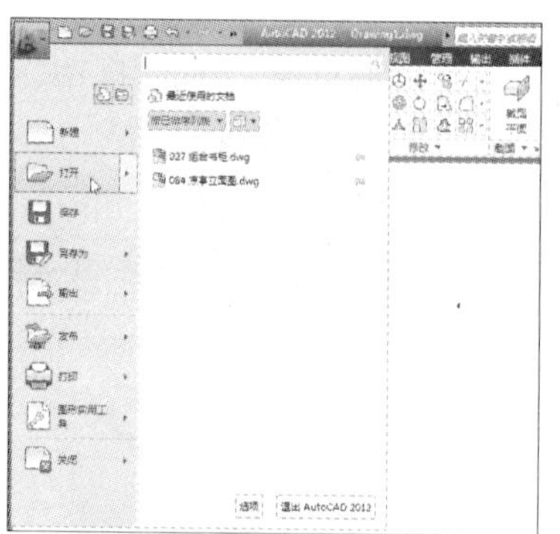

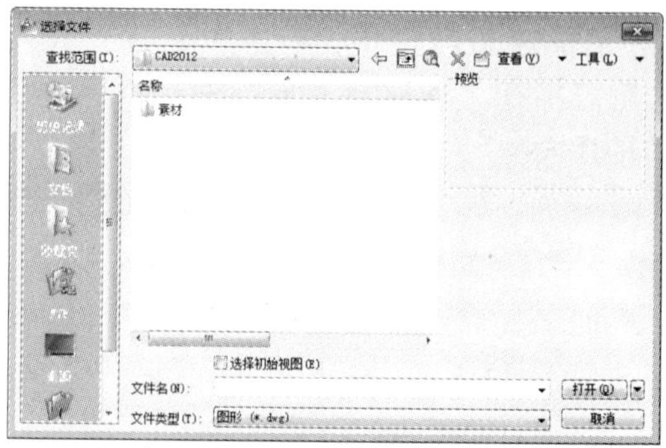

方法二：通过“最近使用的文档”命令打开

用户单击“文件”→“最近使用的文档”命令，在打开的文件列表中，选择所需文件，即可打开该文件，如下左图所示。

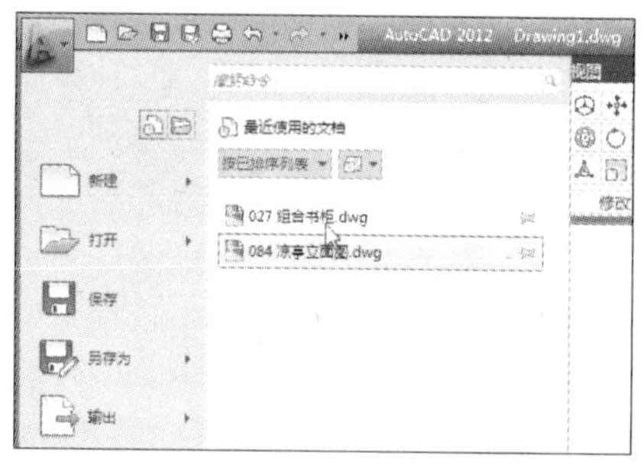

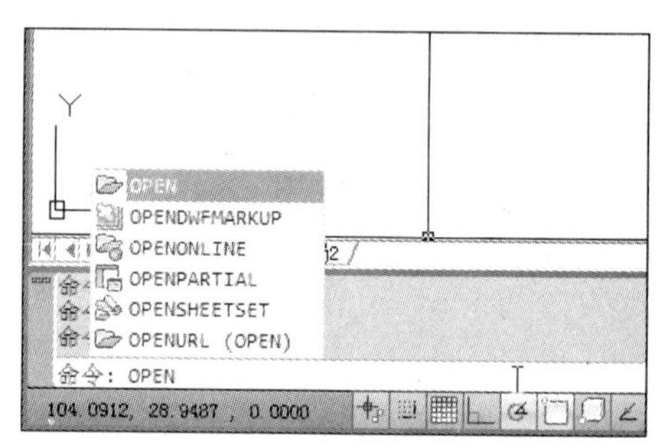

方法三：通过命令行，打开文件

用户可在命令行中，输入“OPEN”命令，并按回车键，即可打开“选择文件”对话框，在该对话框中，选择所需的文件，单击“打开”按钮，即可，如上右图所示。

方法四：使用快捷键打开

用户可按键盘上的〈Ctrl + O〉组合键，即可打开“选择文件”对话框，从而打开相应的文件。

除了以上操作方法，还可以使用其他方法打开文件，例如右击一个所需打开的 AutoCAD 文件，在打开的快捷菜单中，选择“打开”命令，或是“打开方式”命令，都能够打开该文件；还可以将所需打开的 AutoCAD 文件，拖拽至 AutoCAD 2012 工作界面中，同样也可打开文件。用户可根据需要来选择其打开方式。

1.3.4 保存文件

当完成一张图形的绘制后，就需将当前图形进行保存，然而保存文件的操作方法同样也有 4 种。

方法一：使用“另存为”命令保存

绘制完一张图纸后，用户则可单击“文件”→“另存为”命令，打开“另存为”对话框，在该对话框中，选择好文件保存的路径，并将该文件进行命名，单击“保存”按钮，即可完成，如下图所示。

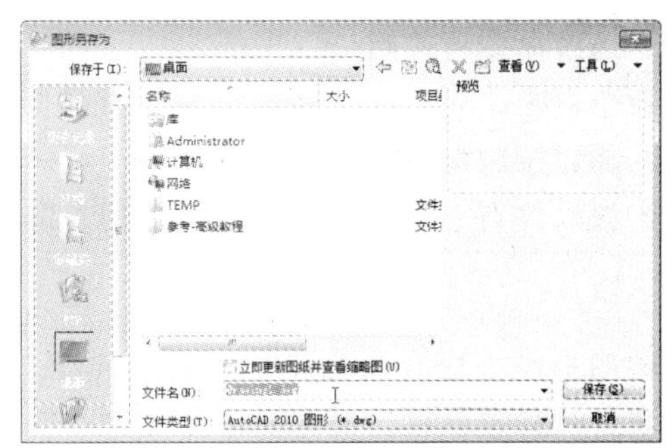

方法二：使用快捷键来保存

用户在第一次保存文件时，按〈Ctrl + S〉组合键，即可打开“图形另存为”对话框，并根据需要完成图形的保存。

方法三：通过快速访问栏进行保存

用户在完成图形后，单击快速访问栏中的“另存为”按钮，也可打开相应的对话框，并完成保存操作。

方法四：使用命令行来保存文件

用户可在命令行中，输入“Save”命令，按空格键，即可打开“图形另存为”对话框，完成保存操作。

> **操作提示：**
>
> 在进行第一次保存操作时，系统都会自动打开“图形另存为”对话框，来确定文件的位置和名称，如果进行第二、三次保存时，则系统将自动保存并替换第一次所保存的文件。当然，用户若单击“文件”→“保存”命令，或单击快速访问工具栏中的“保存”按钮，同样可进行保存操作。

1.3.5　关闭文件

当图形保存完毕后，即可将当前图形进行关闭。在 AutoCAD 2012 中，关闭文件的操作方法有 3 种。

方法一：通过“文件”菜单关闭

用户可单击“文件”→“关闭”命令，在扩展列表中，根据需要选择“当前图形”或“所有图形”选项，即可打开“是否保存”对话框，用户可选择“是”或“否”按钮，即可关闭，如下图所示。

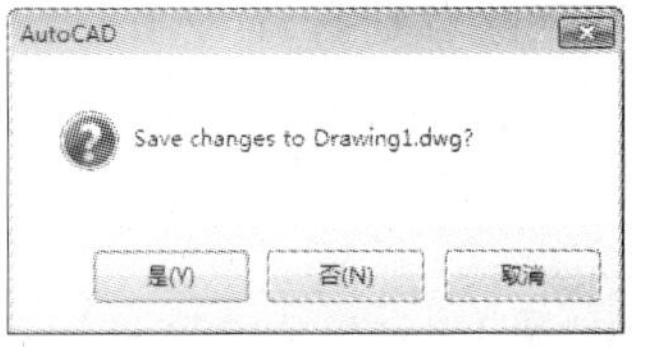

方法二：通过命令行关闭

用户在命令行中，输入“Close”命令，并按回车键，即可关闭当前图形。

方法三：通过控制按钮关闭

用户单击该软件右上角“关闭”控制按钮，即可关闭当前图形。

操作提示：

如果当前图形尚未进行保存操作，而在进行“关闭”操作时，则会打开“保存提示”对话框；如果进行保存操作，则可直接将当前文件进行关闭。

1.4 图层的操作

图层是用来控制对象线型、线宽和颜色等属性工具。该命令常被运用在一些复杂的图纸中。合理地使用图层命令，可有效地提高绘图效率。下面将对图层的创建、设置等操作进行介绍。

1.4.1 建立新图层

通常在绘制图纸之前，就需创建新图层。从而在绘图时，将不同类型的对象分类进行管理。下面就以创建“墙线”图层为例，来介绍其具体操作。

1 启动 AutoCAD 2012 软件，单击“常用”→“图层”→“图层特性”命令，打开“图层特性”对话框。

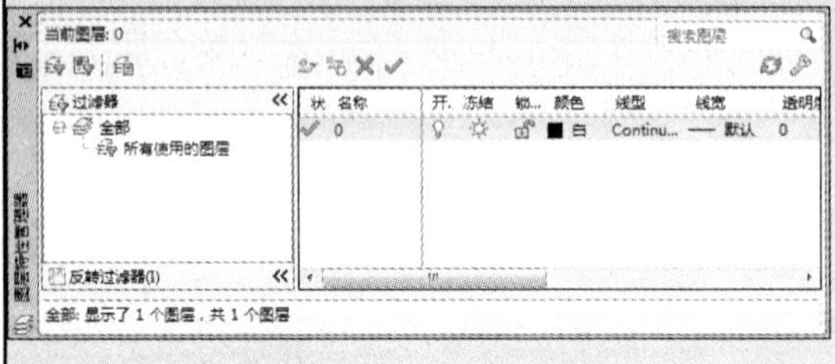

2 单击“新建图层”按钮，此时在图层列表中，则会自动创建“图层 1”，选中“图层 1”名称，将其命名为“墙线”。

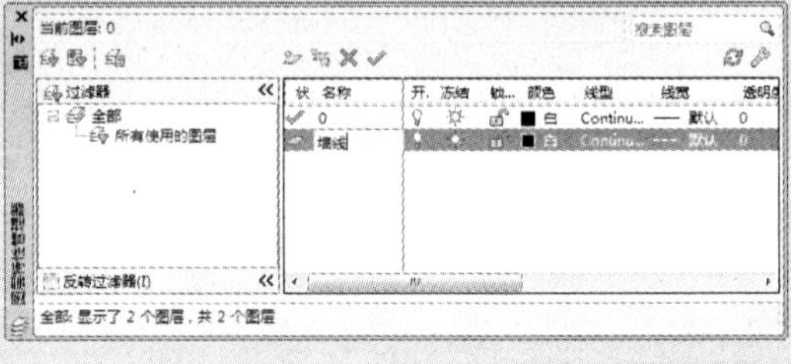

1.4.2 设置图层

当图层创建好之后，就可对图层属性进行设置了。通常在设置图层时，需对当前图层的颜色、线型、线宽等属性进行相应的设置。

（1）设置颜色

创建好图层后，该图层默认的颜色为“黑色”，用户若想区别于其他图层，就可对当前图层颜色进行更改，此时则打开“图层特性”对话框，从中选择所要设置的图层，并单击“颜色”选项，在打开的对话框中选择适合的颜色，即可更改当前图层颜色，如下图所示。

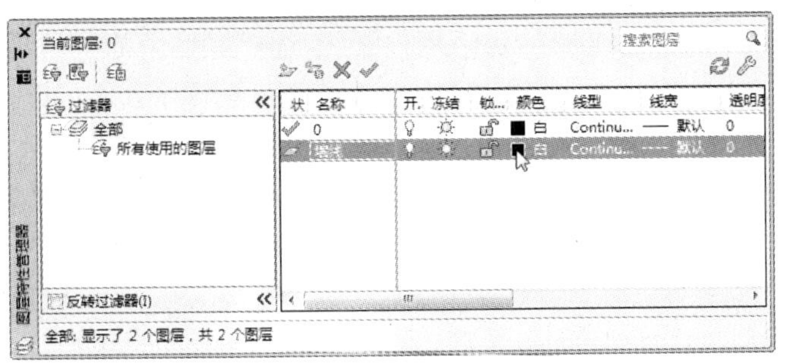

在“选择颜色”面板中，有 3 种颜色方式可供选择：“索引颜色”、“真彩色”以及“配色系统”，如下图所示。

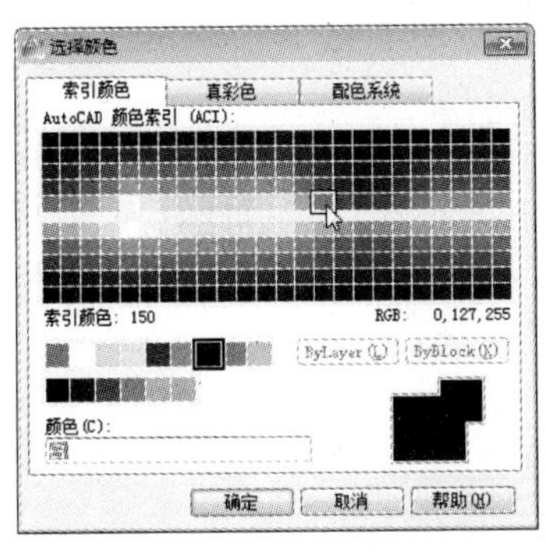
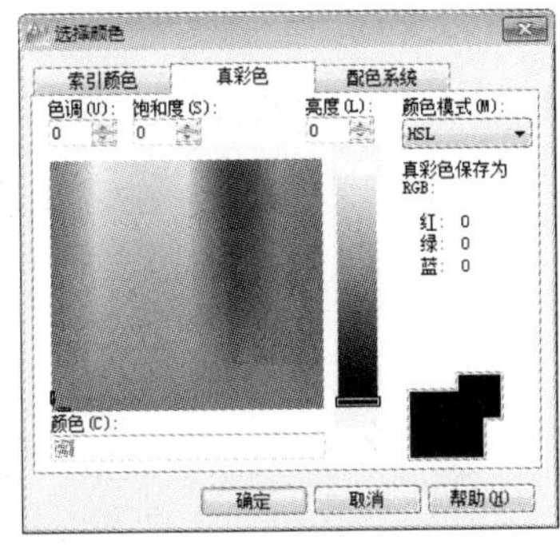
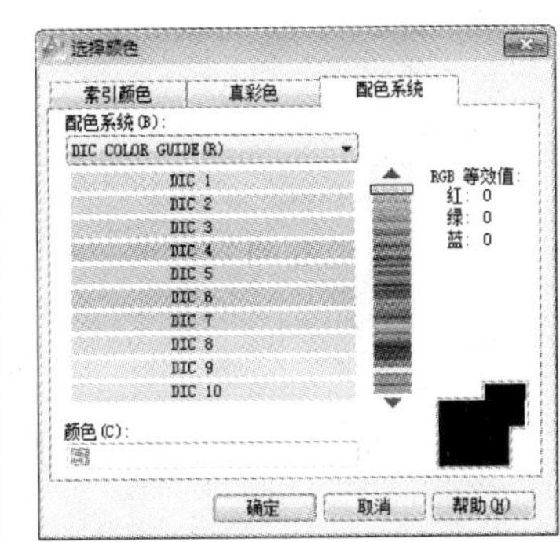

其中，“索引颜色”是系统默认选项卡，若在该选项卡中，未能找到适合的颜色，则可在“真彩色”以及“配色系统”这两个选项卡中进行选择。在一般的制图过程中，“索引颜色”选项卡中的颜色，足以满足用户对颜色的需求。

(2) 设置线型

无论是在机械，还是建筑制图领域中，每条线型的绘制，都需按照相关领域的制图标准来绘制。通常线型的设置都需在图层上进行操作，图层默认的线型为“Continuous”线型（直线），若想设置线型，则需按照以下操作步骤进行。

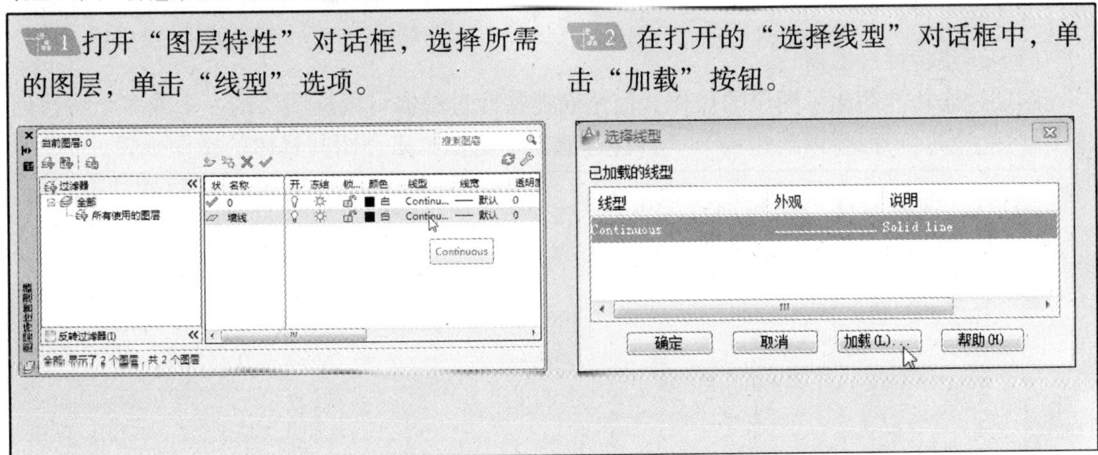

3 在打开的“加载或重载线型”对话框中的“可用线型”列表框中，选择所需的线型样式。

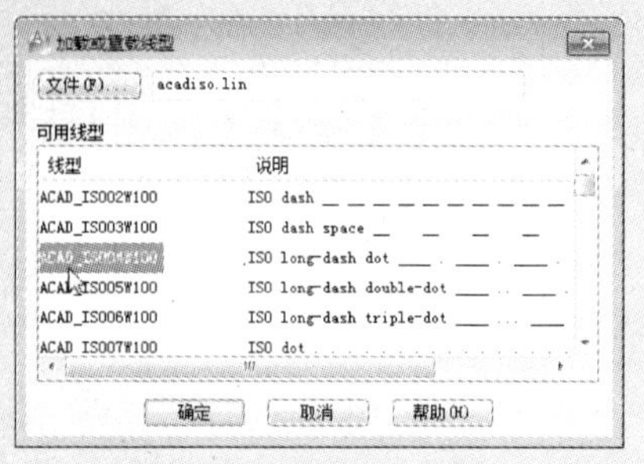

4 选择好后，单击“确定”按钮，即可返回到上一层对话框，其后，选择刚加载的线型，单击“确定”按钮，完成设置。

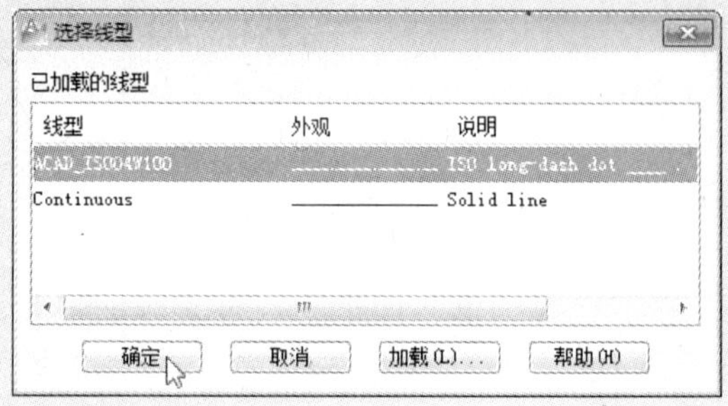

（3）设置线宽

在制图过程中，有时需对图层的线宽进行设置。其操作步骤如下：

1 在“图层特性”对话框中，选择所需图层的“线宽”选项。

2 在“线宽”对话框中，选择合适的线宽样式，单击“确定”按钮，完成设置。

除了以上创建并设置图层的操作方法外，还可以在命令行中，输入“Layer”命令，按回车键，也可打开“图层特性”对话框，并完成图层的创建和设置。

1.4.3 管理图层

在“图层特性”对话框中，除了可创建图层并设置图层属性，还可以对创建好的图层进行管理操作。

（1）新建特性过滤器

图层过滤功能简化了图层的操作，使用新建特性过滤器可根据图层的一个或多个特性创建图层过滤器。下面将以新建一个“特性过滤器”为例，来介绍其具体的操作步骤。

1 打开“图层特性”对话框，单击左侧上方“新建特性过滤器”按钮。

2 在“图层过滤器特性”对话框中，将“过滤器”进行命名，这里选择默认名。

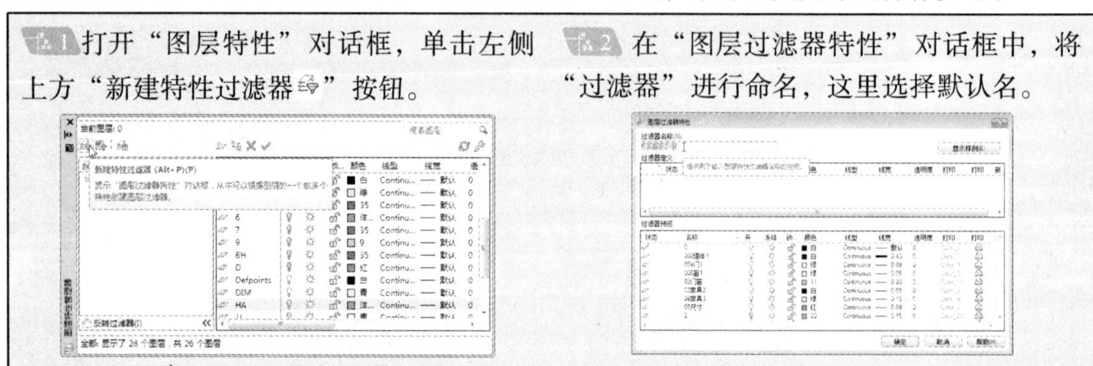

3 在“过滤器定义”列表框中，单击第一行中的“开”选项，并在下拉列表中，选择“关”。

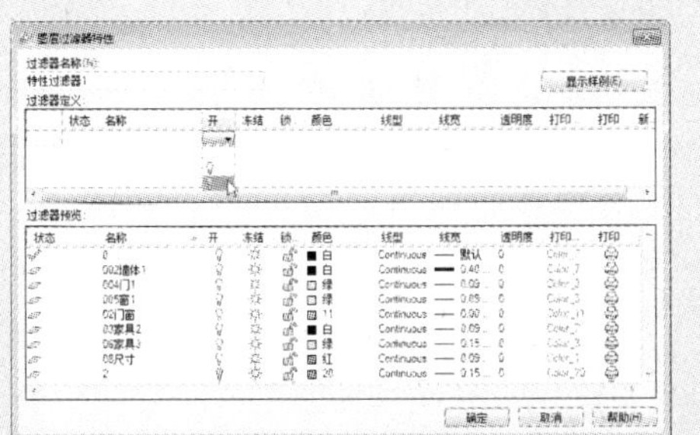

4 同样在第一行中，选择“颜色”下拉按钮，在打开的“选择颜色”面板中，选择红色，并单击“确定”按钮。

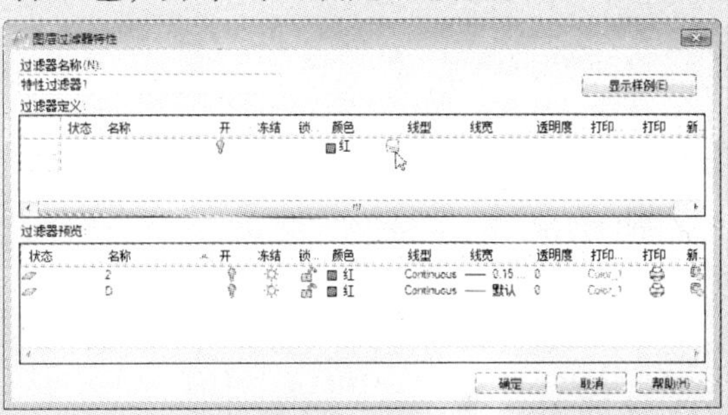

5 单击“确定”按钮，返回上一层对话框，此时，则可完成特性过滤器的创建，并可查看到其对应图层的信息。

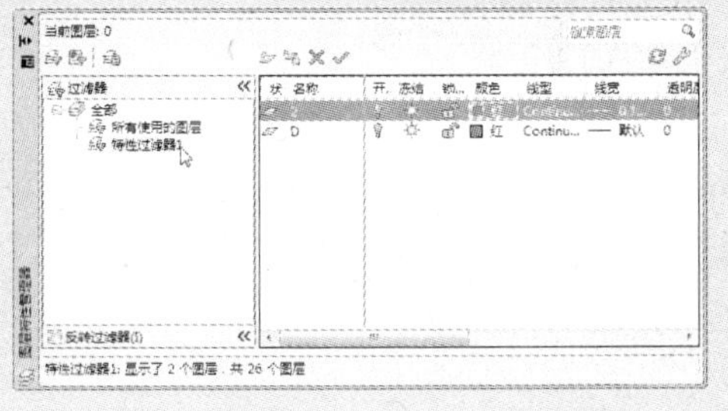

6 在“图层特性”对话框左下角，勾选“反转过滤器”复选框，此时，在图层列表中则会显示未过滤的图层。

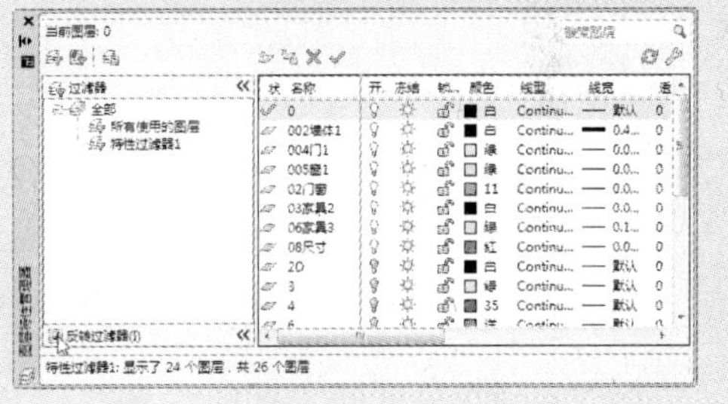

（2）新建组过滤器

在“图层特性”对话框中，单击“新建组过滤器”按钮，可创建一个组过滤器，用户可将在所有使用的图层中，选择所需的图层，并将其放置组过滤器即可，具体操作方法为：

1 打开“图层特性”对话框，单击“新建组过滤器”按钮，即可创建组过滤器，并将其进行命名。

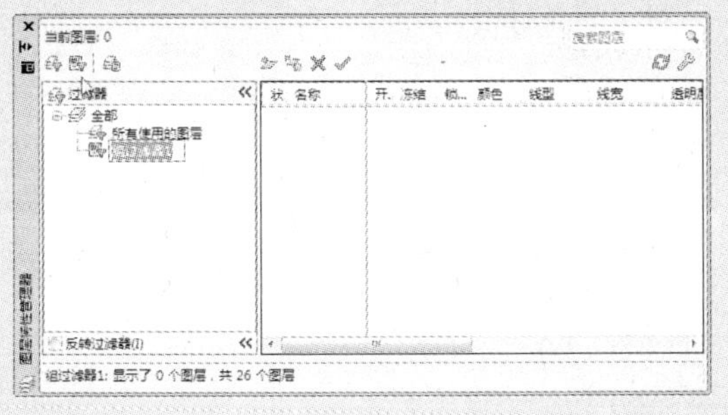

2 单击“所有使用的图层”选项，在右侧的图层列表中，选择所需的图层，并将其拖至“组过滤器 1”中即可。

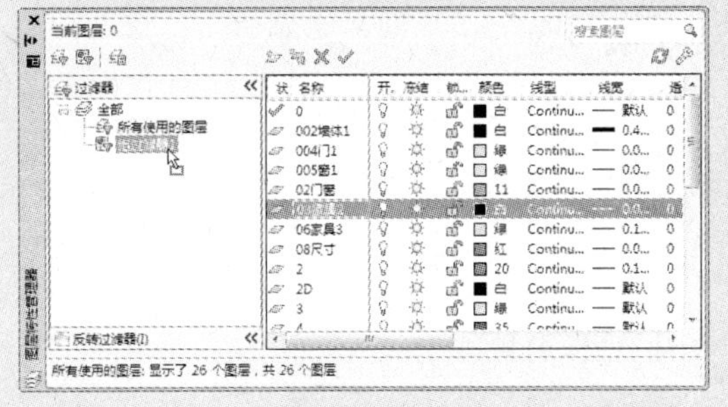

（3）图层状态管理器

图层状态管理器是可将当前图层特性，保存到一个命名图层状态中，以便于以后直接使用所保存的图层。下面将设置好的图层文件，输入至新建文件为例，来介绍其操作步骤。

1 在“图层特性”对话框中，单击“图层状态管理器”按钮，打开“图层状态管理器 ”对话框。

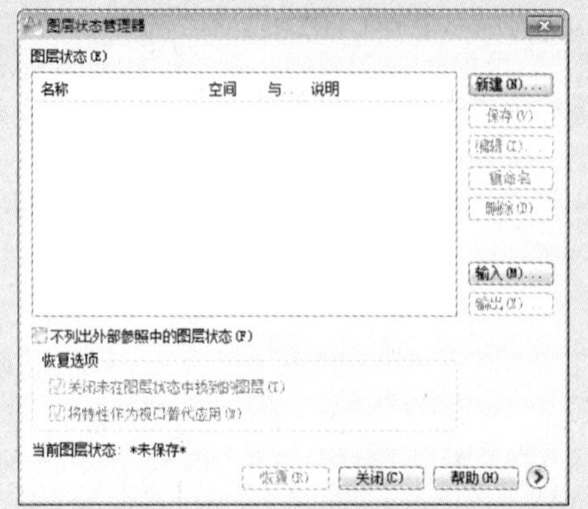

2 在当前对话框中，单击“新建”按钮，打开“要保存的新图层状态”对话框，并输入新建图层状态名。

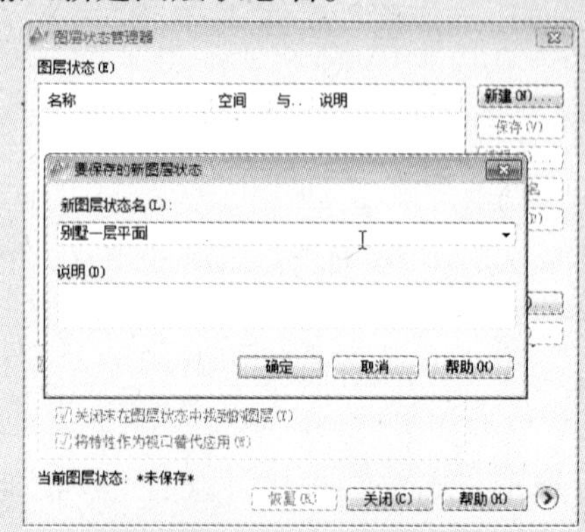

3 输入后，单击“确定”按钮，返回到上一层对话框，单击“输出”按钮。

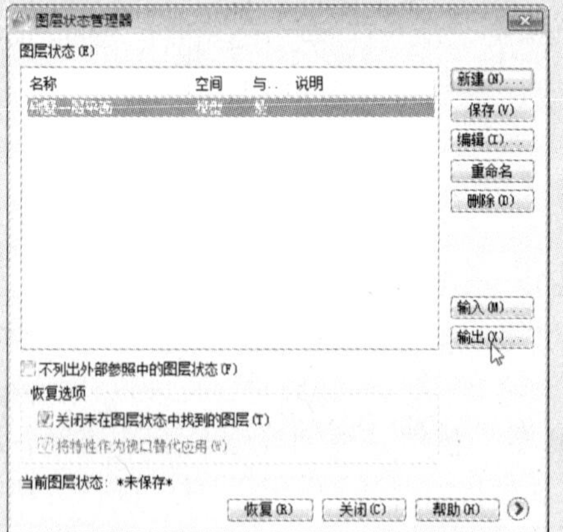

4 在“输出图层状态”对话框中，设置文件名及保存路径，单击“保存”按钮，输出该图层。

5 重新创建一空白文件，并打开“图层状态管理器”对话框，单击“输入”按钮。

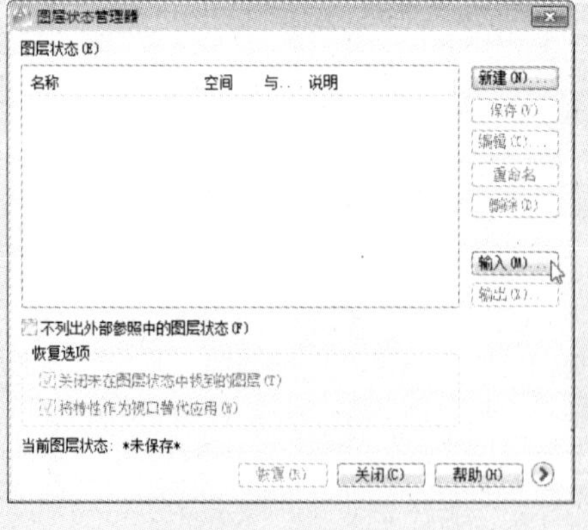

6 打开“输入图层状态”对话框中，选择刚保存的图层文件，单击“打开”按钮。

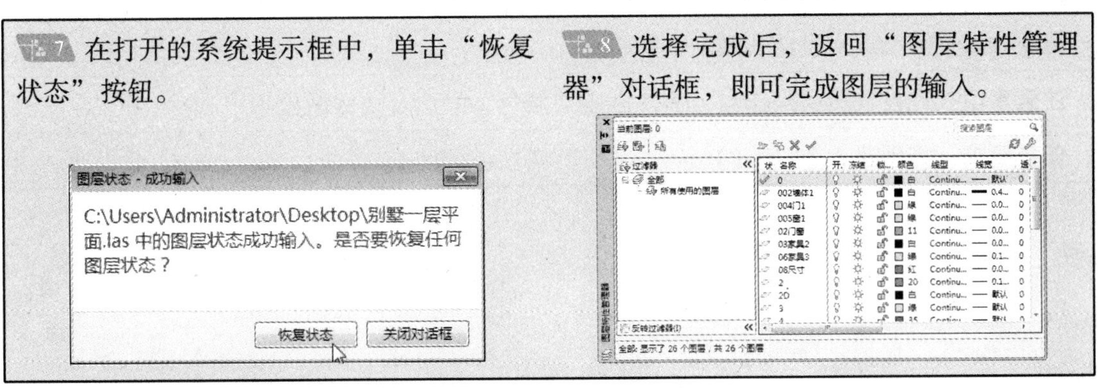

7 在打开的系统提示框中，单击“恢复状态”按钮。

8 选择完成后，返回“图层特性管理器”对话框，即可完成图层的输入。

(4) 打开/关闭图层

在默认情况下，图层都处于打开状态，在该状态下，图层中的所有图形对象将显示在屏幕上，用户可对其进行编辑操作，若将其关闭后，该图层上的图形将不再显示，同时也不能被编辑和操作。打开/关闭图层的操作方法有以下 2 种。

方法一：利用图层特性管理器进行设置

单击“常用”→“图层”→“图层特性”命令，在打开的“图层特性管理器”对话框中，单击图层上的“开♀”状态按钮，使其变暗，即可将该图层关闭，关闭后该图层中的图形文件将不显示。相反，再次单击该图层，即可打开该图层，如下左图所示。

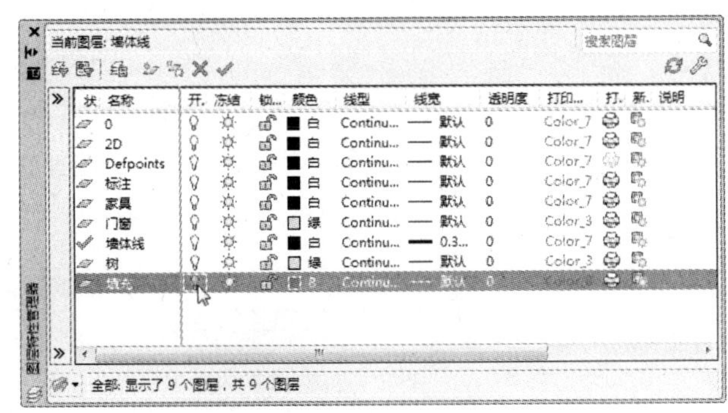

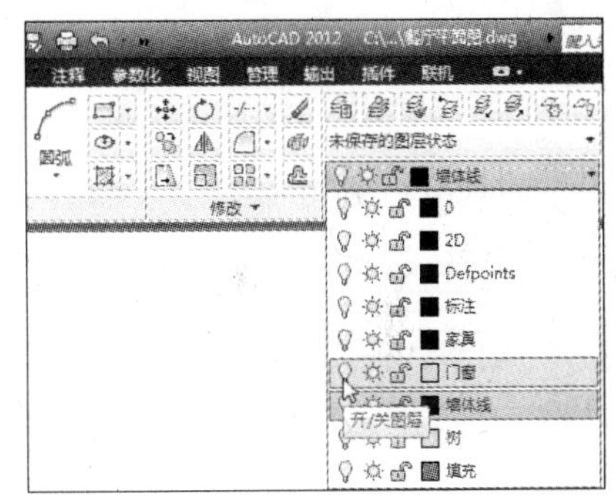

方法二：利用“图层”选项卡进行设置

单击“常用”→“图层”命令，单击“图层”下拉按钮，在打开的下拉列表中，单击图层的“开”按钮，使其变暗，即可关闭该图层，如上右图所示。

(5) 冻结图层

冻结图层有利于减少系统重生成图形的时间，在冻结图层中的图形文件则不显示与绘图区中，其操作方法与“关/开”图层的操作方法相似，用户同样可在“图层特性管理器”对话框中，单击“冻结☼”按钮，其即可将该图层进行冻结，若单击已冻结的图层，即可解冻。

1.5 设计实践：创建新图层

下面将运用图层命令，来为室内平面图创建所需图层。

最终效果：第 1 章\ 设计实践\ 创建新图层 . dwg

注意事项：在设置图层操作时，需注意图层颜色、线型及线宽的设置

任务要求：需创建 3 个以上的图层，并将其属性进行设置

1 单击“常用”→“图层”→“图层特性”命令，打开相应的对话框。

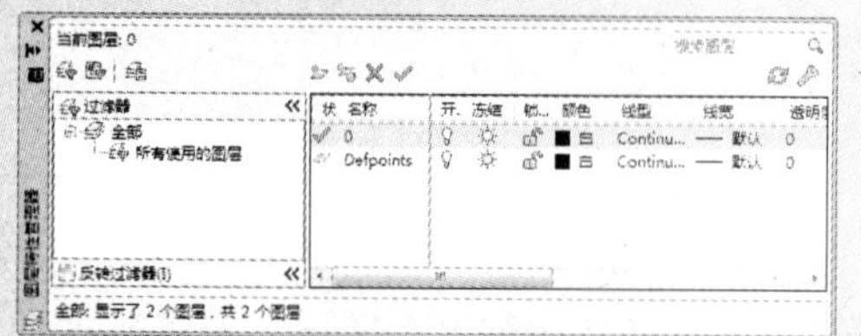

2 在该对话框中，单击“新建图层”按钮，并将该图层命名为“墙体线”。

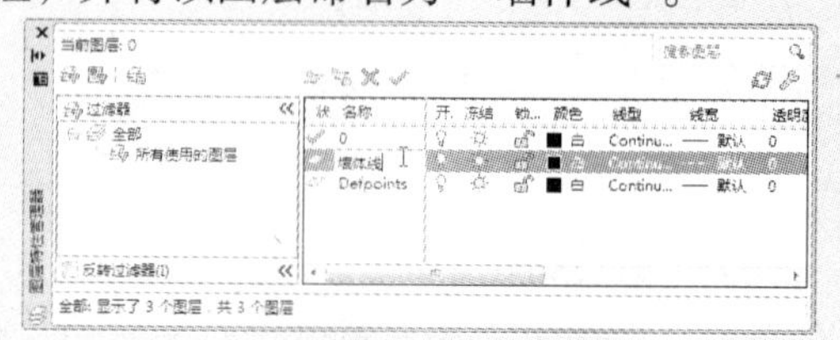

3 单击“墙体线”层的“线宽”选项，在打开的“线宽”对话框中，选择“0. 30 mm”。

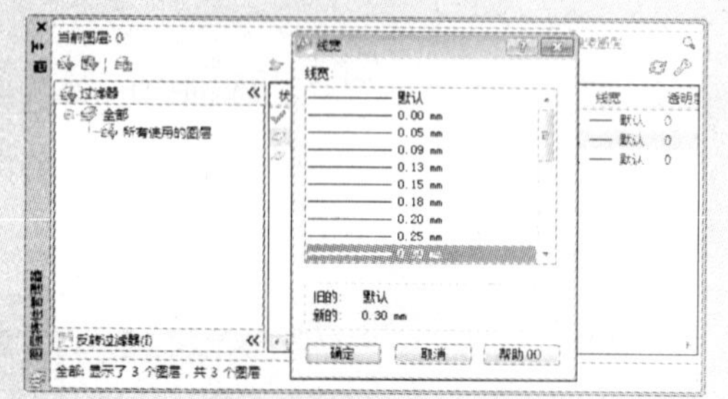

4 选择完成后，单击“确定”按钮，即可完成“墙体线”图层的线宽设置。

5 单击“新建图层”按钮，创建“门窗”图层。

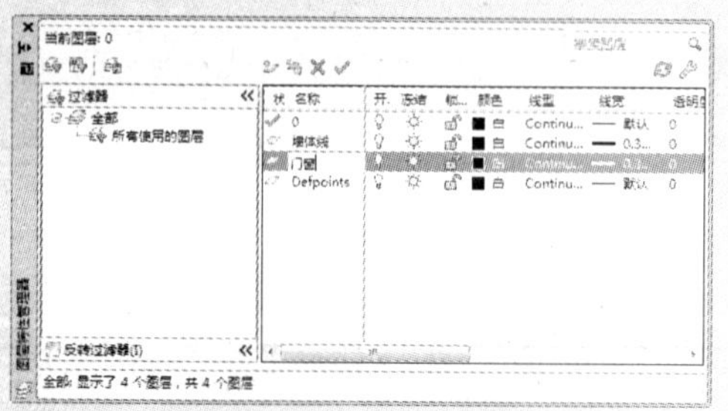

6 单击“门窗”图层中的“颜色”按钮，在“选择颜色”对话框中，选择“绿色”。

7 选择完成后，单击“确定”按钮，即可完成“门窗”层的颜色设置，其后，单击“线宽”选项，将线宽设置为“默认”。

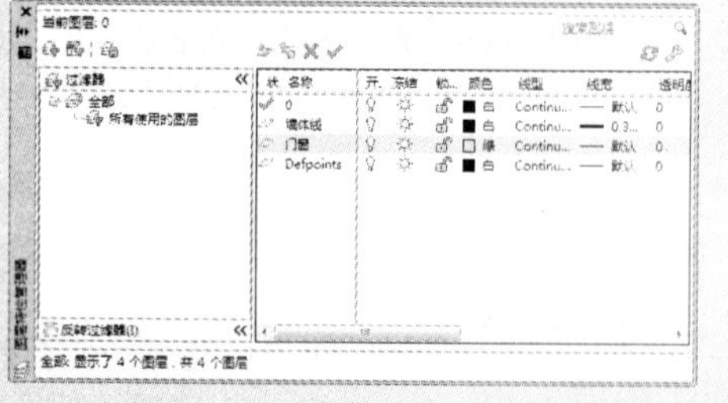

8 单击“新建图层”按钮，创建“轴线”图层，并将其颜色设置为“红色”。

步骤 9 单击“轴线”图层中的“线型”选项，打开“选择线型”对话框。

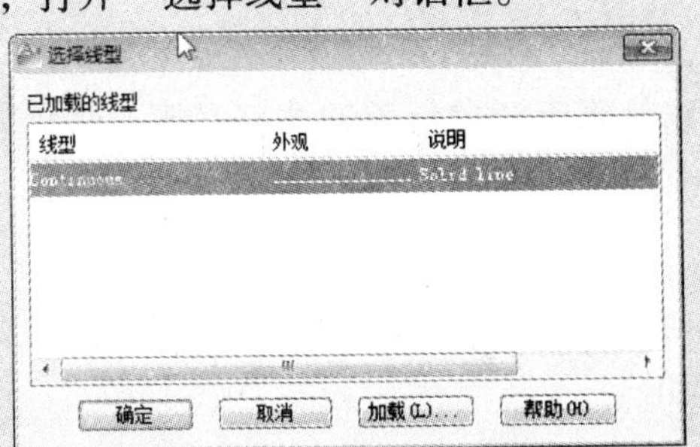

步骤 10 在当前对话框中，单击“加载”按钮，打开“加载或重载线型”对话框。

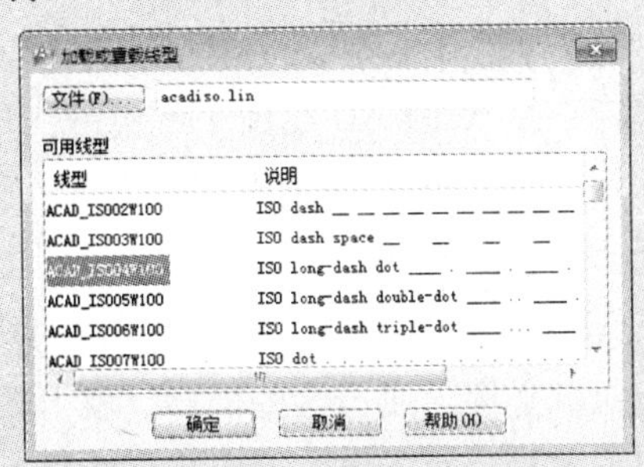

步骤 11 在该对话框中，选择第 3 行线型样式，并单击“确定”按钮，返回至上一层对话框。

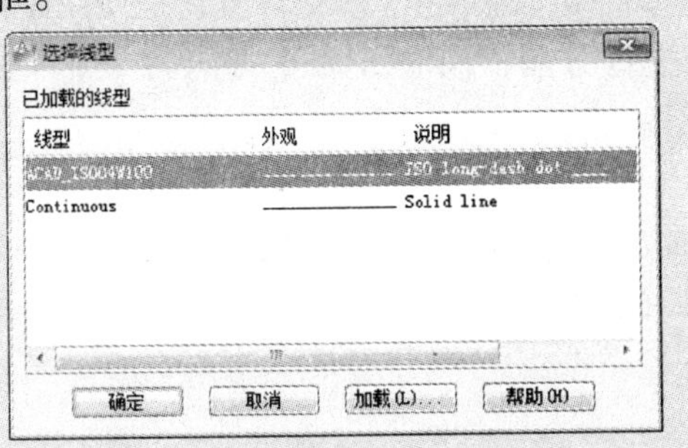

步骤 12 在该对话框中，选择刚加载的线型，单击“确定”按钮，即可完成“轴线”图层的线型设置。

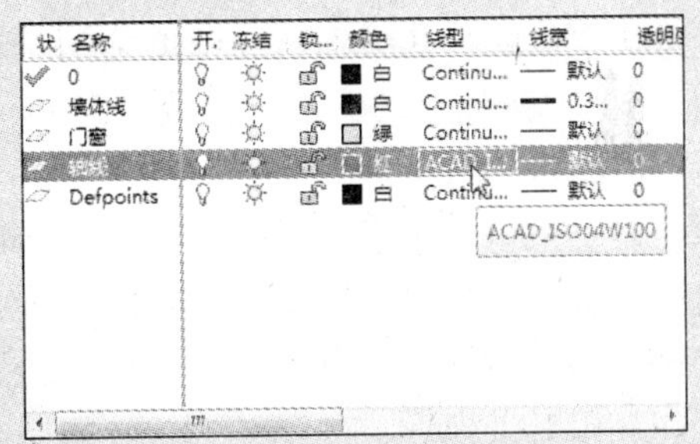

步骤 13 单击“轴线”图层中的“线宽”选项，在打开的“线宽”对话框中，选择“0.15 mm”。

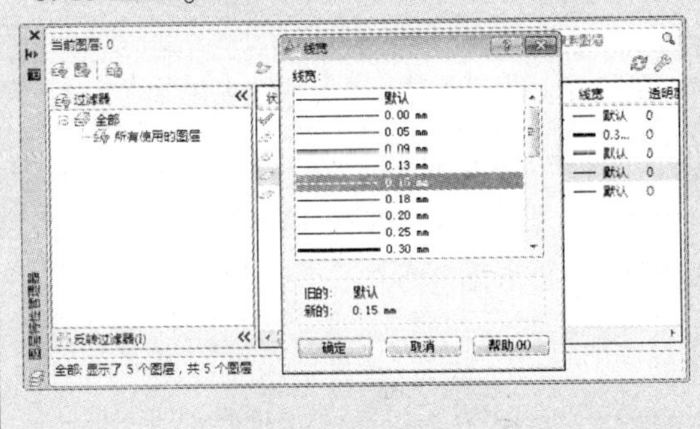

步骤 14 选择完成后，单击“确定”按钮，即可完成“轴线”线宽的设置。其后，双击“轴线”图层，即可将其设置为当前层。

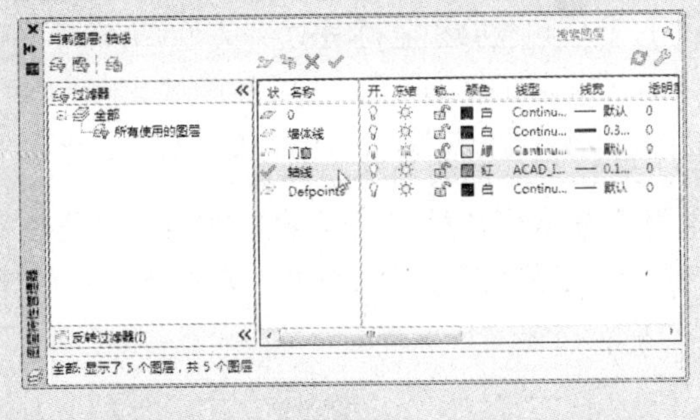

操作提示：

若想删除多余的图层，则在“图层特性”对话框中，右击选择所需删除的图层，在打开的下拉菜单中，选择“删除图层”命令，即可删除；而单击该对话框中的“删除图层✕”按钮，也可删除。需注意的是，当前使用层是不能删除的。

1.6 初识 AutoCAD 坐标系

坐标系是 AutoCAD 绘图中不可缺少的元素，它是确定对象位置的基本方法。而坐标系分为两种：世界坐标系和用户坐标系。下面将介绍下坐标系相关知识点。

1.6.1 点坐标

在 AutoCAD 2012 中，点坐标可分为 4 种：绝对直角坐标、绝对极坐标、相对直角坐标以及相对极坐标。通过这些坐标，就可精确定位图形。

（1）绝对直角坐标

绝对直角坐标是从点（0，0）或（0，0，0）进行移动，可以使用整数、小数等形式来表示点的 X、Y、Z 轴坐标值。坐标间需要用逗号隔开，如（5，10，0）或（12，0，8）等。

（2）绝对极坐标

绝对极坐标同样也是从坐标原点（0，0）或（0，0，0）进行移动，但它是使用距离和角度进行定位的，其中距离和角度之间用小于号进行分隔，同时 X 轴正方向为 0°，Y 轴正方向为 90°。例如（200 <90°）或（500 <60°）等。

（3）相对直角坐标

相对直角坐标是指对于某一点的 X 轴和 Y 轴进行移动的。它同样是使用整数或小数的形式进行定位的，但与绝对直角坐标不同的是，在数值前需输入“@”相对符号。例如（@500，90）或（@ -600，60）等。

（4）相对极坐标

相对极坐标通过用相对于某一特定点的位置和偏移角度来表示。相对极坐标是以上一次操作点为极点，进行定位的。例如（@100 <60°）或（@60 <30°）等，其中“@”表示相对，100 表示相对于上一次操作点的位置，30 表示角度。

1.6.2 创建坐标系

坐标系是可变动的，它需根据作图需要来更改创建。比如二维坐标和三维坐标就有所不同。若用户需更改当前坐标系，则可单击“快速访问栏”下拉按钮，在打开的快捷菜单中，选择“显示菜单栏”选项，其后，单击菜单栏中的“工具”→“新建 UCS”命令，在扩展列表中，用户就可根据需求，来选择合适的坐标即可，如下图所示。

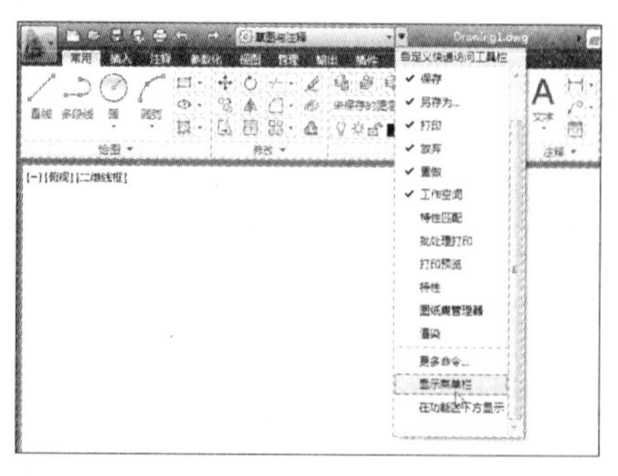

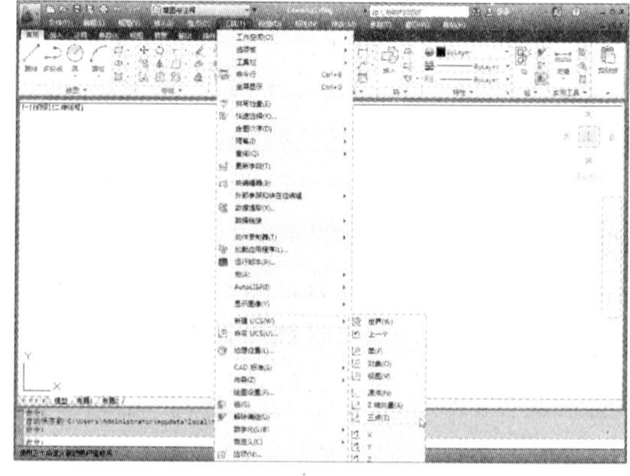

1.7　设置绘图环境

通常用户都是在系统默认的工作环境下进行绘图操作的。用户可以根据绘图习惯，对该默认环境进行修改，从而提高绘图的效率。

1.7.1　更改绘图区的背景色

在 AutoCAD 2012 软件中，绘图区的背景色为黑色，若想将其更换颜色，可通过以下方法进行操作。

1 在启动 AutoCAD 2012 软件后，单击“文件”→“选项”命令，打开“选项”对话框的“显示”选项卡中，单击“窗口元素”选项区的“颜色”按钮。

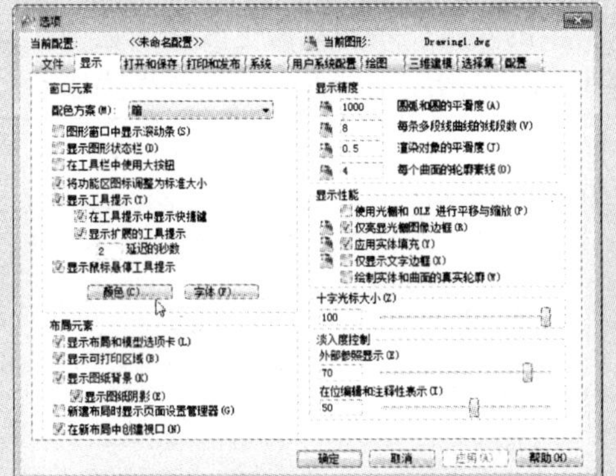

2 在打开的“图形窗口颜色”对话框中，单击“颜色”下拉按钮，并选择喜爱的颜色，这里选择“黄色”。在预览视图中即可看到效果，最后单击“确定”按钮。

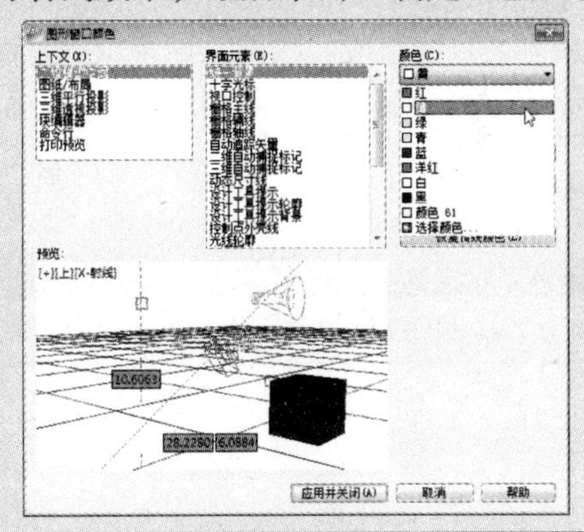

1.7.2　更改十字光标属性

十字光标就是在绘图区中鼠标表现的一种方式。而在 AutoCAD 2012 软件中，默认的十字光标大小为“5”，其有效选择范围为“1 ~ 100”。当范围选择到 100 后，该十字光标的尺寸可延伸到绘图区边界。具体操作方法如下：

1 右击绘图区任意处，在打开的快捷菜单中，选择“选项”命令。

2 在“十字光标大小”选项区中，输入光标大小值，这里输入“100”。

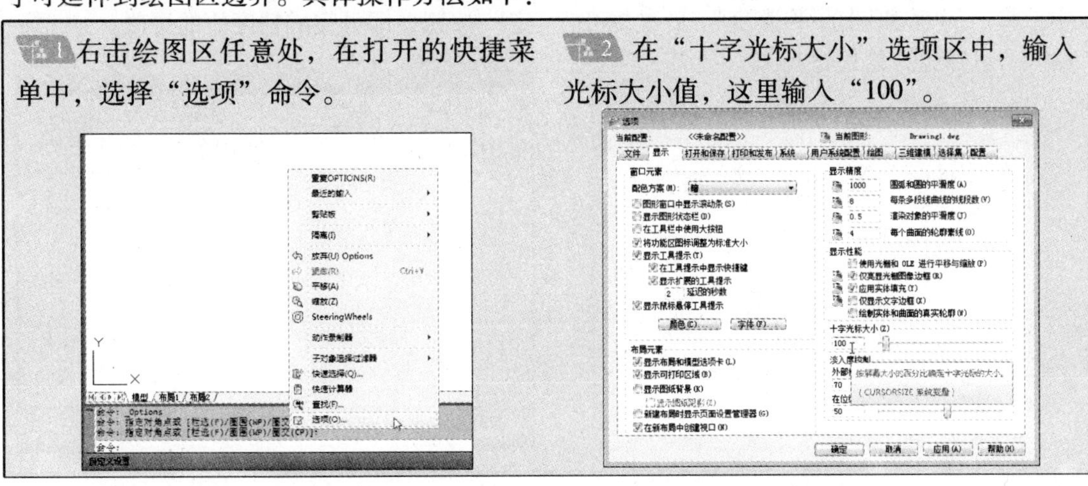

3 设置好后，单击“确定”按钮，即可完成光标的设置。

4 在“十字光标的大小”选区中，也可拖动滑块，来调整光标的数值。

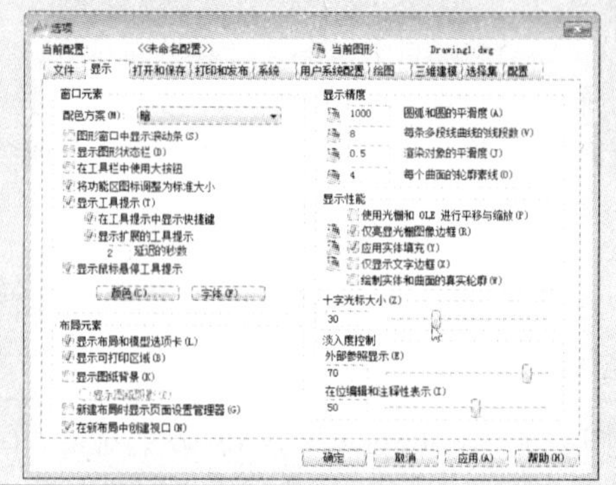

1.7.3 修改图形的显示精度

用户常常会遇到，在打开某一图纸文件时，会发现所绘制的圆已成多边形，而绘制的弧线则变成多条直线组成的线段，该现象则是图形显示精度的问题。用户只需更改精度数值，即可恢复原图形，数值越大，其精度越平滑；而数值越小，其平滑度则越低，其操作步骤如下：

1 单击“常用”→“绘图”→“圆”命令，绘制一个任意大小的圆。

2 单击“文件”→“选项”命令，在“选项”对话框中，选择“显示”选项卡。

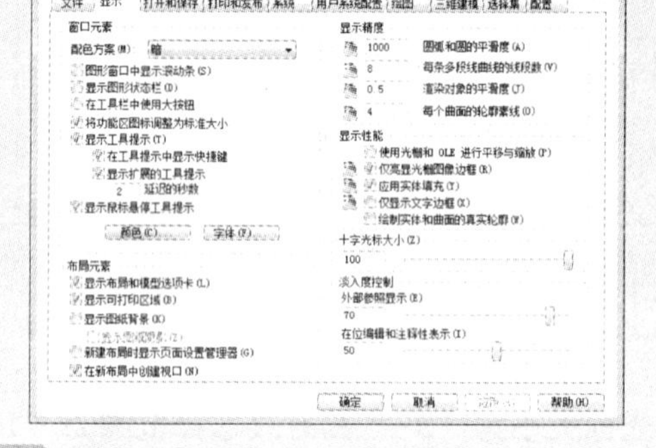

3 在该选项卡的“显示精度”选择区中，将“圆弧和圆的平滑度”文本框中，输入合适数值，这里选择10。

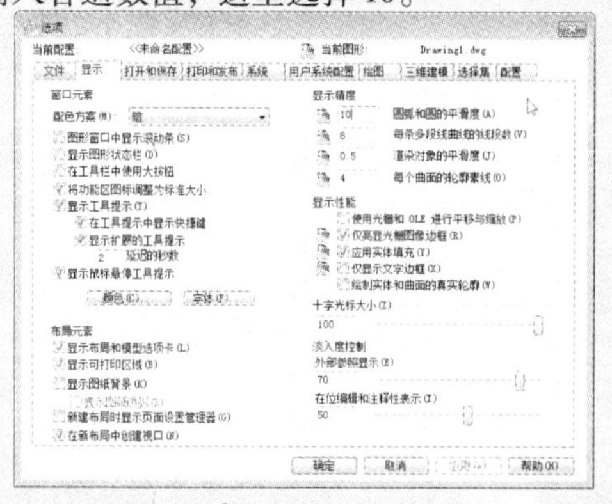

4 输入后，单击“应用”按钮和“确定”按钮，即可完成精度值的更改。

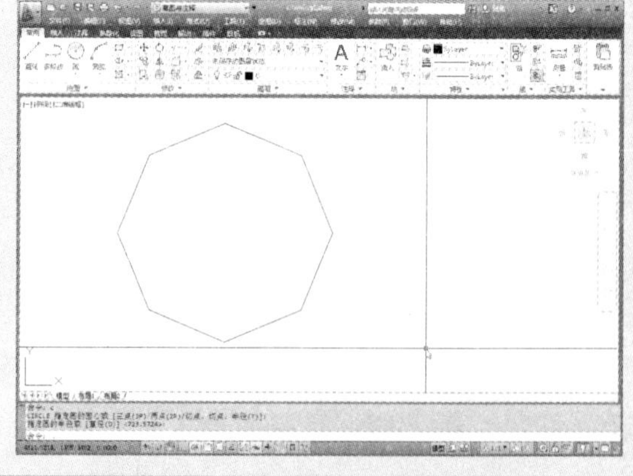

1.8 综合演练：CAD 文件基本操作

下面将结合以上所学的知识点，来对 AutoCAD 2012 软件的基本操作进行巩固。

最终效果：第 1 章 \ 综合演练 \ CAD 文件的基本操作 . dwg
视频路径： 视频 \ 第 1 章 \ AutoCAD 文件的基本操作 . wmv
注意事项： 图层设置和应用
实训目的： 让用户对 AutoCAD 软件基本操作有所了解

1 打开 AutoCAD 2012，单击“常用”→“图层”→“图层特性”命令，打开其对应的对话框。

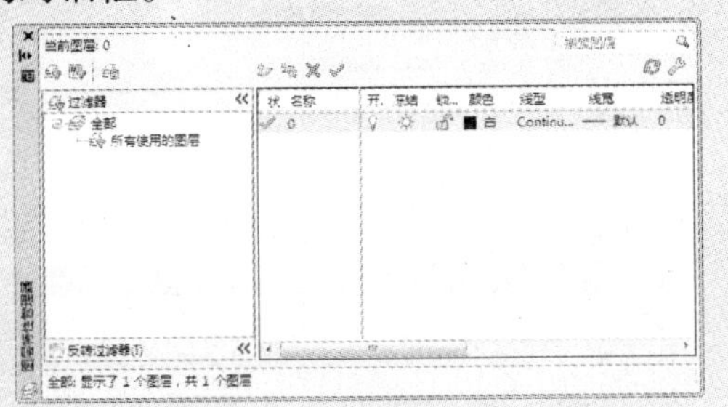

2 在该对话框中，单击“新建图层”按钮，创建“轴线”图层。

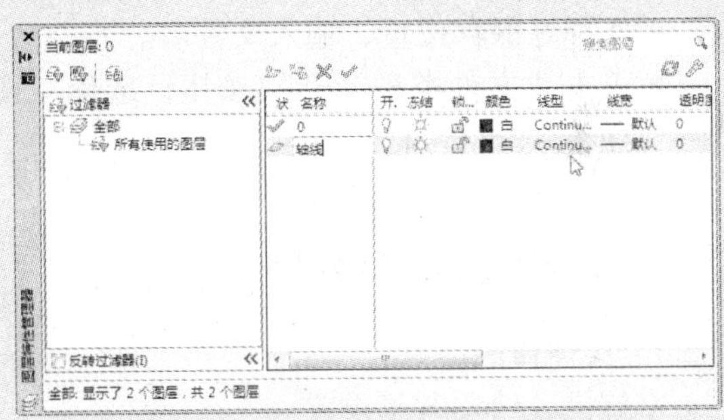

3 创建之后，将该层的“线型”、“线宽”以及“颜色”属性进行更改。

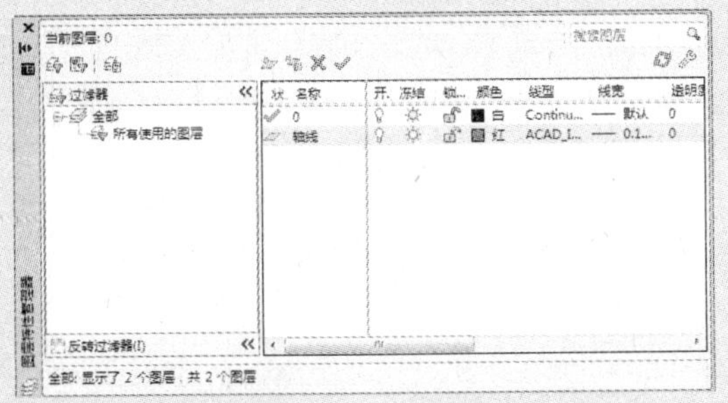

4 按照同样的操作方法，完成剩余图层的创建和设置。

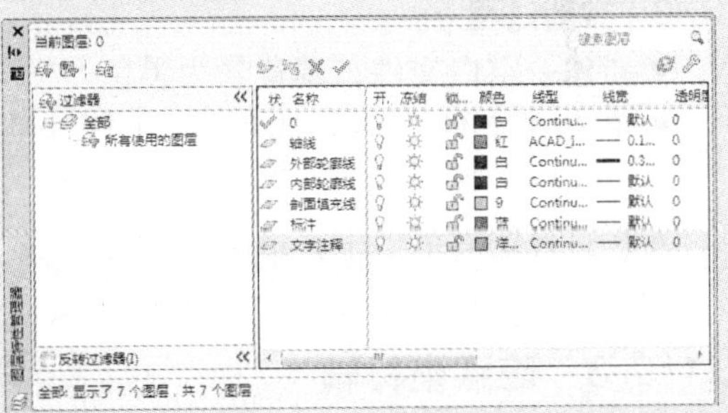

5 双击“轴线”层，将该层设置为当前层，关闭该对话框。

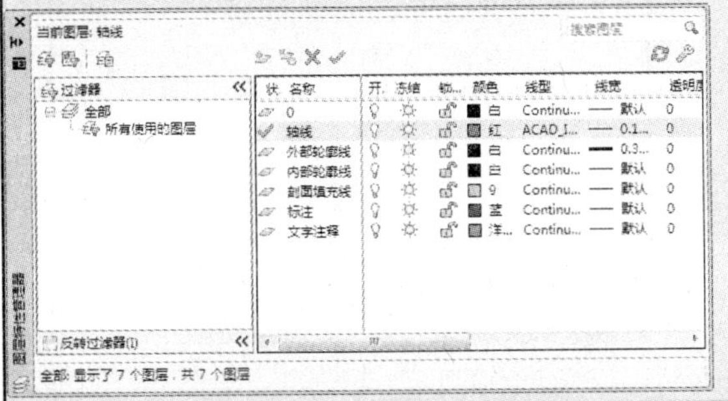

6 单击“文件”→“另存为”命令，将当前图形进行保存，关闭 AutoCAD 2012 软件。

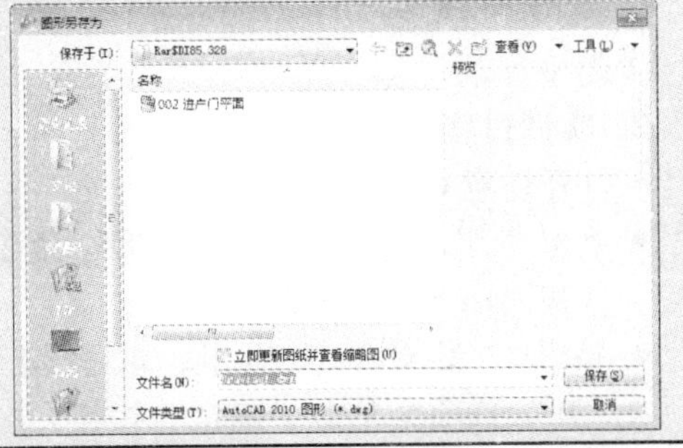

1.9 上机实训

下面将以 3 个简单的实例，来对本章所学的所有知识点进行巩固。

1.9.1 打开并保存 CAD 文件

1. 实训目的

熟练掌握 AutoCAD 软件的基本操作。

2. 实训内容

将 CAD 文件保存为“图形样板 *. dwt”文件。

3. 实训过程

- 打开所需设置的 CAD 文件，单击“文件”→“另存为”命令。
- 选择好保存位置，输入文件名。
- 单击“文件类型”下拉按钮，选择“图形样板 *. dwt”格式。最后保存。

1.9.2 更改 CAD 绘图背景

1. 实训目的

掌握更改绘图背景设置。

2. 实训内容

将当前黑色背景转换为白色背景。

3. 实训过程

- 新建一空白文件，其背景为黑色。
- 单击“文件”→“选项”，在打开的对话框中选择“颜色”。
- 在打开的对话框中，将颜色设为白色。

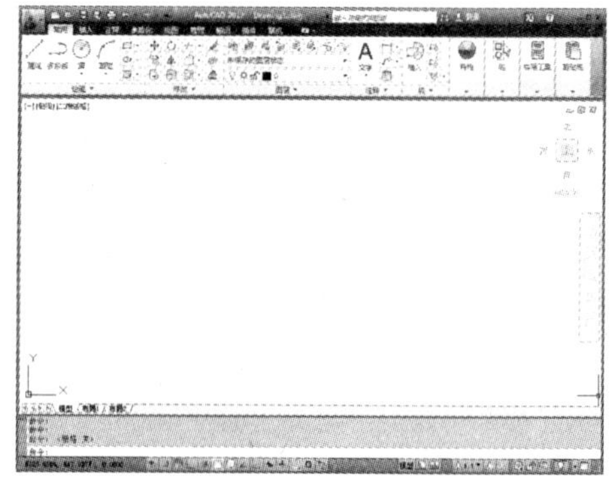

1.9.3 隐藏坐标轴

1. 实训目的

熟悉并掌握坐标轴的基本操作。

2. 实训内容

关闭坐标轴。

3. 实训过程

- 打开任意 CAD 文件。
- 单击“工具”→“命名 UCS”命令，打开“UCS”对话框。
- 单击“设置”选项卡，取消勾选“开”选项，单击“确定”按钮。

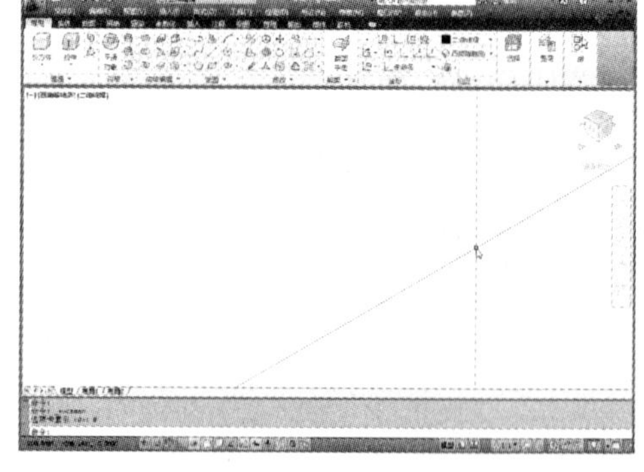

1.10　辅助绘图锦囊

在运用 CAD 软件进行操作时，难免会有这样或那样的问题，当用户遇到了这些问题，该如何解决呢？下面就罗列了几个 CAD 常见疑难问题，以供用户参考。

Q：如何将 CAD 文件进行加密操作?

A：如果用户想将所绘制的图纸进行加密，则可通过下面的步骤进行操作：

1 打开所要加密的 CAD 文件，单击“文件”→“另存为”命令，打开“另存为”对话框。

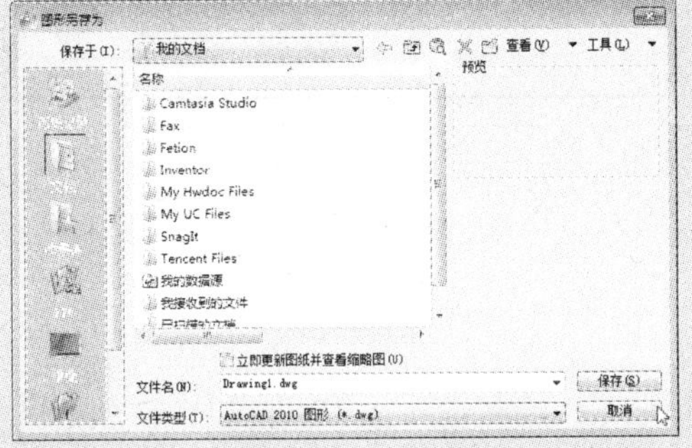

2 在该对话框中，单击右上角“工具”下拉按钮，选择“安全选项”选项。

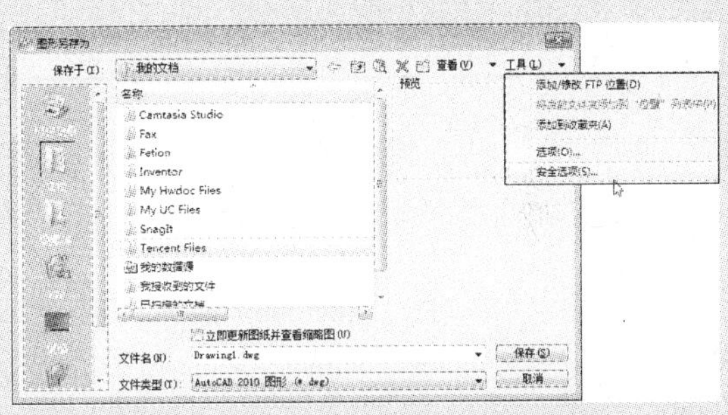

3 在“安全选项”对话框的“密码”选项卡中，输入密码或短语。

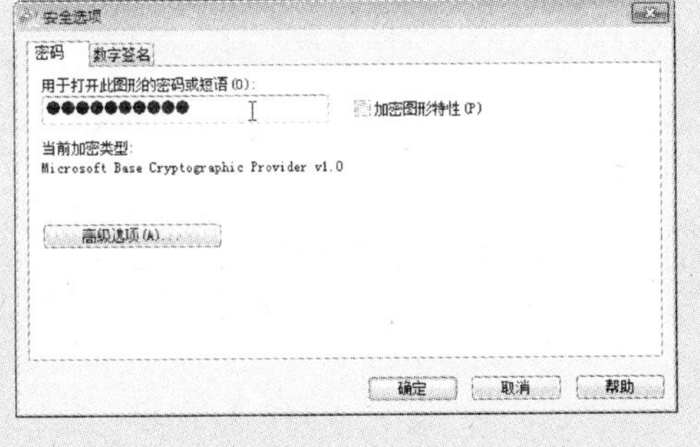

4 输入后，单击“确定”按钮，在“确认密码”对话框中，再次输入密码，单击“确定”按钮，即可完成该文件的加密。

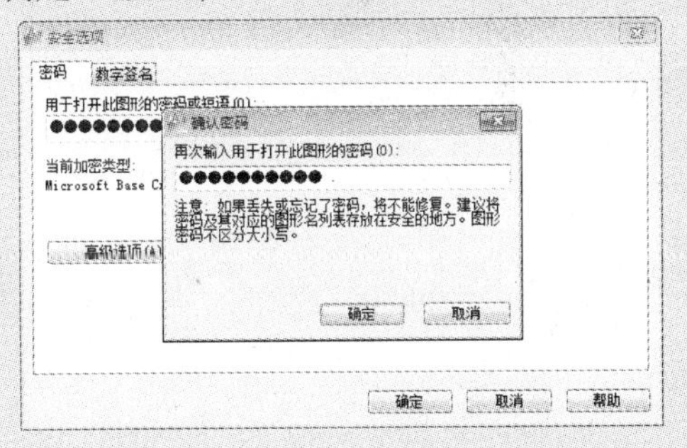

设置好后，再次打开该文件，就需先输入密码，才能查看。

Q：如何关闭 CAD 中的 *.Bak 文件?

A：每次关闭 CAD 软件后，都会出现“*.Bak”格式的备份文件，若想将其关闭，则可通过以下操作步骤进行：

1 单击“文件”→“选项”命令，在打开的“选项”对话框中，单击“打开和保存”选项卡。

2 在“文件安全措施”选项区中，取消勾选“每次保存时均创建备份副本”复选框。单击“确定”按钮即可。

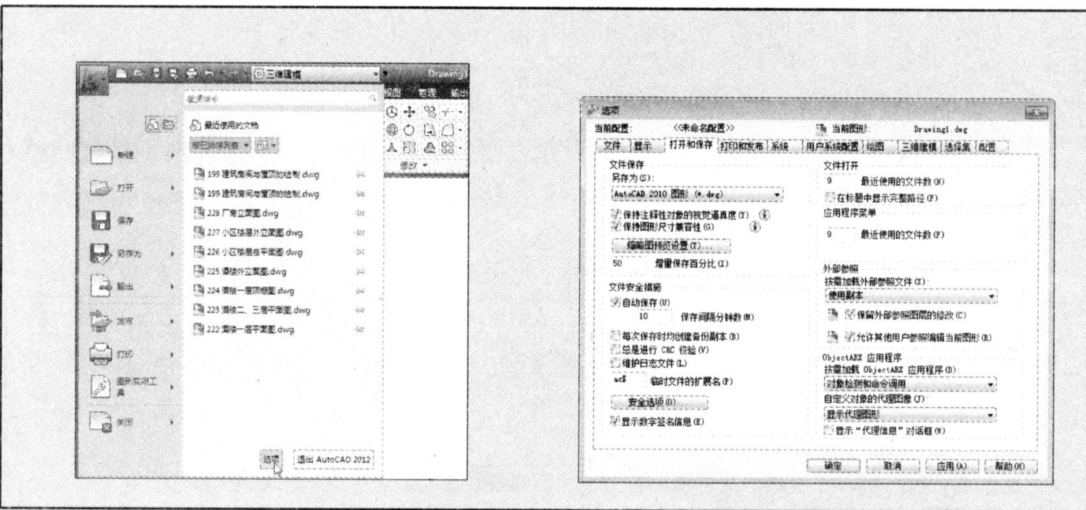
三维建模
最近使用的文档
新建
打开
保存
另存为
输出
发布
打印
图形实用工具
关闭
选项
退出 AutoCAD 2012
选项
当前配置：
<<未命名配置>>
当前图形：
Drawing1.dwg
文件
显示
打开和保存
打印和发布
系统
用户系统配置
绘图
三维建模
选择集
配置
文件保存
另存为(S)：
AutoCAD 2010 图形 (*.dwg)
保持注释性对象的视觉逼真度(Y)
保持图形尺寸兼容性(G)
缩略图预览设置(T)...
50
增量保存百分比(I)
文件安全措施
自动保存(U)
10
保存间隔分钟数(M)
每次保存时均创建备份副本(B)
总是进行 CRC 校验(V)
维护日志文件(L)
ac$
临时文件的扩展名(P)
安全选项(O)...
显示数字签名信息(E)
文件打开
9
最近使用的文件数(N)
在标题中显示完整路径(F)
应用程序菜单
9
最近使用的文件数(F)
外部参照
按需加载外部参照文件(X)：
使用副本
保留外部参照图层的修改(C)
允许其他用户参照编辑当前图形(R)
ObjectARX 应用程序
按需加载 ObjectARX 应用程序(D)：
对象检测和命令调用
自定义对象的代理图像(J)：
显示代理图形
显示“代理信息”对话框(W)
确定
取消
应用(A)
帮助(H)

第 2 章 创建基本二维图形

本章概述

本章将向读者介绍如何利用 AutoCAD 2012 软件来创建一些简单二维图形的相关知识点，其中包括点、线、曲线、矩形以及正多边形等操作命令。通过对本章内容的学习，使读者能够掌握一些制图的基本要领，同时为下面章节的学习打下了基础。

学习向导

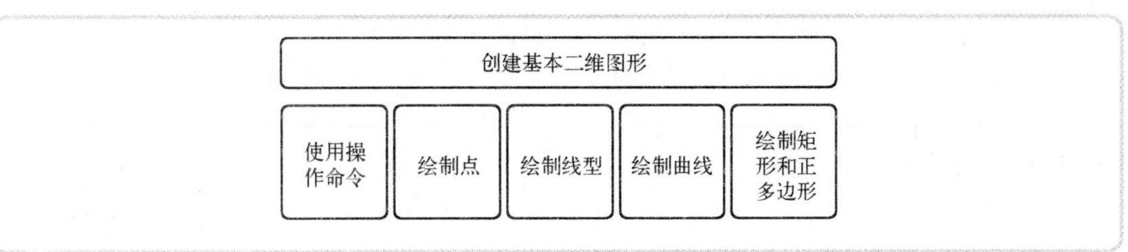

2.1 使用操作命令的方法

在 AutoCAD 中输入相关命令的方法有多种，而其中使用鼠标输入、键盘输入以及在命令行中输入，这 3 种方法最为常用。下面将分别介绍其使用方法。

2.1.1 鼠标输入命令

在 AutoCAD 中，使用鼠标输入命令，就是利用鼠标选择功能面板中的命令来绘制图形，例如，若想绘制直线，则执行“常用”→“绘图”→“直线”命令，其后在命令行中输入直线距离，即可完成直线的绘制，如下左图所示。

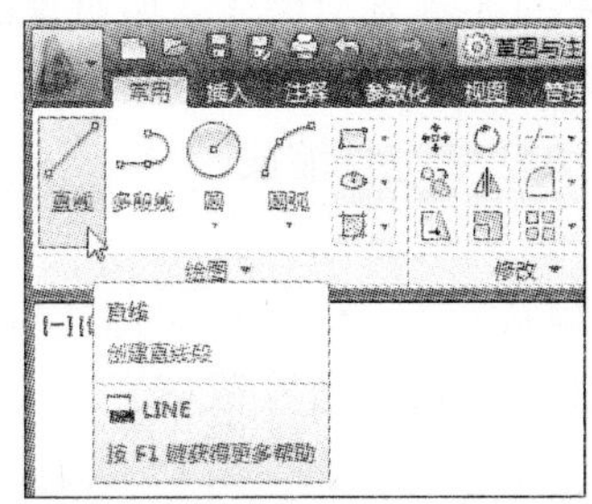

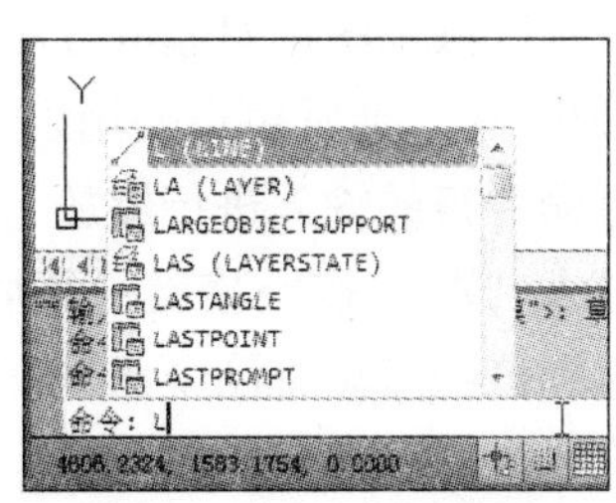

2.1.2 键盘输入命令

使用键盘输入命令的方法是 AutoCAD 常用操作之一。大部分的绘图、编辑功能都需使用键盘来操作，通过键盘可以输入操作命令、命令参数、系统坐标点以及文本对象等。例如，在键盘上按〈L〉键，然后按空格键，即可执行“直线”命令，如上右图所示。

2.1.3 使用命令行输入

命令行位于 CAD 操作界面的下方，在命令行中可以在当前命令提示下，输入命令、参数等内容。在命令行的空白处，单击鼠标右键，在打开的快捷菜单中，选择“近期使用的命令”选项，其后在扩展列表中，选择相关命令，即可进行该命令的操作，如下图所示。

操作提示：

若在命令行中输错命令后，可按〈Backspace〉键进行删除；而若想输入其他命令，则按〈Esc〉键，即可终止上一次命令的操作。

2.2 图形的显示

AutoCAD 的图形显示控制功能在建筑设计和绘图领域的应用极为广泛，如何控制图形的显示，是设计人员必须要掌握的技术。

2.2.1 缩放视图

按一定比例、观察位置和角度显示的图形称为视图。在 AutoCAD 中，可以通过视图来观察图形对象。缩放视图可以增加或减少图形对象的屏幕显示尺寸，但对象的真实尺寸保持不变。通过改变显示区域和图形对象的大小更准确、更详细地进行绘图操作。

在 AutoCAD 2012 中，通常可以使用以下 4 种方法来进行缩放。

方法一：通过命令行的输入进行缩放

在命令行中输入“Z”，按空格键，其后，将鼠标移至所需缩放的对象上，按住鼠标左键，拖动鼠标，直到该图形对象已全部显示在缩放框中后，放开鼠标，即可将该图形放大，如下图所示。

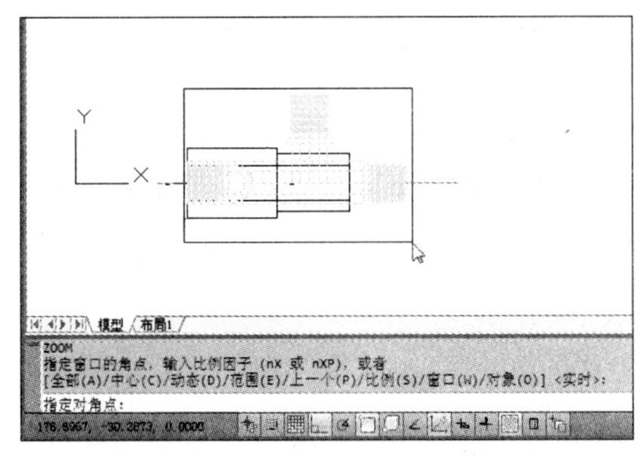

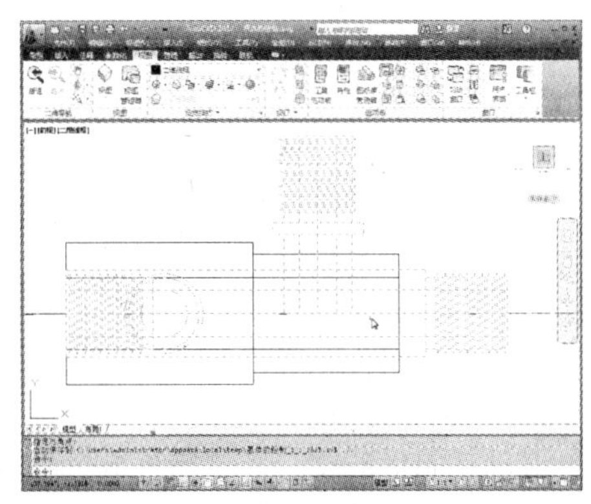

方法二：使用鼠标按键进行缩放

单击绘图区任意一点，然后滚动鼠标中键，即可放大或缩小该图形。若将鼠标中键向前滚动，则为放大图形；若向后滚动，则为缩小图形。该方法是最为快捷的，也是最常用的方法。

方法三：使用“视图”选项卡进行缩放

用户可单击“视图”→“二维导航”→“范围”命令，在打开的下拉列表中，根据缩放需要，选择相应的缩放选项，即可完成，如下左图所示。

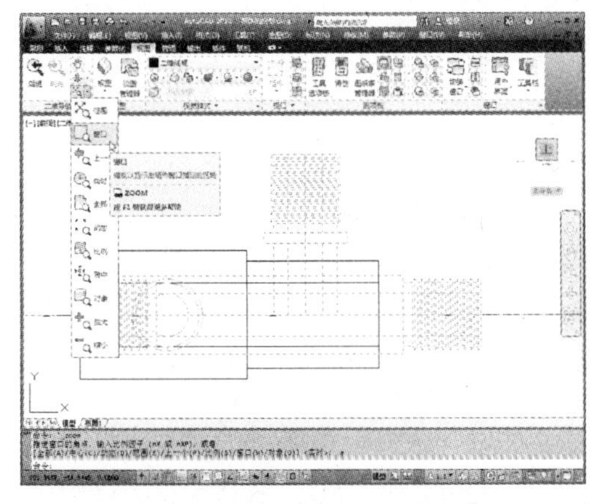

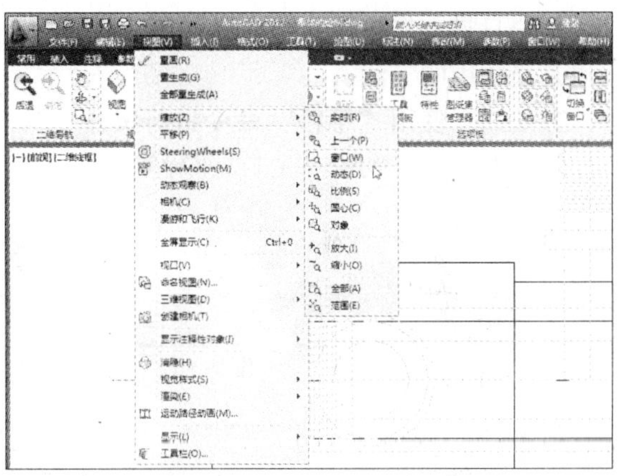

方法四：使用菜单命令进行缩放

单击菜单栏中的“视图”→“缩放”命令，在打开的扩展列表中，根据需要选择合适的缩放选项，即可完成缩放，如上右图所示。

在 AutoCAD 2012 中，缩放模式有很多种，其中包括“范围”、“窗口”、“上一个”、“实时”、“全部”、“居中”以及“对象”等，下面就分别对其类型进行简单阐述。

- 范围：选择该模式，在绘图区中尽可能大地显示所有图形对象。与全部缩放模式不同的是，范围缩放使用的显示边界只是图形范围而不是图形界限。
- 窗口：选择该模式，并框选所需放大图形的某一部分，可将其局部放大。
- 上一个：选择该模式，可将当前图形转换到上一次缩放的大小。
- 实时：选择该模式，即可在绘图区中显示放大镜图样，按住放大镜，向下方移动，即可缩小图形，若向上移动，即可放大图形。
- 全部：选择该模式，则显示整个图形中的所有对象。在平面视图中，它以图形界限或

当前图形范围为显示边界，在具体情况下，范围最大的将作为显示边界。

- 动态：选择该模式，则可使用矩形视图框进行平移和缩放。视图框表示视图，可以更改它的大小，或在图形中移动。移动视图框或调整它的大小，将其中的视图平移或缩放，以充满整个视口。
- 比例：选择该模式，可在命令行中，输入比例数值，即可缩放当前图形。
- 居中：选择该模式，则可缩放以显示由中心点和比例值/高度所定义的视图。高度值较小时增加放大比例，高度值较大时减小放大比例。
- 对象：选择该模式，根据命令提示，在绘图区中选择一个图形对象，视图将以显示所选择图形的全部区域进行放大或缩小。
- 放大：选择该模式，系统将会使整个视图放大一倍，即默认的比例因子为2。
- 缩小：选择该模式，系统将会使整个视图缩小50%，即默认的比例因子为0.5。

2.2.2 平移视图

在AutoCAD软件中，使用平移视图命令，可以重新定位图形，以便查看图形的其他部分。此时，不会改变图形中对象的位置或比例，只改变视图。而在AutoCAD 2012中，用户可通过以下3种方法进行操作。

方法一：使用鼠标中键进行操作

用户只需直接按住鼠标中键，当出现手形图标时，拖动鼠标，即可完成平移操作。该方法也是最常用的方法。

方法二：使用“平移”命令进行操作

用户可单击“常用”→“二维导航”→“平移”命令，即可完成该操作，如下左图所示。

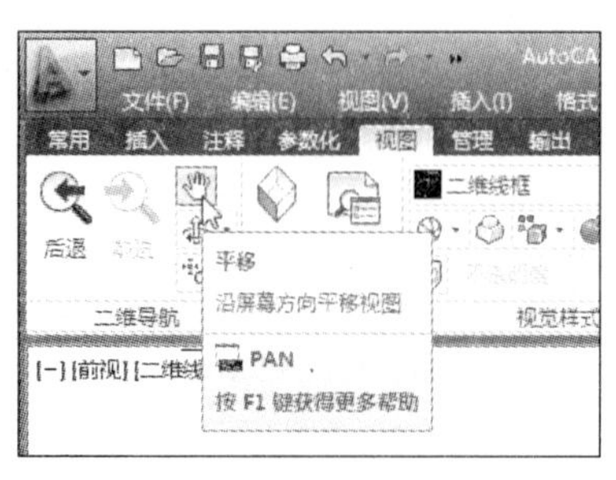

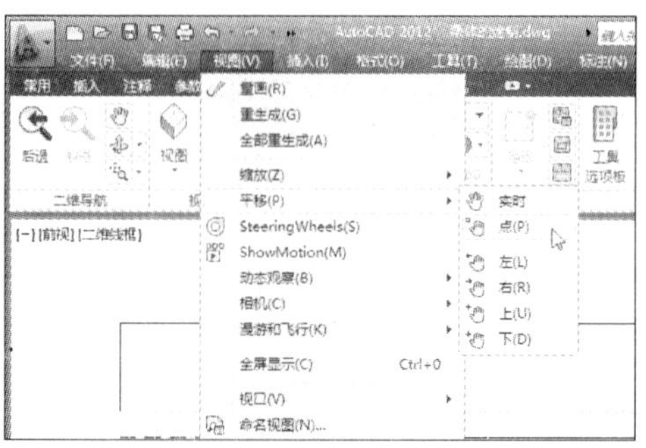

方法三：使用菜单栏中的命令进行操作

单击菜单栏中的“视图”→“平移”命令，并在扩展列表中，选择合适的平移模式，即可完成该操作，如上右图所示。

用平移命令进行操作时，其图形的显示比例不变。除了可以上、下、左、右平移视图外，还可以通过使用“实时”和“定点”命令来平移视图。

- 实时：选择该模式，是可将绘图区中图形按照鼠标移动的方向进行平移。
- 定点：选择该模式，则可以通过指定基点和位移值来指定平移视图。

2.2.3 使用视口视图

在绘图时，为了方便编辑，常需要将图形的局部进行放大，以显示细节。当需要观察图形的整体效果时，仅使用单一的绘图视口已无法满足需要了。此时，就需使用平铺视口功能，将绘图区窗口划分为若干视口。

在 AutoCAD 2012 中，虽然可以同时在不同的视口中分别显示图形，但在同一时间只能在一个视口中进行操作。下面将以三维底座图形来进行介绍。

步骤1　打开“底座表面模型.dwg”文件，当前视图为“西南等轴测”，单击“视图”→“视口”命令，选择“视口配置列表”选项。

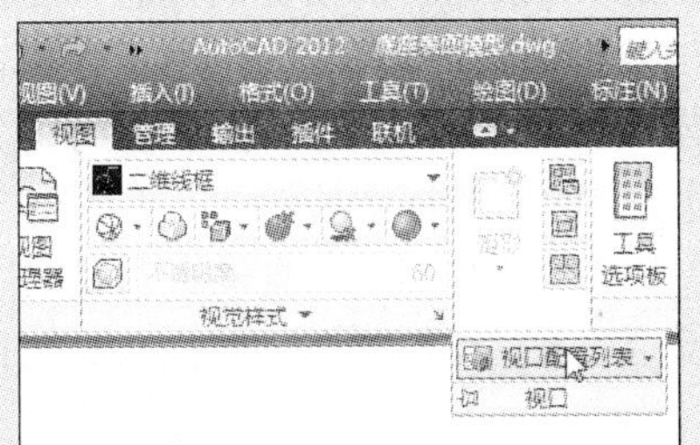

步骤2　在打开的下拉列表中，用户可根据需要选择视口数量，这里选择“四个：相等”选项。

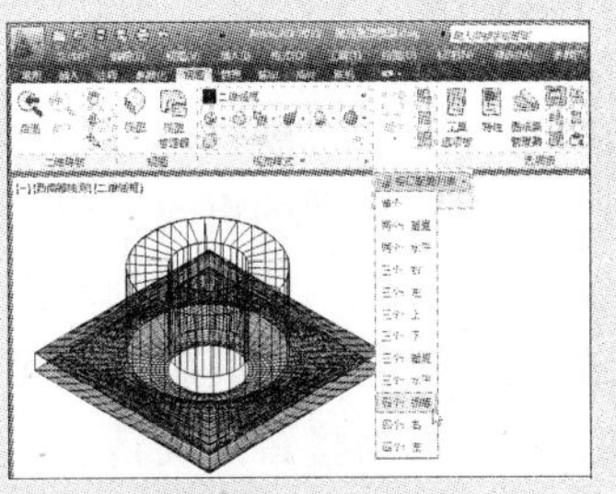

步骤3　选择完成后，即可在绘图区中，显示4个相等的视图窗口，在每个视口左上角则显示该视口名称。

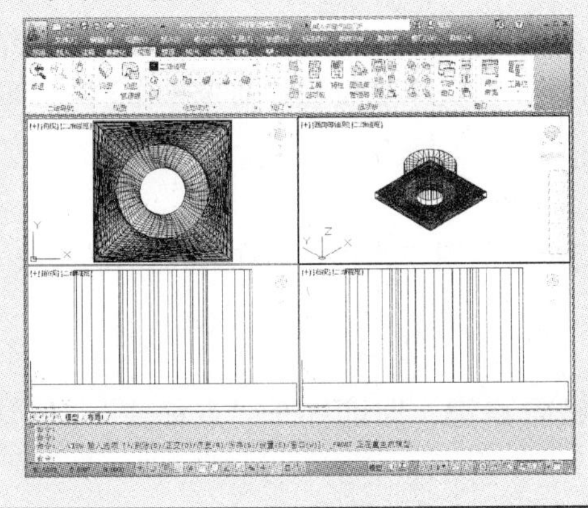

步骤4　若想更改其中一个视口，则选中所需更改的视口，单击“视图”→“视图”命令，选择其他所需的视口，即可完成更改。

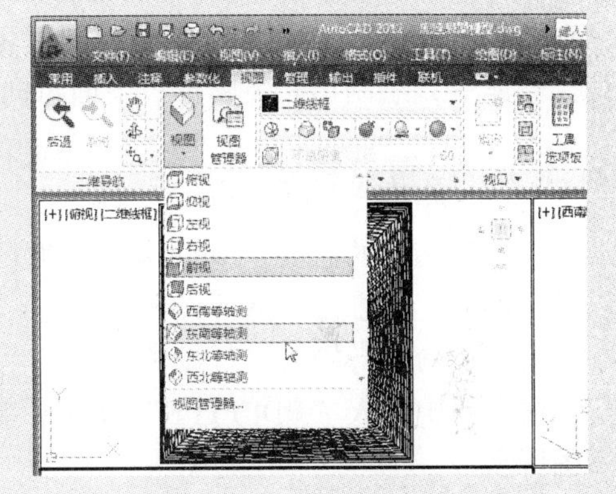

当然，也可以根据需要，选择其他几个视口模式，例如“三个：左”、“两个：垂直”等，如下图所示。

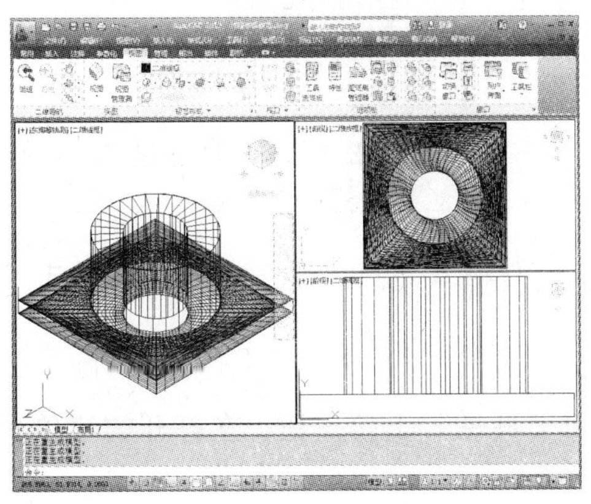

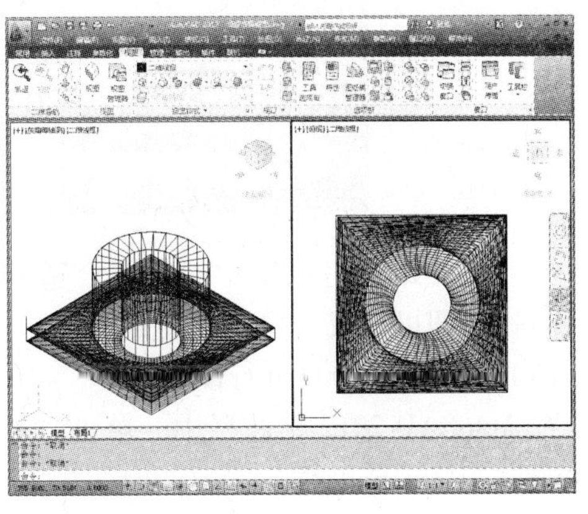

2.2.4 动态观察

在 AutoCAD 2012 中，用户还可对当前图形对象进行动态观察。而该动态观察命令，只限于在三维空间中使用。动态观察命令有 3 种模式：“动态观察”、“自由动态观察”及“连续动态观察”。下面将分别对其进行介绍。

- 动态观察：当选择该模式后，将鼠标放置模型上，按住鼠标左键，拖动鼠标，此时该图形则会按照光标方向进行旋转。该模式可让用户观察到当前模型的任意角度。
- 自由动态观察：使用三维自由动态观察时，光标将随移动而更改，以指示在单击和拖动时将如何动态观察模型，而“动态观察”模式与其不同的是，它不会约束为防止回卷对视图所做的更改，以及围绕与屏幕平面正交的轴的视图旋转。
- 连续动态观察：该模式为动态，它会按照用户指定的任意方向，自动进行旋转，而当光标移动速度快，其旋转速度也随之加快，反之，则为减慢。若单击绘图区任意一点，则该模型将暂停旋转。

2.3 绘制点

在 AutoCAD 中，点可用于捕捉绘制对象的节点或参照点，用户可利用这些点，并结合其他操作命令，绘制出相关图形。下面将向读者介绍一些关于点设置的命令操作。

2.3.1 设置点样式

为了满足用户的需要，AutoCAD 提供了多种点样式供用户选择。而在 AutoCAD 2012 中，可以通过以下 2 种方法来进行设置。

(1) 通过命令行输入进行设置

在命令行中输入“DDPTYPE”命令，其后，按空格键，即可打开“点样式”对话框，如下图所示。

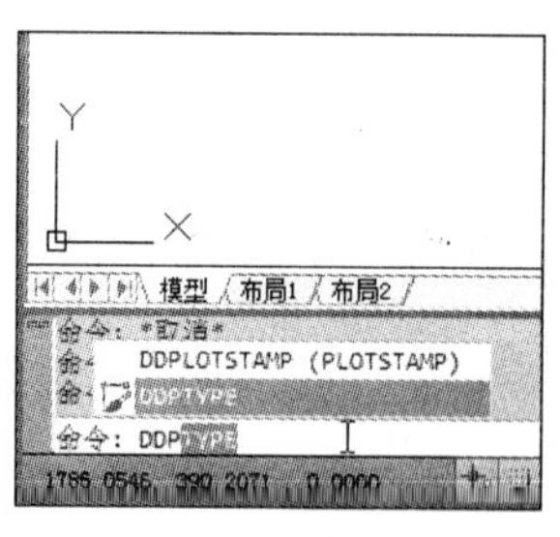

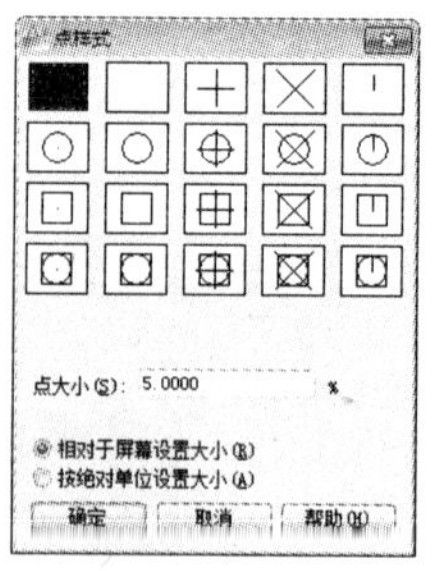

在“点样式”对话框中，选择合适的点样式，并输入“点大小”的数值，单击“确定”按钮，即可完成点样式的设置。

(2) 通过菜单命令进行设置

在 AutoCAD 2012 标题栏中，单击“快速访问工具栏”下拉按钮，在打开的菜单列表中，选择“显示菜单栏”选项，如下左图所示；其后，在菜单栏中，执行“格式”→“点样式”命令，即可打开“点样式”对话框，如下右图所示。

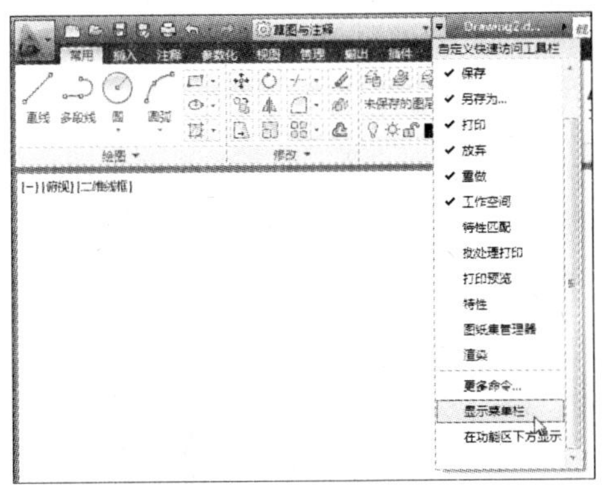

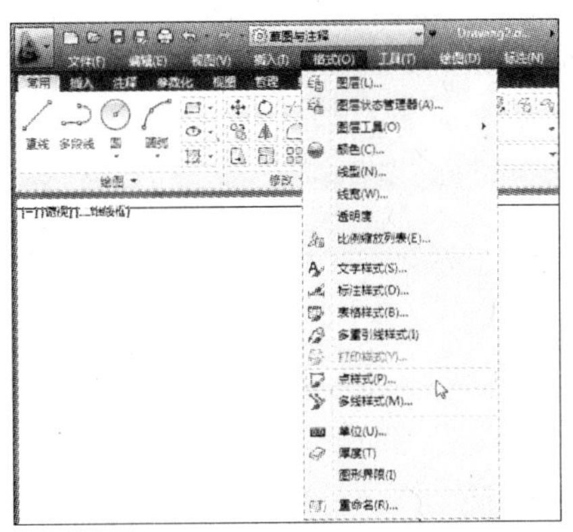

2.3.2 创建点

在 AutoCAD 2012 中，可以根据用户的需要创建相应的点，其操作为：执行“常用”→“绘图”→“多点”命令，如下左图所示。其后在绘图区中，指定点的位置，即可创建完成，如下右图所示。

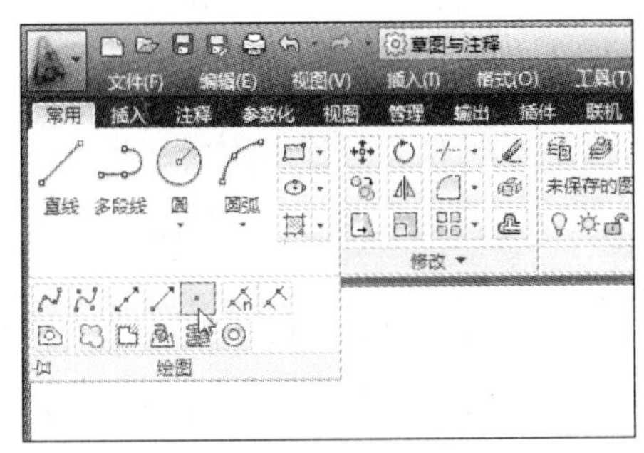

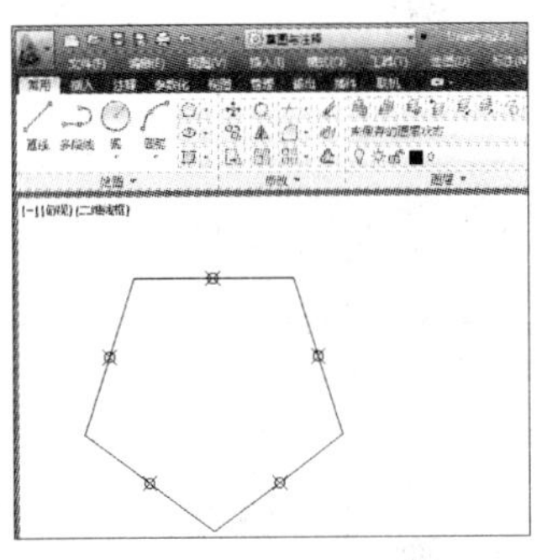

当然，也可直接在命令行中输入“POINT”命令，按回车键，其后在绘图区中，指定所需点的位置，同样可完成点的创建，如下图所示。

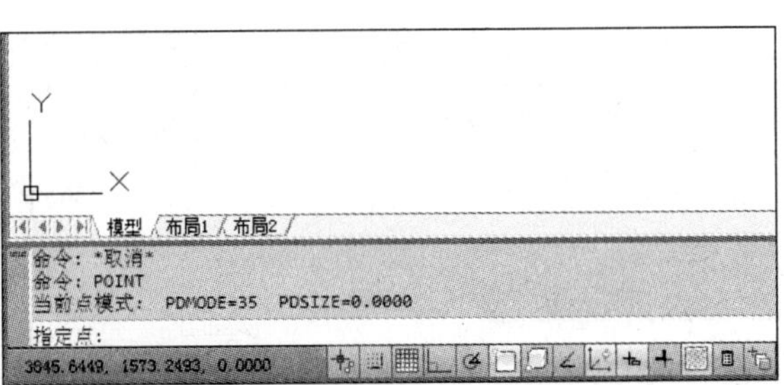

2.3.3 定数等分对象

在 AutoCAD 中，定数等分就是将所选对象等分为指定数目的相等长度，然后在该对象上按指定数目等间距创建点或插入块。在 CAD 2012 中，可通过两种操作方法来完成。一是通过命令行输入来完成；二是通过功能面板中的“定数等分”命令来完成。下面将以梳妆镜为例，来介绍其具体的操作方法。

1 在命令行中输入“DDPTYPE”命令，按回车键，设置点的样式。

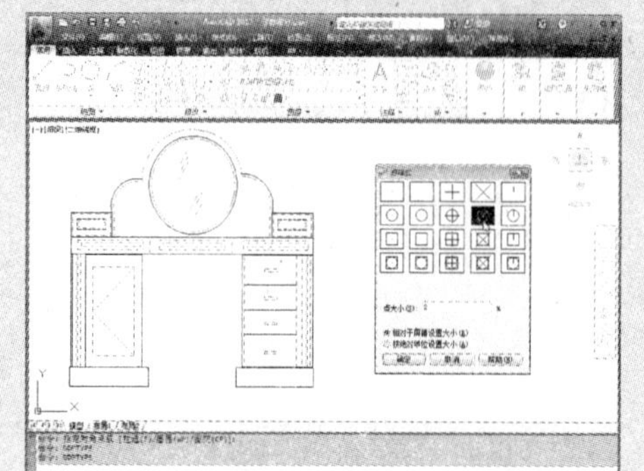

2 设置完成后，执行“常用”→“绘图”→“定数等分”命令。

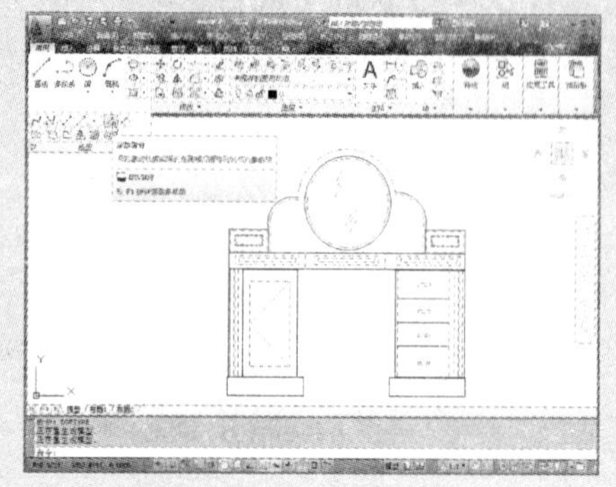

3 根据命令行中的提示，选择化妆镜，并输入线段数目，例如输入“6”。

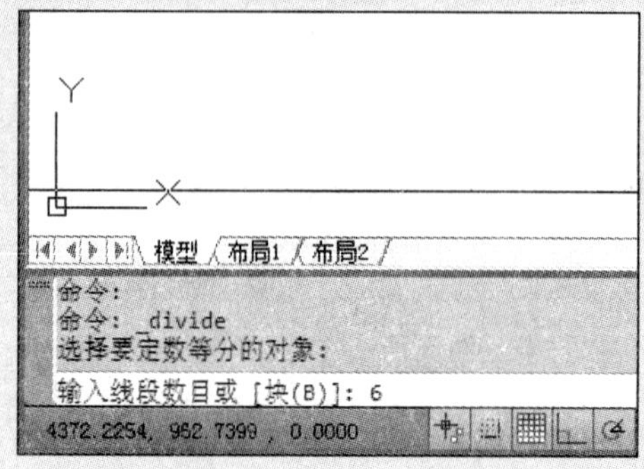

4 输入完毕后，按回车键，即可完成定数等分操作。

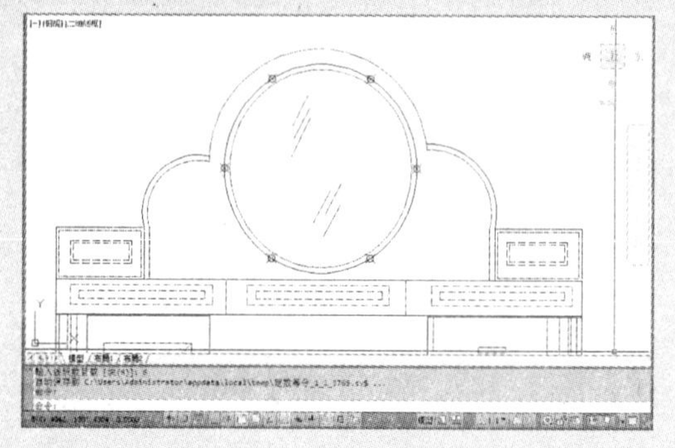

当然也可在命令行中，输入“DIV”命令，并按空格键，同样也可将当前图形进行定数等分。

2.3.4 测量

定距等分是按指定的长度，从指定的端点测量一条直线、圆弧或多段线，并在其上按长度标记点或块标记。它与定数等分在表现形式上是相同的，不同的则是：前者是按照线段的长度来平均分段，后者是按照线段的段数来分段的。下面将举例来介绍其操作方法。

1 在命令行中输入“DDPTYPE”命令，按回车键，其后，在“点样式”对话框中，设置好点样式。

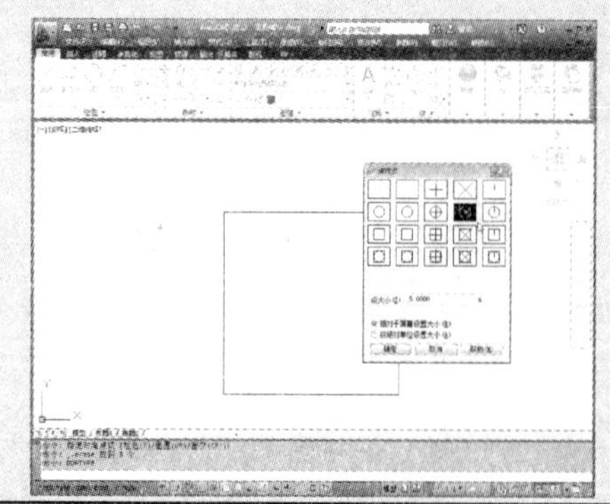

2 设置完成后，执行“常用”→“绘图”→“测量”命令。

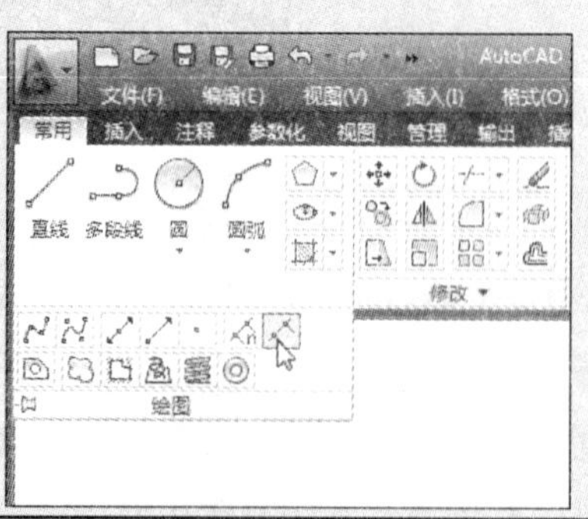

步骤 3 根据命令行中的提示，选择“矩形”，并输入线段等分距离，如输入“100”。

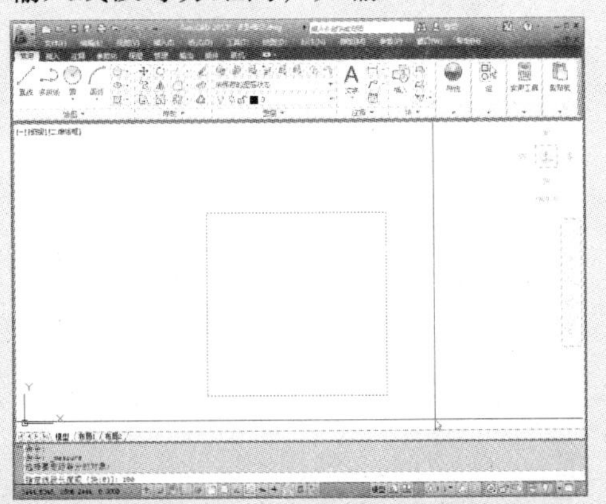

步骤 4 输入完成后，按回车键，即可完成等距等分操作。

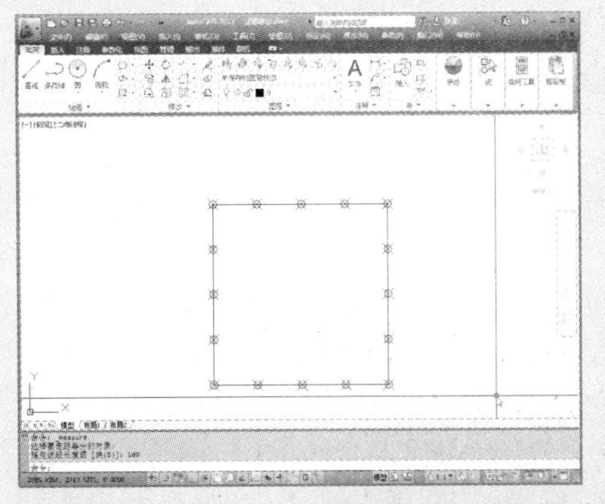

操作提示：

在执行“测量”命令时，需注意的是，如果输入的等分长度不能被对象总长度整除，那么该对象最后的等分点到起始点之间的距离则不是输入的长度。

2.4 绘制线型

在 AutoCAD 中，线段类型分为两大类：直线和曲线。其中直线又可分为直线、构造线、射线等。下面将分别对其进行介绍。

2.4.1 绘制直线

“直线”命令是 AutoCAD 中的常用命令之一。只需指定线段的起点，输入直线距离，即可完成绘制。直线可以是一条线段，也可以是一系列的线段组成。下面将利用“直线”命令，绘制一个长为 300 mm、宽为 450 mm 的长方形。

步骤 1 启动 AutoCAD 2012 软件，新建图形，执行“常用”→“绘图”→“直线”命令。

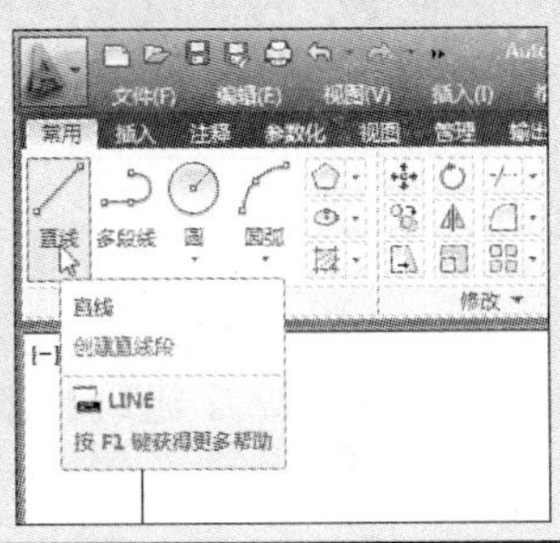

步骤 2 在绘图区中，指定直线起点，向下拖动鼠标，并在命令行中输入距离“300”。

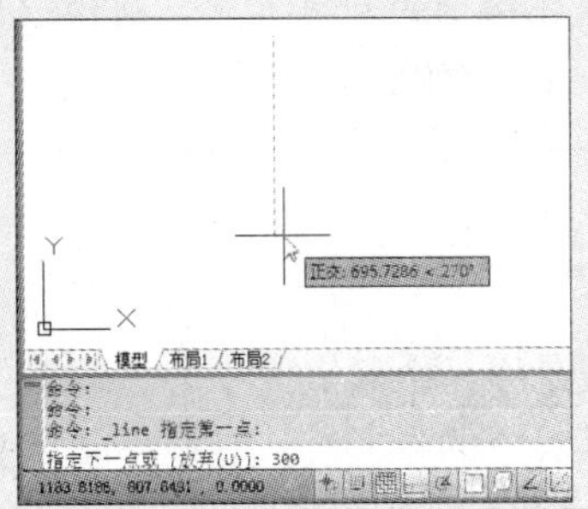

3 输入完毕后，按空格键，即可完成该线段的绘制，此时，将鼠标向右移动，并在命令行中，输入距离为“450”。

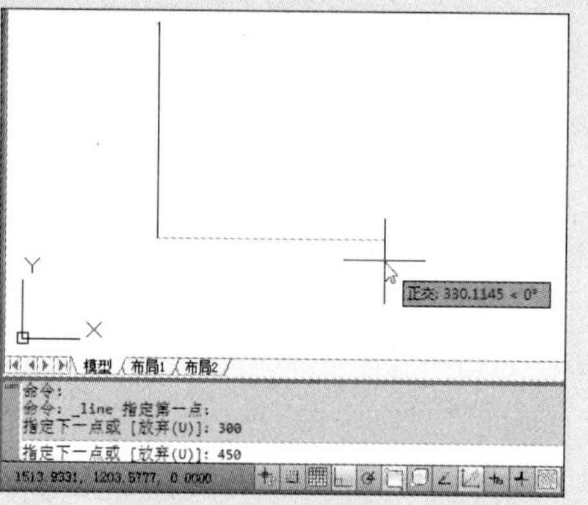

4 输入完毕后，按空格键，其后将鼠标向上移动，并在命令行中，输入距离值为“300”。

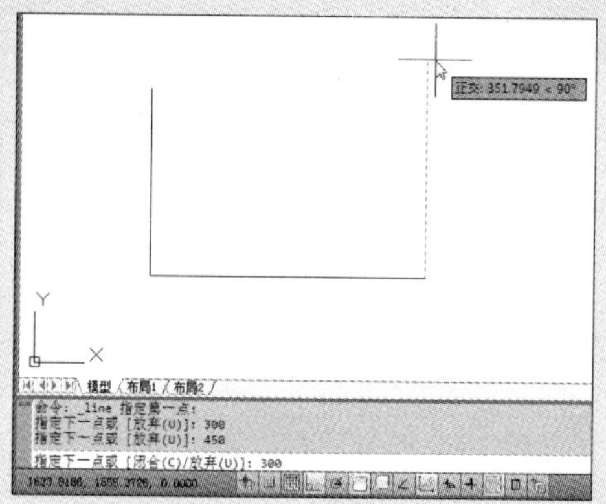

5 按空格键后，将鼠标左移动，并输入距离值为“450”。

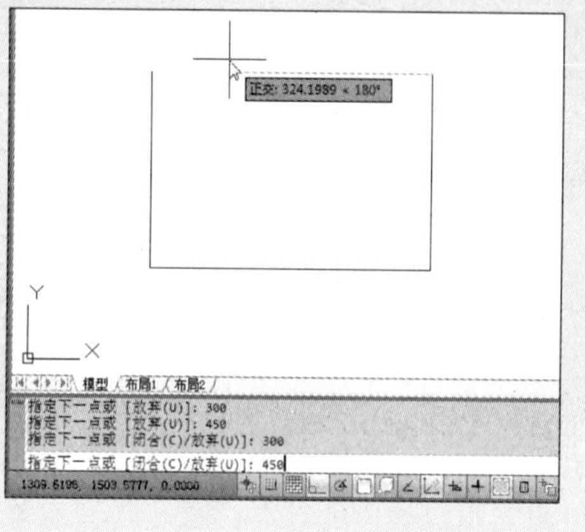

6 输入完毕后，按回车键，即可完成该长方形的绘制。

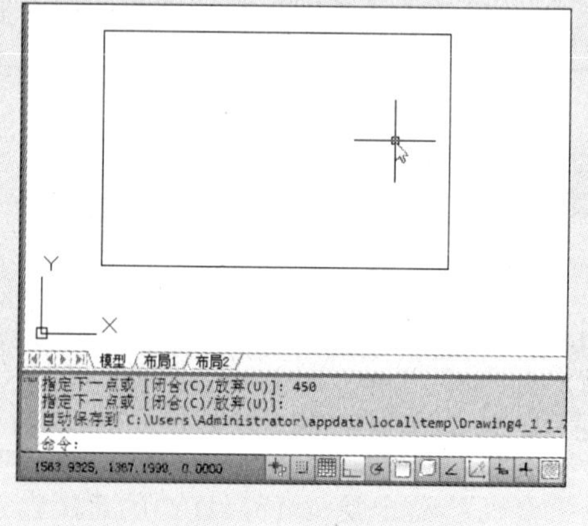

若想单击“直线”命令，在命令行中，输入“L”，并按空格键，同样可进行“直线”操作。

操作提示：

若发现绘制的直线不直，则按〈F8〉键，启动“正交”命令，即可绘制出直线；再次按〈F8〉键，则关闭“正交”命令，此时即可绘制出斜线。

2.4.2 绘制射线

射线是以一个起点为中心，向某方向无限延伸的直线。在 AutoCAD 建筑制图中，常用作创建某对象的参考线。其操作步骤如下：

启动 AutoCAD 2012 软件，新建一空白文件，执行“常用”→“绘图”→“射线”命令。

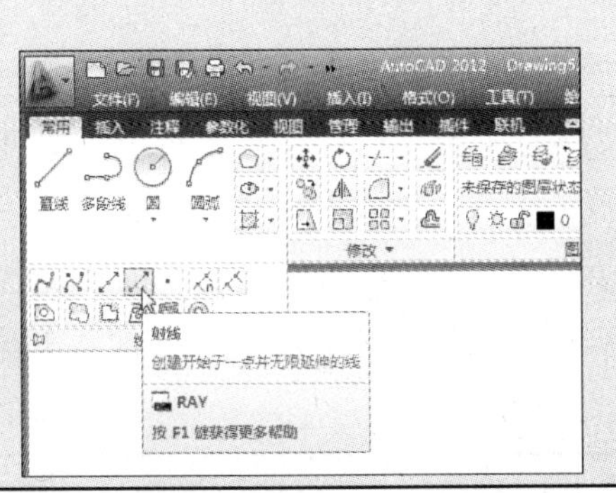

在绘图区中，指定射线的起点，然后将鼠标移动至需绘制的方向，单击一下鼠标左键，并按回车键，即可完成操作。

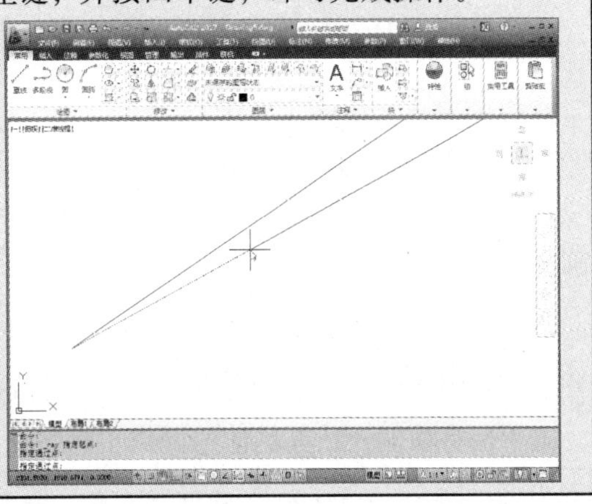

在指定射线的起点后，可将鼠标移至不同的方向，来绘制多条射线，直到按回车键结束操作位置。

2.4.3　绘制构造线

构造线在建筑制图中的应用与射线相同，都是起辅助制图的作用，而两者的区别在于：前者是两端无限延长的直线，没有起点和终点；而后者则是一端无限延长，有起点，没有终点。具体操作方法如下：

启动 AutoCAD 2012 软件，执行“常用”→“绘图”→“构造线”命令。

根据命令行提示，输入“H”或“V”，按空格键，指定合适位置，即可完成。

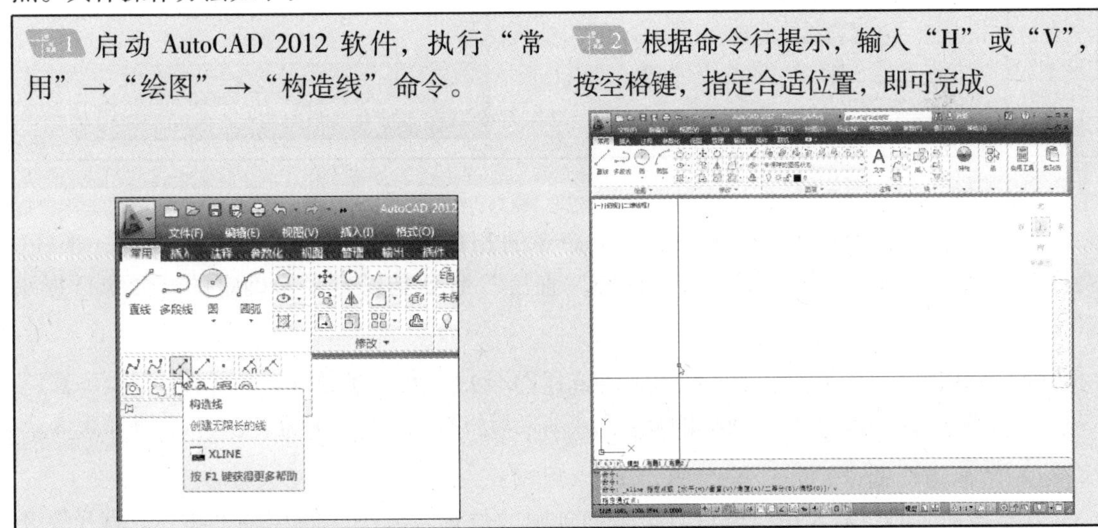

若单击“构造线”命令，在命令行中，输入“XL”，并按空格键，同样可以进行“构造线”命令。

2.5　绘制曲线

AutoCAD 2012 中的曲线包括圆、圆弧、椭圆等，这些曲线在建筑制图中，同样也是常用命令之一。下面就分别对其操作进行介绍。

2.5.1 绘制圆

在AutoCAD 2012中，“圆”命令有6种表现方法，其中包括“圆心，半径”、“圆心，直径”、“两点”、“三点”、“相切、相切、半径”以及“相切、相切、相切”。而“圆心，半径”命令是系统默认方法。

(1)“圆心，半径”命令

在执行“圆心，半径”命令时，先指定圆心，其后在命令行中输入半径值，即可完成圆的绘制。命令行提示如下：

```
命令：_circle 指定圆的圆心或 [三点(3P)/两点(2P)/切点、切点、半径(T)]：(指定圆心)
指定圆的半径或 [直径(D)]：(输入半径值)
```

下面将举例介绍其具体的操作步骤。

1 启动AutoCAD 2012软件，新建一空白文件，执行“常用”→“绘图”→“圆心，半径”命令。

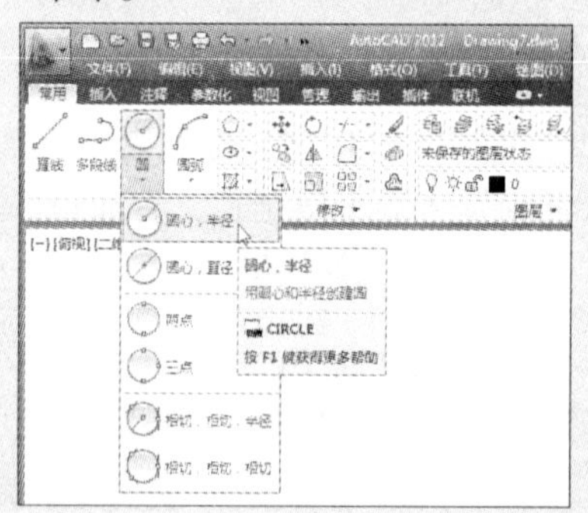

2 选择好后，在绘图区任意处，指定圆心，并在命令行中输入半径值“500”，按回车键，即可完成半径为500的圆。

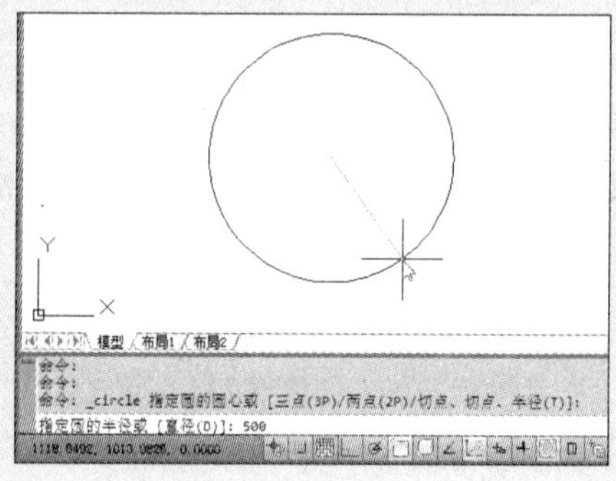

(2)“圆心，直径”命令

该命令的操作方法与“圆心，半径”命令的相似，其不同之处在于“圆心，半径”命令是以半径来确定圆的大小；而“圆心，直径”命令是以直径来确定的。命令行提示如下：

```
命令：_circle 指定圆的圆心或 [三点(3P)/两点(2P)/切点、切点、半径(T)]：(指定圆心位置)
指定圆的半径或 [直径(D)] <300.0000>：_d 指定圆的直径 <600.0000>：(输入直径数值)
```

(3)“两点”命令

执行该命令时，需要用户通过直径来确定圆的位置与大小，但它与“圆心，直径”不同的是，该命令是以直径的两个端点来确定。其命令行提示如下：

```
命令：_circle 指定圆的圆心或 [三点(3P)/两点(2P)/切点、切点、半径(T)]：_2p
指定圆直径的第一个端点：(指定直径的第一个端点位置)
指定圆直径的第二个端点：(指定直径第二个端点位置)
```

下面将举例来介绍其操作步骤。

1 启动 AutoCAD 2012 软件，执行“常用”→“绘图”→“圆”→“两点”命令。

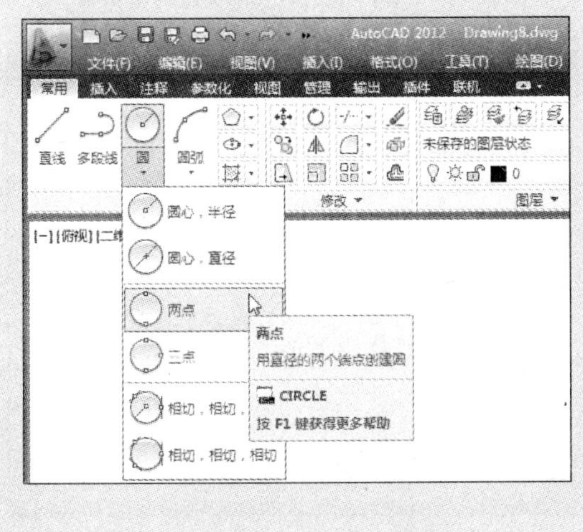

2 根据命令行提示，指定直径的两个端点的位置，即可完成圆的绘制。

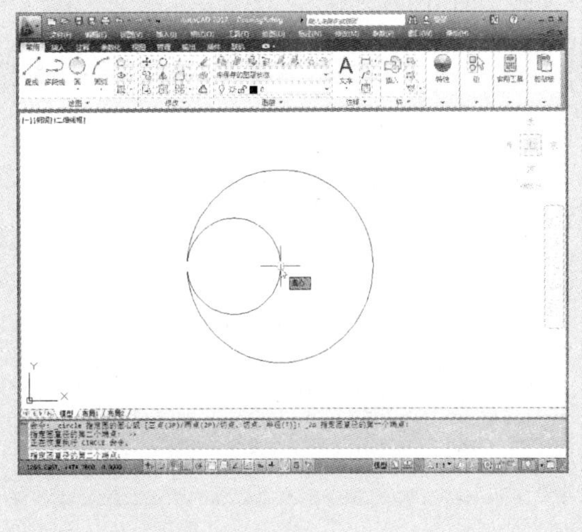

(4)“三点”命令

该命令是通过三点来确定一个圆，而这三点要不在同一条直线上。其命令行提示如下：

命令：_circle 指定圆的圆心或［三点(3P)/两点(2P)/切点、切点、半径(T)］：_3p 指定圆上的第一个点：　　(指定第一个端点)
指定圆上的第二个点：　　(指定第二个端点)
指定圆上的第三个点：　　(指定第三个端点)

下面将举例来介绍其操作步骤。

1 启动 AutoCAD 2012 软件，执行“常用”→“绘图”→“圆”→“三点”命令。

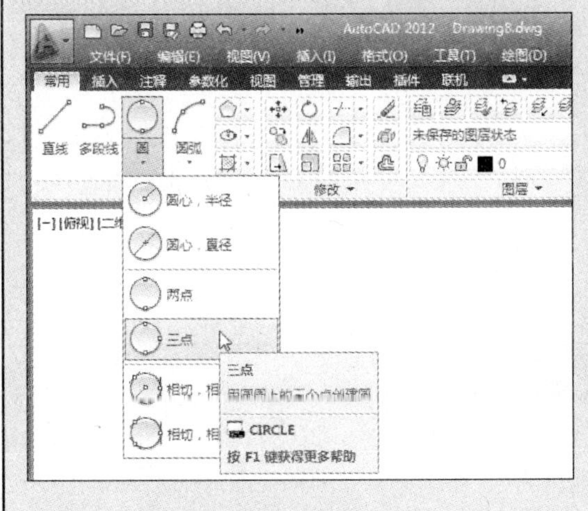

2 根据命令行提示，指定第 1 个端点，例如，捕捉正方形上的 A 点。

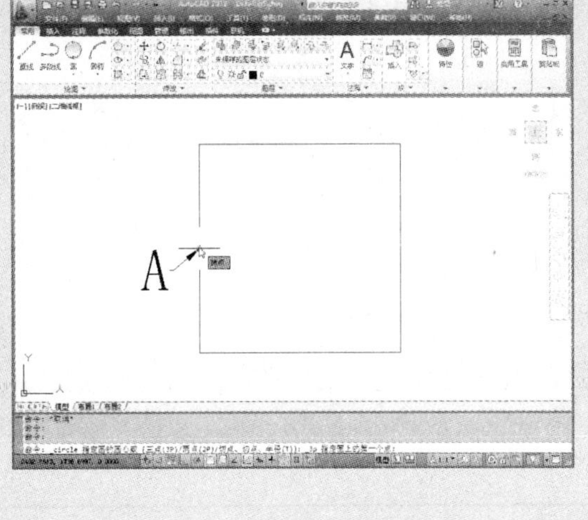

3 指定圆上第 2 个点，此时，则捕捉正方形上的 B 点。

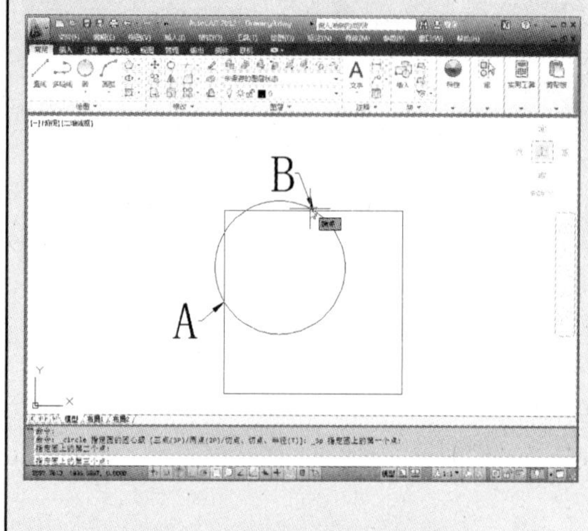

4 指定圆上第 3 个点，此时，则捕捉方形上的 C 点，即可完成圆的绘制。

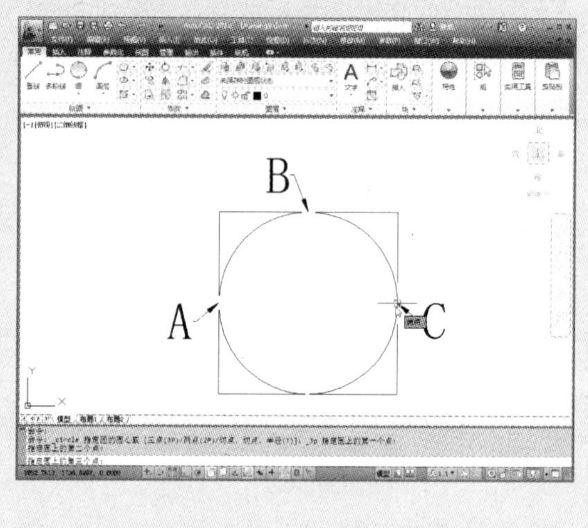

(5)“相切，相切，半径”命令

使用该命令时，先要指定两个圆的相切点，并输入圆的半径即可。命令行提示如下：

命令：_circle 指定圆的圆心或 [三点(3P)/两点(2P)/切点、切点、半径(T)]：_ttr

指定对象与圆的第一个切点：　　　　　　　　(指定第一个圆的相切点)

指定对象与圆的第二个切点：　　　　　　　　(指定第二个圆的相切点)

指定圆的半径 <50.0000>：　　　　　　　　(输入所需绘制圆的半径值)

下面将举例来介绍其操作步骤。

1 执行“常用”→“绘图”→“圆”→“相切，相切，半径”命令。

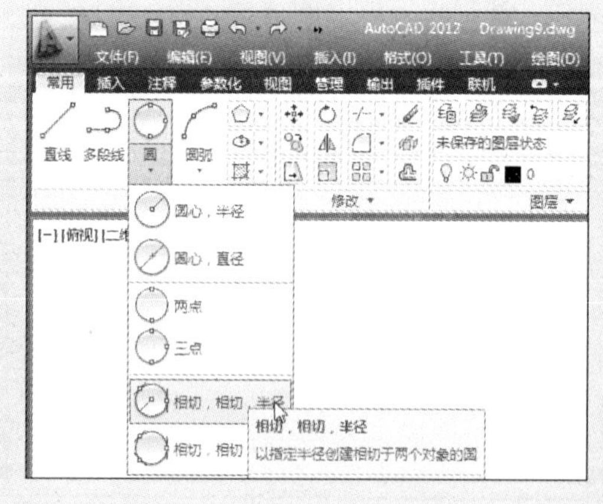

2 根据命令行的提示，指定第 1 个相切圆的相切点 A。

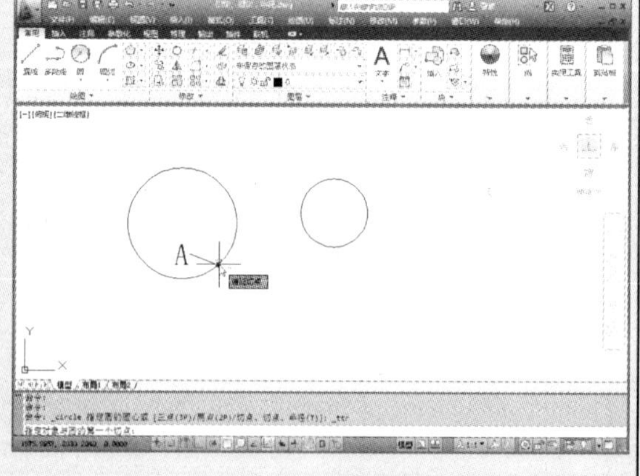

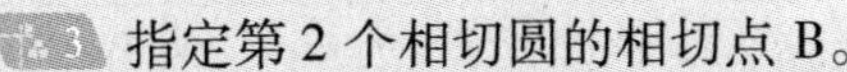

3 指定第 2 个相切圆的相切点 B。

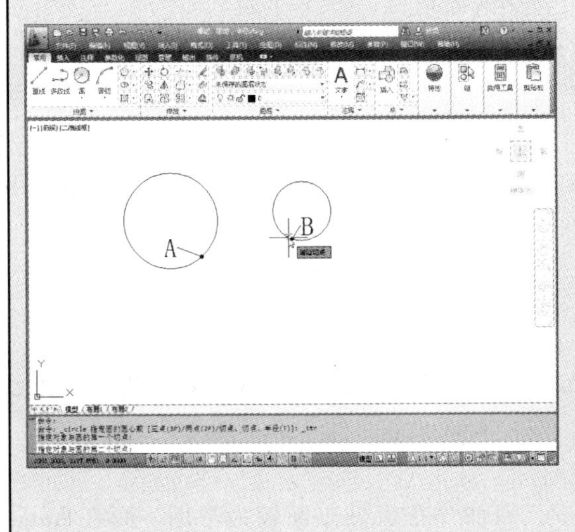

4 选择完成后，输入所需圆的半径值“500”，按回车键，即可完成圆的绘制。

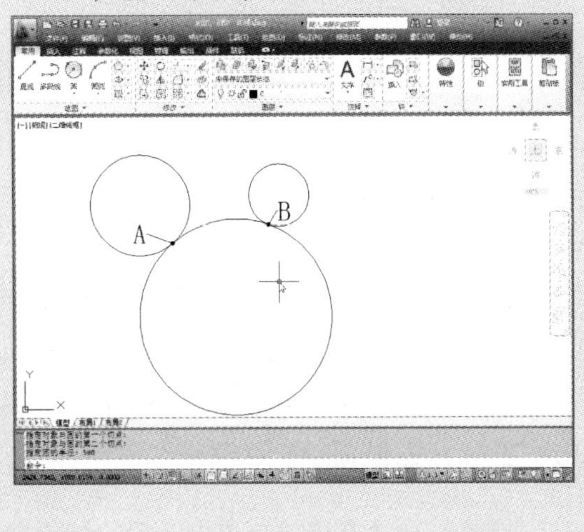

（6）“相切，相切，相切”命令

该命令与“相切，相切，半径”命令的操作方法相似，“相切，相切，半径”命令是通过两个相切点和圆半径来确定圆的位置和大小，而“相切，相切，相切”命令则是通过 3 个相切点来确定的，其命令行提示如下：

命令：_circle 指定圆的圆心或［三点(3P)/两点(2P)/切点、切点、半径(T)］：_3p 指定圆上的第一个点：_tan 到　　（指定第一个圆的相切点）
指定圆上的第二个点：_tan 到　　（指定第二个圆的相切点）
指定圆上的第三个点：_tan 到　　（指定第三个圆的相切点）

下面将举例来介绍其操作步骤。

1 执行“常用”→“绘图”→“圆”→“相切，相切，相切”命令。

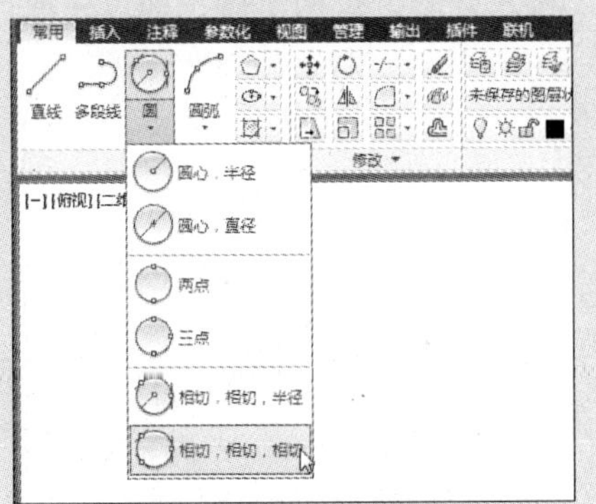

2 根据命令行的提示，选择第 1 个圆的相切点 A。

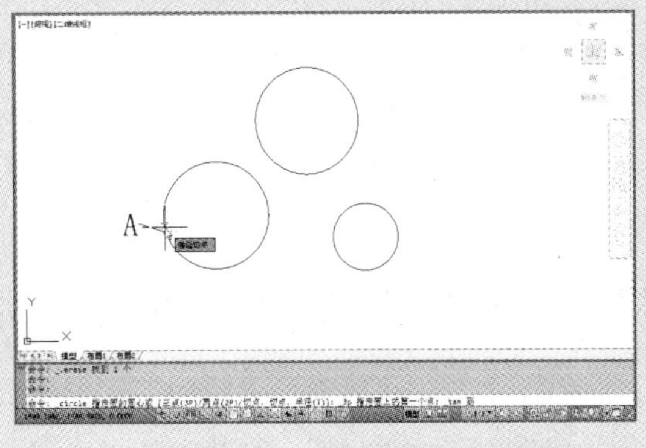

步骤3 根据提示，选择第2个圆的相切点B。

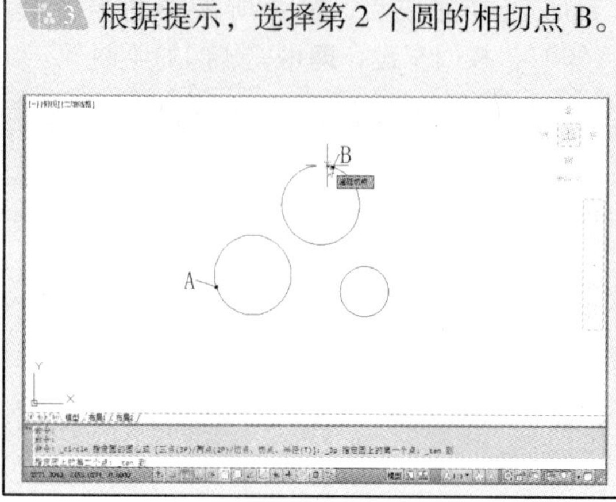

步骤4 选择第3个圆的相切点C，即可完成该圆的绘制。

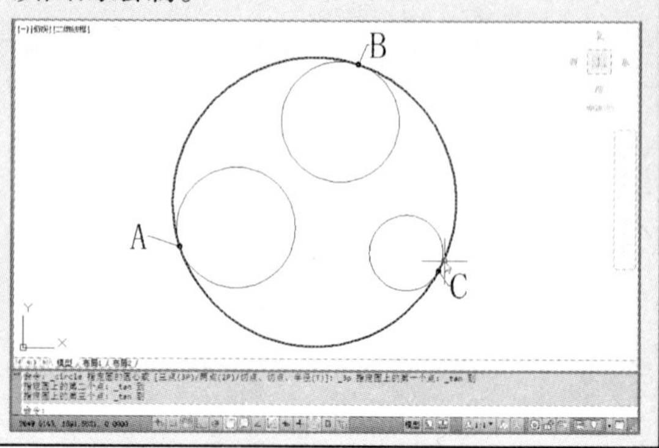

2.5.2 绘制圆弧

“圆弧”命令在建筑制图中，用的相对较少，该命令在机械方面较为常用。而在AutoCAD 2012中，绘制圆弧的方法有多种，有“三点”、“起点，圆心，端点”、“起点，端点，角度”、“圆心，起点，端点”以及“连续”等。其中“三点”命令为系统默认绘制方式。

下面就以“圆心，起点，角度”命令，来绘制一个角度为150°的圆弧。

步骤1 执行“常用”→“绘图”→“圆弧”→“圆心，起点，角度”命令。

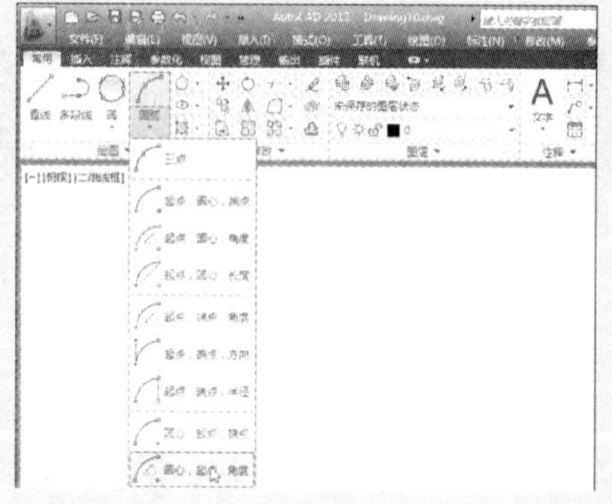

步骤2 根据命令行的提示，在绘图区中指定圆弧的圆心和圆弧的起点。

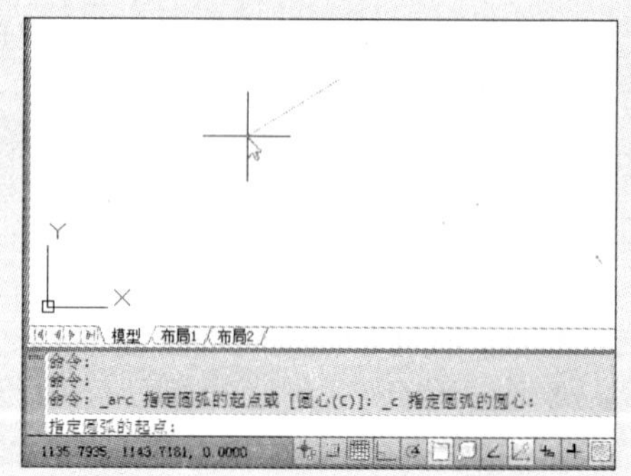

步骤3 指定好后，在命令行中输入“150”。

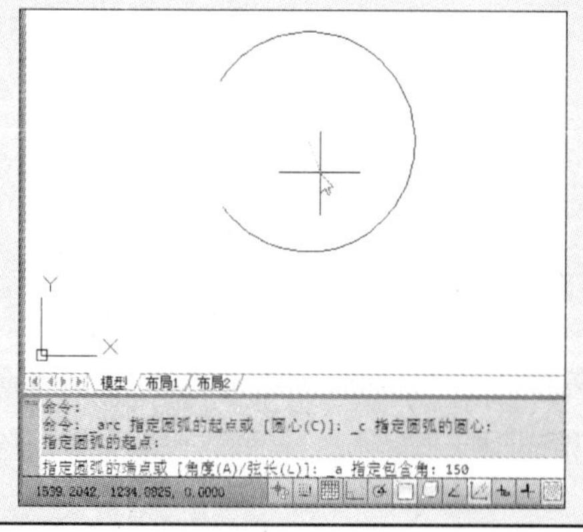

步骤4 输入好后，按回车键，即可完成。

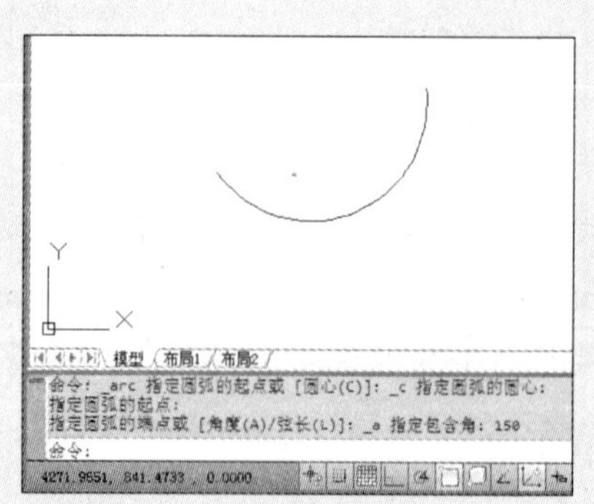

2.5.3　绘制椭圆

椭圆是由一条较长的轴和一条较短的轴定义而成。在 AutoCAD 2012 中，绘制椭圆有 3 种表现类型：圆心；轴，端点；椭圆弧。其中“圆心”是系统默认绘制方式，其命令行提示如下：

命令：_ellipse
指定椭圆的轴端点或［圆弧(A)/中心点(C)］：_c
指定椭圆的中心点：　　　　（指定椭圆的圆心点）
指定轴的端点：　　　　（输入其中一条半轴的长度值）
指定另一条半轴长度或［旋转(R)］：　　　　（输入另一条半轴的长度值）

具体的绘制步骤如下：

1 启动 AutoCAD 2012 软件，执行“常用”→“绘图”→“椭圆”→“圆心”命令。

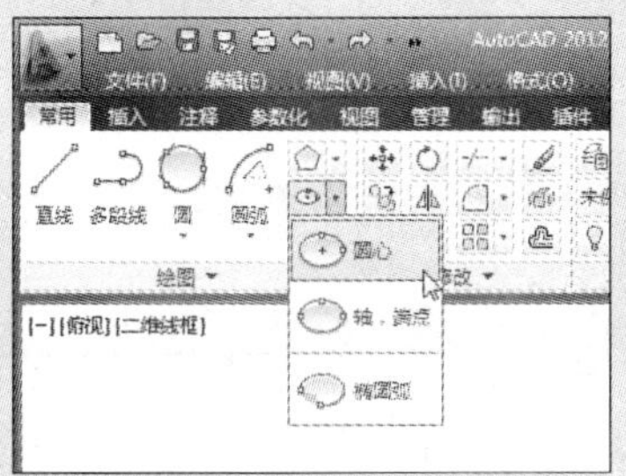

2 指定椭圆的圆心点，其后向右移动鼠标，并输入轴半径数值“400”。

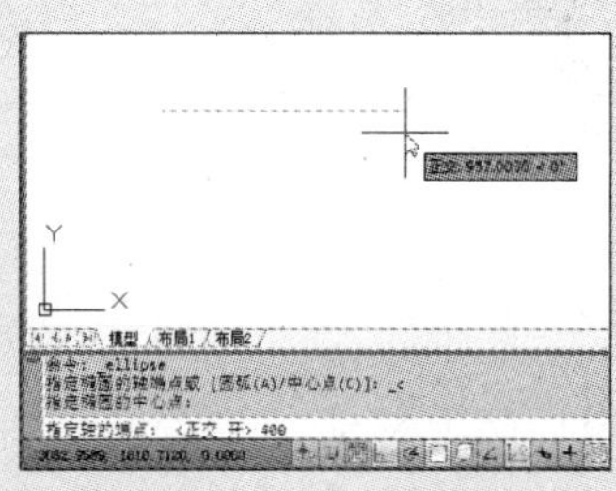

3 输入完毕后，按回车键，然后，向上移动鼠标，并输入另一条轴半径值“200”。

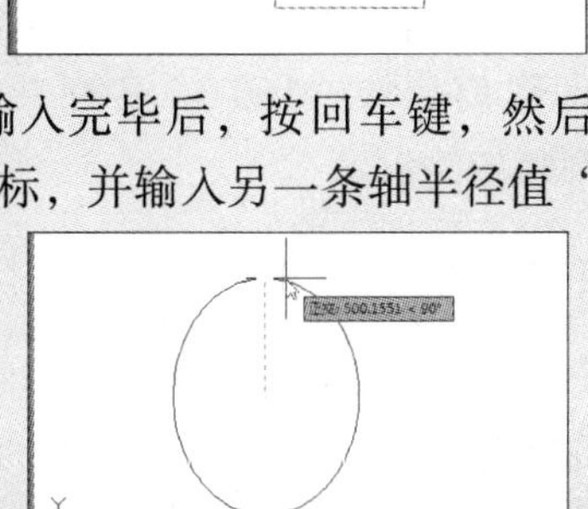

4 输入完毕后，按回车键，即可完成该椭圆形的绘制。

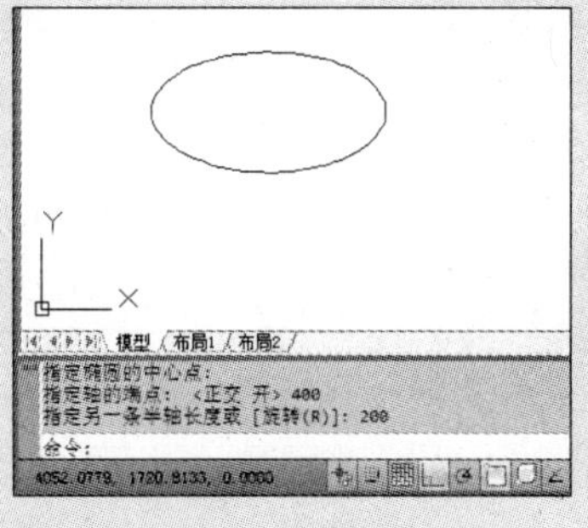

“轴，端点”命令与“圆心”的操作方法相似，其命令行提示如下：

命令：_ellipse
指定椭圆的轴端点或［圆弧(A)/中心点(C)］：(指定椭圆一条轴的一个端点，并向右移动鼠标)
指定轴的另一个端点：　　　　（输入该轴的长度值，并按回车键）
指定另一条半轴长度或［旋转(R)］：（将鼠标向上移动，并输入另一条轴半径，按回车键）

椭圆弧就是在椭圆上截取一段的弧线。若想绘制椭圆弧，就需先绘制好椭圆，然后按照一定的角度来截取某段弧线。命令行提示如下：

```
命令：_ellipse
指定椭圆的轴端点或［圆弧(A)/中心点(C)］：_a
指定椭圆弧的轴端点或［中心点(C)］：   （指定椭圆一条轴线的第一个端点）
指定轴的另一个端点：                  （输入该轴线长度值，按回车键）
指定另一条半轴长度或［旋转(R)］：      （移动鼠标，并输入另一条半轴长度值，按回车键）
指定起始角度或［参数(P)］：            （输入起始角度值）
指定终止角度或［参数(P)/包含角度(I)］：  （输入终止角度值）
```

其具体操作步骤如下：

1 启动 AutoCAD 2012 软件，执行“常用”→“绘图”→“椭圆”→“椭圆弧”命令。

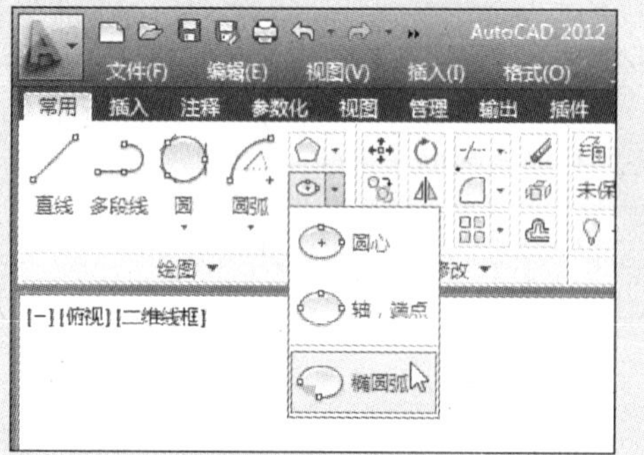

2 根据命令行提示，指定轴线第一个端点，并输入该轴线长度值，并按回车键。

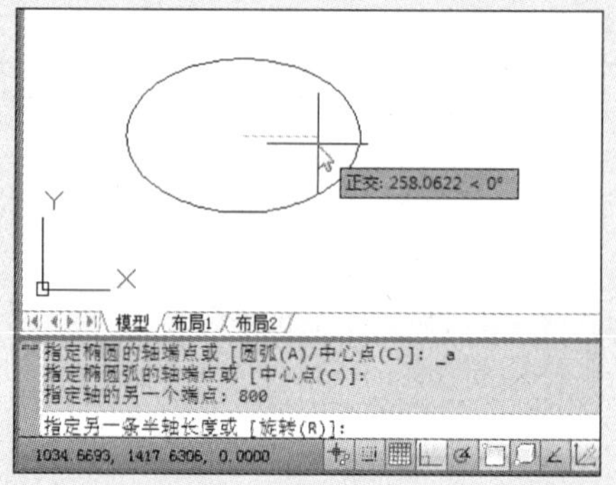

3 将鼠标向上移动，并输入另一条半轴长度值，按回车键，其后输入椭圆弧起始角度数值，如“30”。

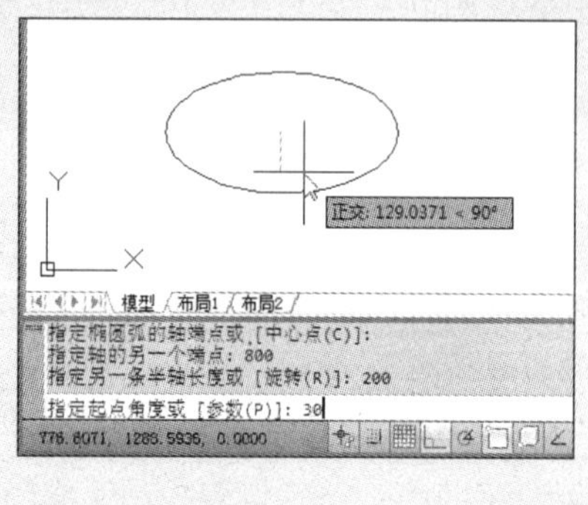

4 输入完成后，按回车键。输入椭圆弧终止角度数值，如“180”，按回车键即可完成椭圆弧的绘制。

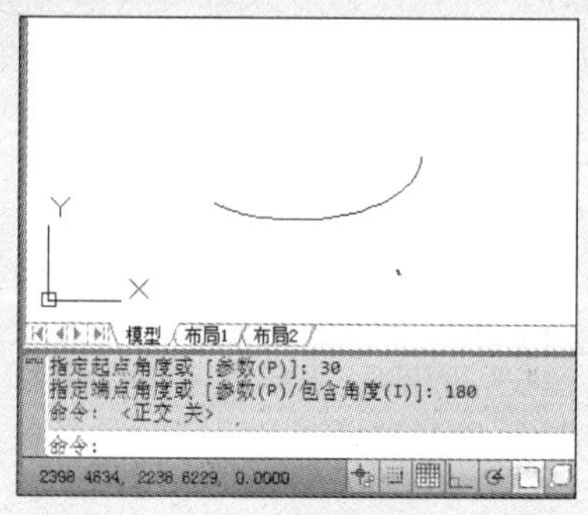

2.5.4 绘制圆环

圆环是由两个同心圆组成的组合图形。绘制圆环时，应首先指定圆环的内径、外径，然后再指定圆环的中心点即可完成圆环的绘制。绘制一个圆环后，可以继续指定中心点的位置，来绘制相同大小的多个圆环，直到按〈Esc〉键退出，即可完成绘制。命令行提示如下：

命令：_donut
指定圆环的内径 <0.5000>：50　　（输入圆环的内径值）
指定圆环的外径 <1.0000>：70　　（输入圆环的外径值）
指定圆环的中心点或 <退出>：　　（捕捉圆环的中心点）
指定圆环的中心点或 <退出>：　　（按回车键，完成操作）

其操作方法如下：

步骤 1 单击“常用”→“绘图”→“圆环”命令。

步骤 2 按照命令行中的提示，绘制出所需的圆环图形。

2.6 设计实践：绘制玻璃茶几

下面将运用直线、圆命令，来绘制玻璃茶几平面图，具体步骤如下：

最终效果：第 2 章\设计实践\玻璃茶几.dwg
成品尺寸：1200 mm × 600 mm
注意事项：在绘制玻璃茶几平面图时，通常需在茶几上，绘制斜线，来表示玻璃效果
任务要求：需利用“直线”、“圆”命令，来完成茶几的绘制

玻璃茶几平面图：

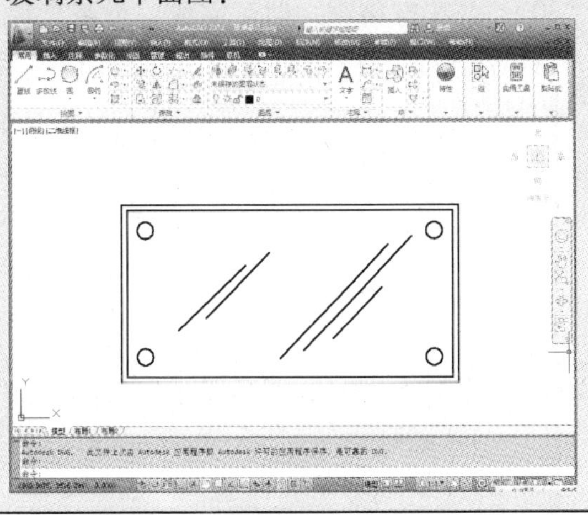

玻璃茶几三维效果图：

步骤1 启动 AutoCAD 2012 软件，新建一空白文件，执行“常用”→“绘图”→“直线”命令，启动“正交”模式，指定绘图区任意一点，并将鼠标向下移动。

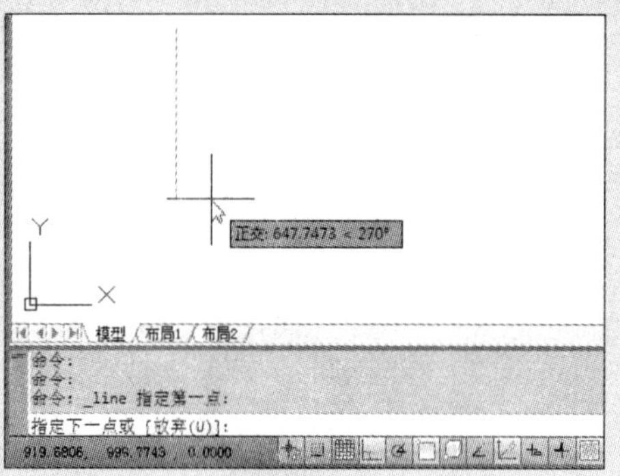

步骤2 根据命令行中的提示，输入该直线的距离“600”，并按空格键，其后将鼠标移至右侧，并输入距离值为“1200”，按空格键。

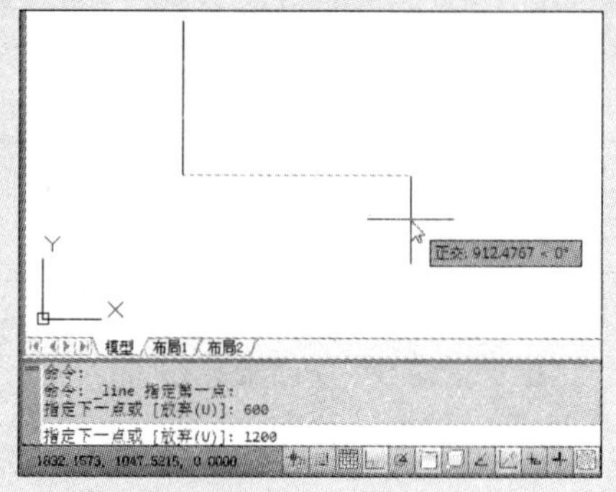

步骤3 按照同样的操作方法，完成茶几轮廓其他线段的绘制。

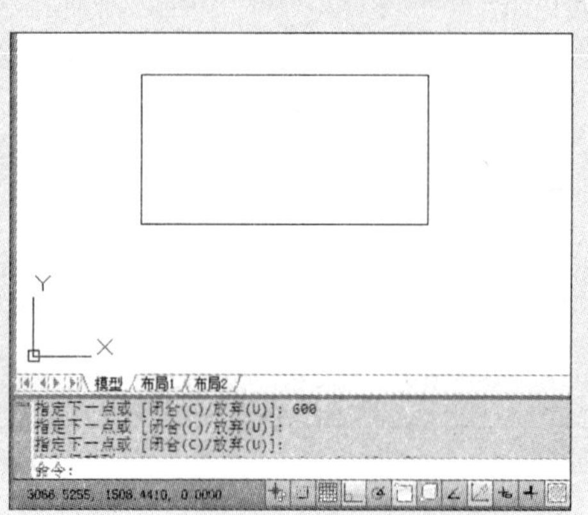

步骤4 同样执行“直线”命令，绘制出长为1240 mm、宽为640 mm 的长方形。

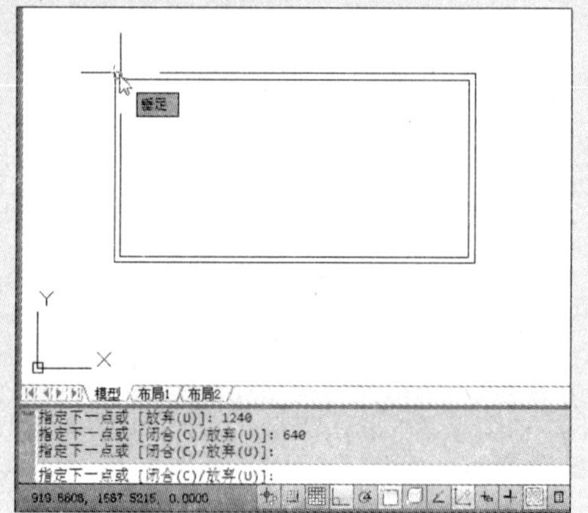

步骤5 绘制茶几腿平面，执行“常用”→“绘图”→“圆心，半径”命令，在绘图区指定一圆心。

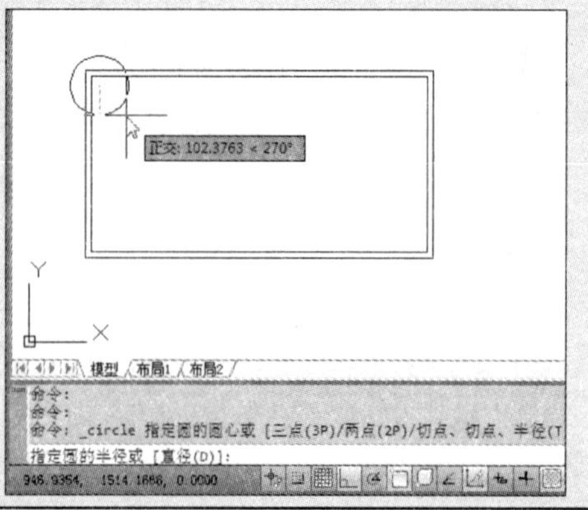

步骤6 根据命令行的提示，输入圆的半径值“30”，并按空格键，即可完成一个茶几腿平面的绘制。

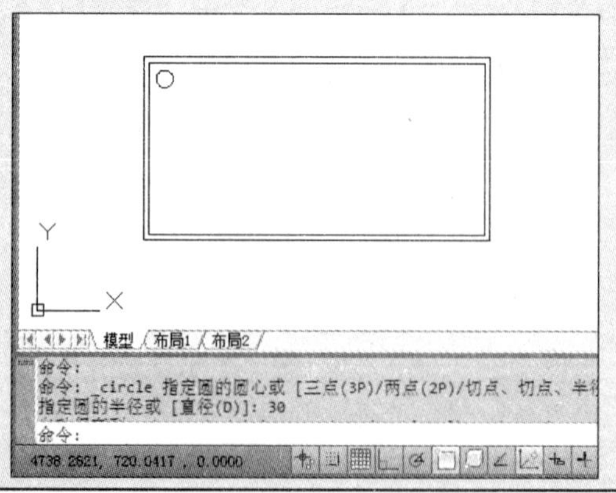

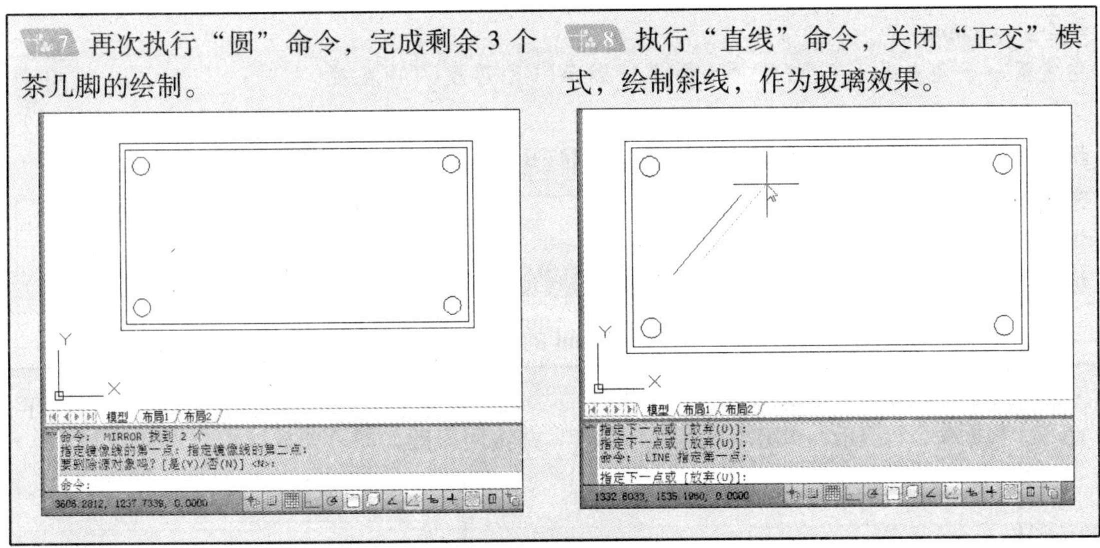

步骤 7 再次执行“圆”命令，完成剩余 3 个茶几脚的绘制。

步骤 8 执行“直线”命令，关闭“正交”模式，绘制斜线，作为玻璃效果。

- 参考模型：圆形、古典茶几的平、立面图。

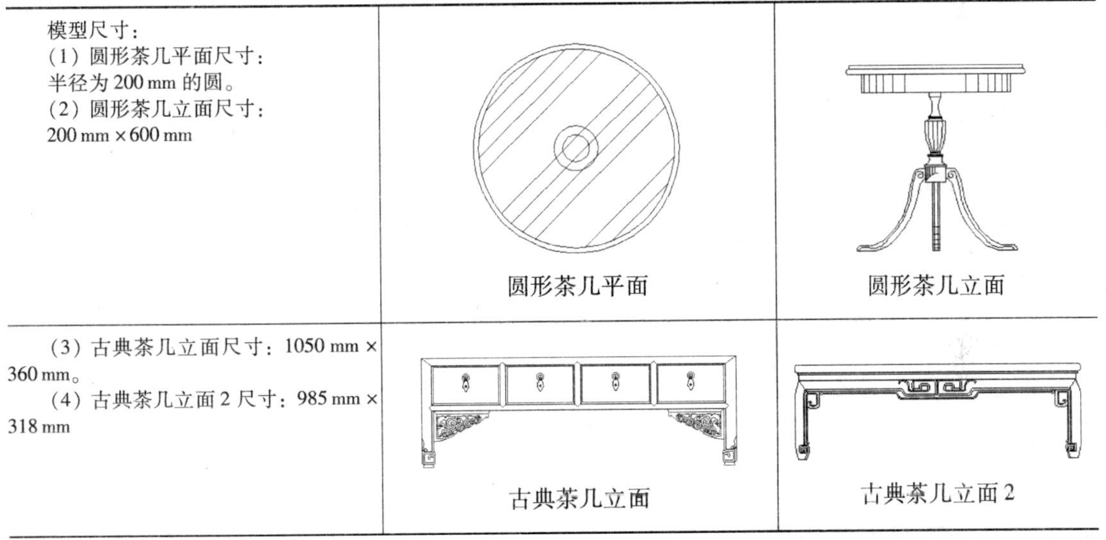

模型尺寸： (1) 圆形茶几平面尺寸： 半径为 200 mm 的圆。 (2) 圆形茶几立面尺寸： 200 mm × 600 mm	圆形茶几平面	圆形茶几立面
(3) 古典茶几立面尺寸：1050 mm × 360 mm。 (4) 古典茶几立面 2 尺寸：985 mm × 318 mm	古典茶几立面	古典茶几立面 2

2.7 绘制矩形和正多边形

矩形和正多边形在线形类别中，属于折线类型，而在 AutoCAD 2012 中也是较为常用命令。下面将分别对其进行介绍。

2.7.1 绘制矩形

“矩形”命令在 AutoCAD 中最常用的命令之一。在使用该命令时，用户可指定矩形的两个对角点来确定矩形的大小和位置。当然也可指定矩形的长和宽来确定矩形。在执行“矩形”命令后，用户即可根据命令行的提示，进行绘制。该提示如下：

5 同样，单击“圆”命令，以c点为圆心，绘制半径为15 mm的圆，单击“直线”命令，绘制手柄左侧轮廓线。

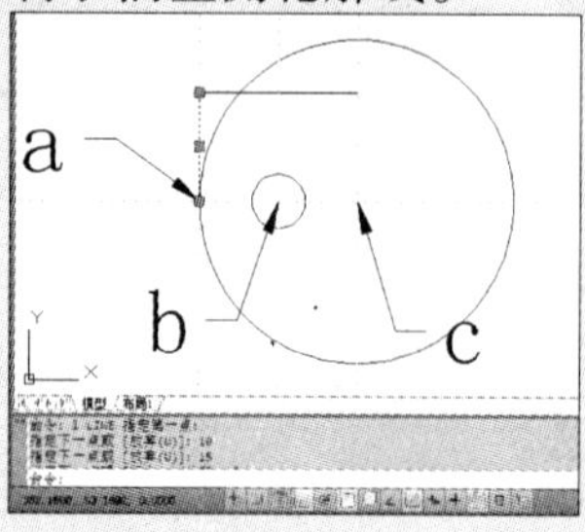

6 将“辅助线”层设置当前层，单击“构造线”命令，绘制两条相互垂直的辅助线。

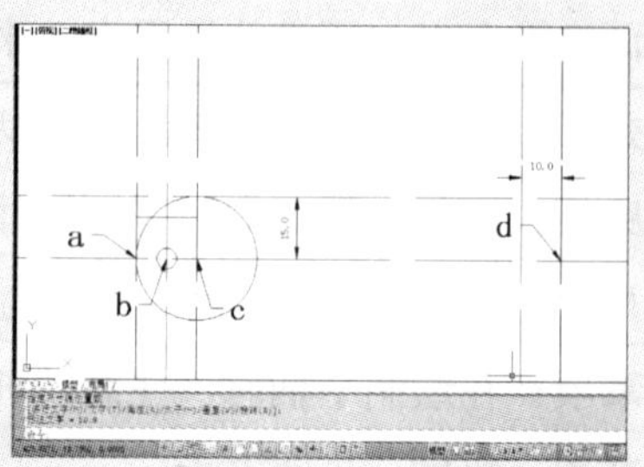

7 单击“圆”命令，以o点为圆心，绘制半径为10mm。

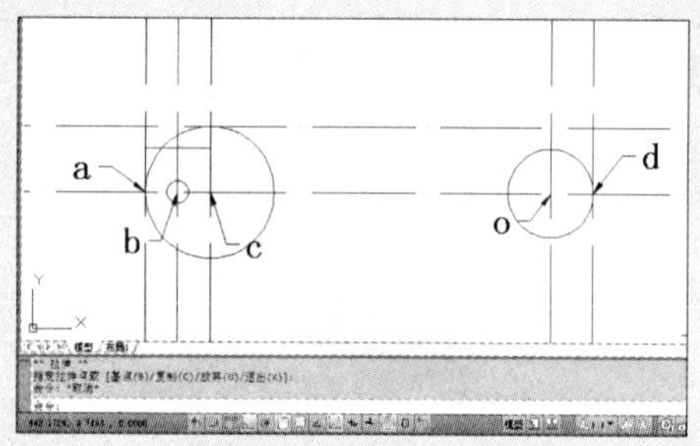

8 单击“圆”→“相切，相切，半径”命令，并启动“对象捕捉”功能，绘制半径为50 mm的圆。

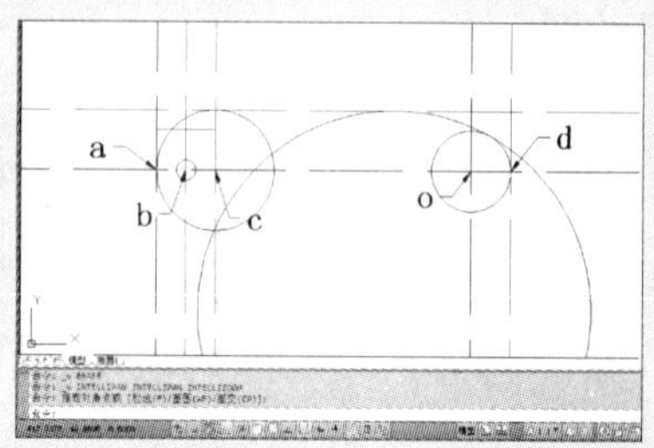

9 单击“相切，相切，半径”命令，分别以半径为50 mm、15 mm的两个圆作为相切对象，绘制半径12 mm的相切圆。

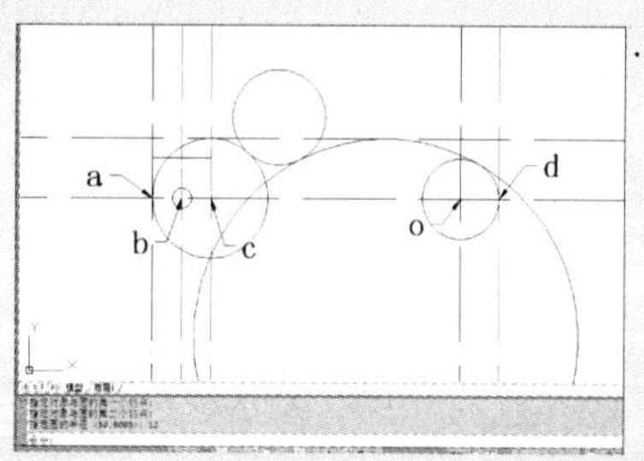

10 单击“常用”→“绘图”→“修剪”命令，按两次空格键，以半径为50 mm、15 mm的两个圆作为修剪边界，删除多余线段。

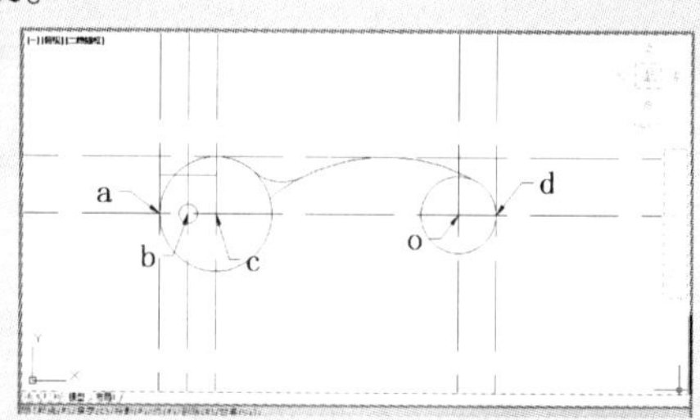

11 再次单击“修剪”命令，将图形修剪完整。

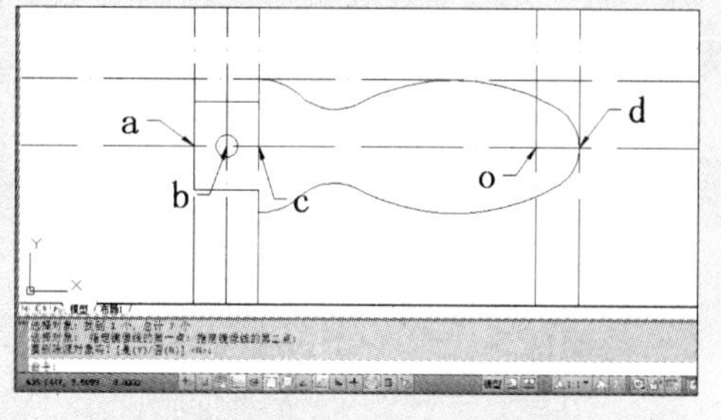

12 单击“修改”→“镜像”命令，根据命令行提示，以水平辅助线为中心镜像。

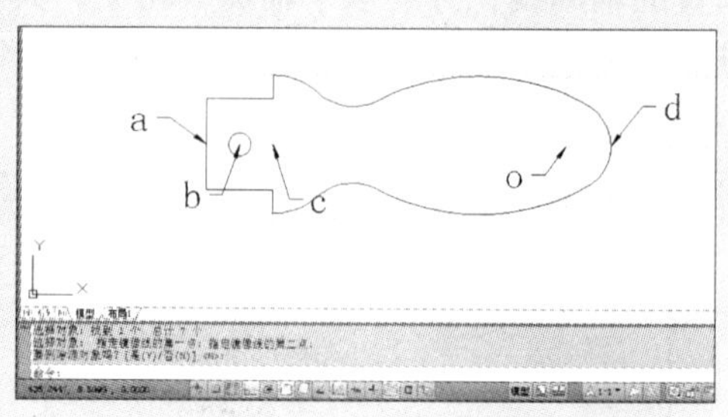

2.9 上机实训

下面将以 3 个简单的实例，来对本章所学的所有知识点进行巩固。

2.9.1 绘制六角螺母平面图

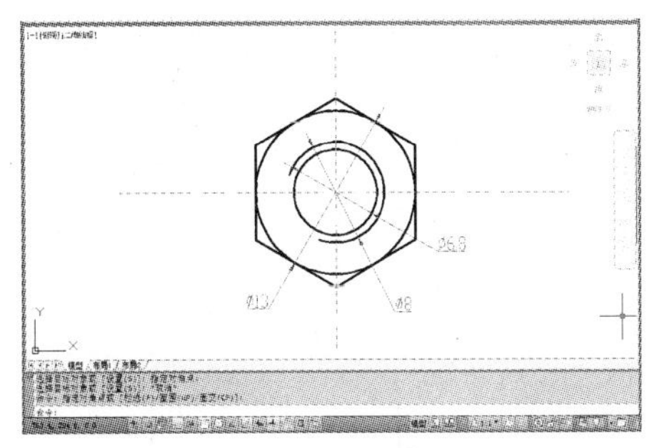

1. 实训目的

熟练掌握“多边形”命令的操作。

2. 实训内容

主要运用“多边形”、“圆”命令来绘制。

3. 实训过程

- 创建图层，并绘制螺母中轴线。
- 运用“多边形”命令，绘制出六角螺母的外轮廓。
- 运用“圆”命令，绘制六角螺母的轴孔。

2.9.2 进户门的绘制

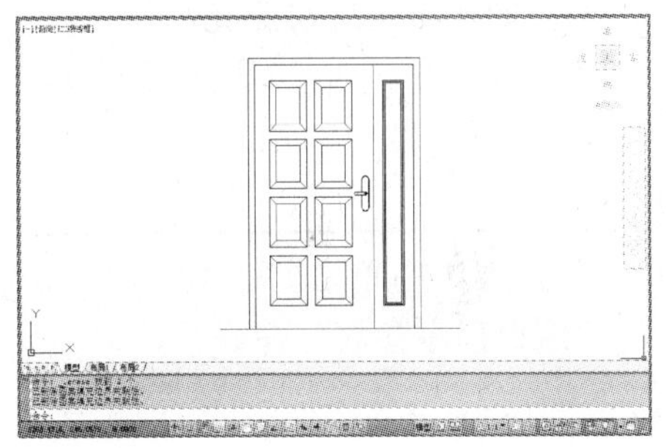

1. 实训目的

熟练掌握“矩形”命令的操作。

2. 实训内容

主要运用“矩形”和“直线”命令来绘制。

3. 实训过程

- 运用“矩形”命令，绘制门框。
- 运用“直线”命令，将大门图形分割成大小门。
- 运用“矩形”和“直线”命令，绘制大门图案。
- 再次运用“矩形”、“圆”以及“直线”命令，绘制门锁。

2.9.3 座便器的绘制

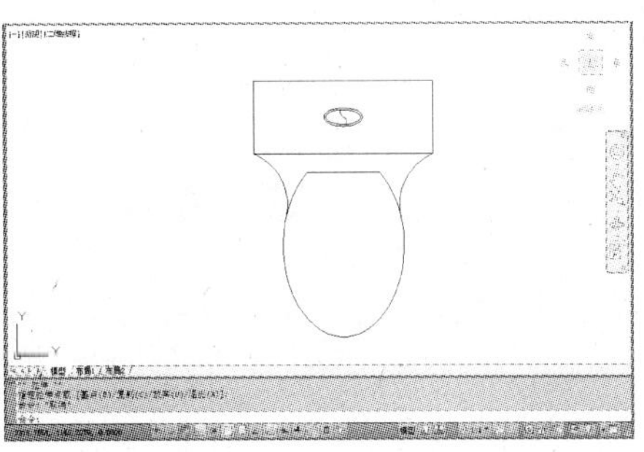

1. 实训目的

熟练掌握“椭圆”和“圆弧”命令的操作。

2. 实训内容

运用“椭圆”、“弧线”和“矩形”命令来绘制。

3. 实训过程

- 运用“矩形”命令，绘制座便器的水箱。
- 运用“椭圆”和“直线”命令，绘制座便器轮廓。
- 运用“圆弧”命令，绘制座便器与水箱连接线。

2.10 辅助绘图锦囊

Q：无法显示所设置的线型？

A：通常设置完线型后，都需对其线型的显示比例进行调整，否则所绘制出的线段均为默认线型，其操作为：选中所需设置的线型，在命令行中，输入“CH”命令，按回车键，即可打开“特性”对话框；在该对话框中的“线型比例”文本框中，输入比例值即可显示，如下图所示。

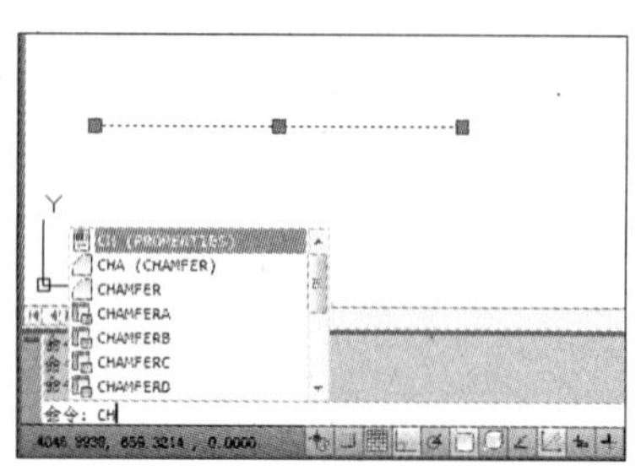

Q：如何自定义快捷键？

A：通常在 AutoCAD 2012 中是有系统默认的快捷键，如“直线”为 L、“圆”为 C 等，而在该软件中，用户可根据自己使用的习惯，来定义各命令的快捷键，其操作步骤如下：

1 在菜单中单击“工具”→“自定义”→“编辑程序参数”命令。

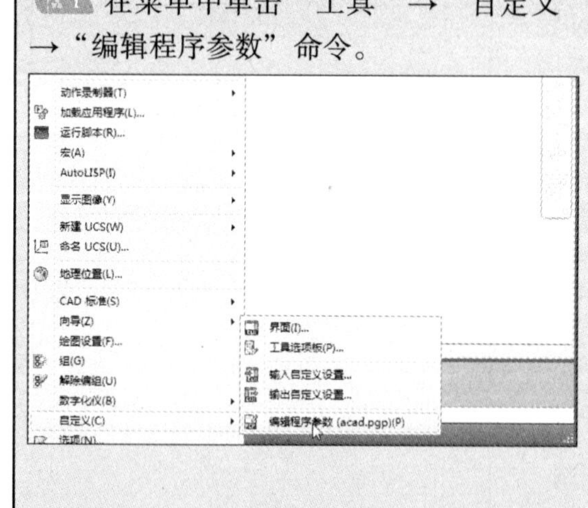

2 在打开的记事本文本框中，拖动右侧滚动条，找到默认快捷菜单命令。

3 依据快捷命令列表，并根据自己操作习惯，来更改快捷命令，如将“弧线 - A”更改成“圆弧 - FF”。

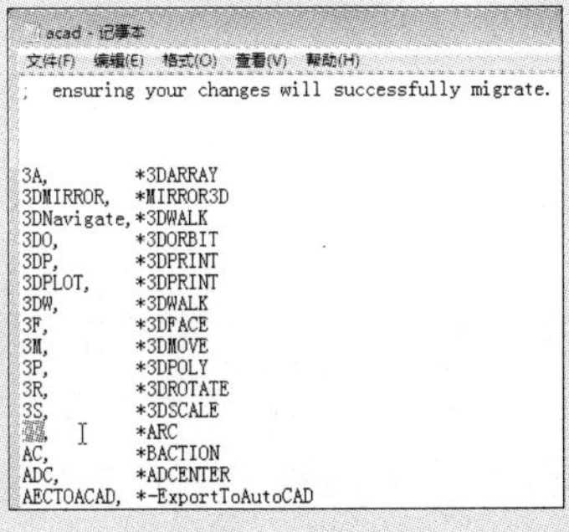

4 修改完后，保存该记事本文件，重新启动 AutoCAD 2012 软件，并在命令行中，输入“FF”，按回车键，即可进行弧线操作。

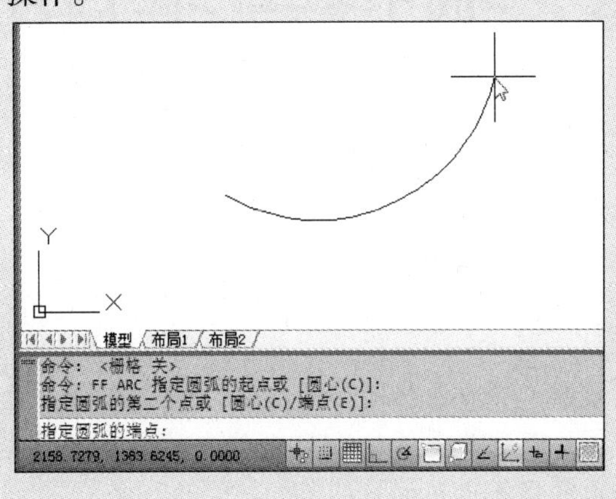

第 3 章
编辑二维图形

本章概述

上一章已介绍了基本二维图形的绘制，下面将介绍如何对绘制的二维图形进行编辑和修改。其中包括图形的选取、镜像图形、旋转图形、阵列图形、偏移图形以及修剪图形等，而这些是 AutoCAD 软件中的基本操作命令，只有熟练掌握这些命令，才能绘制出标准的图纸出来。

学习向导

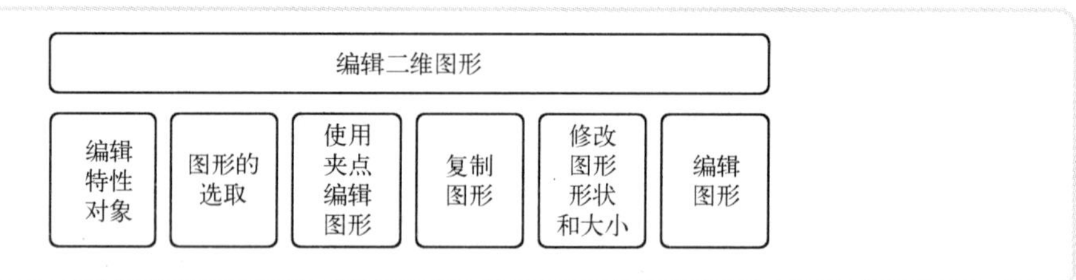

3.1 编辑特性对象

在 AutoCAD 2012 中，用户可以通过使用“特性”功能选项板来编辑图形对象的某些特征，也可使用特性匹配复制源图形对象的特性来编辑目标图形对象的特性。

3.1.1 使用“特性”选项板

在 AutoCAD 2012 中，用户可通过以下 2 种方法打开“特性”面板。

方法一：使用命令行输入方法打开

用户可在命令行中，输入“CH”后，按空格键，即可打开“特性”面板。

方法二：使用菜单命令打开

单击菜单栏中的“修改”→“特性”命令，即可打开“特性”面板，如下图所示。

使用该选项板可以修改选择图形的特性。在选择多个对象时，“特性”面板将显示所有图形共有的特性。例如，分别选择圆、图案填充以及多段线对象时，所对应的“特性”选项，如下图所示。

3.1.2 使用“特性匹配”功能

“特性匹配”命令是将一个图形对象的某些特性或所有的特性复制到其他的图形对象上。可以复制的特性包括颜色、图层、线型、线宽、厚度、打印样式、标注、文字和图案填充等特性。在 AutoCAD 2012 中，用户可通过以下 3 种方法启动该命令。

方法一：采用在命令行中输入的方法启动

用户可在命令行中，输入“MA”命令后，按空格键，即可启动“特性匹配”命令，其具体操作如下：

1 在命令行中，输入“MA”命令，按空格键，并选择绘图区右侧虚线圆，此时光标则变成笔刷形状。

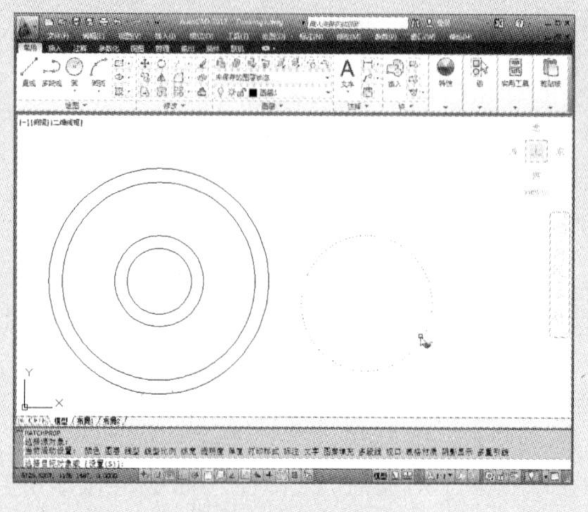

2 选择好后，在左侧图形中，单击圆内第2个圆，此时该圆的线型、颜色即与右侧虚线圆相同了。

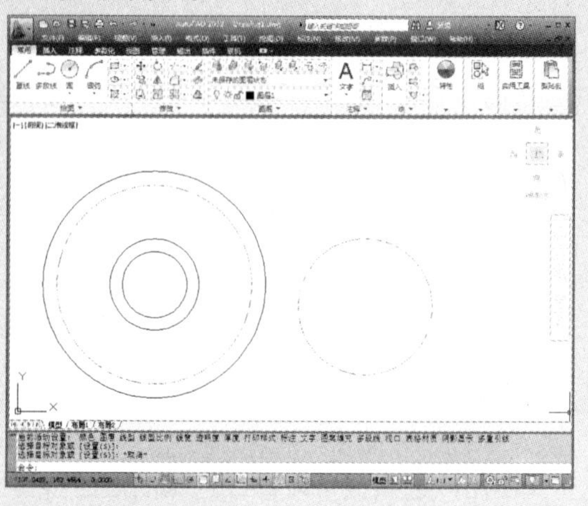

方法二：使用菜单栏命令启动

单击菜单栏中的“修改”→“特性匹配”命令，其后，其操作与以上方法相同，当然用户也可根据命令行中的提示信息，进行设置，命令行提示如下：

命令：'_matchprop

选择源对象： (选择被匹配的对象)

当前活动设置： 颜色 图层 线型 线型比例 线宽 透明度 厚度 打印样式 标注 文字 图案填充 多段线 视口 表格材质 阴影显示 多重引线

选择目标对象或[设置(S)]： (选择所需匹配的对象)

选择目标对象或[设置(S)]：*取消* (按〈Esc〉键，取消操作)

方法三：使用“剪贴板”选项卡启动

单击“常用”→“剪贴板”→“特性匹配”命令，启动该命令，其操作方法与上述相同。

3.2 图形的选取

选择对象是整个绘图工作的基础。在进行对象的复制、删除、移动等基本编辑操作时，首先选择要编辑的图形对象。

3.2.1 选取图形的方式

在AutoCAD中，选择对象的方式有很多。例如，可以通过单击对象进行逐个拾取，也可以利用矩形窗口或交叉窗口选择，还可以选择最近的对象、前面的选择集或图形中的所有图形对象，并且可以向选择集中添加选择对象或删除选择对象。

在 AutoCAD 2012 中，在命令行中，输入“SEL”命令，按空格键，然后可根据命令行中的提示信息，进行对象选取。命令行提示如下：

```
命令：SELECT                                                        （输入“SEL”,空格）
选择对象：?                                                          （输入“?”,空格）
*无效选择*
需要点或窗口(W)/上一个(L)/窗交(C)/框(BOX)/全部(ALL)/栏选(F)/圈围(WP)/圈交(CP)/编组(G)/添加(A)/删除(R)/多个(M)/前一个(P)/放弃(U)/自动(AU)/单个(SI)/子对象(SU)/对象(O)                  （根据需要,选择合适的选取方式）
```

下面将分别对其选取方式进行简单说明。

- 窗口：选择该选项，可以通过绘制一个矩形区域来选择对象。当指定了矩形窗口的两个对角点时，所有部分均位于这个矩形窗口内的对象将被选中，不在该窗口内的或者只有部分在该窗口内的对象则不被选中，如下图所示。

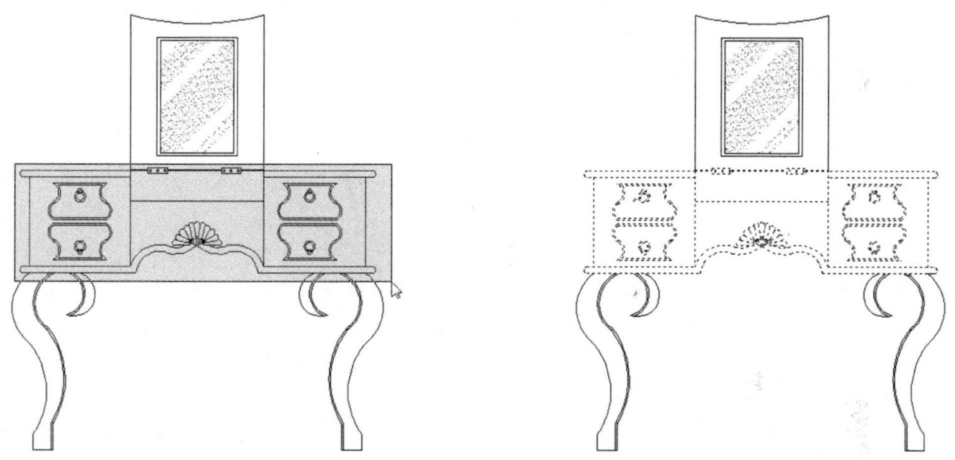

- 窗交：选项该选项，可以使用交叉窗口选择对象，与用窗口选择对象的方式类似，但全部位于窗口之内或与窗口边界相交的对象都将被选中，如下图所示。

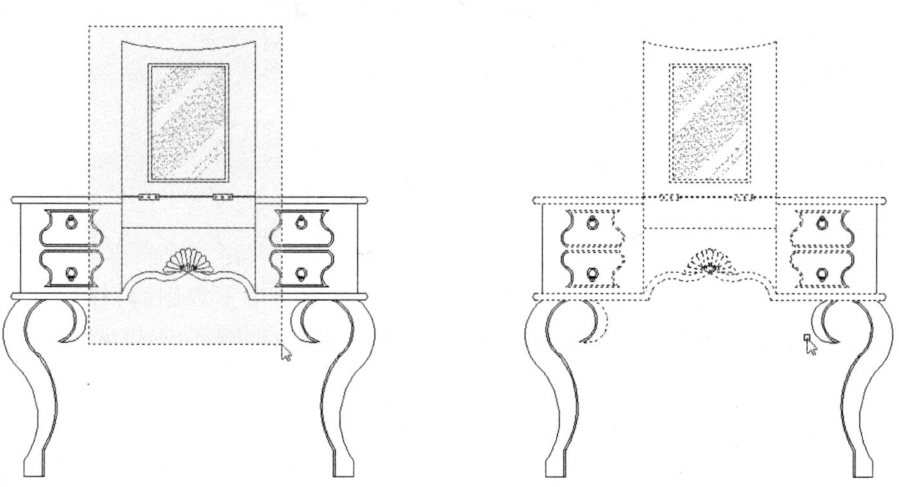

- 上一个：选择该选项，选择图形窗口内可见元素中最后创建的对象。不管选择多少次“上一个”选项，都只有一个对象被选中。
- 框：该选项是由“窗口”和“窗交”组合的一个单独选项。从左到右设置拾取框的对角点，则执行“窗口”选项；从右到左设置拾取框的对角点，则执行“窗交”选项。
- 全部：选择该选项，可以选择图形中没有被锁定、关闭或冻结图层上的所有对象。
- 栏选：选择该选项，可以通过绘制一条开放的多点栅栏（多段直线），其中所有与栅栏线相接触的对象均会被选中，如下图所示。

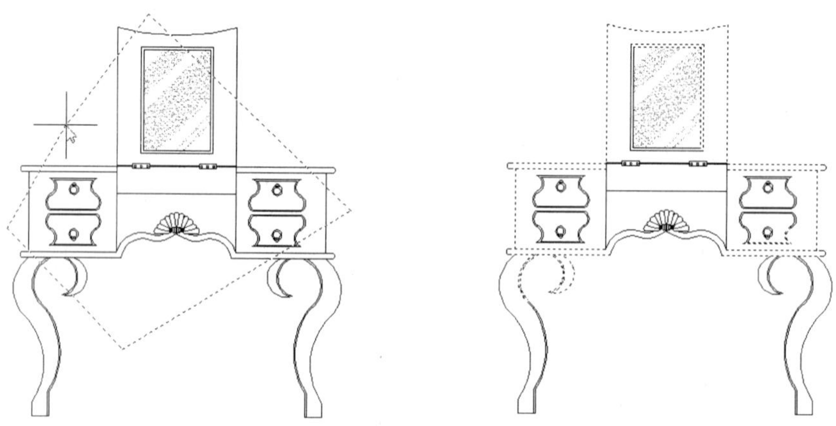

- 圈围：选择该选项，可以绘制一个不规则的封闭多边形作为窗口来选取对象。完全包围在多边形中的对象将被选中；如果给定的多边形顶点不封闭，系统将自动将其封闭，如下左图所示。

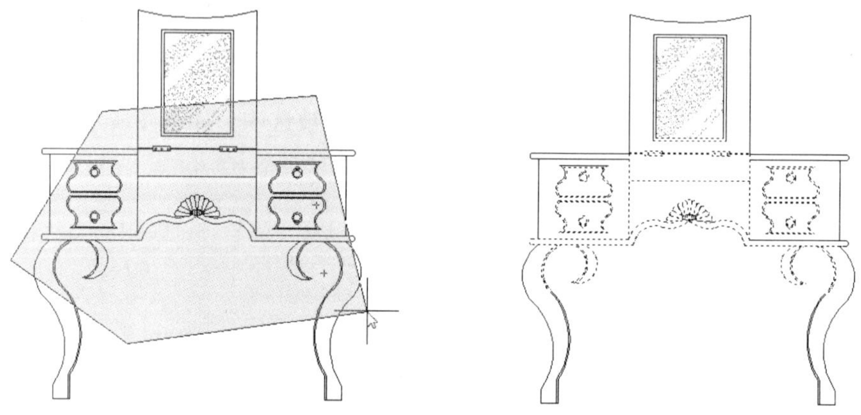

- 圈交：该选项方式与“圈围”选择方式类似，绘制一个不规则的封闭多边形作为交叉式窗口来绘制对象。所有在多边形内或与多边形相交的对象都将被选中，如上右图所示。
- 编组：选择该选项，可以使用组名字来选择一个已定义的对象编组。
- 添加：通过设置 PICKADD 系统变量把对象加入到选择集中。如果 PICKADD 被设置为 1（默认值），则后面所选择的对象均被加入到选择集中；如果 PICKADD 被设置为 0，则最近所选择的对象均被加入到选择集中。

- 删除：选择该选项，从选择集中（而不是图中）移出已选取的对象，只需在要移出的对象上单击即可。
- 多个：选择该选项，可选择多个点，但并不会醒目地显示对象，该选项可以加速对象的选择。
- 前一个：选择该选项，将最近的选择集设置为当前选择集。
- 放弃：选择该选项，取消最近的对象选择操作。如果最后一次选择的对象多于一个，将从选择集中删除最后一次选择的所有对象。
- 自动：选择该选项，自动选择对象。如果第一次拾取点就发现了一个对象，则单个对象就会被选取，而“框”模式将会被终止。
- 单个：如果提前使用“单个”方式来完成选择，则当对象被发现后，对象选择工作就会被自动结束，此时不会要求按回车键来确定结束。
- 子对象：选择对象的原始信息形状，这些形状是复合实体的一部分或三维实体的顶点、边和面。
- 对象：选择该选项，结束选择子对象的功能，可以使用对象选择的方法。

3.2.2　快速选取

在 AutoCAD 2012 中，当需要选择具有某些共同特性的对象时，可通过在“快速选择”对话框中进行相应的设置，来根据图形对象的图层、颜色、图案填充等特性和类型，创建选择集。下面将举例来介绍其操作步骤。

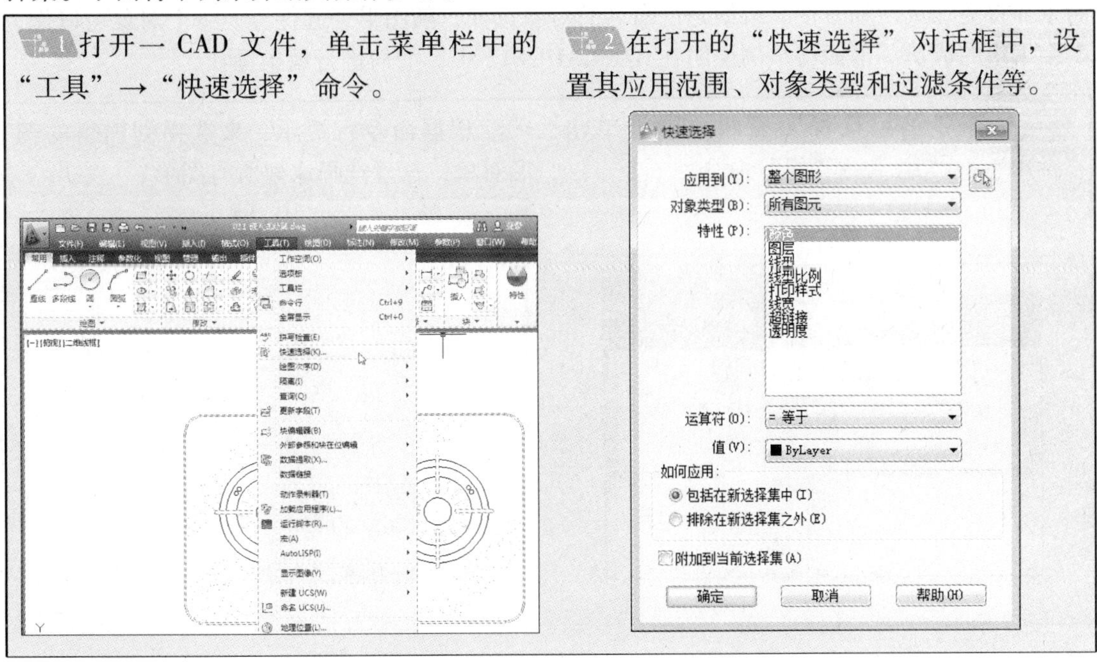

3 在该对话框中的“特性”下拉列表中，选择“颜色”选项，并在“值”下拉列表中选择“洋红”。

4 设置好后，单击“确定”按钮，返回至绘图区，此时，所有颜色为“洋红”的图形都已被选中。

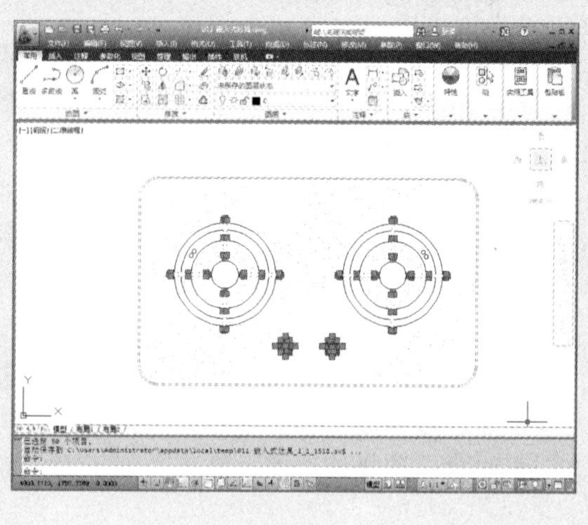

3.2.3 编组选取

在 AutoCAD 2012 中，可以将图形对象进行编组，以创建一种选择集，从而使编组图形对象显得更加灵活和方便。编组是已命名的对象选择，随图形一起保存。一个对象可以作为多个编组的成员。下面将举例说明在 AutoCAD 2012 中，如何进行编组操作。

1 打开“编组选择”素材文件，单击“常用”→“组”→“组”命令。

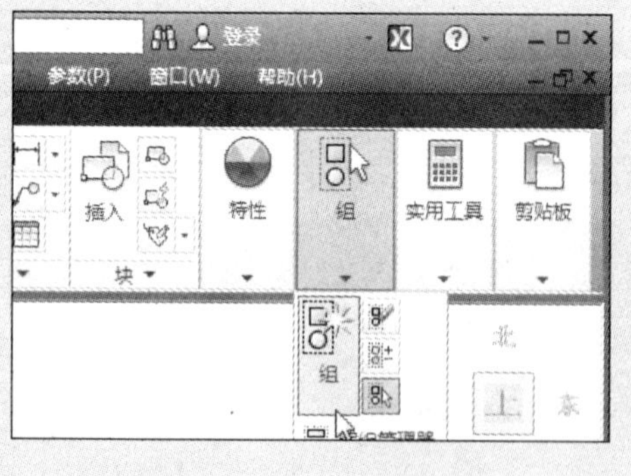

2 根据命令行提示，来选择创建组的图形对象，这里选择床架所有图形。

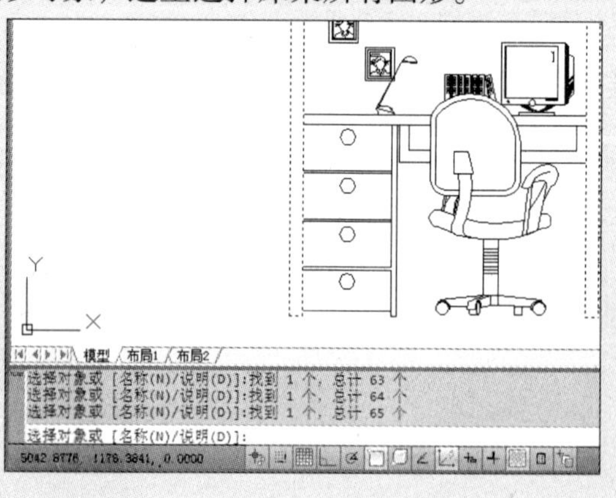

步骤 3　选择完成后，按回车键，创建完成。此时单击床架的任意一处，即可将整个床架图形全部选中。

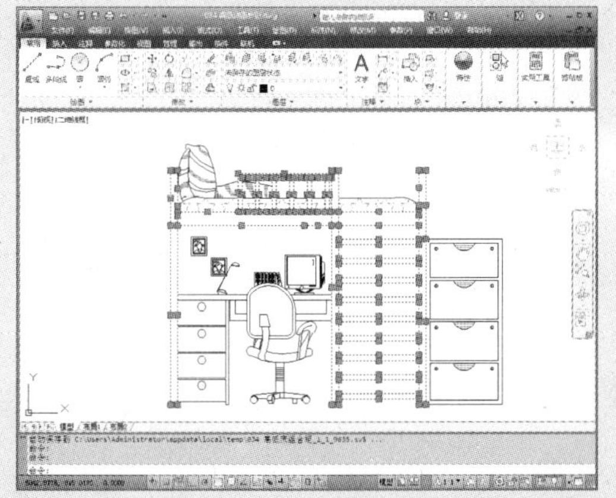

步骤 4　若想将创建的组进行解除，可先选择组，其后单击“组”→“解除编组”命令，即可将其解除。

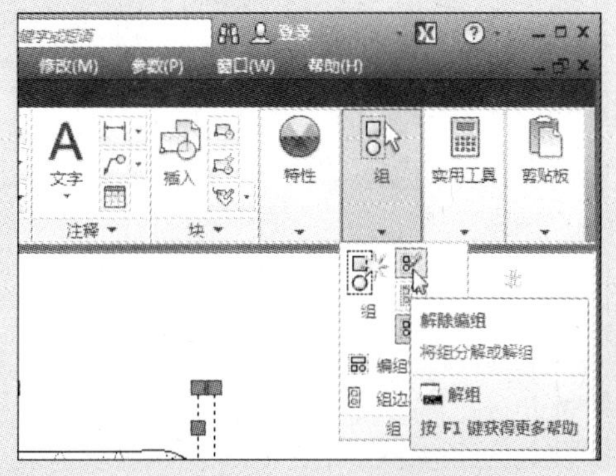

步骤 5　若想将其他图形添加到所创建的组中，则可单击“组”→“组编辑”命令，并在命令行中，输入“A”，并按空格键。

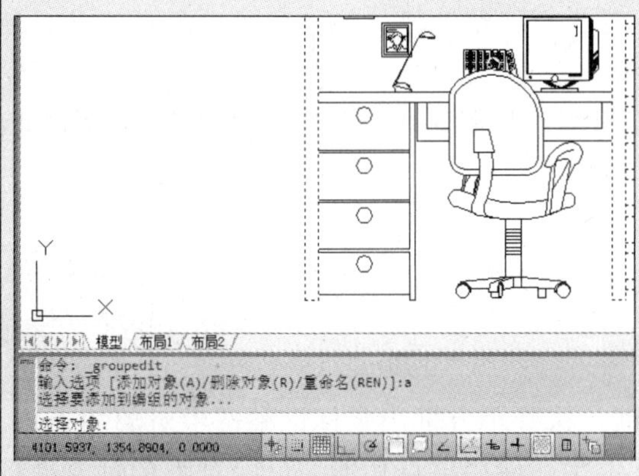

步骤 6　根据命令行提示，选中所需添加的图形对象，这里选中右侧抽屉柜体，然后按回车键，即可完成添加。

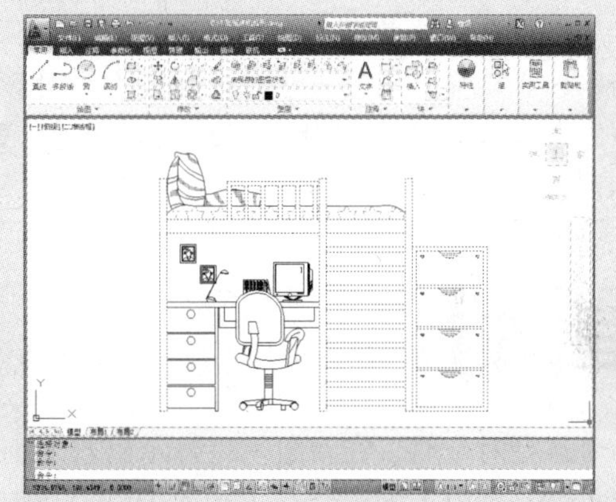

步骤 7　若想删除组中某部分图形，同样选中该组，单击“组编辑”命令，并在命令行中输入“R”，并选中删除的图形，即可。

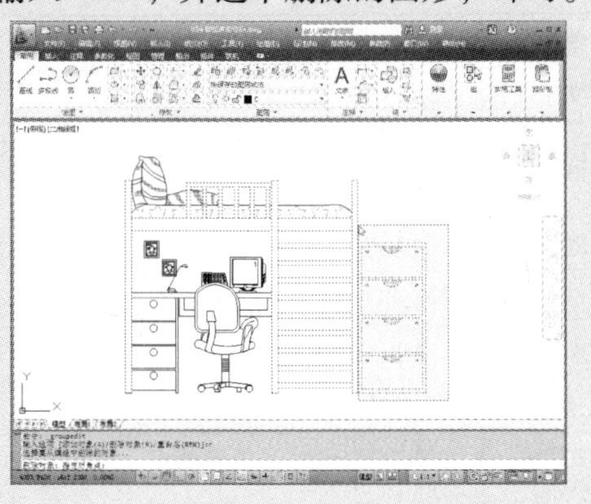

步骤 8　单击“组”→“组边界”命令，可在绘图区中显示所创建组的边界框。若再次单击该命令，则可取消边界框。

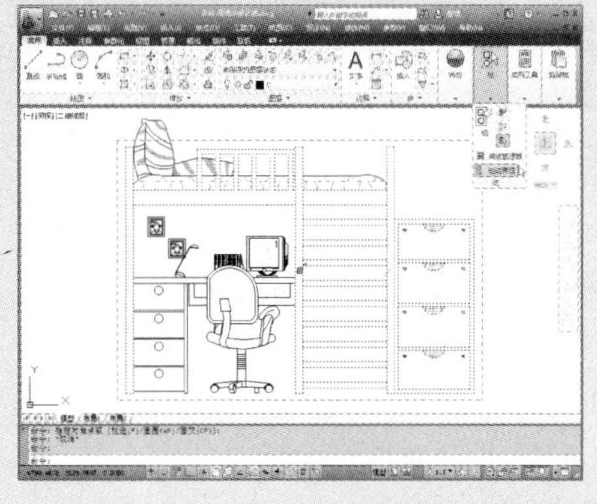

除了以上操作外，用户也可单击“组”→“编组管理器”命令，在打开的“对象编组”对话框中，根据需要进行编组操作，如下图所示。

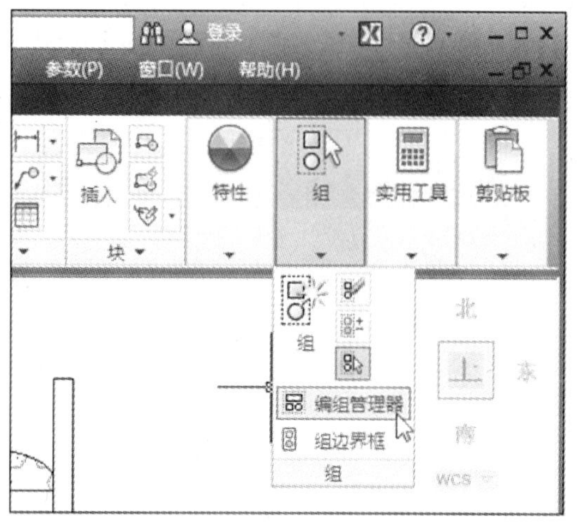

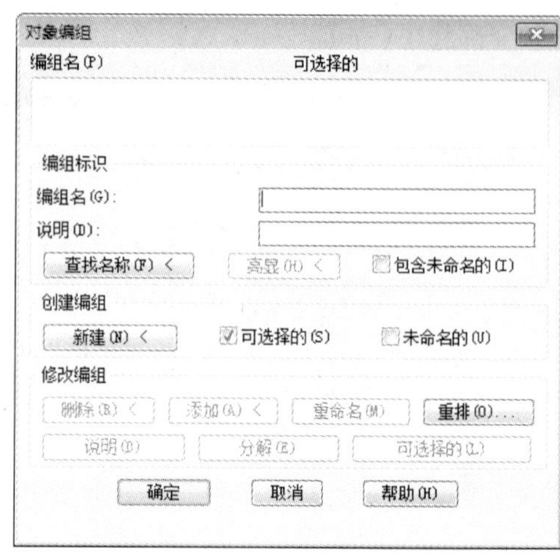

操作提示：

创建编组后，可以通过设置系统变量来控制是否分别选择已有编组的对象。

如果系统变量 PICKSTYLE 设置为 1 或 3，则打开编组选择，编组中的对象中能作为一个编组来选择，不可以单独选择其中的图形元素。

如果系统变量 PICKSTYLE 设置为 0，则关闭编组选择，编组中的对象只能分别选择，不能作为一个编组来选择。

3.3 使用夹点编辑图形

选择对象时，在对象上将显示出若干小方框，这些小方框用来标记被选中对象的夹点，夹点就是对象上的控制点。在 AutoCAD 2012 软件中，使用夹点功能，可以对图形对象进行拉伸、移动、旋转、缩放、镜像等操作。对不同的图形对象进行夹点操作时，图形对象上特征点的位置和数量也不相同。每个图形对象都有自身的夹点标记，如下表所示。

对象类型	夹点特征	对象类型	夹点特征
直线	2 个端点和中点	文字	插入点和第 2 个对齐点
多段线	直线段的两端点、圆弧段的中点和两端点	段落文字	各个顶点
构造线	控制点和线上的邻近两点	属性	插入点
射线	起点和射线上的一个点	形	插入点
多线	控制线上的两个端点	三维网格	网格上的各顶点
圆弧	2 个端点和中点	三维面	周边顶点
圆	4 个象限点和圆心	线性标注、对齐标注	尺寸线和尺寸界线的端点、尺寸文字的中心点

（续）

对象类型	夹 点 特 征	对象类型	夹 点 特 征
椭圆	4 个顶点和中心点	角度标注	尺寸线端点和指定尺寸标注弧的端点、尺寸文字的中心点
椭圆弧	端点、中点和中心点	半径标注、直径标注	半径或直径标注的端点、尺寸文字的中心点
区域覆盖	各个顶点	坐标标注	被标注点引出的线端点和尺寸文字的中心点

3.3.1 拉伸缩放图形

在 AutoCAD 2012 中，可通过以下方法进行操作。

步骤 1 打开“窗帘”素材文件，选中窗户 4 条垂直线，此时，即可显示线段夹点。

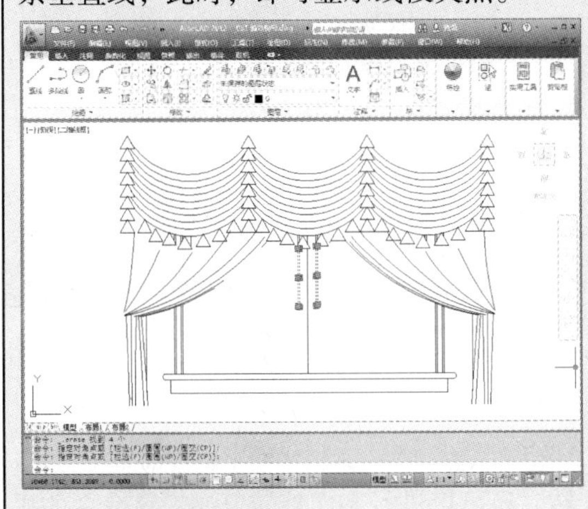

步骤 2 按住〈Shift〉键，单击这 4 条线段的端点，使其成红色。

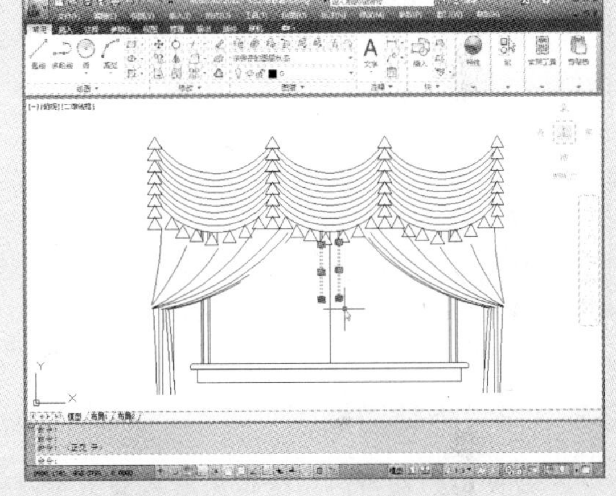

步骤 3 选择后，放开〈Shift〉键，单击任意一条线段的端点，并将其移动至窗台上。

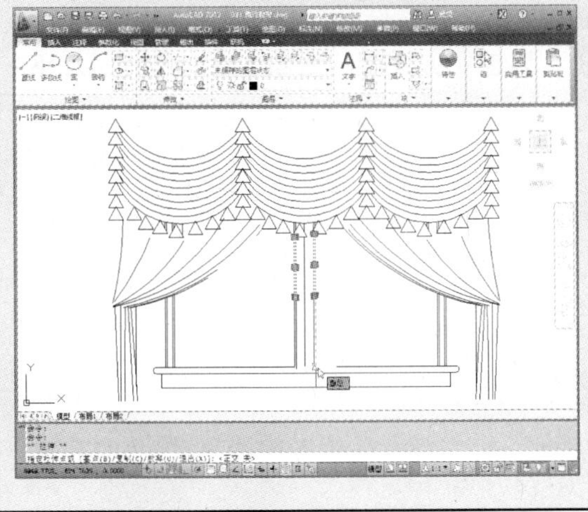

步骤 4 移动好之后，按〈Esc〉键，退出夹点模式，完成图形对象地拉伸操作。

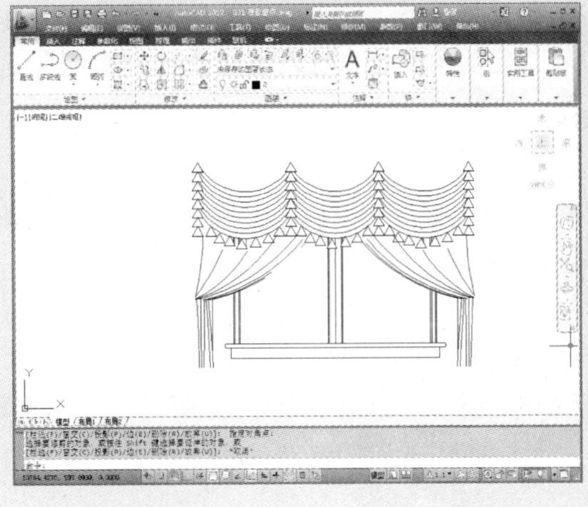

操作技巧：

通过移动选择夹点，可以将对象拉伸或移动到新的位置。因为对于某些夹点，移动时只能移动对象而不能拉伸，如文字、块、直线中点、圆心、椭圆中心点和点对象上的夹点。

3.3.2 移动图形

移动图形对象可以将图形对象从当前位置移动到新的位置，并且还可以进行多次复制。在进行操作时，用户先选择要移动的图形对象，并选中其夹点，按回车键，然后将该夹点图形移至新位置，单击鼠标左键，即可完成移动，如下图所示。

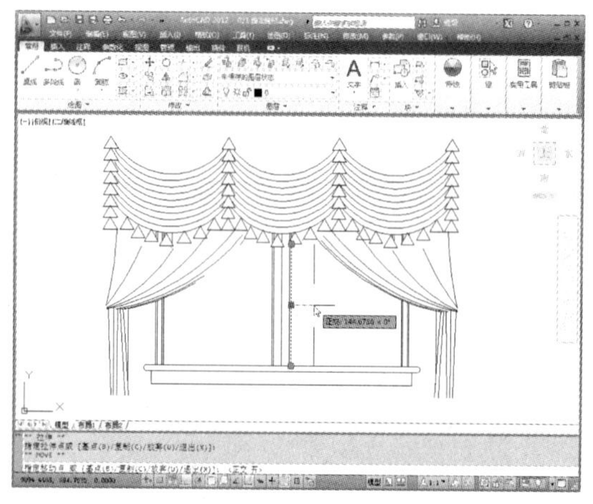

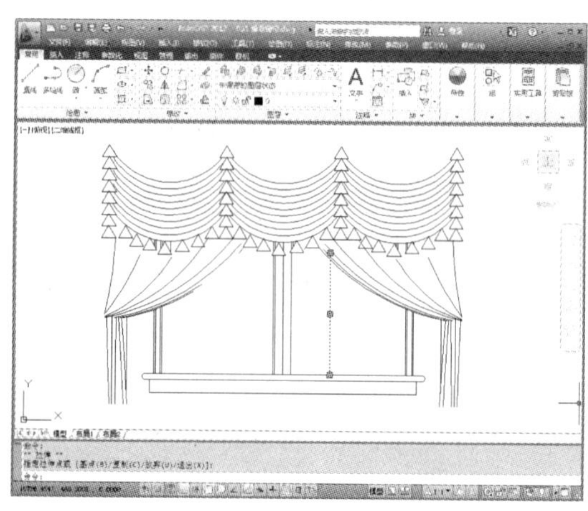

3.3.3 旋转图形

旋转图形对象可以将图形对象绕基点进行旋转，还可以进行多次旋转复制。该命令的操作方法与“旋转”命令操作相同。用户选择要旋转的图形对象，进行夹点选择状态，连接3次按回车键，进入旋转编辑模式。

默认情况下，输入旋转的角度值后或通过拖动方式确定旋转角度后，即可将对象绕基点旋转指定的角度。也可以通过选择“参照”选项，以参照方式旋转对象。命令行提示如下：

```
命令：
** 拉伸 **
指定拉伸点或[基点(B)/复制(C)/放弃(U)/退出(X)]:                    (按回车键)
** MOVE **
指定移动点 或[基点(B)/复制(C)/放弃(U)/退出(X)]:                   (按回车键)
** 旋转 **
指定旋转角度或[基点(B)/复制(C)/放弃(U)/参照(R)/退出(X)]: 90
                                                        (输入旋转角度,按回车键)
```

3.3.4 缩放图形

缩放图形对象可以把图形对象相对于基点缩放，同时也可以进行多次复制。默认情况下，当确定了缩放的比例值后，系统将相对于基点进行缩放对象操作。当比例值大于 1 时，为放大图形；当比例值大于 0 小于 1 时，为缩小图形。

用户在旋转编辑模式下，按 4 次回车键，即可进入缩放编辑模式。命令行提示如下：

```
命令：
** 拉伸 **
指定拉伸点或 [基点(B)/复制(C)/放弃(U)/退出(X)]：                    (按回车键)
** MOVE **
指定移动点 或 [基点(B)/复制(C)/放弃(U)/退出(X)]：                   (按回车键)
** 旋转 **
指定旋转角度或 [基点(B)/复制(C)/放弃(U)/参照(R)/退出(X)]：          (按回车键)
** 比例缩放 **
指定比例因子或 [基点(B)/复制(C)/放弃(U)/参照(R)/退出(X)]：1.5
                                                      (输入比例值,按回车键)
```

3.4 复制图形

AutoCAD 2012 提供了丰富的复制图形对象的命令，可以让用户轻松地对图形对象进行不同方式的复制操作。如果只是简单地复制图形对象，可执行“复制”命令；如果还有一些特殊的位置要求，可执行“镜像”、“阵列”和“偏移”命令来实现复制。

3.4.1 复制图形

在建筑绘图中，经常会出现一些相同或类似的图形，如果将一个一个的图形重复绘制，工作效率显然会很低。在手工绘图时没有办法解决这个问题，但在 AutoCAD 2012 中执行 COPY 命令处理这类问题方便多了，可以将任意复杂的图形复制到图中任意位置。

在 AutoCAD 2012 中，可以通过以下 2 种方法进行操作。

方法一：通过命令行输入进行操作

在命令行中，输入“CO”，并按空格键，即可启动该命令，其后，根据命令行中的提示，进行复制。命令行提示如下：

```
命令：CO                                        (输入“CO”命令,按空格键)
COPY
选择对象：找到 1 个                                 (选择所要复制的对象)
选择对象：                                                 (按空格键)
当前设置：  复制模式 = 多个
指定基点或 [位移(D)/模式(O)] <位移>：                   (选择复制的基点)
```

指定第二个点或［阵列(A)］<使用第一个点作为位移>：500
（输入复制位移距离，按回车键）

下面将举例来介绍其操作步骤：

1 打开“组合书柜”素材文件，在命令行中输入“CO”命令，按空格键，并选绘图区中的书图形。

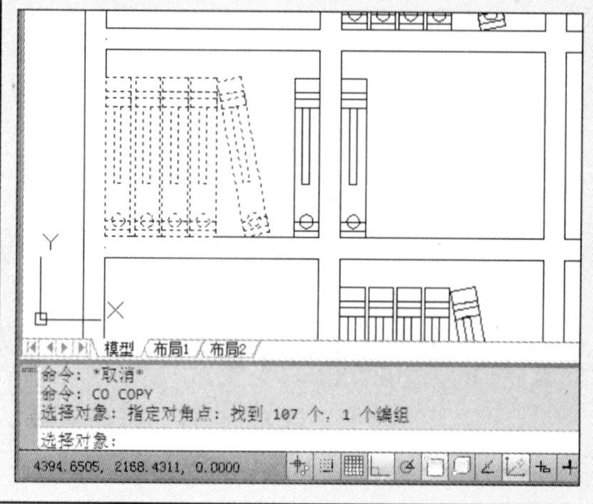

2 选择好后，按空格键，根据命令行提示，指定复制位移的基点 a，然后向右移动鼠标，并选择点 b，即可完成复制操作。

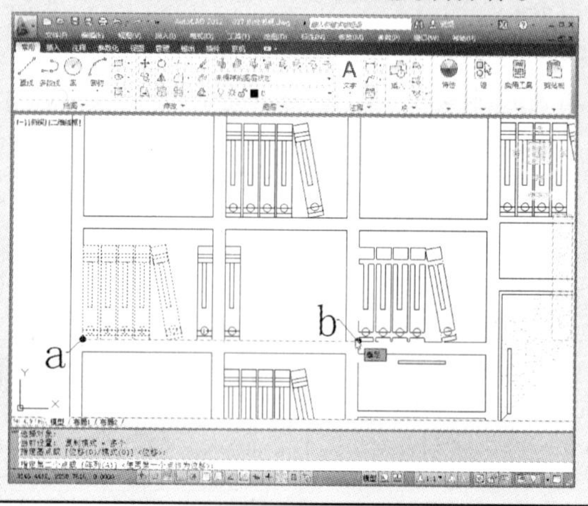

方法二：使用“修改”选项卡进行操作

单击“常用”→“修改”→“复制”命令，按照命令行中的提示信息，即可进行复制操作，其方法与以上的相同。

3.4.2 偏移图形

偏移命令是创建一个选定对象的等距曲线对象，即创建一个与选定对象类似的新对象，并将偏移的对象放置在离原对象一定距离位置上，同时保留原对象。

在 AutoCAD 2012 中，用户可通过 2 种操作方法，来进行偏移操作。

方法一：使用功能面板进行操作

用户可单击“常用”→“修改”→“偏移”命令，根据命令行中的提示，来完成该命令的操作。命令行提示如下：

命令：_offset （选择“偏移”命令，按空格键）
当前设置：删除源＝否 图层＝源 OFFSETGAPTYPE＝0
指定偏移距离或［通过(T)/删除(E)/图层(L)］<通过>：200 （输入偏移距离）
选择要偏移的对象，或［退出(E)/放弃(U)］<退出>： （选择需偏移的图形）
指定要偏移的那一侧上的点，或［退出(E)/多个(M)/放弃(U)］<退出>：
（在所要偏移的方向，指定任意一点）
选择要偏移的对象，或［退出(E)/放弃(U)］<退出>： （按〈Esc〉键，取消操作）

下面则举例来介绍其操作步骤。

1 单击“常用”→“修改”→“偏移”命令，并根据命令行中的提示，输入偏移距离“100”。

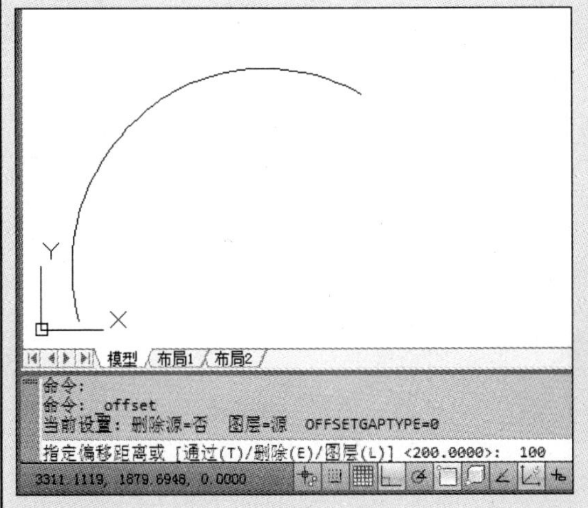

2 输入完成后，按回车键，其后选择所需偏移的对象，这里选择弧线，并在该弧线右侧指定任意一点，即可完成偏移操作。

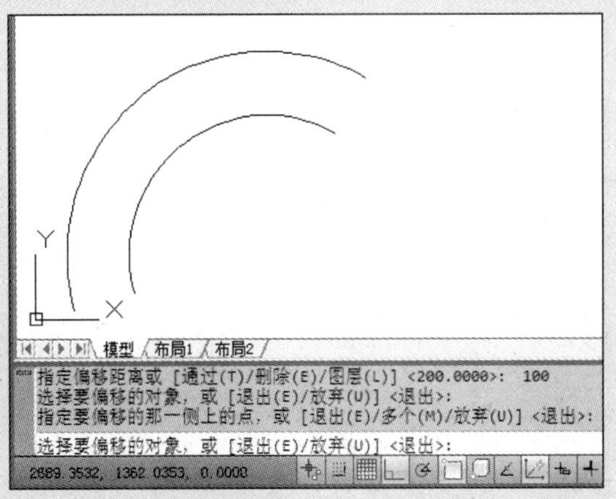

方法二：通过命令行的输入进行操作

用户可在命令行中，直接输入“O”，并按空格键，即可启动该命令，然后可按照命令行中的提示，进行偏移操作。操作方法与以上相同。

在进行“偏移”复制操作时，其复制结果不一定与原对象完成相同。例如，在对圆弧进行偏移后，新圆弧与原来的圆弧具有同样的包含角，但新圆弧的弧度会发生变化；在对圆或椭圆进行偏移后，新圆或椭圆与原来的圆或椭圆有同样的圆心，但新圆半径或新椭圆的轴长要发生变化。对直线线段、构造线、射线进行偏移，是平行复制。

3.4.3　镜像图形

对称图形在建筑制图中是经常可见的，比如说双开门是对称的。在 AutoCAD 2012 软件中提供了“镜像”命令，可以将一扇绘制的单门通过该命令，镜像出另一扇门。

在 AutoCAD 2012 中，进行“镜像”命令操作的方法有以下 2 种。

方法一：使用相关功能选项进行操作

单击“常用”→“修改”→“镜像”命令，并可按照命令行中的提示，完成该命令的操作。命令行中的提示如下：

```
命令：_mirror                                   （选择“镜像”命令，按空格键）
选择对象：指定对角点：找到 17 个                   （选择所需镜像的图形）
选择对象：找到 1 个，总计 18 个
选择对象：指定对角点：找到 2 个（1 个重复），总计 19 个
选择对象：                                              （按空格键）
指定镜像线的第一点：指定镜像线的第二点：                  （选择镜像中线）
要删除源对象吗？[是(Y)/否(N)] <N>：               （按空格键，完成操作）
```

下面将举例介绍其具体操作过程。

1 打开“衣柜”素材文件，单击“常用”→“修改”→“镜像”命令，根据命令行中的提示，选中衣柜图形，并按空格键。

2 选择好后，指定镜像线端点 a，其后指定该线段的末端 b，按空格键，即可完成衣柜的镜像。

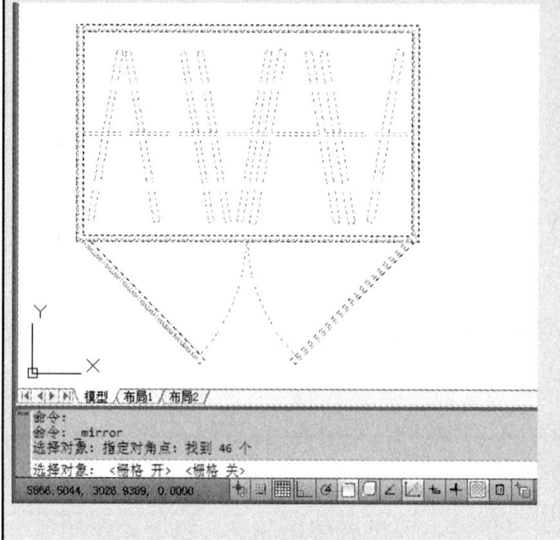

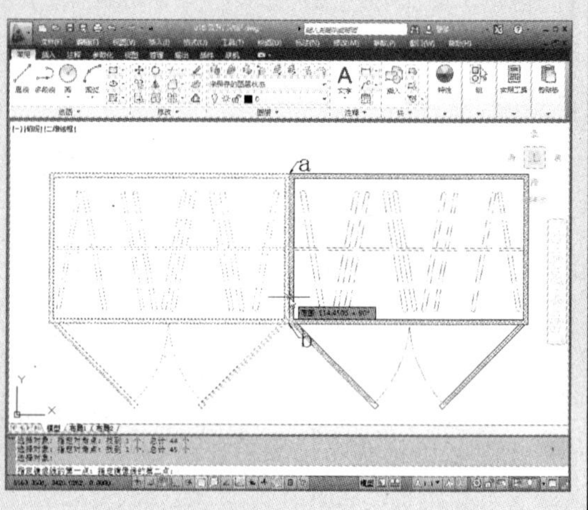

方法二：通过命令行中的输入进行操作

用户还可直接在命令行中输入“MI”命令，按空格键，并按照命令行中的提示，完成操作，具体方法与以上的相同。

3.4.4 阵列图形

阵列命令是一种有规则的复制命令，当用户遇到一些有规则分布的图形时，就可以使用该命令来解决。在 AutoCAD 2012 中，用户可以通过以下 2 种方法启动该命令。

方法一：使用功能面板中的相关命令

用户只需单击“常用”→“修改”→“阵列”命令，并根据命令行中的提示，即可完成该命令的操作。命令行提示如下：

```
命令：_arrayrect                                        (选择“阵列”命令,按空格键)
选择对象：找到 1 个                                      (选择所需阵列图形)
选择对象：                                              (按空格键)
类型 = 矩形   关联 = 是
为项目数指定对角点或 [基点(B)/角度(A)/计数(C)] <计数>：c    (选择“计数”选项)
输入行数或 [表达式(E)] <4>：8                            (输入阵列的行数值)
输入列数或 [表达式(E)] <4>：6                            (输入阵列的列数值)
指定对角点以间隔项目或 [间距(S)] <间距>：                  (输入间距数值)
按 Enter 键接受或 [关联(AS)/基点(B)/行(R)/列(C)/层(L)/退出(X)] <退出>：
                                                        (按回车键)
```

方法二：通过命令行的输入进行操作

直接在命令行中，输入“AR”命令，并按空格键，根据命令行中的提示，完成该命令的操作。“阵列”命令有 3 种模式：矩形阵列、路径阵列以及环形阵列。下面就分别对其进行说明。

（1）矩形阵列

矩形阵列是指对图形进行阵列复制后，图形呈矩形分布。

1 打开“矩形阵列”素材文件，单击“修改”→“矩形阵列”命令，根据命令行中的提示，选中灯具图块。

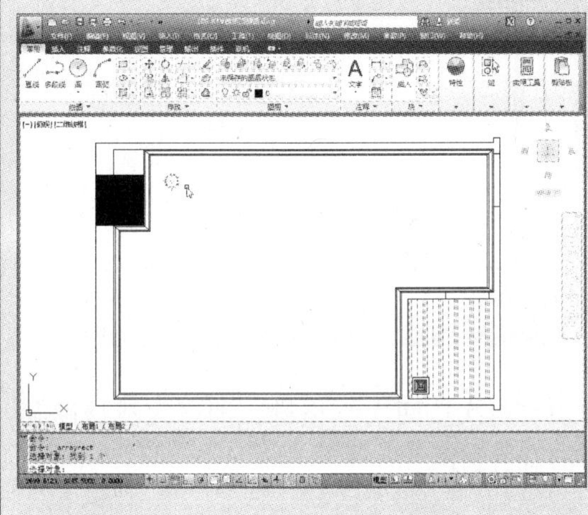

2 选择好后，按空格键，其后，在命令行中输入“C”，选择“计数”选项，并输入行数和列数值，分别为 4、5。

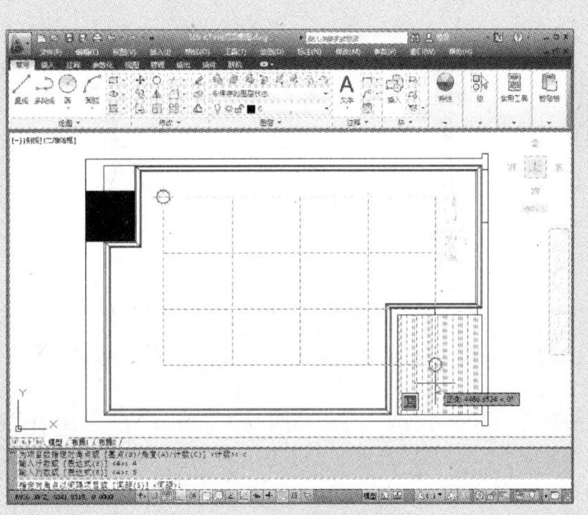

3 此时在命令行中输入“间距”值为 4500。

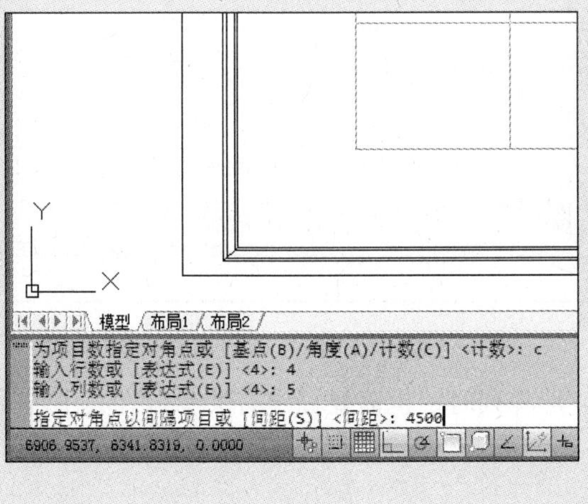

4 输入完毕后，按两次空格键，即可完成矩形阵列操作。

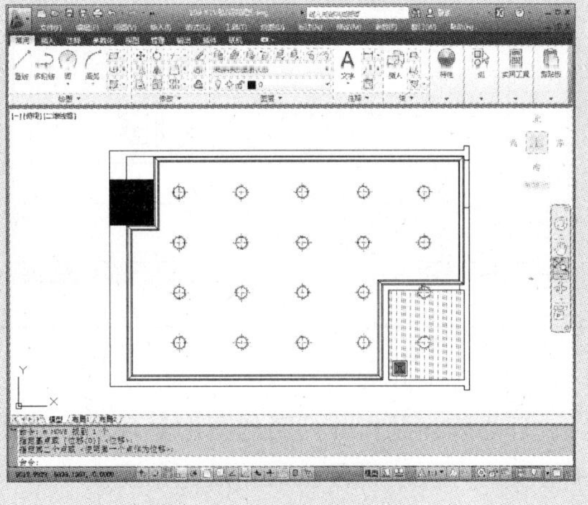

（2）路径阵列

路径阵列是根据所指定的路径，例如曲线、弧线、折线等所有开放型线段，进行阵列。

1 打开“路径阵列”素材文件，单击“常用”→“修改”→“路径阵列”命令，并根据命令行中的提示，选择灯具图形。

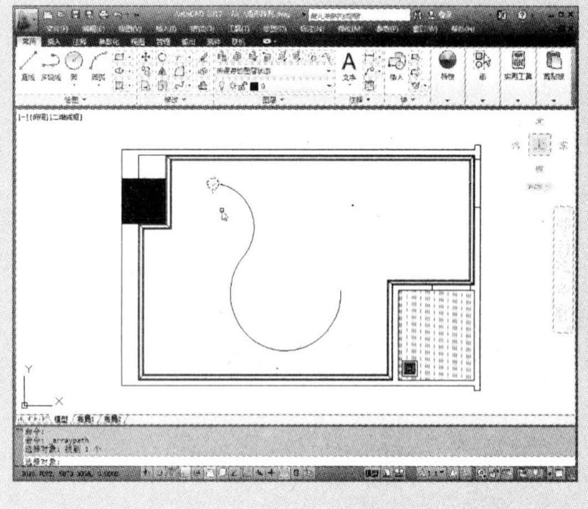

2 选择完成后，按空格键，并根据命令行的提示，选择好路径，这里选择弧线，其后，在命令行中输入阵列数12。

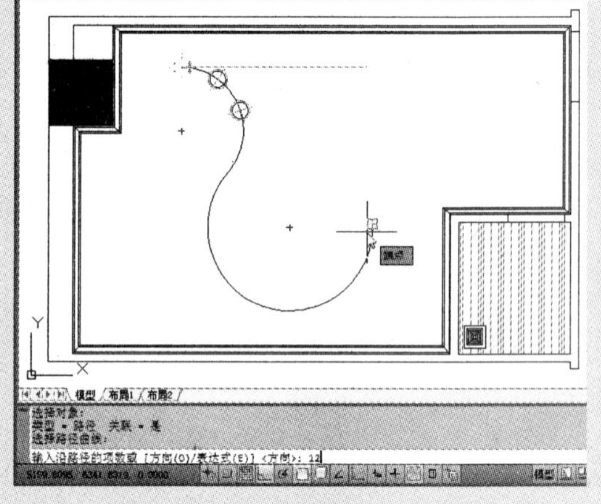

3 输入好后，按空格键，进入下一操作。

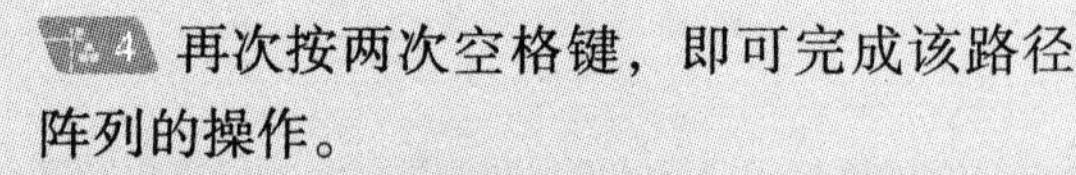

4 再次按两次空格键，即可完成该路径阵列的操作。

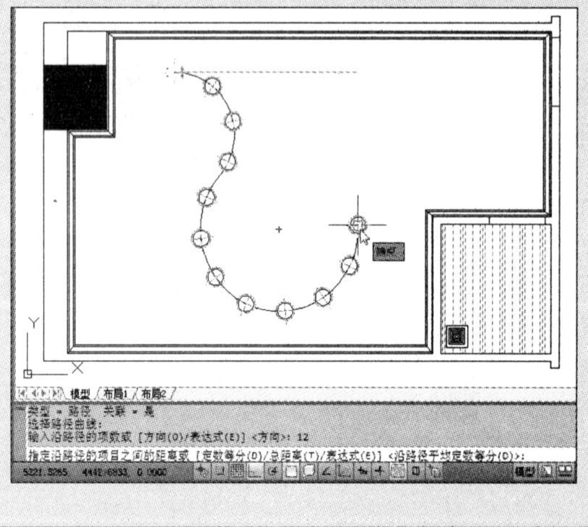

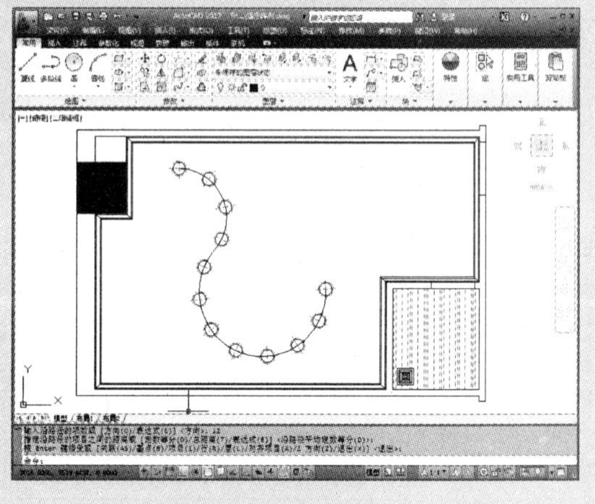

（3）环形阵列

环形阵列是指阵列后的图形呈环形。使用环形阵列时，也需要设定有关参数，其中包括中心点、方法、项目总数和填充角度。

1 打开“环形阵列”素材文件，单击“常用”→“修改”→“环形阵列”命令，并根据命令行中的提示，选择灯具图形。

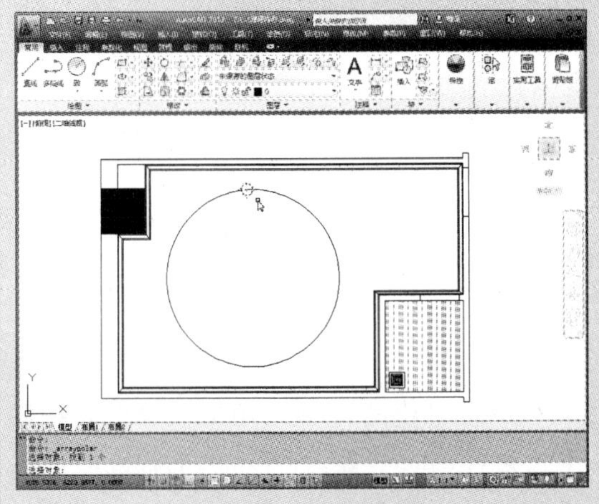

2 选择完成后，按空格键，并根据命令行的提示，选择圆心 a，并在命令行中输入“E”，按空格键。

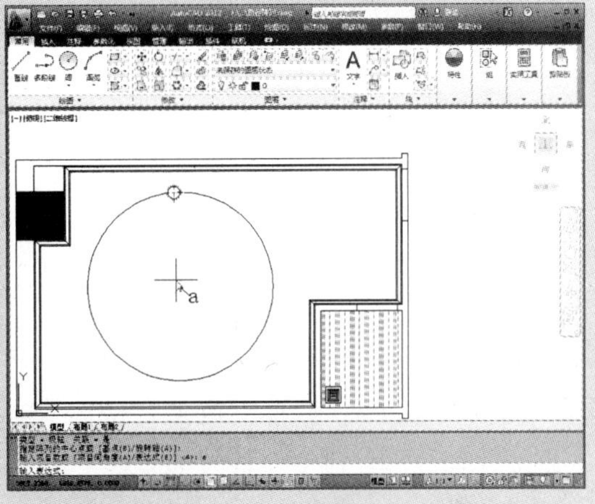

3 在命令行中的“输入表达式”后，输入阵列值“20”，并按回车键。

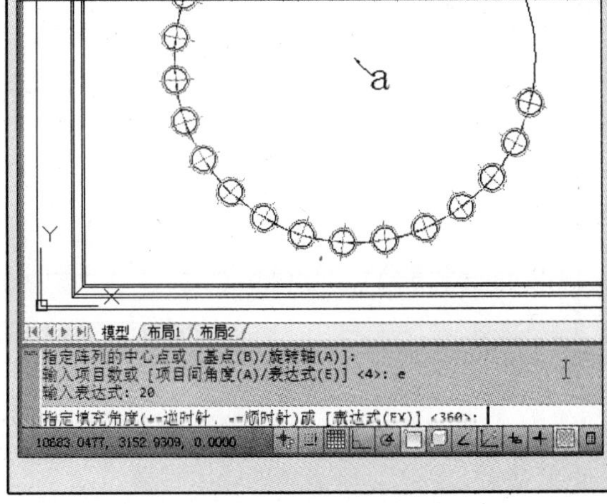

4 在命令行中输入阵列角度值“360”，或按两次回车键即可完成环形阵列。

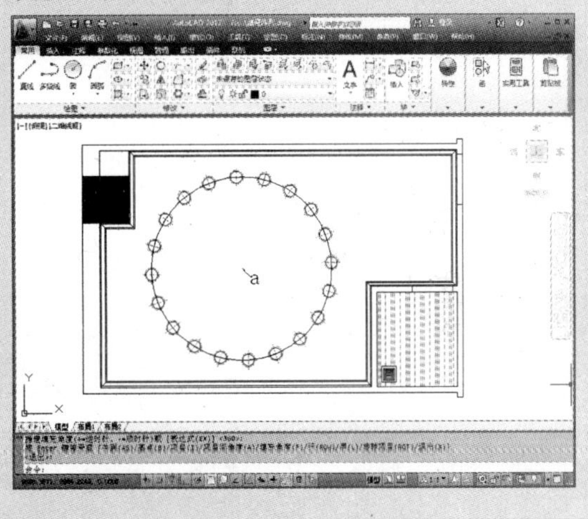

3.5 设计实践：沙发的绘制

下面将运用“直线”、“偏移”、“复制”、“镜像”命令，来绘制沙发平面图，具体步骤如下：

最终效果：第 3 章 \ 设计实践 \ 沙发平面 . dwg
成品尺寸：1600 mm × 800 mm
注意事项：“镜像”命令的用法
任务要求：运用“矩形”、“镜像”、“直线”命令，绘制该图形

沙发平面图：

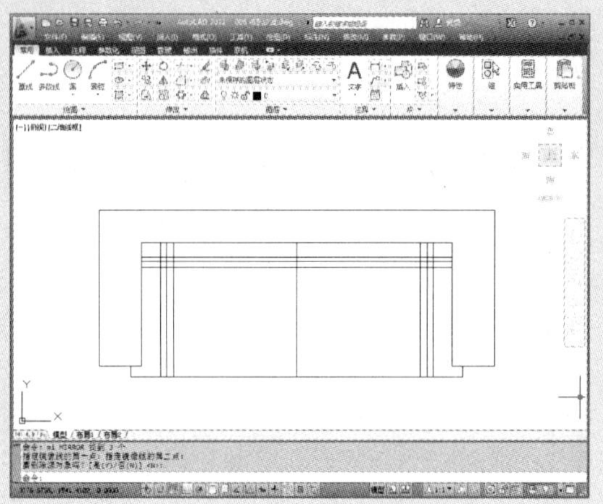

沙发三维效果图：

1 启动 AutoCAD 软件，单击“绘图”→“直线”命令，绘制一个沙发靠背。

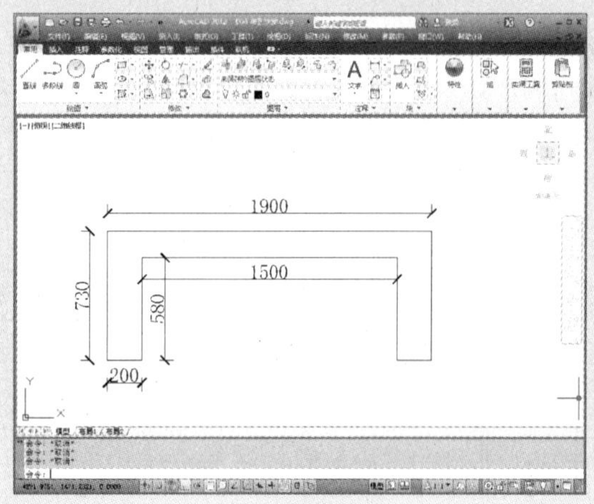

2 单击“绘图”→“矩形”命令，绘制出长为 630 mm、宽为 800 mm 的长方形。

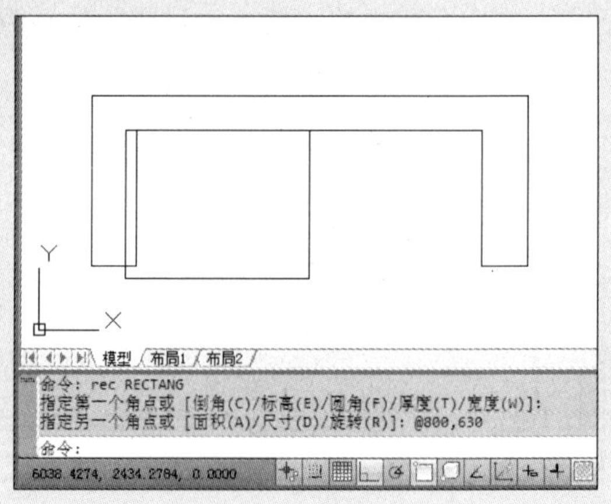

3 单击“修改”→“镜像”命令，选择刚绘制的长方形，并以线段 ab 为镜像中心，进行镜像。

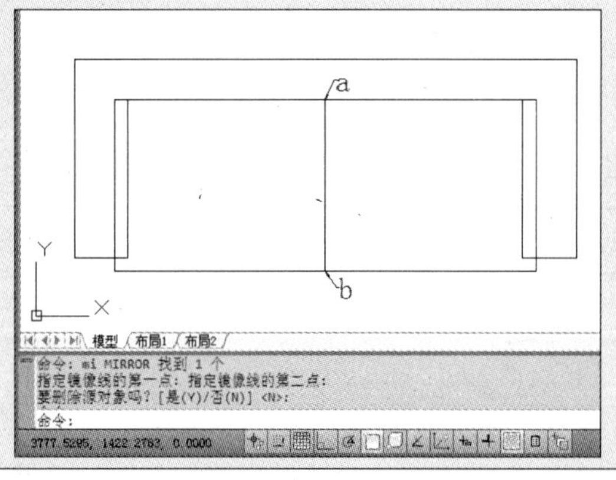

4 单击“修改”→“修剪”命令，并按两次空格键，将图形中多余的线段删除。

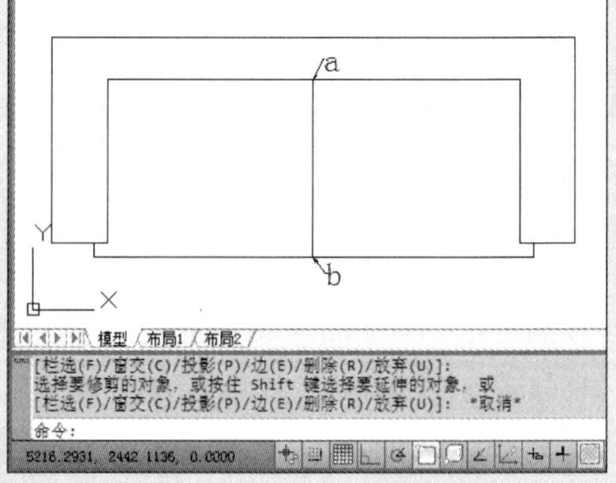

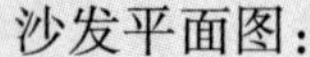

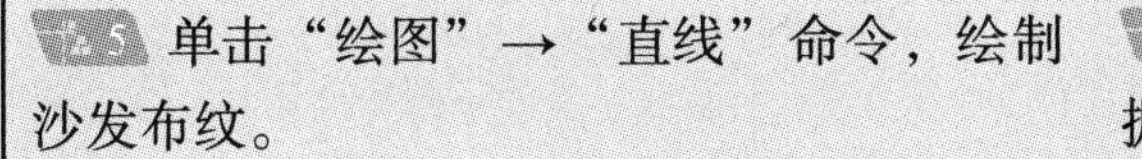

步骤 5 单击“绘图”→“直线”命令，绘制沙发布纹。

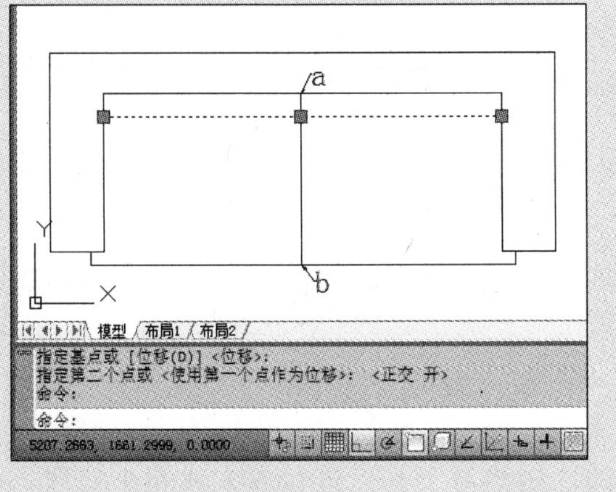

步骤 6 单击“修改”→“复制”命令，并根据命令行中的提示信息，复制直线。

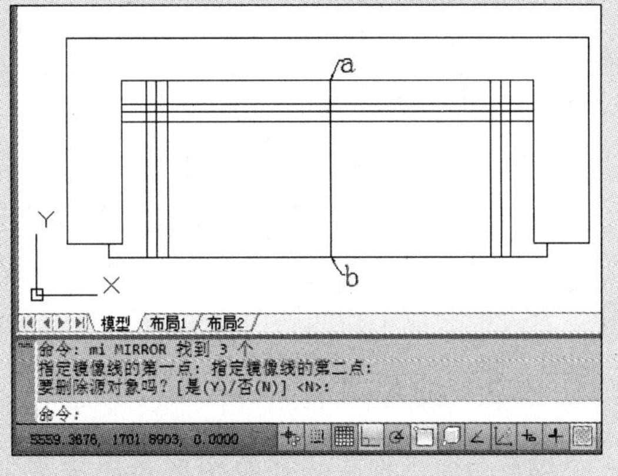

- 参考模型：组合沙发平、立面图

模型尺寸： （1）直角沙发平面图尺寸为：长边 1800 mm × 800 mm，短边 1600 mm × 800 mm。 （2）三人沙发平面尺寸：1800 mm × 800 mm	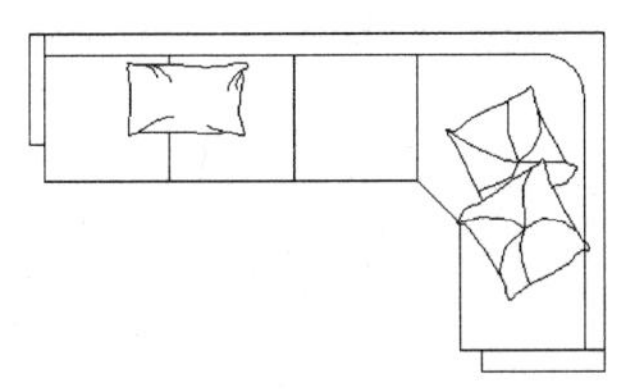 直角沙发	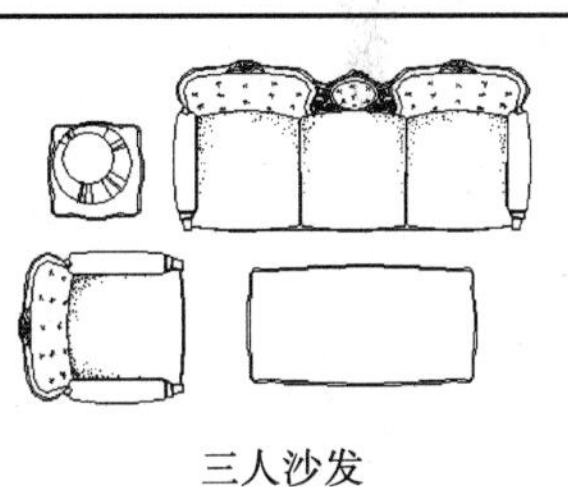 三人沙发
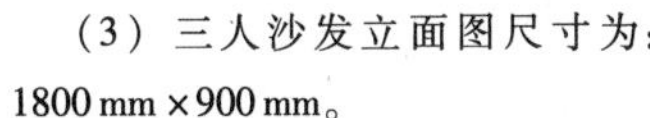 （3）三人沙发立面图尺寸为：1800 mm × 900 mm。 （4）单人沙发侧立面图尺寸为：800 mm × 900 mm	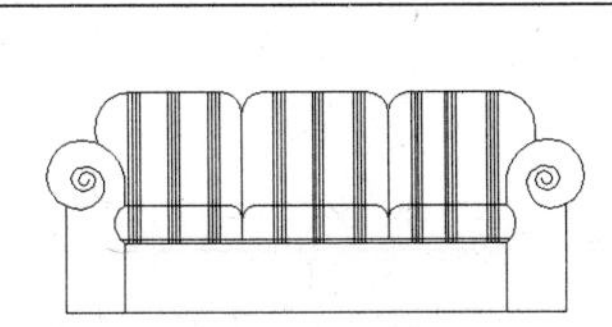 三人沙发立面	 单人沙发侧立面

3.6 编辑图形形状和大小

在建筑绘图过程中，需要经常调整图形对象的位置和摆放次序，对图形对象进行移动、旋转、缩放、拉伸、拉长等操作。

3.6.1 移动图形

移动命令就是将当前图形移至所指定的位置。在 AutoCAD 2012 软件中，可以通过以下 2 种方法进行操作。

方法一：通过功能面板相关命令进行操作

用户只需单击“常用”→“修改”→“移动”命令，并根据命令行中的提示，完成相

关操作，其命令行提示如下：

命令：_move （选择“移动”命令，并按空格键）
选择对象：找到 1 个 （选中移动对象）
选择对象： （按空格键）
指定基点或 [位移(D)] <位移>： （选择位移基点）
指定第二个点或 <使用第一个点作为位移>：500 （输入移动距离）

方法二：通过命令行的输入进行操作

用户可直接在命令行中输入“M”，并按空格键，同时可按照命令行中的提示，完成操作，其方法与以上相同。

3.6.2 缩放图形

缩放命令是将所选择的图形对象按指定的比例相对于基点进行放大或缩小处理。在AutoCAD 2012中，同样可通过以下操作方法进行绘制。

方法一：通过功能面板相关命令进行操作

单击“常用”→“修改”→“缩放”命令，根据命令行中的提示，来完成该命令的操作，命令行提示如下：

命令：_scale （选择“缩放”命令，按空格键）
选择对象：找到 1 个 （选择所需缩放图形）
选择对象： （按空格键）
指定基点： （选择缩放基点）
指定比例因子或 [复制(C)/参照(R)]：1.5 （输入缩放比例）

下面将举例来介绍其操作步骤。

1 单击“常用”→“修改”→“缩放”命令，并根据命令行中的提示，选中所需缩放的图形。

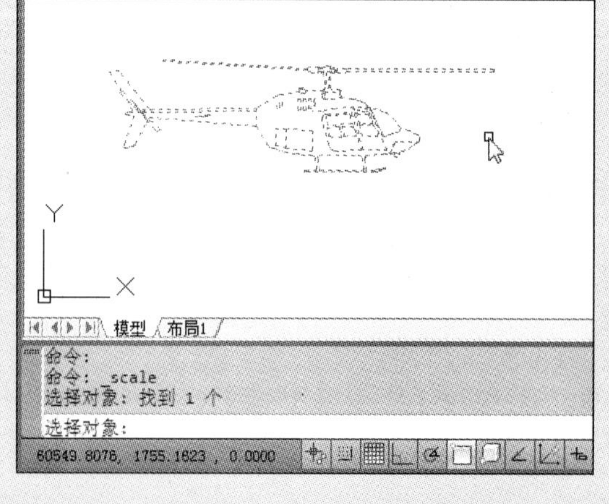

2 选择后，按空格键，并指定图形缩放的基点，输入缩放数值，这里输入2，按回车键，即可完成图形的缩放。

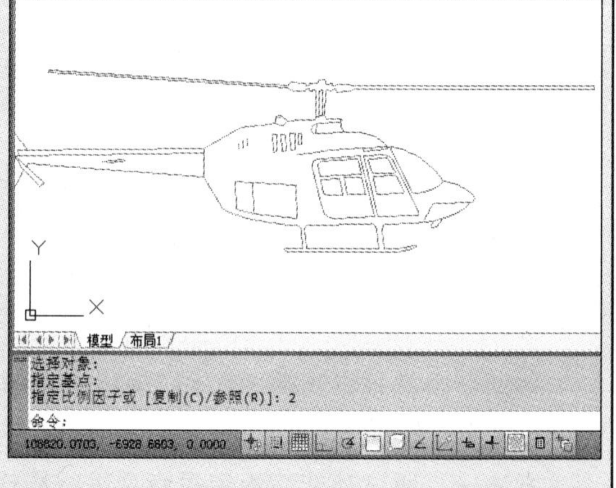

若想放大图形，则需输入 1 以上的数值（1.1、1.5、2、3……），而若想缩小图形，则只能输入 1 以下的数值（0.9、0.95、0.6、0.2……）。

方法二：通过命令行的输入进行操作

用户可直接在命令行中输入“SZ”命令，并按空格键，同时按照命令行中的操作，进行绘制。

3.6.3　旋转图形

“旋转”命令是将当前图形对象绕基点按指定的角度进行旋转。在 AutoCAD 2012 中，可通过以下操作方法进行绘制。

方法一：通过功能面板相关命令进行操作

单击“常用”→“修改”→“旋转”命令，根据命令行中的提示，来完成该命令的操作，命令行提示如下：

```
命令：_rotate                                      （选择“旋转”命令，并按空格键）
UCS 当前的正角方向：  ANGDIR = 逆时针    ANGBASE = 0
选择对象：指定对角点：找到 482 个
选择对象：                                          （选择旋转对象，按空格键）
指定基点：                                                    （指定旋转基点）
指定旋转角度，或 [复制(C)/参照(R)] <0>：  30                   （输入旋转角度）
```

下面将举例介绍其操作步骤。

1 打开“座椅”素材文件，单击“常用”→“修改”→“旋转”命令，并根据命令行中的提示，选中座椅。

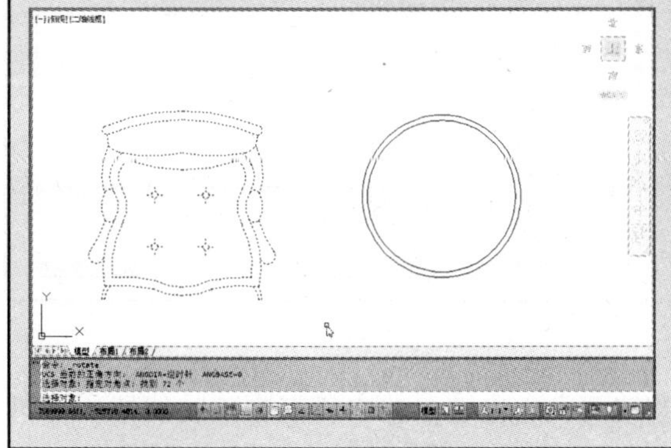

2 选择好后，按空格键，指定旋转基点 a，并在命令行中，输入旋转角度，在这里输入“45”，按回车键，即可完成旋转。

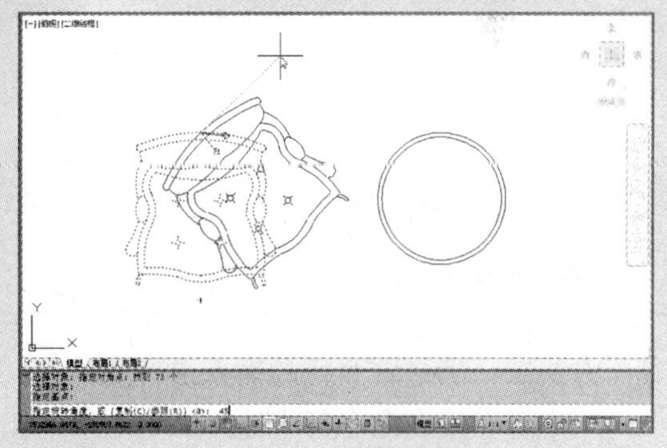

方法二：通过命令行的输入进行操作

用户可直接在命令行中输入“RO”命令，并按空格键，同时按照命令行中的操作，进行绘制。

3.6.4　修剪图形

修剪命令是将某一对象为剪切边修剪其他对象。在 AutoCAD 2012 中，可通过以下操作方法进行绘制。

方法一：通过功能面板相关命令进行操作

单击“常用”→“修改”→“修剪”命令，根据命令行中的提示，来完成该命令的操作，命令行提示如下：

```
命令：_trim                                              （选择“修剪”命令，按空格键）
当前设置：投影 = UCS，边 = 无
选择剪切边...
选择对象或 <全部选择>： 指定对角点：找到 1 个
选择对象：                                          （选择所需修剪的图形，按空格键）
选择要修剪的对象，或按住 Shift 键选择要延伸的对象，或
[栏选(F)/窗交(C)/投影(P)/边(E)/删除(R)/放弃(U)]：          （选择要删除的线段）
选择要修剪的对象，或按住 Shift 键选择要延伸的对象，或
[栏选(F)/窗交(C)/投影(P)/边(E)/删除(R)/放弃(U)]：          （按空格键，取消操作）
```

下面将举例介绍其操作步骤。

1 单击“常用”→“修改”→“修剪”命令，框选选取所需修剪的图形，按空格键。

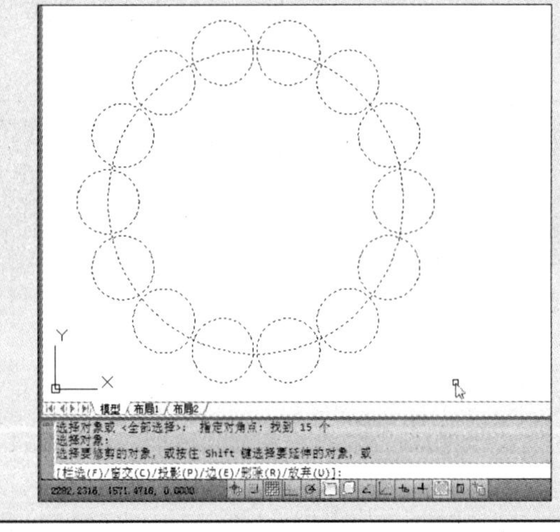

2 选取该图形中所要删除的线段，即可完成修剪操作。

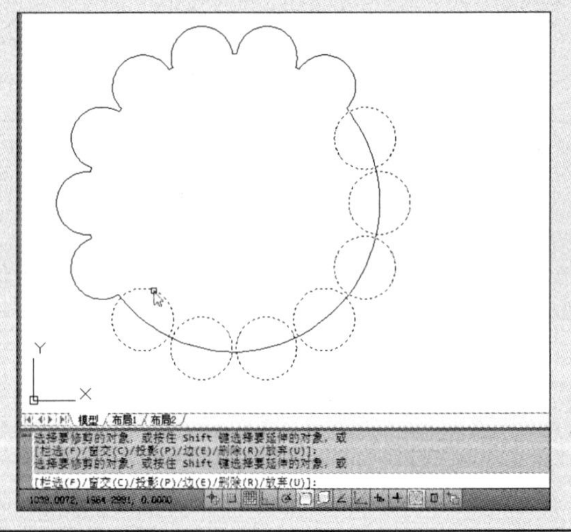

方法二：通过命令行的输入进行操作

用户可直接在命令行中输入“tr”命令，并按两次空格键，选中所需删除的线段，即可完成修剪操作。

3.6.5 延伸图形

延伸命令是将指定的图形对象延伸到指定的边界。在 AutoCAD 2012 中，可通过以下操作方法进行绘制。

方法一：通过功能面板相关命令进行操作

单击“常用”→“修改”→“延伸”命令，根据命令行中的提示，来完成该命令的操

作，命令行提示如下：

```
命令：_extend                                        （选择"延伸"命令，按空格键）
当前设置：投影 = UCS，边 = 无
选择边界的边...
选择对象或 <全部选择>： 找到 1 个
选择对象：                                           （指定延伸的边界）
选择要延伸的对象，或按住 Shift 键选择要修剪的对象，或
[栏选(F)/窗交(C)/投影(P)/边(E)/放弃(U)]： 指定对角点：   （选择所需延伸线段）
选择要延伸的对象，或按住 Shift 键选择要修剪的对象，或
[栏选(F)/窗交(C)/投影(P)/边(E)/放弃(U)]：               （按空格键，完成操作）
```

下面将举例介绍其操作步骤。

步骤 1 单击"常用"→"修改"→"延伸"命令，选择线段 L，按空格键。

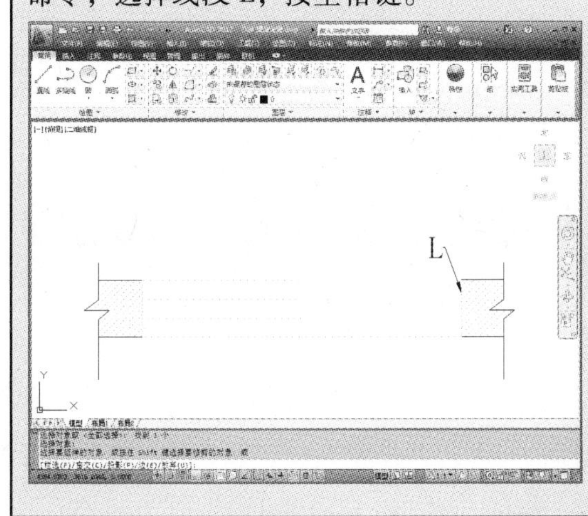

步骤 2 框选所要延伸的线段，按空格键，即可完成延伸操作。

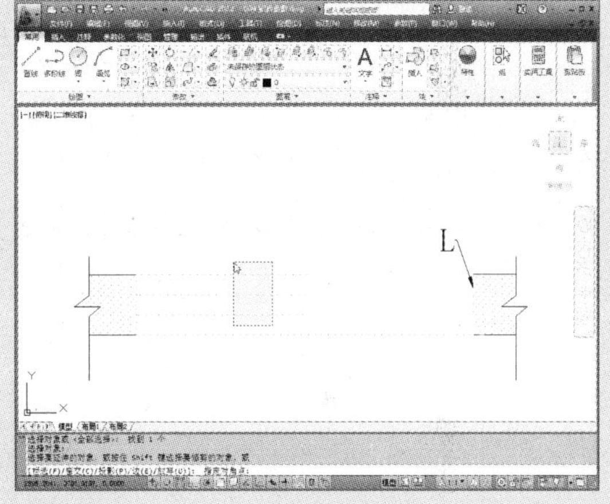

方法二：通过命令行的输入进行操作

用户可直接在命令行中输入"EX"命令，按空格键，并按照命令行中的提示即可完成修剪操作。

3.7 修改图形

在 AutoCAD 2012 软件中，用户可以方便地修改已有的图形对象，对图形进行、打断、修剪、倒角、倒圆角、分解等操作。

3.7.1 图形倒角

倒角命令可将绘制的图形对象倒角。在 AutoCAD 2012 中，可通过以下方法进行绘制。

方法一：通过功能面板相关命令进行操作

单击"常用"→"修改"→"倒角"命令，根据命令行中的提示，来完成该命令的操

作，命令行提示如下：

```
命令：_chamfer                                    （选择"倒角"命令，按空格键）
（"修剪"模式）当前倒角距离 1 = 0.0000，距离 2 = 0.0000
选择第一条直线或［放弃(U)/多段线(P)/距离(D)/角度(A)/修剪(T)/方式(E)/多个(M)]： d
                                              （设置倒角距离，选择"D"选项）
指定 第一个 倒角距离 <0.0000>：5                         （输入第一条边倒角值）
指定 第二个 倒角距离 <5.0000>：5                        （输入第二条边的倒角值）
选择第一条直线或［放弃(U)/多段线(P)/距离(D)/角度(A)/修剪(T)/方式(E)/多个(M)]：
                                                    （选择所需倒角的第一条边）
选择第二条直线，或按住 Shift 键选择直线以应用角点或［距离(D)/角度(A)/方法(M)］：
                                                    （选择所需倒角的第一条边）
```

下面将举例介绍其操作步骤。

1 单击"常用"→"修改"→"倒角"命令，根据命令行中的提示，设置倒角距离，这里选择距离 1 = 100，距离 2 = 100。

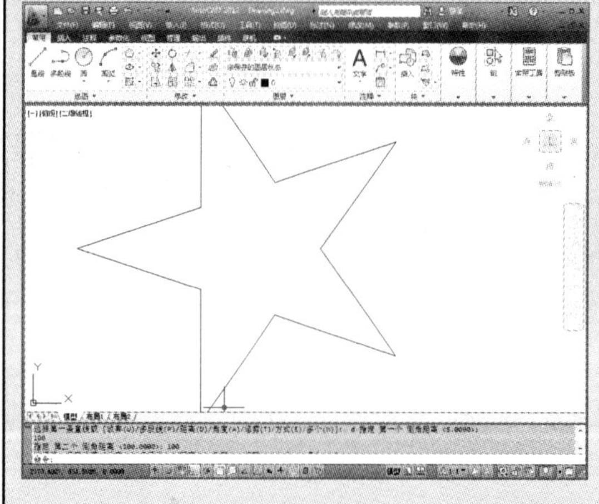

2 输入完成后，按空格键，并选择两条倒角边，即可完成倒角操作。

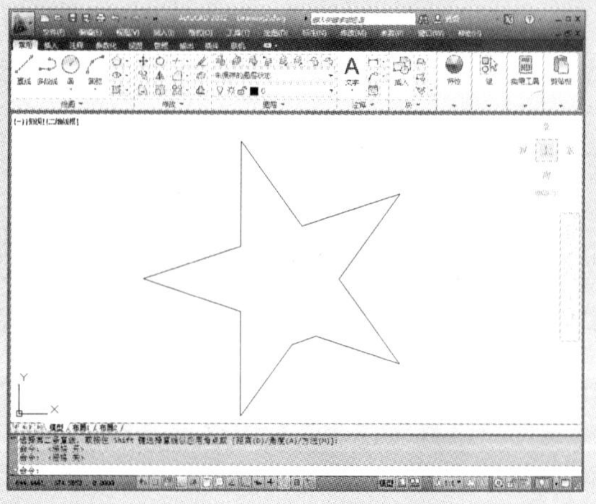

方法二：通过命令行的输入进行操作

用户可直接在命令行中输入"EX"命令，按空格键，并按照命令行中的提示即可完成修剪操作。

3.7.2 图形倒圆角

圆角命令是通过一个指定半径的圆弧将两个对象光滑地连接起来。在 AutoCAD 2012 中，可通过以下操作方法进行绘制。

方法一：通过功能面板相关命令进行操作

单击"常用"→"修改"→"倒圆角"命令，根据命令行中的提示，来完成该命令的操作，命令行提示如下：

```
命令：-FILLET                                              （选择"倒圆角"命令，按空格键）
当前设置：模式 = 修剪，半径 = 0.0000
选择第一个对象或［放弃(U)/多段线(P)/半径(R)/修剪(T)/多个(M)］：r
                                                                   （选择"半径 r"选项）
指定圆角半径 <0.0000>：50                                               （输入半径值）
选择第一个对象或［放弃(U)/多段线(P)/半径(R)/修剪(T)/多个(M)］：
                                                                   （选择圆角一条边）
选择第二个对象，或按住 Shift 键选择对象以应用角点或［半径(R)］：
                                                                 （选择圆角另一条边）
```

下面将举例介绍其操作步骤。

步骤 1 单击"常用"→"修改"→"倒圆角"命令，根据命令行中的提示，设置圆角半径为 50。

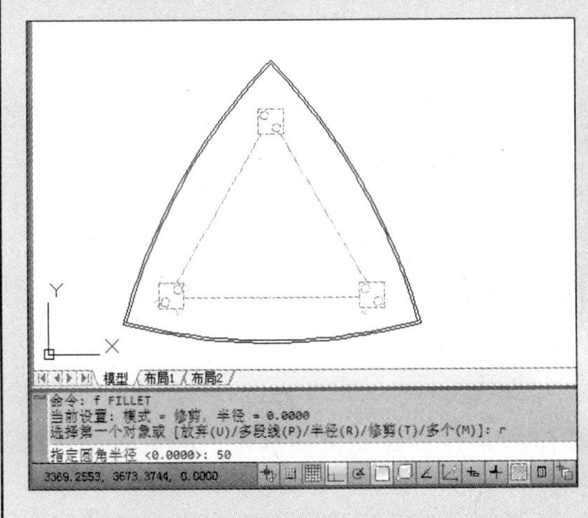

步骤 2 输入完成后，按空格键，并按照命令行的提示，选择所需倒圆角的两条边，即可完成操作。

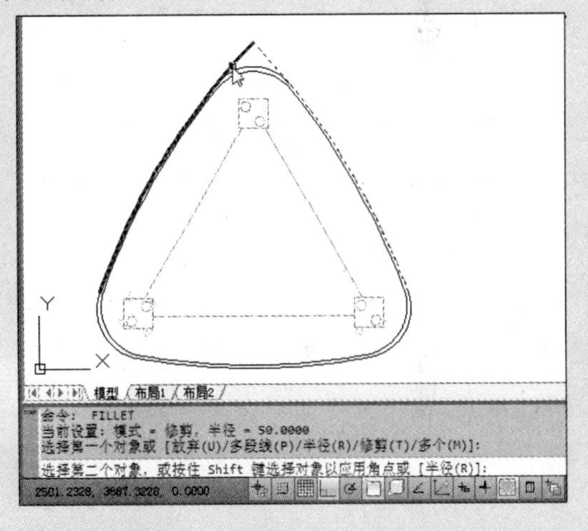

方法二：通过命令行的输入进行操作

用户可直接在命令行中输入"F"命令，按空格键，并按照命令行中的提示即可完成修剪操作。

3.7.3　分解图形

对于由矩形、多段线、块等由多个对象组成的组合对象，如果需要对单个图形进行编辑，就需先将它分解。在 AutoCAD 2012 中，可通过以下操作方法进行绘制。

方法一：通过功能面板相关命令进行操作

单击"常用"→"修改"→"分解"命令，根据命令行中的提示，来完成该命令的操作，命令行提示如下：

```
命令: _explode                          (选择"分解"命令,并按空格键)
选择对象: 找到 1 个
选择对象:                  (选择所需分解的图形,按空格键,完成操作)
```

方法二：通过命令行的输入进行操作

用户可直接在命令行中输入“X”命令，按空格键，并按照命令行中的提示，即可完成修剪操作。

3.7.4 打断图形

打断命令是将部分删除对象或把对象分解成两部分。在 AutoCAD 2012 中，可通过以下操作方法进行绘制。

方法一：通过功能面板相关命令进行操作

单击“常用”→“修改”→“打断”命令，根据命令行中的提示，来完成该命令的操作，命令行提示如下：

```
命令: _break 选择对象:                  (选择"打断"命令,按回车键)
指定第二个打断点 或 [第一点(F)]:        (指定打断点,按回车键,完成操作)
```

方法二：通过命令行的输入进行操作

用户可直接在命令行中输入“br”命令，按空格键，并按照命令行中的提示，即可完成打断操作。

3.7.5 光顺曲线

光顺曲线命令是 AutoCAD 2012 中的新增功能，它是在两条开放的曲线或线段之间，创建相切或平滑的样条曲线。用户可通过以下操作方法进行绘制。

1 单击“常用”→“修改”→“光顺曲线”命令，根据命令行的提示，选择所需连接的两条线段。

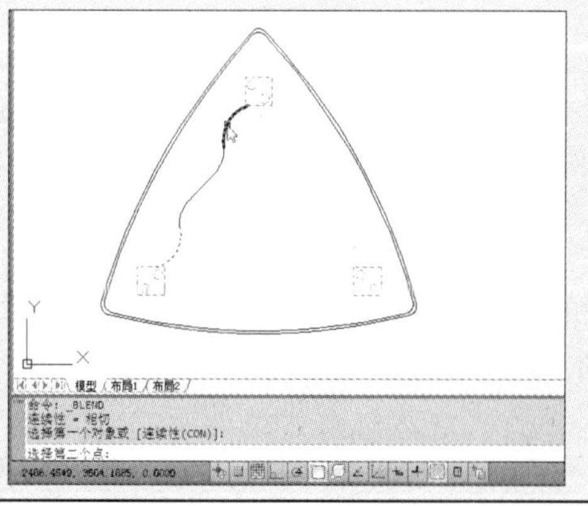

2 选择好后，单击该连接线，并单击其线段控制点，拖动该控制点，即可修改该线段是样式。

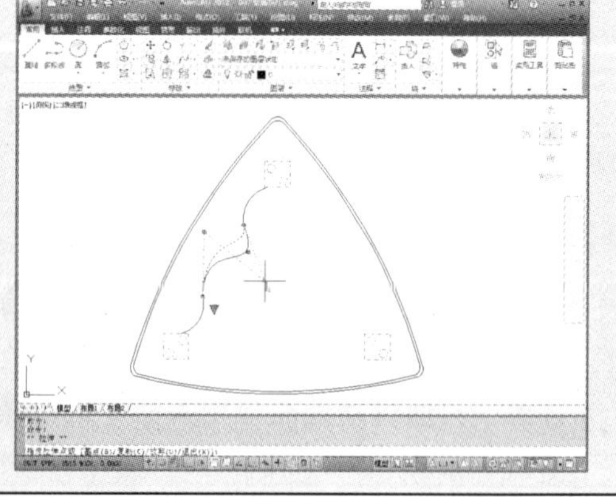

将光标放置任意线段控制点上，即可打开一快捷列表，在该列表中，用户可根据需要，选择添加控制点、删除控制点，拉伸控制点等功能。

用户也可直接在命令行中，输入“BL”命令，并按空格键，同样也可进行相关操作。

3.8 设计实践：机械垫片的绘制

下面将运用“倒圆角”和“倒直角”命令，来绘制机械垫片模型。具体操作如下：

最终效果： 第3章\设计实践\机械垫片.dwg
成品尺寸： 60 mm × 40 mm
注意事项： 倒圆角和倒直角的区别
任务要求： 运用偏移、圆、倒圆角、倒直角等命令进行绘制

机械垫片俯视图：

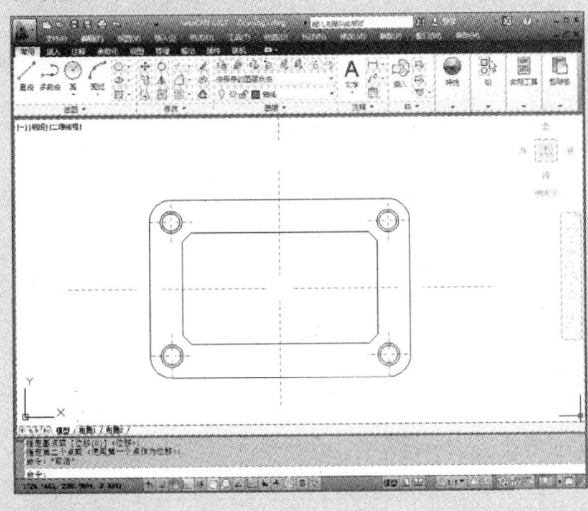

机械垫片三维图：

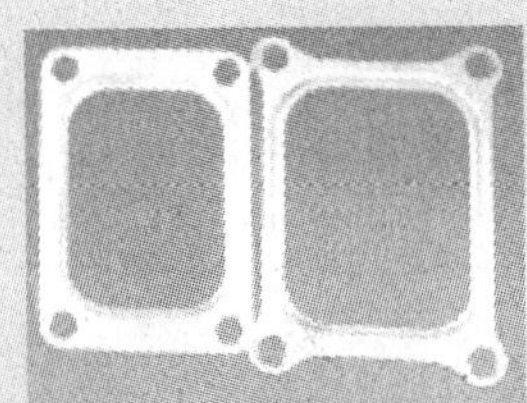

步骤1 单击“绘图”→“矩形”命令，绘制一个长为60 mm、宽为40 mm的长方形。

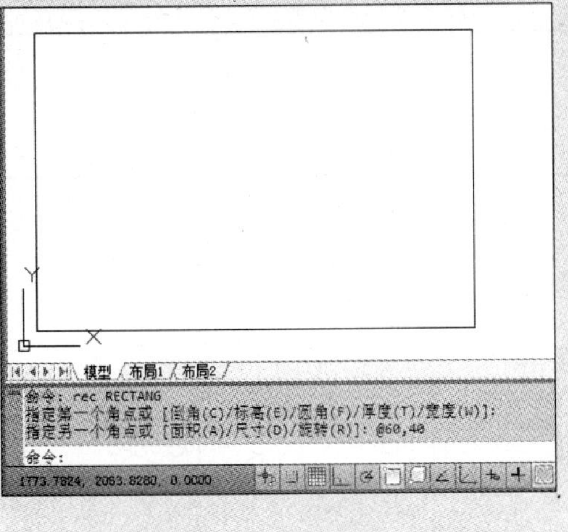

步骤2 单击“偏移”命令，将该长方形向内依次偏移5 mm和2.5 mm。

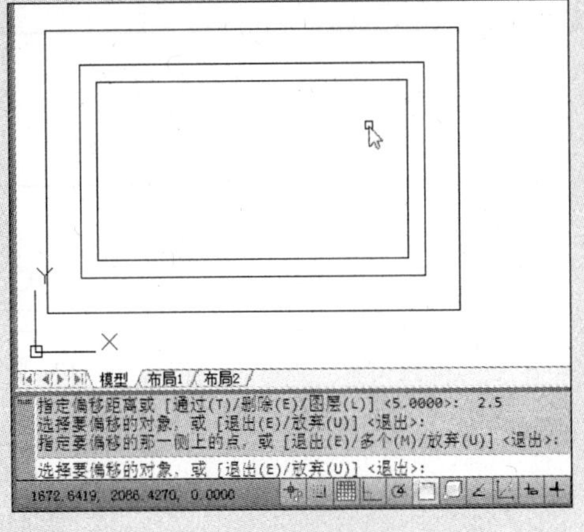

3 单击“绘图”→“圆”命令，以a点为圆心，绘制半径为2mm和2.5mm的一个同心圆。

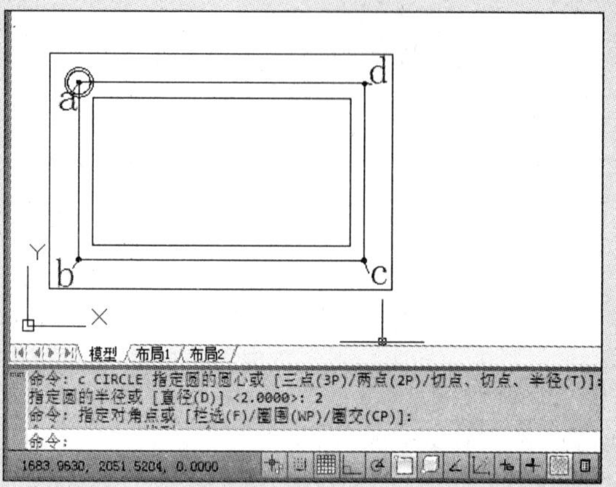

4 单击“修改”→“复制”命令，将刚绘制的同心圆，分别复制到b、c、d三个点上。

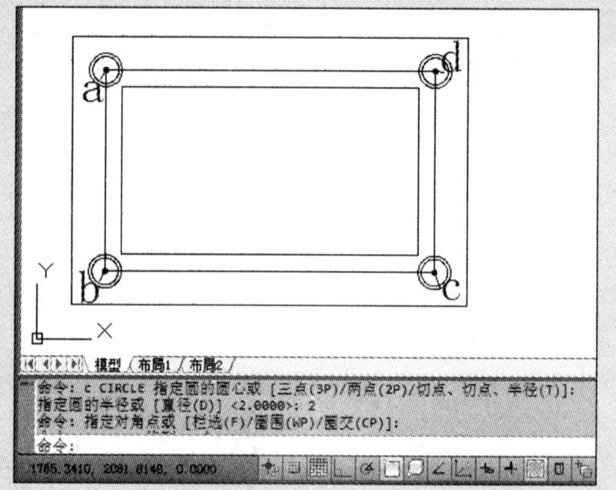

5 单击“修改”→“倒圆角”命令，根据命令行中的提示，将最外侧方形倒圆角，圆角半径为5mm。

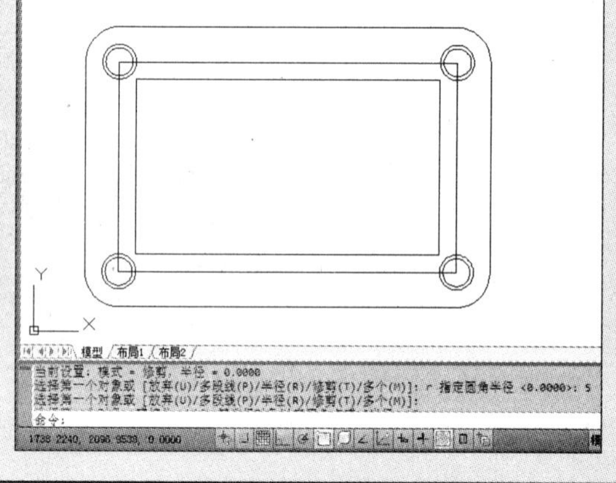

6 单击“修改”→“倒角”命令，将最内侧的方形进行到倒角，倒角距离为“2”，其后删除多余线段，即可完成操作。

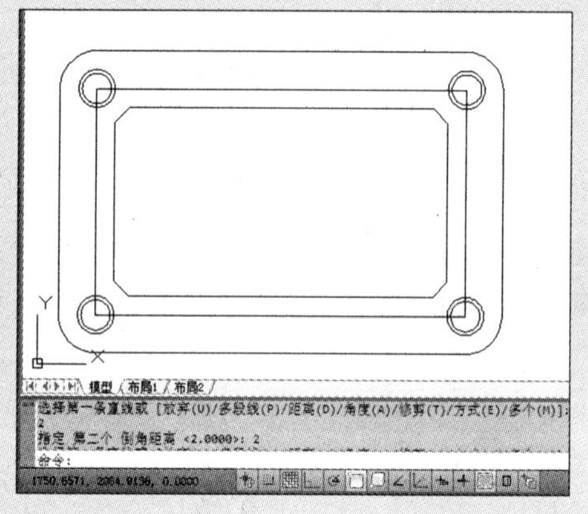

- 参考模型：各种机械垫片模型

（1）密封垫片材质：硅胶质地 （2）密封垫片1材质：耐油石棉橡胶	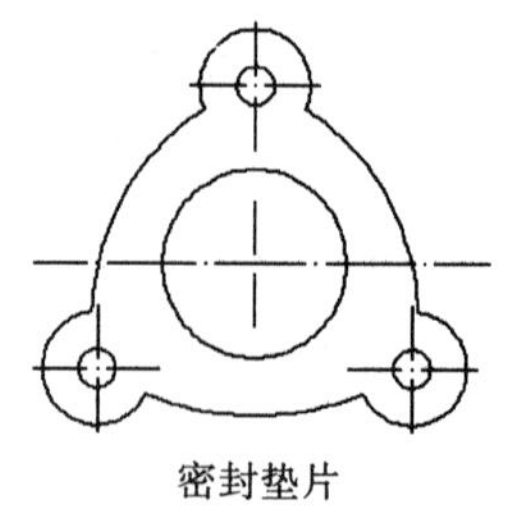 密封垫片	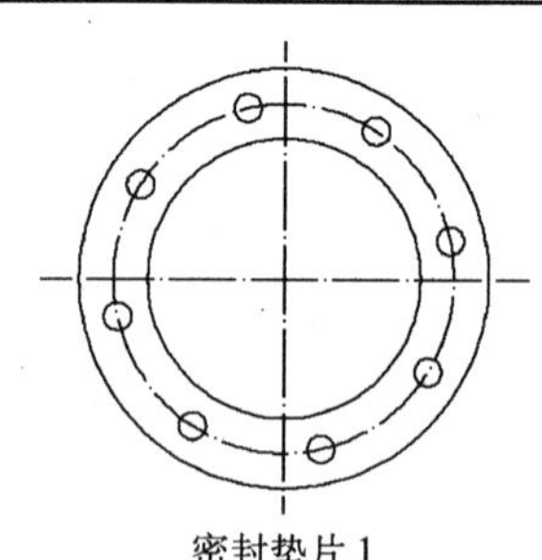 密封垫片1

（3）隔离垫片材质：金属材质 （4）石墨垫片材质：石墨橡胶	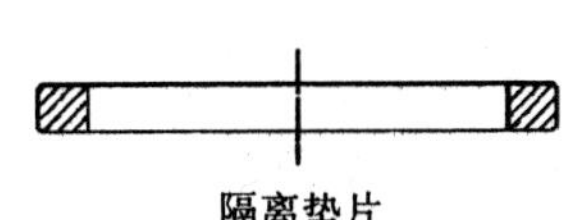 隔离垫片	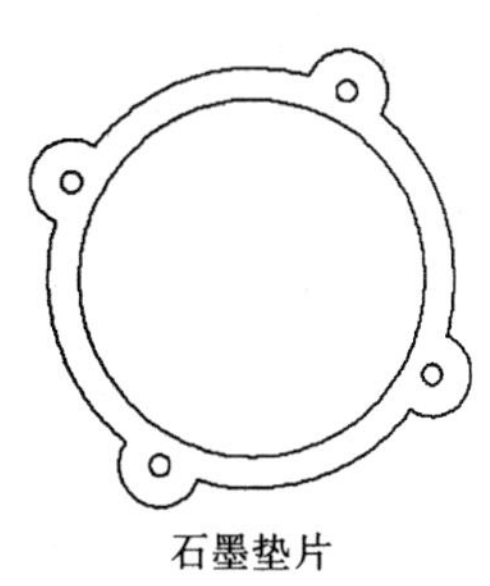 石墨垫片

3.9 综合演练：双人床的绘制

下面将综合本章所介绍的操作命令，来完成双人床图块的绘制。

最终效果：第 3 章 \ 综合演练 \ 双人床 . dwg
视频路径：视频 \ 第 3 章 \ 双人床 . wmv
成品尺寸：1800 mm × 1500 mm，床头柜为 500 mm × 400 mm
注意事项：学会灵活运用“镜像”和“弧线”命令
应用范围：居家、酒店
实训目的：灵活运用本章所介绍的基本命令，进行绘制

双人床平面图：

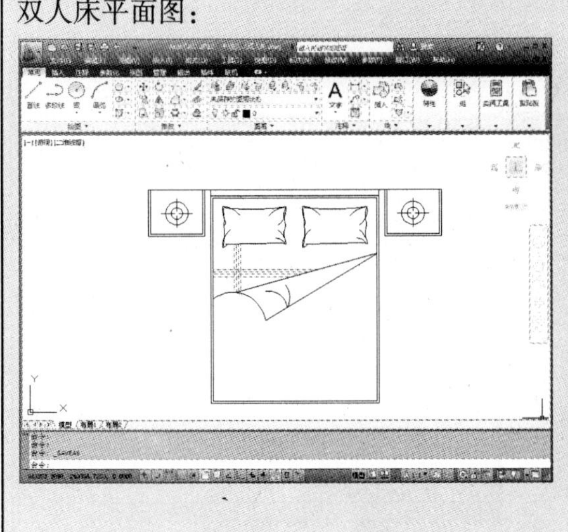

双人床效果图：

1 单击“绘图”→“矩形”命令，绘制一个长为 1800 mm、宽为 1500 mm 的长方形，作为床板。单击“偏移”命令，将该长方形向内偏移 20 mm，同时在绘制一个长为1500mm、宽为50mm 的长方形作为床的靠背。

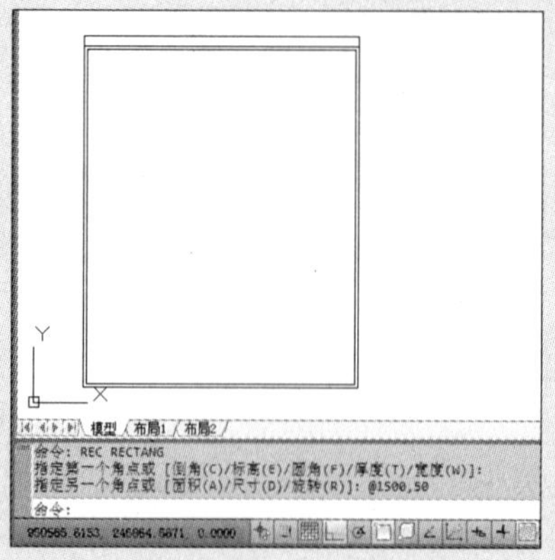

2 单击“矩形”命令，绘制一个长为 500 mm、宽为 400 mm 的长方形，作为床头柜。单击“偏移”命令，将床头柜图形向内偏移 20 mm，单击“圆”命令，绘制半径为 100 mm 和 50 mm 的同心圆。

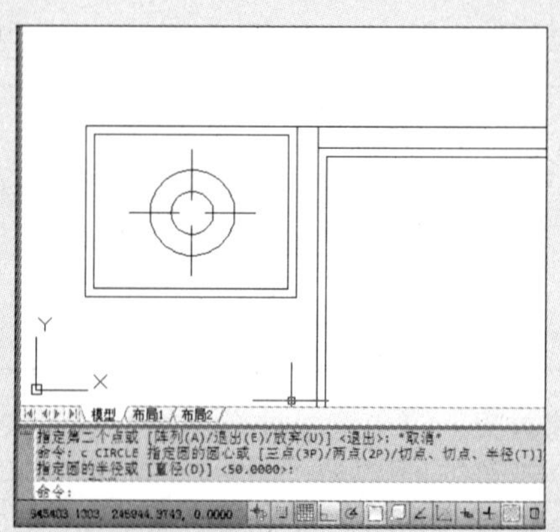

3 单击“镜像”命令，以床板中心线为镜像中心，将床头柜以及台灯镜像。

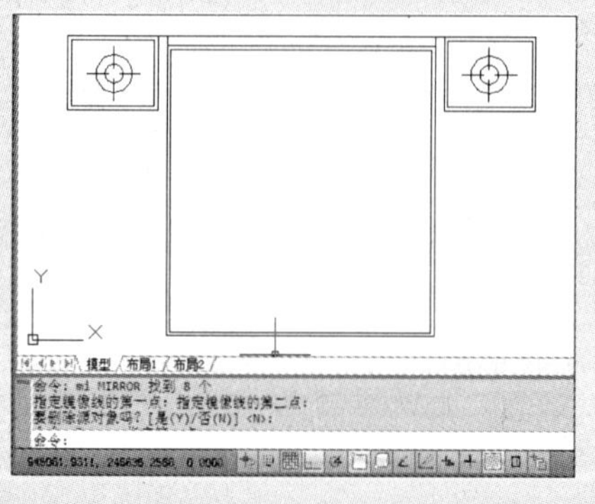

4 单击“矩形”命令，绘制一个长为 600 mm、宽为 300 mm 的长方形，作为枕头。

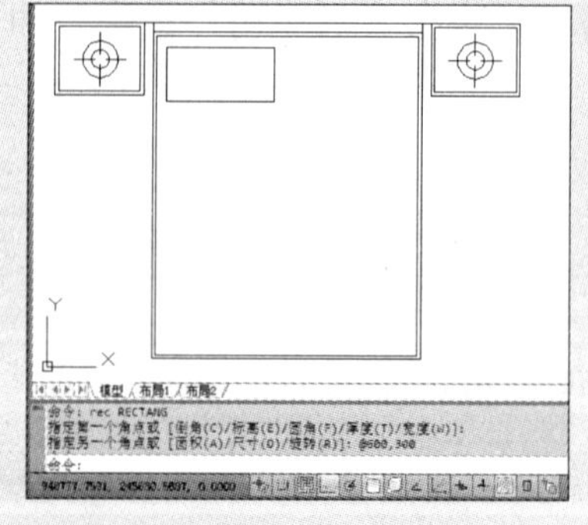

5 单击“镜像”命令，以床板中心为镜像中心，将枕头进行镜像。

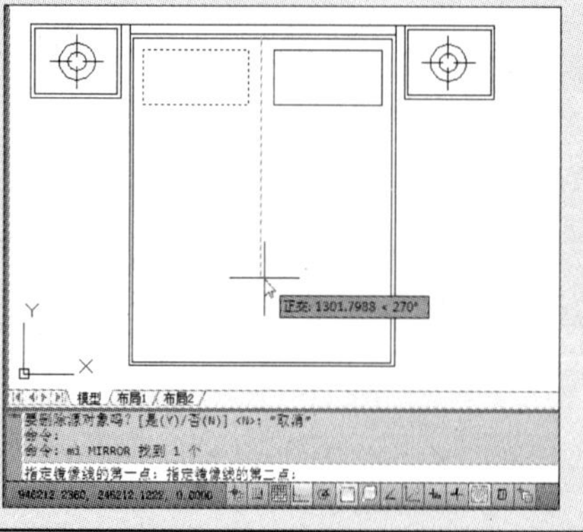

6 设置好后，单击“弧线”和“直线”命令，绘制床单和被子。

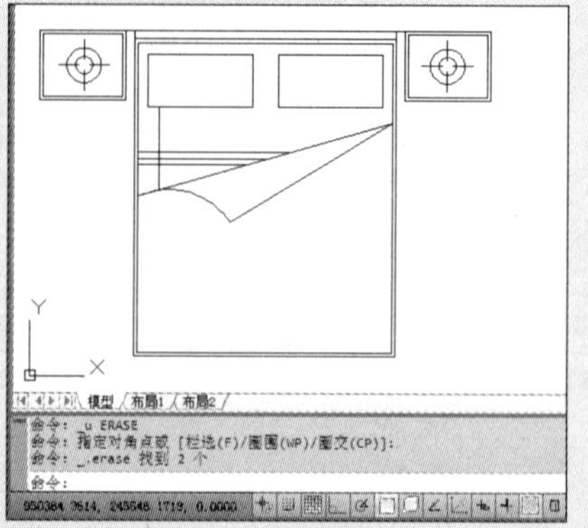

3.10 上机实训

下面将以 3 个简单的实例，来对本章所学的所有知识点进行巩固。

3.10.1 泵盖零件图的绘制

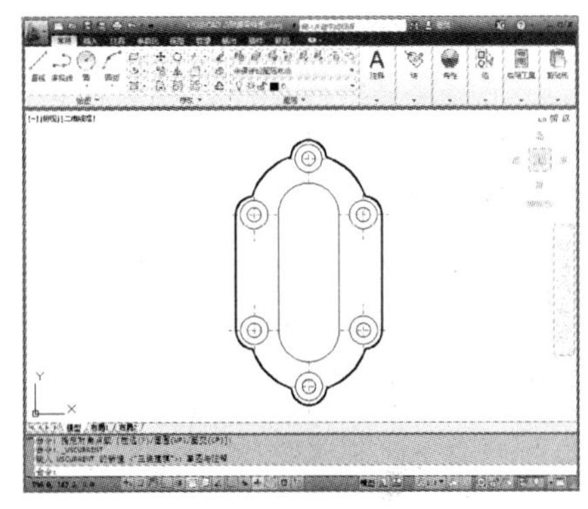

1. 实训目的

熟练掌握“二维镜像”命令操作。

2. 实训内容

主要运用“偏移”、“圆”、“倒圆角”和“镜像”命令来绘制。

3. 实训过程

- 运用“直线”、“偏移”和“修剪”命令，绘制泵盖图形轮廓。
- 运用“圆”和“镜像”命令，绘制出泵盖螺孔图形。

3.10.2 推拉玻璃门的绘制

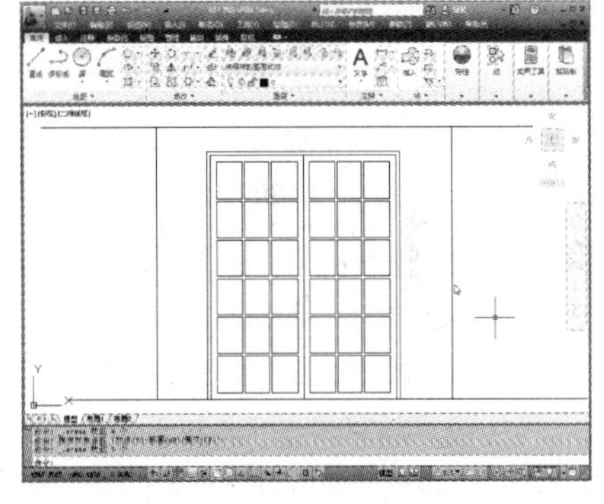

1. 实训目的

熟练掌握“偏移”、“修剪”命令的操作。

2. 实训内容

运用“直线”、“偏移”、“修剪”命令进行绘制。

3. 实训过程

- 运用“矩形”命令，绘制门框和门轮廓。
- 运用“定数等分”命令，将门进行横向和纵向进行等分。
- 运用“直线”和“偏移”命令，绘制出门的装饰窗格，运用“修剪”命令将门进行修剪。

3.10.3 大衣柜的绘制

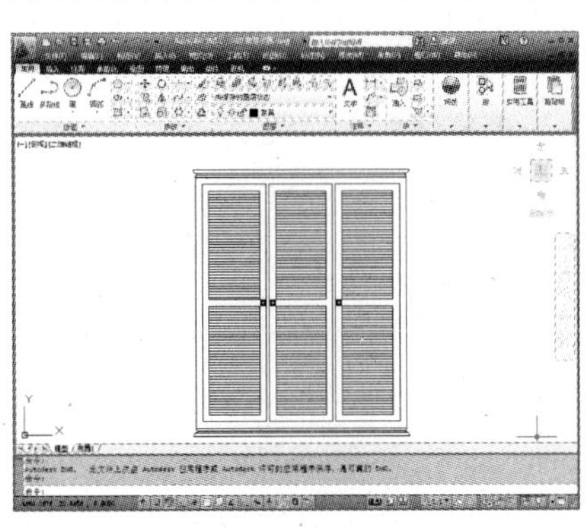

1. 实训目的

熟练掌握“倒圆角”、“偏移”、“分解”以及“定数等分”命令。

2. 实训内容

运用“偏移”、“修剪”、“倒圆角”命令进行绘制。

3. 实训过程

- 运用“矩形”、“偏移”和“倒圆角”命令，绘制出大衣柜的轮廓
- 运用“定数等分”和“矩形阵列”命令，绘制出衣柜门条纹图案。

3.11 辅助绘图锦囊

Q：在选择图形时，无法显示虚线轮廓，该如何操作？

A：遇到该情况，则修改系统变量 DRAGMODE 即可。用户可在命令行中输入“DRAGMODE”命令，并按空格键；然后按照命令行中的提示，进行设置。若系统变量为“ON”时，再选定对象后，只能在命令行中输入“DRAG”后，才能显示对象轮廓；而当系统变量为“OFF”时，在拖动时则不会显示轮廓；当系统变量为“自动”时，则总是显示对象轮廓。如下左图所示。

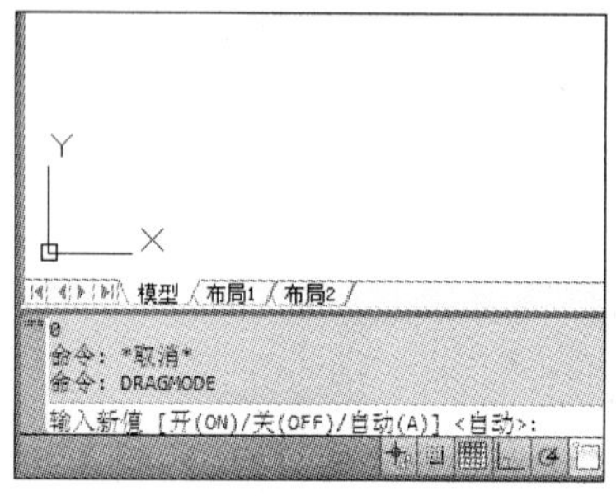

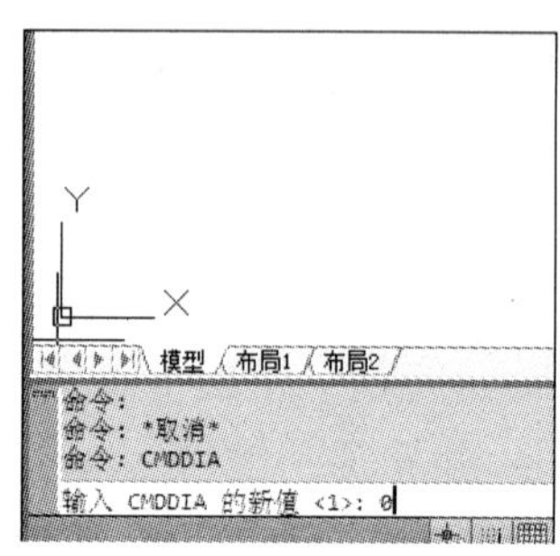

Q：命令对话框变为命令提示行，怎么办？

A：有时在绘制图形时，应该出现的对话框，却在命令行中显示相关操作，该现象同样和系统变量有关。此时用户在命令行中输入“CMDDIA”命令，并按空格键，当系统变量为1时，则以对话框显示；若当系统变量为0时，则在命令行中显示，如上右图所示。

Q：使用镜像命令镜像文字时，为何镜像后的文字是反向的？

A：镜像文本时，当其系统变量 Mirrtext 值为0时，镜像后的文本为正常，而当其值不为0时，镜像后的文本则为反向。所以遇到该问题时，只需设置系统变量值，即可恢复，如下图所示。

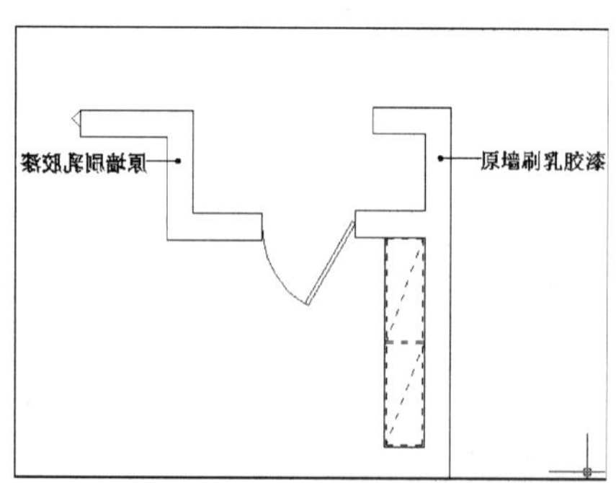

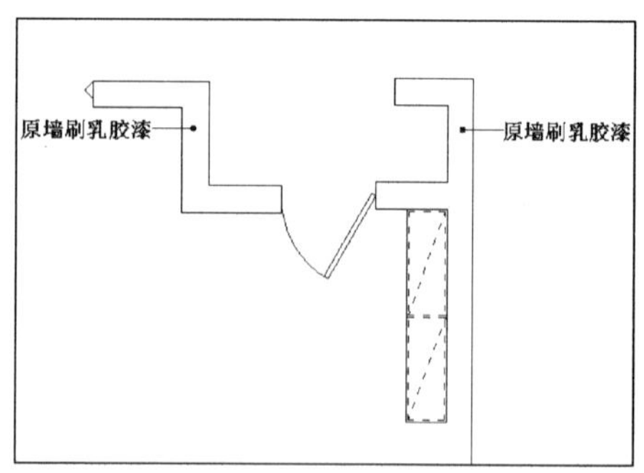

第 4 章
绘制复杂二维图形

本章概述

在前面章节中，已向读者介绍了如何绘制简单二维图形的操作方法，本章将介绍如何对复杂的二维图形进行创建和编辑。其中包括多段线的创建与编辑、样条曲线的创建与编辑、面域的创建，以及如何将图形进行填充等操作。这些操作命令在制图中也是经常遇到的。

学习向导

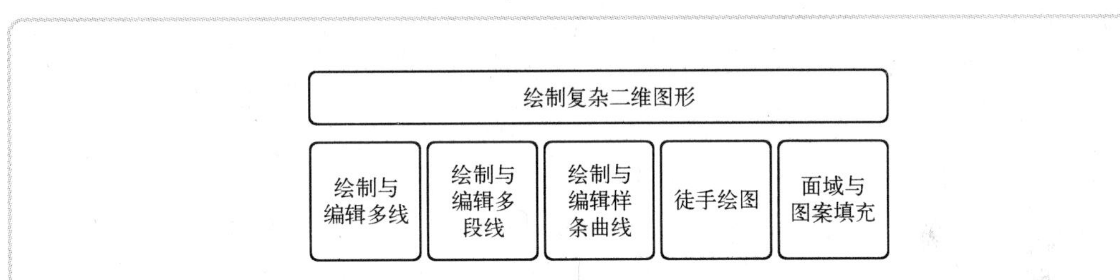

4.1 绘制与编辑多线

多线是一种由多条平行线组成的对象，平行线之间的间距和数目是可以设置的。多线常用于绘制建筑图形中的墙线、电子线路等平行对象。

4.1.1 设置多线样式

在 AutoCAD 2012 软件中，可以创建和保存多线的样式或应用默认样式，还可以设置多线中每个元素的偏移和颜色，并能显示或隐藏多线转折处的边线。而在 AutoCAD 2012 软件中，可以通过以下方法进行设置。

1 单击菜单栏中的“格式”→“多线样式”命令，打开“多线样式”对话框。

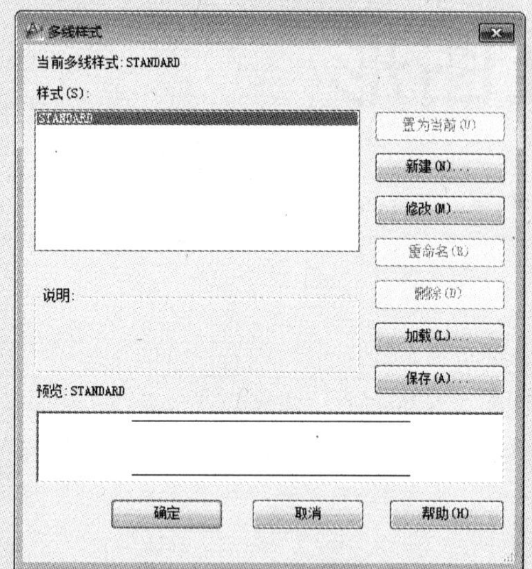

2 单击“新建”按钮，在“创建新的多线样式”对话框中设置多线样式名。

3 单击“继续”按钮，打开“新建多线样式：墙体线”对话框，在“说明”文本框中输入说明文本。

4 在“图元”选项区中，选择第一组参数，并修改“偏移”和“颜色”分别为“120”和“ByLayer”。

5 按照同样的操作方法，选择第二组参数，并修改“偏移”和“颜色”分别为－120和“ByLayer”。

6 单击“确定”按钮，返回上一层对话框，单击“置为当前”按钮，即可完成多线的设置。

4.1.2　绘制多线

当设置完多线样式后，就可绘制多线了。在 AutoCAD 2012 中，有以下 2 种操作方法。

方法一：使用菜单命令进行绘制

在菜单栏中，单击“绘图”→“多线”命令，并根据命令行中的提示信息，来完成绘制。命令行提示如下：

```
命令：_mline
当前设置：对正 = 上,比例 = 1.00,样式 =墙线
指定起点或[对正(J)/比例(S)/样式(ST)]:
指定下一点：　<正交 开> 200　　　　　　(指定起点,并输入下一点距离值,按空格键)
指定下一点或[放弃(U)]:　300
指定下一点或[闭合(C)/放弃(U)]:　　　　　　　　(输入完毕后,按回车键,完成操作)
```

方法二：在命令行中输入多线命令

用户可在命令行中，直接输入“ML”命令，按空格键，按照命令行中的提示，即可完成多线的绘制。

默认情况下，绘制多线的操作和绘制直线的操作相似，若想更改当前多线的对齐方式、显示比例以及样式等属性，可在命令行中进行选择操作。

- 对正：指定多线的对正方式。在命令行中输入“J”并按回车键，则可显示“输入对正类型［上（T）/无（Z）/下（B）］<上>：”，可以设置多线的对正类型。
- 比例：指定所绘制的多线的宽度相对于多线的定义宽度的比例因子，该比例不影响多线的线型比例。
- 样式：指定绘制多线的样式。若在命令行中输入“ST”后，则会提示“输入多线样式名或［?］：”，此时，用户直接输入已有的多线样式名，当然也可以输入“?”显示已定义的多线样式。

4.1.3　编辑多线

当完成多线的绘制后，通常都需要对该多线进行修改编辑，而在 AutoCAD 2012 中，可通过以下操作方法进行设置。

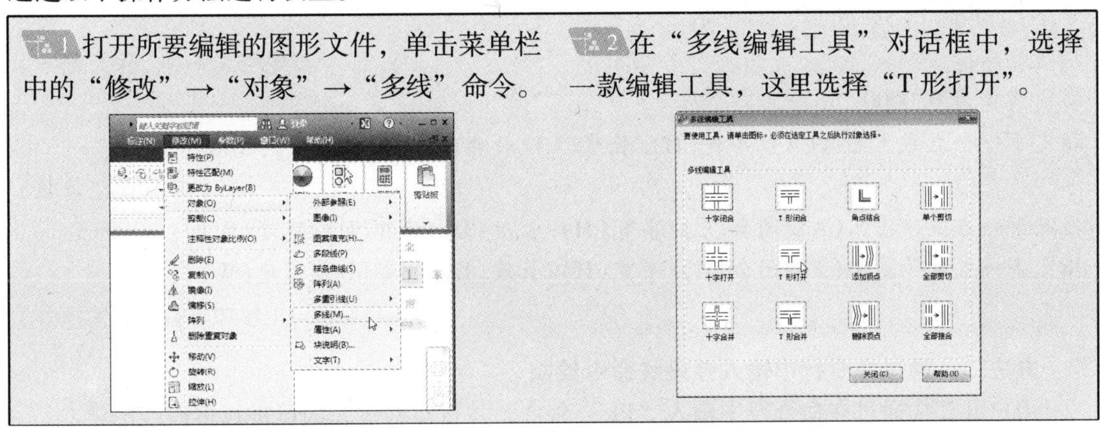

3 选择完成后，根据命令行中的提示，分别选中线段 L 和 L1，即可完成。

4 按照同样的操作方法，完成剩余多线的编辑。

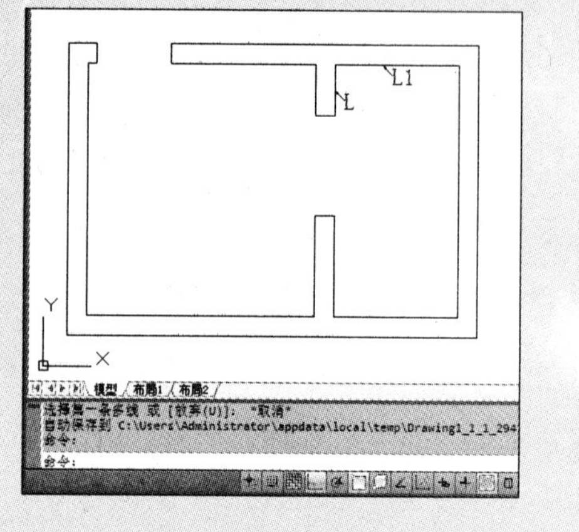

用户也可在已绘制好的多线上双击鼠标左键，同样可打开“多线编辑工具”对话框，并根据需要进行选择设置。

4.2 绘制与编辑多段线

多段线是由相连的直线段或弧线段序列组成，作为单一对象使用。多段线本身可以设置宽度，可以在不同的线段中设置不同的线宽，也可以使其中的一段线段的始末端点具有不同的线宽。

4.2.1 绘制多段线

在 AutoCAD 2012 软件中，可通过以下 2 种操作方法进行绘制。

方法一：使用功能区中的多段线命令绘制

单击“常用”→“绘图”→“多段线”命令，并根据命令行中的提示信息，即可进行绘制。命令行中的提示如下：

```
命令：_pline
指定起点：                                        (指定任意一点，作为起点)
当前线宽为 0.0000
指定下一个点或 [圆弧(A)/半宽(H)/长度(L)/放弃(U)/宽度(W)]：1000
                                                        (下一点距离值)
指定下一点或 [圆弧(A)/闭合(C)/半宽(H)/长度(L)/放弃(U)/宽度(W)]：2000
指定下一点或 [圆弧(A)/闭合(C)/半宽(H)/长度(L)/放弃(U)/宽度(W)]：
                                                    (按回车键，完成操作)
```

方法二：通过命令行中输入多段线命令绘制

用户可直接通过在命令行中输入“PL”命令，并按空格键，即可进行多段线的绘制。

多段线在系统默认的情况下，所绘制出来的线段为直线，若想通过“多段线”命令绘制出圆弧，可在命令行中进行设置，命令行提示如下：

```
命令：_pline
指定起点：                                            （指定任意一点,作为起点）
当前线宽为 0.0000
指定下一个点或［圆弧(A)/半宽(H)/长度(L)/放弃(U)/宽度(W)］：a
                                                      （选择“圆弧”选项）
指定圆弧的端点或［角度(A)/圆心(CE)/方向(D)/半宽(H)/直线(L)/半径(R)/第二个点
(S)/放弃(U)/宽度(W)］：d                               （选择“方向”选项）
指定圆弧的起点切向：                                  （指定所需绘制圆弧的方向）
指定圆弧的端点：(指定圆弧的下一点)
```

4.2.2　编辑多段线

在 AutoCAD 2012 软件中，可对当前绘制好的多段线进行修改编辑。下面就以更改多段线的线宽为例，来介绍其操作方法。

步骤 1 单击“常用”→“修改”→“编辑多段线”命令，根据命令行中的提示，选中多段线。

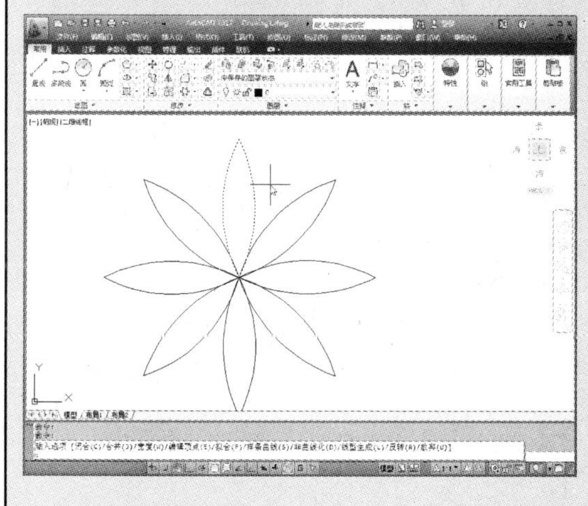

步骤 2 在命令行中输入“W”，按空格键，在“指定所有线段的新宽度”选项后，输入线宽值 40，并按回车键，完成更改。

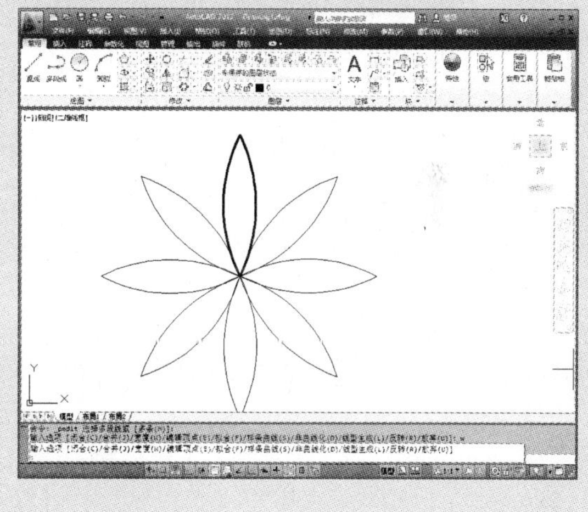

运用该命令，还可将几条线段合并成一条多段线。用户只需在命令行提示中，输入“J”合并选项，即可轻松完成。

4.3　设计实践：绘制箭头

下面将运用多段线命令，来绘制箭头图形，具体步骤如下：

最终效果：第 4 章 \ 设计实践 \ 箭头图形 . dwg
注意事项：多段线命令用法
任务要求：学会灵活运用多段线命令操作

箭头图形：

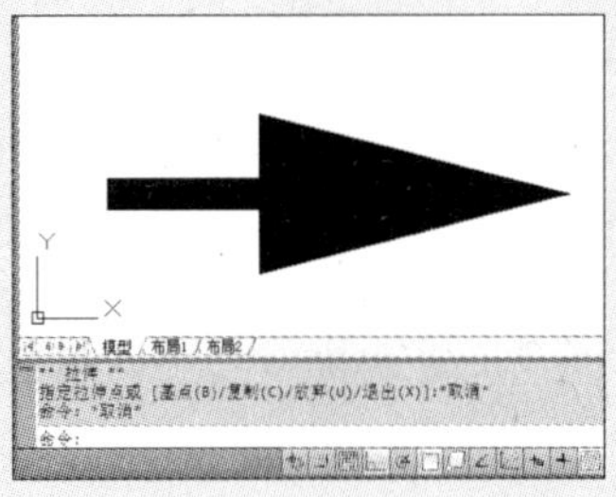

箭头效果：

1 单击“常用”→“绘图”→“多段线”命令，根据命令行中的提示，指定任意一点为起点，并输入“H”。

2 输入好后，按空格键，将“起点半宽”设为0，将“端点半宽”设为“500”，并按空格键。

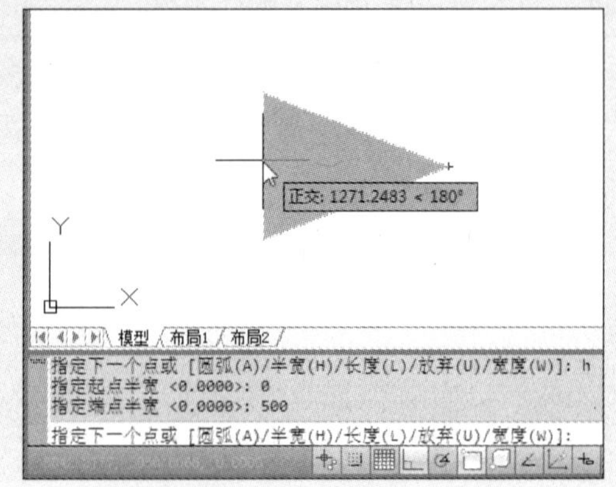

3 此时即可看到多段线有了新变化，其后，在命令行中，输入距离值为“2000”，并按空格键。

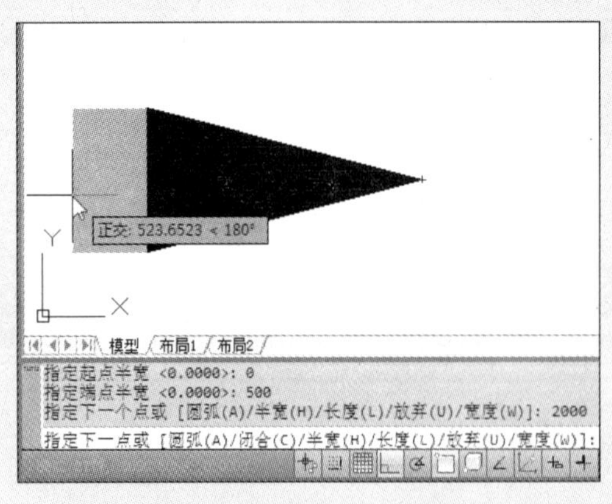

4 在“指定下一点”选项中，输入“W”线宽选项，并设置“起点宽度”为“200”，“端点宽度”为“200”。

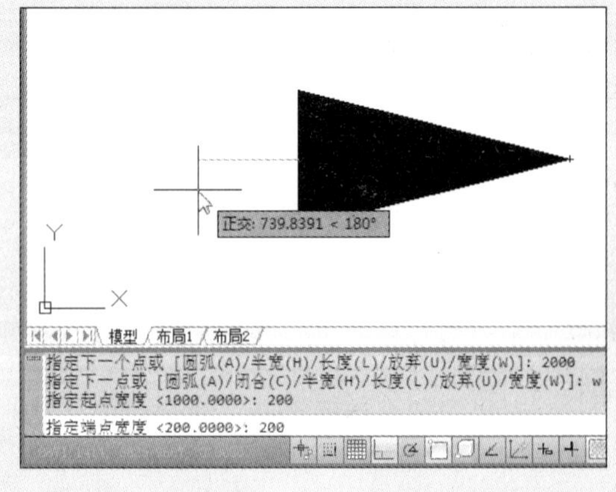

5 输入好后，按空格键，即可设定该多段线的线宽。

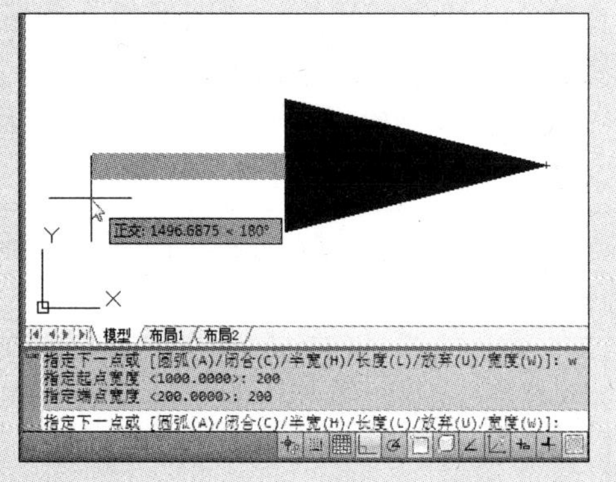

6 在“指定下一点”后，输入线段距离为 1000，并按回车键，完成箭头的绘制。

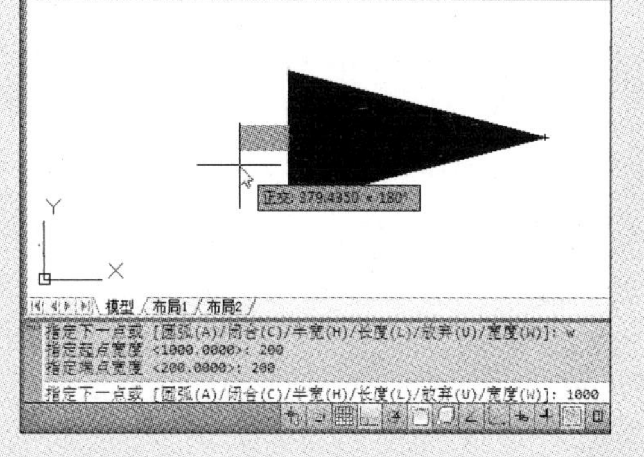

4.4 绘制与编辑样条曲线

样条曲线是经过或接近一系列给定点的光滑曲线。可以控制曲线与点的拟合程度。SPLINE 命令将创建一种称为非一致有理 B 样条（NURBS）曲线的特殊样条曲线类型。NURBS 曲线在控制点之间产生一条光滑的曲线。

4.4.1 绘制样条曲线

在 AutoCAD 2012 软件中，可通过两种绘制模式进行创建：样条曲线拟合和样条曲线控制点。用户可通过单击“常用”→“绘图”→“样条曲线拟合”或“样条曲线控制点”命令，并根据命令行中的提示信息，来完成该线段的绘制，命令行提示如下：

```
命令：_SPLINE
当前设置：方式＝控制点　阶数＝3
指定第一个点或［方式(M)/阶数(D)/对象(O)］：_M
输入样条曲线创建方式［拟合(F)/控制点(CV)］<CV>：_FIT
当前设置：方式＝拟合　节点＝弦
指定第一个点或［方式(M)/节点(K)/对象(O)］：　　　　　（指定线段的起点）
输入下一个点或［起点切向(T)/公差(L)］：　　　　　　　（指定线段第二点）
输入下一个点或［端点相切(T)/公差(L)/放弃(U)］：
输入下一个点或［端点相切(T)/公差(L)/放弃(U)/闭合(C)］：
　　　　　　　　　　　　　　　　　　　　　（绘制完成后，按空格键完成）
```

其中，“公差”表示样条曲线拟合所指定的拟合点集时的拟合精度。公差越小，样条曲线与拟合点越接近。公差为 0，样条曲线将通过该点。在绘制样条曲线时，可以改变样条曲线拟合公差以查看效果。

4.4.2 绘制修订云线

修订云线是由连续圆弧组成的多段线。用于在检查阶段提醒用户注意图形的某个部分。在检查或用红线圈阅图形时，可以使用修订云线功能亮显标记以提高工作效率。

在 AutoCAD 2012 软件中，单击“常用”→“绘图”→“修订云线”命令，并按照命令行中的操作，进行绘制。下面将以绘制遮阳伞图形为例，来介绍其操作步骤。

1 单击“常用”→“绘图”→“多边形”命令，绘制边长为 1000 mm 的正六边形。

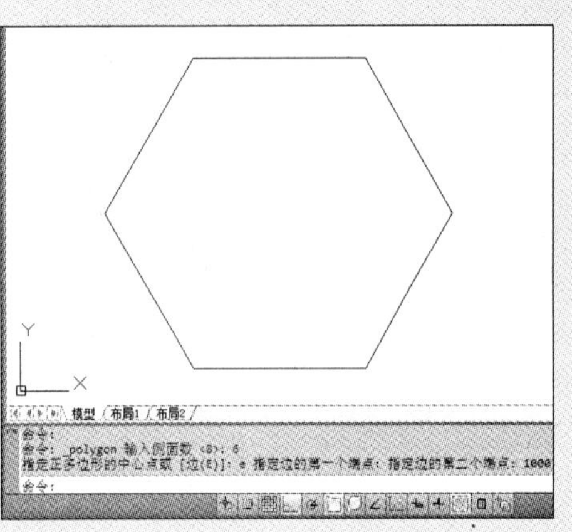

2 单击“直线”和“圆”命令，绘制伞撑和伞柄。

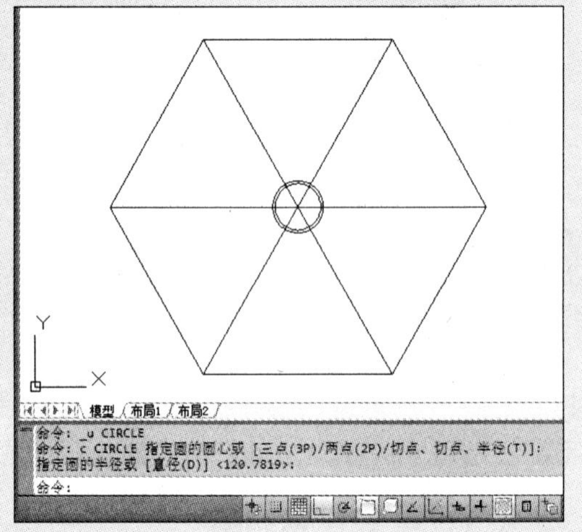

3 单击“常用”→“绘图”→“修订云线”命令，根据命令行的提示，输入“a”，并按空格键，输入弧长为1000。

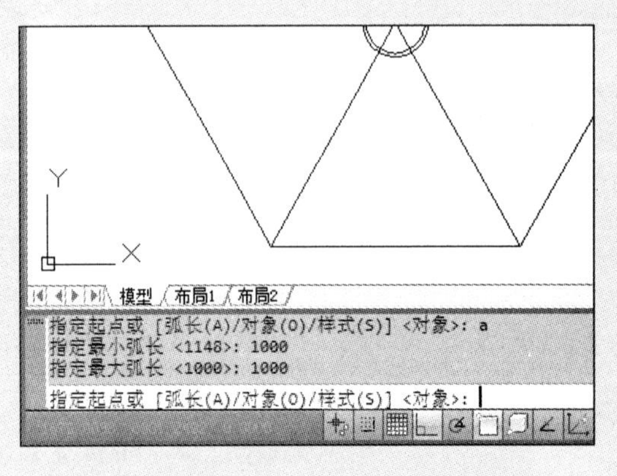

4 按空格键，输入“O”，再次按空格键，并根据提示，选中正六边形，其后，在输入“Y”，即可完成遮阳伞。

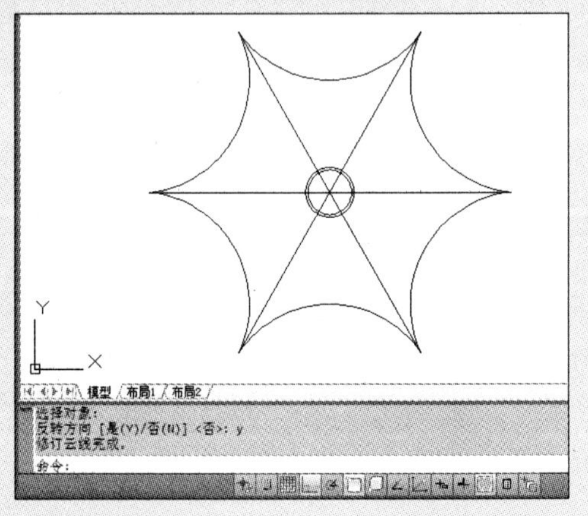

4.4.3 编辑样条曲线

在 AutoCAD 2012 软件中，样条曲线可根据用户需要进行修改编辑。单击“常用”→“修改”→“编辑样条曲线”命令，根据命令行中的提示操作。下面将举例来说明具体的操作步骤。

1 单击“常用”→“修改”→“编辑样条曲线”命令，根据命令行中的提示，选中所需编辑的样条线。

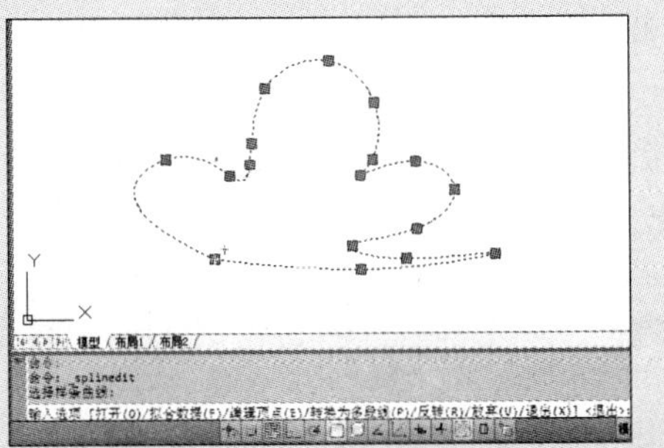

2 在命令行中的“输入选项”后，输入“F”选项，并按空格键，其后根据提示，输入“D”选项。

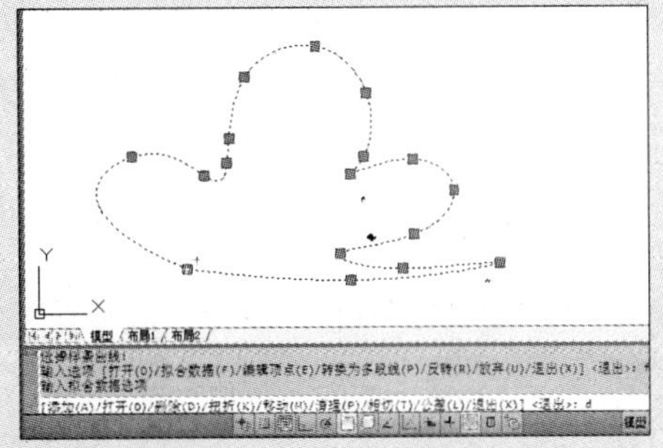

3 按空格键，并根据提示，单击所需删除的拟合点，即可删除多余曲线。

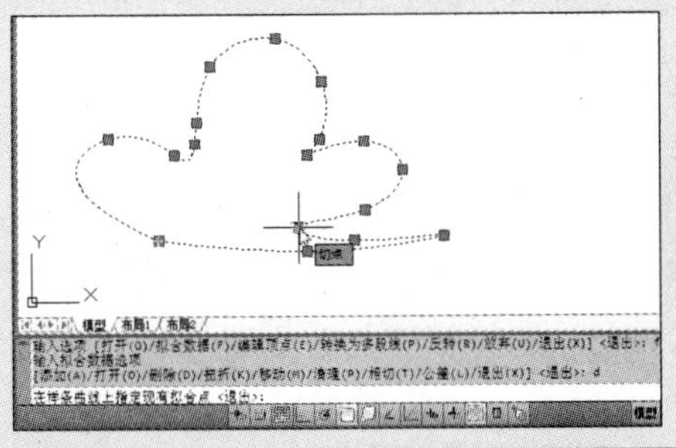

4 选中完成后，按回车键，完成编辑，最后适当将图形进行修饰即可。

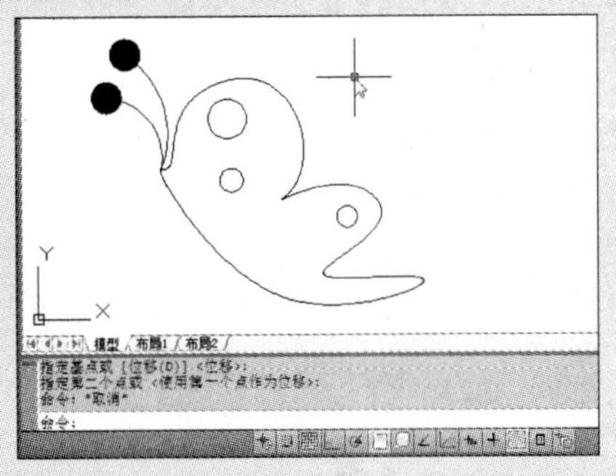

4.5　绘制面域与图案填充

在 AutoCAD 2012 中，可以将由某些对象围成的封闭区域转换为面域，或进行图案填充。这些封闭的区域可以是圆、椭圆、封闭的二维多段线和封闭的样条曲线等对象，也可以是由圆弧、直线、二维多段线、椭圆弧等对象构成的封闭区域。

4.5.1　创建面域

在 AutoCAD 2012 软件中，用户可单击“常用”→“绘图”→“面域”命令，并根据命令行中的提示，完成操作。命令行提示如下：

```
命令：_region
选择对象：指定对角点：找到 6 个
选择对象：                        （选择所需创建成面域的图形边界，按回车键）
已提取 1 个环。
已创建 1 个面域。
```

4.5.2 图案填充

在工程绘图中，经常要将某种特定的图案填充到一个封闭的区域内，这就是图案填充。如建筑绘图中需要表现建筑表面的装饰纹理和颜色、地面的填充材质等。

在 AutoCAD 2012 软件中，可以通过以下 3 种操作进行填充。

方法一：通过功能区中的命令进行填充

单击“常用”→“绘图”→“图案填充”命令，在打开的“图案填充创建”功能面板中，可根据需要，选择相应的填充选项进行填充，如下图所示。

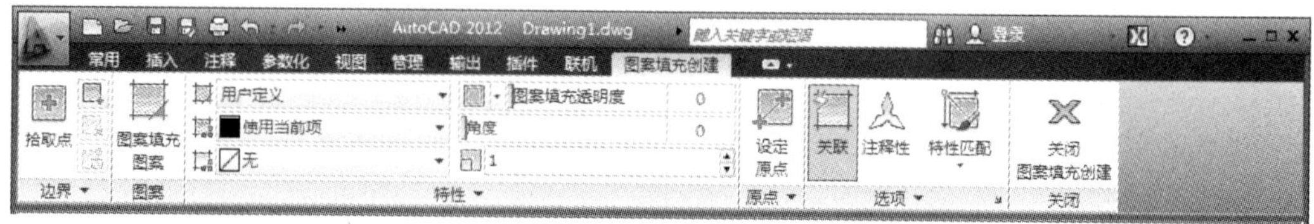

在该功能面板中，一些主要设置选项说明如下。

- 边界：该功能主要是选取当前对象的选取范围。单击“拾取点”按钮，即可选取所要填充的范围。
- 图案：该功能主要是设置所要填充的图案样式。单击“图案填充”按钮，在打开的图案列表中，选择所需填充的图案。
- 特性：该功能主要是对当前填充图案的属性进行设置。其中包括“填充图案的类型”、“填充图案的颜色”、“背景色”、“填充图案的透明度”、“填充图案的角度”以及“填充图案的比例”等命令，用户可根据需要，选择相应的命令即可。
- 原点：该功能主要是控制填充图案生成的起始位置。某些图案填充（如砖块图案）需要与图案填充边界上的一点对齐。在默认情况下，所有图案填充原点都对应于当前的 UCS 原点。
- 选项：该功能是由 6 种设置命令组成，其中“关联”命令是指定新的填充图案在修改其边界时随之更新；“注释性”命令是指定图案填充为注释性，此特性会自动完成缩放注释过程，从而使注释能够以正确的大小在图纸上打印或显示；“特性匹配”命令是指定要应用的新填充图案特性；“创建独立的图案填充”命令是控制当指定了若干独立的闭合边界时，该命令是创建单个图案填充对象，还是创建多个图案填充对象；“外部孤岛检测”命令是指定是否将最外层边界内的对象作为边界对象，如果不指定孤岛检测，将提示选择射线投射方法；“置于边界之后”命令是指将当前填充图案置于边界之后，当然用户可在扩展列表中选择其他相匹配的选项。
- 关闭：关闭该功能面板，返回至上一层操作面板。

方法二：使用“图案填充和渐变色”对话框来设置

在 AutoCAD 2011 版本之前，“图案填充”命令则是以对话框形式进行设置的，而在此之后，则是通过功能面板的形式进行设置。用户可以根据自己的习惯进行操作。

单击“常用”→“绘图”→“图案填充”命令，在打开的“图案填充创建”功能面板中，单击“选项”右下角的箭头，即可打开“图案填充和渐变色”对话框，在该对话框中，用户根据相应的选项进行填充，如下图所示。

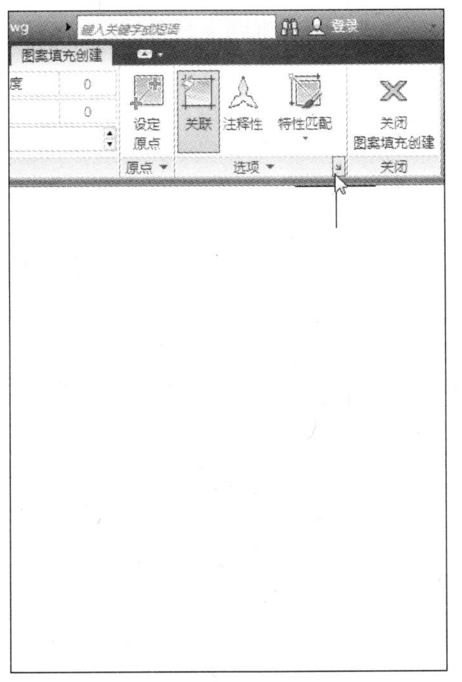

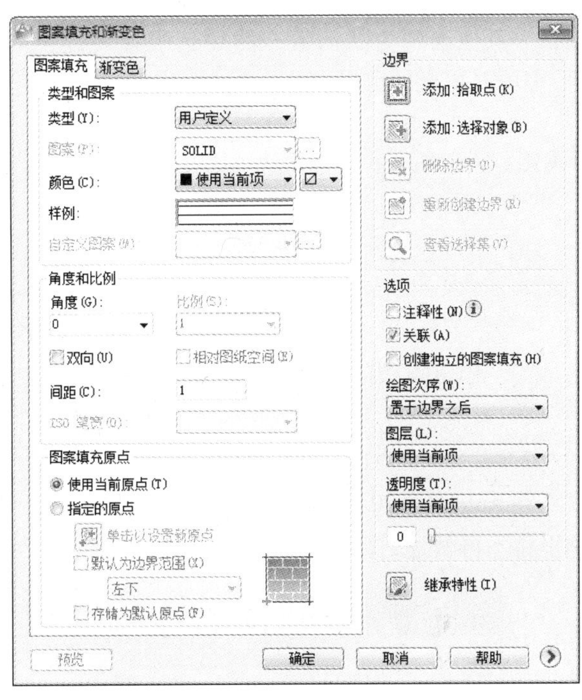

方法三：在命令行中输入“填充”命令

用户可在命令行中，直接输入“H”命令，按空格键，在打开相应的“功能”面板中，根据需要，即可进行相关操作。

下面将以填充地面花砖为例，来介绍其具体的操作步骤。

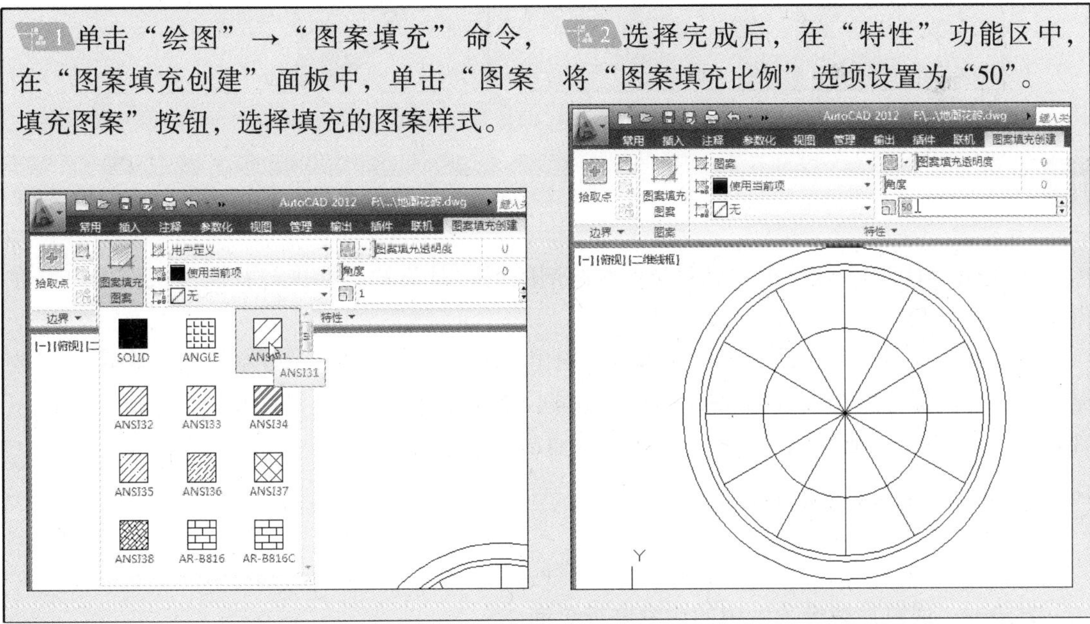

步骤 1 单击“绘图”→“图案填充”命令，在“图案填充创建”面板中，单击“图案填充图案”按钮，选择填充的图案样式。

步骤 2 选择完成后，在“特性”功能区中，将“图案填充比例”选项设置为“50”。

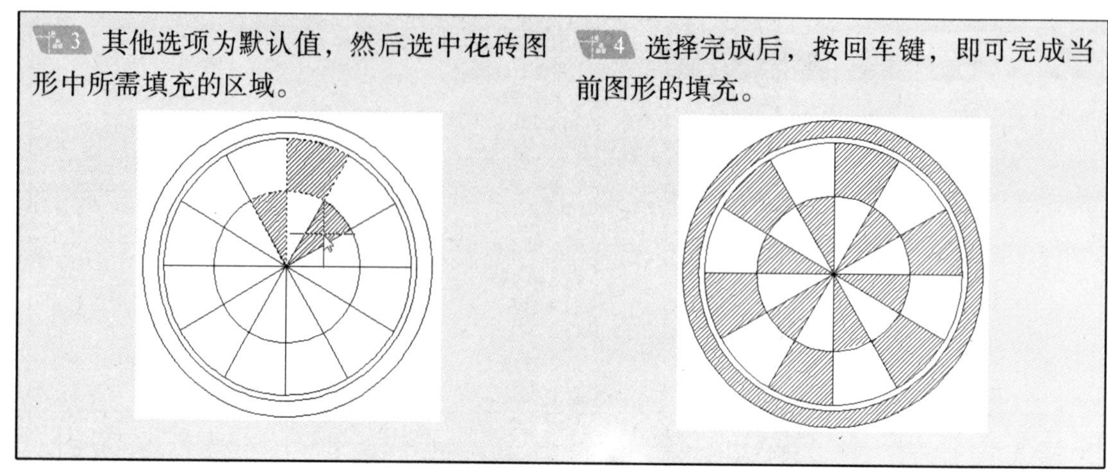

步骤3 其他选项为默认值，然后选中花砖图形中所需填充的区域。

步骤4 选择完成后，按回车键，即可完成当前图形的填充。

在 AutoCAD 2012 中，用户还可对填充区域，填充渐变色，其方法与图案填充基本相似，这里将不再赘述，如下图所示。

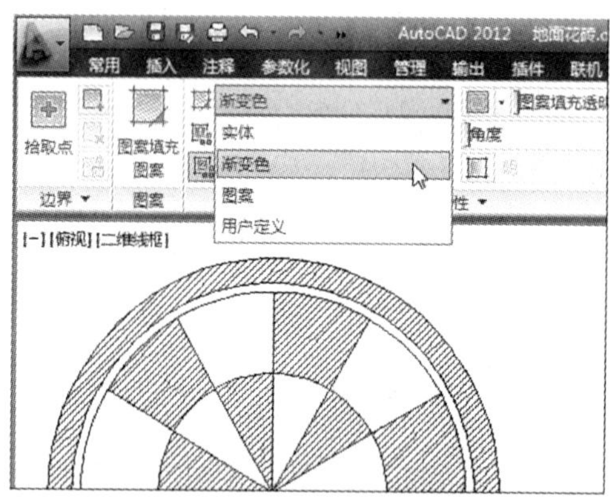

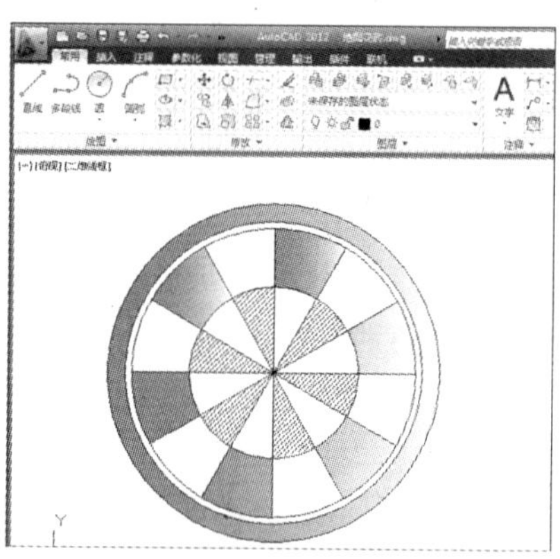

4.6 查询图形对象的属性

在 AutoCAD 2012 软件中，可对当前所绘制的图形对象的属性进行查询，从而用户可在得出的一系列数据中，获取大量有用信息。

在创建图形对象时，系统不仅在屏幕上绘出该图形，同时还建立了关于该对象的一组数据，并将它们保存到图形数据库中。这些数据不仅对象的层、颜色和线型等信息，而且还包含对象的 X、Y、Z 坐标值等属性，如圆心或直线端点坐标等。

4.6.1 查询图形的点坐标

在 AutoCAD 2012 中，用户可通过以下 3 种操作方法，进行查询操作。

方法一：通过功能选项区中的命令进行查询

单击“常用”→“实用工具”→“点坐标”命令，并在绘图区中，选择所需查询的点，即可在命令行中显示该点的坐标，如下图所示。

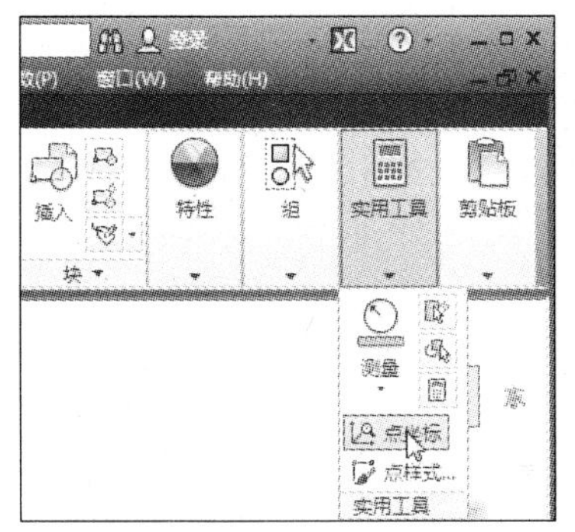

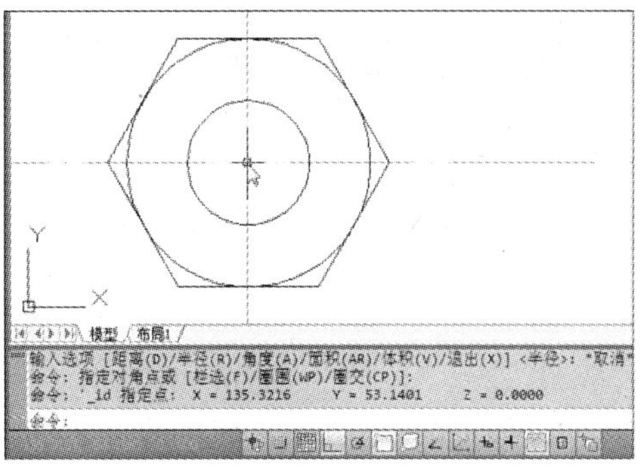

方法二：通过菜单栏中的“工具”命令进行查询

菜单栏中单击“工具”→“查询”→“点坐标”命令，同样也可查询出相关信息。

方法三：在命令行中直接输入命令进行查询

用户可直接在命令行中输入“ID”命令，并按空格键，即可得出该点的坐标。

操作提示：

“点坐标”命令是在绘图区中指定一点，在命令行中按 X、Y、Z 形式显示所指定点的坐标值。这样可使用 AutoCAD 在系统变量 LASTPOINT 中保持跟踪在图形中指定的最后一点。当使用 ID 命令指定点时，该点保存到系统变量 LASTPOINT。在后续命令中，只需输入@即可调用该点。

4.6.2　查询图形的距离

在 AutoCAD 2012 软件中，若想查询出图形与图形之间的距离，可按照以下 2 种操作方法进行查询。

方法一：通过功能选项区中的命令进行查询

单击“常用”→“实用工具”→“测量”命令，在打开的扩展列表中，选择相应的选项，并根据命令行中的提示，进行操作，如下图所示。

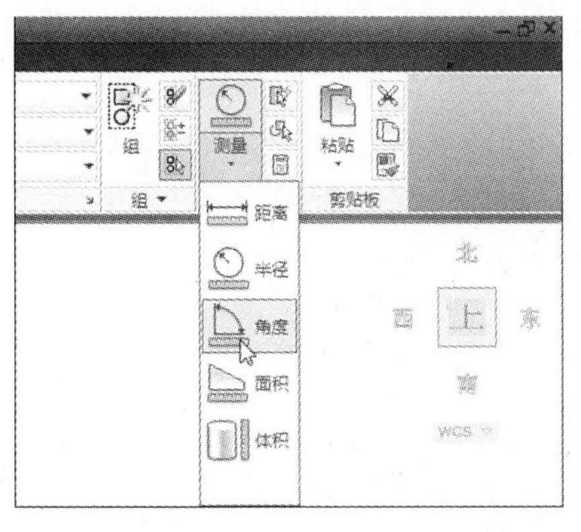

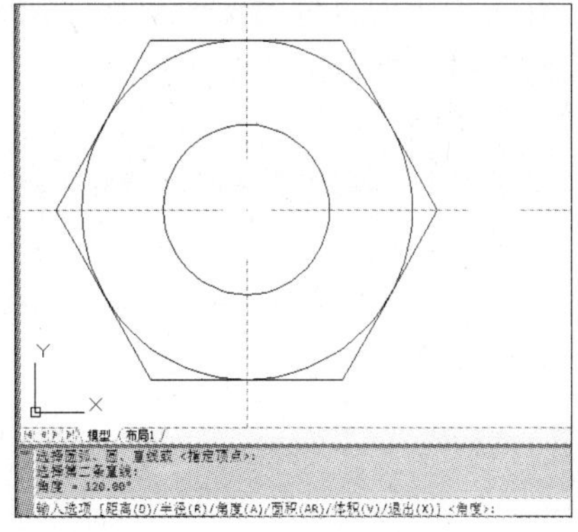

方法二：通过菜单栏中的“工具”命令进行查询

菜单栏中单击“工具”→“查询”→“角度”命令，同样也可查询出相关信息。

4.6.3 查询图形面积和周长

“面积”命令，可以求若干个点为顶点的多边形区域，或由指定对象所围成区域的面积与周长，还可以进行面积的加、减运算。在 AutoCAD 2012 软件中，可通过以下 3 种操作方法进行查询。

方法一：通过功能选项区中的命令进行查询

单击“常用”→“实用工具”→“测量”→“面积”命令，并框选出要查询的区域，按回车键，即可在命令行中得出该区域的面积和周长值，如下图所示。

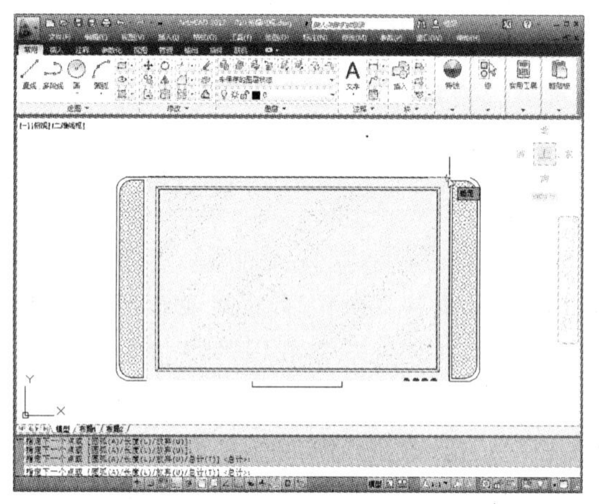

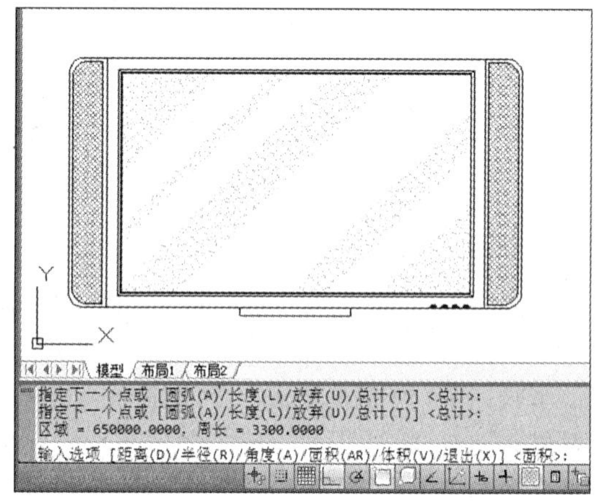

方法二：通过菜单栏中的“工具”命令进行查询

菜单栏中单击“工具”→“查询”→“面积”命令，同样也可查询出相关信息。

方法三：在命令行中直接输入命令进行查询

用户可直接在命令行中输入“AA”命令，并按空格键，即可显示面积和周长值。

4.6.4 查询图形的面域与质量特性

在 AutoCAD 2012 中，可通过单击菜单栏中的“工具”→“查询”→“面域/质量特性”命令，并选中所需查询的图形对象，按回车键，在打开的文本窗口中，即可查看其具体信息，按回车键，可继续读取相关信息，如下图所示。

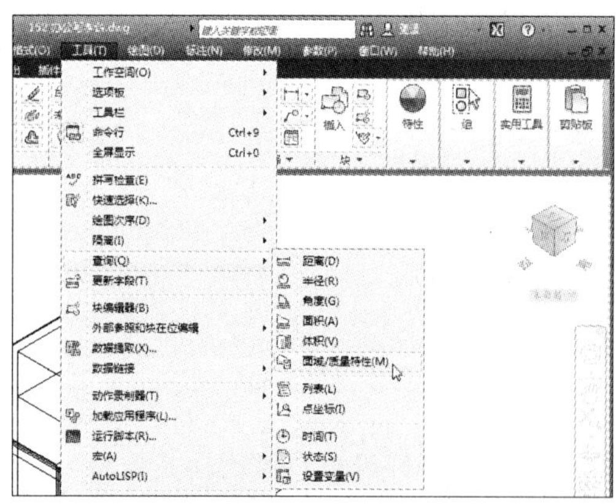

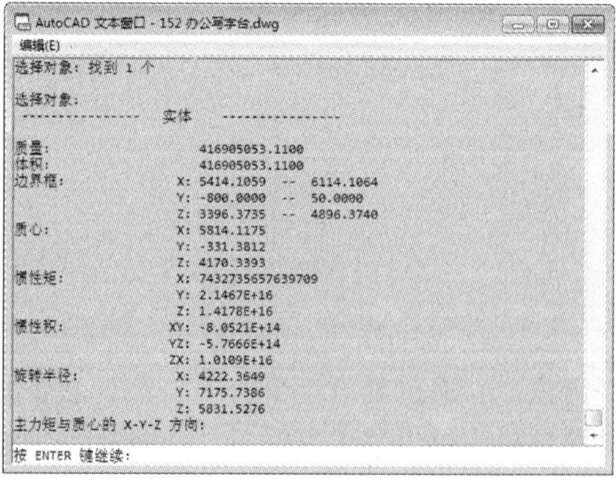

4.6.5　查询图形的列表

“查询图形列表”的操作与“查询图形的面域/质量特性”的操作相同，而这两个查询命令不常用，这里就不再阐述。

4.6.6　查询与设置系统变量

“设置变量”命令可以观察和修改 AutoCAD 2012 的系统变量。在 AutoCAD 2012 中，系统变量可以实现许多功能，如 AREA 记录了最后一个面积、SNAPMODE 用于记录捕捉的状态、DWGNAME 用于保存当前文件的名字。

在 AutoCAD 2012 中，可通过单击菜单栏中的“工具”→“查询”→“设置变量”命令，根据命令行的提示，进行设置。

4.6.7　查询图形的状态

图形状态是指关于绘图环境及系统状态等各种信息，在 AutoCAD 2012 软件中，可以单击菜单栏中的“工具”→“查询”→“状态”命令，在打开 AutoCAD 2012 文本窗口中，即可读取相关信息，如下图所示。

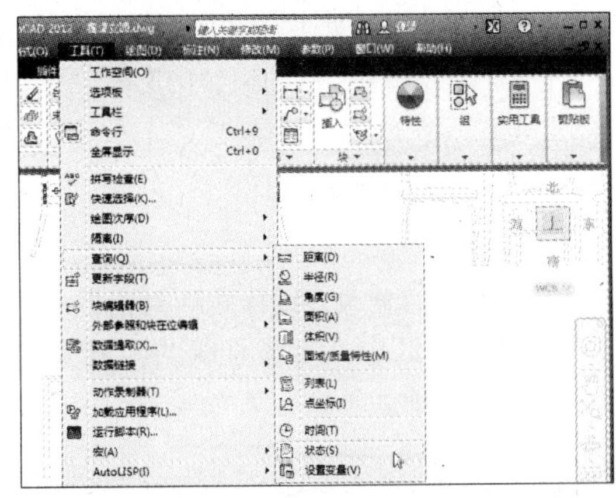

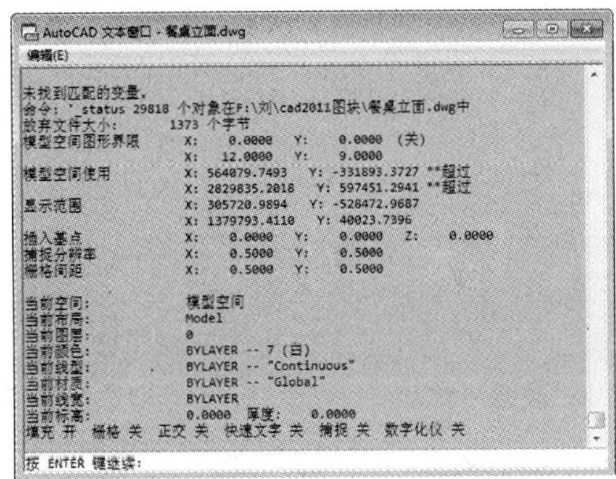

在 AutoCAD 2012 文本窗口中显示的图形信息说明如下：

- 图形文件的路径、名称和包含的对象数。
- 模型空间或图纸空间绘图界限、已利用的图形范围和显示范围。
- 插入基点。
- 捕捉分辨率（即捕捉间距）和栅格点的分布间距。
- 当前空间（模型或图样）、当前图层、颜色、线型、线宽、基面标高和延伸厚度。
- 填充、栅格、正交、快速文本、间隔捕捉和数字化板开关的当前设置。
- 对象捕捉的当前设置。
- 磁盘空间的使用情况。

除了以上几种查询的方法，AutoCAD 2012 软件还可对创建图形的时间进行查询。只需在命令行中输入“Time”命令，并按回车键，即可打开 AutoCAD 2012 文本窗口，在该窗口中生成一个报告，显示当前日期和时间、创建图形的日期和时间、最后一次更新的日期和时间，以及图形在编辑器中的累积时间等。

4.7 设计实践：绘制二维墙体

下面将运用多段线命令，来绘制箭头图形，具体步骤如下：

最终效果：第 4 章 \ 设计实践 \ 二维墙体

成品尺寸：墙体高为 2800 mm，宽为 240 mm

注意事项：注意“多线”命令的运用。

任务要求：运用“多线”、“修剪”、“查询面积”等命令，进行绘制

二维墙体平面：

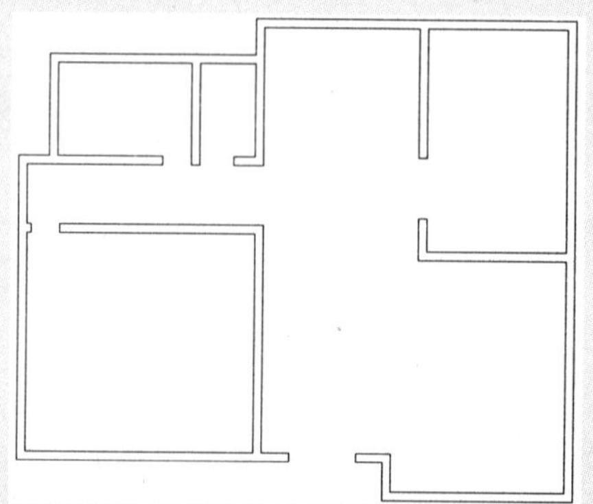

二维墙体立体效果：

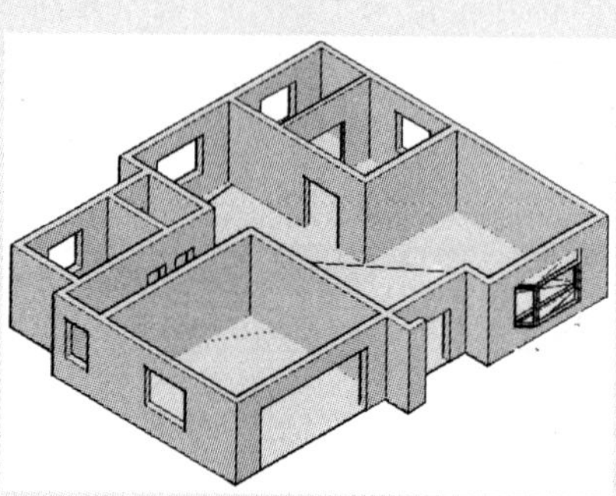

1 单击菜单栏中的“格式”→“多线样式”命令，打开“多线样式”对话框，单击“修改”按钮。

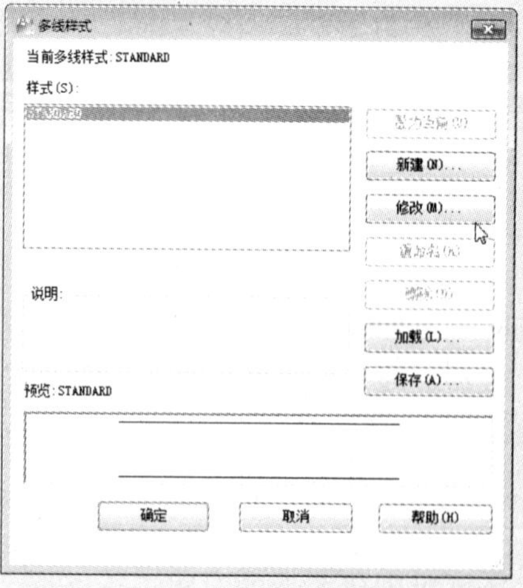

2 在打开的“修改多线样式”对话框中，在“封口”选区中，勾选直线的“起点”和“端点”选项。

3 在“图元”选区中，选择第一行数据，并在“偏移”选项后，输入“120”。

4 选择第二行数据，同样在“偏移”选项后，输入“-120”，单击“确定”按钮。

5 在“多线样式”对话框中的“预览”窗口中，则可显示所设置的多线样式，其后，单击“确定”按钮。

6 在命令行中输入“ML”命令后，按空格键，即可进入下一步操作，将比例设置为“1”。

7 设置好后，将“对正”值设置为“无”，并按空格键。

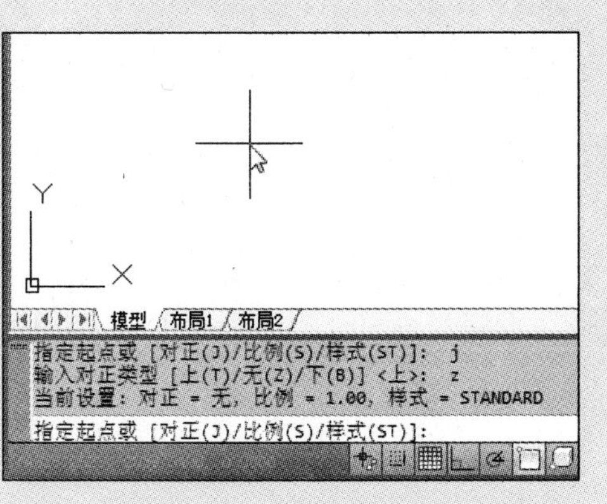

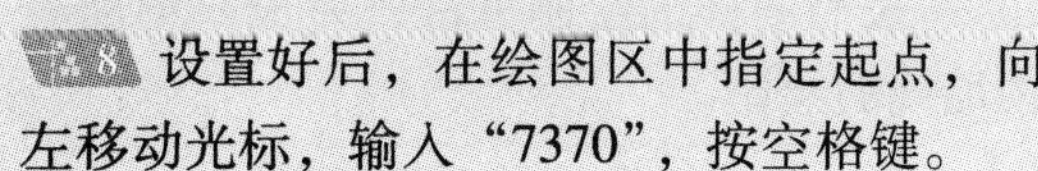

8 设置好后，在绘图区中指定起点，向左移动光标，输入“7370”，按空格键。

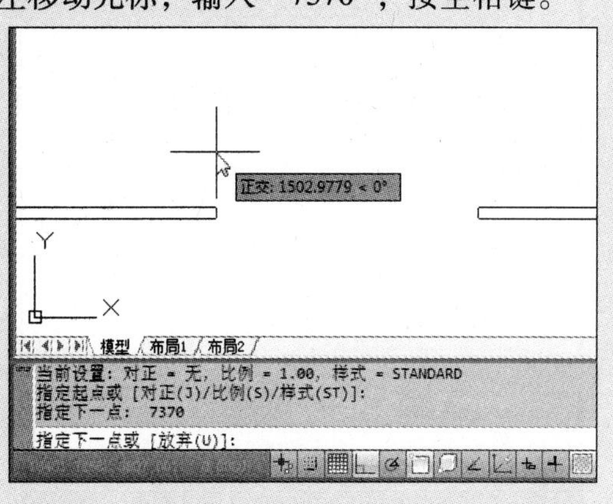

9 将光标向上和向右移动，输入“7800”和“830”，并按空格键。

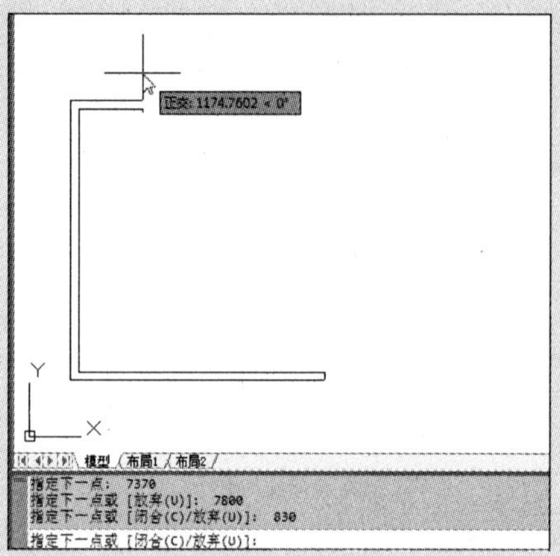

10 将光标向上移动，输入“2680”，按空格键。

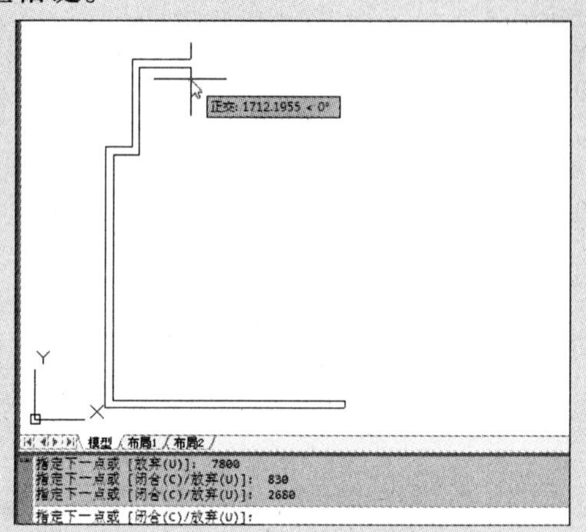

11 按照同样的操作方法，完成户型外轮廓图的绘制。

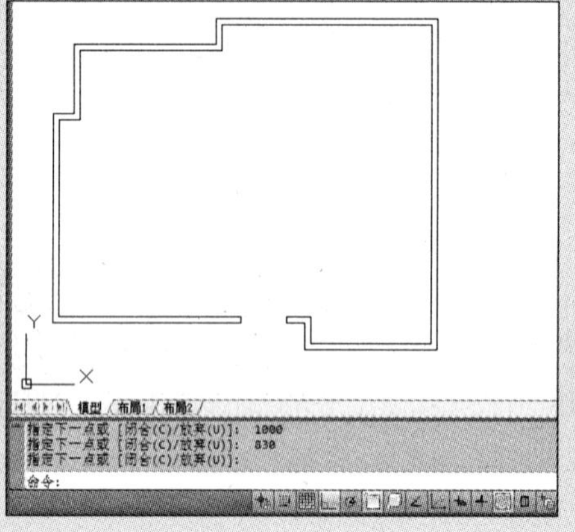

12 输入“ML”命令，按回车键，将“对正”值设为“下”。

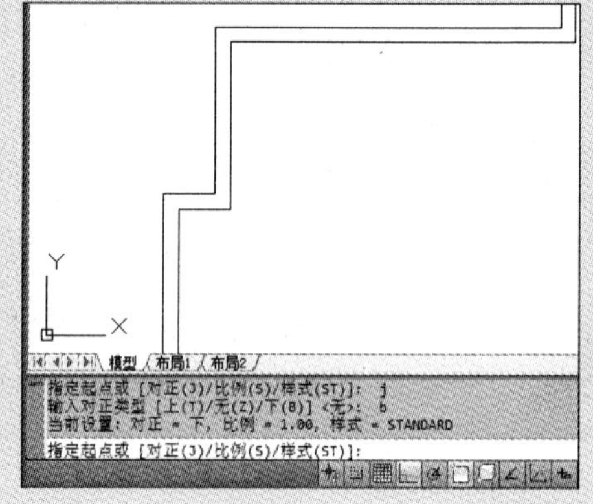

13 按照同样的绘制方法，完成户型所有内墙线的绘制。

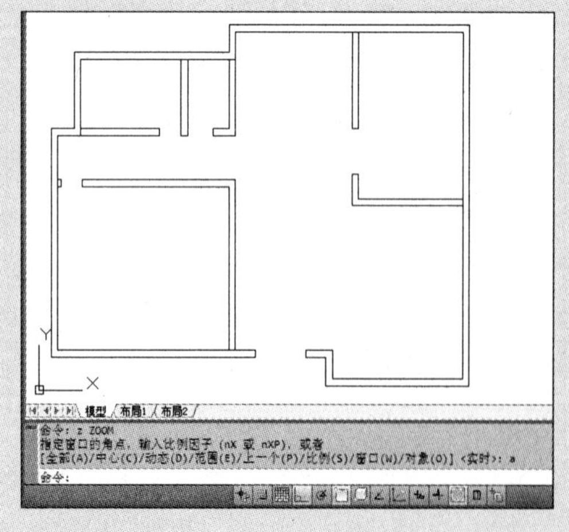

14 单击“修改”→“对象”→“多线”命令，打开“多线编辑工具”对话框。

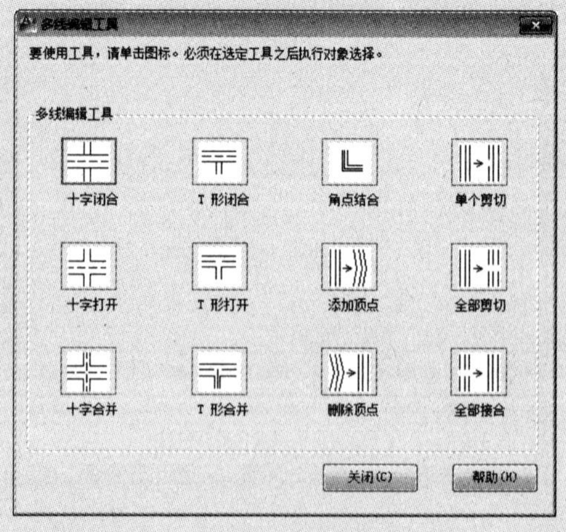

15 在该对话框中，根据墙线不同连接点的需要，选择相应的编辑工具，完成整个墙体线的修改。

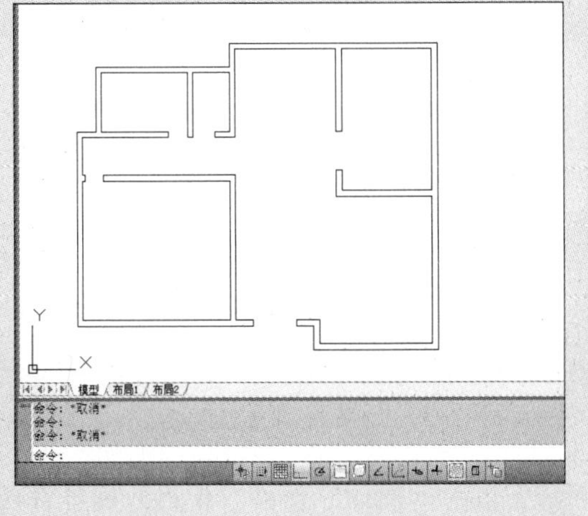

16 单击“常用”→“实用工具”→“测量”→“面积”命令，将该户型图计算出面积值。

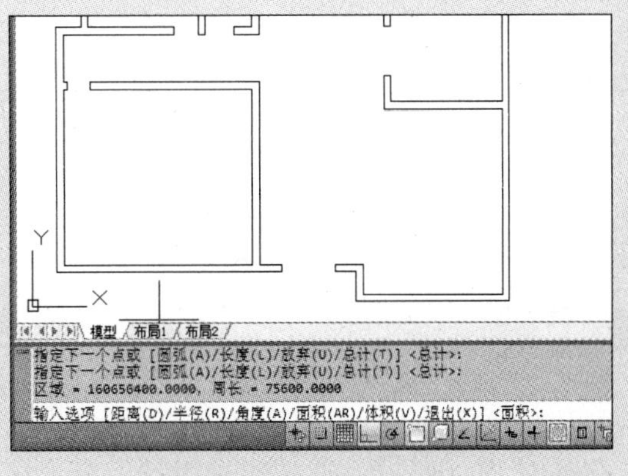

4.8　综合演练：弹簧零件图的绘制

下面将综合本章所介绍的操作命令，来完成弹簧零件图的绘制。

最终效果：第 4 章 \ 综合演练 \ 弹簧零件图 . dwg
视频路径：视频 \ 第 4 章 \ 弹簧零件图 . wmv
成品尺寸：可参照拉簧 0. 40 ×5. 00 ×17. 50　GB1973. 2—89 – D – ZN 参数进行绘制。
注意事项：注意“多线”命令的设置和绘制
应用范围：工业领域、机械领域
实训目的：学会灵活运用“多线样式”、“偏移”、“修剪”命令

弹簧零件图：

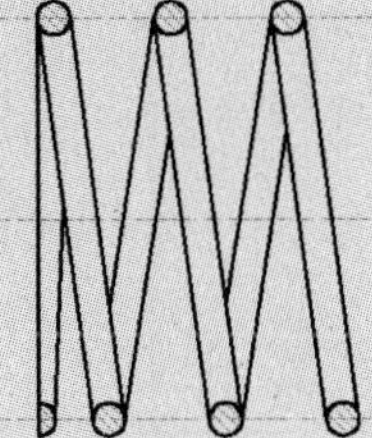

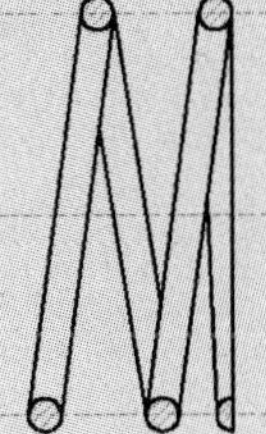

弹簧效果图：

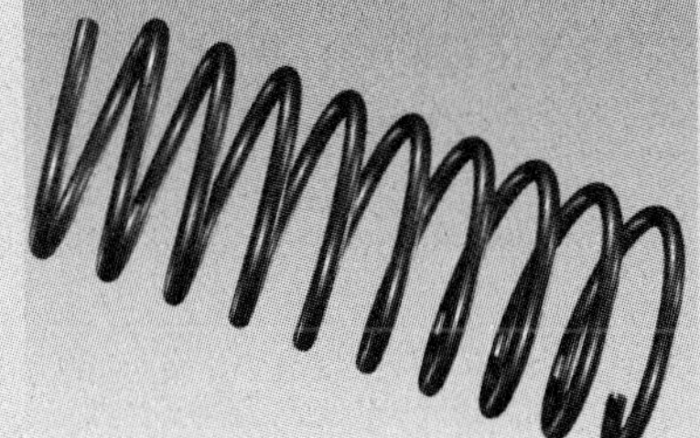

1 单击“绘图”→“构造线”命令，绘制一条水平构造线，并单击“偏移”命令，将该构造线向上依次偏移15 mm、15 mm。

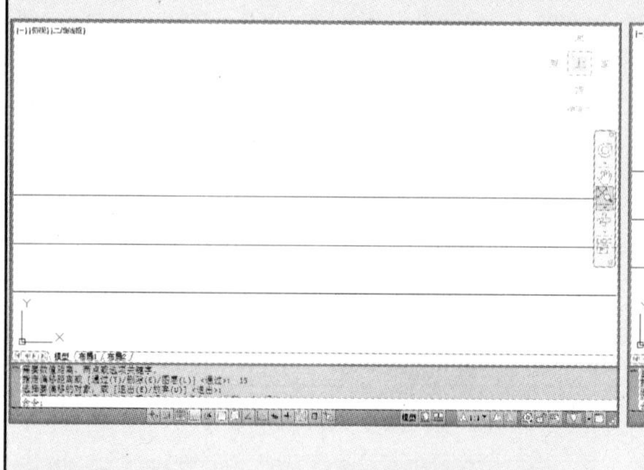

2 再次单击“构造线”命令，绘制一条垂直构造线，同样单击“偏移”命令，向右侧偏移5.4、14.4和23.4。

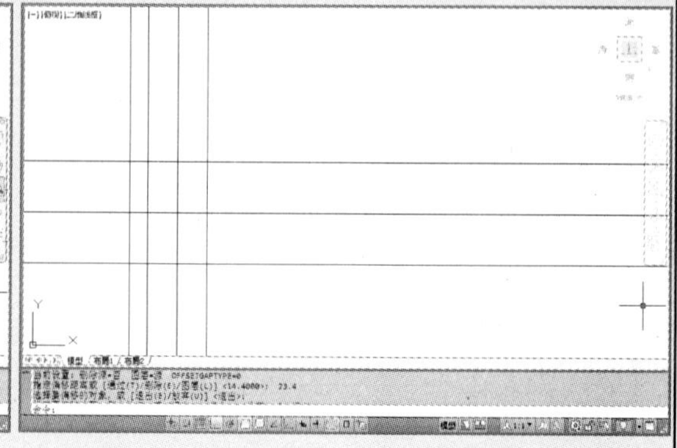

3 单击“修剪”命令，将偏移的垂直线进行修剪。

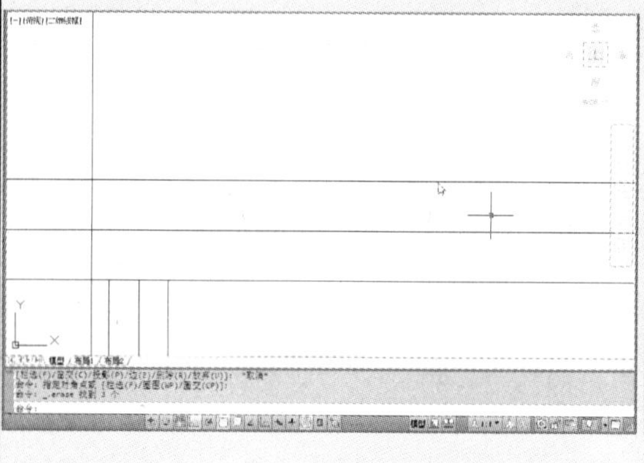

4 单击“偏移”命令，将最左侧垂直构造线向右偏移1.25、10.25和19.25。

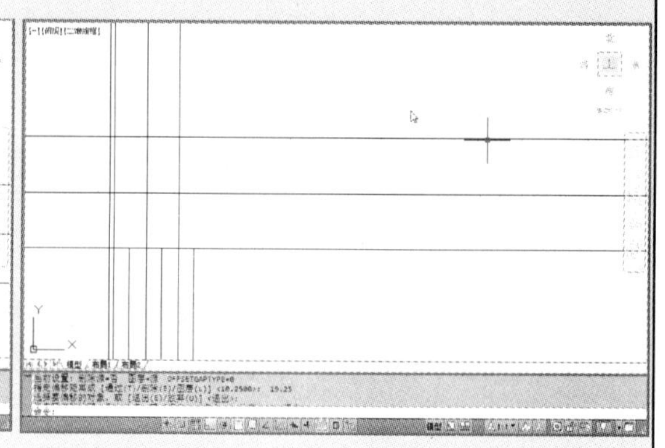

5 单击“修剪”命令，将偏移的垂直构造线进行修剪。

6 单击“格式”→“多线样式”命令，在“多线样式”对话框中，单击“修改”按钮。

7 在“修改多线样式”对话框中，修改多线样式，完成后，单击“确定”按钮。

8 在上一层对话框中，单击“确定”按钮。

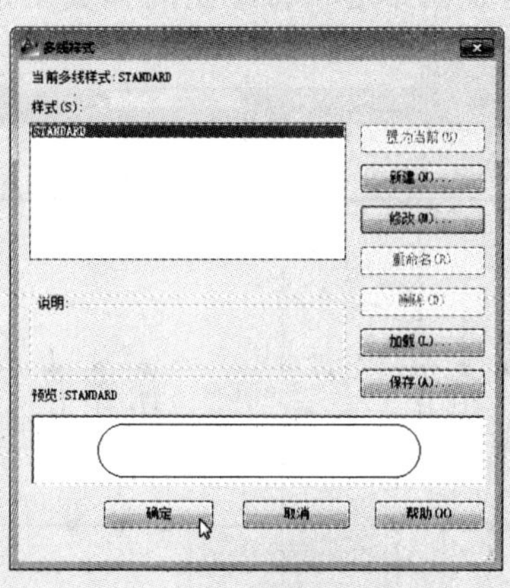

9 在命令行中输入“ML”命令，并按空格键，将“比例”设置为“2.5”，将“对正”设置为“无”。

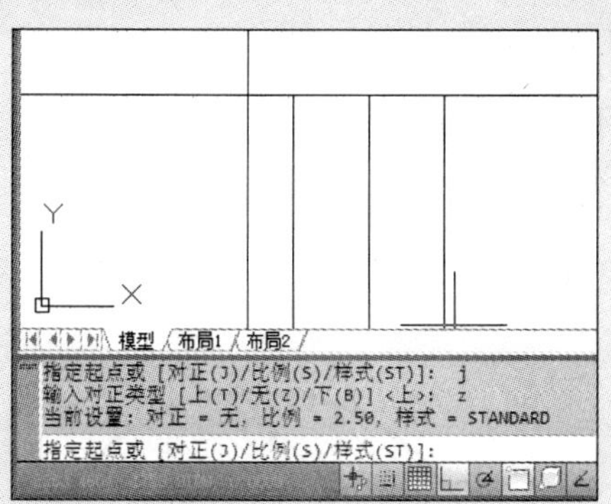

10 单击点 A，其后再单击点 B，重复使用“多线”命令，完成弹簧图形结构的绘制。

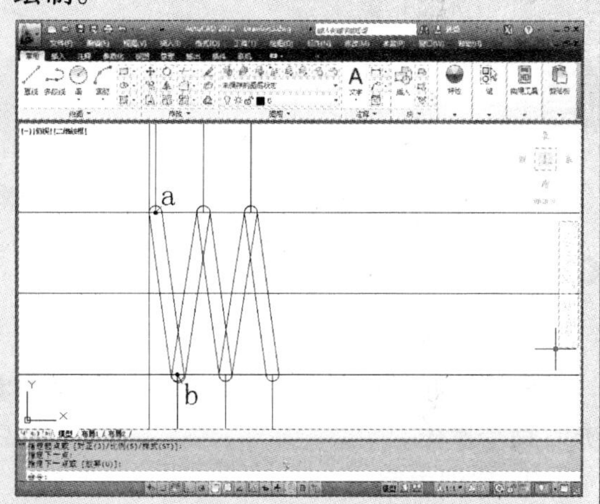

11 单击“圆”命令，绘制半径为 1.25 mm 的圆，并分别进行复制。

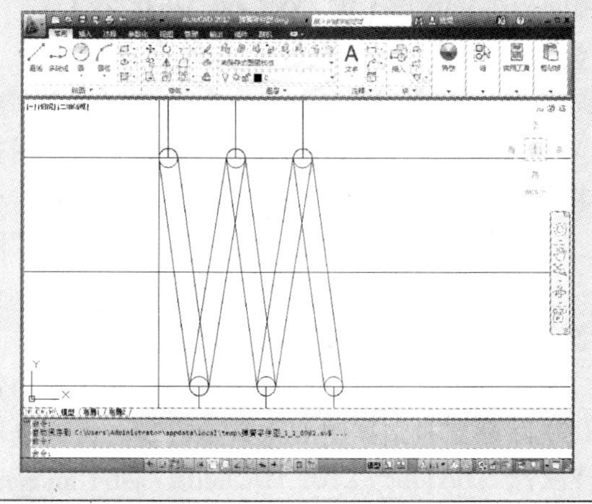

12 单击“绘图”→“图案填充”命令，将刚绘制的圆形进行填充。

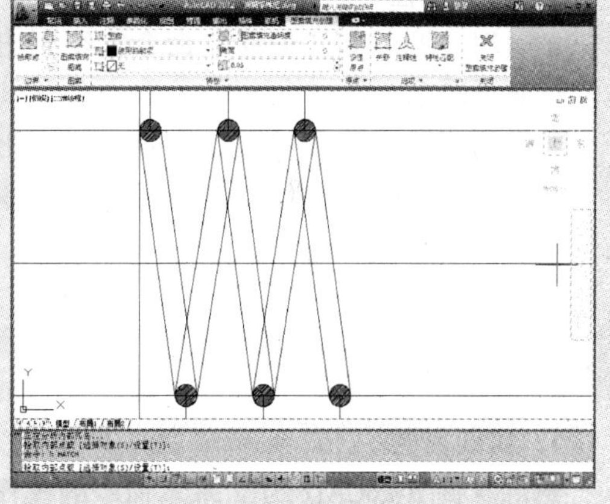

“图案填充”命令，启动“图案填充”对话框，并选择“类型”→“自定义”选项，即可运用自定义的图案了，如下图所示。

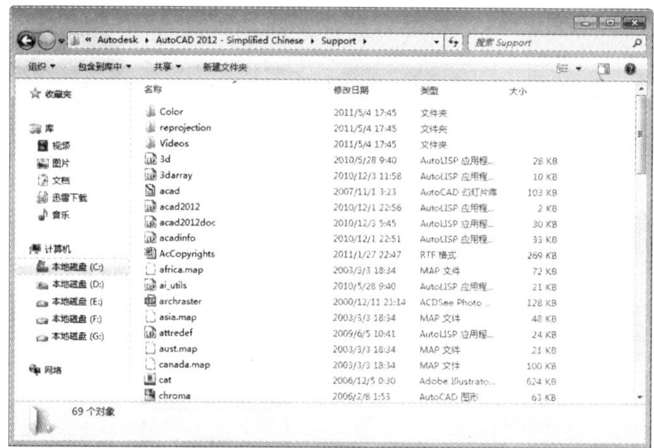

Q：在填充时找不到填充范围，无法填充？

A：在进行填充操作时，会遇到无法填充的问题，此时，用户就需查看该填充区域是否完全封闭。若该图形填充的区域大而繁琐，则用户可使用“直线”命令，将该区域划分成几小块进行填充；当然，也可以使用“多段线”命令，沿着填充边界，重新绘制一遍，使其形成完全闭合的图形，即可进行填充操作，如下图所示。

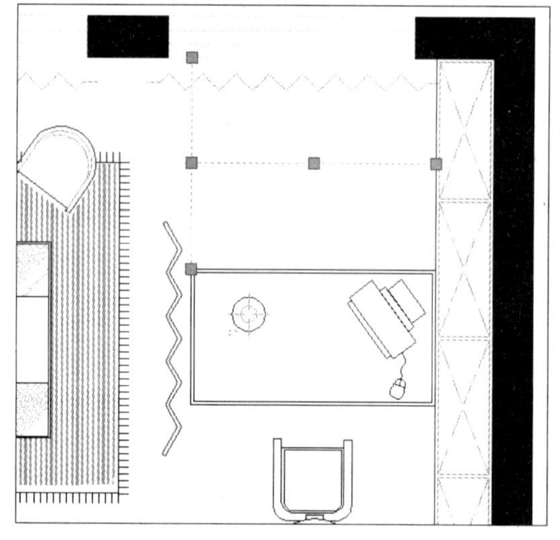

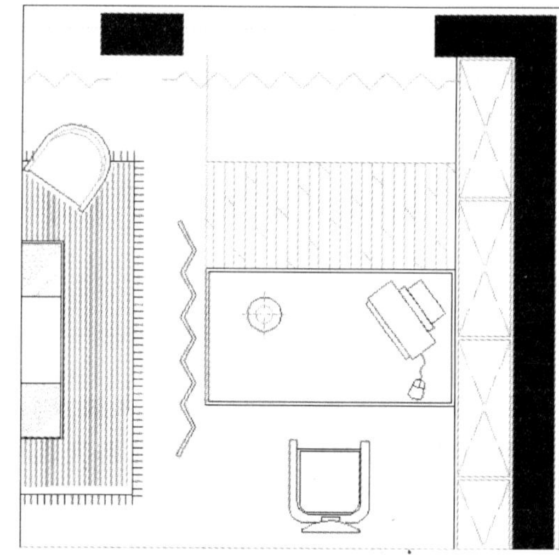

第 5 章 图形捕捉工具的创建与使用

本章概述

在 AutoCAD 2012 中，图形捕捉工具是十分重要的绘图工具，可以说绘制每一步骤都离不开这些捕捉工具的使用。本章将向读者介绍一些捕捉工具的使用方法，其中包括对象捕捉、自动追踪等。通过对本章的学习，使读者能够更快更准确地绘制出好的图纸来。

学习向导

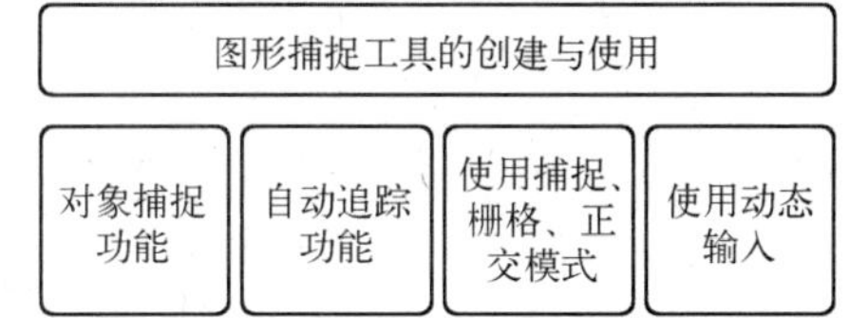

5.1 对象捕捉功能

捕捉功能能够帮助用户在图纸上，快速准确地捕捉图纸中所需位置。在 AutoCAD 2012 软件中，捕捉功能有多种模式，其中包括“端点”、“中点”、“圆心”、“垂直”、“切点”等。

5.1.1 设置对象捕捉功能

通常在绘制图形前，都需将“对象捕捉”功能进行设置，以方便用户在绘图的过程中使用。在 AutoCAD 2012 软件中，设置对象捕捉的方法有 2 种。

方法一：使用菜单栏中的命令进行设置

单击菜单栏中的“工具”→“绘图设置”命令，在“草图设置”中的“对象捕捉”选项卡中，根据需要勾选捕捉模式，其中“端点”、“中点”、“圆心”以及“垂足”这 4 种捕捉模式几乎在绘图中都要使用到，设置好后，单击“确定”按钮即可完成，如下图所示。

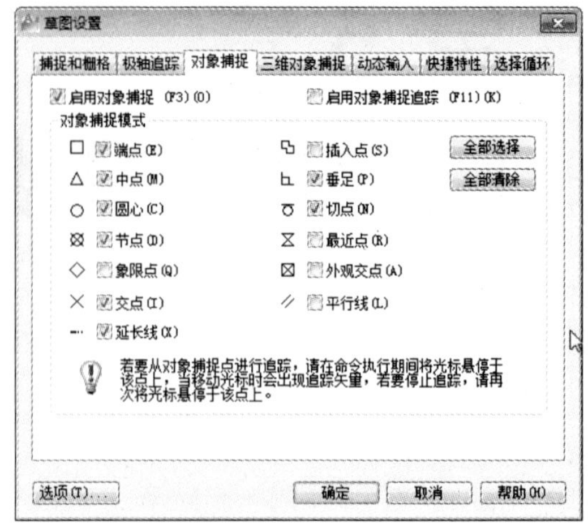

方法二：鼠标右键命令进行设置

在 AutoCAD 2012 工作界面中，右键单击状态栏的“对象捕捉□”按钮，在打开的快捷菜单中，选择“设置”选项，然后在打开的“对象捕捉”对话框中，勾选所需的捕捉模式，即可，如下图所示。

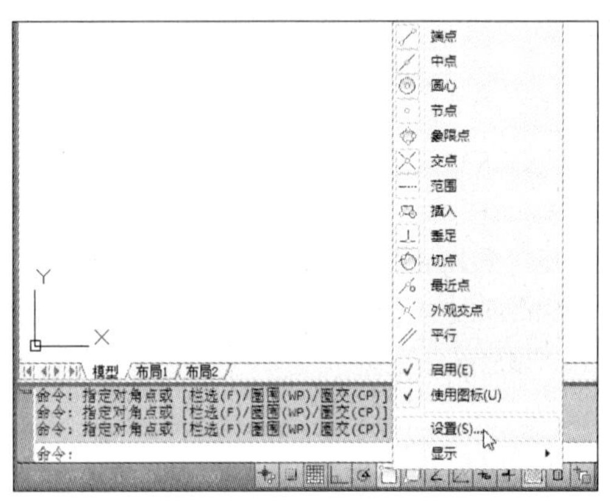

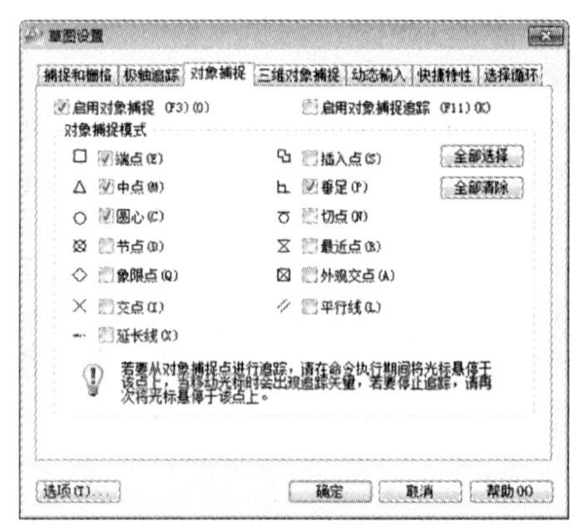

在 AutoCAD 2012 软件中，单击快速访问栏中的“工作空间”下拉按钮，选择“AutoCAD 经典”选项，并在任意工具栏中单击鼠标右键，选择“对象捕捉”命令，即可打开“对象捕捉”工具栏，如下图所示。

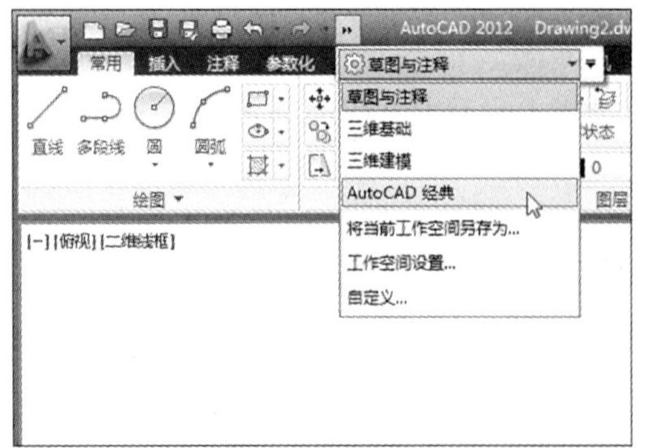

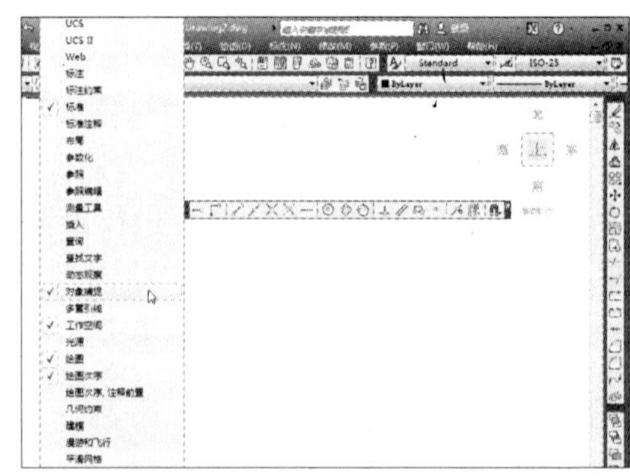

在该工具栏中，包含了多种捕捉模式，用户可根据实际需求，来选择相应的捕捉命令，下面将分别对其模式进行说明。

- 临时追踪点：创建对象捕捉所使用的临时点。
- 捕捉自：从临时参照点偏移。
- 捕捉到端点：捕捉到线段或圆弧的最近端点。
- 捕捉到中点：捕捉到线段或圆弧的中点。
- 捕捉到交点：捕捉到线段、圆弧或圆等对象之间的交点。
- 捕捉到外观点：捕捉到两个对象的外观的交点。
- 捕捉到延长线：捕捉到直线或圆弧的延长线上的点。
- 捕捉到圆心：捕捉到圆或圆弧的圆心。
- 捕捉到象限点：捕捉到圆或圆弧的象限点。
- 捕捉到切点：捕捉到圆或圆弧的切点。
- 捕捉到垂足：捕捉到垂直于线、圆或圆弧上的点。
- 捕捉到平行线：捕捉到与指定直线平行线上的点。
- 捕捉到插入点：捕捉块、图形、文字或属性的插入点。
- 捕捉到节点：捕捉到节点对象。
- 捕捉到最近点：捕捉离拾取点最近的线段、圆、圆弧或点等对象上的点。
- 无捕捉：关闭对象捕捉模式。
- 对象捕捉设置：设置自动捕捉模式。

下面将以捕捉圆心，绘制轴线为例，来介绍其具体操作步骤。

Step 1 打开所要绘制的图纸，右键单击状态栏中的“对象捕捉”按钮，选择“设置”选项。

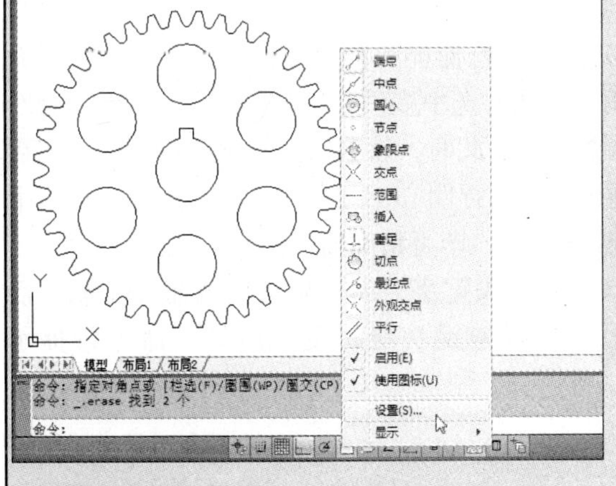

Step 2 在“草图设置”的“对象捕捉”对话框中，勾选“圆心”选项，并按“确定”按钮。

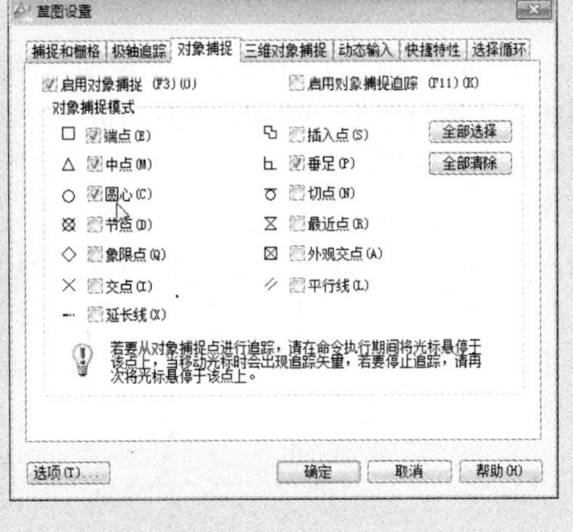

3 单击“绘图”→“构造线”命令，将光标移至链轮图块中间圆的边缘线上，此时该圆的圆心上，则会显示圆心捕捉框。

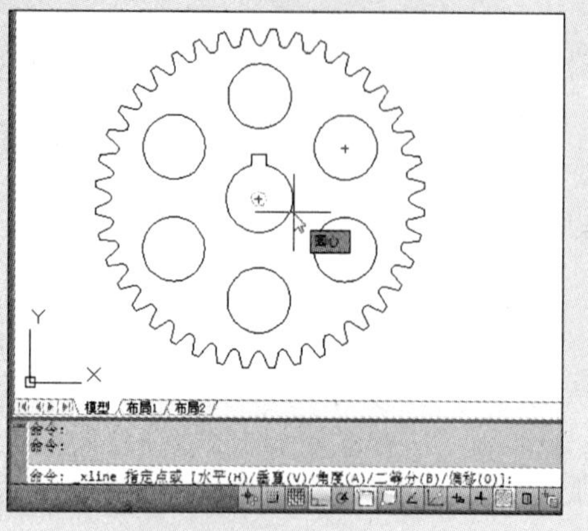

4 当出现该捕捉框后，光标则可迅速定位在圆心上，按住鼠标左键，拖动鼠标至合适位置，即可绘制出图形中轴线。

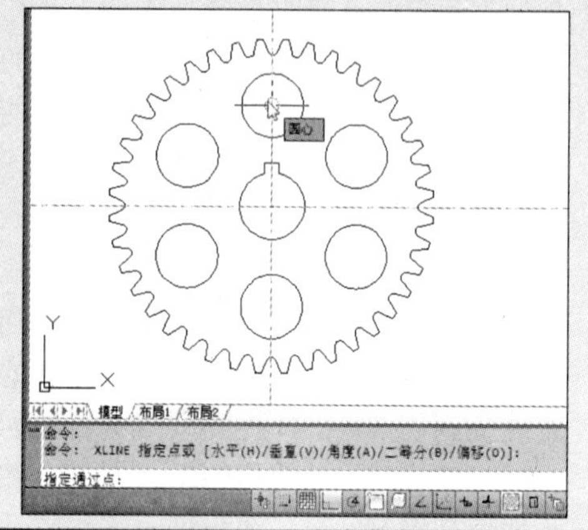

在绘制过程中，若需将捕捉功能关闭，有以下 3 种操作方法。

方法一：单击“对象捕捉”按钮关闭

在该功能启动的状态下，单击状态栏中的“对象捕捉”按钮，使其成为灰色，即为关闭；而若再次单击该按钮，则为开启。该方法最为简单、快捷。

方法二：选择右键列表选项关闭

右键单击“对象捕捉”按钮，在打开的快捷菜单中，取消勾选“启用”选项，即可关闭；相反，勾选该选项，则为开启。

方法三：在“对象捕捉”对话框中设置关闭

在打开的“对象捕捉”对话框中，单击“全部清除”按钮，然后单击“确定”按钮，也可将该功能进行关闭。

5.1.2 覆盖捕捉功能

在 AutoCAD 2012 软件中，对象捕捉模式又分为运行捕捉和覆盖捕捉两种模式，以上介绍的是“运行捕捉”模式。在默认情况下，用户会同时选中多种“对象捕捉”模式，因此，当图形比较密集时，很难确保准确捕捉到所需要的点，此时，就需用到覆盖捕捉功能。当启动该捕捉功能后，运行捕捉将自动被禁止。例如，要捕捉圆心，可在命令行的指定点提示下输入“cen”后，按回车键，然后将光标移至圆心位置，即可精确捕捉到圆心。

通常在命令行中输入“cen”、“qua”、“mid”等关键字，即可启动覆盖捕捉功能。而该功能仅对本次捕捉点有效，当捕捉结束后，运行捕捉功能将重新启动。命令行提示如下：

```
命令：_CIRCLE 指定圆的圆心或 [三点(3P)/两点(2P)/切点、切点、半径(T)]：cen
                                        （输入“cen”关键字，按回车键）
                                                    （捕捉圆心）
```

5.2 自动追踪功能

在 AutoCAD 2012 软件中，自动追踪功能可按指定角度绘制对象，或者绘制与其他对象有特定关系的对象。自动追踪功能分为极轴追踪和对象捕捉追踪，它们都是非常有用的辅助绘图工具。

5.2.1 设置自动追踪

自动追踪功能可以使用户快速而精确地定位点，在很大程度上提高了绘图效率。在 AutoCAD 2012 软件中，在绘图区任意空白处右击鼠标，选择“选项”选项，在打开的“选项”对话框中，单击“绘图”选项卡，并在该选项卡中的“AutoTrack 设置”选项区中，根据需要勾选相关选项。系统默认为全选，如下图所示。

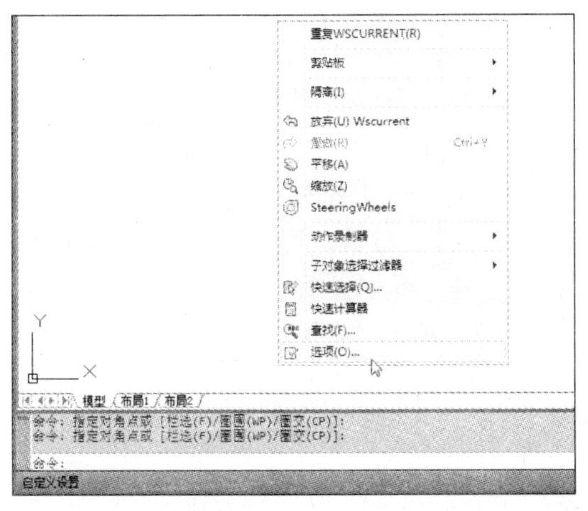

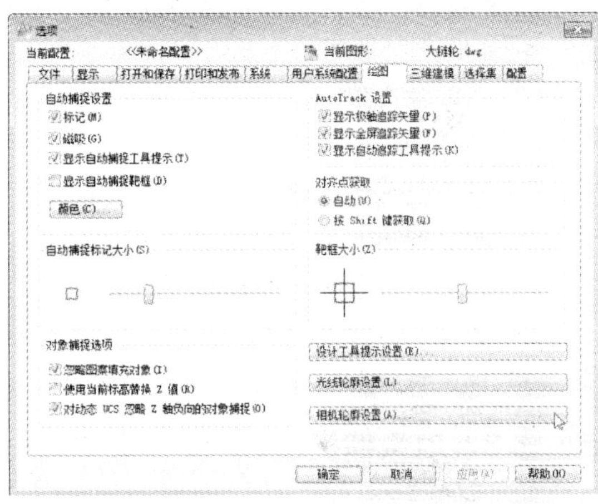

“绘图”选项卡的“AutoTrack 设置”中的各项说明如下。

- 显示极轴追踪矢量：用于设置是否显示极轴追踪的矢量数据。
- 显示全屏追踪矢量：用于设置是否显示全屏追踪的矢量数据。
- 显示自动追踪工具提示：用于设置在追踪特征点时，是否显示工具栏上相应按钮的提示文字。

5.2.2 极轴追踪

极轴追踪功能则在系统要求指定一个点时，按预先设置的角度增量显示一条无限延伸的辅助线，此时就可以沿辅助线追踪得到光标点。在 AutoCAD 2012 软件中，可通过以下 2 种方法打开“极轴追踪”对话框进行设置。

方法一：右键单击“极轴追逐”图标

在 AutoCAD 2012 工作界面中，右击状态栏中的“极轴追踪”图标，选择“设置”选项，即可打开“极轴追踪”对话框，如下图所示。

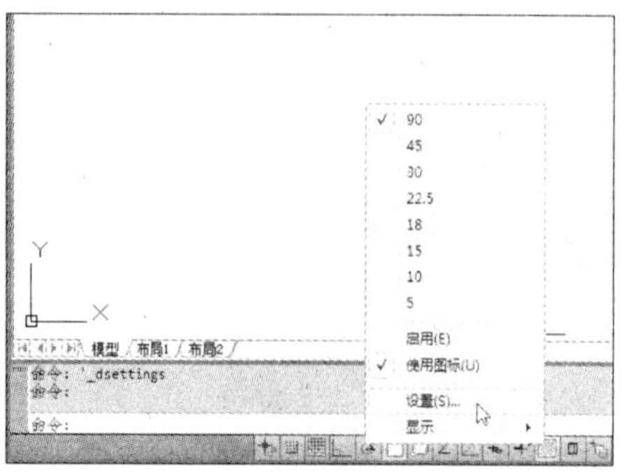

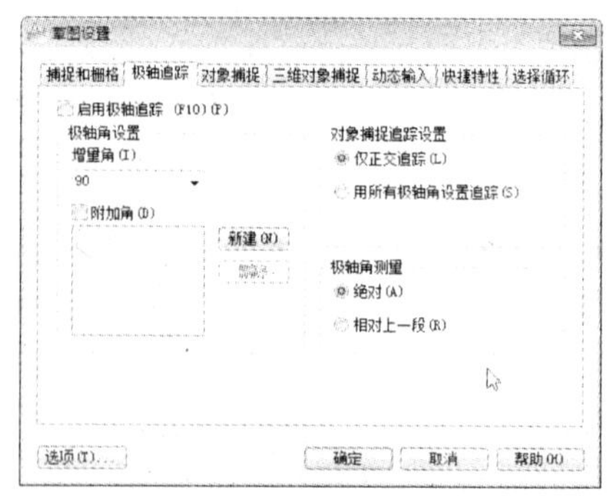

在打开的“极轴追踪”对话框中，勾选“启动极轴追踪”选项，并将“增量角”文本框中，输入所需设置极轴角度，单击“确定”按钮，即可完成设置。

方法二：单击菜单栏中的“绘图设置”选项

在菜单栏中，单击“工具”→“绘图设置”选项，在打开的“草图设置”对话框中，单击“极轴追踪”选项卡，并按照要求，进行设置即可。

“极轴追踪”选项卡下的设置选项说明如下。

- 启用极轴追踪：用于控制极轴追踪的显示状态，可打开或关闭极轴追踪。按〈F10〉键可打开或关闭极轴追踪。
- 极轴角设置选项区：用于设置极轴角度。在“增量角”下拉列表框中可以选择系统预设定的角度，如果该下拉列表框中的角度不能满足需要，可通过选中“附加角”复选框，然后单击“新建”按钮，在“附加角”列表框中显示增加的角度。

用户若想将“极轴追踪”功能关闭，则在状态栏中，单击“极轴追踪”图标，即可关闭。再次单击该图标，则为开启。而系统默认极轴角度为90°。

5.2.3 对象捕捉追踪

对象捕捉追踪是指当系统自动捕捉到图形中的一个特征点后，以该点为基点，沿设置的极轴追踪另一点，并在追踪方向上显示一条虚线延长线，用户可以在该延长线上定位点。在使用对象捕捉追踪时，必须打开对象捕捉，并捕捉一个点作为追踪参照点。

在AutoCAD 2012软件中，可通过以下3种操作方法进行设置。

方法一：在“对象捕捉”选项卡中进行设置。

右键单击“对象捕捉”图标，选择“设置”选项，在打开的“对象捕捉”选项卡中，勾选“启用对象捕捉追踪”复选框，单击“确定”按钮即可，如下图所示。

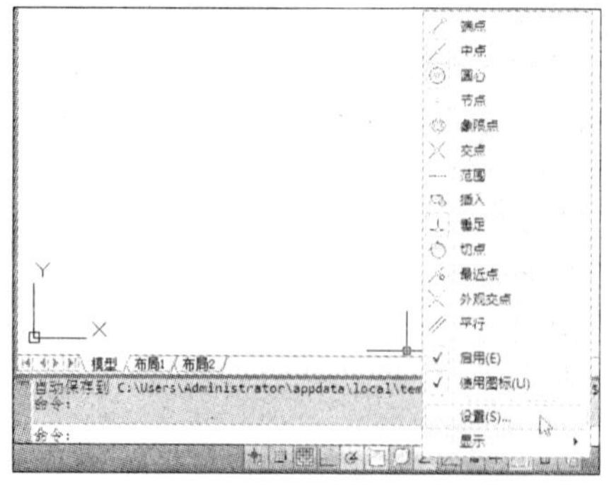

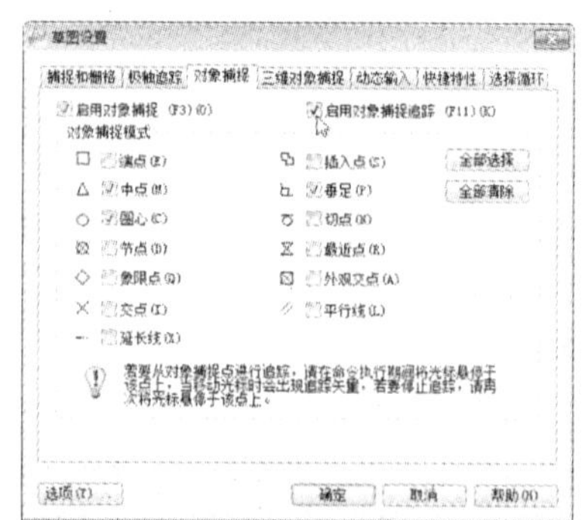

方法二：使用键盘快捷键

在绘制过程中，按键盘上的〈F11〉功能键，即可启动“对象捕捉追踪”功能。

方法三：单击“对象捕捉追踪”图标

在状态栏中，直接单击“对象捕捉追踪”图标，即可启动该功能。

在“极轴追踪”选项卡中，各“对象捕捉追踪”选项的含义如下。

- 仅正交追踪：选中该单选按钮，可在启用对象捕捉追踪时，只显示获取的对象捕捉点的正交（水平或垂直）对象捕捉追踪路径。
- 用所有极轴角设置追踪：选中该单选按钮，可以将极轴追踪设置应用到对象捕捉追踪。使用对象捕捉追踪时，光标将从获取的对象捕捉点起沿极轴对齐角度进行追踪。
- 绝对：选中该单选按钮，可以基于当前用户坐标系确定极轴追踪角度。
- 相对上一段：选中该单选按钮，可以基于最后绘制的线段确定极轴追踪角度。

5.3　设计实践：绘制地砖装饰图形

下面将运用极轴追踪、对象捕捉命令，绘制五角星图形，其操作步骤如下：

最终效果：第 5 章 \ 设计实践 \ 地砖装饰 . dwg
成品尺寸：半径为 430mm
注意事项：注意极轴追踪功能的用法
任务要求：利用“对象捕捉”、“极轴追踪”、“直线”和“修剪”等命令进行绘制

地砖装饰图形：

拼砖效果：

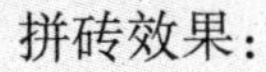

步骤 1　右击状态栏中的“极轴追踪”图标，选择“设置”，打开相应的对话框，将增量角设置为 60°，单击“确定”按钮。

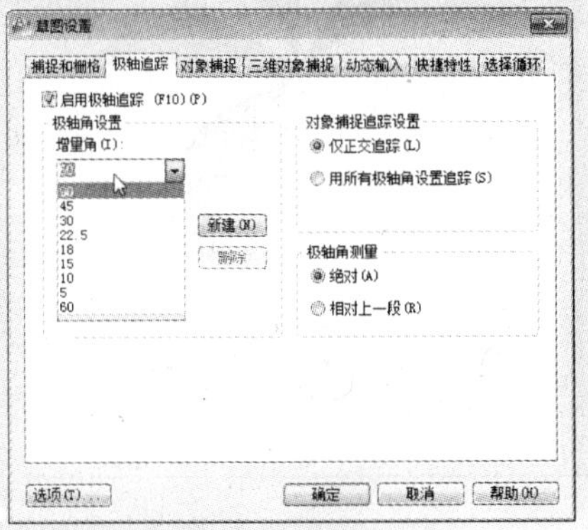

步骤 2　单击“绘图”→“直线”命令，指定任意一起点，向上移动光标，此时则会显示一绿色延长线，在命令行中输入“500”。

3 按回车键，其后，移动光标，系统将自动锁定60°方向，并以绿色延长线显示，在命令行中输入“500”，按回车键。

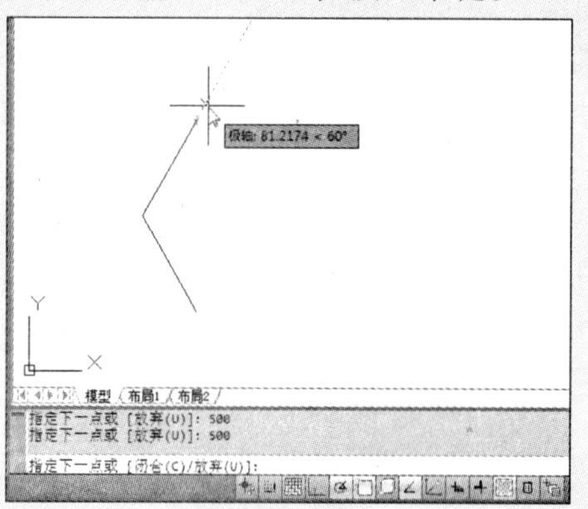

4 绘制好后，按照同样的操作，根据自动锁定的延长线，绘制出边长为500mm的正六角形。

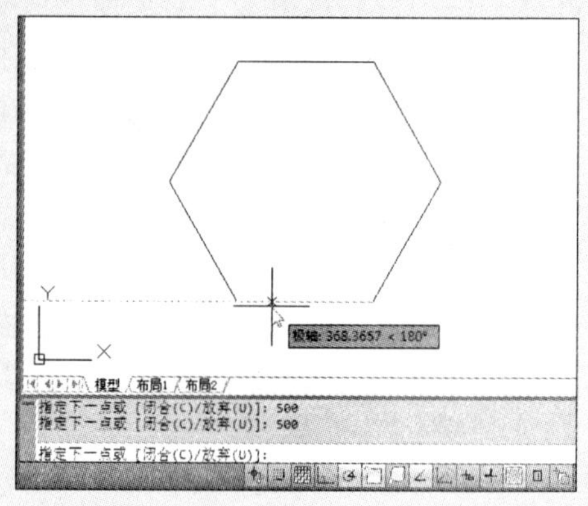

5 单击“直线”命令，捕捉六边形的6个角点，并将其相互连接。

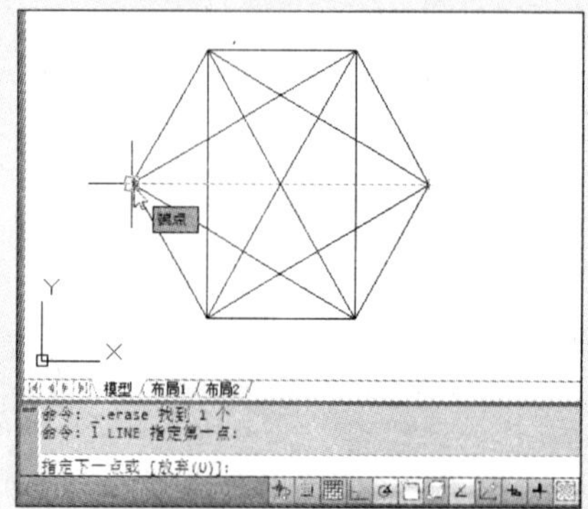

6 单击“修剪”命令，将图形多余的线段进行删除。

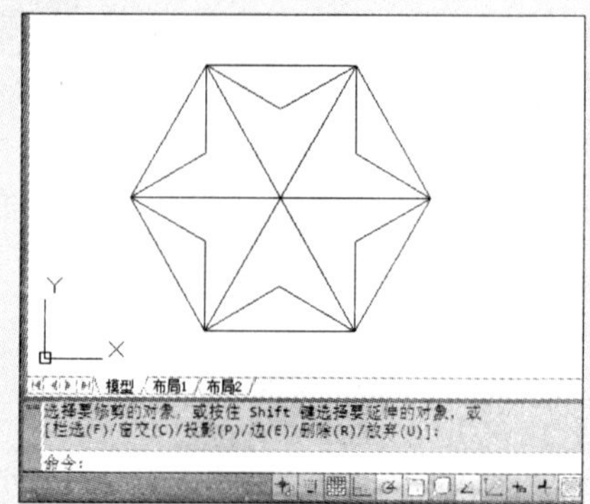

7 再次单击“直线”命令，并启动“对象捕捉”命令，完成装饰图形的绘制。

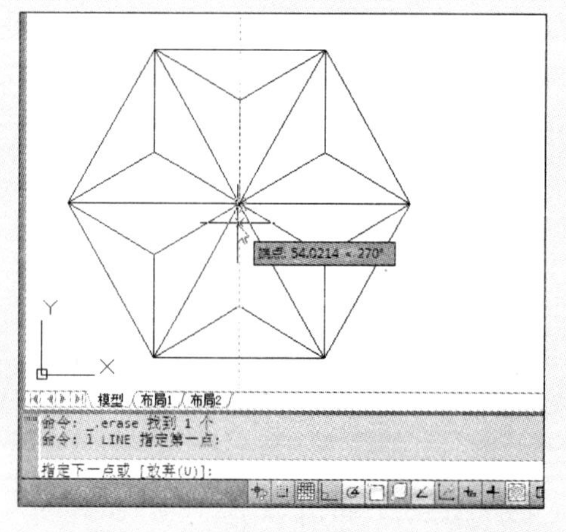

8 单击“绘图”→“图案填充”命令，将装饰图进行填充。

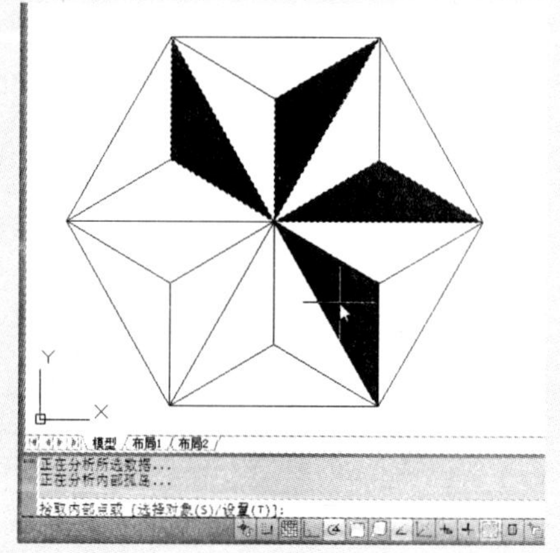

◆ 参考模型：方形拼砖、圆形拼砖

模型尺寸： （1）菱形拼砖 尺寸：1000mm×1000mm 材质为：镜面砖 （2）方形拼砖 尺寸为：800mm×800mm 材质为：镜面砖	 菱形拼砖	 方形拼砖
（3）圆形拼砖 尺寸为：半径 500mm 材质为：釉面砖 （4）多边形拼砖 尺寸为：半径 400mm 材质为：釉面砖	 圆形拼砖	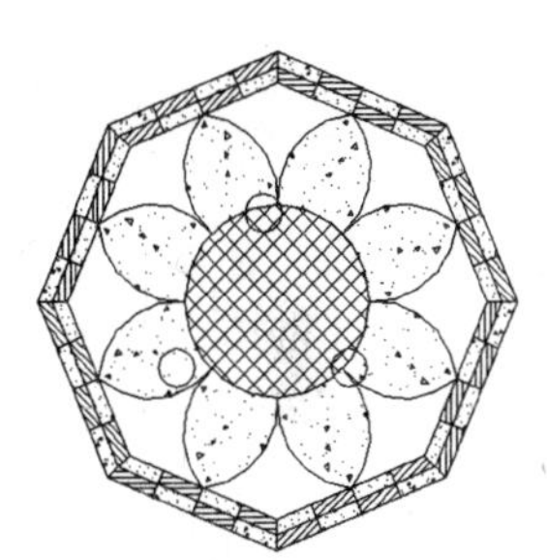 多边形拼砖

5.4　使用捕捉、栅格、正交模式

在绘制图形时，使用捕捉、栅格显示功能可以使用户能够快速、精确地确定定位点。而正交功能则是为了用户在绘制水平和垂直直线时而设置的。使用捕捉、栅格和正交功能可以提高绘图效率。

5.4.1　捕捉功能

捕捉功能在绘图区内提供了不可见的参考栅格，该命令用于设置光标移动的间距。捕捉分为栅格捕捉和极轴捕捉两种。栅格捕捉是指光标只能在栅格方向上精确移动；而极轴捕捉则是指光标可以极轴方向上精确移动。

在 AutoCAD 2012 中，用户可通过以下 4 种方法启动该功能。

方法一：单击“捕捉模式”命令启动

用户只需单击状态栏中“捕捉模式”按钮，即可启动该捕捉功能；反之，则关闭。

方法二：按快捷键启动

在绘制过程中，按键盘上的〈F9〉功能键即可启动。

方法三：通过“捕捉和栅格”对话框启动

右键单击状态栏中的“捕捉模式”图标，在打开的快捷菜单中，选择“设置”选项，然后在打开的“草图设置”对话框中，单击“捕捉和栅格”选项卡，并勾选“启用捕捉”

复选框即可启动，如下图所示。

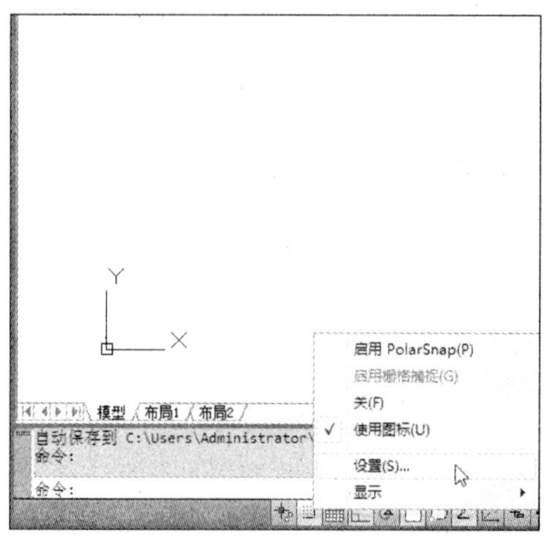

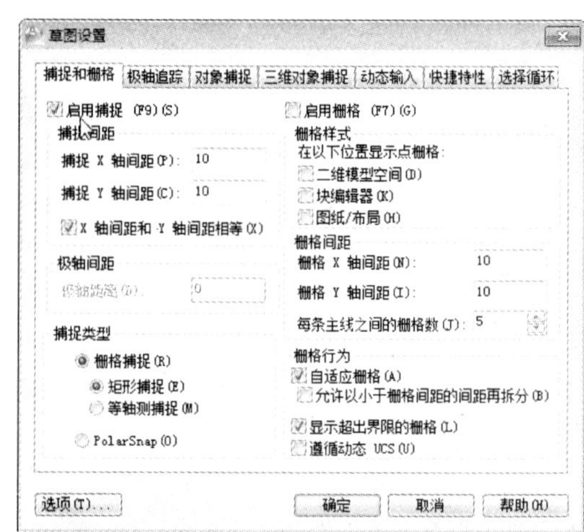

方法四：在命令行中输入“SNAP”启动

用户可直接在命令行中输入“SNAP”命令，并按回车键，并根据命令行中的提示，进行捕捉设置，命令行提示如下：

命令：SNAP （输入命令，按回车键）

指定捕捉间距或［开(ON)/关(OFF)/纵横向间距(A)/样式(S)/类型(T)］<10.0000>：5 （输入捕捉间距值）

在该命令行的各功能选项说明如下。

- 指定捕捉间距：设置捕捉增量。
- 开：打开捕捉。
- 关：关闭捕捉。
- 纵横向间距：设置的水平及垂直间距，用于设置不规则的捕捉。
- 样式：提示选定标准捕捉或等轴测捕捉。其中“标准”样式是指通常的捕捉格式；“等轴测”样式是用于进行等轴测图形。
- 类型：用于设置捕捉类型（极轴和栅格）。

5.4.2 栅格功能

栅格功能主要用于显示某些标定位置的小点，起坐标尺的作用，可以提供直观的距离和位置参照。在 AutoCAD 2012 软件中，可通过以下 4 种方法启动。

方法一：单击“栅格”命令启动

用户只需单击状态栏中“栅格”按钮，即可启动该捕捉功能；反之，则关闭。

方法二：按快捷键启动

在绘制过程中，按键盘上的〈F7〉功能键或按〈Ctrl + G〉组合键即可启动。

方法三：通过“捕捉和栅格”对话框启动

右键单击状态栏中的“捕捉模式”图标，在打开的快捷菜单中，选择“设置”选项，然后在打开的“草图设置”对话框中，单击“捕捉和栅格”选项卡，并勾选“启用栅格”

复选框即可启动，如下图所示。

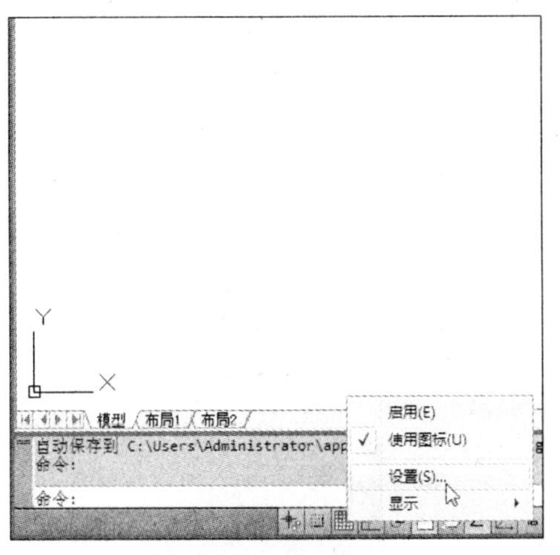

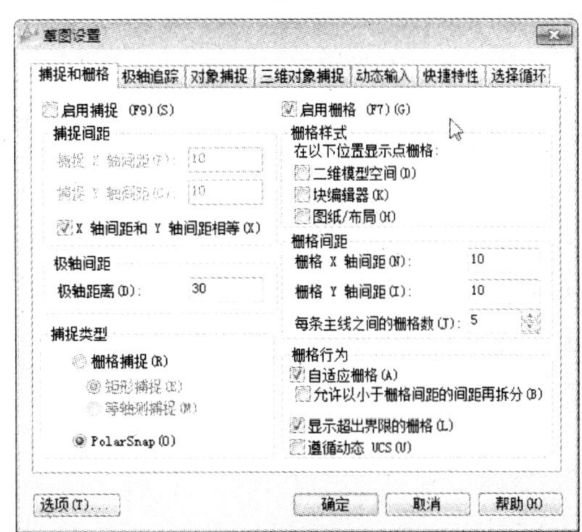

方法四：在命令行中输入“GRID”启动

用户可直接在命令行中输入“GRID”命令，按回车键，并根据命令行中的提示，进行捕捉设置，命令行提示如下：

命令：GRID　　　　　　　　　　　　　　　　　　　　（输入命令，按回车键）
指定栅格间距(X) 或 [开(ON)/关(OFF)/捕捉(S)/主(M)/自适应(D)/界限(L)/跟随(F)/纵横向间距(A)] <10.0000>：　　　　　　　　（输入栅格间距值）

在命令行中各主要提示的含义如下。

- 指定栅格间距：设置栅格增量。
- 开：打开栅格。
- 关：关闭栅格。
- 捕捉：设置显示栅格间距等于捕捉间距。
- 纵横向间距：设置显示栅格的水平及垂直间距，用于设定不规则的栅格。

5.4.3　正交功能

正交功能主要用于控制是否以正交方式绘图，在正交模式下，可以方便地绘制出与当前 X 轴或 Y 轴相平行的线段。在 AutoCAD 2012 中，可通过以下 2 种方法启动。

方法一：单击“正交模式”命令启动

用户只需单击状态栏中“正交模式”按钮，即可启动该功能；反之，则关闭。

方法二：按快捷键启动

在绘制过程中，按键盘上的〈F8〉功能键或按〈Ctrl + L〉组合键即可启动。

操作提示：

正交模式与极轴追踪模式不能同时运用，也就是说当开启“正交”功能后，“极轴”功能则自动关闭；而开启“极轴”功能后，“正交”功能则关闭。

5.5 设计实践：绘制电脑显示器

下面将运用对象捕捉功能，并结合其他操作命令，绘制电脑显示器正立面图。

最终文件：第 5 章 \ 设计实践 \ 显示器 . dwg	
成品尺寸：300mm × 500mm	
注意事项：灵活运用捕捉、极轴追踪功能	
任务要求：运用捕捉、矩形、偏移等命令绘制图形	
显示器二维图： 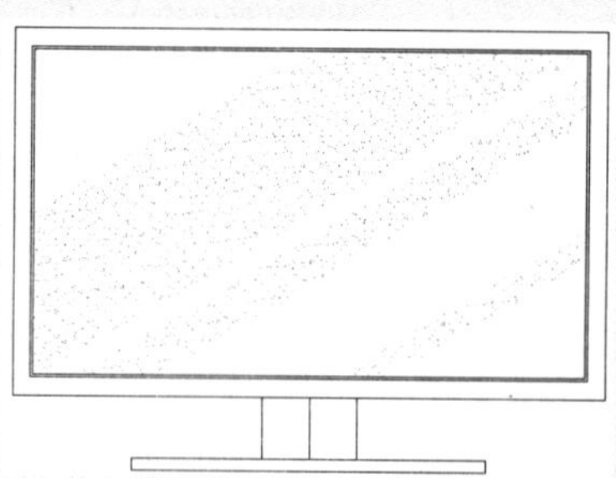	显示器三维图： 
1 单击“矩形”命令，绘制出长为 300mm、宽为 500mm 的长方形。 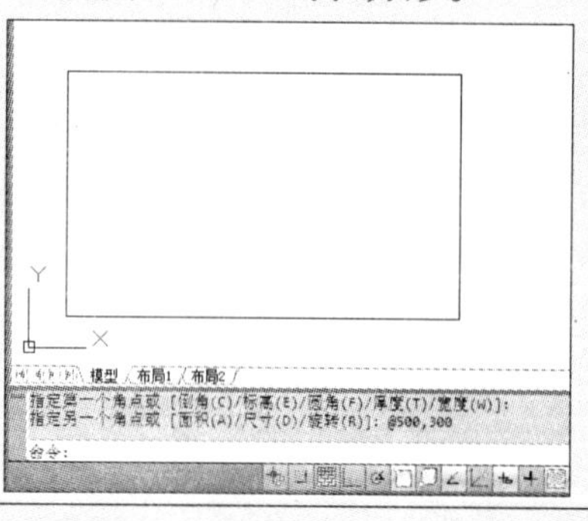	2 单击“偏移”命令，将长方形向内偏移 15mm。 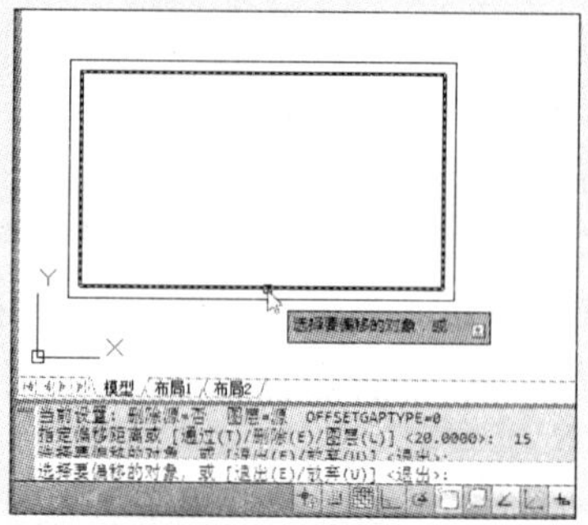
3 再次单击“偏移”命令，将刚偏移的长方形向内再偏移 2mm，并捕捉最外侧长方形下方中点，绘制长 50mm 的直线。 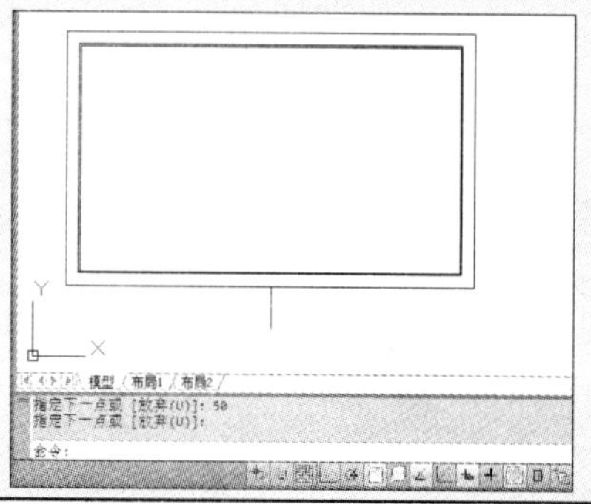	4 单击“偏移”命令，将该直线向左右两侧各偏移 40mm，单击“矩形”命令，绘制长为 300mm、宽为 10mm 的长方形。 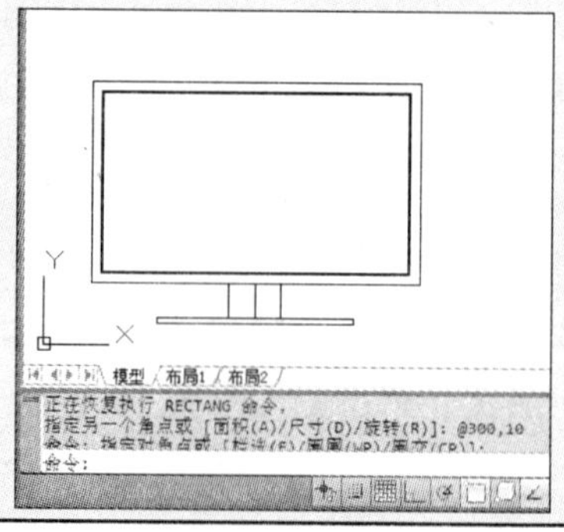

5 启动“极轴追踪”功能，将其增量角设为 30°，并单击“直线”命令，绘制屏幕斜线。

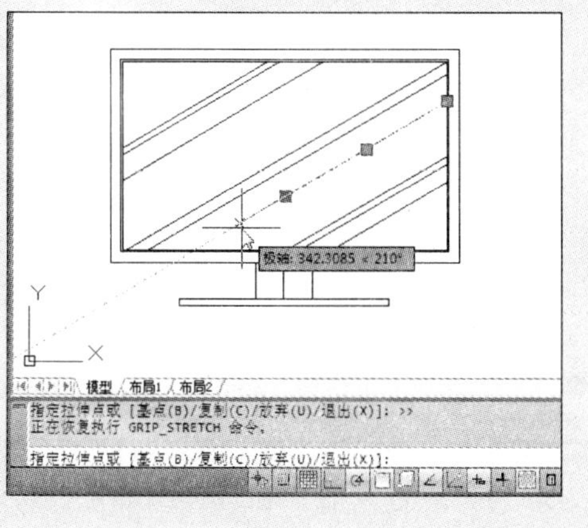

6 单击“绘图”→“图案填充”命令，在打开的“图案填充创建”面板中，选择合适的图案及比例，将该图形进行填充。

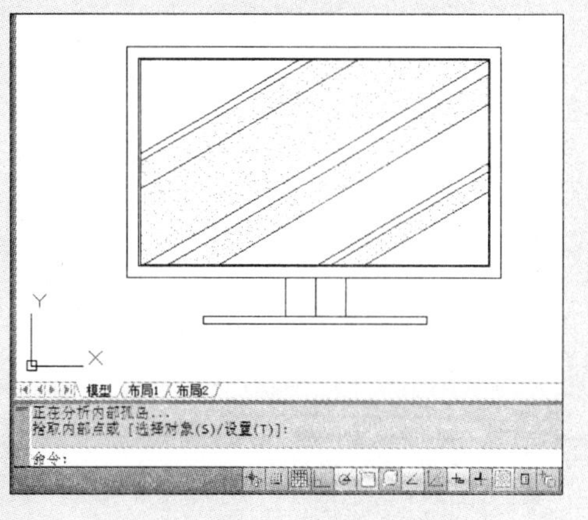

5.6 夹点捕捉

在没有进行任何编辑命令时，当光标选中图形时，则会显示夹点；而将光标移动至夹点上时，则被选中的夹点以红色显示。

5.6.1 设置夹点

在 AutoCAD 2012 软件中，夹点是可以根据用户习惯进行设置的。具体操作方法如下：

1 单击“文件”命令，在打开的下拉列表中，选中“选项”按钮。

2 在打开的“选项”对话框中，单击“选择集”选项卡。

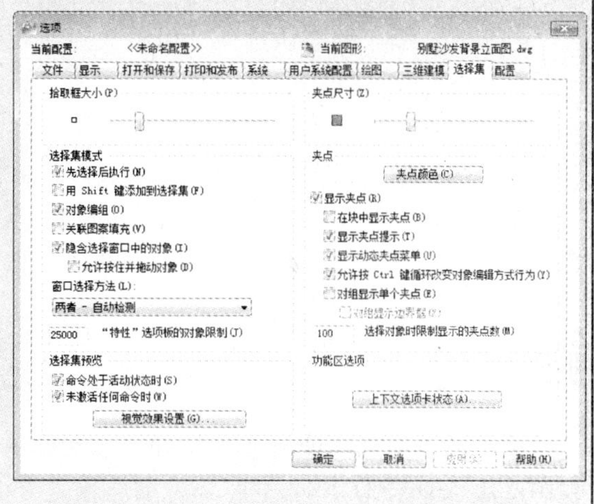

步骤3 在“夹点大小”选项栏中，拖动其滑块，即可调整夹点大小。

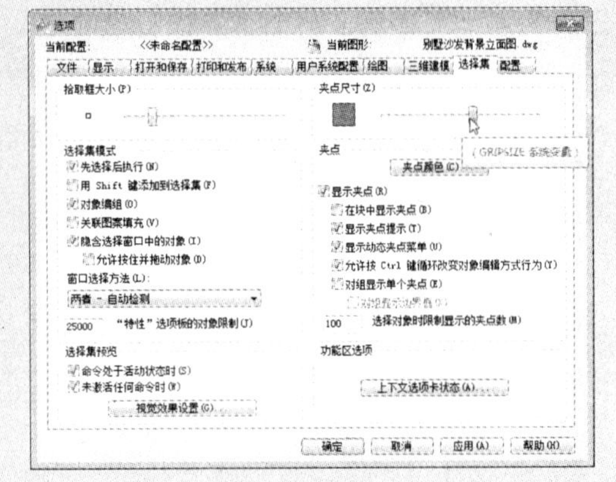

步骤4 在“夹点”选项栏中，可设置夹点的颜色、选中夹点时的颜色等参数。

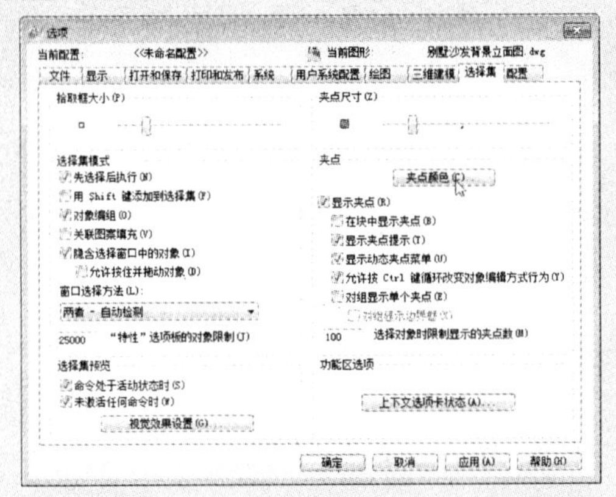

在设置夹点大小时，其夹点不必设置得过大，因为夹点过大后，在选择图形是会妨碍操作，从而降低了绘图速度。通常在作图时，其夹点保持默认大小即可。

5.6.2 编辑夹点

当建立夹点并单击某一夹点后，单击鼠标右键，在打开的快捷菜单中，选择相应命令，便可对夹点进行操作。

在快捷菜单中的各命令说明如下。

- 拉伸：对于圆环、椭圆和弧线等实体，若启动的夹点位于圆周上，则拉伸功能等效于对半径进行“比例”夹点。
- 拉长：选中线段，并选中线段的端点，移动光标，即可将该线段拉长。
- 移动：该功能与“移动”命令的操作用法相同，它可将选中的图像进行移动。
- 镜像：用于镜像图形物体，可进行以指定基点及第二点连线镜像、复制镜像等编辑操作。
- 旋转：旋转的默认选项将把所选择的夹点作为旋转的基准点并旋转物体。
- 缩放：缩放的默认选项，可将夹点所在形体以指定夹点为参考基点等比例缩放。
- 基点：该选项用于先设置一个参考点，然后夹点所在形体以参考点等比例缩放。
- 复制：可缩放并复制生成新的物体。
- 参照：通过指定参考长度和新长度的方法来指定缩放的比例因子。

用户可以使用多个夹点作为操作的基夹点，在选择多个夹点时，选定夹点间对象的形状将保持原样，而按住〈Shift〉键，则会同时选择多个所需的夹点。

5.7 使用动态输入

使用动态输入功能可在光标处显示坐标值和命令等信息，而不必在命令行中进行输入。在中文版 AutoCAD 2012 中有 2 种动态输入方法：指针输入和标注输入。用户可通过单击状态栏上的“动态输入”按钮，即可打开或关闭该功能，如下图所示。

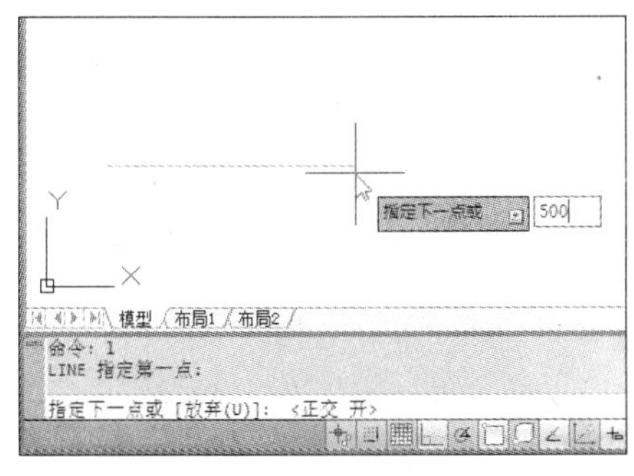

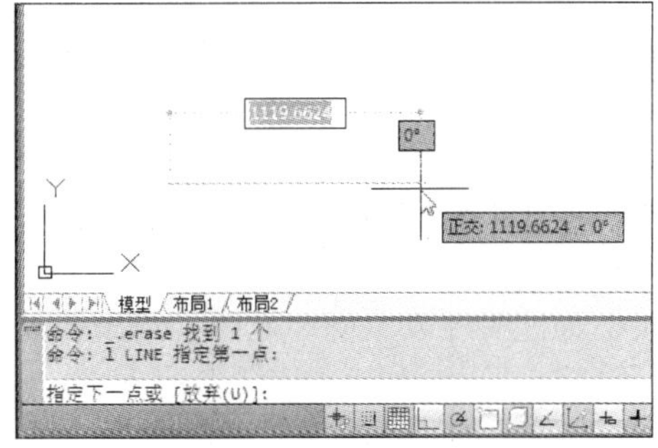

5.7.1　启用指针输入

打开“草图设置”对话框的“动态输入”选项卡，选中“启用指针输入”复选框，即可启用指针输入功能。而在“指针输入”选项区中单击“设置”按钮，在打开的“指针输入设置”对话框中，便可根据需要设置指针的格式和可见性，如下图所示。

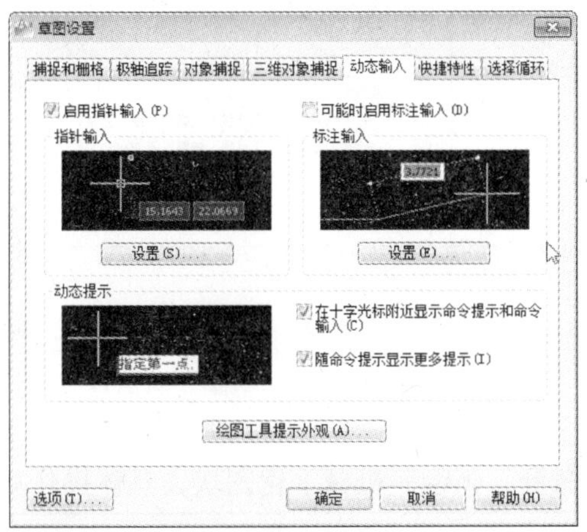

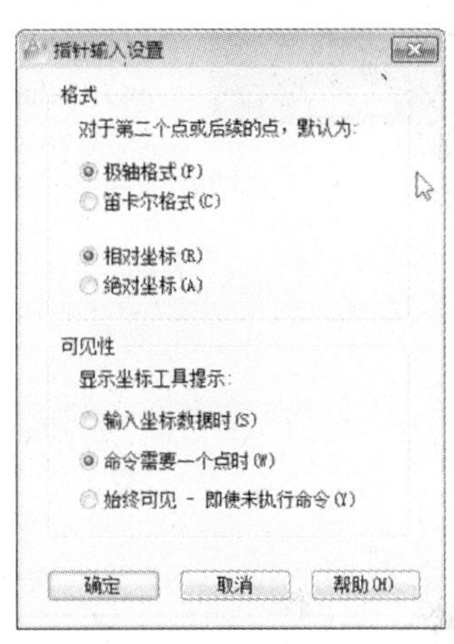

5.7.2　启用标注输入

在“草图设置”对话框的“动态输入”选项卡中，选中“可能时启用标注输入”复选框可以启用标注输入功能。在“标注输入”选项区中单击“设置”按钮，在打开的“标注输入的设置”对话框中，便可以设置标注的可见性，如下图所示。

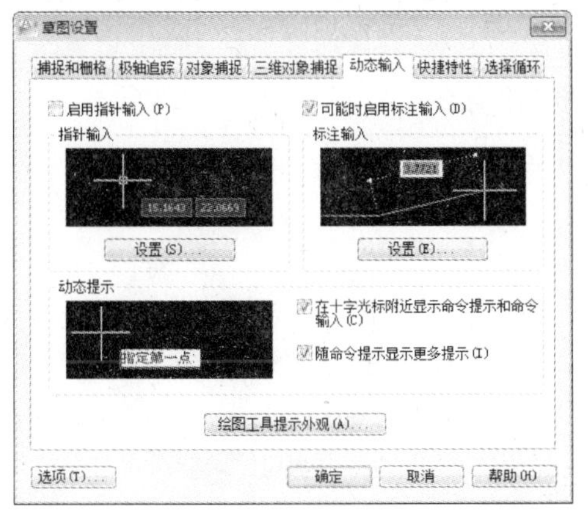

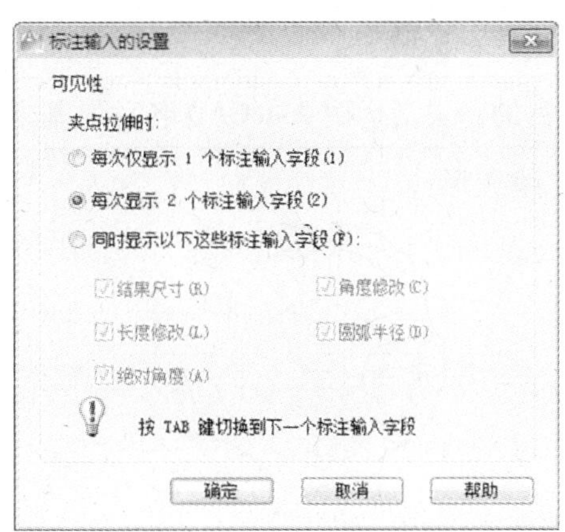

5.7.3 显示动态提示

在“草图设置”对话框的“动态输入”选项卡中，勾选“动态提示”选项区中的“在十字光标附近显示命令提示和命令输入”复选框，则可在光标附近显示命令提示。单击“绘图工具提示外观”按钮，在打开的“工具栏提示外观”对话框中，可设置工具栏提示的颜色、大小、透明度以及应用范围，如下图所示。

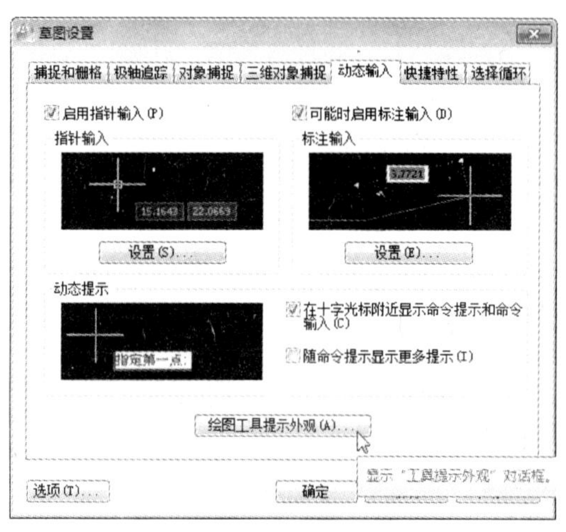

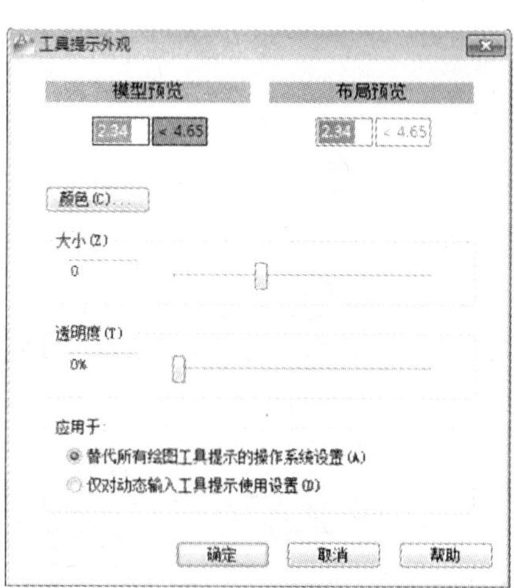

5.8 综合演练：绘制手轮

下面将综合运用AutoCAD基本操作命令，来绘制机械手轮图块，具体操作如下：

最终文件： 第5章\综合演练\手轮.dwg	
视频路径： 视频\第4章\手轮.wmv	
成品尺寸： 手轮半径为25mm	
注意事项： 注意手轮轮廓的绘制过程	
应用范围： 机械、工业	
实训目的： 灵活运用AutoCAD各种最基本的操作命令	
手轮二维图形：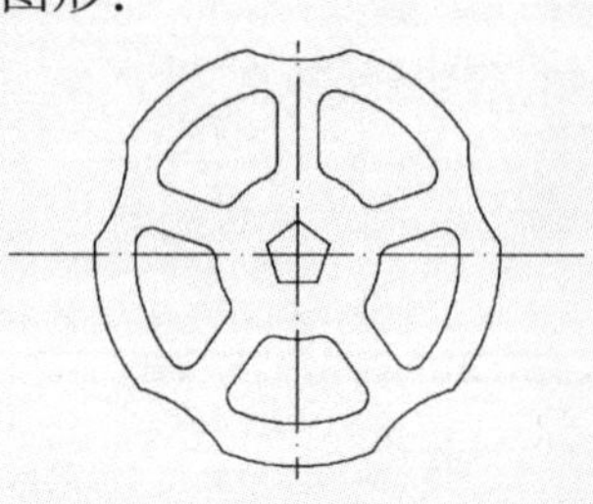	手轮三维图形：

1 单击“图层特性”命令，创建两个新图层，并设置图层的颜色、线型和线宽，双击轴线层，将其设置当前层。

2 单击“构造线”命令，绘制两条互相垂直的轴线。

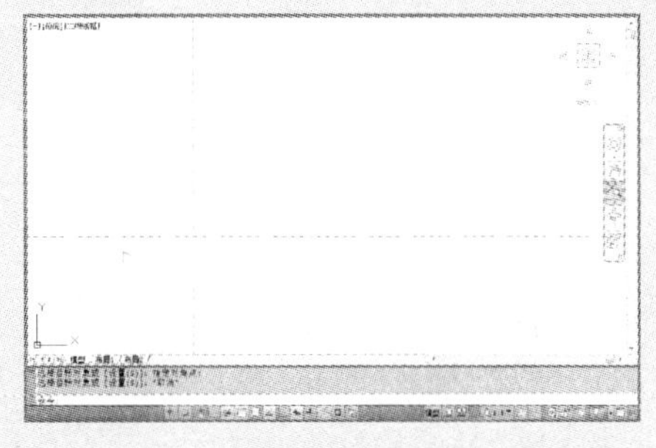

3 将“实体”层设置当前层，单击“圆”命令，以轴线交点为圆心，分别绘制半径为 10mm、20mm、25mm 的同心圆。

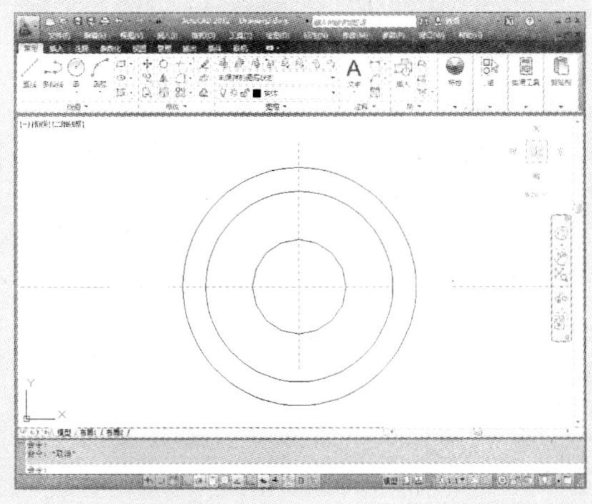

4 单击“偏移”命令，将垂直轴线各向两侧偏移 2.5mm，并将偏移后的线型更改为实体线。

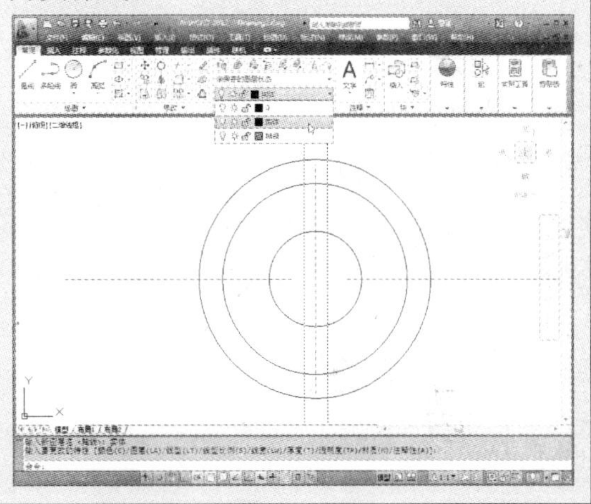

5 单击“修剪”命令，将当前图形进行修剪。

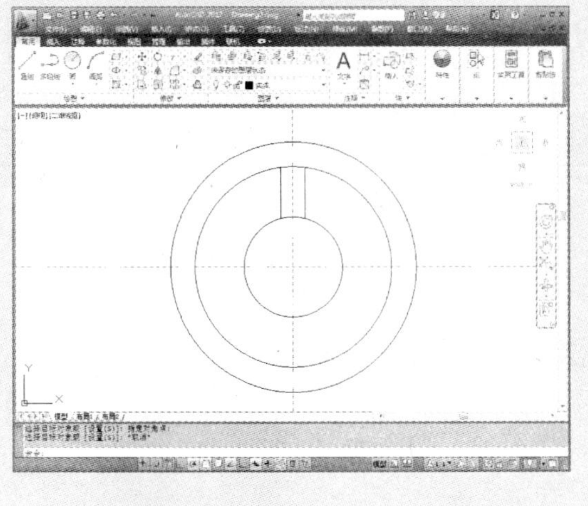

6 单击“环形阵列”命令，将线段 L 和 L1，以圆心为基准，进行阵列操作。

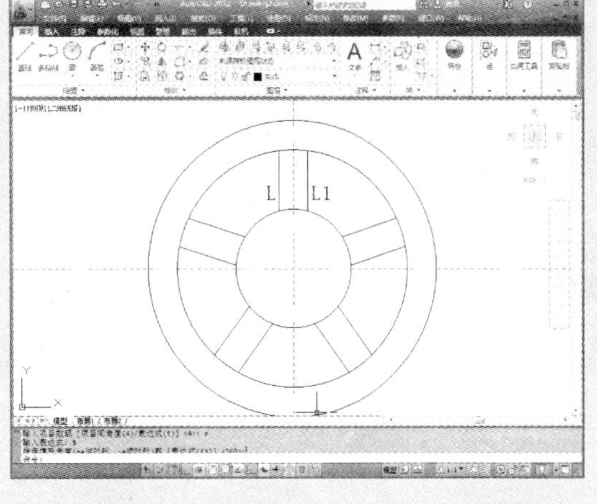

7 单击“偏移”命令，将水平轴线向上偏移40mm，并单击“圆”命令，以刚偏移的线段交点为圆心，绘制半径17mm的圆。

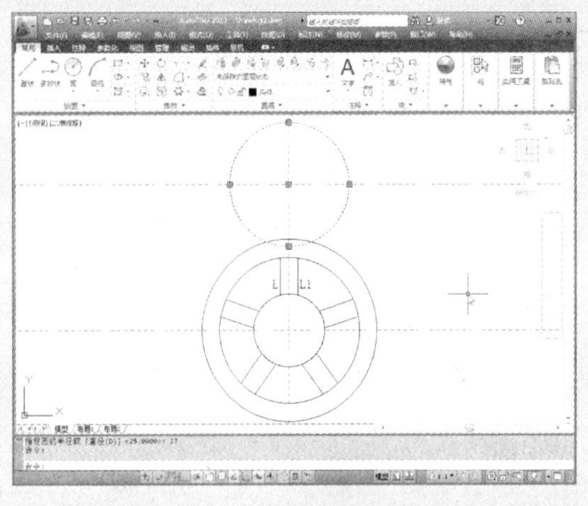

8 单击“环形阵列”命令，将刚绘制的圆以A点为圆心，进行环形阵列，阵列数值为“5”。

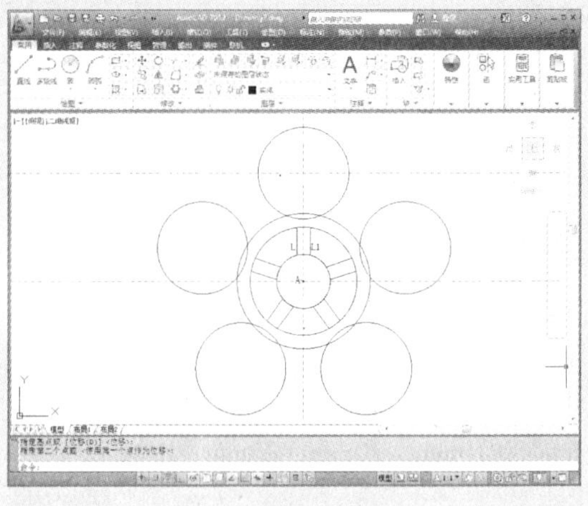

9 单击“分解”和“修剪”命令，将当前图形进行修剪，单击“倒圆角”命令，将修剪后的图形倒圆角，圆角半径为“2”。

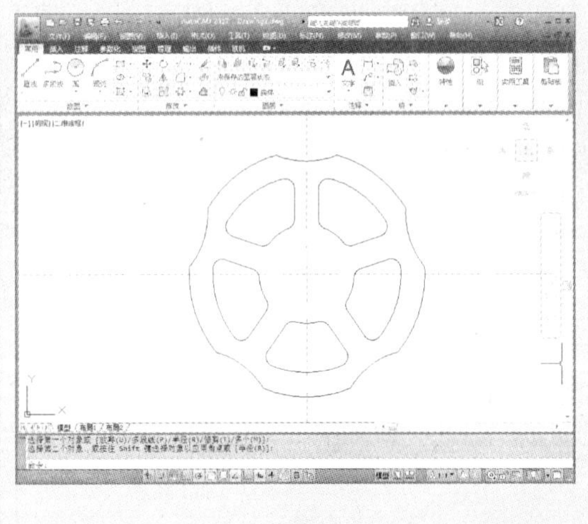

10 单击“正多边形”命令，绘制一个半径为4mm的正五边形，完成手轮图形的绘制。

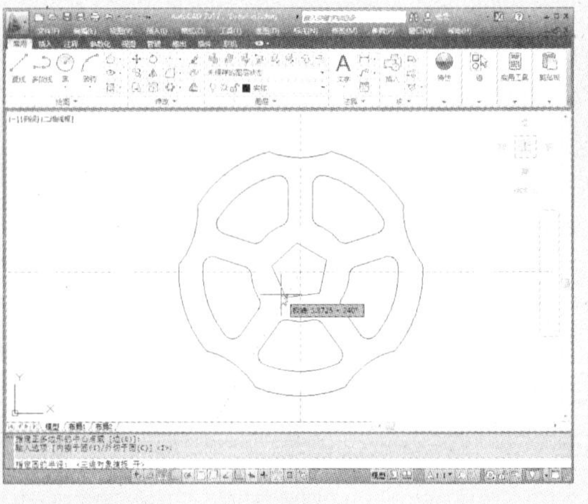

5.9 上机实训

下面将以3个简单的实例，巩固本章所学的所有知识点。

5.9.1　绘制电感器示意图

1. 实训目的

熟练掌握“多段线”、“镜像”以及“旋转”命令操作。

2. 实训内容

主要运用“矩形”、“圆”、“镜像”、“多段线”、“修剪”以及“旋转”命令来绘制。

3. 实训过程

运用“矩形”、“圆”和“复制”命令，绘制电感器轮廓图。

运用“修剪”、“多段线”和“旋转”命令，绘制示意箭头。

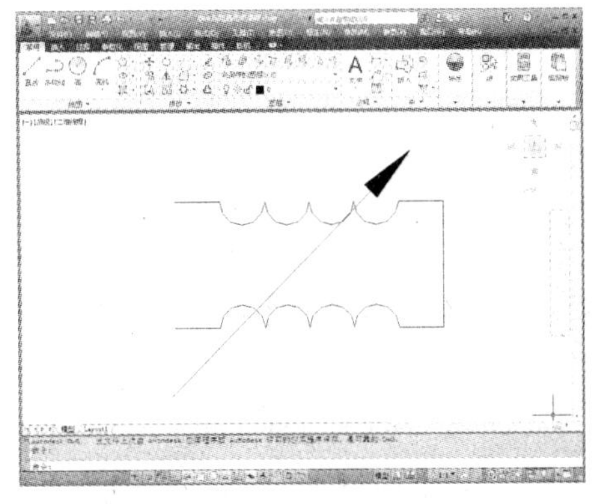

5.9.2　绘制机械阀盖

1. 实训目的

熟练掌握“多段线”和“倒圆角”命令操作。

2. 实训内容

主要运用“多段线”、“构造线”、“图案填充”、“修剪”以及“倒圆角”命令来绘制。

3. 实训过程

运用“构造线”和“多段线”命令，绘制出阀盖轮廓的一半。

运用“倒圆角”命令，将其倒圆角。

运用“镜像”和“图案填充”命令，完成阀盖图形的绘制。

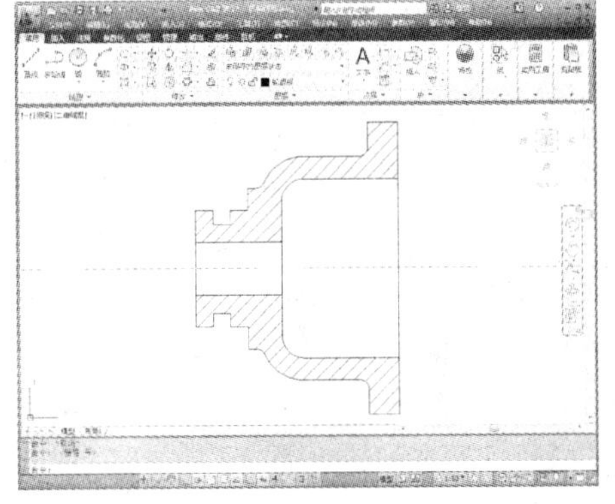

5.9.3　绘制NPN半导体

1. 实训目的

熟练掌握“临时捕捉”和“极轴追踪”命令操作。

2. 实训内容

主要运用“直线”、“圆”、“临时捕捉”、“极轴追踪”以及“多段线”命令来绘制。

3. 实训过程

运用“圆”和“直线”命令，绘制出半导体轮廓。

运用“临时捕捉”、“极轴追踪”以及“多段线”命令，完成半导体图形的绘制。

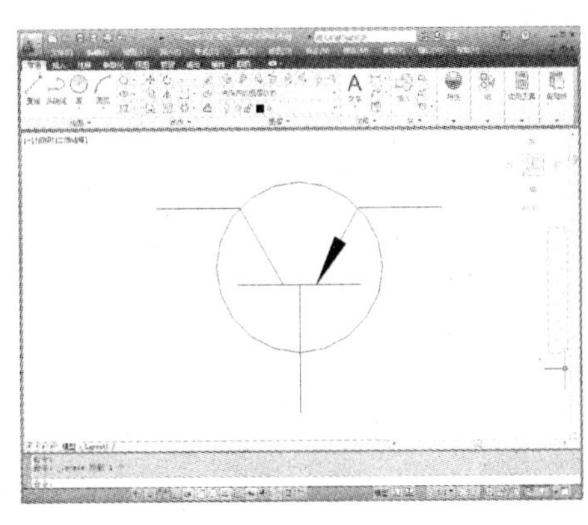

5.10 辅助绘制锦囊

Q：在 AutoCAD 中采用什么比例绘图更好？

A：运用 AutoCAD 软件制图，最好使用1∶1 比例绘图，而输出比例可以随便调整。绘图比例和输出比例是两个概念，输出时，使用“输出 1 单位 = 绘图 500 单位”，则按 1/500 比例输出；若“输出 10 单位 = 绘图 1 单位”，则放大 10 倍输出。

用 1∶1 比例绘图好处很多，主要有以下几点。

- 容易发现错误。由于按实际尺寸绘图，很容易发现尺寸设置不合理的地方。
- 标注尺寸非常方便，尺寸数字是多少，系统自行测量，如果绘制错误，则查看尺寸上的数字即可发现。
- 在各个图之间复制局部图形或者使用块时，由于都是 1∶1 比例，调整块尺寸方便。
- 由零件图拼成装配图或由装配图拆画零件图时非常方便。
- 不用进行烦琐的比例缩小和放大计算，提高工作效率，防止出现换算过程中可能出现的差错。

Q：使用 Tab 键捕捉技巧

A：在 AutoCAD 绘图中当需要捕捉图形上的某一点时，只需将光标靠近该图形，反复按〈Tab〉键，此时，该图形中的某些特殊点将会轮换显示出来，如直线的端点、中间点、垂直点、交点、圆心、中心点、垂直点等，用户选中需要的点，即可以捕捉成功。

Q：在进行选取命令时，如何快速取消多选的图形？

A：在选取过程中，有时会不小心多选了某个图形，若在该命令尚未结束时，通常都会取消该命令，然后再重新操作。其实不然。用户只需选择完图形后，在命令行中输入“remove”命令，按回车键，其后在绘图区中，选中多选的图形即可，如下图所示。

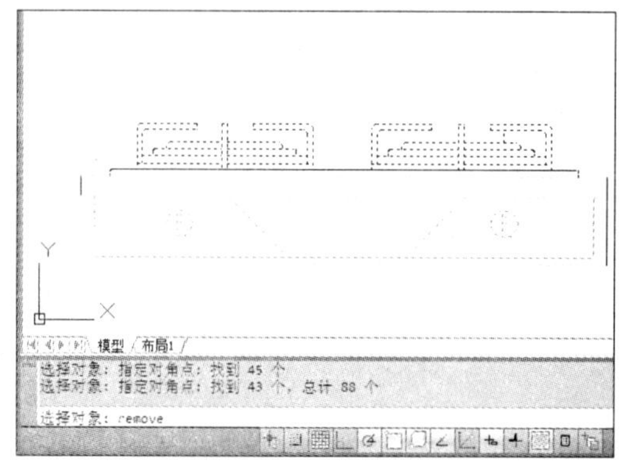

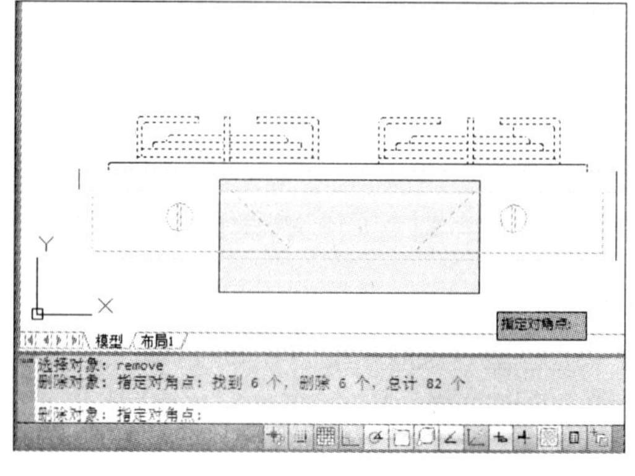

第 6 章 图形文本输入与表格的使用

本章概述

文字是 AutoCAD 图形中很重要的图形元素，它在图纸中是不可缺少的一部分。在一个完整的图纸中，通常都需要靠一些文字注释来说明一些非图形信息。例如，填充材质的性质、设计图纸的设计人员、图纸比例等。此外，在 AutoCAD 2012 中，使用表格功能可以创建不同类型的表格，还可以在其他软件中复制表格，以简化制图制作。

通过本章的学习，读者可以掌握设置文字样式、输入单行文字和多行文字、设置表格样式、插入和编辑表格的方法与操作技巧。

学习向导

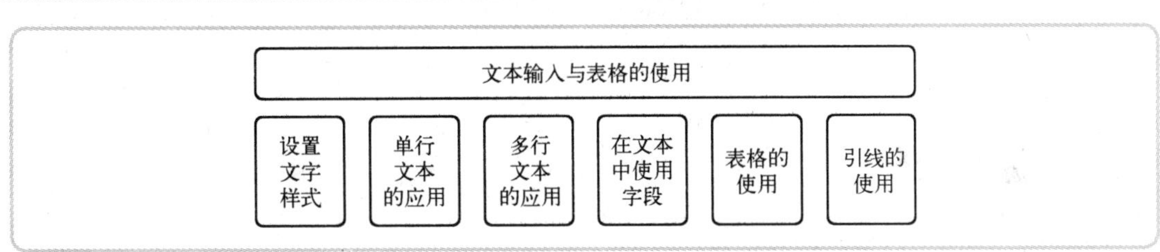

6.1 设置文字样式

在进行文字标注之前，应先对文字样式（如样式名、字体、字体的高度、效果等）进行设置，从而方便、快捷地对建筑图形对象进行标注，得到统一、标准、美观的标注文字。

AutoCAD 图形中的所有文字都具有与之相关联的文字样式。默认情况下，为系统提供的是 Standard 样式，用户根据绘图的要求可以修改或创建一种新的文字样式。

6.1.1 创建文字样式

通常在创建文字注释和尺寸标注时，所使用的文字样式为：当前的文字样式。用户可以根据具体要求重新设置文字样式和创建新的样式。文字样式包括文字的“字体”、“字体样式”、“大小”、“高度”、“效果”等。在 AutoCAD 2012 软件中，可通过以下 3 种方法进行创建。

方法一：通过“文字”功能面板进行创建

单击“注释”→“文字”右侧箭头按钮，打开“文字样式”对话框，在该对话框中，根据需要进行创建，如下图所示。

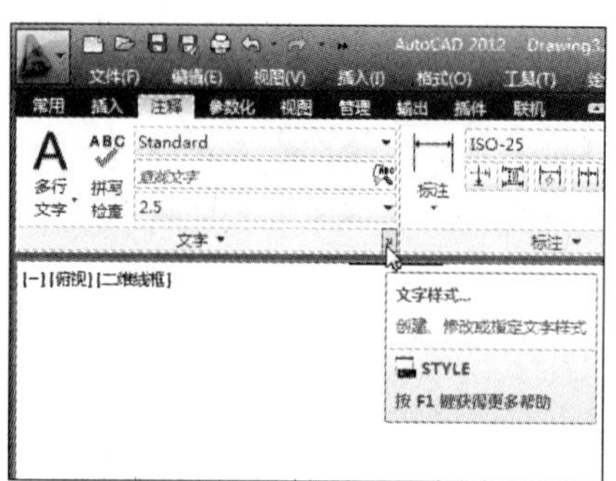

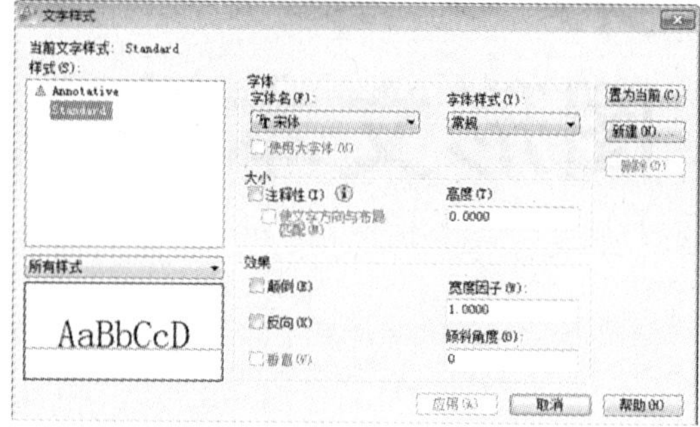

方法二：通过菜单栏中选择“文字样式”选项创建

单击菜单栏中的“格式”→“文字样式”选项，即可打开“文字样式”对话框，并根据需要创建，如下左图所示。

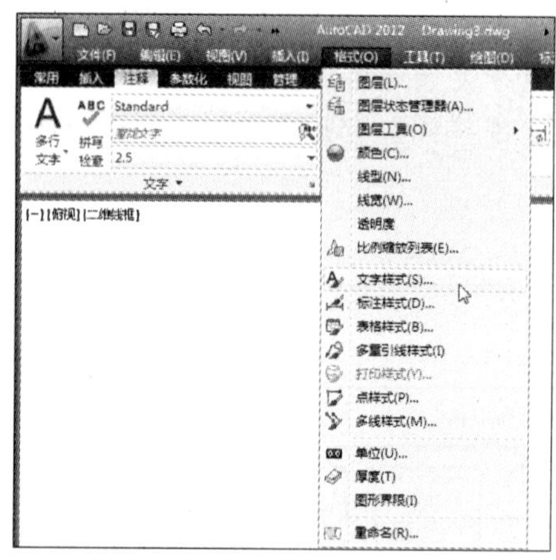

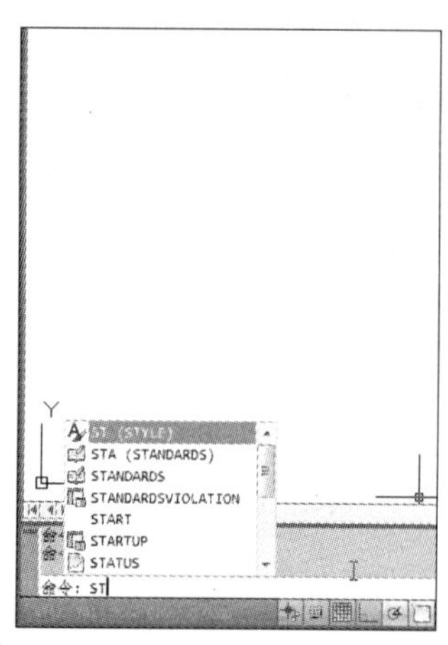

方法三：在命令行输入命令创建

用户可在命令行中，输入“ST”命令，按回车键，即可打开“文字样式”对话框，如上右图所示。

下面将举例来介绍如何创建文字样式的操作方法。

1 单击“注释”→“文字样式”命令，打开“文字样式”对话框。单击“新建”按钮，打开“新建文字样式”对话框。

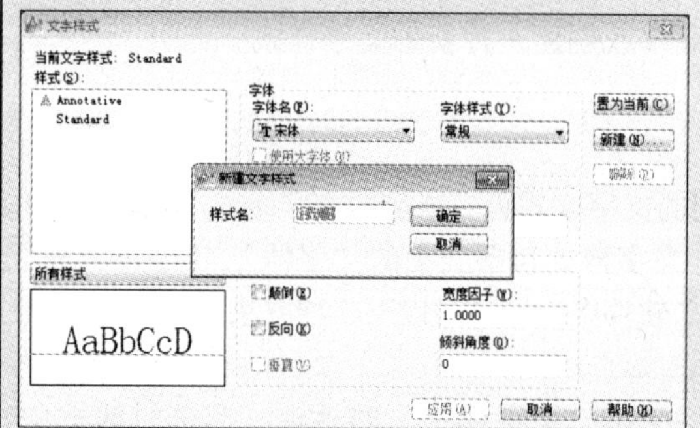

2 在“样式名”文本框中输入名称，单击“确定”按钮，返回上一层对话框，在“样式”列表中则会显示刚新建的样式名。

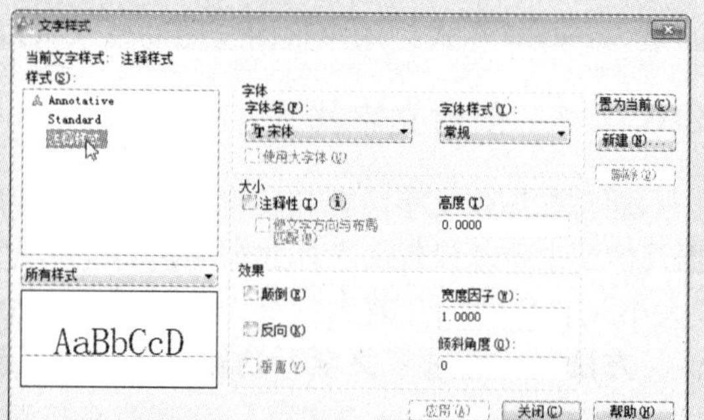

3 在“字体”下拉列表框中，选择需要的字体名称。

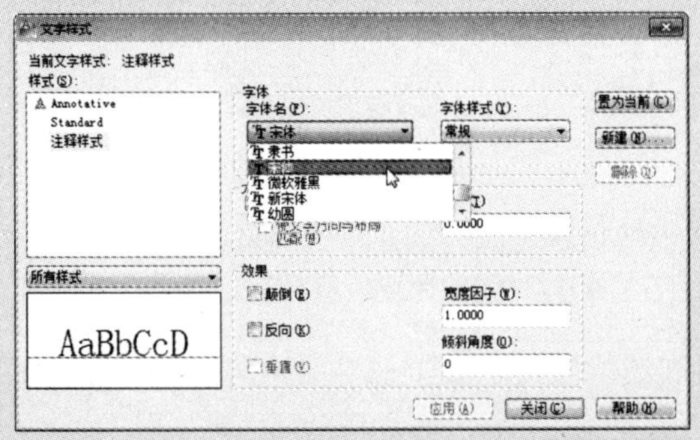

4 在“字体样式”下拉列表框中，选择字体的样式，这里保持默认设置。

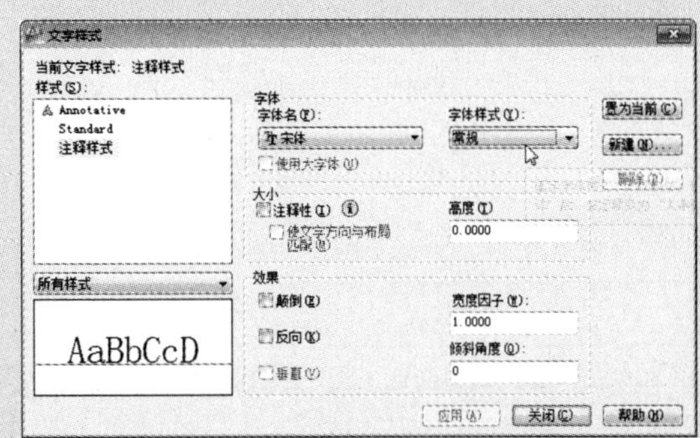

5 在“大小”栏中设置“高度”值，这里输入“100”。

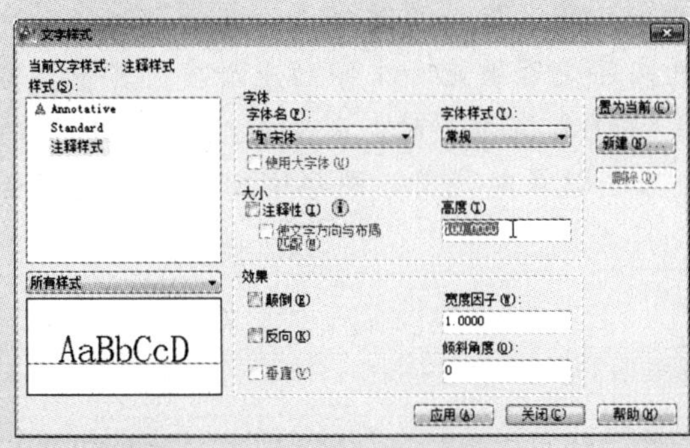

6 在“效果”栏中，选中“颠倒”复选框，在左下角预览窗口中，可预览其效果。

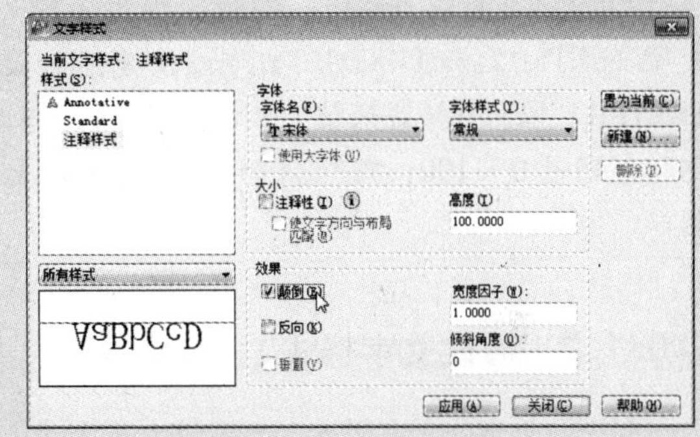

7 选中“反向”复选框，在对话框左下角即可预览文字反向效果。

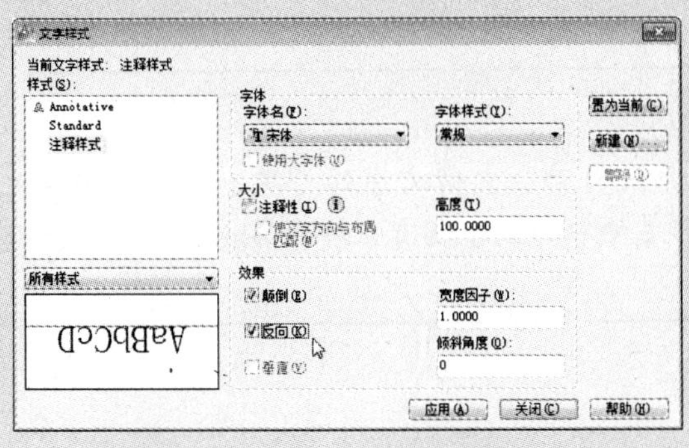

8 在“效果”栏中，设置“宽度因子”为“1.5”，可将字体横向加宽。

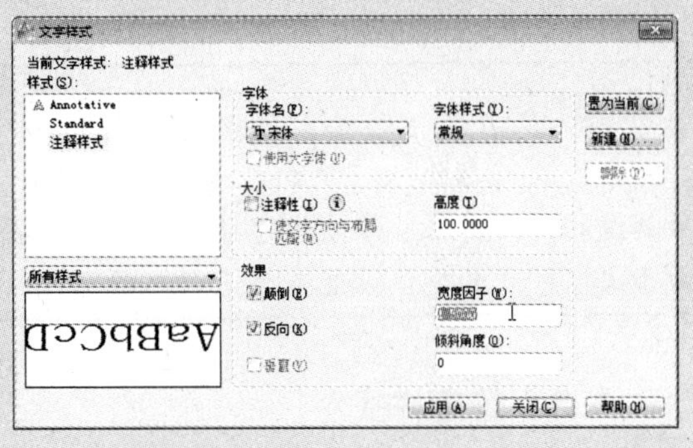

步骤9 在“效果”栏中，设置“倾斜角度”为20，可将字体在水平方向倾斜。

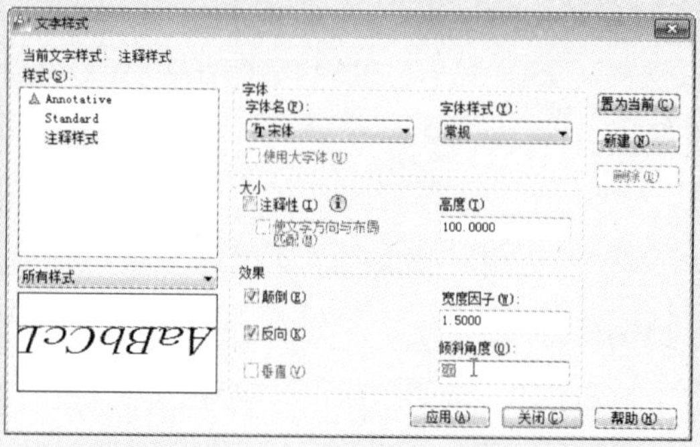

步骤10 设置完成后，单击“应用”和“关闭”按钮，即可完成样式的创建。

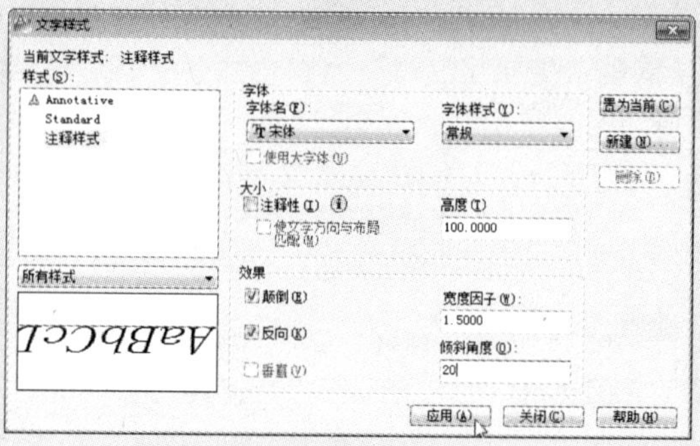

在一般情况下，新建字体样式只需将其“高度”和“字体”选项进行设置即可，若有需要再进行其他选项的设置。

操作提示：

AutoCAD 支持 TrueType 字体，即文字样式可以由 TrueType 字体定义。此时，使用系统变量 TEXTFILL 和 TEXTQLTY 可以设置所标注的文字是否填充和文字的光滑度。其中，当 TEXTFILL 值为 0（默认值）时，不填充，当 TEXTFILL 值为 1 时，则填充；TEXTQLTY 的取值范围是 0 ~ 100，默认值为 50，该值越大，文字效果越光滑，图形输出时的时间就会越长。

6.1.2 修改文字样式

对于已创建的文字样式，如果符合要求或不满意，还可以直接进行修改。在 AutoCAD 2012 中，修改文字样式的方法与创建新文字样式的方法相同，都是在“文字样式”对话框中进行的。

打开“文字样式”对话框，在“样式名”下拉列表框中选择要修改的文字样式，然后按照要求，更改其他选项的设置，修改完成后，单击“应用”按钮，使其生效，最后单击“关闭”按钮，关闭对话框。

操作提示：

当修改“颠倒”、“反向”等文字特性后，系统自动会更新文字的外观，并且会影响此后创建的文字对象。修改文字样式后，如果图形文件中的文字没有正确的显示，多数情况是由于文字样式的字体设置不合适引起的。

6.1.3 管理样式

创建文字样式后，用户可以按照需要更改文字样式的名称，以及删除多余的文字样式等，其操作也是在“文字样式”对话框中进行的。

1 打开“文字样式”对话框，右击“样式”区中所需设置的文字样式，在打开的快捷菜单中，选择“重命名”选项。

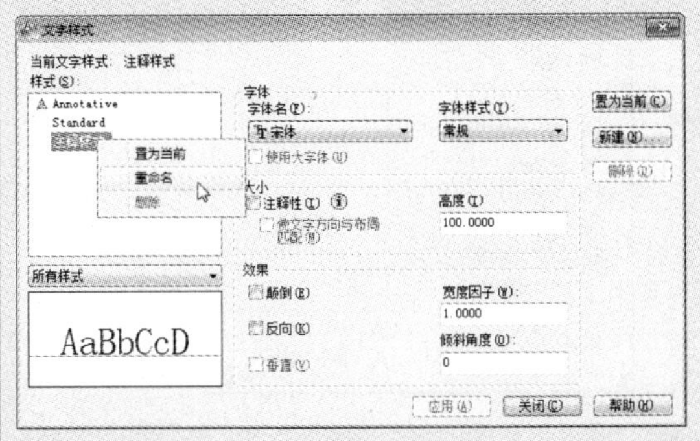

2 在编辑方框中，输入所需更换的文字名称，然后单击“置为当前”按钮，将其置为当前样式。

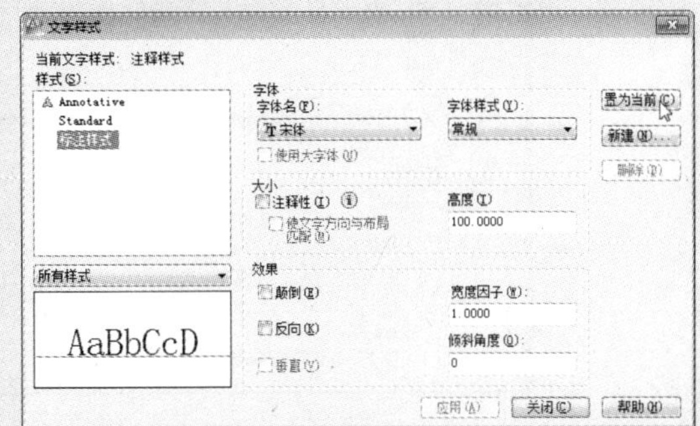

3 若想删除多余的文字样式，可右击所需删除的样式名称，在打开的菜单中，选择“删除”选项。

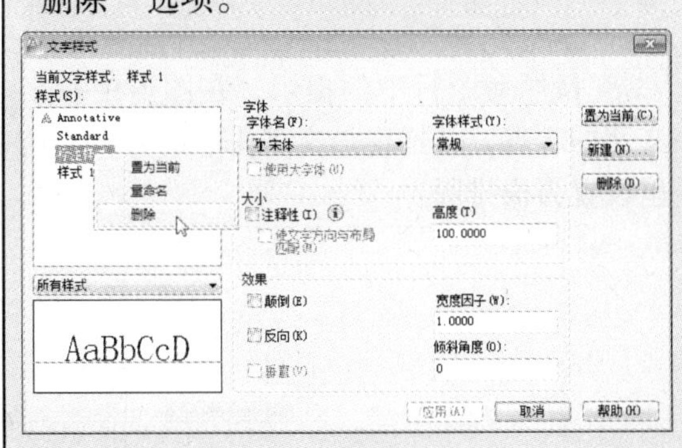

4 也可选中所要删除的样式，单击该对话框右侧“删除”按钮进行删除，然后单击“应用”和“关闭”按钮，完成设置。

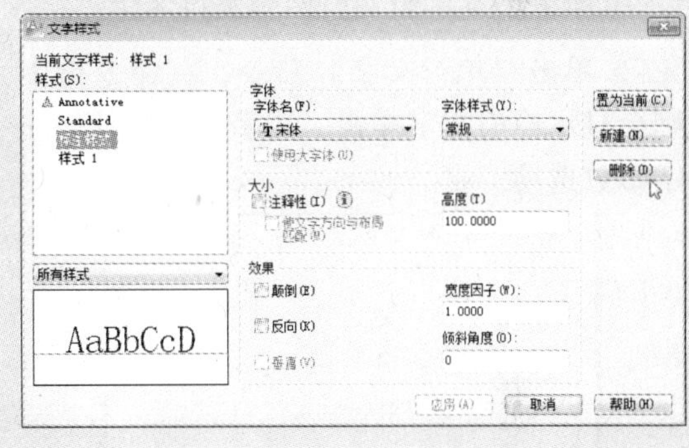

在操作过程中，系统无法删除已经被使用了的文字样式、默认的 Standard 样式以及当前文字样式。

6.2 单行文本的应用

AutoCAD 中的文字有单行文本和多行文本之分。“单行文本”主要用于创建不需要使用多种字体的简短内容。它的每一行都是一个文字对象；而“多行文本”命令输入的文字是一个整体，不能对每行文字进行单独处理。

6.2.1 创建单行文本

在中文版 AutoCAD 2012 中，若想创建单行文本可通过以下 2 种方法进行创建。

方法一：通过“文字”功能面板进行创建

单击“注释”→“文字”→“多行文字”下拉按钮，选择“单行文字”选项，然后将光标放置要输入的位置即可输入，如下左图所示。

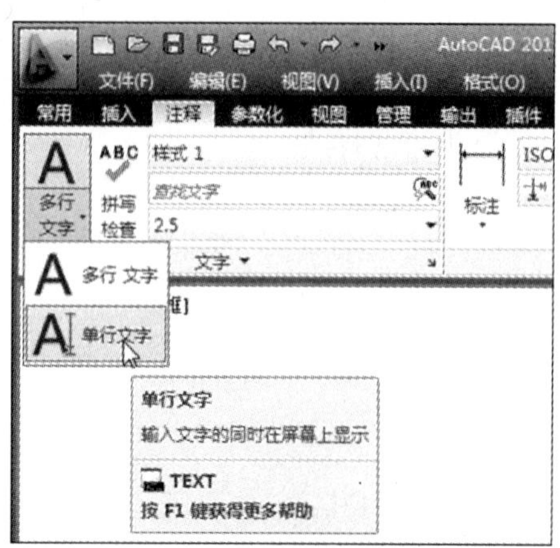

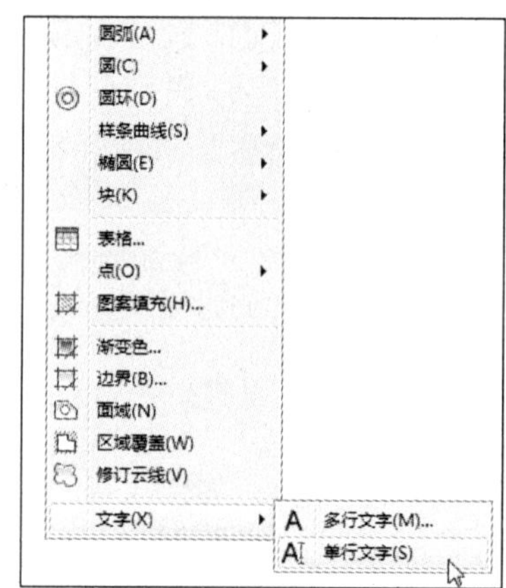

方法二：通过菜单栏中选择“文字”选项创建

单击菜单栏中的“绘图”→“文字”→“单行文字”命令，即可创建，如上右图所示。

下面举例来说明如何创建单行文字。

1 单击“单行文字”命令，在命令行中则会显示当前文字样式、文字高度及其他文字参数选项。

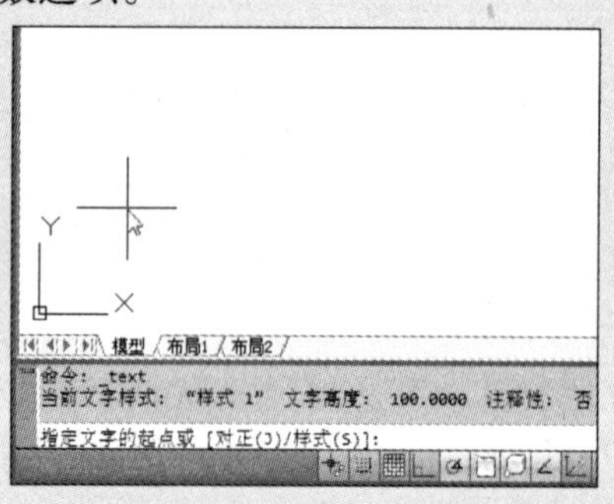

2 按照命令行中的提示，在图形中指定文字的起点，并指定该文字排版的方向，这里设置为横排版。

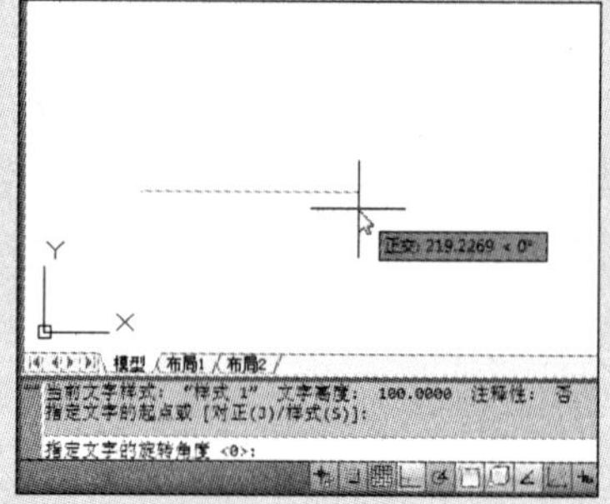

3 设置完成后，即可在光标位置输入文本内容。

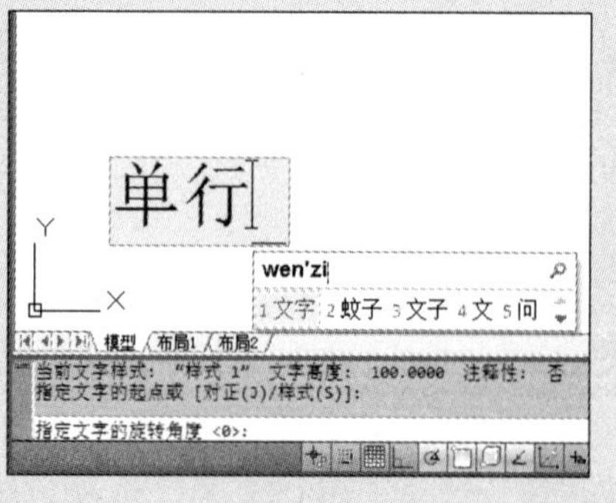

4 如需输入另一行文字，可直接按回车键，输入完毕后，按两次回车键即可。

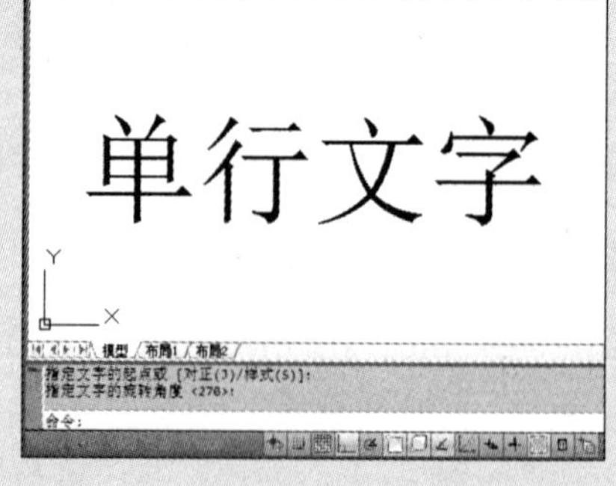

若想将文字进行竖排版，则在输入文字前，将光标向下移动，来确定竖排方向即可。

在输入文字的过程中，可以随时改变文字的位置。如果在输入文字的过程中想改变后面输入的文字位置，可指定新位置，并输入文本内容，如下图所示。

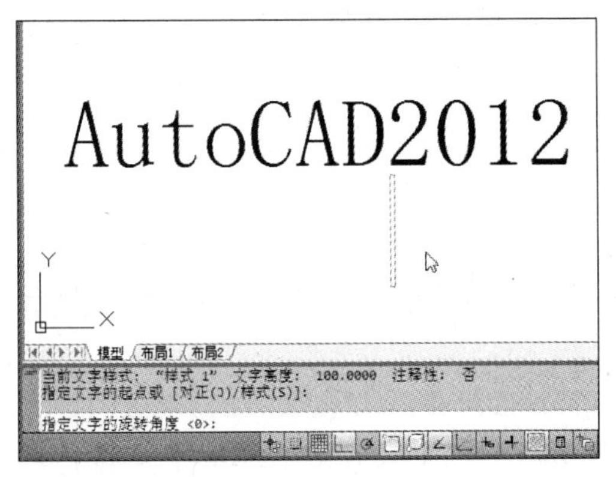

6.2.2　编辑修改单行文本

在输入完成后，也可当前文本进行编辑和修改。而在 AutoCAD 2012 中，单击菜单栏中的"修改"→"对象"→"文字"命令，在打开的扩展列表中，用户可根据需要进行选择。

在"文字"扩展列表中有"编辑"、"比例"和"对正"3 种修改命令，其命令含义如下。

- 编辑：选择该命令，在绘图区中，单击要编辑的单行文字，当进入文字编辑状态，即可重新输入文本内容，如下图所示。

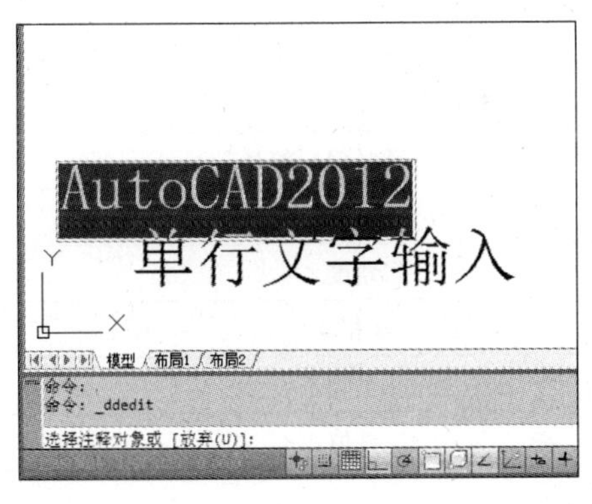

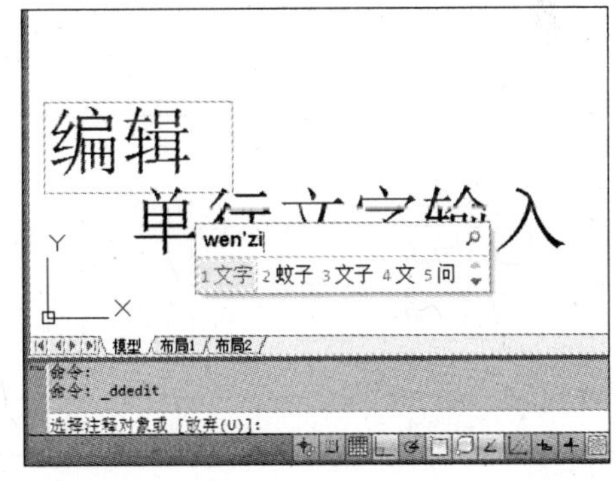

- 比例：选择该命令，在绘图区中单击要编辑的单行文字，根据命令行中的提示，选择缩放的基点以及指定高度、匹配对象或缩放比例等。

命令行提示如下：

```
命令：_scaletext 找到 1 个                                    （选中需修改的文字）
输入缩放的基点选项
[现有(E)/左对齐(L)/居中(C)/中间(M)/右对齐(R)/左上(TL)/中上(TC)/右上(TR)/
```

左中(ML)/正中(MC)/右中(MR)/左下(BL)/中下(BC)/右下(BR)] <居中>: c

(根据需要,选择“居中”选项)

指定新模型高度或 [图纸高度(P)/匹配对象(M)/比例因子(S)] <100>: 200

(输入文字的高度值)

1 个对象已更改

- 对正：选择该命令，在绘图区中单击要编辑的单行文字，然后在命令行中选择文字的对正模式。

命令行提示如下：

命令: _justifytext 找到 1 个 (选中需修改的文字)

输入对正选项

[左对齐(L)/对齐(A)/布满(F)/居中(C)/中间(M)/右对齐(R)/左上(TL)/中上(TC)/右上(TR)/左中(ML)/正中(MC)/右中(MR)/左下(BL)/中下(BC)/右下(BR)] <居中>:c

(根据需要,选择所需对正的模式)

6.2.3 输入特殊字符

输入单行文字时，用户还可以在文字中输入特殊字符，如直径符号 ϕ、百分号%、正负公差符号±、文字的上画线、下画线等，但是这些特殊符号一般不能由键盘直接输入，因此，AutoCAD 提供了相应的控制符，以实现这些标注要求。常见字符代码如下表所示。

代　码	功　能
%%O	打开或关闭文字上画线
%%U	打开或关闭文字下画线
%%D	标注度（°）符号
%%P	标注正负公差（±）符号
%%C	直径（∅）符号
%%%	百分号（%）符号
\U+2220	角度∠
\U+2260	不相等≠
\U+2248	几乎等于≈
\U+0394	差值Δ

在 AutoCAD 2012 软件中，输入特殊符号的操作步骤为：单击“单行文字”命令，并设置文字排版方向，然后输入“扶手：直径%%c45，圆角 30%%D，误差%%P3”，输入好后，按两次回车键即可完成，如下图所示。

6.3　多行文本的应用

多行文字又称为段落文本，是一种方便管理的文本对象，它可以由两行以上的文本组成，而且各行文字都是作为一个整体来处理。输入多行文字时，可以根据输入框的大小和文字数量自动换行；并且输入一段文字后，按回车键可以切换到下一段。无论输入几行或几段文字，系统都将它们作为一个整体进行处理。

6.3.1　创建多行文本

在 AutoCAD 2012 中，创建多行文本的方法有以下 2 种。

方法一：通过“文字”功能面板进行创建

单击“注释”→“文字”→“多行文字”命令，指定需输入的位置，按住鼠标左键，拖动光标至合适位置，放开鼠标，此时即可在拖拽出的文本框中，输入文本内容，如下图所示。

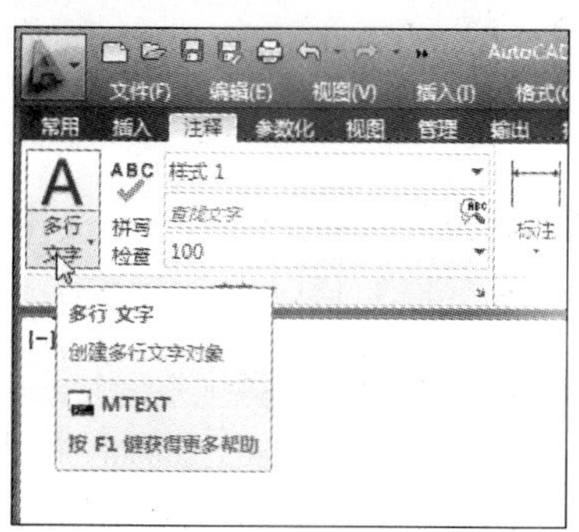

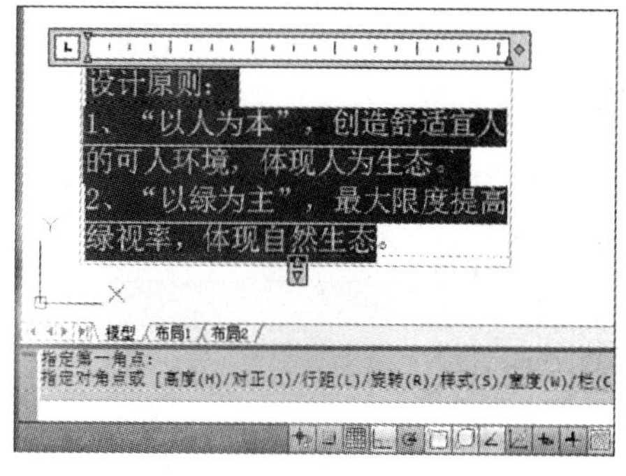

方法二：通过菜单栏中选择“多行文字”选项创建

单击菜单栏中的“绘图”→“文字”→“多行文字”命令，即可创建，其操作步骤与以上相同。

在 AutoCAD 2012 中，创建多行文字的具体操作步骤如下：

1 启动“多行文字”命令，在绘图区指定第一角点，按住鼠标左键，向右下角拖拽鼠标，创建一个多行文字输入框。

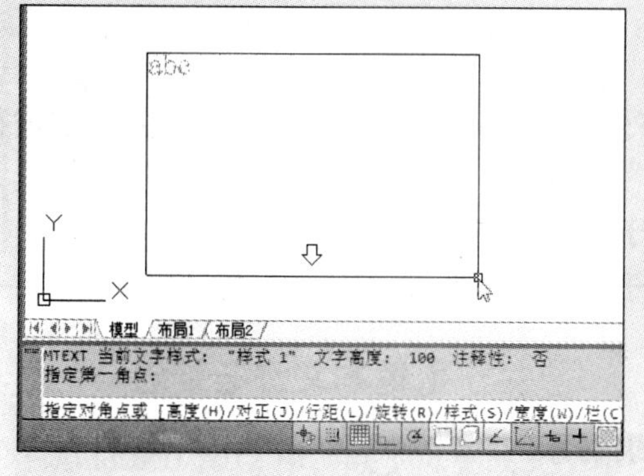

2 创建完毕后，即可进入多行文字编辑器窗口，在文字输入框内输入文本内容。输入好后，单击绘图区空白处，完成操作。

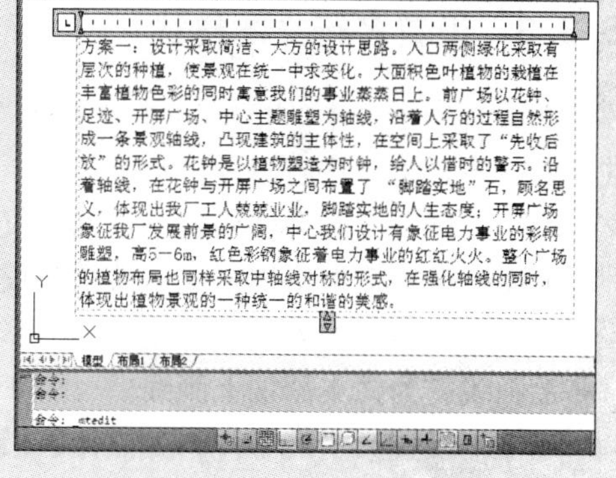

设置。下面将举例来说明其具体的设置操作。

步骤1 双击所需设置的文本段落，选择所有的文本，单击“段落”→“行距”命令，在下拉列表中选择合适的行距值。

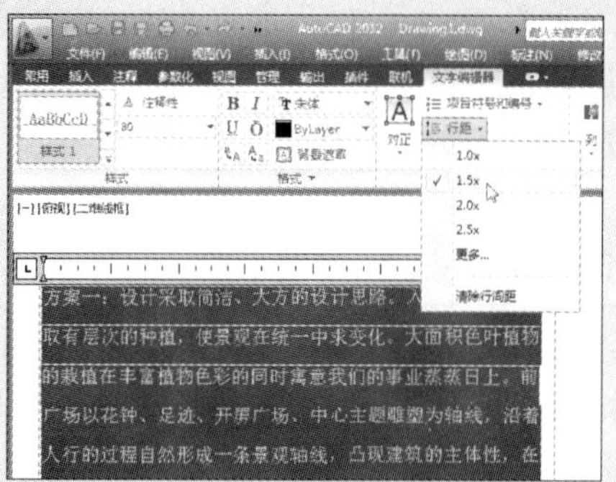

步骤2 单击“格式”→“项目符号和编号”按钮，在打开的下拉菜单中，选择合适的编号选项。

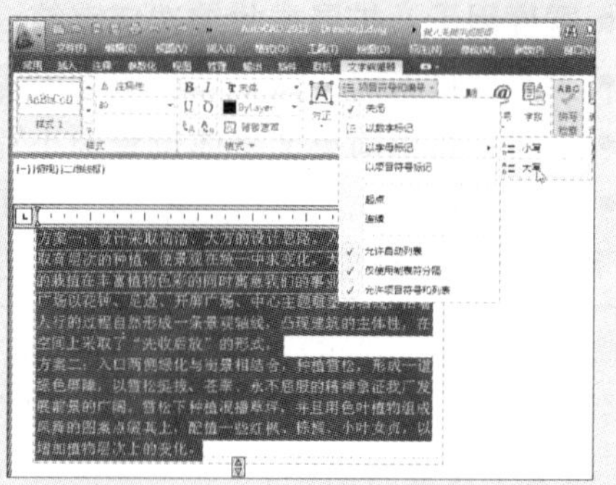

步骤3 在打开“段落”对话框中，将“悬挂”选项设置为0，并单击“确定”按钮。

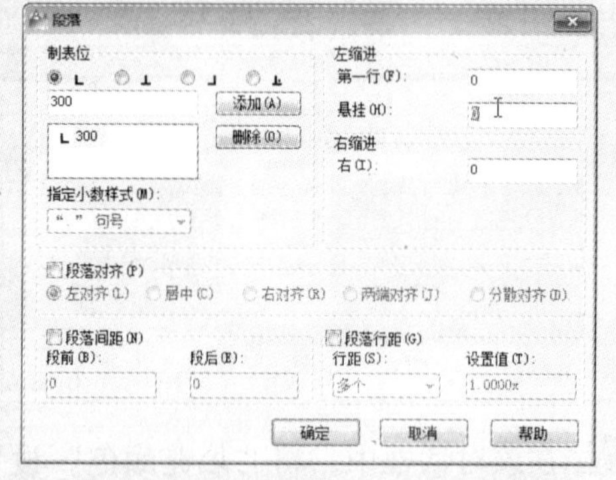

步骤4 设置完成后，返回至绘图区，单击“关闭文字编辑器”按钮，完成段落的设置。

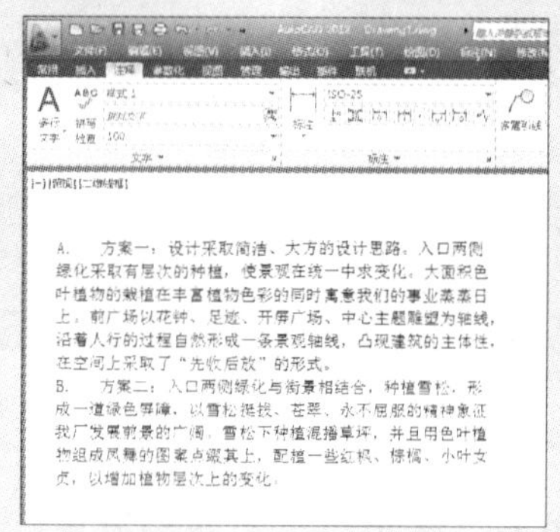

6.3.5 调用外部文本

在 AutoCAD 2012 中，可以在文字输入框中直接输入多行文字，也可以直接调用外部文本，其具体操作步骤如下：

步骤1 单击“多行文字”命令，在绘图区中创建多行文字输入框。

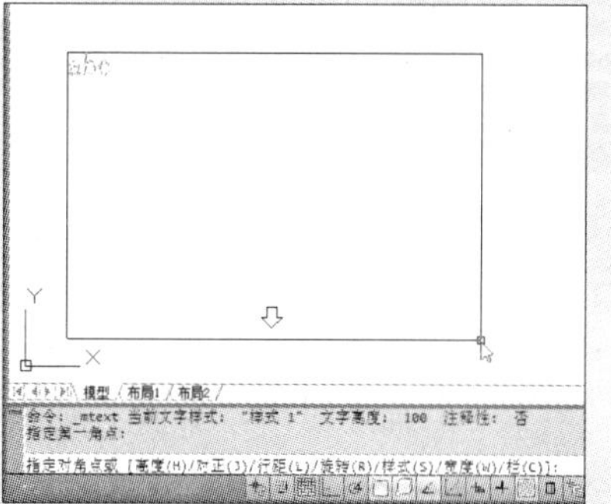

步骤2 在文字输入框内单击鼠标右键，在打开的快捷菜单中选择“输入文字”命令。

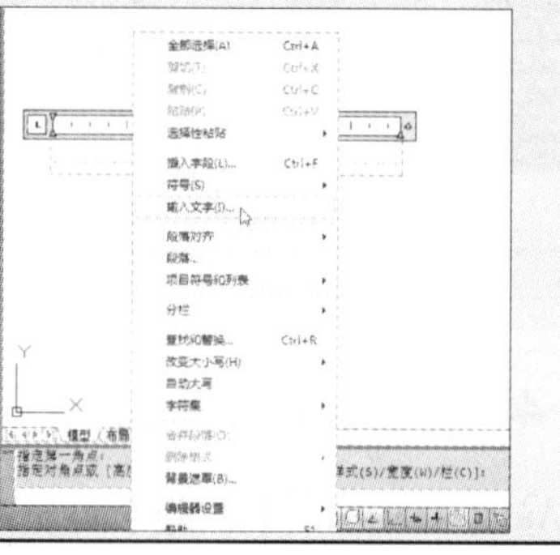

步骤 3 打开“选择文件”对话框，选择所需插入的文本文件。

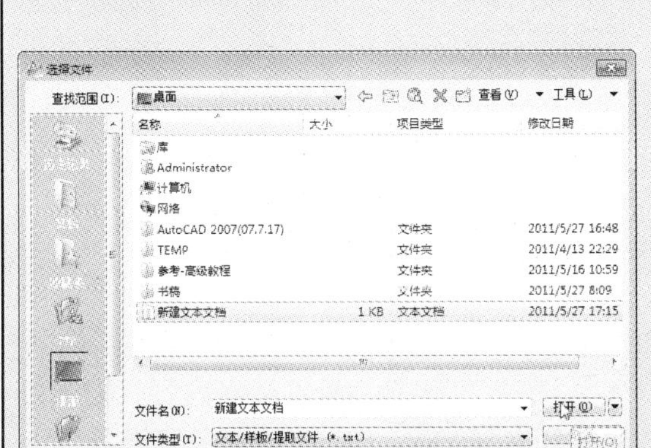

步骤 4 选择好后，单击“打开”按钮，即可完成外部文本的插入。

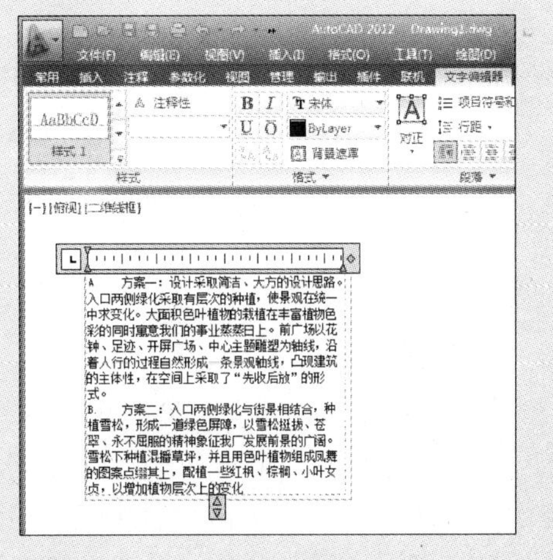

6.4　设计实践：在 CAD 文件中插入文本

下面将运用“创建文本”命令，在 CAD 文件中输入文字，其操作步骤如下：

最终效果： 第 6 章 \ 设计实践 \ 平面图说明 . dwg

注意事项： 注意文本的编辑技巧

任务要求： 运用“多行文字”、“段落”以及“背景遮罩”命令进行绘制

文字说明：　　　　文字说明效果：

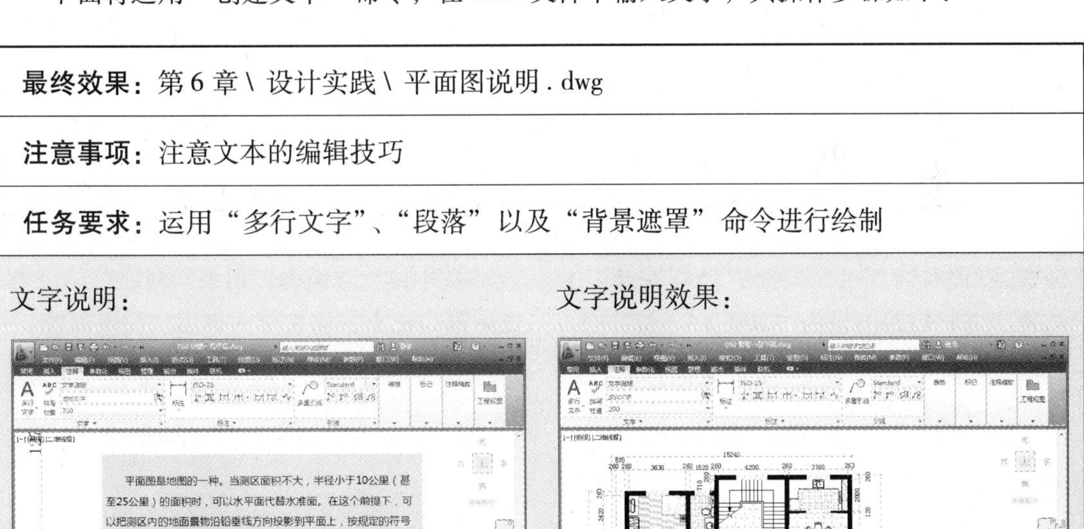

1 单击“注释”→“文字样式”命令，打开“文字样式”对话框，单击“新建”按钮，新建“文字说明”样式。

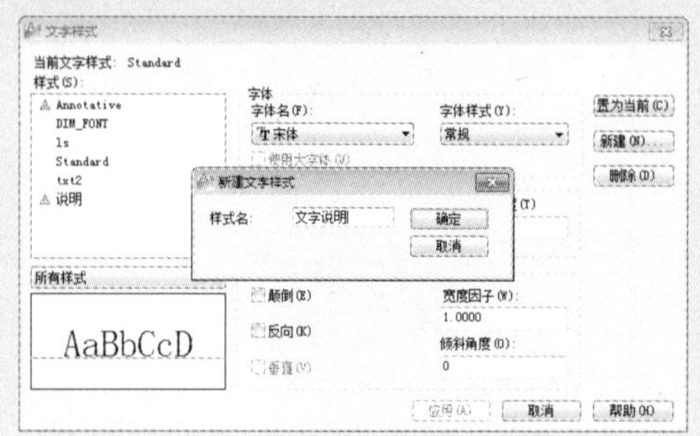

2 创建完毕后，单击“确定”按钮，在“文字样式”对话框中，将字体设置为“微软雅黑”，“文字高度”设为“200”。

3 设置完成后，单击“置为当前”按钮，关闭该对话框，单击“注释”→“文字”→“多行文字”命令，拖拽出文本框。

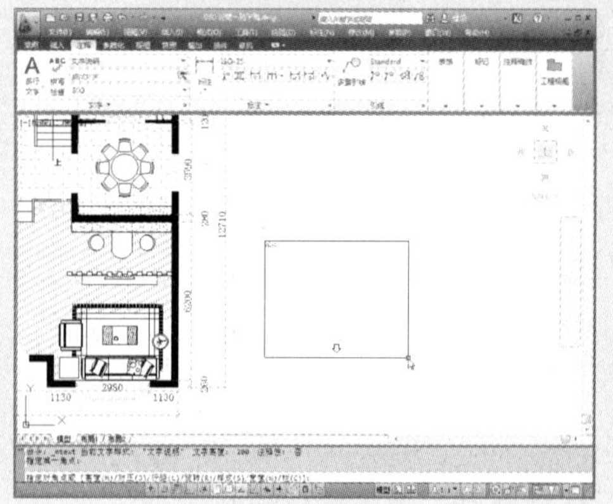

4 在文本框中，输入文本内容，输入好后，选中该文字，单击“文字编辑器”→“段落”命令，打开“段落”对话框。

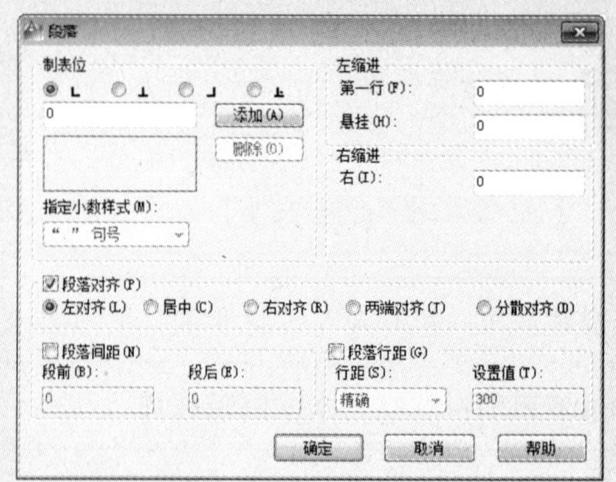

5 在该对话框中，勾选“段落行距”复选框，并将行距值设为“300”。

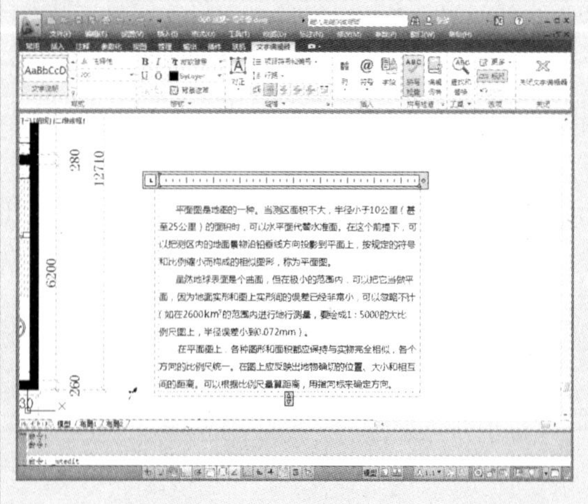

6 选中该文字内容，单击“格式”→“背景遮罩”命令，将文字内容添加灰色背景。

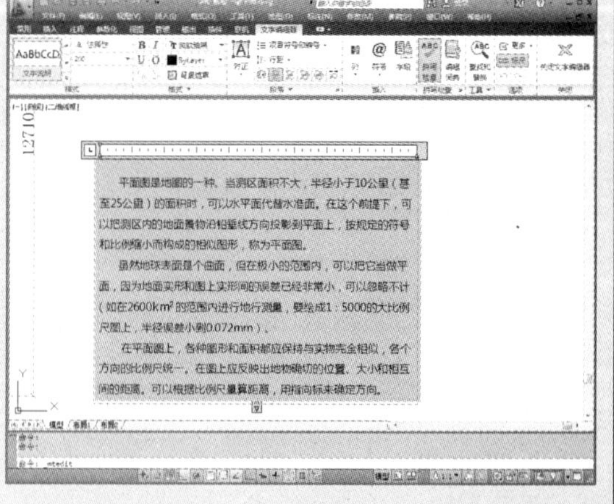

6.5 在文本中使用字段

字段是包含说明的文字，该说明用于显示可能会在图形制作和使用过程中需要修改的数据。

6.5.1 插入字段

字段可以插入到任意种类的文字（公差除外）中，其中包括表单元、属性和属性定义中的文字。在 AutoCAD 2012 软件中，双击所需设置的文本，将光标移至要显示字段文字的位置，单击鼠标右键，在打开的快捷菜单中选择“插入字段”命令，然后在打开的“字段”对话框中，选择合适的字段即可，如下图所示。

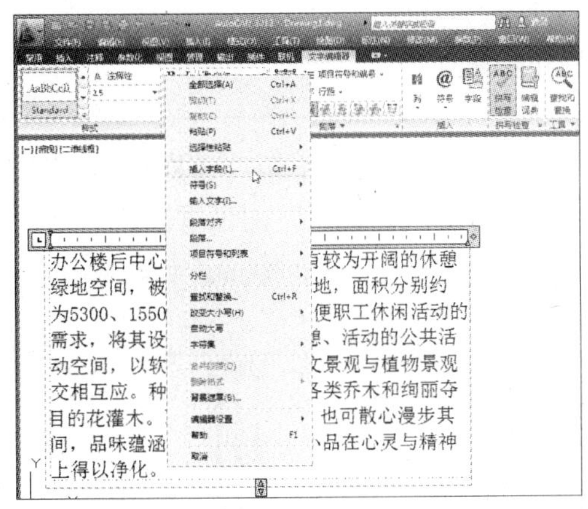

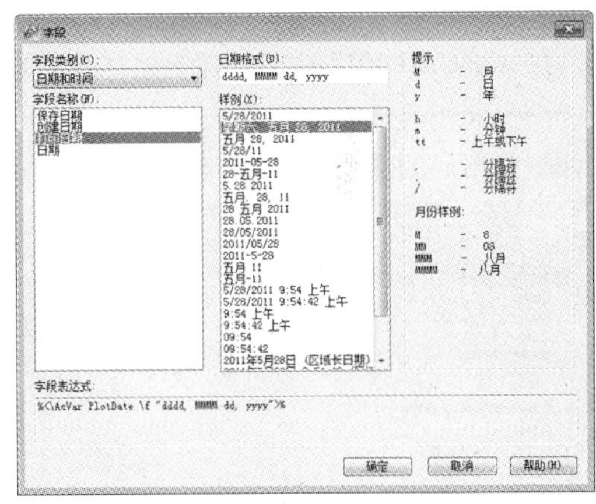

“字段类型”下拉列表框中用来控制所显示文字的外观，例如，日期字段的格式中包含一些用来显示星期几和时间的选项，而命名对象字段的格式中包含大小写选项。

字段文字所使用的文字样式与其插入到的文字对象所使用的样式相同。默认情况下，在 AutoCAD 中的字段将使用浅灰色进行显示。

6.5.2 更新字段

字段更新时，将显示最新的值。可以单独更新字段，也可以在一个或多个选定文字对象中更新所有字段。在 AutoCAD 2012 中，更新字段有以下 2 种操作方法。

方法一：使用右键选择“更新字段”命令

选中所需设置的文本，进入多行“文字编辑器”面板，在文字输入框中，单击鼠标右键，在打开的快捷菜单中，选择“更新字段”命令即可。

方法二：在命令行中输入相关命令

在命令行中输入“UPDSTEFIELD”，并选择包含要更新的字段的对象，按回车键，被选定对象中的所有字段都会被更新。

6.6 表格的使用

在中文版 AutoCAD 2012 中，完整的表格由标题行、列标题和数据行 3 部分组成。表格样式决定表格的外观，可以决定是否带有标题行和列标题行，并可为表格文字和网格线分别指定不同的对齐方式和外观属性。

6.6.1 设置表格样式

在创建文字前应先创建文字样式，同样的，在创建表格前，应先创建表格样式，并通过管理表格样式，使表格样式更符合行业的需要。表格样式控制一个表格的外观，用于保证标准的字体、颜色、文本、高度和行距。用户可以使用默认表格样式 Standard，也可以创建自己的表格样式。

在 AutoCAD 2012 中，创建表格样式的具体操作步骤如下：

1 单击“注释”→“表格”→“表格”命令，打开“插入表格”对话框。

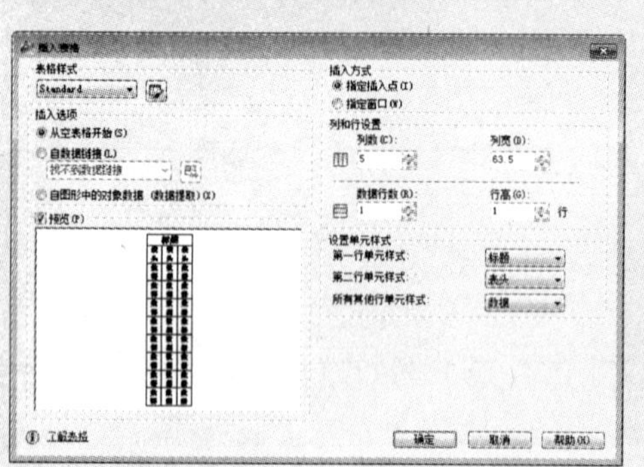

2 单击对话框左上角“表格样式”按钮，打开“表格样式”对话框。

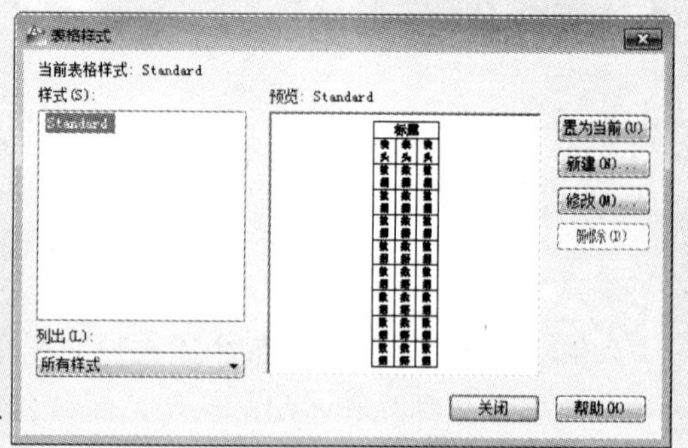

3 单击“新建”按钮，打开“创建新的表格样式”对话框。

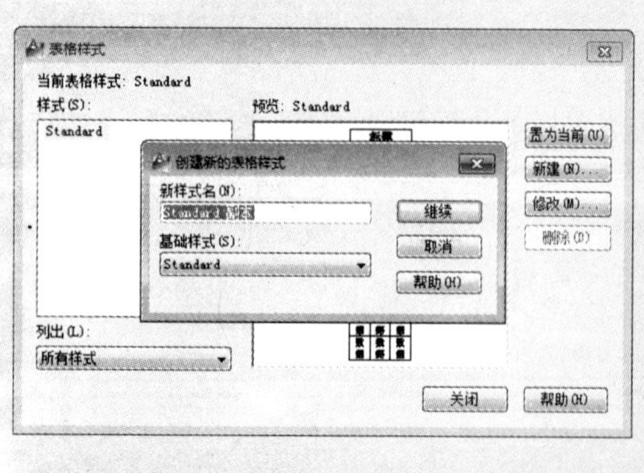

4 输入样式名，单击“继续”按钮，打开“新建表格样式”对话框。

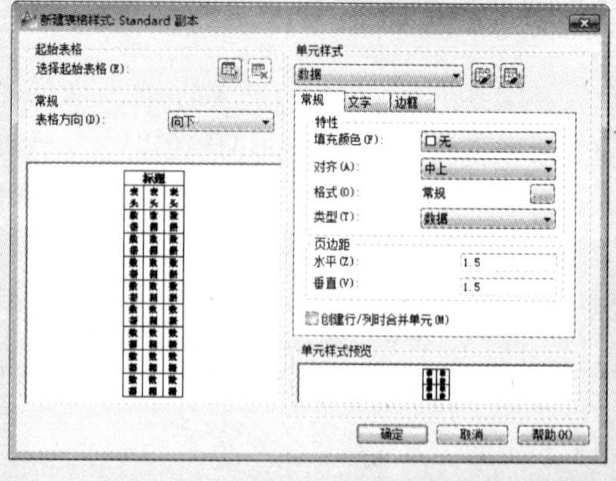

5 在“单元格式”下拉列表框中，可以设置标题、数据、表头所对应的文字、边框等特性。

6 单击“确定”按钮，返回“表格样式”对话框。单击“关闭”按钮，完成表格样式的创建。

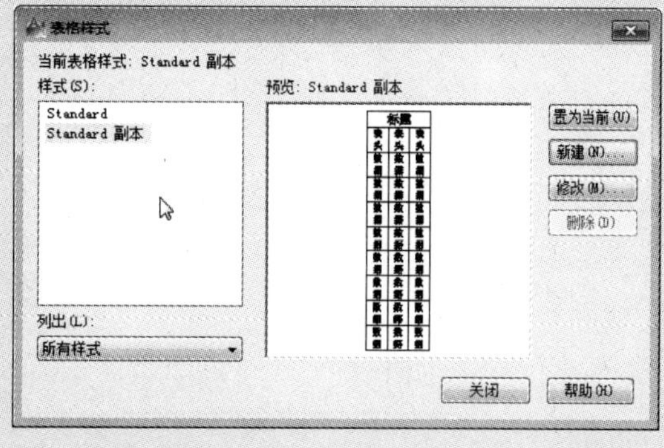

在“新建表格样式”对话框中的“单元样式”下拉列表框中包含“数据”、“标题”和“表头”3 个选项，分别用于设置表格的数据、标题和表头所对应的样式。

在“常规”选项卡中，可以设置表格的填充颜色、对齐方向、格式、类型及页边距等特性。在“文字”选项卡中，可以设置表格单元中的文字样式、高度、颜色和角度等特性，如下左图所示。在“边框”选项卡中，可以对表格边框进行设置，其中共包含 8 个按钮，当表格具有边框时，还可以设置边框的线宽、线型和颜色。此外，选中“双线”复选框，还可以再设置双线之间的间距，如下右图所示。

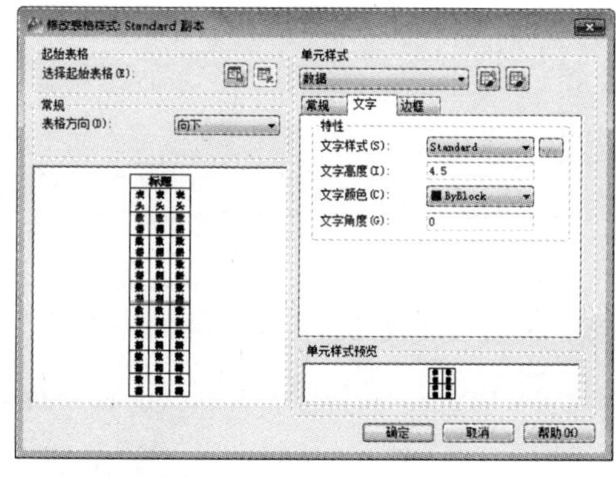

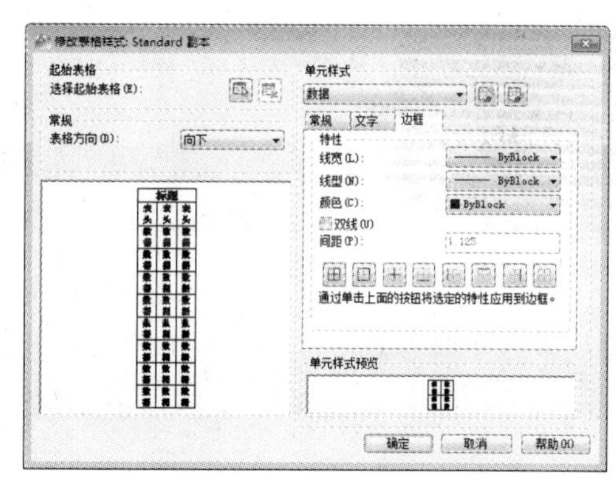

6.6.2 创建与编辑表格

在 AutoCAD 2012 中，可以运用“插入表格”命令，来创建表格，并且可以对表格中的单元格进行编辑。用户可通过以下 2 种方法进行创建。

方法一：使用“表格”功能面板进行创建

单击“注释”→“表格”→“表格”命令，在打开的“插入表格”对话框中，根据需要进行创建，如下左图所示。

方法二：通过菜单栏中的“表格”命令创建

用户也可单击菜单栏中的“绘图”→“表格”命令，打开“插入表格”对话框，并进行创建，如下右图所示。

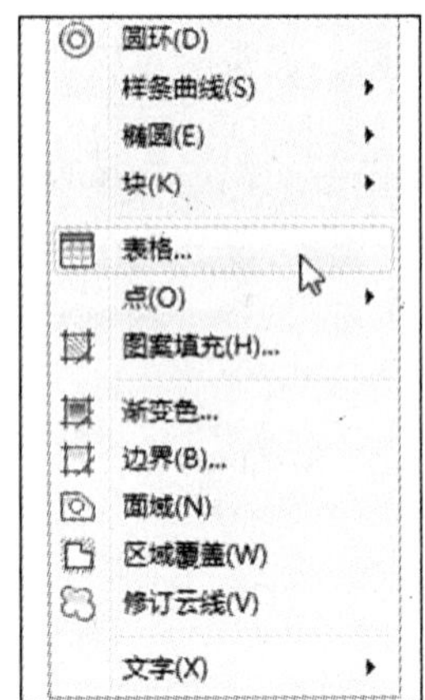

在 AutoCAD 2012 中，创建表格的具体操作步骤如下：

步骤 1 打开“插入表格”对话框，在“列和行设置”选项区中设置参数。

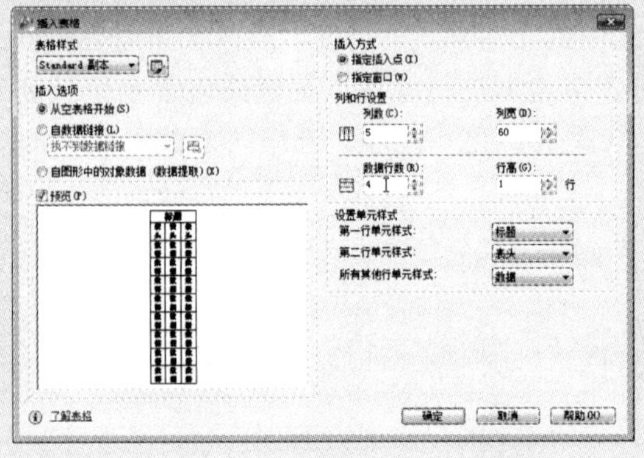

步骤 2 单击“确定”按钮，然后，根据命令行提示，在绘图区中指定表格插入点。

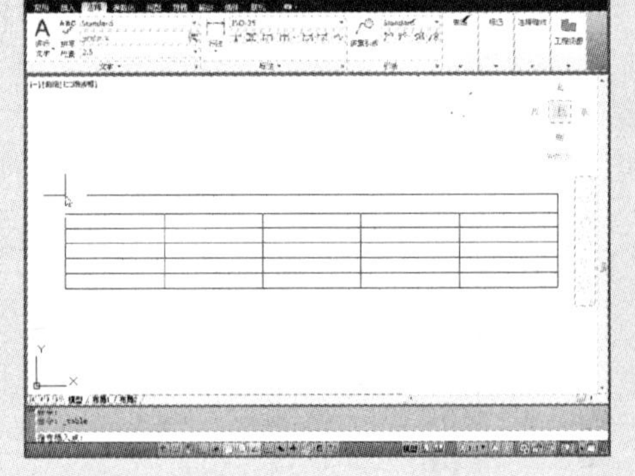

步骤 3 指定完成后，进入标题单元格的编辑状态，输入标题文字。

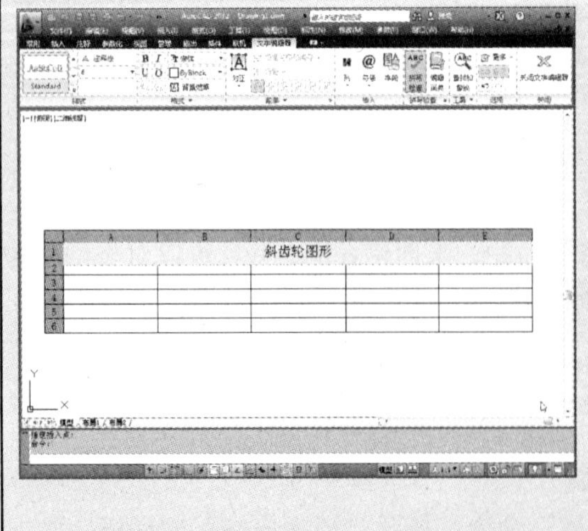

步骤 4 按回车键，进入表头单元格的编辑状态，输入表头文字。

步骤 5 再次按回车键，可以继续在数据单元格中输入文字。然后，选择表格中需要合并的单元格。

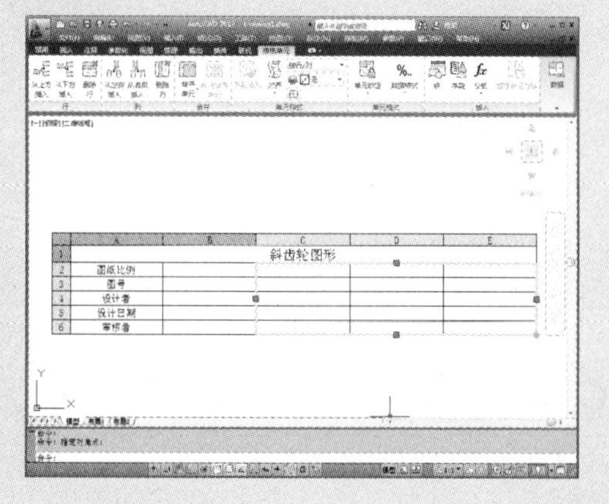

步骤 6 单击“合并单元”按钮，在下拉列表中，选择“按行合并”，即可将所选择的单元格进行合并。

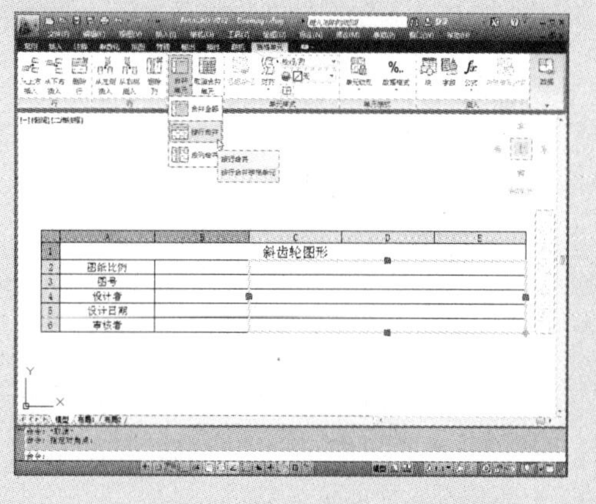

选中当前表格，在“表格单元”功能面板中，用户可根据需要对表格进行编辑，如合并、拆分表格，插入行、列，表格对齐设置，单元格设置以及插入公式等功能，如下图所示。

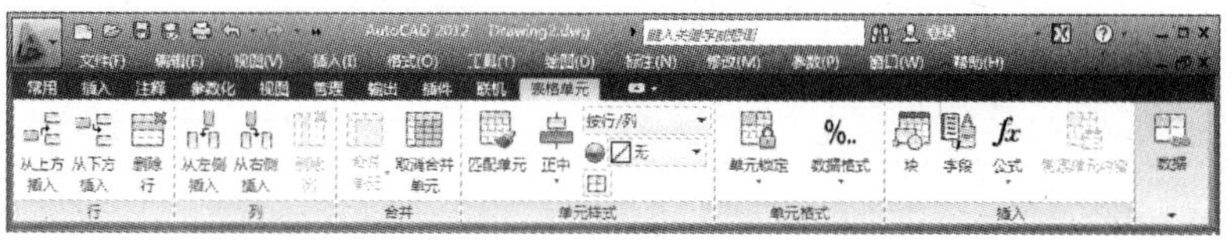

6.6.3　调用外部表格

在 AutoCAD 2012 中，可以从 Microsoft Excel 中直接复制表格，并将其作为 AutoCAD 表格对象粘贴到图形中，也可以从外部直接导入表格对象。下面将举例介绍，如何调用外部表格的方法和技巧，其具体操作步骤如下：

步骤 1 打开“插入表格”对话框，选中“自数据链接”单选按钮。

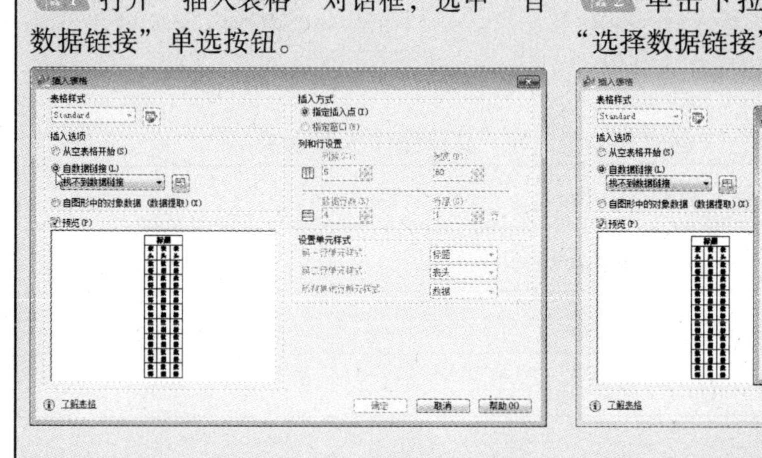

步骤 2 单击下拉列表框右侧的按钮，打开“选择数据链接”对话框。

3 选择“创建新的Excel数据链接”，选项，打开“输入数据链接名称”对话框，输入名称。

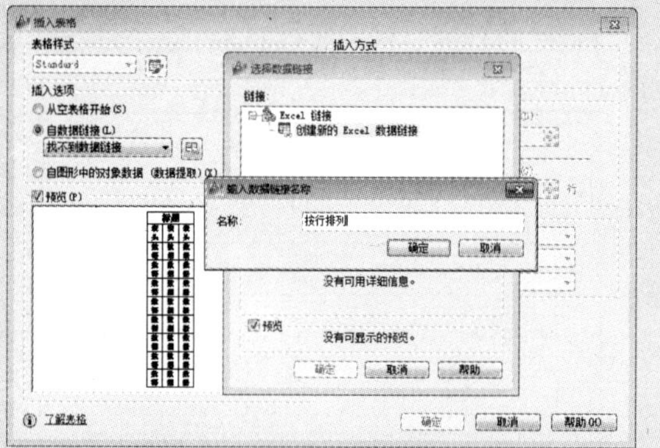

4 单击“确定”按钮，打开“新建Excel数据链接”对话框，单击“浏览文件”按钮。

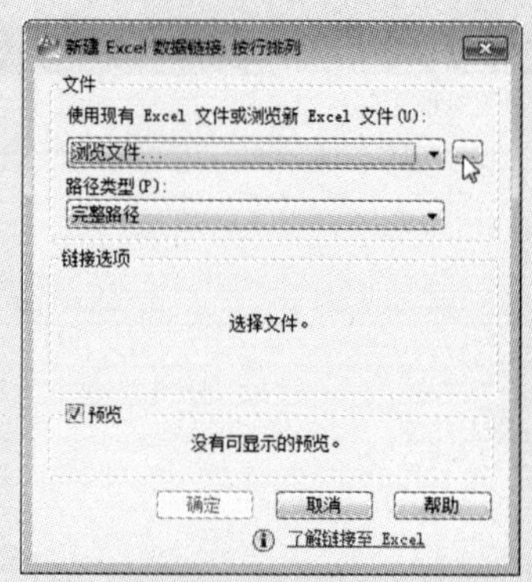

5 打开“另存为”对话框，选择所需调入的文件，选择好后，单击“打开”按钮。

6 在“新建Excel数据链接”对话框，依次单击“确定”按钮，并在绘图区指定表格位置，即可完成。

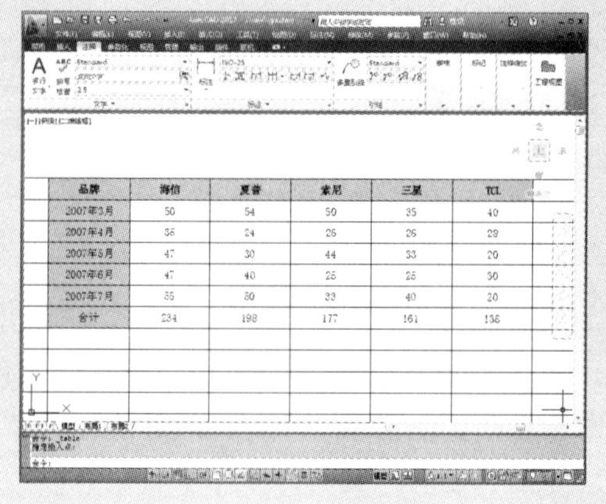

6.7 综合演练：创建开关图例表

下面就利用“表格”命令，来创建开关图例表，具体操作步骤如下：

最终效果：第6章\综合演练\材料表.dwg
视频路径：视频\第6章\开关图例表.wmv
应用范围：电气、电路图纸
实训目的：灵活运用“表格”的各种操作命令

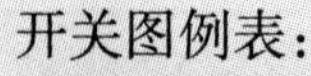

开关图例表：

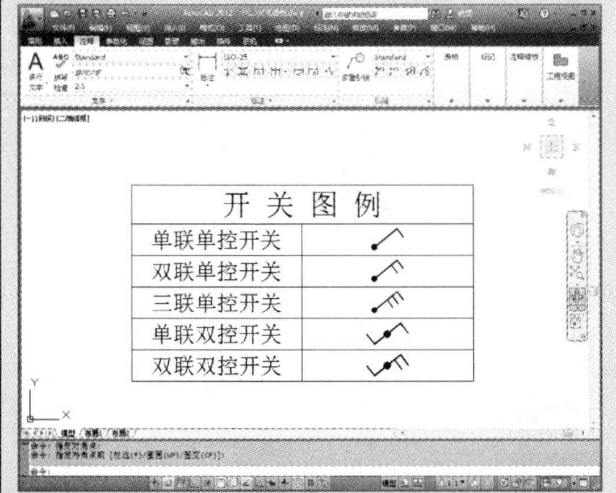

开关图例表效果：

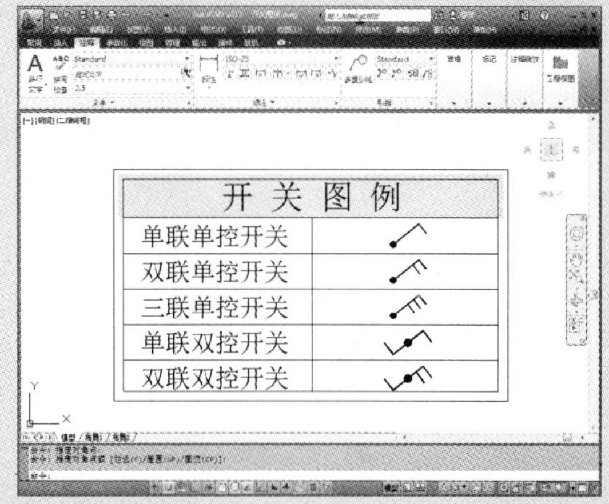

1 单击“注释”→“表格”→“表格”命令，打开“插入表格”对话框，并设置列数为 2，列宽为 50，行数为 5。

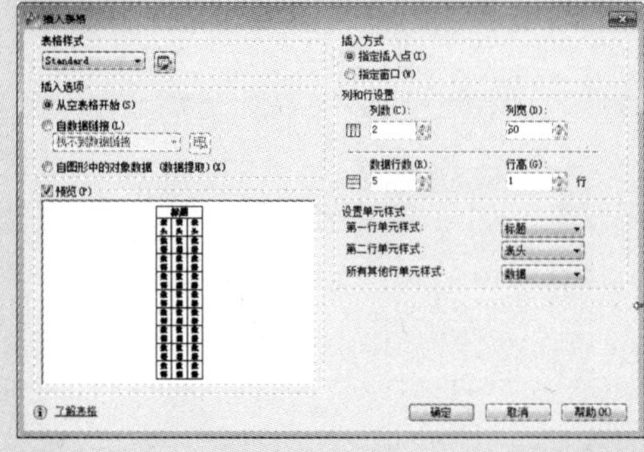

2 设置完成后，单击“确定”按钮，在绘图区中，指定任意一点，作为表格的起点，并输入标题内容。

3 按回车键，输入表格内容。

4 选中表格最后一行，单击“表格单元”→“行”→“删除行”命令，将其删除。

5 选中“B2”单元格，单击“插入”→“块”命令，在打开的对话框中，单击“浏览”按钮。

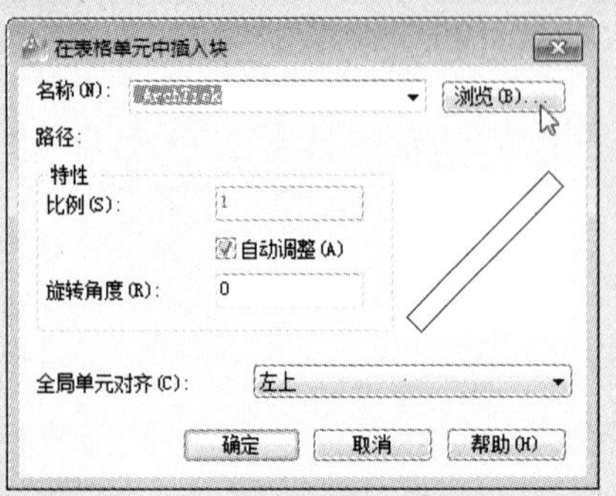

6 在打开的“选择图形文件”对话框中，选中所需的开关图块，单击“打开”按钮，返回至上一层对话框。

7 单击“确定”按钮，即可将开关图块插入表格中。

8 单击“单元样式”→“左上”命令，在打开的下拉列表中，选中“正中”选项。

9 按照同样的插入方法，将剩余开关图块插入至表格中。

10 选中标题行，单击“单元样式”→“表格单元背景色”命令，填充背景。

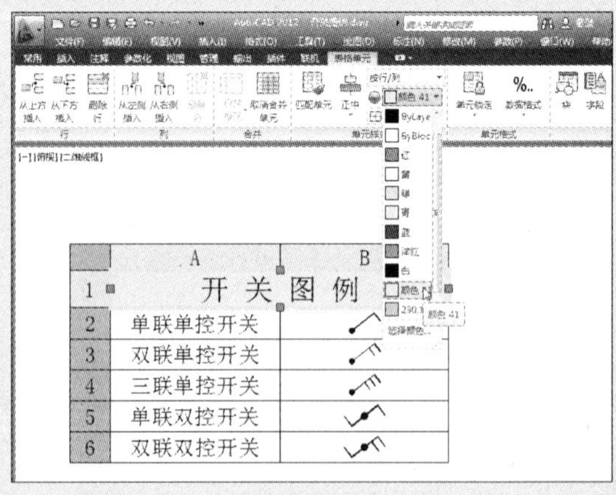

步骤11 选中整个表格，单击“单元边框”命令，打开“单元边框特性”对话框。

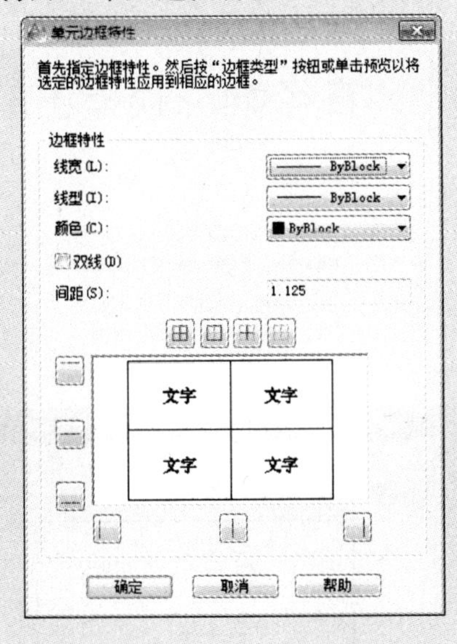

步骤12 勾选“双线”复选框，其间距值为2.5，选中“外边框”按钮，即可添加双边框。

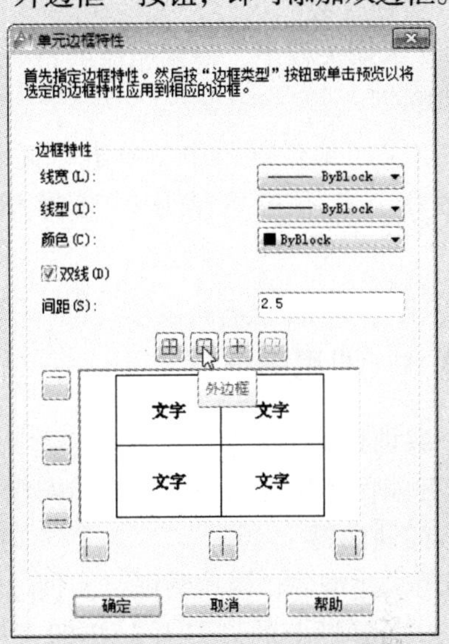

6.8 上机实训

下面将以 3 个简单的实例，巩固本章所学的所有知识点。

6.8.1 设置字体大小

1. 实训目的

熟练掌握“文字”相关命令的用法。

2. 实训内容

创建单行文字，并将运用“文字样式”更改当前文字。

3. 实训过程

运用“文字样式”命令，设置好字体的大小。

运用“单行文字”命令，根据命令行中的提示信息，指定文字位置

在光标位置处，输入文字。

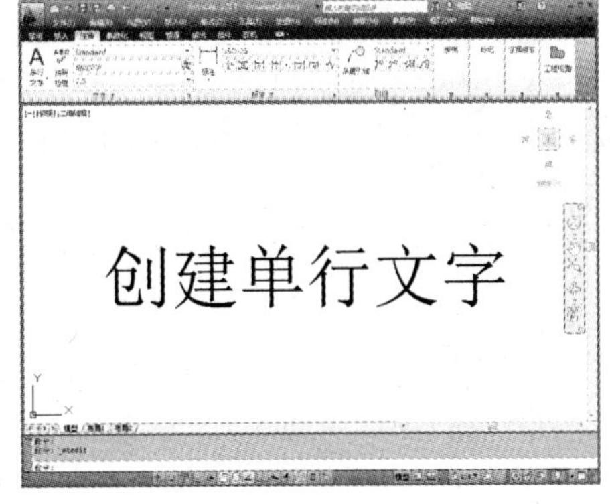

6.8.2 添加特殊字符

1. 实训目的

熟练掌握文字“特殊字符”命令的运用。

2. 实训内容

在文本中添加特殊字符。

3. 实训过程

在文本输入框中，根据相应的符号代码，输入特殊字符。

在“文字编辑器”中，单击“插入”→“符号”命令，在下拉列表中，选择相应的字符即可。

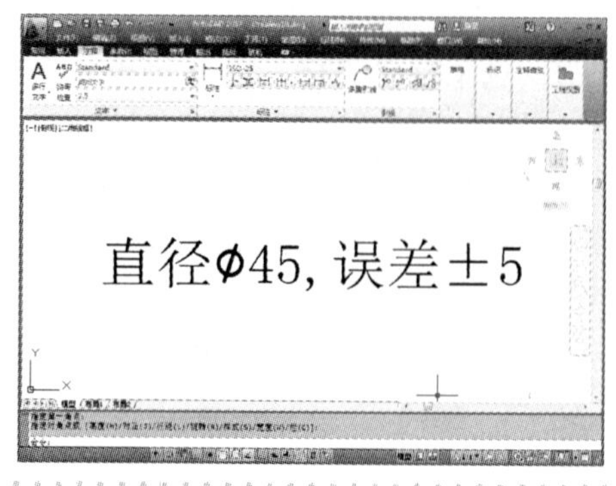

6.8.3 调用图纸框

1. 实训目的

掌握如何快速调用外部表格的操作方法。

2. 实训内容

利用快捷键进行调用图框。实训过程如下：

单击工具栏上的“打开”按钮，打开所需调用的图纸框。

按〈Ctrl + A〉组合键全选图框，并按〈Ctrl + C〉组合键复制该图框。

打开所需使用图框的文件，单击〈Ctrl + V〉组合键粘贴图框。

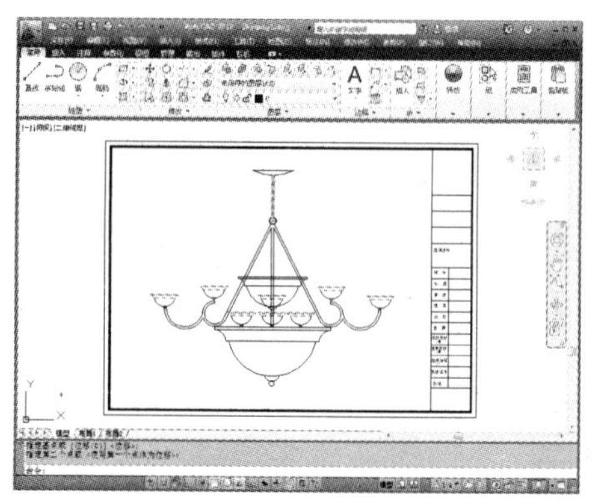

6.9 辅助绘图锦囊

Q：在打开的CAD文件中，字体出现乱码，怎么办？

A：造成字体乱码的原因，主要是由字体库不全所引起的。只需在网上下载一个字体库，并将其安装好，即可解决该问题。当安装字体库后，还是不能正常显示，则可按照以下操作方法进行：

双击乱码字体，在打开的“对象特性”管理器中，即可看到原字体内容；然后，打开一正常显示字体CAD文件，并将其复制到问题图纸中；并单击“特性匹配”命令，或在命令行中输入“MA”按回车键，选中正常字体；在选中乱码字体，即可解决。

Q：在CAD中插入Excel表格的方法

A：方法很简单。打开Excel软件，并复制所需表格的内容，在CAD软件中，单击“常用”→“剪贴板”→“粘贴”→“选择性粘贴”命令；打开“选择性粘贴”对话框，在该对话框的“作为”列表中，选择“AutoCAD图元”选项；单击“确定”按钮；然后在绘图区中指定插入点插入；插入后，打开该文件即可，如下图所示。

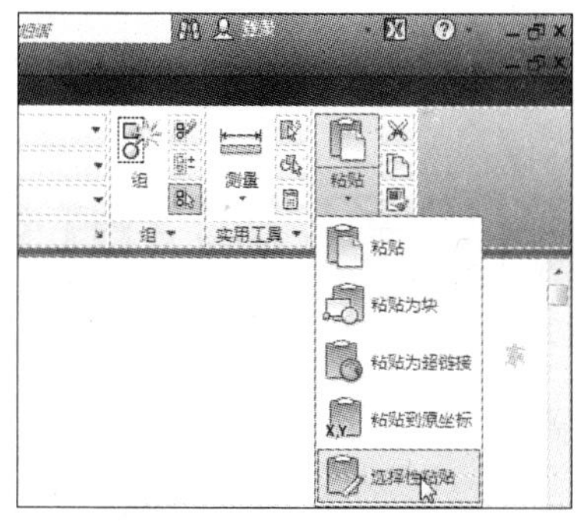

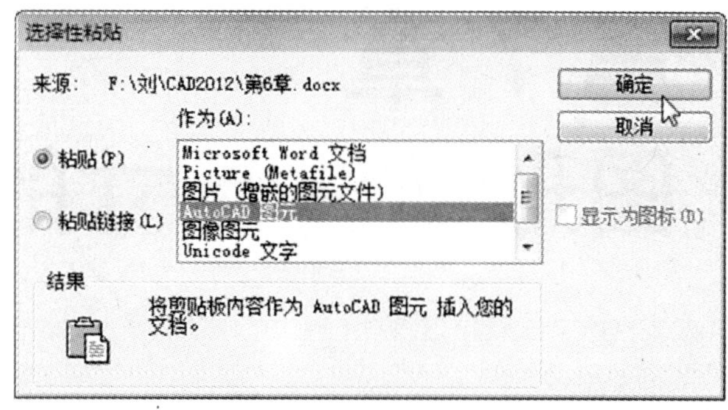

Q：在多行文字中，如何才能输入“乘号”？

A：在“符号”对话框中的“乘号”是“＊”表示，而想插入“×”符号，则需要用到输入法。具体方法为：选择输入法，在输入法的状态条中，单击“软键盘”按钮，在打开的快捷菜单中，选择“特殊符号”选项，在打开的“××拼音输入法快捷输入”对话框中，选择“数学/单位”选项，并在右侧列表中，选择“×”即可，如下图所示。

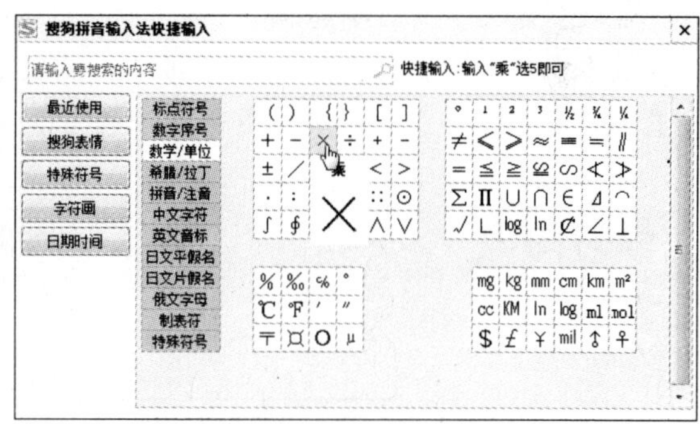

第 7 章 图形标注尺寸的设置与使用

本章概述

尺寸标注是绘图设计工作中的一个重要内容，在绘制图形时，图形中各对象的真实大小和相互位置只有经过尺寸标注后才能确定。这样一来，大大提高了图纸的准确性，在 AutoCAD 2012 中标注尺寸前，一般都要创建尺寸样式，因此 AutoCAD 2012 为用户提供了多种标注样式和设置标注的方法。

通过本章的学习，读者可以掌握创建和设置尺寸标注样式、标注基本尺寸标注类型、标注其他尺寸标注类型、编辑和更新标注的方法与操作技巧。

学习向导

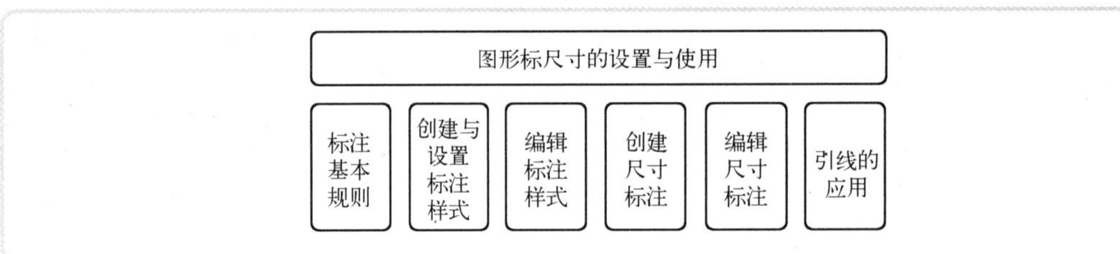

7.1 标注基本规则

尺寸标注是一项细致而繁重的任务，AutoCAD 2012 为用户提供了完整的尺寸标注命令和实用程序，并提供了多种设置标注格式的方法，可以在各个方向上对象创建标注。

7.1.1 标注规则

在 AutoCAD 2012 中，若要对绘制的图形中进行尺寸标注，应遵循以下 4 个规则：

- 图纸上所标注的尺寸数为图形的真实大小，与绘图比例和绘图的准确度无关。
- 图形中的尺寸以系统默认值 mm（毫米）为单位时，不需要计算单位代号或名称，如采用其他单位，则必须注明相应计量的代号或名称，如“度”和“英寸”等。
- 图纸的每个尺寸一般只标注一次，并标注在最能清晰表现该图形结构特征的视图上。

- 尺寸的配置要合理，功能尺寸应该直接标注，尽量避免在不可见的轮廓线上标注尺寸，数字之间不允许有任何图线穿过，必要时可以将图线断开。

7.1.2　标注组成要素

在中文版 AutoCAD 2012 软件中，一个完整的尺寸标注应由尺寸界线、尺寸线、箭头和标注文字 4 部分组成，下面就分别对其进行说明。

- 尺寸界线：用于指明所要标注的长度或角度的起始位置和结束位置。一般情况下，尺寸线是垂直引出的，但有时也可以倾斜引出。
- 尺寸线：表示尺寸标注的范围。通常与所标注的对象平行，一端或两端带有终端号，如箭头或斜线，角度标注的尺寸线圆弧线。
- 箭头：位于尺寸线两端，用于表示尺寸线的起始位置，可为箭头设置不同的大小和样式。
- 标注文字：尺寸文字是尺寸标注的核心，用于表明标注对象的尺寸、角度或旁注等内容。创建尺寸标注时，既可以使用系统自动计算出的实际测量值，也可以根据需要输入尺寸文字。

7.2　创建与设置标注样式

尺寸标注样式决定了尺寸标注的外观，它便于对标注格式和用途进行修改。在 AutoCAD 2012 中，在“标注样式管理器”对话框中可创建与设置标注样式。

7.2.1　新建标注样式

在中文版 AutoCAD 2012 中，通过“标注样式管理器”对话框可以创建标注样式，用户可通过以下 2 种方法进行创建。

方法一：使用“标注”功能面板创建

用户单击“注释”→“标注”右侧小箭头按钮，打开“标注样式管理器”对话框，单击“新建”按钮，即可根据需要进行创建，如下图所示。

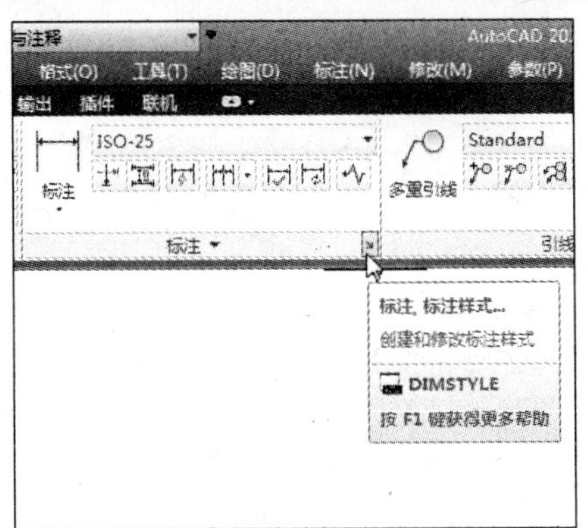

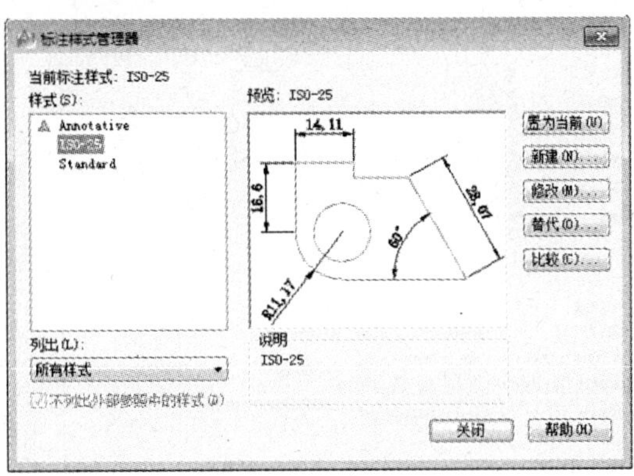

方法二：通过菜单栏“标注样式”命令创建

单击菜单栏中的“标注”→“标注样式”命令，即可打开“标注样式管理器”对话框。

下面就来介绍创建标注样式的具体操作步骤。

1 打开“标注样式管理器”对话框，单击“新建”按钮，打开“创建新标注样式”对话框，输入样式名，单击“继续”按钮。

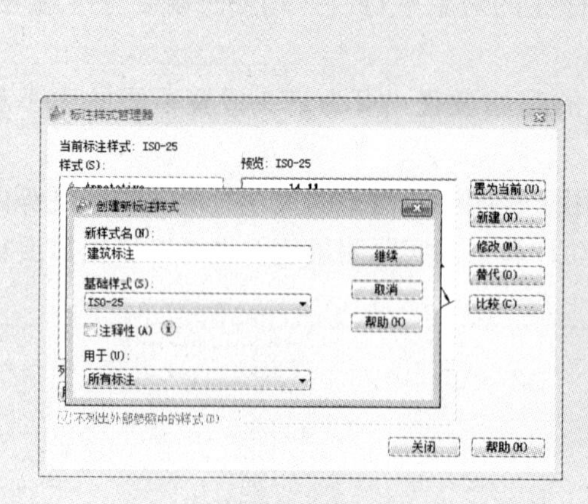

2 打开“新建标注样式”对话框，在该对话框中，根据需要设置相关选项，单击“确定”按钮，即可创建成功。

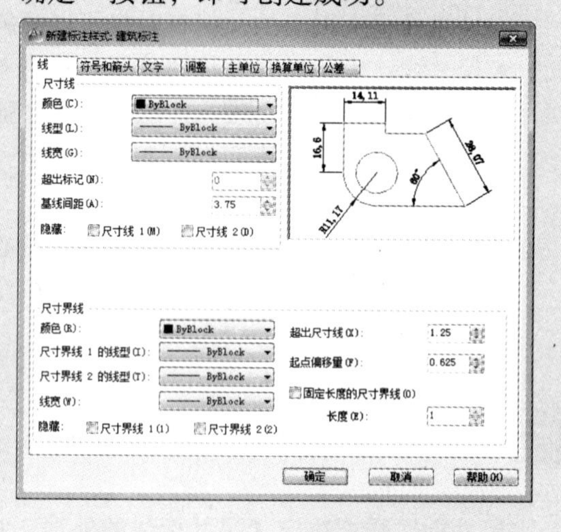

7.2.2 设置标注线

在“新建标注样式”对话框中，在“线”选项卡中，可设置尺寸线、尺寸界线的格式和位置。

1. 设置尺寸线

在“新建标注样式”对话框的“尺寸线”选项区中，可以设置尺寸线的颜色、线宽、超出标记以及基线间距等属性，如下图所示。

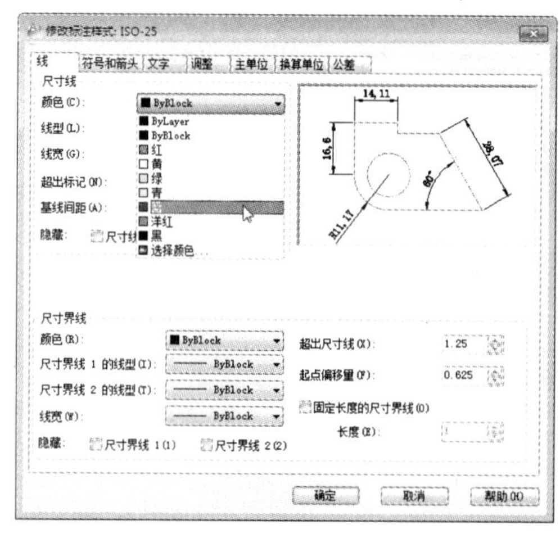

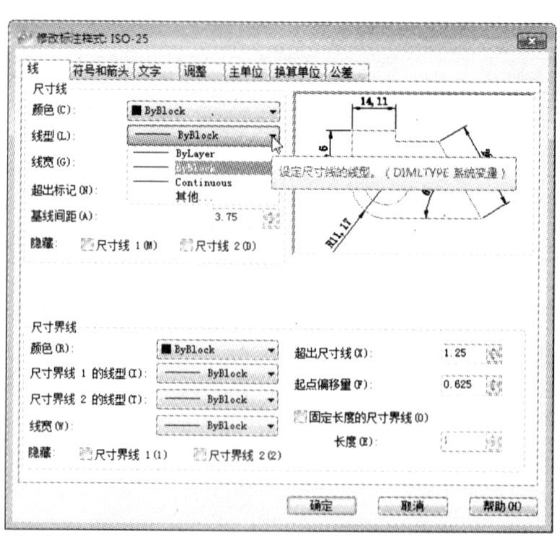

下面就分别对“尺寸线”选项区的各选项进行说明。

- “颜色”下拉列表框：用于设置尺寸线的颜色。
- “线宽”下拉列表框：用于设置尺寸线的宽度。
- “超出标记”文本框：当尺寸线的箭头采用倾斜、建筑标记、小点、积分或无标记等样式时，使用该文本框可以设置尺寸线超出尺寸界线的长度。
- “基线间距”文本框：设置基线标注的尺寸线之间的距离，即平行排列的尺寸线间距。国标规定此值应取 7 ~ 10 mm。
- “隐藏”选项：通过选中“尺寸线 1”或“尺寸线 2”复选框，可以隐藏第 1 段或第 2 段尺寸线及其相应的箭头。

2. 设置尺寸界线

在“尺寸界线”选项区中，用户可设置尺寸界线的颜色、线宽、超出尺寸线的长度和起点偏移量，隐藏控制等属性，如下图所示。

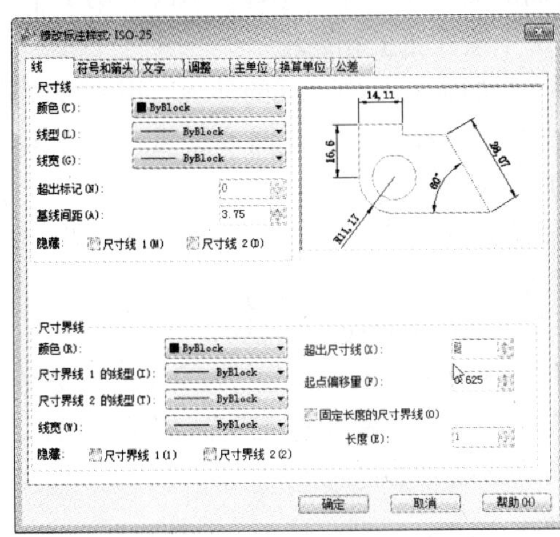

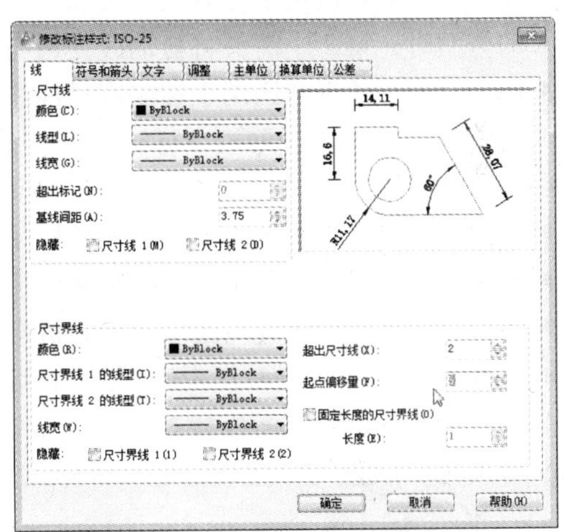

下面就分别对“尺寸界线”选项区的各选项进行说明。

- “颜色”下拉列表框：用于设置尺寸界线的颜色。
- “线宽”下拉列表框：用于设置尺寸界线的宽度。
- “超出尺寸线”文本框：用于设置尺寸界线超出尺寸线的距离，通常规定尺寸界线的超出尺寸为 2 ~ 3 mm，使用 1∶1 的比例绘制图形时，设置此选项为 2 或 3。
- “起点偏移量”文本框：用于设置图形中定义标注的点到尺寸界线的偏移距离，通常规定此值不小于 2 mm。
- “隐藏”选项：通过选择“尺寸界线 1”或“尺寸界线 2”复选框，可以隐藏第 1 段或第 2 段尺寸界线。

7.2.3　设置符号与箭头

在“新建标注样式”对话框中的“符号和箭头”选项卡中，用户可设置箭头、圆心标记、弧长符号和半径标注折弯的格式与位置，如下图所示。

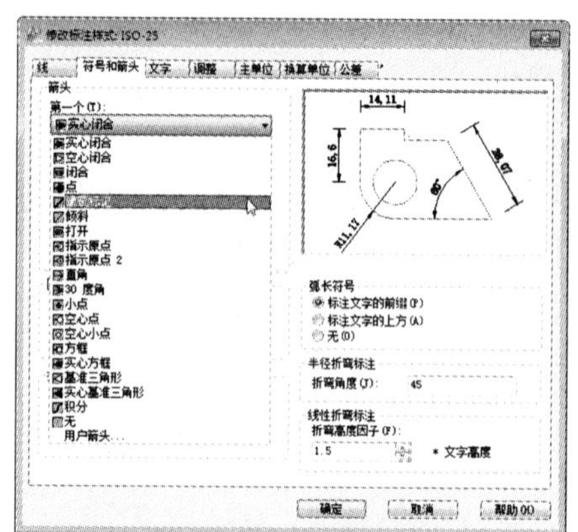
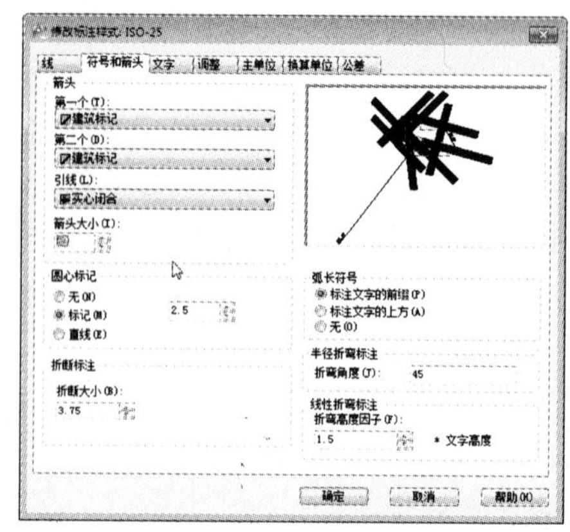

下面将对该选项卡各选项进行说明。

- 箭头：该选项区用于控制尺寸线和引线箭头的类型及尺寸大小等。当改变第 1 个箭头的类型时，第 2 个箭头将自动改变为与第 1 个箭在弦上相匹配。
- 圆心标记：该选项区用于控制直径标注和半径的圆心及中心线的外观。用户可以通过选中或取消选择“无”、“标记”和“直线”单选按钮，设置圆或圆弧和圆心标记类型，在“大小”数值框中设置圆心标记的大小。
- 弧长符号：该选项区用于控制弧长标注中圆弧符号和显示。
- 折断标注：该选项区用于控制折断标注的大小。
- 半径折弯标注：该选项区用于控制折弯（Z 字型）半径标注的显示。
- 线型折弯标注：在选项区中的“折弯高度因子”数值框中可以设置折弯文字的高度大小。

当设置的标注箭头是箭头样式，则“线”选项卡中的“超出标记”选项不可用，若设置箭头形式为“倾斜”、“建筑标记”等样式，则该选项可用。

7.2.4 设置标注文字

在“新建标注样式”对话框的“文字”选项卡中，可设置标注文字的外观、位置及对齐方式，如下图所示。

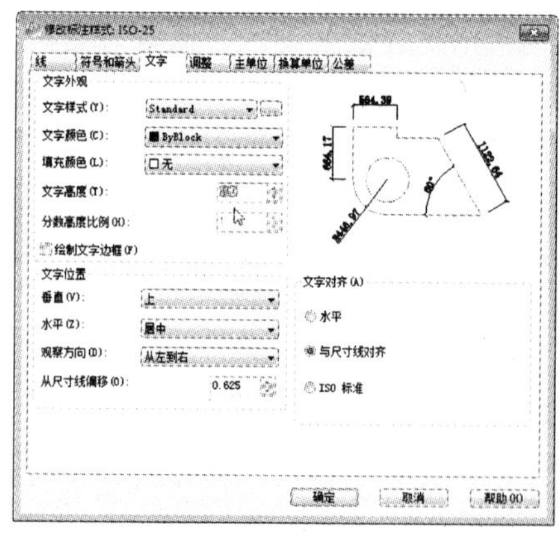
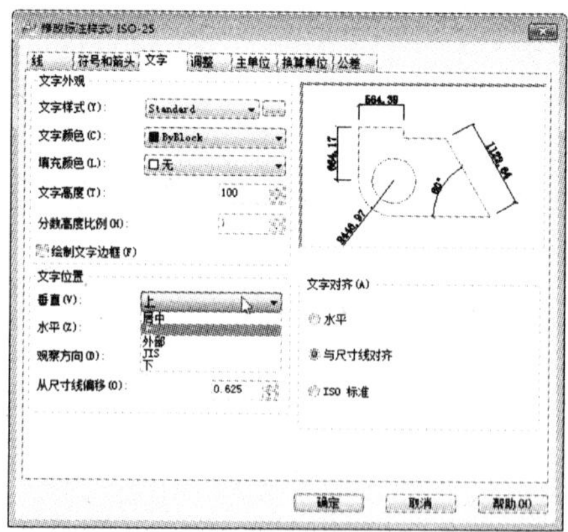

下面将分别对该选项卡的各项选区进行说明。

1. 设置文字外观

- 文字样式：用于选择标注的文字样式。
- 文字颜色：设置标注文字的颜色。
- 填充颜色：设置标注文字背景的颜色。
- 文字高度：用于设置标注文字的高度。
- 分数高度比例：用于设置标注文字中的分数相对于其他标注文字的比例。AutoCAD 将该比例值与标注文字高度的乘积作为分数的高度，只有在“主单位”选项卡中选择“分数”作为“单位格式”时，此选项才可用。
- 绘制文字边框：用于设置是否给标注文字加边框。

2. 设置文字位置

- 垂直：该选项包含“居中”、“上”、“外部”、“JIS”和“下”5 个选项，主要用于控制标注文字相对尺寸线的垂直位置，选择其中某选项时，在“文字”选项卡的预览框中可以观察到尺寸文本的变化。
- 水平：该选项包含“居中”、“第一尺寸界线”、“第二尺寸界线”、“第一尺寸界线上方”、“第二尺寸界线上方”5 个选项，用于设置标注文字相对于尺寸线和尺寸界线在水平方向的位置。
- 观察方向：该选项包含“从左到右”和“从右到左”2 个选项，用于设置标注文字显示方向。
- 从尺寸线偏移：设置当前文字间距，即当尺寸线断开以容纳标注文字时标注文字周围的距离。

3. 设置文字对齐

- 水平：设置标注文字水平放置。
- 与尺寸线对齐：设置标注文字方向与尺寸线方向一致。
- ISO 标准：设置标注文字按 ISO 标准放置。当标注文字在尺寸界线之内时，它的方向与尺寸线方向一致，而在尺寸线界线外时将水平放置。

7.2.5 设置调整

在“新建标注样式”对话框中，使用“调整”选项卡，可设置标注文字、尺寸线、尺寸箭头的位置，如下图所示。

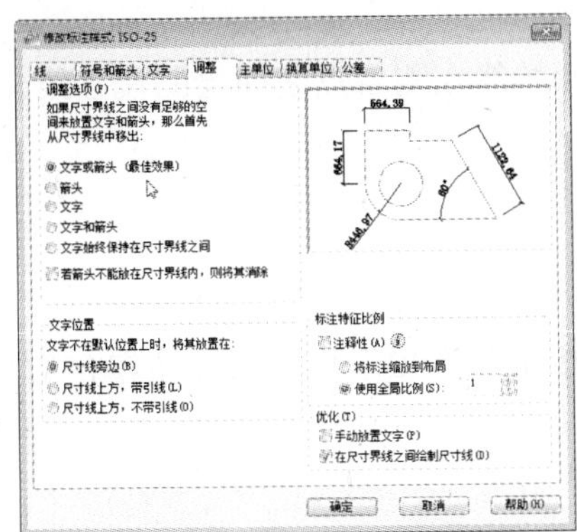

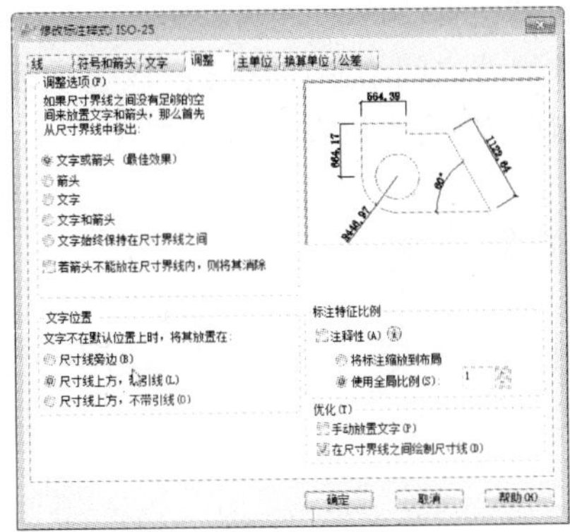

下面将分别对该选项卡的各项选区进行说明。

1. **调整选项**

- 文字或箭头（最佳效果）：表示系统将按最佳布局将文字或箭头移动到尺寸界线外部。当尺寸界线间的距离足够放置文字和箭头时，文字和箭头都放在尺寸界线内，否则将按照最佳效果移动文字或箭头，当尺寸界线间的距离仅能够容纳文字时，将文字放在尺寸界线内，而箭头放在尺寸界线外；当尺寸界线间的距离仅能够容纳箭头时，将箭头放在尺寸界线内，而文字放在尺寸界线外；当尺寸界线间的距离既不够放文字，又不够放箭头时，文字和箭头都放在尺寸界线外。
- 箭头：该选项表示 AutoCAD 2012 尽量将箭头放在尺寸界线内，否则会将文字和箭头都放在尺寸界线外。
- 文字：该选项表示当尺寸界线间距离仅能容纳文字时，系统会将文字放在尺寸界线内，箭头放在尺寸界线外。
- 文字和箭头：该选项表示当尺寸界线间距离不足以放下文字和箭头时，文字和箭头都放在尺寸界线外。
- 文字始终保持在尺寸界线之间：表示系统会始终将文字放在尺寸界限之间。
- 若不能放在尺寸界线内，则消除箭头：表示当尺寸界线内没有足够的空间，系统则隐藏箭头。

2. **文字位置**

- 尺寸线旁边：该选项表示将标注文字放在尺寸线旁边。
- 尺寸线上方，加引线：该选项表示将标注文字放在尺寸线的上方，并加上引线。
- 尺寸线上方，不加引线：该选项表示将文本放在尺寸线的上方，但不加引线。

3. **标注特征比例**

- 使用全局比例：该选项可为所有标注样式设置一个比例，指定大小、距离或间距，此外还包括文字和箭头大小，但并不改变标注的测量值。
- 将标注缩放到布局：该选项可根据当前模型空间视口与图纸空间之间的缩放关系设置比例。

4. **优化**

- 手动放置文字：该选项则忽略标注文字的水平设置，在标注时可将标注文字放置在用户指定的位置。
- 在尺寸界线之间绘制尺寸线：该选项表示始终在测量点之间绘制尺寸线，同时 AutoCAD 2012 将箭头放在测量点之处。

7.2.6 设置主单位

在“新建标注样式”对话框中，使用“主单位”选项卡可以设置主单位的格式与精度等属性，如下图所示。

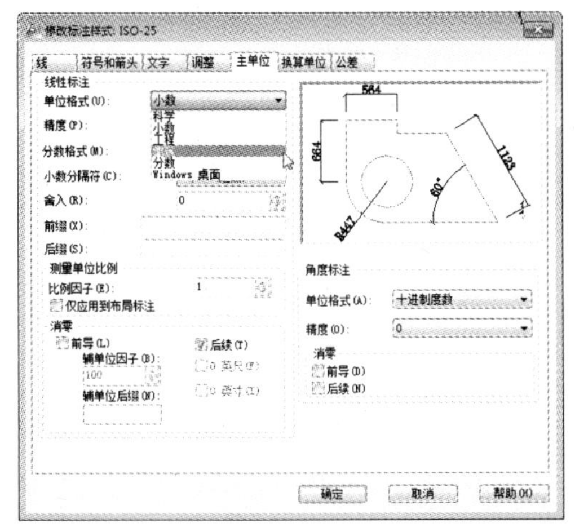

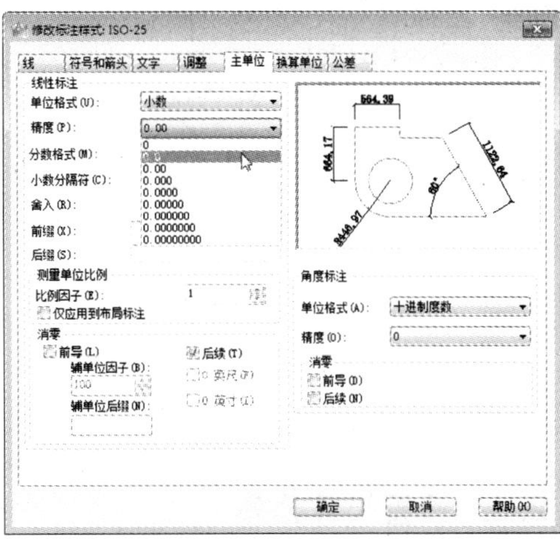

下面将分别对该选项卡的各项选区进行说明。

1. 线性标注

- 单位格式：该选项用来设置除角度标注之外的各标注类型的尺寸单位，包括“科学”、“小数”、“工程”、“建筑”、“分数”以及“Windows 桌面”等选项。
- 精度：该选项用于设置标注文字中的小数位数。
- 分数格式：该选项用于设置分数的格式，包括“水平”、“对角”和“非堆叠”3 种方式。在“单位格式”下拉列表框中选择小数时，此选项不可用。
- 小数分隔符：该选项用于设置小数的分隔符，包括“逗点”、“句点”和“空格”3 种方式。
- 舍入：该选项用于设置除角度标注以外的尺寸测量值的舍入值，类似于数学中的四舍五入。
- 前缀、后缀：该选项用于设置标注文字的前缀和后缀，用户在相应的文本框中输入文本符即可。
- 比例因子：该选项可设置测量尺寸的缩放比例，AutoCAD 2012 的实际标注值为测量值与该比例的积。若“仅应用到布局标注”复选框，可设置该比例关系是否仅适应于布局。
- 消零：选项区用于设置是否显示尺寸标注中的前导和后续 0。

2. 角度标注

- 单位格式：设置标注角度时的单位。
- 精度：设置标注角度的尺寸精度。
- 消零：设置是否消除角度尺寸的前导和后续 0。

7.2.7　设置换算单位

在“新建标注样式”对话框中，使用“换算单位”选项卡可以设置换算单位的格式。如下图所示。该选项卡中的各选区说明如下。

- 显示换算单位：勾选该选项时，其他选项才可用。在“换算单位”选项区中设置各选项的方法与设置主单位的方法相同。
- 位置：该选项可设置换算单位的位置，其中包括“主值后”和“主值下”2 种方式。

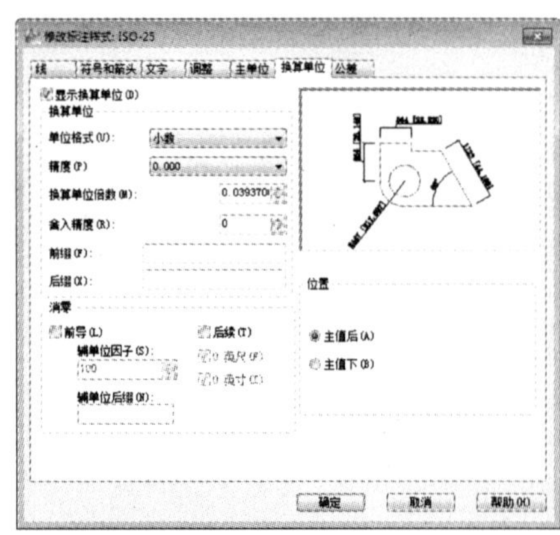

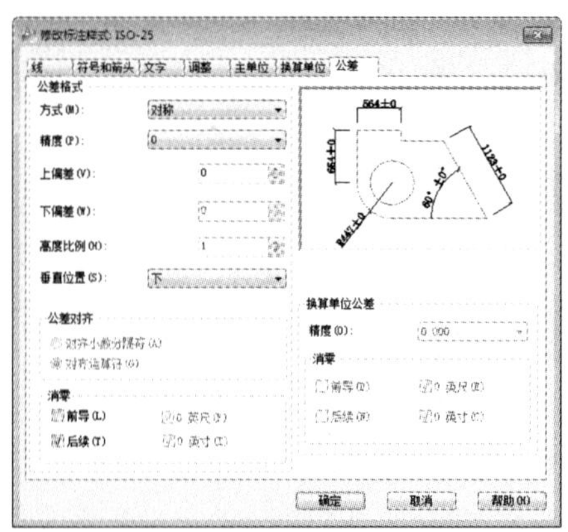

7.2.8 设置尺寸公差

在“新建标注样式”对话框的“公差”选项卡中，用户可设置是否标注公差、公差格式以及输入上、下偏差值，如上右图所示。在该选项卡中的各选区说明如下。

- 方式：用于确定以何种方式标注公差。
- 上偏差、下偏差：用于设置尺寸的上偏差和下偏差。
- 高度比例：用于确定公差文字的高度比例因子。
- 垂直位置：用于控制公差文字相对于尺寸文字的位置，包括“上”、“中”和“下”3种方式。
- 换算单位公差：当标注换算单位时，可以设置换单位精度和是否消零。

7.3 编辑标注样式

在 AutoCAD 2012 中，对于创建好的标注样式，用户还可以修改、将尺寸标注样式置为当前、比较已有的标注样式等。

7.3.1 修改标注样式

在 AutoCAD 2012 软件中，修改标注样式的操作步骤如下：

1 打开“标注样式管理器”对话框，在样式列表框中，选择需要修改的样式，单击“修改”按钮。

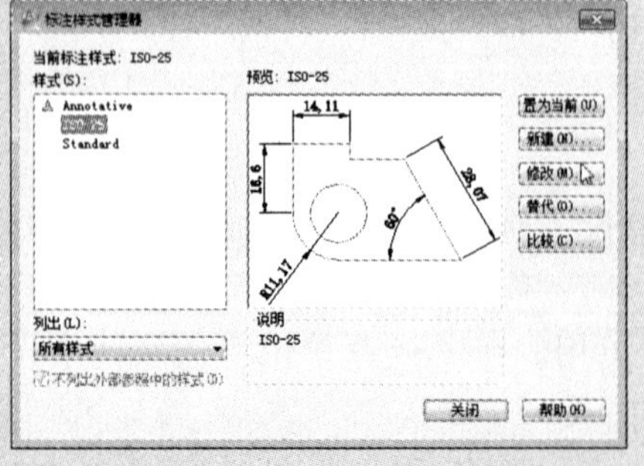

2 打开“修改标注样式”对话框，根据需要选择相应的选项卡，进行修改操作，单击“确定”按钮，即可修改标注样式。

7.3.2　设置当前尺寸标注样式

创建标注样式后，单击“置为当前”按钮，将其设置为当前尺寸标注样式，才能运用该样式，其操作步骤如下：

步骤 1 在“标注样式管理器”对话框中的“样式”列表框中，选择需要设置为当前尺寸标注样式。

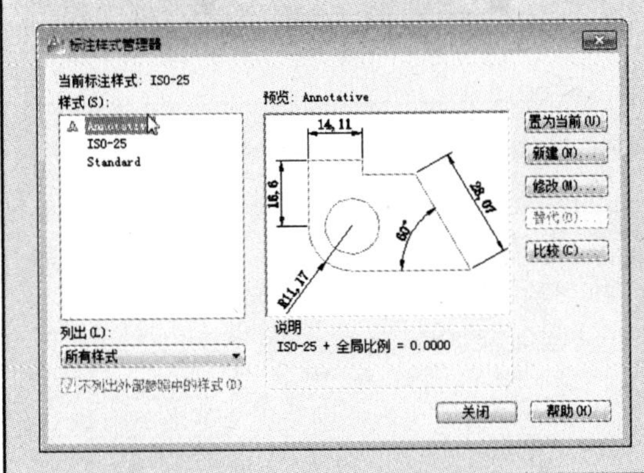

步骤 2 在该对话框右侧，单击“置为当前”按钮，即可将其设置为当前尺寸标注样式，关闭该对话框。

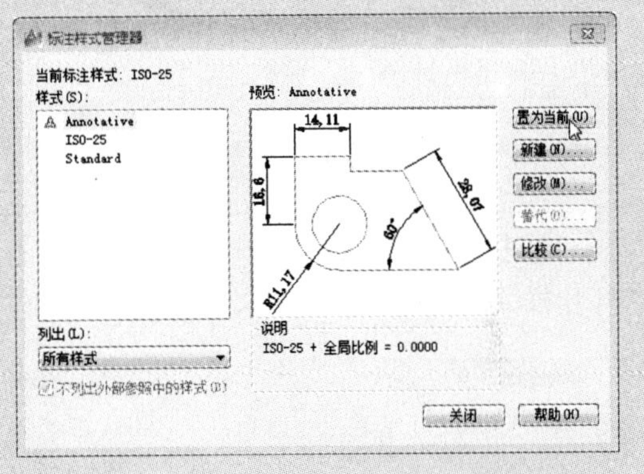

7.3.3　删除标注样式

在“标注样式管理器”对话框中，不仅可创建所需的标注样式，也可对多余的样式进行删除。其操作方法为：打开“标注样式管理器”对话框，在“样式”列表中，右击所需删除的标注样式，在打开的快捷菜单中，选择“删除”选项，然后在打开的删除提示框中，单击“是”按钮，即可完成样式的删除。

在删除时，用户需注意当前设置的标注样式，不能被删除。

7.4　设计实践：修改标注样式

下面将运用“标注样式”命令，修改当前标注样式，其操作步骤如下：

最终效果：第 7 章 \ 设计实践 \ 更改标注样式 . dwg
成品尺寸：楼梯长为 3900mm，宽为 2340mm
注意事项：标注样式的设置操作
任务要求：运用“标注样式”命令，更改当前标注样式

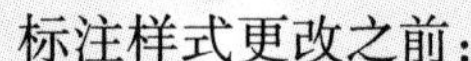
标注样式更改之前：

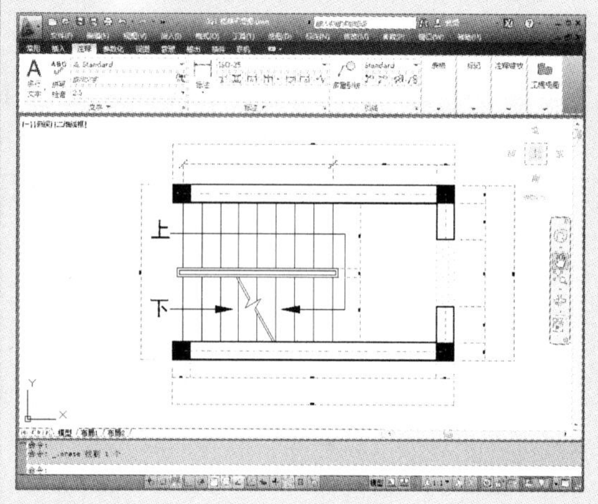

标注样式更改之后：

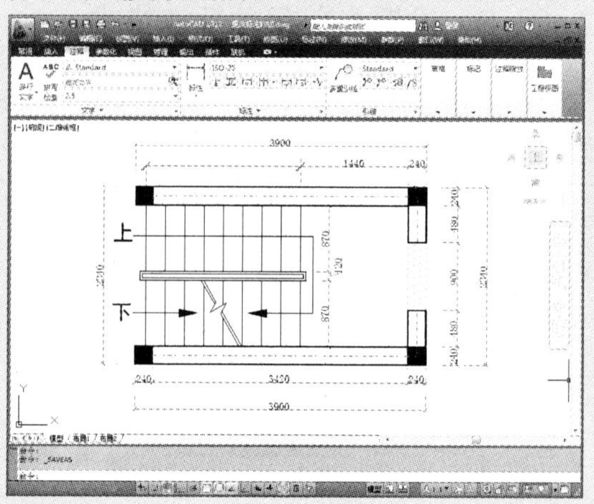

1 单击“注释”→“标注”命令，打开“标注样式管理器”对话框。

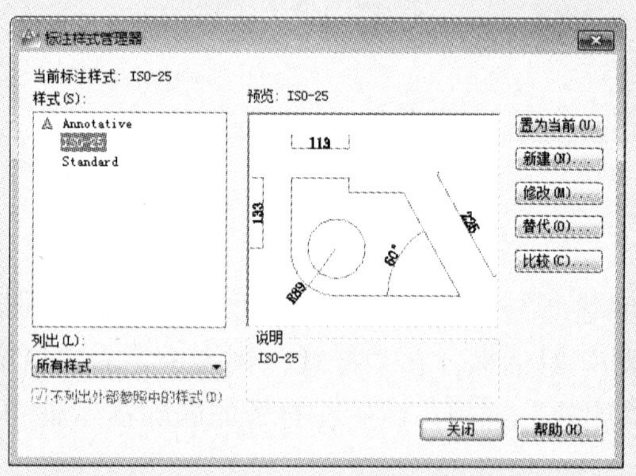

2 在该对话框中，单击“修改”按钮，打开“修改标注样式”对话框。

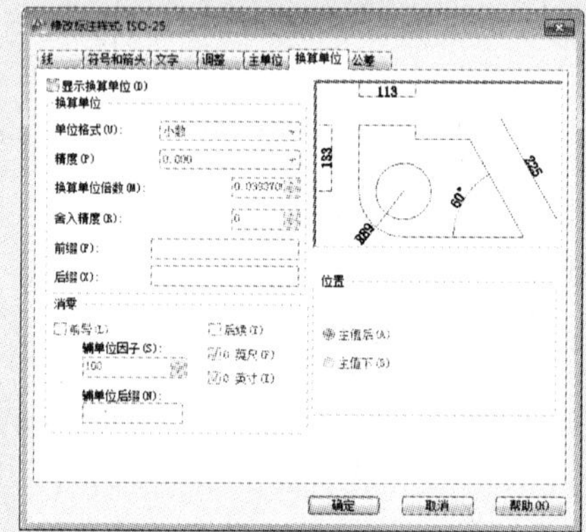

3 在该对话框中，单击“线”选项卡，将“超出尺寸线”设为20，将“起点偏移量”设为“200”。

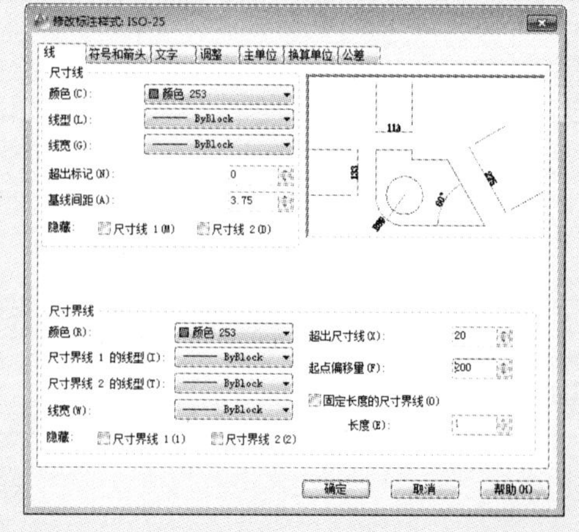

4 单击“符号和箭头”选项卡，将“箭头标记”设置为建筑标记，将其大小设为“50”。

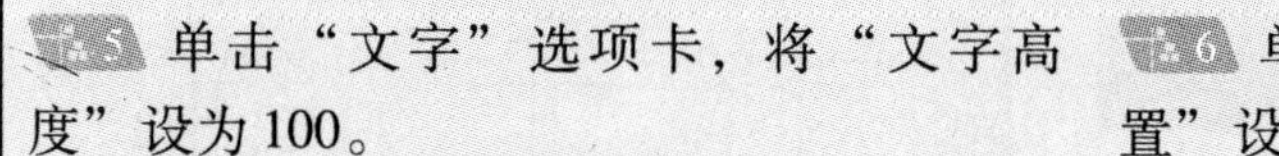
5 单击“文字”选项卡，将“文字高度”设为 100。

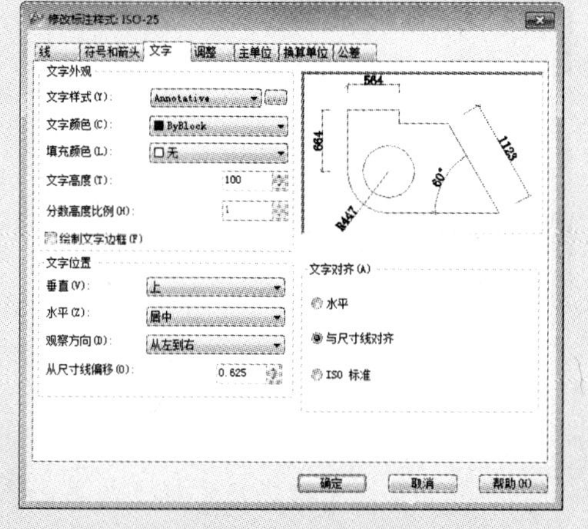

6 单击“调整”选项卡，将“文字位置”设为“尺寸线上方，带引线”。

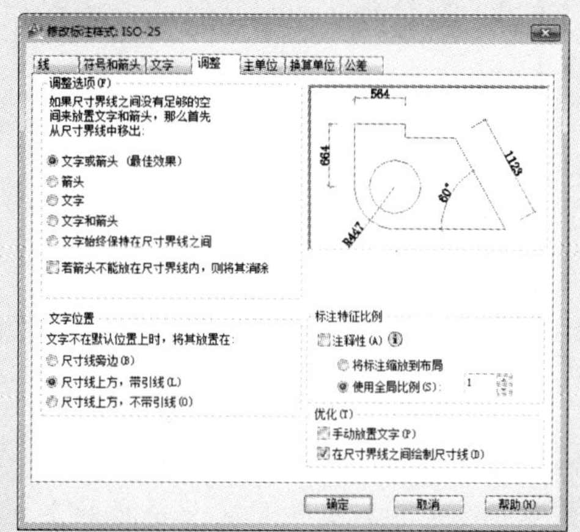

7 单击“主单位”选项卡，将“精度”设为“0”，单击“确定”按钮。

8 返回到“标注样式管理器”对话框，单击“置为当前”按钮，并关闭该对话框，即可完成标注样式的更改。

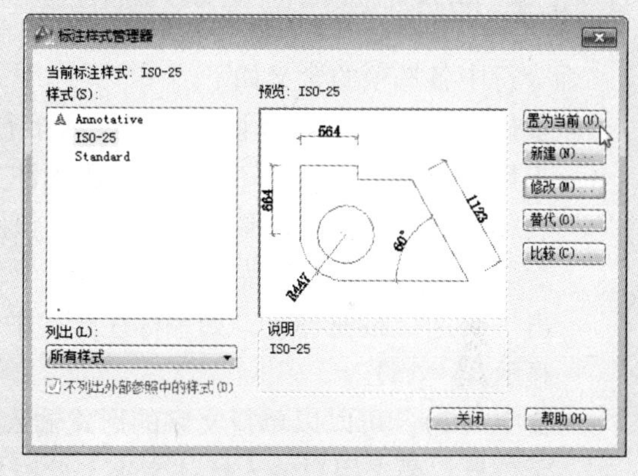

7.5 基本尺寸标注

在中文版 AutoCAD 2012 中，系统共提供了多种尺寸标注类型，它们可以在图形中标注任意两点间的距离、圆或圆弧的半径和直径、圆心位置、圆弧或相交直线的角度等。下面分别向用户介绍如何给图形创建尺寸标注。

7.5.1 线性标注

线性标注是最基本的标注类型，它可以在图形中创建水平、垂直或倾斜的尺寸标注。用户可单击“注释”→“标注”→“线性”命令，根据命令行中的提示信息进行操作，如下图所示。

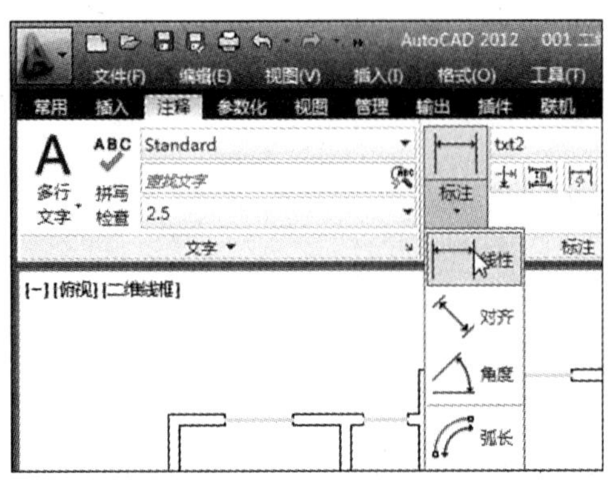

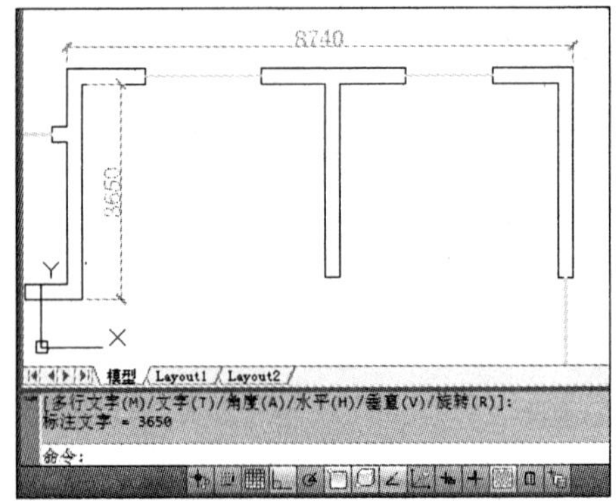

命令行提示如下：

命令：_dimlinear
指定第一个尺寸界线原点或 <选择对象>：　　　　（指定尺寸标注的第一点）
指定第二条尺寸界线原点：　　　　（指定尺寸标注的第二点）
指定尺寸线位置或[多行文字(M)/文字(T)/角度(A)/水平(H)/垂直(V)/旋转(R)]：
（显示尺寸）
标注文字 =3240

命令行中各选项的含义如下。

- 多行文字（M）：选择该选项将进入多行文字编辑模式，用户可以使用“文字格式”工具栏和文字输入窗口输入并设置标注文字。其中文字输入窗口中的尖括号“< >”表示系统测量值。如果给生成的测量值添加前缀或后缀，可在尖括号前后输入前缀或后缀；若想要编辑或替换生成的测量值，可先删除尖括号，再输入新的标注文字，单击“确定”按钮即可；如果标注样式中未打开换算单位，可以输入方括号“[]”来显示。
- 文字（T）：可以以单行文字的形式输入标注文字，此时将显示“输入标注文字：”提示信息，要求用户输入标注文字，此时标注将不显示自动测量值，它与“多行文字”功能不能同时使用。
- 角度（A）：用于设置标注文字（测量值）的旋转角度。
- 水平（H）\ 垂直（V）：用于标注水平尺寸和垂直尺寸。选择这两个选项时，用户可以直接确定尺寸线的位置，也可以选择其他选项来指定标注的标注文字内容或者标注文字的旋转角度。
- 旋转（R）：用于放置旋转标注对象的尺寸线。

7.5.2　对齐标注

“对齐标注”命令主要用来标注斜线，也可用于标注水平线和竖直线。用此命令来标注的斜线，数值是斜线段的长度。用户可单击“注释”→“标注”→“对齐”命令，根据命令行中的提示信息进行操作，如下图所示。

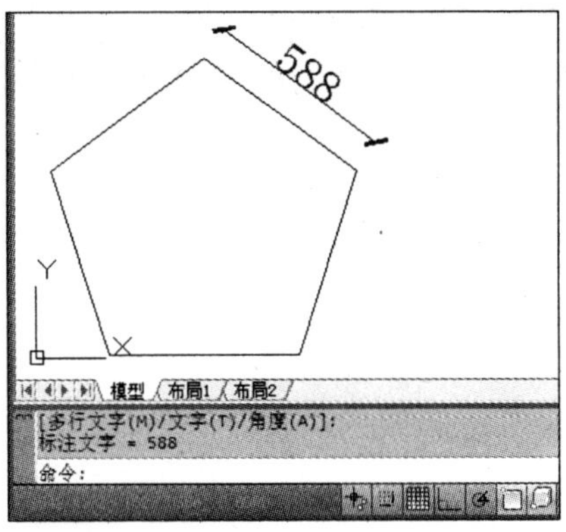

7.5.3　角度标注

“角度标注”用于测量圆或圆弧的角度、非平行直线间的夹角、三点之间的角度。用户可单击“注释”→“标注”→“角度”命令，根据命令行中的提示信息进行操作，如下图所示。

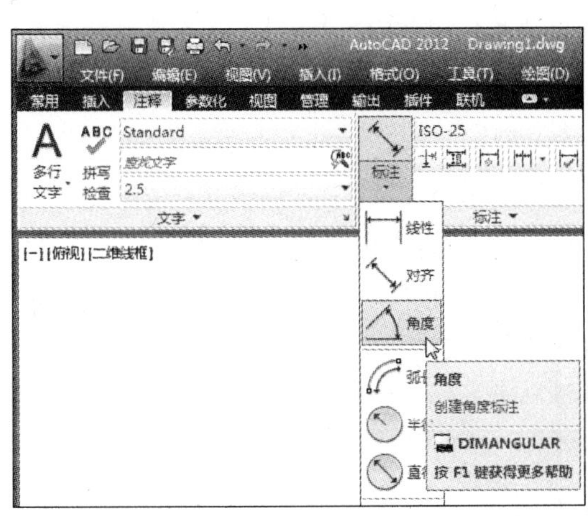

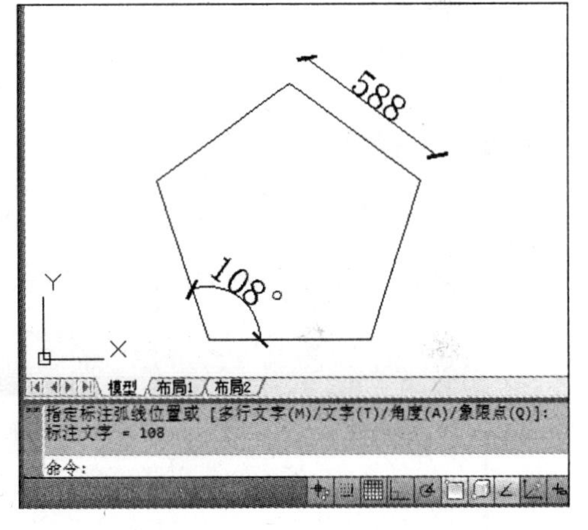

命令行提示如下：

命令：_dimangular
选择圆弧、圆、直线或 <指定顶点>：　　（选择夹角的第一条线）
选择第二条直线：　　（选择夹角的第二条线）
指定标注弧线位置或 [多行文字(M)/文字(T)/角度(A)/象限点(Q)]：　　（显示角度值）
标注文字 = 108

7.5.4　弧长标注

弧长标注是用于标注圆弧、半圆尺寸，用户可单击“注释”→“标注”→“弧线”命令，根据命令行中的提示信息进行操作，如下图所示。

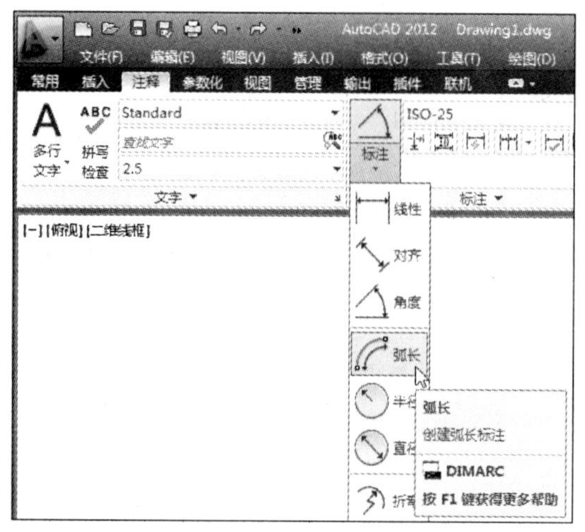

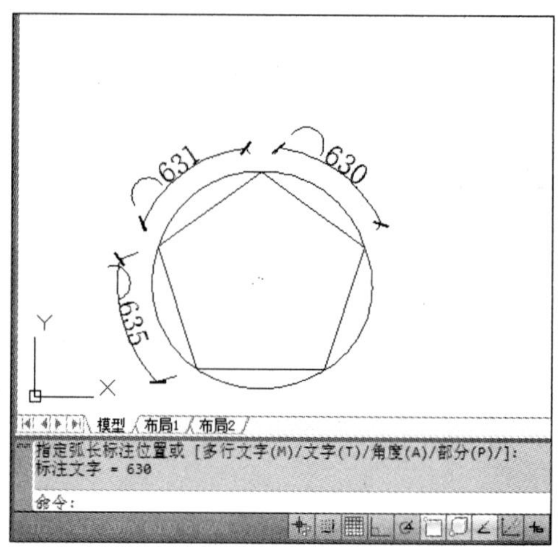

命令行提示如下：

命令： DIMARC
选择弧线段或多段线圆弧段： （选择所需标注的弧线）
指定弧长标注位置或［多行文字(M)/文字(T)/角度(A)/部分(P)/］： （显示标注尺寸）
标注文字 = 630

✪7.5.5 半径标注

半径标注主要用于标注圆形或圆弧的半径尺寸，用户可单击“注释”→“标注”→“半径”命令，根据命令行中的提示信息进行操作，如下图所示。

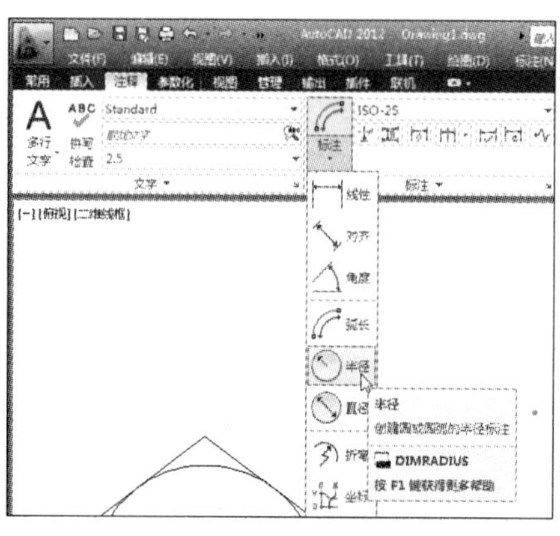

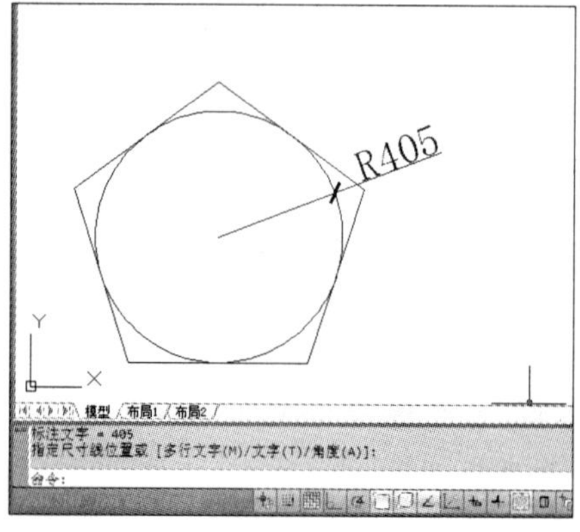

命令行提示如下：

命令：_dimradius
选择圆弧或圆： （选择所需标注的圆）
标注文字 = 405 （显示标注尺寸）
指定尺寸线位置或［多行文字(M)/文字(T)/角度(A)］：

✪7.5.6　直径标注

直径标注可以标注圆和圆弧的直径，用户单击“注释”→“标注”→“直径⃠”命令，根据命令行中的提示信息进行操作，如下图所示。

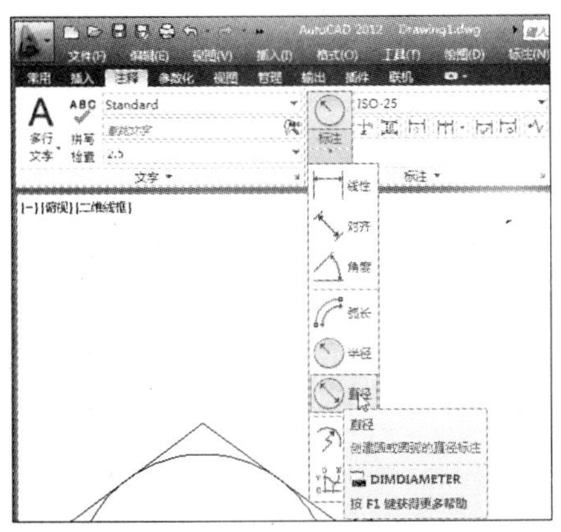
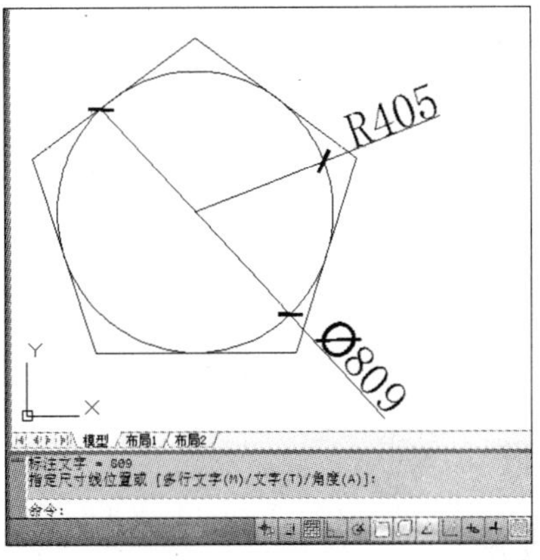

> **操作提示：**
>
> 当在 AutoCAD 中标注圆或圆弧的半径或直径时，系统将自动在测量值前面添加 R 或∅符号来表示半径和直径。但通常中文实体不支持∅符号，所以在标注直径尺寸时，最好选用一种英文字体的文字样式，以便使直径符号得以正确显示。

✪7.5.7　折弯标注

折弯标注主要用于测量圆形或圆弧的半径尺寸，并显示前面带有半径符号的标注文字，同时还可以在任意合适的位置指定尺寸线的原点。用户单击“注释”→“标注”→“折弯”命令，根据命令行中的提示信息进行操作。

命令行提示如下：

```
命令：_dimjogged
选择圆弧或圆：                                        （选择一个圆弧或圆）
指定中心位置替代：                                    （指定点）
指定尺寸线位置或［多行文字(M)/文字(T)/角度(A)］：     （指定点或输入选项）
   指定折弯位置：                                     （指定点）
```

折弯半径也成为“缩放的半径标注”，可以在更方便的位置指定标注的原点，在“修改标注样式”对话框的“符号和箭头”选项卡中，用户可控制折弯的默认角度。

✪7.5.8　坐标标注

坐标标注主要用于标注指定点的 X 坐标或 Y 坐标，并沿一条引线标注指定点的绝对坐标值，用户单击“注释”→“标注”→“坐标”命令，根据命令行中的提示信息进行操作，如下图所示。

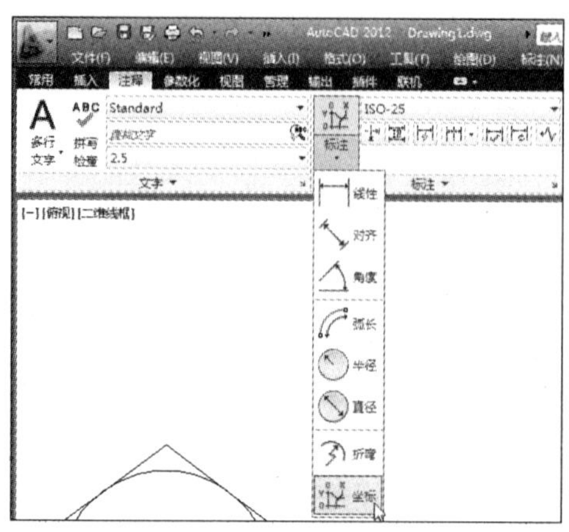

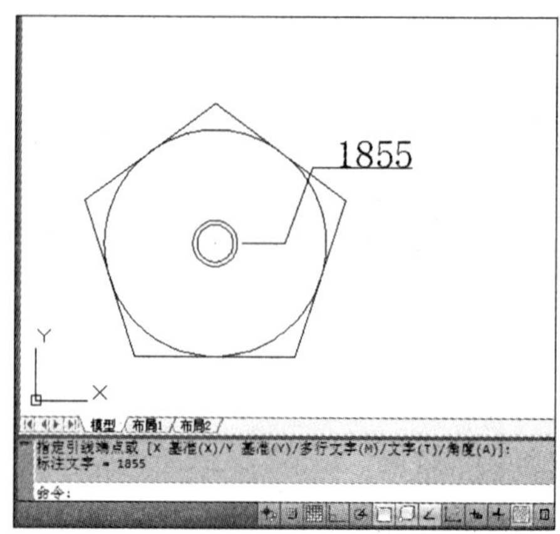

命令行提示如下：

命令：_dimordinate
指定点坐标：（选择所需标注的点）
指定引线端点或［X 基准(X)/Y 基准(Y)/多行文字(M)/文字(T)/角度(A)］：
（显示坐标尺寸）
标注文字 = 1855

7.6 其他尺寸标注

在中文版 AutoCAD 2012 中，除了上述几种类型标注，用户还可以使用其他类型的标注，如快速标注、引线标注和等，下面将分别介绍。

7.6.1 快速标注

使用快速标注在图形中选择多个图形对象，系统将自动查找所选对象的端点或圆心，并根据端点或圆心的位置快速地创建标注尺寸。单击“注释”→“标注”→“快速标注”命令，根据命令行中的提示信息进行操作，如下图所示。

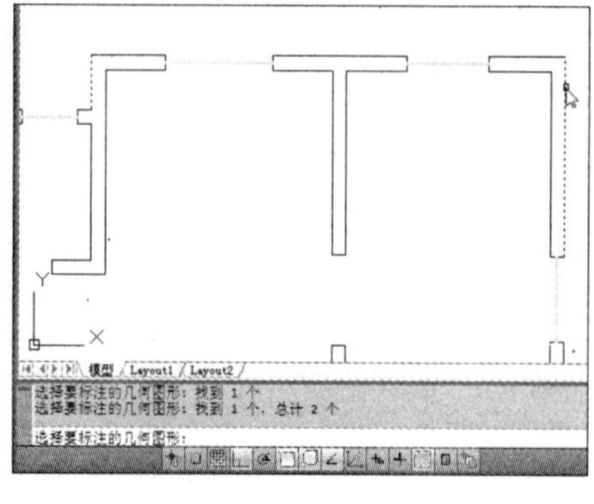

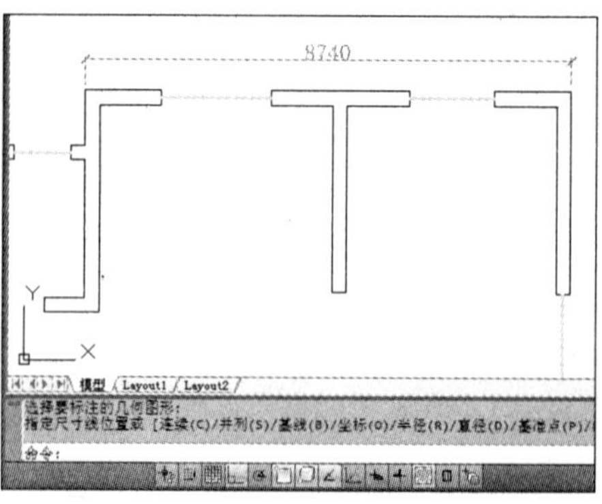

命令行提示如下：

```
命令：_qdim
选择要标注的几何图形：找到 1 个              （选择所需标注尺寸的第一条边界线）
选择要标注的几何图形：找到 1 个，总计 2 个                （选择第一条边界线）
选择要标注的几何图形：                                        （按回车键）
指定尺寸线位置或［连续(C)/并列(S)/基线(B)/坐标(O)/半径(R)/直径(D)/基准点
(P)/编辑(E)/设置(T)］＜连续＞：                        （指定标注尺寸位置）
```

✪7.6.2　连续标注

连续标注可以用于创建同一方向上连续的线性标注、坐标标注或角度标注，它是以上一个标注或指定标注的第 2 条尺寸界线为基准连续创建。用户可单击“注释”→“标注”→“连续标注”命令，根据命令行中的提示信息进行操作，如下图所示。

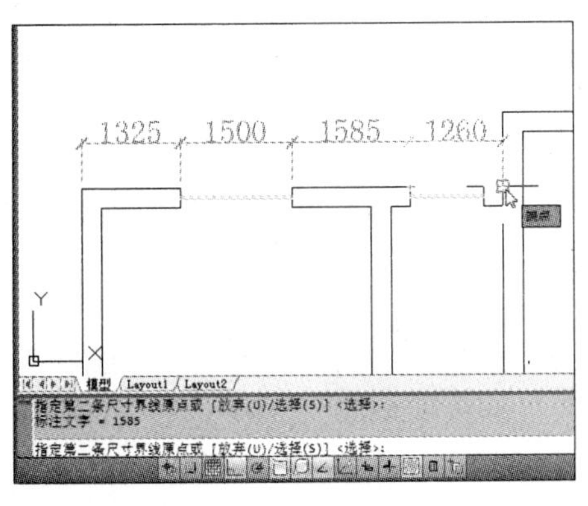

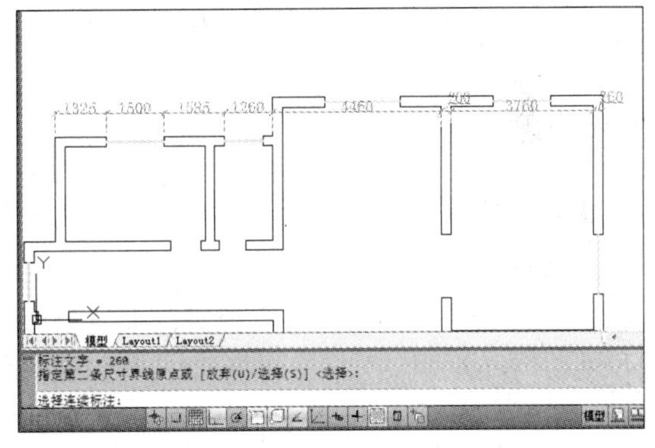

命令行提示如下：

```
命令：_dimcontinue
指定第二条尺寸界线原点或［放弃(U)/选择(S)］＜选择＞：（捕捉第二条尺寸界线基点）
标注文字 = 3760                                          （显示尺寸标注）
指定第二条尺寸界线原点或［放弃(U)/选择(S)］＜选择＞：（捕捉下一条尺寸界线基点）
标注文字 = 260                                           （显示尺寸标注）
指定第二条尺寸界线原点或［放弃(U)/选择(S)］＜选择＞：
```

✪7.6.3　基线标注

在进行基线标注之前，必须先创建（或选择）一个线性、坐标或角度标注作为基准标注。AutoCAD 2012 将从基准标注的第 1 个尺寸界线处测量其基线标注。基线标注是从上一个尺寸界线处测量的，除非指定另一点作为原点。单击“注释”→“标注”→“基线标注”命令，根据命令行中的提示信息进行操作，如下图所示。

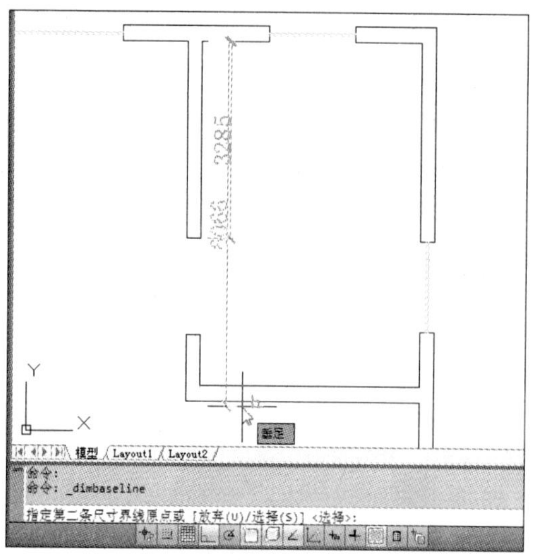

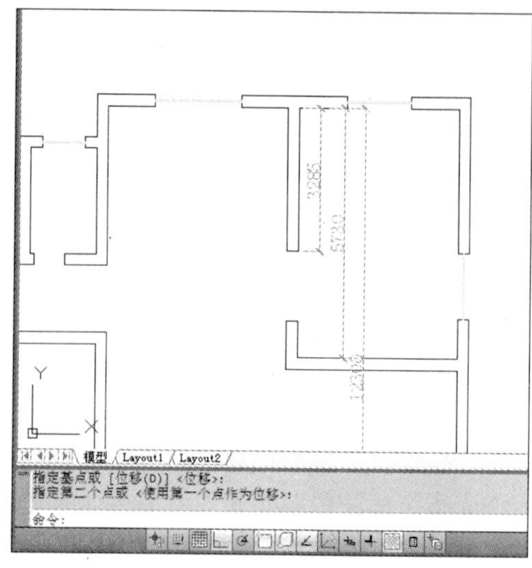

7.6.4 公差标注

形位公差在机械制图中极为重要，它说明了机械零件允许的尺寸与误差范围。一方面，如果形位公差不能完全控制，装配件就不能正确装配；另一方面，过度吻合的形位公差又会由于额外的制造费用而造成浪费。

1. 公差符号

在 AutoCAD 中，可通过特征控制框来显示形位公差信息，如图形的形状、轮廓、方向、位置和跳动的偏差等。下面将介绍几种常用公差符号，如下表所示。

符　号	含　义	符　号	含　义	符　号	含　义
⌖	定位	▱	平坦度	∅	直径
◎	同心/同轴	○	圆或圆度	Ⓜ	最大包容条件（MMC）
⌯	对称	—	直线度	Ⓛ	最小包容条件（LMC）
//	平行	⌓	平面轮廓	Ⓢ	不考虑特征尺寸（RFS）
⊥	垂直	⌒	直线轮廓	Ⓟ	投影公差
∠	角	↗	圆跳动		
⌭	柱面性	⌰	全跳动		

2. 公差标注

在 AutoCAD 2012 软件中，用户可单击“注释”→“标注”→“公差”命令，打开“形位公差”对话框，在该对话框中，可进行公差设置，如下左图所示。

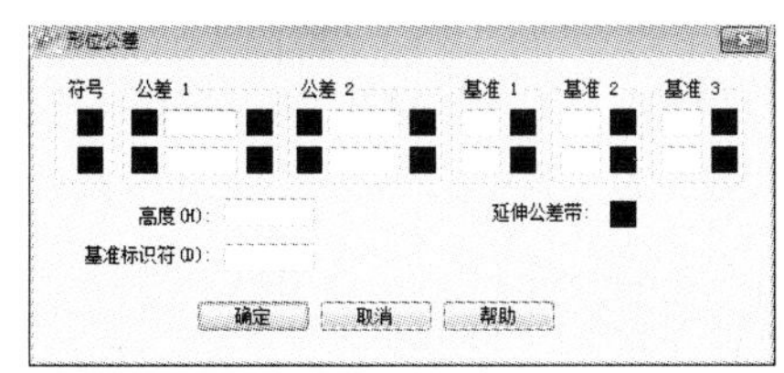

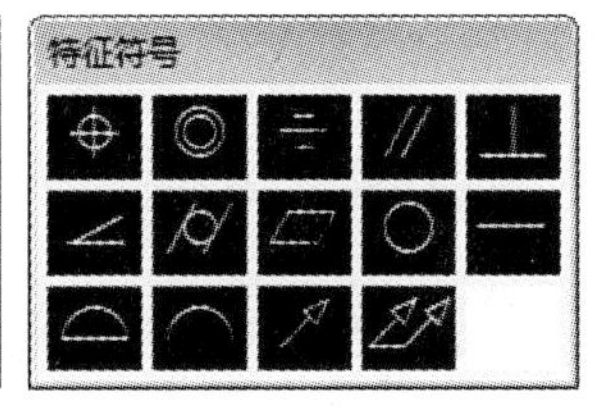

该对话框中，所有选项说明如下。

- 符号：单击该列的■框，在弹出“特征符号”对话框中，选择合适的特征符号，如上中图所示。
- 公差 1、公差 2：单击该列前面的■框，将插入一个直径符号；在中间的文本框中可以输入公差值；单击该列后面的■框，将弹出“附加符号”对话框，可以为公差选择附加符号，如上右图所示。
- 基准 1、基准 2、基准 3：用于设置公差基准和相应的包容条件。
- 高度：用于设置投影公差带的值。投影公差带控制固定垂直部分延伸区的高度变化，并以位置公差控制公差精度。
- 投影公差带：单击 ϕ 框，可在投影公差带值的后面插入投影公差带符号。
- 基准标识符：用于创建由参照字母组成的基准标识符号。

操作提示：

尺寸公差指定标注可以变动的范围，通过指定生产中的公差，可以控制部件所需的精度等级。

7.6.5　引线标注

引线标注用于注释对象信息。从指定的位置绘制出一条引线来标注对象，在引线的末端可以输入文本、公差、图形元素等。在创建引线标注的过程中可以控制引线的形式、箭头的外观形式、尺寸文字的对齐方式。

1. 设置引线样式

在 AutoCAD 2012 软件中，可通过以下操作步骤进行设置。

1 单击“注释”→“引线”命令，打开“多重引线样式管理器”对话框。

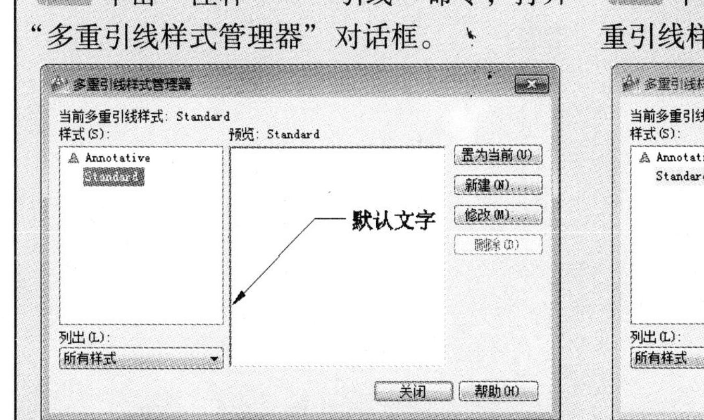

2 单击“新建”按钮，打开“创建新多重引线样式”对话框，并输入样式名。

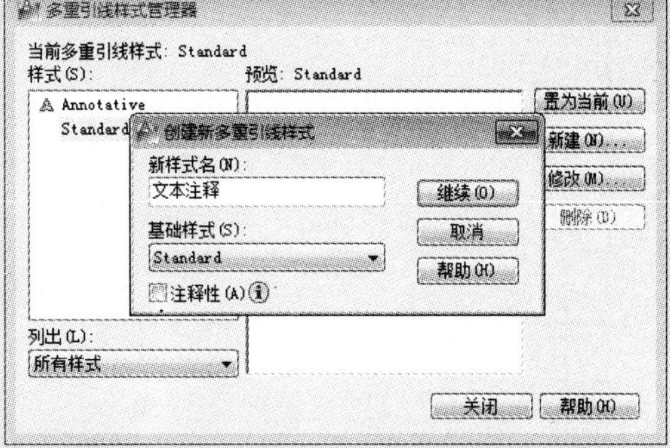

3 单击“继续”按钮，打开“修改多重引线样式”对话框，在“引线格式”选项卡中，将箭头大小设为“30”。

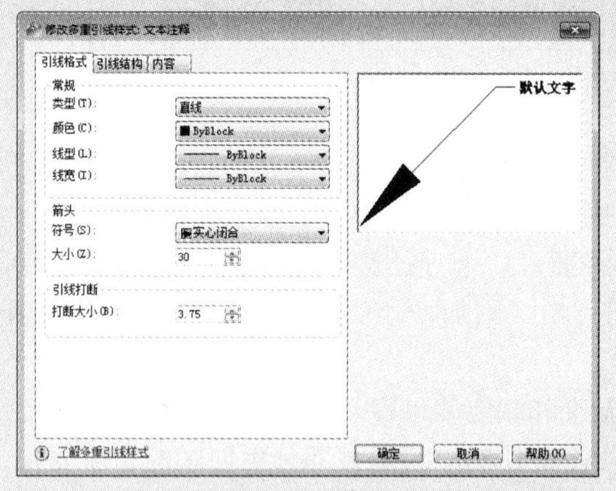

4 单击“内容”选项卡，并将“文字高度”设置为“50”，单击“确定”按钮。

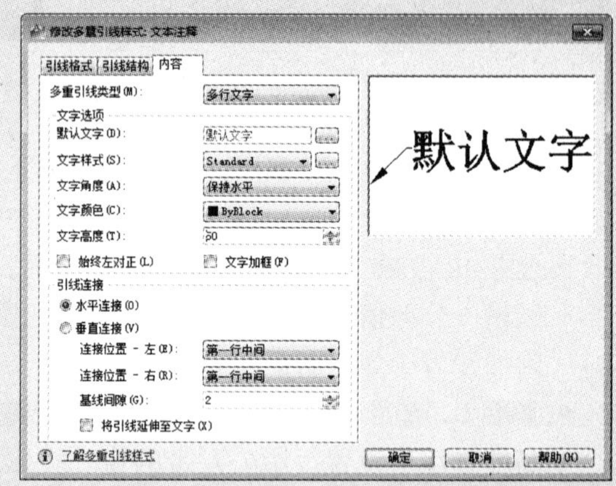

5 返回到“多重引线样式管理器”对话框，单击“置为当前”按钮，关闭对话框。

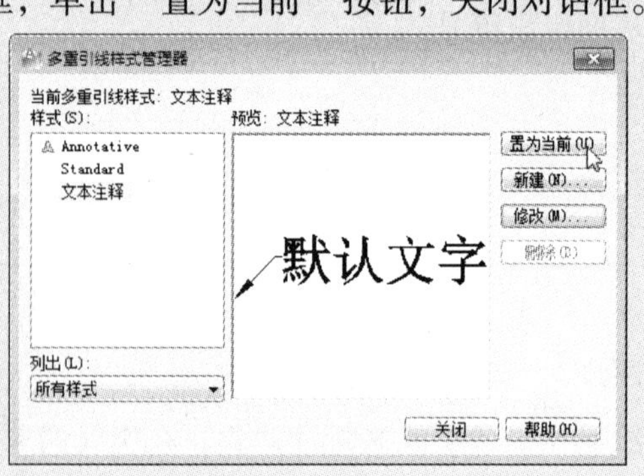

6 若想将该样式删除，则在对话框中，选择该样式，单击“删除”按钮，即可。

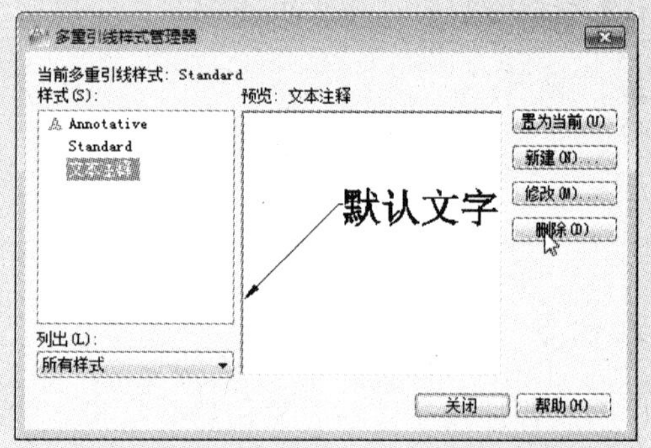

2. 创建引线标注

在 AutoCAD 2012 软件中，可通过以下操作方法进行创建。

1 单击“注释”→“引线”→“多重引线”命令，在图形中指定箭头位置，并移动光标至图形外，指定好基线位置。

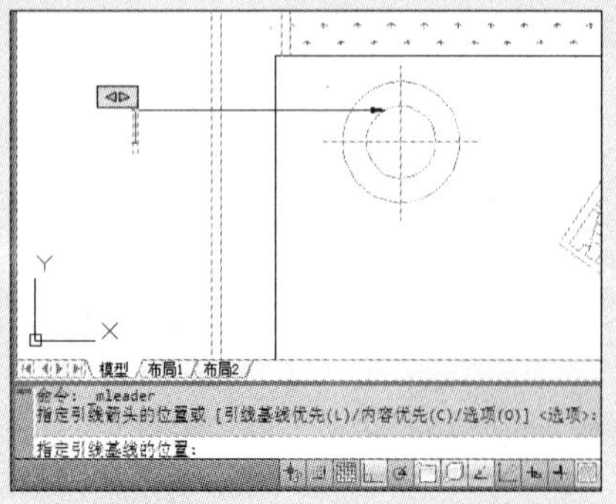

2 在光标处，输入所要注释的文字内容，输入后，单击图形任意一点，即可创建完成。

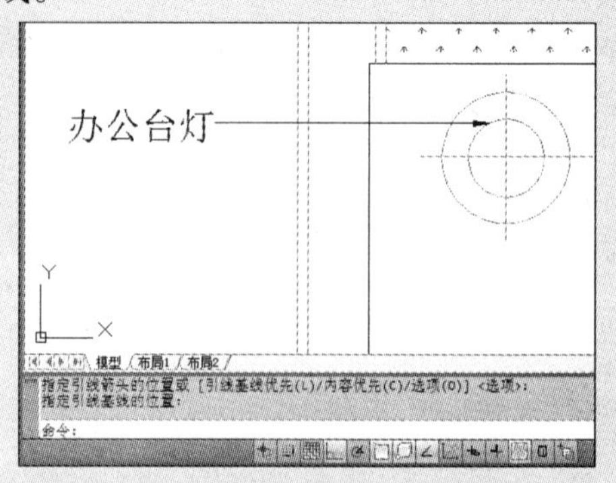

3. 编辑引线注释

当创建引线注释后，可根据需要，对当前引线进行编辑，如“添加引线”、“删除引线”、“对齐引线”以及“合并引线”等。下面将举例介绍其具体的操作步骤。

步骤 1 单击“注释”→“引线”→“添加引线”命令，选择当前创建完成的引线注释。

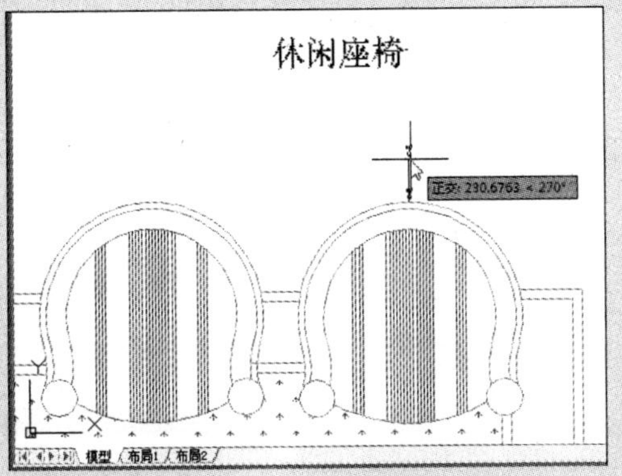

步骤 2 根据命令行中的提示，指定所添加引线箭头的位置。

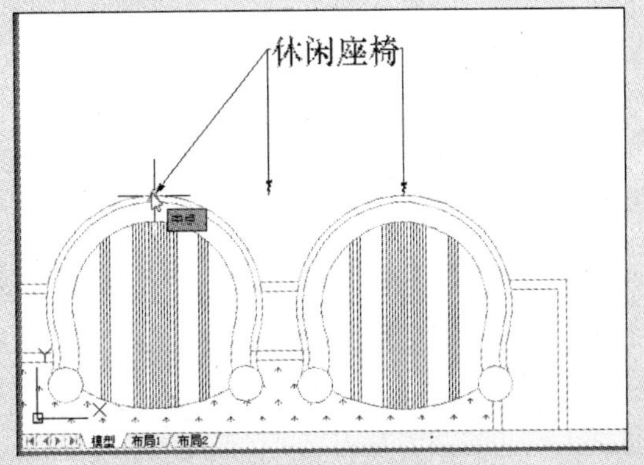

步骤 3 指定完成后，按回车键，即可添加成功。

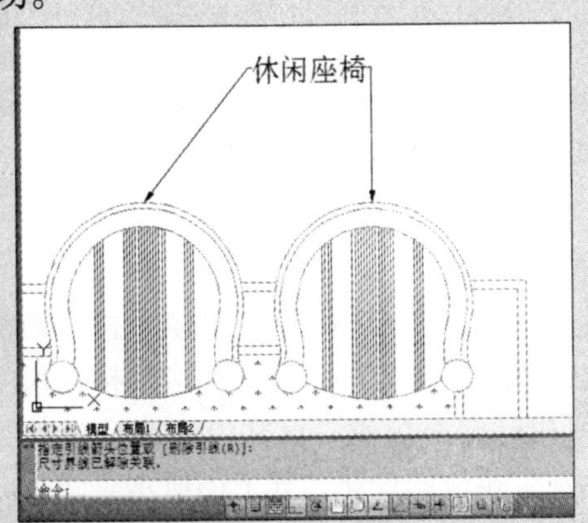

步骤 4 若想删除多余的引线，单击“引线”→“删除引线”命令。

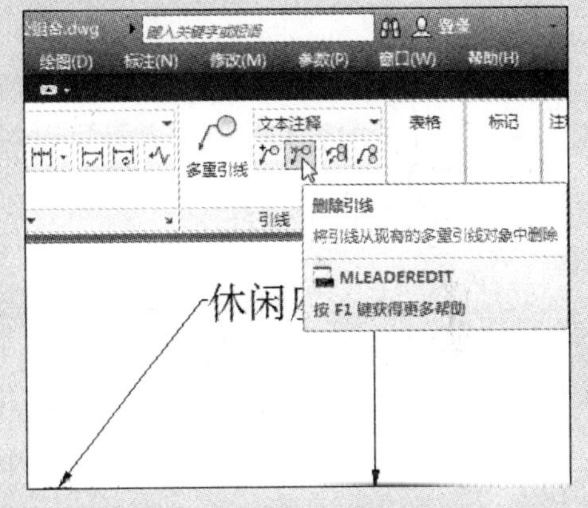

步骤 5 按照命令行提示，选中当前引线组，其后选中所需删除的引线。

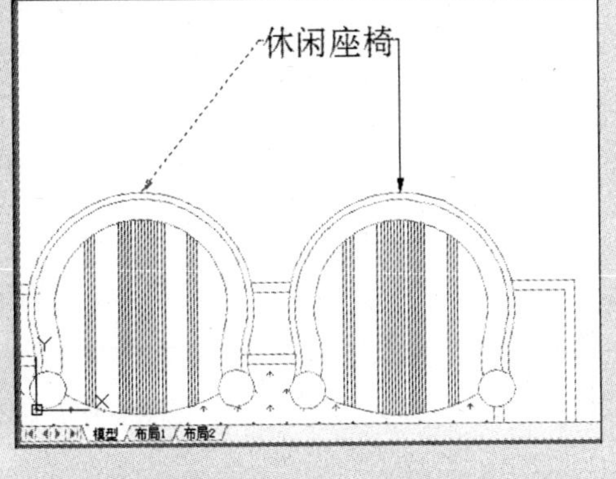

步骤 6 选择好后，按回车键，即可将多余的引线删除。

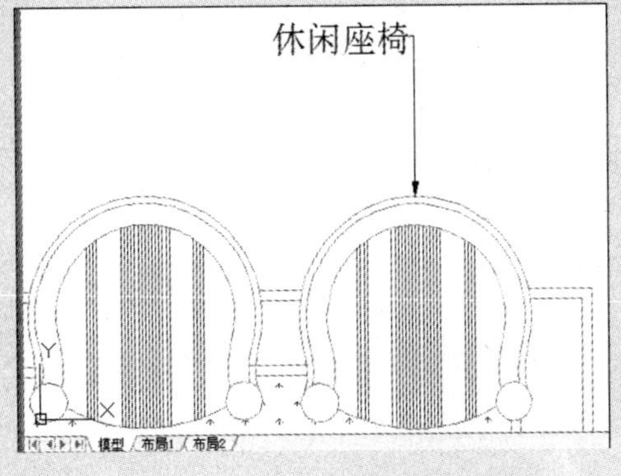

步骤7 单击“引线”→“对齐”命令，选中所需对齐的引线，按回车键，选中要对齐到的多重引线，并指定对齐的方向。

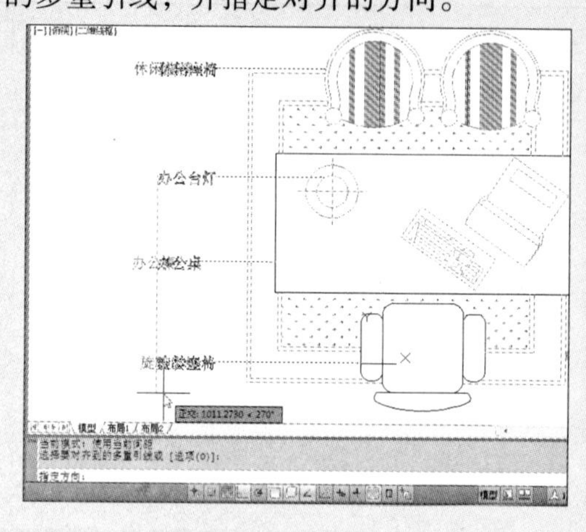

步骤8 指定好方向后，按回车键，即可完成引线对齐操作。

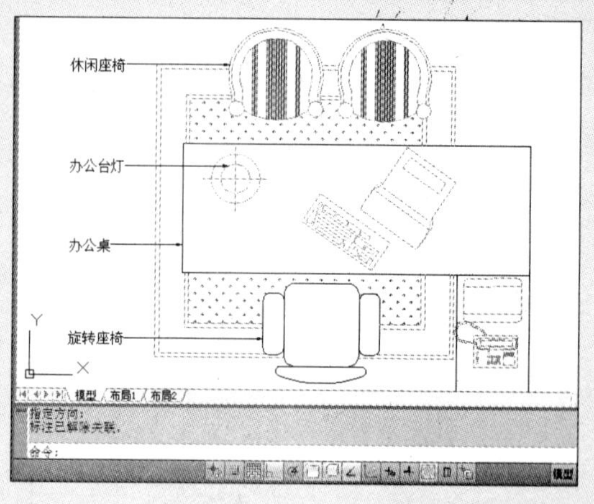

7.7 编辑尺寸标注

当创建尺寸标注后，用户可使用编辑标注命令、夹点编辑或“特性”面板的方法编辑已创建尺寸标注的内容和位置，并且可以对尺寸标注进行关联与重新关联等操作。

7.7.1 关联尺寸标注

关联尺寸标注是指所标注尺寸与被标注对象有关联关系。若标注的尺寸值是按自动测量值标注，则标注是按尺寸关联模式标注的。如果改变被标注对象的大小，相应的标注尺寸也将发生改变，尺寸界线和尺寸线的位置都将改变到相应的新位置，尺寸值也改变成新测量值；反之，改变尺寸界线起始点位置，尺寸值也会发生相应的变化，如下图所示。

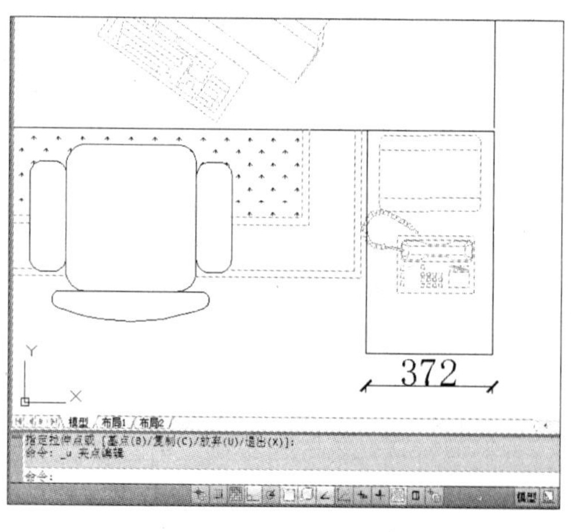

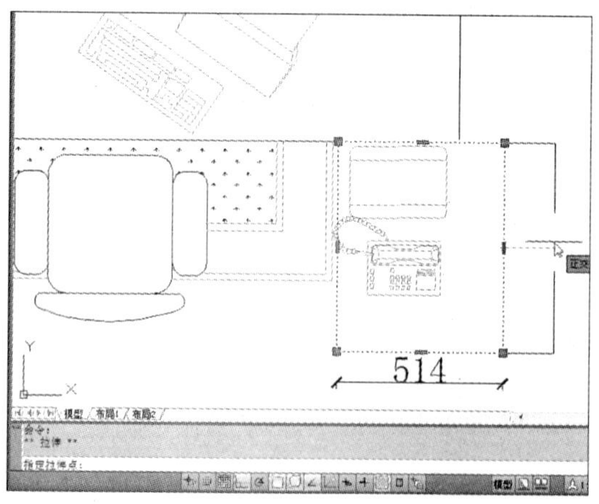

7.7.2　修改尺寸标注

用户可通过“特性”面板，来修改尺寸标注，右击选中所需修改的标注尺寸，在打开的快捷菜单中，选择“特性”选项，在打开的“特性”面板中，向下拖动左侧滚动条，选择“文字”选项下的“文字替代”文本框，并输入尺寸数值即可完成。如下图所示。

操作提示：

如果向上或向下移动文字，则当前文字相对于尺寸线的垂直对齐不会改变，因此尺寸线和尺寸延伸线相应的会有所改变。

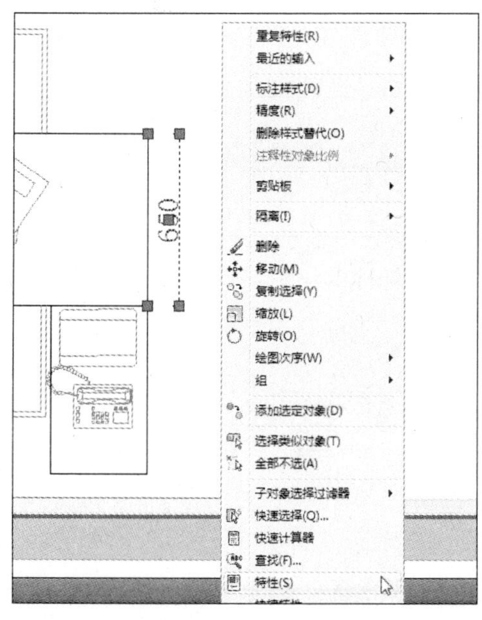

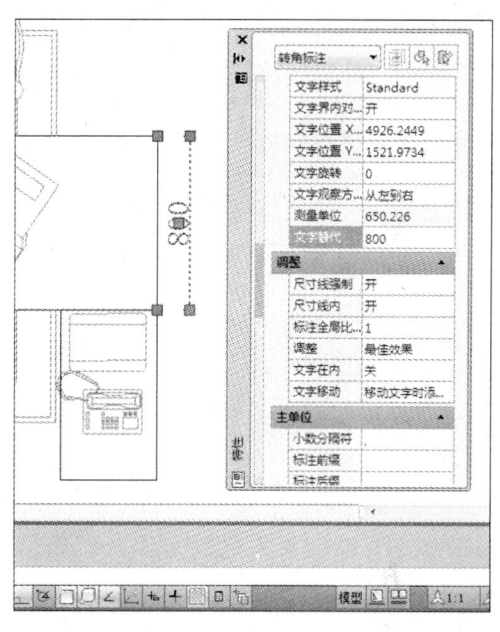

7.7.3　修改尺寸文字和角度

在 AutoCAD 2012 软件中，单击“注释”→“标注”→“文字角度”命令，选中标注文字，并根据命令行中的提示，输入文字角度，按回车键即可完成，如下图所示。

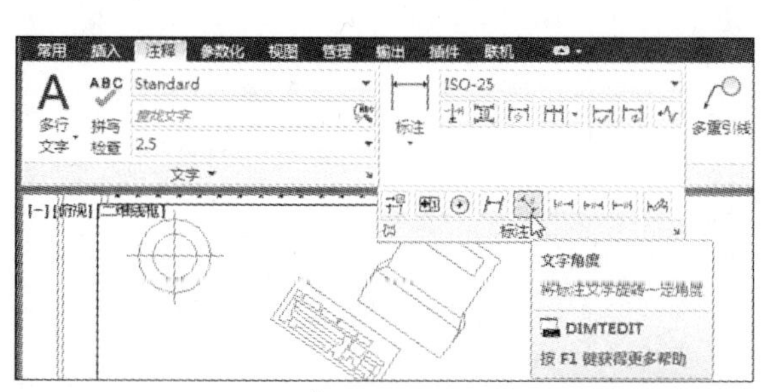

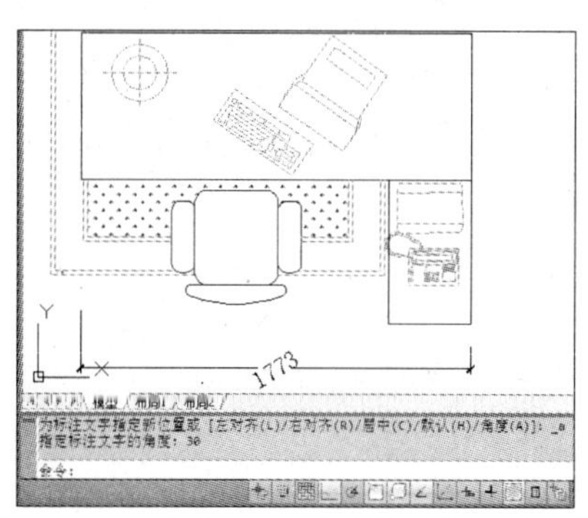

7.8 综合演练：将轴零件图形添加尺寸标注

下面将综合本章所介绍的操作命令，将链轮图形进行尺寸标注。

最终效果：	第 7 章 \ 综合演练 \ 轴零件尺寸图 . dwg
视频路径：	视频 \ 第 7 章 \ 轴零件尺寸图 . wmv
成品尺寸：	轴承长为 282mm，直径为 40mm、34mm 和 28mm
注意事项：	注意标注样式的设置和创建
应用范围：	机械领域
实训目的：	灵活运用标注相关命令

添加尺寸标注之前：

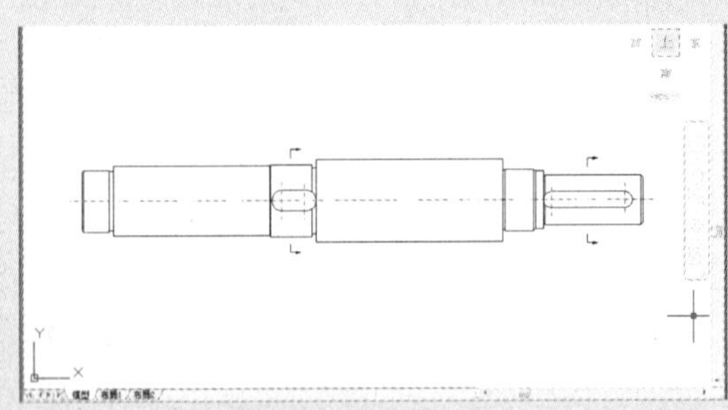

完成尺寸标注的添加：

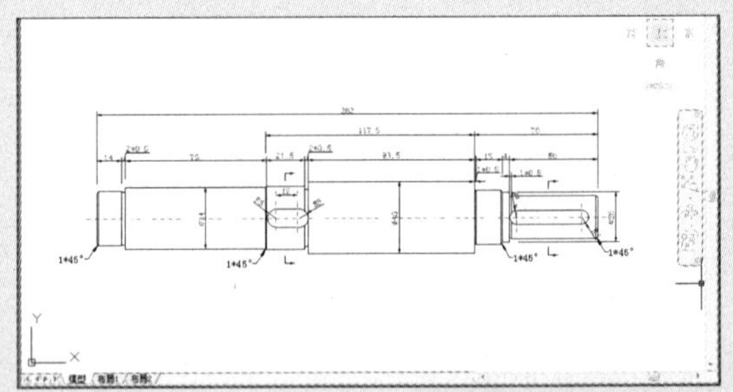

步骤1 单击“注释”→“标注”命令，打开“标注样式管理器”对话框，单击“新建”按钮，创建新样式名称。

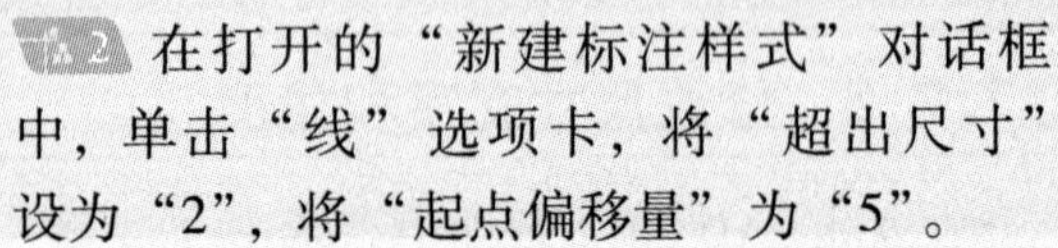

步骤2 在打开的“新建标注样式”对话框中，单击“线”选项卡，将“超出尺寸”设为“2”，将“起点偏移量”为“5”。

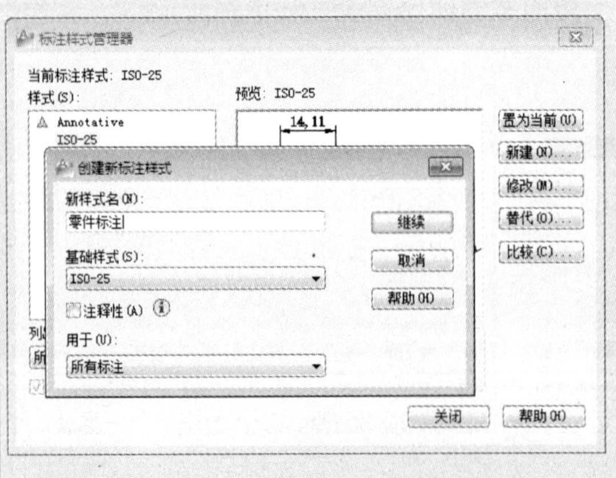

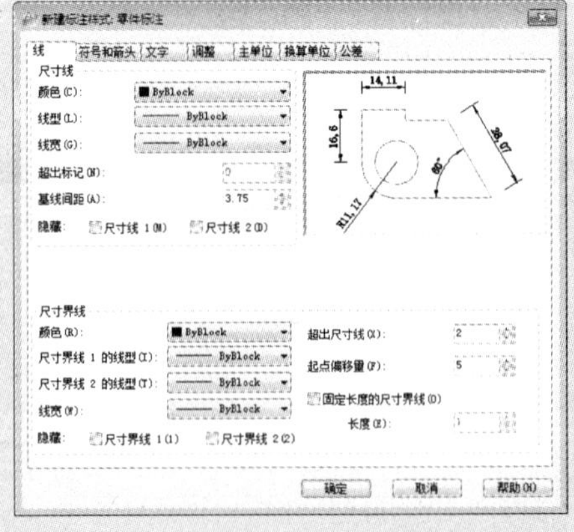

3 单击“文字”选项卡，将“文字高度”设为“3.5”，将“文字颜色”设为蓝色。

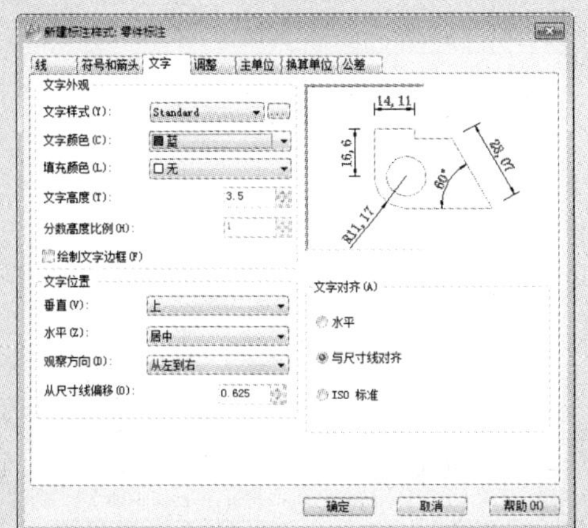

4 单击“主单位”选项卡，将“精度”设为“0.0”。

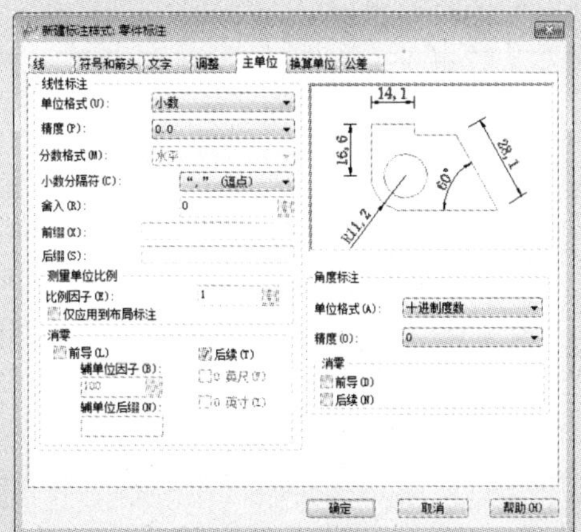

5 单击“确定”按钮，返回至“标注样式管理器”对话框，单击“置为当前”命令，关闭对话框。

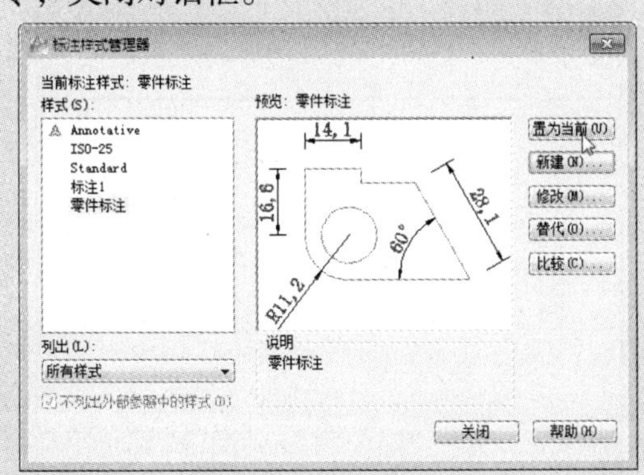

6 单击“注释”→“标注”→“线性”命令，配合捕捉功能，将轴零件图形进行尺寸标注。

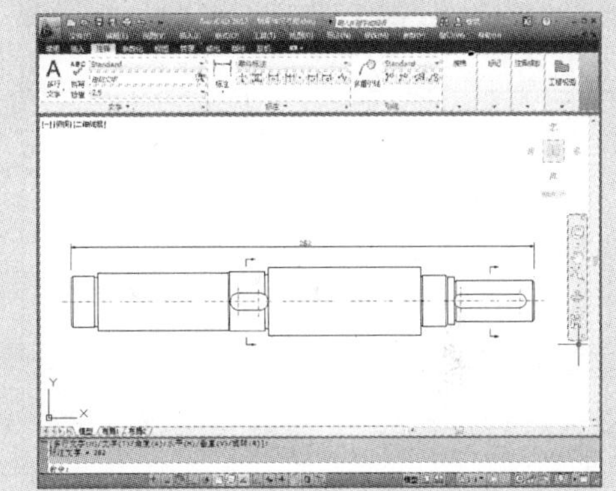

7 单击“标注”→“基线”命令，继续标注轴零件图形尺寸。

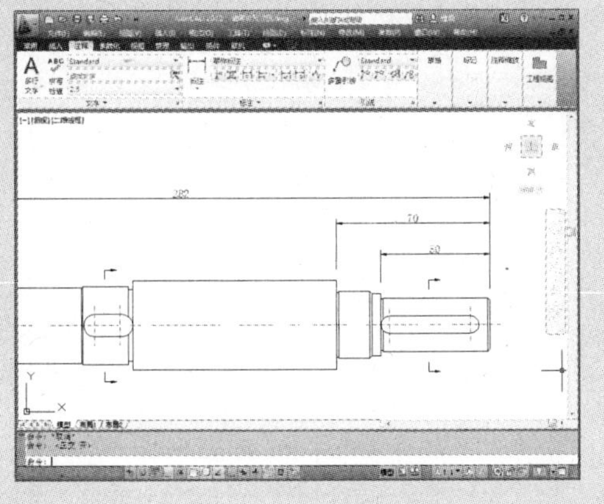

8 单击“标注”→“连续”命令，继续完成零件图尺寸的标注。

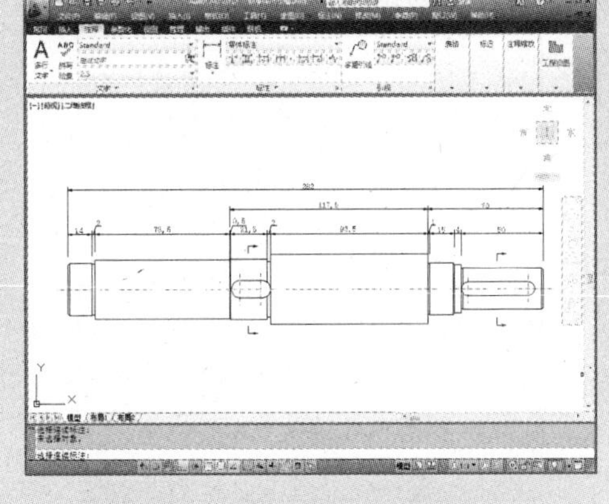

步骤9 选中图形左侧标注为"2"的尺寸线，在命令行中输入"CH"，按回车键，打开"特性"面板对话框。

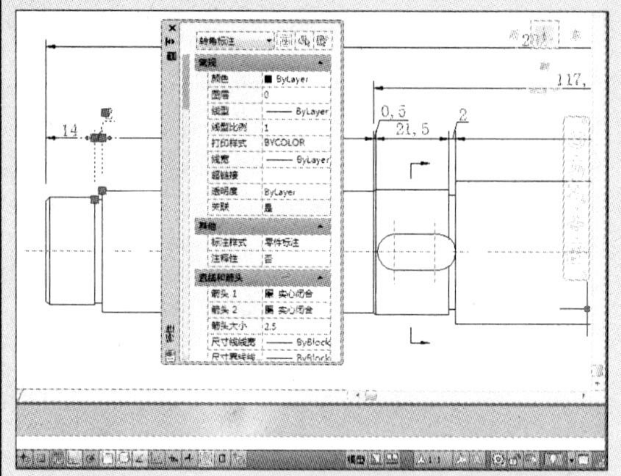

步骤10 在该面板中，选中"文字替代"文本框，并输入"2×0.5"，完成尺寸文字的更改。

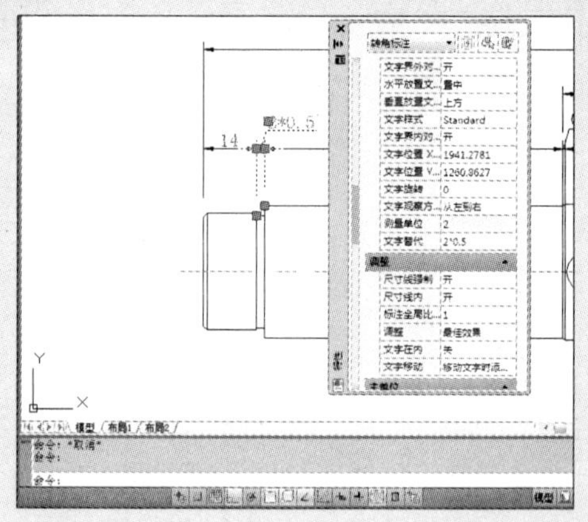

步骤11 按照同样的操作方法，将图形中剩余尺寸进行更改。

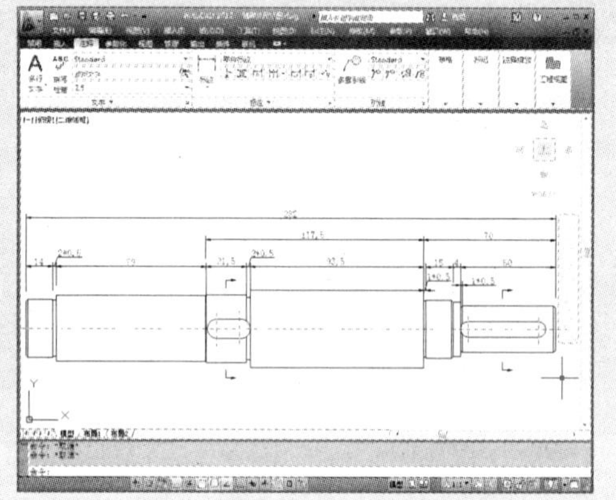

步骤12 单击"标注"→"线性"命令，完成轴图形直径的标注。

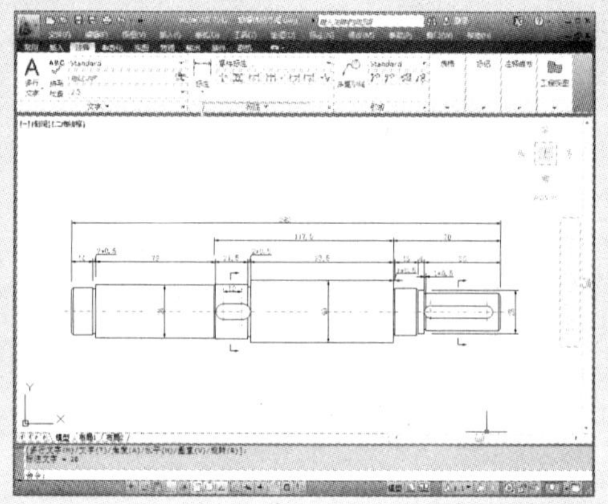

步骤13 选中轴直径标注，同样打开"特性"面板，并在"文字替代"文本框中，输入"%%C34"，即可输入直径符号。

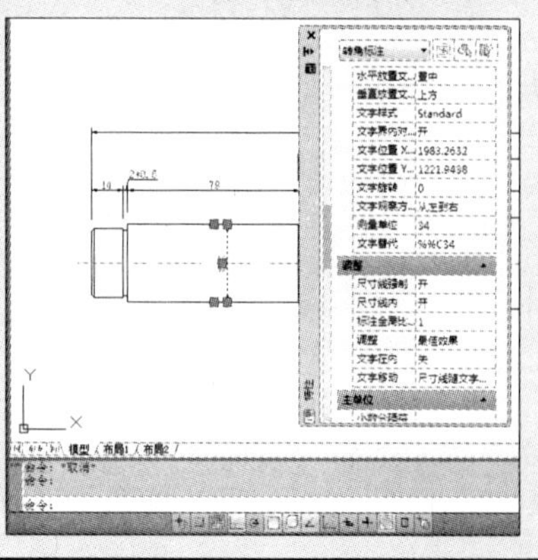

步骤14 按照同样的操作方法，完成剩余直径符号的绘制。单击"标注"→"半径"命令，进行圆形标注。

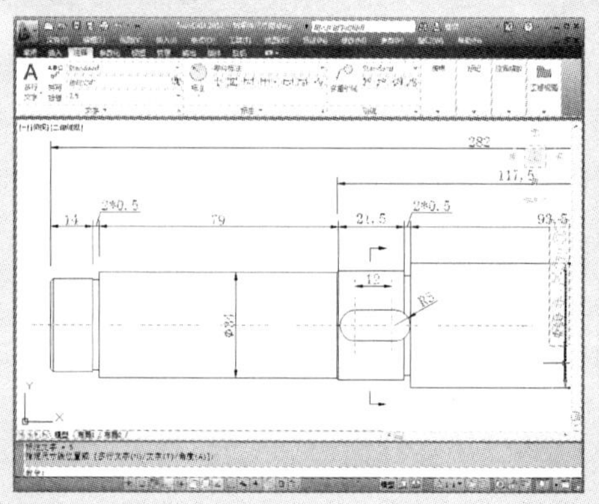

步骤15 单击“多重引线”命令，并结合捕捉功能，进行倒角的注释。

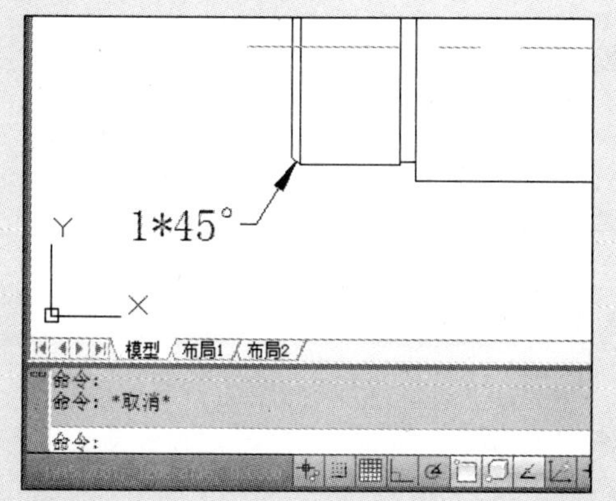

步骤16 单击“多重引线”命令，完成轴图形其他部位倒角的注释。

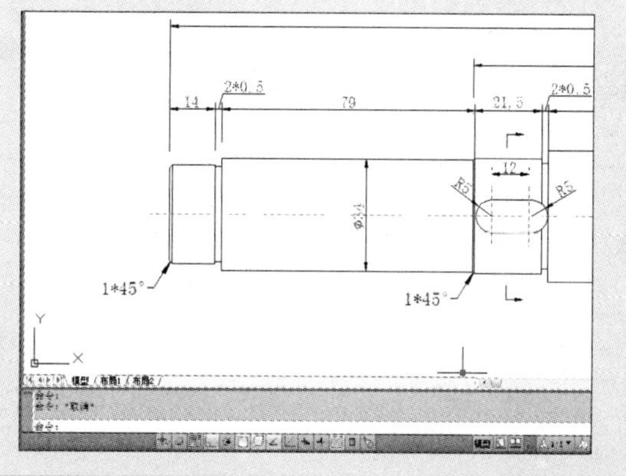

7.9 上机实训

下面将以 3 个简单的实例，来对本章所学的所有知识点进行巩固。

7.9.1 将尺寸标注进行倾斜设置

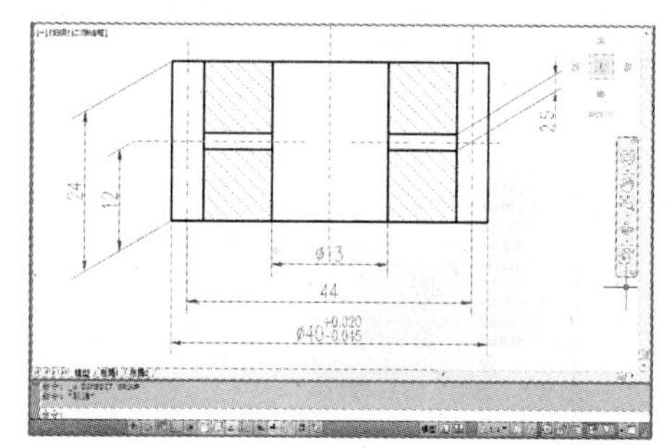

1. 实训目的

熟练掌握尺寸标注“倾斜”设置命令。

2. 实训内容

运用“标注”→“倾斜”命令，来设置当前尺寸标注。

3. 实训过程

单击“标注”→“倾斜”命令。

根据命令行的提示，选中所需设置的尺寸标注线。

在命令行中，输入倾斜角度。

7.9.2 使用夹点编辑尺寸标注

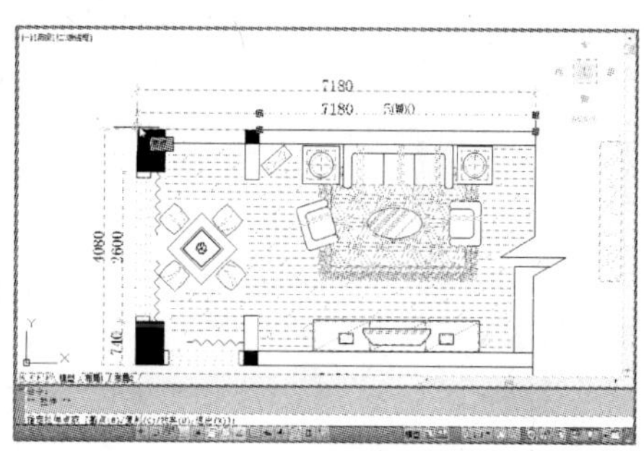

1. 实训目的

熟练掌握标注编辑等相关命令。

2. 实训内容

主要运用夹点来更改尺寸标注。

3. 实训过程

选中所要更改的尺寸标注线。

移动光标，并启动“对象捕捉”命令。

捕捉新边界基点。

7.9.3 为齿轮图添加零件粗糙度

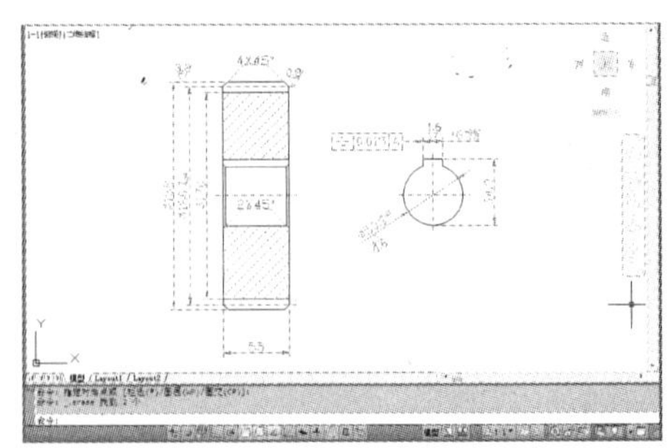

1. 实训目的

掌握“形位公差”的符号，以及如何创建公差标注。

2. 实训内容

运用“多段线”和“定义属性”命令，进行标注。

3. 实训过程

单击“多段线”命令，绘制出粗糙度轮廓。

运用“块”→“定义属性”命令，设置粗糙度值。

7.10 辅助绘图锦囊

Q：如何添加分数字符？

A：在绘制过程中，经常会按照需要添加一些叠堆文字，如分数等，其操作步骤如下。

步骤1 单击“多行文字”命令，在文字输入框中输入1/5。

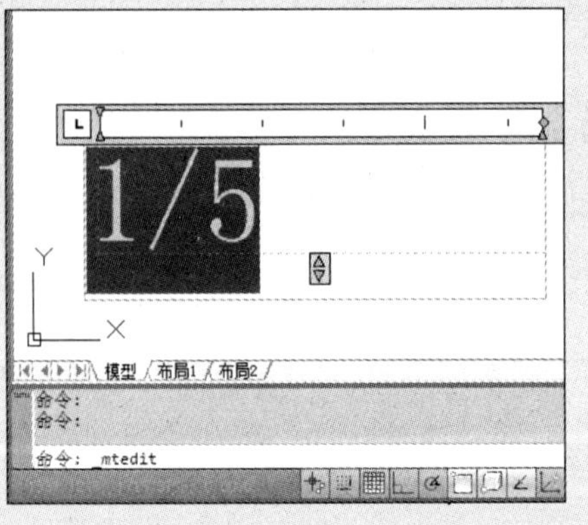

步骤2 选择该数字，单击“格式”→“堆叠”命令。

步骤3 设置完成后，即可完成分数的设置。

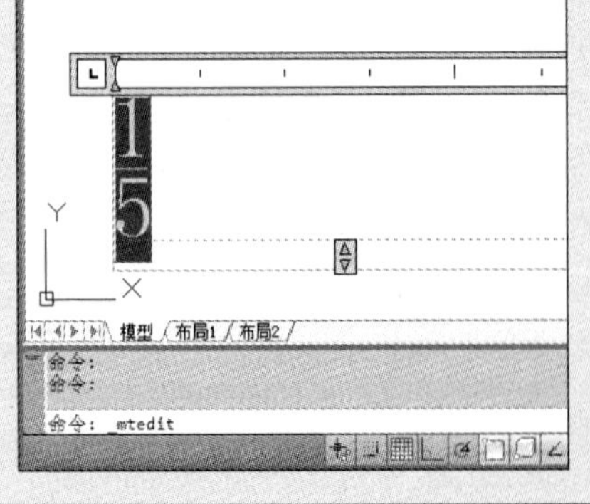

步骤4 右击分数值，在打开的快捷菜单中，选中“堆叠特性”选项，即可对该分数样式进行设置。

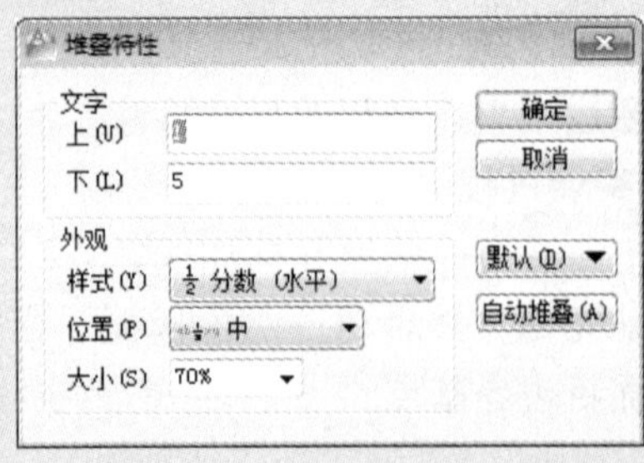

Q：在 AutoCAD 2012 中，如何设置图形界限？

A：在制图前要进行简单的设置，单击菜单栏中“格式”→“图形界限”命令，并根据命令行中的提示，进行单位设置。命令行提示如下：

```
命令：'_limits
重新设置模型空间界限：
指定左下角点或［开(ON)/关(OFF)］<607.5002,948.2812>：        (指定左下角一点)
指定右上角点 <8087.8698,4726.5262>：                          (指定右上角一点)
```

同样，在绘制过程中，按快捷键 <Z + 空格 + A + 空格>，或者双击鼠标中键，也可设置图形界限。

第 8 章 图块、外部参照及设计中心

本章概述

在 AutoCAD 2012 绘制图形时，创建图块是绘制相同结构图形的有效方法。用户可以将经常使用的图形定义为图块，并根据需要为块创建属性，指定块的名称、用途及设计得等信息，在需要时直接插入它们，从而提高绘图效率。

用户还可以把已有的图形文件以参照的形式插入到当前图形中（即外部参照），或是通过 AutoCAD 设计中心浏览、查找、预览、使用和管理 AutoCAD 中图形、块、外部参照等不同的资源文件。

学习向导

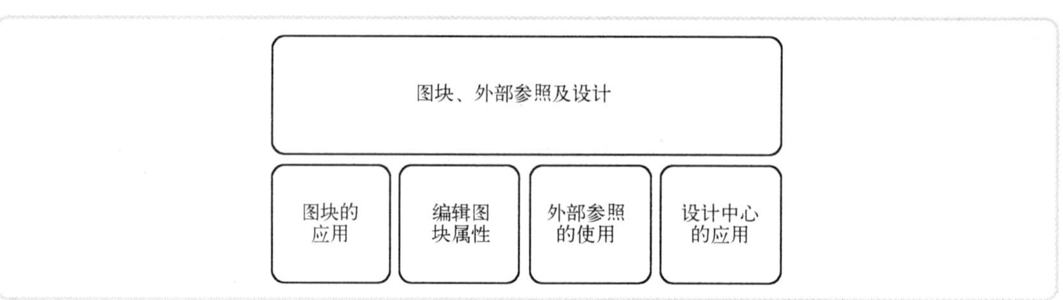

8.1 图块的应用

图块是一个或多个对象组成的对象集合，常用于绘制复杂、重复的图形。一旦对象组合成块，就可以根据绘制需要，将这组对象插入到图中任意指定位置，同时可在插入过程中对其进行缩放和旋转。这样可以避免重复绘制图形，节省绘图时间，提高工作效率。

8.1.1 创建图块

创建图块就是将已有的图形对象定义为图块的过程，可将一个或多个图形对象定义为一个图块。在 AutoCAD 2012 中，图块主要分为内部图块和外部图块两种，下面分别介绍这两种图块的创建方法。

1. 创建内部图块

所谓内部图块，是指使用“创建”命令，创建的图块。内部图块是跟随定义它的图形

文件一起保存的，存储在图形文件内部，因此该图块只能在当前图形中使用，不能被其他图形文件调用。在 AutoCAD 2012 软件中，可通过以下 3 种操作方法创建。

方法一：使用“块定义”功能面板进行创建。

单击“插入”→“块定义”→“创建块”命令，在打开的“块定义”对话框中，根据需要进行创建，如下图所示。

> **操作提示：**
>
> 在建筑设计中的家具、建筑符号等图形都需要重复绘制很多遍，如果先将这些复杂的图形创建成块，然后在需要的地方插入，这样绘图的速度则会大大提高。

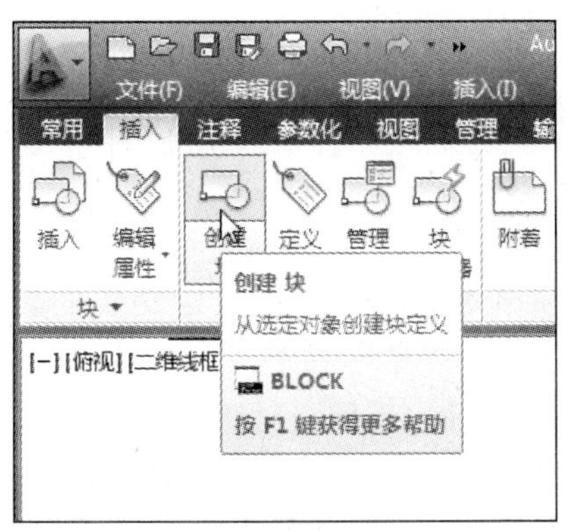

方法二：使用菜单栏中的“创建块”命令进行创建

单击菜单栏中的“绘图”→“块”→“创建”命令，打开“块定义”对话框。如下左图所示。

方法三：通过命令行中输入快捷键进行创建

用户可在命令行中，输入“B”，按回车键，即可打开“块定义”对话框，如下右图所示。

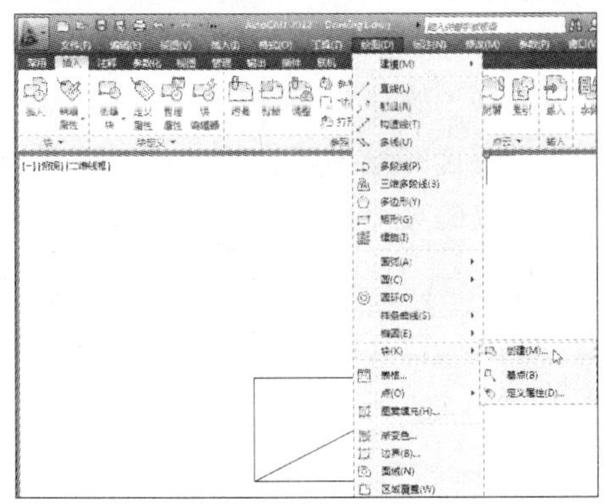

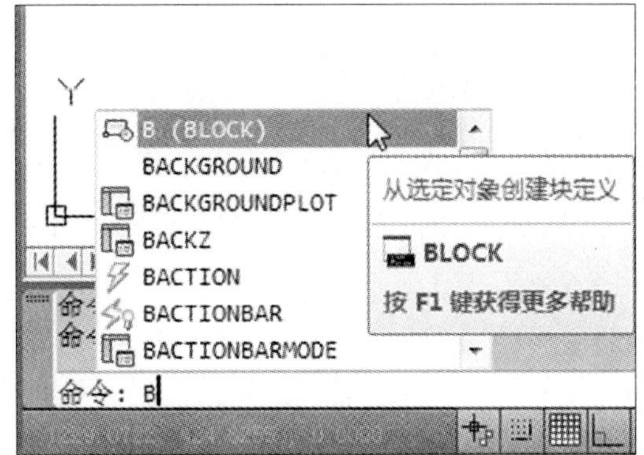

下面将对“块定义”对话框中的各选项进行说明。

- 名称：用于输入块的名称，最多可使用 255 个字符。
- 基点：该选项区用于指定图块的插入基点。系统默认图块的插入基点值为（0，0，0），用户可直接在 X、Y 和 Z 数值框中输入坐标相对应的数值，也可以单击“拾取点”按钮，切换到绘图区中指定基点。

- 对象：用于设置组成块的对象。单击“选择对象”按钮，可以切换到绘图窗口中选择组成块的各对象；也可单击“快速选择”按钮，在打开的“快速选择”对话框中，设置所选择对象的过滤条件。
- 保留：勾选该选项，则表示创建块后仍在绘图窗口中保留组成块的各对象。
- 转换为块：勾选该选项，则表示创建块后将组成块的各对象保留并把它们转换成块。
- 删除：勾选该选项，则表示创建块后删除绘图窗口中组成块的各对象。
- 设置：该选项区用于指定图块的设置。
- 方式：该选项区中可以设置插入后的图块是否允许被分解、是否统一比例缩放等。
- 说明：该选项区用于指定图块的文字说明，在该文本框中，可以输入当前图块说明部分的内容。
- 超链接：单击该按钮，打开“插入超链接”对话框，从中可以插入超级链接文档。
- 在块编辑器中打开：选中该复选框，当创建图块后，进行块编辑器窗口中进行“参数”、“参数集”等选项的设置。

在 AutoCAD 2012 中，创建内部图块的操作方法如下：

1 打开“健身器材”素材文件，单击“注释”→“块定义”→“创建块”命令，打开块定义对话框。

2 在该对话框中，输入定义块的名称，单击“选择对象”按钮，选择桌面图形，按回车键确认，返回至对话框。

3 单击“拾取点”按钮，切换到绘图区，捕捉台球桌中心点作为基点，返回至“块定义”对话框。

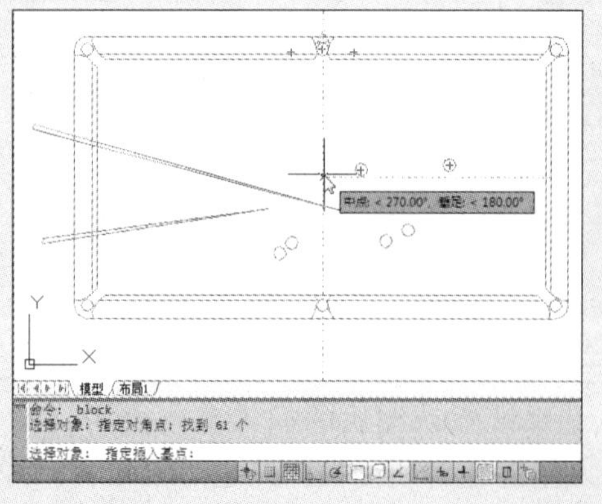

4 单击“确定”按钮，完成图块的创建，其后，选择绘图区中的台球桌图形，即可预览图块的夹点显示状态。

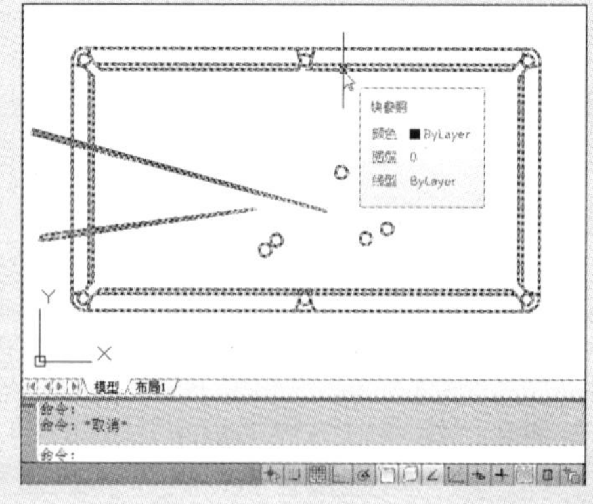

2. 创建外部图块

在中文版 AutoCAD 2012 中，不仅可以使用内部图块，还可以使用外部图块。外部图块是指利用 Wblock 命令定义的图块，它可以将选择对象保存为 DWG 格式的外部图块。外部图块就相当于一个普通的 AutoCAD 图形，它不仅可以作为图块插入到当前图形中，还可以被打开和编辑。实际上，任何一个在 AutoCAD 中绘制的图形都可以作为一个外部图块插入到当前图形中。

用户可在命令行中输入“Wblock”命令，按回车键，打开“写块”对话框，在该对话框中，可根据需求进行创建。如下图所示。

“写块”对话框中各选项说明如下。

- 块：如果当前图形中含有内部图块，选中此按钮，可以在右侧的下拉列表框中选择一个内部图块，系统可以将此内部图块保存为外部图块。
- 整个图形：单击此按钮，可以将当前图形作为一个外部图块进行保存。
- 对象：单击此按钮，可以在当前图形中任意选择若干个图形，并将选择的图形保存为外部图块。
- 基点：用于指定外部图块的插入基点。
- 对象：用于选择保存为外部图块的图形，并决定图形被保存为外部图块后是否删除图形。
- 目标：主要用于指定生成外部图块的名称、保存路径和插入单位。
- 插入单位：用于指定外部图块插入到新图形中时所使用的单位。

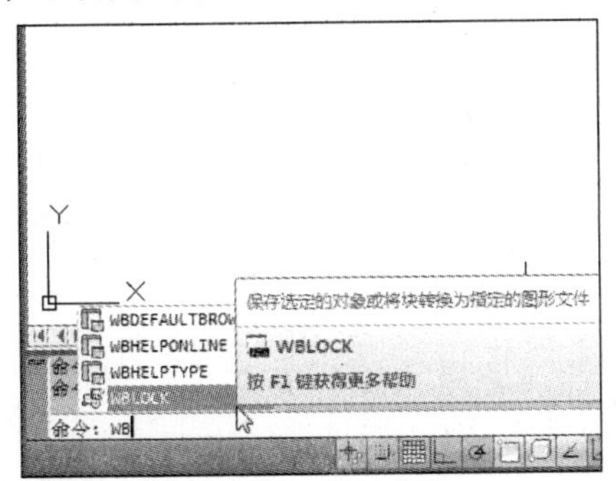

在 AutoCAD 2012 软件中，创建外部图块的操作步骤如下：

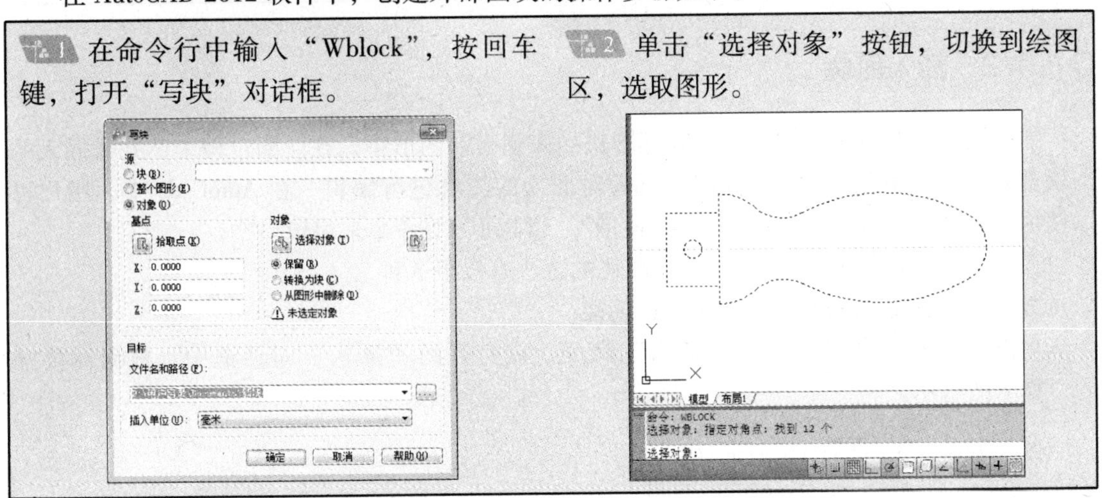

步骤 1 在命令行中输入“Wblock”，按回车键，打开“写块”对话框。

步骤 2 单击“选择对象”按钮，切换到绘图区，选取图形。

3 按回车键，返回至“写块”对话框，单击“拾取点”按钮，切换到绘图区，捕捉图形任意点作为图块基点。

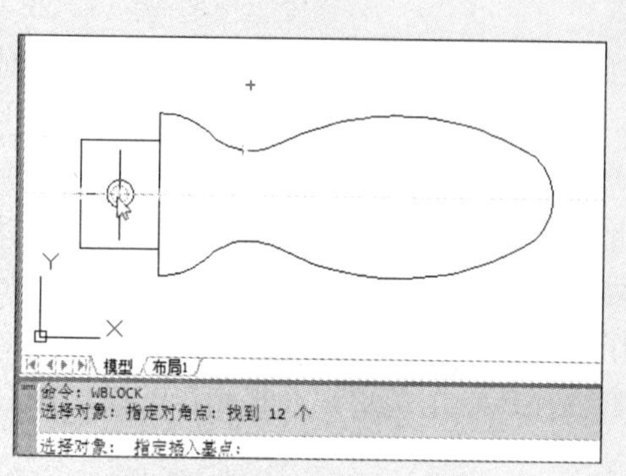

4 选择完成后，返回对话框，单击“文件名和路径 ...”按钮。

5 在打开的“浏览图形文件”对话框中，指定保存位置与名称。

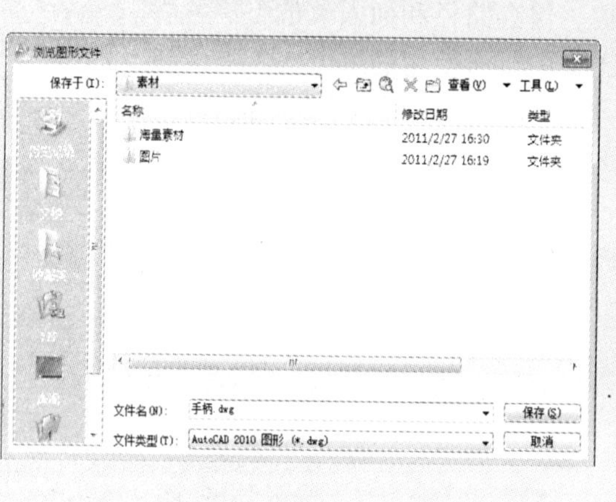

6 单击“保存”按钮，返回对话框，单击“确定”按钮，完成外部图块的创建。

8.1.2 插入图块

插入图块是指将定义的内部或外部图块插入到当前图形中。在绘图过程中，并非插入的图块都完全符合用户的需求，此时，就需对插入的图块进行编辑。在 AutoCAD 中，用户可以使用“移动”、“旋转”、“复制”、“镜像”、“阵列”等命令来编辑。

在中文版 AutoCAD 2012 中，插入图块的方法有以下 3 种。

方法一：使用“块”功能面板进行创建。

单击“插入”→“块”→“插入”命令，在打开的“插入”对话框中，根据需要插入，如下图所示。

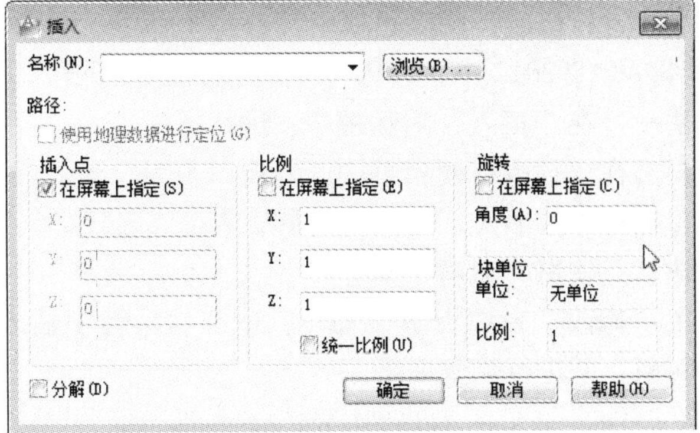

方法二：通过命令行中输入快捷键进行创建

用户可在命令行中，输入“I”回车，即可打开“块定义”对话框，如下左图所示。

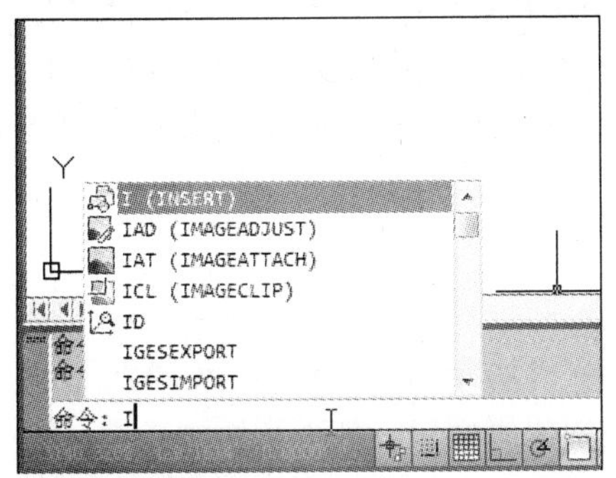

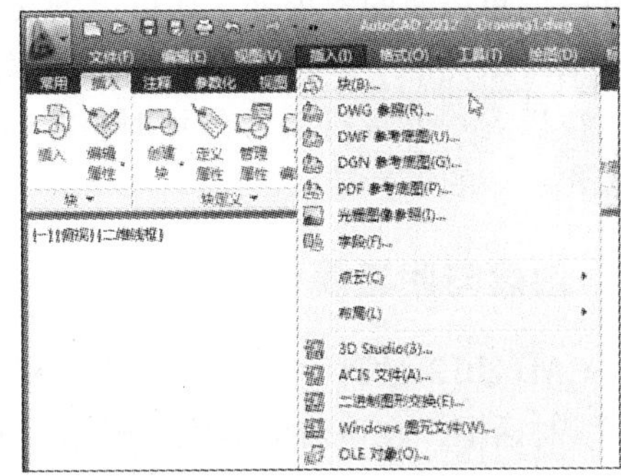

方法三：使用菜单栏中的“插入”命令进行创建

单击菜单栏中的“插入”→“块”命令，打开“插入”对话框。如上右图所示。

“插入”对话框中各选项说明如下。

- 名称：用于选择块或图形的名称。也可单击“浏览”按钮，在打开“选择图形文件”对话框中，选择保存的块和外部图形。
- 插入点：用于设置块的插入点位置。用户可直接在 X、Y、Z 文本框中输入点的坐标，也可以通过勾选“在屏幕上指定”复选框，在屏幕上指定插入点位置。
- 比例：用于设置块的插入比例，用户可直接在 X、Y、Z 文本框中输入块在 3 个方向的比例，也可通过选中“在屏幕上指定”复选框，在屏幕上指定。此外，该选项区中的“统一比例”复选框用于确定所插入块在 X、Y、Z 这 3 个方向的插入比例是否相同，选中时表示比例相同，此时用户只需要在 X 文本框中输入比例值即可。
- 旋转：用于设置块插入时的旋转角度。用户可直接在“角度”文本框中输入角度值，也可以选中“在屏幕上指定”复选框，在屏幕上指定旋转角度。
- 分解：选中该复选框，可以将插入的块分解成多个基本对象。

8.1.3　修改图块

若插入的图块不符合用户需要时，可将该图块进行修改。通常在插入图块后，需将该图块进行分解操作。因为在图形中使用的图块，是作为单个的对象处理，如果要进行修改，只

能对整个块进行修改，所以必须用“分解”命令，将图块分解后，再进行编辑和修改。

在 AutoCAD 2012 中，若想将 CAD 图块进行分解，可通过以下 2 种方法操作。

方法一：在“插入”对话框中，进行操作

用户可在“插入”对话框中，勾选“分解”复选框，单击“确定”按钮，此时所插入的块仍保持原来的形式，但可对其中某个对象进行修改。

方法二：使用“分解”命令

单击“修改”→“分解”命令，或在命令行中输入“X”并按回车键，即可将块分解为多个对象，并进行修改编辑。

8.2 编辑图块属性

除了可以创建普通的图块外，还可以创建带有附加信息的块，这些信息被称为属性。用户利用属性来跟踪类似于零件数量和价格等信息的数据，属性值既可以是可变的，也可以是不可变的。在插入一个带有属性的块时，AutoCAD 把固定的属性值随块添加到图形中，并提示输入哪些可变的属性值。

8.2.1 创建与附着属性

在 AutoCAD 2012 软件中，单击“插入”→“块定义”→“定义属性”命令，打开“属性定义”对话框，在该对话框中，根据需要创建属性块，如下图所示。

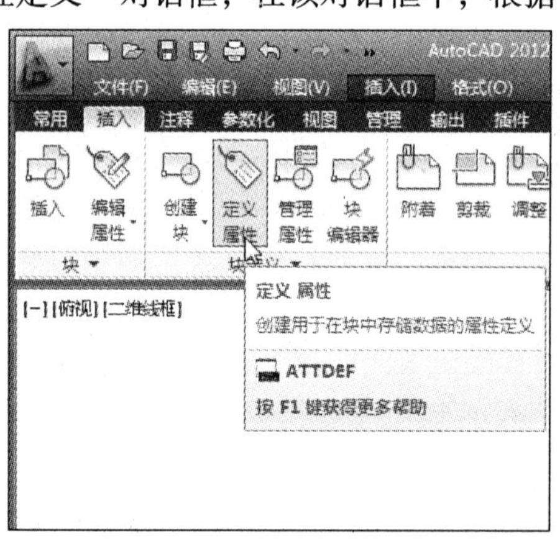

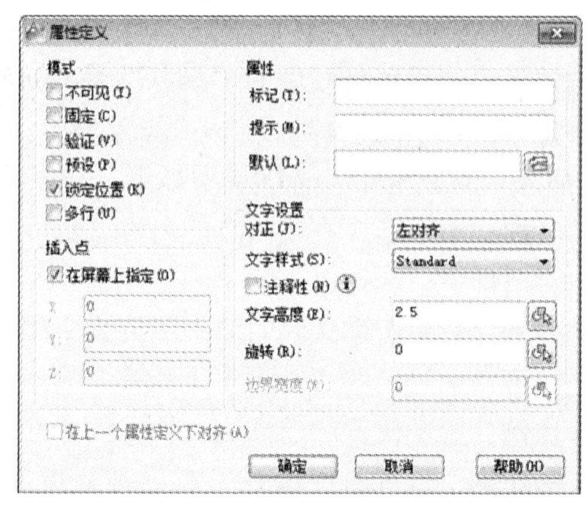

“属性定义”对话框中的各选项说明如下。

- 模式：该选项区用于设置属性的模式。其中“不可见”复选框用于确定插入块后是否显示其属性值；“固定”复选框用于设置属性是否为固定值，为固定值时插入块后该属性值不再发生变化；“验证”复选框用于验证所输入阻抗的属性值是否正确；“预置”复选框用于确定是否将属性值直接预置成它的默认值。
- 属性：该选项区用于定义块的属性。其中“标记”文本框用于输入属性的标记；“提示”文本框用于输入插入块时系统显示的提示信息；“值”文本框用于输入属性的默认值。
- 插入点：该选项区用于设置属性值的插入点，即属性文字排列的参照点。可以直接在 X、Y、Z 数值框中输入点的坐标，也可以单击“拾取点”按钮，在绘图窗口上拾取一点作为插入点。

- 文字设置：该选项区用于定义块的文字格式。其中“对正”选项用于设置文字的对齐方式；“文字样式”选项用于选择文字的样式；“文字高度”文本框用于输入文字的高度值；“旋转”文本框用于输入文字旋转角度值。

创建属性块的具体操作方法如下：

1 单击“直线”和“图案填充”命令，并启动“极轴追踪”功能，绘制出标高标志。

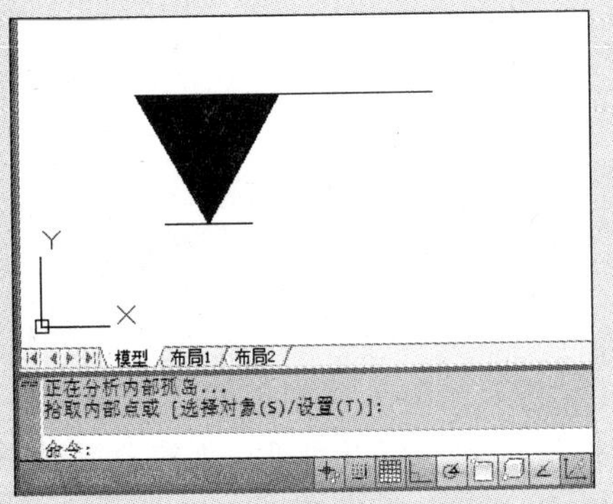

2 单击“插入”→“块定义”→“定义属性”命令，打开“属性定义”对话框，并设置该图块的各属性。

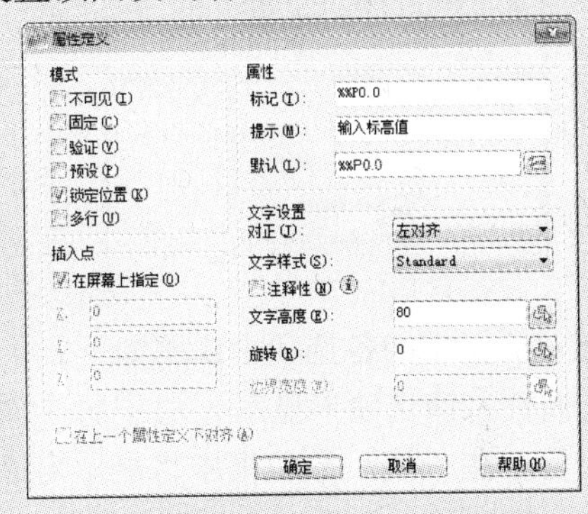

3 完成后，单击“确定”按钮，关闭该对话框，将文字调整至图形合适位置。

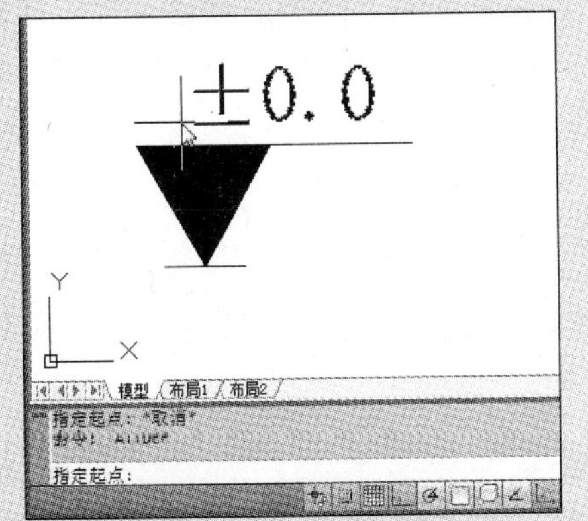

4 单击“确定”按钮，切换到绘图区中，指点标记符基点，其后，单击“创建块”命令，打开“块定义”对话框。

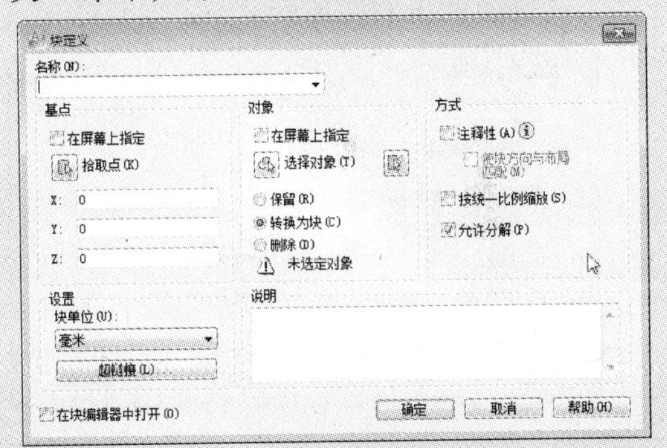

5 单击“选择对象”按钮，选中图形，单击“确定”按钮，完成创建。其后，输入“I”命令，打开“插入”对话框。

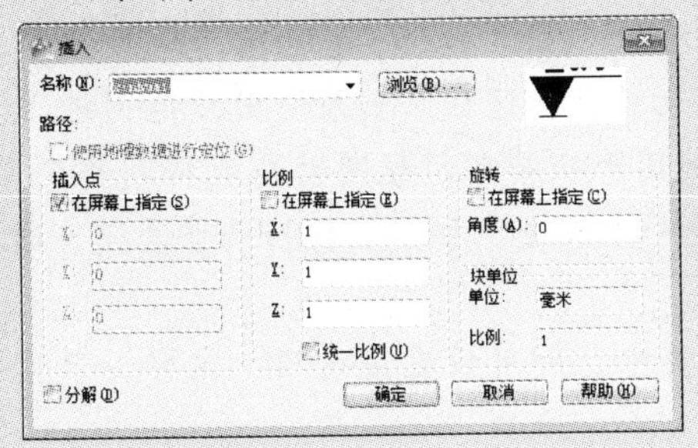

6 单击“浏览”按钮，选择刚创建的新块，单击“确定”按钮，并在命令行中，输入标高数值，按回车键即可创建成功。

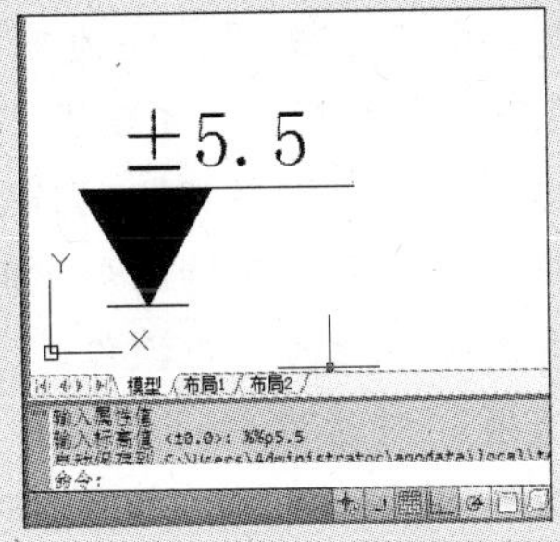

8.2.2 编辑块的属性

在 AutoCAD 2012 软件中，用户可双击创建好的属性图块，或单击“插入”→“块”→“编辑属性”→“单个”或“多个”命令，选中属性图块，打开“增强属性编辑器”对话框，在该对话框中，可根据需要对其属性进行编辑，如编辑属性标记、提示等，如下图所示。

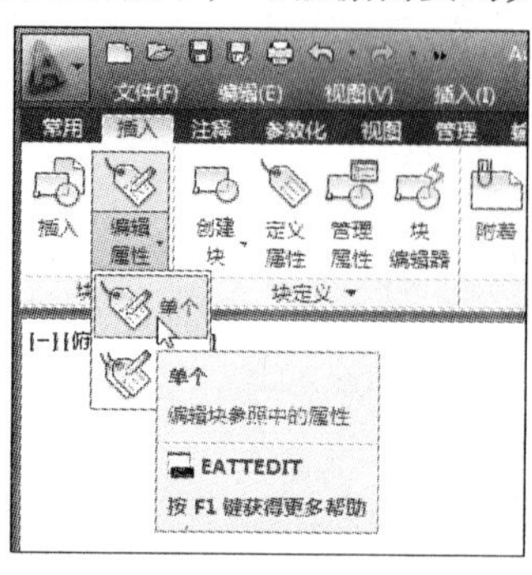
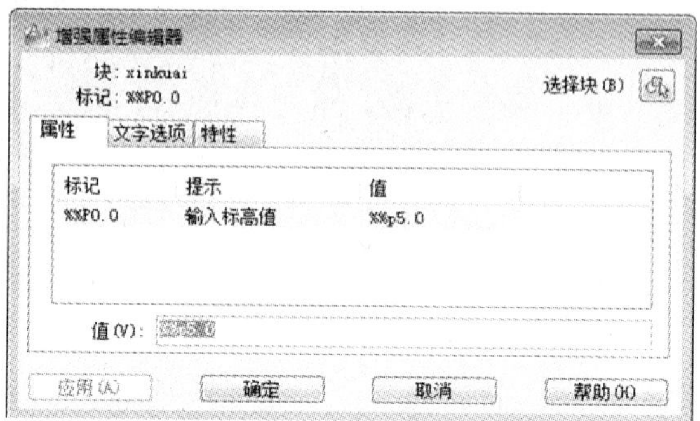

该对话框中的各选项卡说明如下。

- 属性：该选项卡显示了块中每个属性的标识、提示和值。在列表框中选择某一属性后，在“值”数值框中将显示出该属性的属性值，用户可以通过它来修改属性值。
- 文字选项：该选项卡用于修改文字的格式。在其中还可以设置文字样式、对齐方式、高度、旋转角度、宽度比例，如下左图所示。
- 特性：该项选项卡用于修改文字属性的图层以及其线宽、线型、颜色及打印样式等，该选项如下右图所示。

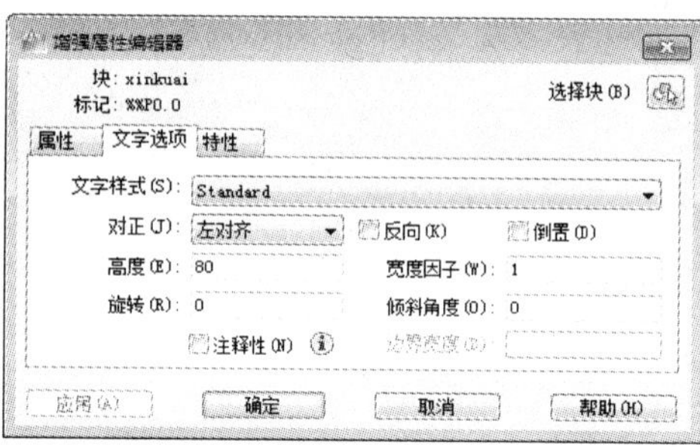
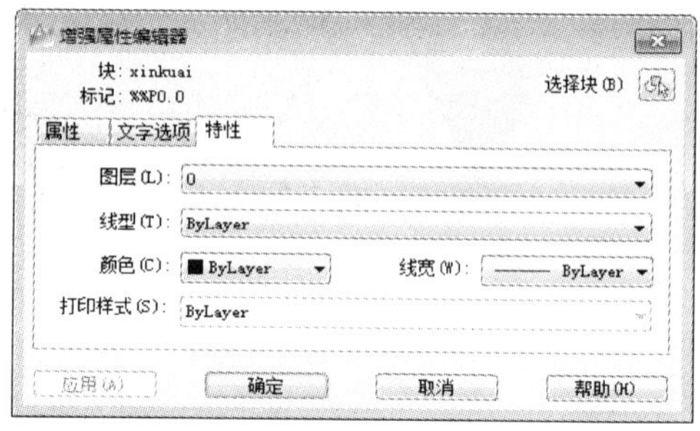

操作提示：

在用 AutoCAD 2012 制图时，“缩放”和“平移”命令使用的次数最多。缩放时，经常会忘了原来的位置，或忘了要转到哪里，或需要快速返回原来的视图。如果缩放或平移的次数很多，想恢复原来视图，较为麻烦，通常要按多次〈Ctrl + Z〉键退回，此时只需使用“VTENABLE”系统变量，可启用“平滑转换”来切换显示区域。如果使用“范围缩放”命令，而且启动了“平滑转换”功能，则用户可看到图形从局部的视图动态地转到整个图形。平滑视图转换帮助用户保持图形中的可视方位，进一步改进了整个缩放和平移过程，通过设置把它们看成是单独的一个操作。

在“选项”对话框中的“用户系统设置”标签中，即可设置该选项。这样，只需要一步就可以回到以前的视图，真是省时省力。

8.2.3 块属性管理器

在 AutoCAD 2012 软件中，单击“插入”→“块定义”→“管理属性”命令，打开“块属性管理器”对话框，它可以管理块中的属性，如下图所示。

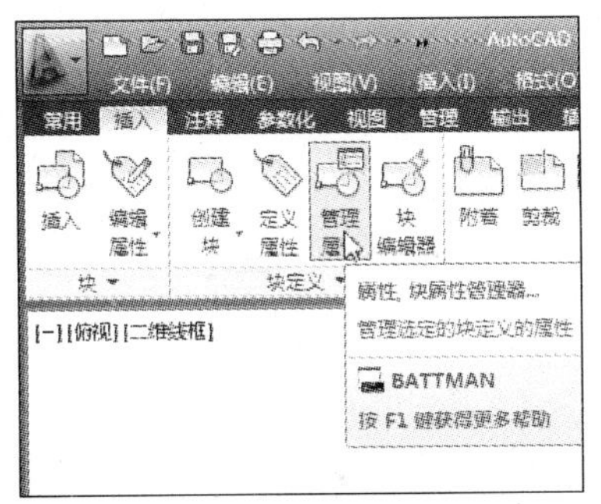

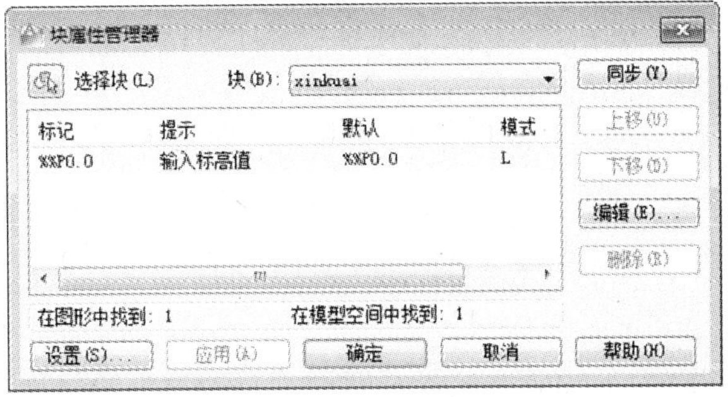

该对话框中各选项说明如下。

- 选择块：单击该按钮，切换到绘图窗口，在绘图窗口中可以选择需要操作的块。
- 块：列出了当前图形中含有属性的所有块的名称，用户可通过该下拉列表框选择要操作的块。
- 属性列表框：显示了当前所选择块的所有属性，包括标识、提示、默认值和模式等。
- 同步：单击该按钮，可以更新已修改的属性特性实例。
- 上（下）移：单击该按钮，可以将在属性列表框中选中的属性向上（下）移，但对属性值为定值的行不起作用。
- 编辑：单击该按钮，将弹出“编辑属性”对话框，在该对话框中可以重新设置属性定义的构成、文字特性和图形特性等。
- 删除：单击该按钮，可以从块定义中删除在属性列表框中选中的属性定义，并且块中对应的属性值也被删除。
- 设置：单击该按钮，将弹出“设置”对话框，从中可设置在“块属性管理器”对话框的属性列表框中能够显示的内容。

8.3 外部参照的使用

外部参照是指在绘制图形过程中，将其他图形以块的形式插入，并且可以作为当前图形的一部分。和块定义不同，外部参照并非将文件真正插入，而是将已有文件链接到当前图形中，因此不会占用太大的磁盘空间，从而有助于提高运行速度。

8.3.1 附着外部参照

在 AutoCAD 2012 软件中，要使用外部参照图形，先要附着外部参照文件，单击“插入”→“参照”→“附着”命令，打开“选择参照文件”对话框，在该对话框中，选择参照文件后，在打开的“外部参照”对话框，可将图形文件以外部参照的形式，插入到当前的图形中，如下图所示。

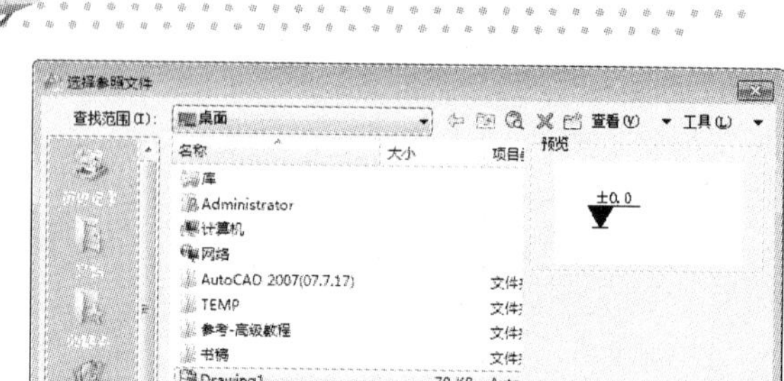

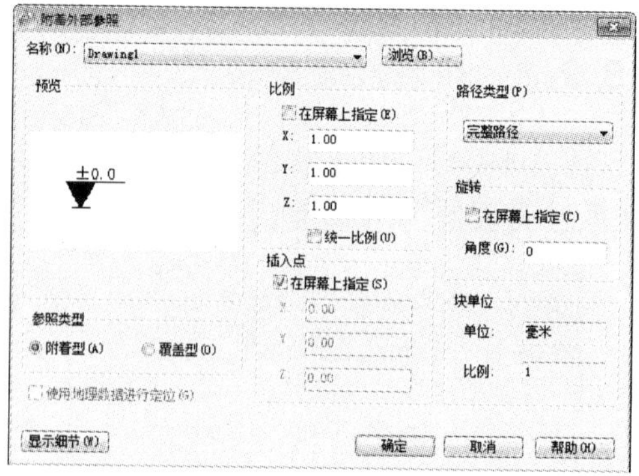

“附着外部参照”对话框主要用于显示外部参照位置、保存路径和附着的相关设置，各选项说明如下。

- 名称：当选择一个外部参照文件之后，该列表用于显示源文件名；若同时选择多个参照文件，将显示为“多种”。若单击右侧的“浏览”按钮，可以弹出“选择参照文件”对话框，用于重新选择外部参照文件。
- 预览：在该方框中，可显示当前图块。
- 参照类型：用于指定外部参照是“附着型”还是“覆盖型”，默认设置为“附着型”。
- 比例：用于指定所选外部参照的比例因子。
- 插入点：用于指定所选外部参照的插入点。
- 路径类型：用于指定外部参照的路径类型，包括完整路径、相对路径或无路径。若将外部参照指定为“相对路径”，需先保存当前文件。
- 旋转：为外部参照引用指定旋转角度。
- 块单位：显示图块的尺寸单位。
- 显示细节：单击该按钮，可显示“位置”和“保存路径”两选项，“位置”用于显示附着的外部参照的保存位置；“保存路径”用于显示定位外部参照的保存路径，该路径可以是绝对路径（完整路径）、相对路径或无路径。

操作提示：

将若干个对象编组，当提示“Select Objects:”时，输入“G”并按回车键，接着命令行出现“输入组名:”在此提示下输入组名后按回车键，那么所对应的图形均被选取，这种方式适用于那些需要频繁进行操作的对象。另外，如果在“Select Objects:”提示下，直接选取某一个对象，则此对象所属的组中的物体将全部被选中。

8.3.2 管理外部参照

用户可使用“外部参照”面板对外部参照进行编辑和管理。在AutoCAD 2012软件中，可通过以下2种方法进行操作。

方法一：通过“参照”功能面板进行操作

用户可单击“插入”→“参照”右侧小箭头，打开“外部参照”对话框，在该对话框中根据需要进行相关操作，如下图所示。

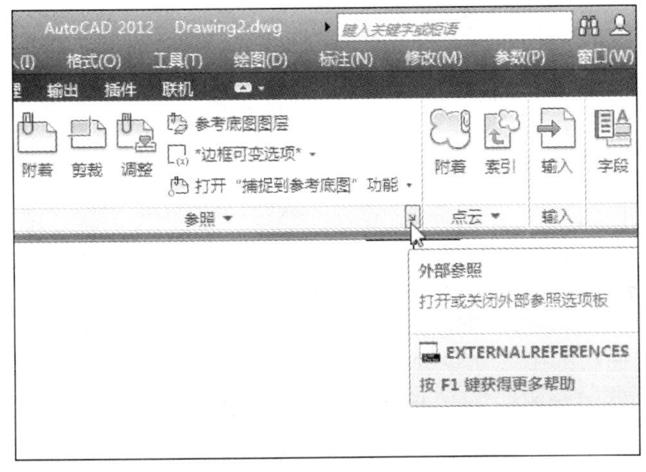

方法二：通过菜单栏命令进行操作

单击菜单栏中的“插入”→“外部参照”命令，即可打开相应的对话框。

“外部参照”对话框的各选项说明如下。

- 附着 dwg ：单击该按钮，可添加不同格式的外部参照文件。
- 文件参照：在该列表框中用于显示当前图形中各外部参照文件的名称。
- 详细信息：该选项区用于显示选择的外部参照文件的参照名称、文件大小、加载状态、参照类型等信息。
- 列表图：单击该按钮，将设置列表框以列表的形式显示。
- 树状图：单击该按钮，将设置列表框以树形的形式显示。

1. 删除外部参照

要从图形中完全删除外部参照，就需要拆散它们。使用“拆离”选项，即可删除外部参照和所有关联信息，其操作步骤如下：

1 单击“插入”→“参照”命令，打开“外部参照”对话框。

2 在该对话框中，右击所需删除的文件参照，在打开的快捷菜单中，选择“拆离”选项即可。

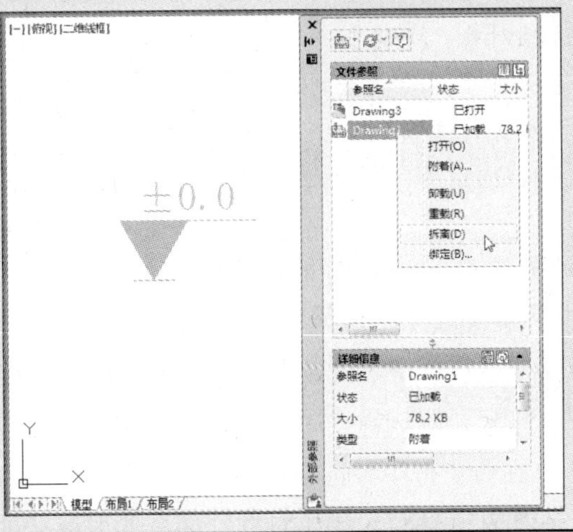

2. 更新外部参照

如果外部参照的原始图块进行了修改，则会在状态栏中自动弹出“外部参照文件已修改”提示框，提醒用户外部参照文件已经被修改，询问用户是否重新加载外部参照，若单击“重载”超链接，则可重新加载外部参照；若单击“关闭”按钮，则会忽略提示信息。

8.3.3 剪裁外部参照

在 AutoCAD 2012 软件中，可定义外部参照或图块的剪裁边界。用户可通过以下 3 种方法进行操作。

方法一：通过“外部参照”面板的相关命令操作

选中外部参照图块，单击“外部参照”→“剪裁”命令，根据需求进行设置，如下左图所示。

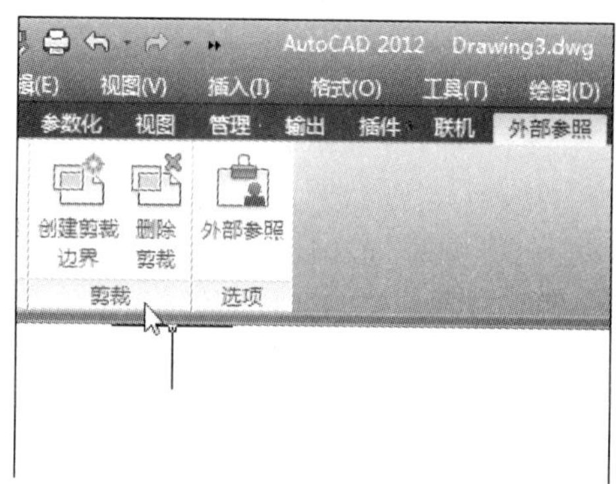

方法二：通过菜单栏命令进行操作

单击菜单栏中的“修改”→“剪裁”→“外部参照”命令，根据命令行中的提示，进行相关操作，如上右图所示。

方法三：在命令行中输入命令操作

在命令行中输入“XC”命令，按回车键，并根据命令行中的提示进行操作。

命令行提示如下：

```
命令：_xclip
选择对象：找到 1 个
选择对象：                                                  （选中外部参照图块）
输入剪裁选项
[开(ON)/关(OFF)/剪裁深度(C)/删除(D)/生成多段线(P)/新建边界(N)] <新建边界>:
                    （根据需要选择相关选项，这里选择默认，按回车键）
外部模式 - 边界外的对象将被隐藏。
指定剪裁边界或选择反向选项：
[选择多段线(S)/多边形(P)/矩形(R)/反向剪裁(I)] <矩形>:     （默认选项，按回车键）
指定第一个角点：指定对角点：                            （指定矩形的两个对角点）
```

在命令行中各选项说明如下。

- 开（ON）：用于打开外部参照剪裁功能。为参照图形定义剪裁边界及前后剪裁面，在主图形中仅显示位于剪裁边界、剪裁面之内的参照图形部分。

- 关（OFF）：用于关闭外部参照剪裁功能，选择该选项可显示全部参照图形，不受边界的限制。
- 剪裁深度（C）：用于为参照的图形设置前后剪裁面。
- 删除（D）：用于删除指定外部参照的剪裁边界，重新显示全部参照图形。
- 生成多段线（P）：用于自动生成一条与剪裁边界相一致的多段线。若使用“删除（D）”选项，则会多一个与剪裁边界相一致的多段线。
- 新建边界（N）：用于设置新的剪裁边界。
- 选择多段线（S）：该选项可选择已有的多段线作为剪裁边界。
- 多边形（P）：该选项可以定义一条封闭的多段线作为剪裁边界。
- 矩形（R）：该选项可以以矩形作为剪裁边界。

8.3.4　编辑外部参照

在 AutoCAD 2012 中，可以通过直接打开参照图形进行编辑，或从当前图形内部的适当位置编辑外部参照。

1. 在单独的窗口中打开参照的图形文件

编辑外部参照最简单、最直接的方法是在单独的窗口中打开参照的图形文件。这样，用户可访问该参照图形中的所有对象。其具体步骤是：在命令行中输入“open”命令，或在“外部参照”选项板中，选择要编辑的参照名称。单击鼠标右键，从打开的快捷菜单中，选择“打开”选项，在新窗口中打开选定的图形参照，从中可编辑图形、保存图形，最后关闭图形，如下图所示。

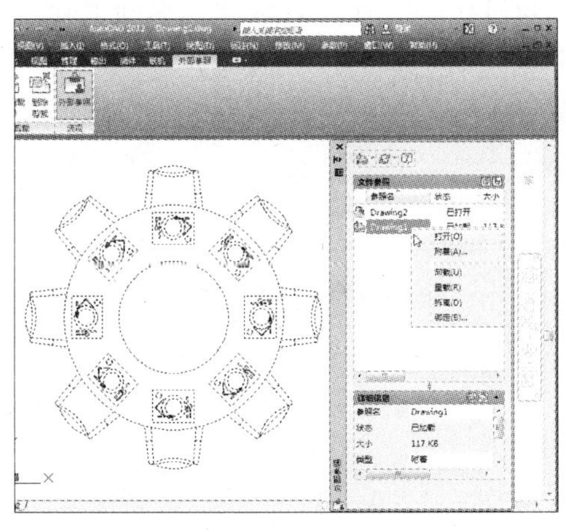

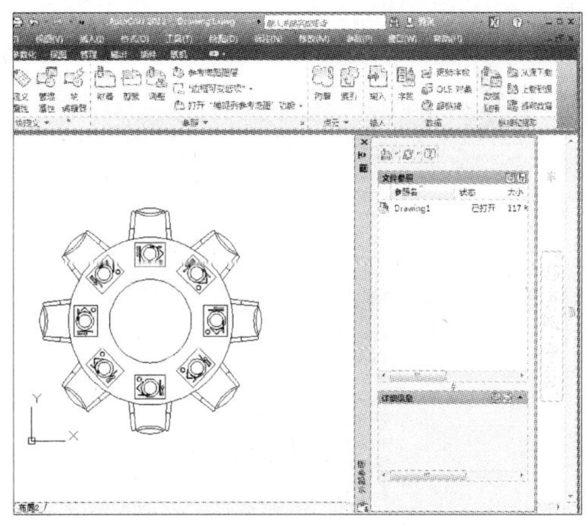

2. 在位编辑外部参照或块参照

在 AutoCAD 2012 中，可以使用在位参照编辑来修改当前图形中的外部参照，或者重定义当前图形中的块定义。

在位编辑外部参照或块参照的操作步骤是：选中外部参照图块，单击“外部参照”→“编辑”→“在位编辑参照”命令，打开“参照编辑”对话框；在该对话框中，选择要进行编辑的特定参照，如果另一个用户正在使用参照所在的图形文件，则不能在位编辑参照；然后单击“确定”按钮，选择要编辑的对象，按回车键，进行编辑操作，如下图所示。

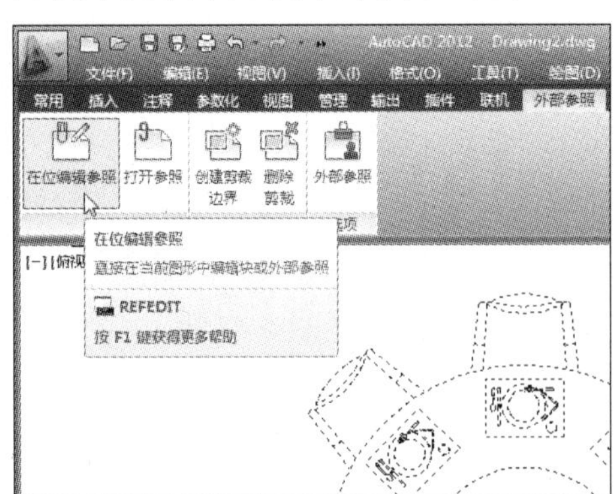

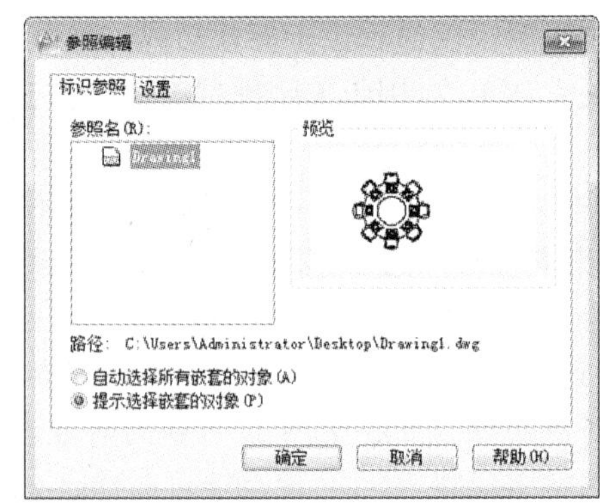

8.4 设计中心的应用

AutoCAD 2012 设计中心提供了一个直观高效的工具，它同 Windows 资源管理器相似。利用设计中心，不仅可以浏览、查找、预览和管理 AutoCAD 2012 图形、图块、外部参照及光栅图形等不同的资源文件，还可以通过简单的拖放操作，将位于本计算机、局域网或 Internet 上的图块、图层、外部参照等内容插入到当前图形文件中。

8.4.1 启动设计中心

在 AutoCAD 2012 软件中，启动设计中心的操作方法有 2 种。

方法一：通过菜单栏中相关命令启动

单击菜单栏中的“工具”→“选项板”→“设计中心”命令，打开“设计中心”对话框，根据用户需求，选择相关选项，如下图所示。

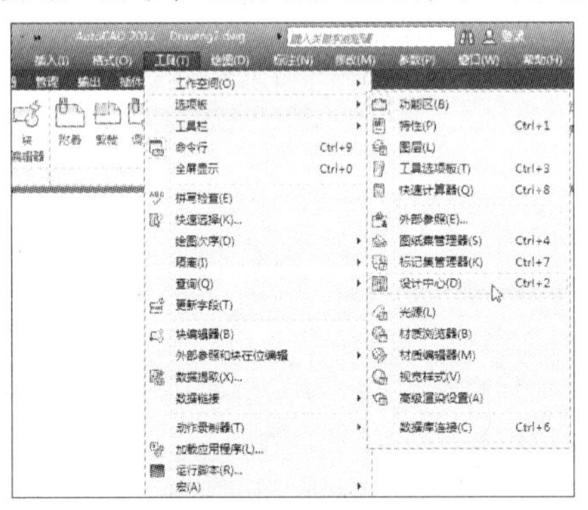

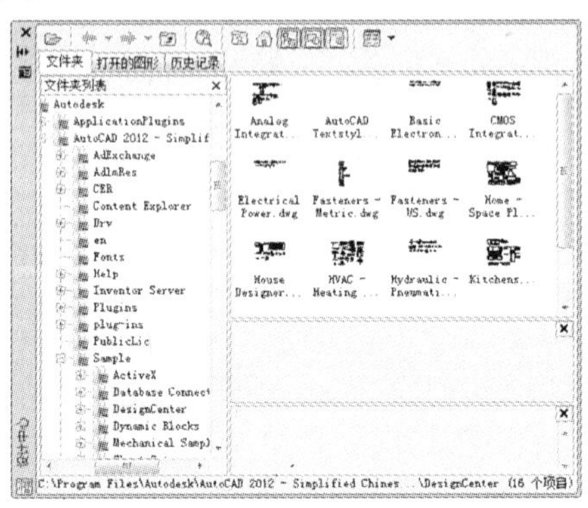

方法二：通过“视图”功能区中的相关命令启动

单击“视图”→“选项板”→“设计中心”命令，同样可打开“设计中心”对话框。

在默认状态下，设计中心共有两部分组成，左侧为文件夹列表，用于显示或查找指定项目的根目录；右侧为内容区域，当在文件夹列表中选择一个文件夹、图形或其他项目后，右侧内容区域将显示文件夹、图形或项目所包含的所有内容；若在内容区域中选择一个项目，并可在下方的预览区中显示该项目的预览效果。

设计中心共有 3 个选项卡组成，分别为“文件夹”、“打开的图形”和“历史记录”。

- 文件夹：该选项卡可方便地浏览本地磁盘或局域网中所有的文件夹、图形和项目内容。
- 打开的图形：该选项卡显示了所有打开的图形，以便查看或复制图形内容。
- 历史记录：该选项卡主要用于显示最近编辑过的图形名称及目录。

8.4.2　插入设计中心内容

利用设计中心不仅可以打开已有的图形，还可以将图形作为外部图块插入到当前图形中，在 AutoCAD 2012 软件中，插入外部图块的方法有以下 2 种。

方法一：使用快捷菜单进行操作

打开“设计中心”对话框，在“文件夹列表”中，查找文件的保存目录，并在内容区域选择需要插入为块的图形；单击鼠标右键，在打开的快捷菜单中，选择“插入块”选项，打开“插入”对话框，从中进行相应的设置，单击“确定”按钮即可，如下图所示。

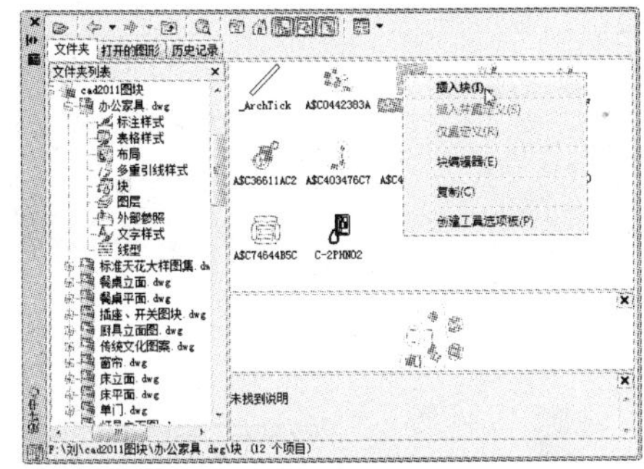

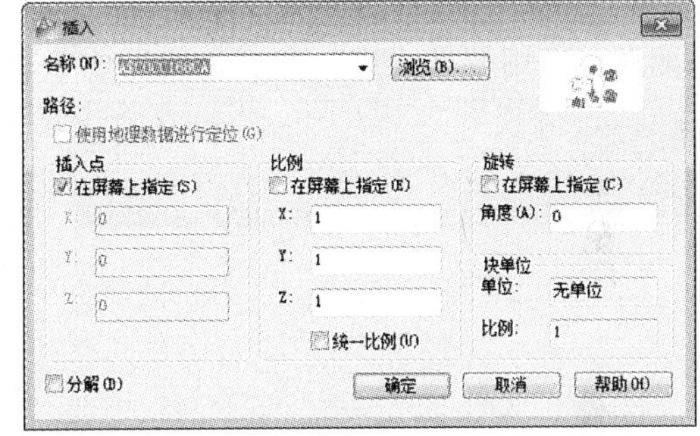

方法二：使用拖拽方法进行操作

打开“设计中心”文本框，在“文件夹列表”中，选择需要插入的外部图块文件夹；然后，在右侧的内容区域中，选中要插入的图块，按住鼠标左键，将其拖拽至绘图区中，放开鼠标，即可完成。

8.4.3　查找设计中心图形内容

利用 AutoCAD 2012 的设计中心，除了在文件夹列表中查找图形，还可以利用“搜索”命令搜索计算机中保存的其他图形或图形内容（如块、图层和文字样式等）。在查找过程中，可以通过指定图形的修改日期、图形包含的内容以及图形大小来缩小搜索的范围。

在“设计中心”对话框中，单击“搜索”按钮，在“搜索”对话框的“搜索”下拉列表框中，选中“图形”选项，在“于”下拉列表框中，选择查找的位置，即可查找图形文件，如下左图所示。

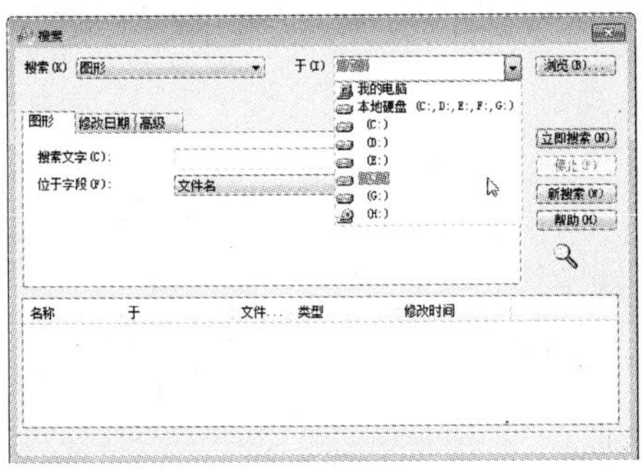

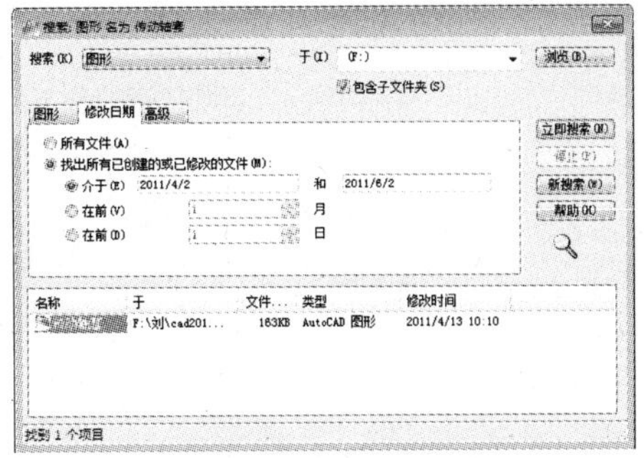

在“搜索名称”文本框中，输入要查找的名称，然后单击“修改日期”和“高级”选项卡来设置文件名、修改日期和高级查找条件，设置好后，单击“立即搜索”按钮开始搜索，最后，搜索结果将显示在对话框下部的列表框中，完成搜索，如上右图所示。

8.5 设计实践：添加沙发图块

下面将运用“插入块”命令，将组合沙发图块插入至图形中，其操作步骤如下：

最终效果：第 8 章 \ 设计实践 \ 添加图块 . dwg

成品尺寸：沙发长为 2300 mm，宽为 800 mm

注意事项：插入块后，调整图块的比例大小

任务要求：运用“插入块”和“缩放”命令，完成图块的插入。

插入块之前：

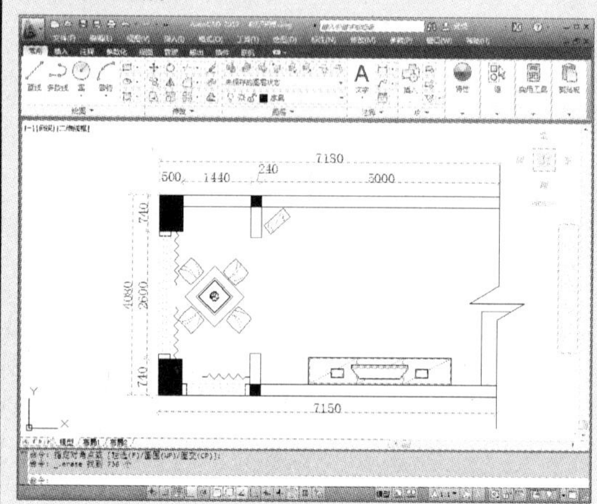

插入块之后：

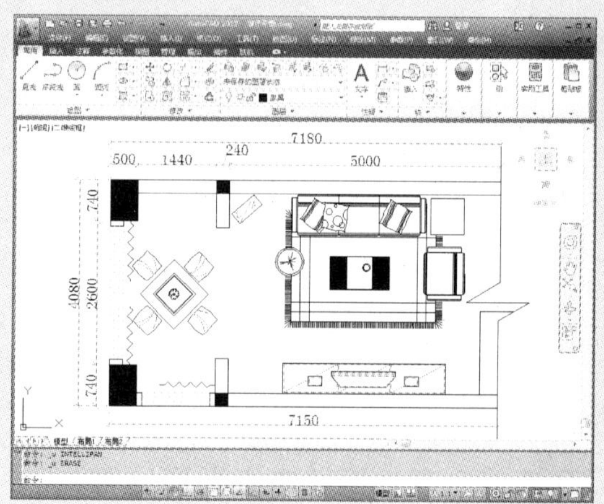

打开“客厅平面”素材文件，单击“插入”→“块”→“插入”命令，打开“插入”对话框。

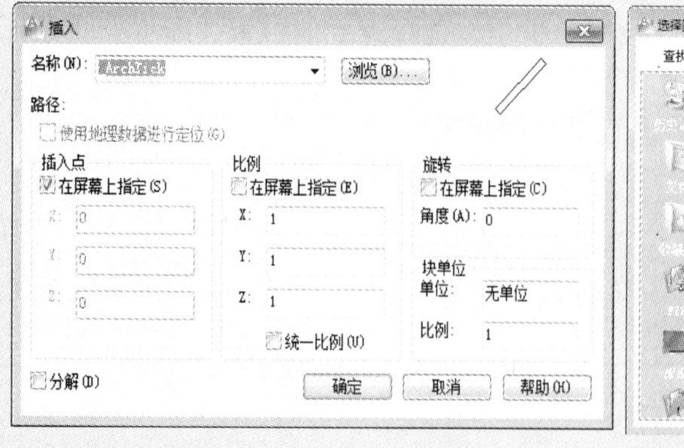

在该对话框中，单击“浏览”按钮，打开“选择图形文件”对话框，选中所要插入的沙发图块。

3 单击“打开”按钮，返回“插入”对话框，单击“确定”按钮，关闭该对话框。

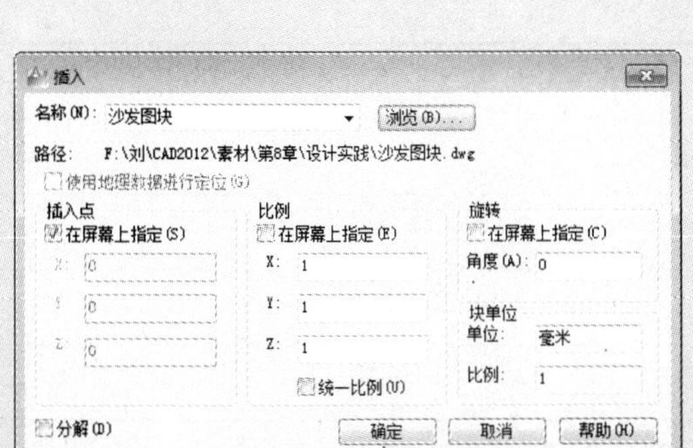

4 在客厅图形上指定插入点，并按〈Z+空格+A+空格〉快捷键，显示沙发图块。

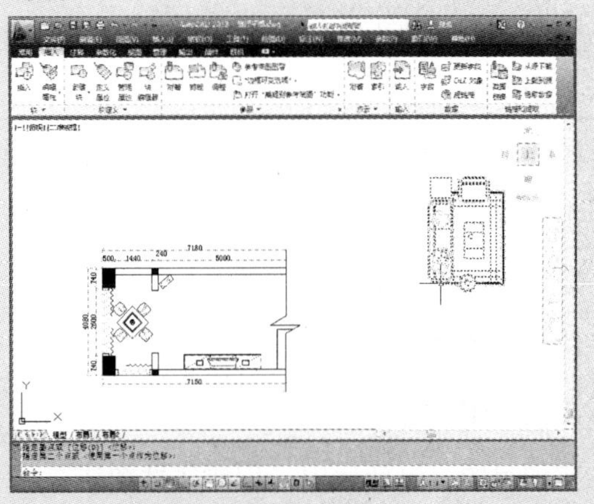

5 单击“旋转”命令，将沙发图块向下旋转 90°，并单击“移动”命令，将沙发图块移至图形合适位置。

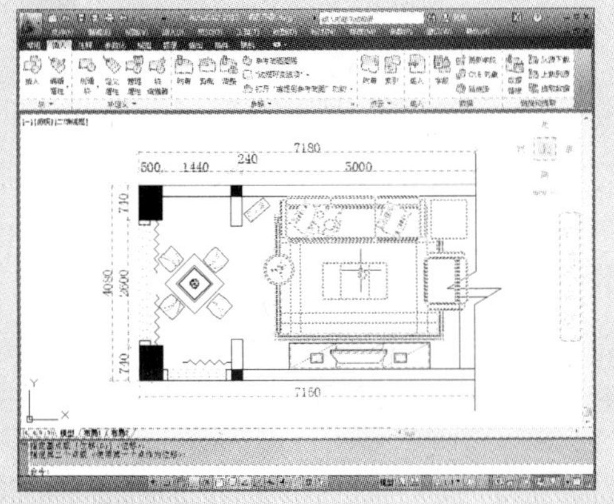

6 在命令行中，输入“SC（缩放）”回车，选中沙发图块，并指定沙发上方中心点为缩放基点。

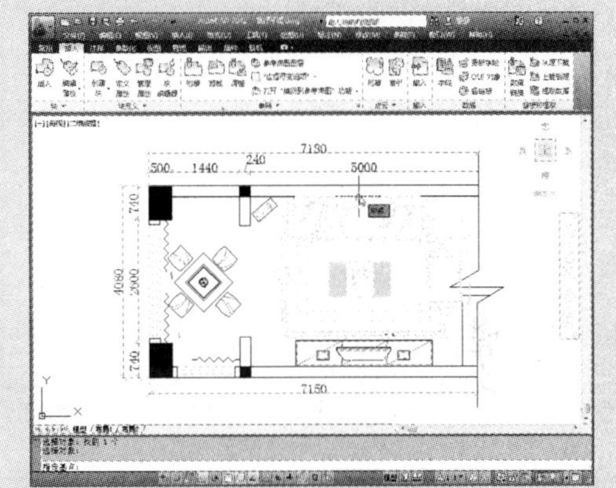

7 根据命令行中的提示，输入比例因子，这里输入“0.8”，按回车键，完成缩放。

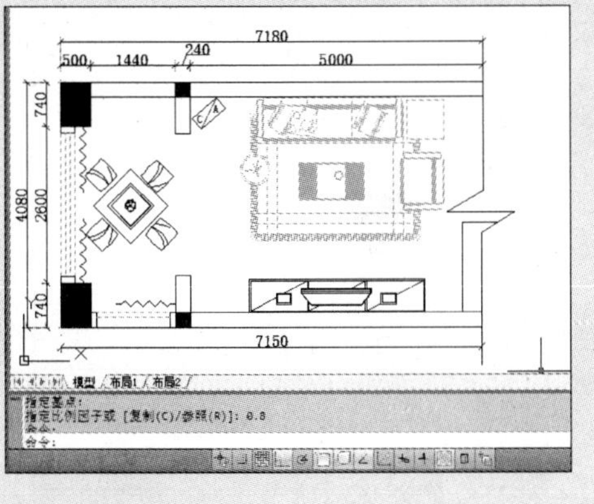

8 单击“分解”命令，将图块分解，并将其线段颜色设置为“家具”图层色。

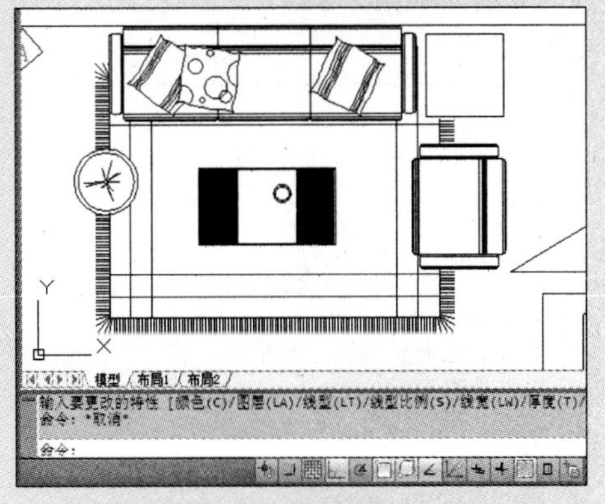

8.6 综合演练：创建并插入标高图块

下面将综合本章所介绍的操作命令，创建标高符号，并将其插入图形中，其具体操作方法介绍如下：

最终效果：第 8 章 \ 综合演练 \ 添加标高符号 . dwg	
视频路径：视频 \ 第 8 章 \ 添加标高符号 . wmv	
成品尺寸：凉亭高为 7180 mm	
注意事项：注意创建属性图块的操作方法	
应用范围：建筑领域	
实训目的：灵活运用“创建属性图块”、“插入图块”等操作方法	
添加标高之前：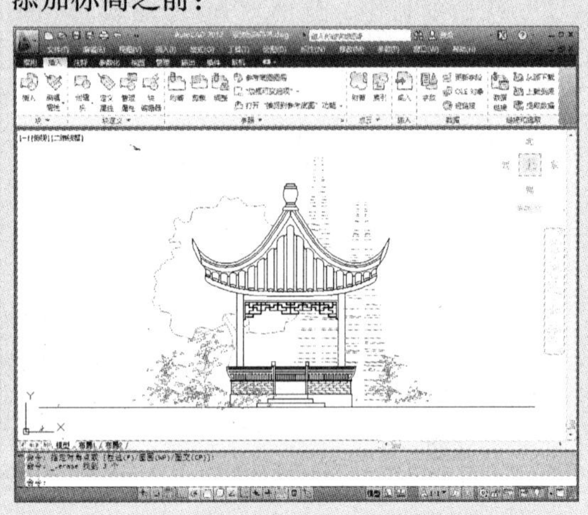	标高添加之后：

步骤 1 打开“凉亭立面”素材文件，单击状态栏中的“极轴追踪”按钮，将“增量角”设置为30°，单击“直线”命令，绘制出标高图形。

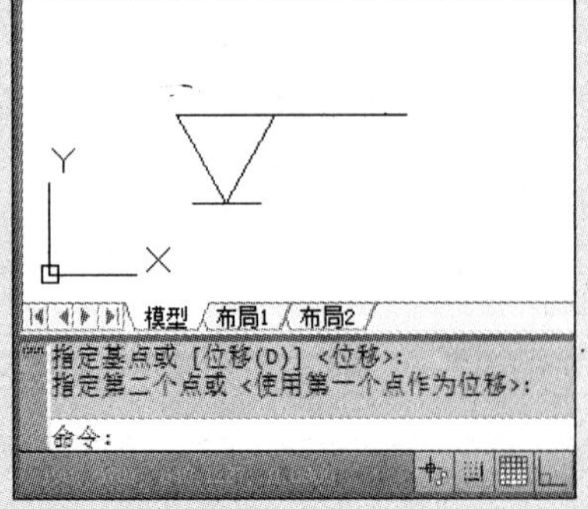

步骤 2 单击“编辑多段线”命令，将标高图形设置为一个整体。单击“图案填充”命令，将其进行填充。

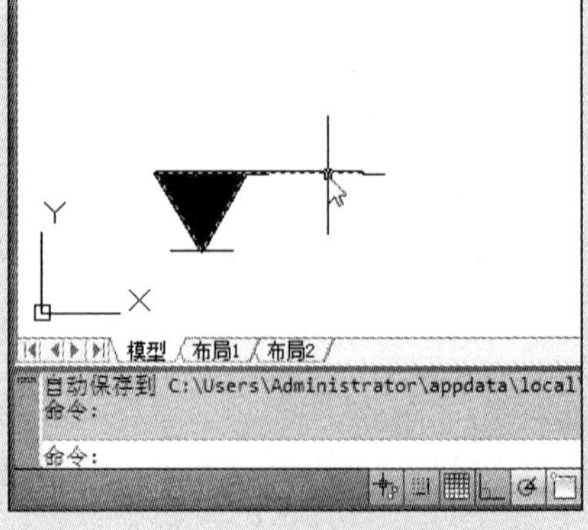

3 单击“插入”→“定义属性”命令，打开“属性定义”对话框，并设置该图块的各属性。

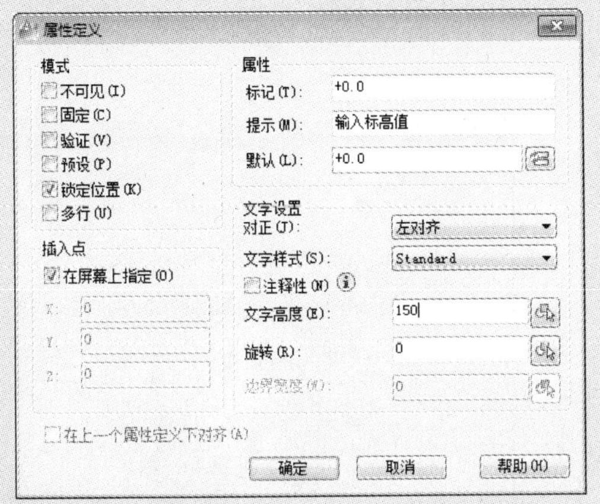

4 输入好后，单击“确定”按钮，指定好文字位置，然后单击“创建块”命令，打开“块定义”对话框。

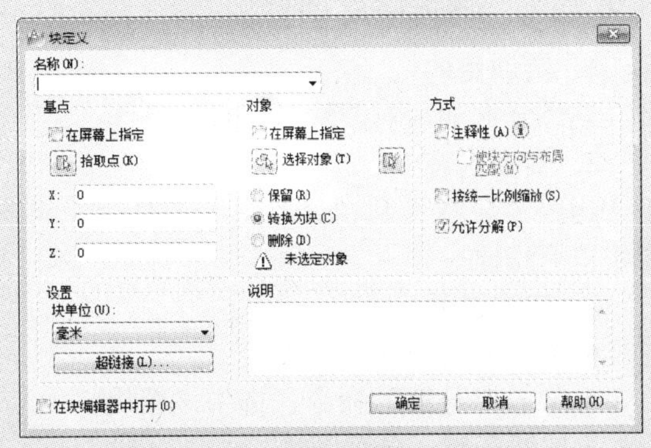

5 单击“选择对象”命令，选中标高符号，并在“名称”文本框中输入“标高”，单击“确定”按钮。

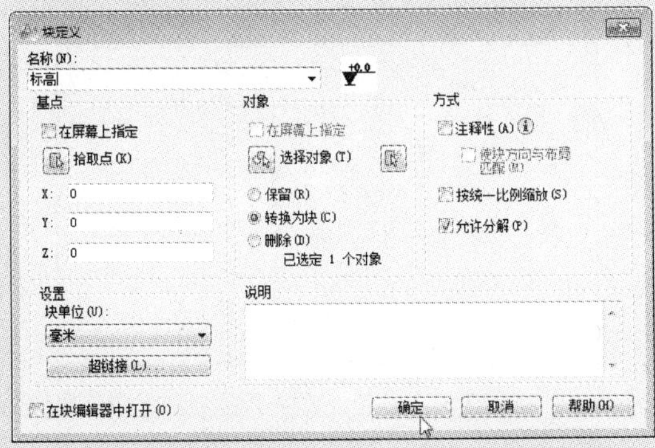

6 在打开的“编辑属性”对话框中，单击“确定”按钮，然后将单击“插入”命令，打开“插入”对话框。

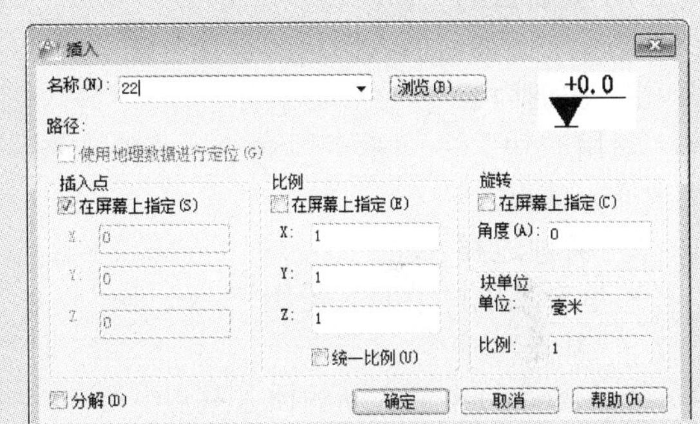

7 单击“确定”按钮，并根据命令行中的提示，指定图块位置，输入标高值。

8 按照同样的操作方法，完成剩余的标高符号的添加。

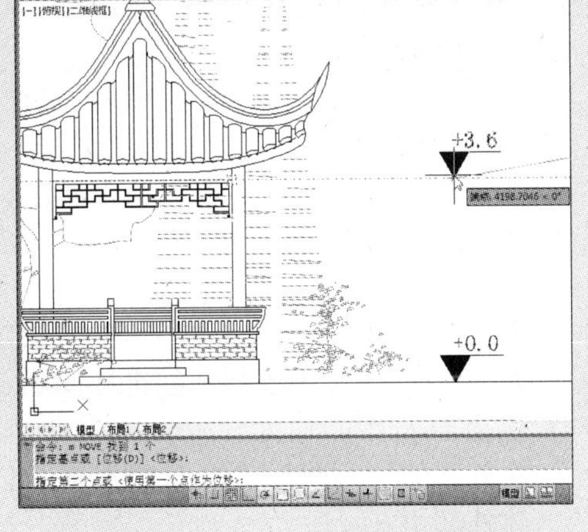

8.7 上机实训

下面将以3个简单的实例，来对本章所学的所有知识点进行巩固。

8.7.1 编辑修改图块

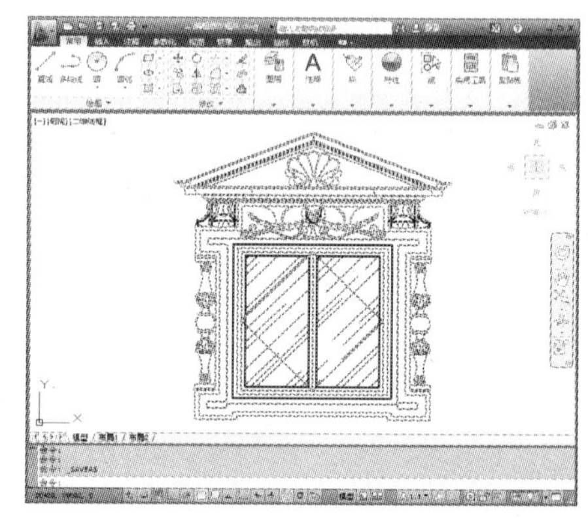

1. 实训目的

熟练掌握如何对图块进行编辑操作。

2. 实训内容

运用“分解”和“修改图块”命令，将当前图块进行修改。

3. 实训过程

- 选中所需修改的图块。
- 单击“分解”命令，选中该图块。
- 按回车键，分解图块。
- 选中其他编辑命令，将当前图块进行修改。

8.7.2 修改图块插入点

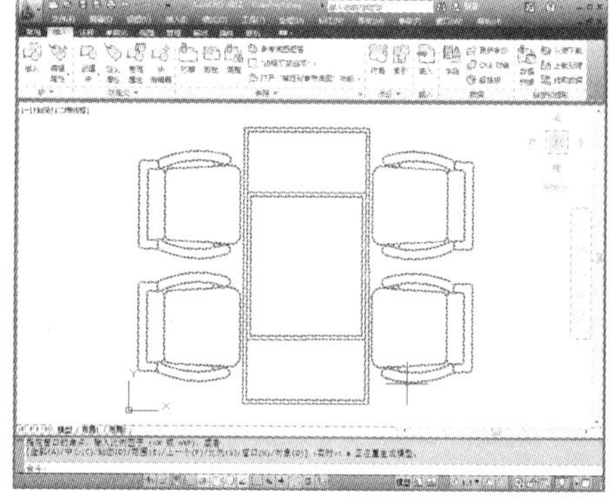

1. 实训目的

熟练掌握如何插入图块的操作方法

2. 实训内容

运用“块”→“基点”命令，来修改图块的插入基点。

3. 实训过程

- 单击菜单栏中的“绘图”→“块”→“基点”命令。
- 在命令行中输入新的插入基点。
- 输入完毕后，即可修改完成。

8.7.3 创建内、外部块

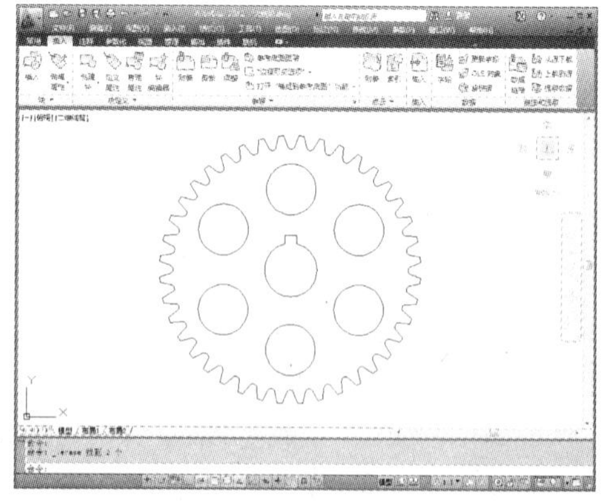

1. 实训目的

熟练掌握如何创建内、外部图块的操作。

2. 实训内容

运用“创建块”和“写块”命令操作。

3. 实训过程

- 打开链轮图形。
- 单击“创建块”命令，在打开的“块定义”对话框中，根据提示创建内部块。
- 在命令行中，输入“Wblock”命令，在打开的“写块”命令，根据提示创建外部块。

8.8 辅助绘图锦囊

Q：插入的图块无法编辑，怎么办？

A：一般来讲，AutoCAD 图块遇到不能编辑和修改，可按照以下方法解决。

方法一：图形被组合。用户只需单击“常用”→“组”→“解除编组”命令，即可分解图块，如下左图所示。

方法二：文件设为“只读”。此时用户右击该文件名，在打开的快捷菜单中选择“属性”选项，在打开的对话框中，取消勾选“只读”选项即可，如下右图所示。

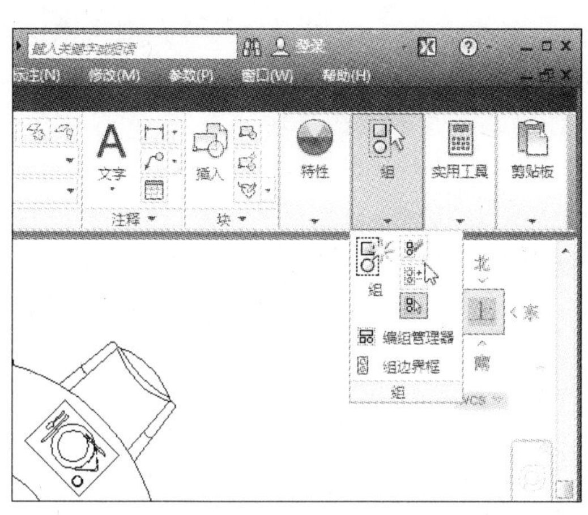

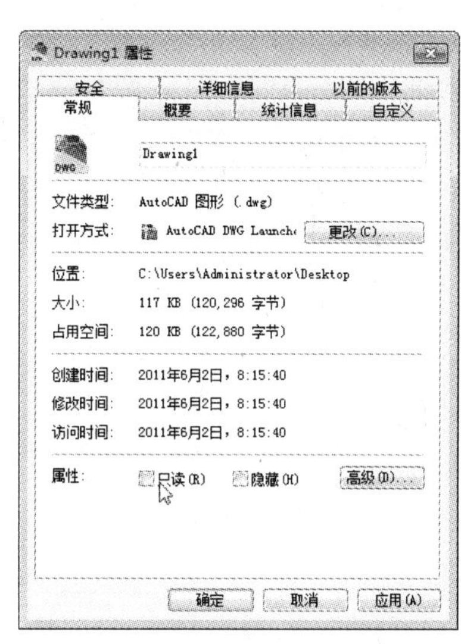

方法三：图形被合并。此时，用户只需用到“常用”→“分解”命令，即可将其分解。

Q：目标捕捉（OSNAP）有用吗？

A：当然有用，而且用处很大。尤其绘制精度要求较高的机械图样时，目标捕捉是精确定点的最佳工具。Autodesk 公司对此也是非常重视，每次版本升级，目标捕捉的功能都有很大提高。切忌用光标线直接定点，这样的点不可能很准确。

Q：为什么输入的文字高度无法改变？

A：使用的字型高度值不为 0 时，用“DTEXT”命令书写文本时都不提示输入高度，这样写出来的文本高度是不变的，包括使用该字型进行的尺寸标注。

Q：图块和群组到底有什么区别？

A：AutoCAD 中图块和群组有区别：群组后，每个对象都能单独编辑，有些命令需要通过节点实现，如复制群组里的其中一个图元。而图块则不能。群组优点：选中其中一个群组里的物体则自动选中整个群组。

Q：在 AutoCAD 2012 中内部图块时随图形一起保存的，当外部图块插入到图形后，该图块是否也一样随图形保存呢？

A：图块随图形文件保存与它是否是内部图块或外部图块是没有关系的，当外部图块插入到图形后，该图块就是图形文件的组成部分，因此会随图形文件一同保存。

第 9 章 三维空间环境的设置

本章概述

利用 AutoCAD 2012 不仅能够绘制二维图形，还可以绘制三维图形，而在 AutoCAD 2012 中，三维图形的绘制技术已经非常成熟。想要掌握三维图形的操作，则需熟悉三维空间的环境设置。通过本章的学习，读者可以了解三维坐标系的相关知识，掌握设置和使用视口，三维系统变量的设置以及三维动态设置等方法与操作技巧。

学习向导

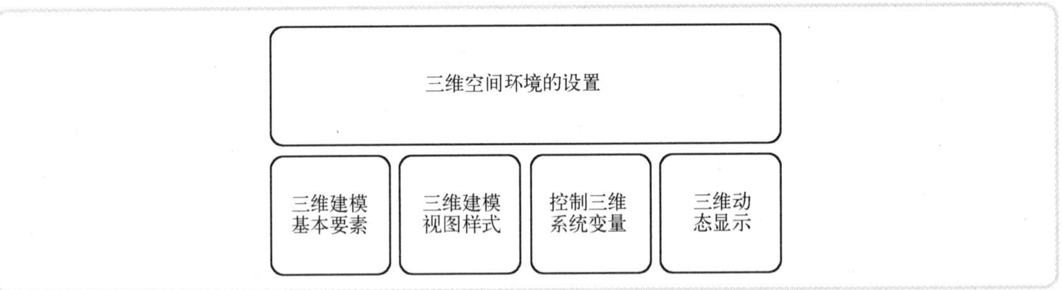

9.1 三维建模基本要素

在三维空间中，为了能直观地绘制、编辑和观察三维图形对象，AutoCAD 2012 提供了强大的三维视图环境，如三维坐标系，三维视点等。

9.1.1 三维坐标系

在 AutoCAD 2012 软件中，三维坐标系与二维坐标相同，都有世界坐标系和用户坐标系两种形式。

1. 世界坐标系

世界坐标系又称为绝对坐标系，是 AutoCAD 默认坐标。通常选择“三维视图”后，其坐标轴是以“世界坐标系”的形式显示。在二维空间中，世界坐标的 X 轴为正右方，Y 轴为正上方，而 Z 轴的正方向则由屏幕指向操作者，如下左图所示。当进入三维空间来观察世界坐标系时，其坐标如下右图所示。

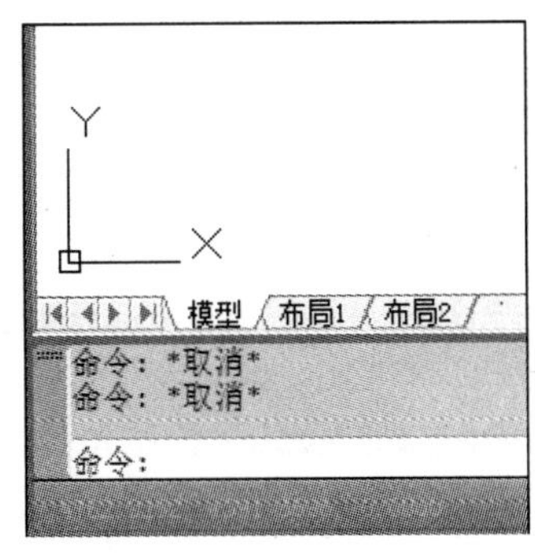

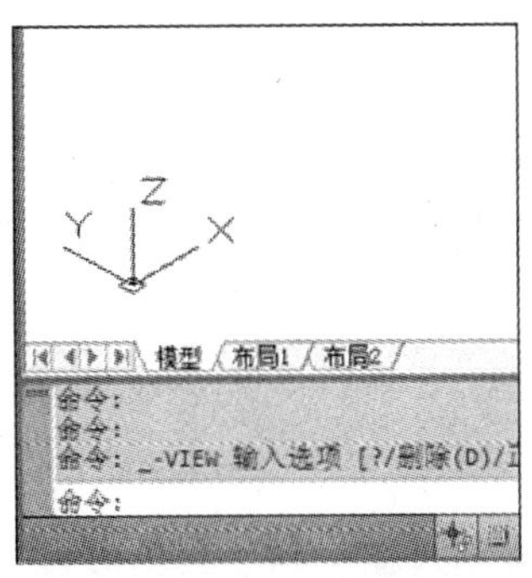

在三维的世界坐标系中，其表示方法包括直角坐标、圆柱坐标以及球坐标 3 种形式。

（1）直角坐标

直角坐标又称为笛卡尔坐标，它是采用右手定则来确定坐标系的各方向。将右手靠近屏幕，大拇指指向 X 轴正方向，食指指向 Y 轴正方向，其余弯曲的 3 个手指指向，即为坐标系的 Z 轴正方向。

用直角坐标确定空间一点的位置时，需要指定该点的 X、Y、Z 三个坐标值。其中绝对坐标值的输入形式是“X，Y，Z”；相对坐标值的输入形式是“@X，Y，Z”。

（2）圆柱坐标

用圆柱坐标确定空间一点的位置时，需要指定该点在 XY 平面内的投影点与坐标系原点的距离、投影点与 X 轴的夹角以及该点的 Z 坐标值。

绝对坐标值的输入形式为：XY 平面距离 < XY 平面角度，Z 坐标。

相对坐标值的输入形式是：@XY 平面距离 < XY 平面角度，Z 坐标，例如，“800 < 30，200”表示输入点在 XY 平面内的投影点到坐标系的原点有 800 个单位，该投影点和原点的连线与 X 轴的夹角为 30°，并且沿 Z 轴方向有 200 个单位。

（3）球坐标

用球坐标确定空间一点的位置时，需要指定该点与坐标原点的距离，该点和坐标系原点的连线在 XY 平面上的投影与 X 轴的夹角，该点和坐标系原点的连线与 XY 平面形成的夹角。

绝对坐标值的输入形式是：XYZ 距离 < 平面角度 < 与 XY 平面的夹角。

相对坐标值的输入形式是：@XYZ 距离 < 与 XY 平面的夹角，例如“800 < 30 < 80”，表示输入点与坐标系原点的距离为 800 个单位，输入点和坐标系原点的连线在 XY 平面上的投影与 X 轴的夹角为 30°，该连线与 XY 平面的夹角为 80°。

2. 用户坐标系

用户可根据需要定义二维或三维空间中的用户坐标系，然而熟练使用用户坐标系，可有助于高效、准确地绘制出三维图形。

在 AutoCAD 2012 软件中，设置用户坐标系的方法有以下 2 种。

方法一：通过菜单栏中的“新建 UCS”命令设置

用户可单击菜单栏中的“工具”→“新建 UCS”命令，在打开的扩展列表中，选择合适的坐标选项，并根据命令行中的提示，输入相关信息，即可完成设置，如下左图所示。

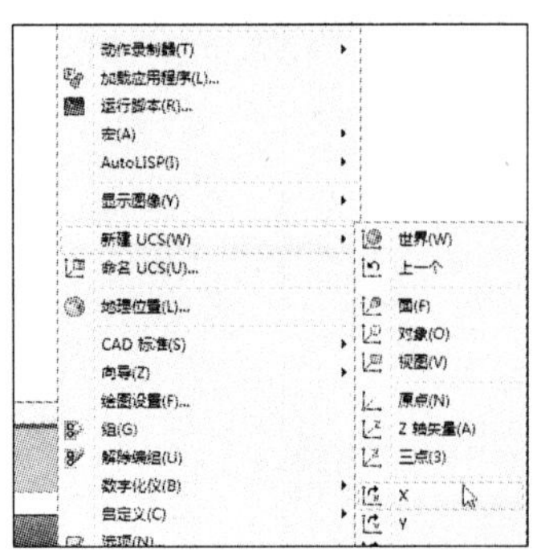

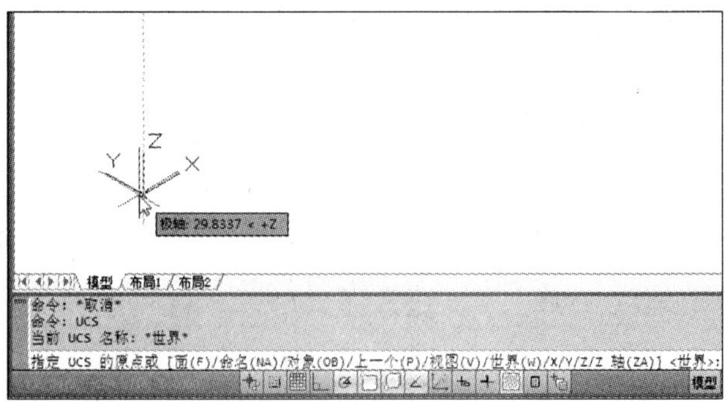

方法二：通过命令行输入相关命令设置

用户可直接在命令行中，输入“UCS”命令，按回车键，即可根据提示完成设置，如上右图所示。命令行提示如下：

```
命令：ucs
当前 UCS 名称：*世界*
输入选项[新建(N)/移动(M)/正交(G)/上一个(P)/恢复(R)/保存(S)/删除(D)/应用(A)/? /世界(W)] <世界>:        (根据需要,选择相关设置选项)
```

命令行中各选项的说明如下。

- 新建（N）：用于创建一个用户坐标系。
- 移动（M）：通过在三维空间中任意移动坐标原点或沿 Z 轴移动坐标原点来移动当前的坐标系。移动后的坐标系方向不会发生变化。
- 正交（G）：通过选择系统提供的标准正交坐标系来创建新坐标系。系统提供了 6 个标准正交坐标系，这 6 个坐标系是 AutoCAD 提前预置的。
- 上一个（P）：选择此选项，AutoCAD 将恢复到最近一次使用的 UCS。AutoCAD 最多保存最近使用的 10 个 UCS。
- 恢复（R）：输入要恢复的坐标系名称，系统将根据保存时的设置将其置为当前坐标。
- 保存（S）：输入要保存的坐标系名称，系统将当前的 UCS 命名并保存。
- 删除（D）：输入要删除的坐标系名称，系统将从当前图形保存的坐标系列表中将其删除。
- 应用（A）：选择此选项，将当前视口的坐标系应用到其他视口中。
- ?：在命令行中输入“?”，系统将列出指定名称的坐标系信息或当前图形中全部坐标系的信息。
- 世界（W）：选择此选项，系统恢复到默认的世界坐标系，并作为新的用户坐标系。

9.1.2 设置三维视点

视点则是指观察图形的方向，在进行三维图形的绘制时，往往会以不同的视点来观察绘制。在 AutoCAD 2012 软件中，用户可通过以下 2 种方法进行设置。

方法一：通过“视图”功能面板转换视点

单击“视图”→“视图”→“视图”命令，在打开的下拉列表中，根据需要选择合适的视点即可转换，如下左图所示。

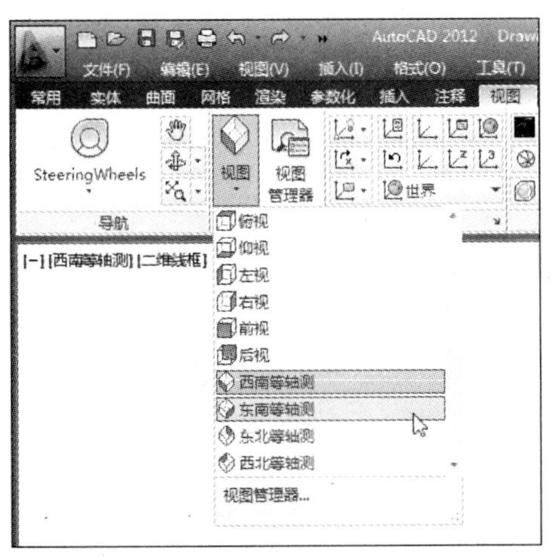

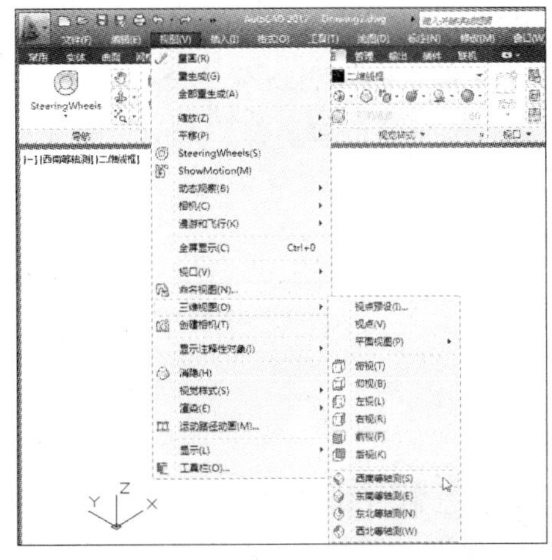

方法二：通过菜单栏中的“三维视图”命令转换

用户单击菜单栏中的“视图”→“三维视图”命令，在打开的扩展列表中，选择合适的视点选项即可完成转换，如上右图所示。

单击菜单栏中的“视图”→“三维视图”→“视点预设”命令，打开“视点预设”对话框，在该对话框中，用户可以设置当前视图的视点，如下图所示。

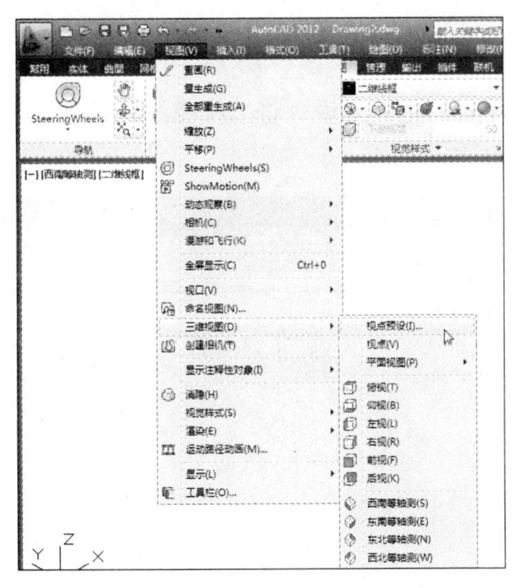

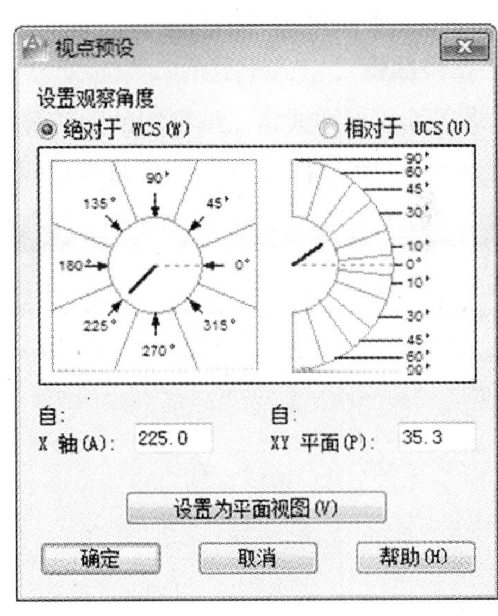

“视点预设”对话框中，各选项说明如下。

- 绝对于 WCS \ 相对于 UCS：这两个选项分别用来确定是给予对于 WCS 还是相对于 UCS 设置视点。
- 左侧图框：用于设置原点和视点之间的连线在 XY 平面的投影与 X 轴正方向的夹角。
- 右侧图框：用于设置该连线与投影线之间的夹角，用户在图框中直接选取即可。
- X 轴 \ XY 平面：在这两个文本框中，可输入相应的角度。
- 设置为平面视图：单击该按钮，可将坐标系设置为平面视图。

操作提示：

在使用 CAD 制图时，经常会无意间删除有用的图形对象，若想恢复该对象最有效的方法，则是用“oops”命令，该命令可将刚删除的整体图形恢复过来。当然，也可使用〈Ctrl + Z〉组合键退回。但“oops”命令恢复的是图形组，而不是最后一个删除的图形，若想恢复更多图形，该命令是不可用的，此时就需要用到〈Ctrl + Z〉组合键，才可恢复更多操作。

9.2 三维建模视图样式

通常在绘制三维实体时，用户可以使用多种不同的视图样式来观察三维模型，如线框、隐藏等。不同的视图样式，具有不同的特点。下面将介绍几种常用的视图样式。

9.2.1 显示视图样式

在 AutoCAD 2012 软件中，视图样式种类已从早期版本中的 3 种增添至 10 种，它们分别为：二维线框、概念、隐藏、真实、着色、带边框着色、灰度、勾画、线框以及 X 射线。下面将介绍几种常用的视图样式。

1. 二维线框

通常二维线框样式是三维视图的默认显示样式，也就是说，将二维视图转换为三维视图时，则当前图形是以二维线框样式显示，如下图所示。

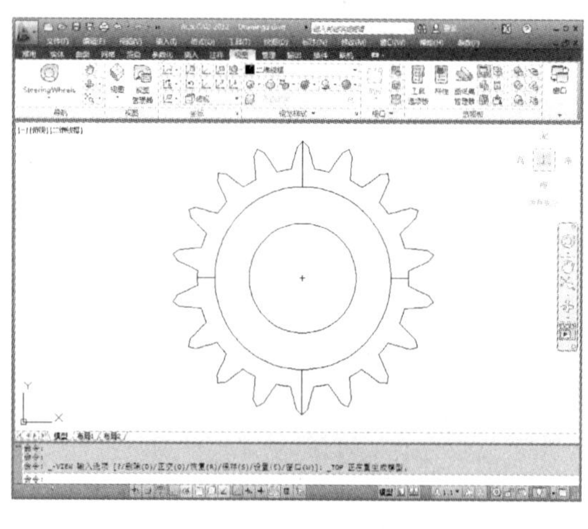

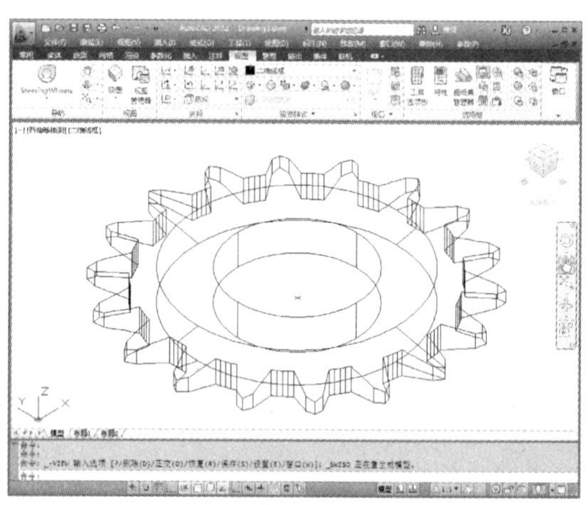

2. 隐藏样式

在绘制三维曲面及实体时，为了更好地观察效果，可将视图样式设为“隐藏”样式，暂时隐藏位于实体背后而被遮挡的部分。其方法为：单击“视图”→“视觉样式”→“隐藏”命令，即可显示隐藏效果，如下图所示。

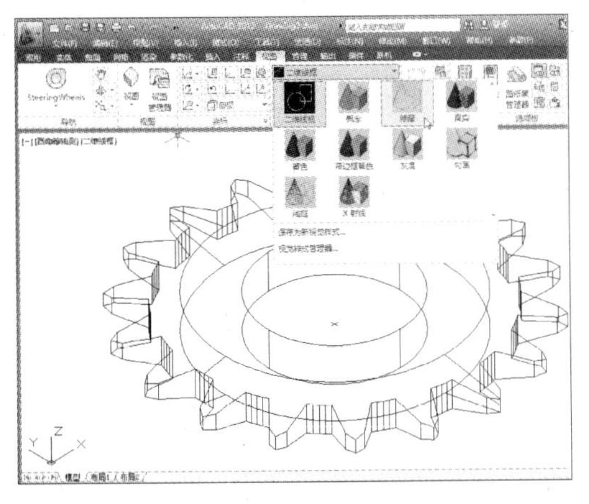

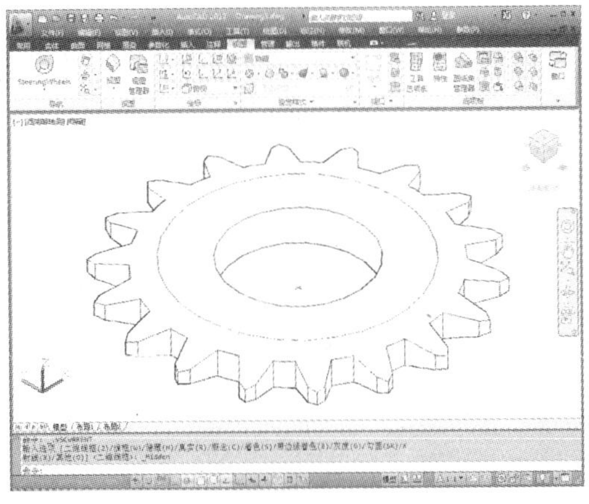

3. 概念样式

“概念”样式则是在“隐藏”样式基础上，添加了灰度颜色，使其看上去较为真实，其操作方法为：单击“视图”→“视觉样式”→“概念”命令，即可显示概念效果，如下图所示。

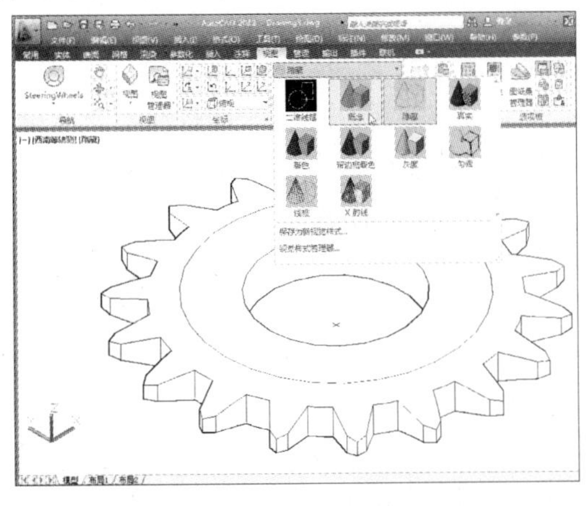

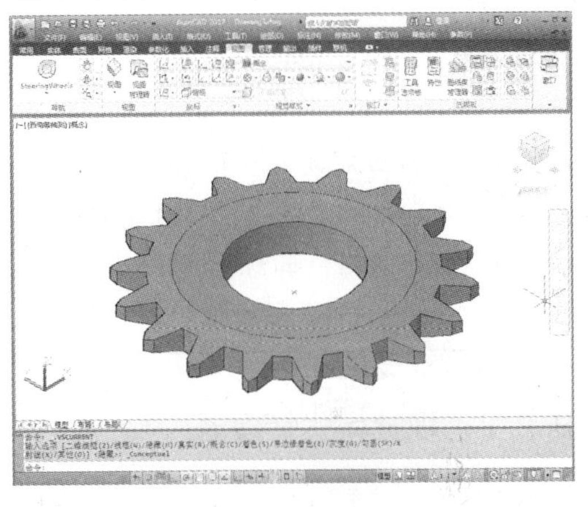

4. 真实样式

“真实”样式则是在“概念”样式的基础上，添加了简单的光影效果，并且还能够显示当前实体的材质，其操作方法为：单击“视图”→“视觉样式”→“真实”命令，即可显示真实效果，如下图所示。

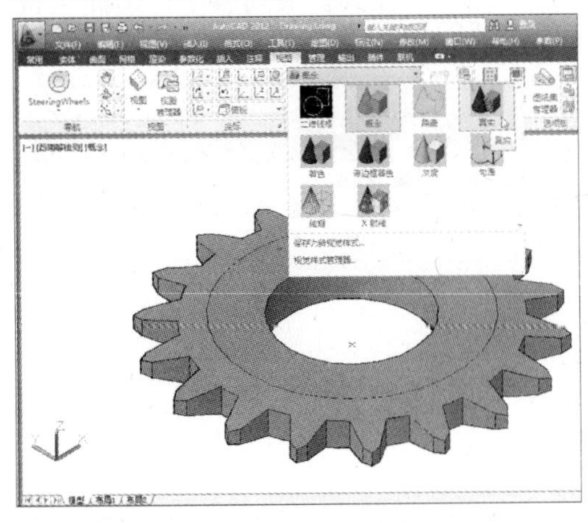

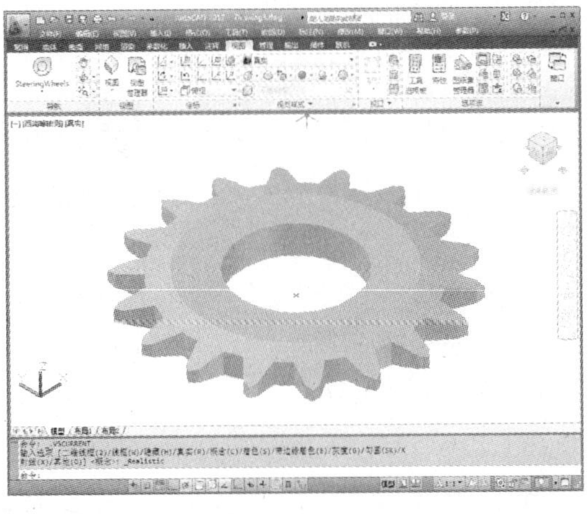

5. 其他视图样式

当然，除了以上4种视图样式外，还有其余6种样式，用户可根据实际需要，来选择适合样式，具体操作为：单击“视图”→“视觉样式”命令，在下拉列表中，选择合适的样式即可，如下图所示。

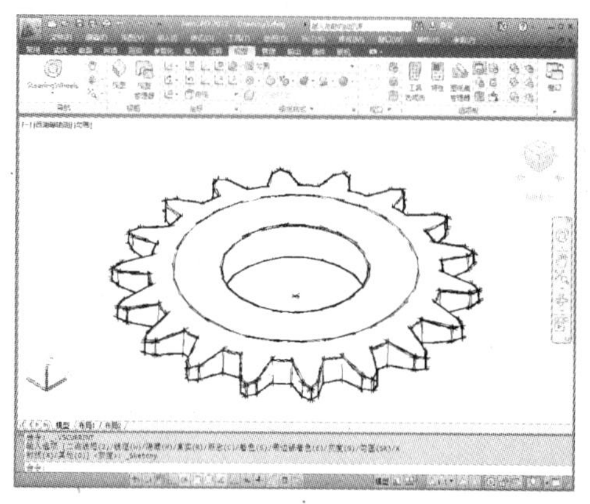

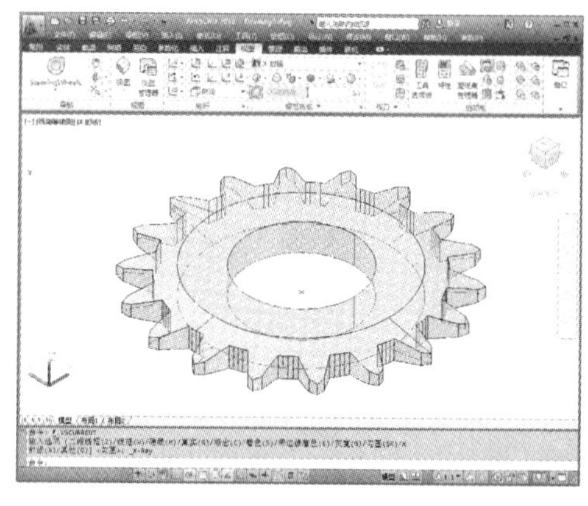

> **操作提示：**
>
> 现今AutoCAD 2012软件的三维技术可以说能与一些专业的制作的三维软件相媲美，当然也有许多三维模型单单运用AutoCAD是无法完成的，所以就必须导入到专业的三维软件加以完成，如3d max软件。而将AutoCAD图形调入到3D软件的操作方法很简单，先将AutoCAD文件保存好，其后打开3d max软件，选择“文件”→“导入”命令，在打开的对话框中，选择AutoCAD文件即可。

9.2.2 视觉样式管理器

在“视觉样式管理器”对话框中，用户可根据自己的需求以及对话框中的提示，来对当前样式的显示模式进行设置。在AutoCAD 2012软件中，可通过以下2种方法，调用“视觉样式管理器”对话框。

方法一：通过菜单栏中的“视觉样式”命令调用

用户可在菜单栏中单击“视图”→“视觉样式”命令，在其扩展列表中，选择“视觉样式管理器”选项，即可打开该对话框，如下左、中图所示。

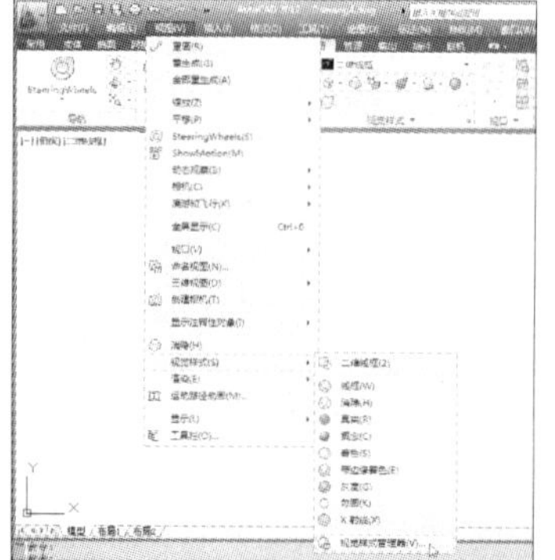

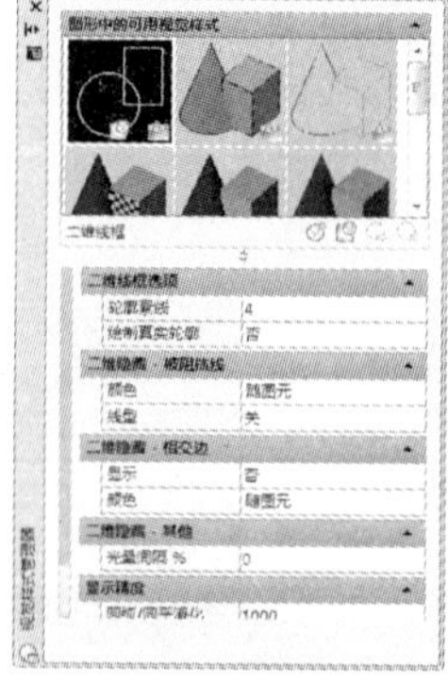

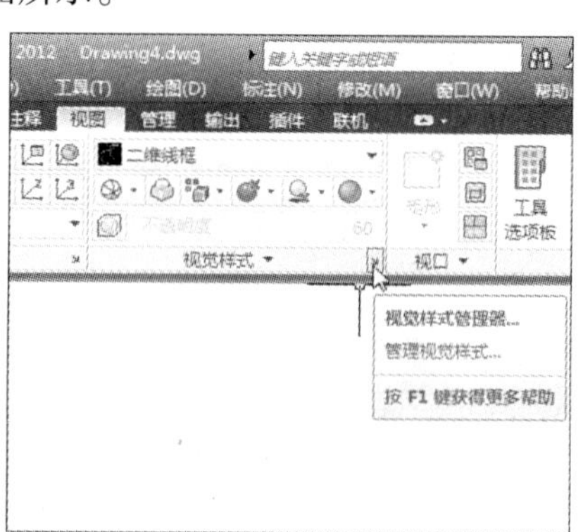

方法二：通过“视觉样式”功能面板调用

用户也可单击“视图”→“视觉样式”右侧小箭头按钮，打开该对话框，即可进行相关设置，如上右图所示。

操作提示：

在着色视觉样式中来回移动模型时，跟随视点的两个平行光源将会照亮面。该默认光源被设计为照亮模型中的所有面，以便从视觉上可以辨别这些面。

9.3 设计实践：保存视图样式

下面将运用“视图样式”相关命令，将当前图形的视图样式进行保存，其操作步骤如下：

最终效果：第 9 章 \ 设计实践 \ 保存视图 . dwg

成品尺寸：茶几桌面半径为 450 mm，高为 450 mm

注意事项：通常需设置成系统默认样式之外的视图样式，再进行保存操作

任务要求：运用“视图样式”的相关命令，将当前图形视图进行保存

茶几模型：

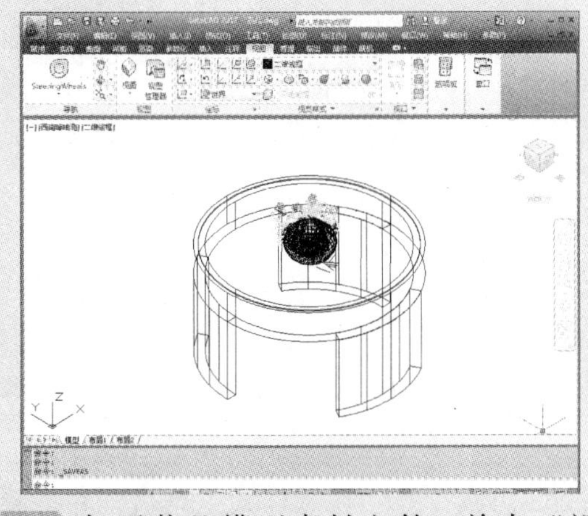

茶几模型效果：

1 打开茶几模型素材文件，单击“视图”→“视图样式”→“着色”命令。

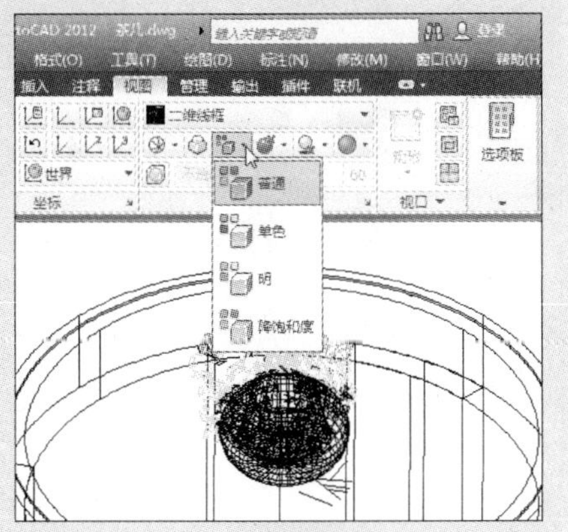

2 在打开的下拉列表中，选择“单色”选项，此时，该图形已被着色。

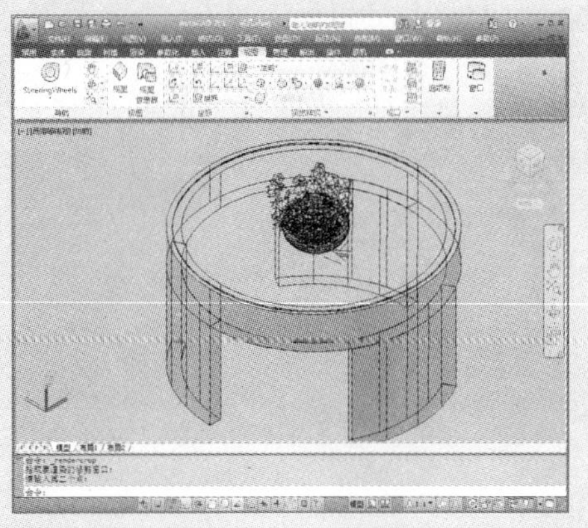

3 单击“视图”→“视图样式”下拉按钮，选择“保存为新视觉样式”命令。

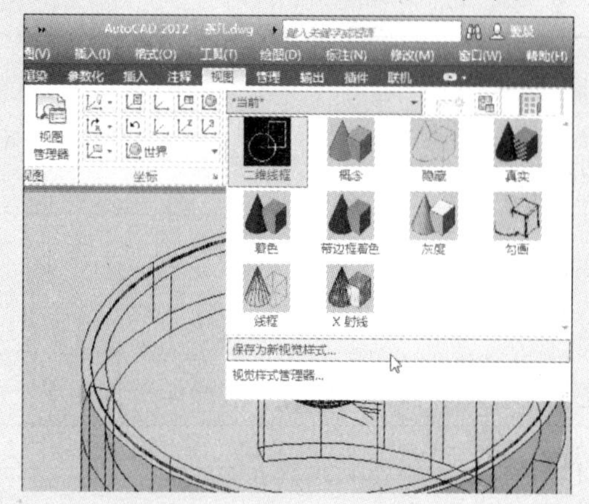

4 根据命令行中的提示信息，输入新视觉样式名称，并按回车键。

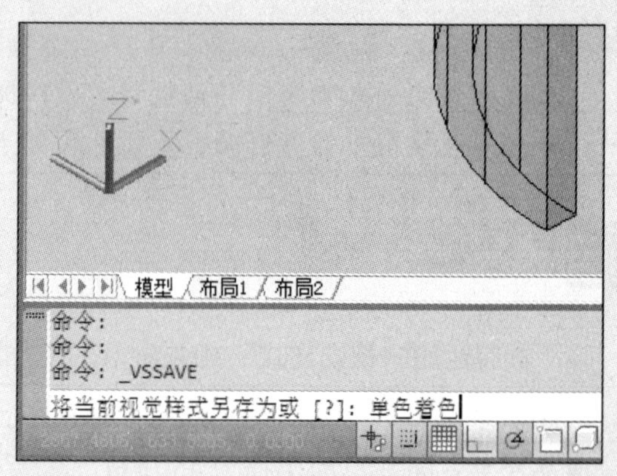

5 再次单击“视图”→“视图样式”命令，在打开的下拉列表中，则会显示“单色着色”样式。

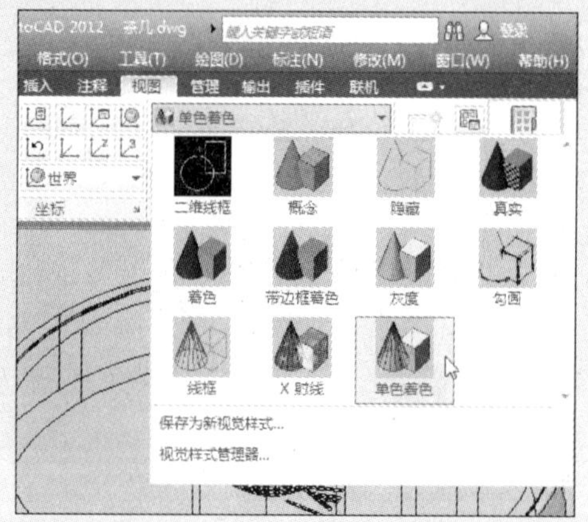

6 若想将新建的视觉样式删除，则单击“视图”→“视图样式”命令，在下拉列表中，选择“视觉样式管理器”命令。

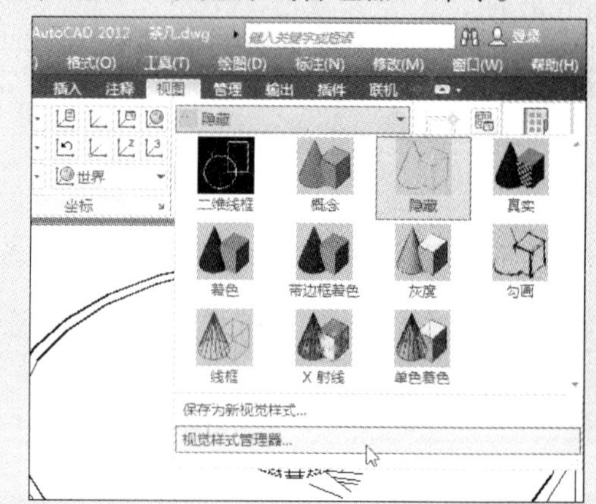

7 在打开的对话框中，选中要删除的视图样式，单击“删除选定视觉样式”按钮。

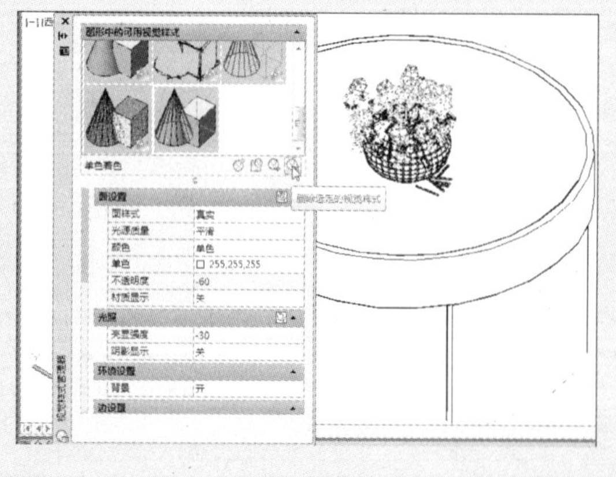

8 再次打开“视觉样式”列表，并查看视图样式是否被成功删除。

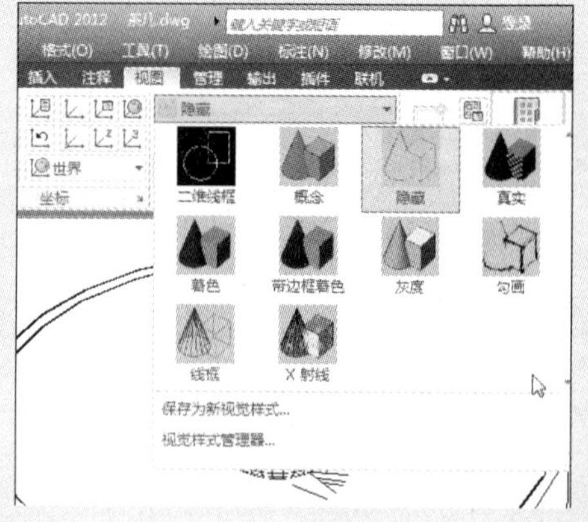

9.4　控制三维模型系统变量

在 AutoCAD 2012 中，控制三维模型显示的系统变量有 ISOLINES、DISPSILH 和 FACETRES，这 3 个系统变量影响着三维型显示的效果。用户在绘制三维实体之前首先应设置好这 3 个变量参数。

9.4.1　设置 ISOLINES

使用 ISOLINES 系统变量可以控制对象上每个曲面的轮廓线数目，数目越多，模型精度越高，但渲染时间也越长，有效取值范围为 0～2047，默认值为 4。

在命令行中，输入"ISOLINES"命令，按空格键，并根据命令行中的提示，输入合适的数值，按回车键，即可完成设置，如下图所示。

命令行提示如下：

命令：ISOLINES　　　　　　　　　（输入系统变量命令）
输入 ISOLINES 的新值 <4>：10（输入变量数值）

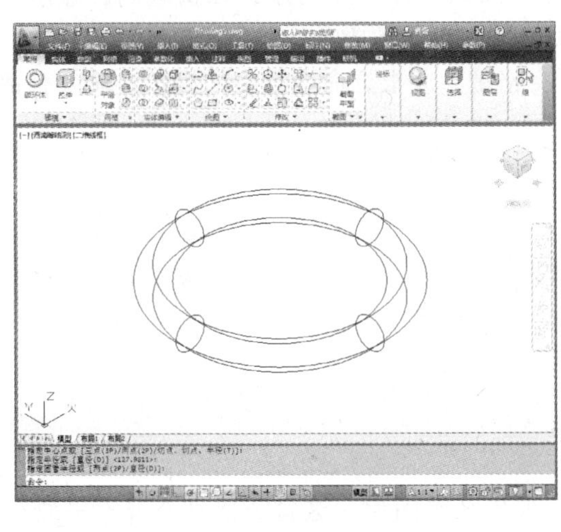

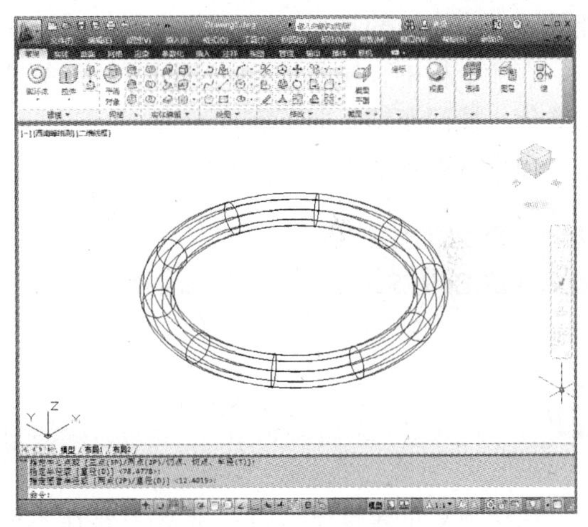

9.4.2　设置 DISPSILH

使用 DISPSILH 系统变量，可以控制是否将三维实体对象的轮廓曲线显示为线框，该系统变量还控制当三维实体对象被隐藏时是否绘制网格。其有效取值范围为 0～1，默认值为 0。该设置保存在图形中，清除此选项可以优化性能。

在命令行中，输入"DISPSILH"命令，按空格键，并根据命令行中的提示，输入合适的数值，按回车键，即可完成设置，如下图所示。

命令行提示如下：

命令：DISPSILH （输入系统变量命令）
输入 DISPSILH 的新值 <0>：1 （输入变量数值）

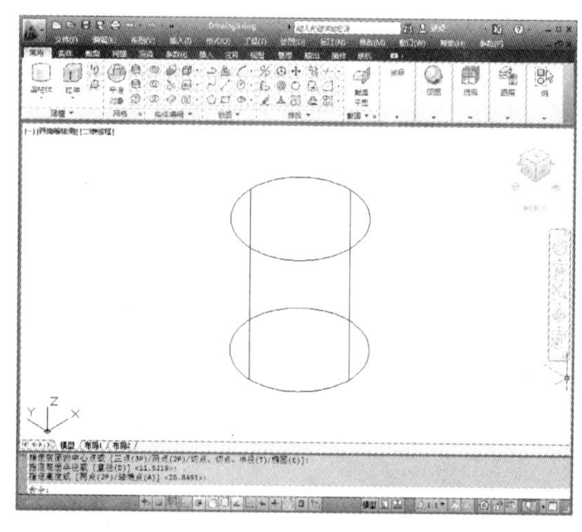

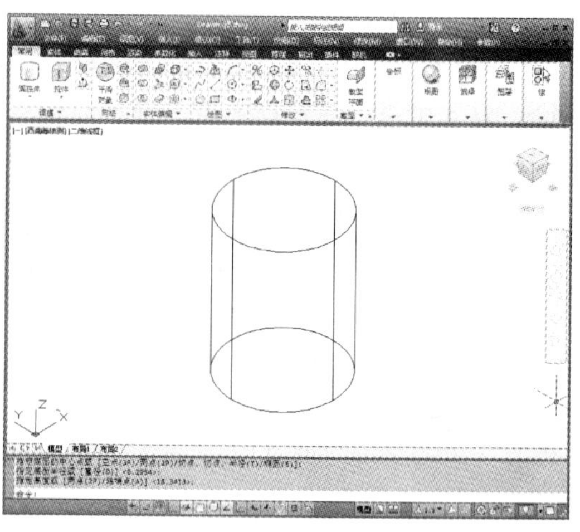

9.4.3 设置 FACETRES

使用 FACETRES 系统变量可以控制着色和渲染曲面实体的平滑度，该值越高，显示性能越差，渲染时间越长，有效的取值范围为 0.01 ~ 10，默认值为 0.5。

在命令行中，输入“FACETRES”命令，按空格键，并根据命令行中的提示，输入合适的数值，按回车键，即可完成设置。

命令行提示如下：

命令：FACETRES （输入系统变量命令）
输入 FACETRES 的新值 <0.5>：5 （输入变量数值）

9.5 三维动态显示

在绘制三维建筑模型时，常常需要在不同的视角观察图形，这就需要动态显示三维模型，在 AutoCAD 2012 中，可轻松地显示三维图形的各个角度。

9.5.1 使用相机

若用户需要在某个角度观察图形，则可在该点创建一架相机，创建完成后，可在图形中打开或关闭相机，并使用夹点来编辑相机的位置、目标或焦距。可通过位置 XYZ 坐标、目标 XYZ 坐标和视野/焦距（用于确定倍率或缩放比例）定义相机，还可定义剪裁平面，以建立关联视图的前后边界。

创建相机视图的操作方法如下：

步骤 1 打开所需操作的图形文件，单击菜单栏中的“视图”→“创建相机”命令。

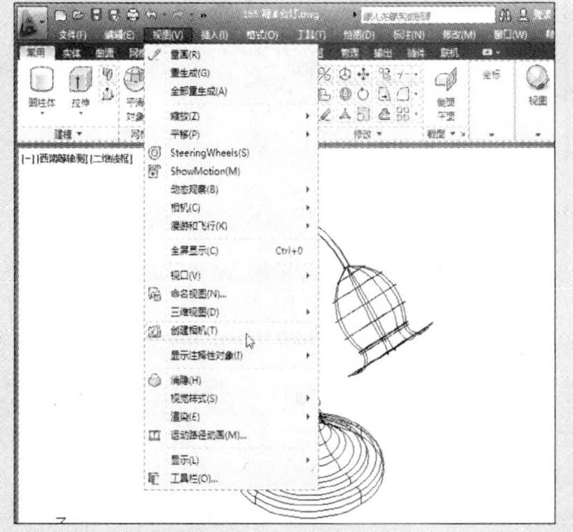

步骤 2 在绘图区指定相机位置，并拖拽相机，指定相机观察方向。

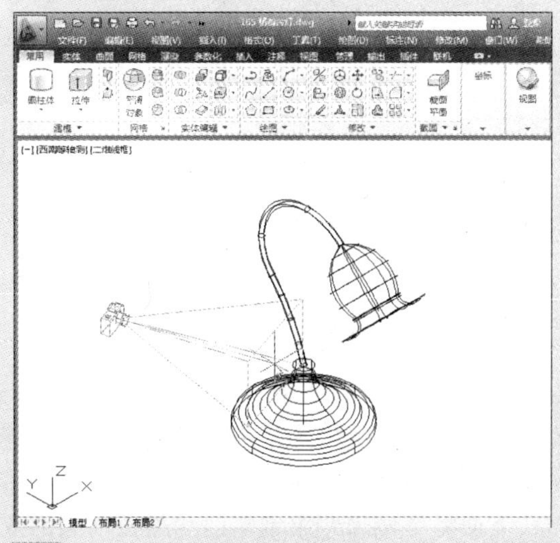

步骤 3 按回车键，单击相机符号，进入夹点编辑状态，并打开“相机预览”窗口。

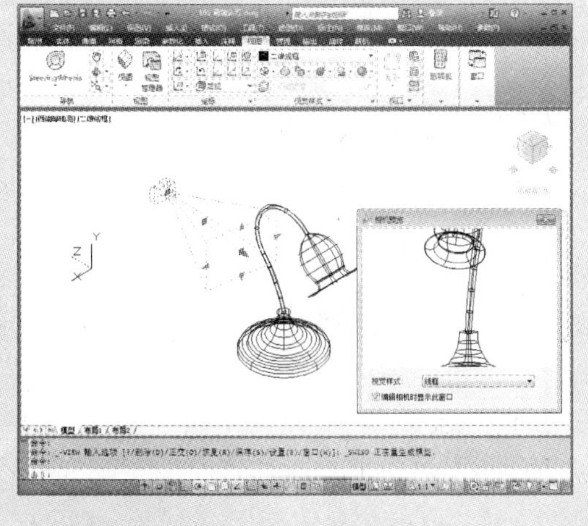

步骤 4 在“相机预览”窗口中，用户可根据当前视图进行调整。

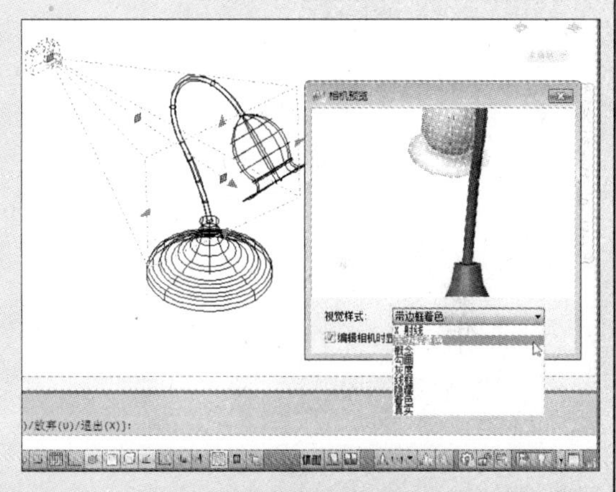

操作提示：

选中相机的夹点，并将其移动，可观察各个视角。而选中该相机，单击〈Delete〉键，即可关闭相机视图。

9.5.2 使用动态观察器

使用“3DORBIT”命令可以激活当前视口交互的三维动态观察器。当“3DORBIT”命令被激活时，可以使用定点设备观察模型的视图，也可以从模型的不同点处观察整个模型或模型中的对象，如下图所示。该功能在第 2 章中的“图形显示”功能已介绍过，在这里将不再阐述。

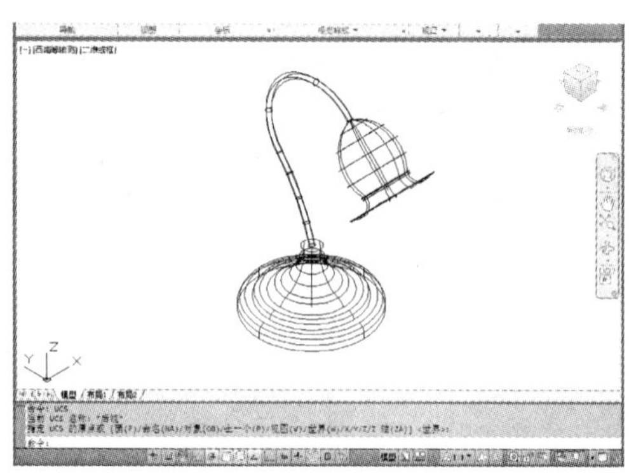

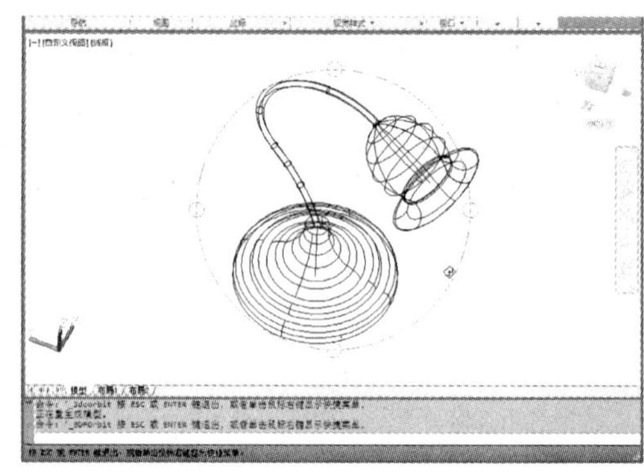

9.5.3 运动路径

在 AutoCAD 2012 中，用户可将相机捆绑到指定的路径上，并制作出路径巡游动画。想要将相机或目标链接到某条路径，必须在创建运动路径动画之前创建路径对象，其路径可以是直线、圆弧、椭圆弧、圆、多段线、三维多段线或样条曲线。

下面将举例来介绍创建运动路径动画的操作方法。

步骤1 打开“沙发”素材文件，单击“圆”命令，绘制出一个大圆路径。

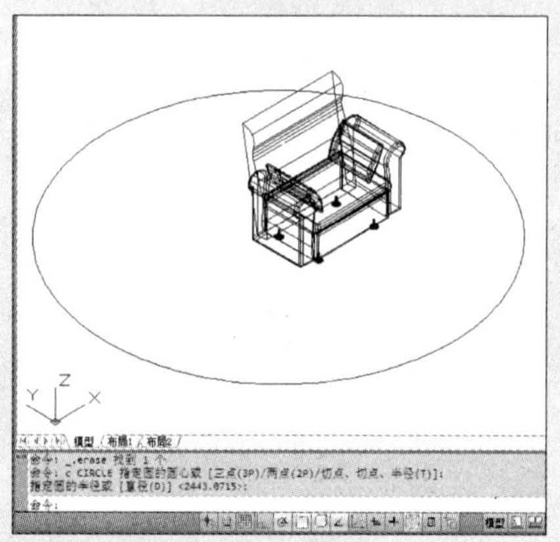

步骤2 单击“移动”命令，将沙发图块移至圆路径上。

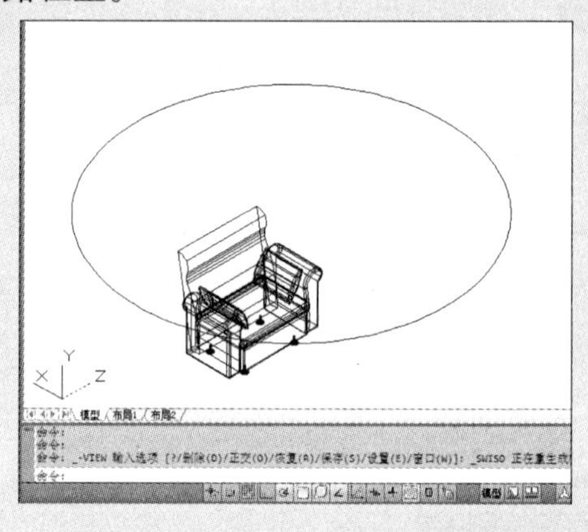

步骤3 单击菜单栏中的“视图”→“创建相机”命令，指定相机位置。

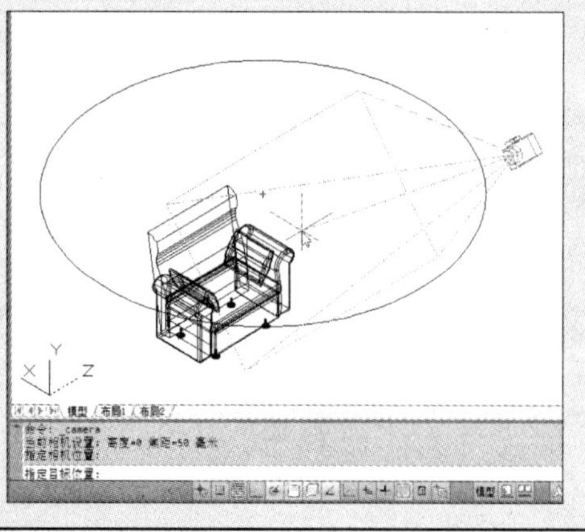

步骤4 选中相机符号，进入夹点编辑状态，将相机适当移动，调整视图角度。

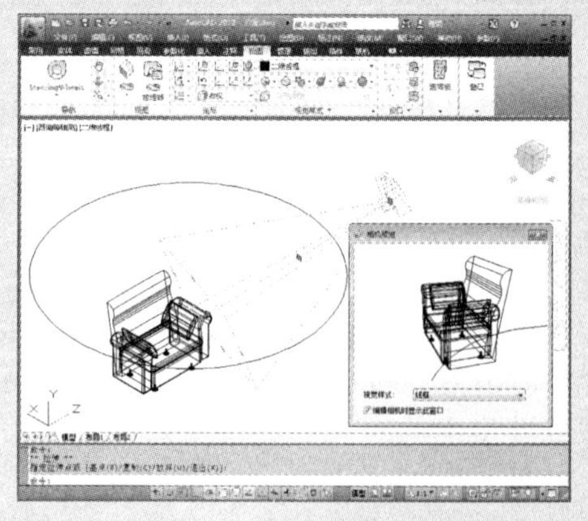

5 单击菜单栏中的“视图”→“运动路径动画”命令。

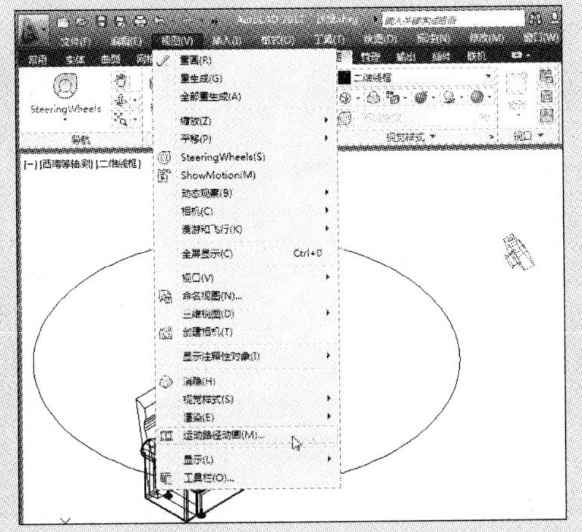

6 在打开的“运动路径动画”对话框的“相机”选项区中，单击拾取按钮。

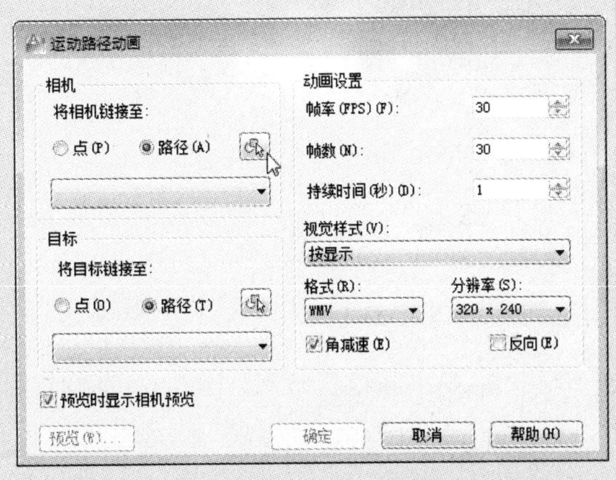

7 选中圆路径，在打开的“路径名称”对话框中的“名称”后，输入路径名。

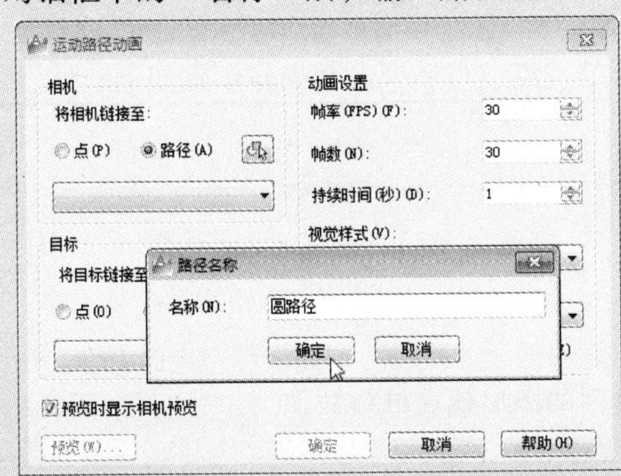

8 在“运动路径动画”对话框中的“目标”选项区中，单击“点”单选按钮。

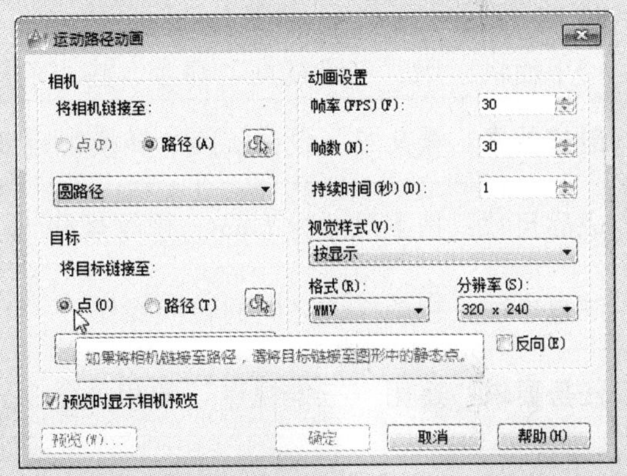

9 然后，单击拾取按钮，选中沙发图块上的合适位置作为目标点，并在“点”对话框中，输入点名称，单击“确定”按钮。

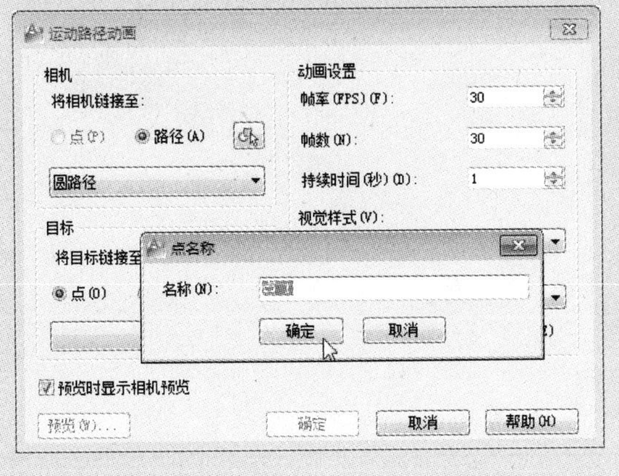

10 单击“预览”按钮，打开“动画预览”对话框，并在其中单击“播放”按钮，可预览动画。

11 关闭该窗口，返回至上一层对话框，单击“确定”按钮，打开“另存为”对话框，设置名称及保存路径，即可保存。

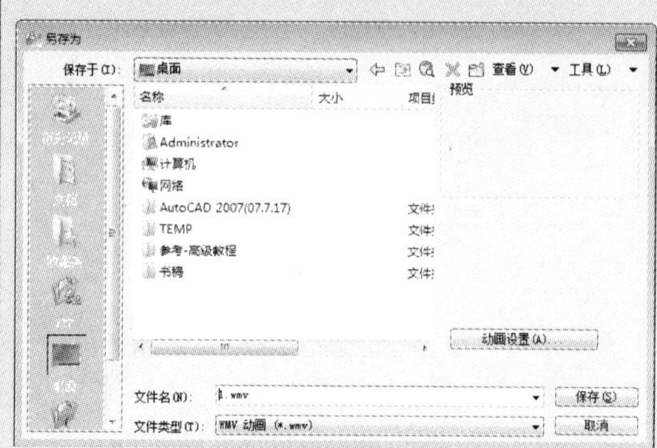

12 保存完成后，双击该动画文件，即可观看所保存的动画。

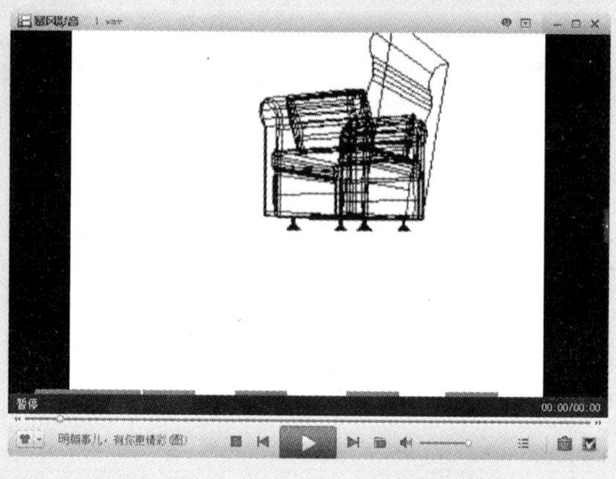

9.6 设计实践：将线框样式转换为灰度样式

下面将运用“三维视点”命令，将当前图形的视点进行转换，其操作步骤如下：

最终效果：第 9 章 \ 设计实践 \ 转换视点 dwg
成品尺寸：扳手尺寸为 7 mm，螺纹规格为 M4
注意事项：视图样式之间的转换操作
任务要求：运用“三维视点”的相关命令，将当前图形视点进行转换

扳手模型：

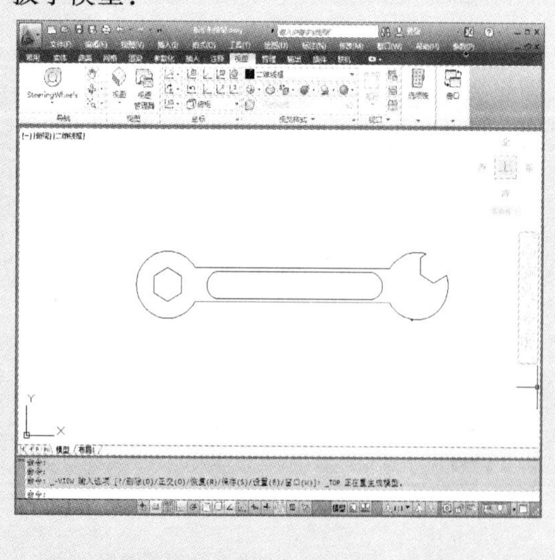

扳手模型效果：

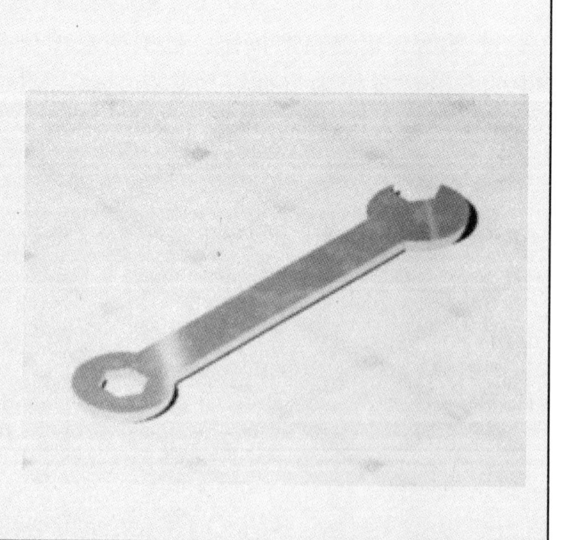

1 启动 AutoCAD 2012 软件，并打开扳手模型素材文件，此时，该模式为“俯视图”。

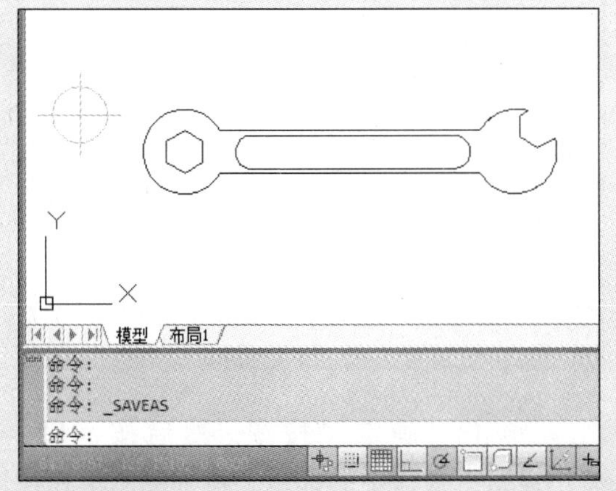

2 单击“视图”→“视图”命令，在打开的下拉列表中，选择“西南视图”选项。

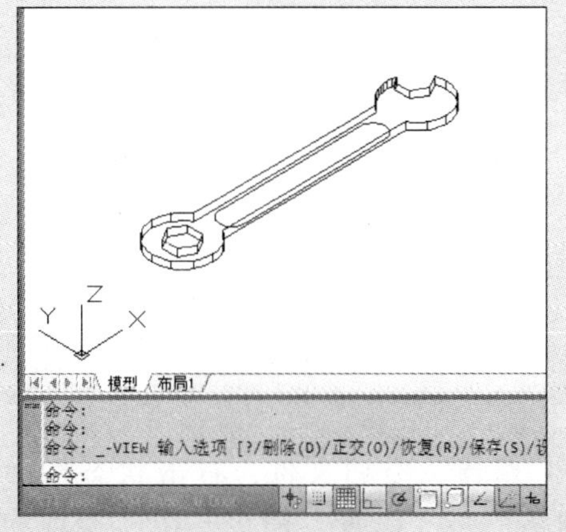

3 此时，该视图为线框模式，单击“视图”→“视图样式”下拉按钮，选择“灰度”模式。

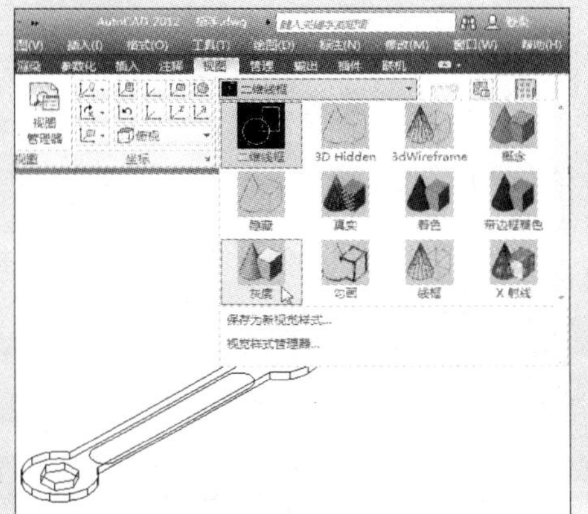

4 选择完成后，即可将其视图转换成“灰度”模式了。当然，也可以运用菜单栏中的“视图”命令，进行选择设置。

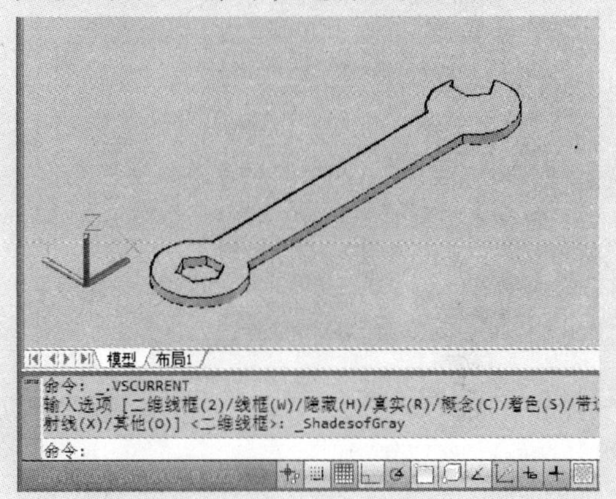

9.7 综合演练：绘制机械零件等轴测图

下面将运用“等轴测图”中的相关命令，来创建“镶块”零件等轴测图，其方法如下：

最终效果：	第 9 章 \ 综合演练 \ 镶块 . dwg
视频路径：	视频 \ 第 9 章 \ 镶块等轴测图 . wnv
成品尺寸：	镶块模型宽为 500 mm，长为 1160 mm，高为 250 mm
注意事项：	注意等轴测图的绘制方法
应用范围：	机械领域
实训目的：	学会运用“多段线”、“直线”、“椭圆”等命令，来绘制轴测图的操作方法。

镶块零件图：

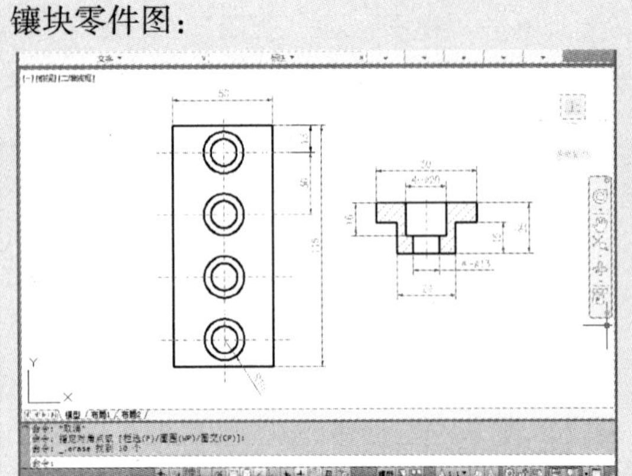

镶块等轴测图：

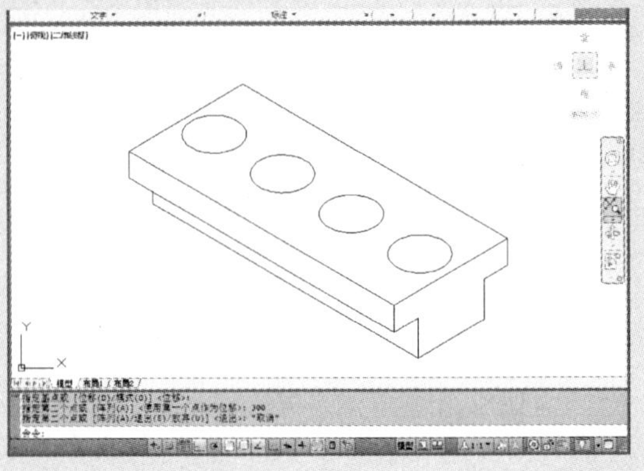

1 新建一空白文件，右击状态栏中的“栅格”→“设置”命令，在“捕捉和栅格”对话框中，单击“等轴测捕捉”单选按钮。

2 单击“确定”按钮，然后按〈F5〉键，根据命令行中的提示，将轴测图模式设为“等轴测平面右视”模式。

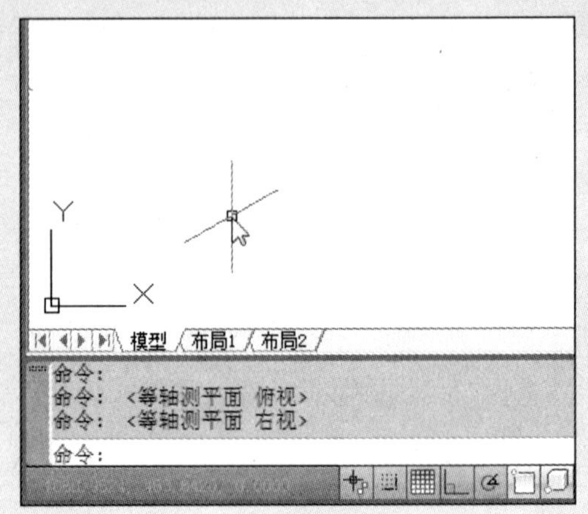

3 单击“绘图”→“多段线”命令，并根据零件尺寸，绘制出镶块侧面图形。

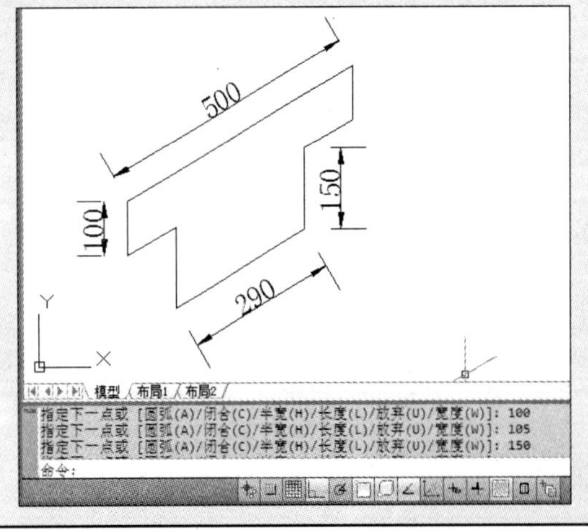

4 按〈F5〉键，将视图设为左视，单击“复制”命令，将图形向左复制 1160 mm。

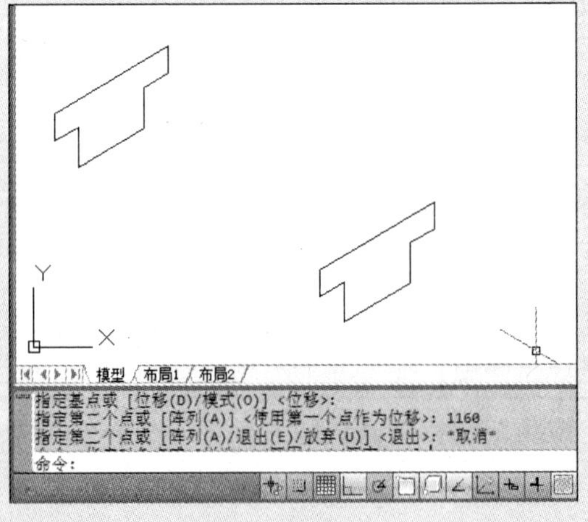

步骤 5 单击“直线”命令，并启动“对象捕捉”命令，将镶块两个侧面进行连接。

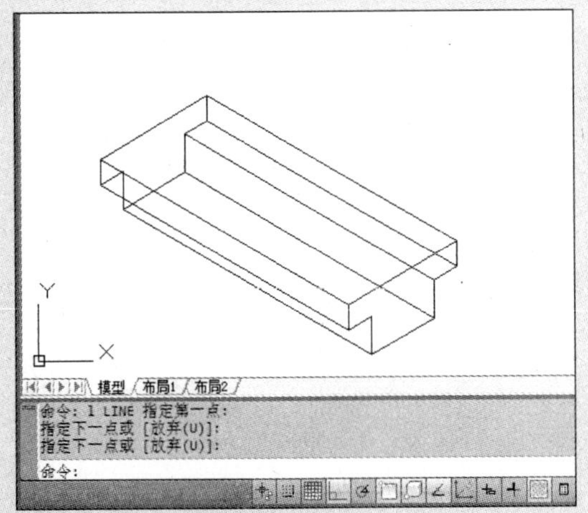

步骤 6 单击“修剪”命令，将图形被遮挡的轮廓线进行删除操作。按〈F5〉键，将当前视图设置为“俯视图”。

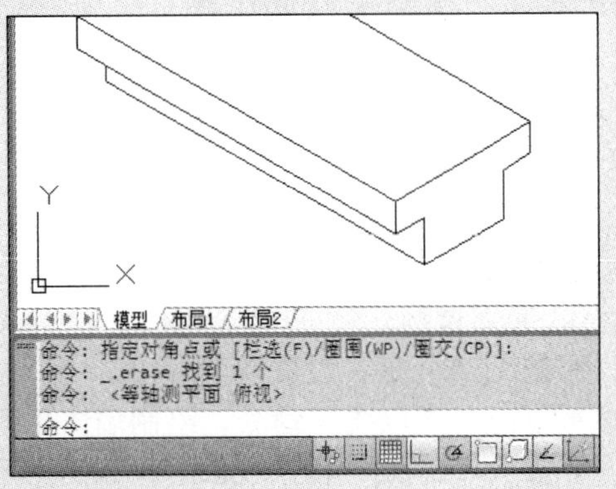

步骤 7 单击“椭圆”→“轴、端点”命令，根据命令行中的提示信息，输入“i”。

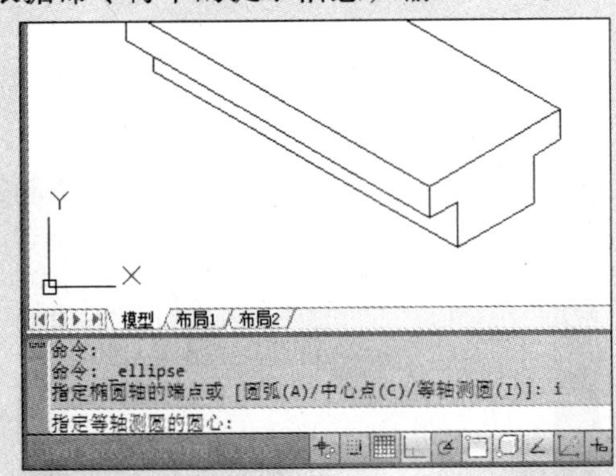

步骤 8 捕捉镶块平面上的中点。

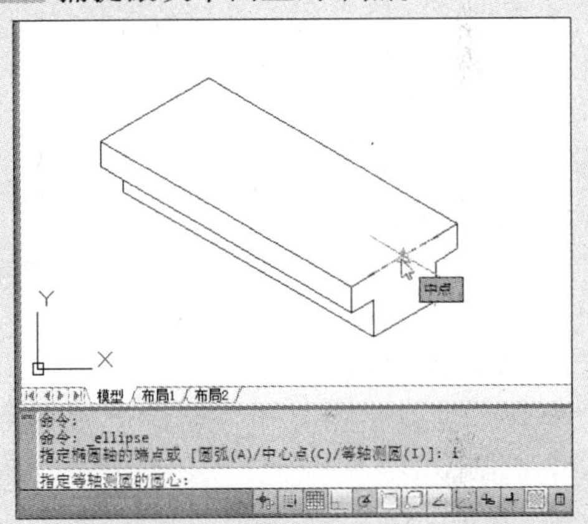

步骤 9 根据命令行中的提示，输入“D”，并输入“200”，按回车键。

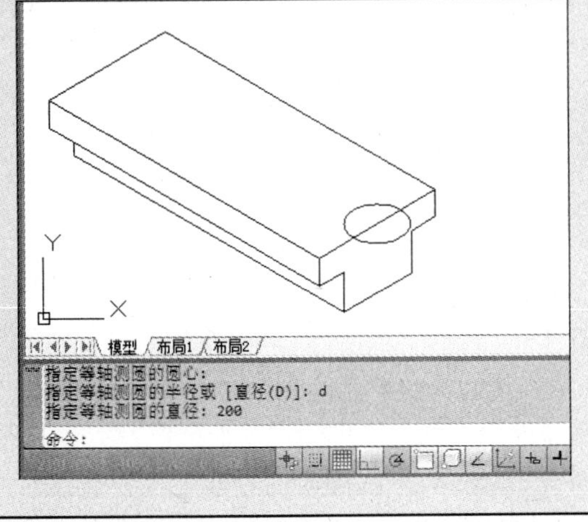

步骤 10 将椭圆向左移动合适位置，并将其复制 3 个椭圆，其圆心距离为 300 mm。

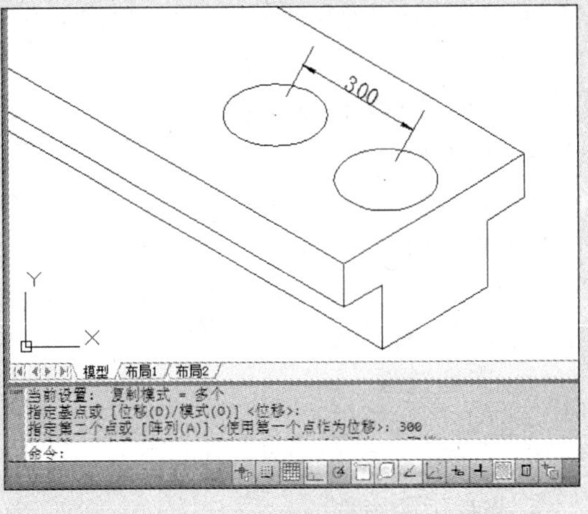

9.8 上机实训

下面将以3个简单的实例，来对本章所学的所有知识点进行巩固。

9.8.1 绘制三维墙体图

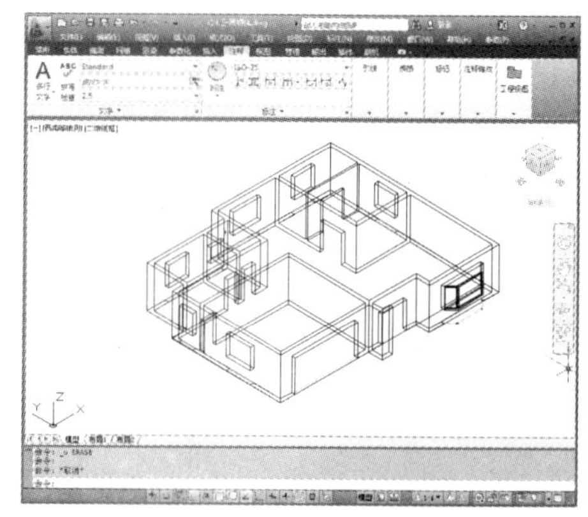

1. 实训目的

掌握等轴测图的操作方法。

2. 实训内容

运用“多段线”命令、〈F5〉键和“直线”命令，完成墙体的绘制。

3. 实训过程

- 按〈F5〉键，设置视图环境。
- 单击“多段线”命令，绘制墙体平面。
- 按〈F5〉键，转换视图。单击“直线”命令，绘制墙体高度。
- 再次按〈F5〉键，设置视图环境，完成墙体图的绘制。

9.8.2 创建运动路径

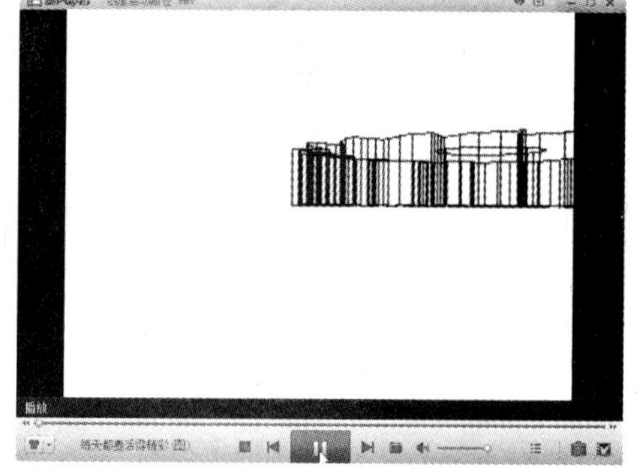

1. 实训目的

学会运用“相机”视图、运动路径等操作方法，观察图形。

2. 实训内容

运用“创建相机”和“创建运动路径”命令，绘制图形。

3. 实训过程

- 单击“圆”命令，绘制出运动路径。
- 单击“创建相机”命令，创建相机视图，并做适当的调整。
- 单击“运动路径动画”命令，创建完成。

9.8.3 更改三维坐标

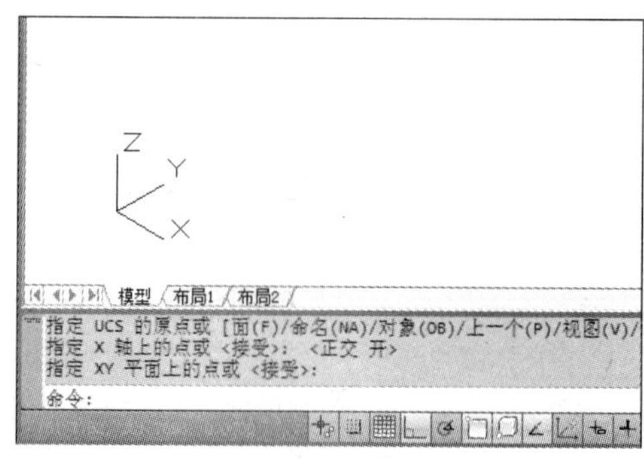

1. 实训目的

掌握三维坐标相关设置命令。

2. 实训内容

利用设置用户坐标等相关命令，来调整图形的三维坐标位置。

3. 实训过程

- 在命令行中输入“UCS”，按回车键。
- 按照命令行中的提示信息，设置3条坐标轴的方向。

9.9　辅助绘图锦囊

Q：如何在图形窗口中显示滚动条？

A：要想在绘图区中，显示滚动条，其操作方法很简单。具体操作如下：

1 单击“文件菜单”在打开的下拉列表中，选择“选项”按钮。

2 在打开的“选项”对话框中，单击“显示”选项卡。

3 在该选项卡中，勾选“图形窗口中显示滚动条”复选框。

4 选择完成后，单击“确定”按钮，即可在绘图区中显示滚动条。

Q：如何减少文件大小？

A：文件太大，会占用一定的磁盘空间，从而在绘图时，操作较为缓慢。只有减少文件的大小，才能够提高绘图速度。通常用户在图形完成后，单击“文件”→“图形实用工具”→“清理”命令，打开“清理”对话框，在该对话框中，单击“全部清理”按钮，稍等片刻，即可清理完毕。有时要多次操作，才能够彻底清理完毕，如下图所示。

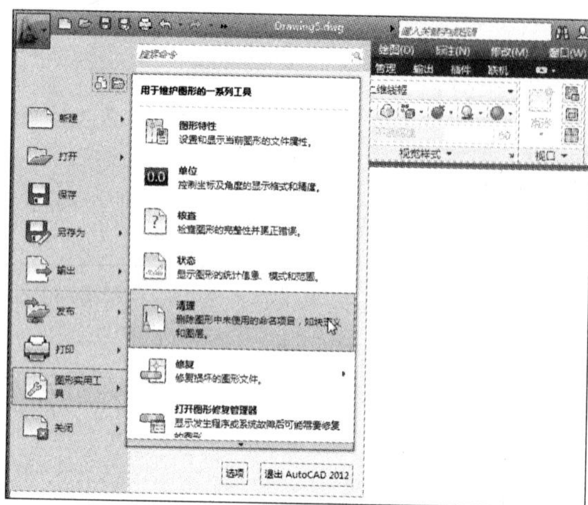
用于维护图形的一系列工具
图形特性
设置和显示当前图形的文件属性。
单位
控制坐标及角度的显示格式和精度。
核查
检查图形的完整性并更正错误。
状态
显示图形的统计信息、模式和范围。
清理
修复
修复损坏的图形文件。
打开图形修复管理器
新建
打开
保存
另存为
输出
发布
打印
图形实用工具
关闭
选项
退出 AutoCAD 2012

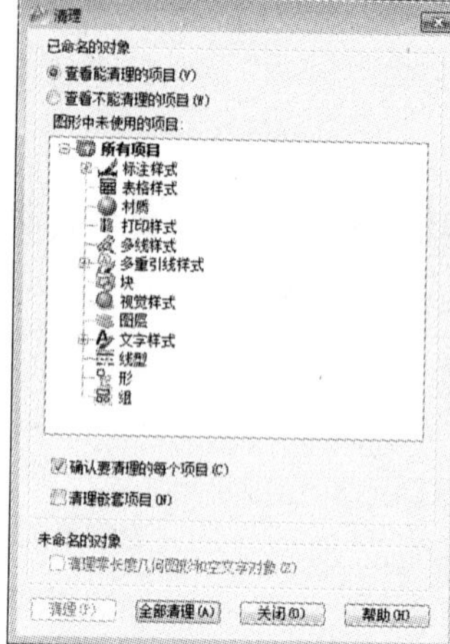
清理
已命名的对象
查看能清理的项目(V)
查看不能清理的项目(W)
图形中未使用的项目:
所有项目
标注样式
表格样式
材质
打印样式
多线样式
多重引线样式
块
视觉样式
图层
文字样式
线型
形
组
确认要清理的每个项目(C)
清理嵌套项目(N)
未命名的对象
清理零长度几何图形和空文字对象(Z)
清理(P)
全部清理(A)
关闭(C)
帮助(H)

第 10 章 创建三维图形

本章概述

上一章介绍了如何设置三维绘图环境的操作方法与技巧，本章将介绍在 AutoCAD 2012 软件中，如何绘制各种三维直线、样条曲线、多段线和螺旋线。另外，利用 AutoCAD 用户不仅可以绘制基本的三维曲面，如长方体表面、圆锥面等，还可以绘制旋转曲面、平移曲面、直纹曲面和边界曲面等特殊曲面。

学习向导

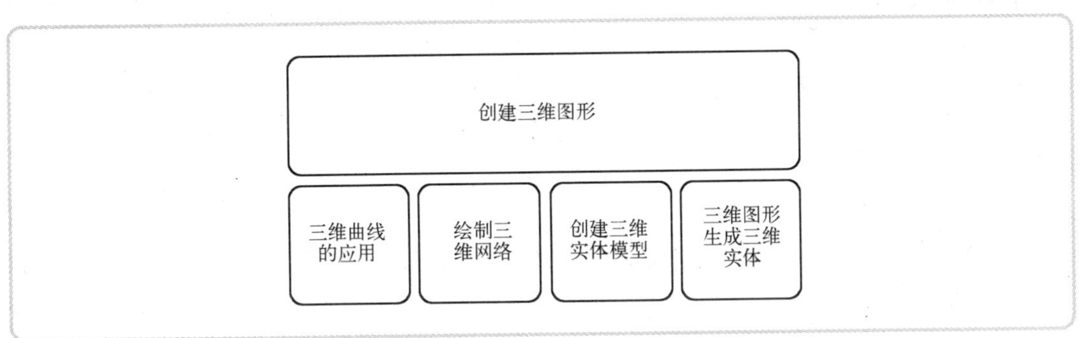

10.1 三维曲线的应用

点、线是三维建筑建模的基础，用两点可以定义空间的任一直线，用两条线则可定义空间的曲面，本节将介绍三维直线、样条线、三维多段线以及螺旋线的创建。

10.1.1 创建三维直线

在三维空间中，单击“绘图”→“直线”命令，并根据命令行中的提示，通过输入三维空间的点，即就可绘出三维直线。其绘制的方法与在二维图形中所绘制的方法相同，如下图所示。

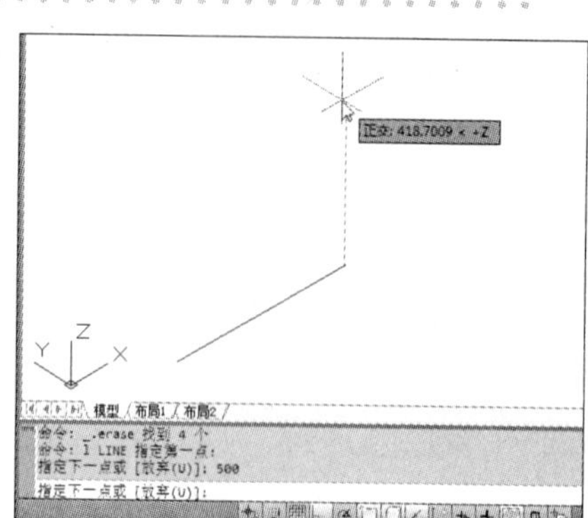
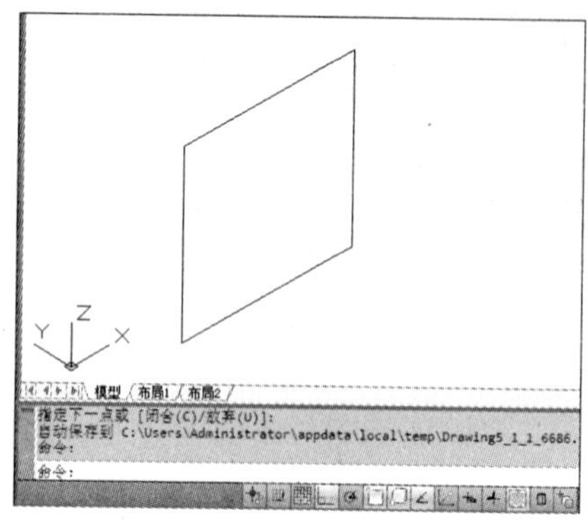

命令行提示如下：

命令：_line 指定第一点：（指定线段起点）
指定下一点或 [放弃(U)]：（输入线段长度）
指定下一点或 [放弃(U)]：
指定下一点或 [闭合(C)/放弃(U)]：*取消*

10.1.2 创建样条曲线

在 AutoCAD 2012 软件中，单击“绘图”→“样条曲线”命令，根据命令行中的操作提示，即可在三维空间中绘制出复杂的样条曲线，如下图所示。

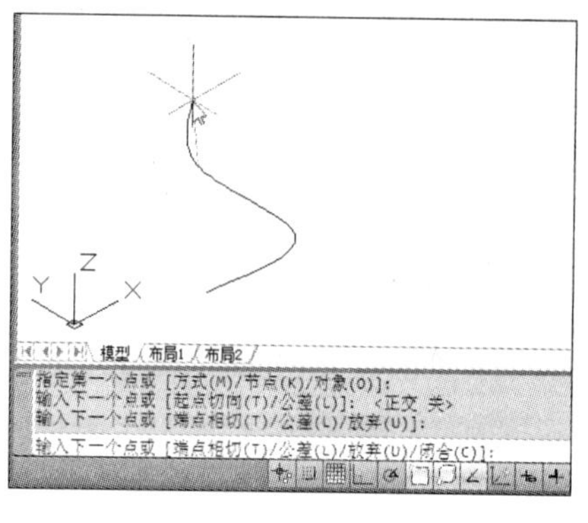
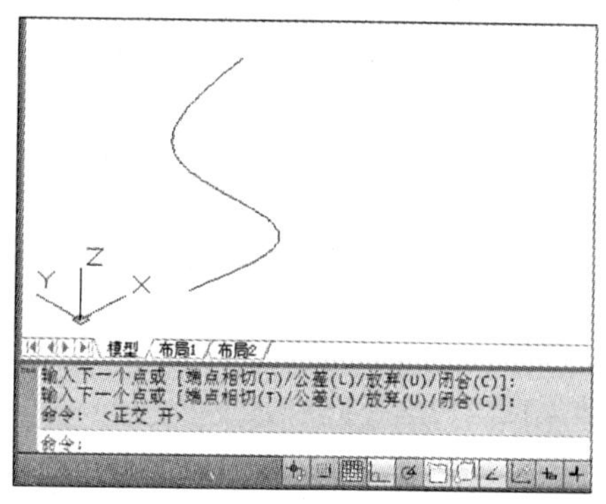

命令行提示如下：

命令：_spline
当前设置：方式 = 拟合 节点 = 弦
指定第一个点或 [方式(M)/节点(K)/对象(O)]：（指定线段起点）
输入下一个点或 [起点切向(T)/公差(L)]：（根据需要移动鼠标，输入线段长度）
输入下一个点或 [端点相切(T)/公差(L)/放弃(U)]：

10.1.3 创建三维多段线

三维多段线的绘制过程和二维多段线基本相同，但使用的命令不同，创建三维多段线的操作方法为：单击菜单栏中的“绘图”→“三维多段线”命令，根据命令行中的提示信息，完成三维多段线的绘制，如下图所示。

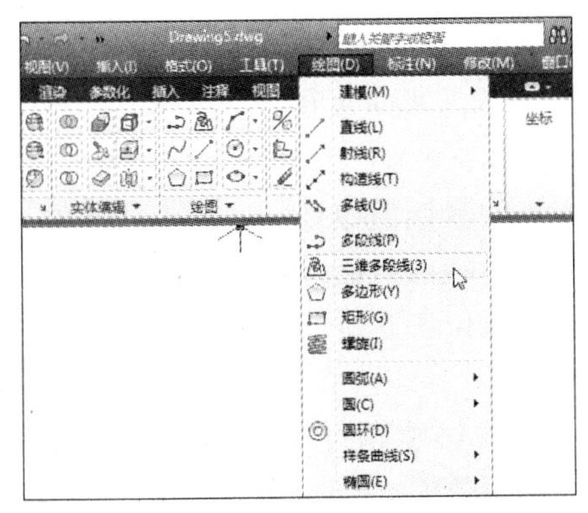

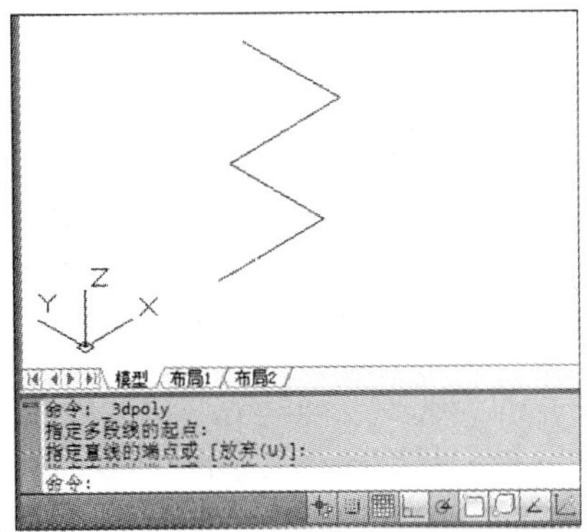

命令行提示如下：

命令：_3dpoly
指定多段线的起点：　　　　（指定线段起点）
指定直线的端点或［放弃(U)］：　　　　（移动鼠标，输入线段长度）
指定直线的端点或［闭合(C)/放弃(U)］：

10.1.4　创建螺旋线

螺旋就是开口的二维或三维螺旋。单击“绘图”→“螺旋”命令，并根据命令行中的提示信息，则可绘制出螺旋线，如下图所示。

命令行提示如下：

命令：_Helix
圈数 = 3.0000　　扭曲 = CCW
指定底面的中心点：　　　　（指定螺旋中心点）
指定底面半径或［直径(D)］<1.0000>：　　　　（输入底面半径值）
指定顶面半径或［直径(D)］<25.0021>：　　　　（输入顶面半径值）
指定螺旋高度或［轴端点(A)/圈数(T)/圈高(H)/扭曲(W)］<1.0000>：　（输入螺旋高度值）

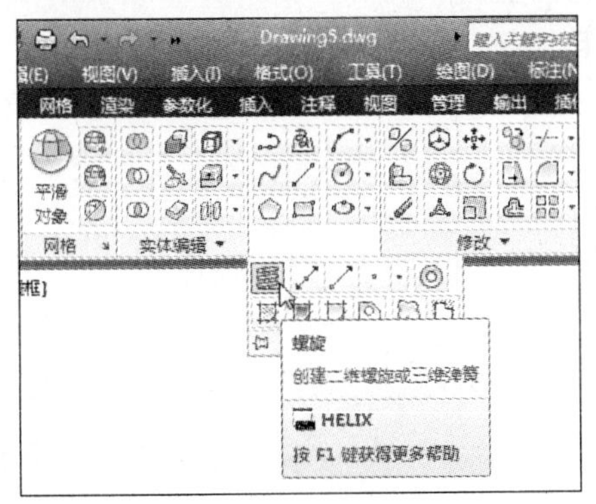

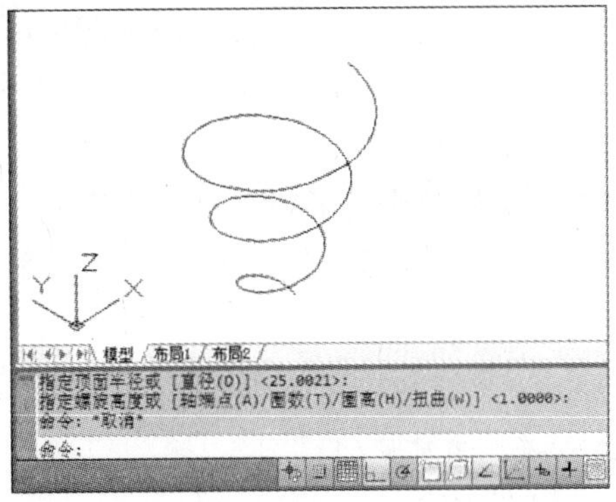

命令行中各选项的说明如下。

● 底面半径：指定螺旋底面的半径。默认情况下，底面半径设置为 1。绘制图形时，底

面半径的默认值始终是先前输入的任意实体图元或螺旋的底面半径值。

- 底面直径：指定螺旋底面的直径。默认情况下，底面直径设置为2。绘制图形时，底面直径的默认值始终是先前输入的底面直径值。
- 顶面半径：指定螺旋顶面的半径。顶面半径的默认值始终是底面半径的值。
- 顶面直径：指定螺旋顶面的直径。顶面直径的默认值始终是底面直径的值。
- 轴端点：指定螺旋轴的端点位置。轴端点可以位于三维空间的任意位置。轴端点定义了螺旋的长度和方向。
- 圈数：指定螺旋的圈（旋转）数。螺旋的圈数不能超过500，圈数的默认值为3。绘制图形时，圈数的默认值始终是先前输入的圈数值。
- 圈高：指定螺旋内一个完整圈的高度。当指定圈高值时，螺旋中的圈数将相应地自动更新。如果已指定螺旋的圈数，则不能输入圈高的值。
- 扭曲：指定以顺时针（CW）方向还是逆时针方向（CCW）绘制螺旋。螺旋扭曲的默认值是逆时针。

10.2 绘制三维网格

在绘图过程中经常需要使用消隐、着色和渲染功能，而线框模型无法提供这些功能，但又不需要实体模型所提供的物理特性（如质量、体积、重心、惯性等），这时可以通过使用网格来表达所需要的模型。

10.2.1 创建基本三维网格

在 AutoCAD 2012 软件中，还可绘制如三维面、三维网格、旋转网格、平移网格和边界网格等特殊的三维曲面图形。

1. 绘制三维面

由于三维面绘制比较灵活，因此可以绘制任意位置的平面或曲面。当通过选择3个点定义时，形成的是一个三维平面；当通过选择4个点，且4个点不在同一平面时，形成的是一个三维曲面。其操作方法有以下2种。

方法一：通过菜单栏中的网格命令进行操作

用户单击“绘图”→“建模”→“网格”→“三维面”命令，并根据命令行中的提示信息进行操作。

方法二：通过命令行的输入进行操作

在命令行中输入“3Dface”命令，按回车键，即可根据提示进行操作。

命令行提示如下：

```
命令：_3dface 指定第一点或 [不可见(I)]：                    (指定三维面的起点)
指定第二点或 [不可见(I)]：                                  (指定三维面第二点)
指定第三点或 [不可见(I)] <退出>：                           (指定三维面第三点)
指定第四点或 [不可见(I)] <创建三侧面>：                     (指定三维面第四点)
指定第三点或 [不可见(I)] <退出>：(继续输入第三点,定义第二个平面或按回车键结束命令)
```

2. 三维网格

为了近似表达曲面，可以将曲面用 M 行 N 列，即 M × N 个网格表示，这样的表面称为三维网格面。其中 M 和 N 的最小值为 2，表明定义多边形网格至少需要 4 个点，其最大值为 256。在 AutoCAD 2012 软件中，绘制三维网格的方法如下：

在命令行中输入“3Dmesh”命令，按回车键，并根据命令行中的提示信息进行创建。命令行提示如下：

命令：_3dmesh	
输入 M 方向上的网格数量：	（输入 M 方向的网格顶点数目）
输入 N 方向上的网格数量：	（输入 N 方向的网格顶点数目）
指定顶点(0,0)的位置：	（输入第一行、第一列的顶点坐标）
指定顶点(0,1)的位置：	（输入第一行、第二列的顶点坐标）
指定顶点(MH,NH)的位置：	（输入第 M 行、第 N 列的顶点坐标）

10.2.2 创建特殊网格

除了可以创建基本的三维网格外，在 AutoCAD 2012 中，还可以由其他二维线条创建特殊网格，如旋转网格、平移网格、直纹网格和边界网格等。

1. 旋转网格

旋转网格是由一条轨迹线围绕指定的轴线旋转生成的曲面图形。其中间作为轨迹线的线段有直线、圆弧、圆、椭圆、椭圆弧、样条曲线、二维多段线及三维多段线等。旋转轴可以是直线、二维多段线及三维多段线等对象。如果将多段线作为旋转轴，它的首尾端点连线为旋转轴。

单击“网格”→“图元”→“旋转网格”命令，根据命令行中的提示绘制，如下图所示。

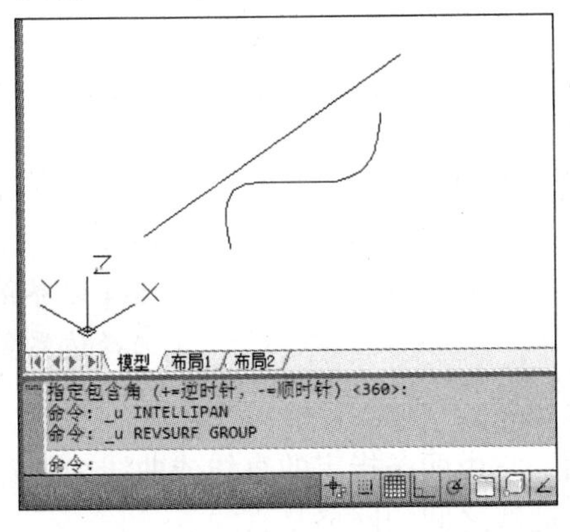

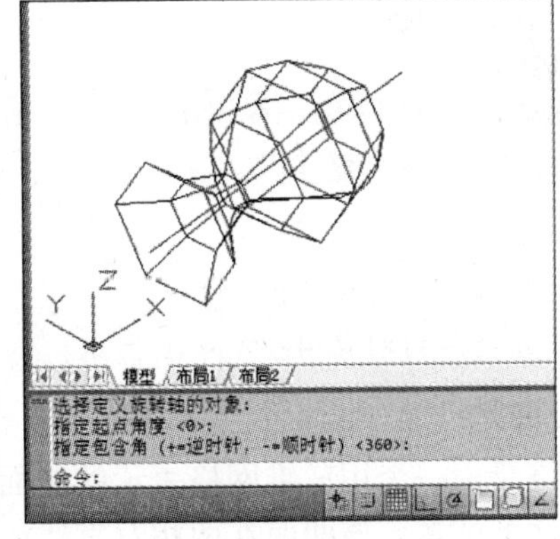

命令行提示如下：

命令：_revsurf	
当前线框密度：SURFTAB1 = 6 SURFTAB2 = 6	
选择要旋转的对象：	（选择需旋转的轮廓线）
选择定义旋转轴的对象：	（选择旋转轴）
指定起点角度 <0>：	（按回车键）
指定包含角（+ = 逆时针，- = 顺时针）<360>：	（输入旋转角度）

在选择旋转对象时，一次只能选择一个对象，不能多个拾取，如果旋转迹线是由多条曲线连接而成，那么必须首先将其转换为一条多段线。旋转方向的分段数由系统变量 SURFTAB1 确定，旋转轴方向的分段数由系统变量 SURFTAB2 确定。

2. 边界网格

边界网格是指以相互连接的 4 条边作为曲面边界形成的曲面。用来生成边界曲面的 4 条边可以是直线、圆弧或多段线。4 条边可以在同一平面内，也可以不在同一平面内，但必须首尾相接。

用户单击“网格”→“图元”→“旋转网格”命令，根据命令行中的提示绘制，如下图所示。

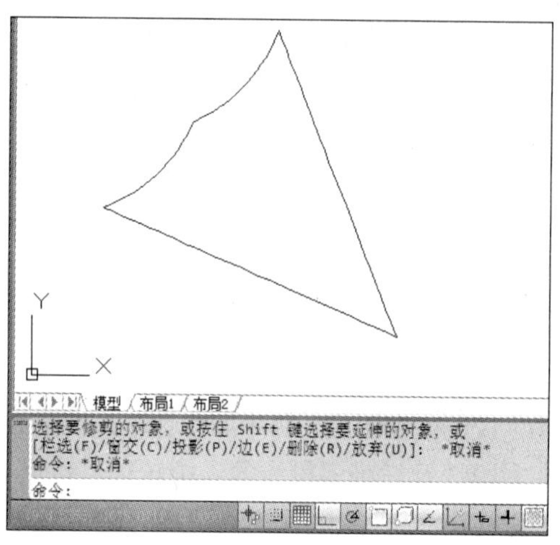

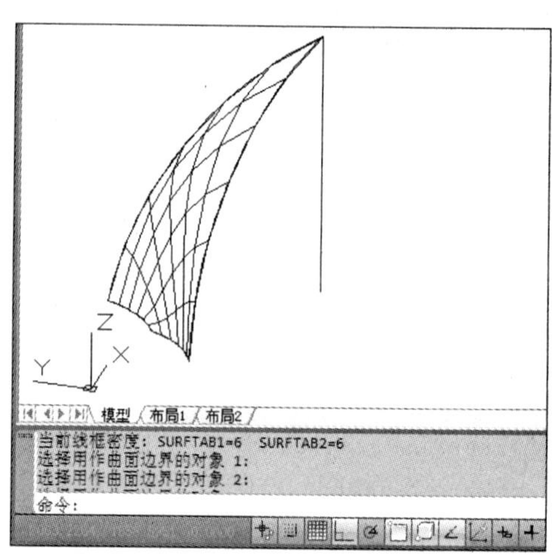

命令行提示如下：

```
命令：_edgesurf
当前线框密度：SURFTAB1 =6 SURFTAB2 =6
选择用作曲面边界的对象 1：                    （选择边界第一条线）
选择用作曲面边界的对象 2：                    （选择边界第二条线）
选择用作曲面边界的对象 3：                    （选择边界第三条线）
选择用作曲面边界的对象 4：                    （选择边界第四条线）
```

3. 直纹网格

直纹网格是由一个用三维网格表示的曲面，它由两条指定的直线或曲线为相对的两边来生成。应当注意的是，该曲面在两相对直线或曲线之间的网格是直线。

用户可单击“网格”→“图元”→“直纹网格”命令，根据命令行中的提示进行绘制，如下图所示。

命令行提示如下：

```
命令：_rulesurf
当前线框密度：SURFTAB1 =6
选择第一条定义曲线：                    （选择第一条曲线）
选择第二条定义曲线：                    （选择第二条曲线）
```

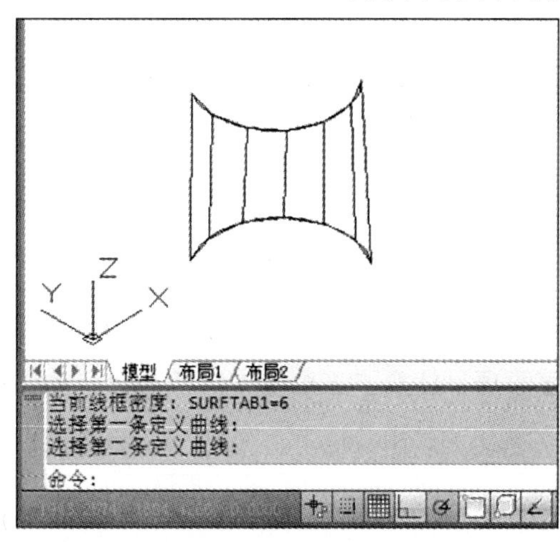

4. 平移网格

平移网格由轮廓曲线和方向矢量定义，其中，轮廓曲线可以是直线、圆弧、圆、样条曲线、二维多段线及三维多段线等对象；方向矢量可以是直线或非闭合的二维多段线、三维多段线等对象。当选择多段线作为方向矢量时，平移方向则沿着多段线两端点的连线方向。

当确定了拾取点后，系统将在方向矢量对象上远离拾取点的端点方向绘制平移网格。平移网格的分段数由系统变量 SURFTAB1 确定，默认值为 6。

用户可单击“网格”→“图元”→“直纹网格”命令，根据命令行中的提示进行绘制，如下图所示。

命令行提示如下：

```
命令：_tabsurf
当前线框密度：SURFTAB1 =6
选择用作轮廓曲线的对象：                    （选中轮廓曲线）
选择用作方向矢量的对象：                    （选中方向线）
```

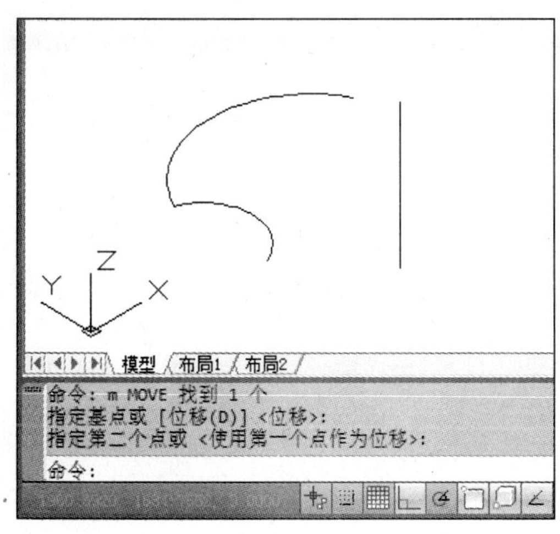

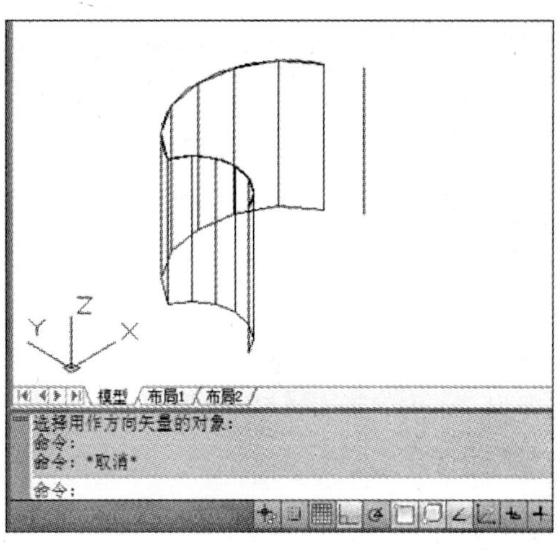

10.3 设计实践：创建三维窗帘

下面将运用“三维网格”相关命令，来绘制三维窗帘，其操作步骤如下：

最终效果：第 10 章 \ 设计实践 \ 窗帘 . dwg
成品尺寸：窗帘长为 2800 mm，高为 3000 mm
注意事项：注意“三维网格”相关命令的操作用法
任务要求：运用“修订云线”、“编辑曲面”等命令，来创建三维窗帘

三维窗帘：

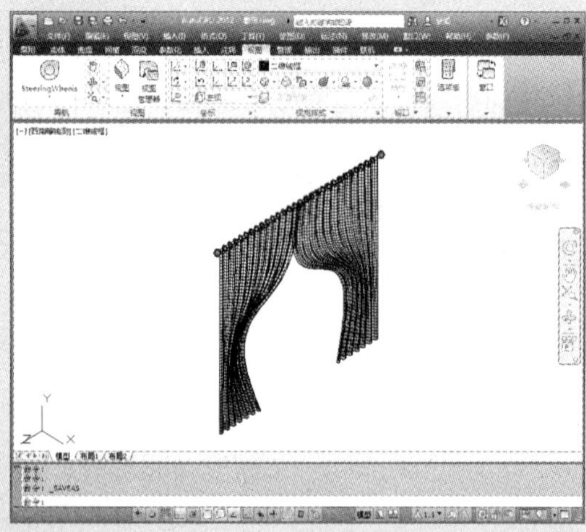

三维窗帘效果：

1 打开“窗帘杆”素材文件，将当前视图设为“前视图”，单击“直线”和“样条曲线”命令，绘制窗帘轮廓线。

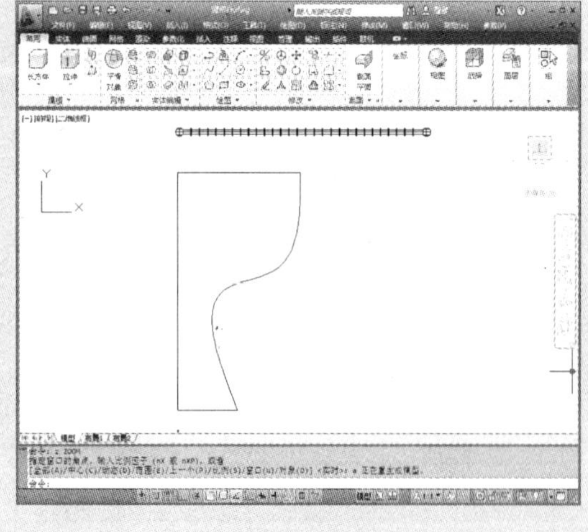

2 将视图设为“俯视图”，单击“绘图”→“修订云线”命令，绘制出窗帘布的褶皱效果。

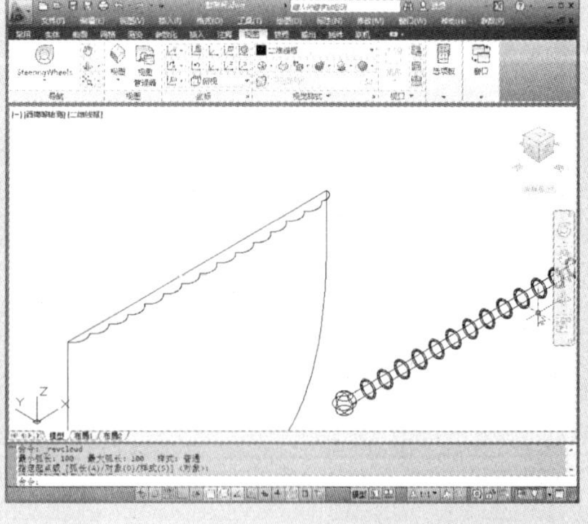

3 按照同样的操作方法，完成窗帘下侧褶皱的绘制，并删除多余的线段。

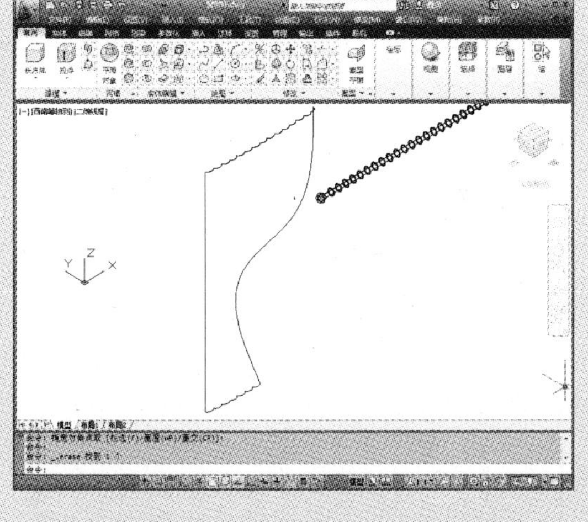

4 单击“网格”→“图元”→“边界网格”命令，选中窗帘 4 条边，拉伸成实体。

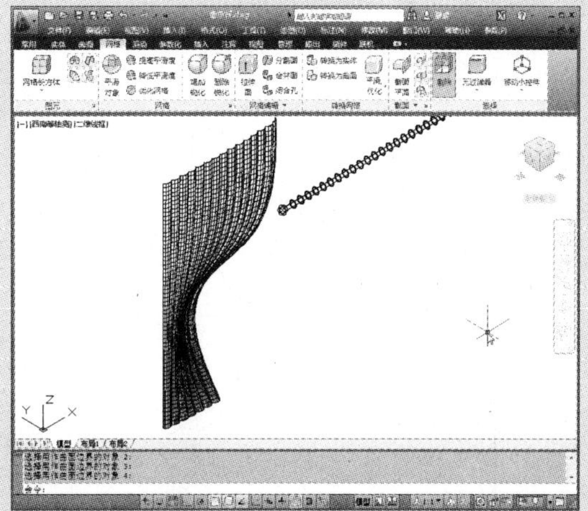

5 将拉伸后的窗帘布移动至窗帘杆合适位置。

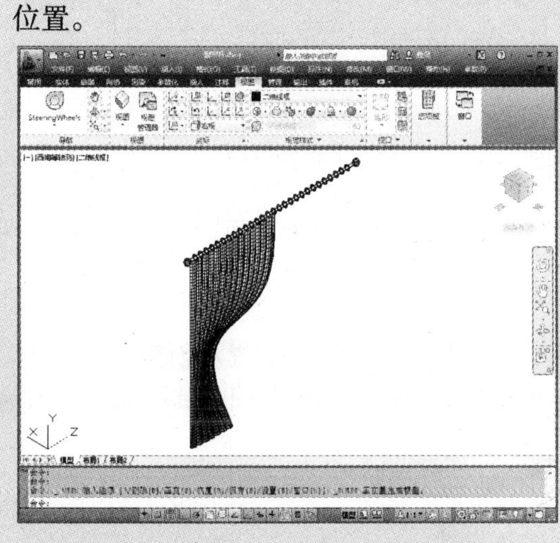

6 将当前视图设为“前视图”，单击“镜像”命令，将窗帘进行镜像。

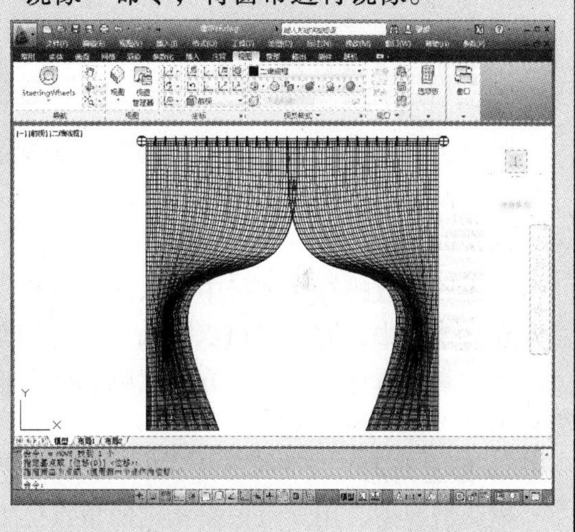

10.4 创建三维实体模型

在 AutoCAD 2012 中，基本的三维实体主要包括长方体、球体、圆柱体、圆锥体和圆环体等。本节主要介绍长方体、楔体、球体、圆锥体和圆柱体的绘制。如果没有特殊说明，本章所有三维图形的观察方向都是从西南方向观察的，即西南等轴测视图。

10.4.1 创建长方体

长方体作为最基本的几何形体，其应该非常广泛。在系统默认设置下，长方体的底面总是与当前坐标系的 XY 面平行。在 AutoCAD 2012 软件中，可通过以下 3 种操作方法创建。

方法一：使用“建模”功能面板相关命令创建

用户可单击“常用”→“建模”→“长方体”命令，根据命令行中的提示信息进行创建，如下图所示。

命令行提示如下：

命令：_box	
指定第一个角点或［中心(C)］：	（指定长方体第一角点）
指定其他角点或［立方体(C)/长度(L)］：	（指定长方体对角点）
指定高度或［两点(2P)］<0.0001>：	（输入长方体高度）

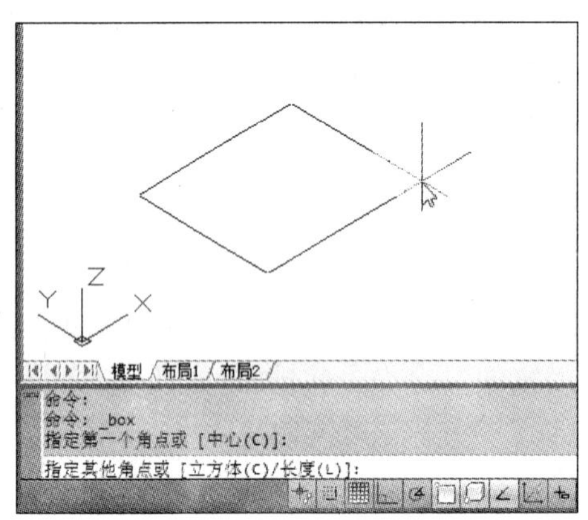

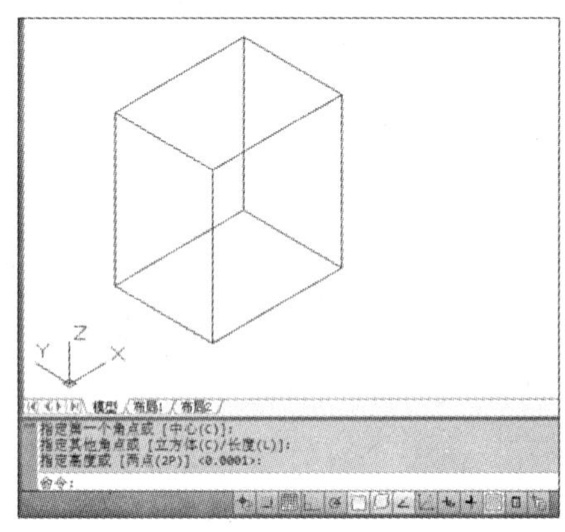

方法二：通过菜单栏中“建模”命令创建

用户单击菜单栏中“绘图”→“建模”→“长方体”命令，即可根据命令行中的提示，进行创建。

方法三：直接在命令行中输入命令创建

在命令行中，输入“BOX”命令，按回车键，然后根据命令行中的提示创建。

在绘制长方体时，常用方法主要有指定长方体角点和中心点两种，同时其底面应与当前坐标系的XY平面平行。

1. 指定角点

默认情况下，用户可根据指定的角点位置绘制长方体。

- 指定角点：用于根据另一角点位置绘制长方体。当在绘图窗口中指定角点后，如果该角点与第1个角点的Z坐标不一样，系统将以这两个角点作为长方体的对角点绘制长方体。如果第2个角点与第1个角点位于同一高度，系统则需指定长方体的高度。
- 立方体：用于绘制立方体，此时需要在“指定长度：”提示下指定立方体的边长。
- 长度：用于根据长、宽及高绘制长方体。此时，用户需要在命令提示下依次指定长方体的长度、宽度和高度值。

2. 指定中心点

如果在命令行中选择“中心点（CE）”选项，则可以根据长方体的中心点位置绘制长方体。其命令行提示如下：

```
命令：_box
指定第一个角点或［中心(C)］：c                    （选择“中心”选项）
指定中心：                                         （指定底面方形中心）
指定角点或［立方体(C)/长度(L)］：                  （指定底面方形一角点位置）
指定高度或［两点(2P)］<253.1138>：                 （输入长方体高度值）
```

10.4.2　创建圆柱体

使用“圆柱体”命令，可以绘制以圆为底面的圆柱体和以椭圆为底面的椭圆柱体。在 AutoCAD 2012 软件中，可通过以下 3 种操作方法进行创建。

方法一：使用“建模”功能面板相关命令创建

用户可单击“常用”→“建模”→“圆柱体”命令，根据命令行中的提示信息进行创建，如下图所示。

```
命令行提示如下：
命令：_cylinder
指定底面的中心点或［三点(3P)/两点(2P)/切点、切点、半径(T)/椭圆(E)］：（指定底面圆心）
指定底面半径或［直径(D)］：                                  （输入底面圆半径值）
指定高度或［两点(2P)/轴端点(A)］<400.0000>：                  （输入圆柱高度值）
```

命令行各选项的含义如下。

- 三点：通过指定 3 个点来定义圆柱体的底面周长和底面。
- 两点：通过指定 2 个点来定义圆柱体的底面直径。
- 相切、相切、半径：定义具有指定半径，且与两个对象相切的圆柱体底面。
- 椭圆：定义圆柱体底面形状为椭圆，并生成椭圆柱体，如下右图所示。
- 轴端点：指定圆柱体轴的端点位置，轴端点是圆柱体的顶面中心点，可以位于三维空间的任何位置。轴端点定义了圆柱体的长度和方向。

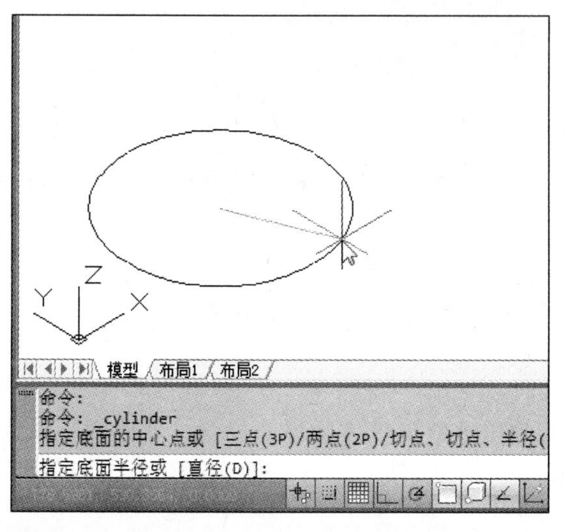

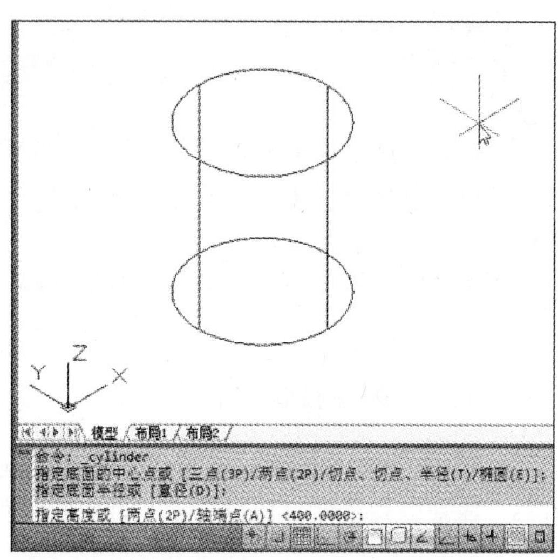

方法二：通过菜单栏中“建模”命令创建

用户单击菜单栏中“绘图”→“建模”→“圆柱体”命令，即可根据命令行中的提示进行创建。

方法三：直接在命令行中输入命令创建

在命令行中，输入“Cylinder”命令并按回车键，然后根据命令行中的提示创建。

10.4.3 创建楔体

在 AutoCAD 2012 软件中，绘制楔体的操作方法有以下 3 种。

方法一：使用“建模”功能面板相关命令创建

用户可单击“常用”→“建模”→“楔体”命令，根据命令行中的提示信息进行创建，如下图所示。

命令行提示如下：

```
命令：_wedge
指定第一个角点或［中心(C)］:                (指定底面方形一角点)
指定其他角点或［立方体(C)/长度(L)］:         (指定底面方形对角点)
指定高度或［两点(2P)］<100.0000>:           (输入高度值)
```

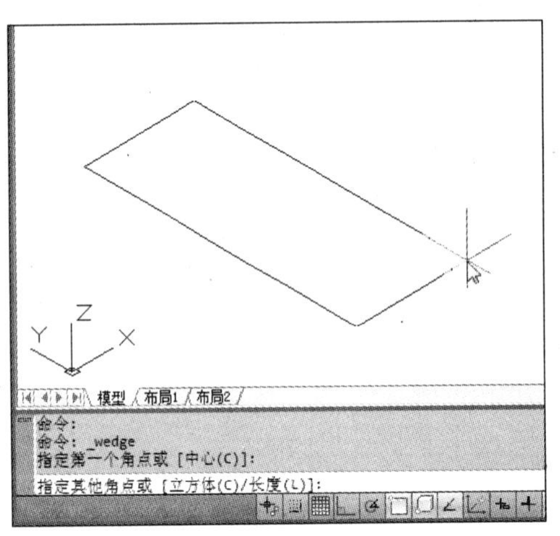

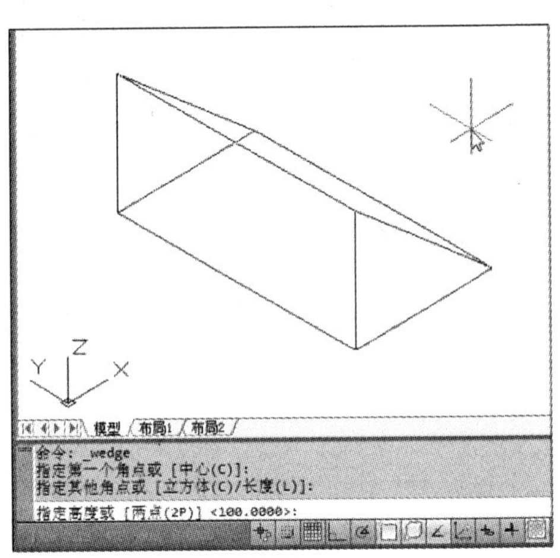

方法二：通过菜单栏中“建模”命令创建

用户单击菜单栏中“绘图”→“建模”→“锲体”命令，即可根据命令行中的提示，进行创建。

方法三：直接在命令行中输入命令创建

在命令行中，输入“Wedge”命令并按回车键，然后根据命令行中的提示创建。

10.4.4 创建球体

在 AutoCAD 2012 中，绘制球体需要直接或间接地定义球体的球心位置、球体的半径或直径。通常创建球体可通过以下 3 种方法操作。

方法一：使用“建模”功能面板相关命令创建

用户可单击“常用”→“建模”→“球体”命令，根据命令行中的提示信息进行创建，如下图所示。

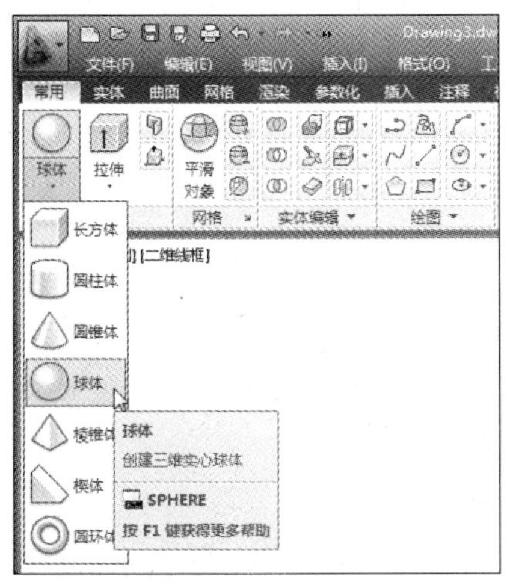

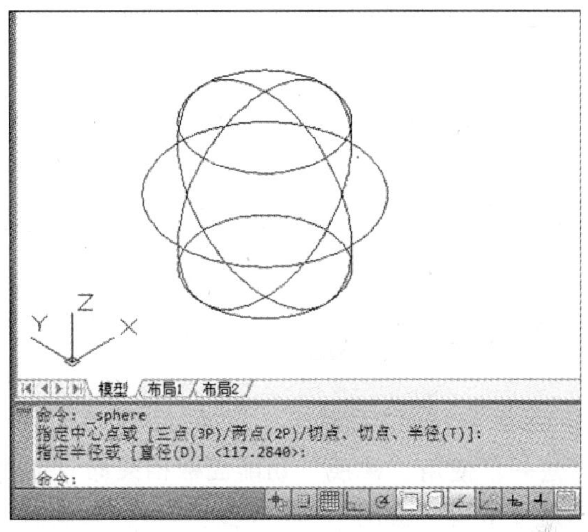

方法二：通过菜单栏中“建模”命令创建

用户单击菜单栏中“绘图”→“建模”→“球体”命令，即可根据命令行中的提示，进行创建。

方法三：直接在命令行中输入命令创建

在命令行中，输入“Sphere”命令回车，其后根据命令行中的提示创建。

10.4.5　创建圆环

绘制圆环体时，首先要指定圆环的半径或直径，然后再指定圆环体的圆管半径或直径。在 AutoCAD 2012 软件中，可通过以下 3 种操作方法进行创建。

方法一：使用“建模”功能面板相关命令创建

用户可单击“常用”→“建模”→“圆环体”命令，根据命令行中的提示信息进行创建，如下图所示。

命令行提示如下：

```
命令：_torus
指定中心点或 [三点(3P)/两点(2P)/切点、切点、半径(T)]：    (指定圆环体中点)
指定半径或 [直径(D)] <161.7379>：                         (输入圆环体半径值)
指定圆管半径或 [两点(2P)/直径(D)]：                        (输入圆管半径值)
```

方法二：通过菜单栏中“建模”命令创建

用户单击菜单栏中“绘图”→“建模”→“圆环体”命令，即可根据命令行中的提示进行创建。

方法三：直接在命令行中输入命令创建

在命令行中，输入“torus”命令并按回车键，然后根据命令行中的提示创建。

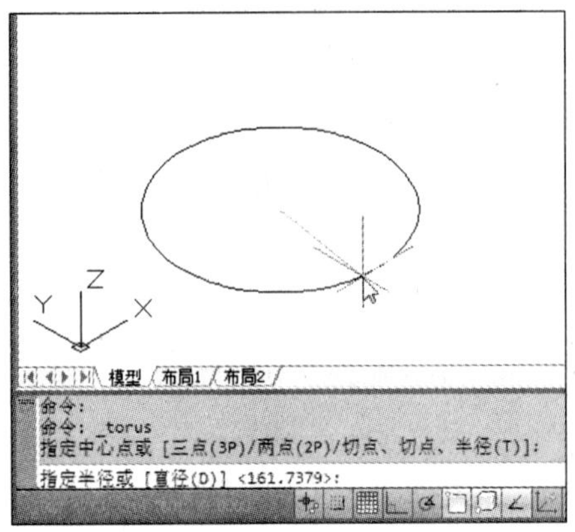

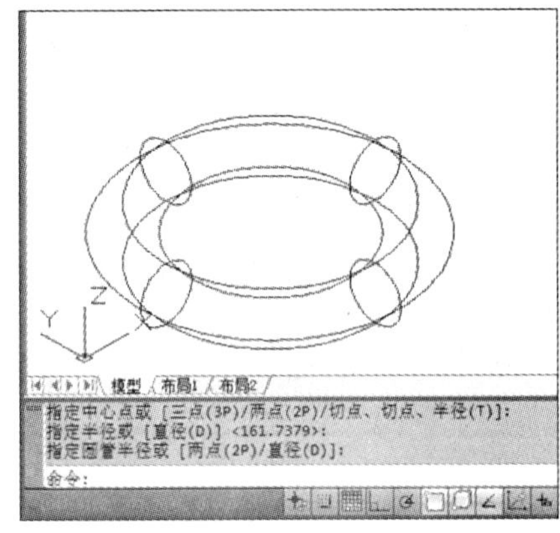

10.4.6 创建棱锥体

在 AutoCAD 2012 软件中，可通过以下 3 种操作方法创建棱锥体。

方法一：使用“建模”功能面板相关命令创建

用户可单击“常用”→“建模”→“棱锥体”命令，根据命令行中的提示信息进行创建，如下图所示。

命令行提示如下：

命令：_pyramid
4 个侧面　外切
指定底面的中心点或 [边(E)/侧面(S)]:　　(指定棱锥底面中心点)
指定底面半径或 [内接(I)] <147.9644>:　　(指定底面形半径值)
指定高度或 [两点(2P)/轴端点(A)/顶面半径(T)] <229.0792>:(指定高度值)

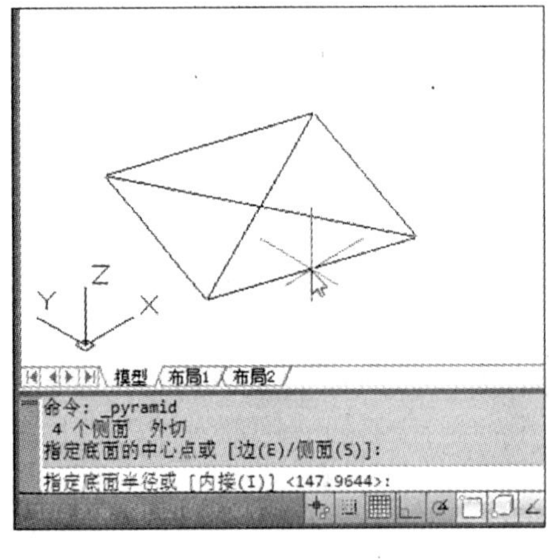

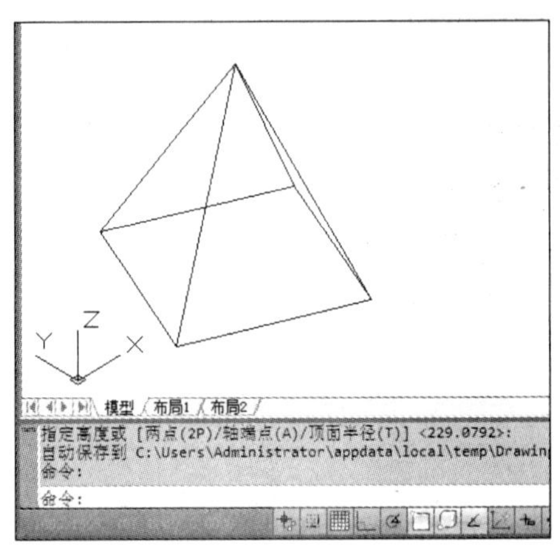

方法二：通过菜单栏中“建模”命令创建

用户单击菜单栏中“绘图”→“建模”→“棱锥体”命令，即可根据命令行中的提示进行创建。

方法三：直接在命令行中输入命令创建

在命令行中，输入“pyramid”命令并按回车键，然后根据命令行中的提示创建。

10.4.7 创建多段体

绘制多段体与绘制多段线的方法相同。在默认情况下，多段体始终带有一个矩形轮廓，可以指定轮廓的高度和宽度。在 AutoCAD 2012 软件中，可通过以下 3 种操作方法进行创建。

方法一：使用“建模”功能面板相关命令创建

用户可单击“常用”→“建模”→“多段体”命令，根据命令行中的提示信息进行创建，如下图所示。

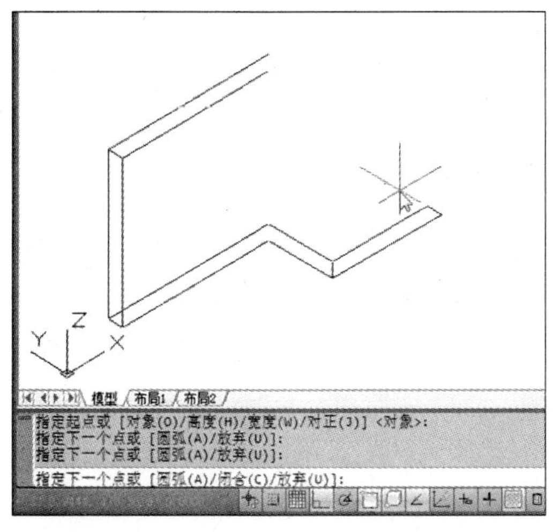

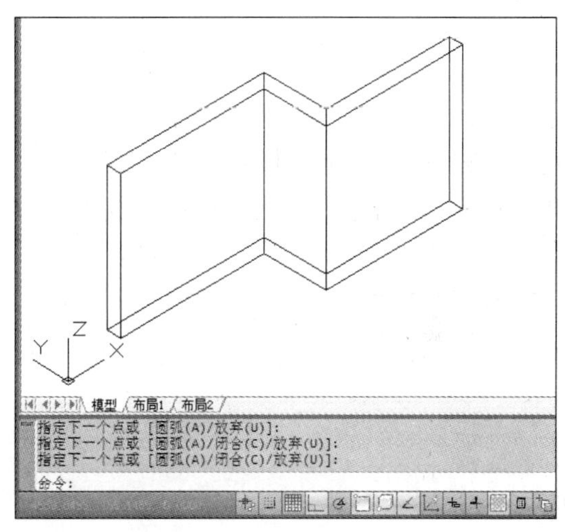

命令行提示如下：

```
命令：_Polysolid 高度 = 2000.0000，宽度 = 120.0000，对正 = 居中
指定起点或［对象(O)/高度(H)/宽度(W)/对正(J)］<对象>：h　（选择“高度”选项）
指定高度 <2000.0000>：1200　　　　　　　　　　　　　　（输入高度值）
高度 = 1200.0000，宽度 = 120.0000，对正 = 居中
指定起点或［对象(O)/高度(H)/宽度(W)/对正(J)］<对象>：　（指定起点）
指定下一个点或［圆弧(A)/放弃(U)］：　　　　　　　　　　（指定第二点）
指定下一个点或［圆弧(A)/闭合(C)/放弃(U)］：　（指定完成后，按回车键，完成操作）
```

方法二：通过菜单栏中“建模”命令创建

用户单击菜单栏中“绘图”→“建模”→“多段体”命令，即可根据命令行中的提示进行创建。

方法三：直接在命令行中输入命令创建

在命令行中，输入“polysolid”命令并按回车键，然后根据命令行中的提示创建。

10.5 二维图形生成三维实体

在 AutoCAD 2012 软件中，用户可以将二维图形进行拉伸、旋转、扫掠、放样等操作，从而创建出各种复杂的三维实体。

10.5.1 拉伸实体

使用“拉伸”命令，可以绘制各种柱体、台形体和沿指定路径拉伸形成的拉伸实体。在 AutoCAD 2012 软件中，可以通过以下 3 种方法进行拉伸。

方法一：使用“建模”功能面板相关命令创建

用户可单击“常用”→“建模”→“拉伸”命令，根据命令行中的提示信息进行创建，如下图所示。

命令行提示如下：

```
命令：_extrude
当前线框密度： ISOLINES =4,闭合轮廓创建模式 = 实体
选择要拉伸的对象或[模式(MO)]：_MO 闭合轮廓创建模式[实体(SO)/曲面(SU)] <实体>：_SO
选择要拉伸的对象或[模式(MO)]：指定对角点：找到 1 个          (选取要拉伸的图形)
选择要拉伸的对象或[模式(MO)]：                              (按回车键)
指定拉伸的高度或[方向(D)/路径(P)/倾斜角(T)/表达式(E)]：200 (输入拉伸高度)
```

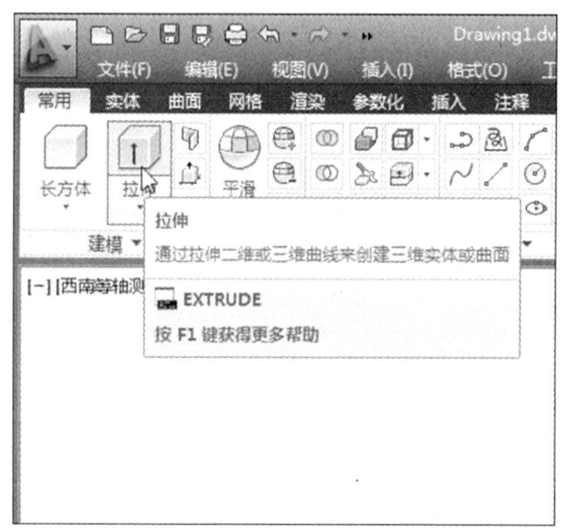

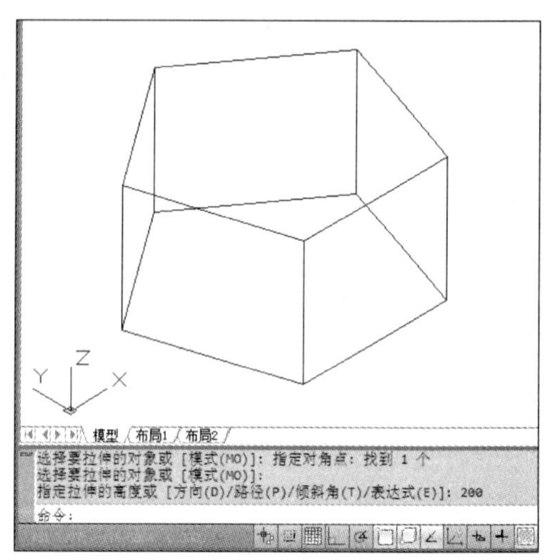

方法二：通过菜单栏中“建模”命令创建

用户单击菜单栏中“绘图”→“建模”→“拉伸”命令，即可根据命令行中的提示进行创建。

方法三：直接在命令行中输入命令创建

在命令行中，输入“ext”命令并按回车键，然后根据命令行中的提示创建。

拉伸对象有两种方式，分别为根据指定的高度拉伸对象和沿指定的路径拉伸对象。

1. 指定高度拉伸

默认情况下，用户可以沿 Z 轴方向拉伸对象，只需指定拉伸的高度和倾斜的角度，即可将其拉伸。其中，拉伸高度值可以为正或为负，它表示拉伸的方向；倾斜角度值也可以为正或为负，其绝对值不大于 90°（默认值为 0°），它表示生成实体的侧面垂直于 XY 平面，没有锥度，如下页图所示。

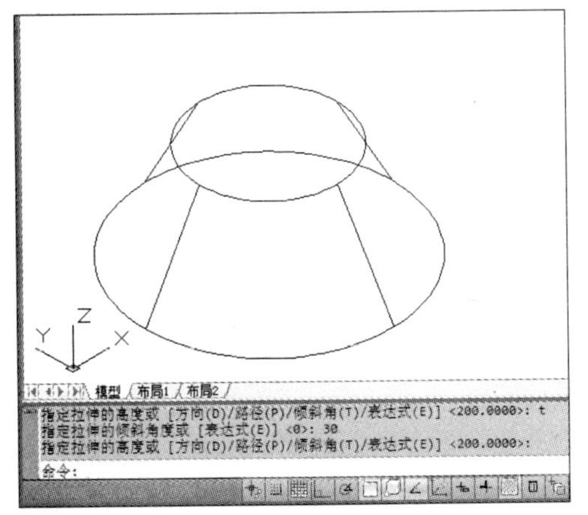

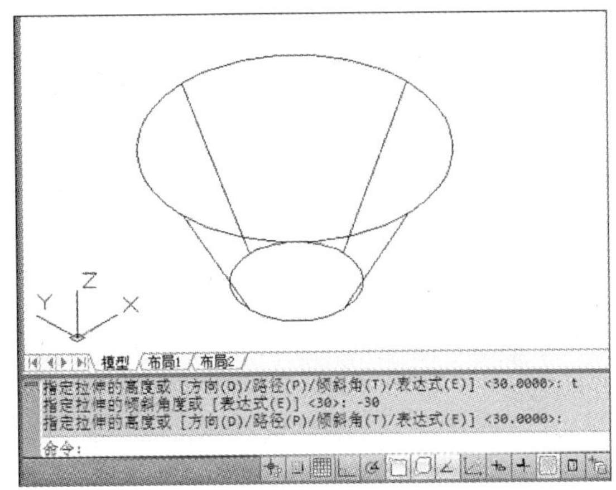

倾斜拉伸的命令行提示如下：

```
命令：_extrude
当前线框密度：  ISOLINES =4，闭合轮廓创建模式 = 实体
选择要拉伸的对象或［模式(MO)］：_MO 闭合轮廓创建模式［实体(SO)/曲面(SU)］<实体>：_SO
选择要拉伸的对象或［模式(MO)］：找到 1 个　　　　（选择所需拉伸的图形）
选择要拉伸的对象或［模式(MO)］：　　　　　　　　（按回车键）
指定拉伸的高度或［方向(D)/路径(P)/倾斜角(T)/表达式(E)］<5.2551>：t
　　　　　　　　　　　　　　　　　　　　　　　　（选择"倾斜角"）
指定拉伸的倾斜角度或［表达式(E)］<330>：-30　　（输入倾斜角度）
指定拉伸的高度或［方向(D)/路径(P)/倾斜角(T)/表达式(E)］<5.2551>：
　　　　　　　　　　　　　　　　　　　　　　　　（输入倾斜高度值）
```

2. 指定路径拉伸

通过指定拉伸路径，也可以将对象拉伸成三维实体。拉伸路径可以是开放的，也可以是封闭的，如直线、圆、圆弧、椭圆、椭圆弧、多段线（二维或三维），或样条曲线定义的路径，并且路径不能与被拉伸对象共面。如果路径中包含曲线，则该曲线应不带尖角，因为尖角曲线会使拉伸实体自动相交，导致拉伸失败，如下图所示。

路径拉伸的命令行提示如下：

```
命令：_extrude
当前线框密度：  ISOLINES =4，闭合轮廓创建模式 = 实体
选择要拉伸的对象或［模式(MO)］：_MO 闭合轮廓创建模式［实体(SO)/曲面(SU)］<实体>：_SO
选择要拉伸的对象或［模式(MO)］：找到 1 个　　　　（选择所需拉伸图形）
选择要拉伸的对象或［模式(MO)］：　　　　　　　　（按回车键）
指定拉伸的高度或［方向(D)/路径(P)/倾斜角(T)/表达式(E)］<5.2551>：p（选择"路径"）
选择拉伸路径或［倾斜角(T)］：　　　　　　　　　　（选择所需拉伸的路径）
```

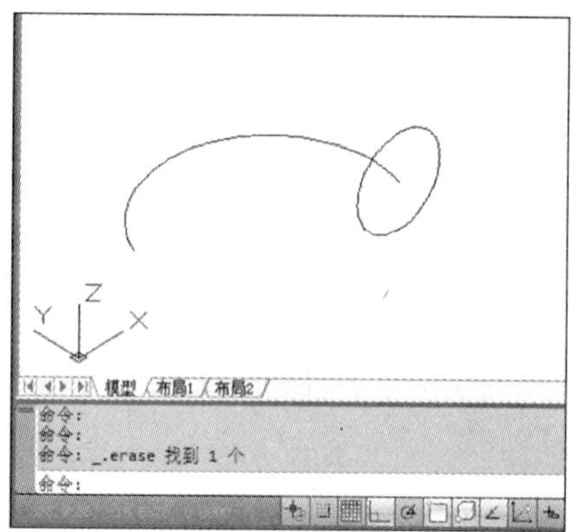

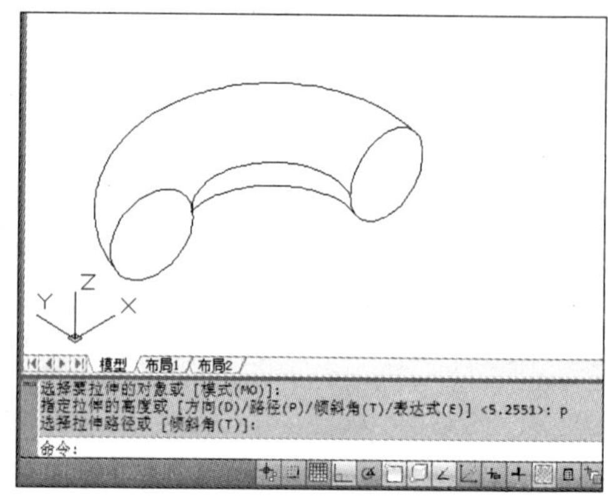

10.5.2 旋转实体

使用“旋转”命令，可将一些二维闭合的图形，以中心轴为旋转中心，进行旋转拉伸，从而形成三维实体模型。在 AutoCAD 2012 软件中，可通过以下 3 种操作进行创建。

方法一：使用“建模”功能面板相关命令创建

用户可单击“常用”→“建模”→“旋转”命令，根据命令行中的提示信息，进行创建，如下图所示。

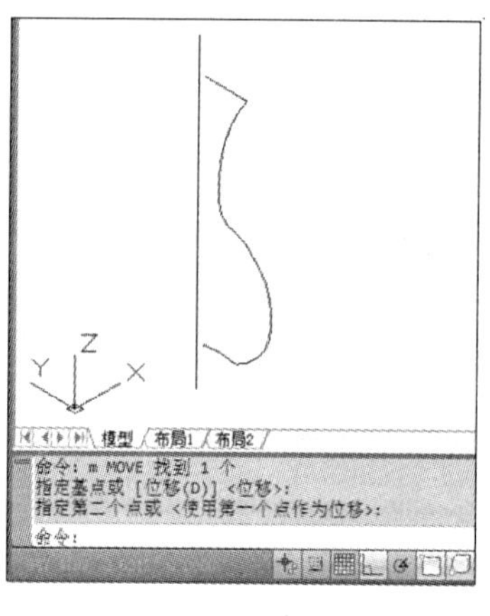

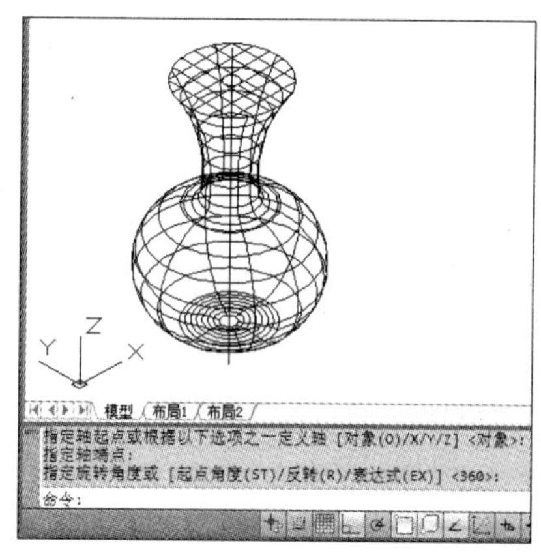

命令行提示如下：

```
命令：_revolve
当前线框密度： ISOLINES = 4，闭合轮廓创建模式 = 实体
选择要旋转的对象或［模式(MO)］：_MO 闭合轮廓创建模式［实体(SO)/曲面(SU)］<实体>：_SO
选择要旋转的对象或［模式(MO)］：找到 1 个                （选择所需拉伸的二维图形）
选择要旋转的对象或［模式(MO)］：                        （按回车键）
指定轴起点或根据以下选项之一定义轴［对象(O)/X/Y/Z］<对象>：
指定轴端点：                                          （选择旋转轴的起点和终点）
指定旋转角度或［起点角度(ST)/反转(R)/表达式(EX)］<360>：（输入旋转角度值）
```

默认情况下，用户可以通过指定两个端点来确定旋转轴。

命令行中的各选项说明如下。

- 对象（O）：用于绕指定的对象旋转。此时用户只能选择用“直线”命令绘制的直线或用“多段线”命令绘制的多段线。选择多段线时，如果拾取的多段线是线段，对象将绕该线段旋转；如果选择的是圆弧段，则以该圆弧两端点的连线作为旋转轴旋转。
- X 轴（X）/Y 轴（Y）：分别表示选择 X 轴或 Y 轴作为旋转轴。
- 旋转角度：当旋转角度为 360°时，可以绘制一个完整的旋转实体；当旋转角度小于 360°时，可以绘制一个不完整的扇形旋转实体。

方法二：通过菜单栏中“建模”命令创建

用户单击菜单栏中“绘图”→“建模”→“旋转”命令，即可根据命令行中的提示进行创建。

方法三：直接在命令行中输入命令创建

在命令行中，输入“rev”命令并按回车键，其后根据命令行中的提示创建。

> **操作提示：**
>
> 用于旋转的二维图形可以是多边形、圆、椭圆、封闭多段线、封闭样条曲线、圆环以及封闭区域，并且每次只能旋转一个对象。但三维图形、包含在块中的对象、有交叉或自干涉的多段线不能被旋转。

10.5.3　放样实体

使用“放样”命令，可以通过对包含两条或两条以上横截面曲线的一组曲线进行放样（绘制实体或曲面）来绘制三维实体或曲面。放样命令用于在横截面之间的空间内绘制实体或曲面。使用放样命令时，至少必须指定两个横截面。在 AutoCAD 2012 软件中，可通过以下 3 种操作进行创建。

方法一：使用“建模”功能面板相关命令创建

用户可单击“常用”→“建模”→“放样”命令，根据命令行中的提示信息进行创建，如下图所示。

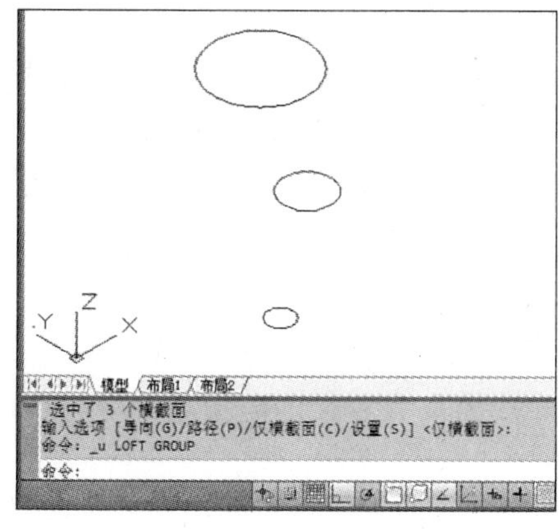

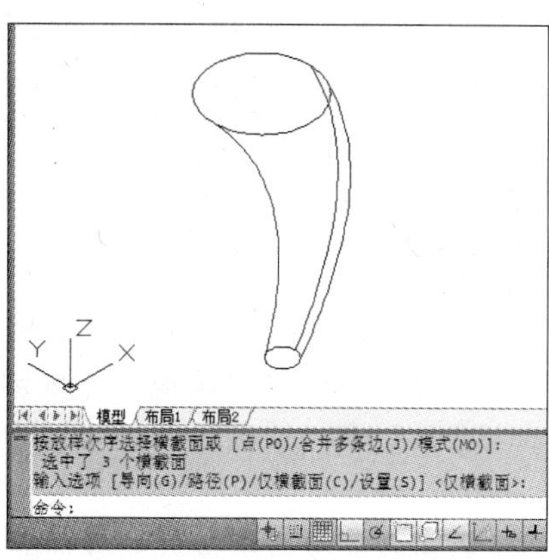

命令行提示如下：

```
命令：_loft
当前线框密度： ISOLINES =4,闭合轮廓创建模式 = 实体
按放样次序选择横截面或［点(PO)/合并多条边(J)/模式(MO)］：_MO 闭合轮廓创建模式
［实体(SO)/曲面(SU)］ <实体>→：_SO
按放样次序选择横截面或［点(PO)/合并多条边(J)/模式(MO)］：找到 1 个
                                                        (依次选中所有横截面)
按放样次序选择横截面或［点(PO)/合并多条边(J)/模式(MO)］：找到 1 个,总计 2 个
按放样次序选择横截面或［点(PO)/合并多条边(J)/模式(MO)］：找到 1 个,总计 3 个
按放样次序选择横截面或［点(PO)/合并多条边(J)/模式(MO)］：选中了 3 个横截面
输入选项［导向(G)/路径(P)/仅横截面(C)/设置(S)］ <仅横截面>：(选择完成,按回车
键)
```

方法二：通过菜单栏中"建模"命令创建

用户单击菜单栏中"绘图"→"建模"→"放样"命令，即可根据命令行中的提示进行创建。

方法三：直接在命令行中输入命令创建

在命令行中，输入"Loft"命令并按回车键，然后根据命令行中的提示创建。

10.5.4 扫掠实体

使用"扫掠"命令，可以通过沿开放或闭合的二维或三维路径，扫掠开放或闭合的平面曲线（轮廓）来生成新实体或曲面。除此之外，还可以扫掠多个对象，但是这些对象必须位于同一平面中。在 AutoCAD 2012 软件中，可通过以下 3 种操作进行创建。

方法一：使用"建模"功能面板相关命令创建

用户可单击"常用"→"建模"→"扫掠"命令，根据命令行中的提示信息进行创建，如下图所示。

命令行提示如下：

```
命令：_sweep
当前线框密度： ISOLINES =4,闭合轮廓创建模式 = 实体
选择要扫掠的对象或［模式(MO)］：_MO 闭合轮廓创建模式［实体(SO)/曲面(SU)］ <实
体>：_SO
选择要扫掠的对象或［模式(MO)］：找到 1 个
选择要扫掠的对象或［模式(MO)］：
选择扫掠路径或［对齐(A)/基点(B)/比例(S)/扭曲(T)］：
```

方法二：通过菜单栏中"建模"命令创建

用户单击菜单栏中"绘图"→"建模"→"扫掠"命令，即可根据命令行中的提示进行创建。

方法三：直接在命令行中输入命令创建

在命令行中，输入"Sweep"命令并按回车键，然后根据命令行中的提示创建。

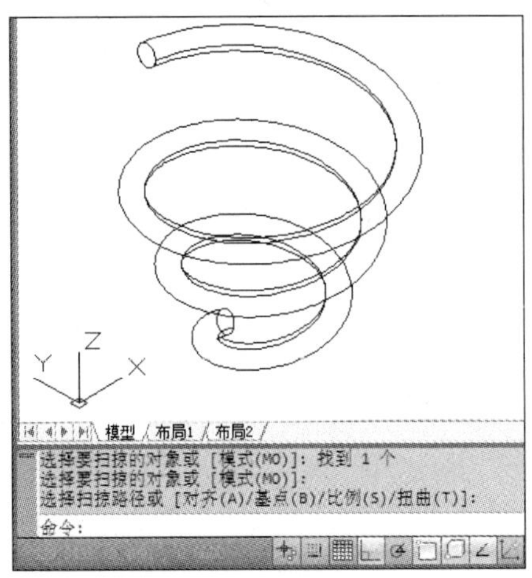

10.6　设计实践：绘制三维弹簧

下面将运用“扫掠”命令，来绘制弹簧模型。其操作步骤如下：

最终效果：第 10 章\ 设计实践\ 弹簧 . dwg	
成品尺寸：弹簧材料直径为 0. 2mm，弹簧中径为 3. 2mm，自由长度为 8. 8mm	
注意事项：注意弹簧构造线的绘制方法	
任务要求：运用“弧线”、“直线”、“扫掠”以及“修剪”命令，进行绘制	
弹簧：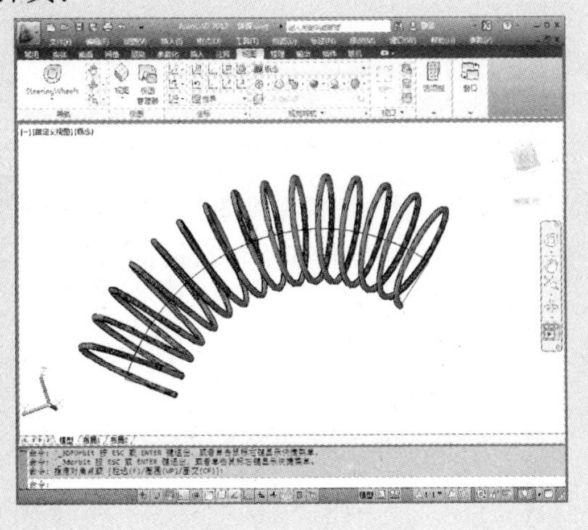	弹簧效果：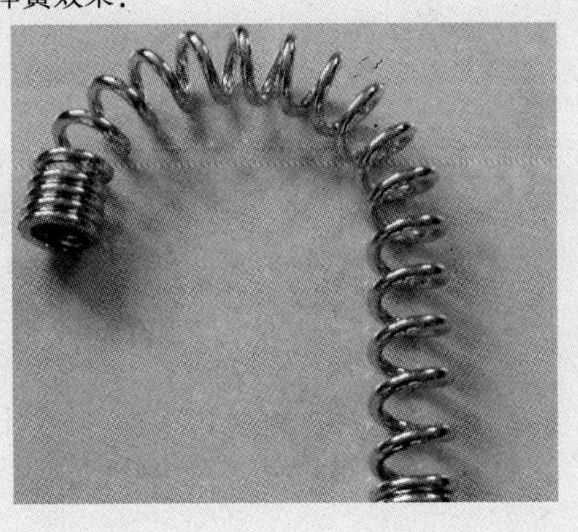

1 将当前视图设为“左视图”，单击“绘图”→“弧线”命令，绘制出弹簧路径。

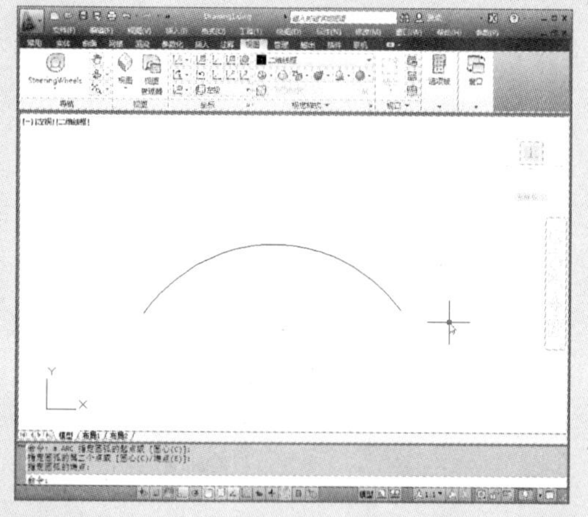

2 单击“直线”命令，捕捉弧线端点，绘制一直线，该线段延长线与圆弧的圆心相交。

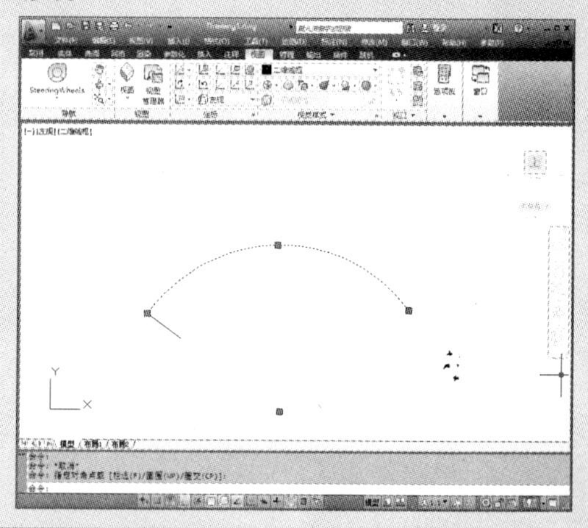

3 单击“建模”→“扫掠”命令，根据命令行提示，选中直线，按回车键，其后输入“t”，回车。

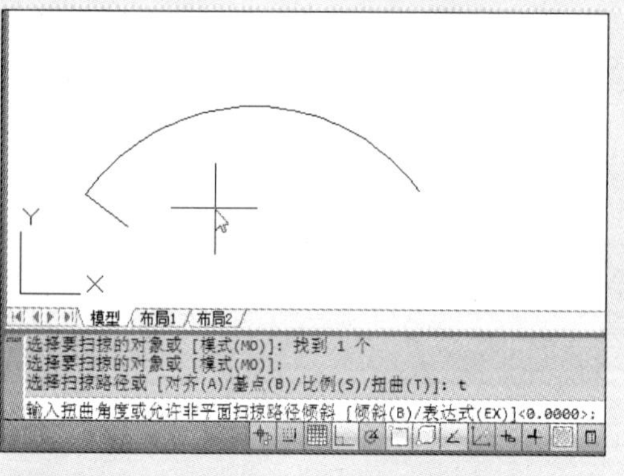

4 在命令行中输入扭曲数值，这里输入5400，并按回车键，其后选中弧线路径，即可完成弹簧构造线。

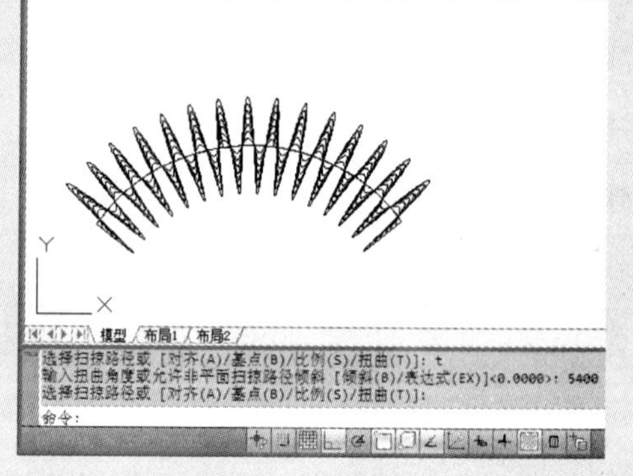

5 单击“绘图”→“分解”命令，将弹簧构造线进行分解。

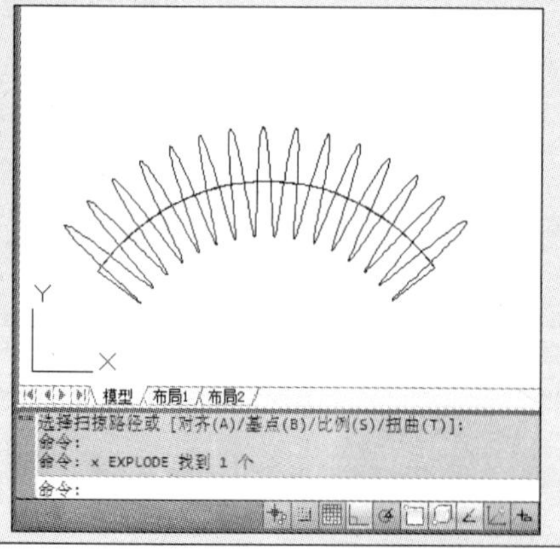

6 将视图设为“西南视图”，单击“绘图”→“圆”命令，绘制直径为2mm的圆。

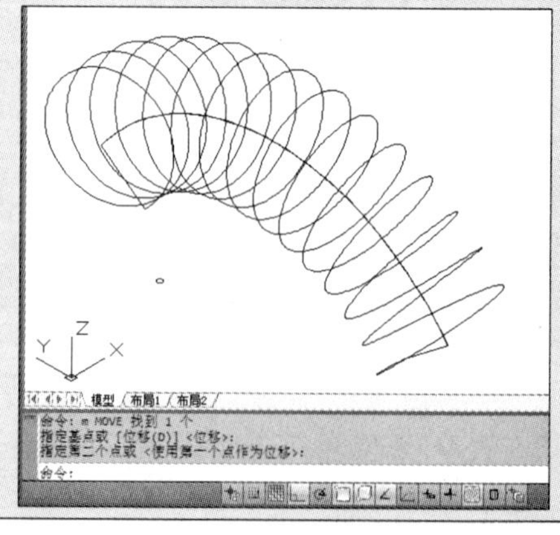

7 单击“扫掠”命令，选中圆，按回车键，其后选中弹簧构造线，即可。

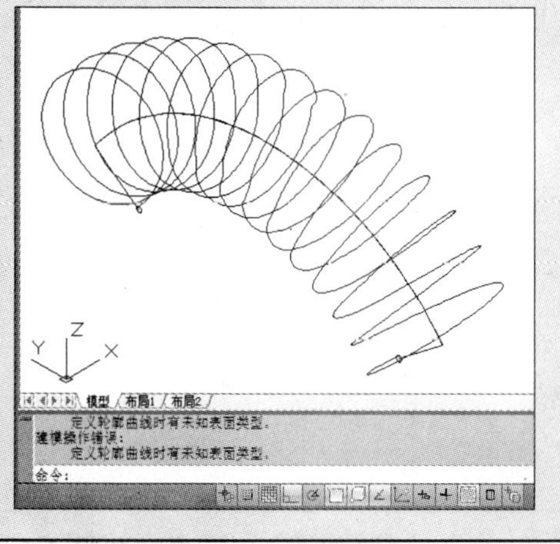

8 单击“视图”→“视图样式”命令，选中“概念”视图，完成绘制。

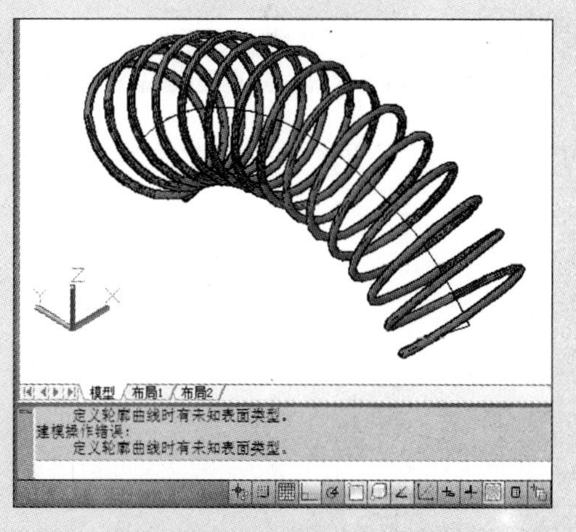

10.7　综合演练：绘制手柄模型

下面将运用“旋转”和“拉伸”命令，来创建“手柄”三维模型。其方法如下：

最终效果：第 10 章 \ 综合演练 \ 手柄 . dwg
视频路径：视频 \ 第 10 章 \ 手柄 . wmv
成品尺寸：手柄长为 90mm，手柄直径为 20mm
注意事项：二维图形拉伸成三维实体的操作
应用范围：机械、工业领域
实训目的：学会运用“旋转”、“扫掠”以及“编辑多段线”命令，进行绘制

手柄图：

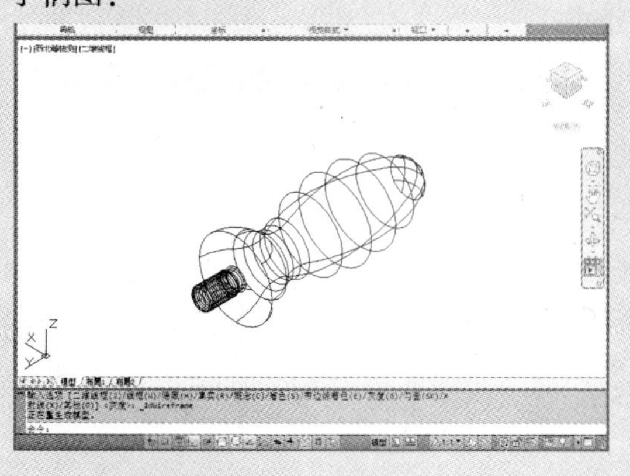

手柄图：

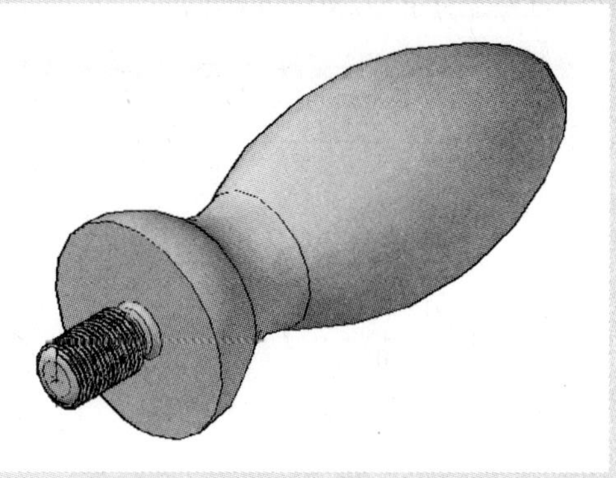

1 将当前视图设为“左视图”，单击“构造线”命令，绘制两条相互垂直的辅助线。

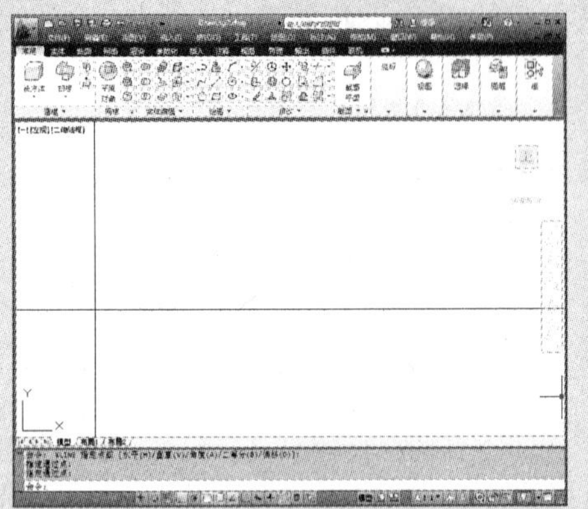

2 单击“偏移”命令，将垂直辅助线先向左偏移18mm，其后再向右偏移90mm，分别交与水平线于a、b、c三点。

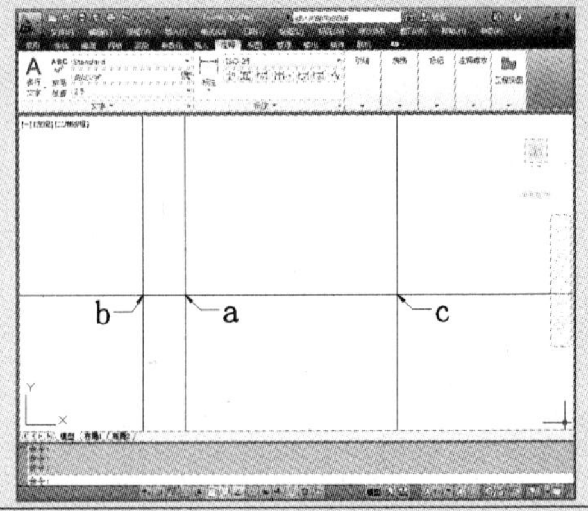

3 单击“直线”命令，打开“临时追踪”命令，以点a为基点，向上捕捉5mm的位置绘制直线，并交另一条线于点d。

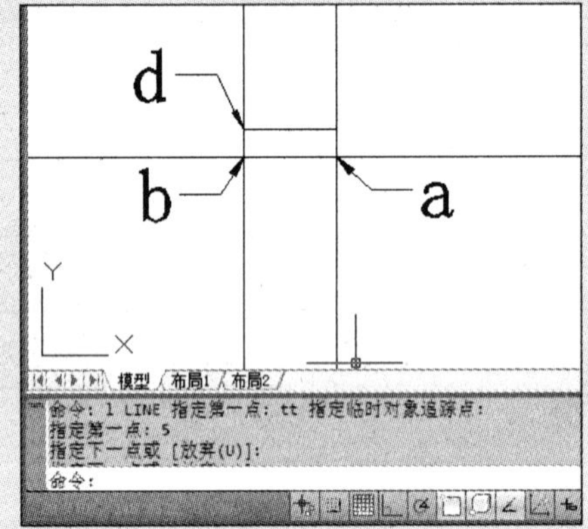

4 单击“圆”命令，以点a为圆心，绘制半径为18mm的圆，单击“偏移”命令，将水平线向上偏移18mm。

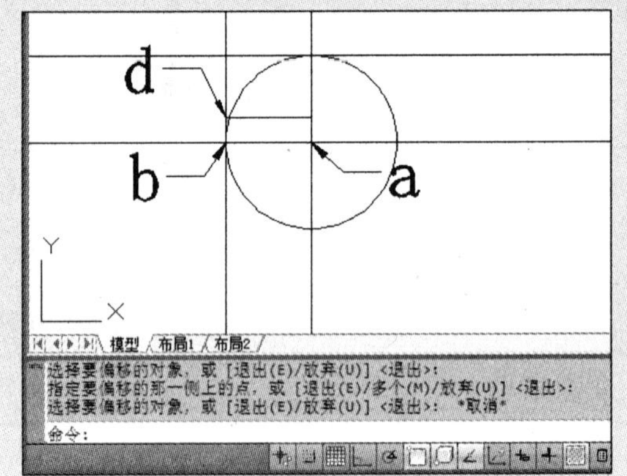

5 单击“圆”命令，并打开“临时追踪”命令，以点C为基点，向左捕捉10mm的位置绘制半径为10mm的圆。

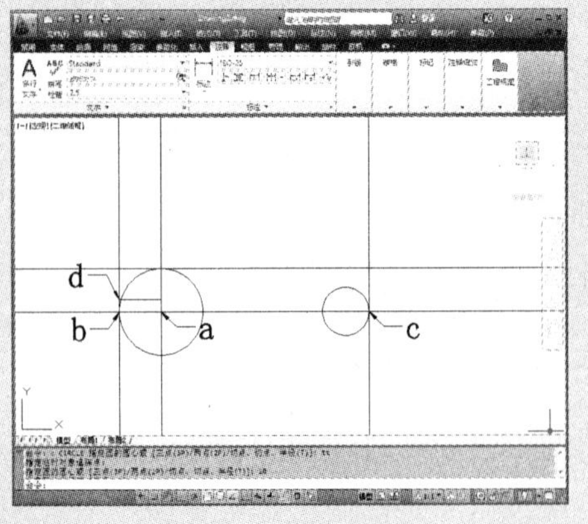

6 单击“相切、相切、半径”命令，并捕捉点e、f两点，绘制一个半径60mm的圆。

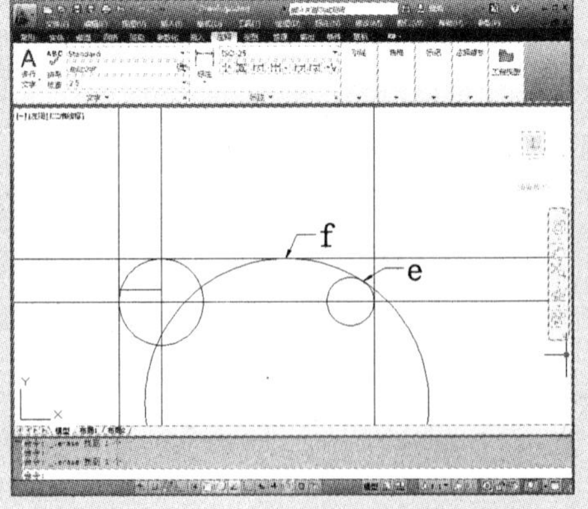

7 再次单击“相切圆”命令，捕捉 g、h 两点，绘制一个半径为 12mm 的圆。

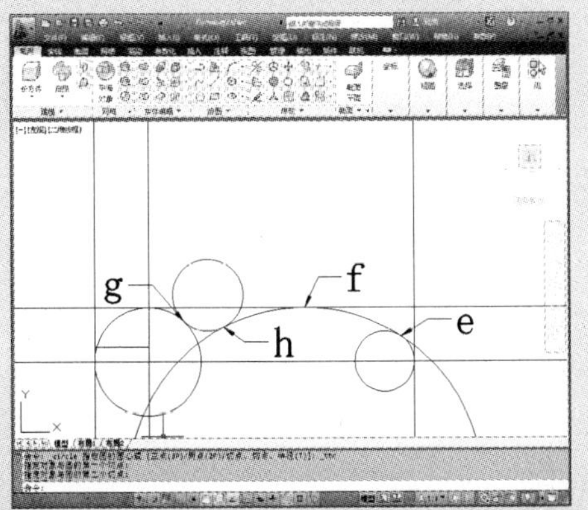

8 单击“修剪”命令，将图形多余的线段进行修剪。

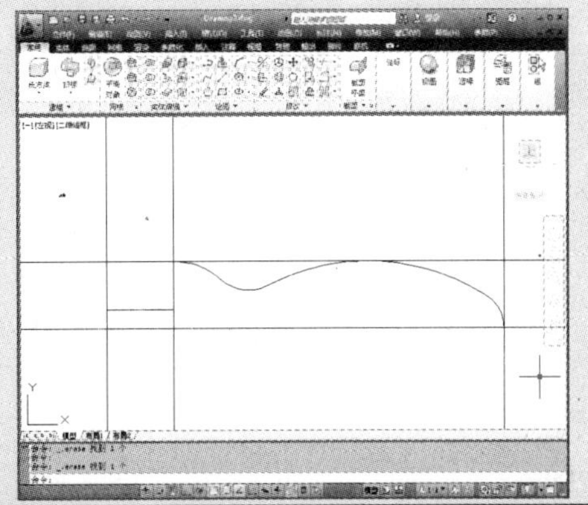

9 再次单击“修剪”命令，将图形进行修剪，其后，单击“偏移”命令，将垂直线段向左偏移 3mm，将水平线段向下偏移 1mm。

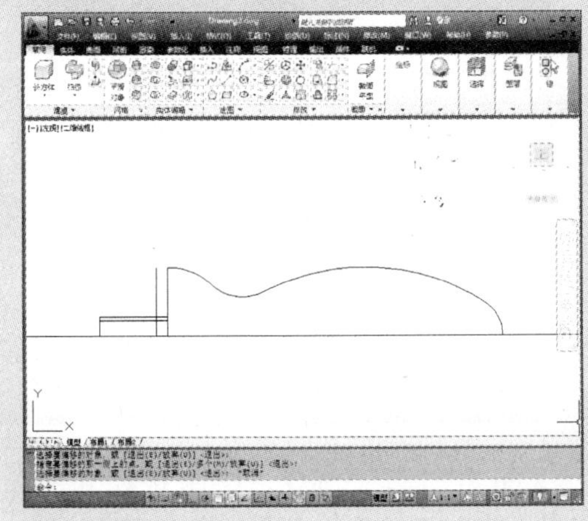

10 单击“修剪”命令，将图形再次进行修剪。

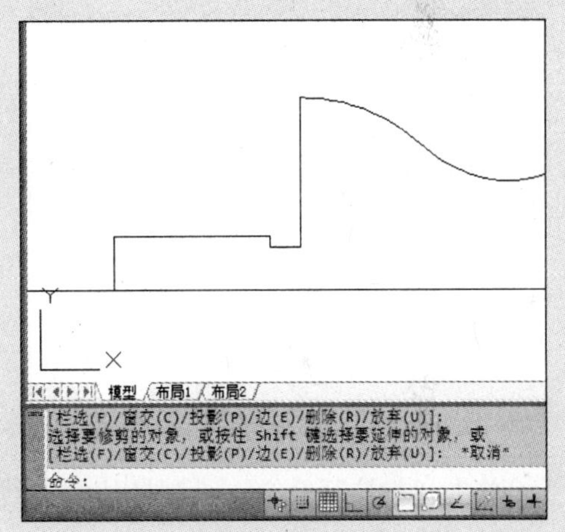

11 单击“倒圆角”命令，将手柄前端的轴进行倒圆角，圆角半径为 2mm 和 1mm。

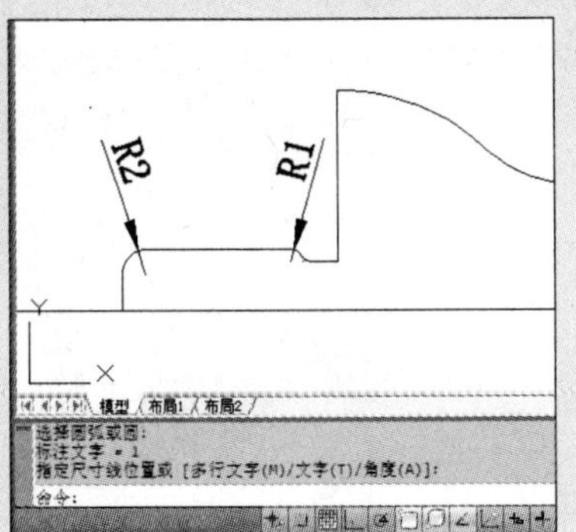

12 单击“编辑多段线”命令，并根据命令行中的提示，将手柄轮廓线转换成多段线。

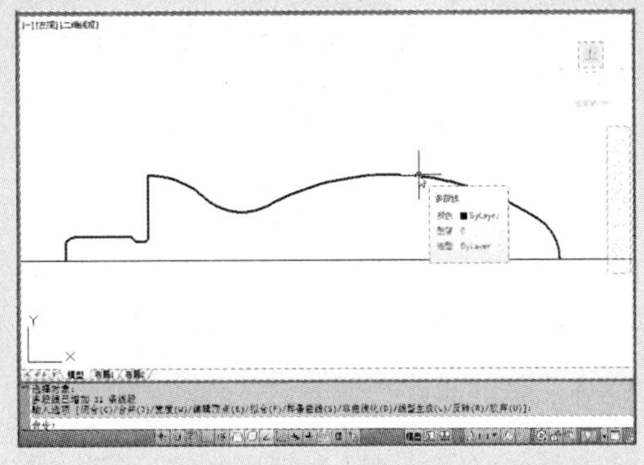

13 将视图设为“西南等轴测”视图。

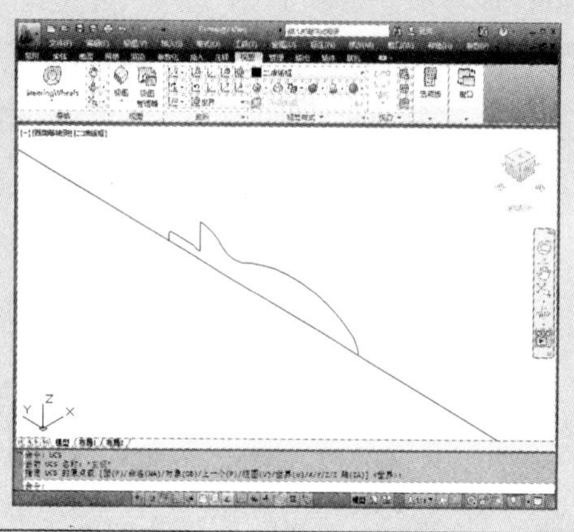

14 单击“建模”→“旋转”命令，以水平线为中心，将其横截面旋转成实体。

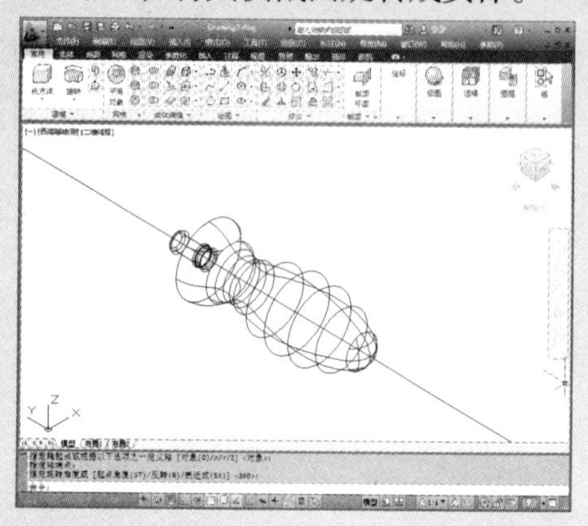

15 为了绘图方便，可将当前视图设置为“西北等轴测图”视图。

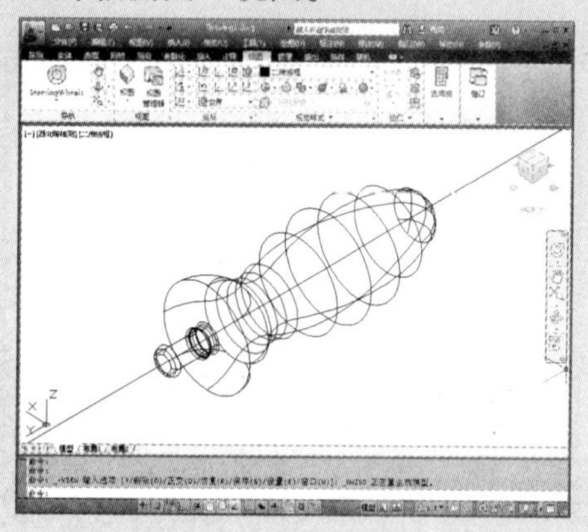

16 单击“直线”命令，捕捉手柄轴的顶面、底面圆心，并绘制10mm的线段。

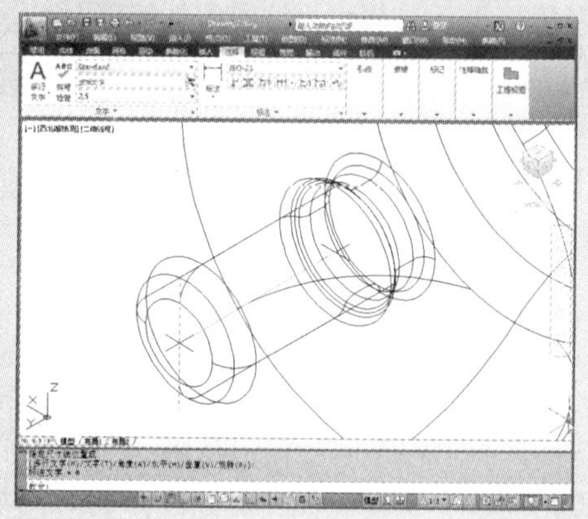

17 单击“扫掠”命令，绘制轴体螺纹线，单击“分解”命令，将其进行分解。

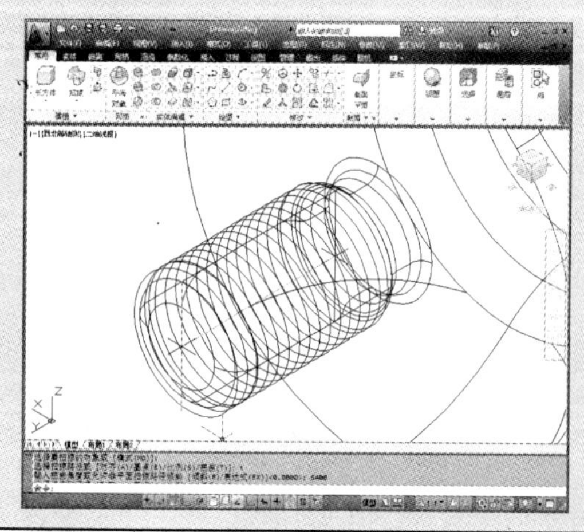

18 单击“圆”命令，绘制直径0.5mm的圆，单击“扫掠”命令，完成螺纹绘制。

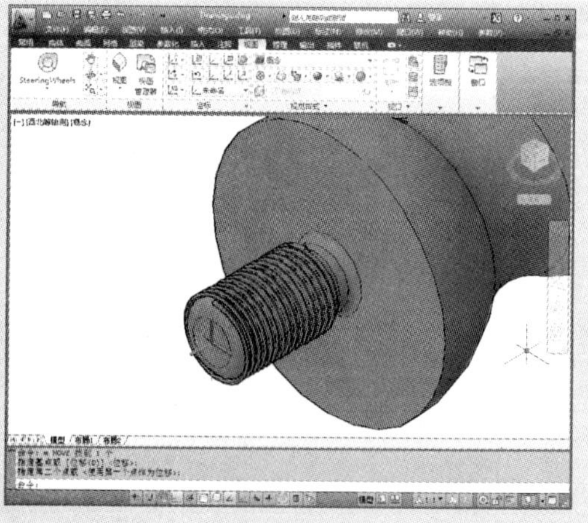

10.8　上机实训

下面将以 3 个简单的实例，来对本章所学的所有知识点进行巩固。

10.8.1　绘制雨伞模型

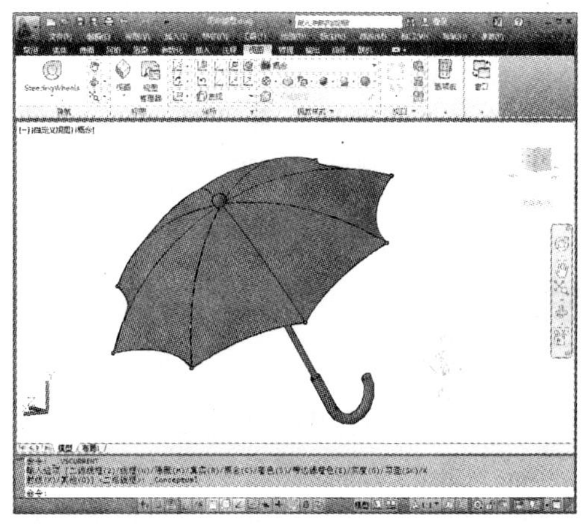

1. 实训目的

熟练掌握“三维网格”的操作方法。

2. 实训内容

运用“正多边形”、“边界曲面”、“多段线”、“扫掠”等命令进行操作。

3. 实训过程

- 运用“正多边形”、“直线”命令，绘制出雨伞辅助线。
- 单击“弧线”、“修剪”、“边界曲面”和“镜像”命令，绘制出雨伞顶轮廓。
- 单击“多段线”和“扫掠”命令，完成伞柄的绘制。

10.8.2　绘制底座表面模型

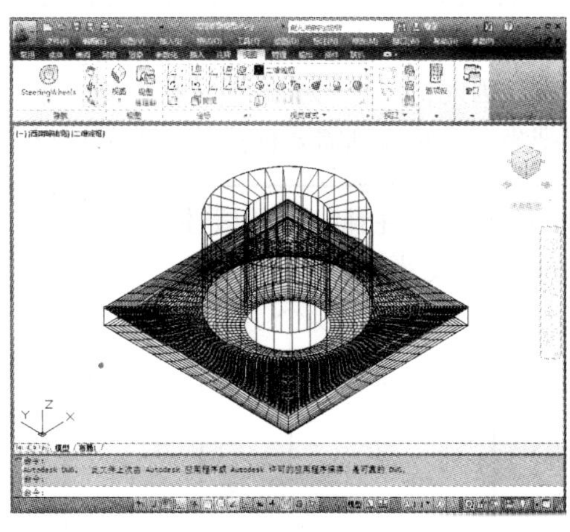

1. 实训目的

熟练掌握三维网格等相关操作方法。

2. 实训内容

运用“平移网格”、“边界网格”、“直纹网格”以及三维面等命令，进行操作。

3. 实训过程

- 单击“矩形”和“平移网格”等命令，绘制底座侧面。
- 单击“多段线”、“边界网格”等命令，绘制底座模型。
- 单击“圆”、“弧线”、“直纹网格”以及圆锥面完成圆筒模型的绘制。

第 11 章 编辑三维图形

本章概述

绘制三维图形后，用户可以根据需要对三维图形进行编辑操作，如阵列、对齐和移动等操作。同时，用户还可以根据需要对三维实体的体、边和面进行编辑操作，如剖切、压印边和拉伸面等操作。

通过本章的学习读者应该掌握编辑三维图形、编辑三维实体的边、面和体等方法与操作技巧。

学习向导

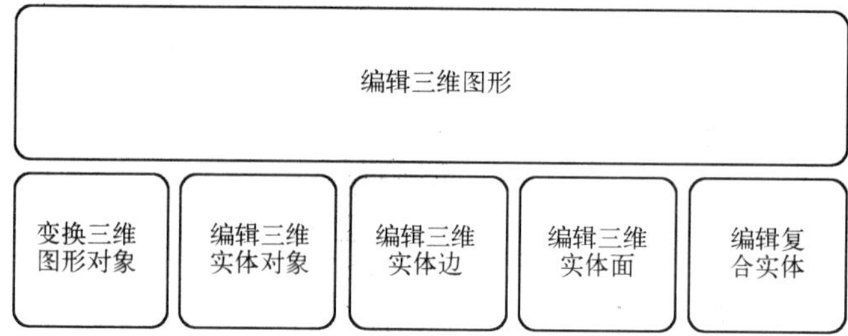

11.1 变换三维图形对象

在 AutoCAD 2012 中，用户可以对三维图形进行阵列、镜像、旋转和对齐等操作。本节主要介绍如何对三维图形进行阵列、镜像、旋转和对齐。

11.1.1 三维移动

三维移动可将实体在三维空间中移动，在移动时，指定一个基点，然后指一个目标空间点即可。在 AutoCAD 2012 软件中，单击“常用”→“修改”→“三维移动”命令，在命令行中输入移动坐标点，即可完成三维移动，如下图所示。

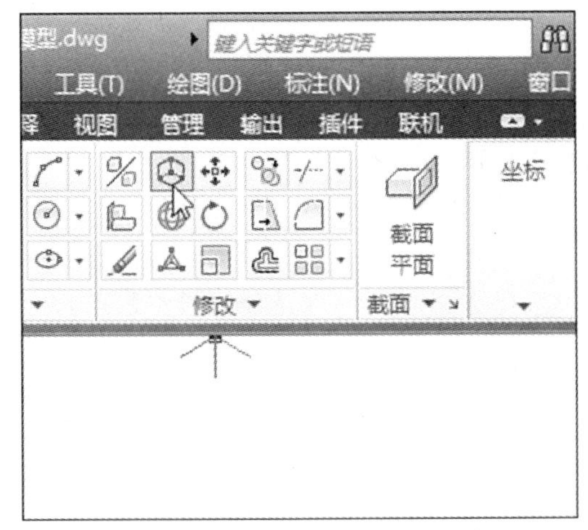

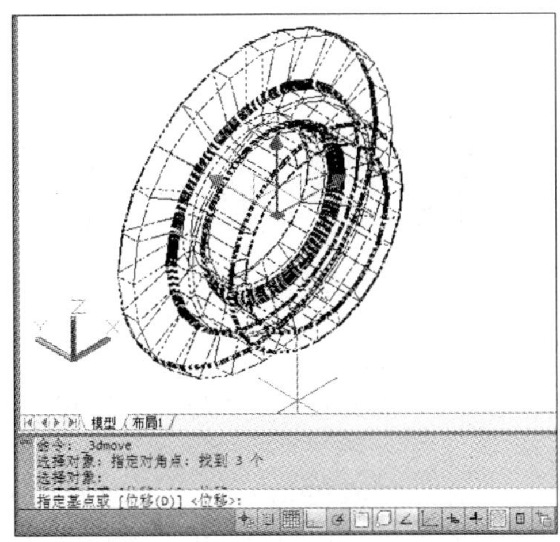

命令行提示如下：

命令：_3dmove
选择对象：指定对角点：找到 3 个　　　　　　　（选择所要移动的图形）
选择对象：　　　　　　　　　　　　　　　　　（按回车键）
指定基点或［位移(D)］<位移>：　　　　　　　　（指定位移基点）
指定第二个点或 <使用第一个点作为位移>：100　（移动鼠标，输入距离值）

11.1.2　三维旋转

对三维图形进行旋转可以使用二维旋转命令，也可以使用三维旋转命令。使用二维旋转命令只能在当前用户坐标系的 XY 平面内指定一点，并默认旋转轴为通过该点且与当前用户坐标系的 Z 轴平行。而使用三维旋转命令则可以灵活定义旋转轴并将三维实体进行旋转。

在 AutoCAD 2012 软件中，单击“常用”→“修改”→“三维旋转”命令，在命令行中指定旋转轴以及输入旋转角度，即可完成三维旋转，如下图所示。

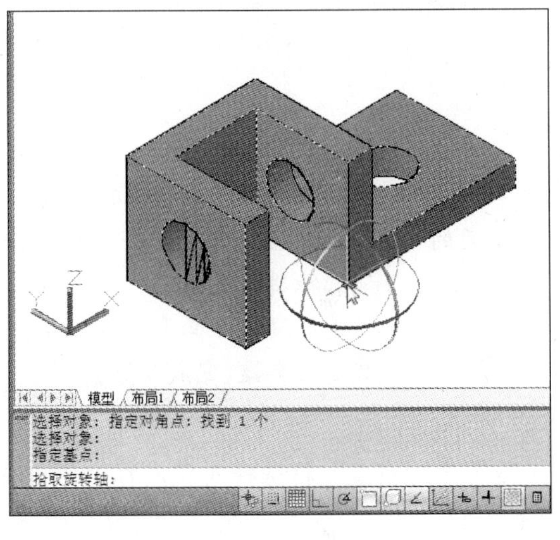

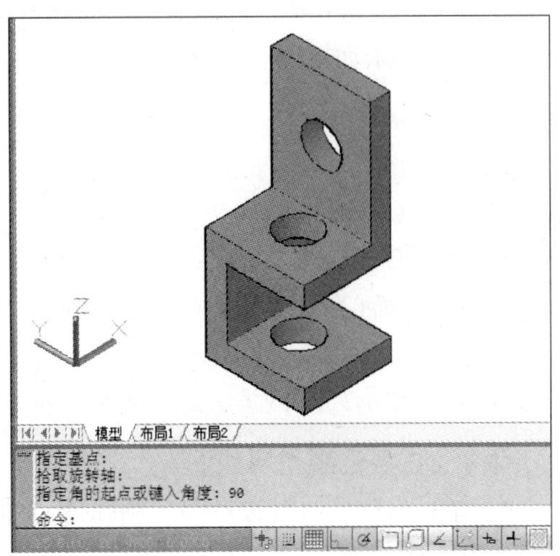

命令行提示如下：

命令：_3drotate
UCS 当前的正角方向： ANGDIR = 逆时针 ANGBASE = 0
选择对象：指定对角点：找到 1 个
选择对象：（选择需旋转图形）
指定基点：（选择该模型基点）
拾取旋转轴：（选择旋转轴）
指定角的起点或键入角度：90（输入旋转角度）

11.1.3 三维镜像

“三维镜像”命令，可以用于绘制以镜像平面为对称面的三维对象。其使用方法与二维镜像命令基本相同，首先选择需要镜像的三维对象，然后指定一个平面作为镜像平面，即可生成所选对象的对称结构。

在 AutoCAD 2012 软件中，单击“常用”→“修改”→“三维镜像”命令，在命令行中需指定镜像平面，即可完成镜像，如下图所示。

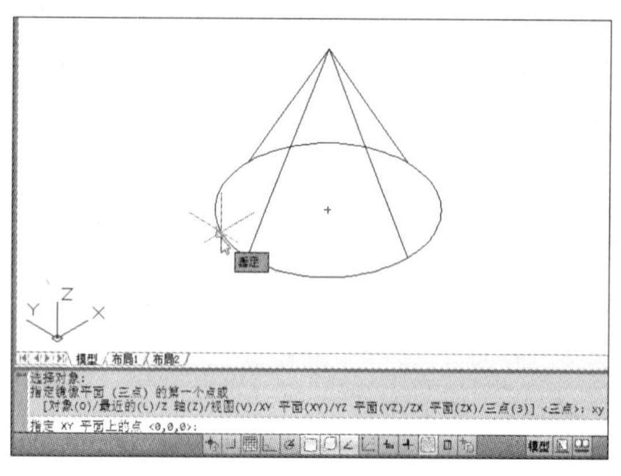
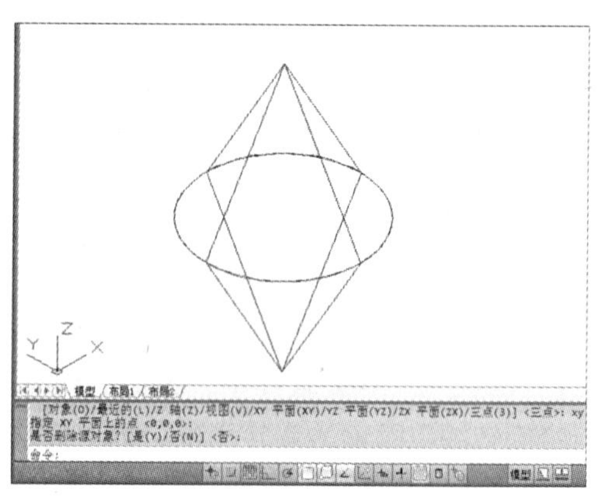

命令行提示如下：

命令：_mirror3d
选择对象：指定对角点：找到 1 个
选择对象：（选择镜像图形，按回车键）
指定镜像平面（三点）的第一个点或[对象(O)/最近的(L)/Z 轴(Z)/视图(V)/XY 平面(XY)/YZ 平面(YZ)/ZX 平面(ZX)/三点(3)] <三点>:xy（选择镜像平面）
指定 XY 平面上的点 <0,0,0>：（选择镜像平面上的镜像点）
是否删除源对象？[是(Y)/否(N)] <否>：（按回车键，完成镜像）

命令行中各选项说明如下。

- 对象（O）：通过选择圆、圆弧或二维多段线等二维对象，将选择对象所在的平面作为镜像平面。
- 最近的（L）：将上一次镜像操作中使用的镜像平面作为本次镜像操作的镜像平面。

- Z 轴（Z）：依次选择两点，并将两点连线作为镜像平面的法线，同时镜像平面通过选择的第一点。
- 视图（V）：通过指定一点并将通过该点且与当前视图平面平行的平面作为镜像平面。
- XY 平面（XY）/YZ 平面（YZ）/ZX 平面（ZX）：分别表示用与当前 UCS 的 XY、YZ、ZX 面平行的平面作为镜像面。

11.1.4　三维阵列

同二维阵列相似，三维阵列可以在三维空间绘制对象的矩形阵列或环形阵列，与二维阵列不同的是三维阵列除了指定列数（X 方向）和行数（Y 方向）以外，还可以指定层数（Z 方向）。

在 AutoCAD 2012 软件中，单击菜单栏中的“修改”→“三维操作”→“三维阵列”命令，在命令行提示下，选择不同的阵列方式，操作步骤有很大不同，下面分别进行介绍。

1. 矩形阵列

单击“三维阵列”命令后，在命令行中根据提示，输入相关的行数、列数、层数以及各个间距值，即可完成三维阵列操作。如下图所示。

命令行提示如下：

```
命令：_3darray
选择对象：指定对角点：找到 1 个
选择对象：                                      (选择阵列对象)
输入阵列类型 [矩形(R)/环形(P)] <矩形>：          (选择阵列类型,默认为“矩形”阵列)
输入行数( --- ) <1>:4                           (输入行数)
输入列数 (|||) <1>:4                            (输入列数)
输入层数(...) <1>:4                             (输入层数)
指定行间距 ( --- ):300                          (输入行间距值)
指定列间距(|||):300                             (输入列间距值)
指定层间距(...):300                             (输入层间距值)
```

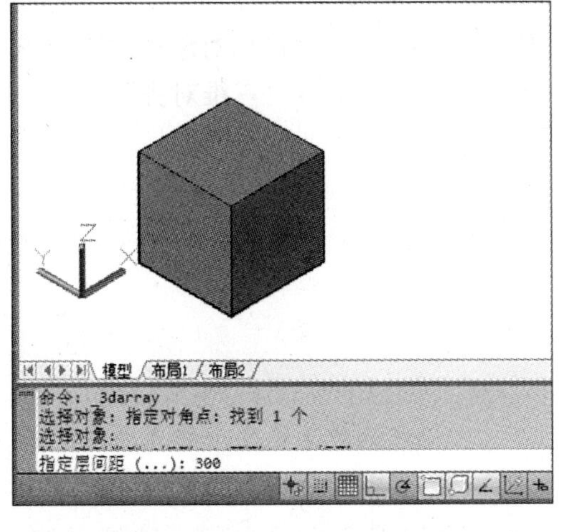

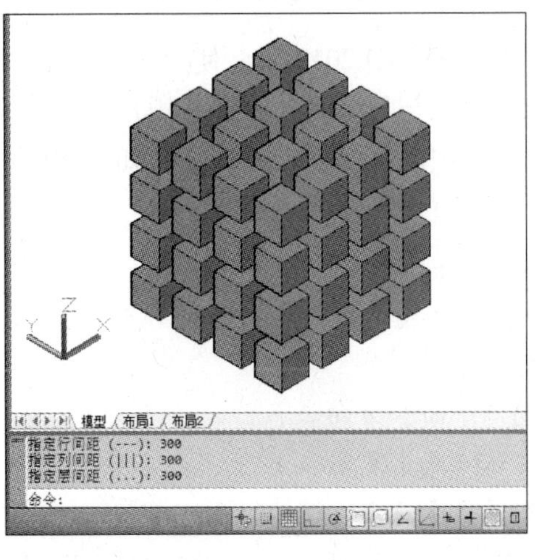

2. 环形阵列

在命令行中，根据提示信息，需输入填充角度、选择阵列中心等相关值，即可完成环形阵列，如下图所示。

命令行提示如下：

```
命令：_3darray
选择对象：指定对角点：找到 1 个
选择对象：                                              （选择阵列图形）
输入阵列类型 [矩形(R)/环形(P)] <矩形>:p                  （选择"环形"阵列）
输入阵列中的项目数目：10                                 （选择阵列数目）
指定要填充的角度（+=逆时针，-=顺时针）<360>：            （输入环形角度）
旋转阵列对象？[是(Y)/否(N)] <Y>：                        （按回车键）
指定阵列的中心点：                                       （选择中心轴端点）
指定旋转轴上的第二点：                                   （选择中心轴末点）
```

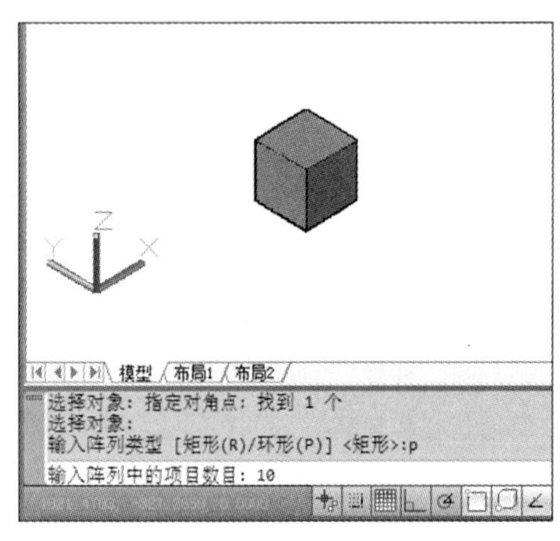

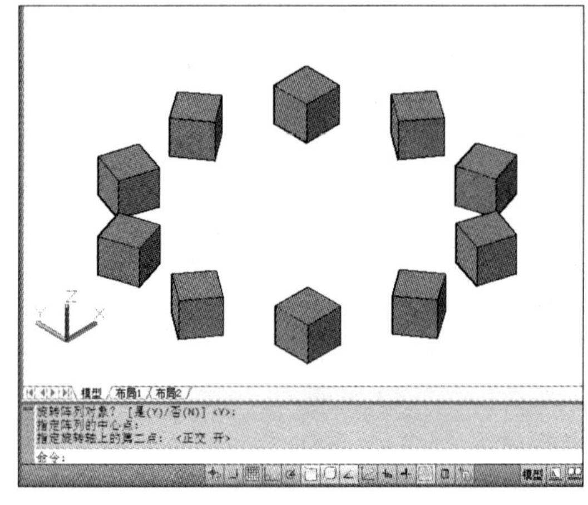

11.1.5 三维对齐

在 AutoCAD 2012 中，使用三维对齐命令，分别指定源对象与目标对象中的 3 个点，可以将源对象与目标对象对齐。用户可单击"常用"→"修改"→"三维对齐"命令，并根据命令行中的提示，进行操作，如下图所示。

命令行提示如下：

```
命令：_3dalign
选择对象：指定对角点：找到 1 个
选择对象：
指定源平面和方向 ...
指定基点或 [复制(C)]：                          （选择下左图中的点 A）
指定第 2 个点或 [继续(C)] <C>：                 （选择下左图中的点 B）
```

```
指定第三个点或 [继续(C)] <C>:                              (按回车键)
指定目标平面和方向 ...
指定第一个目标点:                                          (选择下右图中的点 C)
指定第二个目标点或 [退出(X)] <X>:                          (选择下右图中的点 D)
指定第三个目标点或 [退出(X)] <X>:
```

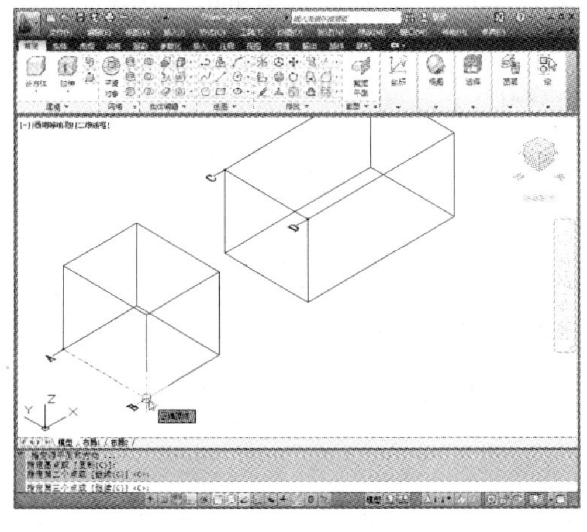

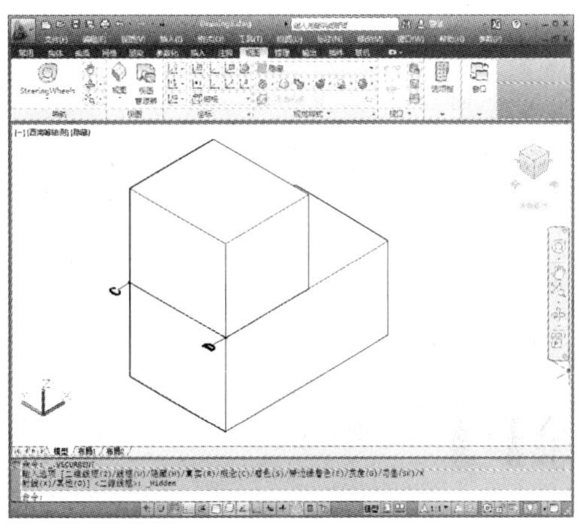

11.2　编辑三维实体

在 AutoCAD 2012 软件中，为了使模型更为逼真，可对三维实体进行倒圆角、倒直角、分解、剖切等操作。

11.2.1　三维实体倒直角和倒圆角

对三维图形进行倒角和圆角，可以去除实体的棱边，使边角过渡平滑。下面分别介绍对三维实体进行倒角和圆角的方法。

1. 倒直角

使三维实体倒角的命令与对二维图形加倒角的命令相同。用户可单击“修改”→“倒角”命令，根据命令行中的提示，进行倒角操作，如下图所示。

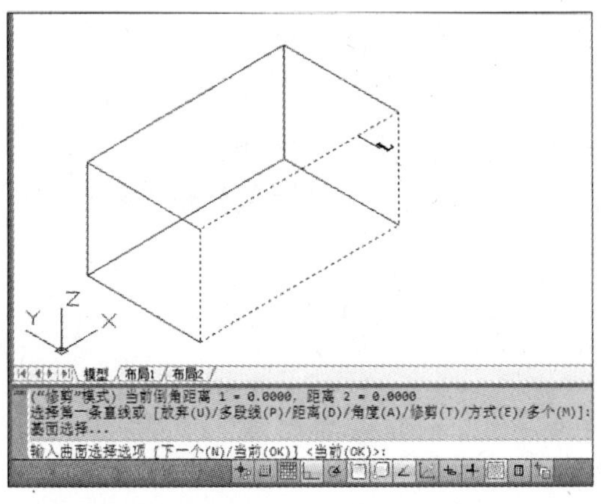

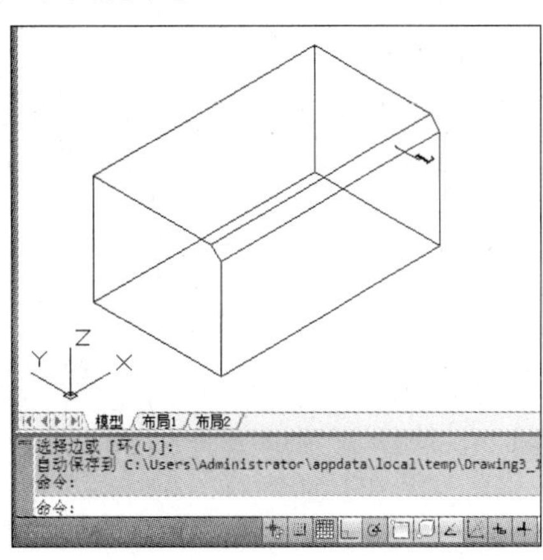

命令行提示如下：

命令：_chamfer
（“修剪”模式）当前倒角距离 1 = 0.0000，距离 2 = 0.0000
选择第一条直线或［放弃(U)/多段线(P)/距离(D)/角度(A)/修剪(T)/方式(E)/多个(M)］：
基面选择...
输入曲面选择选项［下一个(N)/当前(OK)］<当前(OK)>： （选择上图中的L线段）
指定 基面 倒角距离或［表达式(E)］：40 （输入倒角距离）
指定 其他曲面 倒角距离或［表达式(E)］<40.0000>： （指定其他倒角值）
选择边或［环(L)］： （选择线段L）
选择边或［环(L)］： （按回车键，完成倒角）

2. 倒圆角

倒圆角与倒角的操作步骤基本相同，不同的是，倒圆角它是以一定的半径对边进行倒角。用户可单击“常用”→“修改”→“倒圆角”命令，并根据命令行中的提示，完成倒圆角操作，如下图所示。

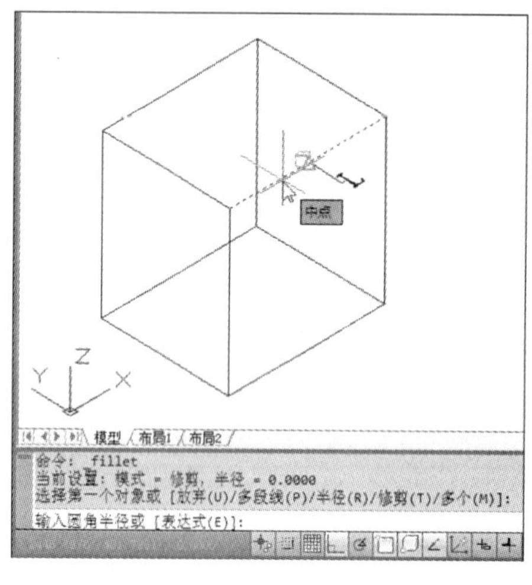

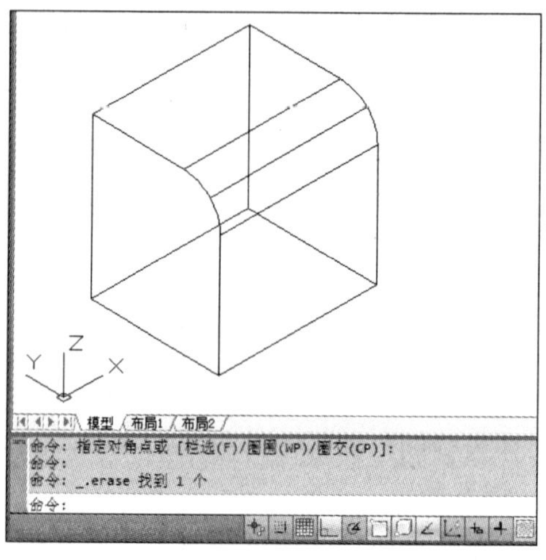

命令行提示如下：

命令：_fillet
当前设置：模式 = 修剪，半径 = 0.0000
选择第一个对象或［放弃(U)/多段线(P)/半径(R)/修剪(T)/多个(M)］：
（选择上左图中线段L）
输入圆角半径或［表达式(E)］：100 （输入圆角半径值）
选择边或［链(C)/环(L)/半径(R)］： （选择线段L）
已拾取到边。
选择边或［链(C)/环(L)/半径(R)］： （按回车键）
已选定1个边用于圆角。

11.2.2 分解三维实体

将三维实体分解之后，实心的三维实体变为一个空心的可编辑几何面。其中，实体中的平面被转换为面域，曲面被转化为主体。用户可单击“修改”→“分解”命令，选中三维实体后即可分解，如下图所示。

命令行提示如下：

```
命令：_explode
选择对象：找到 1 个
选择对象：                                    （选择需分解的实体，按回车键）
```

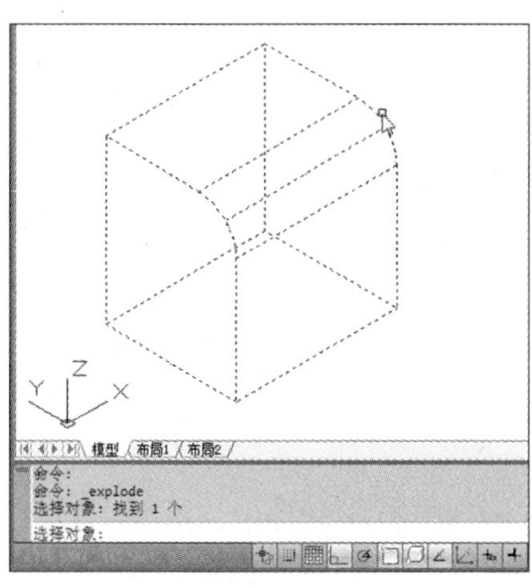

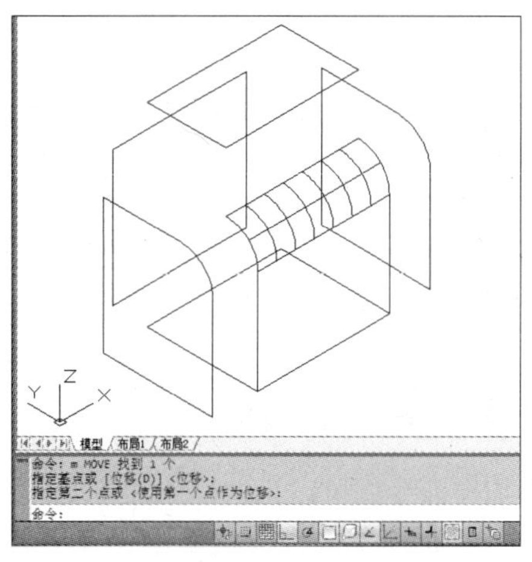

11.2.3 剖切三维实体

在 AutoCAD 2012 中，可以剖切现有实体，然后移去指定的一半，生成新的实体，用户也可以保留剖切实体的两半，剖切后的实体保留原实体的图层和颜色特性。单击“常用”→“实体编辑”→“剖切”命令，根据命令行中的提示，选中所要剖切的实体，并指定剖切面，即可完成剖切，如下图所示。

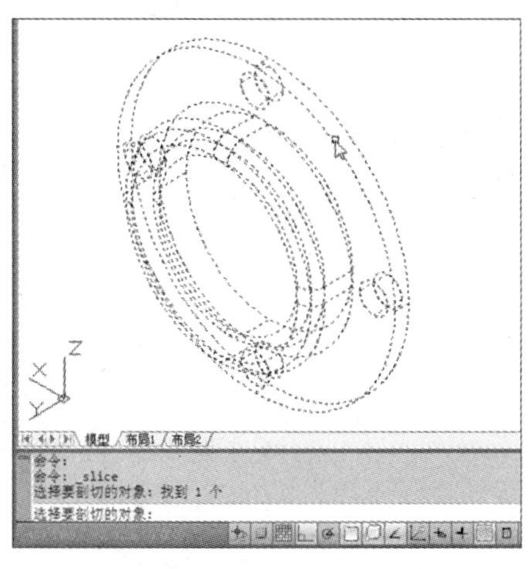

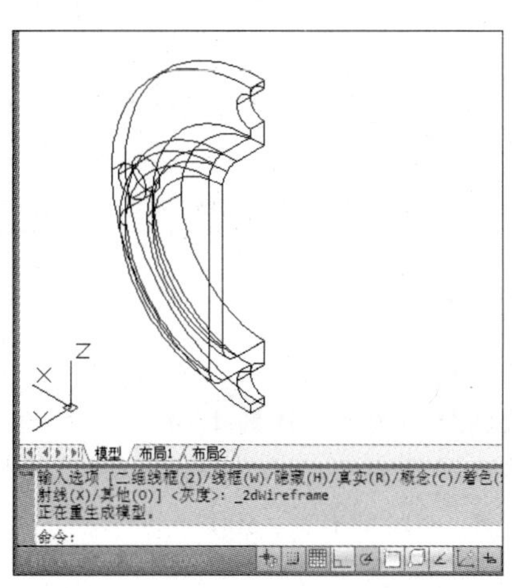

命令行提示如下：

```
命令：_slice
选择要剖切的对象：找到 1 个
选择要剖切的对象：                                              (选择剖切实体)
指定 切面 的起点或 [平面对象(O)/曲面(S)/Z 轴(Z)/视图(V)/XY(XY)/YZ(YZ)/ZX
(ZX)/三点(3)] <三点>：                                          (选择剖切面的第一点)
指定平面上的第二个点：                                          (选择剖切面的第二点)
在所需的侧面上指定点或 [保留两个侧面(B)] <保留两个侧面>：       (选择所需保留面)
```

11.2.4 分割三维实体

使用“分割”命令可以将不连续的三维实体对象分割为独立的三维实体对象。在AutoCAD 2012软件中，单击“常用”→“实体编辑”→“分割”命令，根据命令行中的提示，即可完成实体的分割。

操作提示：

“分割”命令不适用于布尔运算生成的实体，分割前后的模型外观上并无变化。

11.2.5 加厚三维实体

使用加厚命令，可以为曲面添加厚度。在AutoCAD 2012软件中，单击“常用”→“实体编辑”→“加厚”命令，根据命令行中的提示，选择需加厚的曲面，输入厚度值，即可完成加厚，如下图所示。

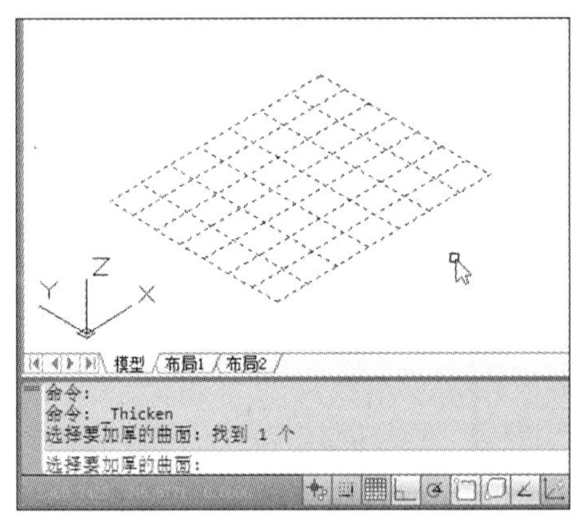

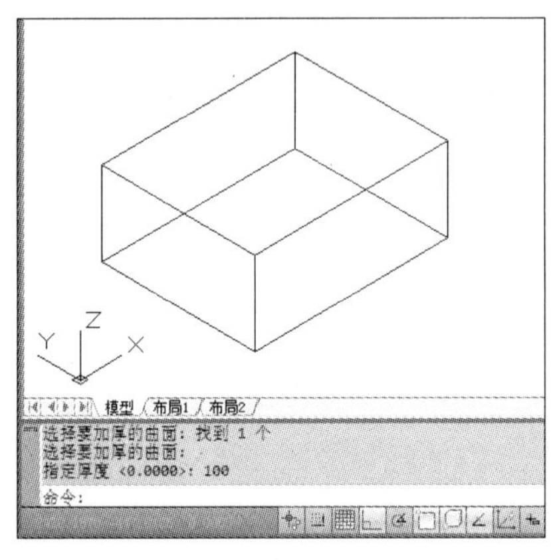

命令行提示如下：

```
命令：_Thicken
选择要加厚的曲面：找到 1 个
选择要加厚的曲面：                                  (选择曲面，按回车键)
指定厚度 <0.0000>：100                              (输入厚度值)
```

11.2.6　抽壳

抽壳操作就是将三维实体转换为中空壳体，其厚度用户可自己指定。在 AutoCAD 2012 软件中，单击“常用”→“实体编辑”→“抽壳”命令，根据命令行中的提示，即可完成抽壳操作，如下图所示。

命令行提示如下：

```
命令：_solidedit
实体编辑自动检查： SOLIDCHECK =1
输入实体编辑选项[面(F)/边(E)/体(B)/放弃(U)/退出(X)] <退出>：_body
输入体编辑选项
[压印(I)/分割实体(P)/抽壳(S)/清除(L)/检查(C)/放弃(U)/退出(X)] <退出>：
_shell
选择三维实体：                                    (选中所需抽壳的三维实体)
删除面或[放弃(U)/添加(A)/全部(ALL)]：找到一个面,已删除 1 个。
删除面或[放弃(U)/添加(A)/全部(ALL)]：              (选择所需删除的面)
输入抽壳偏移距离：20                               (输入实体壁厚度)
已开始实体校验。
已完成实体校验。
```

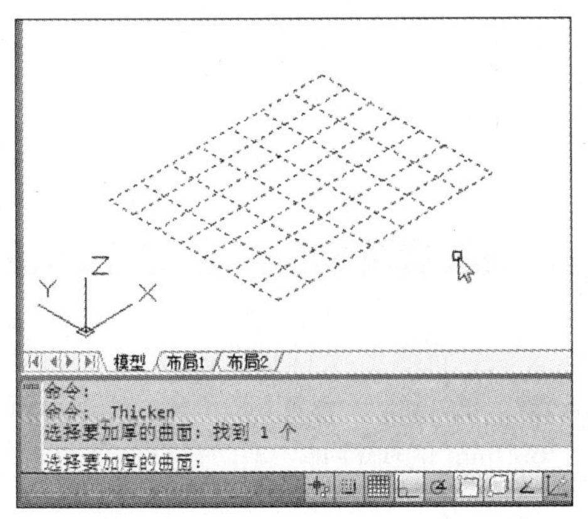

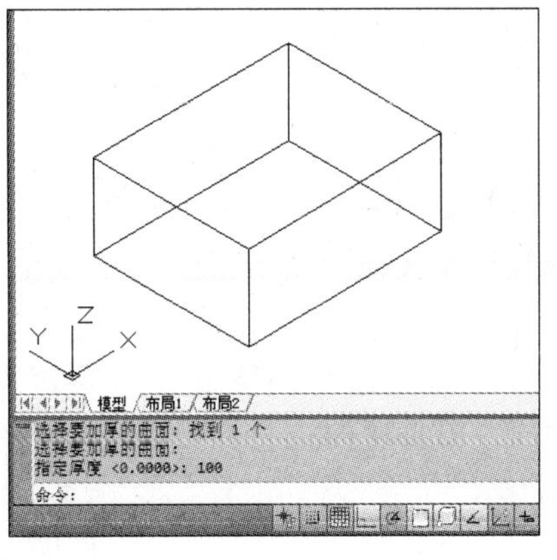

11.3　设计实践：绘制落地灯

下面将主要运用“三维阵列”命令，来绘制落地灯模型。其操作步骤如下：

最终效果：第 11 章 \ 设计实践 \ 落地灯 . dwg	
成品尺寸：高为 1200mm，底面半径为 150mm	
注意事项：注意“三维阵列”命令的操作用法	
任务要求：运用“圆柱体”、“多段线”、“三维阵列”以及“旋转”等命令，进行操作	

落地灯线框图：

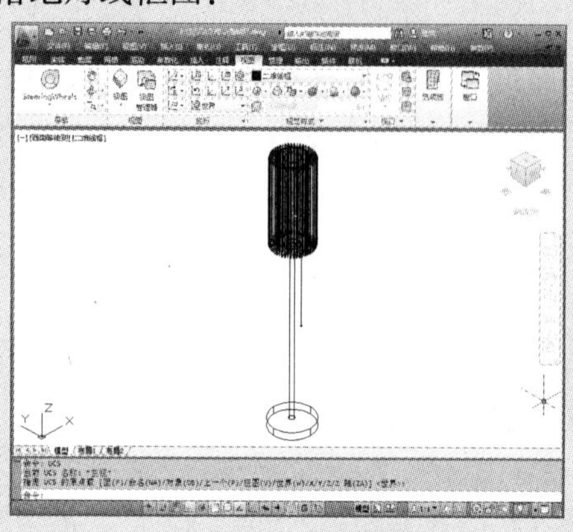

落地灯灰度模式：

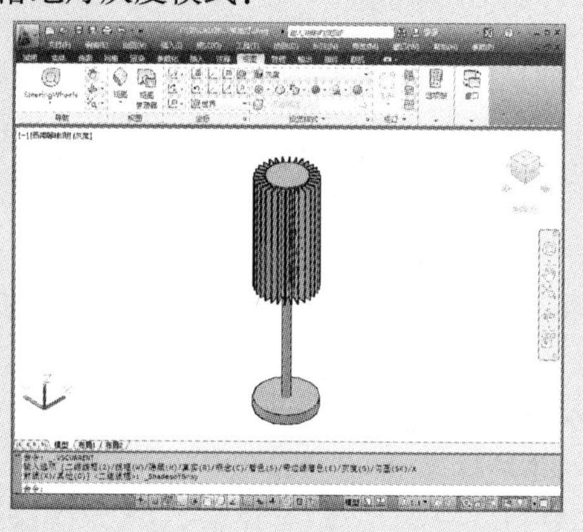

步骤 1 将当前视图设为左视图，单击“多段线”命令，绘制灯座横截面。

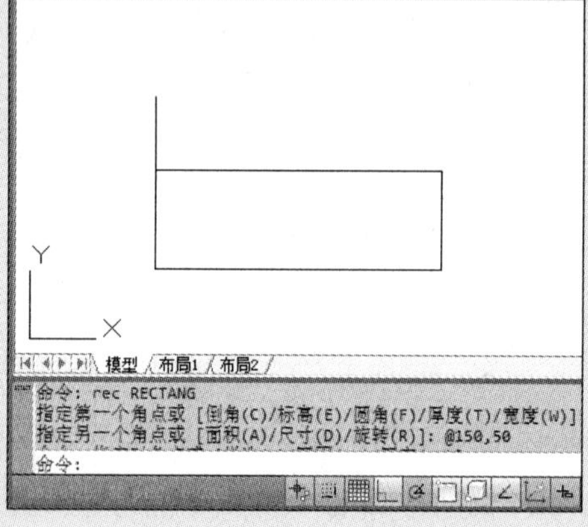

步骤 2 将视图设为“西南视图”，单击“建模”→“旋转”命令，将图形进行旋转拉伸。

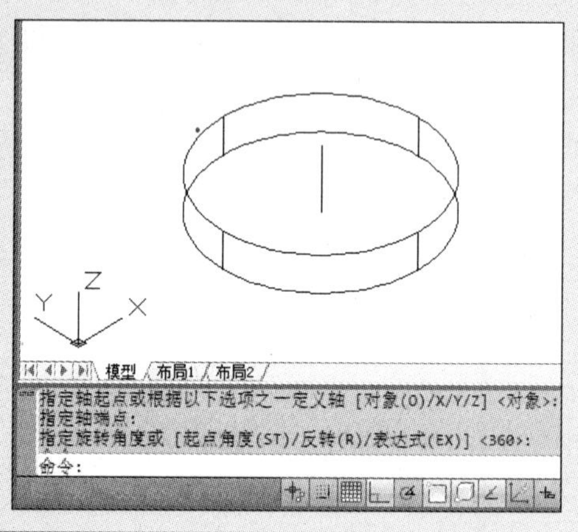

步骤 3 单击“圆”命令，绘制一个半径为20mm的圆，单击“扫掠”命令，将中心线拉伸为实体。

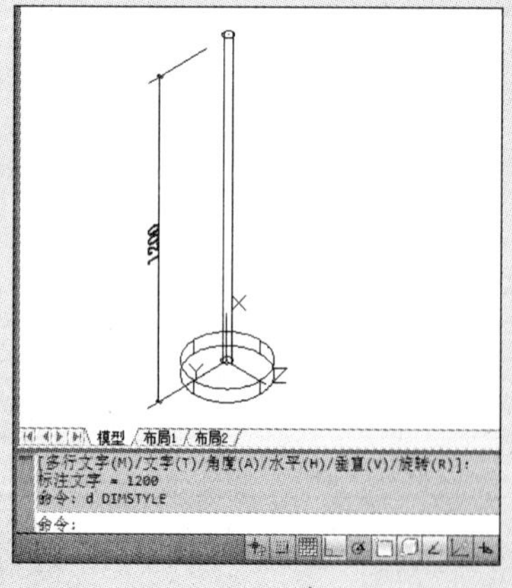

步骤 4 捕捉支撑杆顶点，单击“圆柱体”命令，绘制一个底面半径为50mm、高为600mm的圆柱体，作为灯柱。

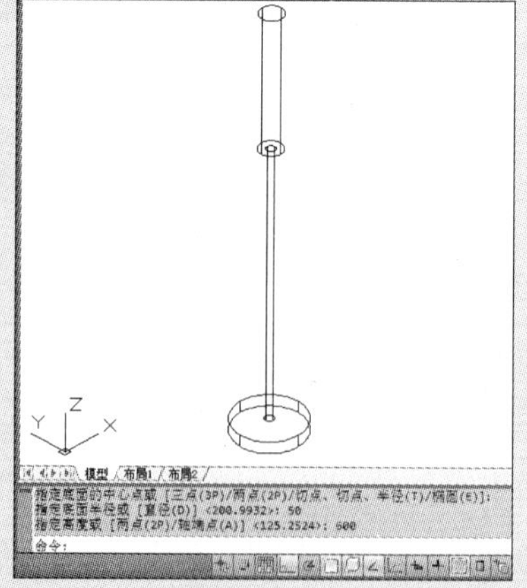

步骤 5 将视图设为左视图，单击“矩形”命令，绘制长为 50mm、宽为 600mm 的长方形，并将其拉伸 3mm，放置图形到合适位置。

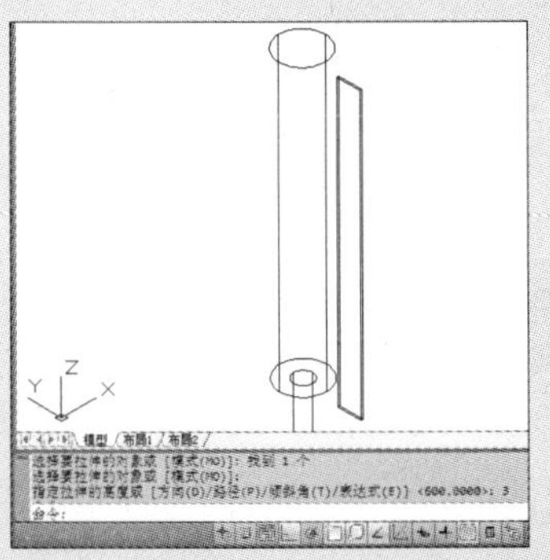

步骤 6 单击“三维阵列”命令，将长方体以灯柱中心为基准，进行环形阵列，阵列数目为 50，角度为 360°。

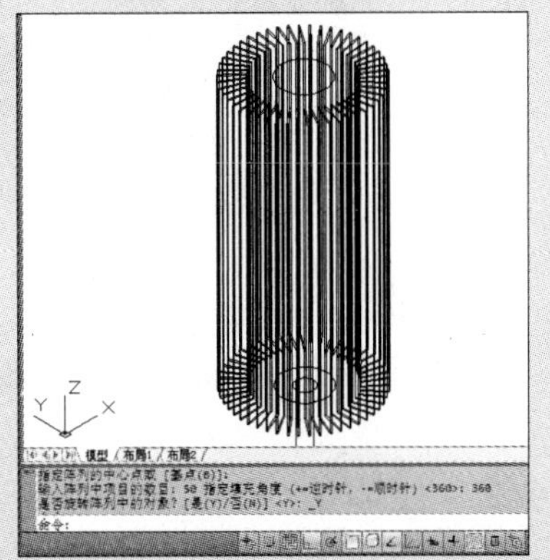

步骤 7 单击“圆柱体”命令，以灯柱中心点为圆心，绘制底面半径为 100mm，高为 5mm 的圆柱体，放置图形到合适位置。

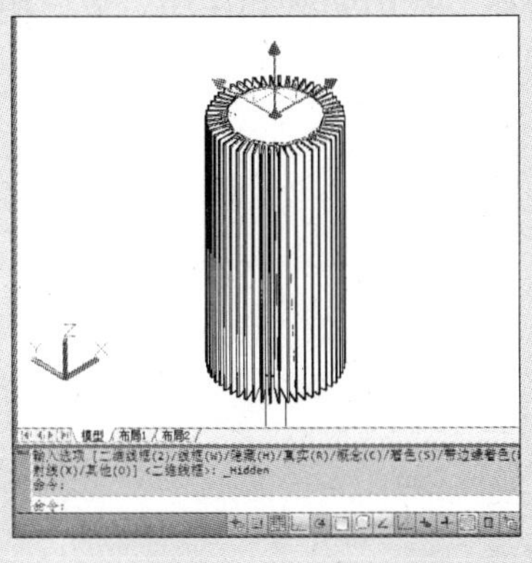

步骤 8 单击“直线”、“扫掠”和“球体”命令，在落地灯合适位置绘制开关拉伸。

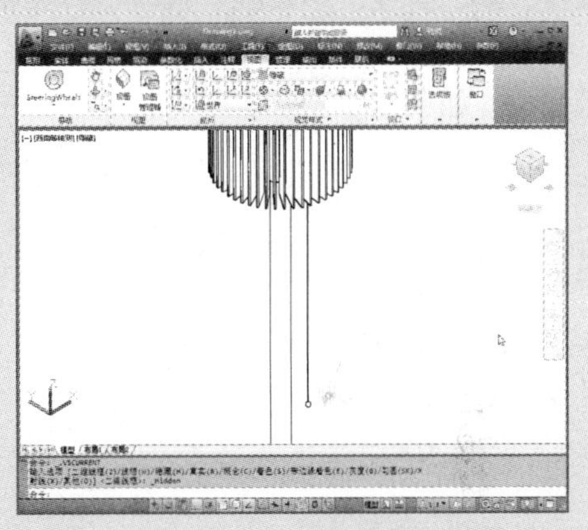

11.4 编辑三维实体边

对三维实体的棱边，可以进行压印、复制和着色操作。下面将分别对其操作进行讲解。

11.4.1 提取边

使用“提取边”命令，可从三维实体、曲面、网格、面域或子对象的边创建线框几何图形。在 AutoCAD 2012 软件中，单击“常用”→“实体编辑”→“提取边”命令，选中所需提取的实体，按回车键即可完成，如下图所示。

命令行提示如下：

```
命令：_xedges 找到 1 个                                (选中所需提取的实体)
命令：指定对角点或［栏选(F)/圈围(WP)/圈交(CP)］：     (按回车键)
```

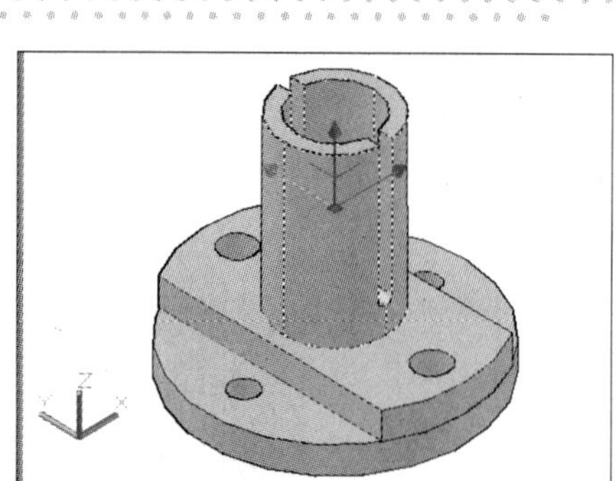

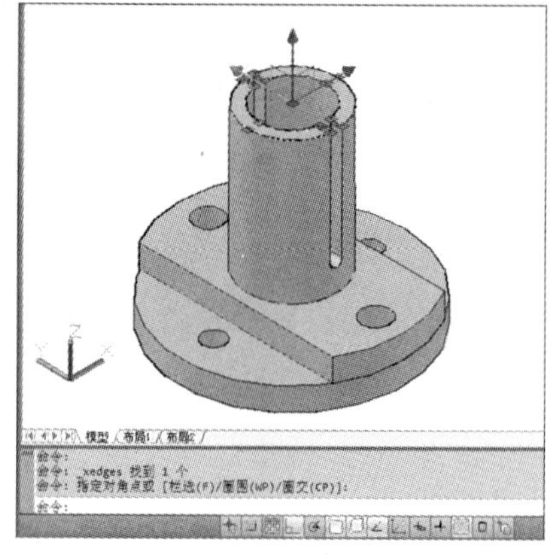

11.4.2 压印边

在选定的对象上压印一个对象，相当于将一个选定的对象映射到另一个三维实体上。为了使压印成功，被压印的对象必须与选定的对象的一个面或多个面相交，被压印的对象可以是圆弧、圆、直线、多段线、椭圆、样条曲线、面域或三维实体等。在 AutoCAD 2012 软件中，可单击“常用”→“实体编辑”→“压印边”命令，选中实体和压印对象，按回车键即可完成，如下图所示。

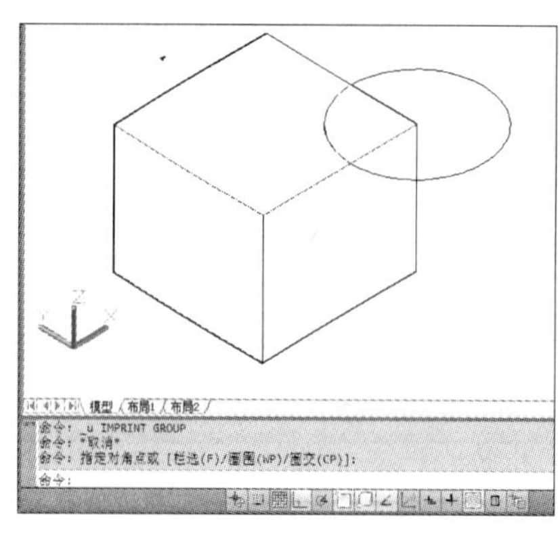

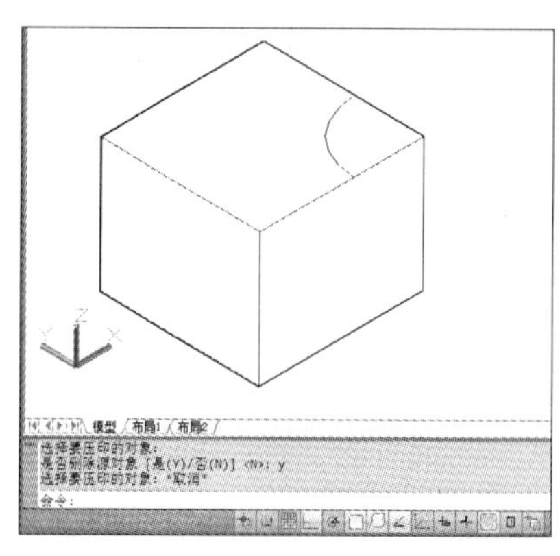

命令行提示如下：

```
命令：_imprint
选择三维实体或曲面：                              （选择上图中的方体）
选择要压印的对象：                                （选择上图中的圆形）
是否删除源对象［是(Y)/否(N)］<N>：y               （选择“是”选项）
选择要压印的对象：*取消*
```

11.4.3 复制边

“复制边”命令可以复制三维实体对象的各个边。复制的边可以为直线、圆弧、圆、椭圆或样条曲线对象。在 AutoCAD 2012 软件中，可单击“常用”→“实体编辑”→“复制边”命令，选中所复制的实体边，按回车键即可完成，如下图所示。

命令行提示如下：

命令：_solidedit
实体编辑自动检查：　SOLIDCHECK = 1
输入实体编辑选项 [面(F)/边(E)/体(B)/放弃(U)/退出(X)] <退出>：_edge
输入边编辑选项 [复制(C)/着色(L)/放弃(U)/退出(X)] <退出>：_copy
选择边或 [放弃(U)/删除(R)]：　　　　　　(选择所要复制的边)
选择边或 [放弃(U)/删除(R)]：
指定基点或位移：　　　　　　　　　　　　(选择位移的基点)
指定位移的第二点：　　　　　　　　　　　(指定位移距离)

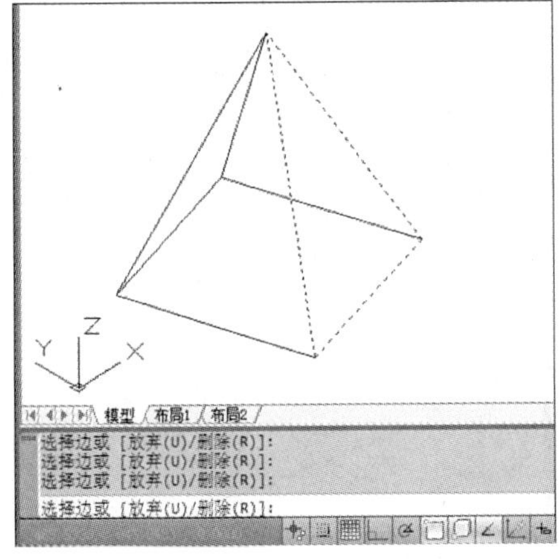

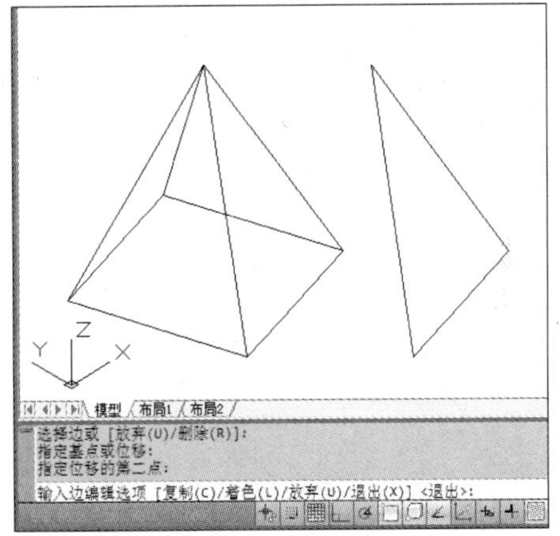

11.4.4　着色边

在 AutoCAD 2012 中，使用着色边功能可以为三维实体的某个边进行着色处理。单击“常用”→“实体编辑”→“着色边”命令，选中所要着色的边，按回车键后，在打开的颜色面板中，选择合适的颜色，按“确定”按钮即可完成着色，如下图所示。

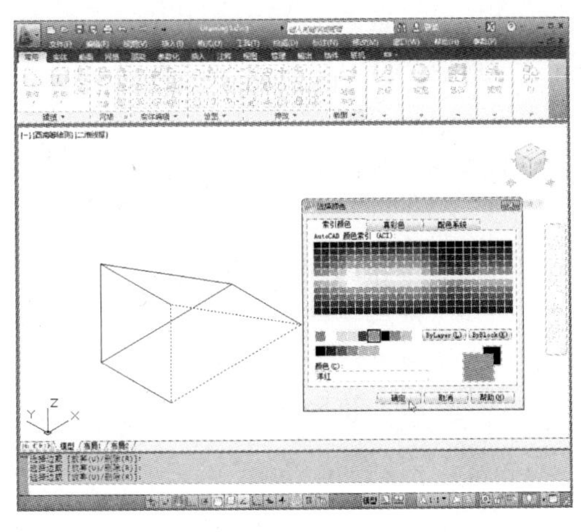

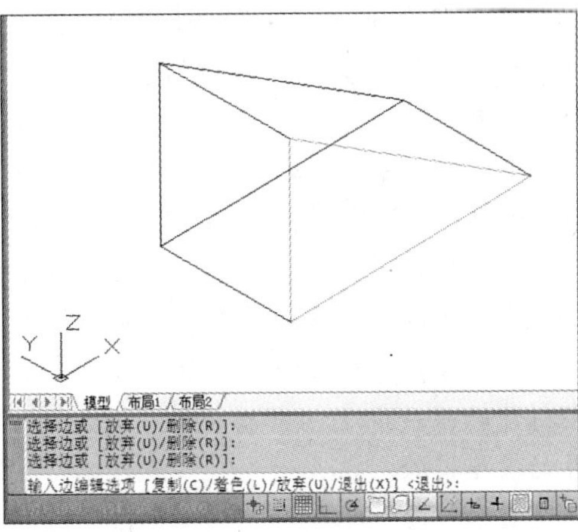

11.5 编辑三维实体面

在 AutoCAD 2012 软件中，除了可对三维实体的边进行编辑之外，还可以对其面进行编辑，如拉伸面、旋转面、着色面、偏移面等。

11.5.1 拉伸面

“拉伸面”工具是通过选择一个实体的面，然后指定一个高度和倾斜角度或指定一条拉伸路径，使实体的面被拉伸形成新的实体。可以作为拉伸路径的曲线有：直线、圆、圆弧、椭圆、椭圆弧、多段线和样条曲线。

在 AutoCAD 2012 软件中，单击“常用”→“实体编辑”→“拉伸面”命令，选择需拉伸的面，在命令行中输入拉伸高度和角度值即可完成拉伸，如下图所示。

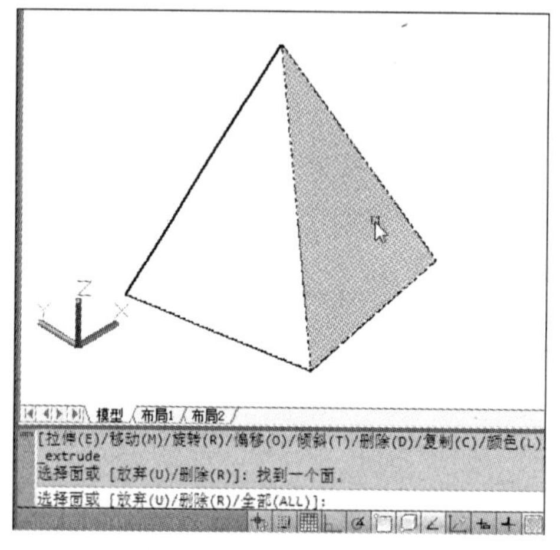

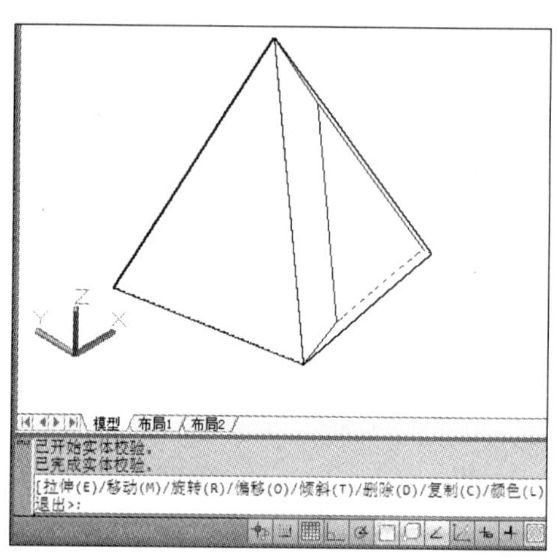

命令行提示如下：

命令：_solidedit
实体编辑自动检查： SOLIDCHECK = 1
输入实体编辑选项 [面(F)/边(E)/体(B)/放弃(U)/退出(X)] <退出>：_face
输入面编辑选项
[拉伸(E)/移动(M)/旋转(R)/偏移(O)/倾斜(T)/删除(D)/复制(C)/颜色(L)/材质(A)/放弃(U)/退出(X)] <退出>:_extrude
选择面或 [放弃(U)/删除(R)]：找到一个面。 (选择所需拉伸的面)
选择面或 [放弃(U)/删除(R)/全部(ALL)]： (按回车键)
指定拉伸高度或 [路径(P)]：20 (输入拉伸高度值)
指定拉伸的倾斜角度 <45>： (输入拉伸角度,按回车键)
已开始实体校验。
已完成实体校验。

选择拉伸面时，单击不同部位，将选中不同的面，选中的表面以虚线显示。对于多余选择的面可以接着输入 R 进行删除。定义拉伸高度可正可负，其中输入正值将向外拉伸，输入负值将向里拉伸。倾斜角度同样可以定义为正值或负值，正值向内倾斜，负值向外倾斜。可以输入的角度范围为 -90°~90°。

11.5.2　移动面

使用“移动面”命令可以沿指定的高度或距离移动选定的三维实体对象的面。在 AutoCAD 2012 软件中，单击“常用”→“实体编辑”→“移动面”命令，选择需拉伸的面，在命令行中输入拉伸高度和角度值即可完成拉伸，如下图所示。

命令行提示如下：

```
命令：_solidedit
实体编辑自动检查：  SOLIDCHECK = 1
输入实体编辑选项 [面(F)/边(E)/体(B)/放弃(U)/退出(X)] <退出>：_face
输入面编辑选项
[拉伸(E)/移动(M)/旋转(R)/偏移(O)/倾斜(T)/删除(D)/复制(C)/颜色(L)/材质(A)/放弃(U)/退出(X)] <退出>：_move
选择面或 [放弃(U)/删除(R)]：找到一个面。          (选择所要移动的面)
选择面或 [放弃(U)/删除(R)/全部(ALL)]：           (按回车键)
指定基点或位移：                                 (选择移动面的任意一点)
指定位移的第二点：                               (输入位移距离)
已开始实体校验。
已完成实体校验。
```

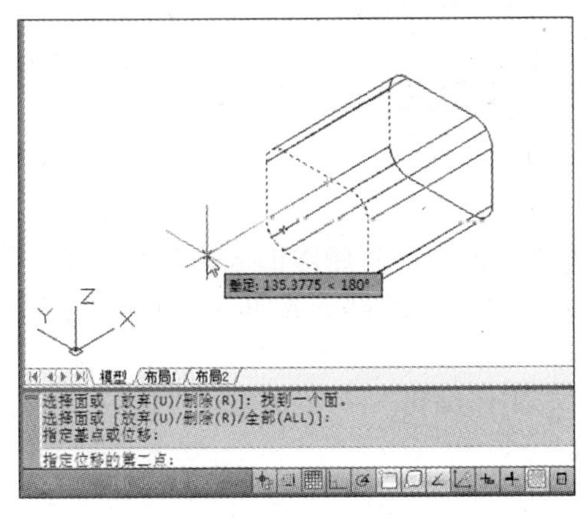

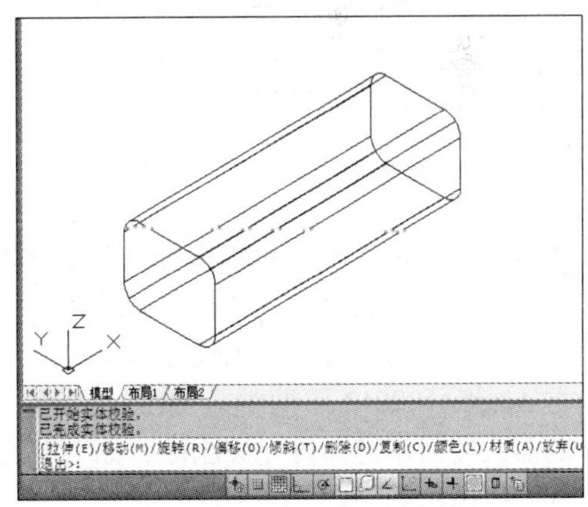

11.5.3　偏移面

使用“偏移面”命令可以按指定的距离均匀地偏移面。通过将现有的面从原始位置向内或向外偏移指定的距离可以创建新的面。

在 AutoCAD 2012 软件中，单击“常用”→“实体编辑”→“偏移面”命令，选择需偏移的面，在命令行中输入偏移值即可完成偏移，如下图所示。

命令行提示如下：

```
命令：_solidedit
实体编辑自动检查： SOLIDCHECK =1
输入实体编辑选项［面(F)/边(E)/体(B)/放弃(U)/退出(X)］<退出>：_face
输入面编辑选项
［拉伸(E)/移动(M)/旋转(R)/偏移(O)/倾斜(T)/删除(D)/复制(C)/颜色(L)/材质(A)/放弃(U)/退出(X)］<退出>：
_offset
选择面或［放弃(U)/删除(R)］：找到 2 个面。          （选中要偏移的面）
选择面或［放弃(U)/删除(R)/全部(ALL)］：              （按回车键）
指定偏移距离：15                                     （输入偏移距离）
已开始实体校验。
已完成实体校验。
```

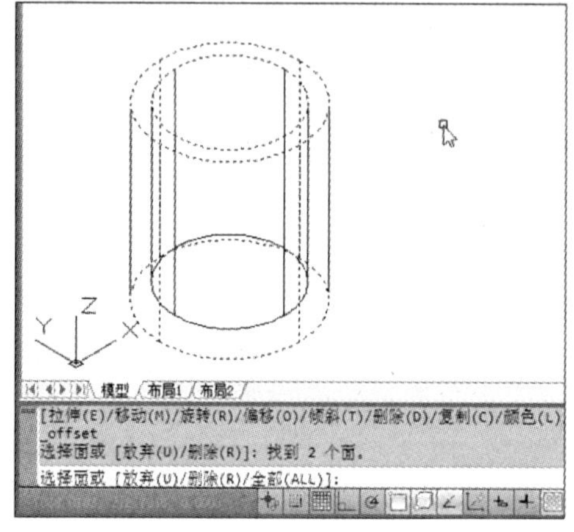

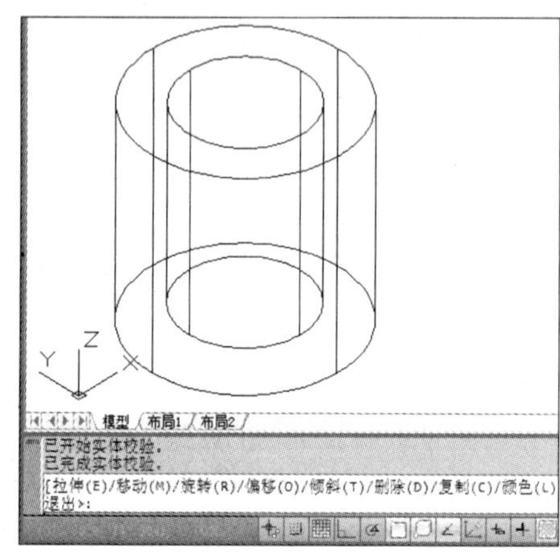

11.5.4 删除面

使用“删除面”命令可以删除三维实体的某些表面，即将删除的表面必须具备一定的条件，当该表面被删除以后，删除面所在的区域必须可以被相邻的表面填充。通常可以删除的表面包括实体的内表面、倒角和圆角等。

在 AutoCAD 2012 软件中，单击“常用”→“实体编辑”→“删除面”命令，选择需删除的面，按回车键即可完成删除，如下图所示。

命令行提示如下：

```
命令：_solidedit
实体编辑自动检查： SOLIDCHECK =1
输入实体编辑选项［面(F)/边(E)/体(B)/放弃(U)/退出(X)］<退出>：_face
输入面编辑选项
［拉伸(E)/移动(M)/旋转(R)/偏移(O)/倾斜(T)/删除(D)/复制(C)/颜色(L)/材质(A)/放弃(U)/退出(X)］<退出>：_delete
```

选择面或 [放弃(U)/删除(R)]：找到一个面。 (选择所需删除的面)
选择面或 [放弃(U)/删除(R)/全部(ALL)]： (按回车键)
已开始实体校验。
已完成实体校验。

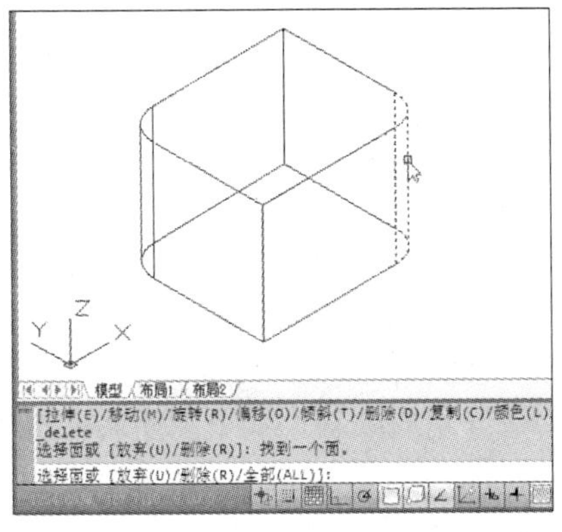

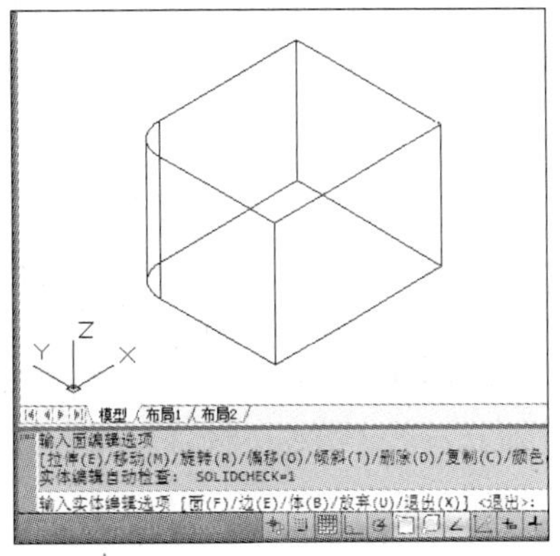

11.5.5 旋转面

使用“旋转面”命令，可以将选择的面沿着指定的旋转轴和方向进行旋转，从而改变三维实体的形状。在 AutoCAD 2012 软件中，单击“常用”→“实体编辑”→“旋转面”命令，选择需旋转的面，在命令行中选择旋转轴和旋转角度即可旋转，如下图所示。

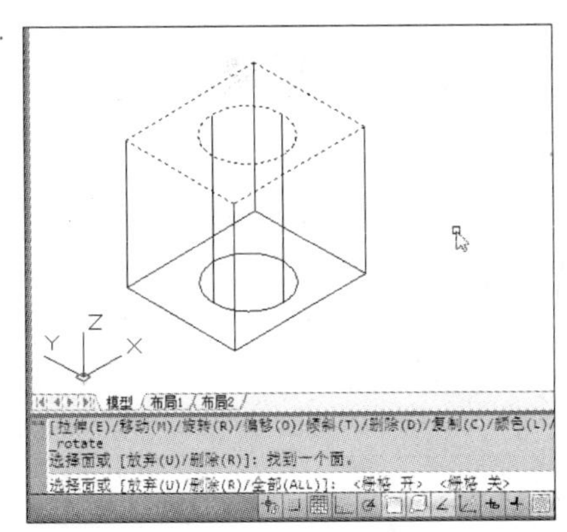

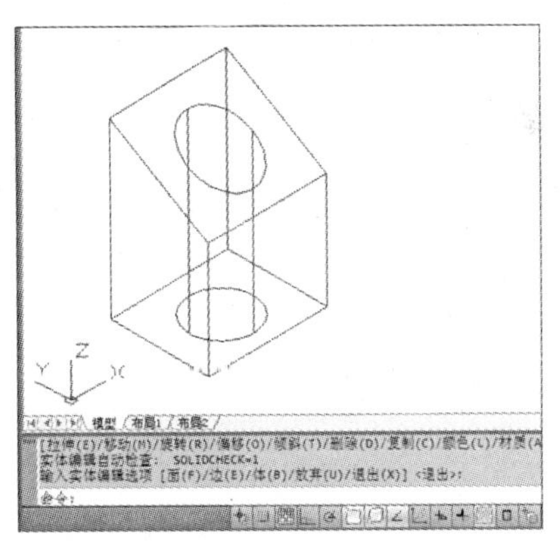

命令行提示如下：

命令：_solidedit
实体编辑自动检查： SOLIDCHECK = 1
输入实体编辑选项 [面(F)/边(E)/体(B)/放弃(U)/退出(X)] <退出>：_face
输入面编辑选项
[拉伸(E)/移动(M)/旋转(R)/偏移(O)/倾斜(T)/删除(D)/复制(C)/颜色(L)/材质(A)/放弃(U)/退出(X)] <退出>：_rotate
选择面或 [放弃(U)/删除(R)]：找到一个面。 (选择旋转面)
选择面或 [放弃(U)/删除(R)/全部(ALL)]： (按回车键)

指定轴点或 [经过对象的轴(A)/视图(V)/X 轴(X)/Y 轴(Y)/Z 轴(Z)] <两点>: x
(选择旋转轴)
指定旋转原点 <0,0,0>: (指定旋转中心点)
指定旋转角度或 [参照(R)]: 30 (输入旋转角度值)
已开始实体校验。
已完成实体校验。

11.5.6 倾斜面

"倾斜面"命令可以使三维实体表面产生倾斜和锥化效果。输入的倾斜角度数值在-90°~90°之间。若输入正值，则向里倾斜；若输入负值，则向外倾斜。

在 AutoCAD 2012 软件中，单击"常用"→"实体编辑"→"倾斜面"命令，选择需倾斜的面，在命令行中指定倾斜轴和倾斜角度，即可完成倾斜，如下图所示。

命令行提示如下：

命令: _solidedit
实体编辑自动检查: SOLIDCHECK = 1
输入实体编辑选项 [面(F)/边(E)/体(B)/放弃(U)/退出(X)] <退出>: _face
输入面编辑选项
[拉伸(E)/移动(M)/旋转(R)/偏移(O)/倾斜(T)/删除(D)/复制(C)/颜色(L)/材质(A)/放弃(U)/退出(X)] <退出>: _taper
选择面或 [放弃(U)/删除(R)]: 找到一个面。 (选择倾斜面)
选择面或 [放弃(U)/删除(R)/全部(ALL)]: (按回车键)
指定基点: (选择倾斜轴端点)
指定沿倾斜轴的另一个点: (选择倾斜轴末点)
指定倾斜角度: 30° (输入倾斜角度)
已开始实体校验。
已完成实体校验。

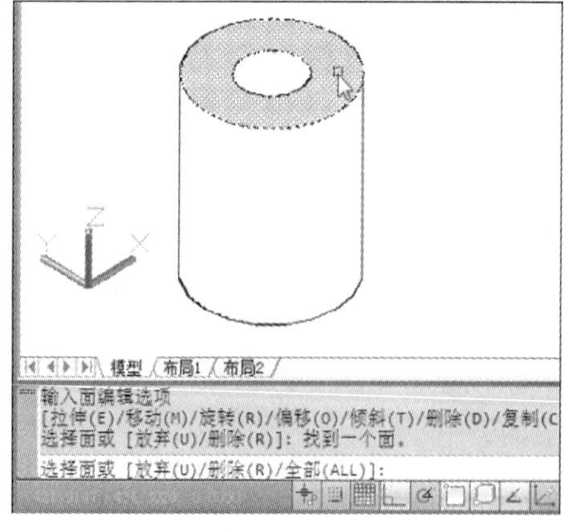

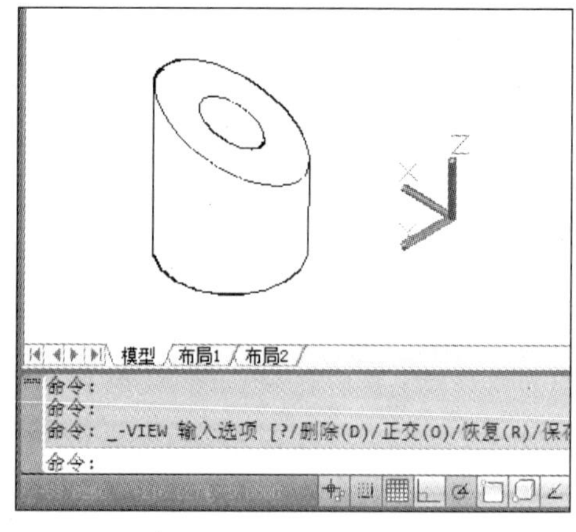

11.5.7　着色面

使用“着色面”命令，可以为指定的实体面进行着色操作。在 AutoCAD 2012 软件中，单击“常用”→“实体编辑”→“着色面”命令，选择需着色的面，并在打开的颜色面板中，选择所需颜色，单击“确定”按钮，即可完成着色，如下图所示。

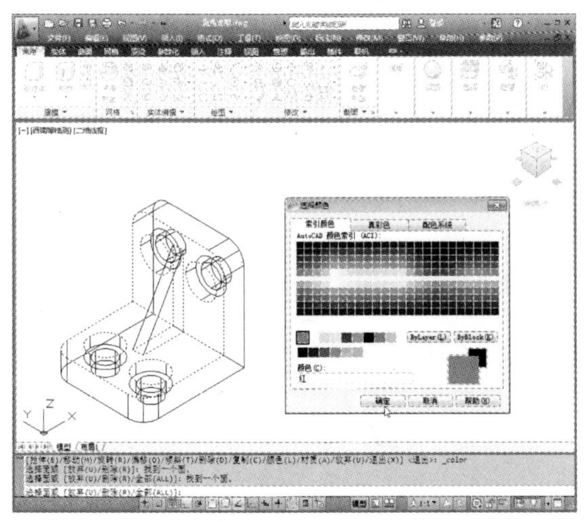

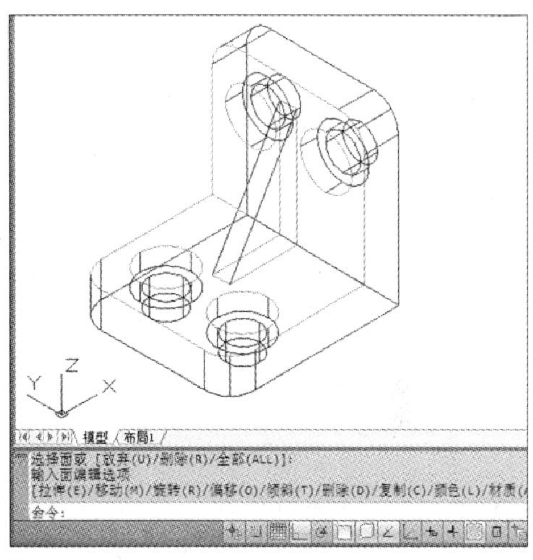

11.5.8　复制面

“复制面”命令可以将已有实体的表面复制并移动到指定的位置。被复制出来的面可以用来执行拉伸和旋转等操作。在 AutoCAD 2012 软件中，单击“常用”→“实体编辑”→“复制面”命令，选择需复制的面，并根据命令行的提示信息，进行复制即可，如下图所示。

命令行提示如下：

```
命令：_solidedit
实体编辑自动检查： SOLIDCHECK=1
输入实体编辑选项 [面(F)/边(E)/体(B)/放弃(U)/退出(X)] <退出>：_face
输入面编辑选项
[拉伸(E)/移动(M)/旋转(R)/偏移(O)/倾斜(T)/删除(D)/复制(C)/颜色(L)/材质(A)/放弃(U)/退出(X)] <退出>：_copy
选择面或 [放弃(U)/删除(R)]：找到一个面。              (选择需复制的面)
选择面或 [放弃(U)/删除(R)/全部(ALL)]：                (按回车键)
指定基点或位移：                                      (指定复制位移的基点)
指定位移的第二点：                                    (指定第二点)
```

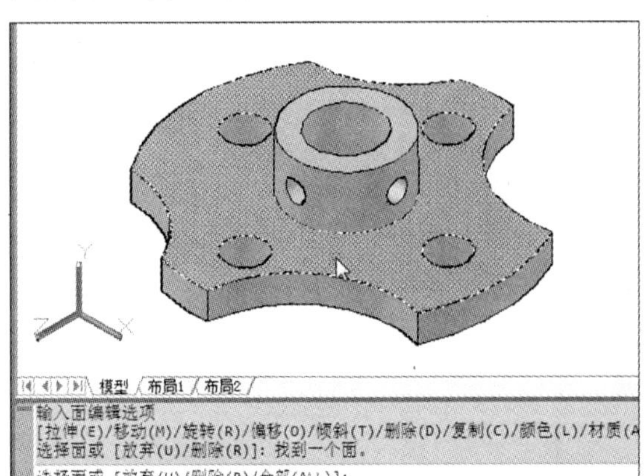

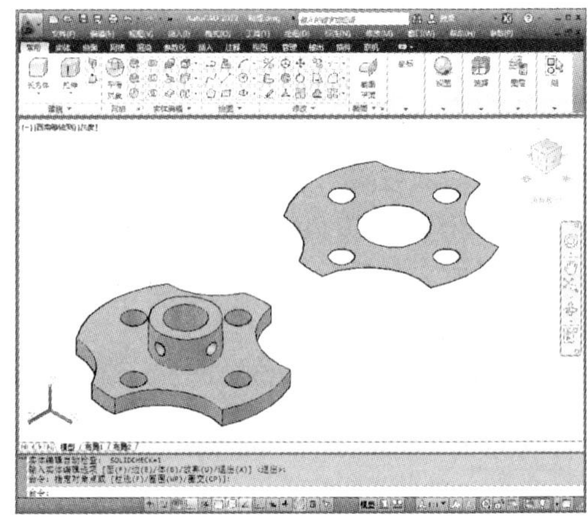

11.6 编辑三维复合实体

复合实体是指使用布尔运算、扫掠等方法，将两个或两个以上的图形，通过加减方式结合而生成的实体。通过布尔运算可创建出各种复杂的三维实体。

11.6.1 并集

并集运算命令可对所选的两个或两个以上的面域或实体进行合并运算。在 AutoCAD 2012 软件中，单击“常用”→“实体编辑”→“并集”命令，根据命令行中的提示，选中所有需合并的实体，按回车键即可完成并集操作，如下图所示。

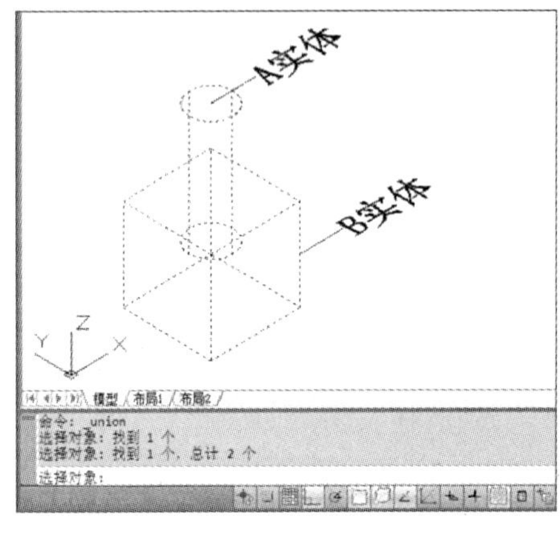

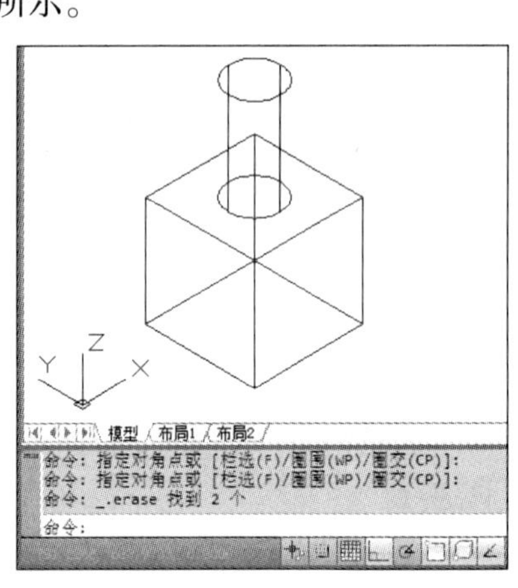

命令行提示如下：

命令：_union
选择对象：找到 1 个　　　　（选中上右图中的 A 实体）
选择对象：找到 1 个，总计 2 个　　　　（选中上右图中的 B 实体）
选择对象：　　　　（按回车键）
标注已解除关联。

11.6.2　差集

“差集”命令，可以从一组实体中删除与另一组实体的公共区域。从而生成一个新的实体或面域。在 AutoCAD 2012 软件中，单击“常用”→“实体编辑”→“差集”命令，根据命令行中的提示，选择要从中减去的实体，按回车键，选择所要删除的实体，即可完成差集操作，如下图所示。

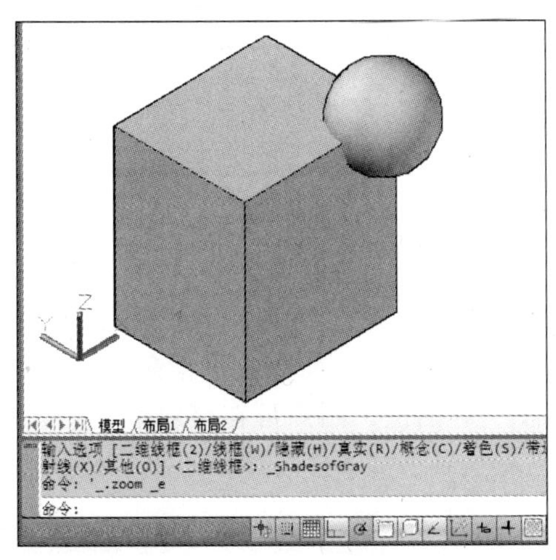

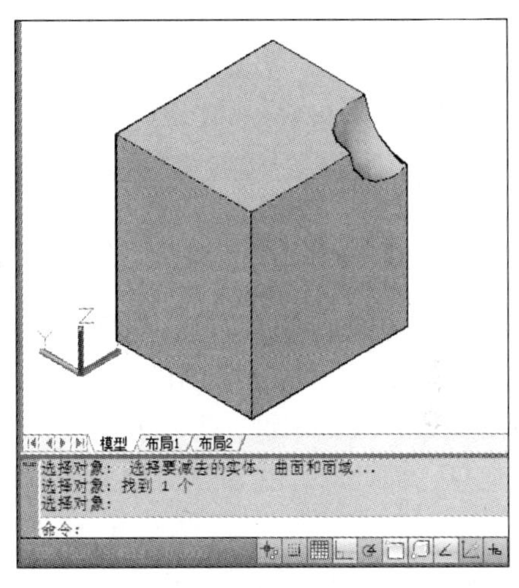

命令行提示如下：

```
命令：_subtract 选择要从中减去的实体、曲面和面域...
选择对象：找到 1 个                              （选择上左图中的长方体）
选择对象：  选择要减去的实体、曲面和面域...
选择对象：找到 1 个                              （选择上左图中的球体）
选择对象：                                        （按回车键，完成操作）
```

11.6.3　交集

交集命令可以从两个以上重叠实体的公共部分创建复合实体。在 AutoCAD 2012 软件中，单击“常用”→“实体编辑”→“交集”命令，根据命令行中的提示，选中所有实体，按回车键，即可完成交集操作，如下图所示。

命令行提示如下：

```
命令：_intersect
选择对象：指定对角点：找到 2 个        （选中所有实体）
选择对象：                            （按回车键，完成操作）
```

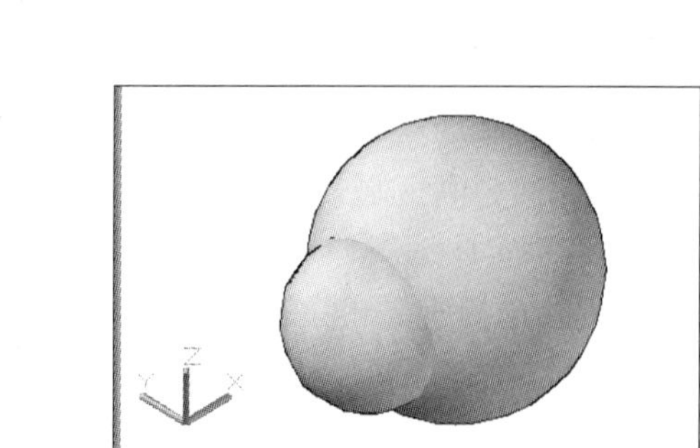

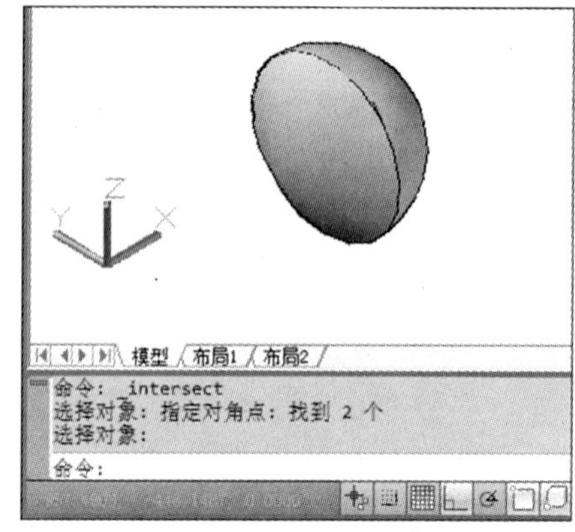

11.6.4 干涉检查

干涉检查功能是将两个或多个实体的公共部分选取出来，生成一个新的实体。在 AutoCAD 2012 软件中，单击“常用”→“实体编辑”→“干涉”命令，根据命令行中的提示，选择所需实体，按回车键，即可打开“干涉检查”对话框，用户可在该对话框中读取所需的图形信息，而此时，在实体对象上，则以红色高亮显示实体公共部分，如下图所示。

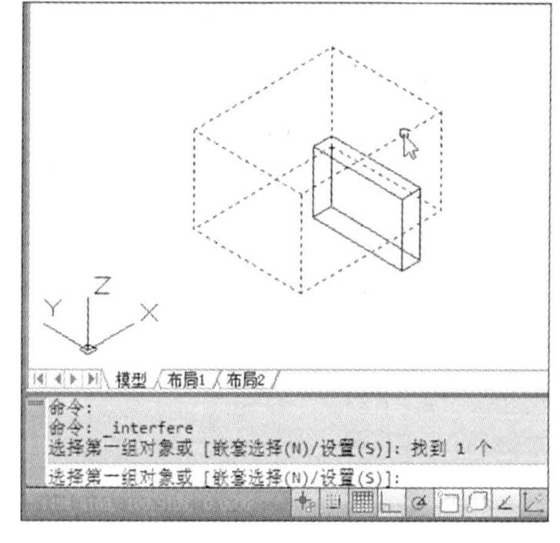

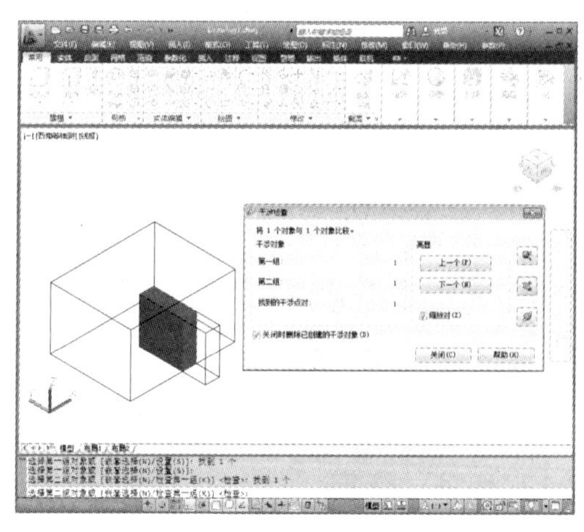

命令行提示如下：

命令：_interfere
选择第一组对象或［嵌套选择(N)/设置(S)］：找到 1 个　（选择上右图中的大长方体）
选择第一组对象或［嵌套选择(N)/设置(S)］：　（按回车键）
选择第二组对象或［嵌套选择(N)/检查第一组(K)］＜检查＞：找到 1 个
（选择上左图中的小长方体）
选择第二组对象或［嵌套选择(N)/检查第一组(K)］＜检查＞：　正在重生成模型。
（打开“干涉检查”对话框，显示公共部分）

11.7 设计实践：绘制烟灰缸模型

下面将主要运用编辑三维实体的一些相关命令，来绘制烟灰缸模型，其操作步骤如下：

最终效果：	第 11 章 \ 设计实践 \ 烟灰缸 . dwg
成品尺寸：	模型尺寸为长 36mm × 宽 36mm
注意事项：	注意“差集”和“倒圆角”命令的操作用法
任务要求：	运用“拉伸”、“三维阵列”、“倒圆角”以及“差集”等命令，进行操作

烟灰缸：

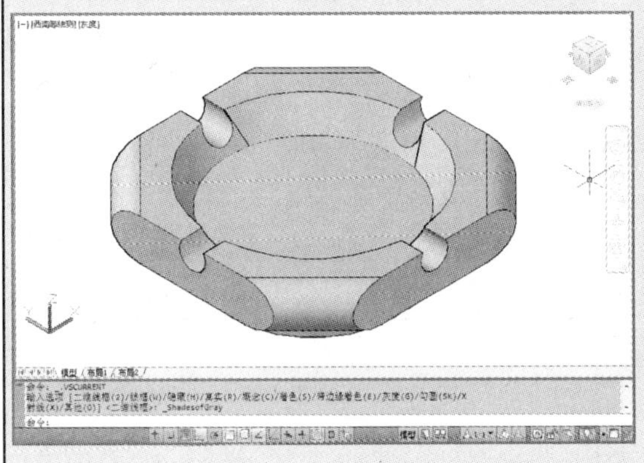

烟灰缸效果图：

1 将当前视图设为俯视图，单击“正多边形”命令，绘制外切圆半径为 18mm 的矩形。

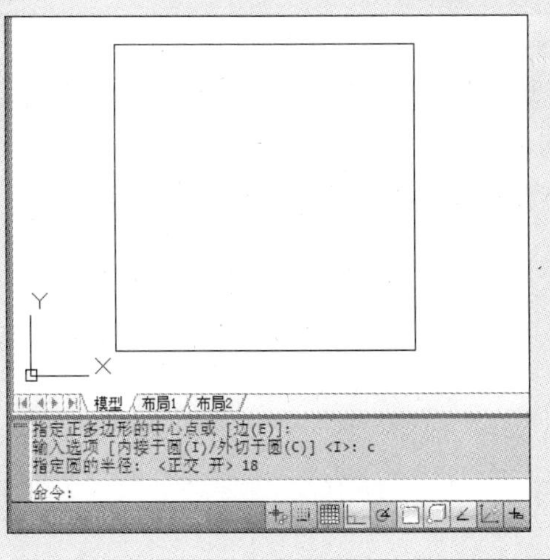

2 单击“修改”→“倒角”命令，将该矩形各直角进行倒角，倒角距离都为 6mm。

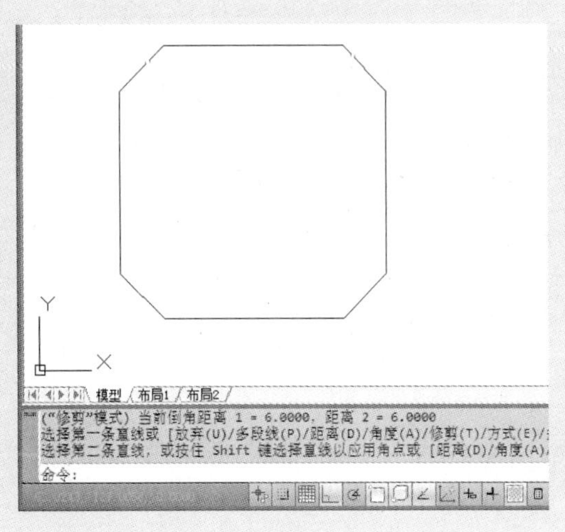

3 单击“圆”命令，绘制两个半径分别为12mm和15mm的同心圆，并将其放置在矩形适当位置。

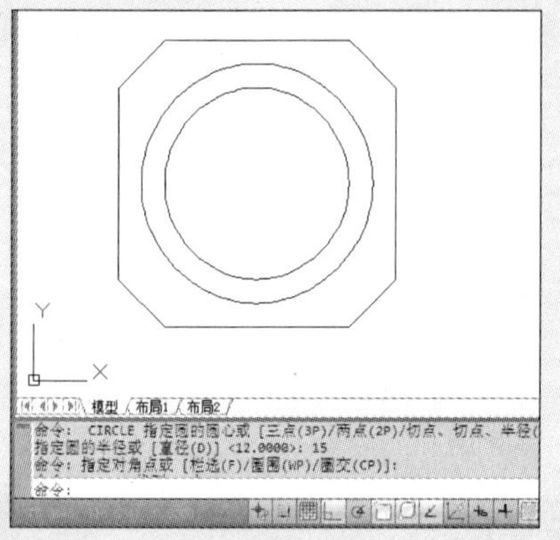

4 将视图设为西南视图，单击“拉伸”命令，将矩形向上拉伸6mm，将大圆向下拉伸3mm，小圆向下拉伸6mm。

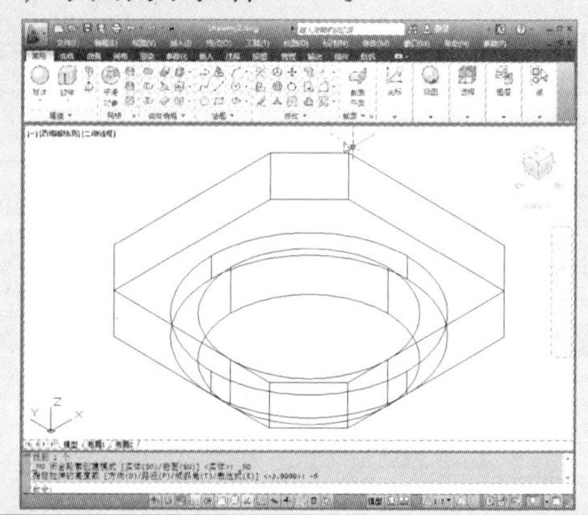

5 单击“直线”命令，绘制矩形中点连线，以中线交点为圆心绘制半径为15mm的圆。

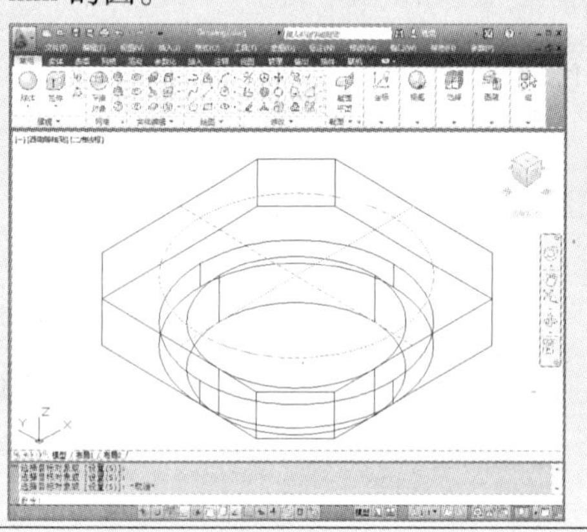

6 单击“拉伸”命令，将刚绘制的圆向下倾斜拉伸4mm，角度为30°，单击“差集”命令，将该圆从矩形中减去。

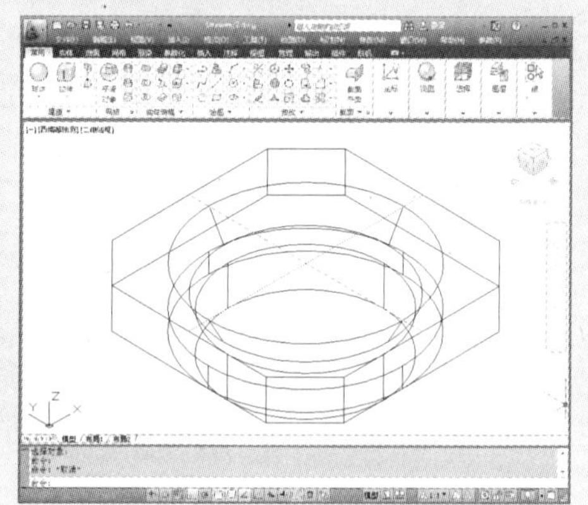

7 将视图设为前视图，单击“圆”命令，绘制半径为2mm的圆，并放置烟灰缸中心位置。

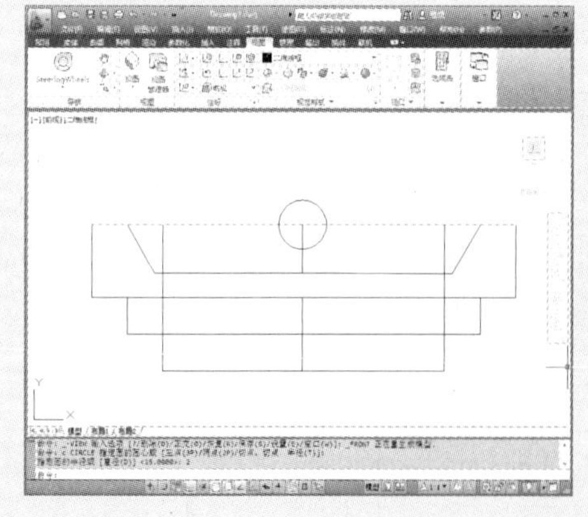

8 将视图设为西南视图，单击“拉伸”命令，将圆进行拉伸，拉伸距离为8mm，并放置到合适位置。

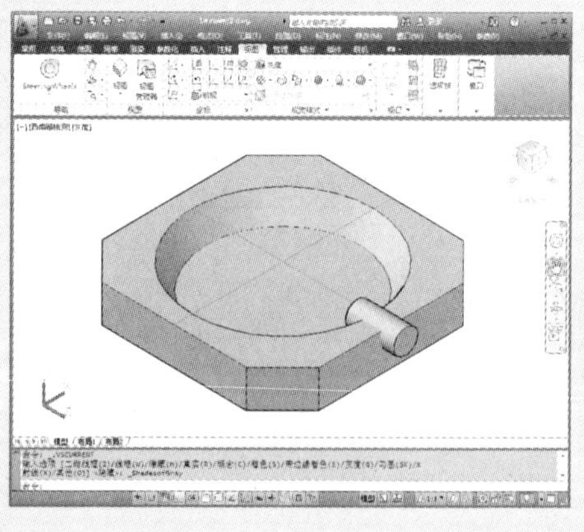

9 单击“三维阵列”命令，将圆柱进行环形阵列，阵列数目为 4。

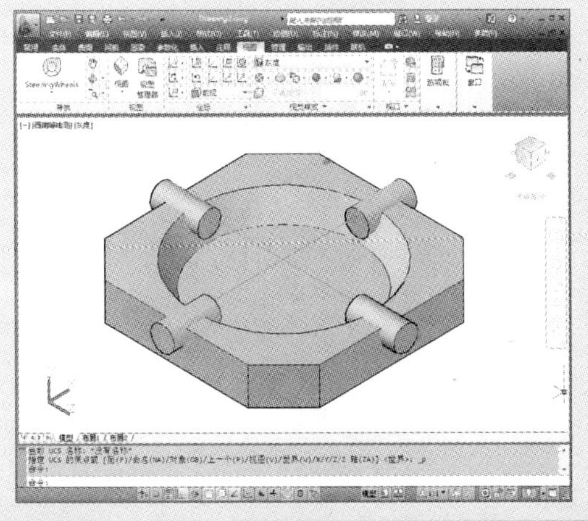

10 单击“差集”命令，将 4 个圆柱从烟灰缸中减去。

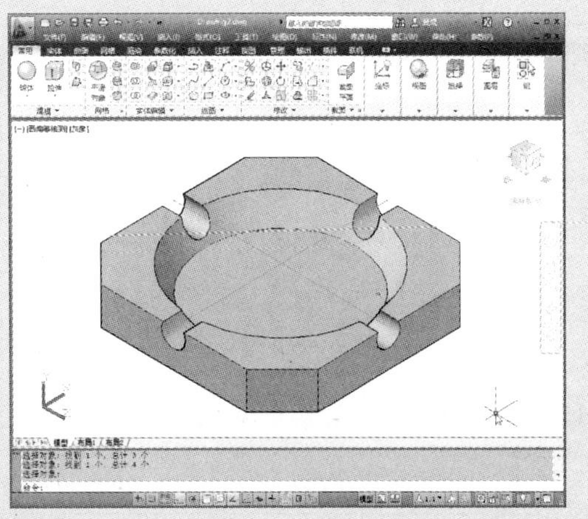

11 单击“并集”命令，将烟灰缸面、底座的所有实体进行合并。

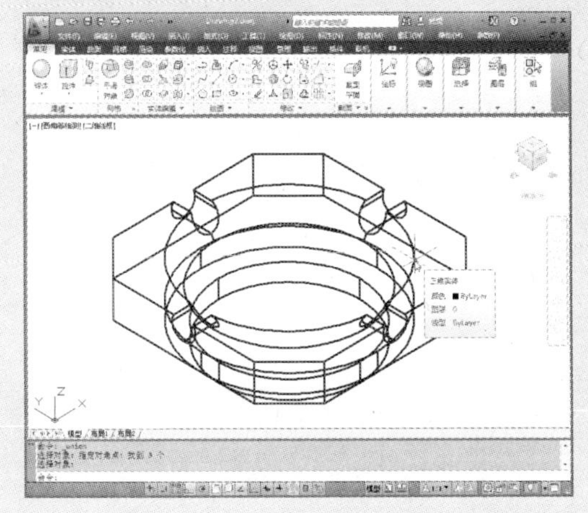

12 单击“倒圆角”命令，将烟灰缸的 4 个角进行倒圆角，圆角半径为 3mm。

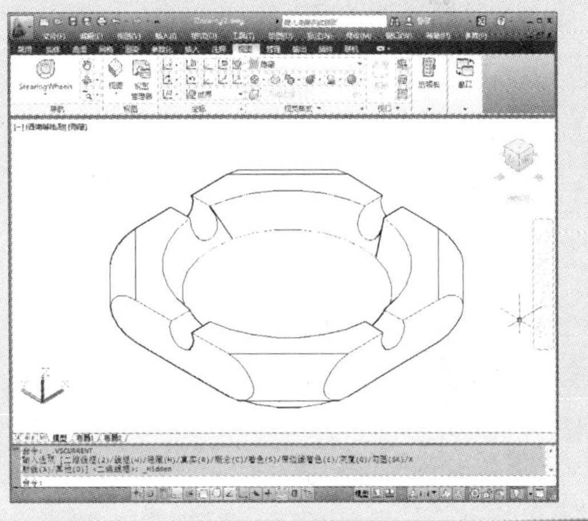

11.8 综合演练：不锈钢水槽

下面将运用“抽壳”和“布尔运算”等命令，来创建不锈钢水槽模型，其方法如下：

最终效果：	第 11 章 \ 综合演练 \ 不锈钢水槽 . dwg
视频路径：	视频 \ 第 11 章 \ 不锈钢水槽 . wmv
成品尺寸：	长 800mm × 宽 500mm
注意事项：	注意水槽实体轮廓的绘制
应用范围：	建筑室内领域
实训目的：	学会运用“差集”、“扫掠”以及“拉伸”命令，进行绘制

不锈钢水槽平面图：

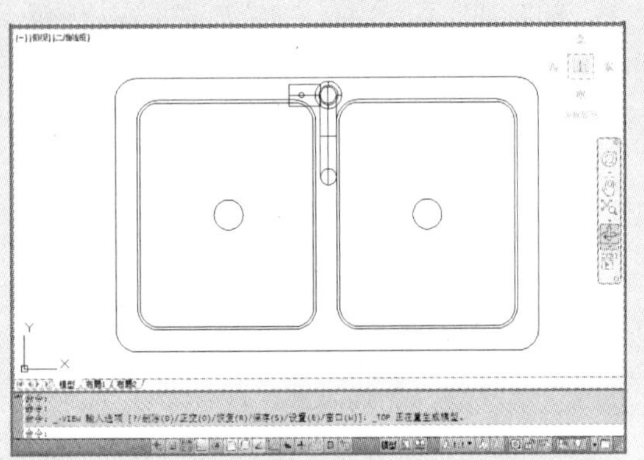

不锈钢水槽效果图：

1 将当前视图设为俯视图，单击“矩形”和“偏移”命令，绘制出水槽外轮廓线，偏移距离为40mm。

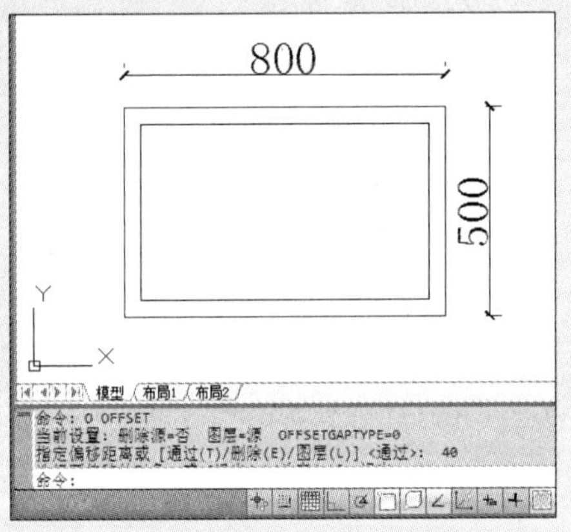

2 单击“分解”、“修剪”和“倒圆角”命令，绘制出水槽整体轮廓线，圆角半径为40mm。

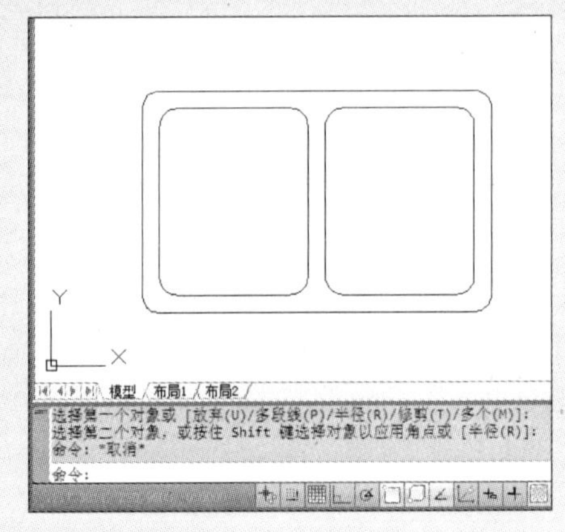

3 单击“面域”命令，将分解后的水槽轮廓，转换成面域。

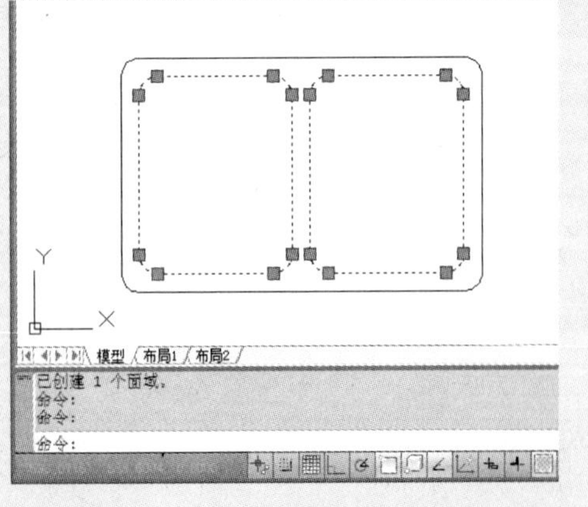

4 单击“复制”命令，将水槽轮廓线进行复制。

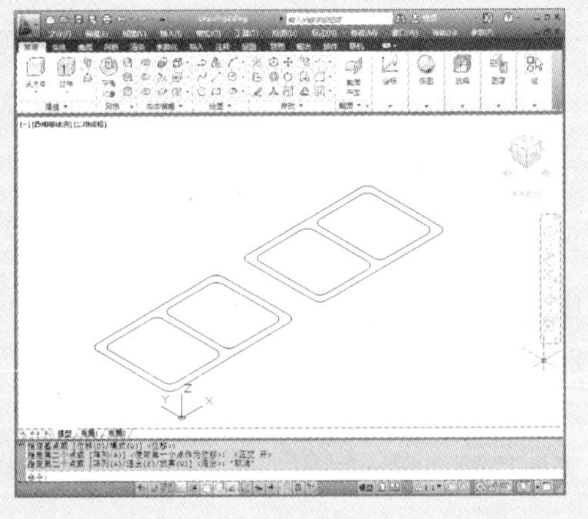

步骤5 选择其中一个轮廓图形，单击“拉伸”命令，将外轮廓向下拉伸 5mm。

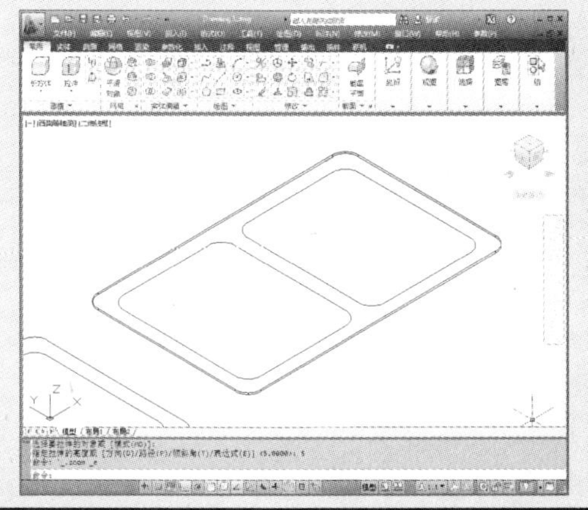

步骤6 同样单击“拉伸”命令，将外轮廓内的两个小长方形也向下拉伸 5mm。

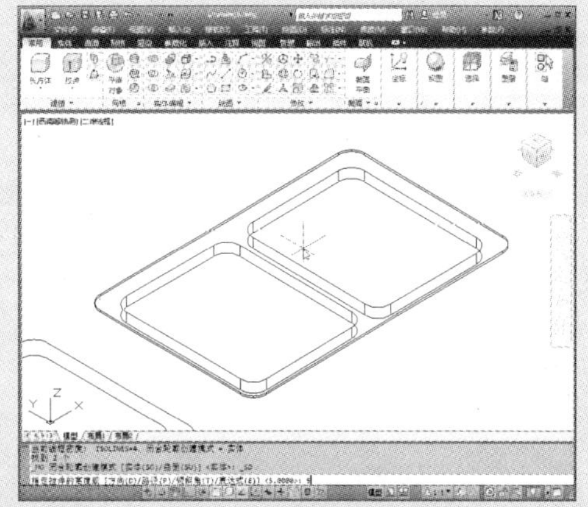

步骤7 单击“差集”命令，将水槽大轮廓减去两个小轮廓。

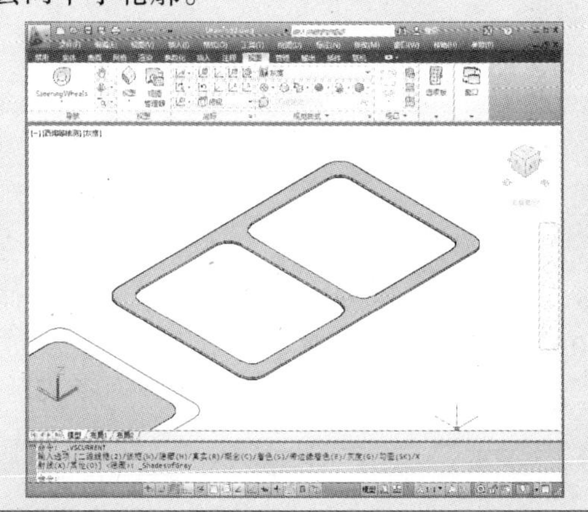

步骤8 单击“拉伸”命令，将复制出的两个小长方形向下拉伸 200mm。

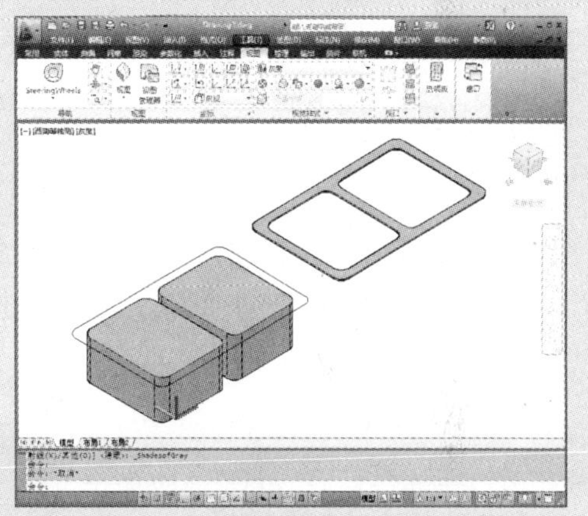

步骤9 单击“三维移动”命令，将刚拉伸的两个小长方形移至刚进行差集运算的水槽轮廓上。

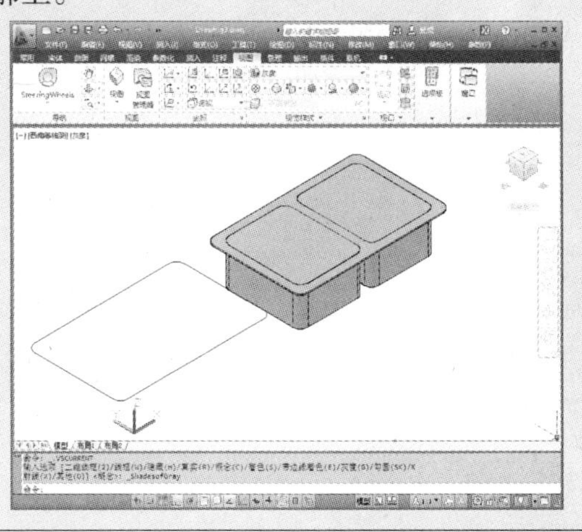

步骤10 单击“实体编辑”→“抽壳”命令，将水槽实体进行抽壳，抽壳距离为 5。

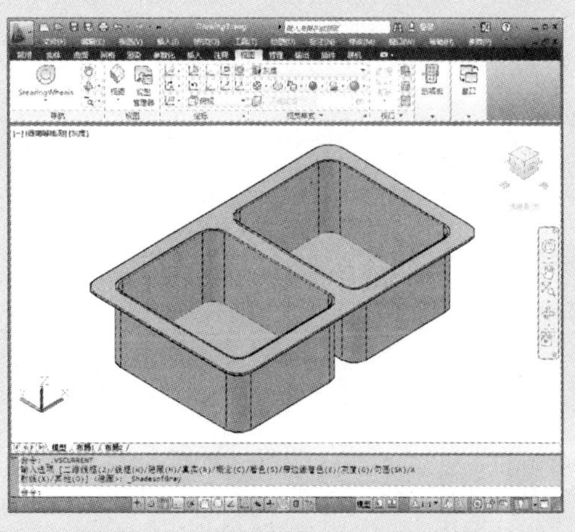

步骤11 单击“圆柱体”命令，绘制底面直径为55mm、高为10mm的圆柱体，放置水槽中间，作为下水口，单击“差集”命令，将下水口从水槽实体中减去。

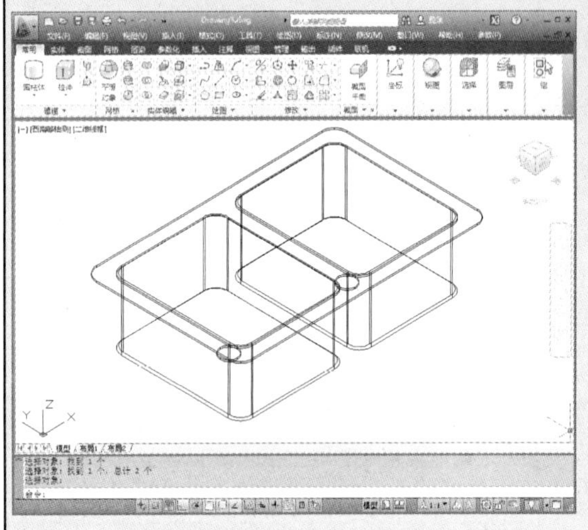

步骤12 将视图设置为俯视图，单击“圆”命令，绘制一个半径为25mm的圆，并单击“拉伸”命令，将该圆拉伸60mm。

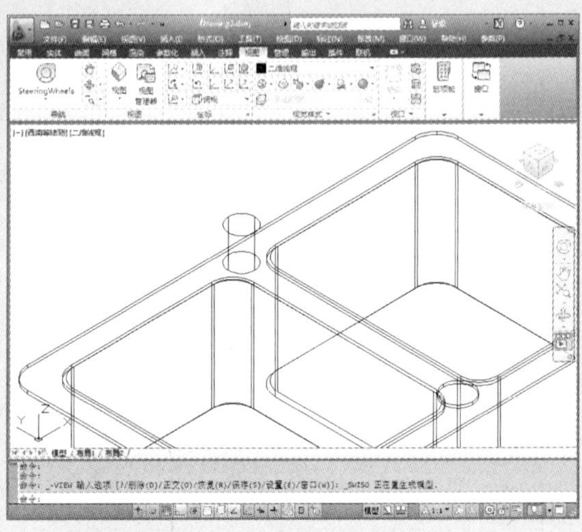

步骤13 将视图设置为左视图，单击“圆”命令，绘制一个半径为20mm的圆，并将其拉伸为60mm。

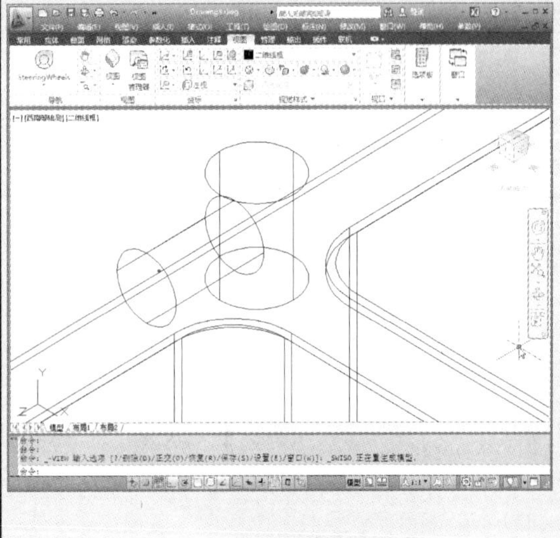

步骤14 将视图设为俯视图，单击“圆”命令，绘制半径为5mm的圆，并将其拉伸50mm，来作为龙头开关。

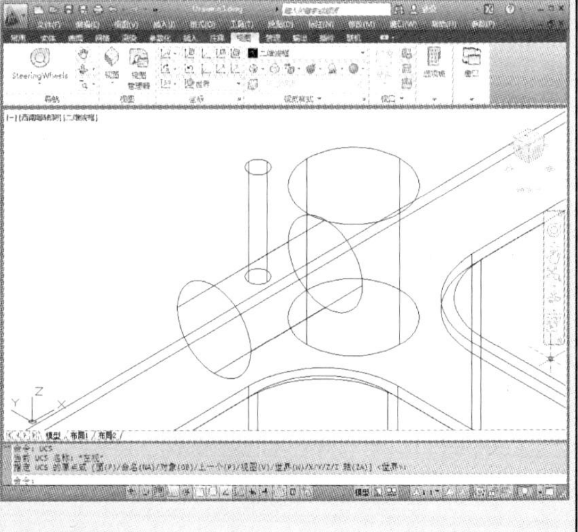

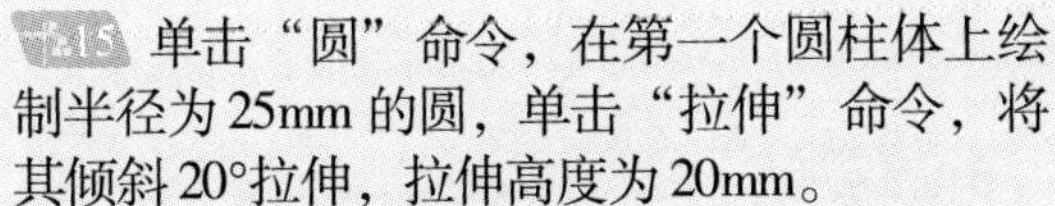

步骤15 单击“圆”命令，在第一个圆柱体上绘制半径为25mm的圆，单击“拉伸”命令，将其倾斜20°拉伸，拉伸高度为20mm。

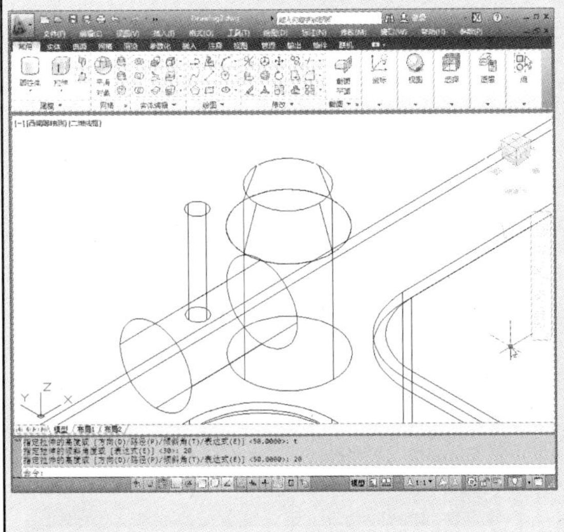

步骤16 将视图设为左视图，单击“多段线”命令，绘制水管轮廓线，然后将视图设为西南视图。

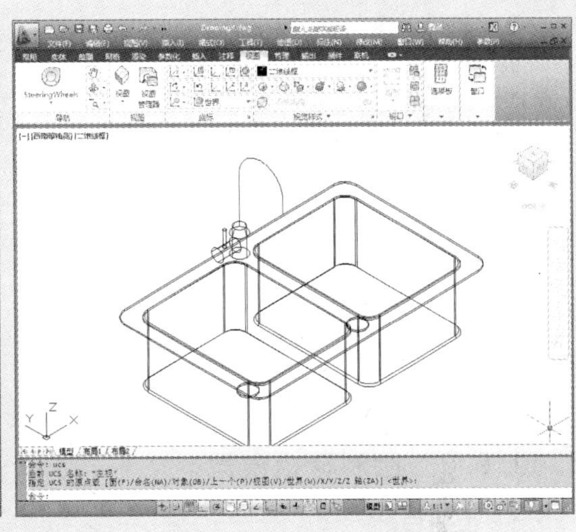

步骤17 在该视图中，单击“圆”命令，绘制半径为15mm的圆。

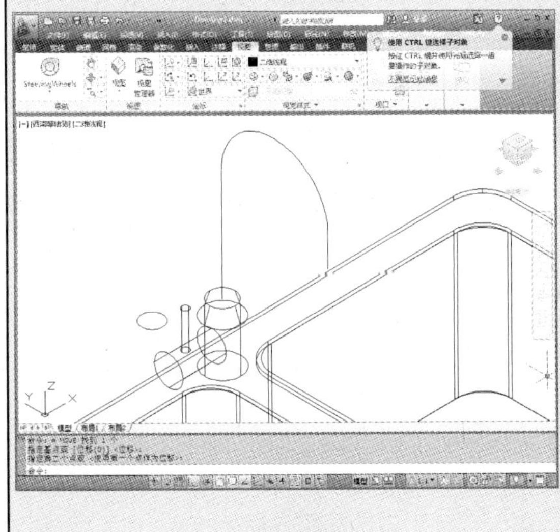

步骤18 单击“扫掠”命令，将水管轮廓线转换为实体。单击“合集”命令，将水槽实体合并。

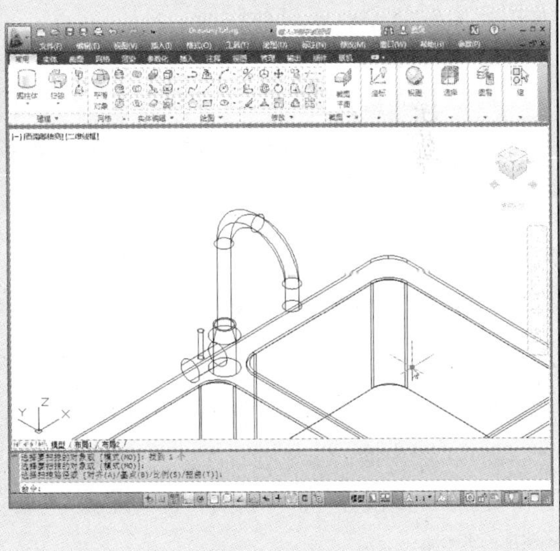

11.9　上机实训

下面将以3个简单的实例，来对本章所学的所有知识点进行巩固。

11.9.1 绘制皮带轮模型

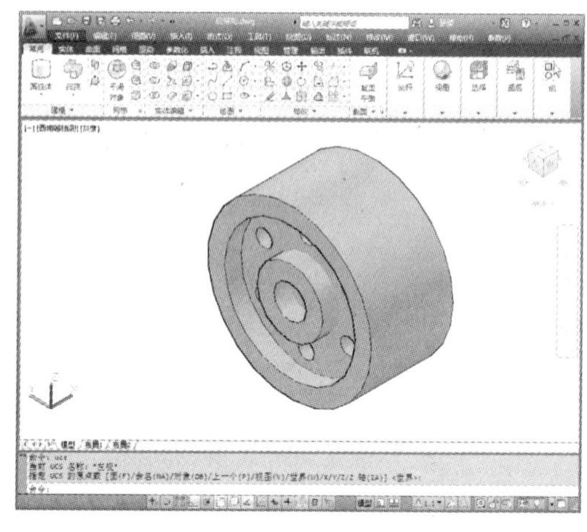

1. 实训目的

熟练掌握“三维阵列”、“差集”等操作。

2. 实训内容

运用“拉伸”、“三维阵列”、“差集”、“圆柱”等命令进行操作。

3. 实训过程

- 运用“圆”、“构造线”命令，绘制出皮带轮二维轮廓线。
- 单击“拉伸”、“圆柱”、“三维阵列”等命令绘制皮带轮轴孔。
- 单击“差集”命令，完成绘制。

11.9.2 绘制鞋柜模型

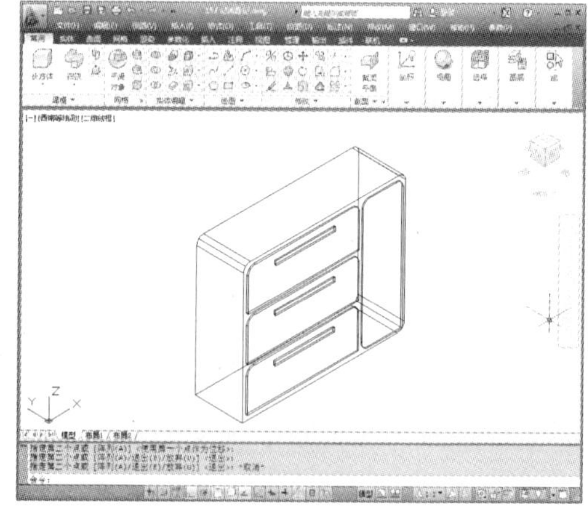

1. 实训目的

熟练掌握“拉伸”、“倒圆角”和“更改用户坐标”命令。

2. 实训内容

运用“长方体”、“拉伸”、“倒圆角”及用户坐标命令，来进行绘制。

3. 实训过程

- 单击“长方体”和“拉伸”以及“更改用户坐标”等命令，绘制鞋柜轮廓。
- 单击“倒圆角”命令，将鞋柜倒圆角。

11.9.3 绘制叉拨架

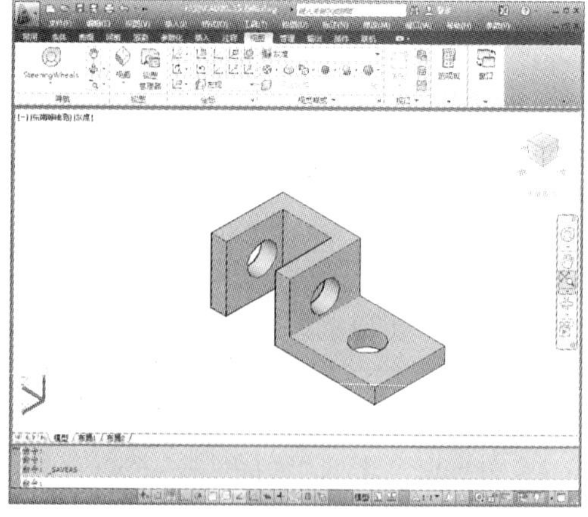

1. 实训目的

熟练掌握编辑三维实体模型的相关操作。

2. 实训内容

运用“多段体”、“拉伸”、“差集”命令进行绘制。

3. 实训过程

- 单击“多段体”、“拉伸”和“圆”命令，绘制出叉拨架轮廓。
- 单击“差集”命令，将圆柱体从叉拨架实体中减去。

11.10　辅助绘图锦囊

Q：为什么在拉伸某实体时，在指定拉伸方向后，拉伸结果却与指定的方向相反？

A：在进行拉伸操作时，拉伸方向取决于拉伸路径的对象与被拉伸对象的位置，在选择拉伸路径的对象时，拾取点靠近该对象的哪端，就会朝哪方向进行拉伸。

Q：编辑三维实体面和边的操作主要应用在哪方面？

A：编辑三维实体边主要是用在编辑三维实体时出现错误，而需要利用对象上某条复杂的边创建其他对象或需要突出表象某条边等方面。

Q：在转换视图后，坐标也会随之更改，如何恢复该坐标？

A：遇到该情况，只需更改用户坐标即可。例如从西南等轴测图切换到左视图后，然后再切回到西南等轴测图，此时三维坐标已发生了变化。这时只需在命令行中，输入“UCS”命令，按两次回车键，即可恢复原始三维坐标，如下图所示。

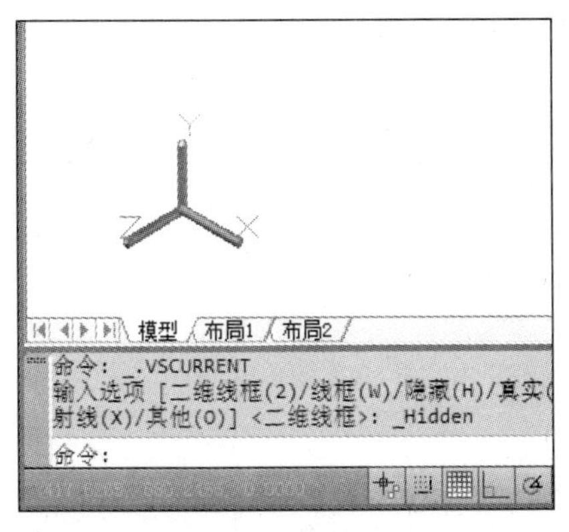

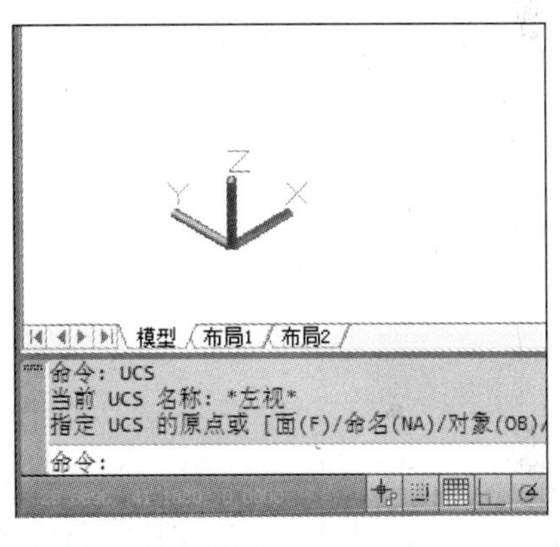

Q：为什么有时使用“差集”命令后，多余的实体没有减去？

A：这种情况常常是在多个实体结合在一起时出现，这是由于这些实体都是相互孤立存在的，而不是一个组合实体，所以必须先将多个实体进行合并后，才能完成差集操作。下面就举例来说明其具体操作方法。

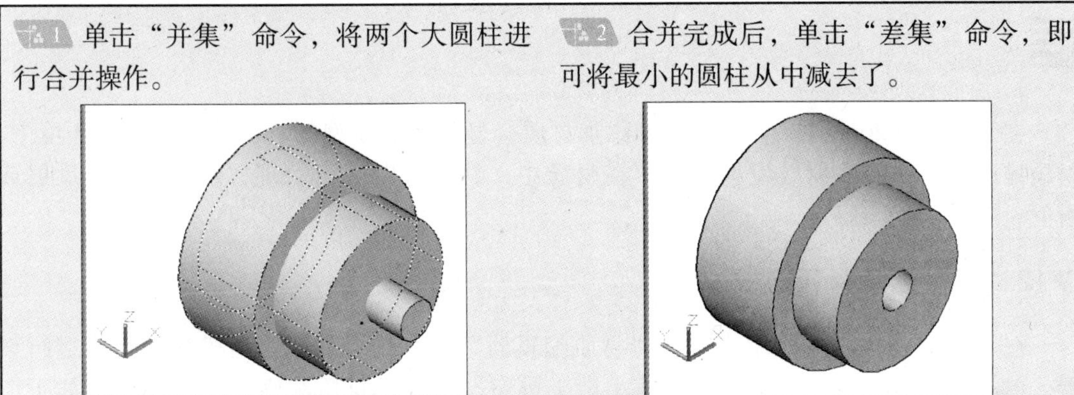

步骤 1　单击“并集”命令，将两个大圆柱进行合并操作。

步骤 2　合并完成后，单击“差集”命令，即可将最小的圆柱从中减去了。

第 12 章 渲染三维模型

本章概述

当创建三维模型后，为了能够更好地表现出所绘制的模型，可使用“渲染”命令，将模型进行渲染处理。图像渲染是基于三维场景来创建二维图形，它使用已设置好的光源、已应用的材质和环境设置（如背景雾化）为场景几何图形着色。将三维对象添加材质、光源和贴图等对象，然后再对其进行渲染，使其效果更加逼真。

本章主要介绍了设置渲染材质和贴图、设置渲染光源以及渲染模型等操作。利用 AutoCAD 中的渲染功能，可以创建具有真实感的模型。

学习向导

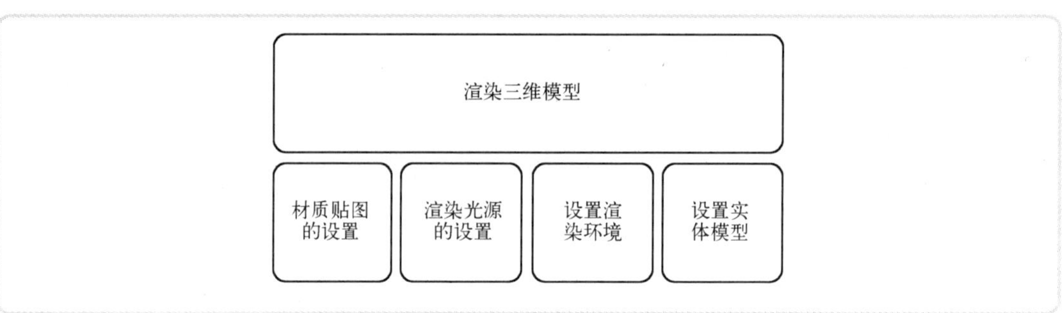

12.1 材质贴图的设置

在 AutoCAD 2012 中，向三维模型添加材质会显著增强模型的真实感。在渲染环境中，材质描述对象如何反射或发射光线。在材质中，贴图可以模拟纹理、凹凸效果、反射或折射。

12.1.1 启动材质面板

在 AutoCAD 2012 中，用户需在“材质编辑器”中，根据需要来对模型的材质进行设置。单击“渲染”→“材质”右下角小箭头按钮，打开“材质编辑器”对话框，如下图所示。

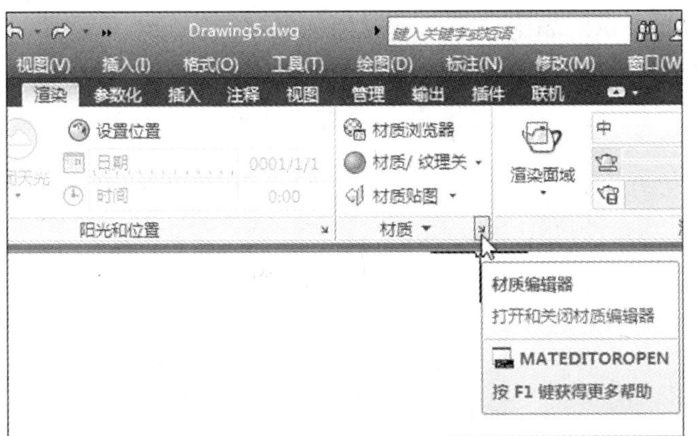

在“材质编辑器”对话框中，有两个选项卡，分别为外观和信息。“外观”选项卡主要应用于材质的创建、材质属性的设置；而“信息”选项卡主要是显示当前材质的名称、描述及类型等，如下图所示。

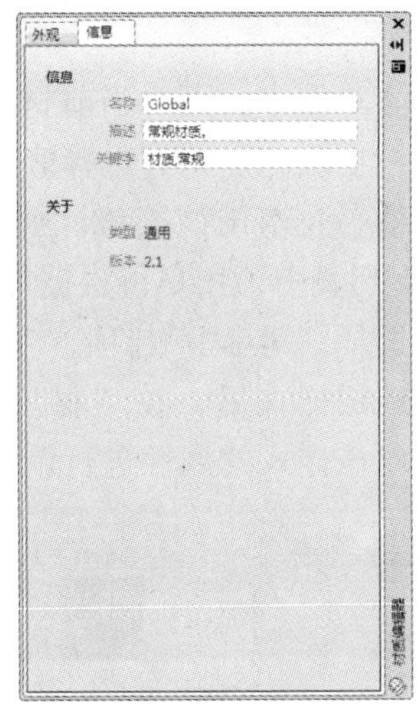

下面将对“外观”选项卡中的一些常用选项进行介绍。

- 创建材质：单击该按钮，则会打开相应的下拉列表，在该列表中，用户可根据需要选择合适的材质类型，例如，在选择“镜子”选项后，则该选项卡中的其他选项，也会随着材质类型的改变而改变，从中可对当前该材质的属性进行设置，如下图所示。

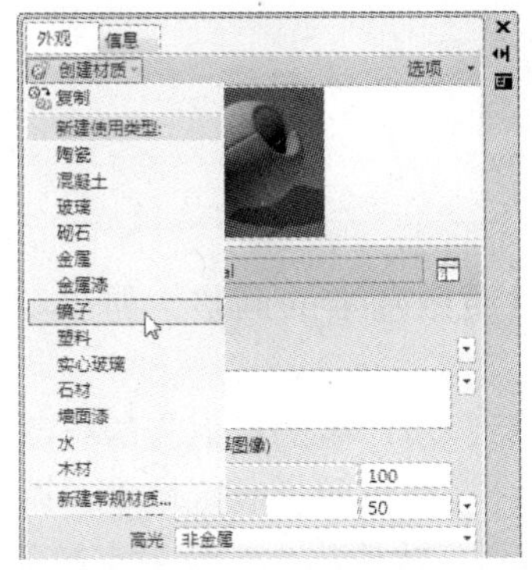

- 选项：单击该按钮，在打开的下拉列表中，则可选择当前所需材质的外观形状。若要添加窗帘材质，可在该列表中，选择“悬垂性织物”选项，其后在预览窗口中，则会显示桌布图形样式。这样可使得该材质效果更为逼真。而系统默认为“对象”选项，如下图所示。

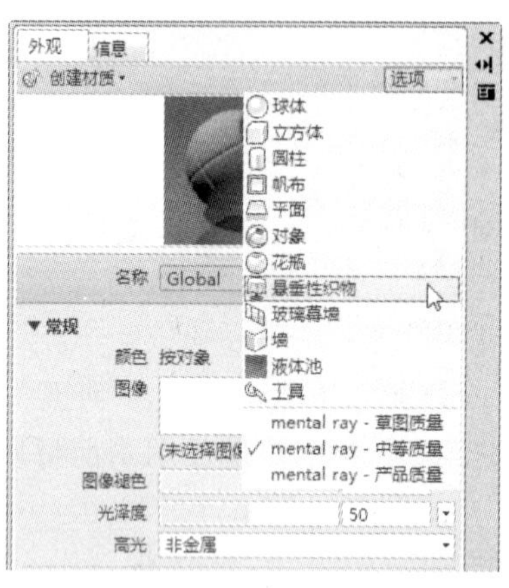

- 名称：在名称文本框中，可对当前材质进行命令。而“Global”为系统默认名称，该名称是无法进行更改的。只有选择好相应的材质类型后，才可命名。
- 显示材质浏览器：单击该按钮，则会打开相应的“材质”对话框，在该对话框的“Autodesk 库”列表中，用户可根据需要，选择合适的材质样式进行贴图设置。例如，在材质库中，选择“地板”选项，在右侧浏览视图中，则会显示一系列地板纹样，选中任意一种地板样式后，在“材质编辑器”对话框中，会显示相应的地板样式，从而根据需要对该样式的属性进行调整，如下图所示。

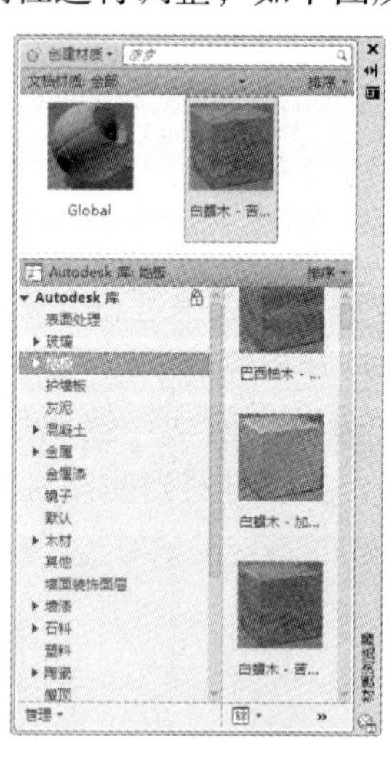

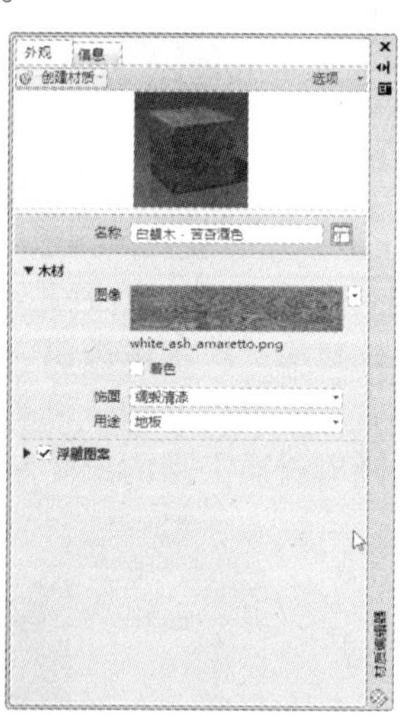

- 常规：在该选项区域中，用户可对当前材质做基本的调整，如“颜色”、“图像”、“图像褪色”、“光泽度”以及“高光”等。
- 反射率：该选项是指当光线照射到模型上后，所产生的反射光的程度，相同模型而不同材质的反射率则并不同。勾选该选项后，在相应的扩展区域中，调整模型的反射程度，默认为50，数值越大，反射率则越强烈，数值越小，反射率越弱，如下图所示。

- 透明度：该选项是指光线穿过模型表面的不同程度，不同的模型其透明度也是不同的。勾选该选项，即可在扩展区域中，根据需要设置相关数值。
- 剪切：勾选该选项，可对当前材质的纹理做编辑设置，如下图所示。

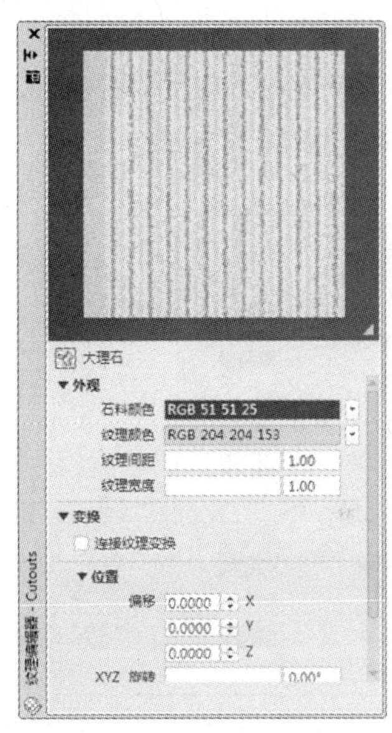

- 自发光：勾选该选项，则可将当前模型本身发出光线的效果，通常运用在各种灯管的模型上。用户同样可在其扩展区域中，根据需要来进行选择设置。
- 凹凸：勾选该选项，可使当前材质具有浮雕效果。其中“数量”的数值越大，凹凸效果越明显，反之，则越平滑。

12.1.2　赋予材质

在认识了“材质编辑器”对话框中一些相关选项说明后，下面就可进行模型的材质设置以及赋予材质等相关操作了。

1. 材质编辑

在 AutoCAD 2011 之后的版本中，系统则自带着一部分材质库，用户打开材质库，即可根据需要进行选择设置，其操作方便快捷。下面将以“瓷砖”材质为例，对材质的编辑操作进行介绍。

步骤1 单击“渲染”→“材质”命令，打开“材质编辑器”对话框。

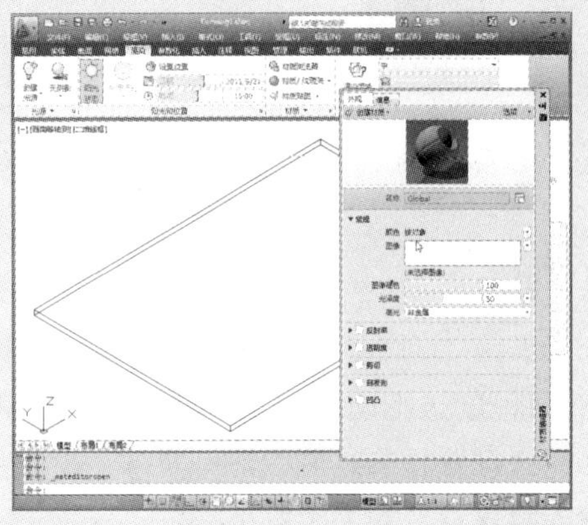

步骤2 在该对话框中，单击“显示材质浏览器”按钮，打开“材质浏览器”对话框。

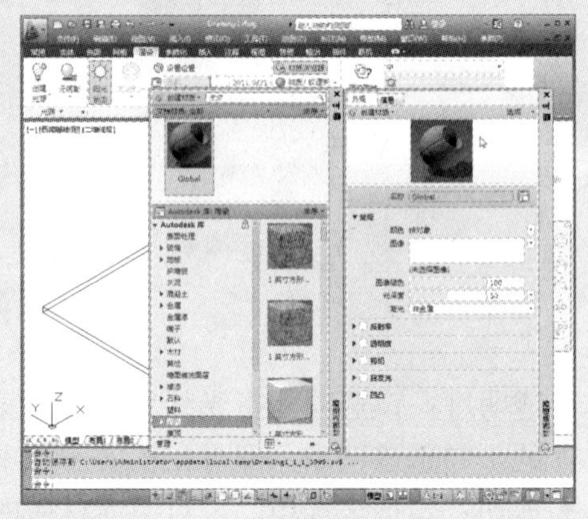

步骤3 在该对话框中的“Autodesk 库”选项区中，单击“地板”库，其后在右侧视图中，选择“白蜡木－爪哇”选项。

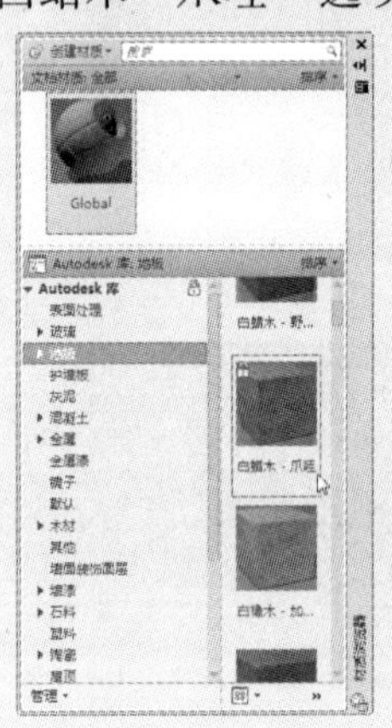

步骤4 此时，在“材质编辑器”对话中，则会显示相应的材质选项，单击“图像”后文本框，打开“纹理编辑器”对话框。

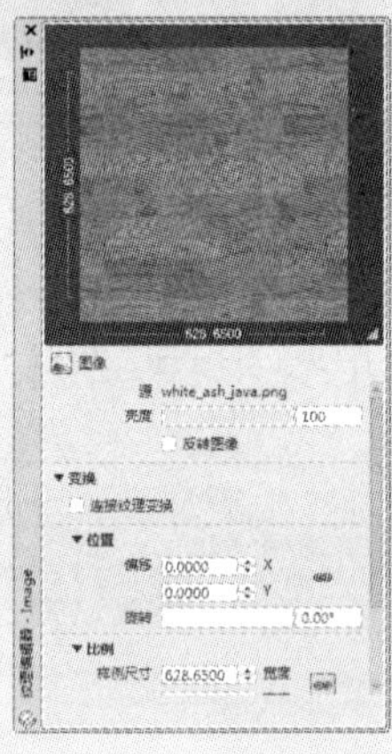

步骤5 在该对话框中，可以调整该材质的亮度、尺寸、位置、比例以及铺贴形式等，这里将亮度设为50。

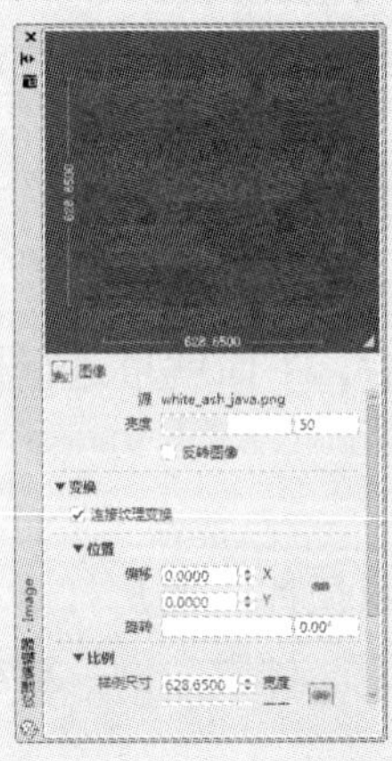

步骤6 关闭该对话框，返回到“材质编辑器”对话框，此时，在浏览视图中即可看到该材质的变化。

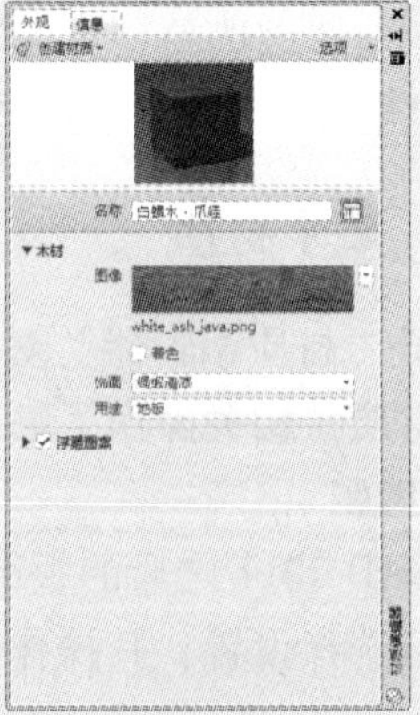

7 勾选“着色”选项，并单击其后的文本框，可打开“选择颜色”面板，在该面板中，根据需求来选择合适的颜色。

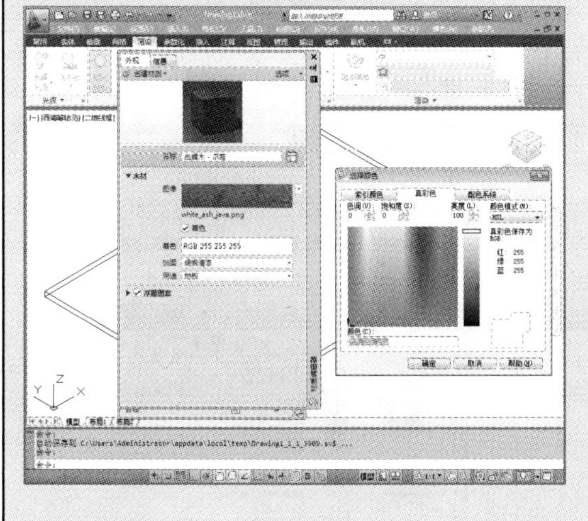

8 选择好后，单击“确定”按钮，返回上一层对话框，其后根据需要来调整“饰面”和“用途”选项，即可完成材质编辑。

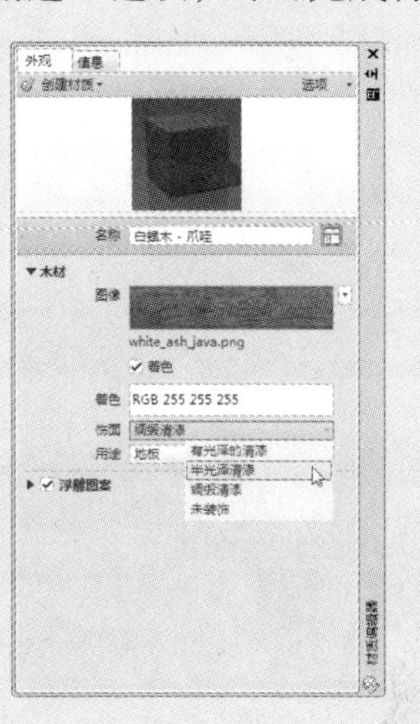

当然，在“材质浏览器”对话框中，右击所需编辑的材质图，在快捷菜单中，单击“编辑”选项，也可打开相应的“材质编辑器”对话框进行编辑，如下图所示。

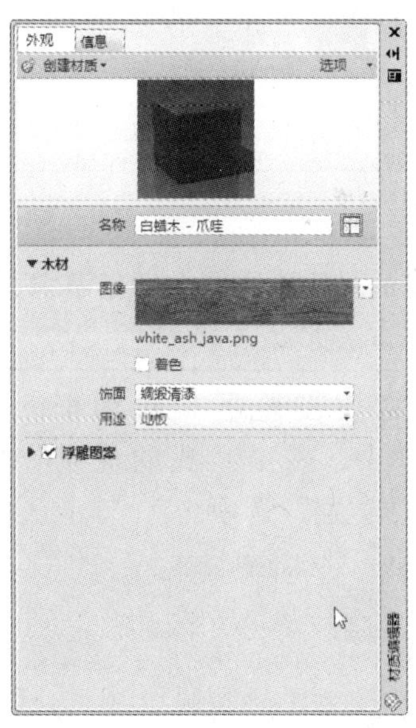

2. 赋予材质

当材质编辑好后，则可将编辑好的材质赋予到模型上。其具体操作步骤为：在“材质浏览器”对话框中，选中所要赋予的材质贴图，按住鼠标左键，拖动该贴图至模型合适位置，放开鼠标即可完成，如下图所示。

当然，还可在绘图区中，选中所需贴图的模型，然后右击“材质浏览器”对话框中所需的材质贴图，在下拉菜单中，选择“指定给当前选择”选项即可，如下图所示。

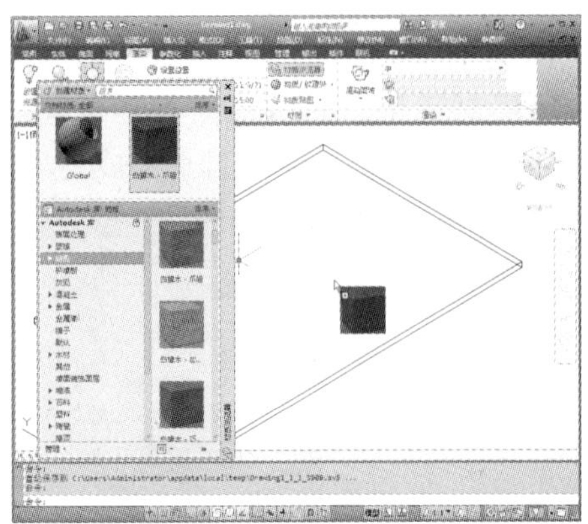

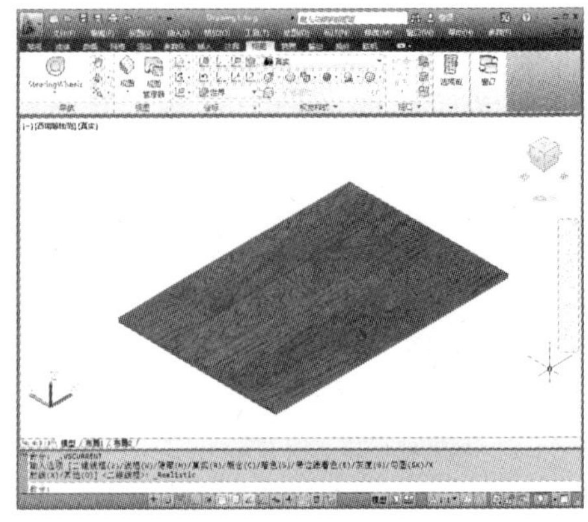

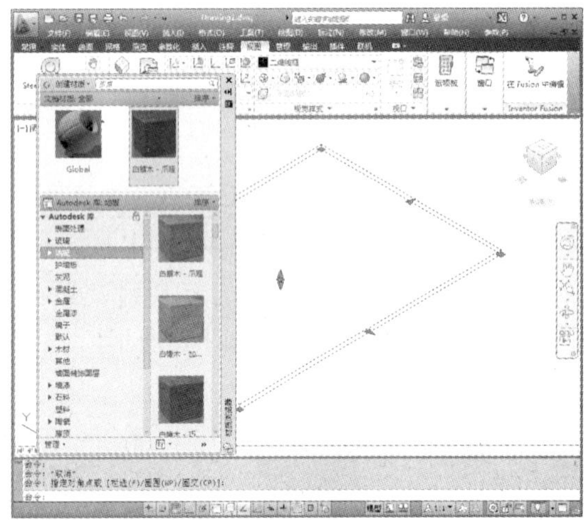

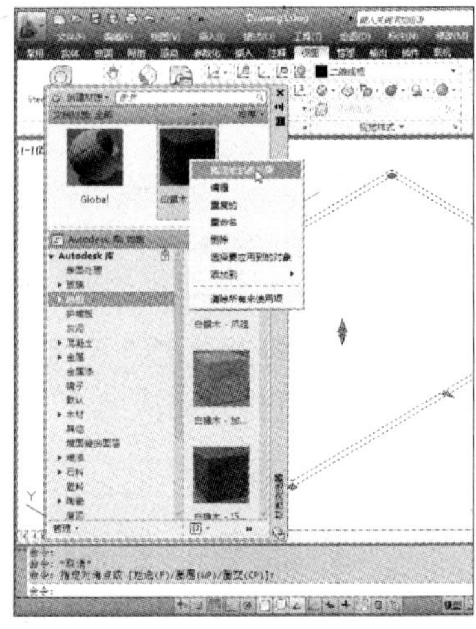

3. 我的材质

若系统自带的材质库不能够满足需求，用户可根据自己喜好在材质库中添加所需的材质贴图，具体操作方法如下：

1 打开“材质浏览器”对话框，在“Autodesk 库”中，右击“我的材质”选项，选择“创建类别”选项。

2 选中所创建的类别，将其重新命名，这里将其命名成“布艺”。

步骤 3　在该对话框中，右击创建好的材质，选择“添加到”→“我的材质”→“布艺”选项。

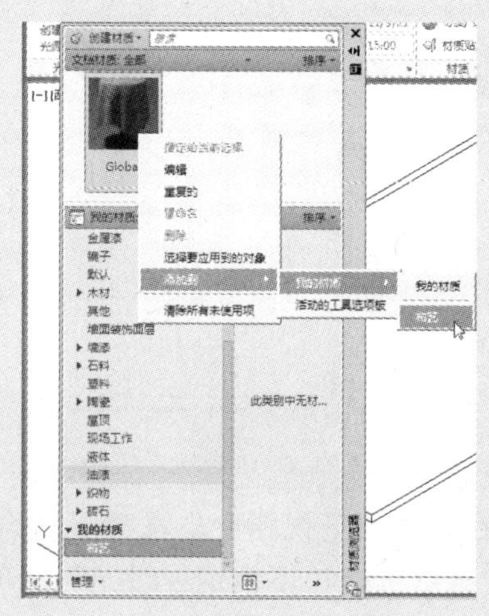

步骤 4　选择完成后，即可在右侧材质列表中显示所添加的材质了。

若要删除已创建的材质或材质类别，只需右击该材质或材质类别，选择“删除”选项，即可删除成功。

12.2　设计实践：将水槽赋予不锈钢材质

下面运用以上所学习到的知识点，来将水槽赋予不锈钢材质，其操作步骤如下：

最终效果：第 12 章 \ 设计实践 \ 不锈钢水槽 . dwg	
成品尺寸：长 800mm × 宽 500mm	
注意事项：注意不锈钢材质的设置	
任务要求：运用“材质编辑器”对话框中的相关选项，赋予模型材质	
赋予材质前：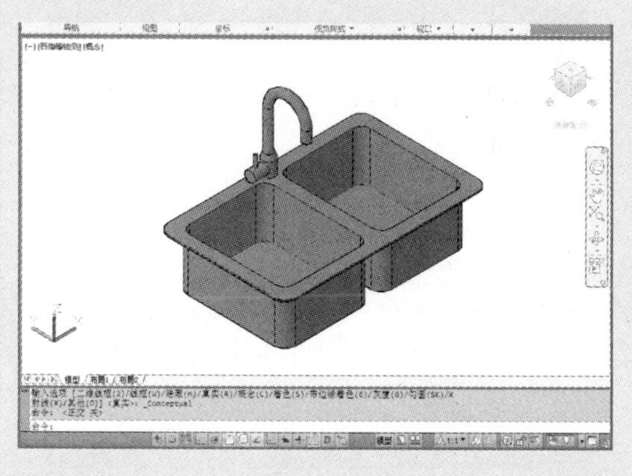	赋予材质后：

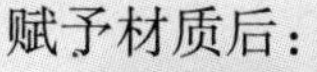

步骤 1 打开“水槽”文件，单击“实体编辑”→“并集”命令，将水槽进行并集操作。

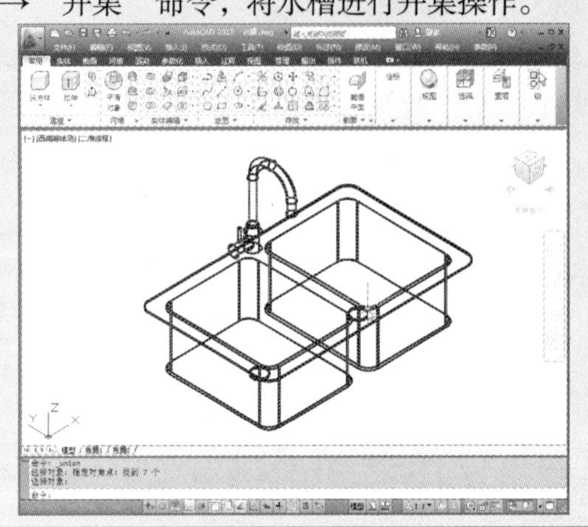

步骤 2 单击“渲染”→“材质”→“材质浏览器”命令，打开相应的对话框。

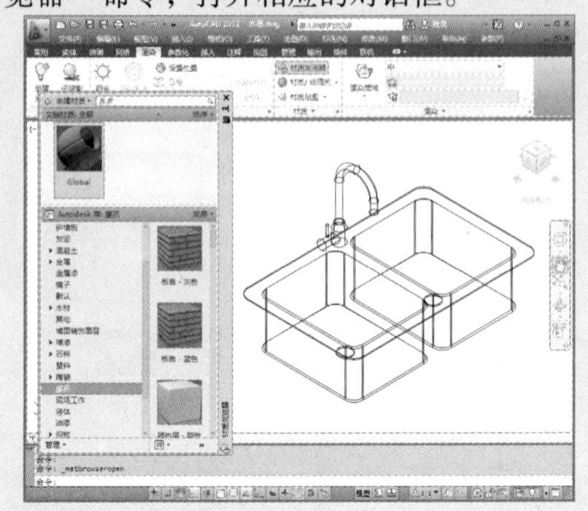

步骤 3 在该对话框的“Autodesk 库”选项栏中，选择“金属”选项。

步骤 4 在右侧浏览视图中，选择一款合适的材质，这里选择“不锈钢-缎光”选项。

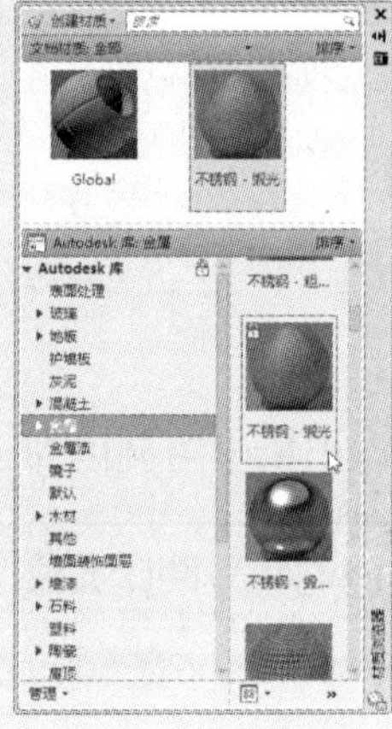

步骤 5 选中该材质贴图，按住鼠标左键，拖动该贴图至水槽模型上，放开鼠标，完成不锈钢材质的赋予。

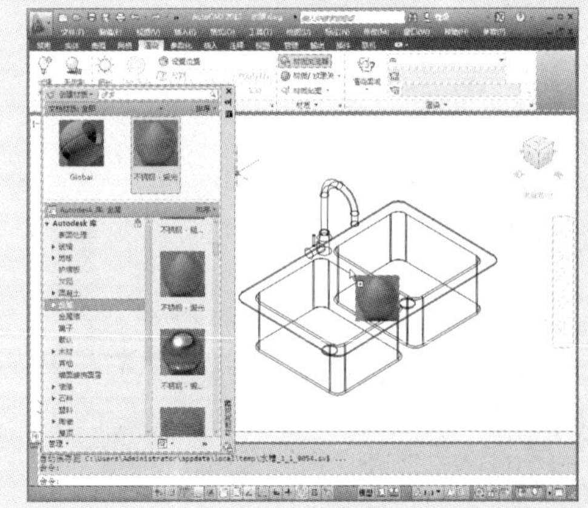

步骤 6 同样，选中水槽模型，并右击材质贴图，选择“指定给当前选择”选项，也可完成材质的赋予。

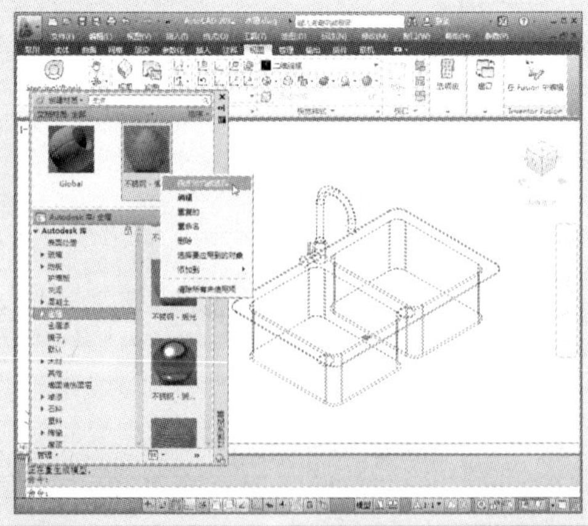

- 参考模型：洗菜池平、立面图

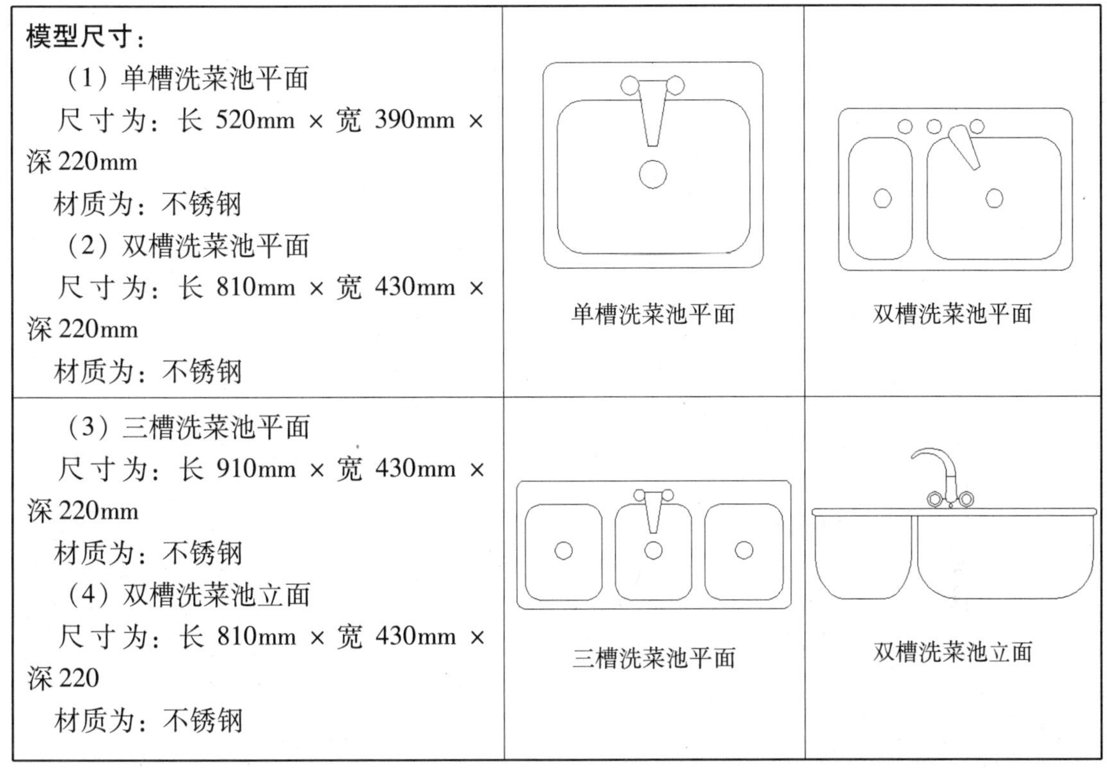

模型尺寸： （1）单槽洗菜池平面 尺寸为：长 520mm × 宽 390mm × 深 220mm 材质为：不锈钢 （2）双槽洗菜池平面 尺寸为：长 810mm × 宽 430mm × 深 220mm 材质为：不锈钢	单槽洗菜池平面	双槽洗菜池平面
（3）三槽洗菜池平面 尺寸为：长 910mm × 宽 430mm × 深 220mm 材质为：不锈钢 （4）双槽洗菜池立面 尺寸为：长 810mm × 宽 430mm × 深 220 材质为：不锈钢	三槽洗菜池平面	双槽洗菜池立面

12.3 渲染光源的创建

通常材质赋予完成后，就需对实体模型进行渲染，而光源对渲染效果有着重要的作用，它主要有强度和颜色两个指标。光源的设置会直接影响渲染的效果，适当地调整光源，可以使实体模型更具真实感。

12.3.1 光源类型

在 AutoCAD 2012 中，光源的类型有 4 种，分别为点光源、聚光灯、平行光以及光域网灯光。如果没有指定使用哪种光源时，系统则会使用默认光源，该光源没有方向，不会发生衰减的光源，所以在渲染实体时，各表面的亮度都是相同的，如下图所示。

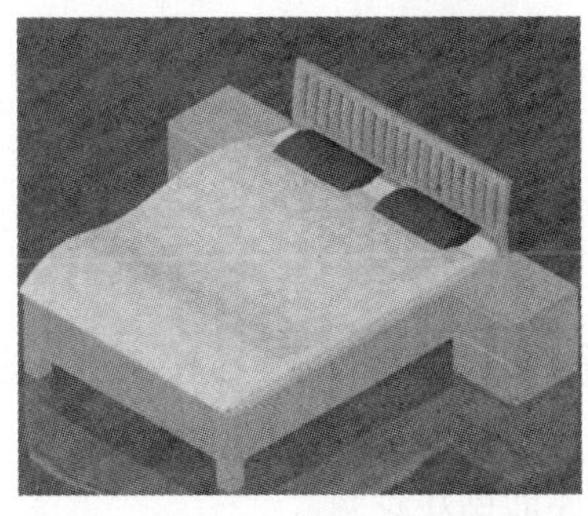

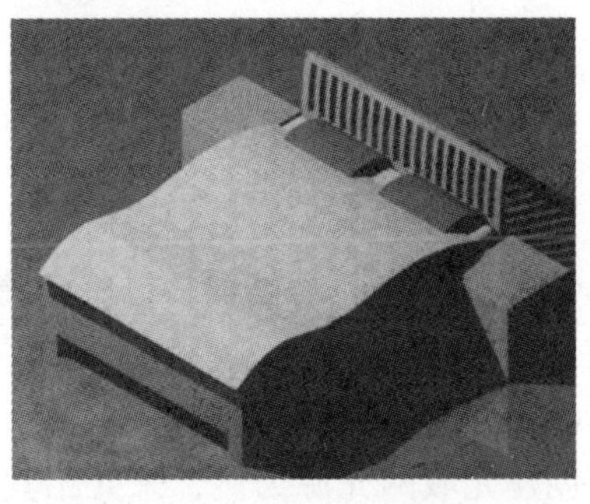

下面将分别介绍下这 4 种光源的含义。

- 点光源：该光源从其所在位置向四周发射光线。它与灯泡发出的光源类似，点光源不以一个对象为目标。根据点光线的位置，模型将产生较为明显的阴影效果，使用点光源以达到基本的照明效果。
- 聚光灯：该光源分布投射一个聚焦光束。聚光灯发射定向锥形光。用户可以控制光源的方向和圆锥体的尺寸。像点光源一样，聚光灯也可以手动设置为强度随距离衰减。但是，聚光灯的强度始终还是根据相对于聚光灯的目标矢量的角度衰减。此衰减由聚光灯的聚光角角度和照射角角度控制。聚光灯可用于亮显模型中的特定特征和区域。
- 平行光：该光源仅向一个方向发射统一的平行光光线。它需要指定光源的起始位置和发射方向，从而以定义光线的方向。平行光的强度并不随着距离的增加而衰减；对于每个照射的面，平行光的亮度都与其在光源处相同，统一照亮对象或照亮背景时，平行光很有用。
- 光域网灯光：该光源是具有现实中的自定义光分布的光度控制光源。它同样也需指定光源的起始位置和发射方向。光域网是灯光分布的三维表示。它将测角图扩展到三维，以便同时检查照度对垂直角度和水平角度的依赖性。光域网的中心表示光源对象的中心。任何给定方向中的照度与光域网和光度控制中心之间的距离成比例，沿离开中心的特定方向的直线测量。

12.3.2 创建光源

在 AutoCAD 2012 软件中，创建光源的方法有以下 2 种。

方法一：使用菜单栏中的相关命令创建

单击菜单栏中“视图”→“渲染”→“光源”命令，在打开的扩展列表中，选择所需的光源，即可创建，如下左图所示。

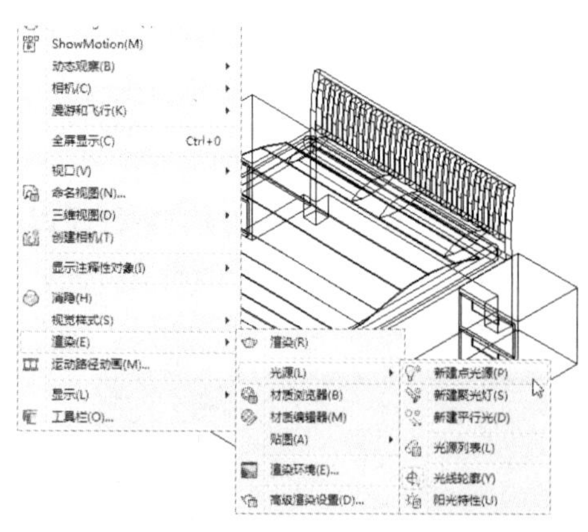

方法二：使用“光源”功能面板进行创建

单击“渲染”→“光源”→“创建光源”命令，在打开的下拉按钮中，选择所需的光源选项，即可创建，如上右图所示。

下面将以创建光域网光源为例，来介绍其具体的创建步骤。

步骤 1 打开"布艺沙发"文件，单击"渲染"→"光源"→"光域网灯光"命令。

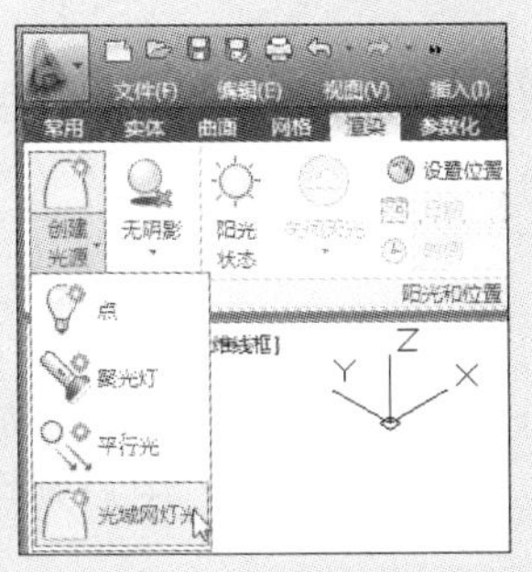

步骤 2 在打开的"光源－视口光源模式"对话框中，单击"关闭默认光源"选项。

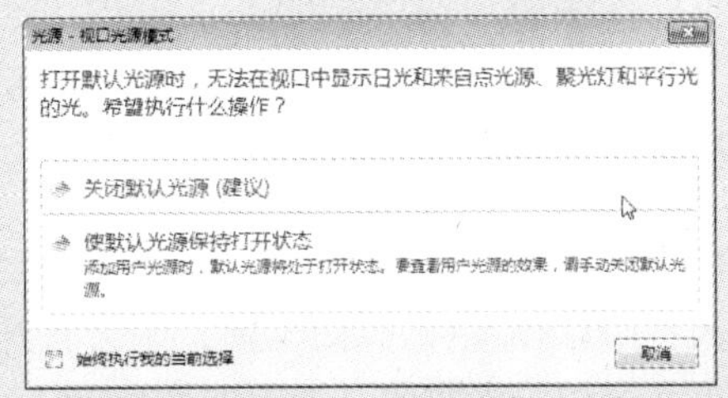

步骤 3 在绘图区中指定灯光起始位置，也可根据命令行中的提示，输入位置坐标。

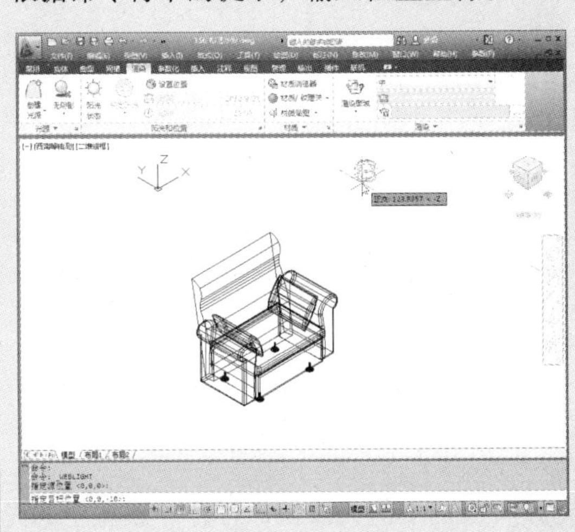

步骤 4 指定完成后，需指定灯光的发射方向，通常指定到模型上任意一点。

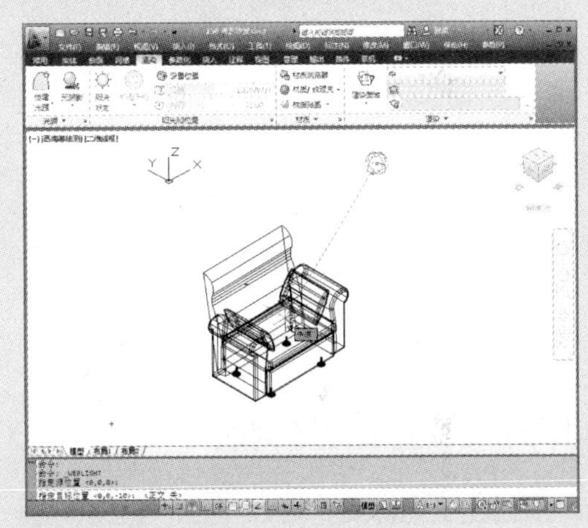

步骤 5 全部指定完成后，根据命令行中的提示，设置该光源的强度值为 10。

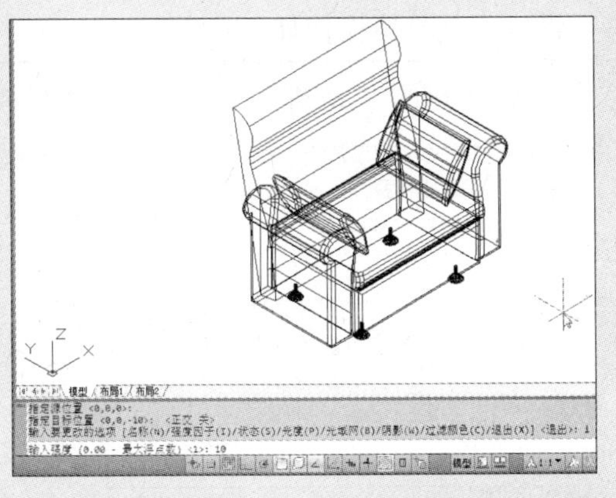

步骤 6 双击回车键，退出设置，其后来回切换视图角度，调整光源位置，即可完成。

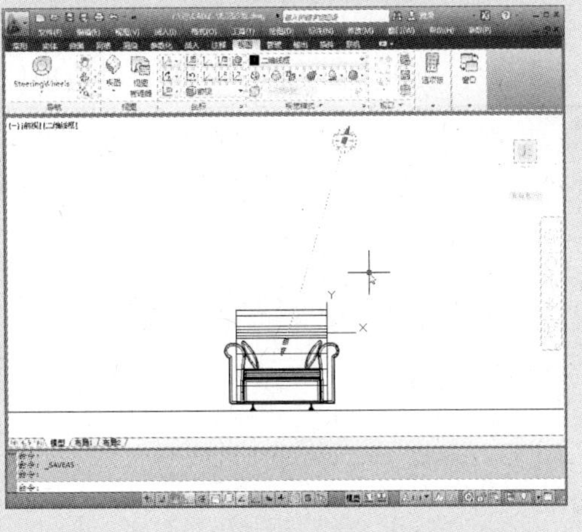

12.4 设置光源环境

当创建光源后，若不能满足用户的需求时，可对刚创建的光源进行设置，如更改光源强度、颜色以及可查看当前使用光源名称、设置地理位置等。

12.4.1 更改光源参数

在 AutoCAD 2012 软件中，若想更改已创建好的光源，只需选中该光源，其后在命令行中输入“CH”命令并按回车键，则会打开“特性”面板。在该面板中，用户则可根据需要来更改其中相关参数值，如下左图所示。

12.4.2 查看光源列表

当创建了光源后，可以单击“渲染”→“光源”右侧小箭头按钮，打开“模型中的光源”面板，而在该面板中，用户即可查看创建的光源，如上右图所示。

12.4.3 设置地理位置

由于太阳光受地理位置的影响。地理位置可将以世界坐标表示的特定位置参照嵌入图形中，因此在使用太阳光时，还需要对地理位置进行设置，其具体操作如下：

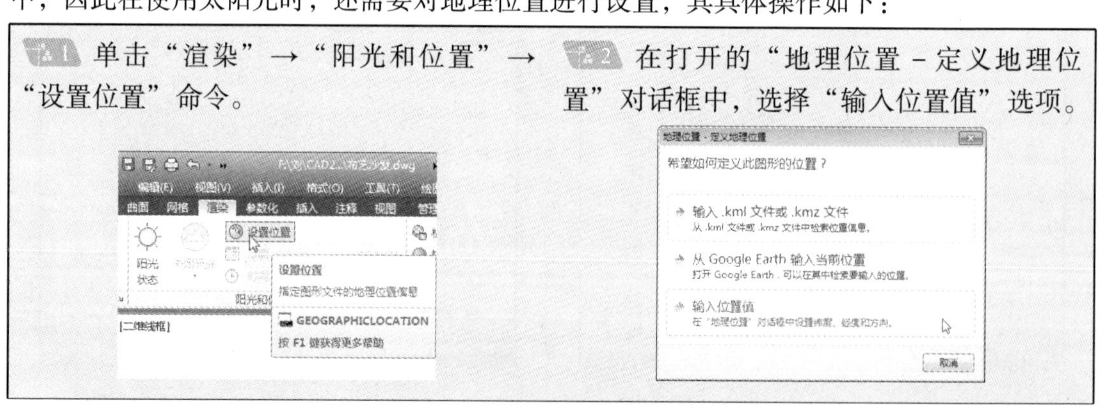

步骤1 单击“渲染”→“阳光和位置”→“设置位置”命令。

步骤2 在打开的“地理位置－定义地理位置”对话框中，选择“输入位置值”选项。

3 打开“地理位置”对话框，在其中可以对“纬度和经度”、“时区”、“坐标和标高”等参数进行设置。

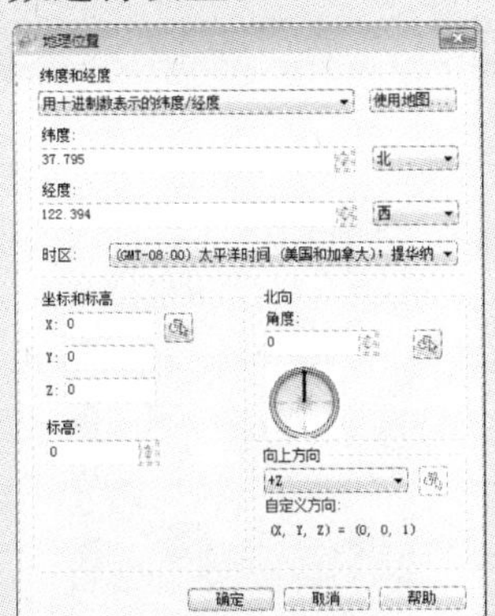

4 在该对话框中，单击“使用地图”按钮，打开“位置选择器”对话框，在其中可选择具体的大洲及对应国家和城市。

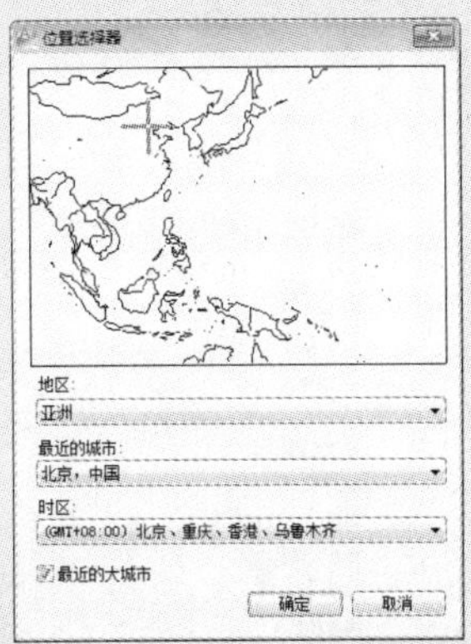

5 单击“确定”按钮，打开“地理位置-时区已更新”提示对话框，选择“接受更新的时区”选项。

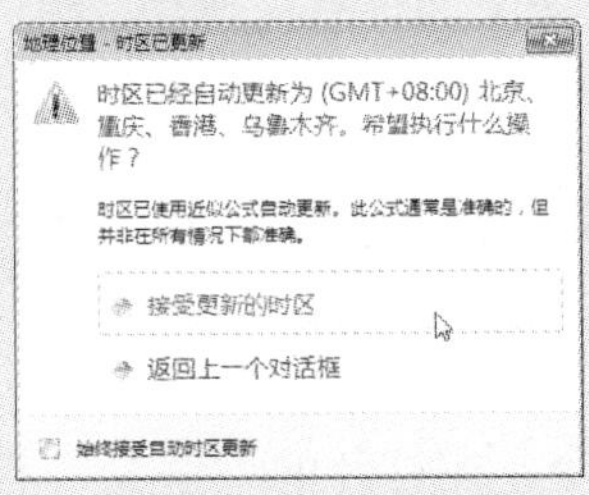

6 返回“地理位置”对话框，单击“确定”按钮，完成地理位置的更改。

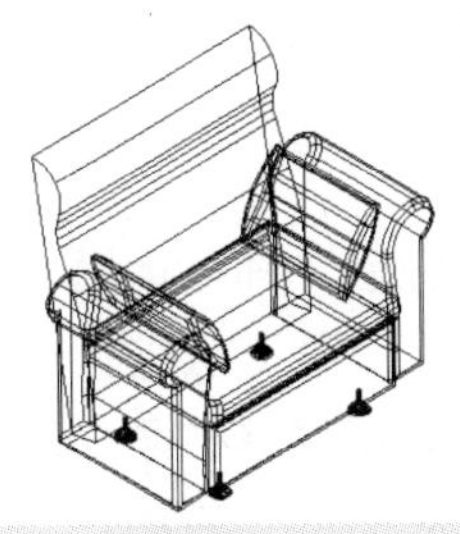

12.4.4 阳光特性设置

太阳是模拟太阳光源效果的光源，阳光与天光是 AutoCAD 2012 中自然照明的主要来源。但是，阳光的光线是平行的，且为淡黄色，而大气投射的光线来自所有方向且颜色为明显的蓝色。系统变量 LIGHTINGUNITS 设置为光度时，将提供更多阳光特性。

在 AutoCAD 2012 软件中，创建并设置阳光特性的操作步骤如下：

1 单击“渲染”→“阳光和位置”→“阳光状态”命令。

2 单击“渲染”→“渲染”→“渲染面域”命令，将当前模型进行渲染。

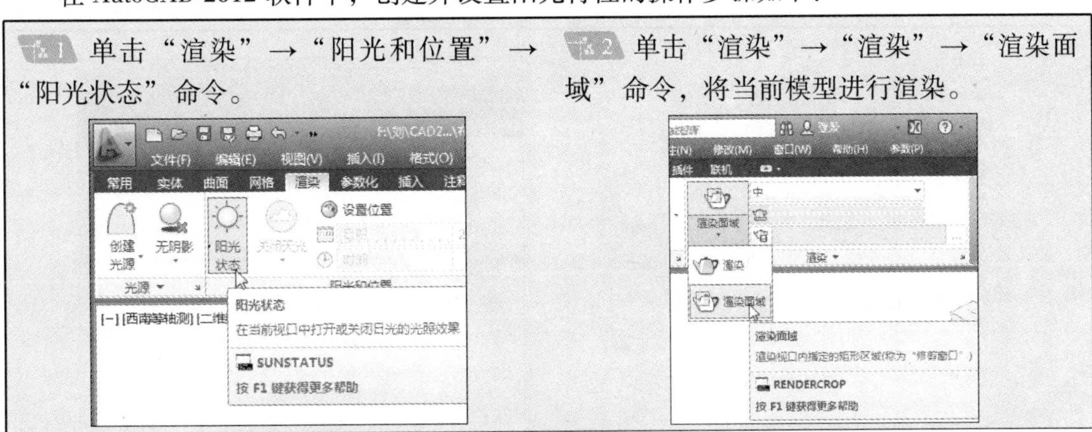

3 单击“阳光和位置”右侧小箭头，即可打开“阳光特性”面板。从中可根据需要设置其颜色、强度等参数。

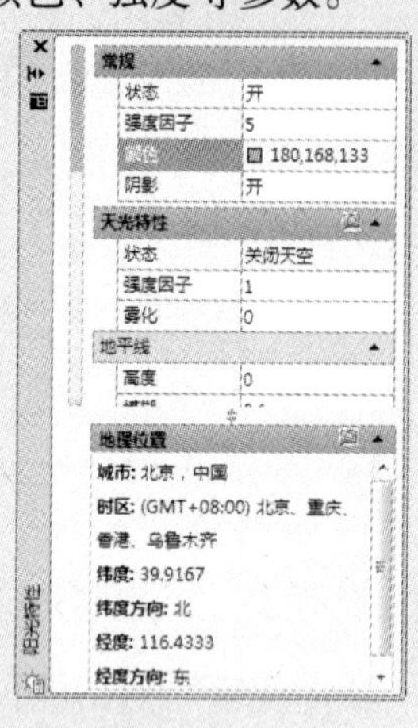

4 设置完成后，关闭该面板，再次单击“渲染面域”命令，将图形渲染。

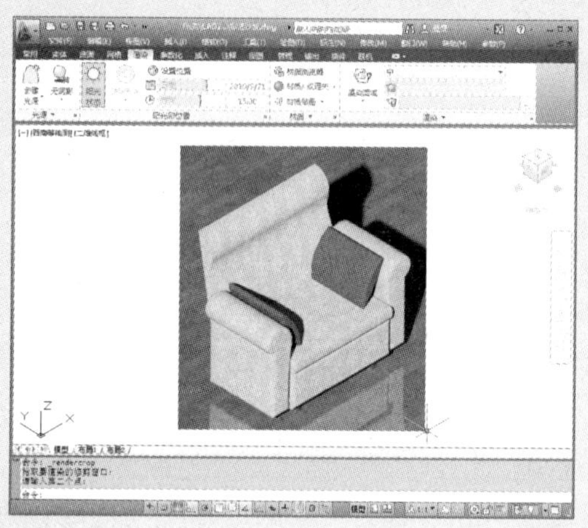

12.5 渲染实体模型

灯光创建完后，即可运用“渲染”命令，将实体模型进行渲染。在 AutoCAD 2012 软件中，可通过以下 2 种方法进行操作。

方法一：使用菜单栏命令进行渲染

单击菜单栏中的“视图”→“渲染”→“渲染”命令，在打开的“渲染”窗口中，即可完成渲染，如下左图所示。

操作提示：

对三维模型渲染时，使用各种不同的材质，可以使三维模型更具有观赏性，在处理材质时，最好从简单的材料开始，例如想赋予金属材质，用户即可建立单色金属材质，并将其保存为基本材质，然后在该材质上添加效果。这样当需要创建相似的材质时，只需在基本材质上稍加修改即可。

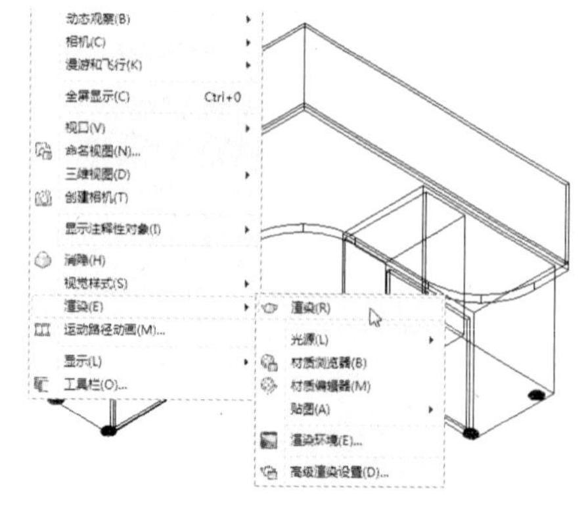

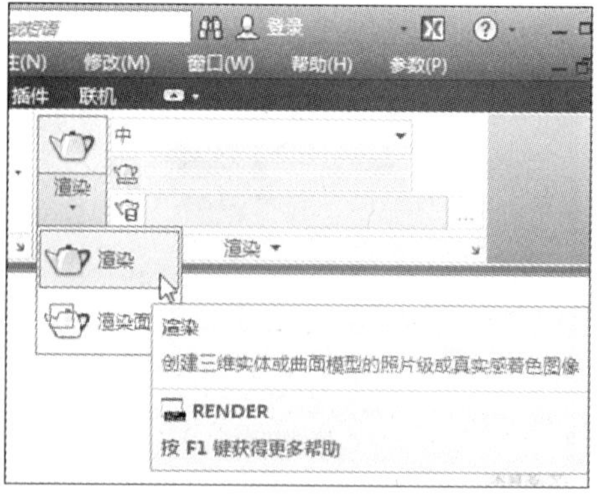

方法二：使用“渲染”功能面板进行渲染

单击“渲染”→“渲染”→“渲染”命令，同样打开“渲染”窗口渲染，如上右图所示。

12.5.1 全屏渲染

在 AutoCAD 2012 软件中，渲染类型有 2 种，分别为“渲染”和“渲染面域”。下面将举例来介绍如何使用“渲染”命令，渲染图形。

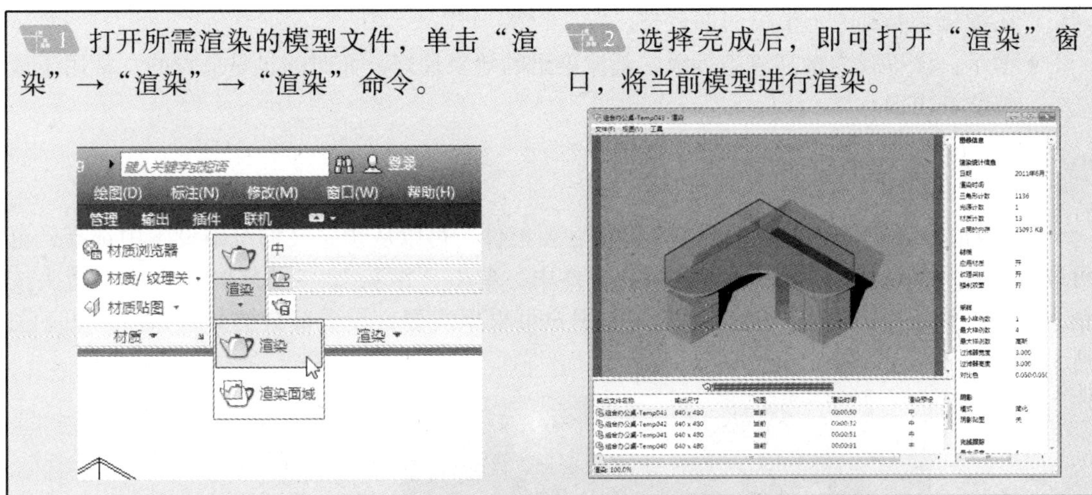

在“渲染”窗口中，用户可以读取到当前渲染模型的一些相关信息，如材质参数、阴影参数、光源参数、渲染时间以及占用的内存等。

单击左上角“文件”→“保存”命令，在打开的“渲染输出文件”对话框中，设置好保存路径和文件名，单击“保存”按钮，即可将渲染出的图形保存。

12.5.2 区域渲染

单击“渲染”→“渲染”→“渲染面域”命令，在绘图区域中，按住鼠标左键，拖拽出所需的渲染窗口，放开鼠标即可进行创建，如下图所示。

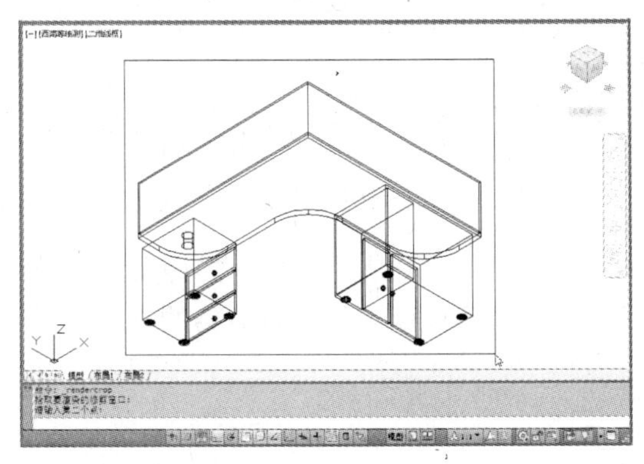

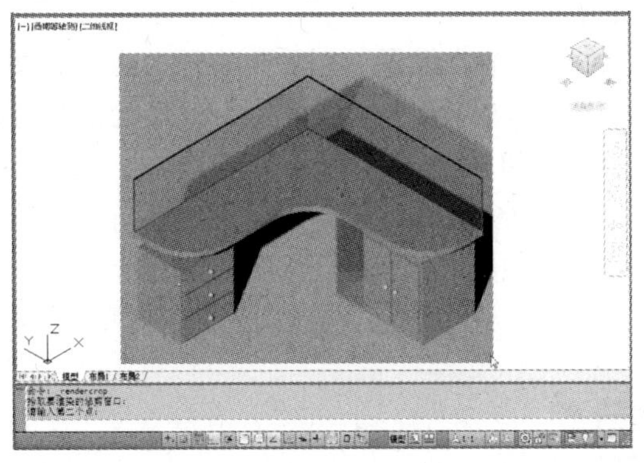

在渲染实体时，用户可根据需要对渲染过程进行设置，而渲染的等级决定了渲染的质量。在 AutoCAD 2012 软件中，有 5 种渲染等级可供用户选择。下面将分别对其进行介绍。

● 草稿：该等级的渲染质量在渲染等级中最低，但其速度是最快，可用于用户快速浏览实体的渲染效果。
● 低：该等级在渲染实体时，不会显示阴影、材质和用户创建的光源，而是会自动使用一个虚拟的平行光源。该等级适用于渲染简单图像的三维效果。
● 中：该等级相对于以上两个等级稍高，使用材质与纹理过滤功能渲染实体对象，但不会使用阴影贴图。
● 高级：该等级在渲染中根据光线跟踪产生折射、反射和更精确的阴影。该等级渲染的图像较为精细，但渲染时间较长。
● 演示：该等级为最高渲染等级，其渲染出的效果最好，而时间也是最长的，常用于最终渲染出图。

12.5.3 高级渲染设置

“高级渲染设置”选项板包含渲染器的主要控件。可以从预定义的渲染设置中选择，也可以进行自定义设置。在 AutoCAD 2012 软件中，单击“渲染”→“渲染”右侧小箭头按钮，打开“高级渲染设置”对话框，从中用户可根据需要，设置渲染的高级选项，如下图所示。

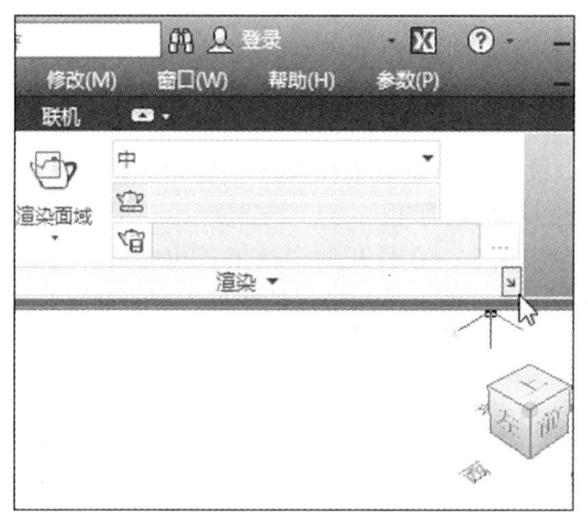

“高级渲染设置”对话框中相关选项说明如下：
● “常规”部分包含了影响模型的渲染方式、材质和阴影的处理方式以及反走样执行方式的设置。
● “光线跟踪”部分用于控制如何产生着色。
● “间接发光”部分用于控制光源特性、场景照明方式以及是否进行全局照明和最终采集。还可以使用诊断控件，来帮助了解图像没有按照预期效果进行渲染的原因。

12.6 设计实践：将客厅区域创建光源

下面将运用“创建光源”命令，将室内客厅区域添加合适的光源效果。

最终效果：第 12 章 \ 设计实践 \ 创建客厅区域光源 . dwg	
注意事项：注意灯光参数及位置的调整	
任务要求：运用“创建光源”以及“灯光设置”命令的操作方法进行绘制	
客厅线框效果：	客厅渲染效果：
1 打开“客厅效果”素材文件，单击“渲染”→“光源”→“光域网灯光”命令，指定光源起点。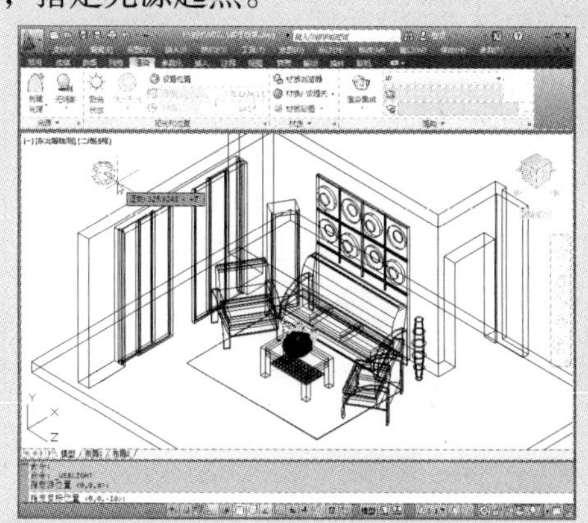	2 完成后，指定光源发射方向，并在命令行中输入“i”回车，设置强度因子值为 10。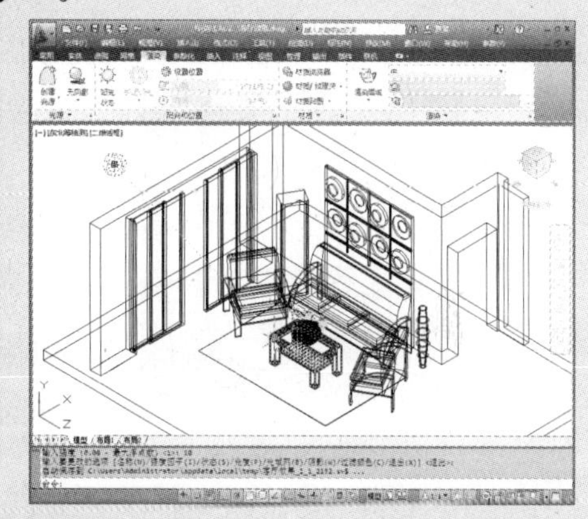
3 将当前视图切换至左视图，并移动光源至客厅合适位置。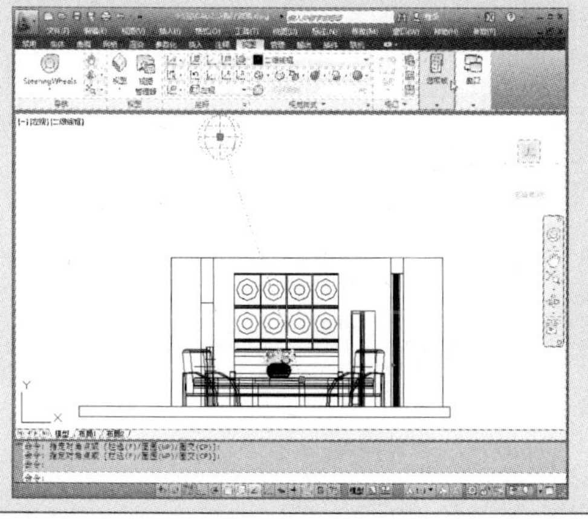	4 然后，将视图再次转换为俯视图，同时移动光源至合适位置，调整灯光。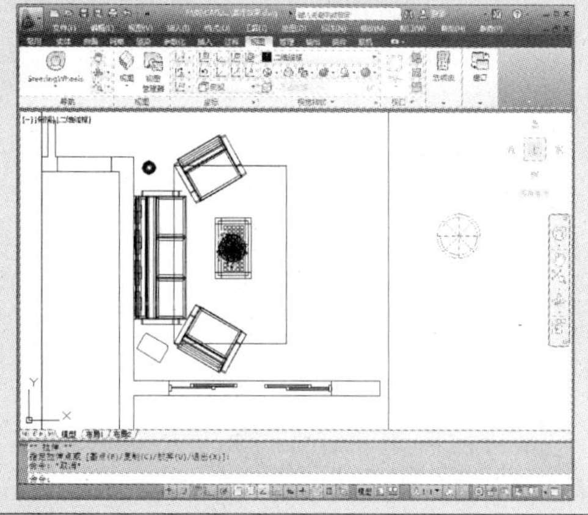

步5 按照同样的操作方法，切换至其他视图，将光源移动客厅合适位置。

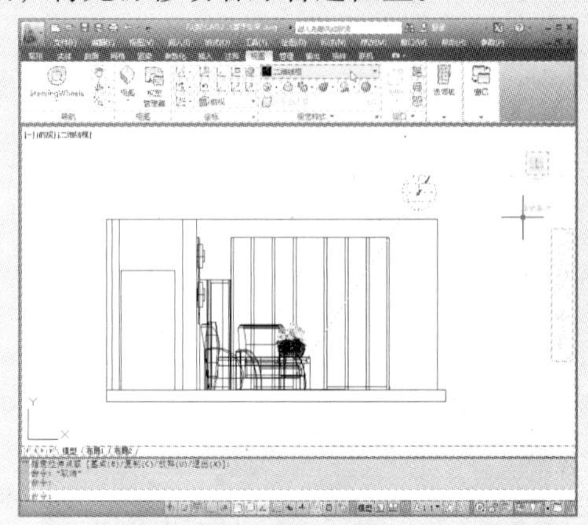

步6 单击“渲染”→“渲染”→“渲染面域”命令，在图形中拖拽出渲染区域。

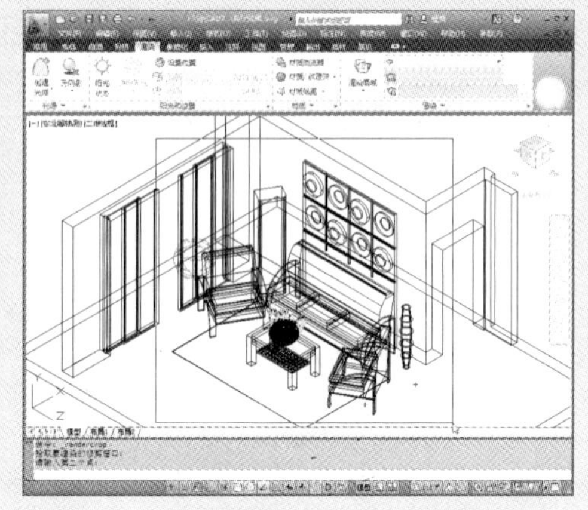

步7 稍等片刻，即可在渲染区域中完成渲染。

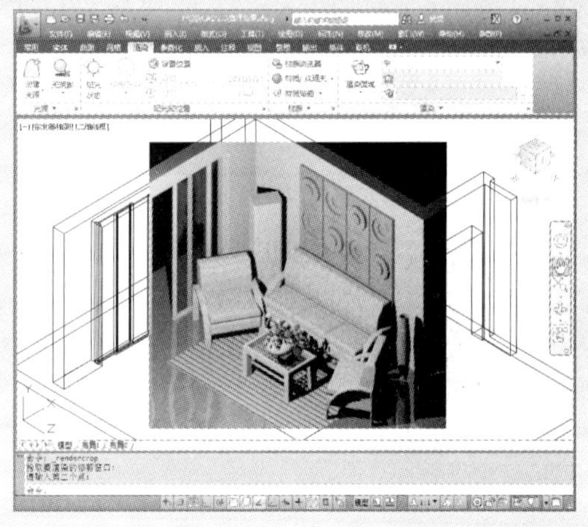

步8 在命令行中输入“ch”回车，在打开的“特性”面板中，将“强度因子”参数设为5，并设置灯光颜色。

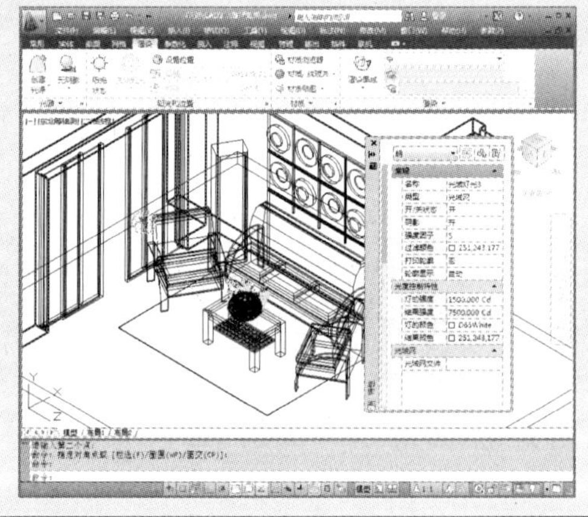

步9 单击“渲染”→“光源”→“点”命令，在沙发合适位置创建点光源。

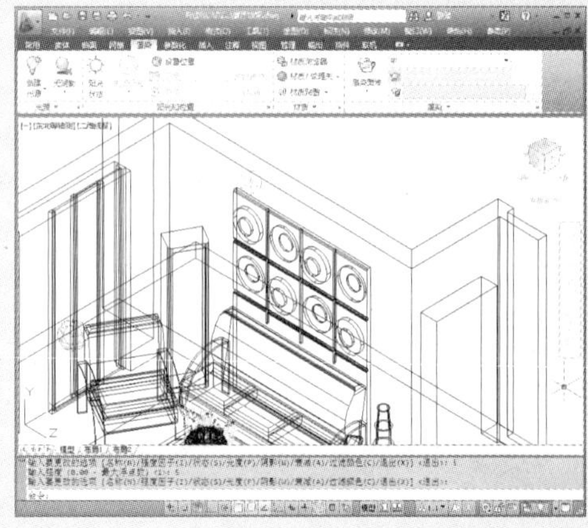

步10 按照以上的操作方法，切换视图并调整好点光源的位置。

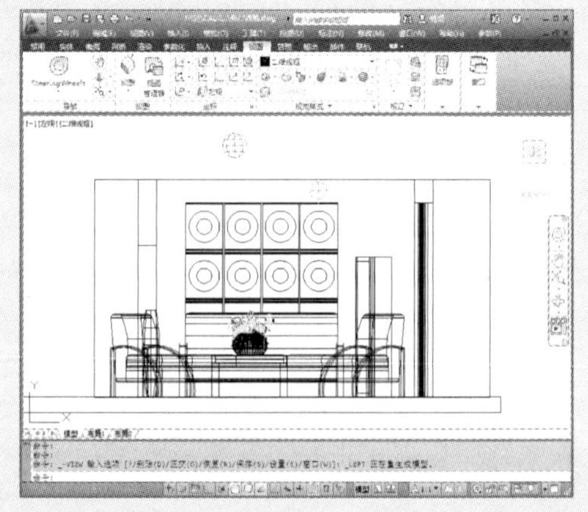

12.11 设置好后，单击“复制”命令，将点光源另外复制 2 个。

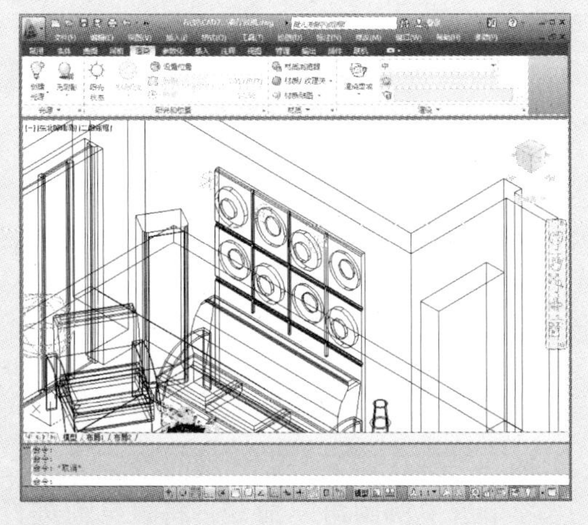

12.12 调整好点光源位置，单击“渲染面域”命令，将图形渲染。

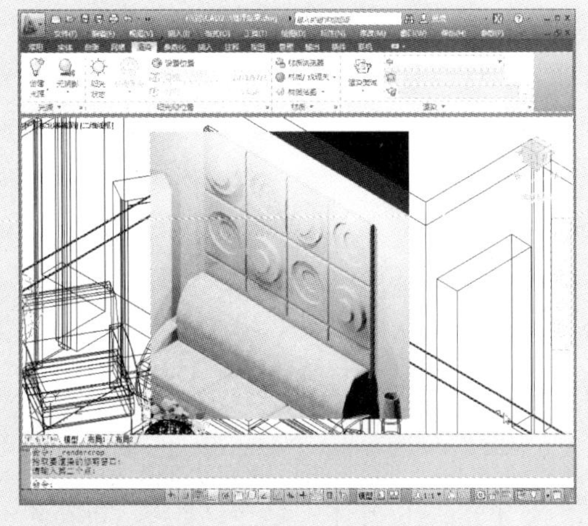

12.7 综合演练：绘制折叠笔记本电脑桌

下面将综合所学的知识点，来绘制折叠笔记本电脑桌模型，其方法如下：

最终效果：第 12 章\综合演练\折叠笔记本电脑桌 . dwg
视频路径：视频\第 12 章\折叠笔记本电脑桌 . wmv
成品尺寸：模型长 460mm × 宽 220mm
注意事项：注意计算机电脑桌轮廓以及灯光创建的操作
应用范围：室内家居用品
实训目的：运用 AutoCAD 基本操作命令、灯光创建、渲染等命令进行绘制 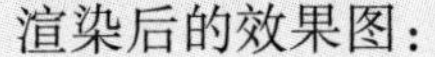

折叠笔记本电脑桌线框图：

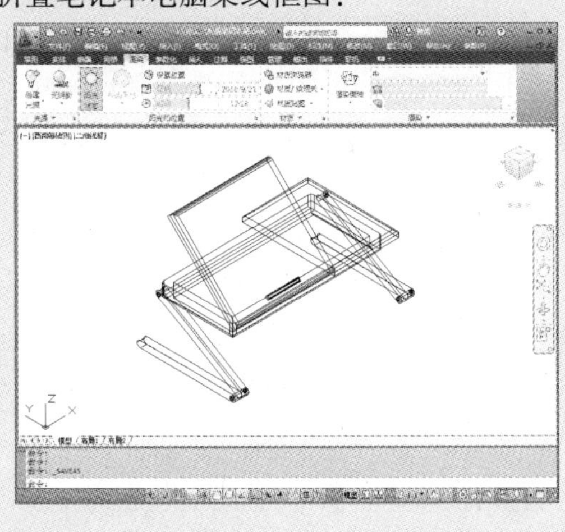

渲染后的效果图：

1 将视图设为西南视图，单击“长方体”命令，绘制长为460mm、宽为220mm、高为40mm的长方体，作为桌面框架。

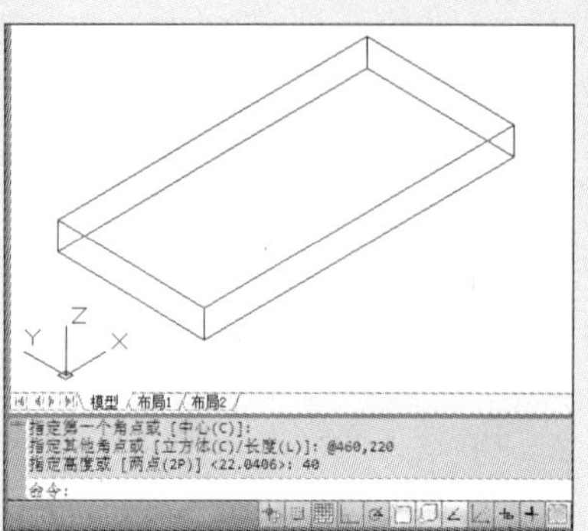

2 单击“实体编辑”→“抽壳”命令，将该框架顶面和底面进行删除，其抽壳距离为20mm。

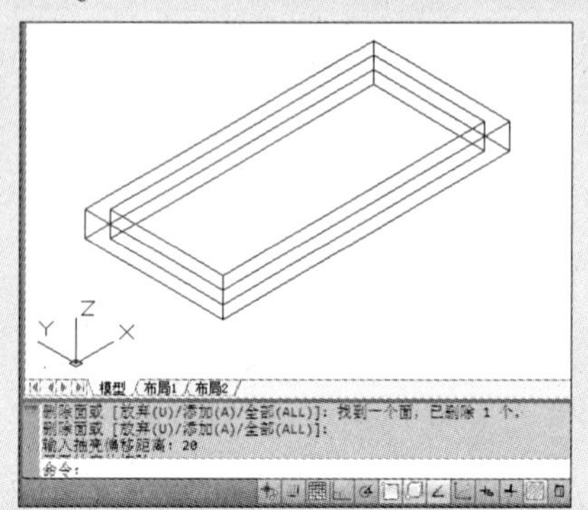

3 单击“长方体”命令，绘制200mm × 280mm × 20mm的长方体，放置图形合适位置。

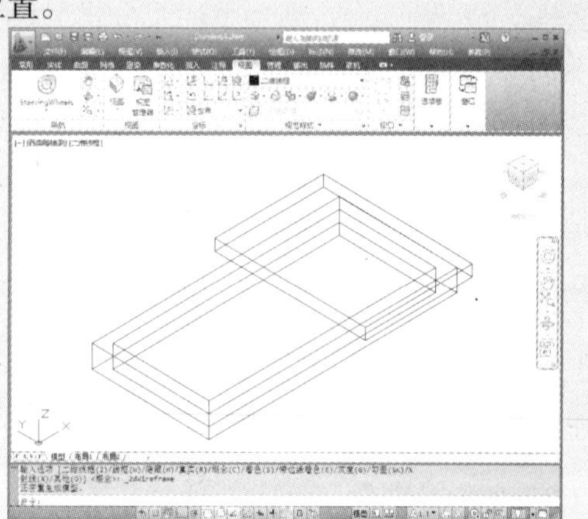

4 单击“倒圆角”命令，将该桌面进行倒圆角，圆角半径为10mm。

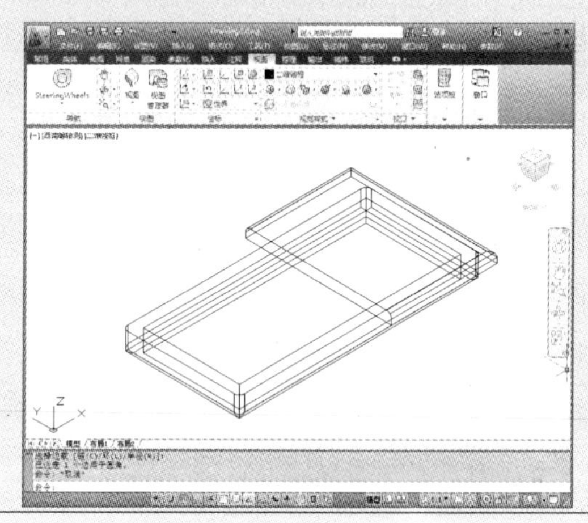

5 单击“长方体”命令，绘制长为300mm、宽为280mm、高为20mm的长方体，并放置图形合适位置。

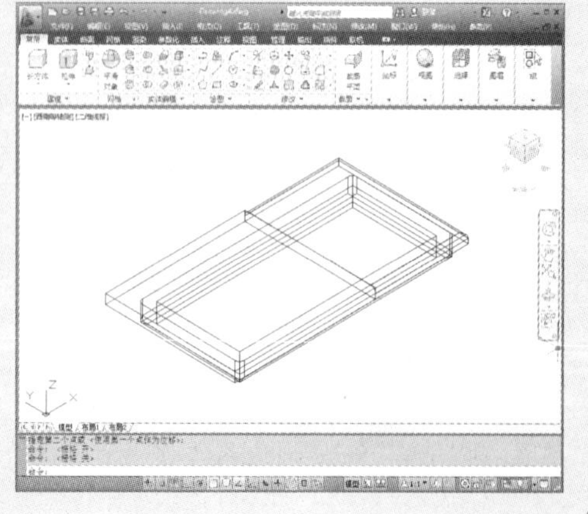

6 单击“倒圆角”命令，将其倒圆角，圆角半径为10mm，单击“三维旋转”命令，将该桌面以X轴旋转45°。

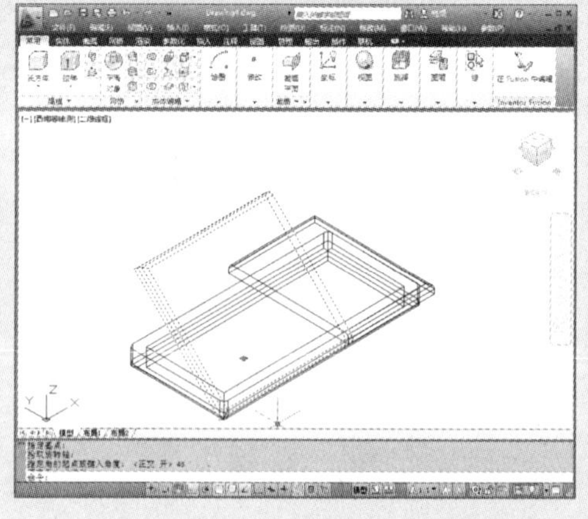

7 将视图设为左视图，启动“极轴”功能，将增量角设为 30°，单击“直线”命令，绘制支撑架。

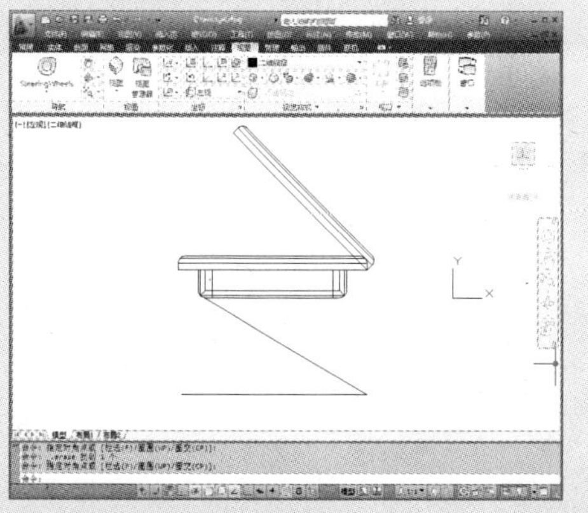

8 单击“偏移”命令，将轮廓线向外偏移 20mm，并单击“面域”命令，将两段轮廓线分别转换为两个面域。

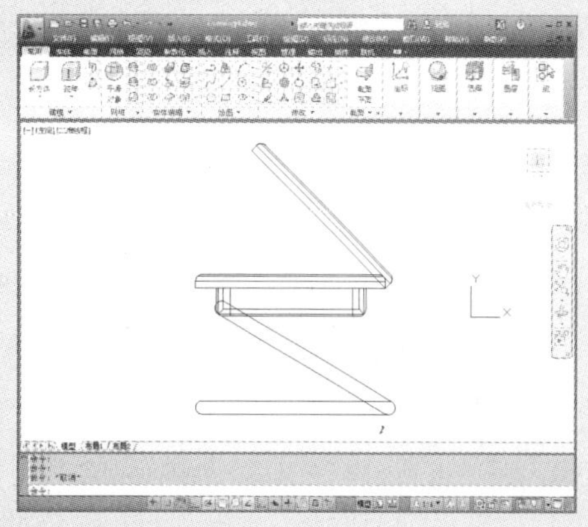

9 将视图设为西南视图，单击“拉伸”命令，将两段支架横截面进行拉伸，拉伸距离为 20mm。

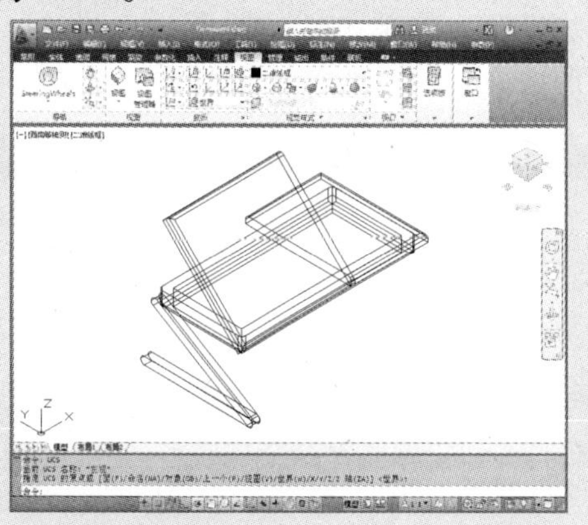

10 将支架复制并移动电脑桌另一侧，并适当调整支架连接部位，并将视图设为“灰度”模式。

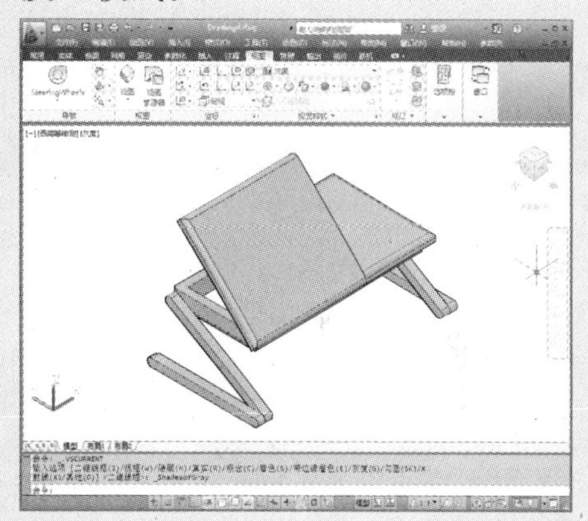

11 单击“球体”命令，绘制一个半径为 5mm 的圆柱体，移至支架连接处，作为固定旋钮。

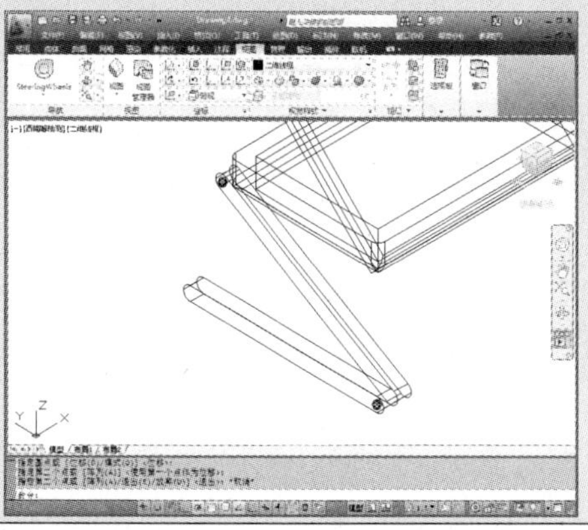

12 按照同样的操作方法，绘制另外两个固定旋钮，并移至另一边支架连接处。

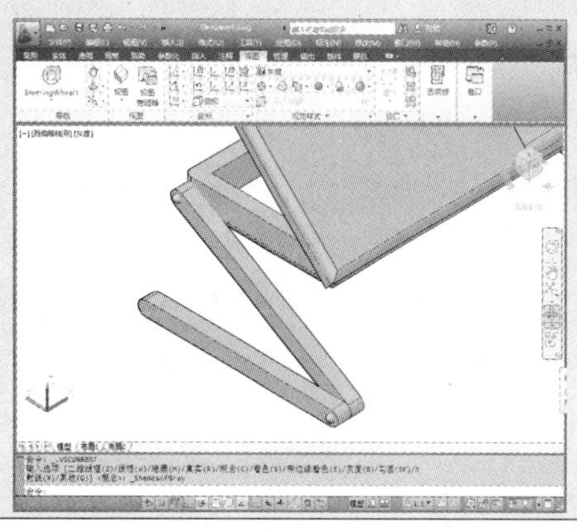

步骤13 单击“长方体”命令，绘制桌面格挡，并放置到合适位置。

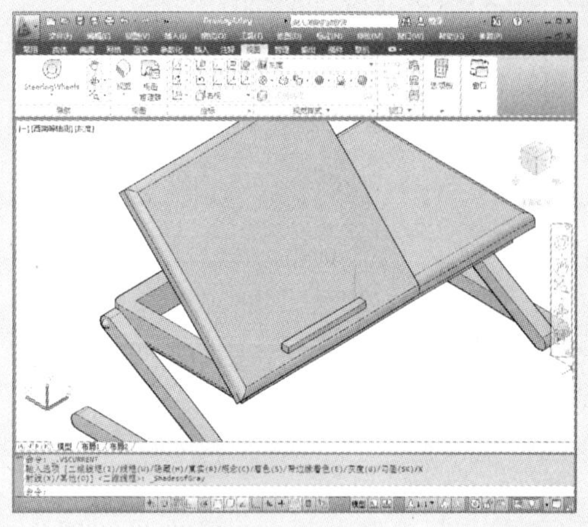

步骤14 单击“三维旋转”命令，将该长方形以 X 轴旋转 45°。

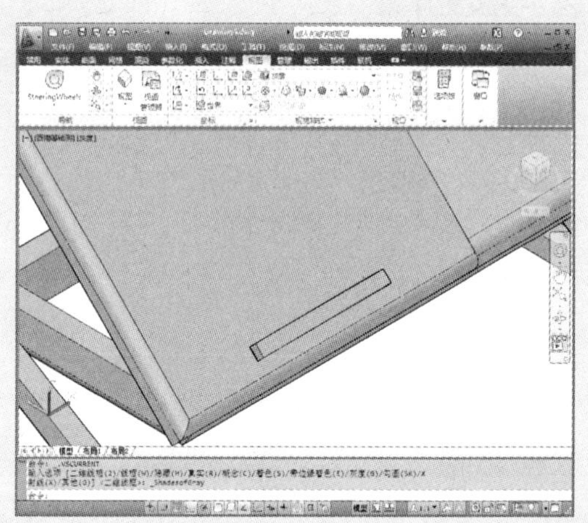

步骤15 单击“并集”命令，将电脑桌模型进行合并。打开“材质浏览器”对话框，将该模型赋予合适的材质。

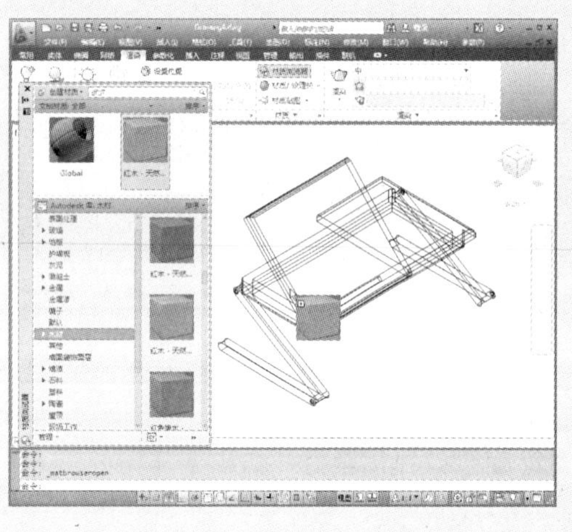

步骤16 单击“光域网灯光”命令，将该模型添加光源，并单击“渲染面域”命令，将图形渲染。

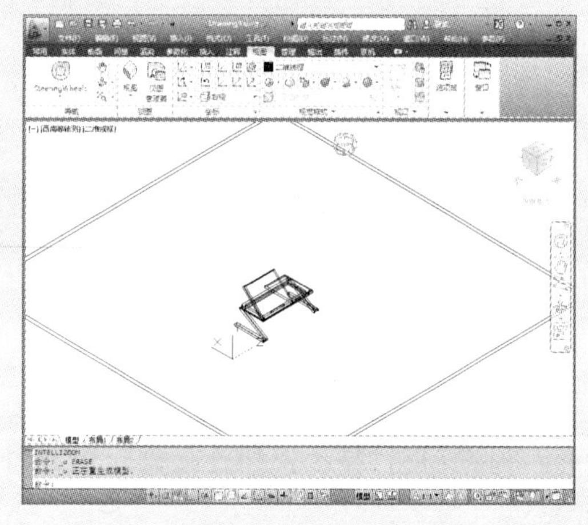

12.8 上机实训

下面将以 3 个简单的实例，对本章所学的所有知识点加以巩固。

12.8.1 绘制餐桌模型

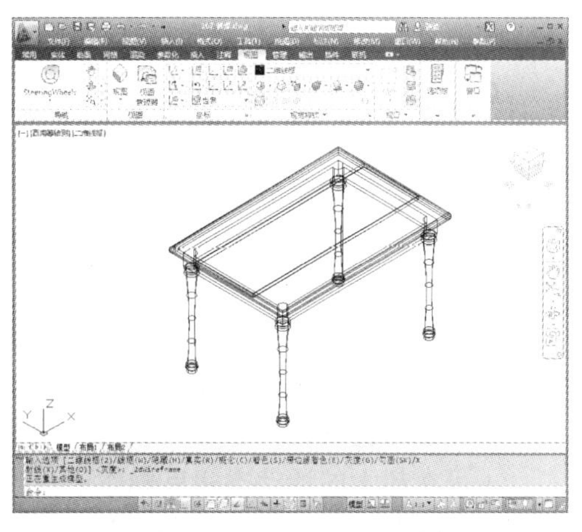

1. 实训目的

熟练掌握"三维镜像"、"材质"等操作

2. 实训内容

运用"旋转拉伸"、"三维镜像"、"材质"、"阳光状态"等命令进行操作。

3. 实训过程

- 运用"长方体"、"倒圆角"命令，绘制餐桌面。
- 单击"旋转拉伸"、"三维镜像"等命令绘制出餐桌腿。单击"材质"、"阳光状体"命令，绘制完成。

12.8.2 绘制座椅模型

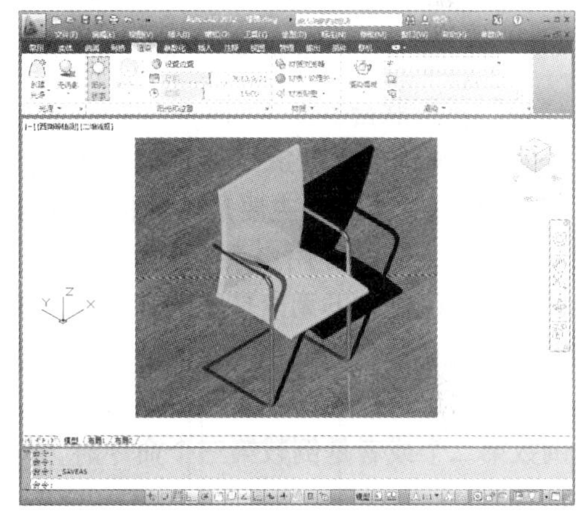

1. 实训目的

熟练掌握"材质贴图"及"渲染"命令。

2. 实训内容

运用"多段线"、"拉伸"、"扫掠"、"材质贴图"以及"渲染"命令，来进行绘制。

3. 实训过程

- 单击"多段线"、"编辑多段线"及"扫掠"等命令，绘制座椅轮廓。
- 单击"材质"和"渲染"命令，渲染出图。

12.8.3 渲染写字台

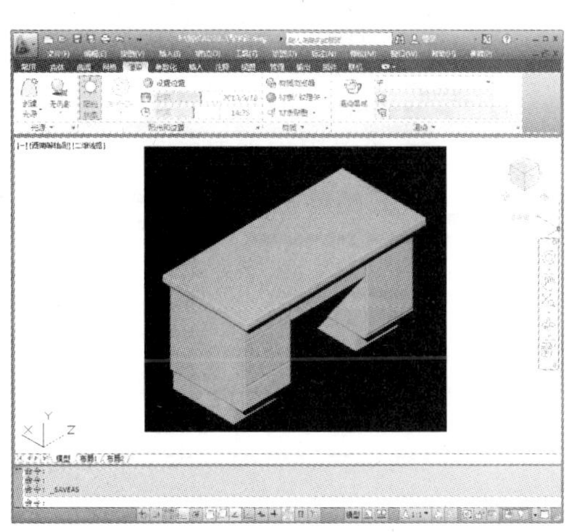

1. 实训目的

熟练掌握三维实体模型渲染的相关操作。

2. 实训内容

运用"材质浏览器"、"渲染"命令等进行绘制。

3. 实训过程

- 单击"长方体"、"拉伸"和"并集"命令，绘制出写字台模型。
- 单击"材质"和"渲染"命令，将图形渲染出图。

13.1.2 插入 OLE 对象

在 AutoCAD 2012 中，单击“插入”→“数据”→“OLE 对象”命令，在打开的“插入对象”对话框中，根据需要插入链接或嵌入对象，如下图所示。

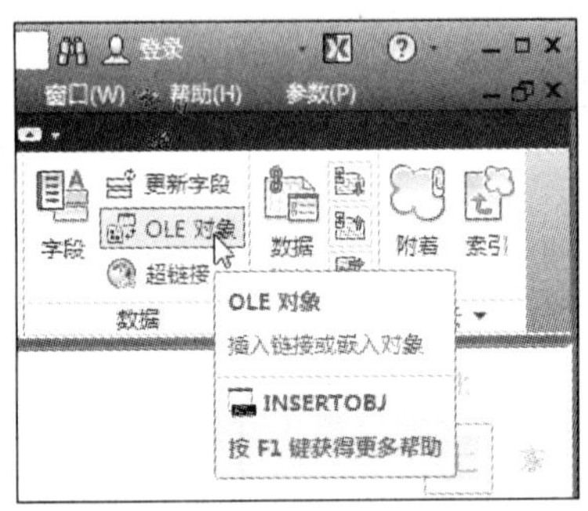

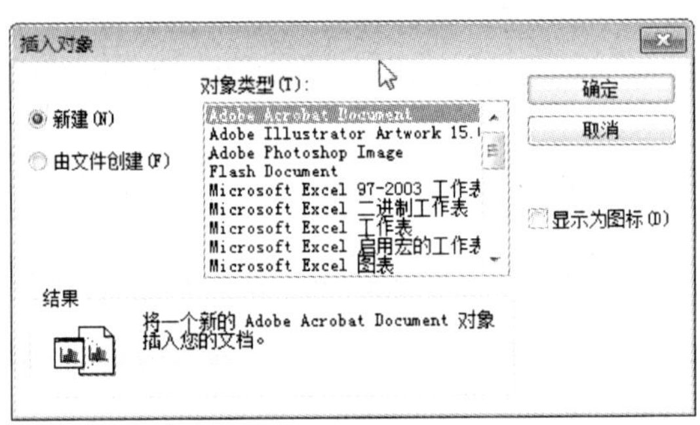

默认情况下，未打印的 OLE 对象显示有边框。OLE 对象都是不透明的，打印的结果也是不透明的；它们覆盖了其背景中的对象。OLE 对象支持绘图次序。

用户可使用以下 3 种方法进行操作：

- 从现有文件中复制或剪切信息，并将其粘贴到图形中。
- 输入一个在其他应用程序中创建的现有文件。
- 在图形中打开另一个应用程序，并创建要使用的信息。

13.1.3 输出图纸

如果在另一个应用程序中需要使用图形文件中的信息，可通过输出将其转换为特定格式，还可以使用剪贴板。在中文版 AutoCAD 2012 中，可以通过以下 2 种方法进行操作。

方法一：使用文件菜单相关的操作命令

单击菜单栏中的“文件”→“输出”命令，在打开的“输出数据”对话框中，设置“文件类型”和文件名，并设置好输出路径，单击“保存”按钮，即可完成，如下图所示。

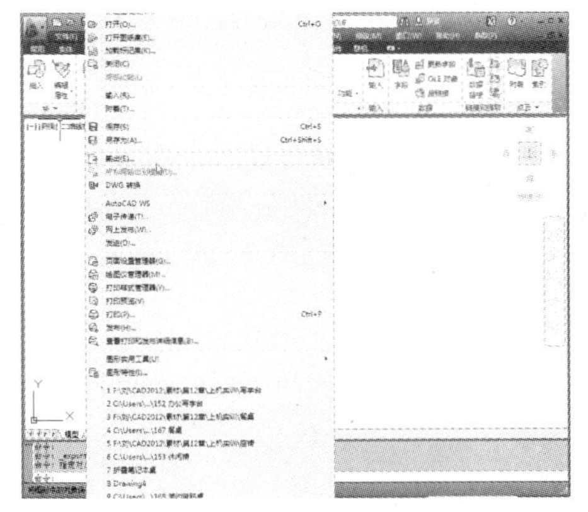

方法二：使用“输出”功能面板进行操作

单击“输出”→“输出为 DWF \ PDF”→“输出”命令，在下拉列表中，选择所需的保存类型即可。

在 AutoCAD 2012 中，还可以将图形输出为以下几种格式的文件。

- 图元文件：此格式以“ * . wmf”为扩展名，将图形输出为图元文件，以供不同的 Windows 软件调用，图形在其他的软件中图元的特性不变。
- ACIS：此格式以“ * . sat”为扩展名，将图形输出为实体对象文件。
- 平版印刷：此格式以“ * . stl”为扩展名，输出图形为实体对象立体画文件。
- 封装 PS：此格式以“ * . eps”为扩展名，输出图形为 PostScrip 文件。
- DXX 提取：此格式以“ * . dxx”为扩展名，输出图形为属性提取文件。
- 位图：此格式以“ * . bmp”为扩展名，输出与设备无关的位图文件，可供图像处理软件调用。
- 3D Studio：此格式以“ * . 3ds”为扩展名，输出为 3D Studio（MAX）软件可接受的格式文件。
- 块：此格式以“ * . dwg”为扩展名，输出为图形块文件，可供不同版本 CAD 软件调用。

13.2　设计实践：将 DWG 文件输出成 EPS 文件

下面将运用输出命令，将 DWG 文件输出成 PDF 文件的操作。

最终效果：第 13 章\设计实践\灯具列表 . eps
注意事项：注意在“输出数据”对话框中，选择好保存的文件类型
任务要求：运用“输出图纸”命令，完成操作

灯具列表 . dwg：

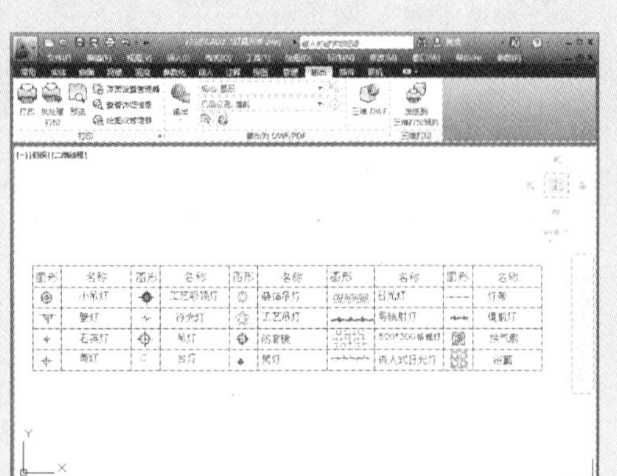

灯具列表 . eps：

1 打开“灯具列表”素材文件，单击“文件”→“输出”命令。

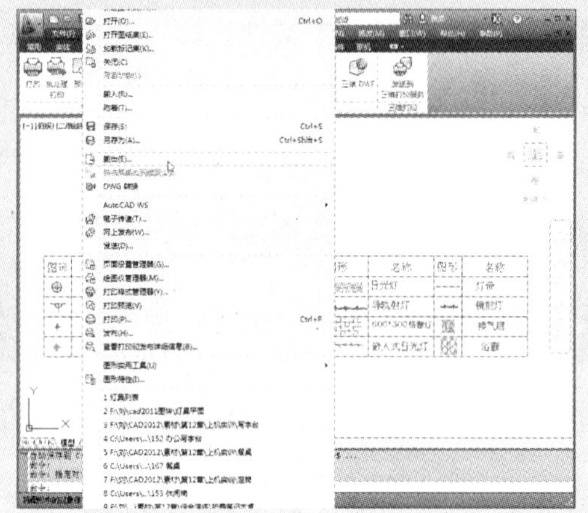

2 在“输出数据”对话框中，设置好文件路径、文件名，在“文件类型”下拉列表中，选中“封装 PS（*. eps）”选项，单击“保存”按钮，即可完成。

13.3 打印输出图纸

当图形绘制完成后，往往需要打印输出到图纸上。在打印图形前，需要对一系列打印参数进行设置。

13.3.1 设置打印参数

在 AutoCAD 2012 软件中，单击“输出”→“打印”→“打印”命令，打开“打印 - 模型”对话框，在该对话框中，用户可对其中一些相关参数进行设置，如下图所示。

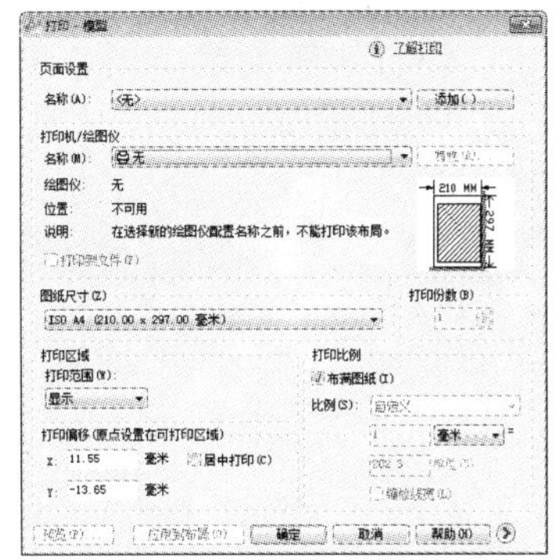

下面将举例介绍其打印的方法。

步骤 1 单击“打印”命令，打开“打印 - 模型”对话框，在“打印机/绘图仪”选项中，单击“名称”按钮，选择打印机型号。

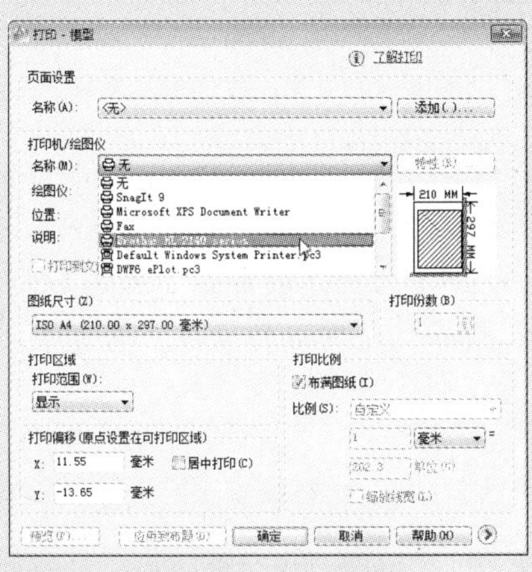

步骤 2 在当前对话框的“图纸尺寸”选项区中，选择所要打印的图纸尺寸。

步骤 3 在“打印份数”选项区中，输入所需打印的份数值，这里选择“1”。

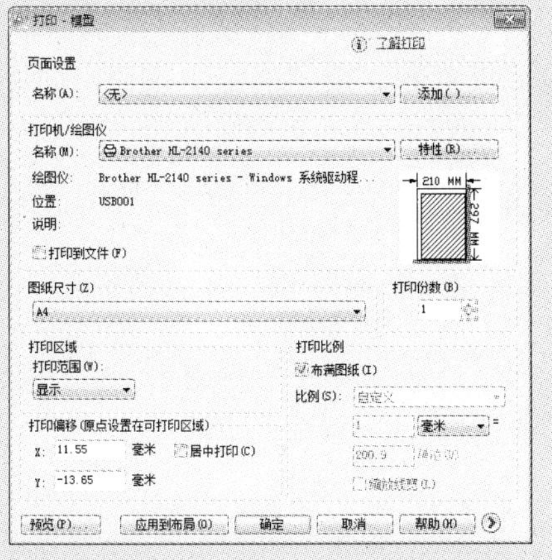

步骤 4 在“打印区域”选项区中，单击“打印范围”下拉按钮，选择打印的方式，这里选择“窗口”。

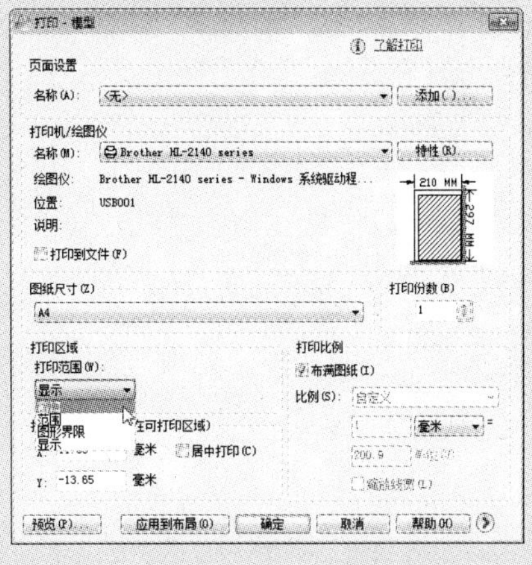

步骤5 设置好后，即可切换至绘图区，单击鼠标左键，拖拽出打印范围，将所需打印的图形放置该方框内。

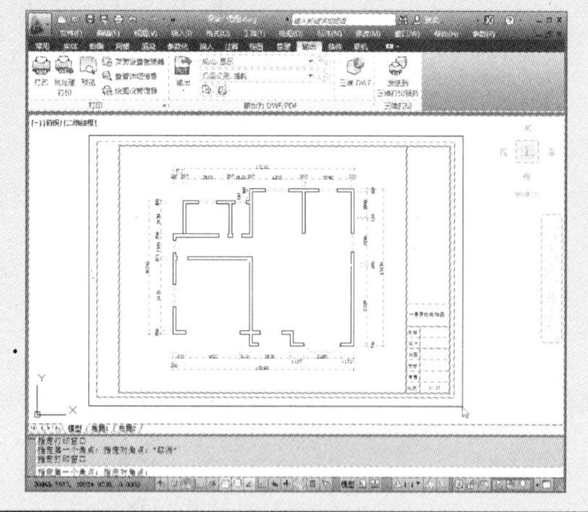

步骤6 选择好后，单击鼠标，返回至“打印-模型”对话框，勾选“打印偏移”选项区中的“居中打印”复选框。

设置好后，单击“预览”按钮，即可预览当前所设置的打印布局，确认无误后，单击“确定”按钮，打开打印机电源，即可打印了。

操作提示：

打印预览是将图形在打印机上打印到图纸之前，在屏幕上显示打印输出图形后的效果，其主要包括图形线条的线宽、线型和填充图案等。预览后，若需进行修改，则可关闭该视图，进入设置页面再次修改。

13.3.2 保存与调用打印设置

如果要使用相同的打印设置打印多个文件，这时，只需设置一次打印参数，然后将其保存到文件中，以便下次使用。

1. 保存打印设置

打印设置完成后可将其参数进行保存，其操作步骤如下：

步骤1 打开“打印-模型”对话框，单击“添加”按钮。

步骤2 在“添加页面设置”对话框中，输入新页面设置名，按“确定”按钮，即可。

设置完成后，返回绘图区并保存该图形，此时，打印参数会随图形一起保存了。

2. 调用打印设置

若要将保存的打印设置重新调入出来，可用以下方法操作：

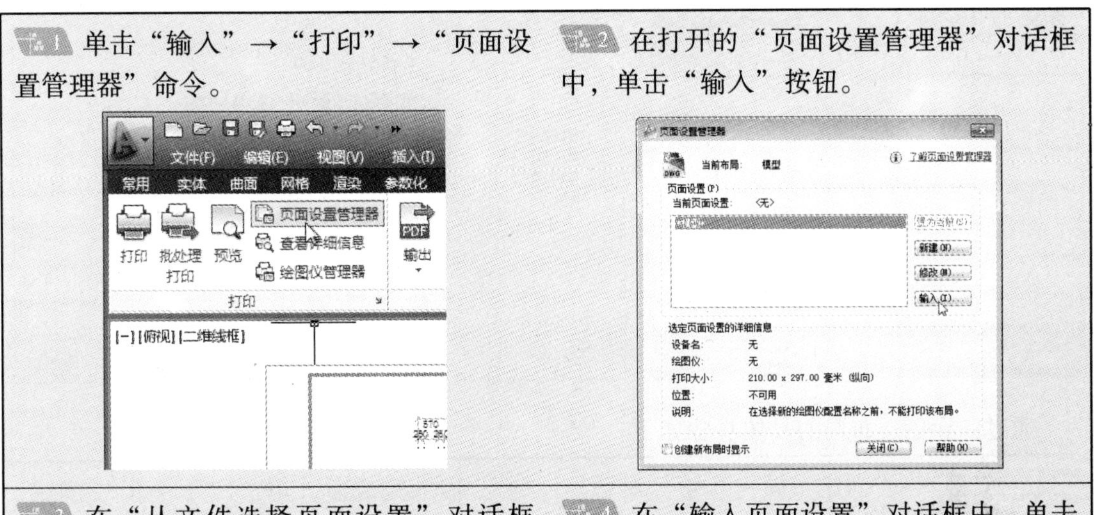

步骤 1 单击“输入”→“打印”→“页面设置管理器”命令。

步骤 2 在打开的“页面设置管理器”对话框中，单击“输入”按钮。

步骤 3 在“从文件选择页面设置”对话框中，选择所保存过的打印设置的文件，单击“打开”按钮。

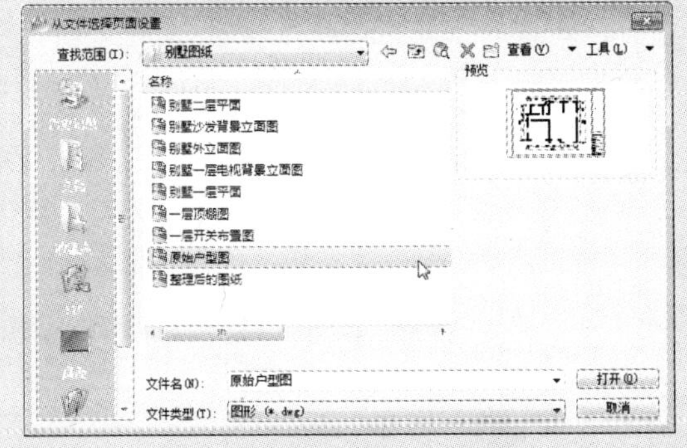

步骤 4 在“输入页面设置”对话框中，单击“确定”按钮，在返回的对话框中，单击“关闭”按钮。

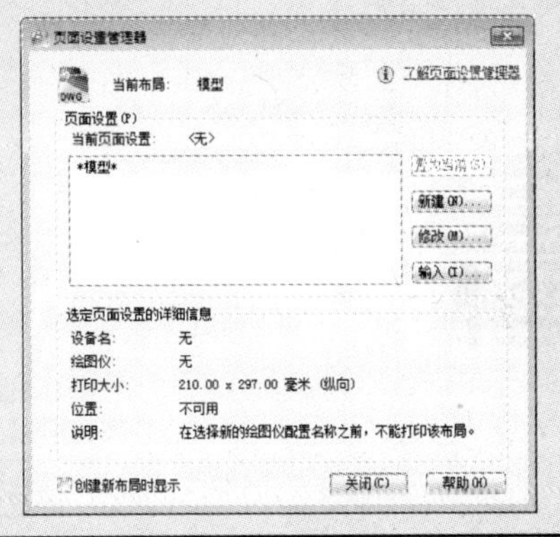

13.4 布局空间打印图纸

布局，就是模拟一张图纸并提供预置的打印设置。在 AutoCAD 中，用户可以创建多个布局来显示不同的视图，每个视图都可以包含不同的打印比例和图纸大小，视图中的图形则是打印时所见到的图形。

13.4.1 利用向导创建布局

AutoCAD 2012 可创建多个布局来显示不同的视图，每一个布局都可以包含不同的绘图样式。布局视图中的图形就是绘制成果。通过布局功能，用户可以从多个角度表现同一图形。在 AutoCAD 2012 软件中，提供了多种创建布局的方法，首先介绍下如何利用向导来创建。

单击菜单栏中的“工具”→“向导”→“创建布局”命令，在打开的“创建布局－开始”对话框中，按照其向导提示即可创建，如下图所示。

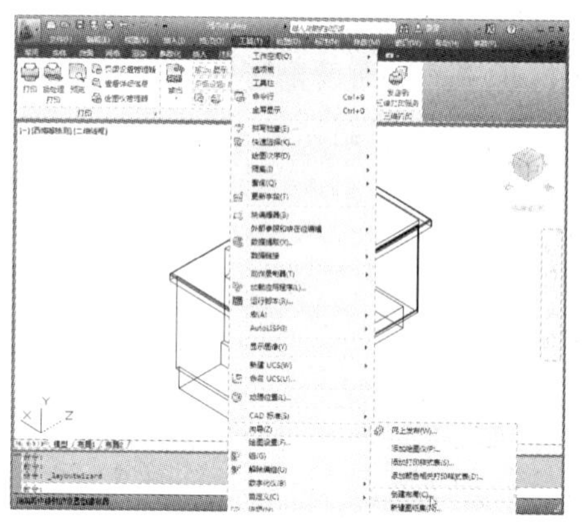

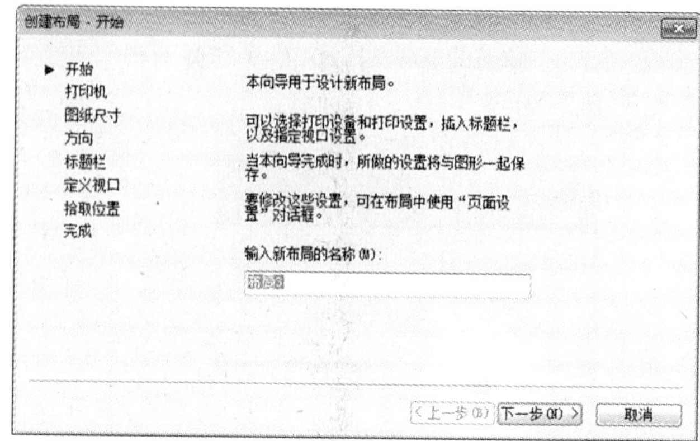

通过向导创建布局的具体步骤如下：

1 在打开的“创建布局－开始”对话框中，输入新布局的名称，这里为默认名称“布局3”。

2 输入完成后，单击“下一步”按钮，在打开的对话框中，选择当前配置的打印机型号。

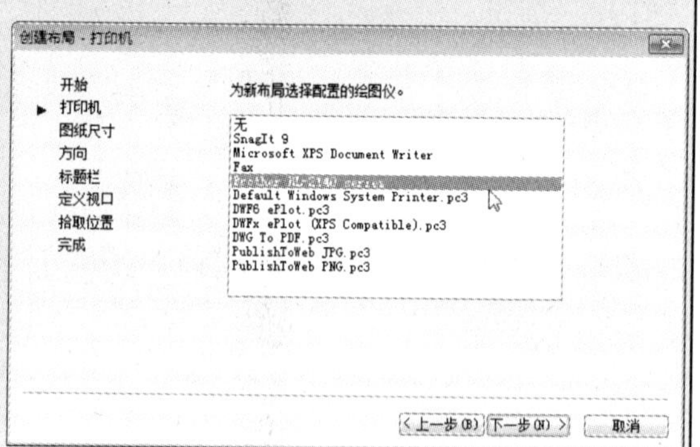

3 单击“下一步”按钮，然后选择打印图纸的大小、图形的单位，图形单位可以是毫米、英寸、像素。

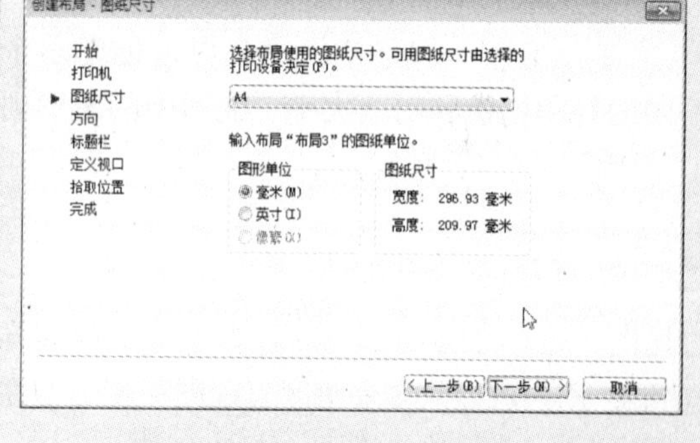

4 单击“下一步”按钮，设置打印的方向，其中可以是横向打印，也可纵向打印，在这里选择“横向”单选按钮。

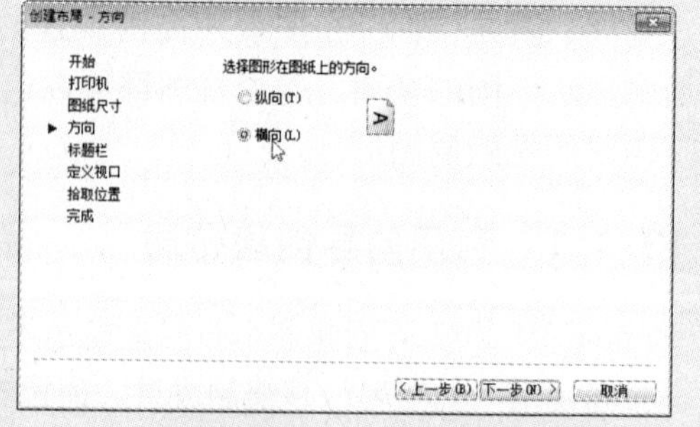

步骤 5　单击“下一步”按钮，选择图纸的边框和标题栏的样式，此时，可在右侧的预览框预览图像。

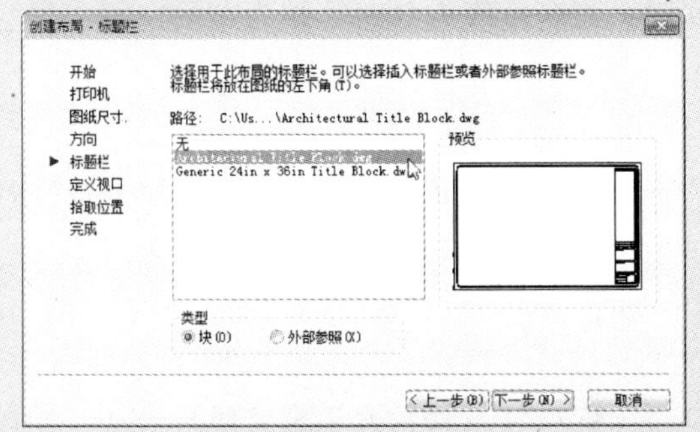

步骤 6　单击“下一步”按钮，设置新建布局的默认视口的设置和比例等。在这里，都设置成默认选项。

步骤 7　单击“下一步”按钮，单击“选择位置”按钮，从而切换到绘图窗口，并指定视口的大小和位置。

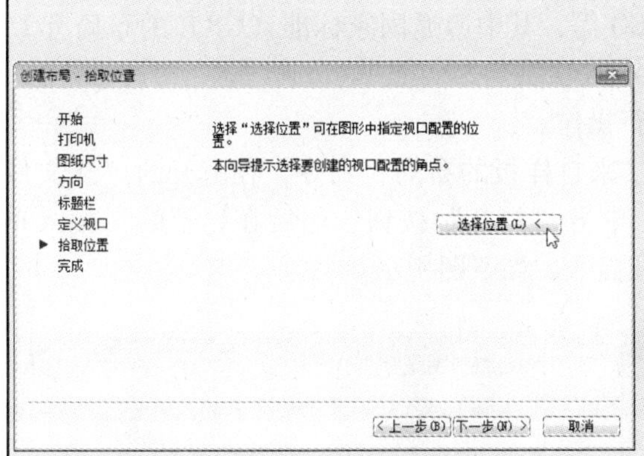

步骤 8　指定完成后，即可打开“完成”对话框，单击“完成”按钮，则可完成新布局视口的创建。

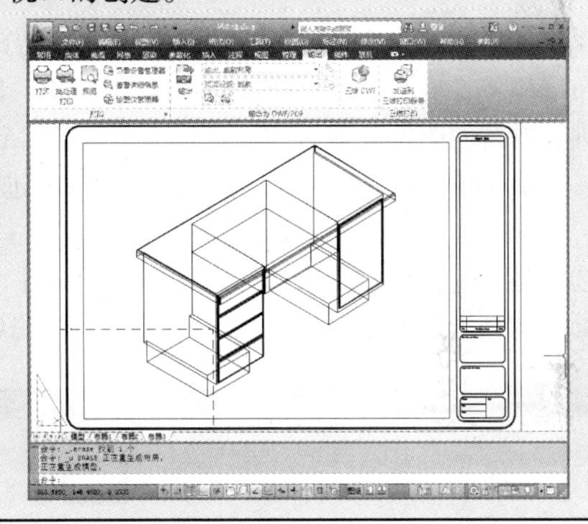

13.4.2　切换布局空间

在 AutoCAD 2012 中，可以通过以下 3 种方法切换至布局空间。

方法一：直接选择相关选项卡切换

单击绘图区窗口左下角的“模型”或“布局”选项卡，即可来回切换，如下左图所示。

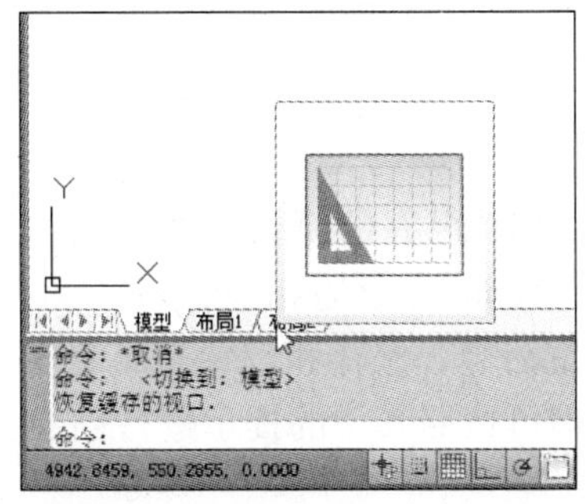

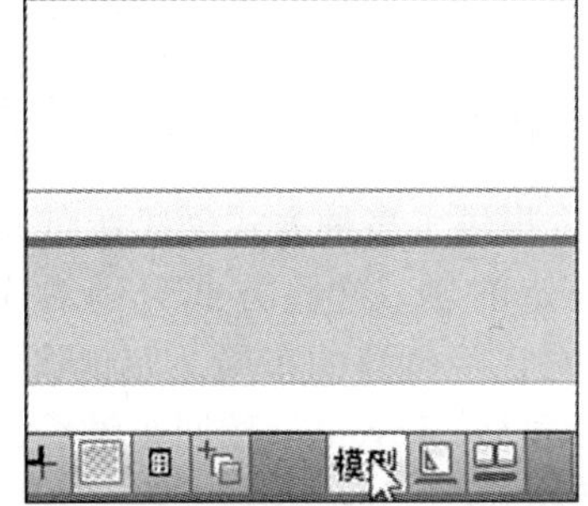

方法二：使用状态栏中相关选项切换

在状态栏中，单击“模型”按钮或“图纸”按钮，即可来回切换，如上右图所示。

方法三：更改系统变量

在命令行中输入“Tilemode”系统变量，回车，当变量值为0时，则为布局空间，当变量值为1时，则为模型空间。

命令行提示如下：

```
命令:TILEMODE
输入 TILEMODE 的新值 <1>:0                    (输入“0”,切换成布局空间)
恢复缓存的视口 - 正在重生成布局。
命令:  TILEMODE
输入 TILEMODE 的新值 <0>:1                    (输入“1”,切换至模型空间)
恢复缓存的视口。
```

13.4.3 利用样本创建布局

使用样板创建布局对于建筑领域有着特殊的意义。AutoCAD 2012 提供了多种国际标准布局模板，这些标准包括 ANSI、DIN、GB、ISO 等，其中遵循国家标准（GB）的布局有 13 种，支持的图幅分别为 A0、A1、A2、A3、A4 等。

在 AutoCAD 2012 中，可通过以下方法进行操作。

单击菜单栏中的“插入”→“布局”→“来自样板的布局”命令，在打开的“从文件选择样板”对话框中，选择合适的样板文件，单击“打开”按钮，然后在打开的“插入布局”对话框中，单击“确定”按钮，即可完成插入，如下图所示。

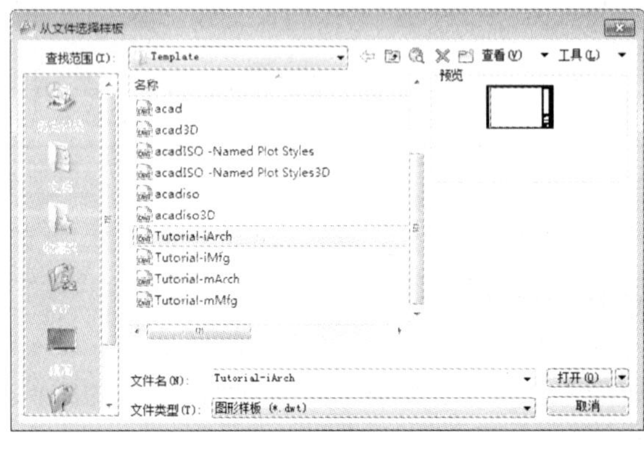

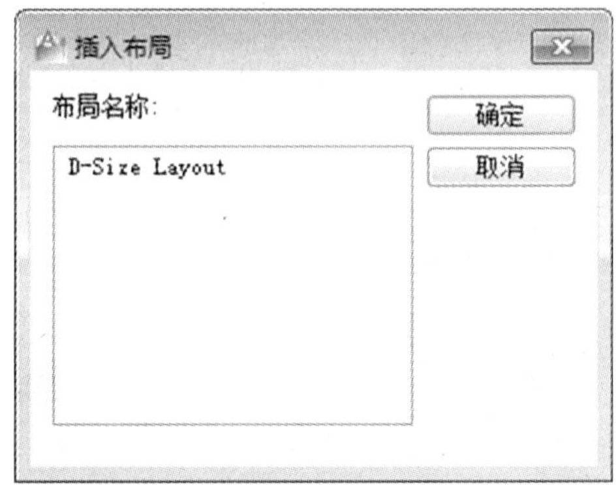

13.4.4 使用“布局”命令创建布局

“布局”命令提供了多种方式创建新布局，如从已有的模板开始创建，从已有的布局创建或直接从头开始创建。这些方式分别对应 Layout 命令的相应选项。另外，也可以使用 Layout 命令来管理已经创建的布局，如删除、重命名、保存和设置布局等。

在命令行中输入“Layout”按回车键后，即可按照其中的提示进行创建。

命令行提示如下：

```
命令:_layout
输入布局选项 [复制(C)/删除(D)/新建(N)/样板(T)/重命名(R)/另存为(SA)/设置(S)/?] <设置>:
```

在该命令行中的各选项说明如下。

- 复制：用于在已有的布局中复制一个新的布局。
- 删除：用于在已有的布局之中删除一个布局。
- 新建：用于新建一个布局。
- 样板：根据模板文件或者图形文件中已有的布局来创建新的布局，指定的模板文件或者图形中的布局将插入到当前图形中。
- 重命名：对已有的布局重新定义一个名称。

13.5 创建与编辑布局视口

与在模型空间一样，用户可在布局空间创建多个视口，以便显示模型的不同视图。在布局空间中创建视口时，可以确定视口的大小、位置。而布局空间的视口通常被称为浮动视口。

13.5.1 创建布局视口

创建布局视口的操作方法与在模型空间创建视口的方法相似。用户只需切换至“布局”空间，单击菜单栏中的“视图”→“视口”命令，在扩展列表中，选择所需的视口，并根据命令行中的提示进行创建即可，如下图所示。

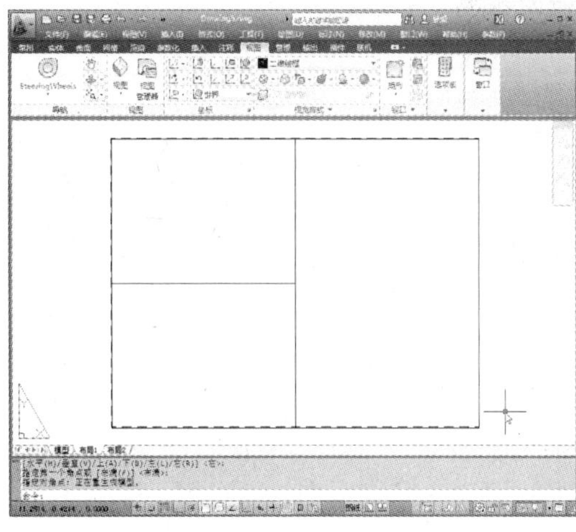

13.5.2 设置布局视口

若创建的视口不符合要求，可将其更改或删除，如复制、缩放等。下面将举例介绍其具体的操作步骤。

1 将图形切换至“布局”空间模式，此时，系统默认为一个视口，删除该视口，重新创建一个新视口。

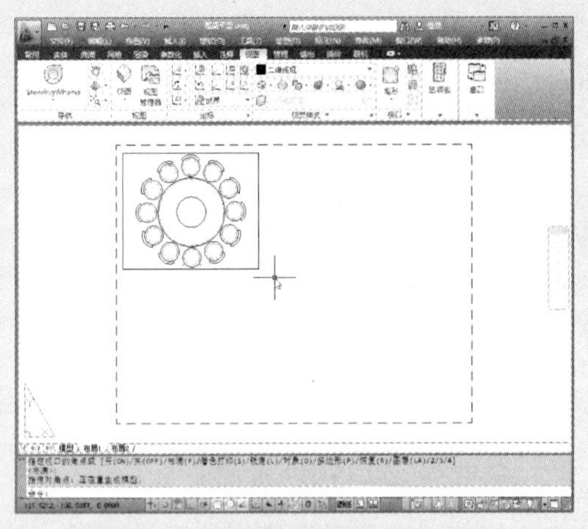

2 右击该视口，在快捷菜单中选中“复制选择”选项。

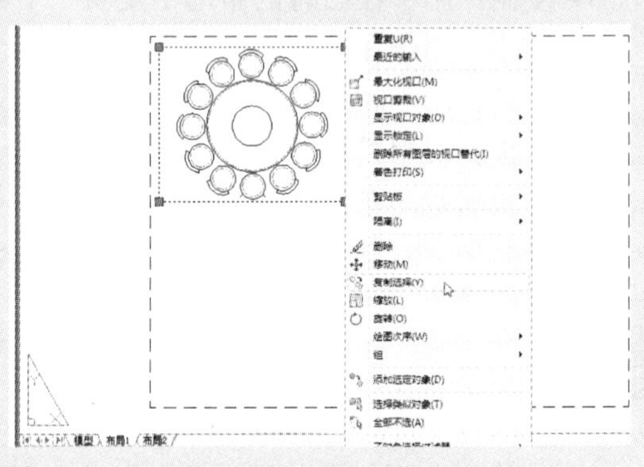

3 按照命令行中的提示，指定复制位移基点，并指定视口位置，完成复制。

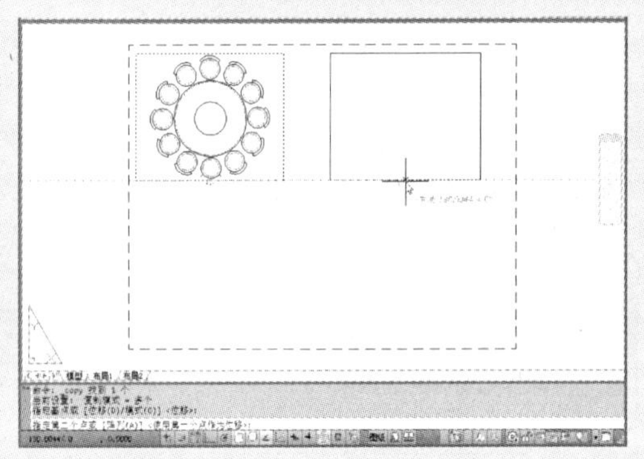

4 在命令行中输入“M”并按回车键，选中视口，即可完成移动。

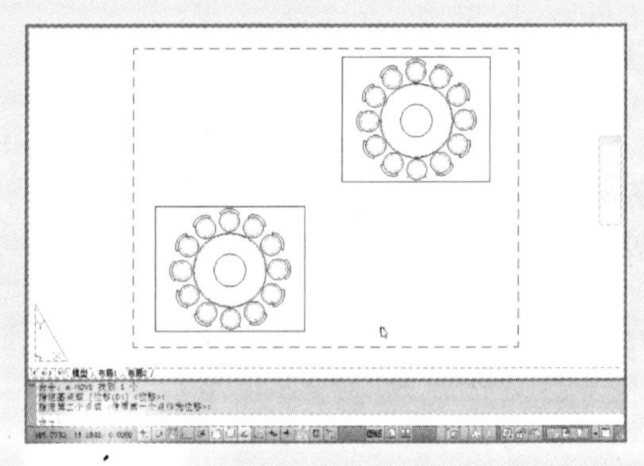

5 选中视口，通过移动夹点，可调整视口的大小。

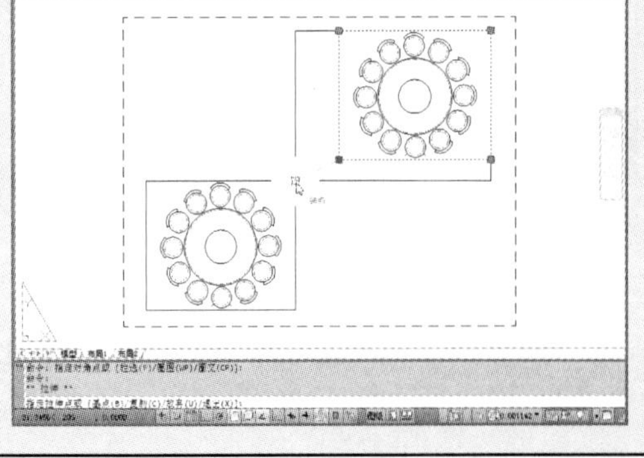

6 双击视口边界线，即可激活当前视口，按鼠标中键前后滚动，即可缩放图形的大小。

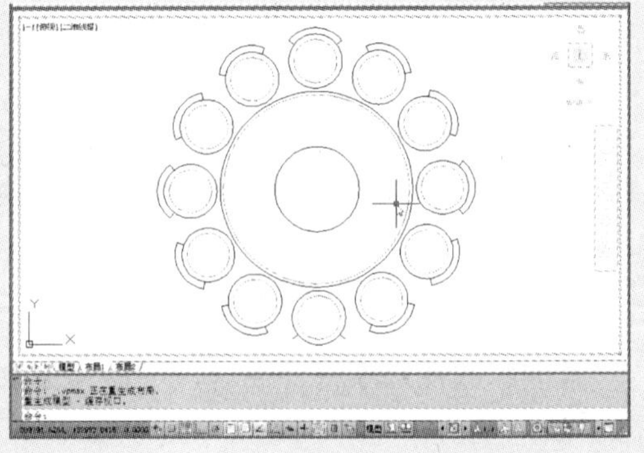

除了以上编辑操作外，还可以设置不规则视口，只需单击“视图”→“视口”→“多边形视口”命令，并在布局空间中，绘制出所需的视口形状，即可创建完成，如下图所示。

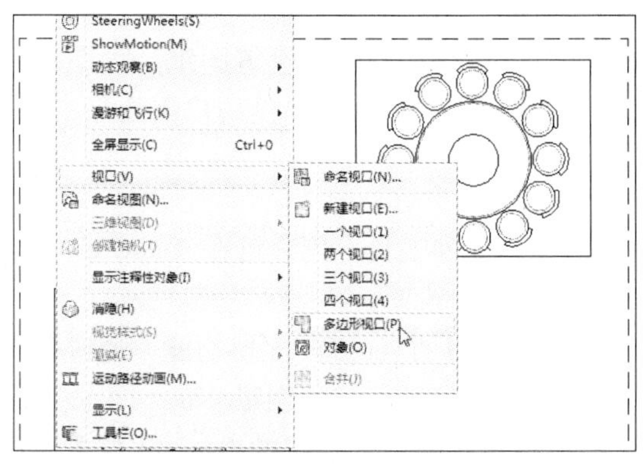

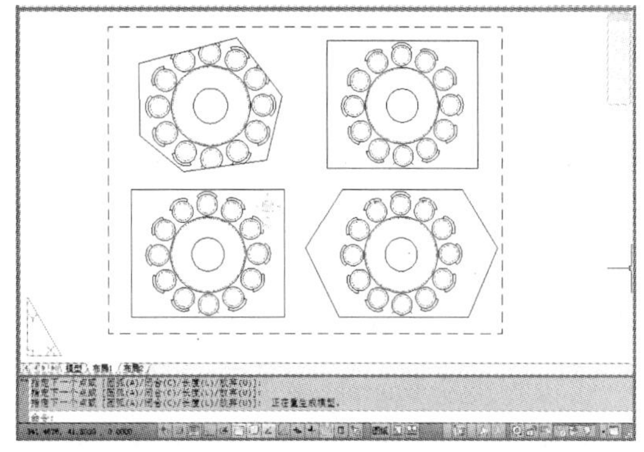

13.5.3 布局视口的可见性

在中文版 AutoCAD 2012 中，可以使用多种方法控制布局视口中对象的可见性。这些方法有助于突出显示或隐藏不同图形元素以及缩短屏幕重生成的时间。

1. 冻结布局视口中的指定布局

- 可在每个布局视口中有选择地冻结图层；还可以为新视口和新图层指定默认可见性设置。因此，可以查看每个布局视口中的不同对象。
- 可冻结或解冻当前和以后布局视口中的图层而不影响其他视口。冻结的图层是不可见的。它们不能被重生成或打印。图中的图层显示了在一个视口中冻结的地形。
- 解冻图层可以恢复可见性。在当前视口中冻结或解冻图层的最简单方法是使用“图层特性管理器”选项板。
- 在布局特性管理器的右侧，使用标记为“视口冻结”的列冻结当前布局视口中的一个或多个图层。要显示“视口冻结”列，必须位于“布局”选项卡上。要指定当前布局视口，请双击边界内的任意位置。

2. 在布局视口中淡显对象

淡显是指在打印对象时用较少的墨水。在打印图纸和屏幕上，淡显的对象显得比较暗淡。淡显有助于区分图形中的对象，而不必修改对象的颜色特性。要指定对象的淡显值，必须先指定对象的打印样式，然后在打印样式中定义淡显值。

淡显值可以为 0～100 的数字。默认设置为 100，表示不使用淡显，而是按正常的墨水浓度显示；淡显值设置为 0 时，表示对象不使用墨水，在视口中不可见。

3. 打开或关闭布局视口

用户可通过关闭一些布局视口或限制活动视口数量来节省时间。重生成每个布局视口的内容时，显示较多数量的活动布局视口会影响系统性能。可以通过关闭一些布局视口或限制活动视口数量来节省时间。

13.6 网络的应用

在 AutoCAD 2012 中，用户可以通过 Web 浏览器在 Internet 上预览建筑图纸、为图纸插入超链接、将图纸以电子形式进行打印，并将设计好的图纸发布到 Web 供用户浏览等。

13.6.1 Wed 浏览器应用

Web 浏览器是通过 URL 获取并显示 Web 网页的一种软件工具。用户可在 AutoCAD 系统内部直接调用 Web 浏览器进入 Web 网络世界。

AutoCAD 中的文件“输入”和“输出”命令都具有内置的 Internet 支持功能。通过该功能，可以直接从 Internet 上下载文件，其后就可在 AutoCAD 环境下编辑图形。

利用“浏览 Web”对话框，可快速定位到要打开或保存文件的特定的 Internet 位置。可以指定一个默认 Internet 网址，每次打开“浏览 Web”对话框时都将加载该位置。如果不知正确的 URL，或者不想在每次访问 Internet 网址时输入冗长的 URL，则可以使用“浏览 Web”对话框方便地访问文件。

此外，在命令行中直接输入“BROWSER”命令，按回车键，并根据提示信息打开网页。

命令行提示如下：

```
命令:BROWSER                                                        (输入命令,回车)
输入网址(URL) <http://www.autodesk.com.cn>:www.baidu.com          (输入网址,回车)
```

13.6.2 超链接管理

超链接就是将 AutoCAD 中的图形对象与其他数据、信息、动画、声音等建立链接关系。链接的目标对象可以是现有的文件或 Web 页，也可以是电子邮件地址等。

在 AutoCAD 2012 中，可以通过以下 2 种方法进行超链接操作。

方法一：使用“数据”功能面板操作

单击“插入”→“数据”→“超链接”命令，根据命令行中的提示，选择所需添加超链接的图形，然后打开“插入超链接”对话框，并输入文件路径，接着在“输入文件或 Web 页名称”文本框中输入文件名，最后单击“确定”命令即可，如下图所示。

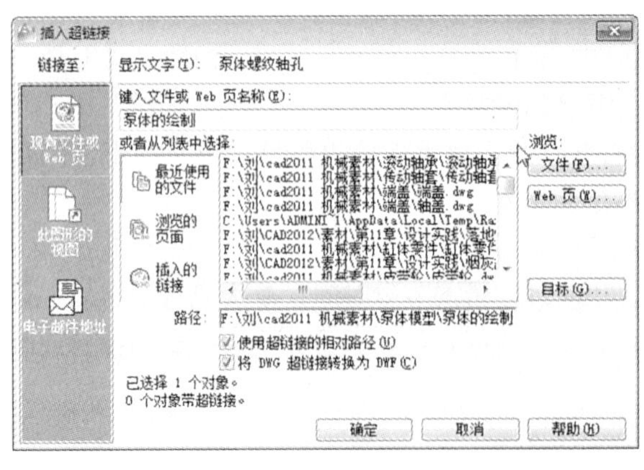

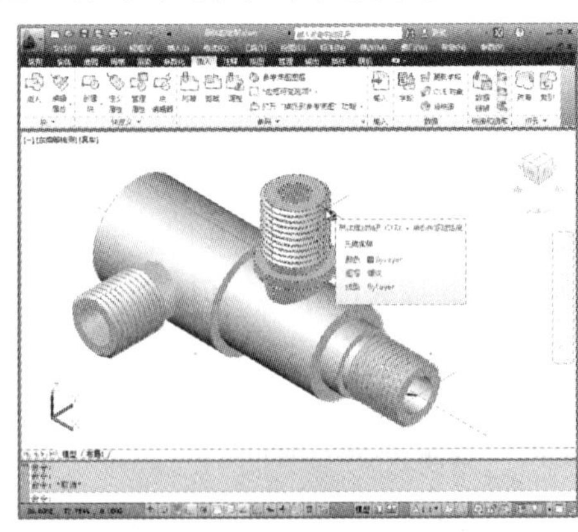

当光标移至所添加的超链接图形上，稍等片刻，即可在光标下方显示信息标签，该标签中主要显示了当前图形的颜色、图层以及线型等图形信息。

方法二：在命令行中输入相关命令

在命令行中直接输入“Hyperlink”回车，即可打开“插入超链接”对话框进行操作。

命令行提示如下：

```
命令： HYPERLINK                         （输入命令，回车）
选择对象：                               （选择超链接的图形对象）
```

在“插入超级链接”对话框中，各主要选项说明如下。

- 显示文字：该文本框用于输入超链接的文字说明。当将光标移至创建好超链接的对象上时，即会显示输入的文字说明。
- 键入文件或 Web 页名称：在该文本框中可以输入要链接到的文件或 URL。它可以是存储在本地磁盘或互联网上的文件，也可以是网址。

13.6.3　电子传递设置

AutoCAD 2012 向用户提供的电子传递功能，可自动生成包含设计文档及其相关描述文件的数据包，然后将数据包粘贴到 E-mail 的附件中进行发送。这样就大大简化了发送操作，并且保证了发送的有效性。

在 AutoCAD 2012 中，用户可以通过以下方法进行发送。

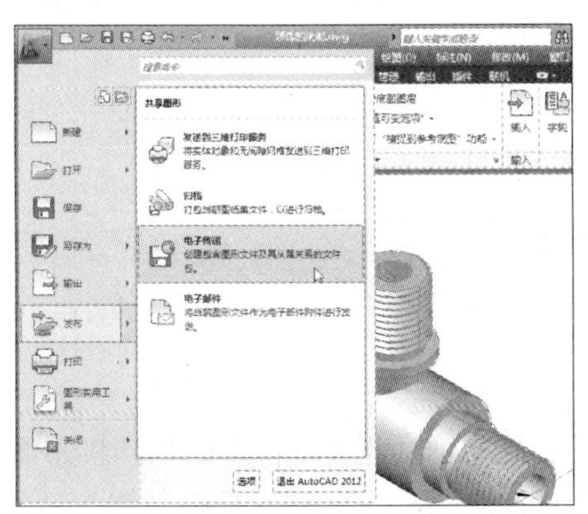

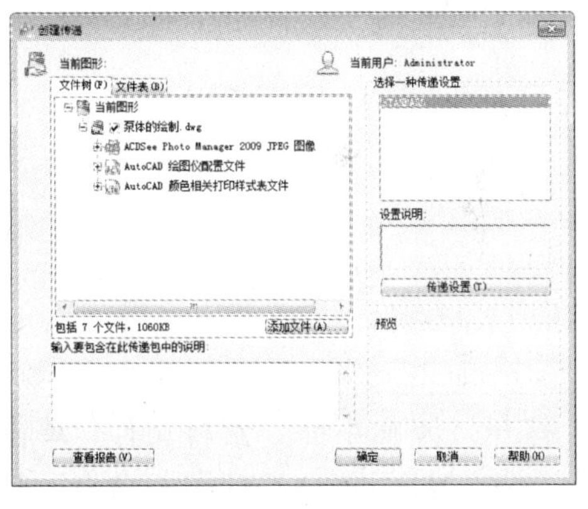

单击“文件”菜单命令，在打开的下拉列表中，选中“发布”命令，并在打开的扩展列表中，选择“电子传递”选项，打开“创建传递”对话框，并根据其中信息提示进行操作，如上图所示。打开“创建传递”对话框后，在“文件树”和“文件表”两个选项卡中设置相应的参数，即可进行电子传递。

13.6.4　发布图纸到 Wed

在 AutoCAD 2012 软件中，可运用“网上发布”命令，用户可以将绘制好的图纸发布到 Web 页，以供其他人浏览。在 AutoCAD 2012 中，用户可以通过以下方法进行操作。

单击菜单栏中的“文件”→“网上发布”命令，打开“网上发布 - 开始”向导窗口，用户可以根据该向导创建一个 Web 页，用以显示图形文件中的图像，如下图所示。

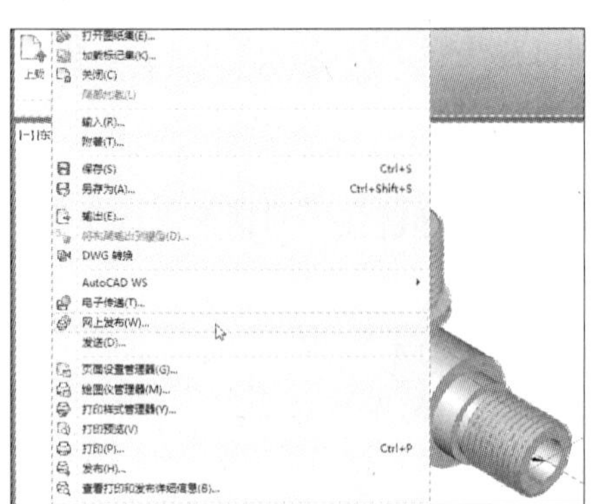

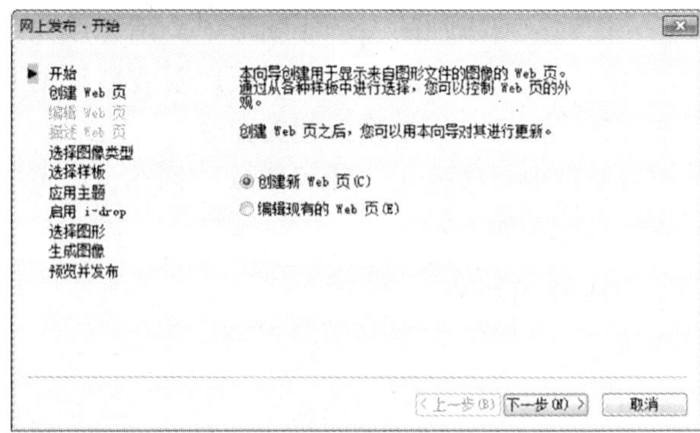

13.7 设计实践：打印CAD文件

下面将运用“设置打印参数”等相关操作命令，来打印CAD文件。

最终效果：第13章\设计实践\打印文件.dwg

注意事项：注意打印参数的设置

任务要求：运用打印设置命令，将图纸打印在A3纸上

园林小品图纸：

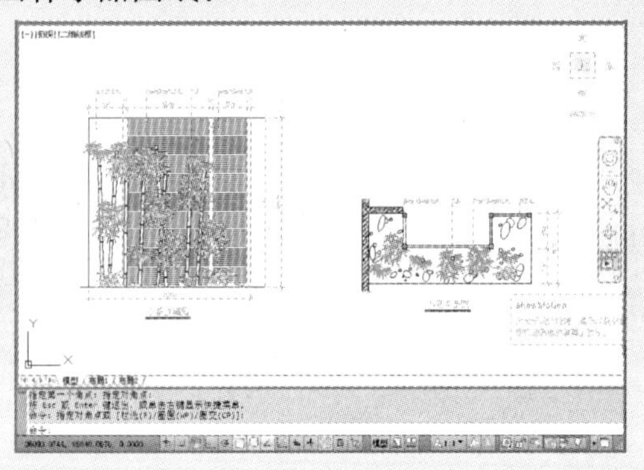

打印设置：

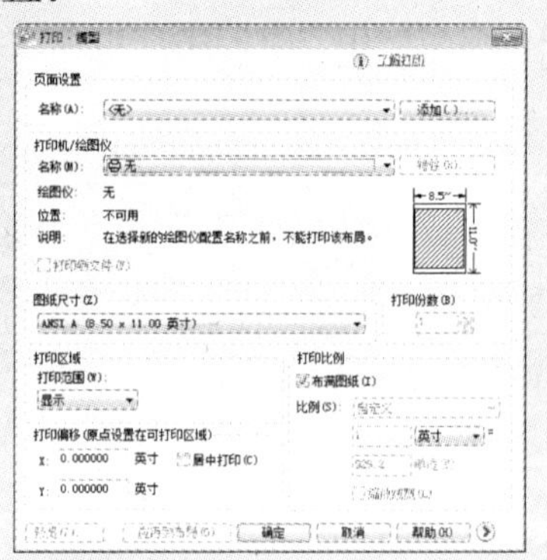

1 打开“园林小品”素材文件，单击“输出”→“打印”→“打印”命令，打开“打印－模型”对话框。

2 在该对话框中，单击“打印机/绘图仪”选项下的“名称”下拉按钮，选择使用的打印机型号。

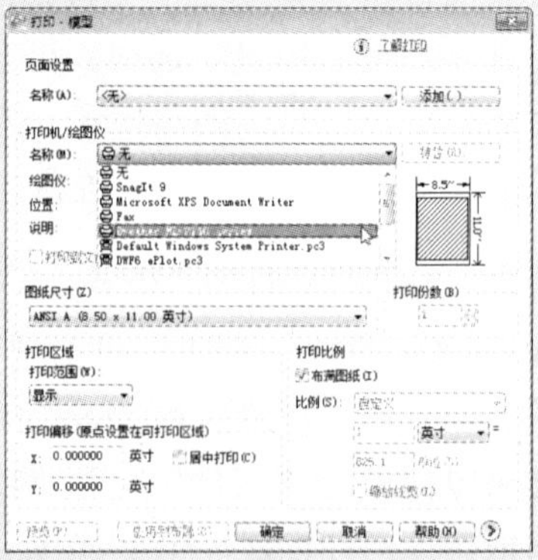

3 在“图纸尺寸”下拉列表中，选择“A3”选项。

4 在“打印范围”下拉列表中，选择“窗口”选项。

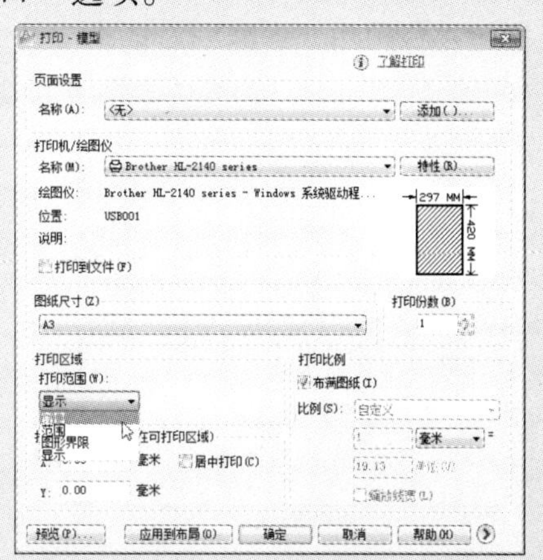

5 在绘图区，使用鼠标选取打印的范围。

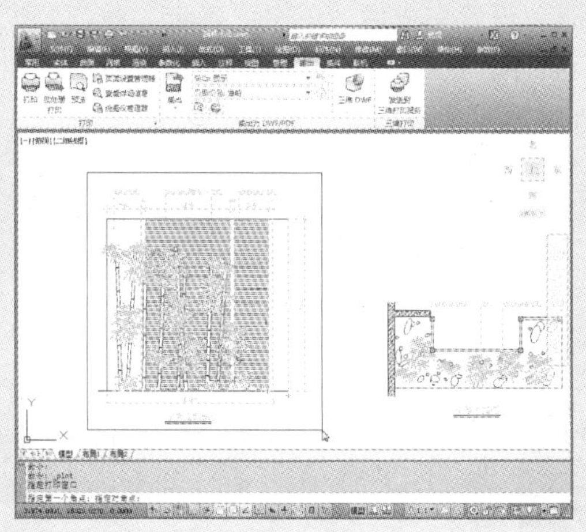

6 选择好后，自动返回“打印”对话框，勾选“打印偏移”中的“居中打印”。

7 单击“预览”按钮，即可预览所设置的打印样式。

8 在“预览”视图中，单击“关闭预览”按钮，可关闭当前视图。

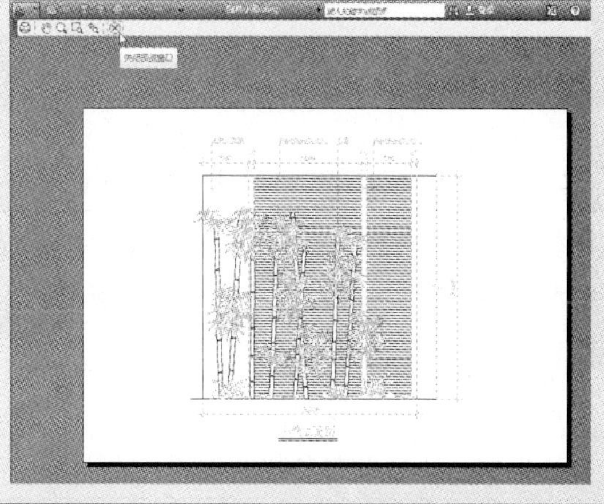

9 若用户觉得该打印样式较为满意，可单击“确定”按钮，并打开打印机电源，即可打开“打印作业进度”对话框。

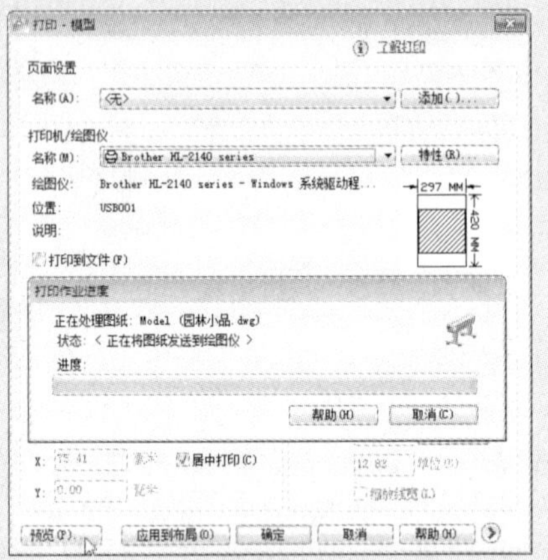

10 稍等片刻，系统将会按照所设置的打印参数，进行打印。若用户觉得该打印样式有待调整，可在打印前，单击“更多选项”按钮，扩展当前对话框。

11 在扩展区域中，用户可对“打印选项”、“图纸方向”等相关选项进行设置调整。

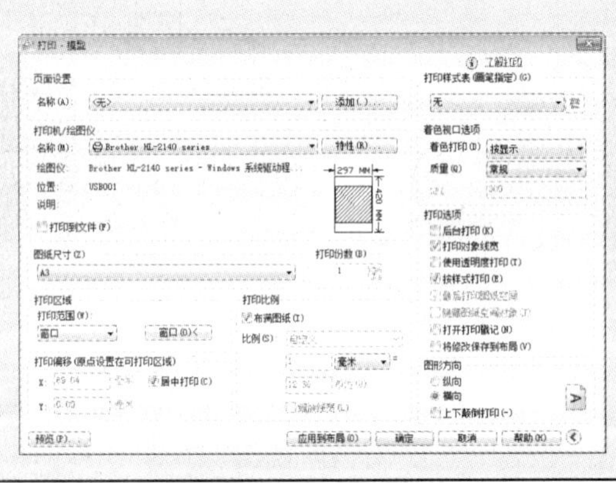

12 设置完成后，单击“确定”按钮，进行打印。按照同样的操作方法，完成其他园林图纸的打印。

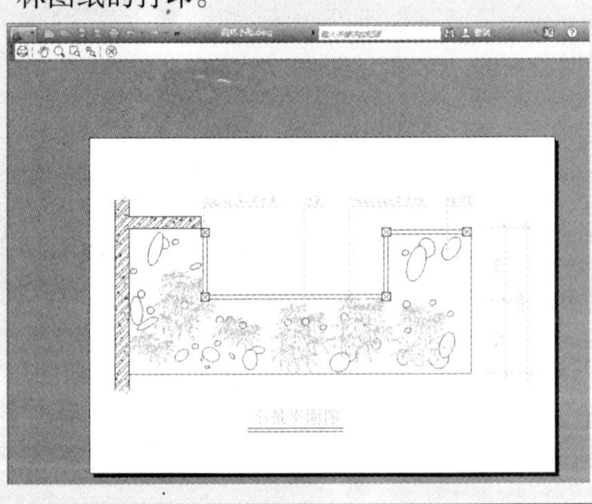

13.8 综合演练：网上发布图纸

下面将“发布图纸到 Web”知识点，将“缸体零件”图纸发布到网上，其方法如下：

最终效果：第 13 章 \ 综合演练 \ 发布图纸
视频路径：视频 \ 第 13 章 \ 网上发布图纸 . wmv
注意事项：注意发布图纸的参数设置
应用范围：任何领域都可使用
实训目的：通过发布参数的设置，将图纸发布到网络中，便于他人浏览

发布之前：

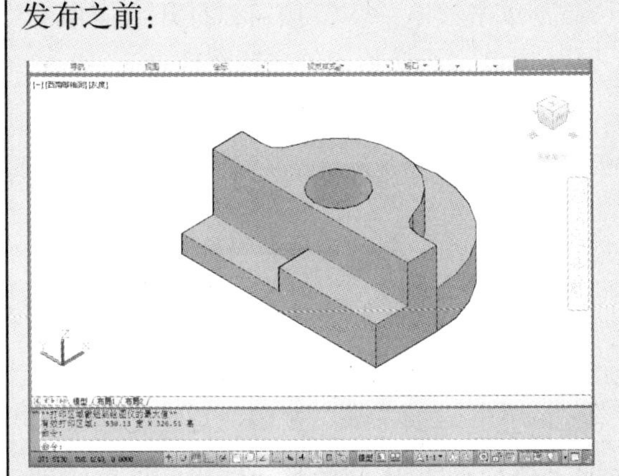

发布后文件：

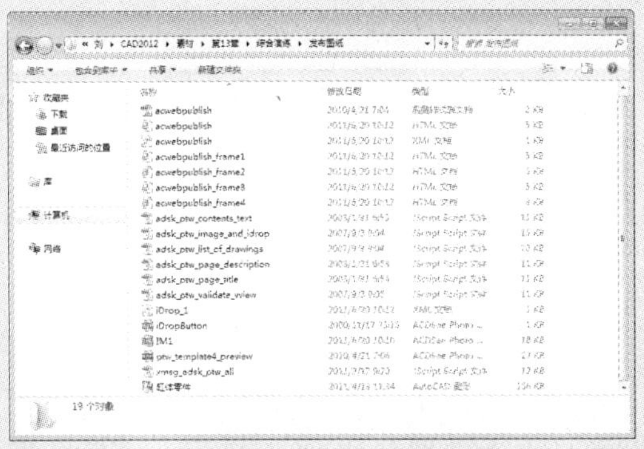

步骤 1 打开“缸体零件”素材文件，单击菜单栏中的“文件”→“网上发布”命令。

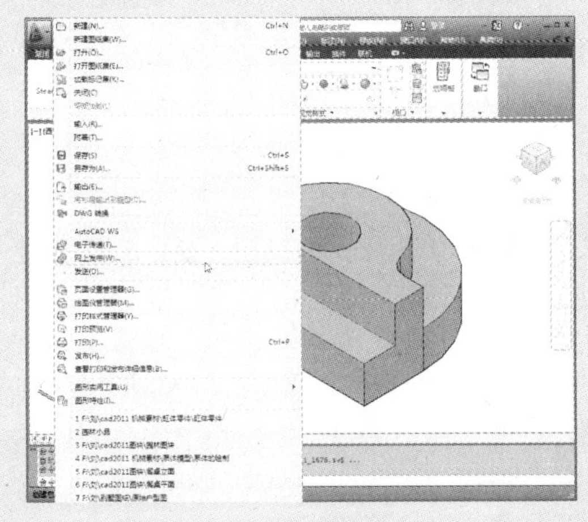

步骤 2 在打开的“网上发布 - 开始”向导窗口中，单击“创建新 Web 页”单选按钮。

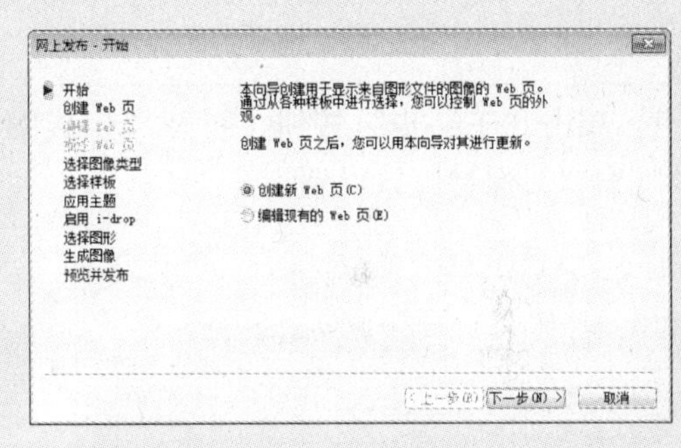

步骤 3 单击“下一步”按钮，打开“创建 Web 页”窗口，在“指定 Web 页名称”文本框中输入文字。

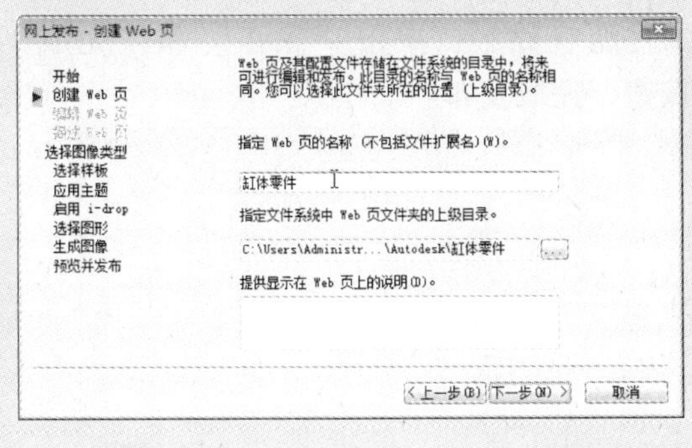

步骤 4 单击“下一步”按钮，打开“选择图像类型”窗口，选择一种图像类型并设置图像大小。

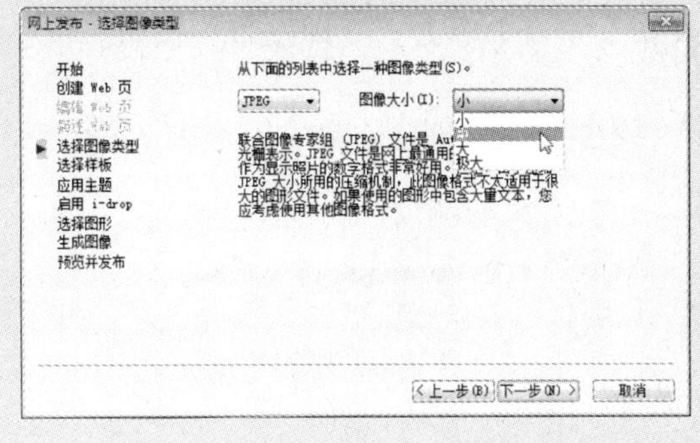

5 单击“下一步”按钮，打开“选择样板”窗口，选择样板。

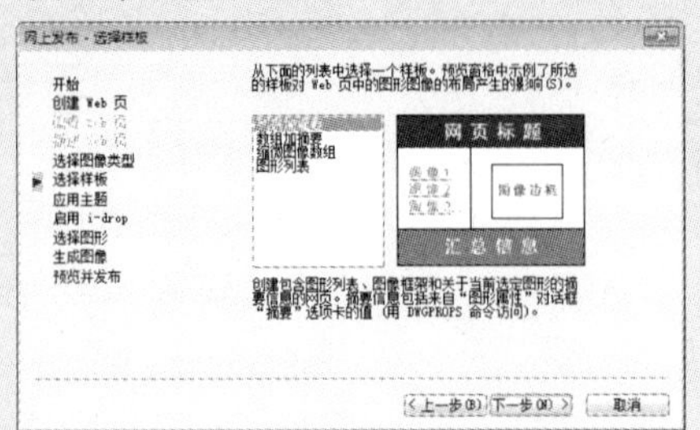

6 单击“下一步”按钮，打开“应用主题”窗口，选择预设的主题模板。

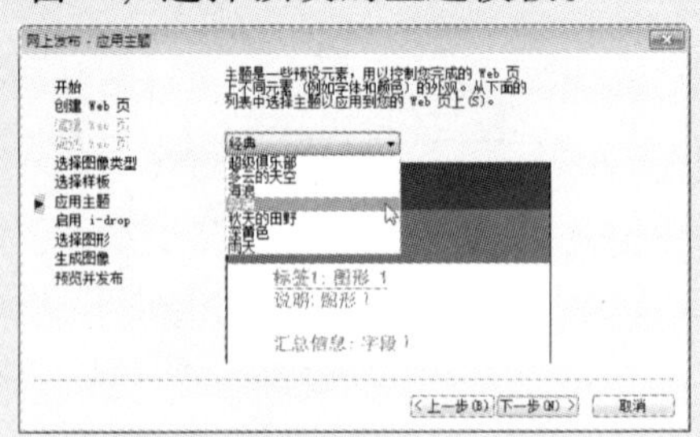

7 单击“下一步”按钮，打开“应用 i-drop”设置窗口，勾选“启用 i-drop”单选框。

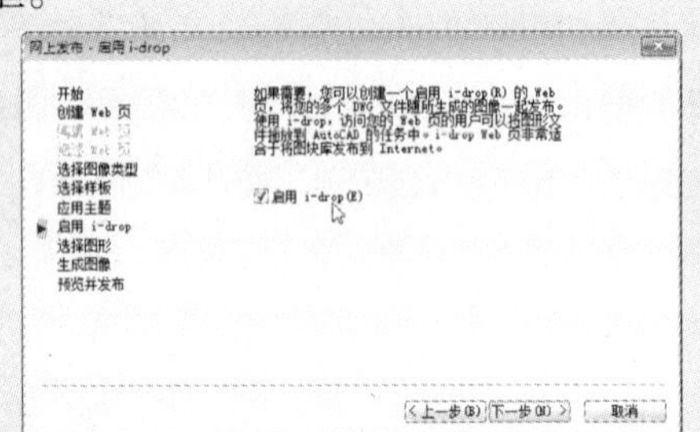

8 单击“下一步”按钮，打开“选择图形”窗口，单击“添加”按钮，将其添加至“图像列表”列表框中。

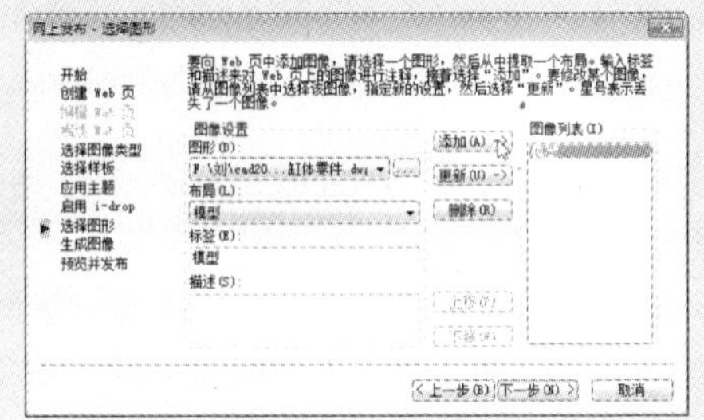

9 单击“下一步”按钮，打开“生成图像”窗口，保持默认设置。

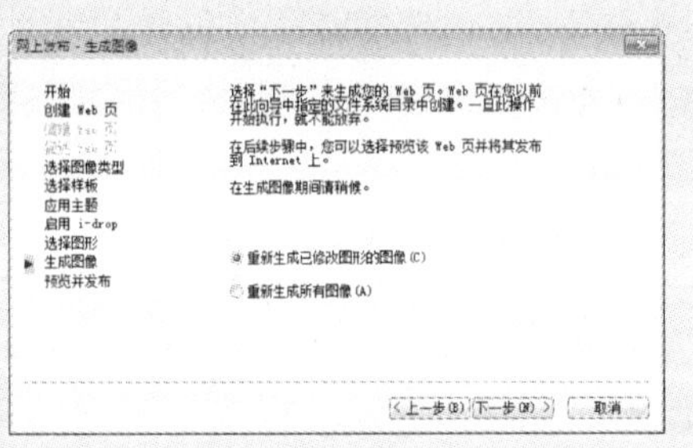

10 单击“下一步”按钮，显示打印作业进度。在打开“预览并发布”窗口，单击“预览”按钮。

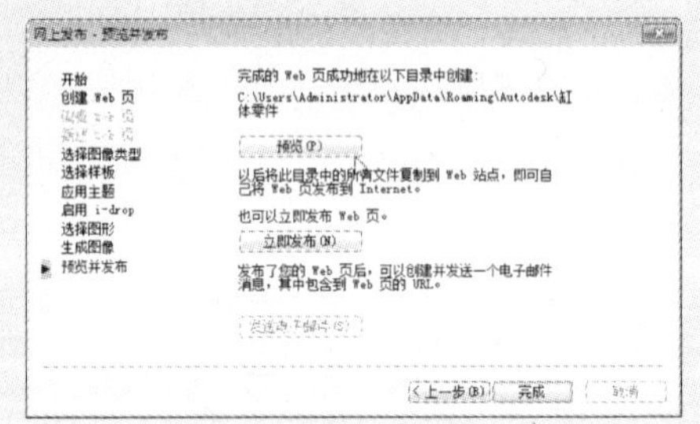

11 打开浏览窗口预览作品。在“预览并发布”窗口中单击“立即发布”按钮。

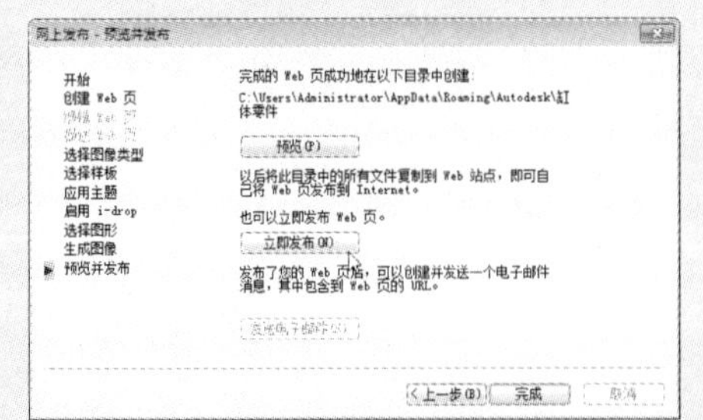

12 打开“发布 Web”对话框，设置发布文件所在路径，单击“保存”和“完成”按钮，完成发布。

13.9 上机实训

下面将以 3 个简单的实例，对本章所学的所有知识点加以巩固。

13.9.1 将 DWG 文件转换为 PDF 格式

1. 实训目的

掌握 DWG 与其他格式之间的转换操作。

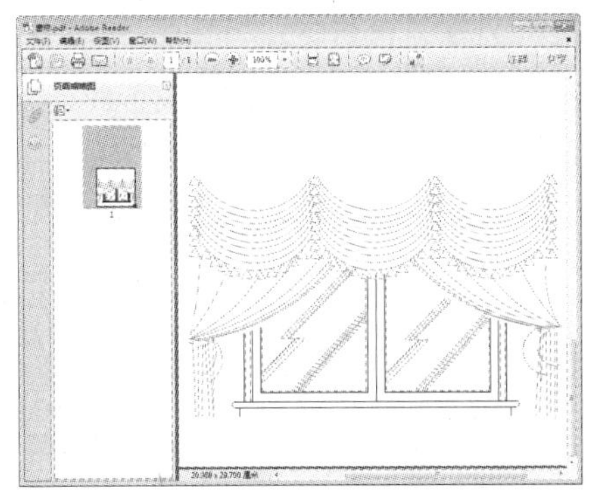

2. 实训内容

运用"输出图纸"等命令进行操作。

3. 实训过程

- 打开所需转换的素材文件。
- 单击"文件菜单"→"输出"→"pdf"命令，在打开的"另存为"对话框中，输入文件名和文件位置，单击"保存"命令，即可转换完成。

13.9.2 将 Word 文档中的文字插入 CAD 文件中

1. 实训目的

掌握"OLE 对象"命令的操作。

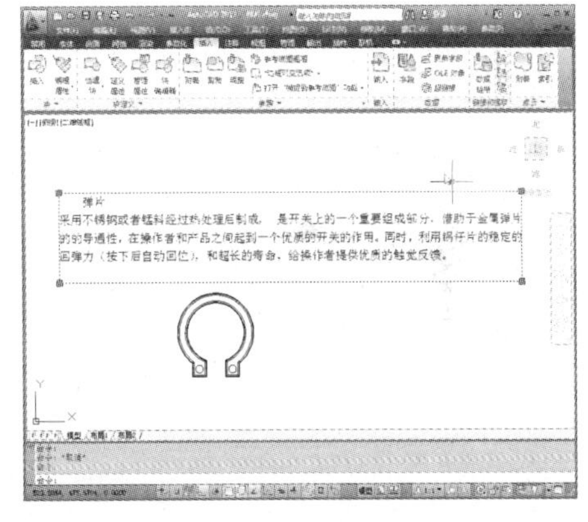

2. 实训内容

运用插入"OLE 对象"命令，来将 Word 文件插入 CAD 中。

3. 实训过程

- 打开所需转换的素材文件。单击"插入"→"数据"→"OLE 对象"命令，打开"插入对象"对话框。
- 选择"Microsoft Word 文档"选项，打开 Word 文档，输入相关文字，即可插入到 CAD 图形中。

13.9.3 将 CAD 文件添加超链接

1. 实训目的

掌握添加"超链接"命令操作。

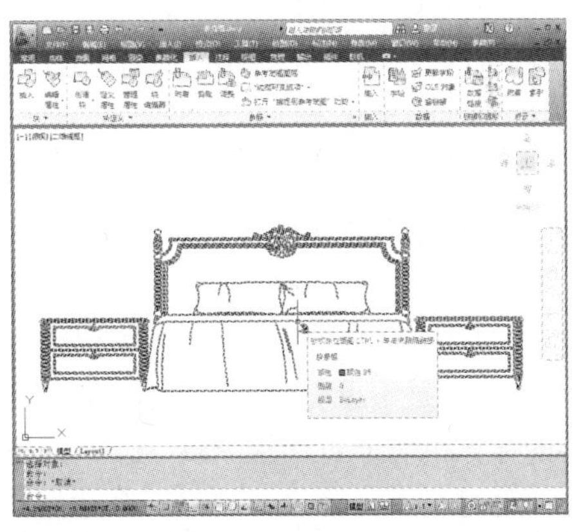

2. 实训内容

运用"插入超链接"对话框，进行设置。

3. 实训过程

- 打开所需添加的素材文件，单击"插入"→"数据"→"超链接"命令，打开"插入超链接"对话框。

在该对话框中，根据需要输入所要显示的文字内容及文件路径，即可完成。

13.10 辅助绘图锦囊

Q：如何将图纸用 Word 打印出来？

A：在 Word 软件中，单击“插入”→“文本”→“插入对象”命令，打开“对象”对话框，在该对话框中的“新建”选项卡中，选中“AutoCAD 图形”选项，单击“确定”按钮；然后，启动 AutoCAD 2012 软件，将所需 AutoCAD 图形文件粘贴至绘图框中，此时，在 Word 文档中即可显示该 CAD 图形，适当调整下图形大小，即可将其打印，如下图所示。

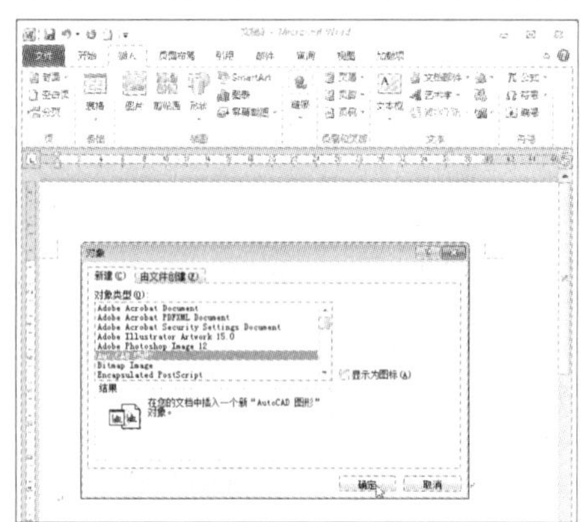
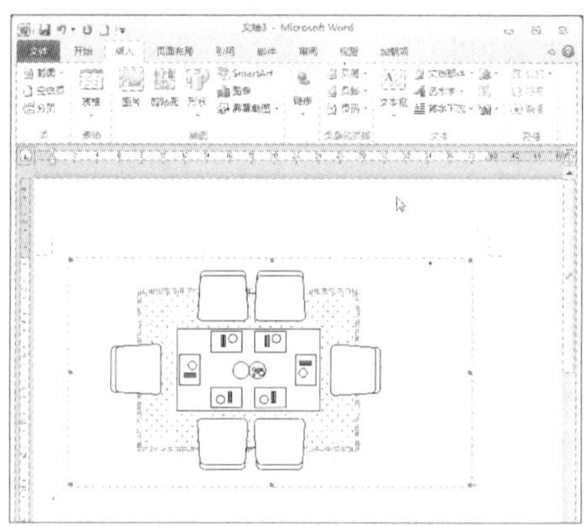

除了以上操作方法后，还可运用复制粘贴的方法进行操作，在 AutoCAD 文件中，右击选中所需插入的图形，选中“剪贴板”→“复制”选项；在 Word 文档中，右击选择“粘贴”选项，即可插入完成，如下图所示。

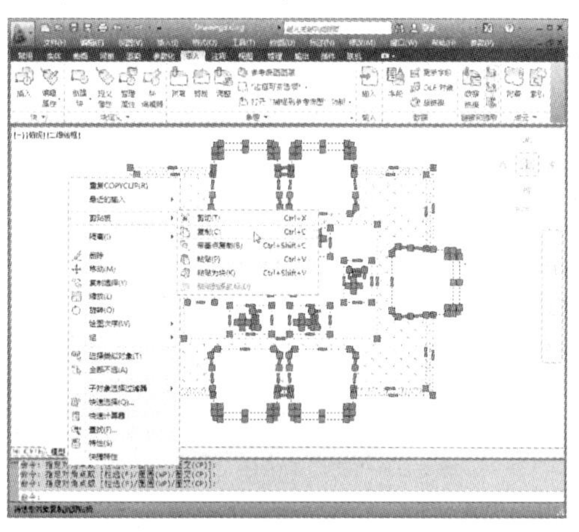
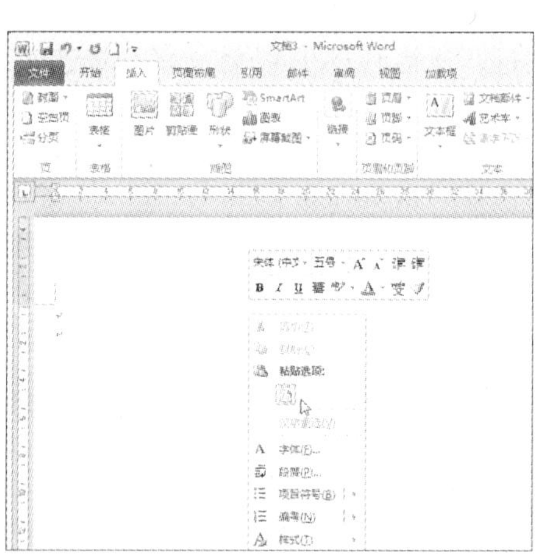

Q：什么是 DXF 文件格式？

A：DXF 文件为图形交换文件，是一种 ASCII 文本文件，它包含对应的 DWG 文件的全部信息，它不是 ASCII 码形式，可读性差，但用它形成图形速度快。不同类型的计算机，其 DWG 文件也是不可交换的。AutoCAD 提供了 DXF 类型文件，其内部为 ASCII 码，这样不同类型的计算机可通过交换 DXF 文件来达到交换图形的目的，由于 DXF 文件可读性好，用户可方便地对它进行修改、编程，来达到从外部图形进行编辑操作的目的。

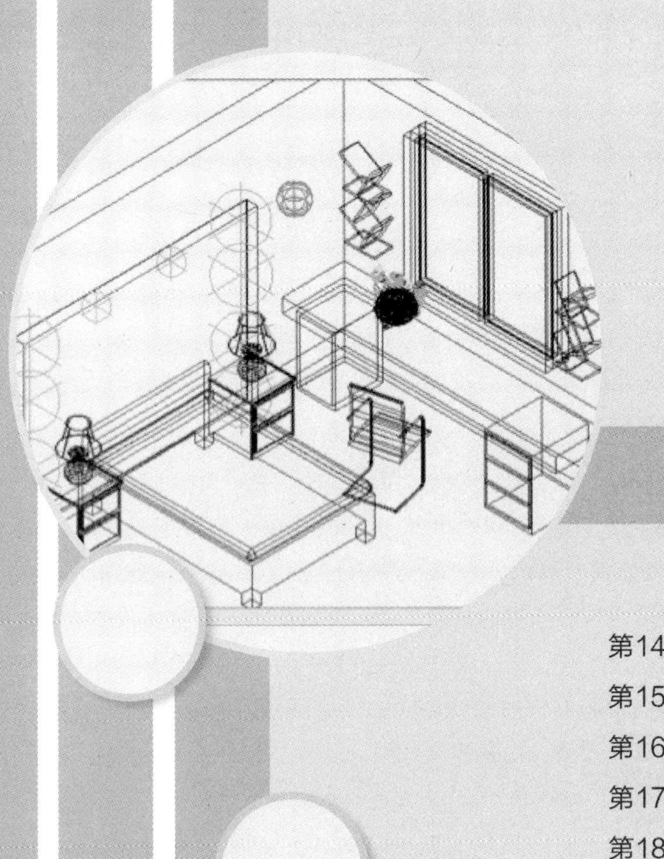

实战应用篇

第 14 章　室内平面图的绘制

本章概述：

平面布置图在工程上一般是指建筑物布置方案的一种简明图解形式，用以表示建筑物、构筑物、设施、设备等的相对平面位置。在建筑制图中占据着重要的位置。从平面图上能够反映出各空间的功能和布局情况。本章将以咖啡厅为例，来介绍平面布置图的绘制流程，效果如下图所示。

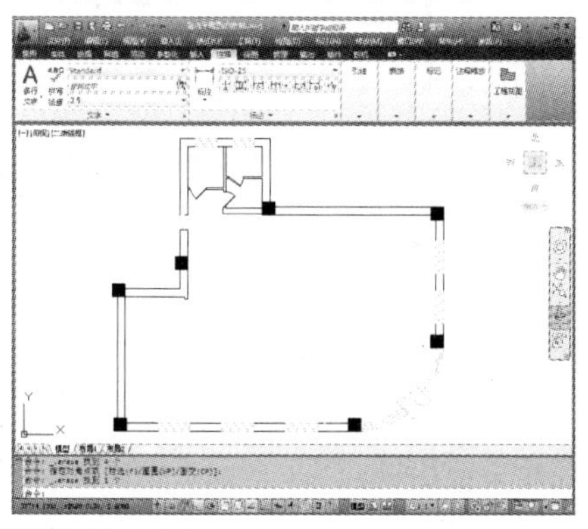

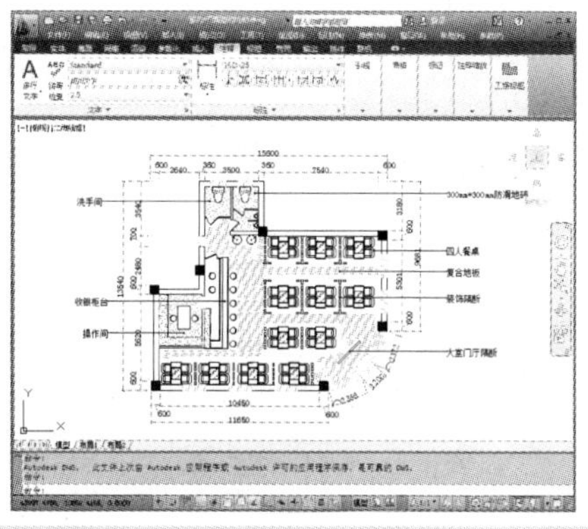

14.1　绘制咖啡厅墙体平面图

在绘制平面布置图之前，通常先按照墙体尺寸，绘制出咖啡厅的户型图，从而根据该户型图，来划分整个空间。

14.1.1　绘制墙体线

下面将利用“多线”和“圆”命令，绘制出咖啡厅外墙线。

步骤 1： 启动 AutoCAD 2012 软件，单击“图层特性”命令，创建新层，并将其命名为“墙体线”，如下左图所示。

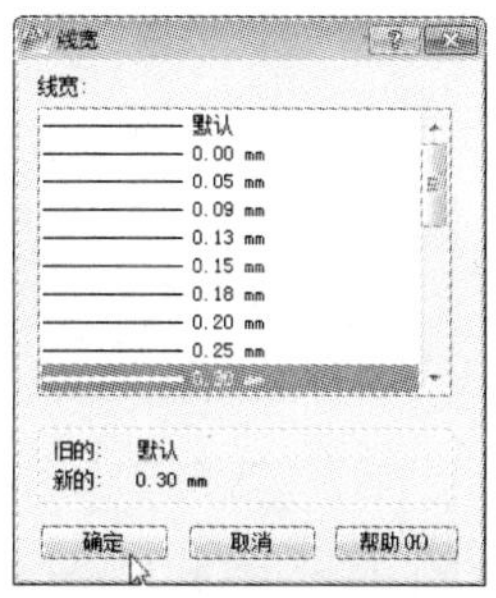

步骤2：单击“线宽”选项，在打开的“线宽”对话框中，将当前线宽设置为0.30mm，并单击“确定”按钮，如上右图所示。

步骤3：按照同样的操作方法，完成其他图层的创建。其后双击“墙体线”图层，将其设置当前层，如下左图所示。

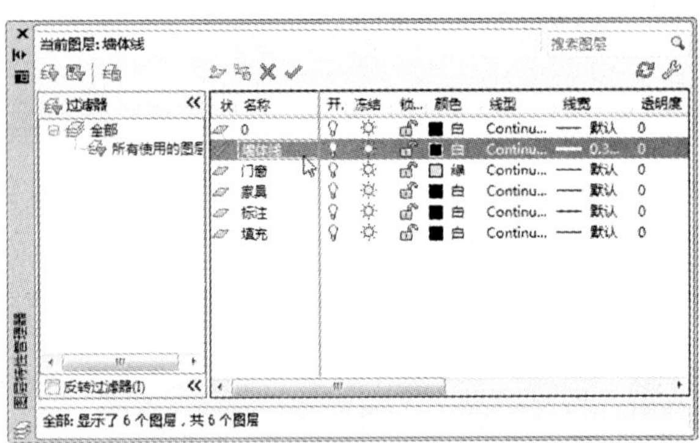

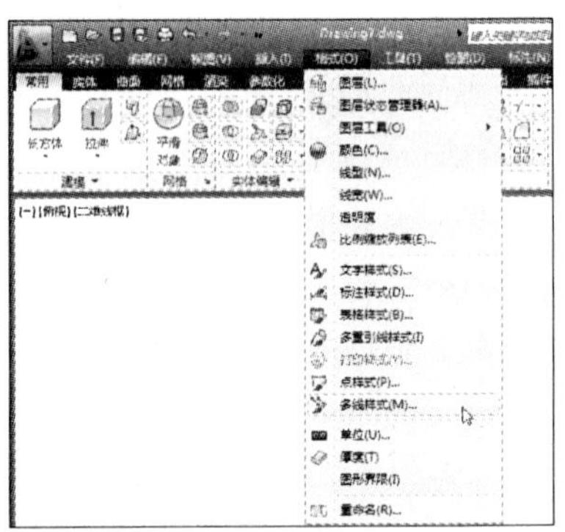

步骤4：单击菜单栏的“格式”→“多线样式”命令，打开“多线样式”对话框，如上右图所示。

步骤5：在该对话框中，单击“修改”命令，如下左图所示。

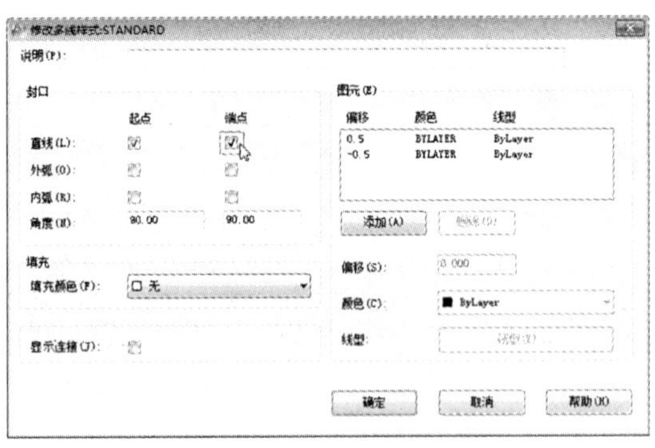

步骤6：在打开的“修改多线样式”对话框中，勾选“直线”下的“起点”和“端点”复选框，如上右图所示。

步骤7：设置好后，单击“确定”按钮，返回上一层对话框，并单击“确定”按钮，完成多线样式的设置，如下左图所示。

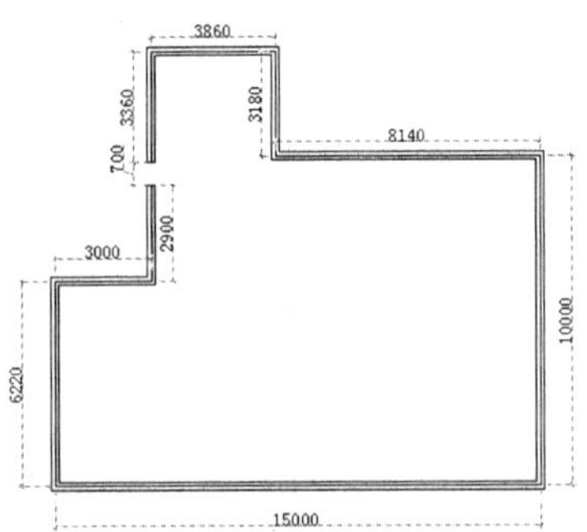

步骤 8：在命令行中输入“ML”，按空格键，启动“多线”命令，根据命令行的提示，设置多线参数，其后将鼠标移至绘图区，按照户型尺寸，绘制出咖啡厅墙体线，如上右图所示。

命令行提示如下：

```
命令:ml MLINE
当前设置:对正 = 上,比例 = 20.00,样式 = STANDARD
指定起点或 [对正(J)/比例(S)/样式(ST)]:s                 (选择“比例”选项)
输入多线比例 <20.00>:240                                (输入比例值)
当前设置:对正 = 上,比例 = 240.00,样式 = STANDARD
指定起点或 [对正(J)/比例(S)/样式(ST)]:j                 (选择“对正”选项)
输入对正类型 [上(T)/无(Z)/下(B)] <上>:z                 (选择“无”选项)
当前设置:对正 = 无,比例 = 240.00,样式 = STANDARD
指定起点或 [对正(J)/比例(S)/样式(ST)]:                  (指定墙体线起点)
指定下一点:                                             (按照墙体尺寸,指定下一点)
```

14.1.2　绘制墙体立柱

绘制完墙体后，通常就需添加墙体立柱。在建筑领域中，建筑立柱可分为多种。下面将分别对其做简单介绍。

1. 普通钢筋混凝土柱

对多层及小高层建筑的底层柱，应首选普通钢筋混凝土柱，由于柱子轴向力不是很大，多数情况下柱子既可满足规范规定的轴压比限值，截面尺寸又不致很大。很多层数为 20 ~ 30 层的高层建筑，采用 C50 ~ C60 级混凝土，也能很好地满足设计要求。普通钢筋混凝土柱是目前高层建筑中使用最多的柱子类型，如下左图所示。

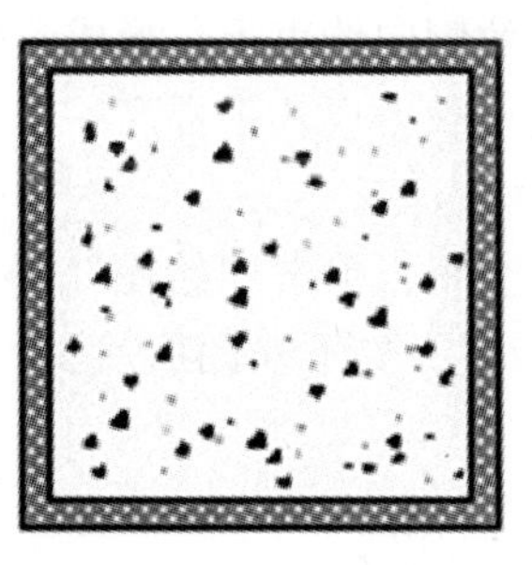

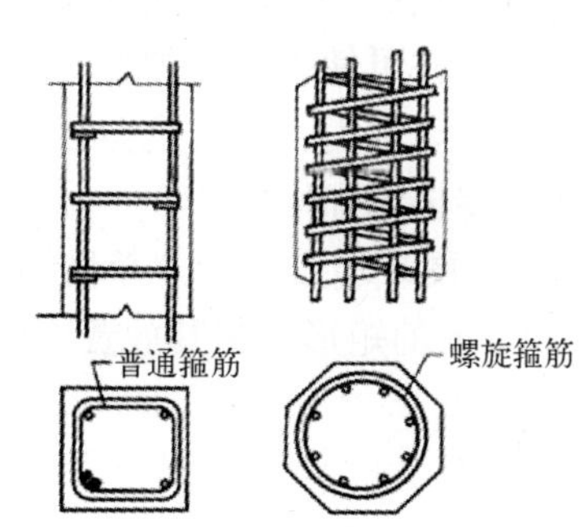

2. 高强钢筋混凝土柱

据分析，采用 C60 ~ C80 高强度混凝土可以减小柱截面面积约 30% 左右（与 C40 相比），目前，不少高层建筑底部柱多采用 C60 混凝土，效果较好。但高强混凝土延性差，容易造成柱子的脆性破坏，混凝土强度越高，其延性越差，须配置较多的箍筋约束混凝土，方可使其具有较好的延性和抗震性能，故建议少用或不用。目前国内采用 C65 以上高强混凝土柱的高层建筑已很少见了。

3. 配有螺旋箍筋的钢筋混凝土柱

混凝土处于三向受压状态，不仅可提高其强度，还可提高其延性。配有螺旋箍筋的钢筋混凝土柱正是利用了混凝土的这个性质。而其缺点就是螺旋箍筋制作较为麻烦，施工不太方便。方柱的约束效果不如圆柱好。这些都影响了配有螺旋箍筋的钢筋混凝土柱的实际应用，如上右图所示。

4. 型钢混凝土柱

型钢混凝土柱就是在钢筋混凝土柱内配置型钢（含钢率一般为4%～10%），使型钢骨架和钢筋混凝土形成整体，协同工作，共同受力。它既具有钢筋混凝土结构的特点，又具有钢结构的特点，其承载力高、刚度大，且具有良好的延性和抗震性能，同时防火性能也很好，如下图所示。

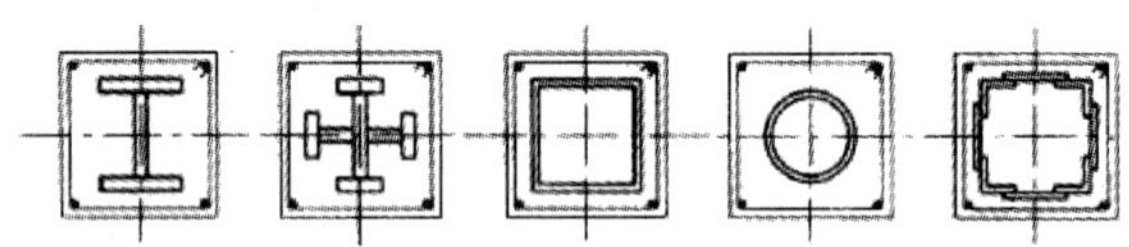

5. 增设芯柱的钢筋混凝土柱

增设芯柱的钢筋混凝土柱具有良好的耗能能力，延展性大大提高。核心部位配置钢筋可减小柱截面尺寸，改善高轴压比下框架柱的抗震性能。它可减小柱截面面积，同时施工也很方便，用在高层建筑的下层部位效果较好。

6. 钢筋混凝土分体柱

分体柱的特点是采用隔板将整截面柱沿短柱方向分为等截面的单元柱并分别配筋，单元柱之间应有隔板作为填充材料。分体柱不能减小相应整截面柱的截面尺寸，同时分体柱对隔板的材料、施工质量要求较高，目前工程实际应用较少。

7. 钢管混凝土柱

钢管混凝土柱就是在钢管柱内浇灌混凝土，使钢管和管内混凝土形成整体，协同工作，共同受力。钢管混凝土柱可使钢管内的混凝土处于有效侧向约束下，形成三向应力状态，因而能大大提高柱的抗压承载力，同时抗剪强度和抗扭承载力也几乎提高一倍。

下面将为咖啡厅墙体添加墙柱。

步骤1：将当前绘图环境设置为“草图与注释”空间，单击“绘图”→“矩形”命令，绘制长、宽都为600mm的矩形，将其放置墙体合适位置，如下左图所示。

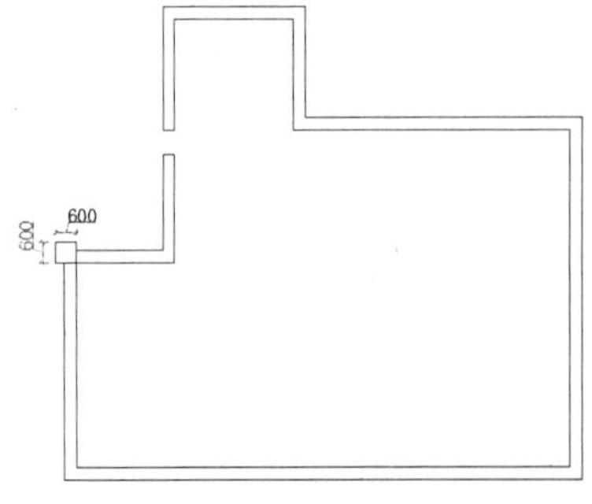

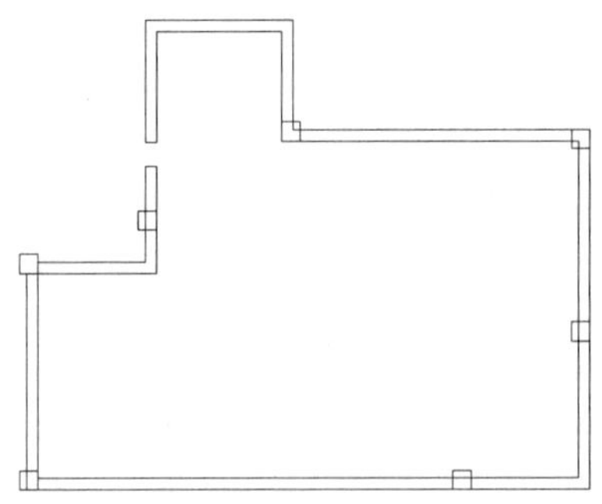

命令行提示如下：

```
命令:rec RECTANG
指定第一个角点或[倒角(C)/标高(E)/圆角(F)/厚度(T)/宽度(W)]:(指定矩形任意一角点)
指定另一个角点或[面积(A)/尺寸(D)/旋转(R)]:@600,600          (输入矩形长、宽值)
```

步骤2：选中绘制好的矩形墙柱，单击“修改”→“复制”命令，将其复制位移至房型其他位置，如上右图所示。

步骤3：单击“修剪”→“修剪”命令，或在命令行中输入“TR”，按两次空格键，选中墙柱中的墙线，即可删除该墙线，如下左图所示。

命令行提示如下：

```
命令:tr TRIM
当前设置:投影=UCS,边=无
选择剪切边...
选择对象或<全部选择>:                                  (按回车键)
选择要修剪的对象,或按住 Shift 键选择要延伸的对象,或
[栏选(F)/窗交(C)/投影(P)/边(E)/删除(R)/放弃(U)]:        (按回车键)
指定对角点:                                            (选择所需删除的线段)
```

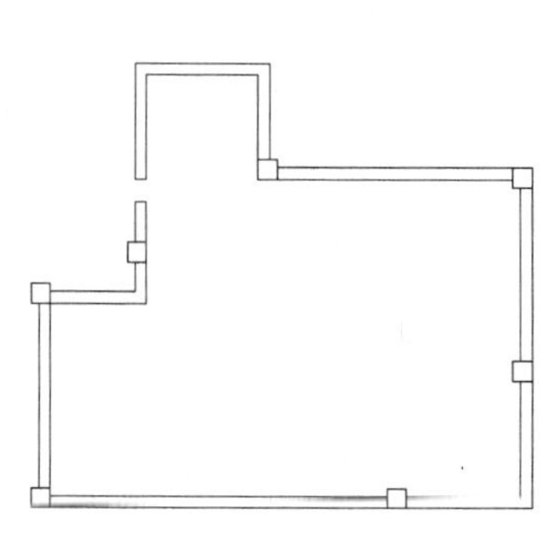

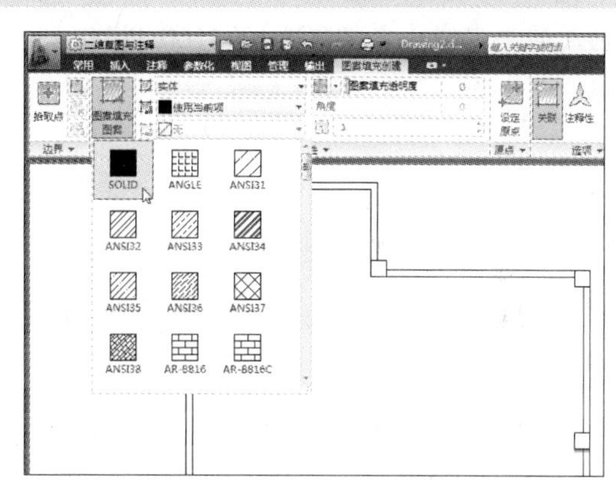

步骤4：单击“绘图”→“图案填充”命令，在打开的“图案填充创建”选项卡中，选择一款合适的图案，如上右图所示。

步骤5：选择完成后，根据命令行的提示，选中墙柱，即可完成填充，至此墙体立柱则已添加完毕，如下图所示。

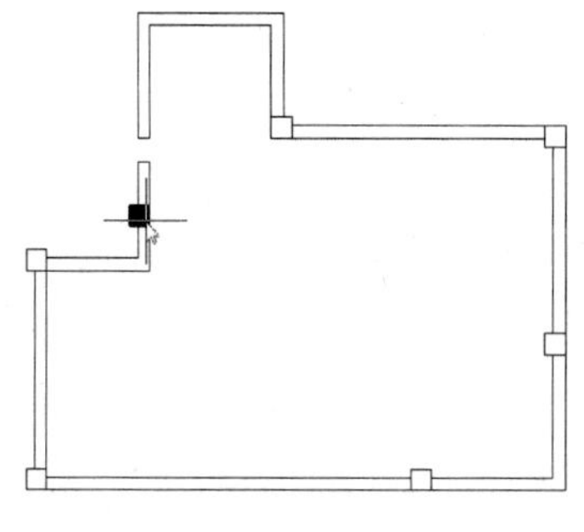

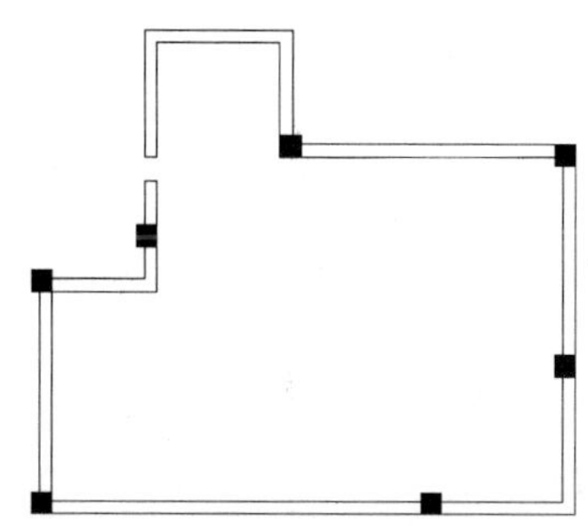

14.1.3 绘制门窗

墙柱绘制完成后，即可绘制咖啡厅的正门及窗户，其操作步骤如下：

步骤1：打开“图层特性”对话框，双击“门窗”图层，将其设为当前层，如下左图所示。

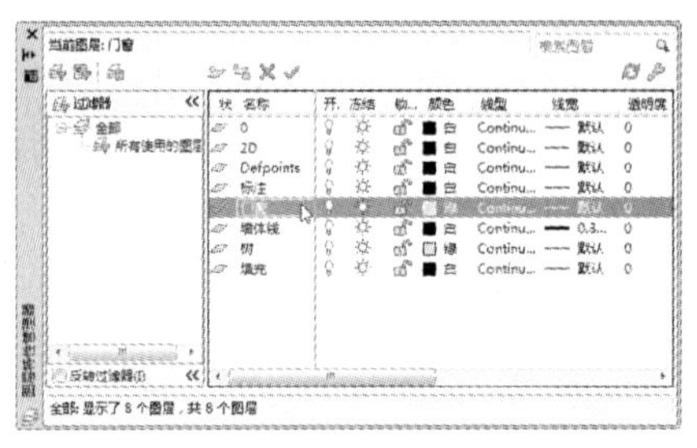

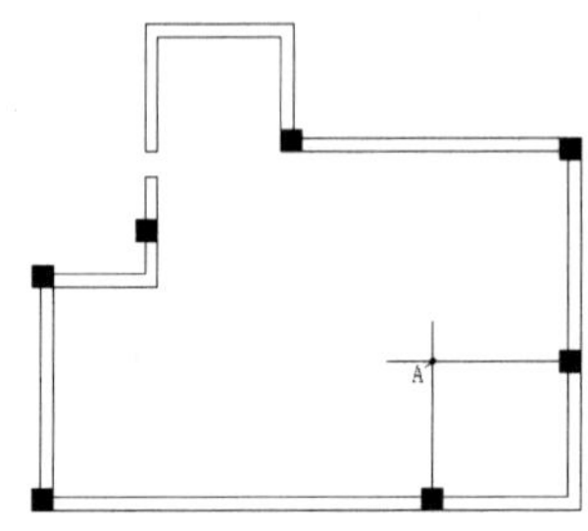

步骤2：单击“直线”命令，绘制两条辅助线，并相交于点A，如上右图所示。

步骤3：单击“圆”命令，以点A为中心，以A点到墙线的距离为半径，绘制一个圆形，如下左图所示。

命令行提示如下：

```
命令:_circle 指定圆的圆心或 [三点(3P)/两点(2P)/切点、切点、半径(T)]:(选取点 A)
指定圆的半径或 [直径(D)] <4160.0000 >:                    (捕捉外围墙线点 B)
```

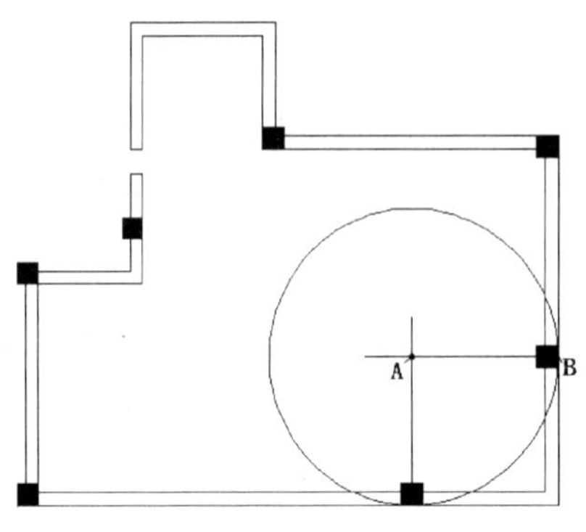

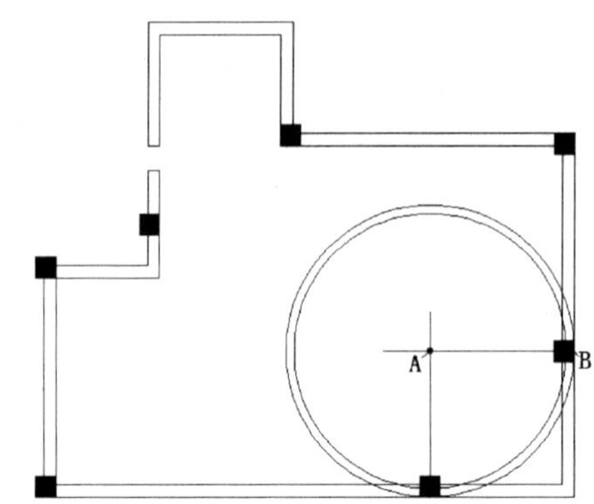

步骤4：单击“偏移”命令，根据命令行的提示，将刚绘制的辅助圆向内偏移240mm，如上右图所示。

命令行提示如下：

```
命令:o OFFSET
当前设置:删除源 = 否    图层 = 源    OFFSETGAPTYPE = 0
指定偏移距离或 [通过(T)/删除(E)/图层(L)] <通过>:  240          (输入偏移距离)
选择要偏移的对象,或 [退出(E)/放弃(U)] <退出>:                  (选择辅助圆)
指定要偏移的那一侧上的点,或 [退出(E)/多个(M)/放弃(U)] <退出>:  (向圆内指定一点)
选择要偏移的对象,或 [退出(E)/放弃(U)] <退出>:  *取消*
```

步骤 5：单击“修剪”命令，将当前图形进行修剪，具体可参照命令行提示进行绘制，如下左图所示。

命令行提示如下：

```
命令:TR TRIM
当前设置:投影 = UCS,边 = 无
选择剪切边...
选择对象或 <全部选择>:                                   (按回车键)
选择要修剪的对象,或按住 Shift 键选择要延伸的对象,或
[栏选(F)/窗交(C)/投影(P)/边(E)/删除(R)/放弃(U)]: (按回车键,并选择所需删除
                                                  的线段)
```

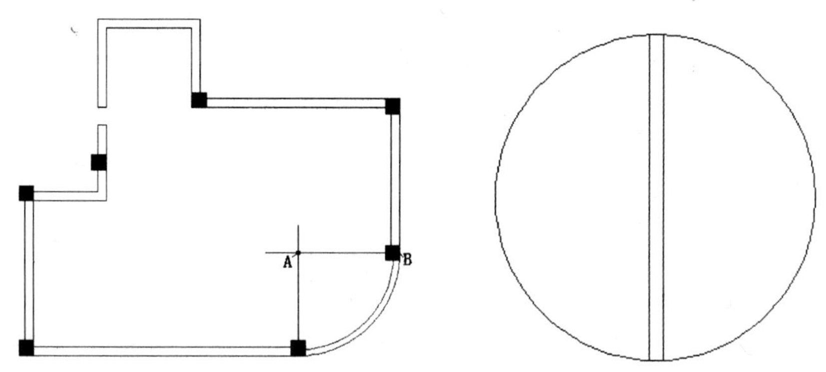

步骤 6：单击“矩形”命令，绘制长 2000mm，宽 40mm 的两个长方形，并单击“圆”命令，绘制一个直径为 2000mm 的圆，如上右图所示。

命令行提示如下：

```
命令:rec RECTANG
指定第一个角点或 [倒角(C)/标高(E)/圆角(F)/厚度(T)/宽度(W)]: (任意指定一点)
指定另一个角点或 [面积(A)/尺寸(D)/旋转(R)]:@40,1200          (输入长、宽值)
命令:c CIRCLE 指定圆的圆心或 [三点(3P)/两点(2P)/切点、切点、半径(T)] (捕捉长方
                                                              形中点)
指定圆的半径或 [直径(D)] <900.0000>:d                      (选择“直径”选项)
指定圆的直径 <1800.0000>:1200                               (输入直径值)
```

步骤 7：单击“修剪”命令，将圆修剪为半圆，并单击“镜像”命令，以线段 L 为镜像轴，将半圆进行镜像，完成双开门的绘制，如下图所示。

命令行提示如下：

```
命令:tr TRIM
当前设置:投影 = UCS,边 = 无
选择剪切边...
选择对象或 <全部选择>:                                        (按回车键)
```

```
选择要修剪的对象,或按住 Shift 键选择要延伸的对象,或
[栏选(F)/窗交(C)/投影(P)/边(E)/删除(R)/放弃(U)]:  指定对角点:(按回车键,并
                                                              选择圆形)
命令:MI MIRROR
选择对象:指定对角点:找到 2 个                              (选中半圆和长方形)
选择对象:  指定镜像线的第一点:                             (选择线段 L 的起点)
指定镜像线的第二点:                                        (选择线段 L 的末点)
要删除源对象吗? [是(Y)/否(N)] <N>:                         (按回车键,完成操作)
```

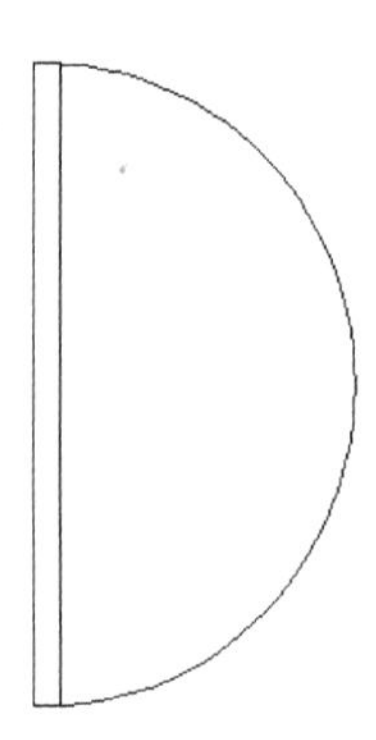

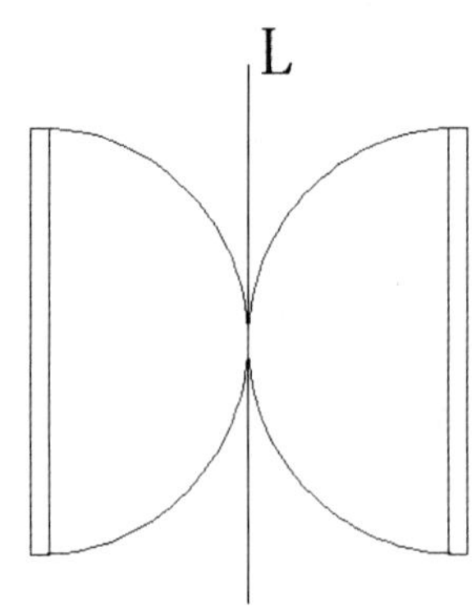

步骤8：单击“旋转”命令，将所绘制的门旋转45°，并移至咖啡厅合适位置，如下左图所示。

命令行提示如下：

```
命令:_rotate
UCS 当前的正角方向:  ANGDIR=逆时针   ANGBASE=0
选择对象:指定对角点:找到 4 个                              (选中大门图形)
选择对象:                                                  (按回车键)
指定基点:                                                  (选择旋转基点)
指定旋转角度,或[复制(C)/参照(R)]<0>:  <正交 开>45          (输入旋转角度)
```

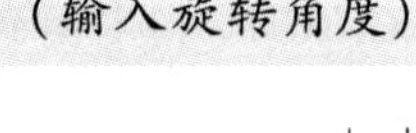

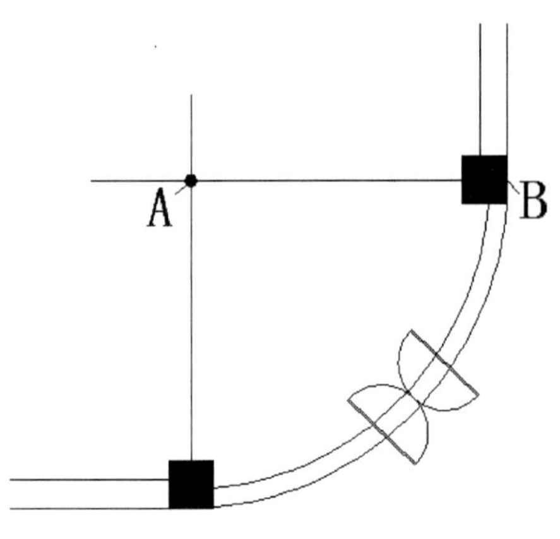

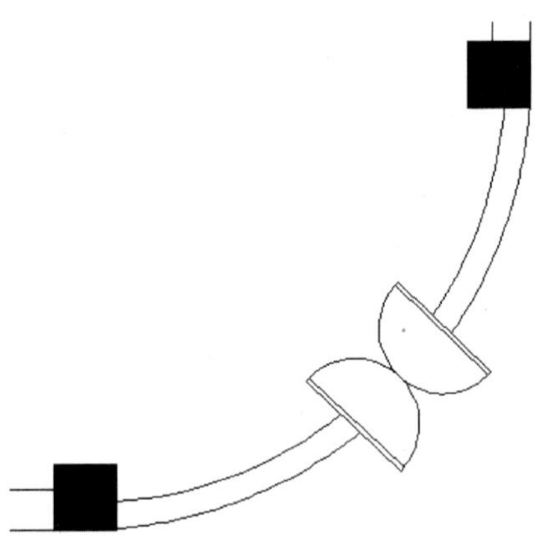

步骤 9：单击“修剪”命令，将门中多余墙线进行删除，如上右图所示。

步骤 10：单击“偏移”命令，将咖啡厅入口的弧线向内依次偏移 80mm，如下左图所示。

命令行提示如下：

```
命令:o OFFSET
当前设置:删除源 = 否　图层 = 源　OFFSETGAPTYPE = 0
指定偏移距离或 [通过(T)/删除(E)/图层(L)] <240.0000 >:80　　　　(输入偏移值)
选择要偏移的对象,或 [退出(E)/放弃(U)] <退出 >:　　　　(选择所需偏移的弧线)
指定要偏移的那一侧上的点,或 [退出(E)/多个(M)/放弃(U)] <退出 >:(向内任意指定一点)
```

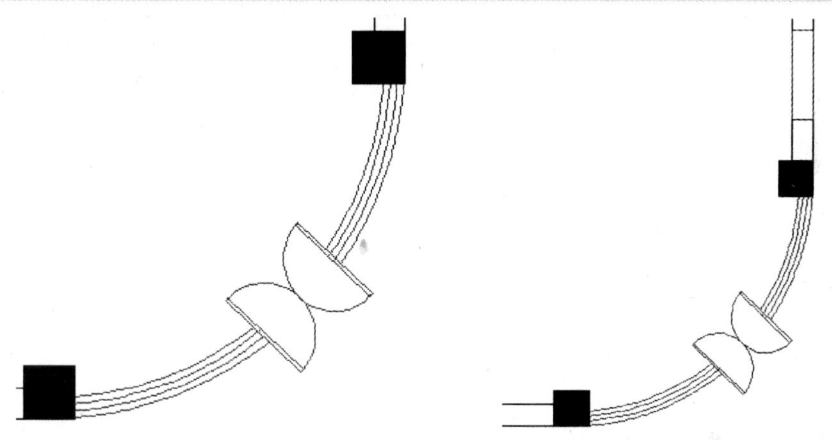

步骤 11：单击“矩形”命令，绘制一个长为 1500mm、宽为 360mm 的长方形，作为窗户，放置墙体适当位置，单击“分解”命令，将该长方形进行分解，如上右图所示。

命令行提示如下：

```
命令:rec RECTANG
指定第一个角点或 [倒角(C)/标高(E)/圆角(F)/厚度(T)/宽度(W)]:(任意指定一点)
指定另一个角点或 [面积(A)/尺寸(D)/旋转(R)]:@360,1500　　　　(输入长、宽值)
命令:x EXPLODE
选择对象:找到 1 个　　　　(选中长方形)
选择对象:　　　　(按回车键,完成操作)
```

步骤 12：单击“定数等分”命令，将该长方形等分成 3 份，并单击“直线”命令，绘制等分线，完成窗户的绘制，如下左图所示。

命令行提示如下：

```
命令:div DIVIDE
选择要定数等分的对象:　　　　(选择长方形上侧边线)
输入线段数目或 [块(B)]:3　　　　(输入等分值)
```

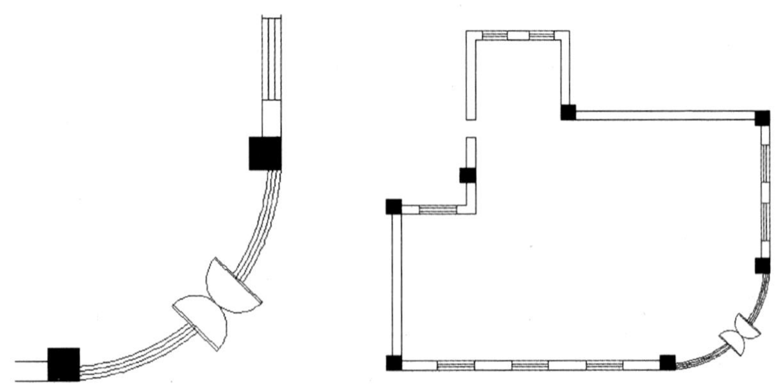

步骤 13：按照同样的尺寸和操作方法，完成剩余窗户的绘制，如上右图所示。

步骤 14：绘制后门。单击“矩形”命令，绘制长为 700mm、宽为 40mm 的长方形，并单击“旋转”命令，将矩形旋转 45°，单击“圆弧”命令，绘制门弧线，如下左图所示。

命令行提示如下：

```
命令:rec RECTANG
指定第一个角点或[倒角(C)/标高(E)/圆角(F)/厚度(T)/宽度(W)]:(指定任意一点)
指定另一个角点或[面积(A)/尺寸(D)/旋转(R)]:@40,700                    (输入长、宽值)
命令:指定对角点或[栏选(F)/圈围(WP)/圈交(CP)]:
命令:RO ROTATE
UCS 当前的正角方向:  ANGDIR=逆时针   ANGBASE=0
找到 1 个(选择长方形)
指定基点:(指定方形右下角点)
指定旋转角度,或[复制(C)/参照(R)]<270>:  45                            (输入旋转角度)
命令:指定对角点或[栏选(F)/圈围(WP)/圈交(CP)]:                          (按回车键,完成操作)
```


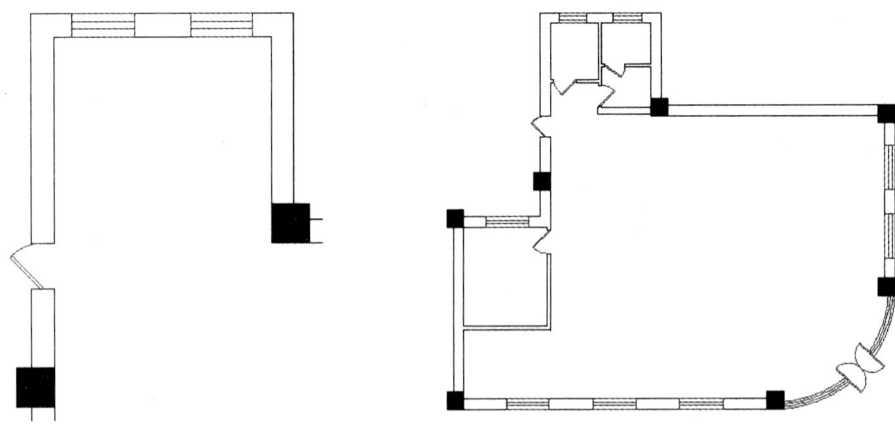

步骤 15：将“墙体线”层设置为当前层，单击“直线”命令，绘制出内墙线，完成咖啡厅内部空间的划分，如上右图所示。

14.2　调用图块布置平面布局

咖啡厅的空间区域已布置完成，接下来就需绘制餐桌、橱柜、座椅等装饰物。这里，读者可利用“矩形”、“复制”、“定数等分”、“线型特性”以及“插入块”命令，来进行绘制。

14.2.1　绘制储物柜

下面将运用“矩形”、“定距等分”以及“线型特性”命令来绘制。

步骤 1：双击“家具”图层，将其设为当前层，单击“矩形”命令，绘制长为 2620mm、宽为 350mm 的长方形，放置图形合适的位置，如下左图所示。

命令行提示如下：

```
命令:rec RECTANG
指定第一个角点或[倒角(C)/标高(E)/圆角(F)/厚度(T)/宽度(W)]:(任意指定一点)
指定另一个角点或[面积(A)/尺寸(D)/旋转(R)]:@2620,350  (输入长、宽值)
```

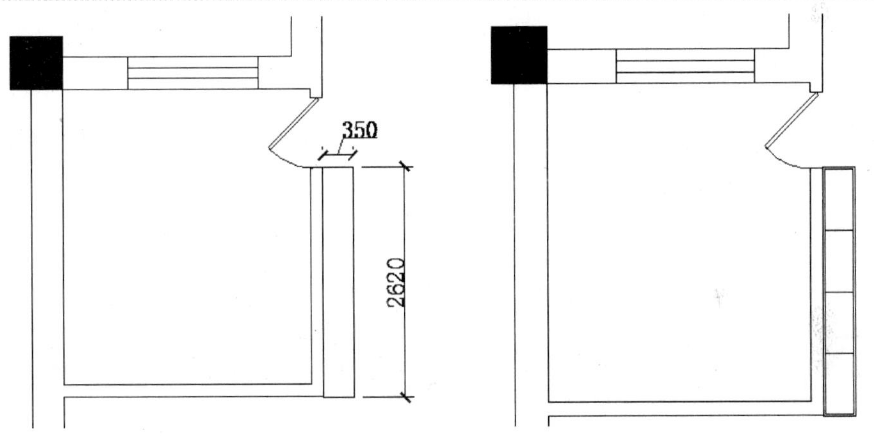

步骤 2：单击“偏移”命令，将矩形向内偏移 20mm。其后，单击“分解”命令，将储物柜进行分解，并单击“定数等分”命令，将储物柜等分成 4 块，如上右图所示。

命令行提示如下：

```
命令:o OFFSET
当前设置:删除源 = 否  图层 = 源  OFFSETGAPTYPE = 0
指定偏移距离或[通过(T)/删除(E)/图层(L)]<80.0000>:  20 (输入偏移距离值)
选择要偏移的对象,或[退出(E)/放弃(U)]<退出>:          (选择储物柜外轮廓线)
指定要偏移的那一侧上的点,或[退出(E)/多个(M)/放弃(U)]<退出>:(向内指定一点)
命令:x EXPLODE
选择对象:找到 1 个                                   (选择偏移后的轮廓线)
```

```
选择对象:                                  (按回车键,完成分解)
命令:div DIVIDE
选择要定数等分的对象:                      (选择内轮廓线右侧线段)
输入线段数目或[块(B)]:4                    (输入等分数值)
```

步骤3：选择偏移后的线段，在命令行中输入“CH”，在“线型”下拉列表中选择“虚线”选项，将其“线型比例”设为2，并选择适当的颜色，如下左图所示。

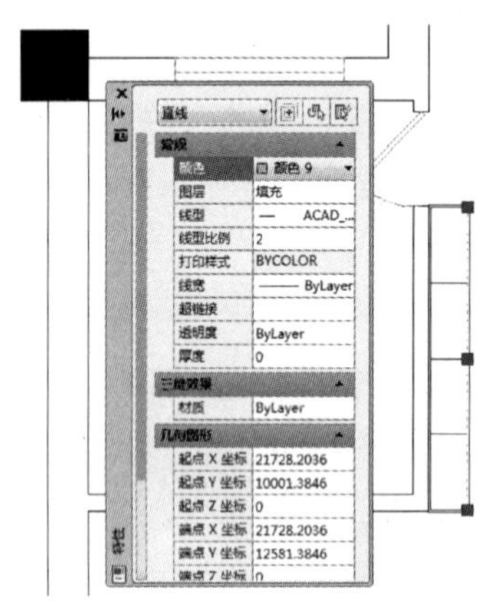

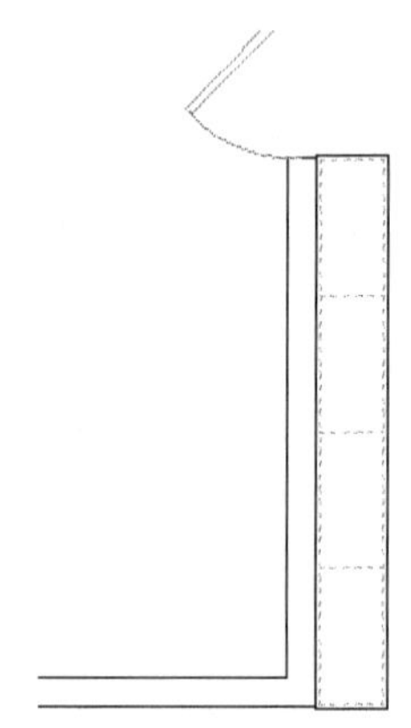

步骤4：在命令行中输入“MA”后按回车键，并根据其信息，将其他线段都设为虚线，如上右图所示。

命令行提示如下：


```
命令:MA MATCHPROP
选择源对象:                                (选择虚线段)
当前活动设置: 颜色 图层 线型 线型比例 线宽 透明度 厚度 打印样式 标注 文字 图案填充
多段线 视口 表格材质 阴影显示 多重引线
选择目标对象或[设置(S)]:指定对角点:        (选择所需要匹配的线段)
选择目标对象或[设置(S)]:
```

步骤5：单击“直线”、“等数等分”和“特性匹配”命令，完成操作间中储物柜的绘制，如下左图所示。

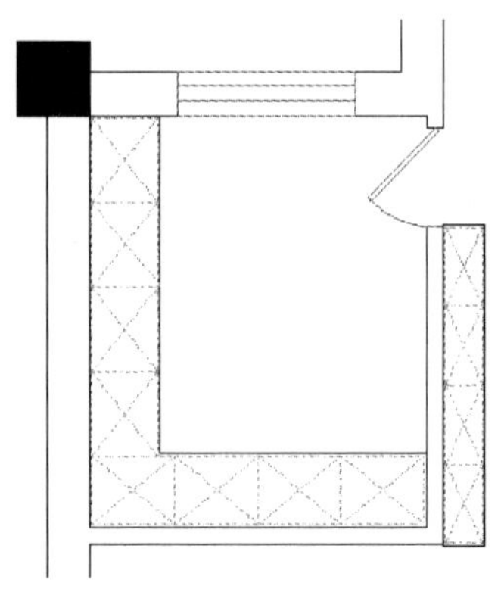

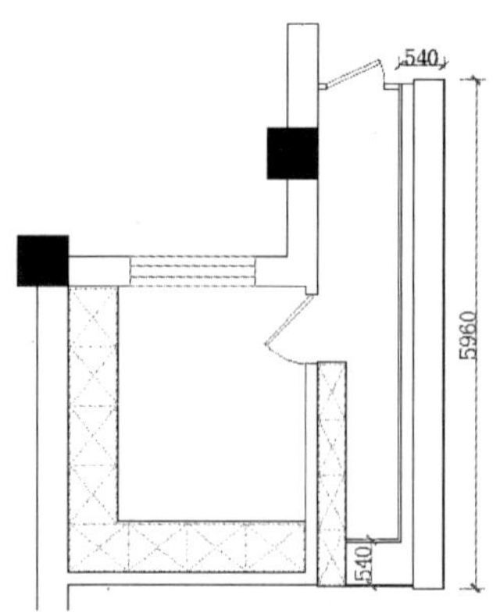

步骤6：单击“直线”、“矩形”和“偏移”命令，绘制咖啡厅收银台平面，如上右图所示。

步骤7：单击“矩形”和“复制”命令，绘制储物柜门，如下左图所示。

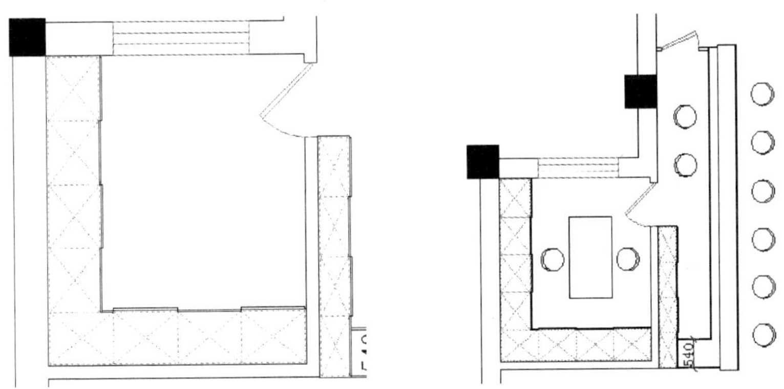

步骤8：单击“插入块”命令，将吧椅图块调入其中，并放入收银台合适位置，如上右图所示。

操作提示：

在 AutoCAD 的使用中，绘制各种图形，不管繁简与否，都会使用到层。图形越复杂，所涉及的层也越多。“图层”虽说是 AutoCAD 中较简单的工具，但也是最有效的工具之一。切实理解层的概念，合理运用层的各项操作，都将会直接影响图形绘制的质量。同时，也可使繁琐的工作变得简单而有趣。

14.2.2　插入模型图块

下面将运用“插入块”命令或“复制”命令，将餐座椅图块以及卫生间图块调入其中。

步骤1：单击“插入块”命令，将所需的桌椅图块调入图形，将其摆放好，如下左图所示。

步骤2：按照同样的操作方法，将座便器以及洗手池图块调入图形中，如下右图所示。

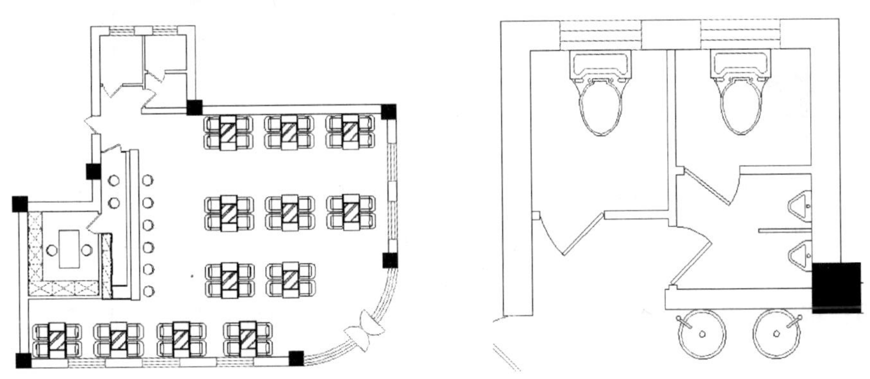

步骤3：单击“矩形”以及“旋转”命令，来绘制门厅以及隔断装饰，如下左图所示。

步骤4：按照同样的操作方法，完成其他地面材料的注释，如上右图所示。

14.4 标注咖啡厅平面

尺寸标注是建筑制图中的一项重要内容之一。它可以方便地解决在施工过程中所遇到的尺寸问题。

14.4.1 尺寸标注

在进行尺寸标注时，需要先对尺寸标注样式进行设置。

步骤1：将标注层设置当前层，在命令行中输入“D”，按空格键，打开“标注样式管理器”对话框，在该对话框中，单击“修改”按钮，如下左图所示。

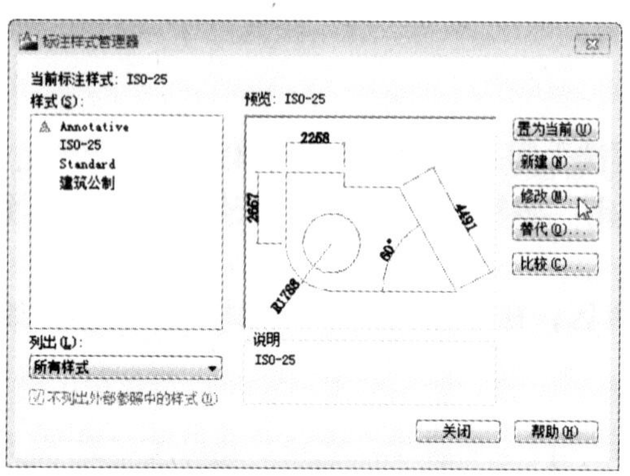

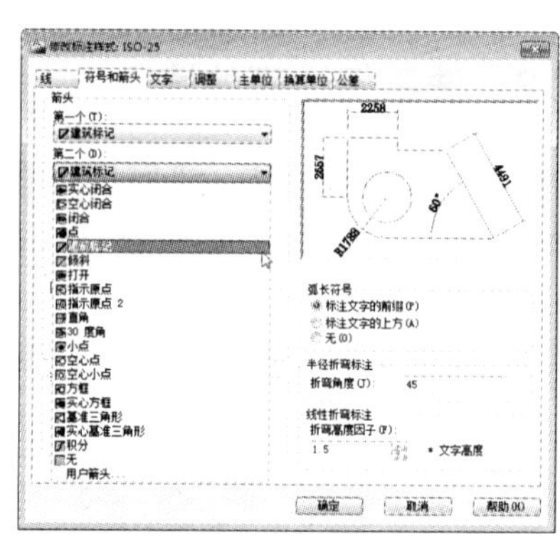

步骤2：在打开的“修改标注样式”对话框中，单击“符号和箭头”选项卡，并将箭头设置为“建筑标记”，如上右图所示。

步骤3：设置好后，将箭头大小设置为200，其后单击“文字”选项卡，并将文字大小设置为300，如下左图所示。

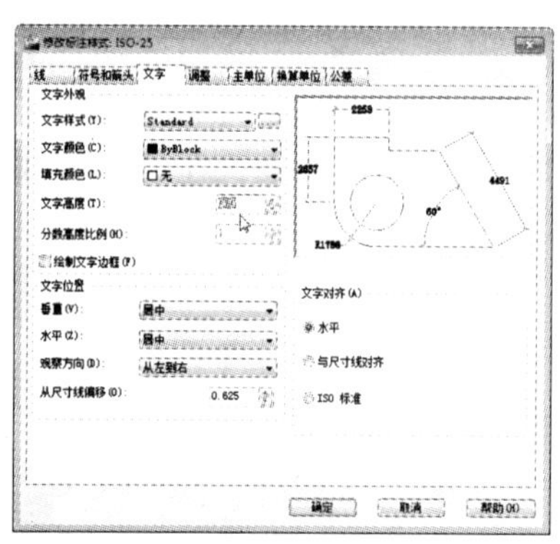

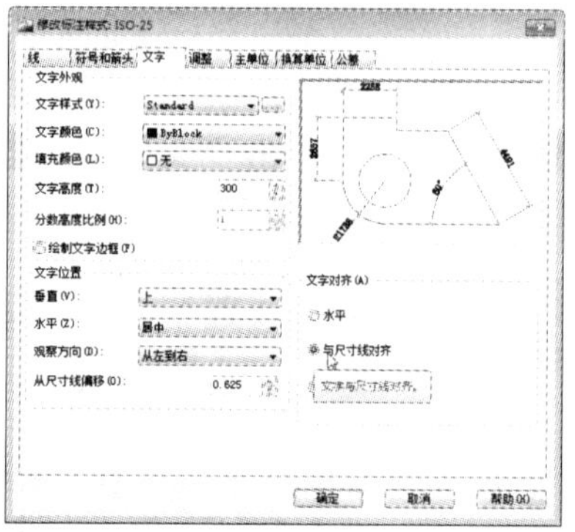

步骤4：将“文字位置”设置为：垂直“上”、水平“居中”，将“文字对齐”设置为“与尺寸线对齐”，如上右图所示。

步骤5：设置好后，单击“调整”选项卡，在该选项卡中，勾选“文字和箭头”单选框，并勾选“尺寸线上方，带引线”单选框，如下左图所示。

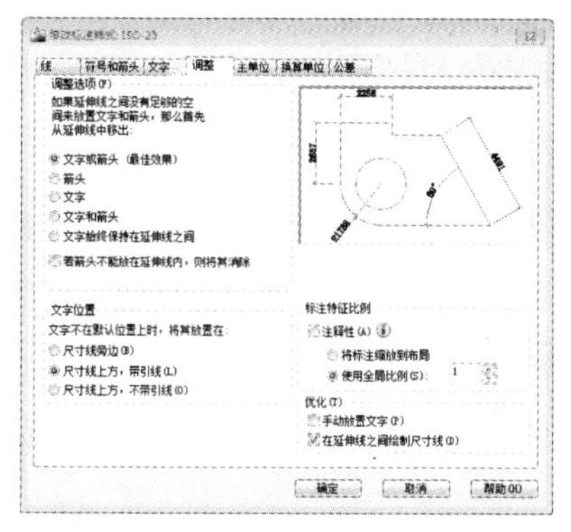

步骤 6：设置完成后，单击“主单位”选项卡，并在该选项卡中，将“精度”设置为 0。设置完成后，单击“确定”按钮，如上右图所示。

步骤 7：放回至上一层对话框，单击“置为当前”按钮，然后单击“关闭”按钮，关闭该对话框，如下左图所示。

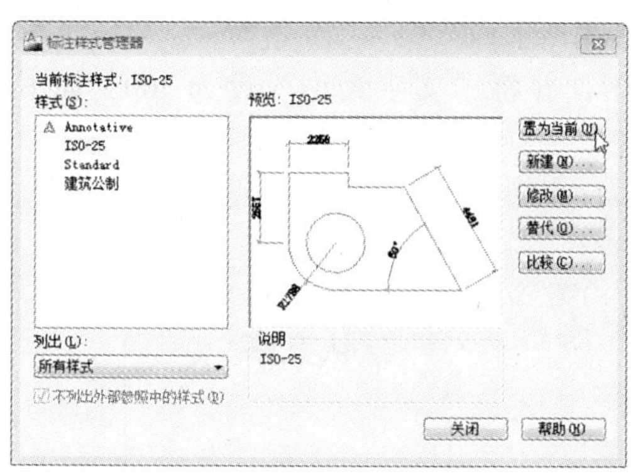

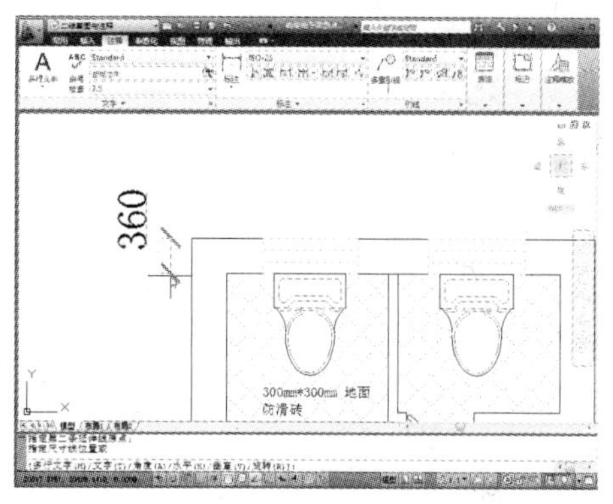

步骤 8：单击“注释”→“标注”→“线型标注”命令，指定所需标注的起始点，然后指定标注的末点，即可完成标注，如上右图所示。

步骤 9：单击“注释”→“标注”→“连续”命令，此时，系统将自动以上一次标注末端为起始点进行标注，如下左图所示。

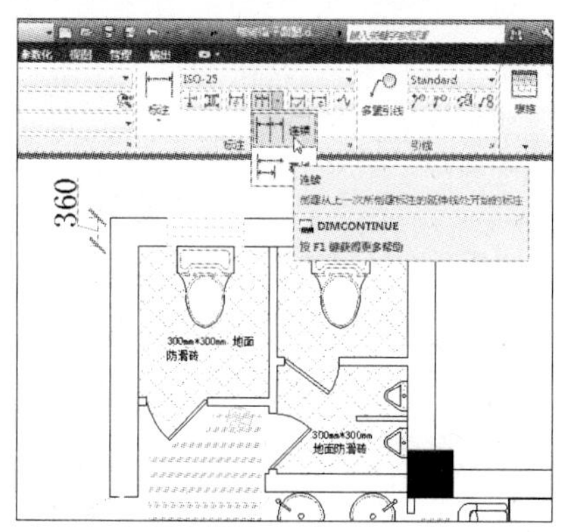

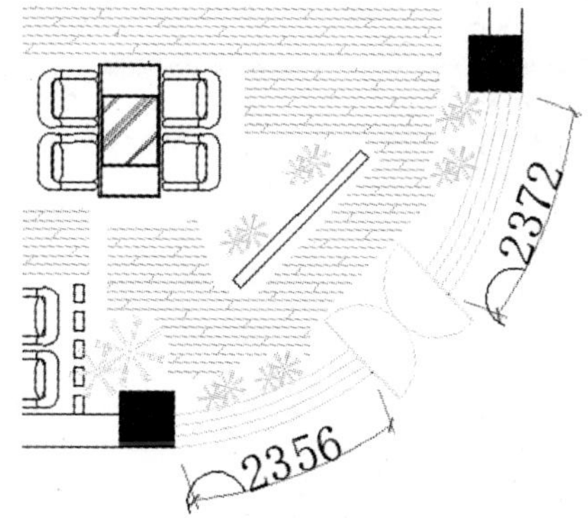

步骤 10：单击“注释”→“标注”→“弧长”命令，选中咖啡厅弧形玻璃，即可进行圆弧的标注，如上右图所示。

14.4.2 文本标注

尺寸标注完成后，可对咖啡厅平面布置图进行文字标注。

步骤1：单击“注释”→“引线”命令，打开“多重引线样式管理器”对话框，在该对话框中，单击“修改”按钮，如下左图所示。

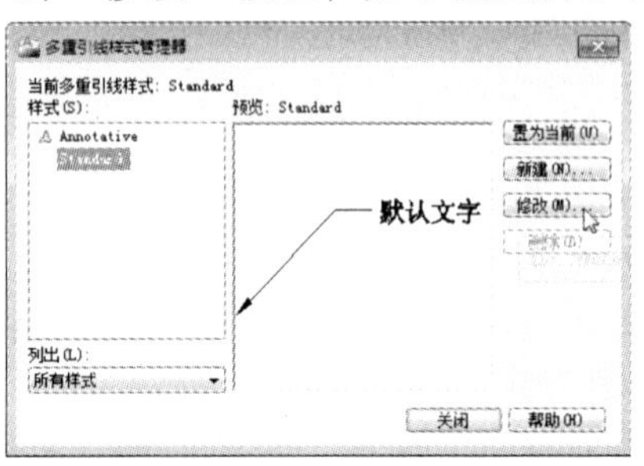

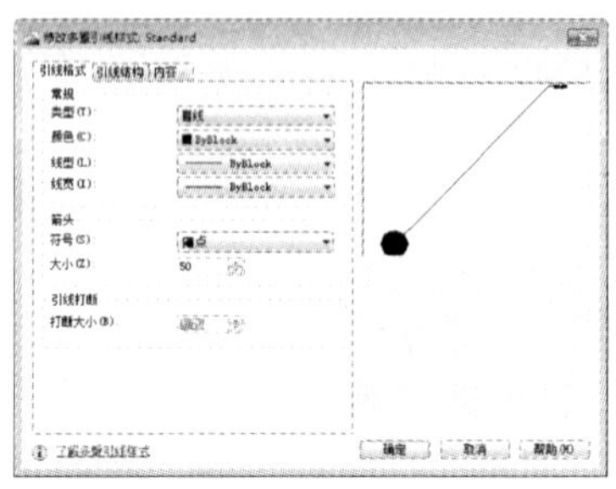

步骤2：在打开的“修改多重引线样式”对话框中，选择“引线格式”选项卡，将“符号”设置为“点”，将大小设为50，如上右图所示。

步骤3：设置完后，单击“内容”选项卡，并将“文字大小”设为300，如下左图所示。

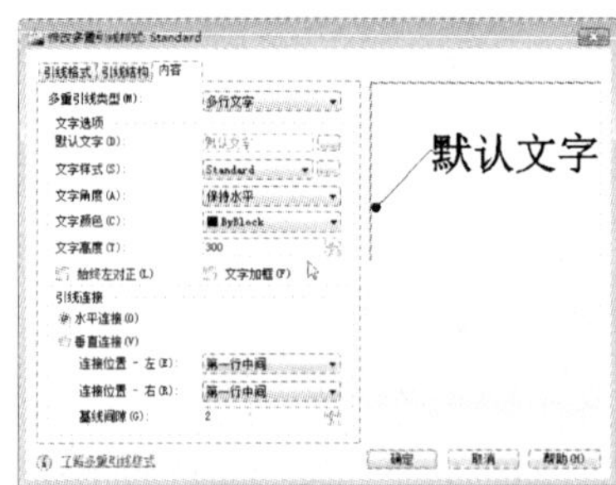

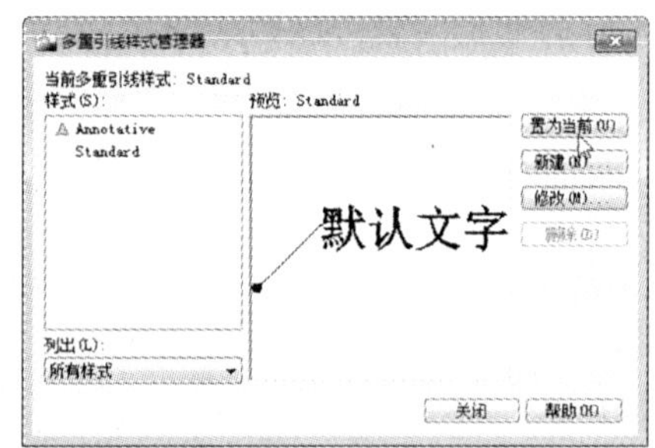

步骤4：单击“确定”按钮，返回上一层对话框，单击“置为当前”按钮，如上右图所示。

步骤5：关闭该对话框，单击“注释”→“引线”→“多重引线”命令，指定所需标注的位置，输入文字内容，如下左图所示。

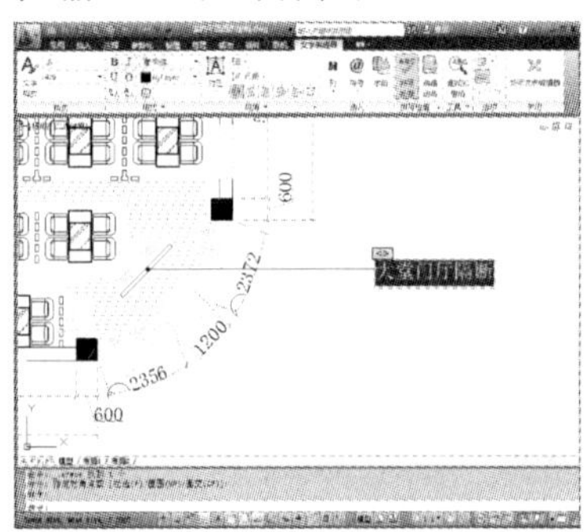

步骤6：输入完毕后，单击空白处，即可完成注释。按照同样的操作方法，完成其他位置的文字注释，至此，咖啡厅平面布置图已全部绘制完毕，最后保存文件，如上右图所示。

第 15 章　建筑立面图的绘制

本章概述：

建筑立面图主要用于表示房屋外部形状和内容的图纸。建筑立面图为建筑外垂直面正投影可视部分，建筑各方向的立面应该绘制完全，但差异小、能够轻易推定的立面可省略。本章将以教学楼为例，来介绍建筑立面图的绘制流程，其效果如下图所示。

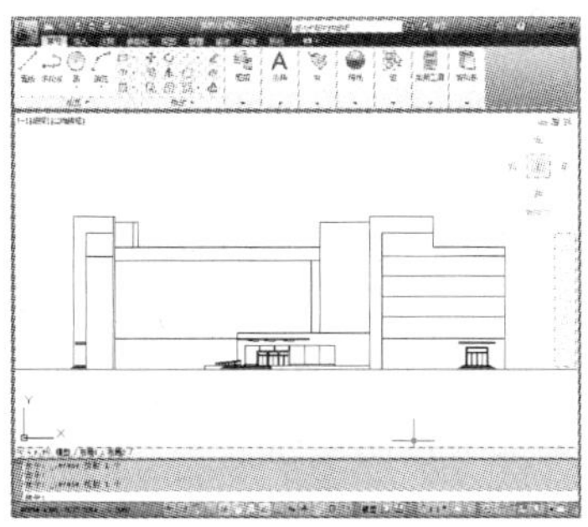
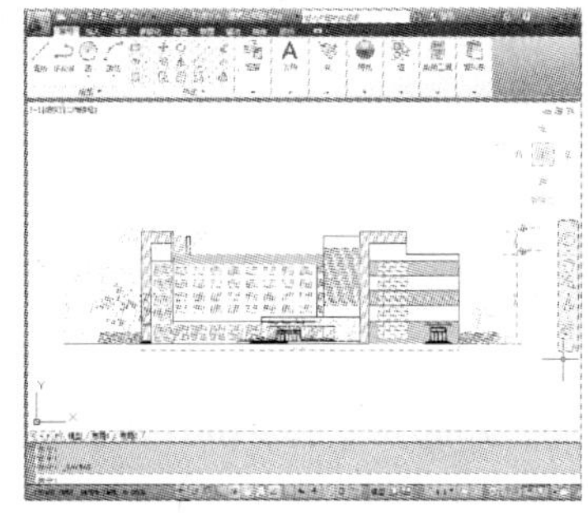

15.1　绘制建筑外立面轮廓线

在开始绘制建筑立面图时，通常根据建筑内部空间组合的平剖面关系，来绘制出建筑各立面的基本轮廓。该阶段所运用到的命令有“偏移”、“直线”和“修剪”等命令。

15.1.1　绘制立面轴线

下面将利用“直线”和“偏移”命令，绘制出建筑立面轴线。

步骤 1：启动 AutoCAD 2012 软件，单击“图层特性”命令，创建新层，并将其命名为“墙体线”，如下左图所示。

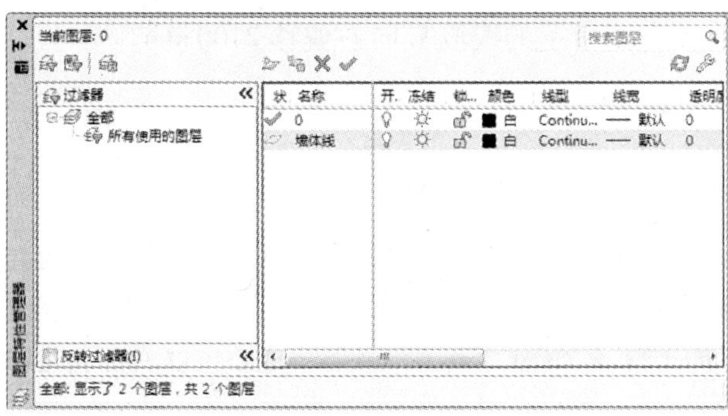

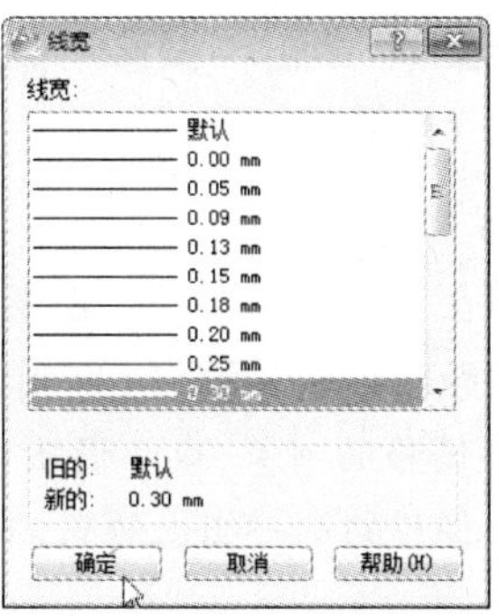

步骤2：单击“线宽”选项，在打开的“线宽”对话框中，将当前线宽设置为0.30mm，并单击“确定”按钮，如上右图所示。

步骤3：按照同样的操作方法，完成其他图层的创建。然后双击“墙体线”图层，将其设置当前层，如下左图所示。

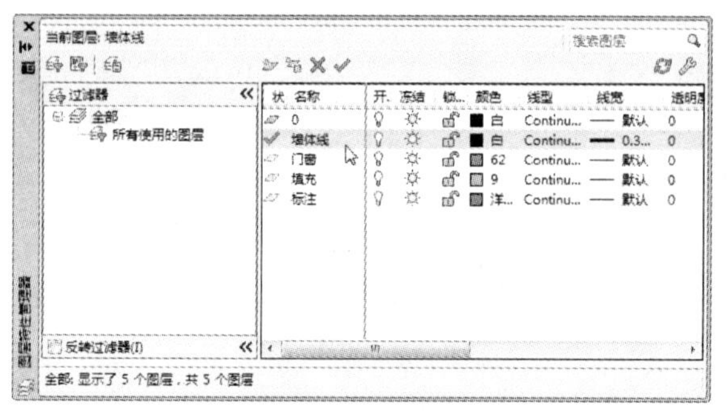
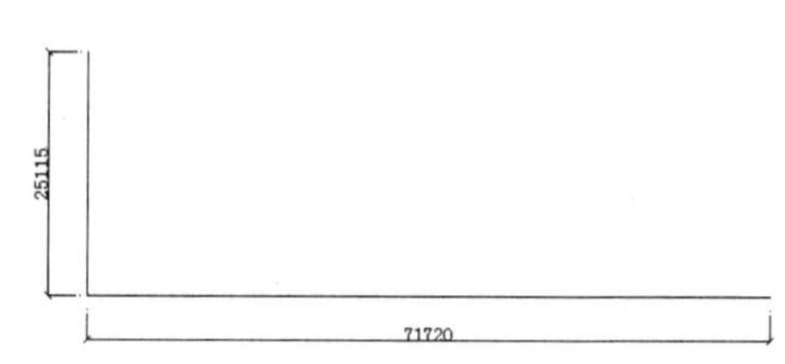

步骤4：单击“直线”命令，绘制地平线长为71720mm，同时绘制一条长为25115mm的垂直线，如上右图所示。

步骤5：单击“偏移”命令，将地平线向上依次偏移5000mm、3600mm、3300mm、3300mm、3300mm、1500mm和5100mm，其结果如下左图所示。

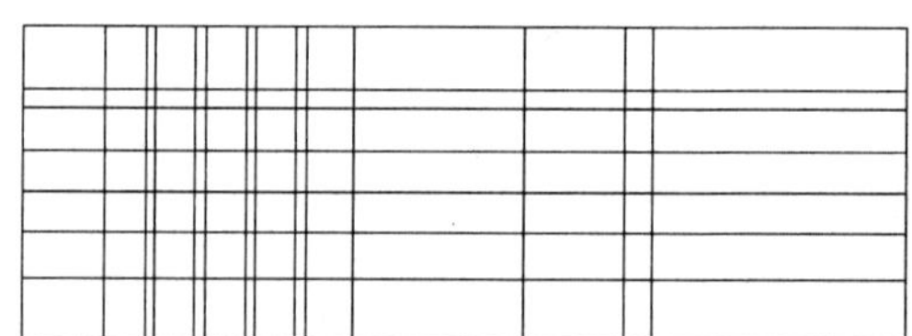

步骤6：单击“偏移”命令，将垂直辅助线向右依次偏移6700mm、3400mm、800mm、3250mm、800mm、3250mm、800mm、3250mm、800mm、3850mm、13876mm、8144mm、2100mm和20700mm，结果如上右图所示。

15.1.2 绘制建筑外轮廓

下面将利用“修剪”和“偏移”命令，绘制出建筑立面轴线。

步骤1：单击“偏移”命令，将下左图所示的线段L向右偏移2100mm。

命令行提示如下：

```
命令:o OFFSET
当前设置：删除源=否　图层=源　OFFSETGAPTYPE=0
指定偏移距离或[通过(T)/删除(E)/图层(L)]<20700.0000>：2100　　(输入偏移距离值)
选择要偏移的对象,或[退出(E)/放弃(U)]<退出>：　　(选中线段L)
指定要偏移的那一侧上的点,或[退出(E)/多个(M)/放弃(U)]<退出>:(向右指定任意点)
```

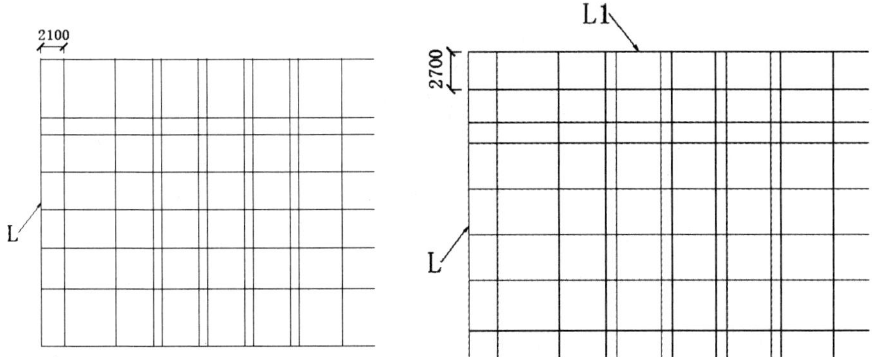

步骤 2：单击“偏移”命令，将线段 L1 向下偏移 2700 mm，如上右图所示。

命令行提示如下：

```
命令：o OFFSET
当前设置：删除源 = 否　图层 = 源　OFFSETGAPTYPE = 0
指定偏移距离或［通过(T)/删除(E)/图层(L)］<2100.0000>：2700　　(输入偏移距离值)
选择要偏移的对象,或［退出(E)/放弃(U)］<退出>：　　(选中线段 L1)
指定要偏移的那一侧上的点,或［退出(E)/多个(M)/放弃(U)］<退出>：(向下指定任意点)
```

步骤 3：单击“修剪”命令，将该区域中多余的线段进行删除，如下图所示。

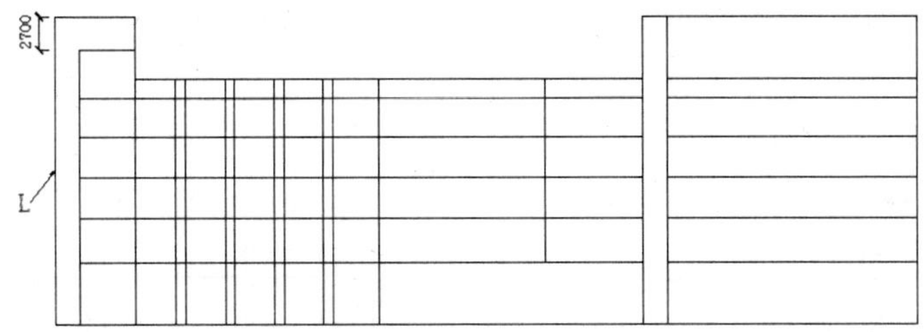

步骤 4：单击“偏移”命令，将线段 L2 向右偏移 10650 mm，将线段 L3 向下偏移 2700 mm，结果如下左图所示。

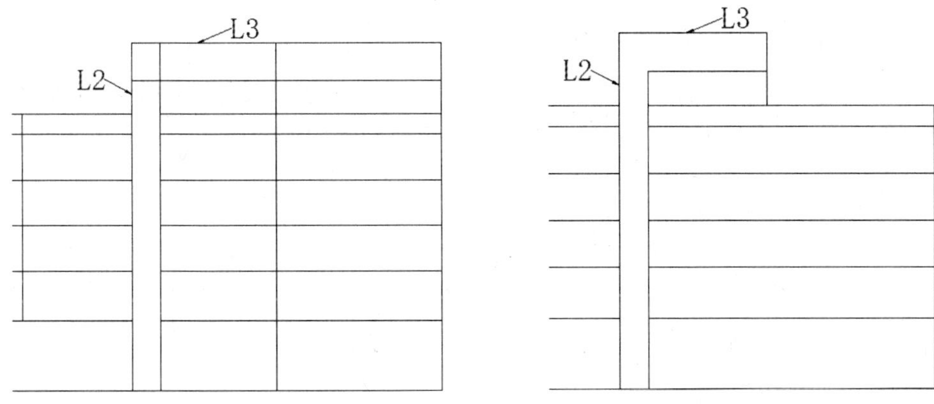

步骤 5：单击“修剪”命令，将当前图形进行修剪，如上右图所示。

步骤6：单击“偏移”命令，将线段 L4 向上偏移 4100 mm，如下图所示。

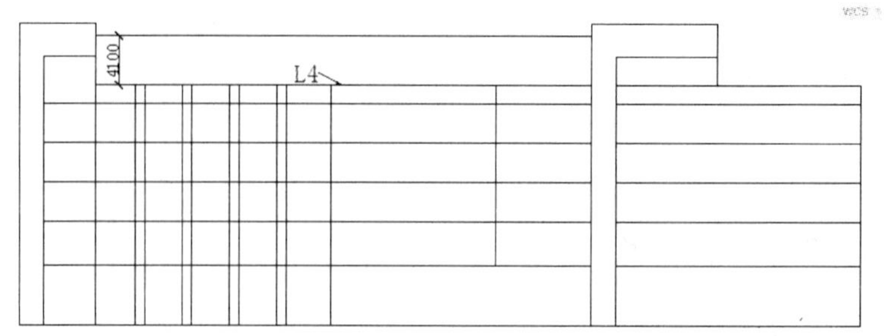

步骤7：单击“延长”和“修剪”命令，将该图形进行编辑，如下图所示。

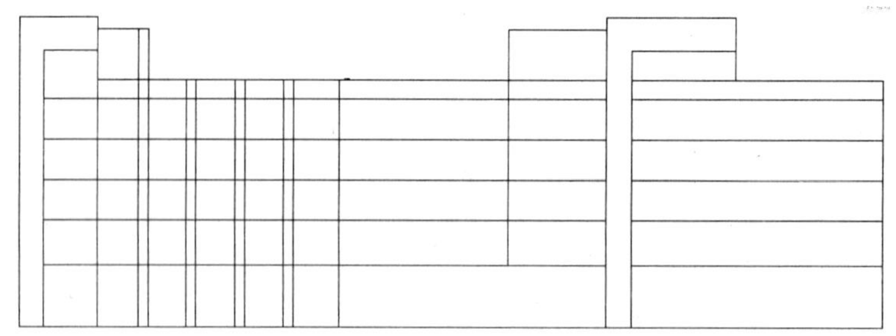

步骤8：单击“偏移”命令，将线段 L5 向右依次偏移 800 mm 和 4170 mm，将线段 L6 向下偏移 700 mm，将地平线向上偏移 550 mm，其结果如下左图所示。

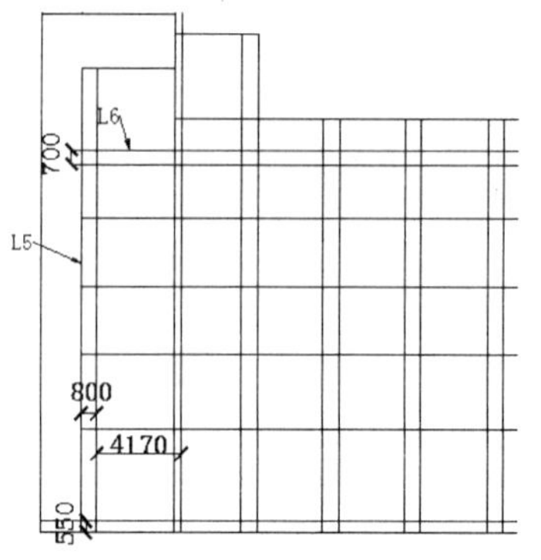

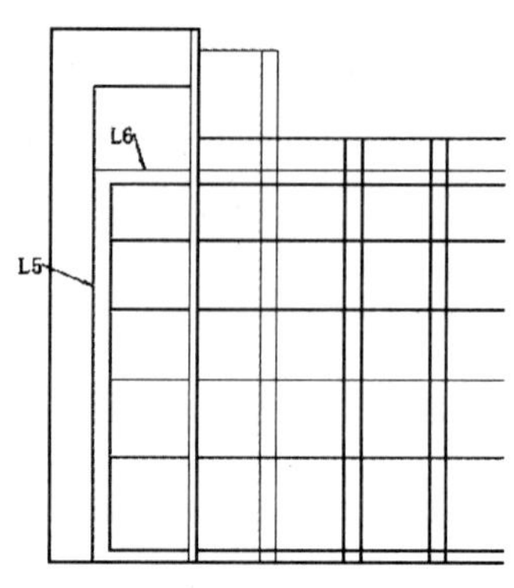

步骤9：单击“修剪”命令，将该区域多余线段进行修剪，其结果如上右图所示。

步骤10：再次单击“修剪”命令，将整个建筑外轮廓图形修剪完成，如下图所示。

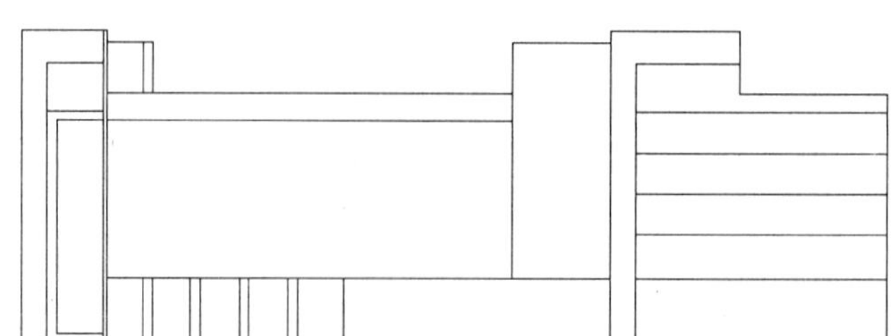

15.2 布置建筑立面图

当建筑外轮廓图形绘制完成后，则可对建筑立面进行布置了，如布置窗户的位置、大厅门的位置以及一些楼梯台阶的布置等。

15.2.1　绘制建筑立面门

下面将运用“偏移”、“修剪”、“定数等分”等命令，来绘制教学楼大厅门立面。

步骤 1：单击“偏移”命令，将地平线向上依次偏移 600 mm、3300 mm 和 2000 mm，如下左图所示。

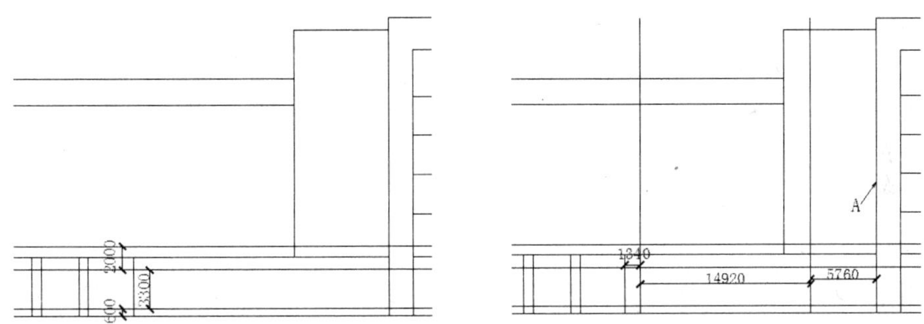

步骤 2：再次单击“偏移”命令，将线段 A 向左依次偏移 5760 mm、14920 mm 和 1340 mm，如上右图所示。

步骤 3：单击“修剪”命令，将当前大厅立面图形进行修剪，如下左图所示。

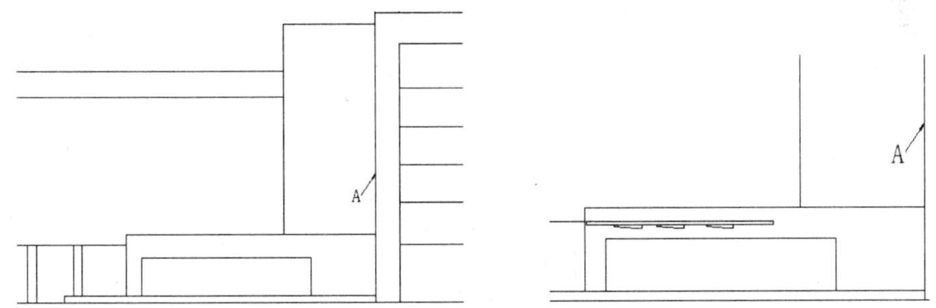

步骤 4：绘制门厅遮阳棚。单击“矩形”命令，绘制一个长为 200 mm、宽为 12040 mm 的长方形，并单击“直线”和“复制”命令，绘制出支撑杆，如上右图所示。

步骤 5：绘制门厅大门。单击“矩形”命令，绘制出一个长为 5490 mm、宽为 2450 mm 的长方形，并放置门厅合适位置，如下左图所示。

命令行提示如下：

```
命令：rec RECTANG
指定第一个角点或［倒角(C)/标高(E)/圆角(F)/厚度(T)/宽度(W)］：（指定任意一点）
指定另一个角点或［面积(A)/尺寸(D)/旋转(R)］：@5490,2450      （输入长度和宽度）
```

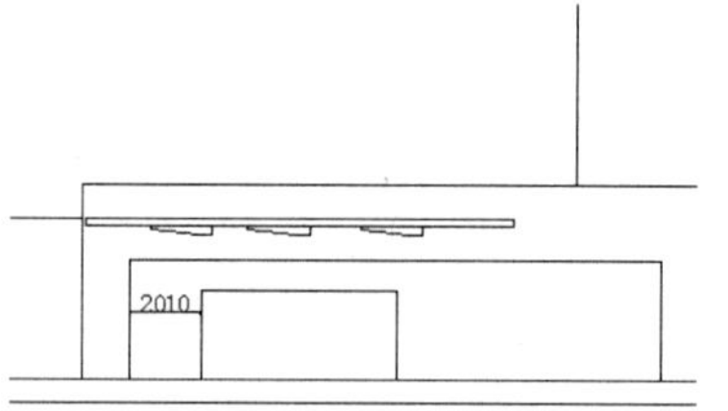

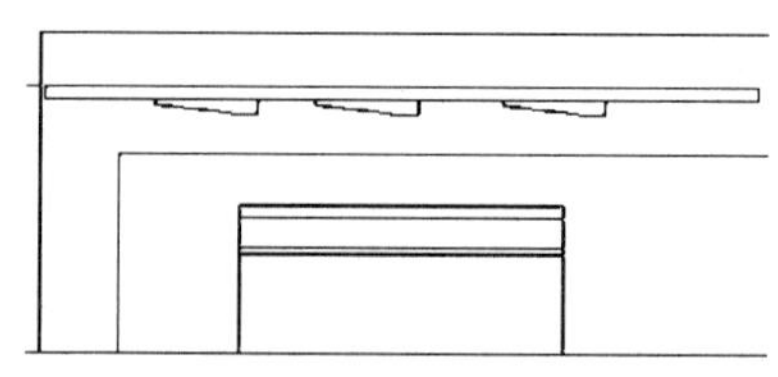

步骤6：单击“分解”命令，将该长方形进行分解，其后，单击“偏移”命令，将长方形上边线向下依次偏移200 mm、500 mm和100 mm，如上右图所示。

步骤7：同样单击“偏移”命令，将长方形左侧边线，依次向右偏移200 mm、1545 mm、200 mm、1600 mm、200 mm、1545 mm，如下左图所示。

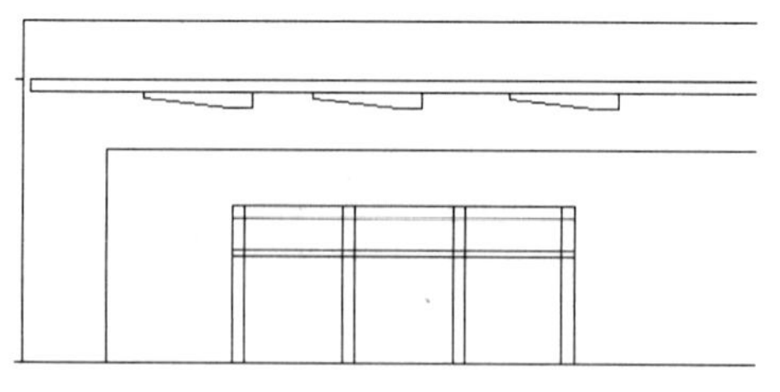

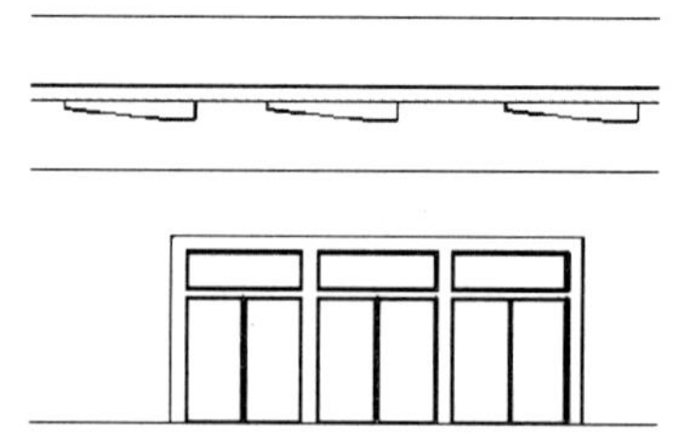

步骤8：再次单击“偏移”和“修剪”命令，将大门进行修剪，如上右图所示。

步骤9：单击“定数等分”命令，按照命令行中提示的信息，绘制大厅立面玻璃图，如下图所示。

命令行提示如下：

```
命令：DIV DIVIDE
选择要定数等分的对象：              （选择所要等分的线段）
输入线段数目或［块(B)］：6          （输入等分数，按回车键）
```

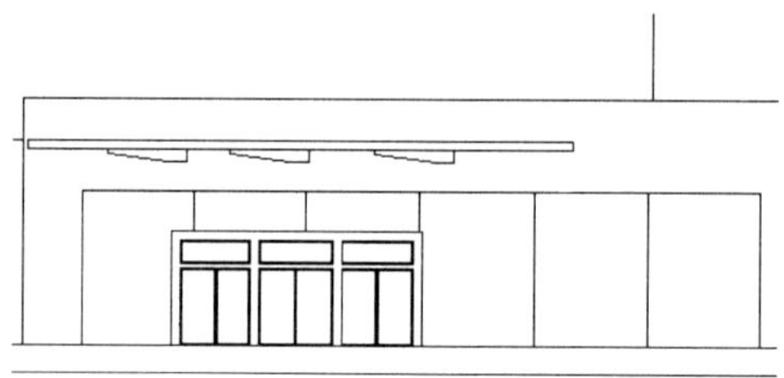

步骤10：单击“偏移”命令，绘制大厅玻璃厚度，以及花坛立面图形，如下图所示。

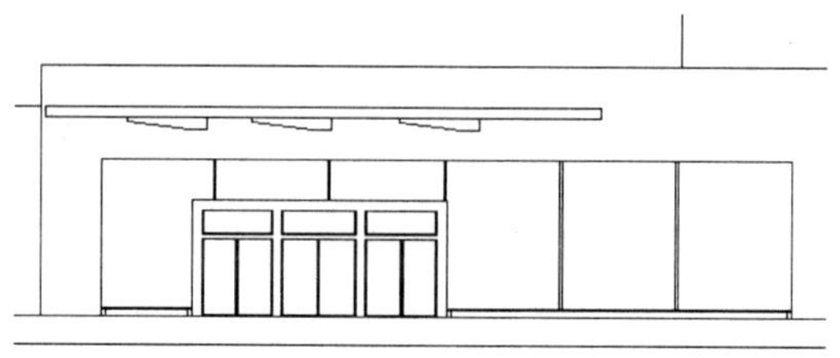

步骤 11：绘制台阶。单击“偏移”命令，将线段 A 向左依次偏移 16260 mm 和7690 mm，并单击“定数等分”和“直线”命令，绘制楼梯台阶，如下图所示。

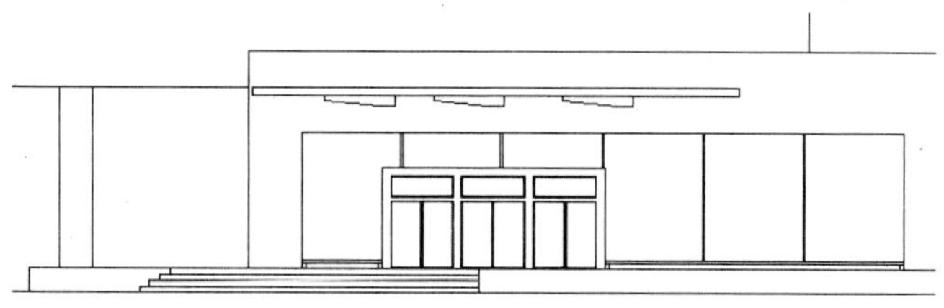

步骤 12：单击“直线”和“偏移”及“极轴追踪”命令，绘制楼梯扶手，如下图所示。

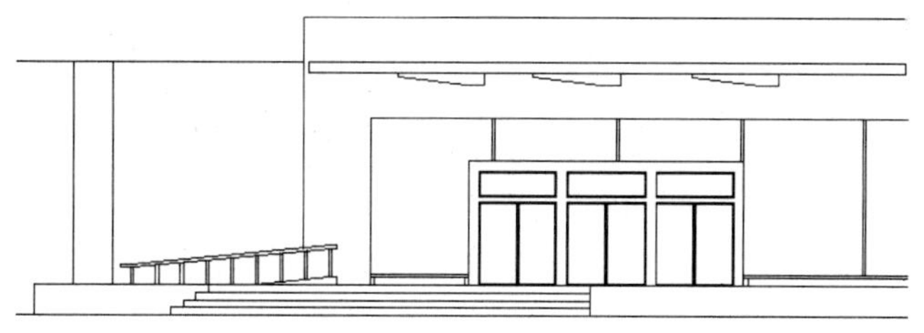

步骤 13：单击“偏移”、“矩形”和“修剪”命令，绘制教学楼两个侧门台阶图形，如下图所示。

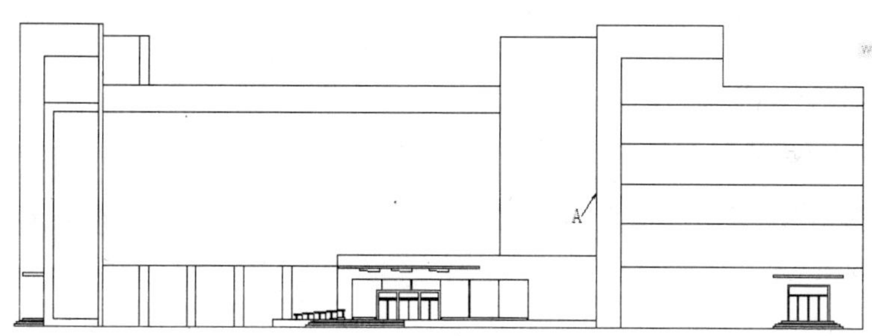

> **操作提示：**
>
> 在绘制建筑门图形时，不同的门有不同的画法，按其形式可分为平开门、上翻门、弹簧门、转门、卷帘门、推拉门和折叠门等。

15.2.2　绘制建筑立面窗

下面将运用“矩形”、“修剪”、“分解”以及“复制”命令，绘制出建筑立面窗的图形。

步骤 1：双击“门窗”图层，将其设置为当前层。单击“矩形”命令，绘制一个长为 3800 mm、宽为 2650 mm 的长方形，并放置教学楼左侧楼梯过道至合适位置，如下左图所示。

命令行提示如下：

```
命令：rec RECTANG
指定第一个角点或［倒角(C)/标高(E)/圆角(F)/厚度(T)/宽度(W)］：（指定任意一点）
指定另一个角点或［面积(A)/尺寸(D)/旋转(R)］：@3800,2650        （输入长、宽数值）
```

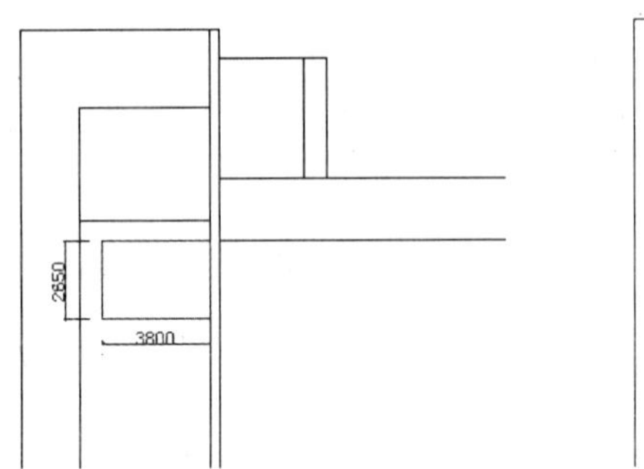

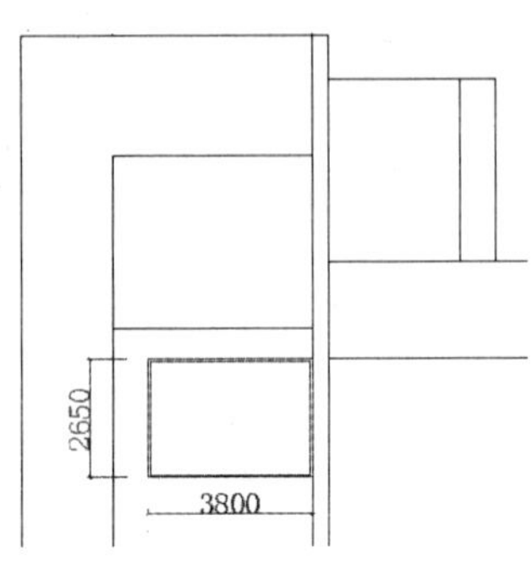

步骤2：单击“偏移”命令，将窗户轮廓线向内偏移50 mm，并单击“分解”命令，将偏移后的图形进行分解，如上右图所示。

步骤3：单击“定数等分”命令，将分解后的线段进行等分，并单击“直线”命令，绘制其等分线，如下左图所示。

命令行提示如下：

```
命令：DIV DIVIDE
选择要定数等分的对象：                          （选择水平线）
输入线段数目或［块(B)］：3                      （输入等分数值）
命令：DIV DIVIDE
选择要定数等分的对象：                          （选择垂直线）
输入线段数目或［块(B)］：4                      （输入等分数值）
```


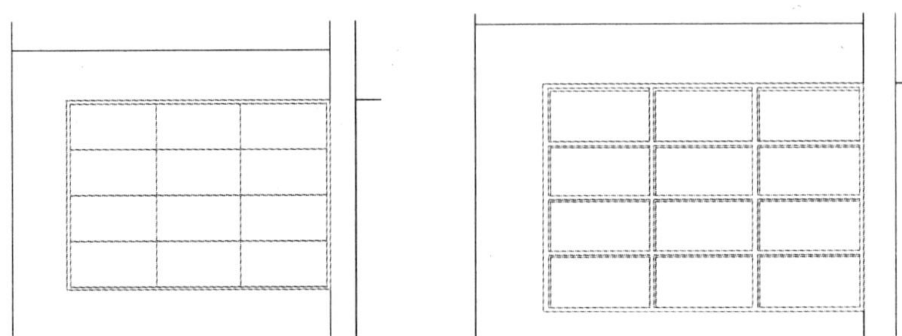

步骤4：单击“偏移”和“修剪”命令，将窗户进行细化，结果如上右图所示。

步骤5：单击“复制”命令，以Q点为复制基点，向下复制位移3300 mm，其结果如下图所示。

命令行提示如下：

```
命令：co COPY 找到 74 个  （选择窗户图形）
当前设置： 复制模式 = 多个
```

指定基点或［位移(D)/模式(O)］＜位移＞：　（选取点 Q）
指定第二个点或［阵列(A)］＜使用第一个点作为位移＞：3300(输入位移距离,按回车键)

操作提示：

在建筑平面设计中，需要紧密联系建筑剖面和立面，分析剖面、立面的合理性。建筑平、立、剖面三者的关系是紧密相连的，通常平面图的尺寸单位为毫米（mm）。

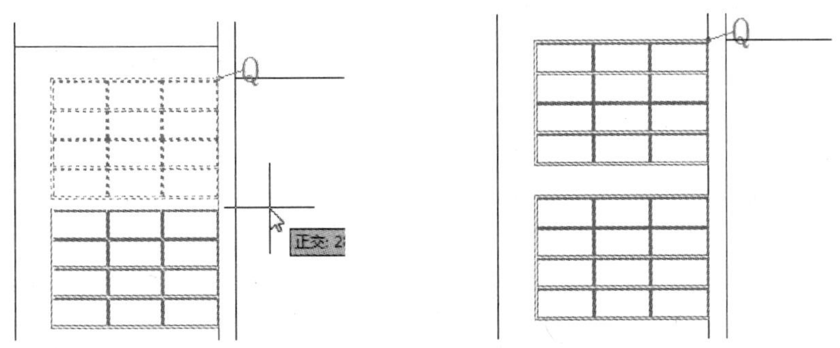

操作提示：

若进行第二次复制，则需要先选中上一个复制对象，再输入移动距离，才可完成复制。

步骤6：按照同样的复制位移的方法，复制出另外两个楼道窗户的绘制，如下左图所示。

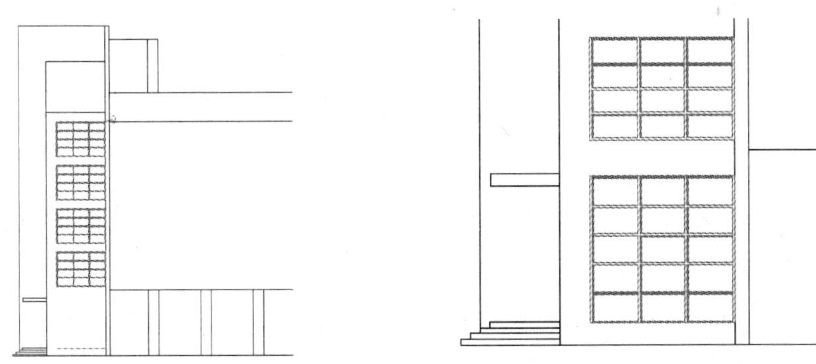

步骤7：单击“矩形”命令，绘制一个长、宽都为3800 mm的矩形，并单击“偏移”、“定数等分”、“修剪”等命令，完成一楼过道窗户的绘制，如上右图所示。

步骤8：绘制一层大厅窗户。单击“矩形”命令，绘制一个长为3400 mm、宽为3300 mm的长方形，并单击“定数等分”命令，将该长方形做等分，单击“直线”命令，绘制等分线，如下左图所示。

命令行提示如下：

命令：REC RECTANG
指定第一个角点或［倒角(C)/标高(E)/圆角(F)/厚度(T)/宽度(W)］：（指定任意一点）

指定另一个角点或［面积(A)/尺寸(D)/旋转(R)］：@3400,3300　　(输入长、宽值)
命令：_explode
选择对象：找到 1 个　　(选择长方形)
选择对象：　　(按回车键)
命令：　DIVIDE
选择要定数等分的对象：　　(选择所需等分的线段)
输入线段数目或［块(B)］：3　　(输入等分值)

操作提示：

为了提高绘图效率，对某些不对称但非常相似的图形，可先使用“镜像”命令对图形进行镜像复制操作，然后使用各种编辑命令对其做一些更改。

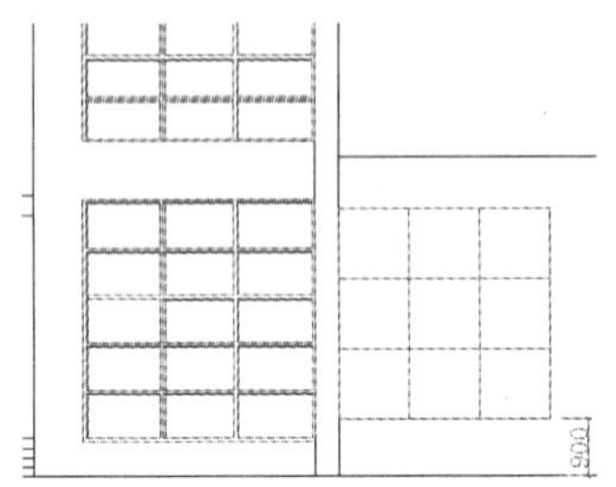

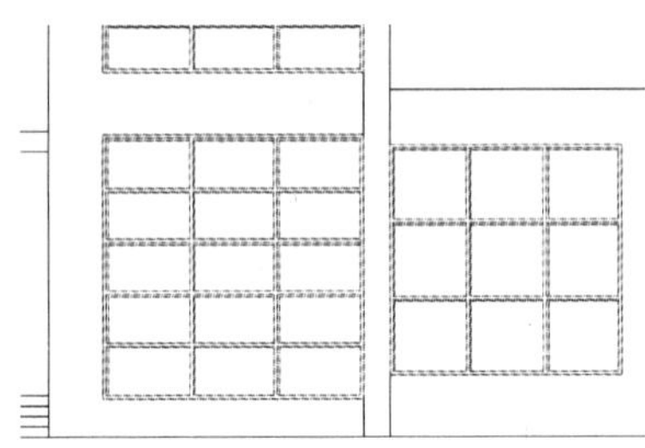

步骤 9：单击“偏移”命令，将等分线进行向两边各偏移 25 mm，同时单击“修剪”命令，将窗户进行修剪，结果如上右图所示。

步骤 10：单击“复制”命令，将绘制好的窗户向右复制移动 4200 mm，其结果如下图所示。

命令行提示如下：

命令：_copy
选择对象：指定对角点：找到 62 个　　(选中窗户)
选择对象：　　(按回车键)
当前设置：　复制模式 = 多个
指定基点或［位移(D)/模式(O)］<位移>：　　(选择点 C)
指定第二个点或［阵列(A)］<使用第一个点作为位移>：　<正交 开> 4200　(输入位移距离)
指定第二个点或［阵列(A)/退出(E)/放弃(U)］<退出>：　　(按回车键,完成操作)

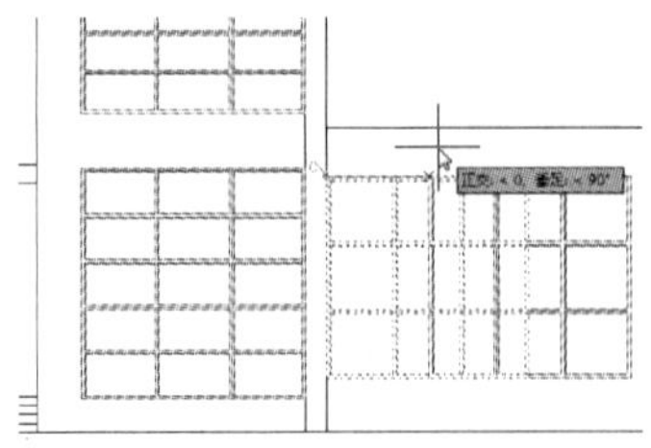

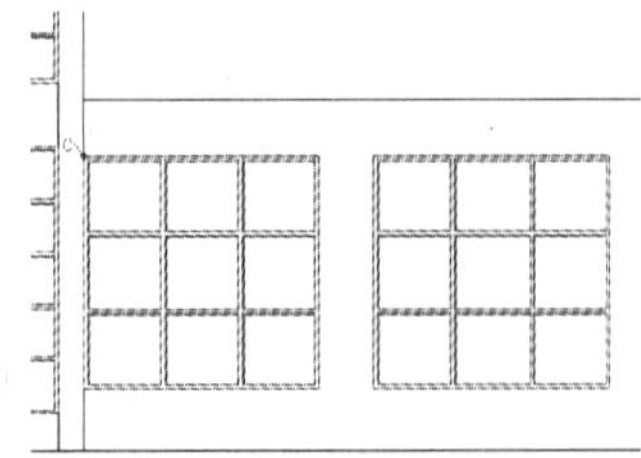

步骤 11：再次单击“复制”命令，复制剩余 3 个窗户至大厅合适位置，如下图所示。

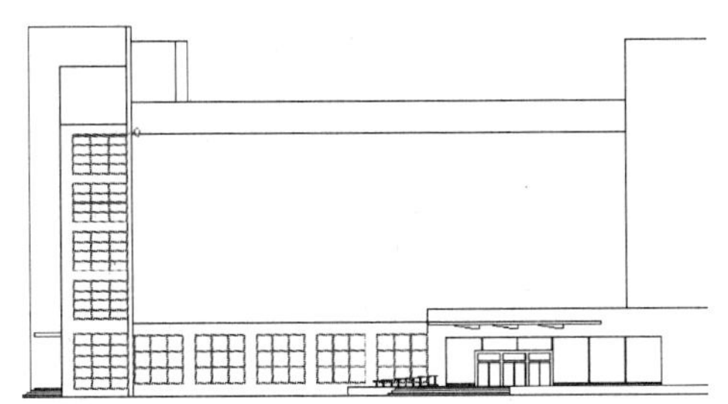

步骤 12：绘制教学室窗户。单击“矩形”命令，绘制长为 2400 mm、宽为 1650 mm 的长方形，并单击“偏移”命令，将该长方形向内偏移 50 mm，并放置立面至合适位置，如下左图所示。

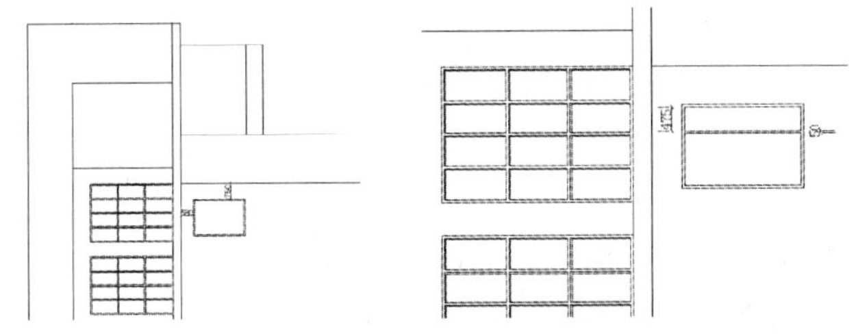

步骤 13：单击“分解”命令，将偏移后的长方形分解，单击“偏移”命令，将分解后的线段向下依次偏移 475 mm 和 50 mm，单击“修剪”命令，将图形修剪，如上右图所示。

步骤 14：单击“定数等分”命令，将偏移后的线段等分成 4 份，并单击“直线”命令，绘制等分线，如下左图所示。

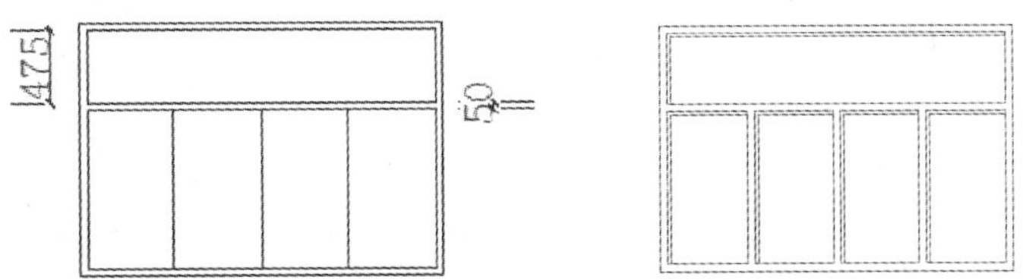

步骤 15：单击“偏移”命令，将等分线向两边各偏移 25 mm，并单击“修剪”命令，将图形进行修剪，其结果如上右图所示。

步骤 16：单击“复制”命令，将绘制好的窗户向右复制，其间距值为 1650 mm，如下左图所示。

命令行提示如下：

```
命令：co COPY 找到 31 个                                  （选中所要复制的窗户）
当前设置：  复制模式 = 多个
指定基点或 [位移(D)/模式(O)] <位移>:                      （指定窗户左上角点）
指定第二个点或 [阵列(A)] <使用第一个点作为位移>:4050        （输入复制距离）
```

步骤17：同样单击“复制”命令，将复制好的窗户，再向下进行复制，其间隔距离为1200 mm，结果如上右图所示。

步骤18：绘制卫生间窗户。单击“矩形”命令，绘制一个长为850 mm、宽为1650 mm的长方形，并单击“偏移”命令，将该长方形向内偏移50 mm，放置图形至合适位置。

命令行提示如下：

```
命令：rec RECTANG
指定第一个角点或[倒角(C)/标高(E)/圆角(F)/厚度(T)/宽度(W)]：         (任意选中一点)
指定另一个角点或[面积(A)/尺寸(D)/旋转(R)]：@850,1650               (输入长、宽值)
命令：o OFFSET
当前设置：删除源=否   图层=源   OFFSETGAPTYPE=0
指定偏移距离或[通过(T)/删除(E)/图层(L)] <325.0000>： 50            (输入偏移距离)
选择要偏移的对象,或[退出(E)/放弃(U)] <退出>：                      (选中长方形)
指定要偏移的那一侧上的点,或[退出(E)/多个(M)/放弃(U)] <退出>：      (向内指定任意一点)
```


步骤19：单击“分解”命令，将偏移后的长方形进行分解，并再次单击“偏移”和“修剪”命令，完成卫生间窗户的绘制，如下左图所示。

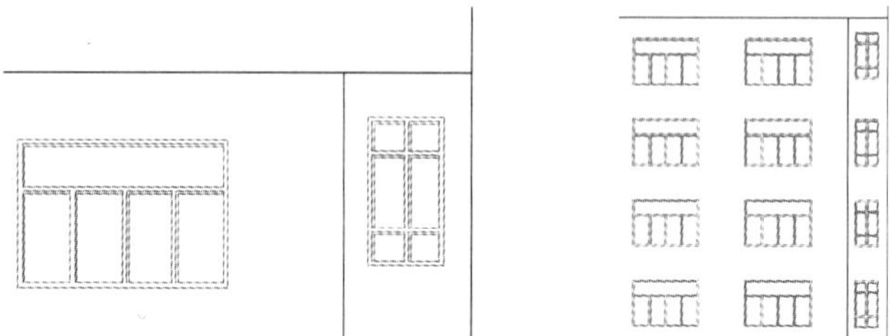

步骤20：单击“复制”命令，将绘制好的窗户向下进行复制，如上右图所示。

步骤21：同样单击“矩形”、“复制”和“偏移”命令，完成该教学楼剩余窗户图形的绘制，其结果如下图所示。

15.3　填充建筑立面

绘制完窗户后，整体建筑立面轮廓已完成了。下面可运用“图案填充”命令和“插入块”命令，来填充建筑外墙体以及插入树木等图块丰富图纸内容。

15.3.1　填充立面墙体

下面将运用“图案填充”命令，对外墙体进行填充。

步骤1：双击“填充”图层，将“填充”层设为当前层。单击“图案填充”命令，打开“图案填充创建”功能面板，单击“图案填充图案”命令，选择需填充的图案，如下左图所示。

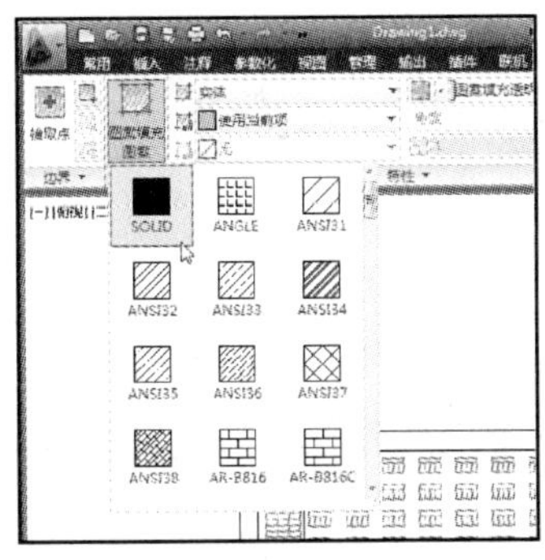

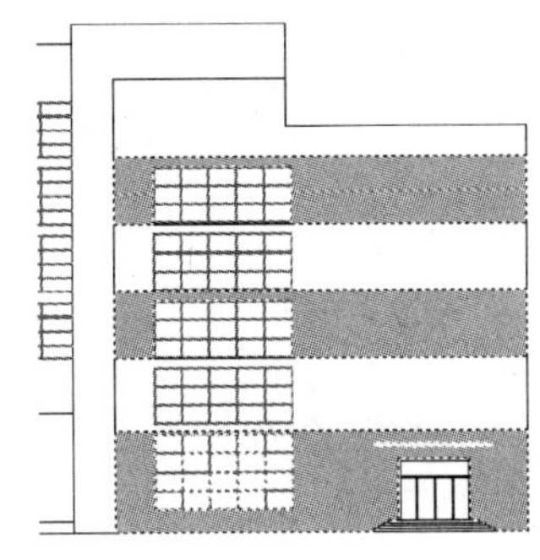

步骤2：在图形中，选择所要填充图形，按回车键，即可完成填充，如上右图所示。

步骤3：同样单击“图案填充图案”命令，再次选择所需填充的图案，并将其填充至图形合适位置，结果如下图所示。

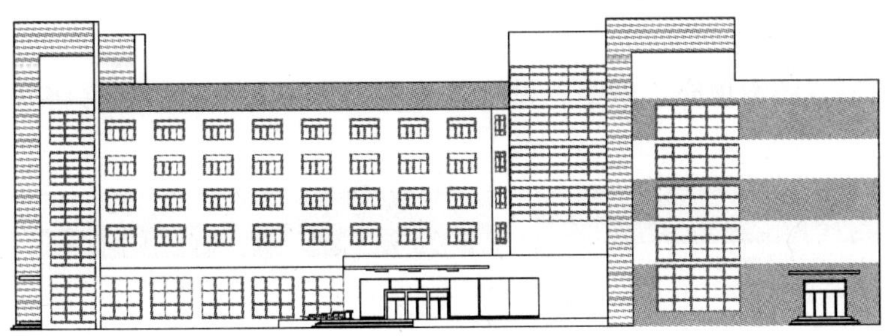

15.3.2　填充窗户

下面同样运用“图案填充”命令，来填充玻璃门和窗户，使窗户玻璃有光感。

步骤1：单击“图案填充图案”命令，在下拉菜单中选择“ANSI34”图案，如下左图所示。

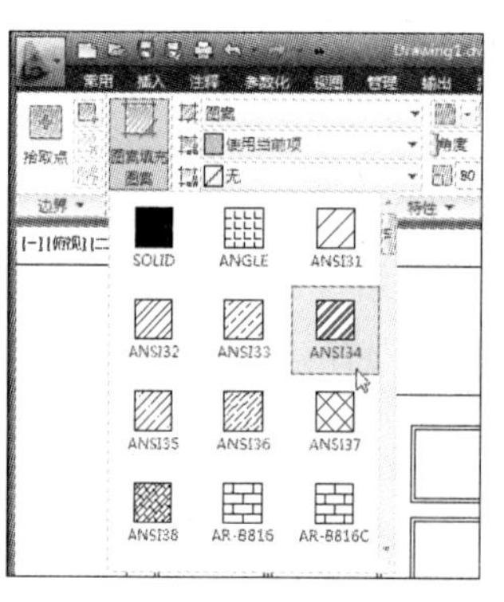
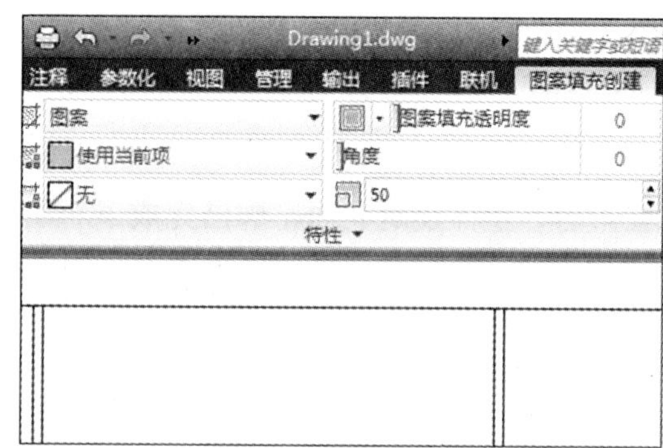

步骤2：选择完成后，将其“填充图案比例”设置为50，如上右图所示。

步骤3：选择所要填充的区域，进行填充，其结果如下图所示。

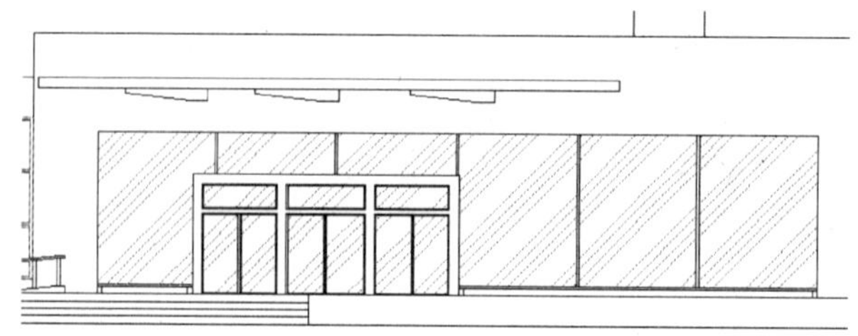

步骤4：单击“分解”命令，将刚填充的图案进行分解，其后根据需要，删除几条多余的线段，其结果如下图所示。

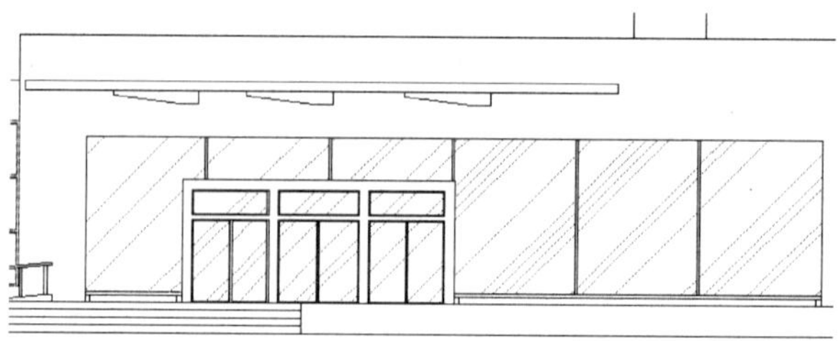

步骤5：单击“图案填充”命令，设置填充图案为AR－SAND，并将其比例设置为2，如下图所示。

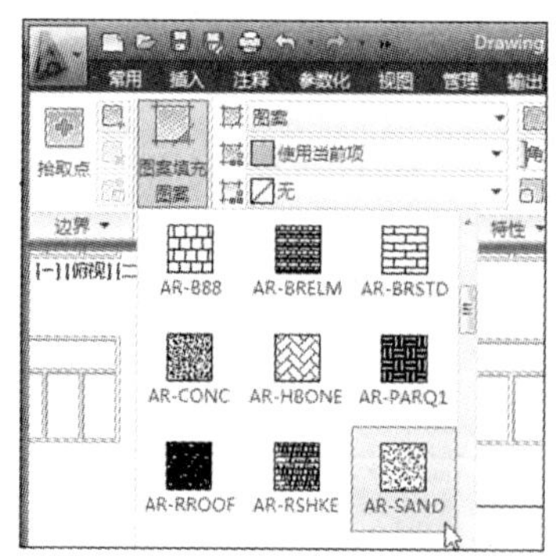
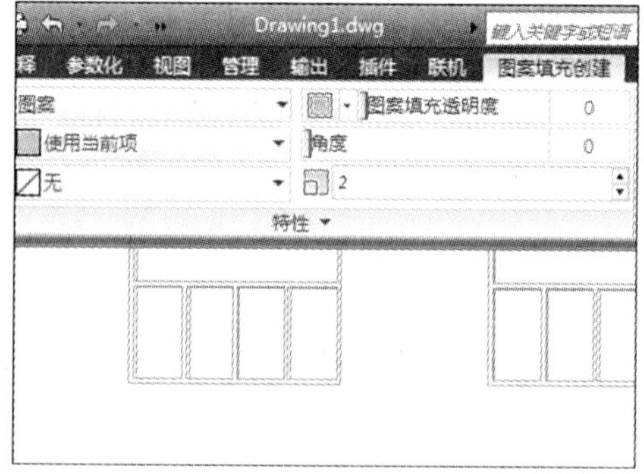

步骤6：设置完成后，将其图案填充至大门玻璃合适位置，其结果如下图所示。

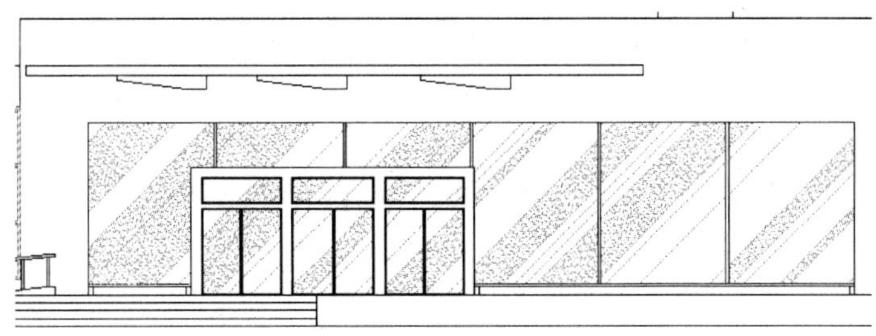

步骤 7：按照同样的操作步骤，完成窗户玻璃的填充，其结果如下图所示。

15.3.3 插入植物图块

填充完成后，即可使用“插入块”命令，插入部分植物图块来丰富图形。

步骤 1：单击“插入”→“块”→“插入”命令，在打开的“插入”对话框中，选择所需的植物图块，如下左图所示。

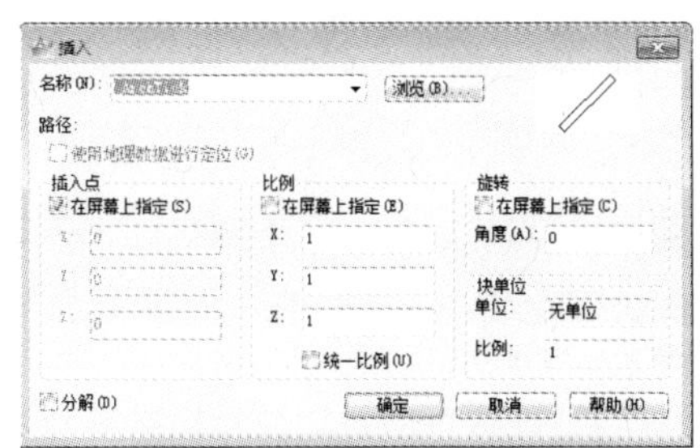

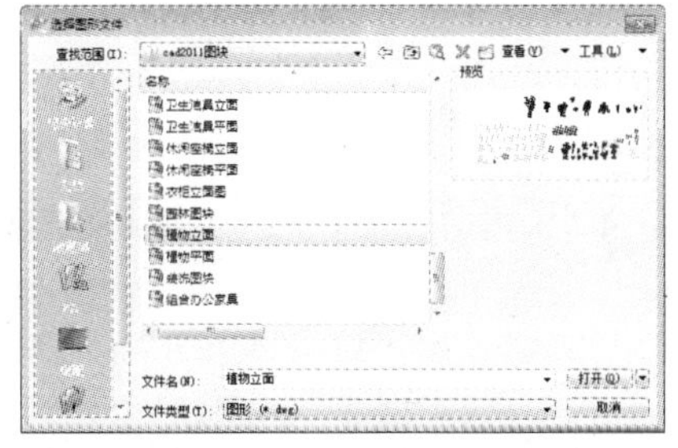

步骤 2：在该对话框中，单击“浏览”按钮，即可打开“选择图形文件”对话框，选中所需图块选项，如上右图所示。

步骤 3：单击“打开”按钮，返回“插入”对话框，单击“确定”按钮，即可插入所需的植物图块，此时，用户可对该图块比例进行缩放，并放置图形合适位置，如下图所示。

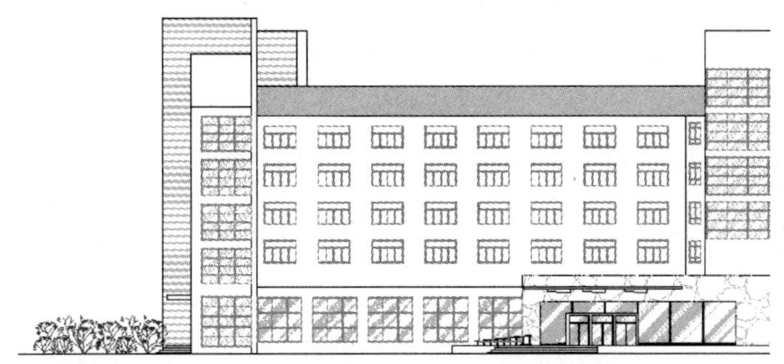

步骤 4：按照同样的操作方法，完成其余植物图块的插入，其结果如下图所示。

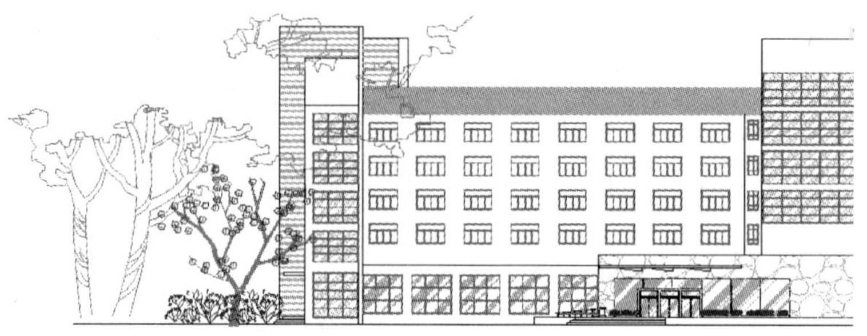

至此，教学立面图已全部绘制完毕，最后，单击“注释”→“线型标注”命令，将该立面图进行标注和标高。

> **操作提示：**
>
> 在使用“定数等分”命令时，由于输入的是需将图形对象等分的数目，所以如果该等分对象是封闭的，则生成点的数量等于输入的等分数。此外，在使用“定数等分”或“定距等分”命令时，并非将图形对象分成独立的几段，而是在相应的位置上放置等分点，以方便绘制其他图形。

第 16 章　建筑剖面图的绘制

本章概述：

建筑剖面主要表示建筑物内部垂直方向的高度、楼层的分层、垂直空间的利用及简要的结构形式等，在建筑和机械领域运用得十分广泛。本章将以厂房为例，结合 CAD 中的一些基本命令，来介绍建筑剖面图的绘制流程，其效果如下图所示。

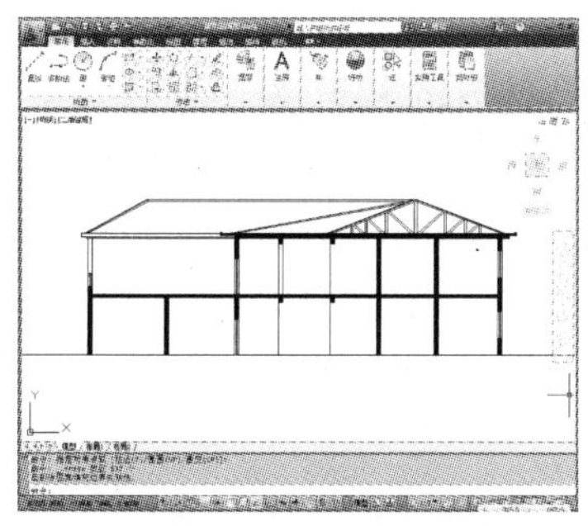

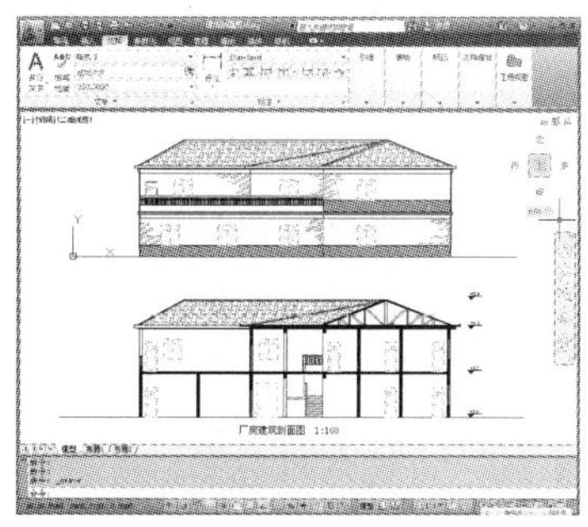

16.1　建筑剖面要素

建筑剖面图是建筑设计过程中的一个基本组成部分，是表示建筑物竖向构造的重要图样。下面将介绍在绘制建筑剖面时所需注意的一些知识点。

16.1.1　什么是建筑剖面

假想用一个或多个垂直于外墙轴线的铅垂剖切面，将房屋剖开，所得的投影图称为建筑剖面图。剖面图用于表示房屋内部的结构或构造形式、分层情况和各部位的联系、材料及其高度等，是与平、立面图相互配合的不可缺少的重要图样之一。

剖面图的数量是根据房屋的具体情况和施工实际需要而决定的。剖切面一般横向，即平行于侧面，必要时也可纵向，即平行于正面。剖面图的剖视位置应选在层高不同、层数不同、内外部空间比较复杂、最有代表性的部分，主要包括以下内容：

- 墙、柱及其定位轴线。
- 室外地面、底层地面、地坑、地沟、机座、各层楼板、吊顶、屋架、屋顶、出屋面烟囱、天窗、挡风板、消防梯、檐口、女儿墙、门、窗、吊车、吊车梁、走道板、梁、铁轨、楼梯、台阶、坡道、散水、平台、阳台、雨篷、洞口、墙裙、雨水管及其他装修等可见内容。
- 高度尺寸，主要包括外部尺寸和内部尺寸两方面，其中外部尺寸主要是门、窗、洞口高度、总高度；内部尺寸为：地炕深度、隔断、洞口、平台和吊顶等。

- 底层地面标高，以上各层露面、楼梯、平台标高、屋面板、屋面檐口、女儿墙顶、烟囱顶标高，高处屋面的水箱间、楼梯间、机房顶部标高，室外地面标高，底层以下的地下各层标高。
- 楼、地面各层构造。一般可用引线说明。引线指向所说明的部位，并按其构造的层次顺序，逐层加以文字说明。若有详图，或已有“构造说明一览表”时，在剖面图中可用索引符号引出说明。
- 表示需画详图之处的索引符号。

16.1.2 建筑剖面的识读方法

正确识读建筑剖面图的方法有以下几点。

- 结合底层平面图阅读，对应剖面图与平面图的相互关系，建立建筑内部的空间概念。
- 结合建筑设计说明或材料做法表，查阅地面、墙面、楼面、顶棚等装修做法。
- 根据剖面图尺寸及标高，了解建筑层高、总高、层数及房屋室内外地面高差。
- 了解建筑构配件之间的搭接关系。
- 了解建筑屋面的构造及屋面坡度的形成。
- 了解墙体、梁等承重构件的竖向定位关系，如轴线是否偏心等。

16.1.3 建筑剖面的注意事项

在绘制剖面图时，需要注意以下两点。

- 剖切位置及方向。找准剖切位置及剖切方向是绘制建筑剖面图的关键。剖切位置一般应选在构造复杂、易于完整反映建筑内部空间及构成、反映垂直交通关系的位置，剖切方向选择一般原则也是选择能完整反映房屋内部关系的位置。
- 结合建筑平、立面图。剖面图的绘制必须结合建筑的平、立面图，实际上，建筑的平、立面图即确定了剖面图的宽、高尺寸及门窗、台阶、楼梯、雨篷、地面、屋面和其他部件的大小、位置等要素。

16.2 绘制厂房剖面轮廓

在绘制该轮廓前，需要调用厂房立面图，并根据其立面尺寸进行绘制。在绘制的过程中，所运用到的操作命令有“直线”、“偏移”和“图层状态管理器”等命令。

16.2.1 调用图层

下面将运用“图层状态管理器”命令，进行操作。

步骤1：新建一空白文件，单击“图层”→“图层特性”命令，打开“图层特性管理器”对话框，如下左图所示。

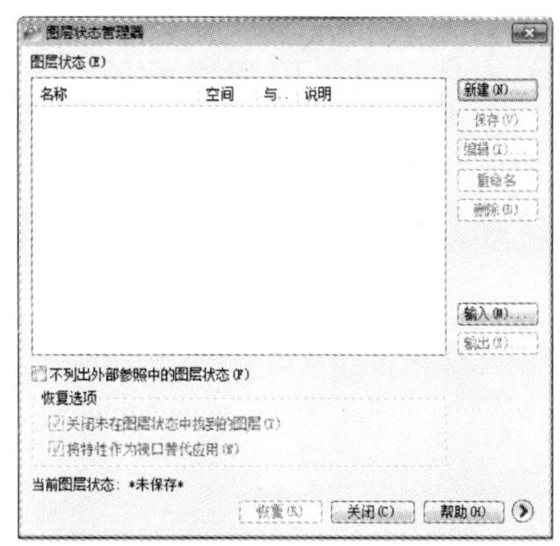

步骤 2：在该对话框中，单击左上角“图层状态管理器”命令，打开相应的对话框，如上右图所示。

步骤 3：在该对话框中，单击“输入”按钮，打开“输入图层状态”对话框，并选中之前保存好的图层文件（ *. las)，如下左图所示。

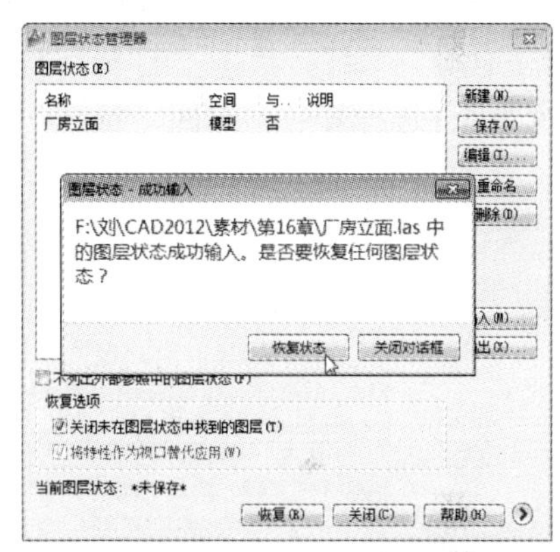

步骤 4：选择完成后，单击“打开”按钮，在打开的“图层状态 - 成功输入”提示框中，单击“恢复状态”按钮，如上右图所示。

步骤 5：设置完成后，进入“图层特性管理器”对话框，显示输入的图层，如下左图所示。

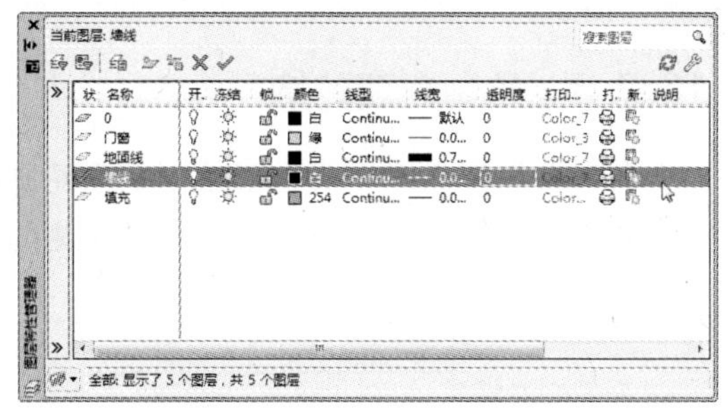

步骤 6：在该对话框中，选择多余的图层以及修改相应图层的名称，以符合剖面图的需要，双击“墙线”图层，将其设为当前层，如上右图所示。

16.2.2 调用厂房立面图

调用厂房立面图的操作方法如下。

步骤1：单击“插入”→“块”→“插入”命令，打开“插入”对话框，如下左图所示。

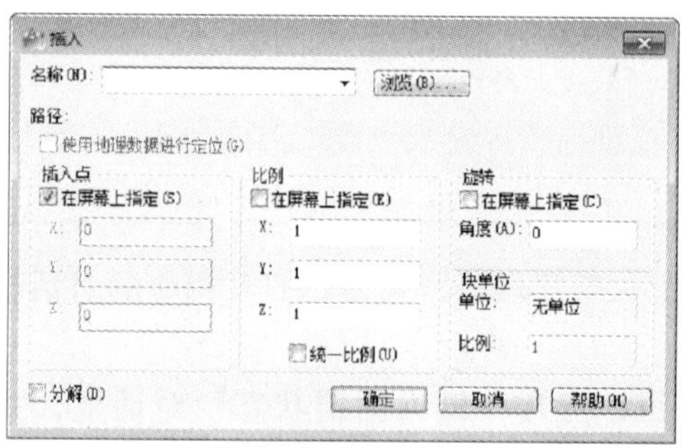

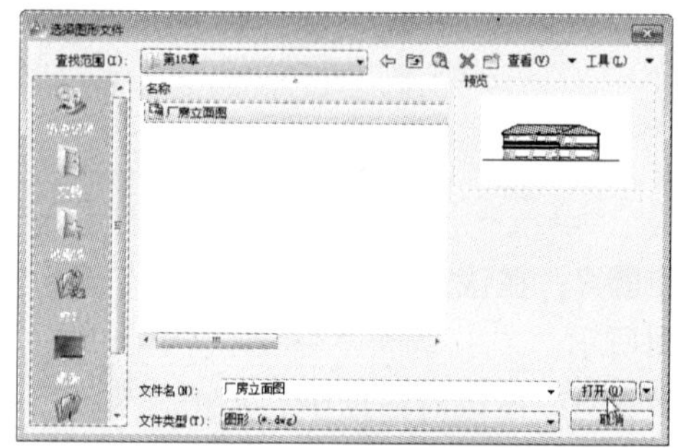

步骤2：在该对话框中，单击“浏览”按钮，打开“选择图形文件”对话框，选中“厂房立面图”文件，单击“打开”按钮，如上右图所示。

步骤3：选择好后，返回“插入”对话框，单击“确定”命令，完成插入，如下左图所示。

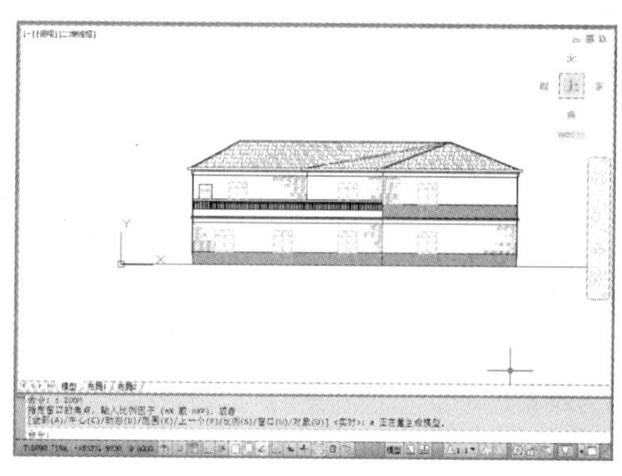

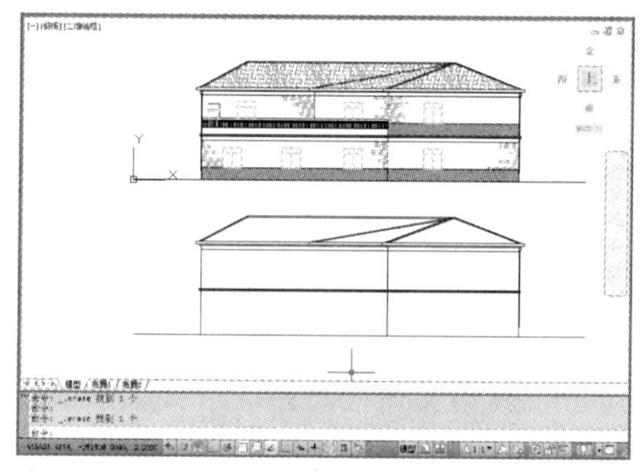

步骤4：单击“复制”命令，将厂房立面图进行复制，并放置其立面图下方，单击“分解”命令，将复制好的图形进行分解，然后删除多余的图形，结果如上右图所示。

16.2.3 绘制剖面轮廓

下面将可根据立面墙线，来绘制剖面轮廓线。

步骤1：单击“偏移”命令，将最左侧的垂直线向右偏移240 mm，如下左图所示。

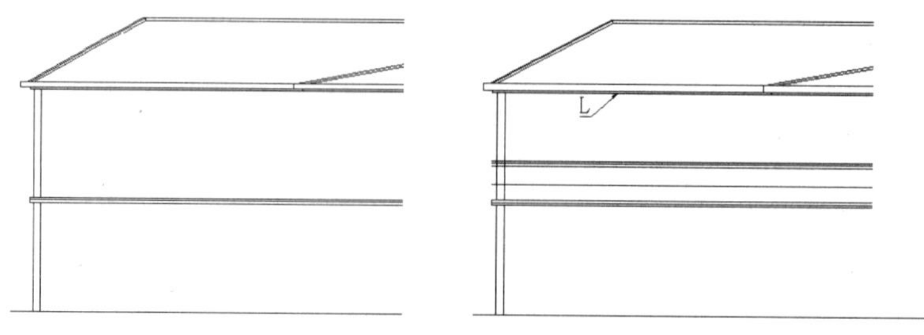

步骤 2：同样单击“偏移”命令，选择线段 L 向下依次偏移，偏移距离分别为 2000 mm、50 mm、100 mm、550 mm，其结果如上右图所示。

步骤 3：单击“修剪”命令，将偏移的线段进行修剪，如下左图所示。

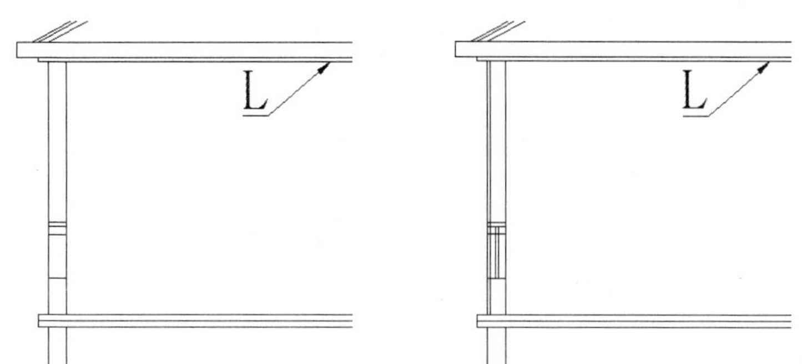

步骤 4：单击“偏移”命令，将最左侧线段向右依次偏移 40 mm、60 mm 和 40 mm，其结果如上右图所示。

步骤 5：单击“修剪”命令，将偏移后的图形进行修剪，其结果如下左图所示。

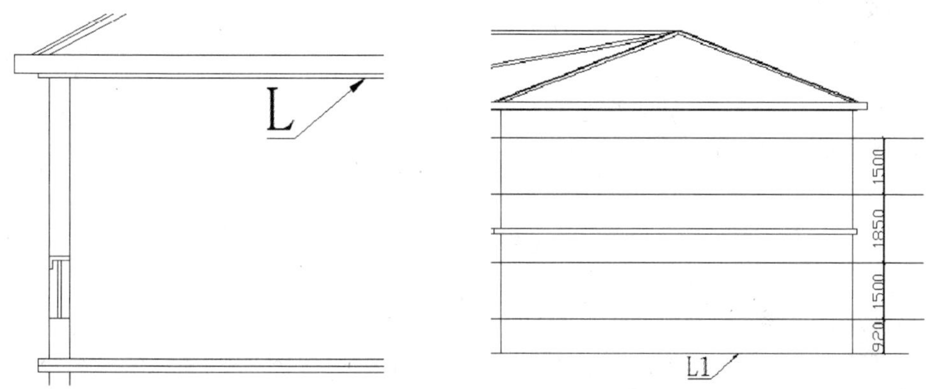

步骤 6：单击“偏移”命令，将地平线 L1 向上依次偏移 920 mm、1500 mm、1850 mm 和 1500 mm，其结果如上右图所示。

步骤 7：同样单击“偏移”命令，将图形最右侧边线向内依次偏移 100 mm、40 mm 以及 100 mm，其结果如下左图所示。

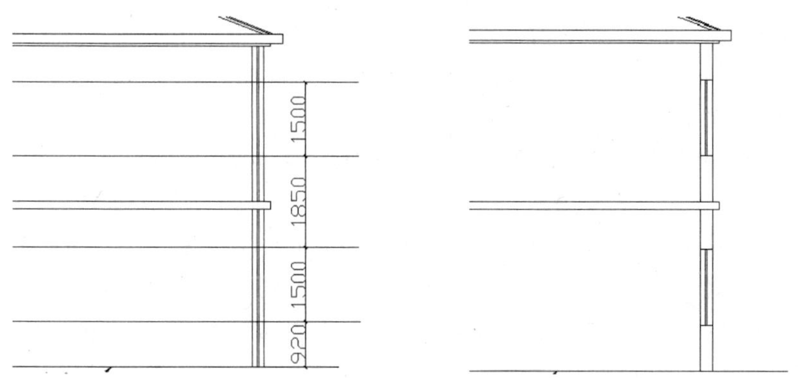

步骤 8：单击“修剪”命令，将偏移后的图形修剪，如上右图所示。

步骤9：单击“偏移”命令，将线段L2向右依次偏移4140 mm、3900 mm、2500 mm、2940 mm、2610 mm、3245 mm和3556 mm其结果如下图所示。

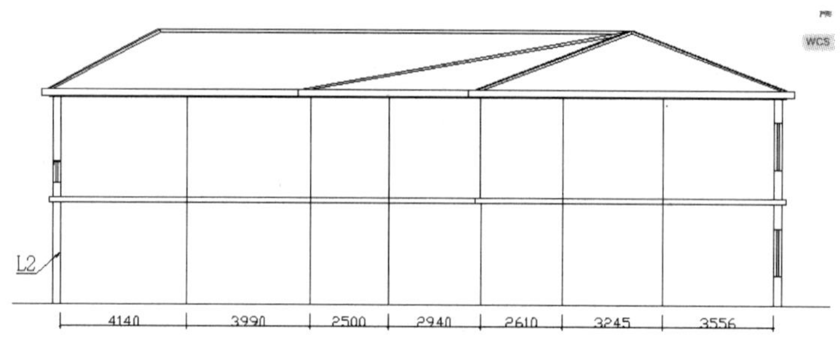

步骤10：同样单击“偏移”命令，将刚偏移的线段在向右偏移240 mm，如下图所示。

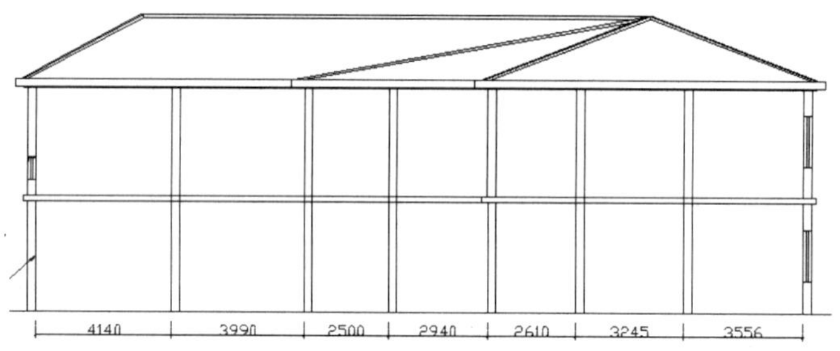

步骤11：单击“偏移”和“修剪”命令，将图形绘制完整，其结果如下图所示。

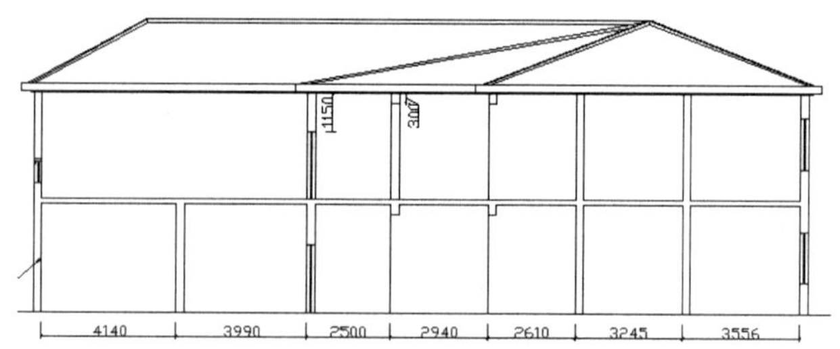

步骤12：绘制屋檐剖面。单击“多段线”命令，并根据命令行中的尺寸，绘制屋檐剖面轮廓图，如下左图所示。

命令行提示如下：

```
命令：PL PLINE
指定起点：                                                   （捕捉点A）
当前线宽为0.0000
指定下一个点或［圆弧(A)/半宽(H)/长度(L)/放弃(U)/宽度(W)］：300
                                                （向右移动光标，输入距离）
指定下一点或［圆弧(A)/闭合(C)/半宽(H)/长度(L)/放弃(U)/宽度(W)］：100（向上移动光标）
指定下一点或［圆弧(A)/闭合(C)/半宽(H)/长度(L)/放弃(U)/宽度(W)］：100（向左移动光标）
指定下一点或［圆弧(A)/闭合(C)/半宽(H)/长度(L)/放弃(U)/宽度(W)］：180（向下移动光标）
指定下一点或［圆弧(A)/闭合(C)/半宽(H)/长度(L)/放弃(U)/宽度(W)］：400（向左移动光标）
指定下一点或［圆弧(A)/闭合(C)/半宽(H)/长度(L)/放弃(U)/宽度(W)］：（向上移动，按回车键）
```

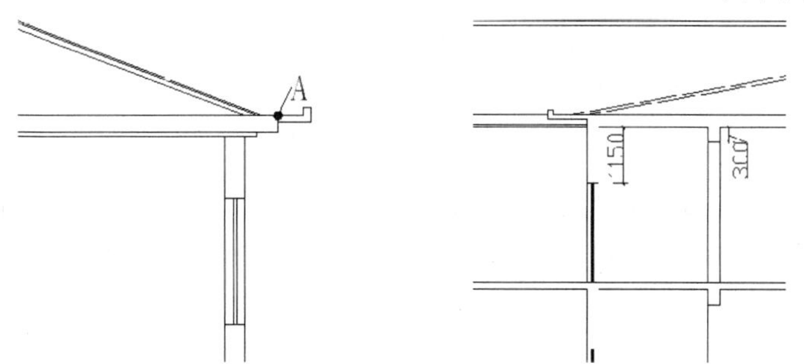

步骤 13：按照同样的操作方法，完成另外一侧屋檐的绘制，单击“修剪”命令，将图形进行修剪，其结果如上右图所示。

步骤 14：单击“图案填充”命令，将墙体和柱子进行填充，其结果如下图所示。

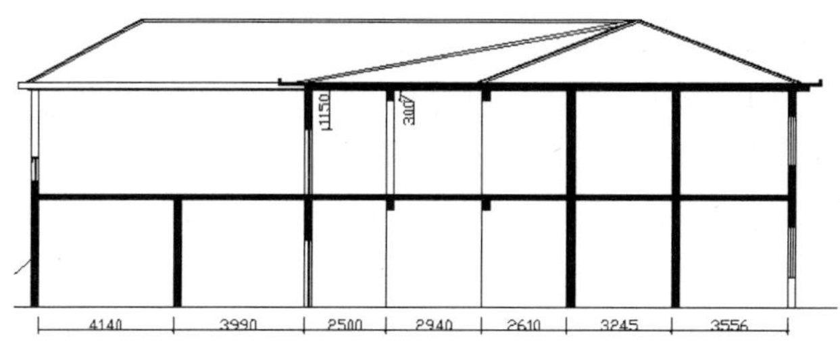

16.3　绘制厂房剖面门、窗

当厂房剖面轮廓绘制好后，接下来就需对其门窗剖面进行布置了。在绘制的过程中，所运用到的操作命令有“矩形”、“分解”、“延伸”、“直线”、“偏移”及“镜像”等。

16.3.1　绘制剖面门

绘制门的操作步骤如下：

步骤 1：双击门窗图层，将其设为当前层，单击“矩形”命令，绘制一个长为 2200 mm、宽为 900 mm 的长方形，放置图形到合适位置，如下左图所示。

命令行提示如下：

```
命令：rec RECTANG
指定第一个角点或 [倒角(C)/标高(E)/圆角(F)/厚度(T)/宽度(W)]：（任意选择一点）
指定另一个角点或 [面积(A)/尺寸(D)/旋转(R)]：@2200,900          （输入长、宽值）
```

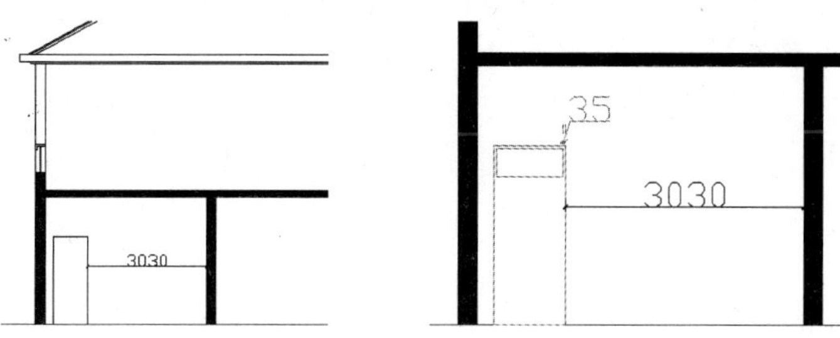

步骤2：单击“矩形”命令，绘制一个长为830 mm、宽为340 mm的长方形，并将其放置图形合适位置，其结果如上右图所示。

命令行提示如下：

```
命令：rec RECTANG
指定第一个角点或[倒角(C)/标高(E)/圆角(F)/厚度(T)/宽度(W)]：（指定任意一点）
指定另一个角点或[面积(A)/尺寸(D)/旋转(R)]：@830,340          （输入长、宽值）
```

步骤3：单击“偏移”命令，将刚绘制的小长方形向内偏移40 mm，其结果如下左图所示。

命令行提示如下：

```
命令：o OFFSET
当前设置：删除源=否   图层=源   OFFSETGAPTYPE=0
指定偏移距离或[通过(T)/删除(E)/图层(L)] <3030.0000>：  40      （输入偏移距离）
选择要偏移的对象,或[退出(E)/放弃(U)] <退出>：                  （选择方形）
指定要偏移的那一侧上的点,或[退出(E)/多个(M)/放弃(U)] <退出>：（向内选择一点）
选择要偏移的对象,或[退出(E)/放弃(U)] <退出>：  *取消*
```

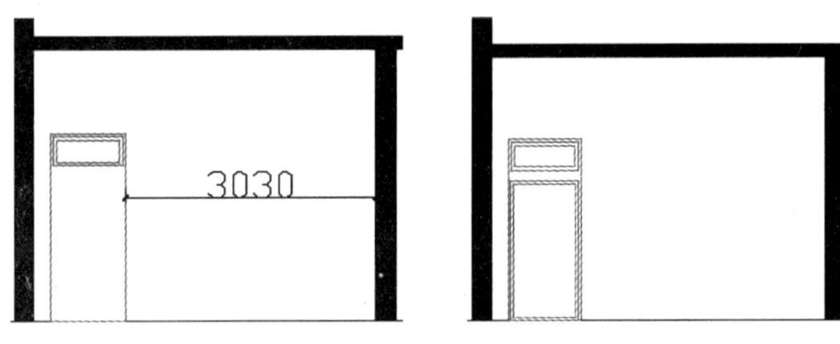

步骤4：单击“矩形”命令，绘制一个长为1690mm、宽为840mm的长方形，同时单击“偏移”命令，将该长方形向内偏移35 mm，其结果如上右图所示。

命令行提示如下：

```
命令：rec RECTANG
指定第一个角点或[倒角(C)/标高(E)/圆角(F)/厚度(T)/宽度(W)]：（指定任意一点）
指定另一个角点或[面积(A)/尺寸(D)/旋转(R)]：@1690,840          （输入长、宽值）
命令：o OFFSET
当前设置：删除源=否   图层=源   OFFSETGAPTYPE=0
指定偏移距离或[通过(T)/删除(E)/图层(L)] <40.0000>：  35        （输入偏移距离）
选择要偏移的对象,或[退出(E)/放弃(U)] <退出>：                  （选择方形）
指定要偏移的那一侧上的点,或[退出(E)/多个(M)/放弃(U)] <退出>：（向内选择一点）
```

步骤5：再次单击“矩形”命令，绘制一个长为1385 mm、宽为600 mm的长方形，并单击“倒圆角”命令，将该图形进行倒圆角，圆角半径为50 mm，其结果如下左图所示。

命令行提示如下：

```
命令：rec RECTANG
指定第一个角点或［倒角(C)/标高(E)/圆角(F)/厚度(T)/宽度(W)］：（指定任意一点）
指定另一个角点或［面积(A)/尺寸(D)/旋转(R)］：@600,1385            （输入长、宽值）
命令：f FILLET
当前设置：模式 = 修剪，半径 = 0.0000
选择第一个对象或［放弃(U)/多段线(P)/半径(R)/修剪(T)/多个(M)］：r 指定圆角半径
<0.0000>：50                                                   （输入圆角半径值）
选择第一个对象或［放弃(U)/多段线(P)/半径(R)/修剪(T)/多个(M)］：（选择所要倒
圆角的两条边）
选择第二个对象，或按住 Shift 键选择对象以应用角点或［半径(R)］：
```

步骤 6：单击“矩形”和“直线”命令，绘制门拉手和装饰角线，其结果如上右图所示。

步骤 7：单击“复制”命令，将绘制好的门复制移动至图形其他位置，如下图所示。

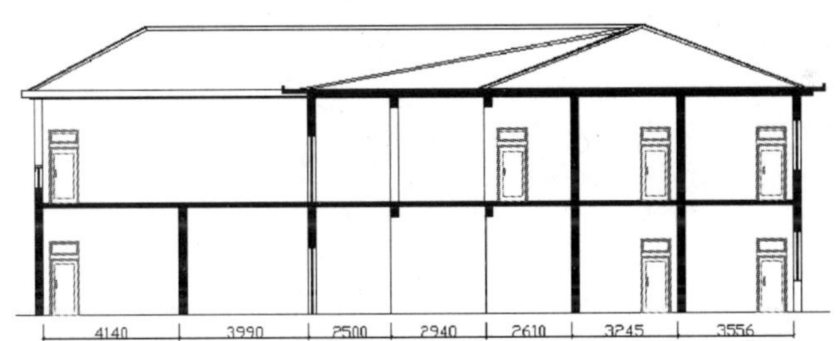

16.3.2　绘制剖面窗

绘制剖面窗图形的方法很简单，只需运用“复制”命令，即可完成。

步骤 1：单击“复制”命令，将立面图中的窗复制至剖面合适位置，其结果如下图所示。

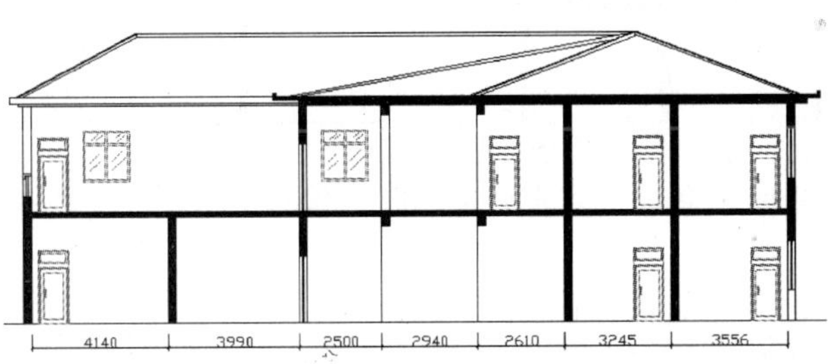

步骤 2： 单击“矩形”命令，绘制一个长为 2500 mm、宽为 1500 mm 的长方形，放置图形到合适位置，作为一楼门洞，如下图所示。

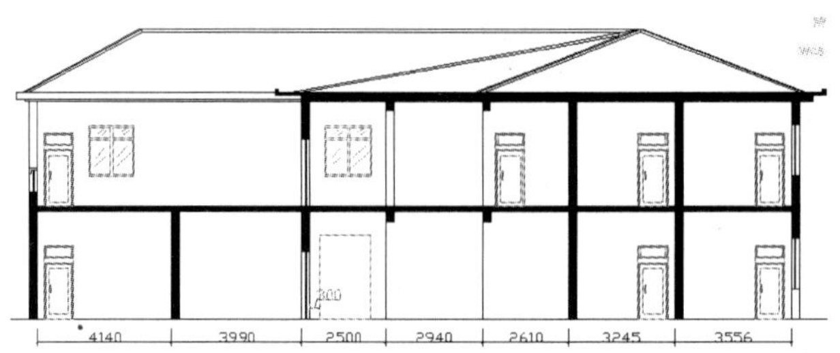

16.4 绘制其他建筑结构剖面

当门窗都绘制完成后，接下来就需绘制剖面楼梯以及屋顶剖面结构了。下面将运用“偏移”、“直线”、“矩形”及“倒圆角”命令进行绘制。

16.4.1 绘制楼梯剖面

楼梯剖面绘制的步骤如下：

步骤 1： 单击“图层”→“图层特性”命令，打开相应的对话框，单击“新建”命令，新建“楼梯”图层，设置好其图层属性，如下左图所示。

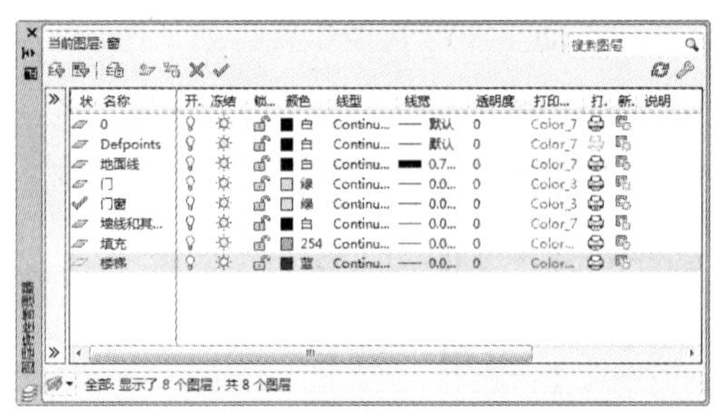

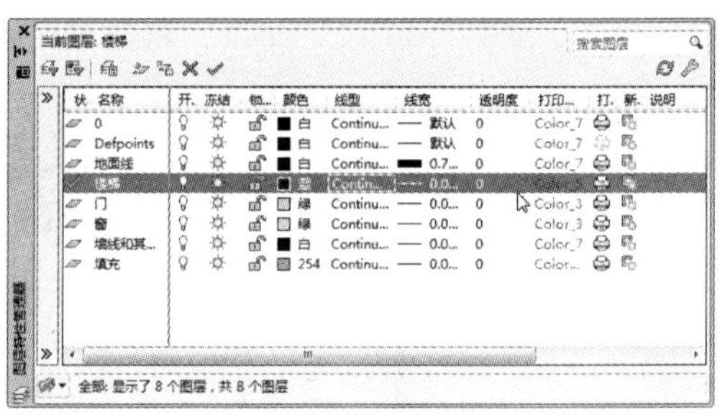

步骤 2： 双击该图层，将其设为当前层，如上右图所示。

步骤 3： 单击“直线”命令，绘制楼梯区域，其尺寸可参照下图所示。

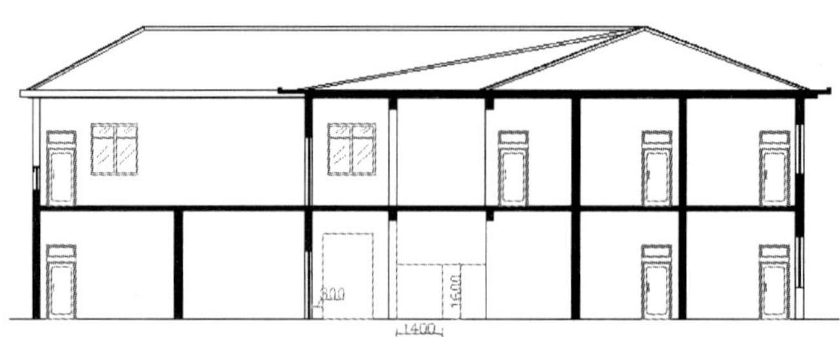

步骤 4： 单击“偏移”命令，将直线 L 3 向下偏移 11 次，其偏移距离为 133 mm，如下左图所示。

命令行提示如下：

```
命令：o OFFSET
当前设置：删除源 = 否　图层 = 源　OFFSETGAPTYPE = 0
指定偏移距离或［通过(T)/删除(E)/图层(L)］<1600.0000>：133　　（输入偏移距离）
选择要偏移的对象,或［退出(E)/放弃(U)］<退出>：　　（选择线段 L3）
指定要偏移的那一侧上的点,或［退出(E)/多个(M)/放弃(U)］<退出>：　　（向下指定一点）
选择要偏移的对象,或［退出(E)/放弃(U)］<退出>：
```

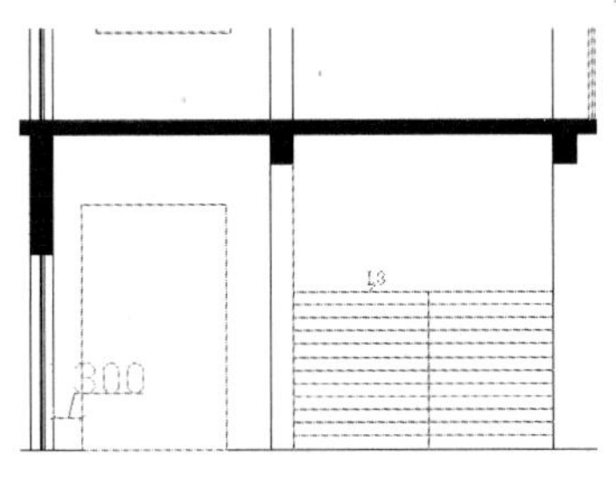

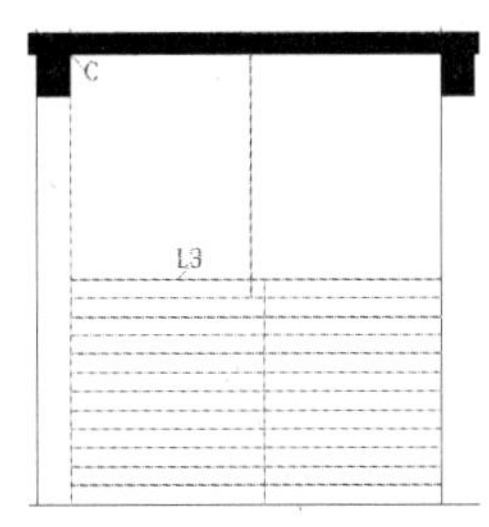

步骤 5：单击“直线”命令，捕捉点 C 为基点，并根据命令行中的提示绘制直线，如上右图所示。

命令行提示如下：

```
命令：L LINE 指定第一点：from
基点：<偏移>：@1300,0　　（选择点 C,并输入起点坐标值）
指定下一点或［放弃(U)］：@0, -1733　　（输入另一端点的坐标值）
指定下一点或［放弃(U)］：
```

步骤 6：单击“修剪”命令，将所绘制的线段进行修剪，其结果如下左图所示。

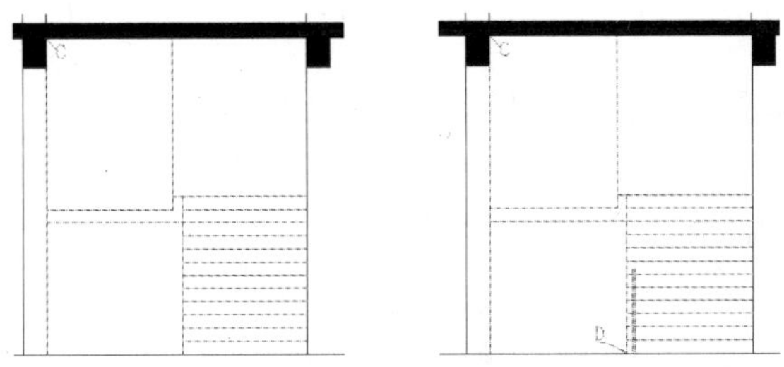

步骤 7：单击“矩形”命令，并启动“临时追踪”命令，捕捉点 D，来绘制一个长为 850 mm、宽为 25 mm 的长方形，如上右图所示。

命令行提示如下：

```
命令：REC RECTANG
指定第一个角点或［倒角(C)/标高(E)/圆角(F)/厚度(T)/宽度(W)］：from(输入“from”)
基点：<偏移>：@55,0　　（选择点 D,并输入端点坐标值）
指定另一个角点或［面积(A)/尺寸(D)/旋转(R)］：@850,25　　（输入长方形长、宽值）
```

步骤 8：单击“矩形”命令，同时结合“临时追踪”命令，捕捉 D 点为基点，绘制一个长为 1650 mm、宽为 70 mm 的长方形，其结果如下左图所示。

命令行提示如下：

```
命令：rec RECTANG
指定第一个角点或[倒角(C)/标高(E)/圆角(F)/厚度(T)/宽度(W)]：from  （输入"from"）
基点：<偏移>：@30,850                              （选择点D,输入起点坐标值）
指定另一个角点或[面积(A)/尺寸(D)/旋转(R)]：@1650,70  （输入长方形的长、宽值）
```

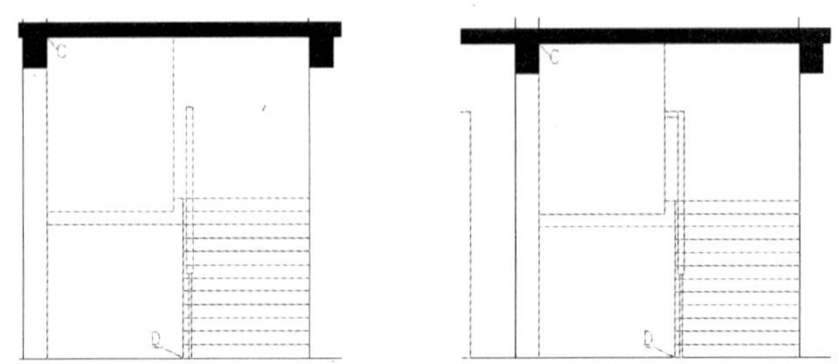

步骤9：单击"矩形"命令，绘制一个长为150 mm、宽为50 mm的长方形，放置图形到合适位置，如上右图所示。

命令行提示如下：

```
命令：rec RECTANG
指定第一个角点或[倒角(C)/标高(E)/圆角(F)/厚度(T)/宽度(W)]：（指定任意一点）
指定另一个角点或[面积(A)/尺寸(D)/旋转(R)]：@150,50          （输入长、宽值）
```

步骤10：单击"矩形"命令，并启动"临时追踪"命令，捕捉E点，绘制一个长为1500 mm、宽为50 mm的长方形，如下左图所示。

命令行提示如下：

```
命令：REC RECTANG
指定第一个角点或[倒角(C)/标高(E)/圆角(F)/厚度(T)/宽度(W)]：FROM （输入"from"）
基点：<偏移>：@0,1150                        （选择点E,并输入起点坐标值）
指定另一个角点或[面积(A)/尺寸(D)/旋转(R)]：@1500,50    （输入长方形长、宽值）
```

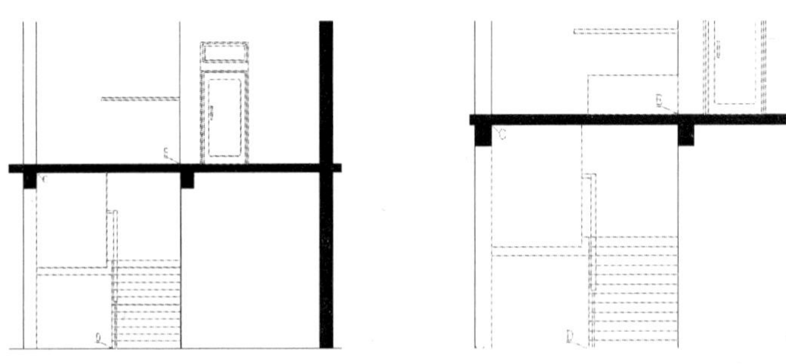

步骤11：同样单击"矩形"命令，捕捉点E，绘制一个长为1300 mm、宽为550 mm的长方形，如上右图所示。

命令行提示如下：

```
命令：rec RECTANG
指定第一个角点或［倒角(C)/标高(E)/圆角(F)/厚度(T)/宽度(W)］：（捕捉点 E）
指定另一个角点或［面积(A)/尺寸(D)/旋转(R)］：@1300,550 （输入长方形的长、宽值）
```

步骤 12：单击“直线”和“偏移”命令，绘制楼梯栏杆，如下左图所示。

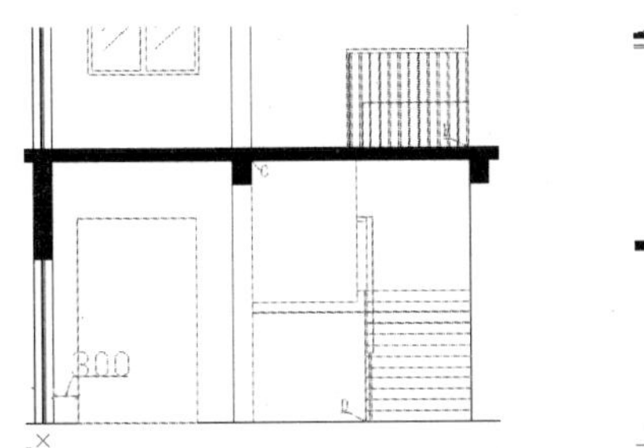
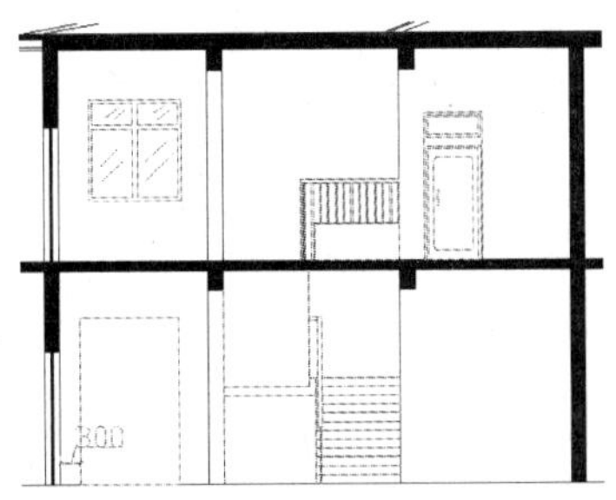

步骤 13：单击“修剪”命令，将栏杆图形修剪，其结果如上右图所示。

16.4.2　绘制厂房顶部结构剖面图

下面将介绍如何绘制屋顶结构剖面图，其操作方法如下：

步骤 1：将墙线设为当前层，单击“直线”命令，捕捉点 F 点，绘制一条垂直线，如下左图所示。

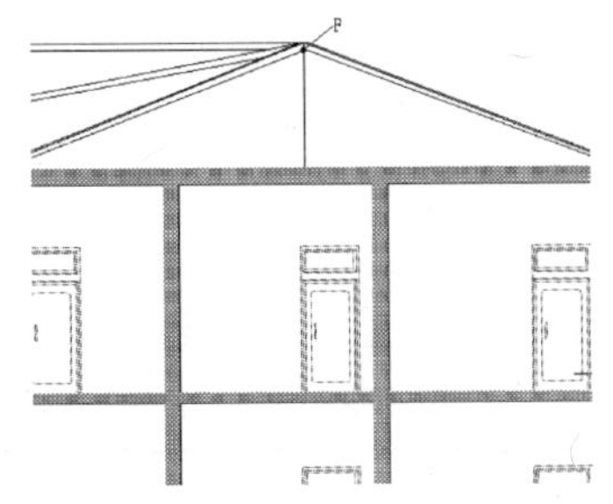
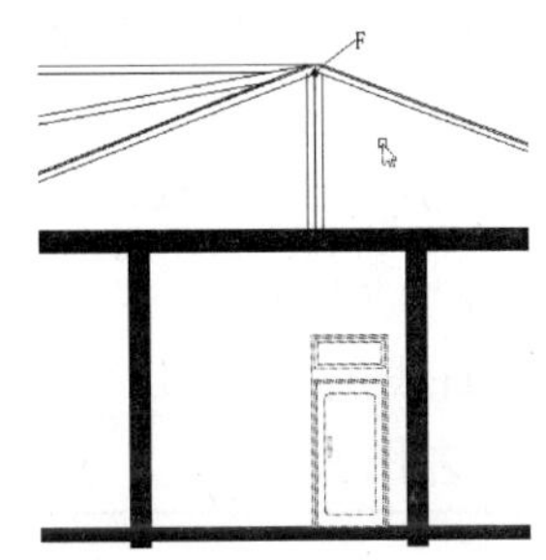

步骤 2：单击“偏移”命令，将刚绘制的直线分别向两边各偏移 85 mm，如上右图所示。

步骤 3：单击“旋转”命令，选择向右偏移得到的直线，以点 G 为旋转基点，旋转 48°，如下左图所示。

命令行提示如下：

```
命令：_rotate
UCS 当前的正角方向：  ANGDIR = 逆时针    ANGBASE = 0
选择对象：找到 1 个                                   （选择刚偏移的线段）
选择对象：                                                  （按回车键）
指定基点：                                                  （选择点 G）
指定旋转角度或［复制(C)/参照(R)］<270>：  c 旋转一组选定对象。  （选择“复制”）
指定旋转角度或［复制(C)/参照(R)］<270>：  -48              （输入旋转角度）
```

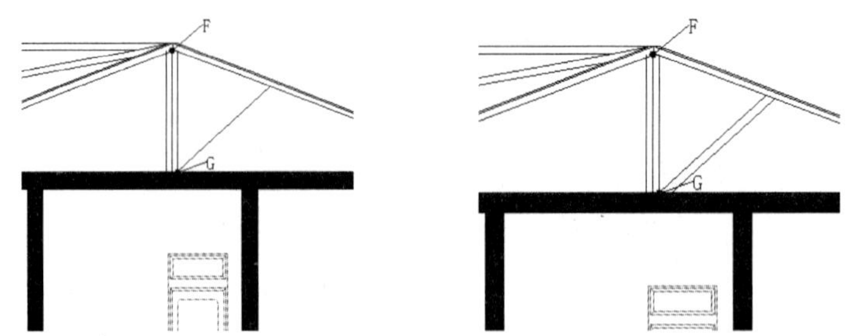

步骤4：单击“偏移”命令，选择旋转的直线，将其向下偏移100 mm，并单击“延伸”命令，将该线段进行延伸处理，如上右图所示。

命令行提示如下：

```
命令：o OFFSET
当前设置：删除源 = 否   图层 = 源   OFFSETGAPTYPE = 0
指定偏移距离或［通过(T)/删除(E)/图层(L)］<85.0000>：  100      （输入偏移距离）
选择要偏移的对象，或［退出(E)/放弃(U)］<退出>：                 （选择旋转的线段）
指定要偏移的那一侧上的点，或［退出(E)/多个(M)/放弃(U)］<退出>：（向下指定一点）
命令：ex EXTEND
当前设置：投影 = UCS，边 = 无
选择边界的边...                                                （选择屋顶边界线）
选择对象或 <全部选择>：  找到 1 个
选择对象：                                                     （按回车键）
选择要延伸的对象，或按住 Shift 键选择要修剪的对象，或
［栏选(F)/窗交(C)/投影(P)/边(E)/放弃(U)］：                    （选择偏移的线段）
```


步骤5：单击“直线”、“偏移”命令，过斜线的上端点向下绘制垂直直线，并将其向右偏移120 mm，如下左图所示。

> **操作提示：**
>
> 使用延伸命令对线条进行延伸操作时，如果要延伸若干个图形对象，使用不同的选择方法有助于选择当前的延伸边和延伸对象。

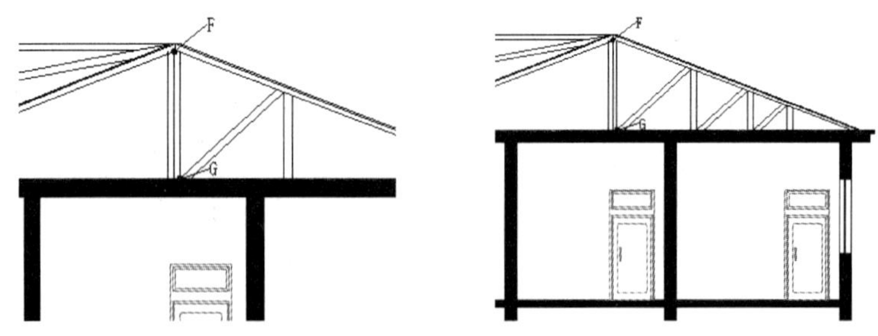

步骤6：单击“旋转”、“偏移”、“延伸”及“直线”命令，完成剩余结构的绘制，如上右图所示。

步骤7：单击“镜像”命令，将右侧屋顶结构图以三角形顶点的垂直线为镜像线，进行

镜像操作，如下左图所示。

命令行提示如下：

```
命令：_mirror
选择对象：指定对角点：找到 2 个                      （选中所需镜像的图形）
选择对象：指定对角点：找到 2 个，总计 4 个
选择对象：指定对角点：找到 4 个，总计 8 个
选择对象：指定对角点：找到 4 个，总计 12 个
选择对象：（按回车键）
指定镜像线的第一点：指定镜像线的第二点：              （选择中心线起点和端点）
要删除源对象吗？[是(Y)/否(N)] <N>：                 （按回车键，完成操作）
```

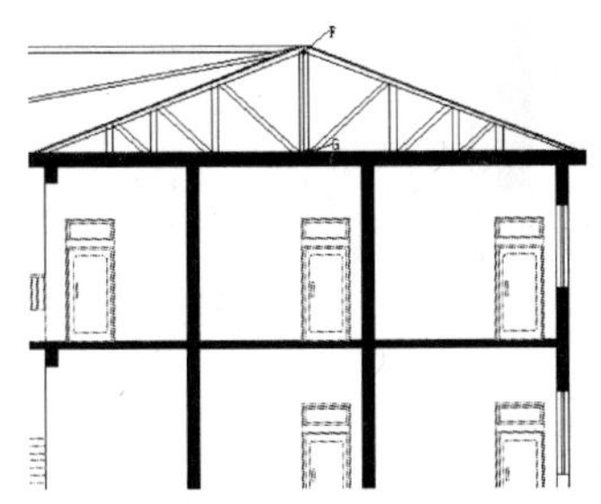

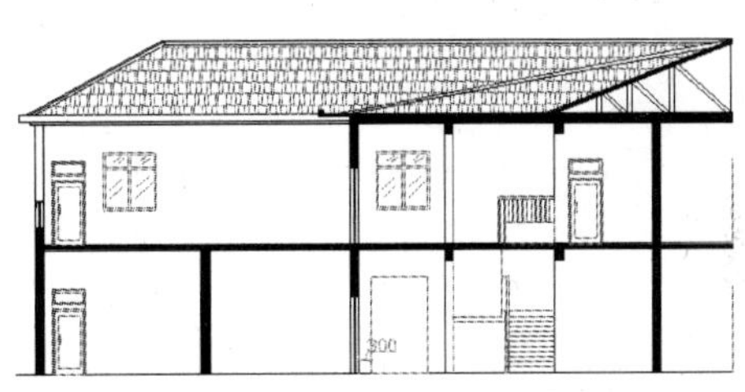

步骤 8：单击“图案填充”命令，对屋顶进行填充，其结果如上右图所示。

16.5 标注厂房剖面图

当所有剖面图绘制完毕后，即可将当前图形进行尺寸标注，其中包括标高标注以及文字标注。下面将运用“文字注释”和“标注样式编辑器”命令，进行绘制。

16.5.1 添加厂房标高

绘制标高并进行属性定义的具体操作方法如下：

步骤 1：单击“多段线”命令，以任意点为起点，根据命令行中提示的尺寸，绘制标高图形，如下左图所示。

命令行提示如下：

```
命令：pl PLINE
指定起点：
当前线宽为 0.0000
指定下一个点或 [圆弧(A)/半宽(H)/长度(L)/放弃(U)/宽度(W)]：  @ -1080,0
指定下一点或 [圆弧(A)/闭合(C)/半宽(H)/长度(L)/放弃(U)/宽度(W)]：  @380 < -45
指定下一点或 [圆弧(A)/闭合(C)/半宽(H)/长度(L)/放弃(U)/宽度(W)]：  @380 <45
指定下一点或 [圆弧(A)/闭合(C)/半宽(H)/长度(L)/放弃(U)/宽度(W)]：
```

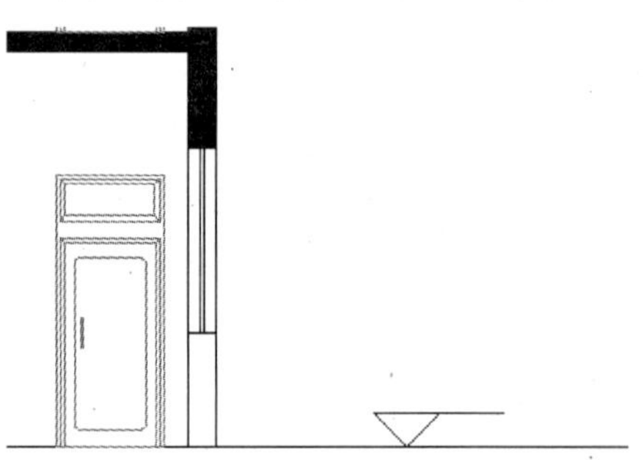

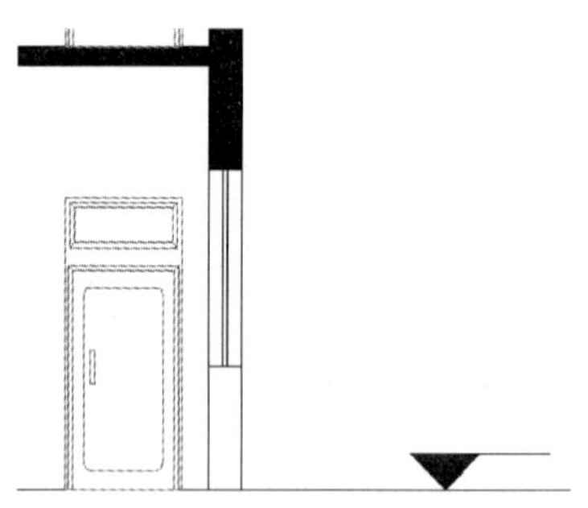

步骤2：单击“图案填充”命令，将标高图形进行填充，如上右图所示。

步骤3：单击“插入”→“块定义”→“定义属性”命令，打开“属性定义”对话框，在该对话框的“属性”选项区中，设置相应的属性参数，如下左图所示。

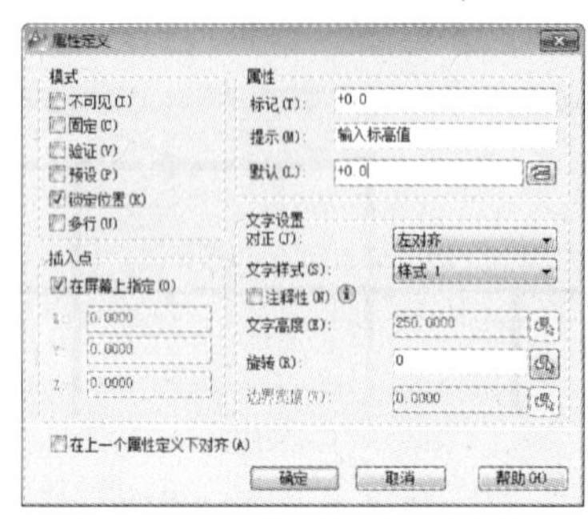

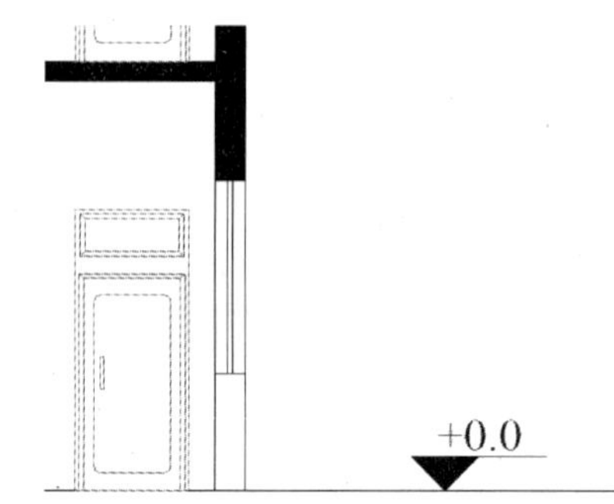

步骤4：设置好后，单击“确定”按钮，并根据命令提示，在标高图形上方指定参数插入点，如上右图所示。

步骤5：在命令行中输入“D”并按回车键，打开“标注样式管理器”对话框，如下左图所示。

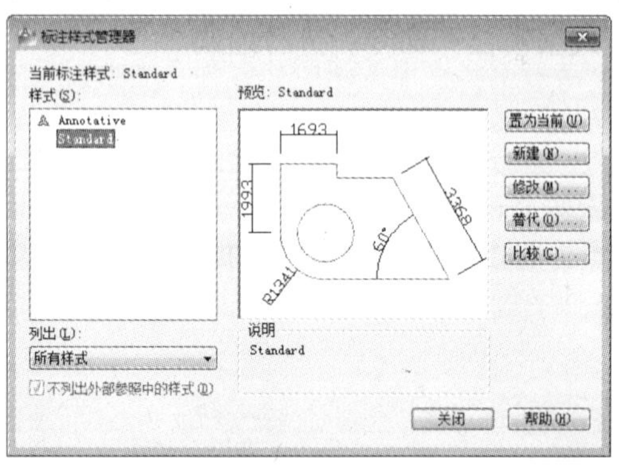

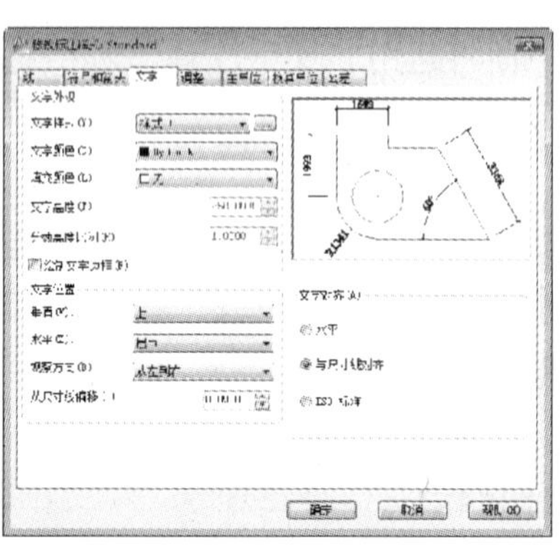

步骤6：单击“修改”按钮，打开“修改标注样式”对话框，此时，可根据需设置相应的标注参数，设置完成后，单击“置为当前”按钮，完成操作，如上右图所示。

步骤7：单击“标注”→“线型参数”命令，对当前剖面图形进行线型标注，结果如下左图所示。

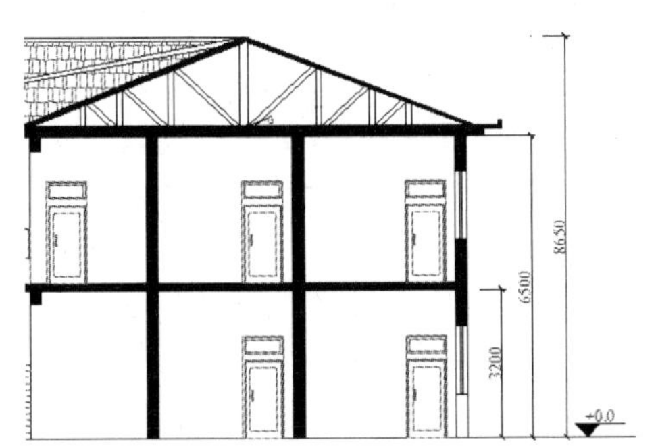

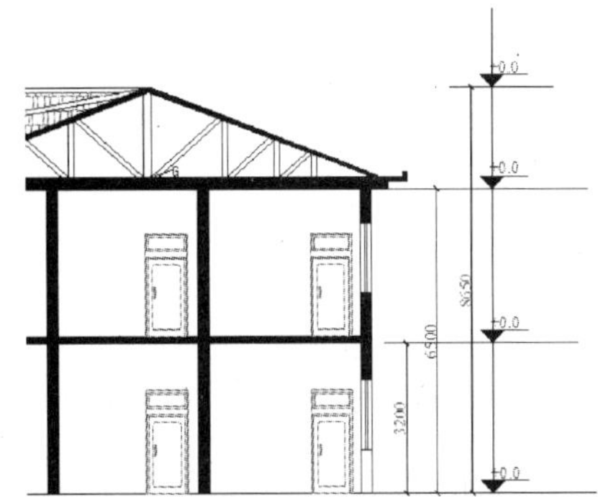

步骤 8：单击“复制”命令，将绘制好的标高符号，分别复制到各尺寸合适位置，如上右图所示。

步骤 9：在尺寸标注为 3200 处，双击标高值，在打开的“编辑属性定义”对话框中，输入正确的标高值，如下左图所示。

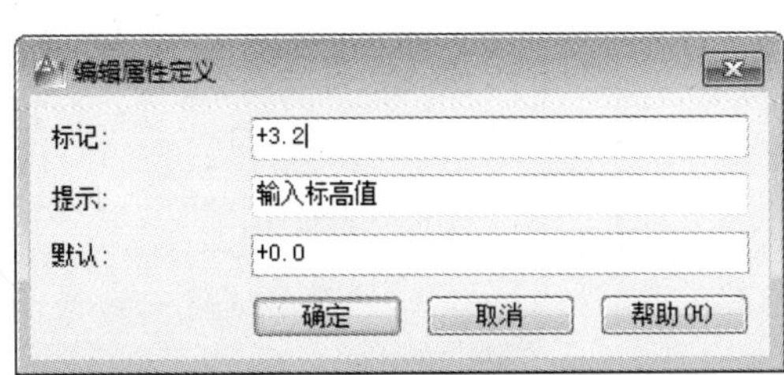

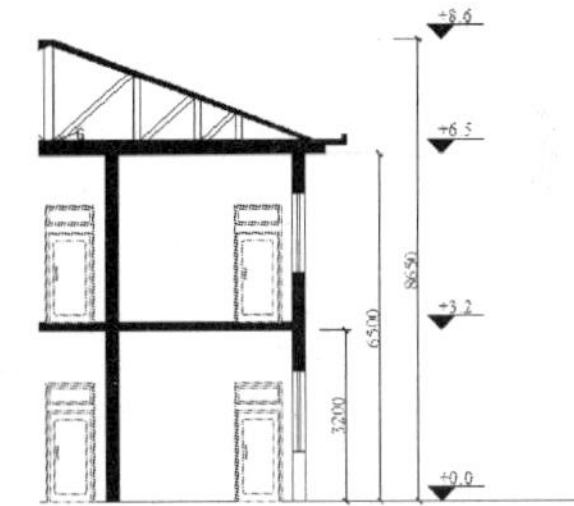

步骤 10：输入完毕后，单击“确定”按钮，完成操作，按照同样的操作方法，输入剩余的标高值，其结果如上右图所示。

16.5.2 标注文字

标高添加完成后，即可将该剖面图添加文字注释，其具体操作如下：

步骤 1：单击“文字”→“多行文字”命令，在剖面图下方创建文本内容，如下图所示。

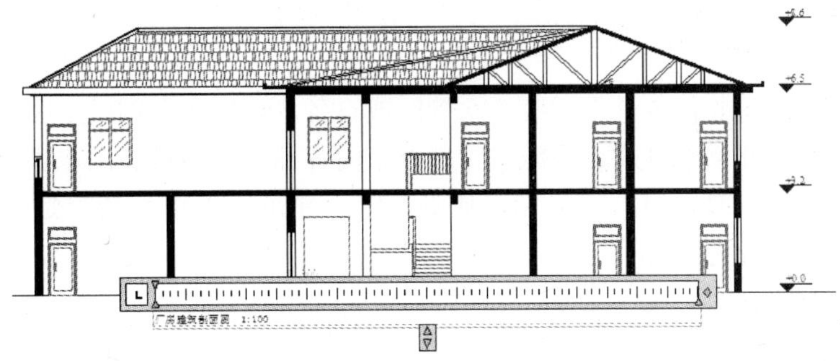

步骤 2：选中该内容，单击“文字编辑器”→“样式”命令，设置文字高度，即可完成文字的添加。

至此，厂房建筑剖面图已全部绘制完毕，最后保存该文件。

第 17 章　建筑给排水图的绘制

本章概述：

在建筑施工图中，管道有给水管和排水管两个部分。给排水施工图就是用于描述建筑给水和排水管道、开关、水泵、取水器、阀门井、洒水井等用水设施的布置和安装情况。本章将以绘制游泳池排水系统为例，结合 CAD 中的一些基本命令，来介绍建筑排水图的一般要求以及绘制方法和技巧，其效果如下图所示。

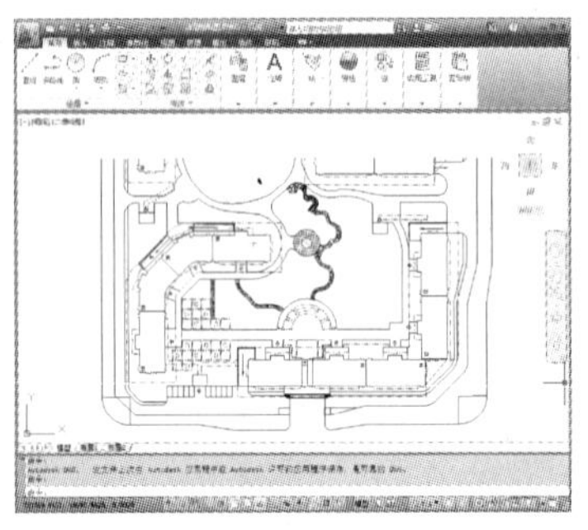

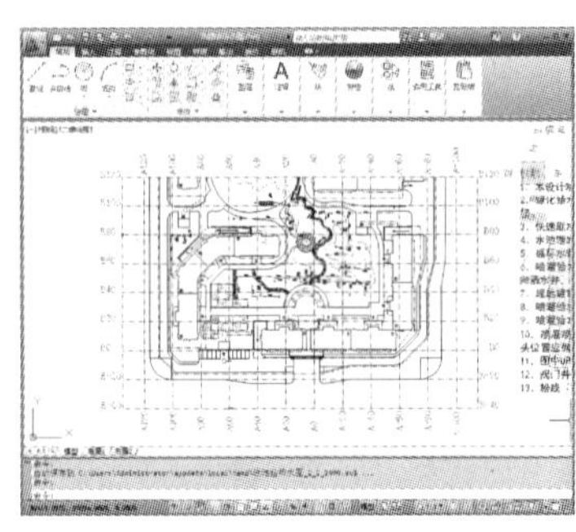

17.1　建筑给排水工程概述

建筑给水排水工程是给水排水工程的一个分支，也是建筑安装工程的一个分支。主要是研究建筑内部的给水以及排水问题，保证建筑的功能以及安全的一门学科。下面将向读者简单介绍一些给排水的分类及其系统组成等相关内容。

17.1.1　建筑内部给水系统分类

建筑内部给水系统的任务是将城镇给水管网或自备水源给水管网的水引入室内，选用适用、经济、合理的最佳供水方式，经配水管送至室内各种卫生器具、用水嘴、生产装置和消防设备，并满足用水点对水量、水压和水质的要求。建筑给水排水系统是一个冷水供应系统，按用途基本上可分为 3 类：

1. 生活给水系统

供民用、公共建筑和工业企业建筑内的饮用、烹调、盥洗、洗涤、沐浴等生活上的用水。要求水质必须严格符合国家规定的饮用水质标准。

2. 生产给水系统

因各种生产的工艺不同，生产给水系统种类繁多，主要用于生产设备的冷却、原料洗涤、锅炉用水等。生产用水对水质、水量、水压以及安全方面的要求由于工艺不同，差异很大。

3. 消防给水系统

供层数较多的民用建筑、大型公共建筑及某些生产车间的消防设备用水。消防用水对水质要求不高，但必须按建筑防火规范保证有足够的水量与水压。

有时根据不同需要，可将上述 3 类基本给水系统再进行细划分，例如，生活给水系统分为饮用水系统、杂用水系统；生产给水系统分为直流给水系统、循环给水系统、复用水给水系统、软化水给水系统、纯水给水系统；消防给水系统分为消火栓给水系统、自动喷水灭火给水系统。

建筑内部给水系统由下列各部分组成。

1）引入管。对一幢单独建筑物而言，引入管是室外给水管网与室内管网之间的联络管段，也称进户管。对于一个工厂、一个建筑群体、一个学校区，引入管系指总进水管。

2）水表节点。水表节点是指引入管上装设的水表及其前后设置的闸门、泄水装置等总称。闸门用以关闭管网，以便修理和拆换水表；泄水装置为检修时放空管网、检测水表精度及测定进户点压力值。水表节点形式多样，选择时应按用户用水要求及所选择的水表型号等因素决定。

分户水表设在分户支管上，可只在表前设阀，以便局部关断水流。为了保证水表计量准确，在翼轮式水表与闸门间应有 8 ~ 10 倍水表直径的直线段，其他水表约为 300 mm，以使水表前水流平稳。

3）管道系统。管道系统是指建筑内部给水水平或垂直干管、立管、支管等。

4）给水附件。给水附件是指管路上的闸阀等各式阀类及各式配水龙头、仪表等。

5）升压和贮水设备。在室外给水管网压力不足或建筑内部对安全供水、水压稳定有要求时，需设置各种附属设备，如水箱、水泵、气压装置、水池等升压和贮水设备。

6）室内消防。按照建筑物的防火要求及规定需要设置消防给水时，一般应设消火栓消防设备。有特殊要求时，另专门装设自动喷水灭火或水幕灭火设备等。

17.1.2 建筑内部排水系统的分类

建筑内部排水系统根据接纳污、废水的性质，同样可分为 3 大类。

1. 生活排水系统

将建筑内生活废水（日常生活中排泄的污水等）和生活污水（主要指粪便污水）排至室外。目前建筑排污分流设计中是将生活污水单独排入化粪池，而生活废水则直接排入市政下水道。

2. 工业废水排水系统

用来排除工业生产过程中的生产废水和生产污水。生产废水污染程度较轻，如循环冷却水等。生产污水的污染程度较重，一般需要经过处理后才能排放。

3. 建筑内部雨水管道

用来排除屋面的雨水，一般用于大屋面的厂房及一些高层建筑雨雪水的排除。

若生活污水、工业废水及雨水分别设置管道排出室外，称建筑分流制排水，若将其中两类以上的污水、废水合流排出则称建筑合流制排水。建筑排水系统是选择分流制排水系统还是合流制排水系统，应综合考虑污水污染性质、污染程度、室外排水体制是否有利于水质综合利用及处理等因素来确定。

建筑内部排水系统是由下列7个部分组成。

1）卫生器具或生产设备受水器。

2）排水管系。由器具排水管连接卫生器具和横支管之间的一段短管、除座便器外，其间含存水弯，有一定坡度的横支管、立管；埋设在地下的总干管和排出到室外的排水管等组成。

3）通气管系。有伸顶通气立管、专用通气内立管、环形通气管等几种类型。其主要作用是让排水管与大气相通，稳定管系中的气压波动，使水流畅通。

4）清通设备。一般有检查口、清扫口、检查井以及带有清通门的弯头或三通等设备，作为疏通排水管道之用。

5）抽升设备。民用建筑中的地下室、人防建筑物、高层建筑的地下技术层、某些工业企业车间或半地下室、地下铁道等地建筑物内的污、废水不能自流排至室外时必须设置污水抽升设备。例如水泵、气压扬液器、喷射器将这些污废水抽升排放，以保持室内良好的卫生环境。

6）室外排水管道。自排水管接出的第一检查井后至城市下水道或工业企业排水主干管间的排水管段即为室外排水管道，其任务是将建筑内部的污、废水排送到市政或厂区管道中去。

7）污水局部处理构筑物。当建筑内部污水未经处理不允许直接排入城市下水道或水体时，在建筑物内或附近应设置局部处理构筑物予以处理。目前多采用在民用建筑和有生活间的工业建筑附近设化粪池、使生活粪便污水经化粪池处理后排入城市下水道或水体。污水中较重的杂质（如粪便、纸屑等）在池中数小时后沉淀形成池底污泥，三个月后污泥经厌氧分解、酸性发酵等过程后脱水熟化便可清掏出来。

17.2 绘制泳池给排水网格图

在绘制泳池给排水前，需要绘制辅助网格图，而在绘制的过程中，运用到的操作命令有“矩形”、“分解”、“偏移”等命令。

17.2.1 绘制网格

下面将运用“矩形”和“分解”以及“偏移”命令，来绘制网格。

步骤1：启动AutoCAD 2012软件，新建一空白文件。单击“矩形”命令，绘制一个长为25000mm、宽为16000mm的长方形，然后在命令行中输入“Z+空格+A+空格”缩放当前图形，如下左图所示。

命令行提示如下：

```
命令：rec RECTANG
指定第一个角点或［倒角(C)/标高(E)/圆角(F)/厚度(T)/宽度(W)］：（任意指定一点）
指定另一个角点或［面积(A)/尺寸(D)/旋转(R)］：@25000,16000        （输入长、宽值）
命令：z ZOOM
```

指定窗口的角点,输入比例因子 (nX 或 nXP),或者
[全部(A)/中心(C)/动态(D)/范围(E)/上一个(P)/比例(S)/窗口(W)/对象(O)] <实时>:a

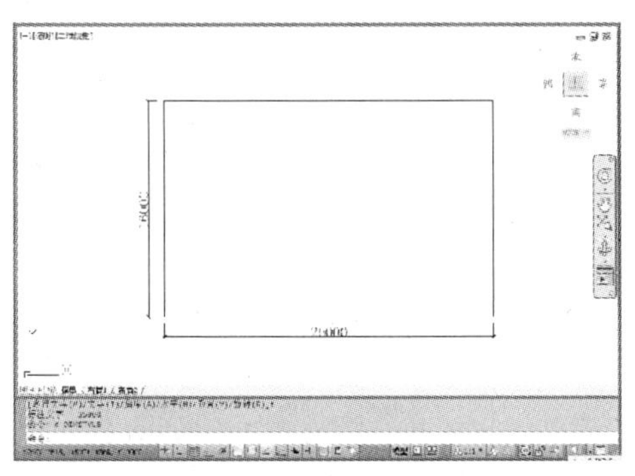

步骤 2：单击“分解”命令，将矩形进行分解，单击“偏移”命令，将左侧垂直边线向右偏移 1540 mm，如上右图所示。

命令行提示如下：

命令：o OFFSET
当前设置：删除源 = 否　图层 = 源　OFFSETGAPTYPE = 0
指定偏移距离或 [通过(T)/删除(E)/图层(L)] <15400.0000>：1540　(输入偏移值)
选择要偏移的对象,或 [退出(E)/放弃(U)] <退出>：　(选择长方形左侧线段)
指定要偏移的那一侧上的点,或 [退出(E)/多个(M)/放弃(U)] <退出>：　(向右指定一点)
选择要偏移的对象,或 [退出(E)/放弃(U)] <退出>：　*取消*

步骤 3：单击“偏移”命令，将偏移出的边线依次向右偏移 11 次，偏移距离为 2000 mm，如下左图所示。

命令行提示如下：

命令：o OFFSET
当前设置：删除源 = 否　图层 = 源　OFFSETGAPTYPE = 0
指定偏移距离或 [通过(T)/删除(E)/图层(L)] <1540.0000>：2000　(输入偏移值)
选择要偏移的对象,或 [退出(E)/放弃(U)] <退出>：　(选择偏移线段)
指定要偏移的那一侧上的点,或 [退出(E)/多个(M)/放弃(U)] <退出>：(向右指定一点)
选择要偏移的对象,或 [退出(E)/放弃(U)] <退出>：　*取消*

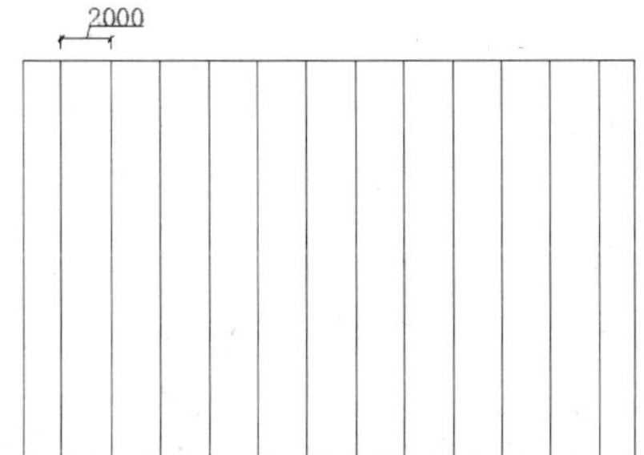

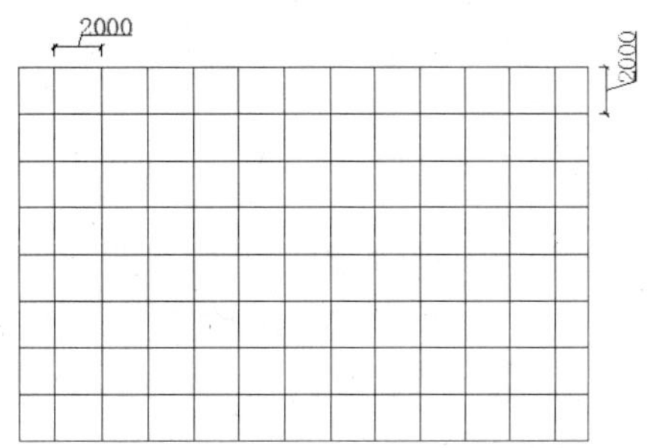

步骤4： 按照同样的操作方法，将长方形最上方线段向下依次偏移7次，偏移距离2000 mm，其结果如上右图所示。

17.2.2 网格标注

下面将运用“文字注释”命令，对网格进行标注。

步骤1： 单击“注释”→“文字”命令，打开“文字样式”对话框，如下左图所示。

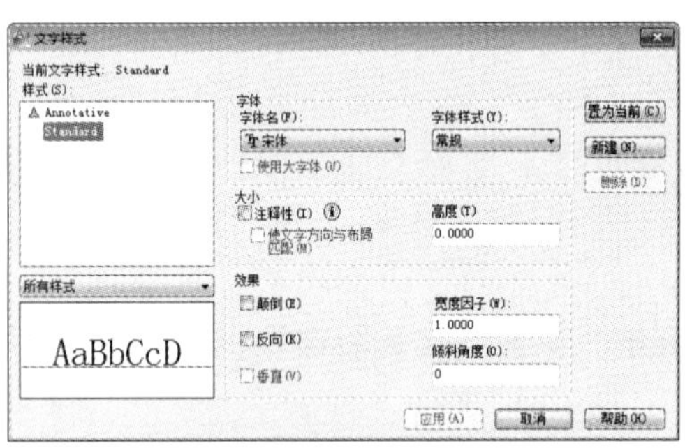

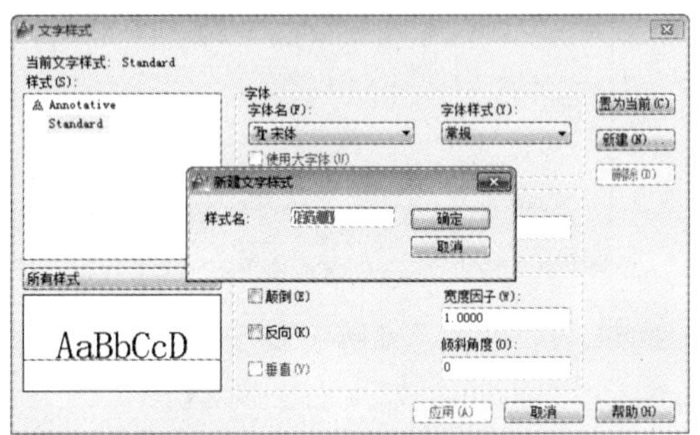

步骤2： 在该对话框中单击“新建”按钮，新建“样式1”文字样式，如上右图所示。

步骤3： 单击“确定”按钮，返回上一层对话框，选择“字体”和“高度”选项来设置其字体参数，如下左图所示。

> **操作提示：**
>
> 在输入文字之前，应指定文字边框的起点及对角点，文字边框用于定义多行文字对象中段落的宽度，多行文字对象的长度取决于文字量，而不是边框的长度。

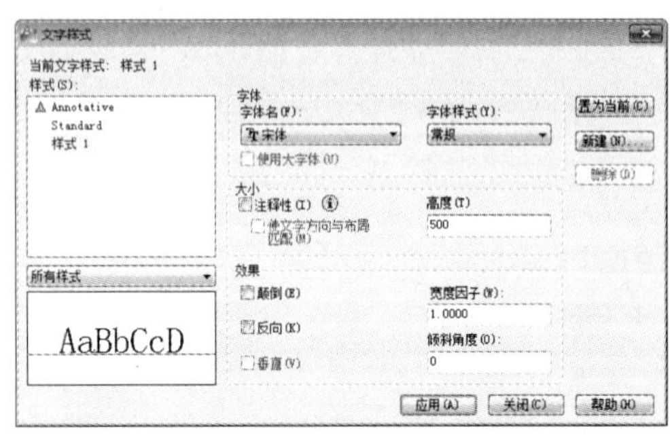

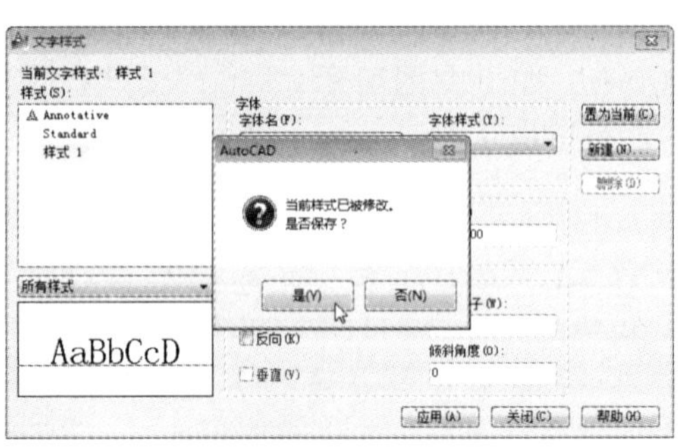

步骤4： 设置完成后，单击“置为当前”按钮，在打开的提示信息框中，单击“是”按钮，并关闭该对话框，即可完成操作，如上右图所示。

步骤5： 单击“单行文字”命令，并指定网格合适位置，输入文字内容，其结果如下左图所示。

命令行提示如下：

```
命令：_text
当前文字样式：“样式1”  文字高度：  500.0000  注释性：  否
指定文字的起点或[对正(J)/样式(S)]：                    (指定网格左下角点)
指定文字的旋转角度 <0>：  <正交 开>                    (输入文字内容)
```

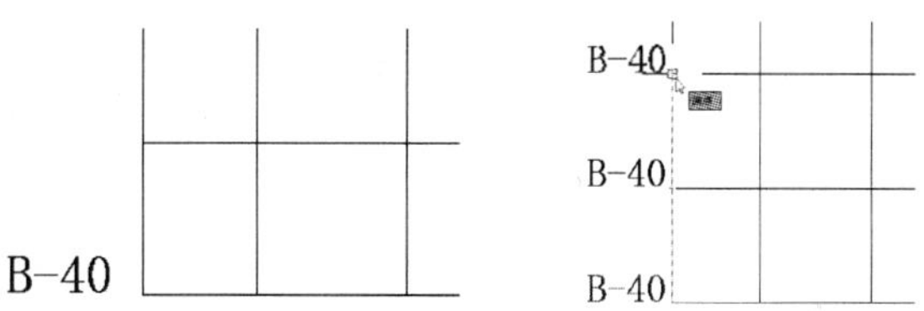

步骤6：单击“复制”命令，将输入好的文字向上复制多个，并移至网格左侧起点位置，如上右图所示。

命令行提示如下：

```
命令：CO COPY 找到 1 个                                    （选择文字参数）
当前设置： 复制模式 = 多个
指定基点或［位移(D)/模式(O)］＜位移＞：                     （选择矩形左下角点）
指定第二个点或［阵列(A)］＜使用第一个点作为位移＞：          （依次选择网格水平线的端点）
```

步骤7：双击所复制的第 2 个“B－40”文字内容，进入文字编辑状态，将其文本内容修改为“B－20”，其结果如下左图所示。

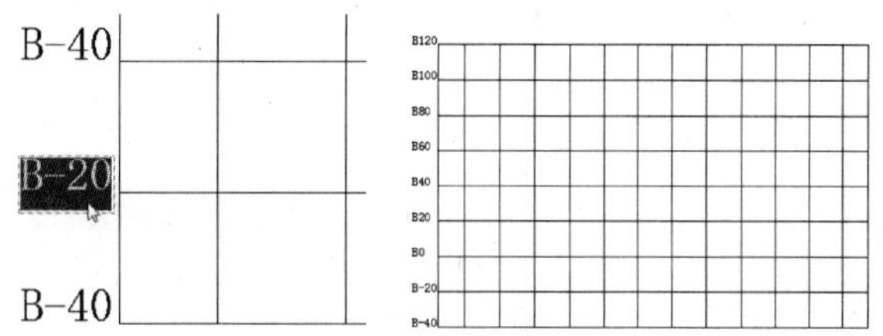

步骤8：按照同样的操作步骤，将网格竖坐标数字进行修改，其结果如上右图所示。

步骤9：单击“单行文字”命令，选中网格左下方合适位置，输入网格横坐标数字，如下左图所示。

命令行提示如下：

```
命令：_text
当前文字样式：“样式 1” 文字高度：500.0000 注释性：否
指定文字的起点或［对正(J)/样式(S)］：                       （指定所需位置）
指定文字的旋转角度 <0>：90                                   （输入旋转值）
```

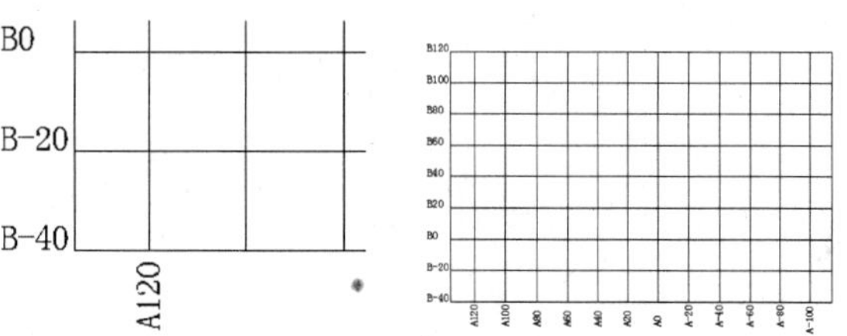

步骤10：单击“复制”命令，将刚输入的横坐标进行复制，并修改其数值，如上右图所示。

步骤11：单击“镜像”命令，将网格横坐标、竖坐标值，以网格中心为基线，将其进行镜像，其结果如下图所示。

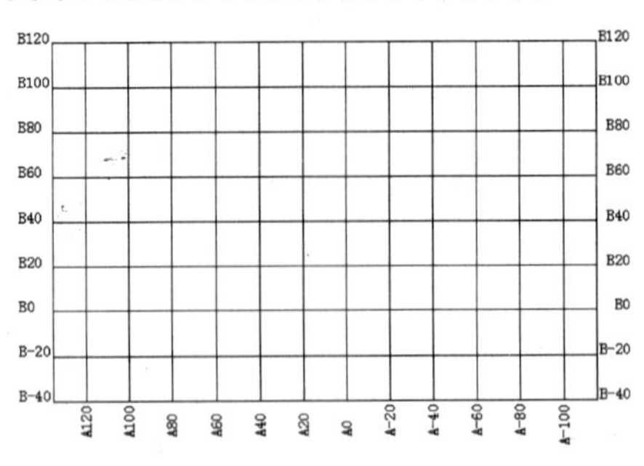

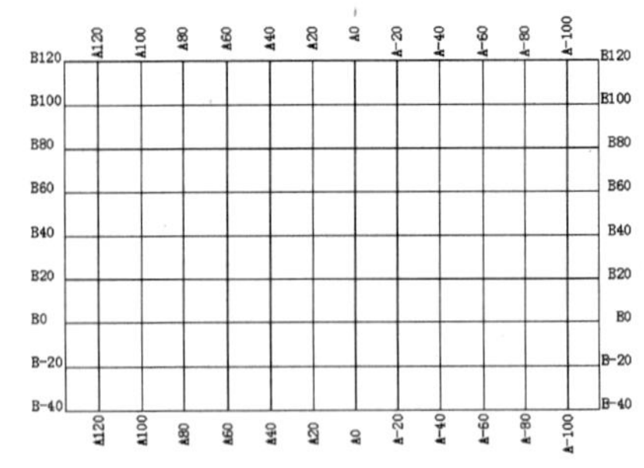

17.3 插入泳池结构图

网格绘制完成后，接下来将泳池结构图块调入至网格中，其后运用 AutoCAD 基本命令，绘制出地形图。

17.3.1 调入泳池结构图

调入泳池结构图的操作步骤如下。

步骤1：单击“图层特性”命令，新建“网格”层，并设置其图层属性，如下左图所示。

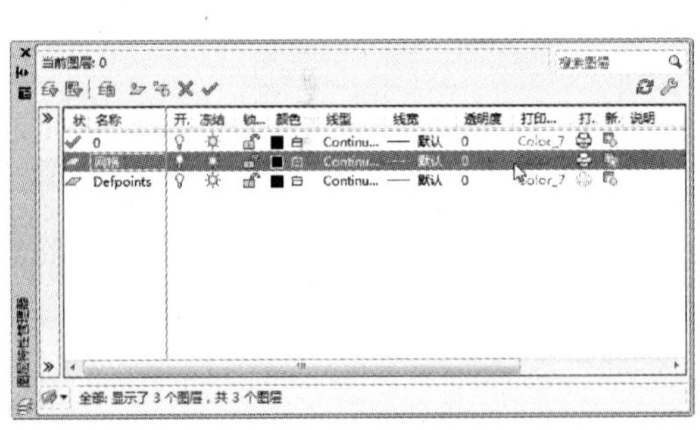

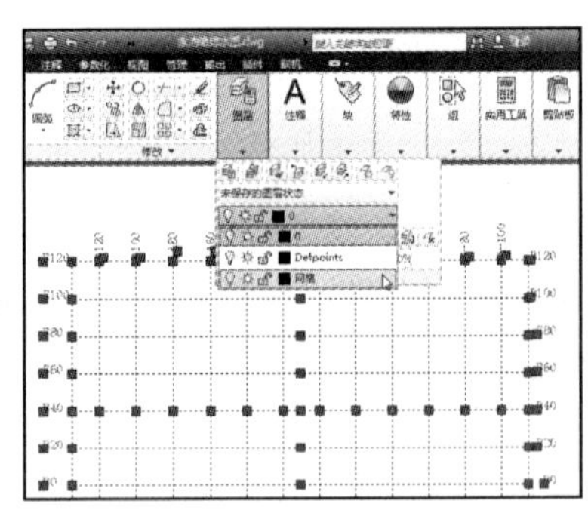

步骤2：选中刚绘制的网格及标注，单击“图层”下拉按钮，选中“网格”图层，即可将网格图形放置其图层中，如上右图所示。

步骤3：打开“泳池结构图”文件，将该结构图全选，按〈Ctrl + C〉和〈Ctrl + V〉组合键，进行复制粘贴操作，如下图所示。

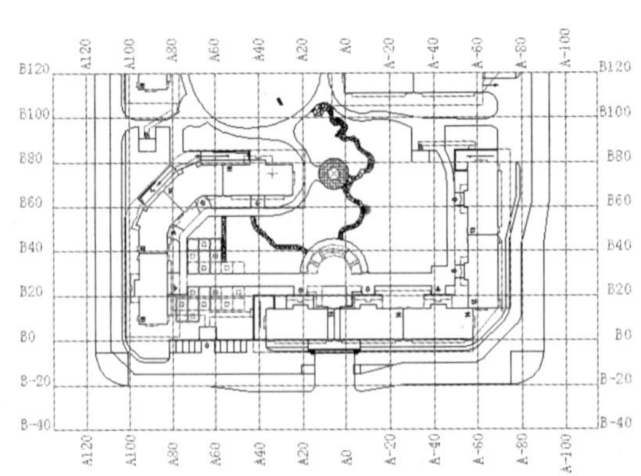

17.3.2　绘制地形图

绘制地形图的操作步骤如下。

步骤 1：单击“图层特性”命令，打开其图层对话框，新建“轮廓线”图层，并将其颜色设为红色，如下左图所示。

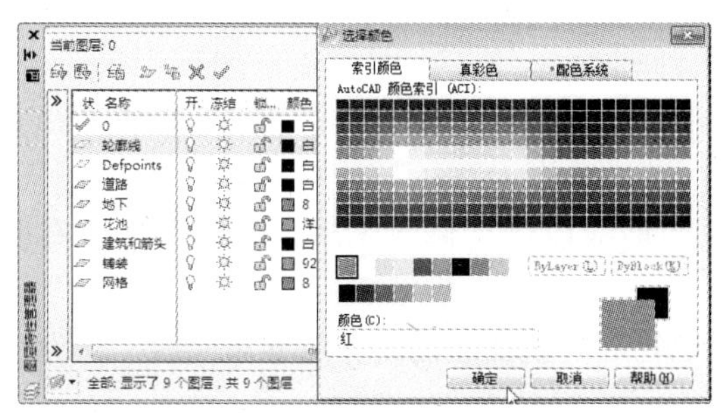

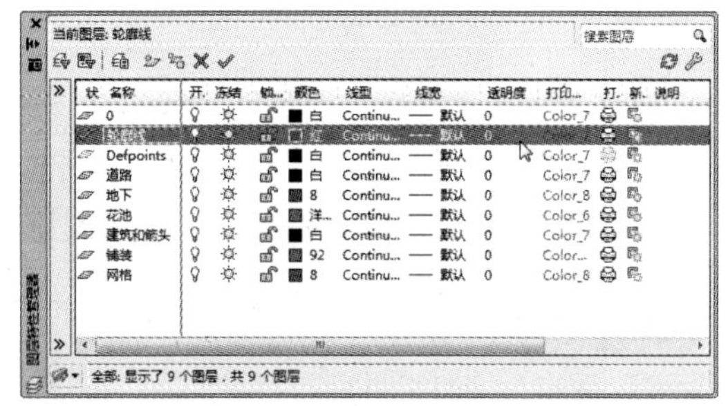

步骤 2：双击“轮廓线”图层，将其设置当前层，如上右图所示。

步骤 3：单击“多段线”命令，沿着泳池结构图，绘制多段线，如下左图所示。

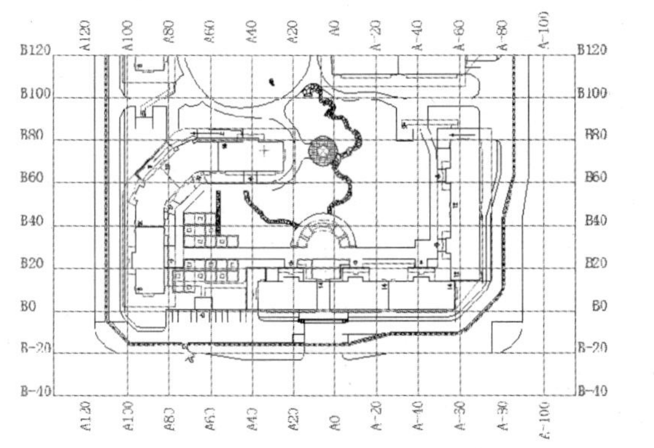

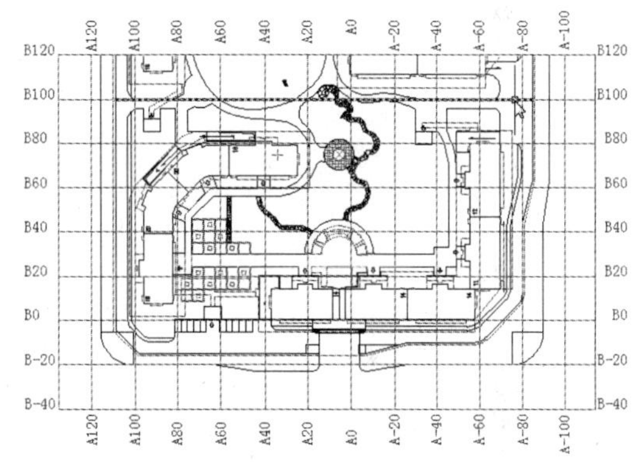

步骤 4：单击“多段线”命令，在网格线水平标注 B100 处，绘制水平多段线，如上右图所示。

步骤 5：单击“图层特性”命令，新建“地形”图层，并将设置其颜色，如下左图所示。

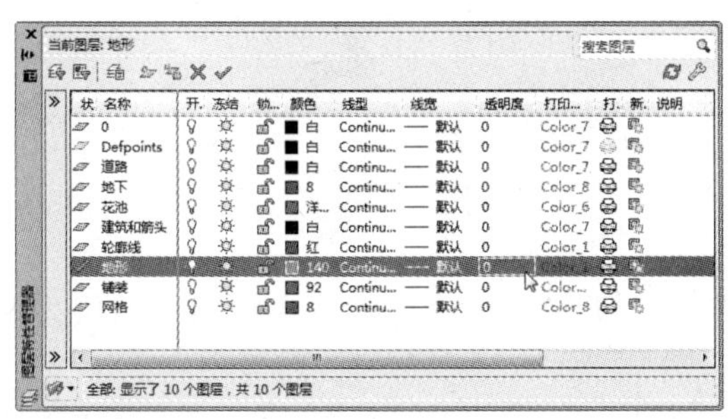

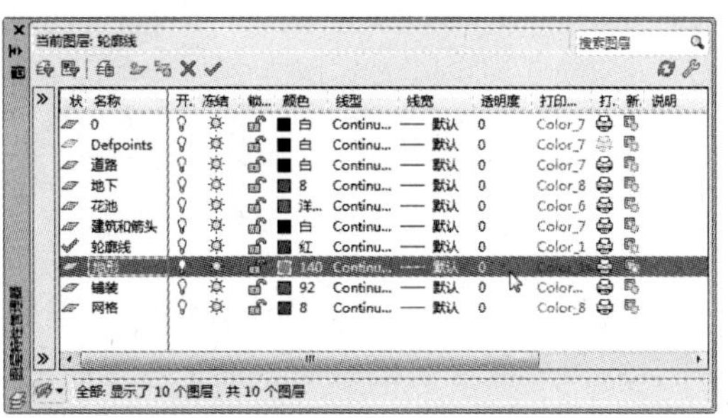

步骤 6：双击“地形”图层，将其设为当前层，如上右图所示。

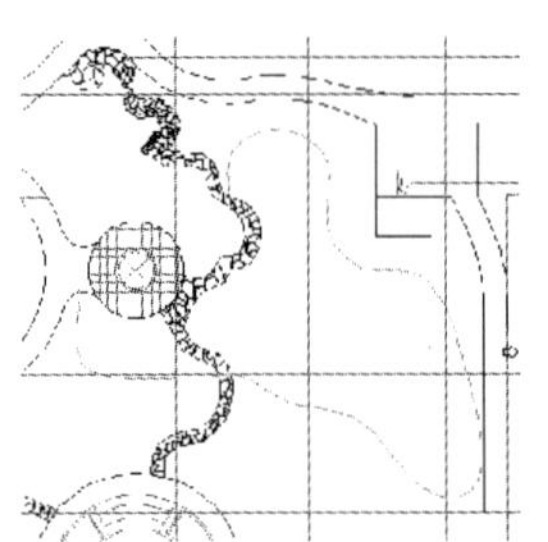

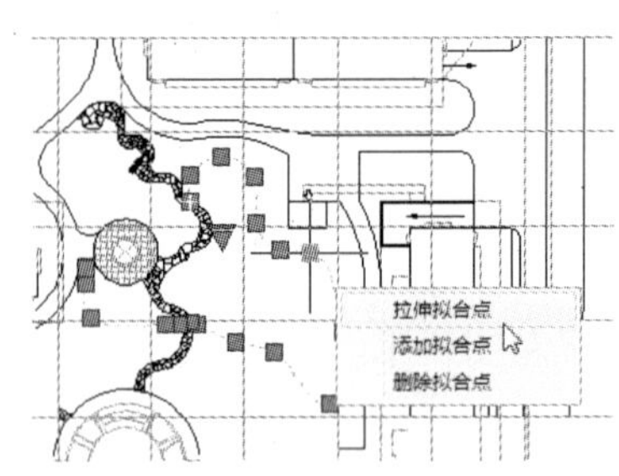

步骤7：单击“样条曲线”命令，在水池中心右侧绘制样条曲线，作为山地轮廓，如上左图所示。

步骤8：选中该样条曲线，单击其控制点，将该线段进行修改编辑，其结果如上右图所示。

步骤9：再次单击“样条曲线”命令，在山地轮廓的里面绘制闭合的样条曲线，作为山地轮廓，如下左图所示。

> **操作提示：**
>
> 使用样条曲线命令，可以将多段线拟合生成样条曲线，但只有通过编辑多段线命令中的“样条曲线”命令处理过的多段线才能被拟合生成样条曲线。

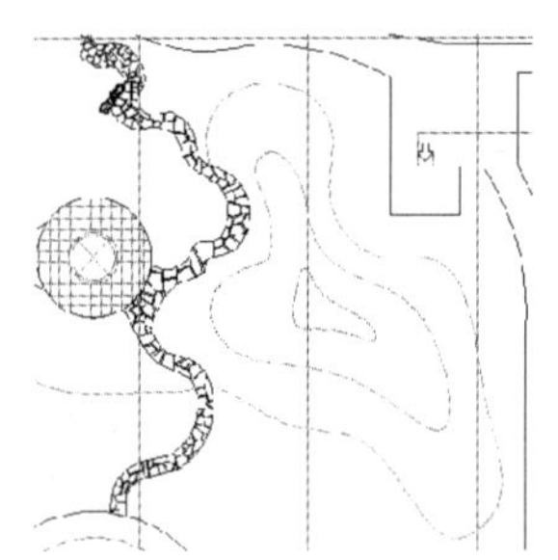

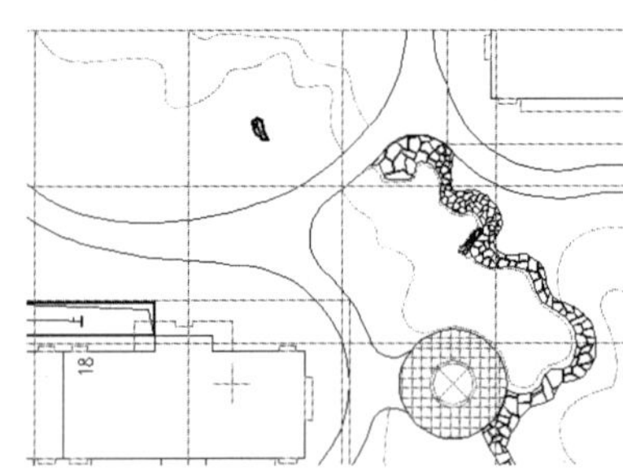

步骤10：同样单击“样条曲线”命令，绘制道路和水池轮廓线，如上右图所示。

步骤11：单击“图层”命令，新建“水轮廓”层，并设置其图层属性。

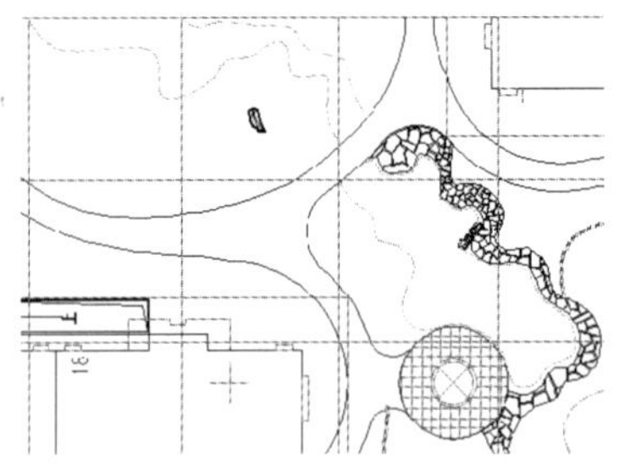

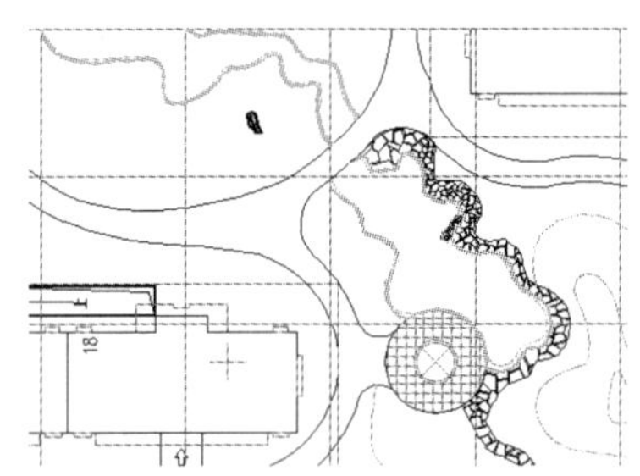

步骤12：选中刚绘制的水轮廓线，单击“图层”下拉按钮，选中“水轮廓”图层，即可将其线段放置当前图层中，如上左图所示。

步骤13：单击“多段线”命令，将其线宽设置为30，其后沿着水轮廓线，绘制相应的轮廓线，如上右图所示。

命令行提示如下：

```
命令：pl PLINE
指定起点：
当前线宽为 300.0000
指定下一个点或［圆弧(A)/半宽(H)/长度(L)/放弃(U)/宽度(W)］：w（选中"宽度"选项）
指定起点宽度 <300.0000>：30                    （输入起点宽度值）
指定端点宽度 <30.0000>：30                     （输入起点宽度值）
指定下一个点或［圆弧(A)/半宽(H)/长度(L)/放弃(U)/宽度(W)］：（沿着水轮廓进行绘制）
```

17.4　绘制泳池给排水图

当绘制完水池区域后，接下来将要绘制给排水图的一系列图形，并放置图纸合适位置，其中包括给水管、排水管以及喷头水泵等示意图，绘制好后，运用“文字标注”命令注释。

17.4.1　添加喷头水泵

水池喷头水泵的绘制方法如下。

步骤 1：单击“图层”按钮，创建“喷头水泵”图层，并将其颜色进行设置，双击该图层，将其设置当前层。

步骤 2：单击“圆”命令，绘制半径为 150 mm 的圆，作为 TORO 1550 系列喷头图形，如下左图所示。

命令行提示如下：

```
命令：c CIRCLE 指定圆的圆心或［三点(3P)/两点(2P)/切点、切点、半径(T)］：
指定圆的半径或［直径(D)］:150
```

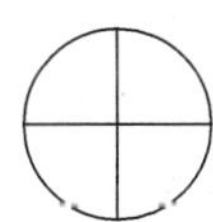

步骤 3：单击“圆”和“直线”命令，绘制半径为 150 mm 的圆，并连接象限点，作为 TORO 570 系列喷头图形，如上右图所示。

步骤 4：单击“圆”和“图案填充”命令，绘制半径为 150 的圆，并为其填充，作为 TORO 474－00 快速取水器图形，如下左图所示。

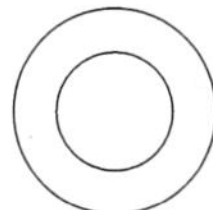

步骤 5：单击“圆”和“偏移”命令，绘制一个同心圆，作为潜水泵图形，如上中图所示。

步骤 6：单击“圆”和“直线”命令，作为阀门井图形，如上右图所示。

步骤 7：单击“复制”命令，将洒水井图形复制至给排水图中，并按 4 个箭头所标注的位置进行布置，如下左图所示。

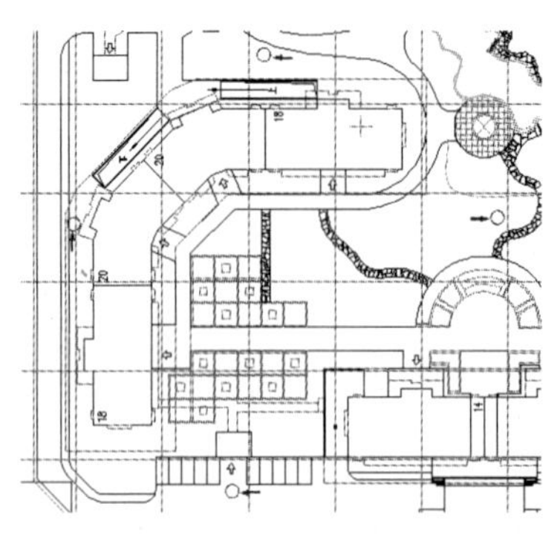

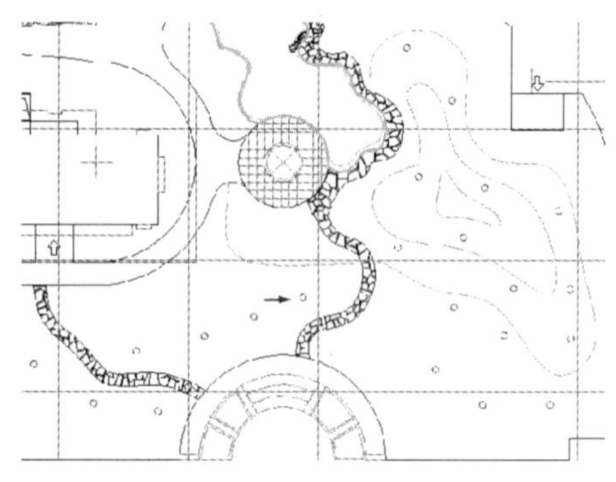

步骤 8：单击“复制”命令，将 TORO 1550 系列喷头复制给排水图中，如上右图所示。

步骤 9：单击“复制”命令，将快速取水器图形复制至给排水图中，并按 3 个箭头所标注的位置进行布置，如下左图所示。

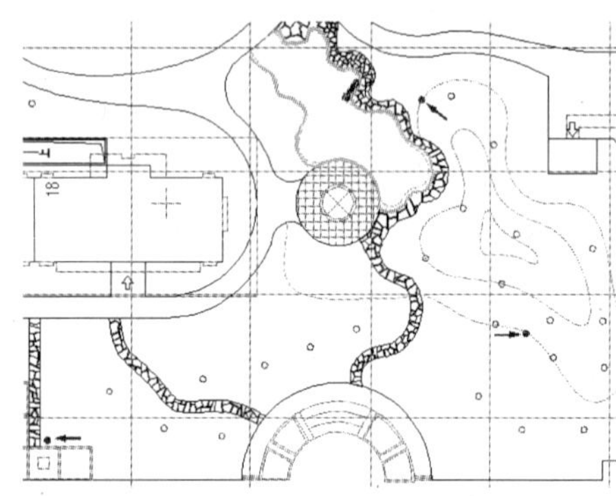

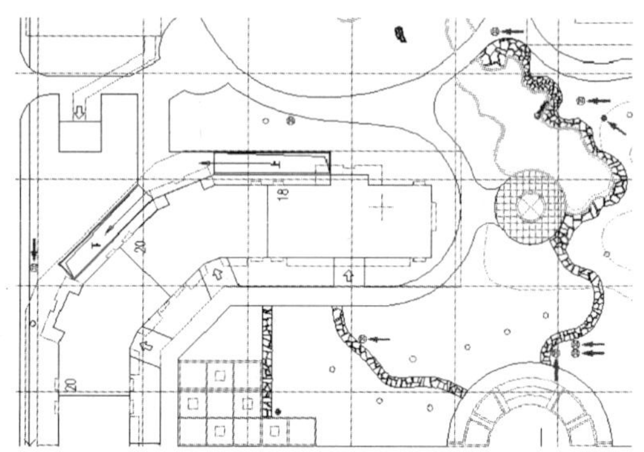

步骤 10：单击“复制”命令，将阀门井图形复制至给排水图中，并按 8 个箭头所标注的位置进行布置，如上右图所示。

步骤 11：单击“复制”命令，将 TORO 570 系列喷头图形复制至给排水图中，并按 7 个箭头所标注的位置进行布置，如下左图所示。

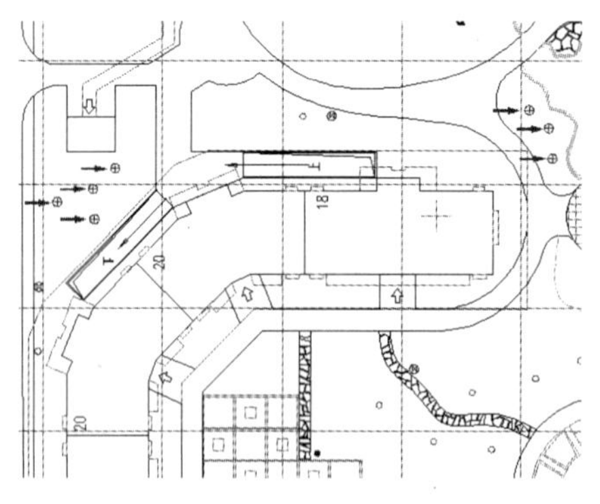

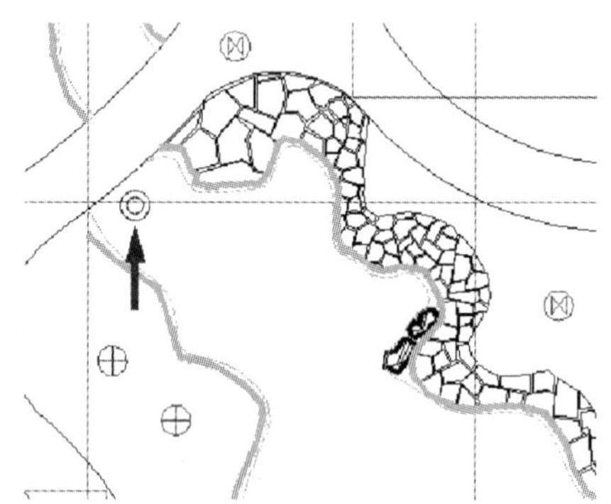

步骤 12：单击“复制”命令，将潜水泵图形复制至给排水图中，并按箭头所标注的位置进行布置，如上右图所示。

17.4.2 绘制给水管和排水管

绘制给水管和排水管的具体操作步骤如下：

步骤 1：单击“图层”命令，新建“水管”图层，设置其属性，将其设为当前层，如下左图所示。

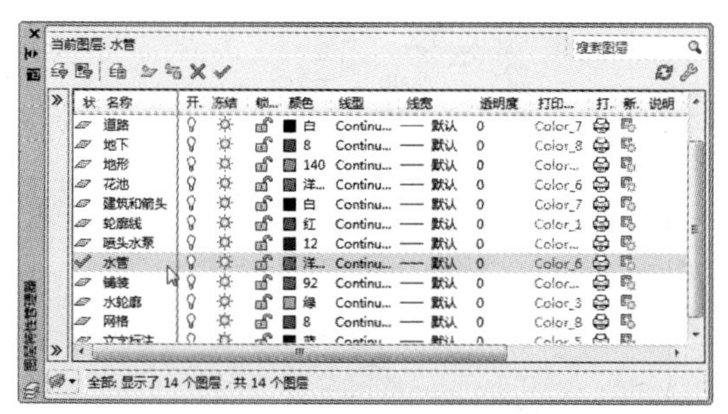

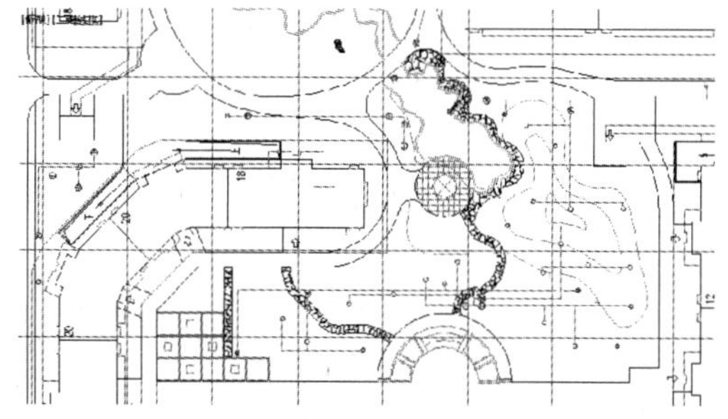

步骤 2：单击“直线”命令，在布置好的喷头、水泵、阀门井、取水器之间绘制直线，作为水管，如上右图所示。

步骤 3：单击“注释”→“文字”命令，打开“文字样式”对话框，单击“新建”按钮，新建文字样式，如下左图所示。

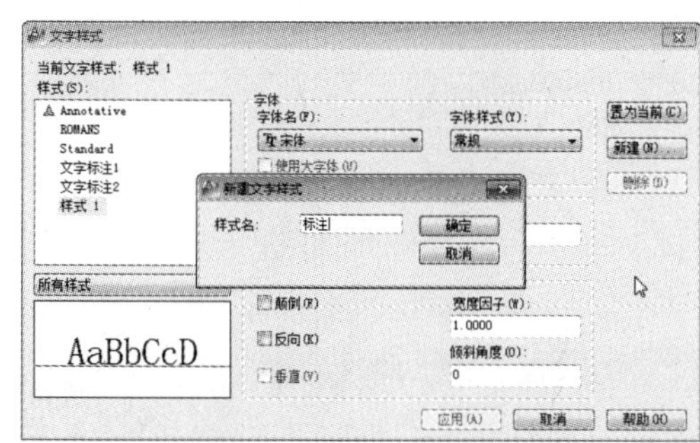

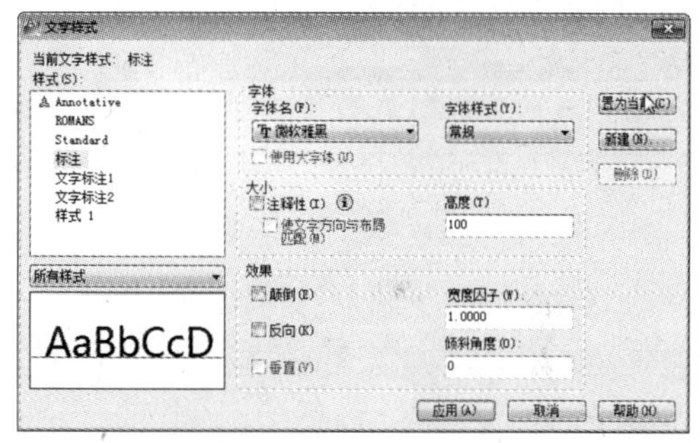

步骤 4：设置完成后，单击“确定”按钮，返回对话框，设置“字体”和“高度”，并将其置为当前标注，如上右图所示。

步骤 5：将“文字标注”图层设为当前层，单击“单行文字”命令，在图纸中确定起点位置和文字方向，输入所需的文本内容，这里输入“DN50”字样，如下左图所示。

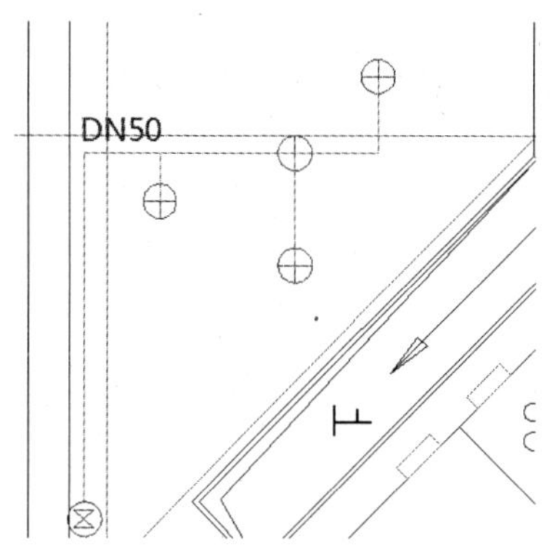

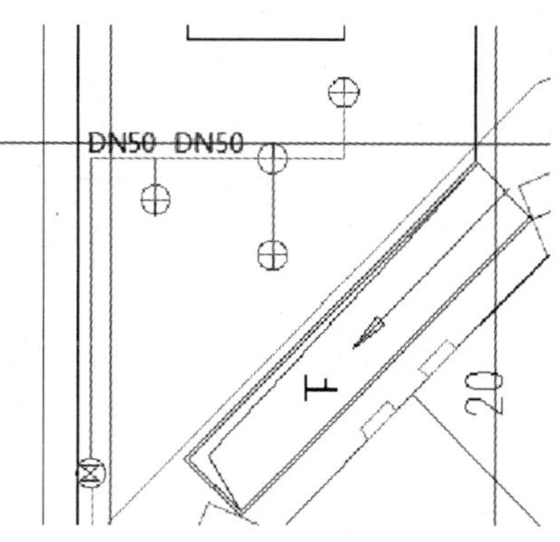

步骤6：单击“复制”命令，将“DN50”文本复制，放置在水管线上，如上右图所示。

步骤7：单击“复制”和“旋转”命令，复制“DN50”文本，并将其旋转90°，放置在阀门井图形的水管线上，如下左图所示。

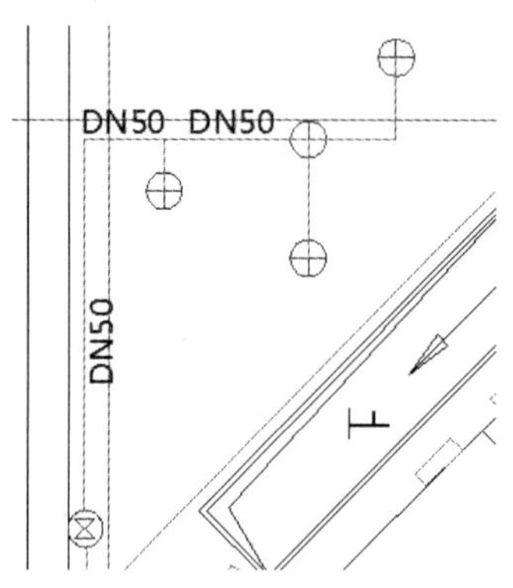

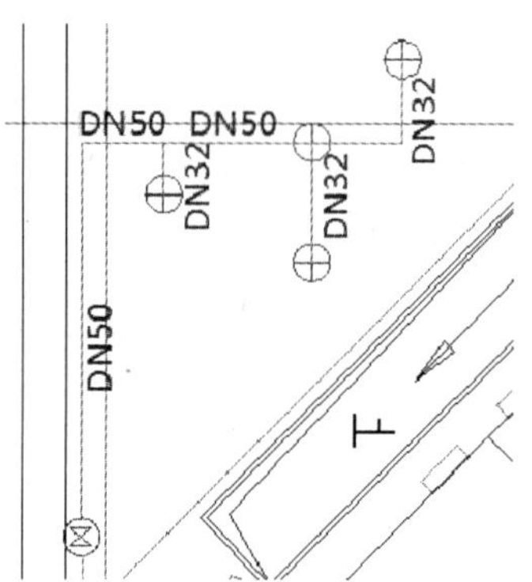

步骤8：单击“复制”、“移动”命令，将旋转后的“DN50”文本进行复制，放置在相应的水管线上，并修改文本内容，如上右图所示。

步骤9：同样单击“复制”、“移动”命令，将单行文字进行复制、移动，并修改文字内容，标注其他水管线，如下左图所示。

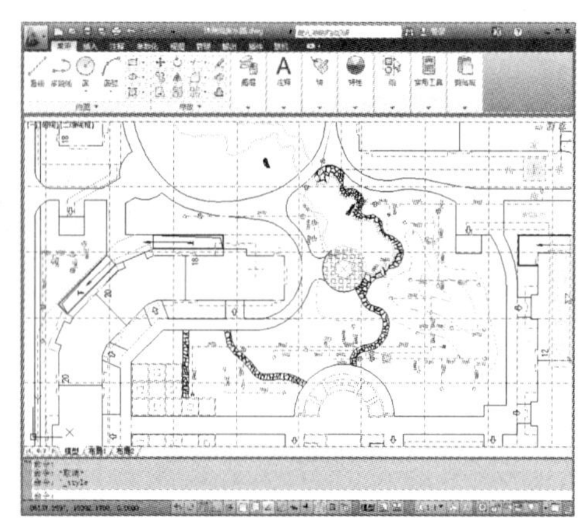

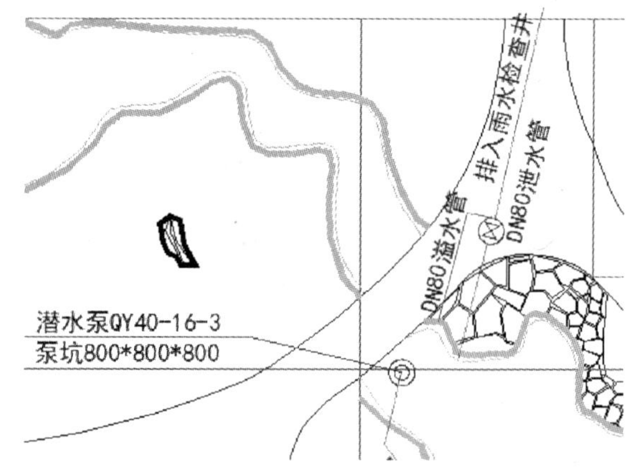

操作提示：

对多行文字进行编辑时，标尺上的滑块显示相对于边框左侧的缩进，其中上滑块时段落的首行缩进，下滑块对段落的其他行缩进。

步骤10：单击“多行文字”和“直线”命令，标注潜水泵，其结果如上右图所示。

17.5 标注泳池给排水图

至此，泳池及排水图大致已绘制完成，接下来就需对该图纸设置一些标注说明，如文本说明和绘制图例项等。

17.5.1　输入标注说明

标注说明文本的操作步骤如下。

步骤 1：单击“文字”→“多行文字”命令，根据命令提示，在给排水图的左下角创建文本矩形框，如下左图所示。

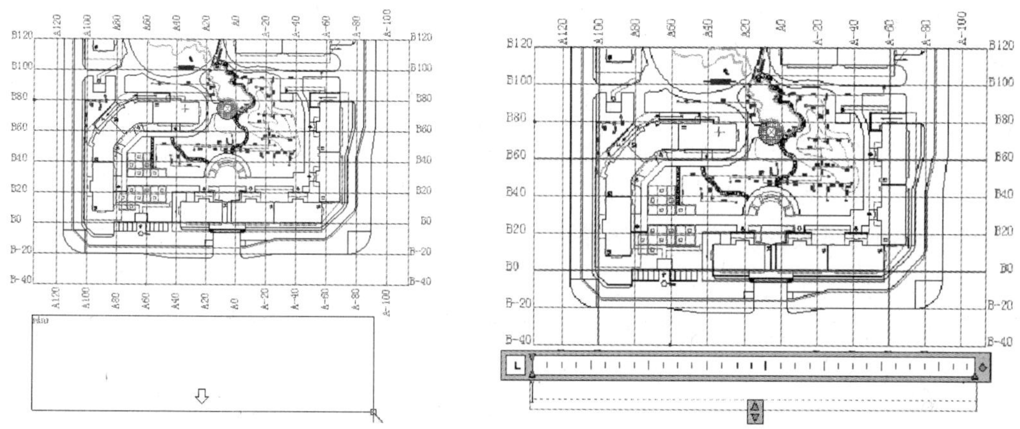

步骤 2：确定文本矩形框的右下角点后，进入多行文字编辑器，设置“文字高度”为 500，如上右图所示。

步骤 3：在文字输入窗口中输入所需的标注文本说明，如下左图所示。

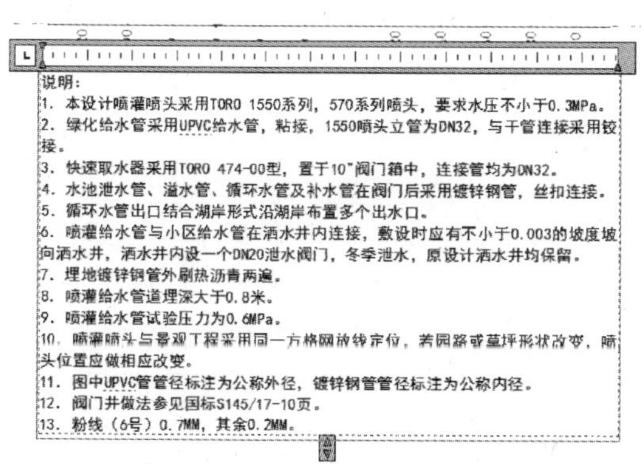

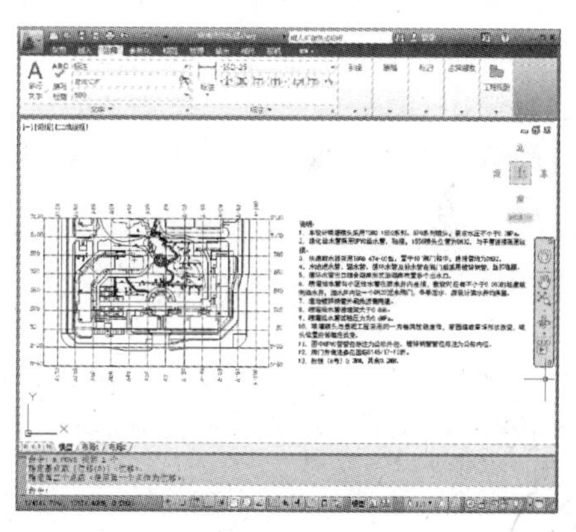

步骤 4：输入完成后，单击“多行文字”选项卡中的“关闭文字编辑器”按钮，完成多行文字的创建，为了图形的美观，可将该文本说明移至图纸右侧合适位置，如上右图所示。

17.5.2　创建图例项

创建图例的操作方法很简单，只需运用“文字注释”和“表格”命令，即可创建成功。

步骤 1：单击“注释”→“表格”→“表格”命令，打开“插入表格”对话框，在该对话框中，将列数设为 2，行数设为 9，如下左图所示。

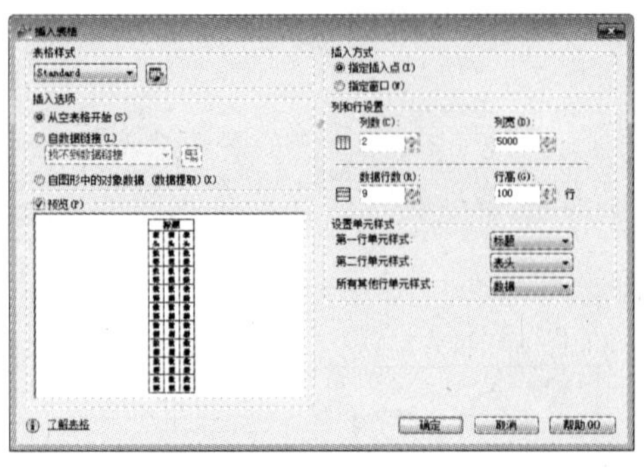

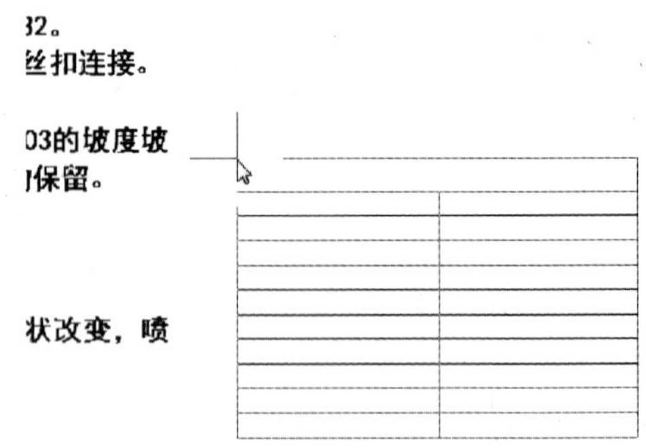

步骤2：设置好后，单击“确定”按钮，并在图纸合适位置，指定表格插入点，即可创建成功，如上右图所示。

步骤3：插入完成后，即可输入表格内容，输入好后，即对其文字大小进行更改，如下左图所示。

图　例	

图　例	
○	
⊠	
⊕	
●	
◎	
○	
- - - -	

步骤4：单击“复制”命令，将图纸中的喷头、水泵、阀门井、取水器图形移至“图例”表格中，其结果如上右图所示。

步骤5：复制好之后，将多余的行删掉，并双击第2列第1行单元格，进入编辑状态，此时即可输入符号说明内容了，其结果如下左图所示。

图　例	
○	TORO 1550系列喷头 22个
⊠	
⊕	
●	
◎	
○	
- - - -	

图　例	
○	TORO 1550系列喷头 22个
⊠	阀门井
⊕	TORO 570系列喷头 7个
●	TORO 474-00快速取水器 3个
◎	潜水泵
○	原设计洒水井
- - - -	给排水管

步骤6：按照同样的操作方法，完成图例项的绘制，如上右图所示。

至此，泳池给排水图的操作已全部绘制完成，最后保存文件即可。

第 18 章　机械零件图的绘制

本章概述：

在机械领域中，零件图是用以指导制造和检验零件的重要技术文件。绘制它的要求相对较为严谨。本章将以绘制机械水泵盖为例，结合 AutoCAD 中的一些基本命令，来介绍机械零件图的绘制方法和技巧。

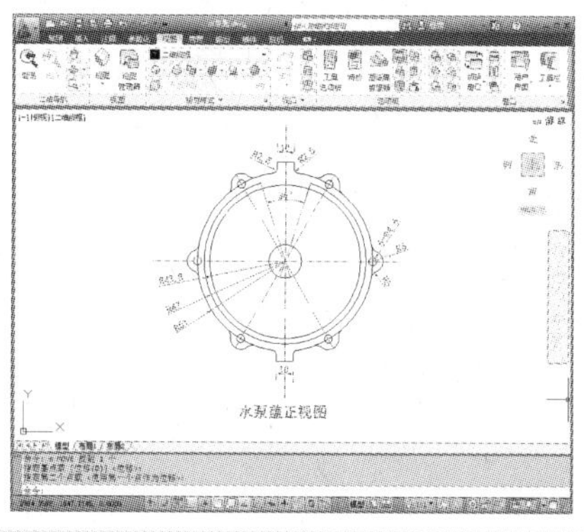

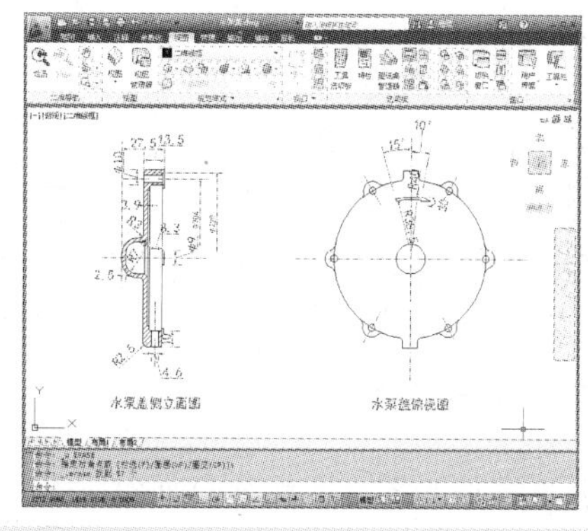

18.1　机械零件图概述

实际工作中的各种机器或部件都是由相关零件组装而成的，在生产中直接指导加工和检验零件用的样图，称为零件图。下面将向读者简单介绍一些机械零件制图的相关知识点。

18.1.1　零件的分类

组成机器的最小单元为零件，而根据零件的作用及其结构，通常分为以下 4 类。

1. 轴套类零件（齿轮轴）

该类零件是很普遍的一类零件，其结构较为简单，一般具有轴向尺寸大于径向尺寸的特点，且大多数轴类零件都具有倒角、倒圆角、键槽、螺纹和中心孔等结构，如下左图所示。

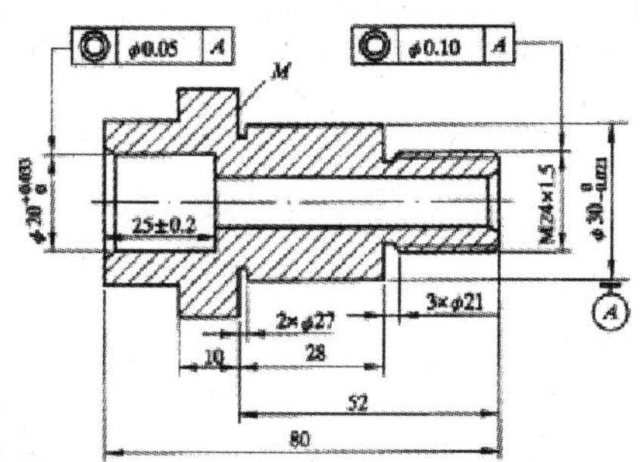

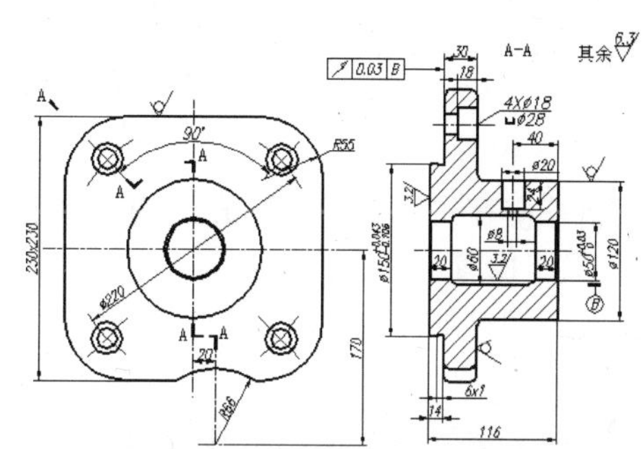

2. **盘盖类零件**（齿轮、端盖）

该零件的形状一般为扁平状，主要部分为同轴回转体，轴向长度较短，周围分布有孔、槽等结构，如上右图所示。

3. **叉架类零件**（拨叉架）

该类零件结构形状较为复杂且不规则，连接部分多是断面且有变化的肋板结构，支撑部分和弯曲部分有油槽、螺孔和沉孔等结构，如下左图所示。

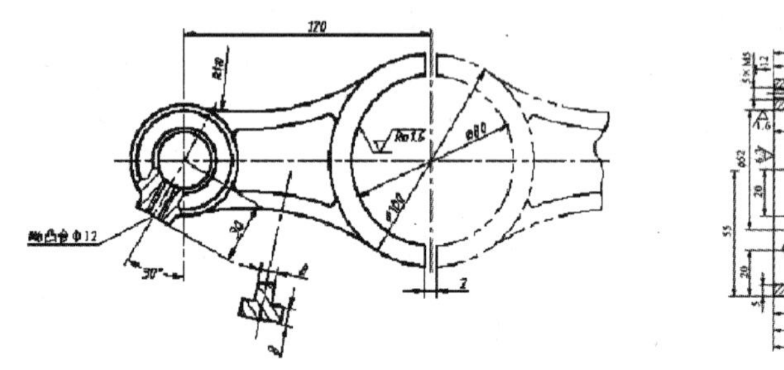

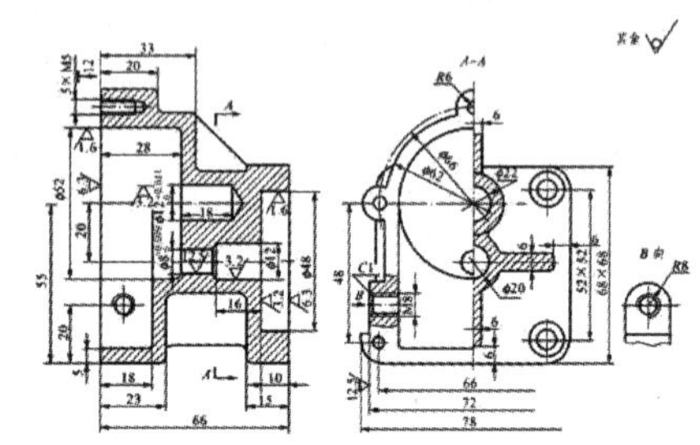

4. **箱体类零件**（泵体）

该类零件的结构主要包括运动件的支撑部分，安装平面部分和润滑部分等，除此之外，为了加强零件局部的强度，还有肋板和凸台等结构，如上右图所示。

18.1.2 零件图的表达内容

通常一张完整的零件图应该包括以下几项内容。

1. **一组视图**

该组视图能够清晰地表达出零件的结构形状。

2. **完整的尺寸**

在零件图中应使用正确、完整、清晰、合理的尺寸来反映零件各部分的大小与位置。

3. **技术要求**

使用规定的符号、代号和文字注释准确地反映出在制造和检验时应达到的技术要求，如尺寸公差、形位公差、表面粗糙度、材料和热处理要求等。

4. **标题栏**

用标题栏写出零件名称、数量、比例、图号以及设计、制图和校核人员等。

18.1.3 零件图的视图选择

为满足生产的需要，零件图的一组视图应视零件的功用及结构形状的不同，而采用不同的视图及表达方法。通常在绘制零件图时，选择恰当的主视图，能以最简便的方法表达零件的主要结构。在选择主视图时，应遵循以下3点内容。

1. **加工位置**

按该零件在主要加工的位置，绘制主视图，便于加工时对照图纸进行操作。

2. **工作位置**

按该零件在部件或机器中的工作位置，绘制主视图，便于了解其组装关系。

3. **自然安放位置**

对于加工位置多变化、工作位置固定的零件，可按自然放置时平衡的位置，绘制主视图。

18.1.4 零件的工艺结构

在零件上通常会看到一些特定的结构，如倒角、倒圆角、凸台和退刀槽等，而在零件图上应反映加工工艺对零件结构的各种要求。加工特定的结构则需要注意以下几种情况。

1. 倒角

通常要去掉零件加工后的锐边和毛刺，这样才能保证操作人员在安装或使用零件时，不易划伤。

2. 倒圆角

在轴类零件的轴肩处常采用圆角过渡，这样为了避免应力集中，增加强度。圆角的半径与轴直径的关系可以在机械制图标准手册中查到。

3. 退刀槽和越程槽

为了保证零件表面的加工长度，需要先在零件上加工出退刀槽、越程槽或工艺孔，以便刀具顺利进入或退出加工表面。

4. 减少加工面

两零件的接触表面一般均需切削加工，为了降低加工成本，保证接触良好，要尽量减少加工面，往往将需要加工的表面局部做成凸台或凹坑等。

5. 避免在斜面上钻孔

钻头在钻孔时，轴线始终要与被钻表面垂直，以免单边受力而折断钻头，如果要在斜面上钻孔，应预先在斜面上需钻孔的位置处设计凸台或凹坑，使钻孔时钻头的受力均匀。

18.1.5 零件图的尺寸标注

零件图的尺寸标注除了力求正确、完整和清晰之外，还必须做到合理，在标注零件图尺寸时，则需注意以下几方面问题。

- 重要尺寸应直接标出。当遇到影响产品工作性能、精度及互换性的重要尺寸应直接标出。
- 联系尺寸要相互联系起来。常见的联系有轴向联系、径向联系和一般联系。标注这些联系尺寸时一定要互相联系起来。
- 尽量按加工顺序标注。在进行标注时，其尺寸应尽量按加工顺序进行标注。
- 尺寸标注要便于测量。尺寸标注要便于操作人员测量。
- 尺寸不能形成封闭形式。尺寸链就是在同向尺寸中，首尾相接的一组尺寸，每个尺寸为尺寸链中的一环，尺寸链一般都应留有开口环。
- 尺寸要分类标注。标注尺寸时应尽量按加工方法、内部与外部尺寸、毛坯尺寸与加工尺寸等类型分开标注，便于读图和加工。

18.2 绘制水泵盖轮廓图

下面将运用 AutoCAD 中的“直线”、“偏移”、“圆”、“矩形”、“镜像”、“修剪”以及

"拉长"命令，来绘制水泵盖的主视图、侧立面图以及俯视图。

18.2.1 绘制水泵盖主视图

水泵盖主视图的操作步骤如下：

步骤1：启动AutoCAD 2012软件，新建一空白文档。单击"图层"→"图层特性"命令，打开"图层特性"对话框，单击"新建"按钮，新建"中心轴"图层，如下左图所示。

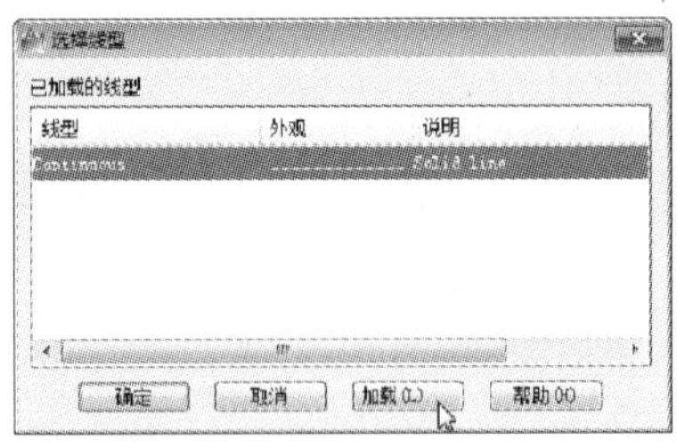

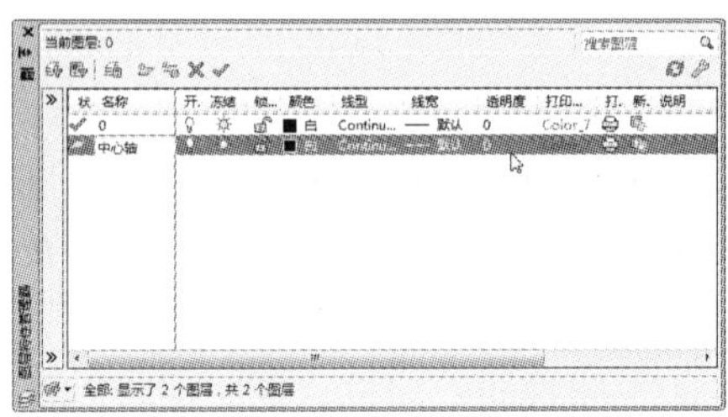

步骤2：在该对话中，选择"线型"选项，打开"选择线型"对话框，单击"加载"按钮，如上右图所示。

步骤3：在打开的"加载或重载线型"对话框中，选择点画线，如下左图所示。

> **操作提示：**
>
> 当为图层设置线型后，还可通过选择菜单栏中的"格式"→"线型"命令，在打开的"线型管理器"对话框中，对线型的比例进行设置。

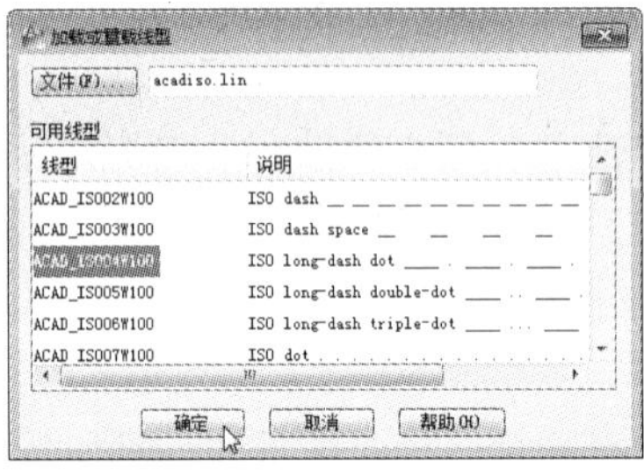

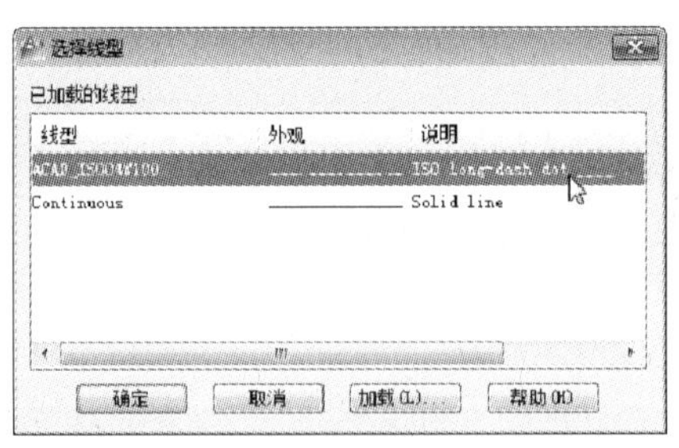

步骤4：选择好后，单击"确定"按钮，返回到上一层对话框，在该对话框中，选中刚加载的点画线，如上右图所示。

步骤5：单击"确定"按钮，即可返回"图层特性"对话框，完成线型的设置，其后单击"颜色"选项，并选择合适的颜色，来完成图层特性的设置，如下左图所示。

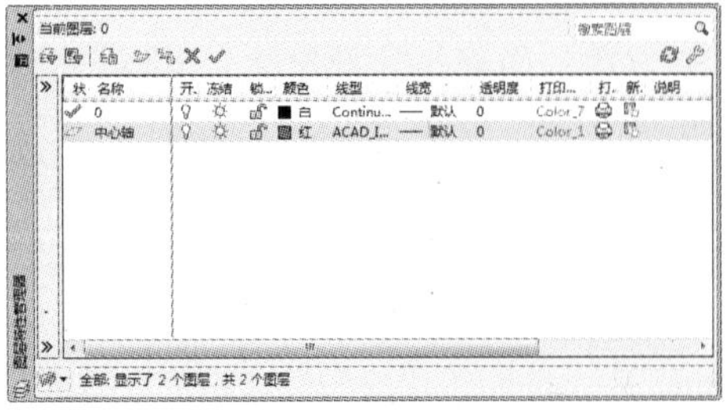

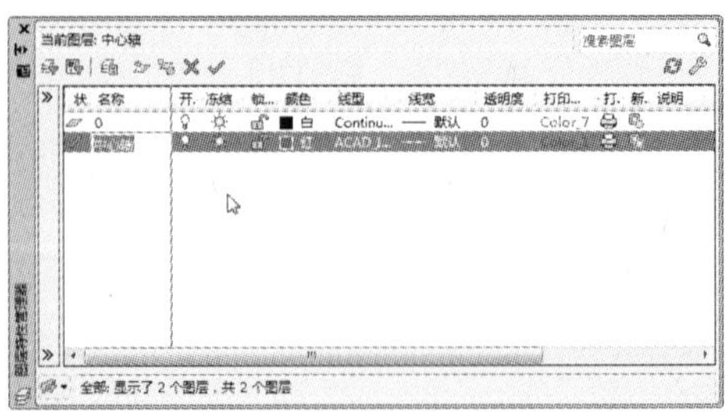

步骤6：双击“中心轴”图层，将其设为当前层，如上右图所示。

步骤7：单击“直线”命令，在绘图区绘制垂直相交的基准线作为绘图辅助线，如下左图所示。

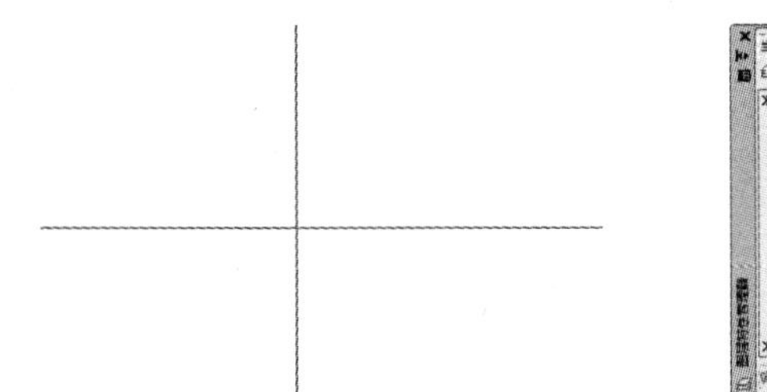

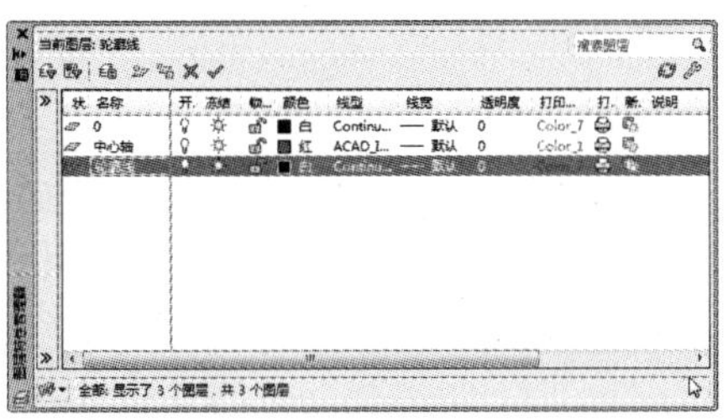

步骤8：单击“图层特性”命令，打开“图层特性”对话框，新建“轮廓线”图层，并设置其图层属性，双击该层，将其设为当前层，结果如上右图所示。

步骤9：单击“圆”命令，以垂直交点为圆心，绘制半径为 9.5 mm、43.8 mm、47 mm、51 mm 和 55 mm 的同心圆，其结果如下左图所示。

命令行提示如下：

```
命令：c CIRCLE 指定圆的圆心或［三点(3P)/两点(2P)/切点、切点、半径(T)］：(选择垂直交点)
指定圆的半径或［直径(D)］：9.5                                   (输入圆半径值)
命令：c CIRCLE 指定圆的圆心或［三点(3P)/两点(2P)/切点、切点、半径(T)］：
指定圆的半径或［直径(D)］<9.5000>：43.8
命令：  CIRCLE 指定圆的圆心或［三点(3P)/两点(2P)/切点、切点、半径(T)］：
指定圆的半径或［直径(D)］<43.8000>：47
命令：  CIRCLE 指定圆的圆心或［三点(3P)/两点(2P)/切点、切点、半径(T)］：
指定圆的半径或［直径(D)］<47.0000>：51
命令：  CIRCLE 指定圆的圆心或［三点(3P)/两点(2P)/切点、切点、半径(T)］：
指定圆的半径或［直径(D)］<51.0000>：55
```

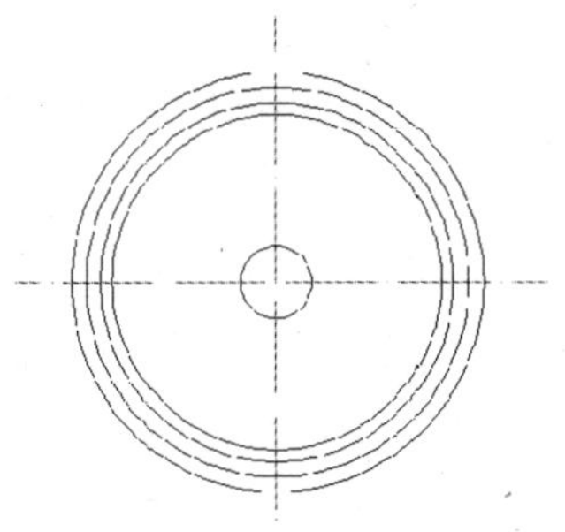

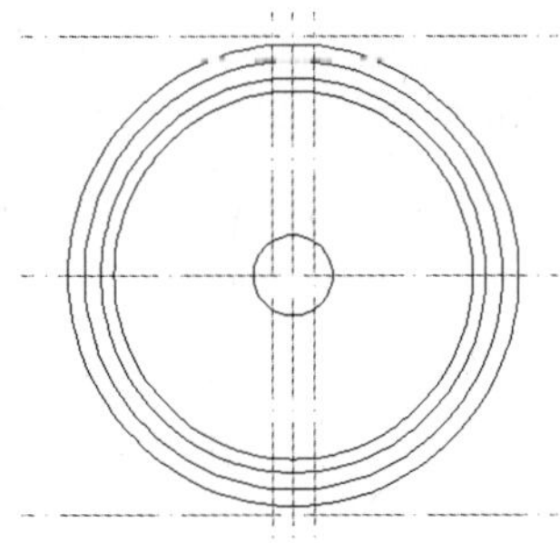

步骤10：单击“偏移”命令将垂直中心轴向左右两边各偏移 5 mm，而将水平中心轴向上下两边各偏移 57 mm，其结果如上右图所示。

命令行提示如下：

```
命令：o OFFSET
当前设置：删除源=否  图层=源  OFFSETGAPTYPE=0
```

```
指定偏移距离或 [通过(T)/删除(E)/图层(L)] <通过>： 5                    (输入偏移值)
选择要偏移的对象,或 [退出(E)/放弃(U)] <退出>：                  (选择垂直中心轴线段)
指定要偏移的那一侧上的点,或 [退出(E)/多个(M)/放弃(U)] <退出>：
                                                                (向左右两侧指定点)
命令： OFFSET
当前设置：删除源=否   图层=源   OFFSETGAPTYPE=0
指定偏移距离或 [通过(T)/删除(E)/图层(L)] <5.0000>： 57                (输入偏移值)
选择要偏移的对象,或 [退出(E)/放弃(U)] <退出>：                  (选择水平中心轴线段)
指定要偏移的那一侧上的点,或 [退出(E)/多个(M)/放弃(U)] <退出>：
                                                                (向上下两侧指定点)
```

步骤11：单击“旋转”命令，将垂直中心轴线段旋转复制18°、-18°、30°、-30°，如下左图所示。

命令行提示如下：

```
命令：_rotate
UCS 当前的正角方向： ANGDIR=逆时针   ANGBASE=0
选择对象：找到 1                                                  (选择中心轴)
选择对象：                                                        (按回车键)
指定基点：                                                      (选择垂直交点)
指定旋转角度,或 [复制(C)/参照(R)] <0>： c
旋转一组选定对象。
指定旋转角度,或 [复制(C)/参照(R)] <0>： 18
命令： ROTATE
UCS 当前的正角方向： ANGDIR=逆时针   ANGBASE=0
选择对象：找到 1 个                                               (选择中心轴)
选择对象：                                                        (按回车键)
指定基点：                                                      (选择垂直交点)
指定旋转角度,或 [复制(C)/参照(R)] <18>： c                      (选择“复制”)
旋转一组选定对象。
指定旋转角度,或 [复制(C)/参照(R)] <18>： -18
命令： ROTATE
UCS 当前的正角方向： ANGDIR=逆时针   ANGBASE=0
选择对象：找到 1 个                                               (选择中心轴)
选择对象：                                                        (按回车键)
指定基点：                                                      (选择垂直交点)
指定旋转角度,或 [复制(C)/参照(R)] <342>： c 旋转一组选定对象。(选择“复制”)
指定旋转角度,或 [复制(C)/参照(R)] <342>： -30                 (输入旋转角度)
命令： ROTATE
UCS 当前的正角方向： ANGDIR=逆时针   ANGBASE=0
```

```
选择对象：找到 1 个                                                        （选择中心轴）
选择对象：                                                                （按回车键）
指定基点：                                                                （选择垂直交点）
指定旋转角度，或［复制(C)/参照(R)］<330>：  c 旋转一组选定对象。（选择"复制"）
指定旋转角度，或［复制(C)/参照(R)］<330>：  30                          （输入旋转角度）
```

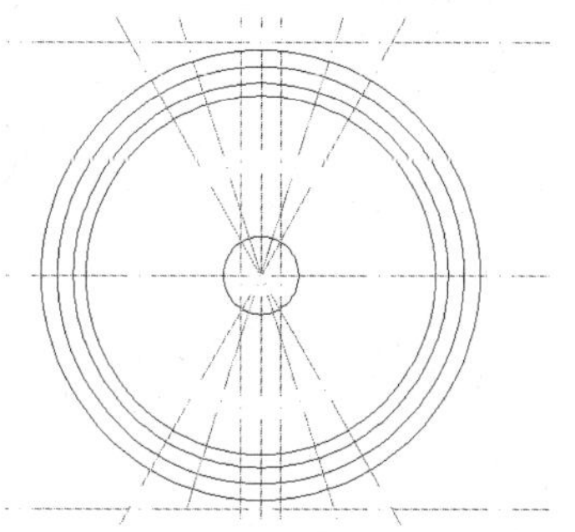

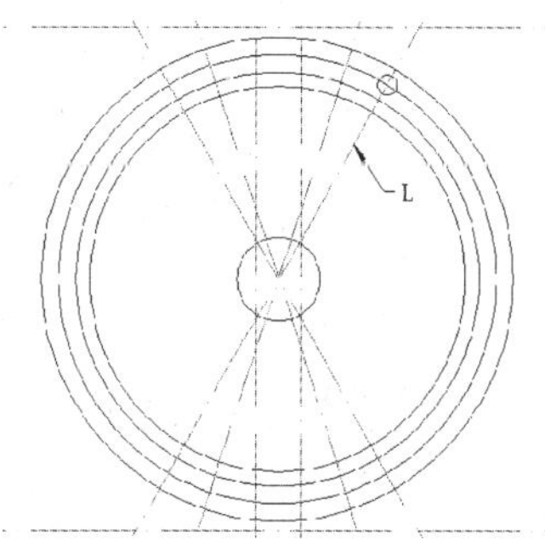

步骤 12：单击“圆”命令，以线段 L 与半径为 51 mm 的圆的交点为圆心，绘制半径为 2.3 mm 的圆，如上右图所示。

命令行提示如下：

```
命令：C CIRCLE 指定圆的圆心或［三点(3P)/两点(2P)/切点、切点、半径(T)］：
                                        （选择线段 L 和 51 mm 圆的交点）
指定圆的半径或［直径(D)］：2.3              （输入半径距离值）
```

步骤 13：再次单击“圆”命令，以刚绘制的圆心为圆心，绘制半径为 6 mm 的圆，如下左图所示。

命令行提示如下：

```
命令：c CIRCLE 指定圆的圆心或［三点(3P)/两点(2P)/切点、切点、半径(T)］：
                                        （选择半径为 2.3 mm 圆的圆心）
指定圆的半径或［直径(D)］<2.3000>：6       （输入半径距离值）
```

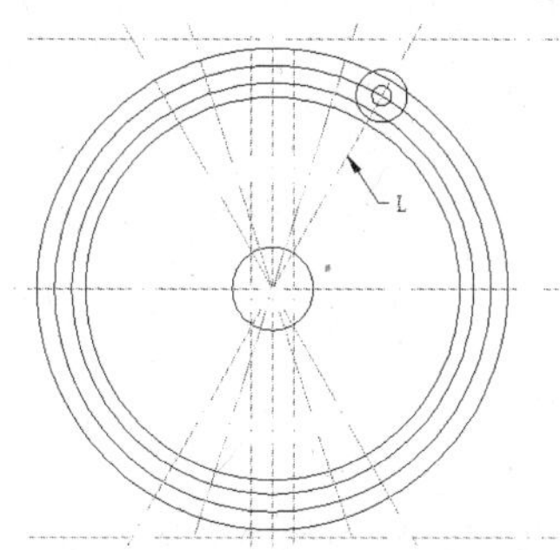

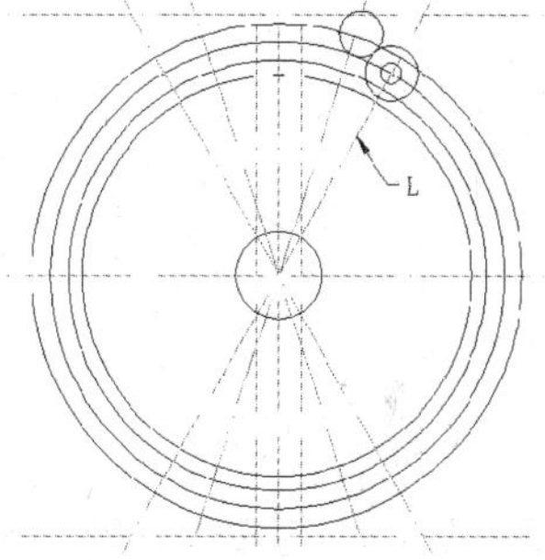

步骤 14：单击“圆”→“相切，相切，半径”命令，绘制与半径为 6 mm 和 51 mm 的两个圆都相切的圆，其半径为 5 mm，如上右图所示。

命令行提示如下：

命令：_circle 指定圆的圆心或［三点(3P)/两点(2P)/切点、切点、半径(T)］：_ttr
指定对象与圆的第一个切点：　　　　　　　　　　（捕捉半径为6mm 的相切点）
指定对象与圆的第二个切点：　　　　　　　　　　（捕捉半径为51mm 的相切点）
指定圆的半径 <6.0000>：5　　　　　　　　　　　（输入圆的半径值）

步骤15：单击“相切，相切，半径”命令，在半径为6mm 的圆的右侧绘制一个半径为5mm 的相切圆，如下左图所示。

命令行提示如下：

命令：_circle 指定圆的圆心或［三点(3P)/两点(2P)/切点、切点、半径(T)］：_ttr
指定对象与圆的第一个切点：　　　　　　　　（捕捉半径6mm 右侧相切点）
指定对象与圆的第二个切点：　　　　　　　　（捕捉半径51mm 右侧相切点）
指定圆的半径 <5.0000>：5　　　　　　　　　（输入半径值）

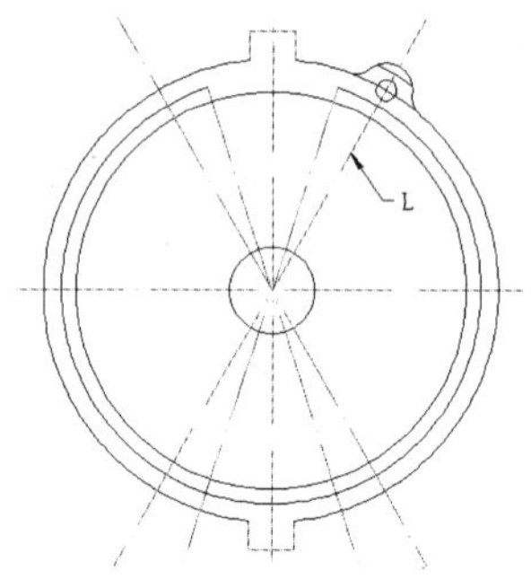

步骤16：单击“修剪”命令，将整个图形修剪，其结果如上右图所示。

步骤17：单击“旋转”命令，将修剪的图形旋转复制，旋转角度为60°，其结果如下图所示。

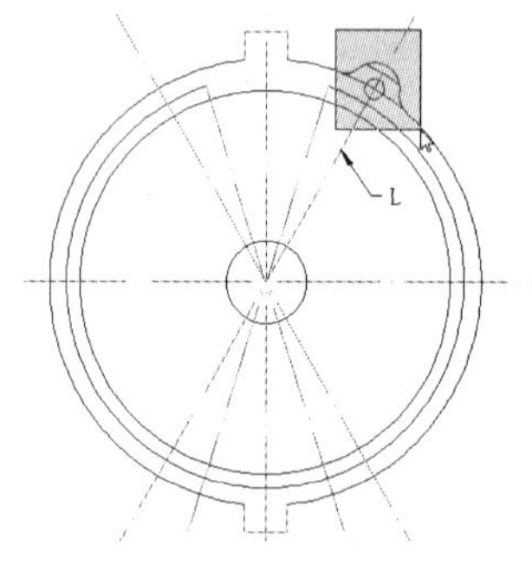

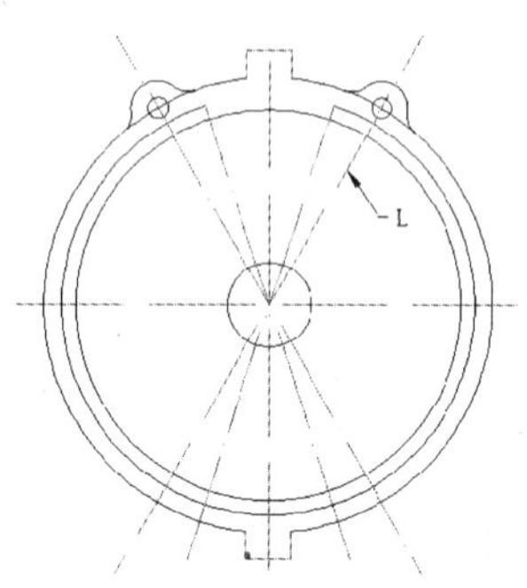

命令行提示如下：

命令：_rotate
UCS 当前的正角方向：　ANGDIR = 逆时针　ANGBASE = 0
选择对象：指定对角点：找到 4 个　　　　　　　（框选图18-21 所示的图形）
选择对象：　　　　　　　　　　　　　　　　　（按回车键）
指定基点　　　　　　　　　　　　　　　　　　（选择几条轴线所相交的交点）

```
指定旋转角度,或 [复制(C)/参照(R)] <30>:  c 旋转一组选定对象。(选择"复制)
指定旋转角度,或 [复制(C)/参照(R)] <30>:  60                    (输入旋转距离)
```

步骤 18：再次单击“旋转”命令，将上左图所选择的图形，再进行旋转复制，其旋转角度为 120°，其结果如下左图所示。

命令行提示如下：

```
命令: _rotate
UCS 当前的正角方向:  ANGDIR = 逆时针   ANGBASE = 0
选择对象: 指定对角点: 找到 4 个                (框选图 18-21 所示的图形)
选择对象:                                      (按回车键)
指定基点:                                      (选择几条轴线所相交的交点)
指定旋转角度,或 [复制(C)/参照(R)] <60>:  c 旋转一组选定对象。  (选择"复制")
指定旋转角度,或 [复制(C)/参照(R)] <60>:  120   (输入旋转距离)
```

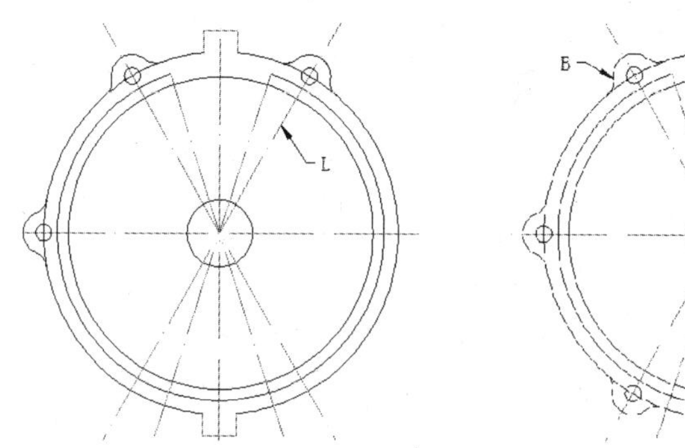

步骤 19：单击“镜像”命令，将图形 A 和图形 B 以水平轴线为中心，进行镜像，如上右图所示。

命令行提示如下：

```
命令: _mirror
选择对象: 指定对角点: 找到 4 个                    (选择图形 A 和图形 B)
选择对象: 指定对角点: 找到 4 个,总计 8 个          (按回车键)
选择对象:  指定镜像线的第一点: 指定镜像线的第二点:(选择水平轴起点和末点)
要删除源对象吗? [是(Y)/否(N)] <N>:                (按回车键,完成操作)
```

步骤 20：再次单击“镜像”命令，将左侧的 C 图形以垂直轴线为中心进行镜像，其结果如下左图所示。

命令行提示如下：

```
命令: _mirror
选择对象: 指定对角点: 找到 4 个                    (选择图形 C,按回车键)
选择对象:  指定镜像线的第一点: 指定镜像线的第二点:(选择垂直轴线的起点和末点)
要删除源对象吗? [是(Y)/否(N)] <N>:                (按回车键,完成操作)
```

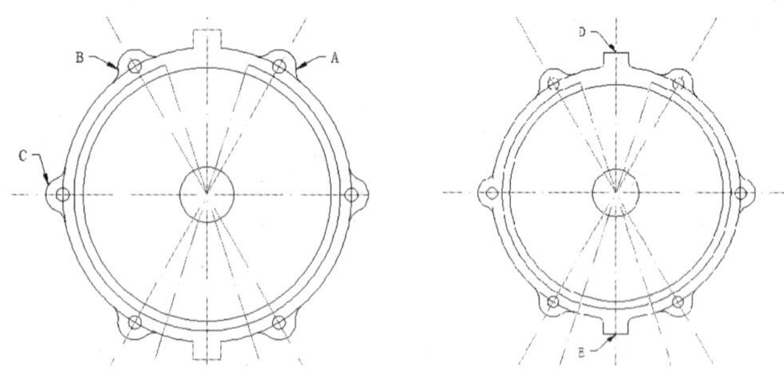

步骤21：单击“倒圆角”按钮，将图形D和图形E进行倒圆角，圆角半径为2.5 mm，其结果如上右图所示。

命令行提示如下：

```
命令：_fillet
当前设置：模式=修剪，半径=0.0000
选择第一个对象或[放弃(U)/多段线(P)/半径(R)/修剪(T)/多个(M)]：R
                                                        （选择“半径”）
指定圆角半径 <0.0000>：2.5                              （输入圆角半径）
选择第一个对象或[放弃(U)/多段线(P)/半径(R)/修剪(T)/多个(M)]：（选择直角边）
选择第二个对象，或按住Shift键选择对象以应用角点或[半径(R)]：   （选择圆弧线）
```

18.2.2 绘制水泵盖侧立面图

下面将根据水泵盖主视图来绘制其侧立面效果，其具体操作步骤如下。

步骤1：单击“矩形”命令，绘制一个长为114 mm、宽为13.5 mm的长方形，如下左图所示。

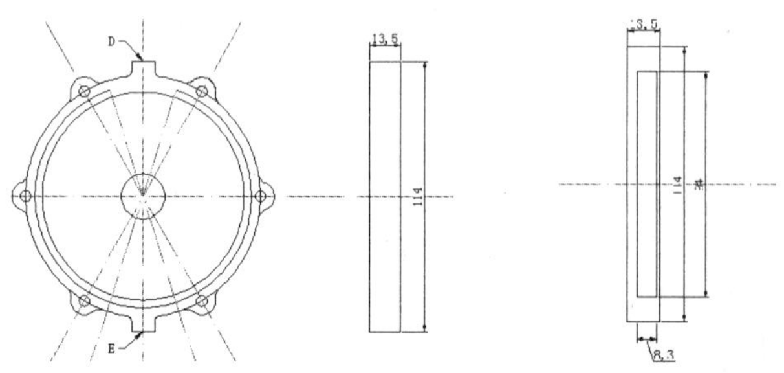

操作提示：

如果要对部分圆或其他图形外的直线进行裁剪时，按常规方法就是，选择“裁剪”命令，然后选择裁剪边界，按回车键即可完成，其实还有另一种较为简捷的方法则为：选择“裁剪”命令后，在命令行提示下，选择要裁剪的线段图形对象时，输入“f”，按回车键确认，即可。

步骤2：再次单击“矩形”命令，绘制一个长为94 mm、宽为8.3 mm的长方形，其结果如上右图所示。

命令行提示如下：

```
命令：_rectang
指定第一个角点或［倒角(C)/标高(E)/圆角(F)/厚度(T)/宽度(W)］：from        （输入“from”）
基点：<偏移>：@ -1.3，-10                    （捕捉长方形右上角点，并输入该矩形起点坐标值）
指定另一个角点或［面积(A)/尺寸(D)/旋转(R)］：@ -8.3，-94        （输入长方形的长、宽值）
```

步骤3：单击“分解”命令，将两长方形进行分解，单击“偏移”命令，将大长方形上侧边线向下偏移 2 mm、3.8 mm、5.9 mm、8.3 mm、11.9 mm 和52.4 mm，其结果如下左图所示。

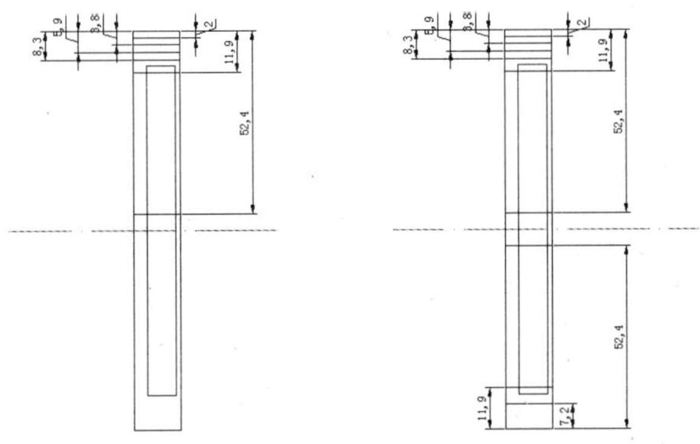

步骤 4：单击“偏移”命令，将大长方形下侧边线向上偏移 7.2 mm、11.9 mm 和 52.4 mm，其结果如上右图所示。

步骤5：选择内侧长方形上侧边线，并移至最右侧夹点，其后在打开的列表中，选中“拉长”选项，在命令行中输入“1.3”，完成拉伸操作，如下图所示。

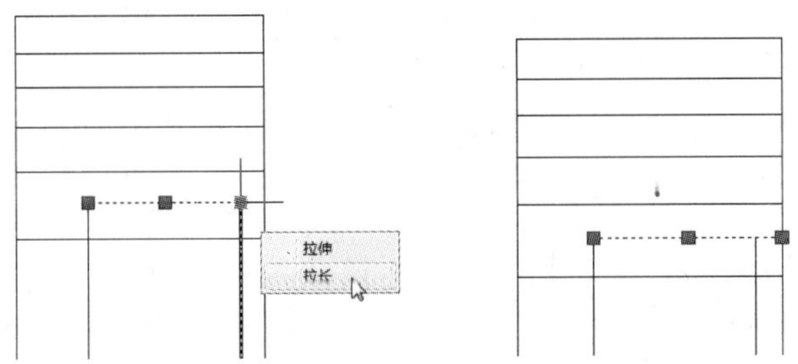

步骤6：按照同样的操作方法，将小长方形右侧边线向上拉长 8 mm，向下拉伸 10 mm，其结果如下左图所示。

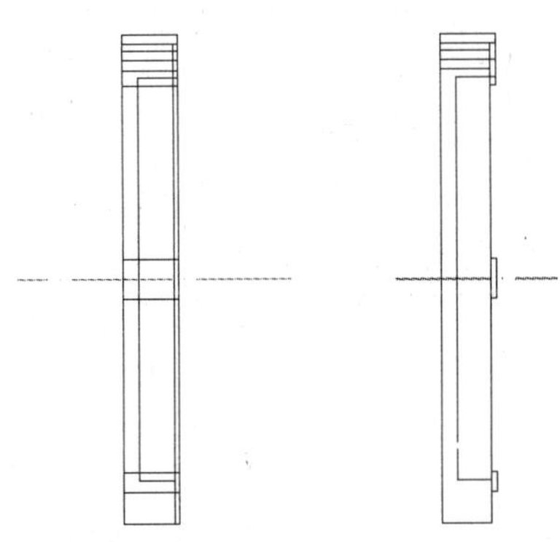

步骤7：单击“修剪”命令，将该图形进行修剪，其结果如上右图所示。

步骤8：运用夹点拉伸和“直线”命令，绘制出零件的基准线，其结果如下左图所示。

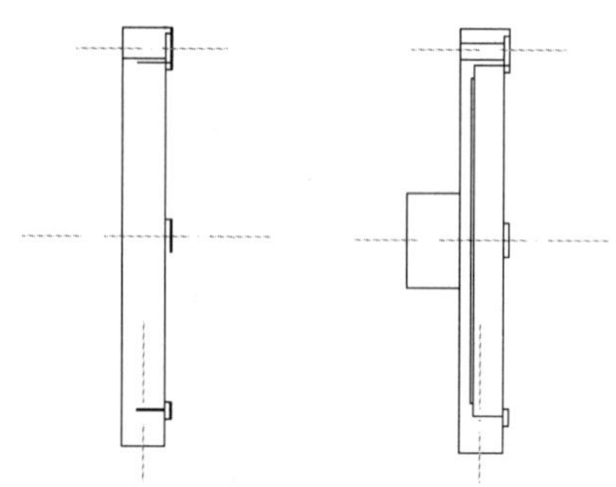

步骤9：单击“矩形”命令，绘制一个长为87.5mm、宽为1mm和长为25.5mm、宽为14mm的两个长方形，其结果如上右图所示。

命令行提示如下：

```
命令：_rectang
指定第一个角点或［倒角(C)/标高(E)/圆角(F)/厚度(T)/宽度(W)］：from （输入“from”）
基点：<偏移>：  @0，-3.3       （选择小长方形左上角点，并输入矩形起点坐标值）
指定另一个角点或［面积(A)/尺寸(D)/旋转(R)］：@ -1，-87.5
                                                  （输入长方形的长、宽值）
命令：_rectang
指定第一个角点或［倒角(C)/标高(E)/圆角(F)/厚度(T)/宽度(W)］：from
                                                  （输入“from”）
基点：<偏移>：@0，-44.3        （选择大长方形左上角点，并输入长方形起点坐标值）
指定另一个角点或［面积(A)/尺寸(D)/旋转(R)］：@ -14，-25.5
                                                  （输入长方形的长、宽值）
```

步骤10：单击“偏移”命令，将长25.5mm，宽14mm的长方形向内偏移2.5mm，其结果如下左图所示。

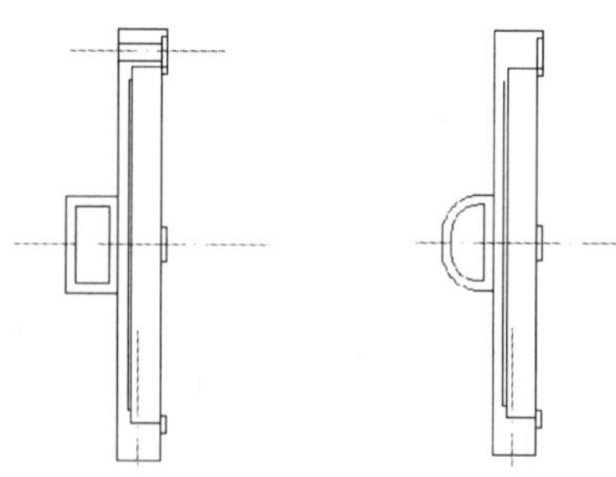

步骤11：单击“倒圆角”命令，将外长方形进行倒圆角，圆角半径为10mm，然后将内侧长方形进行倒圆角，圆角半径为7.5mm，其结果如上右图所示。

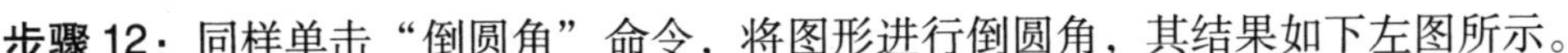

步骤 12：同样单击“倒圆角”命令，将图形进行倒圆角，其结果如下左图所示。

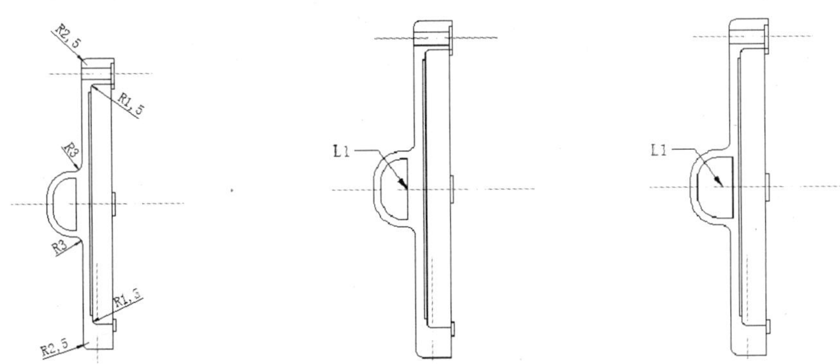

步骤 13：将线段 L1 向右水平移动 3.4 mm，并单击“延伸”命令，将图形进行修剪，其结果如上中、右图所示。

步骤 14：单击“直线”命令，以点 A 和点 B 为起点，绘制斜线，其结果如下左图所示。

命令行提示如下：

```
命令：L LINE 指定第一点：                        (选择点 A)
指定下一点或［放弃(U)］：@2.8<45                 (输入点坐标值)
指定下一点或［放弃(U)］：                        (按回车键,完成操作)
命令： LINE 指定第一点：                         (选择点 B)
指定下一点或［放弃(U)］：@2.8<-45                (输入点坐标值)
指定下一点或［放弃(U)］：                        (按回车键,完成操作)
```

操作提示：

使用 AutoCAD 2012 软件的“编辑”命令可使图形对象更加准确，例如对图形对象进行延伸、修剪等，而使用“偏移”、“复制”、“镜像”以及“陈列”命令可以加速图形对象的绘制，其中，使用“偏移”、“复制”以及“矩形阵列”命令绘制图形时，其图形与原图形对象是平行的，而使用“镜像”命令与“环形阵列”命令绘制图形时，复制后的图形对象将原图形对象相对，并围绕阵列中心点旋转。

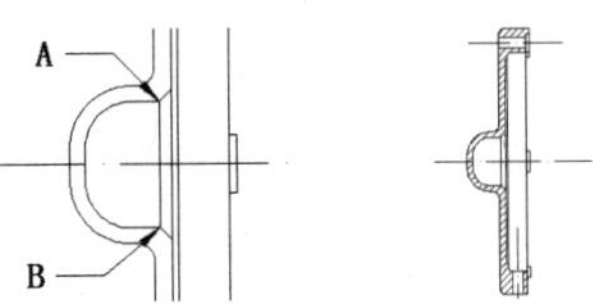

步骤 15：单击“图案填充”命令，将水泵盖侧立面图形进行填充，其结果如上右图所示。

18.2.3　绘制水泵盖俯视图

水泵盖俯视图的操作方法如下。

步骤 1：单击“复制”命令，将水泵盖主视图向右进行复制，并删除不需要的线段，其结果如下左图所示。

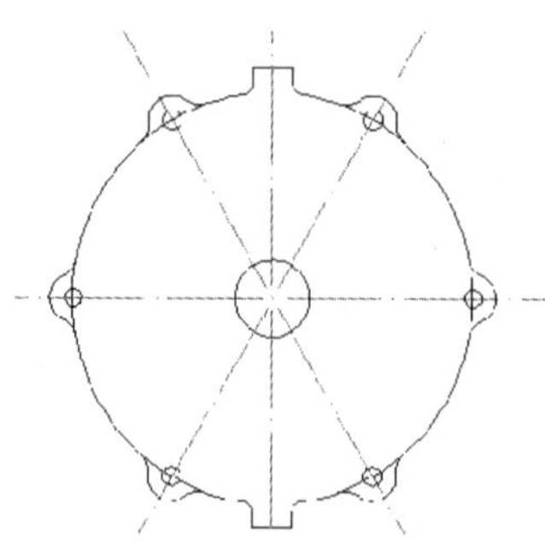

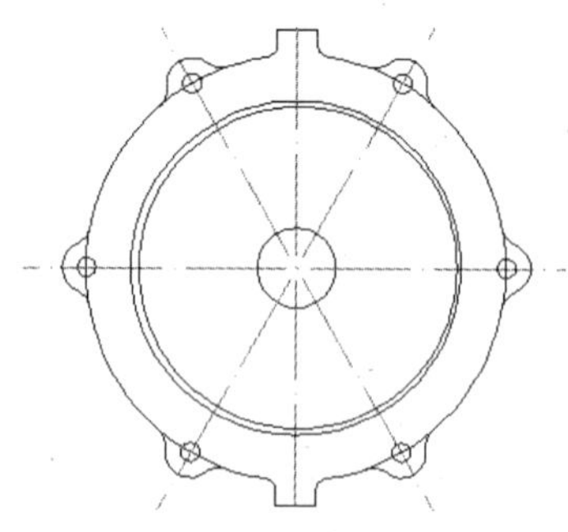

步骤2：单击“圆”命令，水泵盖图形中心点为圆心，绘制半径为40mm和38.5mm的同心圆，其结果如上右图所示。

命令行提示如下：

```
命令：c CIRCLE 指定圆的圆心或［三点(3P)/两点(2P)/切点、切点、半径(T)］：(选中圆心)
指定圆的半径或［直径(D)］<5.0000>：40                          (输入半径值)
命令： CIRCLE 指定圆的圆心或［三点(3P)/两点(2P)/切点、切点、半径(T)］：
指定圆的半径或［直径(D)］<40.0000>：38.5
```

步骤3：单击“旋转”命令，将垂直中轴线旋转复制15°、－10°和－19°，其结果如下左图所示。

命令行提示如下：

```
命令：_rotate
UCS 当前的正角方向： ANGDIR=逆时针  ANGBASE=0
选择对象：找到 1 个                                        (选中垂直中轴线)
选择对象：                                                (按回车键)
指定基点：                                                (选择圆心)
指定旋转角度,或［复制(C)/参照(R)］<15>： c 旋转一组选定对象。(选择“复制”)
指定旋转角度,或［复制(C)/参照(R)］<15>： 15                  (输入旋转角度)
命令：_rotate
UCS 当前的正角方向： ANGDIR=逆时针  ANGBASE=0
选择对象：找到 1 个
选择对象：
指定基点：
指定旋转角度,或［复制(C)/参照(R)］<15>： c 旋转一组选定对象。
指定旋转角度,或［复制(C)/参照(R)］<15>： -10
命令： ROTATE
UCS 当前的正角方向： ANGDIR=逆时针  ANGBASE=0
选择对象：找到 1 个
选择对象：
```

```
指定基点：
指定旋转角度,或 [复制(C)/参照(R)] <350>：c 旋转一组选定对象。
指定旋转角度,或 [复制(C)/参照(R)] <350>：-19
```

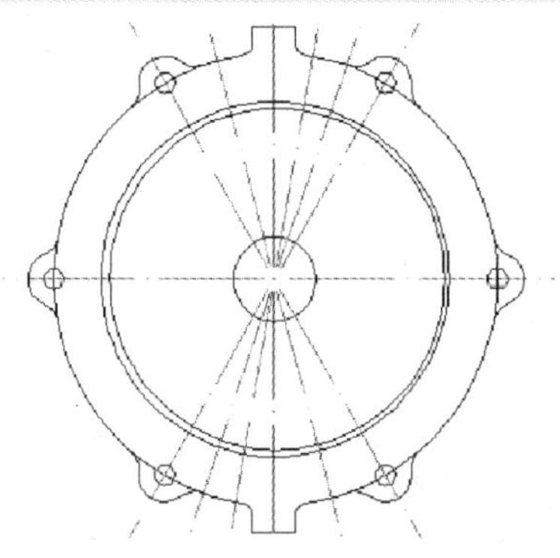

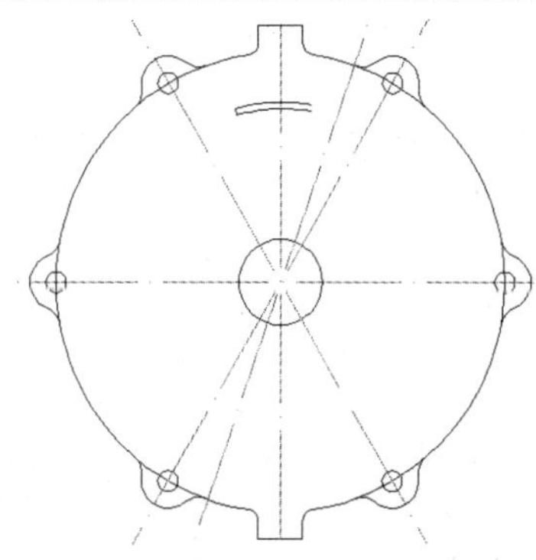

步骤4：单击“修剪”命令，将旋转后的图形修剪，其结果如上右图所示。

步骤5：单击“直线”命令，同时启动“极轴追踪”功能，并设置增量角为10°，其后，以半径为40 mm的圆弧右侧端点为起点，向右上角绘制1 mm线段，按照同样操作，完成下弧线端点线段的绘制，如下图所示。

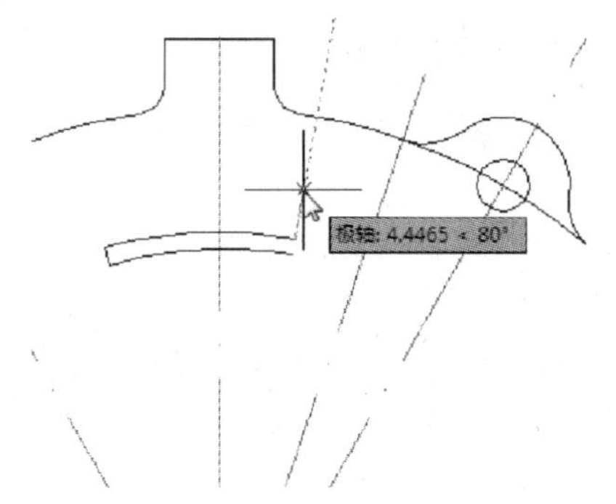

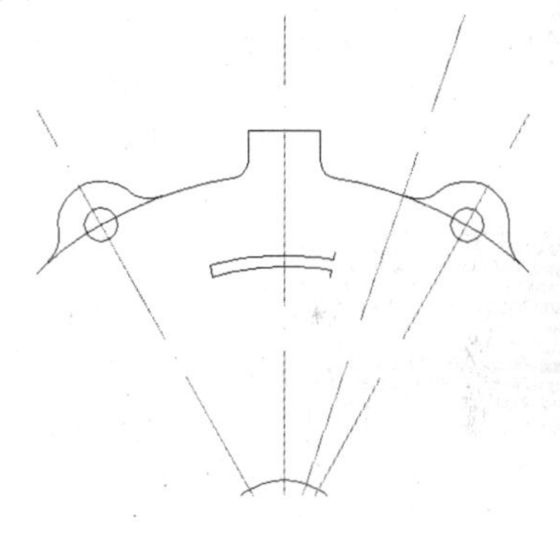

步骤6：将增量角设置为30°，单击“直线”命令，以上方长度为1mm的线段端点为起点，向右下角绘制线段，并与旋转后的轴线段相交，其结果如下图所示。

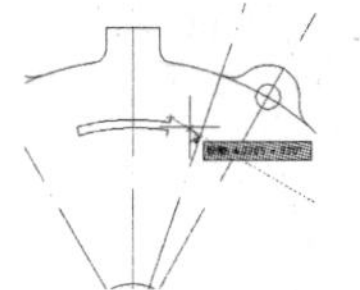

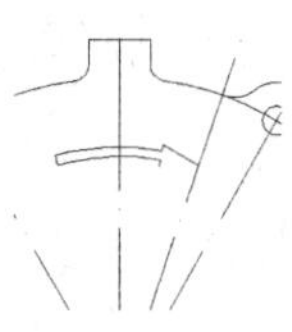

步骤7：按照同样的操作方法，绘制箭头下方直线，并单击“修剪”命令，将该图形修剪，其结果如下图所示。

18.3　标注水泵盖零件尺寸

水泵盖三视图已绘制完毕，下面则需对该零件图添加相应的尺寸。

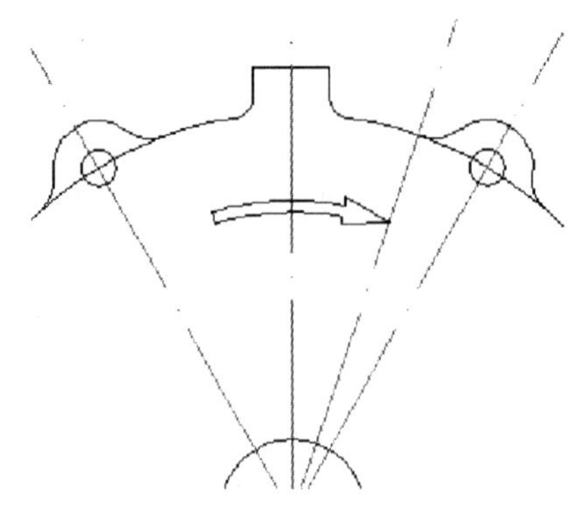

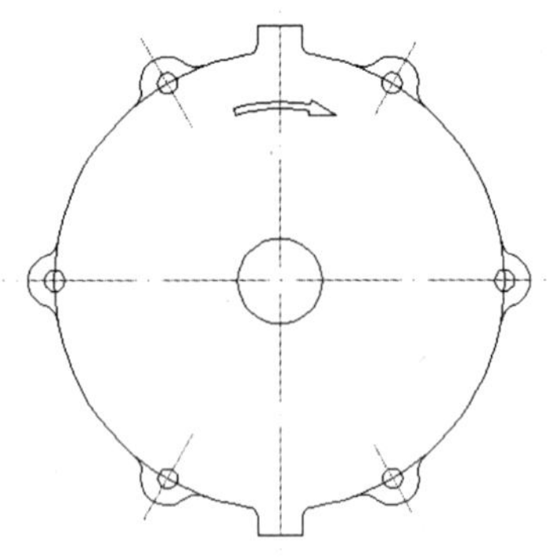

18.3.1 标注零件图尺寸

标注水泵盖零件图尺寸的操作步骤如下。

步骤1：单击“图层特性”命令，打开其相应的对话框，新建“标注”图层，并设置其图层属性，如下左图所示。

步骤2：双击标注层，将其设置当前层，如下右图所示。

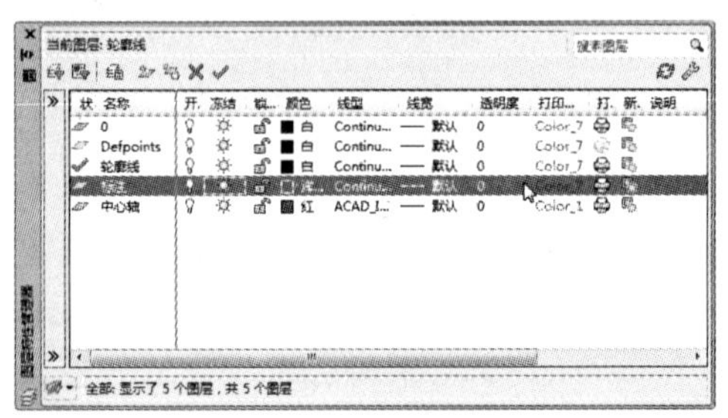

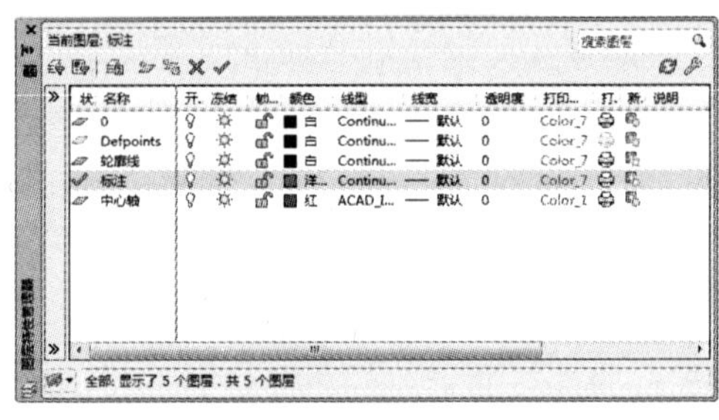

步骤3：在命令行中，输入“D”并按回车键，打开“标注样式管理器”对话框，在该对话框中，单击“修改”按钮，如下左图所示。

步骤4：在打开的“修改标注样式”对话框中，根据需要对标注尺寸进行设置，设置完成后，返回上一层对话框，单击“置为当前”按钮，即可完成标注样式的设置，如下右图所示。

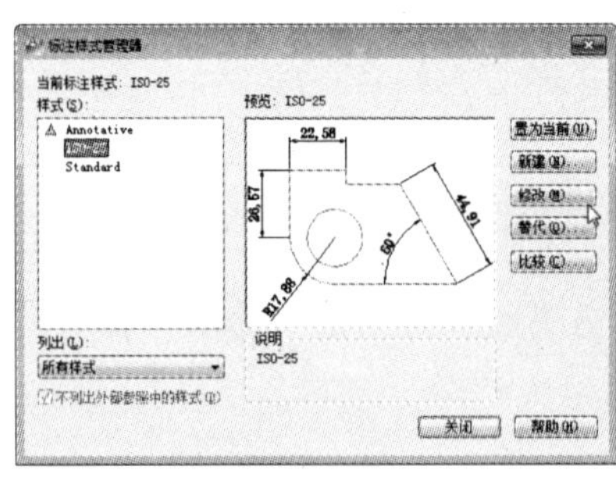

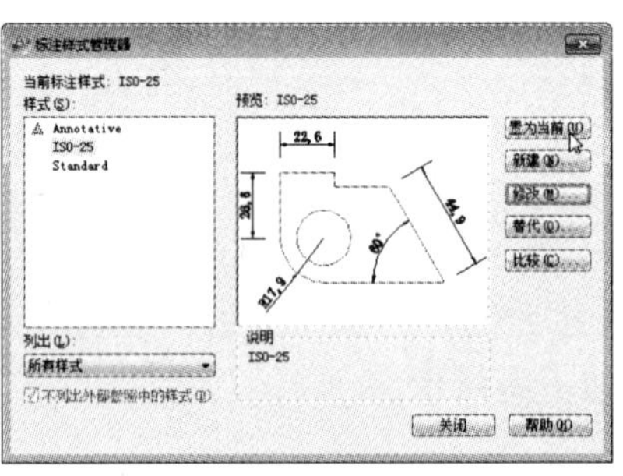

步骤5：单击“注释”→“标注”→“半径”命令，将水泵盖轮廓及各倒圆角进行标注，其结果如下左图所示。

步骤6：选中水泵盖右侧标注“R2.3”尺寸，在命令行中输入“CH”，打开“特性”对话框，在“文字替代”文本框中，输入“6－%%c 4.6”字样，即可更改标注尺寸，如

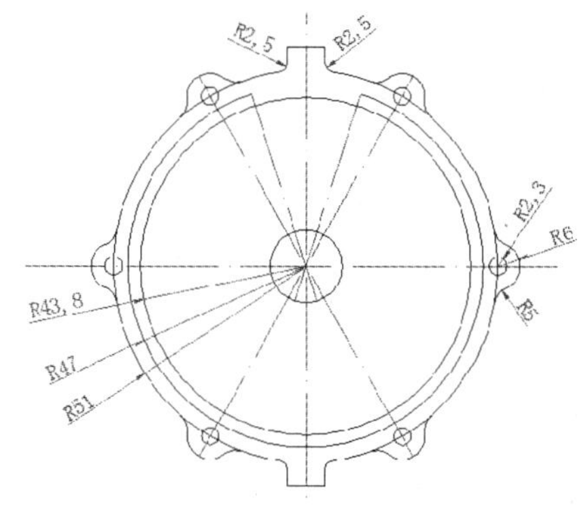

上右图所示。

步骤 7：单击“标注”→“角度”和“线型标注”命令，完成图形的标注，其结果如下图所示。

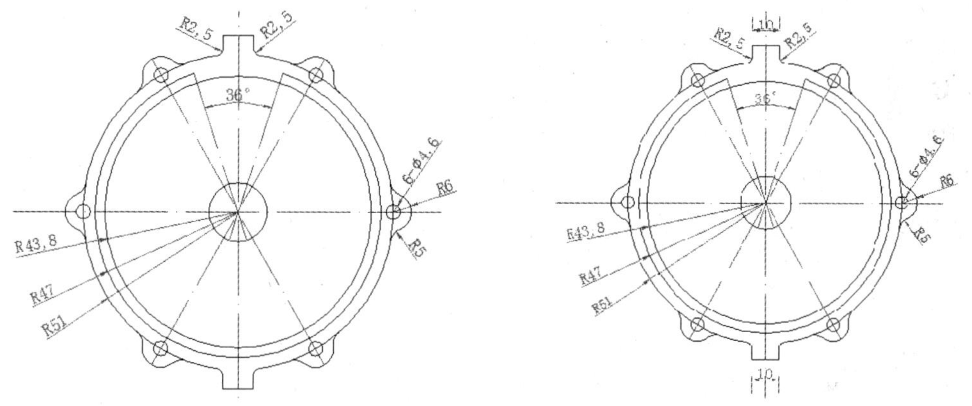

步骤 8：按照同样的操作方法，完成水泵盖侧立面图以及俯视图的尺寸标注，结果如下图所示。

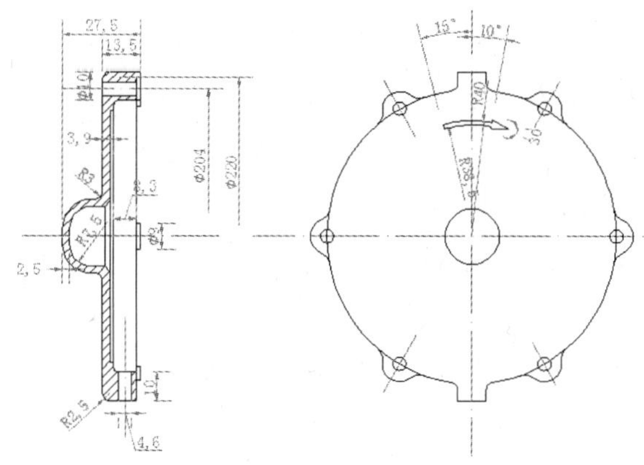

18.3.2　添加文本标注

尺寸标注完成后，即可将图形添加文本标注。

步骤 1：单击“注释”→“文字”命令，打开“文字样式”对话框，将字体设置为

"黑体"，将其高度设置为6，单击"置为当前"按钮，完成文字样式的设置，如下左图所示。

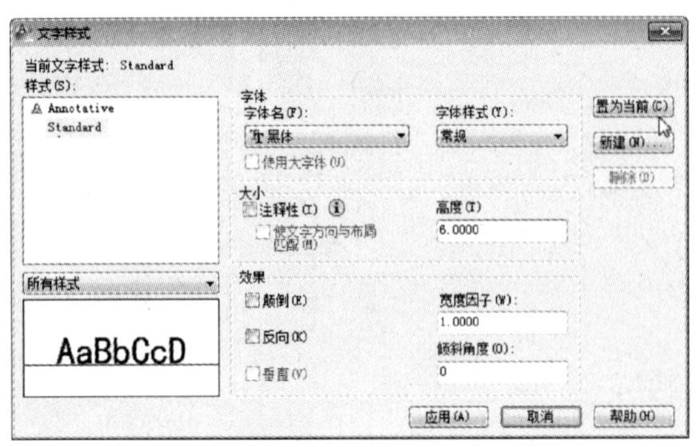

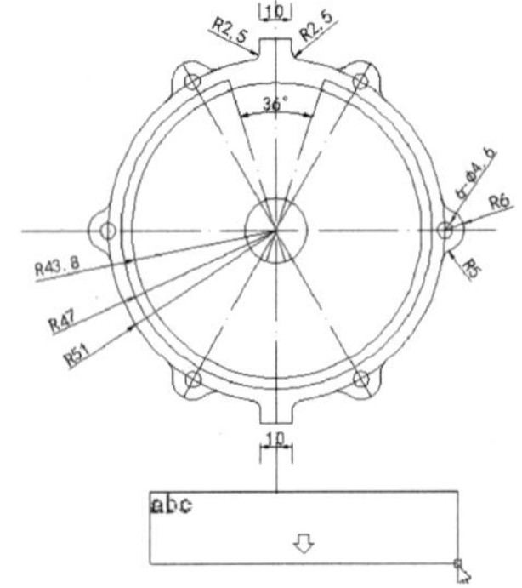

步骤2：单击"注释"→"文字"→"多行文字"命令，在图形合适位置，拖拽出文本框，如上右图所示。

步骤3：当进入文本编辑窗口时，即可在该文本框中，输入所需的文本内容，按照同样的操作方法完成其他文本的输入。

至此，水泵盖三视图已全部绘制完成，最后保存文件即可。

第 19 章　机械装配图的绘制

本章概述：

装配图是用来表达部件或机器的详图。它反映着部件的工作原理、装配关系以及主要零件的主要结构。本章将以绘制截止阀和截流阀为例，结合 AutoCAD 中的一些基本命令，来介绍机械装配图的绘制方法和技巧。

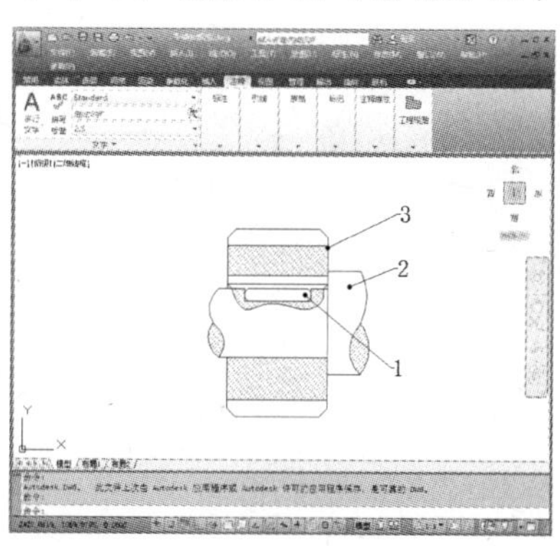

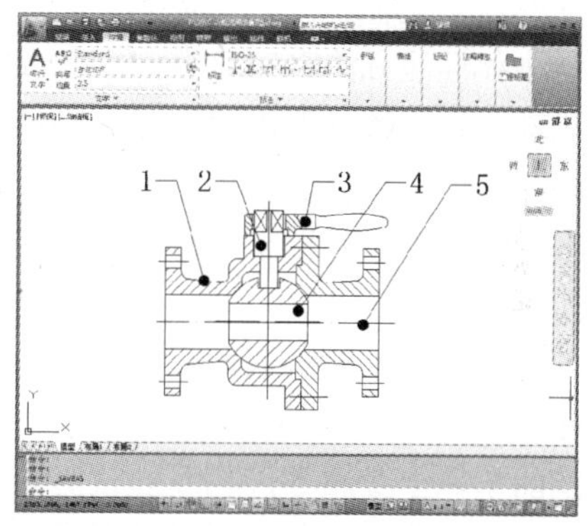

19.1　机械装配图概述

在机器设计过程中，装配图的绘制位于零件图之前，并且装配图与零件图的表达内容不同，它主要用于机器或部件的装配、调试、安装、维修等场合，也是生产中的一种重要的技术文件。下面将向读者简单介绍一下装配图的内容以及绘图原则等相关知识。

19.1.1　什么是装配图

装配图是表达设计思想及技术交流的工具，是指导生产的基本技术文件。无论是在设计机器，还是测绘机器时，必须画出装配图，如下图所示。在绘制装配图时，应注意它与零件图的区别与联系，主要有以下 3 点。

- 零件图和装配图都由视图、尺寸和标题栏等部分构成，而在装配图中，还多了零件编号和明细表，用于说明零件的名称、数量和材料等情况。
- 由于表达要求的不同，在零件图中，需要将零件各个部分的形状表达清楚，而装配图中，只需把部件的功能，工作原理以及零件间的装配关系表达清楚，并不需要将零件的形状完全表现出来。
- 由于尺寸要求的不同，在零件图上需要标注零件尺寸，而在装配图中，其尺寸一般只标注机器或部件的规格尺寸、安装尺寸、装配尺寸、总体尺寸以及序号等。

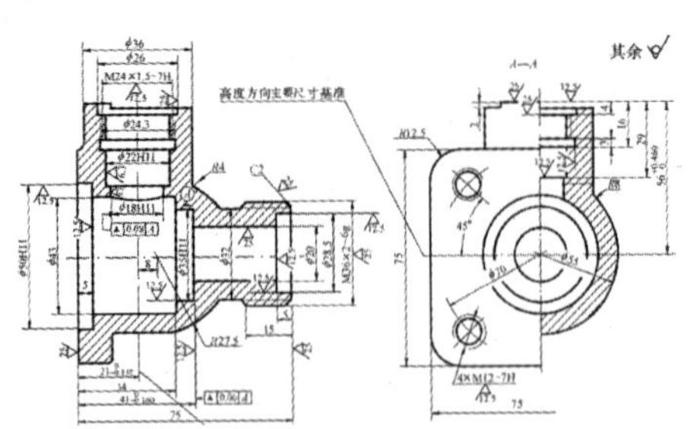

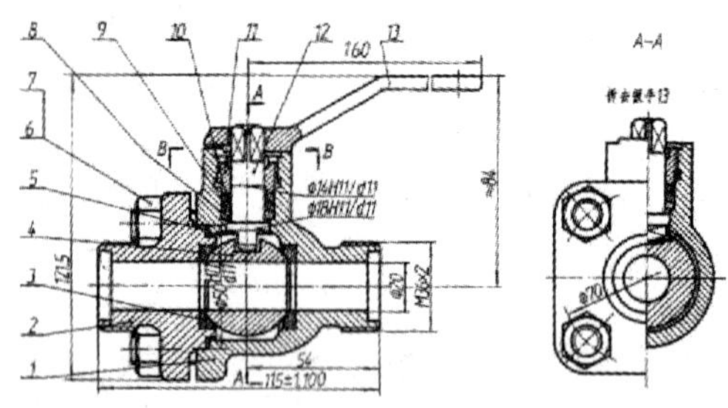

19.1.2 装配图的绘制原则

装配图不仅包括图形的形状、尺寸等对象，还包括各部件名称、数量等多个内容，因此在绘制装配图时应该遵循以下几项原则：

- 图样画法和标注方法都应符合国家相关的标准规定。
- 图形清晰，便于阅读者迅速读懂、理解和进行空间想象。
- 便于绘制和标注尺寸。
- 不要求把各个零件的形状和结构完全表达清楚，但需要将部件中各零件的装配关系完全表达清楚。
- 装配图中两个零件接触表面只用画一条实线表示，不接触表面及非配合表面画两条线表示即可。
- 两个或两个以上金属零件相互邻接时，剖面线的方向应相反或一致；同一个零件在各视图中的剖面线方向和间隔必须保持一致。
- 因装配图是由若干零件组成的，当有若干相同的零件组时，允许仅详细绘制出几处，其余部分以点画线表示零件的中心位置即可。
- 零件的工艺结构，如倒角、圆角和退刀槽等在装配图中可不绘制出来。
- 当需要剖切厚度小于2 mm的薄皮形零件时，在机械制图中需用一条粗实线绘制。

19.1.3 装配图特定表达方式

在绘制零件图时，可以用主视图、剖视图和断面图以及局部放大图等视图来表达零件的结构，这些视图在装配图中也同样适用。绘制装配图，除了使用绘制零件图所用的表达方法外，还有以下几项表达方式：

- 拆卸画法。在装配图的某一视图中，为表达一些重要零件的内、外部形状，可假想拆去一个或几个零件后绘制该视图。
- 假想画法。在装配图中，为了表达与本部件有在装配关系但又不属于本部件的相邻零、部件时，可用双点画线画出相邻零、部件的部分轮廓。在装配图中，当需要表达运动零件的运动范围或极限位置时，也可用双点画线画出该零件在极限位置处的轮廓。
- 单独表达某个零件的画法。在装配图中，当某个零件的主要结构在其他视图中未能表示清楚，而该零件的形状对部件的工作原理和装配关系的理解起着十分重要的作用时，可单独画出该零件的某一视图。
- 简化画法。零件的工艺结构，如小圆角、倒角以及退刀槽等可不画出；对于装配图中若干相同的零件组，如螺栓、螺母以及垫圈等，可只详细地画出一组或几组，其余只用点画线表示出装配位置即可。

19.1.4　绘制装配图的方法和步骤

运用 AutoCAD 绘制装配图，一般可分为以下几种方法：

- 直接绘制装配图。该方法主要运用 AutoCAD 软件中的绘图、编辑、设置和图层等命令，按照装配图的画图步骤，绘制出装配图。一般从主要零件开始，在相应的零件层上按照安装顺序依次画出各零件，然后标注尺寸、编号以及填写明细表。通过该方法绘制出的装配图，各零件的尺寸精确且在不同的图层上，为修改后从装配图拆画零件图提供了方便。
- 图块插入法。图块插入法是将装配图中的各零部件的图像先设置成图块，然后再按零件间的相对位置将图块逐个插入，从而拼画成装配图。
- 用设计中心插入图块法。设计中心是一个集成化的图形组织和管理工具。利用设计中心，可方便、快速地浏览或使用其他图形文件中的图形、图块、图层和线型等信息，大大地提高了绘图效率。

通常运用 AutoCAD 软件绘制装配图时，可按照以下几个步骤进行绘制。

1）确定图幅：根据部件的大小，视图数量来确定图纸的比例、图幅的大小。

2）布置视图：绘制各视图的主要基准线，并注意各视图之间留有适当间隔，以便标注尺寸和编号。

3）绘制主要装配线：从主视图开始，按照装配干线，从传动齿轮开始，由里向外绘制。

4）完成装配图：主要包括校核底稿，加深图线，画剖面线、尺寸界线、尺寸线和箭头；编注零件序号，注写尺寸数字，填写标题栏和技术要求。

19.2　绘制装配图

下面将运用图块插入法，以及 AutoCAD 中的一些基本操作命令，来绘制平键装配图和截流阀装配图。

19.2.1　绘制平键装配图

平键装配图的绘制步骤如下。

步骤 1：绘制轴承图形。单击“直线”命令，绘制一条水平中轴线，单击“偏移”命令，将该中轴线各向两边偏移 80 mm，其结果如下图所示。

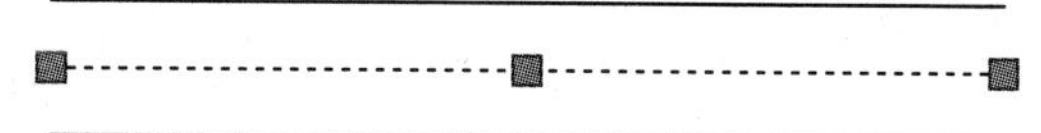

步骤 2：单击“直线”命令，绘制垂直线段，并单击“偏移”命令，将垂直线向左偏移 280 mm，其结果如下左图所示。

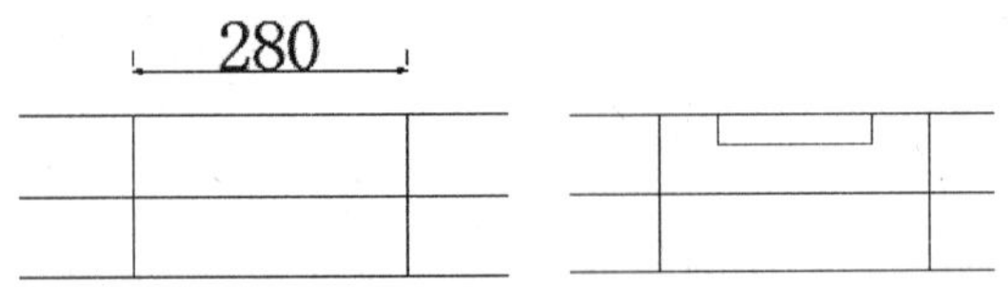

步骤3：单击“矩形”命令，绘制一个长为160 mm、宽为30 mm的长方形，放置图形到合适位置，如上右图所示。

步骤4：单击“矩形”命令，绘制一个长为80 mm、宽为240 mm的长方形，放置图形到合适位置，如下左图所示。

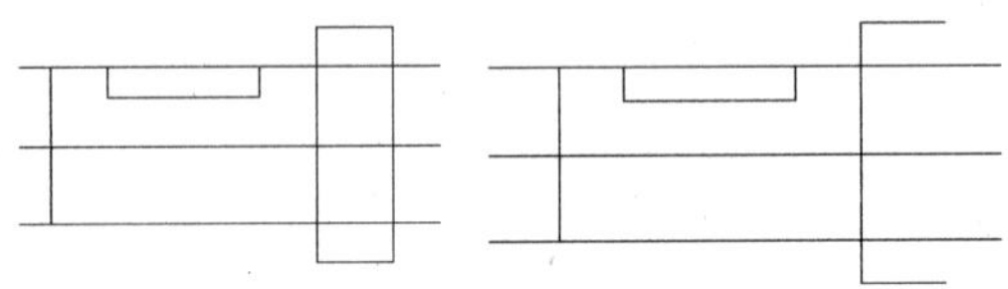

步骤5：单击“分解”命令，将刚绘制的长方形分解，并删除外侧边线，如上右图所示。

步骤6：单击“弧线”命令，绘制剖面线，其结果如下左图所示。

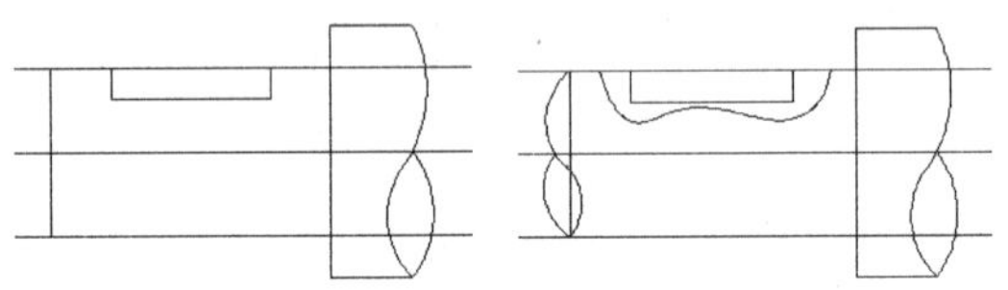

步骤7：按照同样的操作方法，完成其他位置的剖面线，其结果如上右图所示。

步骤8：单击“修剪”命令，将所绘制的图形进行修剪，其结果如下左图所示。

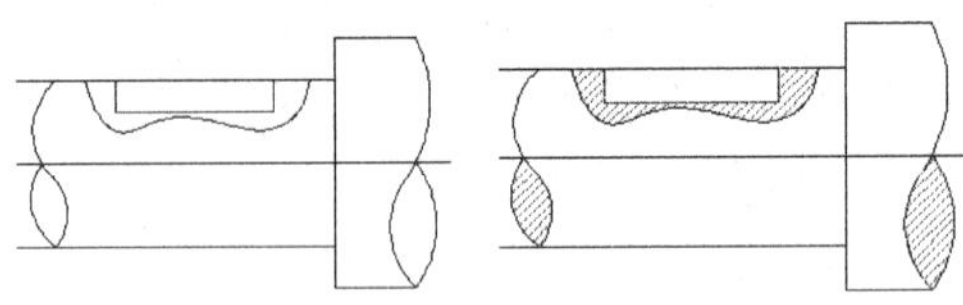

步骤9：单击“图案填充”命令，将所绘制的剖面图形进行填充，其结果如上右图所示。

步骤10：绘制轮毂剖面图形。单击“长方形”命令，绘制一个长为440 mm、宽为240 mm的长方形，以中轴线为中心放置，其结果如下左图所示。

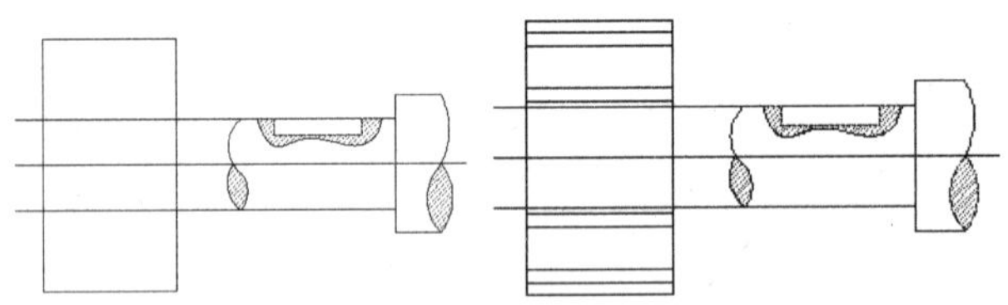

步骤11：单击“分解”命令，将长方形进行分解，并单击“偏移”命令，将长方形上下两条边各向内依次偏移20 mm、20 mm、70 mm、20 mm和10 mm，其结果如上右图所示。

步骤12：单击“偏移”命令，将长方形左右两边线，各向内偏移10 mm，单击“修剪”

命令，将图形进行修剪，其结果如下左图所示。

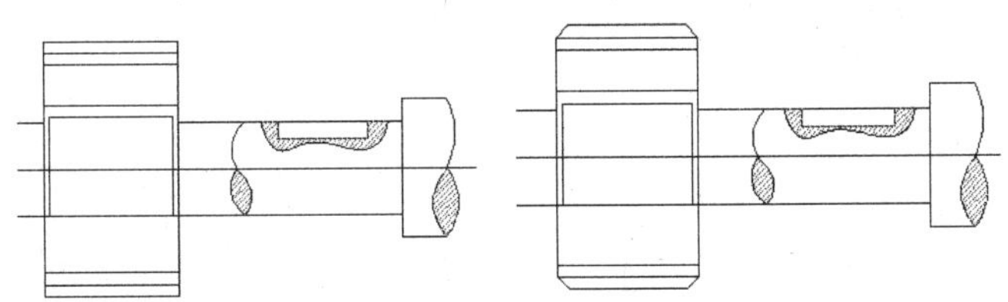

步骤 13：单击“倒直角”命令，将图形倒角，如上右图所示。

命令行提示如下：

```
命令：_chamfer
（“修剪”模式）当前倒角距离 1 =0.0000，距离 2 =0.0000
选择第一条直线或［放弃（U）/多段线（P）/距离（D）/角度（A）/修剪（T）/方式（E）/多个
（M）］： a                                        （选择“角度”选项）
指定第一条直线的倒角长度 <0.0000>：20               （输入所需倒角的长度值）
指定第一条直线的倒角角度 <0>：45                    （输入倒角的角度）
选择第一条直线或［放弃（U）/多段线（P）/距离（D）/角度（A）/修剪（T）/方式（E）/多个
（M）］：                                          （选择所需倒角的两条边）
选择第二条直线，或按住 Shift 键选择直线以应用角点或［距离（D）/角度（A）/方法（M）］：
```

步骤 14：单击“图案填充”命令，将绘制好的轮毂图形进行填充，其结果如下左图所示。

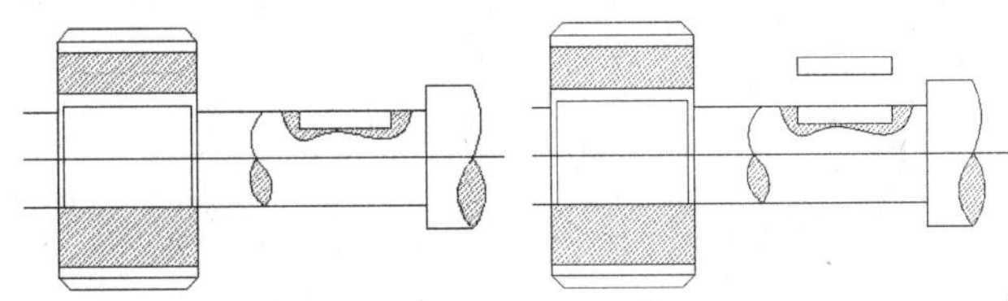

步骤 15：绘制平键。单击“矩形”命令，绘制一个长为 160 mm、宽为 30 mm 的长方形，如上右图所示。

步骤 16：单击“倒圆角”命令，将该长方形进行倒圆角，圆角距离为 15 mm，结果如下左图所示。

命令行提示如下：

```
命令：f FILLET
当前设置：模式 = 修剪，半径 =0.0000
选择第一个对象或［放弃（U）/多段线（P）/半径（R）/修剪（T）/多个（M）］：r
                                                        （选择“半径”选项）
指定圆角半径 <0.0000>：15                                （输入圆角半径值）
选择第一个对象或［放弃（U）/多段线（P）/半径（R）/修剪（T）/多个（M）］：
                                                        （选择两条倒角边）
选择第二个对象，或按住 Shift 键选择对象以应用角点或［半径（R）］：
```

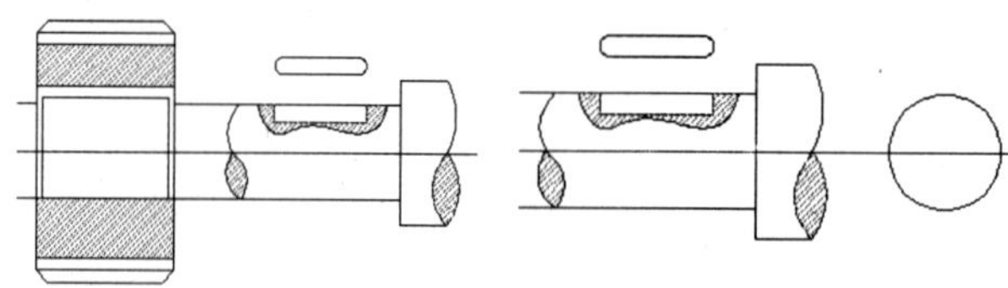

步骤 17：绘制平键剖面图。单击“圆”命令，以中轴线上一点为圆心，绘制半径为 80 mm 的圆，如上右图所示。

步骤 18：单击“直线”命令，绘制一条圆半径，并垂直于中轴线，如下左图所示。

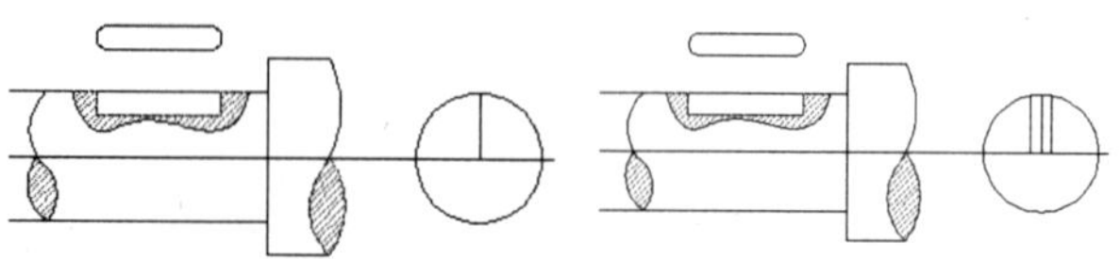

步骤 19：单击“偏移”命令，将垂直辅助线向两边各偏移 15 mm，如上右图所示。

步骤 20：同样单击“偏移”命令，将中轴线向上偏移 50 mm，如下左图所示。

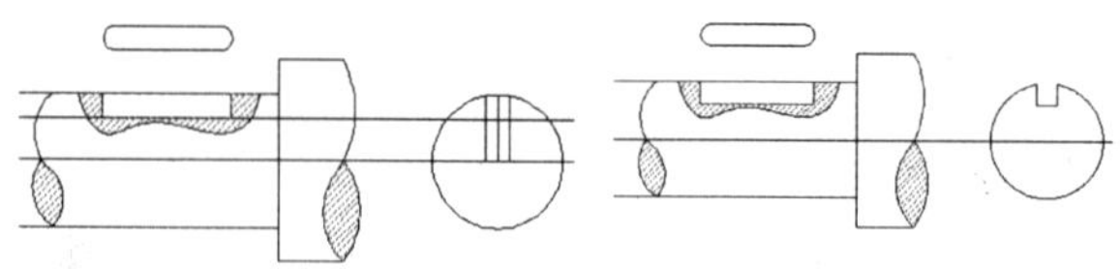

步骤 21：单击“修剪”命令，将图形进行修剪，其结果如上右图所示。

步骤 22：单击“图案填充”命令，将图形进行填充，如下图所示。

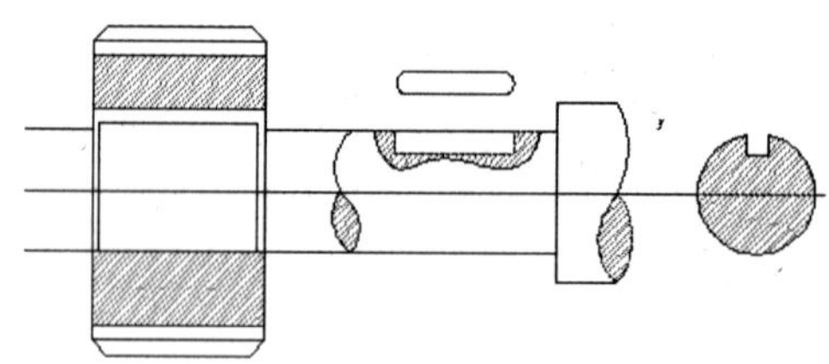

步骤 23：组装零件图。将绘制好的平键图形移至轴承合适位置，其结果如下左图所示。

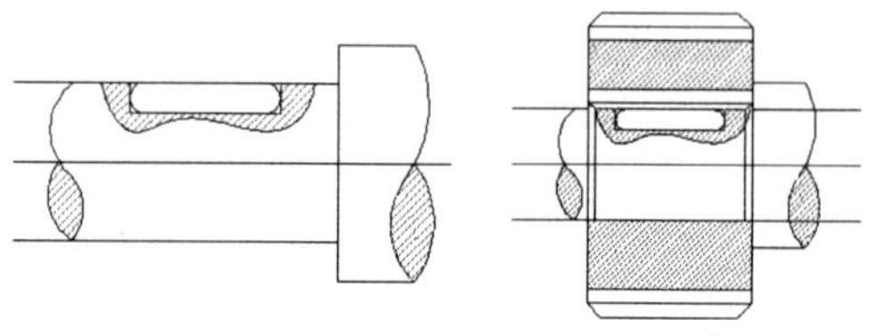

步骤 24：将绘制好的轴承，移至轮毂图形中，并适当修剪图形，其结果如上右图所示。

步骤 25：单击“修剪”命令，将组合后的图形进行修剪，其结果如下左图所示。

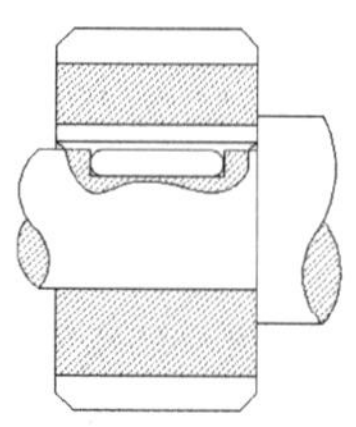

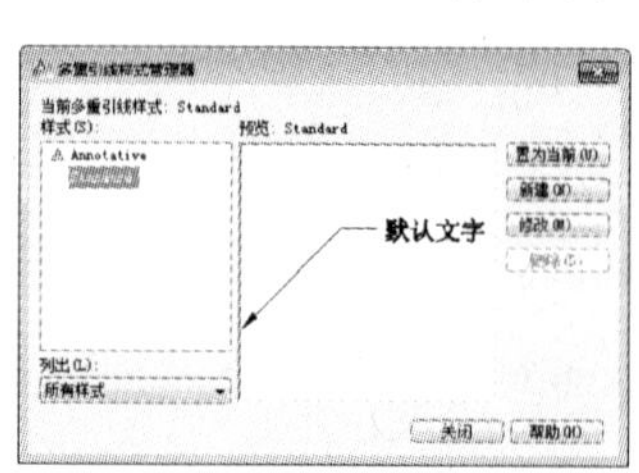

步骤 26：单击“多重引线”命令，打开“多重引线样式管理器”对话框，单击“修改”按钮，如上右图所示。

步骤 27：在打开的对话框中，将文字高度和引线格式进行修改，其结果如下左图所示。

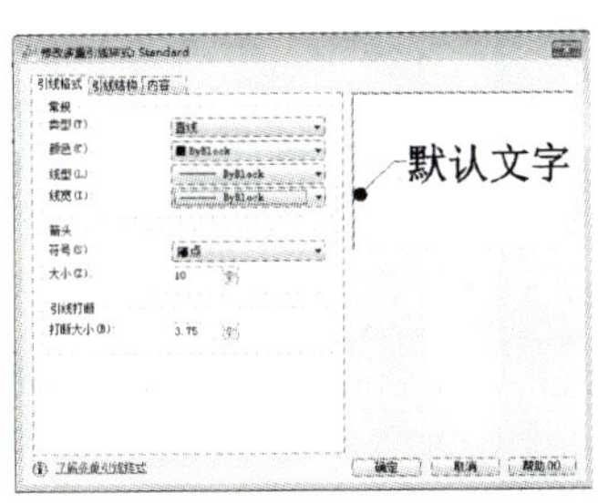

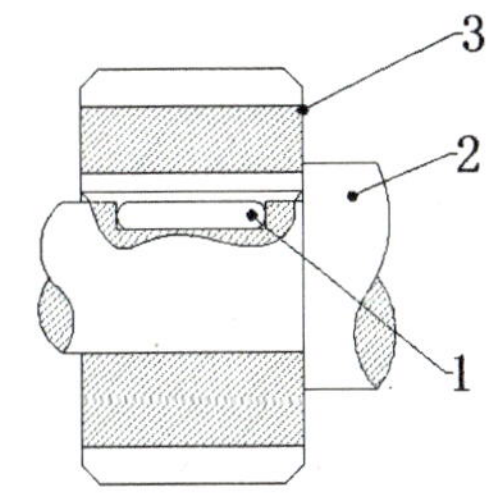

步骤 28：修改完成后，单击“置为当前”按钮，然后单击“多重引线”命令，将装配图标注零件编号，如上右图所示。

至此，简单平键装配图已绘制完毕，保存文件即可。

19.2.2 绘制截流阀装配图

下面将介绍截流阀装配图的操作方法。

步骤 1：启动 AutoCAD 2012 软件，新建一空白文件。单击“插入”→“块”→“插入”命令，在打开的对话框中，单击“浏览”按钮，如下左图所示。

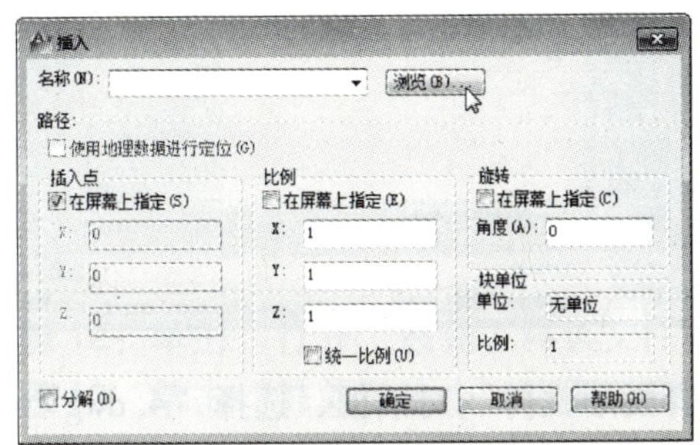

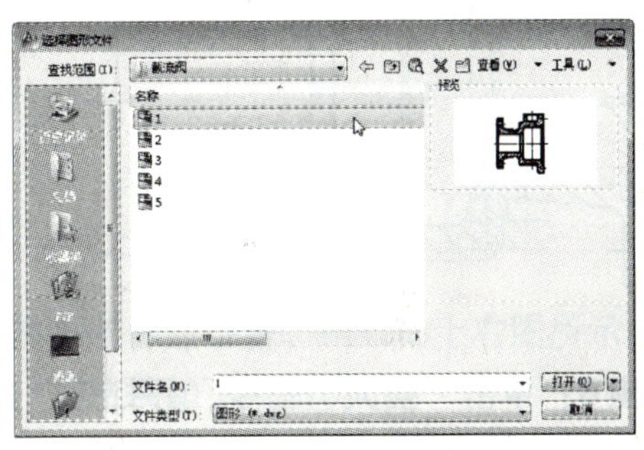

步骤 2：在打开的“选择图形文件”对话框中，选择“1. dwg”文件，如上右图所示。

步骤 3：选择完成后，单击“打开”按钮，返回至上一层对话框，如需要可对当前图块进行设置，如下左图所示。

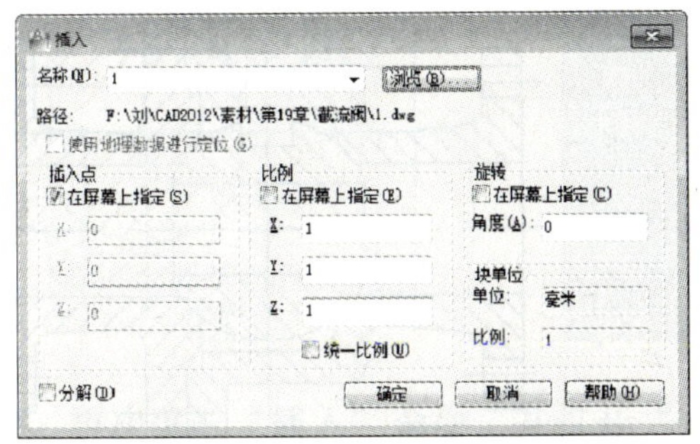

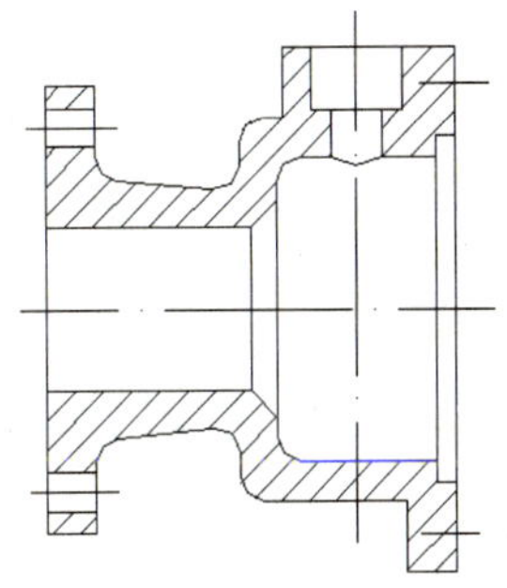

步骤 4：设置好后，单击“确定”按钮，将“1. dwg”图块插入绘图区合适位置，如上右图所示。

第 20 章　电子电气图形的绘制

本章概述：

电气图时电气技术信息的主要媒体，电气信息的多样性决定了电气图种类多样性和表达形式的多样性。本章将以绘制调频器线路图和电流互感接线图为例，结合 AutoCAD 中的一些基本命令，来介绍电气图形的绘制方法和技巧。

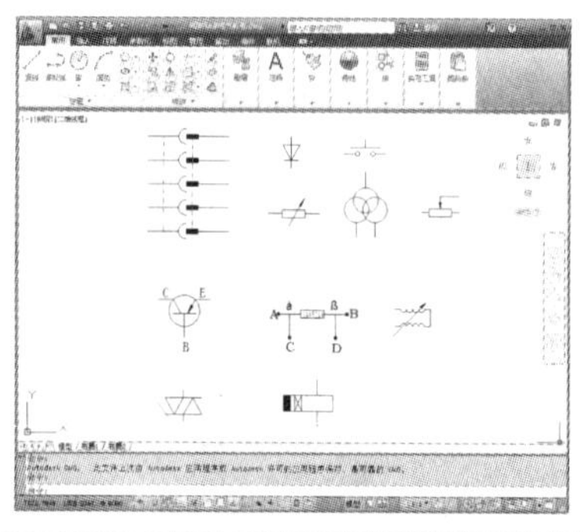

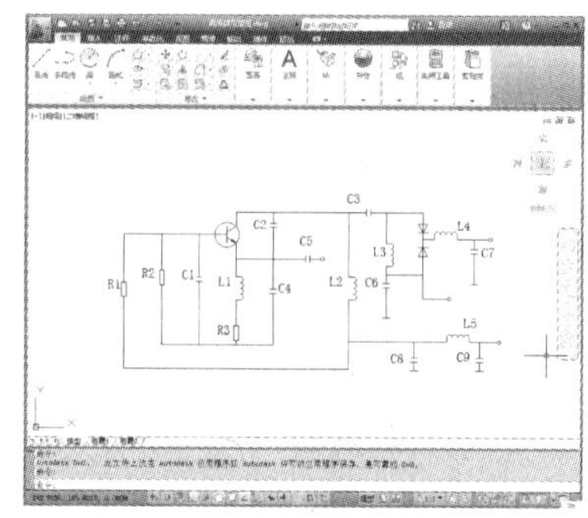

20.1　电气图概述

是用电气图形符号、带注释的围框或简化外形，表示电气系统或设备中组成部分之间相互关系，及其连接关系的一种图，广义地说表明两个或两个以上变量之间关系的曲线，用以说明系统、成套装置或设备中各组成部分的相互关系或连接关系。

20.1.1　电气图的分类

通常电气图可分为以下几类。

- 系统图或框图：用符号或带注释的框，概略表示系统或分系统的基本组成、相互关系及其主要特征的一种简图，如下左图所示。

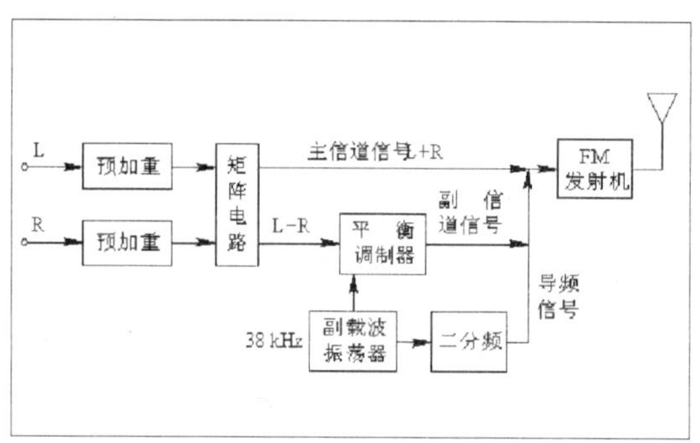

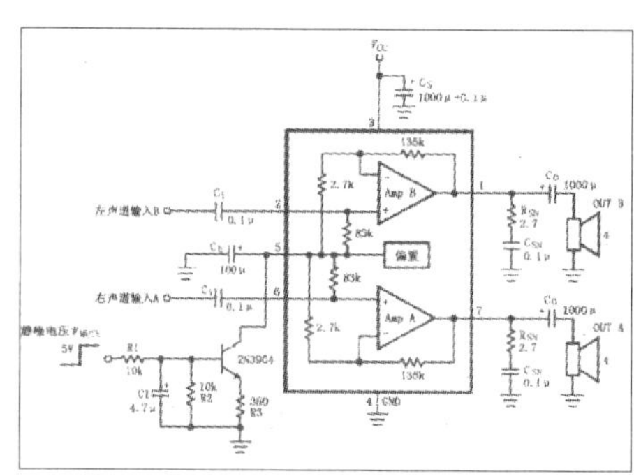

- 电路图：用图形符号并按工作顺序排列，详细表示电路、设备或成套装置的全部组成和连接关系，而不考虑其实际位置的一种简图。目的是便于详细理解作用原理、分析和计算电路特性，如上右图所示。
- 功能图：表示理论上的或理想中的电路而不涉及实现方法的一种图，其用途是提供绘制电路图或其他有关图的依据。
- 逻辑图：主要用二进制逻辑（与、或、非等）单元图形符号绘制的一种简图，其中只表示功能而不涉及实现方法的逻辑图叫纯逻辑图，如下左图所示。

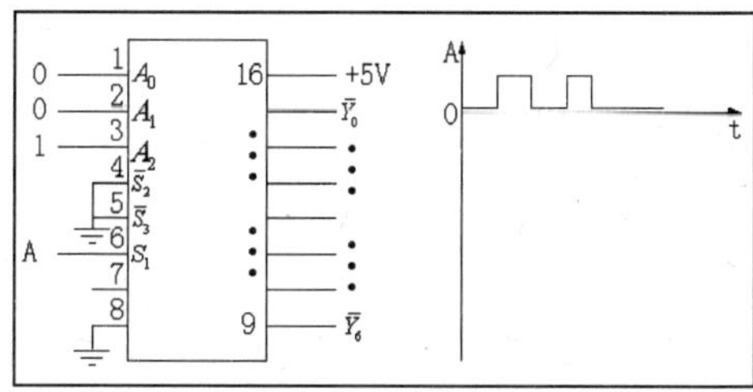
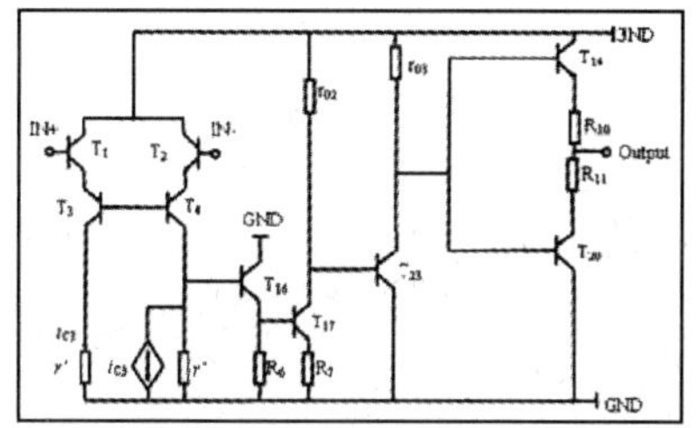

- 功能表图：该图表示控制系统的作用和状态的一种图。
- 等效电路图：表示理论的或理想的元件（如 R、L、C）及其连接关系的一种功能图。
- 程序图：详细表示程序单元和程序片及其互连关系的一种简图。
- 设备元件表：把成套装置、设备和装置中各组成部分和相应数据列成的表格，用来表示各组成部分的名称、型号、规格和数量等。
- 端子功能图：表示功能单元全部外接端子，并用功能图、表图或文字表示其内部功能的一种简图。
- 接线图或接线表：表示成套装置、设备或装置的连接关系，用于进行接线和检查的一种简图或表格。如上右图所示。其中单元接线图或单元接线表表示成套装置或设备中一个结构单元内连接关系的一种接线图或接线表；互连接线图或互连接线表表示成套装置或设备的不同单元之间连接关系的一种接图或接线表；端子接线图或端子接线表表示成套装置或设备的端子，以及接在端子上的外部接线的一种接线图或接线表；电费配置图或电费配置表提供电缆两端位置，必要时还包括电费功能、特性和路径等信息的一种接线图或接线表。

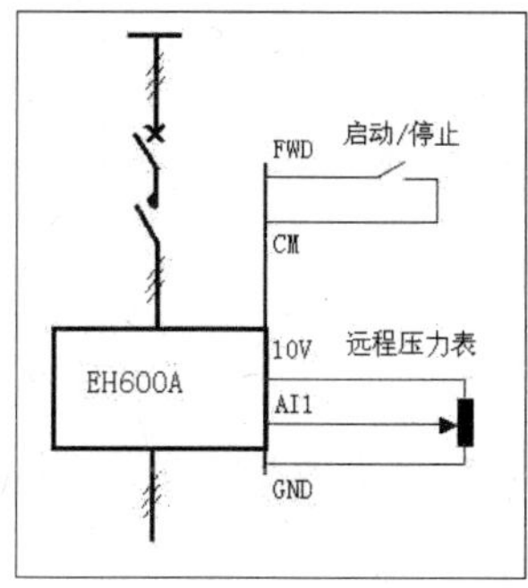

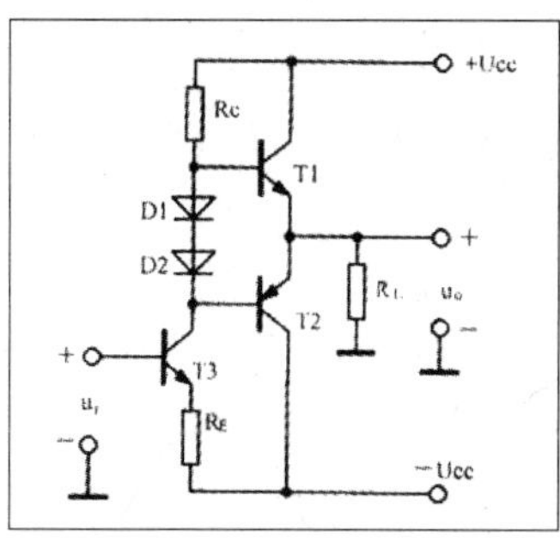

- 数据单：对特定项目给出详细信息的资料。
- 简图或位置图：表示成套装置、设备或装置中各个项目的位置的一种简图叫位置图。

它是指用图形符号绘制的图，用来表示一个区域或一个建筑物内成套电气装置中的元件位置和连接布线。

20.1.2 电气图的一般特点

电气图之所以能够成一大类专业技术图，是因为电气图与机械、建筑、工业等其他专业图纸相比，具有以下几大特点。

（1）电气图的作用

阐述电的工作原理，描述产品的构成和功能，提供装接和使用信息的重要工具和手段。

（2）简图电气图的主要表达方式

它是用图形符号、带注释的围框或简化外形表示系统或设备中各组成部分之间相互关系及其连接关系的一种图。

（3）元件和连接线是电气图的主要表达内容

一个电路通常由电源、开关设备、用电设备和连接线4个部分组成，如果将电源设备、开关设备和用电设备看成元件，则电路由元件与连接线组成，或者说各种元件按照一定的次序用连接线起来就构成一个电路。

（4）电气图的主要组成部分

图形符号、文字符号是电气图的主要组成部分。一个电气系统或一种电气装置同各种元器件组成，在主要以简图形式表达的电气图中，无论是表示构成，表示功能，还是表示电气接线等等，通常用简单的图形符号表示。

（5）电气图的多样性

对能量流、信息流、逻辑流、功能流的不同描述构成了电气图的多样性。一个电气系统中，各种电气设备和装置之间，从不同角度、不同侧面存在着不同的关系。其中能量流则为电能的流向和传递，信息流则为信号的流向和传递，逻辑流则为相互间的逻辑关系，功能流则为相互间的功能关系。

20.1.3 绘制电气图的一般规则

在使用AutoCAD软件绘制电气图时，应遵循以下几项规则。

- 电气图面的构成：边框线、图框线、标题栏、会签栏组成。
- 幅面及尺寸：边框线围成的图纸的幅面。其中幅面尺寸可分为5类：A0～A4，其中A0～A2号图纸一般不得加长，A3、A4号图纸可根据需要，沿短边加长。选择幅面尺寸的基本前提是保证幅面布局紧凑、清晰和使用方便。选择幅面因考虑几点因素：所设计对象的规模和复杂程度、由简图种类所确定的资料的详细程度、尽量选用较小幅面、便于图纸的装订和管理、复印和缩微的要求以及计算机辅助设计的要求。
- 标题栏：用于确定图样名称、图号、张次、更改和有关人员签名等内容的栏目，相当于图样的“铭牌”。标题栏的位置一般在图纸的右下方或下方。标题栏中的文字方向为看图方向，会签栏供各相关专业的设计人员会审图样时签名和标注日期用。
- 图样编号：由图号和检索号两部分组成。
- 图幅的区分：在图的边框处，竖边方向用大写拉丁字母，横边方向用阿拉伯数字，编号的顺序从标题栏相对的左上角开始，分区数就是偶数。区的代号为字母＋数字。

20.1.4 电气图的基本表示方法

各种电气图由于描述的对象不同、用途不同，表示的方法也大不相同，但一些基本的表示方法是共同的。通常电路是以多线、单线来表示。

(1) 多线表示法

每根连接线或导线各用一条图线表示的方法。其特点为：能详细地表达各相或各线的内容，尤其在各相或各线内容不对称的情况下采用此法。

(2) 单线表示法

两根或两根以上的连接线或导线，只用一条线的方法。其特点为：适用于三相或多线基本对称的情况。

(3) 混合表示法

一部分用的是单线，而一部分用的是多线。其特点为：兼有单线表示法简洁精炼的特点，又兼有多线表示法对描述对象精确、充分的优点，并且由于两种表示法并存，变化灵活。

20.2 绘制常用电气符号

对以上电子电气知识大概了解之后，接下来将向读者介绍几种较为常用的电气符号的绘制方法，其中包括半导体、控制开关、电阻、电感器符号以及一些国家标准电气符号等。

20.2.1 绘制国家标准电气符号

下面将运用 AutoCAD 2012 软件中的一些基本操作命令，来绘制一些常用的电气符号。

1. 绘制插头和插座符号

步骤 1：启动 AutoCAD 2012 软件，单击“直线”命令，绘制一条长 10 mm 的线段，并以线段右端点为圆心，单击“圆”命令，绘制半径为 2.5 mm 的圆，如下左图所示。

命令行提示如下：

```
命令：l LINE 指定第一点：                                    (任意指定一点)
指定下一点或 [放弃(U)]：  <正交 开> 10                         (输入线段长度)
指定下一点或 [放弃(U)]：                                      (按回车键)
命令：c CIRCLE 指定圆的圆心或 [三点(3P)/两点(2P)/切点、切点、半径(T)]：
                                                            (指定线段右侧端点)
指定圆的半径或 [直径(D)]：2.5                                 (输入圆半径值)
```

步骤 2：单击“移动”命令，将该圆向右移动 2.5 mm，并单击“直线”和“修剪”命令，将图形进行修剪，得到结果如上右图所示。

命令行提示如下：

```
命令：_move
选择对象：找到 1 个                                              （选中圆）
选择对象：                                                      （按回车键）
指定基点或［位移(D)］<位移>：                                     （选择圆心）
指定第二个点或 <使用第一个点作为位移>：2.5                         （向右移动光标，输入移动距离）
命令：l LINE 指定第一点：                                         （绘制圆直径）
指定下一点或［放弃(U)］：
命令：tr TRIM
当前设置：投影＝UCS，边＝无
选择剪切边…
选择对象或 <全部选择>：                                           （按回车键）
选择要修剪的对象，或按住 Shift 键选择要延伸的对象，或
［栏选(F)/窗交(C)/投影(P)/边(E)/删除(R)/放弃(U)］：  指定对角点
                                                                （按回车键后选中修剪线段）
```

步骤3：单击“创建块”命令，打开“块定义”对话框，单击“对象”区域中的“选择对象”按钮，选中刚绘制的图块，按回车键，返回该对话框，单击“确定”按钮即可完成创建，如下左图所示。

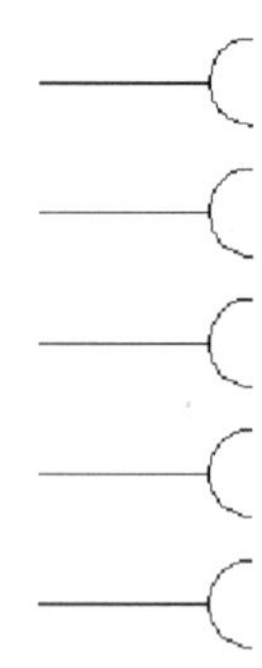

步骤4：单击“阵列”命令，将创建好的图块阵列5行，其结果如上右图所示。

命令行提示如下：

```
命令：_arrayrect
选择对象：找到 1 个                                                        （选中图块）
选择对象：                                                                （按回车键）
类型＝矩形  关联＝是
为项目数指定对角点或［基点(B)/角度(A)/计数(C)］<计数>：（指定图块的一个基点）
指定对角点以间隔项目或［间距(S)］<间距>：6                                   （输入行间距值）
按 Enter 键接受或［关联(AS)/基点(B)/行(R)/列(C)/层(L)/退出(X)］<退出>：r
                                                                          （选择“行”）
```

```
输入 行数 数或 [表达式(E)] <1>: 5                                  (输入需阵列行数值)
指定 行数 之间的距离或 [总计(T)/表达式(E)] <7.5>:
指定 行数 之间的标高增量或 [表达式(E)] <0>:                          (按回车键)
按 Enter 键接受或 [关联(AS)/基点(B)/行(R)/列(C)/层(L)/退出(X)] <退出>:
将该图形创建成块,并单击"阵列"命令,将该图块进行阵列,                 (按回车键,完成操作)
```

步骤5：单击"矩形"命令，绘制一个长为4 mm、宽为1.5 mm的长方形，并将其放置弧形圆心上，单击"图案填充"命令，将长方形填充成黑色，并单击"直线"命令，绘制一条长10 mm的线段，放置该长方形右边，结果如下图所示。

步骤6：再次单击"阵列"命令，将刚绘制的图形进行阵列，其结果如下左图所示。

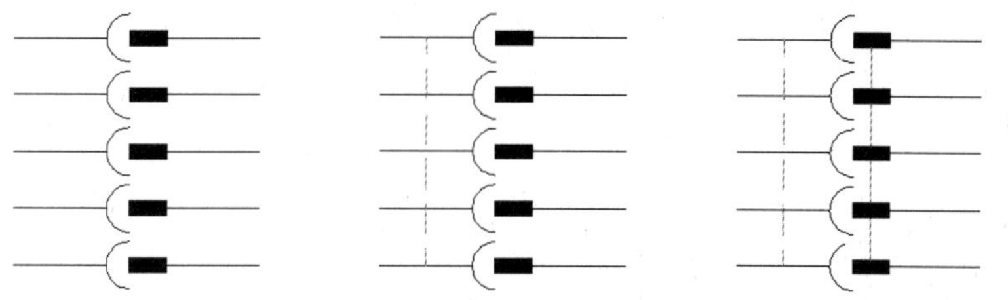

步骤7：单击"直线"命令，捕捉左侧线段的中心，绘制直线，并将该线段的线型转换为虚线，线段颜色设置为红色，结果如上中图所示。

步骤8：同样单击"直线"命令，捕捉矩形中心，绘制直线，至此插座和插头示意图已绘制完毕，其结果如上右图所示，

2. 可调电阻器

步骤1：单击"矩形"命令，绘制长为7.5 mm、宽为2.5 mm的长方形，并单击"直线"命令，绘制长方形两边的直线，结果如下左图所示。

步骤2：绘制箭头，单击"多段线"命令，完成箭头图形的绘制，其结果如上右图所示。

命令行提示如下：

```
命令: pl PLINE
指定起点:                                                          (指定任意起点)
当前线宽为 0.8000
指定下一个点或 [圆弧(A)/半宽(H)/长度(L)/放弃(U)/宽度(W)]: w
                                                                   (选择"宽度"选项)
指定起点宽度 <0.8000>: 0                                           (输入起点宽度值)
```

```
指定端点宽度 <0.0000>: 0.8                                           (输入端点宽度值)
指定下一个点或[圆弧(A)/半宽(H)/长度(L)/放弃(U)/宽度(W)]: @3<240
                                                                      (输入箭头坐标值)
指定下一点或[圆弧(A)/闭合(C)/半宽(H)/长度(L)/放弃(U)/宽度(W)]: w
                                                                      (选择"宽度"选项)
指定起点宽度 <0.8000>: 0                                             (设置起点宽度值)
指定端点宽度 <0.0000>: 0                                             (按回车键)
指定下一点或[圆弧(A)/闭合(C)/半宽(H)/长度(L)/放弃(U)/宽度(W)]:
                                                                      (绘制箭头后的直线)
指定下一点或[圆弧(A)/闭合(C)/半宽(H)/长度(L)/放弃(U)/宽度(W)]: *取消*
```

3. 半导体二极管符号

步骤1：单击“正多边形”命令，绘制一个边长为5.5mm的等边三角形，并单击“直线”命令，绘制一条长为5.5mm的直线，放置三角形顶角位置，如下左图所示。

命令行提示如下：

```
命令: _polygon 输入侧面数 <3>:                                       (按回车键)
指定正多边形的中心点或[边(E)]: e                                      (选择"边"选项)
指定边的第一个端点:                                                   (指定多边形起点)
指定边的第二个端点: 5.5                                               (输入边长值)
```

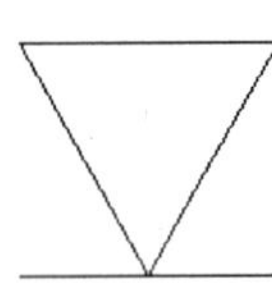
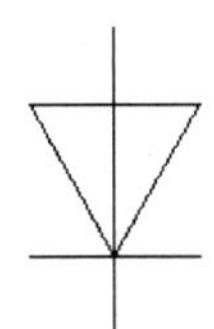

步骤2：同样单击“直线”命令，捕捉三角形边长的中点，绘制一条长为10mm的线段，完成半导体二极管符号的绘制，如上右图所示。

4. 三绕变压器电气符号

步骤1：单击“圆”命令，绘制半径分别为3mm和7mm的同心圆，如下左图所示。

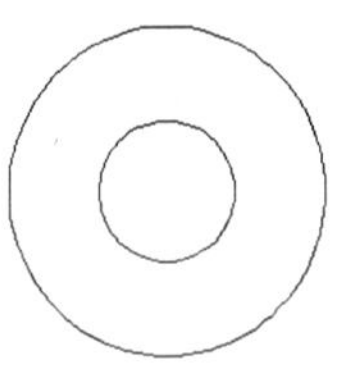
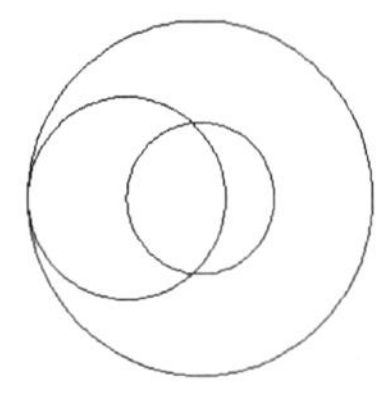

步骤2：单击“圆”命令，捕捉小圆的左侧象限点作为圆心，捕捉大圆的左侧象限点作为另一点，绘制圆，其结果如上右图所示。

步骤3：选择刚绘制的小圆，单击“阵列”命令，将小圆进行环形阵列，设置结果如下左图所示。

命令行提示如下：

```
命令：_arraypolar
选择对象：找到 1 个                                              （选择所需阵列的圆）
选择对象：                                                      （按回车键）
类型 = 极轴　关联 = 是
指定阵列的中心点或［基点(B)/旋转轴(A)］：                          （选择大圆圆心）
输入项目数或［项目间角度(A)/表达式(E)］ <2>：e                     （选择"表达式"）
输入表达式：4                                                   （输入阵列数）
指定填充角度( + =逆时针、- =顺时针)或［表达式(EX)］ <360>：        （按回车键）
按 Enter 键接受或［关联(AS)/基点(B)/项目(I)/项目间角度(A)/填充角度(F)/行
(ROW)/层(L)/旋转项目(ROT)/退出(X)］                              （按回车键，完成操作）
```

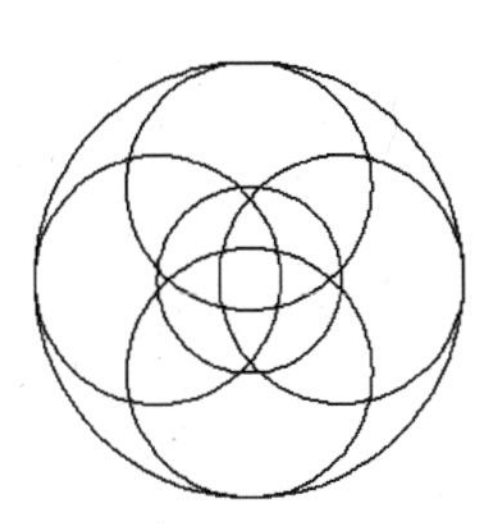

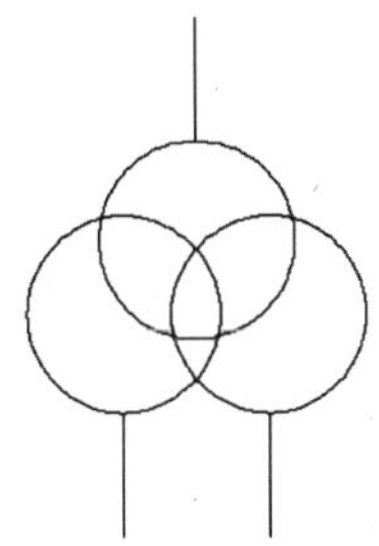

步骤 4：单击“分解”命令，将阵列圆进行分解。

步骤 5：将阵列后最下方的小圆以及同心圆进行删除，只留下阵列后的 3 个小圆，单击“直线”命令，捕捉最上方圆的上象限点，绘制一条长度为 5 mm 的垂直线，其后单击“复制”命令，将该垂直线复制到其他圆的象限点上，如上右图所示。

5. 轻触开关电气符号

步骤 1：单击“直线”命令，绘制一条长度为 10 mm 和 3 mm 的两条相互垂直的线段，如下左图所示的图形。

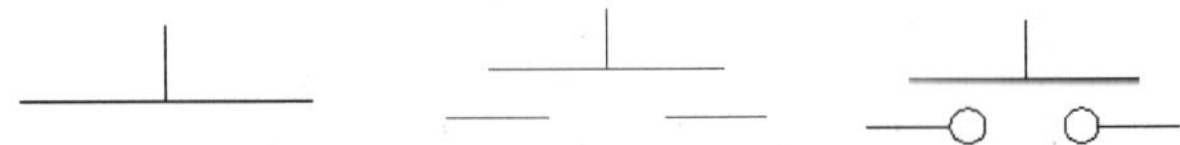

步骤 2：单击“偏移”和“修剪”命令，绘制如上中图所示的图形。

步骤 3：单击“圆”命令，绘制一个直径为 1.5 mm 的圆，放置在两条偏移线段的端点上，得到结果如上右图所示。

6. 电位器

步骤 1：单击“矩形”命令；绘制一个长为 7.5 mm、宽为 2.5 mm 的长方形，并单击“直线”命令，在长方形的两段绘制线段，如下左图所示。

步骤 2：单击“多段线”和“直线”命令，绘制箭头，结果如上右图所示。

命令行提示如下：

```
命令：PLINE
指定起点：                                                        （指定任意一点）
当前线宽为 0.0000
指定下一个点或[圆弧(A)/半宽(H)/长度(L)/放弃(U)/宽度(W)]：w    （选择“宽度”）
指定起点宽度 <0.0000>：0.8                                        （输入线宽度）
指定端点宽度 <0.8000>：0                                          （输入线宽度）
指定下一个点或[圆弧(A)/半宽(H)/长度(L)/放弃(U)/宽度(W)]：2    （输入箭头长度）
指定下一点或[圆弧(A)/闭合(C)/半宽(H)/长度(L)/放弃(U)/宽度(W)]：（按回车键）
```

7. **双向二极管**

步骤1：单击“正多边形”命令，绘制一个边长为6 mm 的等边三角形，如下左图所示。命令行提示如下：

```
命令：_polygon 输入侧面数 <4>：3                          （输入多边形边数）
指定正多边形的中心点或[边(E)]：                            （指定任意一点）
指定边的第一个端点：指定边的第二个端点： <正交 开> 6      （输入边长距离）
```

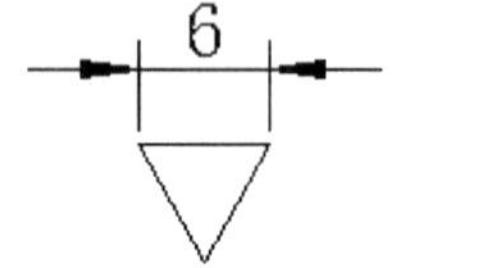

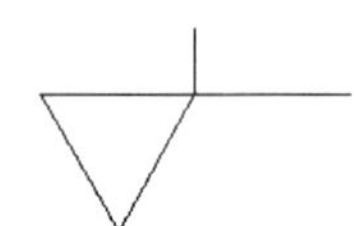

步骤2：单击“直线”命令，捕捉三角形顶点，绘制一条长2.5 mm 和一条长6 mm 的线段，结果如上右图所示。

步骤3：单击“旋转”命令，将三角形进行180°旋转并复制，捕捉右侧线段的中心点，将旋转后的三角形移至该中心点上，结果如下左图所示。

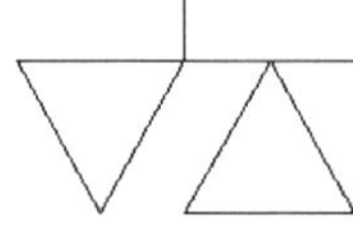
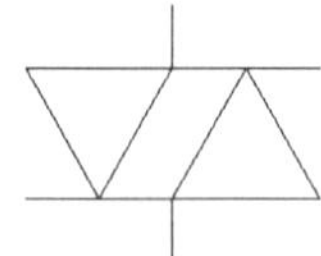

步骤4：单击“直线”命令，绘制如上右图所示的线段。

8. **缓吸缓放继电器**

步骤1：单击“矩形”命令，绘制长为15 mm、宽为5 mm 的长方形，并单击“直线”命令，绘制如下左图所示。

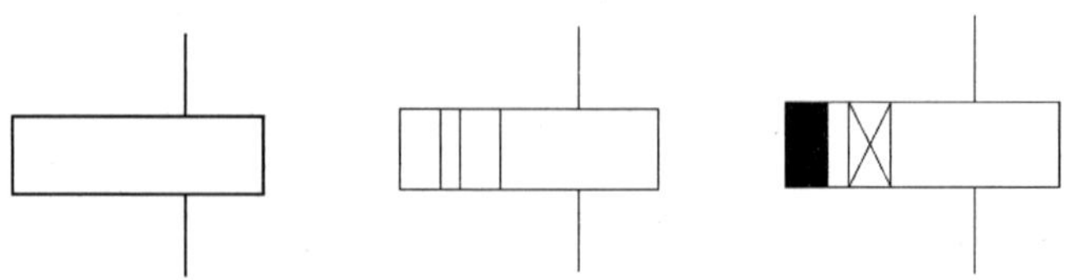

步骤2：单击“分解”命令，将长方形进行分解，并单击“偏移”命令，将长方形最左侧线段向右依次偏移2.5 mm、1.5 mm 和2.5 mm，如上中图所示。

步骤 3：单击“图案填充”命令和“直线”，将图形绘制完成，结果如上右图所示。

20.2.2　绘制半导体

下面将来绘制 PNP 型半导体管符号，其步骤如下：

步骤 1：单击“圆”命令，以任意一点为圆心，绘制半径为 5 mm 的圆，作为半导体的轮廓。

步骤 2：单击“直线”命令，在圆内绘制一条长度为 7.5 mm 的水平直线，其结果如下左图所示。

命令行提示如下：

```
命令：LINE
指定第一点：FROM                                (输入“From”)
基点：                                          (捕捉圆心作为基点)
<偏移>：@3.75，-1                               (输入起点值)
指定下一点或［放弃(U)］：@ -7.5 <0               (输入端点值)
指定下一点或［放弃(U)］：                        (按回车键)
```

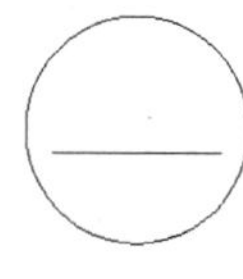

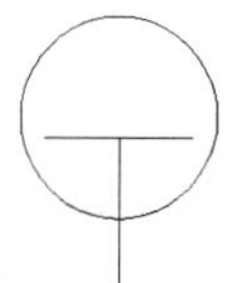

步骤 3：单击“直线”命令，以线段的中点作为起点，向下绘制一条长度为 7.5 mm 的垂直直线，如上右图所示。

步骤 4：单击“直线”命令，捕捉水平直线的中点来绘制斜线，如下左图所示。

命令行提示如下：

```
命令：LINE
指定第一点：from                                (输入“From”)
基点：                                          (水平线中点作为基点)
<偏移>：@1,0                                    (输入起点值)
指定下一点或［放弃(U)］：@7.5 <60                (输入端点值)
指定下一点或［放弃(U)］：                        (按回车键)
```

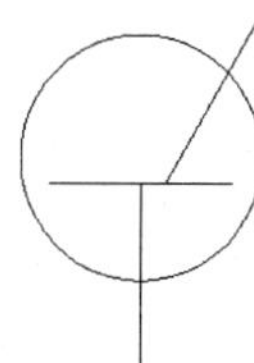

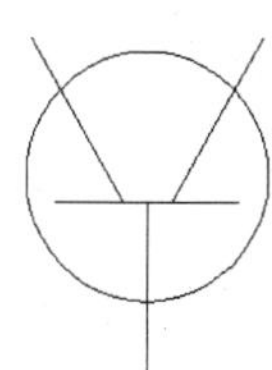

步骤 5：单击“镜像”命令，以垂直直线为中心，将斜线进行镜像，结果如上右图所示。

步骤 6：绘制箭头。单击“多段线”命令，以右侧斜线与水平线交点作为起点，绘制箭头，得到结果如下左图所示。

命令行提示如下：

```
命令： PLINE
指定起点：                                                  （捕捉斜线与线段的交点）
当前线宽为 0.800
指定下一个点或［圆弧(A)/半宽(H)/长度(L)/放弃(U)/宽度(W)]：w     （选择"宽度"）
指定起点宽度 <0.800>：0                                           （输入起点线宽值）
指定端点宽度 <0.000>：0.8                                         （输入端点线宽值）
指定下一个点或［圆弧(A)/半宽(H)/长度(L)/放弃(U)/宽度(W)]：@3<-300
                                                          （输入箭头长度倾斜值）
指定下一点或［圆弧(A)/闭合(C)/半宽(H)/长度(L)/放弃(U)/宽度(W)]：
                                                            （按回车键，完成操作）
```

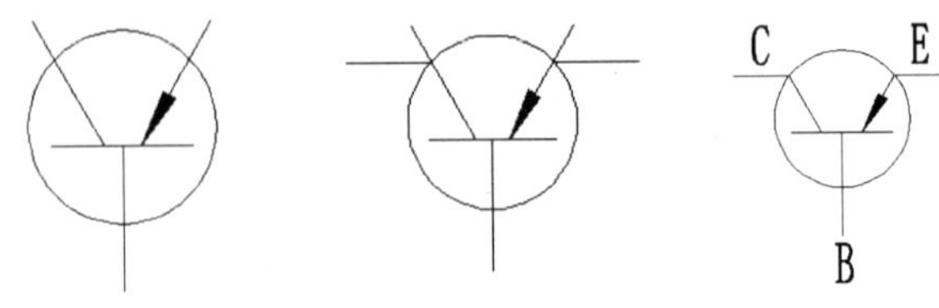

步骤7：单击“直线”命令，捕捉右侧线段与圆的交点，向右绘制段长5 mm的线段，然后单击“镜像”命令，以垂直线为镜像中心，将线段进行镜像，得到结果如上中图所示。

步骤8：单击“修剪”命令，将图形进行修剪。单击“注释”→“文字”→“多行文字”命令，输入文字内容，其结果如上右图所示。

至此，半导体管符号已绘制完毕，保存文件。

20.2.3　绘制电阻器和电感器

下面将绘制电阻器和电感器示意图，其步骤如下。

步骤1：单击“矩形”命令，绘制长为7.5 mm、宽为2.5 mm的长方形，并单击“直线”命令，捕捉长方形两段的中点，绘制两条长为7.5 mm的线段，放置图形到适当位置，如下左图所示。

步骤2：单击“分解”命令，将长方形进行分解，并单击“偏移”命令，将左侧的垂直边向右进行偏移，偏移距离为1 mm，共偏移7次，作为电阻的内容结构，如上右图所示。

步骤3：单击“直线”命令，捕捉线段中心，绘制一条长7.5 mm的直线，并将其复制放置图形适当位置，结果如下左图所示。

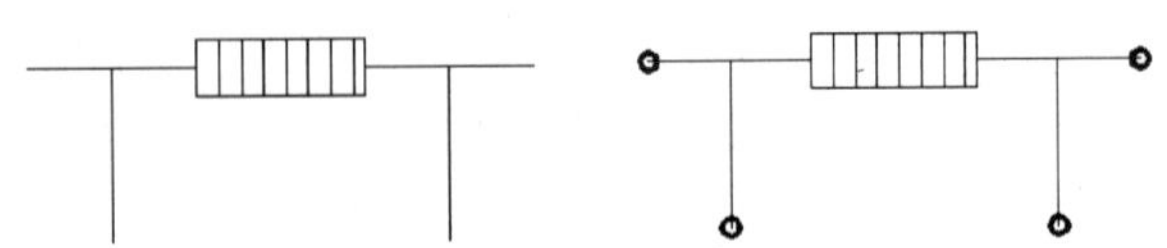

步骤 4：单击“绘图”→“圆环”命令，绘制一个内径为 0.6 mm，外径为 1 mm 的圆环，并放置在 4 条线段的顶端，结果如上右图所示。

命令行提示如下：

```
命令：DONUT
指定圆环的内径 <0.500>：0.6                    （输入内径值）
指定圆环的外径 <1.000>：1                      （输入外径值）
指定圆环的中心点或 <退出>：                     （按回车键，完成操作）
```

步骤 5：单击“多行文字”命令，将文字标注放置适当位置，结果如下左图所示。

步骤 6：单击“多行文字”命令，在“文字编辑器”功能面板中，单击“插入”→“符号”命令，在下拉菜单栏中选择“其他”选项，打开“字符映射表”对话框，如下右图所示。

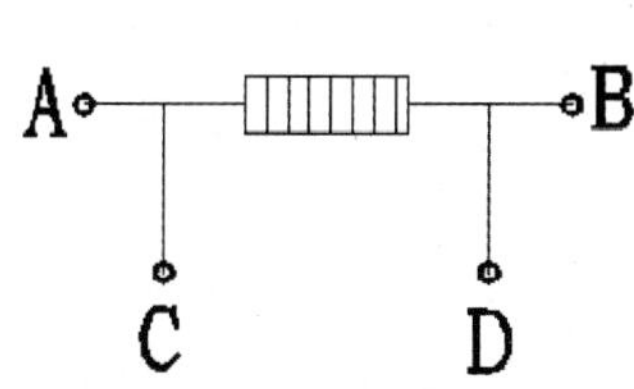

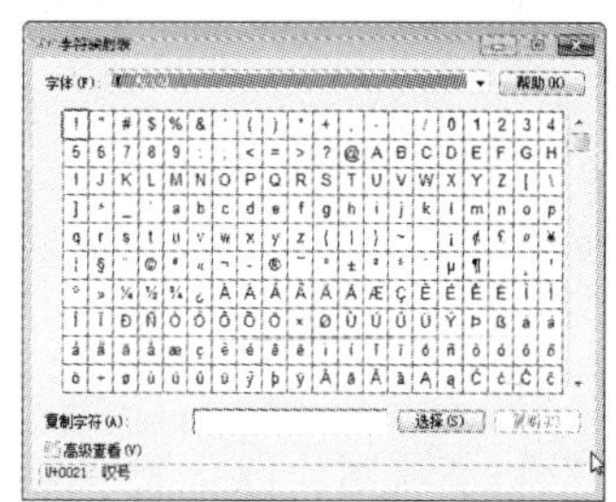

步骤 7：从中选择所需要的特殊符号，单击“选择”和“复制”按钮，关闭该对话框，在文本框中将刚复制好的符号进行粘贴，即可完成特殊字符的插入。至此完成电阻器示意图的绘制。

步骤 8：绘制电感器示意图。单击“矩形”命令，绘制一个长为 12 mm、宽为 5.5 mm 的长方形，并单击“直线”命令，绘制长方形的中线，结果如下左图所示。

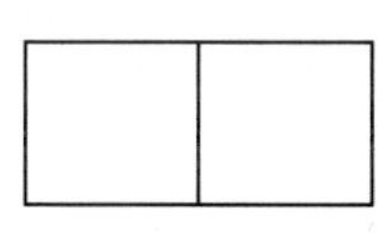

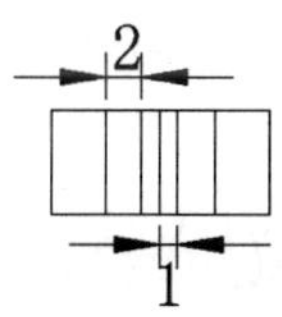

步骤 9：单击“偏移”命令，将中线向左右两次各依次偏移 1 mm 和 2 mm，结果如上右图所示。

步骤 10：单击“圆”命令，绘制半径为 1 mm 的圆，并单击“复制”命令，将圆分别复制移动至偏移线段的顶点上，结果如下左图所示。

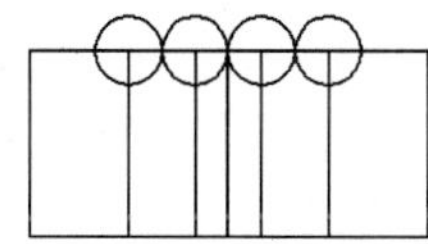

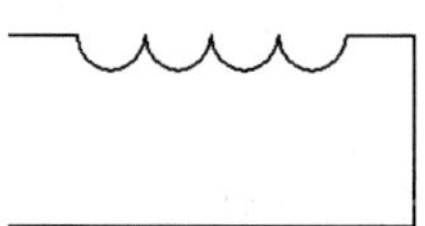

步骤 11：单击“修剪”命令，将图形进行修剪，其结果如上右图所示。

步骤 12：单击“镜像”命令，将修剪的图形进行镜像，并对图形进行修剪，结果如下左图所示。

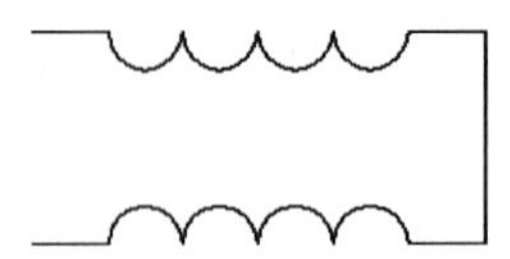
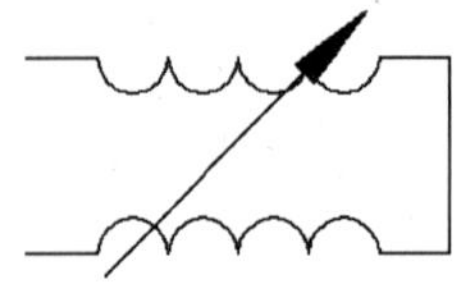

步骤13：绘制箭头。单击“多段线”命令，绘制一条带箭头的多段线。

命令行提示如下：

```
命令：PLINE
指定起点：                                              （在绘图区中指定一点）
当前线宽为 0.000
指定下一个点或［圆弧(A)/半宽(H)/长度(L)/放弃(U)/宽度(W)］：8
                                          （在正交模式下向右引导光标，输入“8”）
指定下一点或［圆弧(A)/闭合(C)/半宽(H)/长度(L)/放弃(U)/宽度(W)］：W
                                                        （输入“W”）
指定起点宽度 <0.000>：0.8                               （输入“0.8”）
指定端点宽度 <0.800>：0                                 （输入“0”）
指定下一点或［圆弧(A)/闭合(C)/半宽(H)/长度(L)/放弃(U)/宽度(W)］：2.5
                                      （在正交模式下向右引导光标，并输入“2.5”）
指定下一点或［圆弧(A)/闭合(C)/半宽(H)/长度(L)/放弃(U)/宽度(W)］：（按回车键）
```

步骤14：绘制好箭头后，单击“旋转”命令，将箭头进行45°旋转，并移至电感器适当位置，如上右图所示。

20.3 绘制电气图

以上所介绍的是常用的电气符号或示意图，下面将绘制两张简单的线路图，在绘制过程中所运用到的操作命令有“直线”、“偏移”、“阵列”、“修剪”、“创建块”以及“多行文字”等。

20.3.1 调频器线路图的绘制

绘制调频器线路图的操作步骤如下：

步骤1：启动AutoCAD 2012软件，新建一空白文件，绘制一般电容器符号，单击“直线”命令，绘制一条长7.5 mm的线段，并单击“偏移”命令，将该线段向下偏移4.5 mm，如下左图所示。

命令行提示如下：

```
命令：l LINE 指定第一点：                                 （任意指定一点）
指定下一点或［放弃(U)］： <正交 开> 7.5                   （输入直线长度值）
命令：o OFFSET
当前设置：删除源 = 否  图层 = 源  OFFSETGAPTYPE = 0
指定偏移距离或［通过(T)/删除(E)/图层(L)］<通过>： 4.5     （输入偏移距离）
```

```
选择要偏移的对象,或[退出(E)/放弃(U)] <退出>:          (选择所绘制的直线)
指定要偏移的那一侧上的点,或[退出(E)/多个(M)/放弃(U)] <退出>:
                                                      (向下指定任意一处)
选择要偏移的对象,或[退出(E)/放弃(U)] <退出>:  *取消*
```

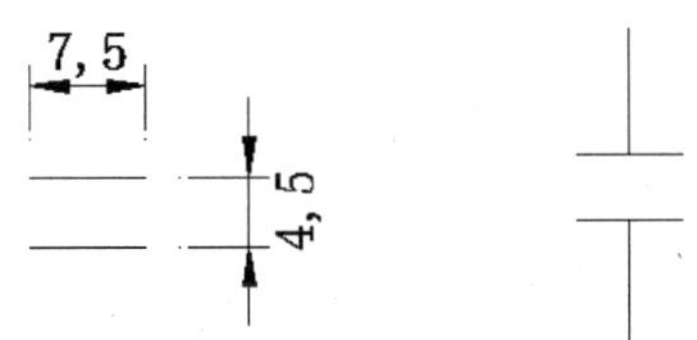

步骤 2：捕捉两条线段的中点，分别向两边绘制一条长为 8 mm 的线段，结果如上右图所示。

步骤 3：单击“创建块”命令，将刚绘制的电容器符号组合成一个图块，如下左图所示。

步骤 4：绘制绕组电感器符号，单击“圆”命令，绘制半径为 3 mm 的圆，同时绘制该圆的直径，单击“修剪”命令，将图形修剪成半圆，结果如上右图所示。

步骤 5：将半圆直径删除，并单击“复制”命令，将弧线横向复制 3 个，单击“直线”命令，绘制直线，并放置图形两侧，如下左图所示。

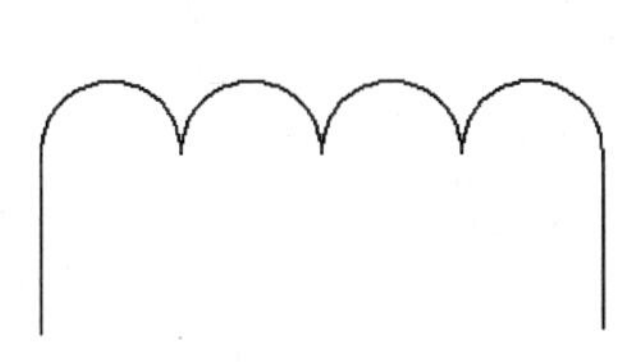

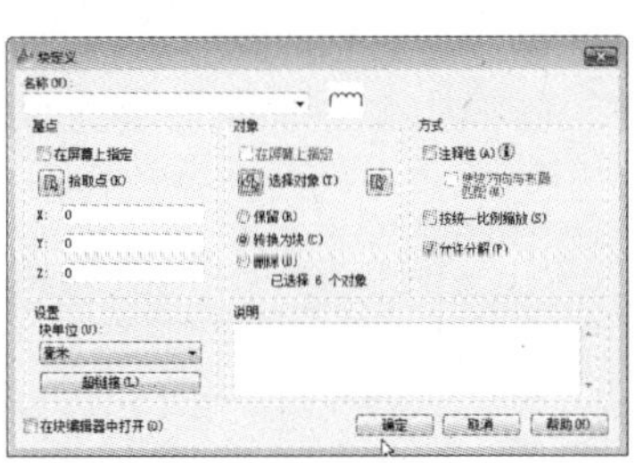

步骤 6：单击“创建块”命令，将刚绘制的绕组电感器符号组合成图块，如上右图所示。

步骤 7：绘制线路图，单击“直线”和“偏移”命令，绘制出线路连接线，其尺寸可参考下左图所示的进行绘制。

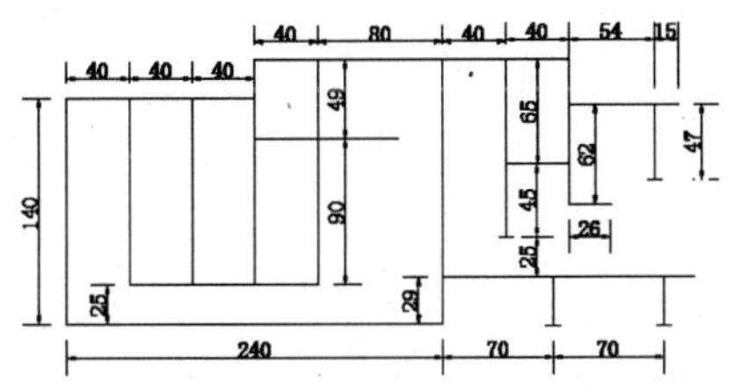

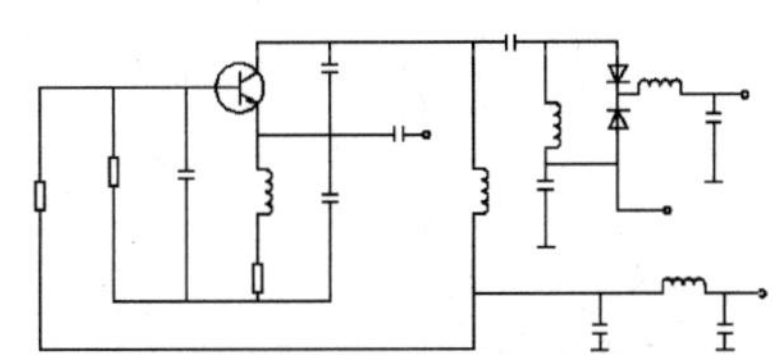

步骤8：将刚绘制的电气图块以及半导体符号、电阻符号和半导体二极管符号放入图形适当的位置，并单击“修剪”命令，将图形进行修剪完整，得到结果如上右图所示。

步骤9：单击“多行文字”命令，完成电气图的文字注解，至此，调频器电路图已全部绘制完毕，保存该文件。

20.3.2 电流互感器接线图的绘制

绘制电流互感器的操作步骤如下。

步骤1：启动 AutoCAD 2012 软件，绘制控制开关，单击“圆”命令，绘制一个半径为 3 mm，单击“复制”命令，将圆复制至另一端，两圆之间的距离为 20 mm，并单击“直线”命令，绘制线段，结果如下左图所示。

步骤2：单击“直线”命令，运用“极轴”命令，将增量角设置为 30°，捕捉圆心点，绘制斜线，斜线长度为 25 mm，单击“修剪”命令修剪图形，结果如上右图所示。

步骤3：单击“矩形”命令，绘制长为 50 mm、宽为 15 mm 的长方形，并单击“直线”命令，捕捉长方形两端的中点，绘制直线，结果如下左图所示。

步骤4：绘制电流互感器。单击“圆”命令，绘制半径为 10 mm 的圆，并单击“复制”命令，将圆并列摆放，单击“直线”命令，绘制两个圆的直径，结果如上右图所示。

步骤5：单击“修剪”命令，将图形进行修剪，并单击“直线”命令绘制直线，如下左图所示。

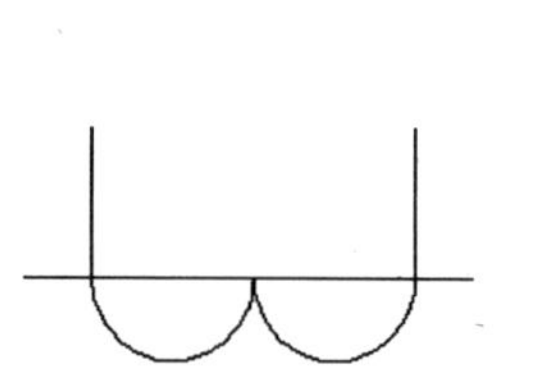

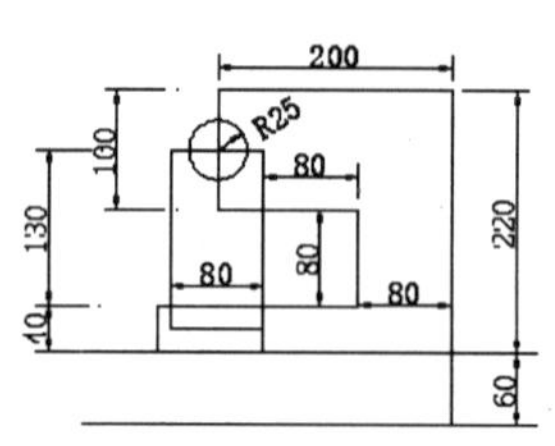

步骤6：单击“直线”、“偏移”和“修剪”命令，绘制连接线，其尺寸如上右图所示。

步骤7：将所需的电气图块调入其中，并单击“修剪”命令进行修剪，如下左图所示。

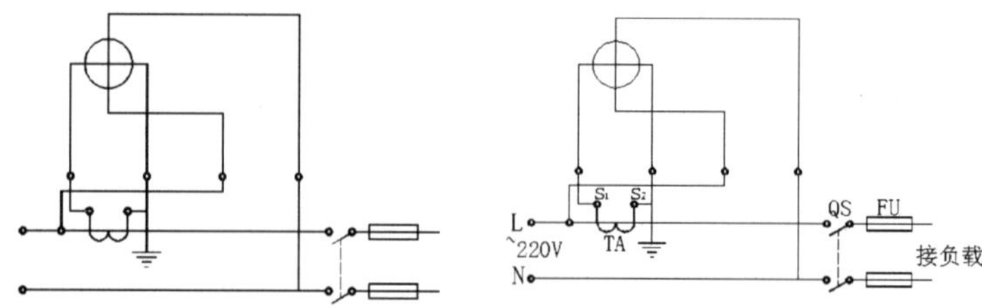

步骤8：单击“多行文字”命令，将线路图进行文字标注，如上右图所示。

至此，电流互感器接线图已绘制完毕，最后保存文件即可。

第 21 章　园林景观图的绘制

本章概述：

景观设计是指在建筑设计或规划设计的过程中，对周围环境要素的整体考虑和设计自然要素和人工要素，使得建筑（群）与自然环境产生呼应关系，以便使用更方便、更舒适，提高其整体的艺术价值。本章将以绘制度假山庄规划图为例，结合 Auto CAD 中的一些基本命令，来介绍园林景观图的绘制方法和技巧。

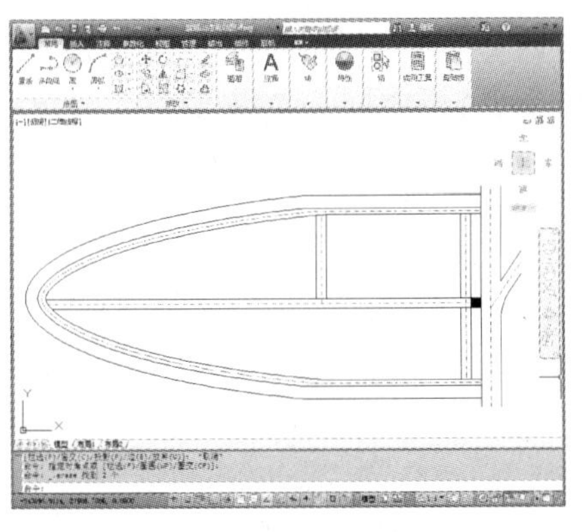

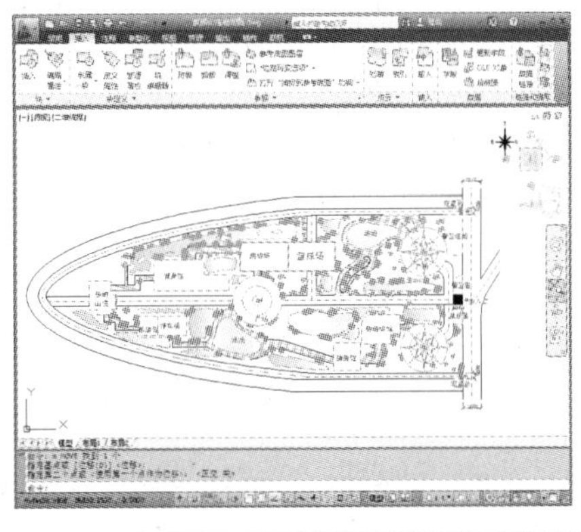

21.1　绘制山庄规划图

景观图的绘制主要包括道路、建筑物以及景观图中的池塘绘制，其过程是先确定道路的位置，然后确定景观图区域，再对其景观图中的建筑物进行绘制。下面将运用 AutoCAD 2012 软件中的一些基本命令来进行绘制。

21.1.1　绘制山庄道路

山庄道路的绘制方法如下。

步骤 1： 启动 AutoCAD 2012 软件，新建一空白文件，单击“图层”命令，打开“图层特性”对话框，新建“道路”图层，并将其设为当前层，如下左图所示。

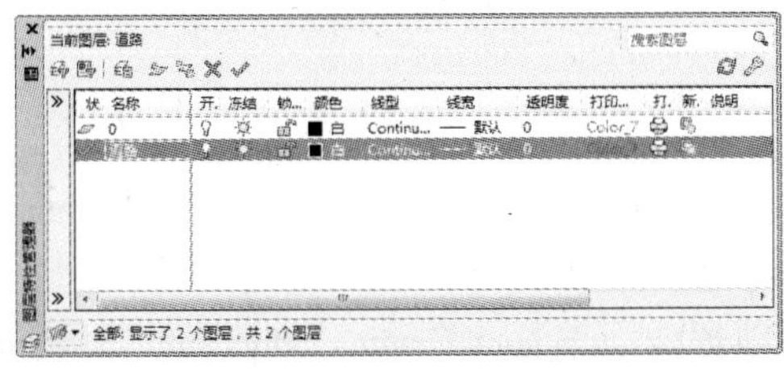

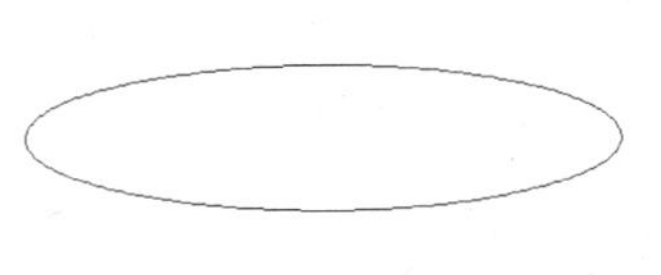

步骤2：单击“椭圆”命令，按照命令行中的提示信息，绘制一个椭圆形，如上右图所示。

命令行提示如下：

```
命令：_ellipse
指定椭圆的轴端点或［圆弧(A)/中心点(C)］：_c
指定椭圆的中心点：                                          （指定任意一点）
指定轴的端点：@274200,0                                     （输入长轴坐标值）
指定另一条半轴长度或［旋转(R)］：@0,65100                    （输入短轴坐标值）
命令：z ZOOM
指定窗口的角点,输入比例因子（nX 或 nXP）,或者
［全部(A)/中心(C)/动态(D)/范围(E)/上一个(P)/比例(S)/窗口(W)/对象(O)］<实
时>：a 正在重生成模型。                                      （全屏缩放操作）
```

步骤3：单击“直线”命令，捕捉椭圆两侧上、下象限点，绘制直线，并单击“修剪”命令，将图形修剪成半椭圆形，如下左图所示。

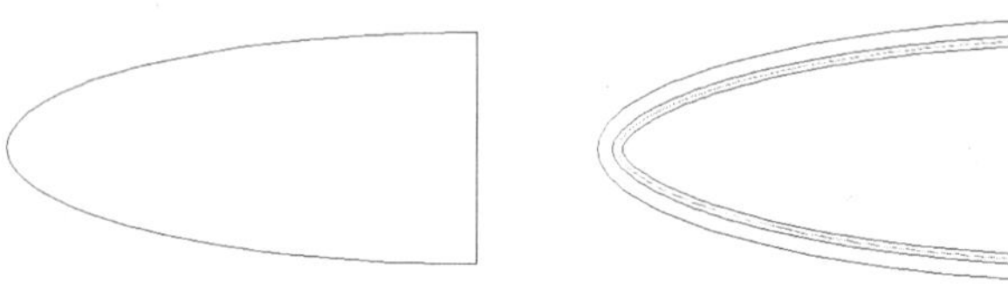

步骤4：单击“偏移”命令，将椭圆弧向内偏移7500 mm、2400 mm 和2400 mm，然后将偏移的第2条轮廓线设置成红色点画线，其结果如上右图所示。

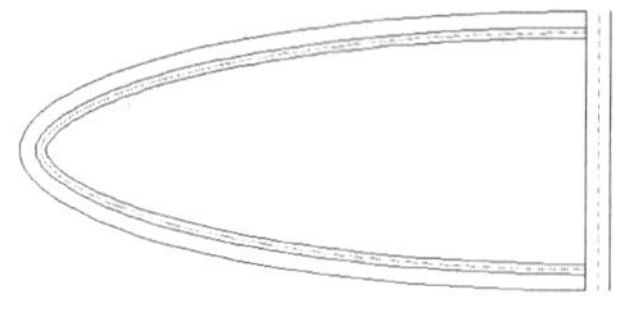

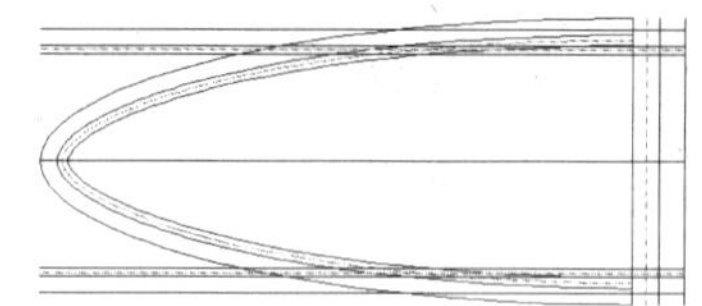

步骤5：单击“偏移”命令，将垂直直线沿水平方向向右偏移，距离分别为6000 mm、6000 mm、12000 mm，并将偏移的第1条直线设置成红色点画线，如上左图所示。

步骤6：单击“直线”命令，捕捉垂直线中点，单击“偏移”命令，将水平直线各向上向下偏移48900 mm、1800 mm、1800 mm 和7500 mm，并将偏移后的第2条直线设置成红色点画线，如上右图所示。

步骤7：单击“修剪”命令，将当前图形进行修剪，如下左图所示。

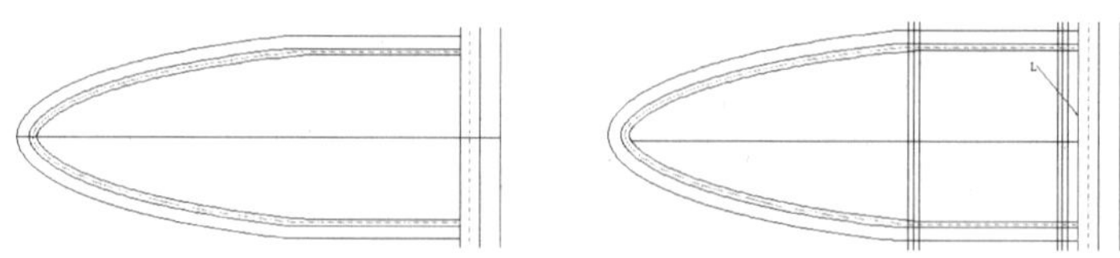

步骤8：单击“偏移”命令，将直线 L 沿水平方向依次向左偏移6000 mm、3000 mm、3000 mm、80950 mm、3000 mm 和3000 mm，如上右图所示。

步骤9：单击“偏移”命令，将水平线段向下偏移600 mm、3000 mm、3000 mm，其后，

将水平线删除，将偏移的第 2 条线以及垂直线段设为红色点画线，单击“修剪”命令，将图形进行修剪，其结果如下左图所示。

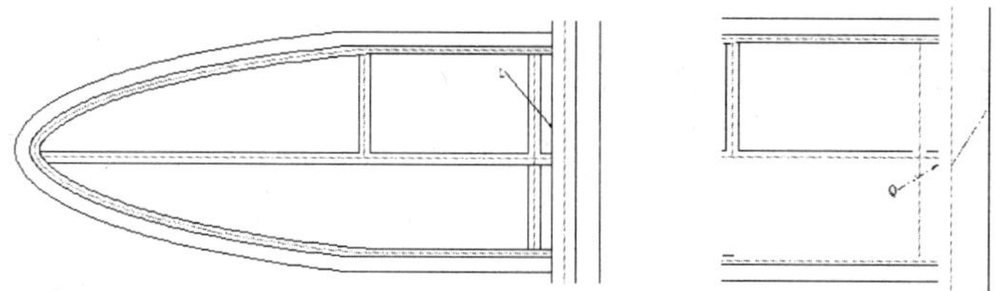

步骤 10：单击“直线”命令，并启动“捕捉自”功能绘制斜线，其结果如上右图所示。

命令行中的提示如下：

```
命令：L LINE 指定第一点：FROM(输入“From”)
基点：<偏移>：@6000，-160                    (选择点 Q，输入起点坐标值)
指定下一点或[放弃(U)]：@18000,27000          (输入末点坐标值)
指定下一点或[放弃(U)]：                       (按回车键)
```

步骤 11：单击“偏移”命令，将该斜线向两侧各偏移 3750 mm，然后将斜线设置为红色点画线，单击“延长”和“修剪”命令，将图形进行修剪，其结果如下左图所示。

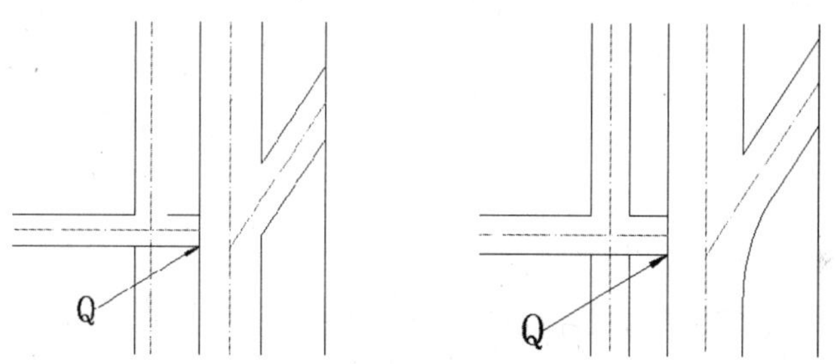

步骤 12：单击“倒圆角”命令，将图形进行倒圆角，圆角半径为 30000 mm，结果如上右图所示。

✪21.1.2 绘制房屋

山庄主道路绘制完毕后，就可绘制山庄的房屋了，其具体操作步骤如下。

步骤 1：在“图层”面板中单击“图层控制”命令，新建“建筑”图层，设置其图层属性，并双击该图层，将其设为当前层，如下左图所示。

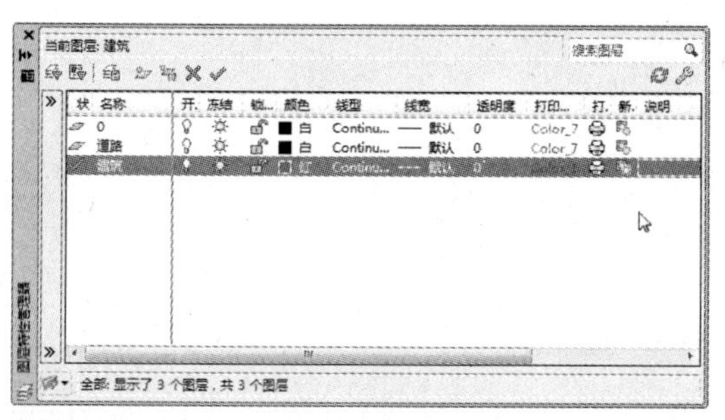

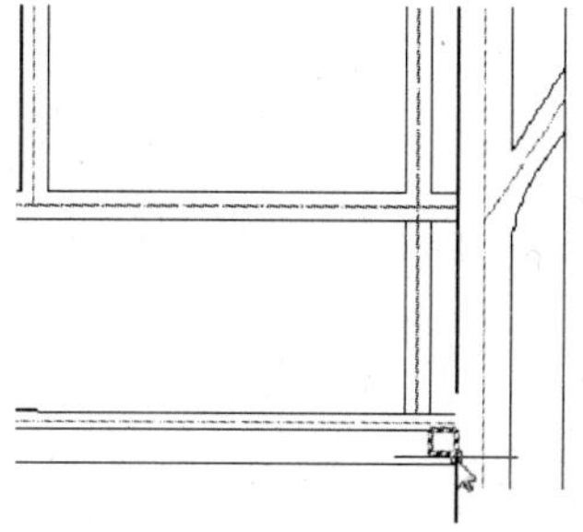

步骤2：单击“矩形”命令，绘制长为6000 mm、宽为5100 mm的观望台图形，放置图形到合适位置，如上右图所示。

步骤3：单击“矩形”命令，绘制长为2100 mm、宽为4200 mm的长方形作为入口，放置图形到合适位置，如下左图所示。

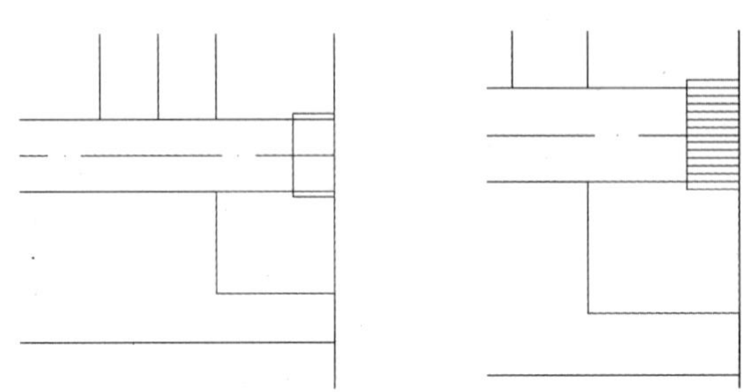

步骤4：单击“分解”命令，将入口图形进行分解，单击“偏移”命令，将矩形水平边线进行偏移，偏移的距离为300 mm，如上右图所示。

步骤5：选择观望台和入口，单击“镜像”命令指定镜像点，进行镜像处理，如下左图所示。

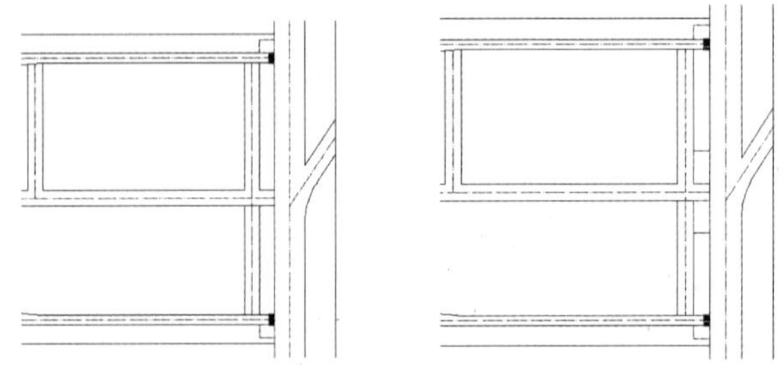

步骤6：单击“矩形”命令，绘制长为6000 mm、宽为12000 mm的长方形作为监控室，放置图形到合适位置，并单击“镜像”命令，将其进行镜像，如上右图所示。

步骤7：单击“倒圆角”命令，设置圆角半径为6000 mm，将镜像的监控室进行圆角操作，如下左图所示。

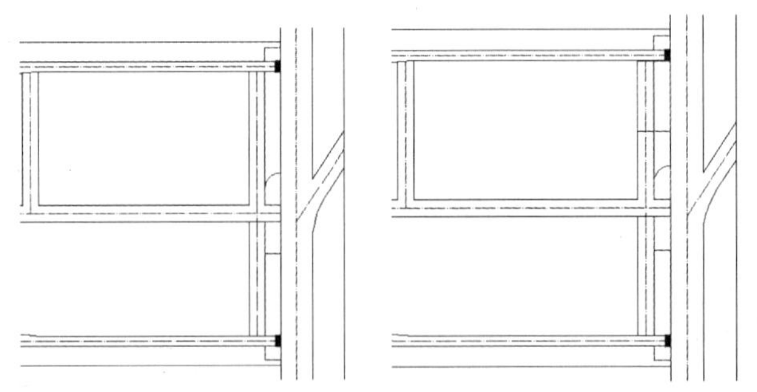

步骤8：单击“矩形”命令，绘制长为12000 mm、宽为24900 mm的长方形，并放置图形到合适位置，如上右图所示。

步骤9：单击“倒圆角”命令，将其图形进行倒圆角，圆角半径为6000 mm，结果如下左图所示。

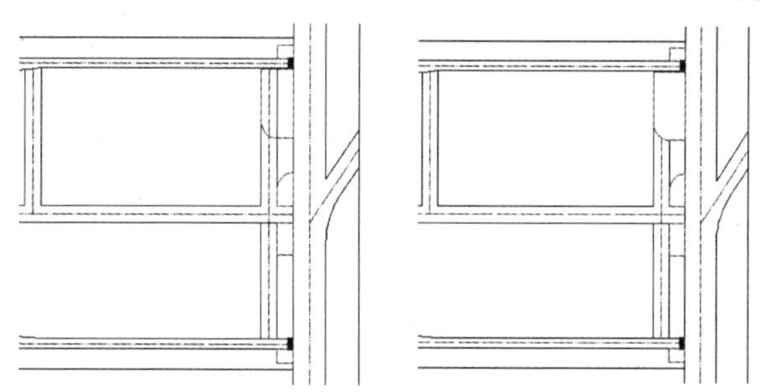

步骤 10：单击“修剪”命令，将倒圆角后的图形进行修剪，其结果如上右图所示。

步骤 11：单击“多段线”命令，根据命令行中的尺寸绘制图形，结果如下左图所示。

命令行提示如下：

```
命令：pl PLINE
指定起点：from                                                    （输入“from”）
基点：                                                            （选择点 A）
<偏移>：@ -42000,29400                                            （输入起点坐标值）
当前线宽为 0.0000
指定下一个点或［圆弧(A)/半宽(H)/长度(L)/放弃(U)/宽度(W)］：  @0,6000
                                                                  （输入坐标值）
指定下一点或［圆弧(A)/闭合(C)/半宽(H)/长度(L)/放弃(U)/宽度(W)］：@6000,0
指定下一点或［圆弧(A)/闭合(C)/半宽(H)/长度(L)/放弃(U)/宽度(W)］：@0,12000
指定下一点或［圆弧(A)/闭合(C)/半宽(H)/长度(L)/放弃(U)/宽度(W)］：@ -24000,0
指定下一点或［圆弧(A)/闭合(C)/半宽(H)/长度(L)/放弃(U)/宽度(W)］：@0,-18000
指定下一点或［圆弧(A)/闭合(C)/半宽(H)/长度(L)/放弃(U)/宽度(W)］：c
```


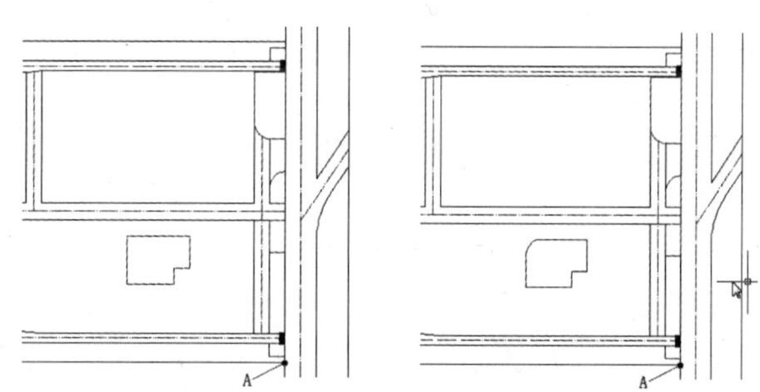

步骤 12：单击“倒圆角”命令，设置圆角半径为 6000 mm，将闭合多段线框的左上角进行圆角操作，如上右图所示。

步骤 13：单击“矩形”命令，捕捉 B 点，绘制长为 30000 mm、宽为 18000 mm 的矩形，其结果如下左图所示。

命令行提示如下：

```
命令：REC RECTANG
指定第一个角点或［倒角(C)/标高(E)/圆角(F)/厚度(T)/宽度(W)］：FROM  （输入“from”）
```

基点：<偏移>：@ -12000,15000　　（选择点B，输入起点坐标值）
指定另一个角点或［面积(A)/尺寸(D)/旋转(R)］：@ -30000,18000　　（输入长、宽值）

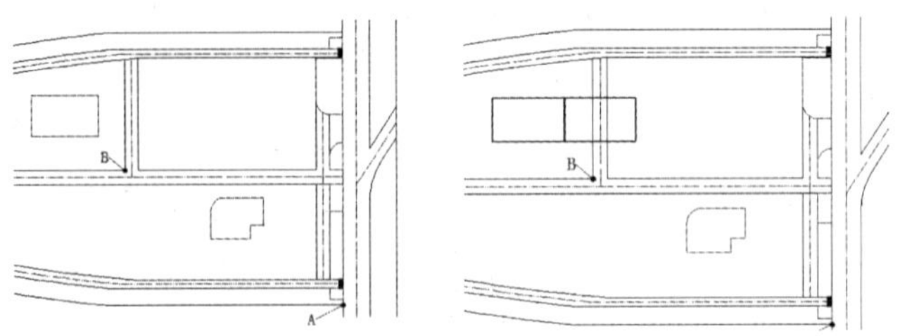

步骤14：单击“偏移”命令，将绘制的矩形向内偏移300 mm，并单击“镜像”命令，选择矩形，进行镜像操作，如上右图所示。

步骤15：单击“直线”命令，绘制休闲山庄图形，其尺寸如下左图所示。

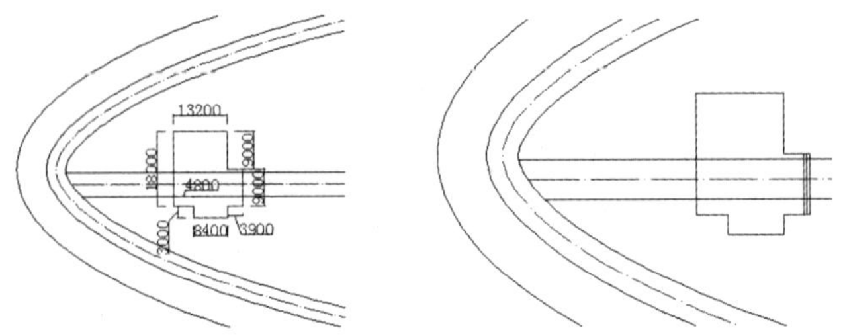

步骤16：单击“偏移”命令，将山庄右侧垂直线向左偏移两次，偏移的距离为450 mm，其结果如上右图所示。

步骤17：单击“直线”命令，在景观图适当的位置绘制一个闭合区域作为健身场地，如下左图所示。

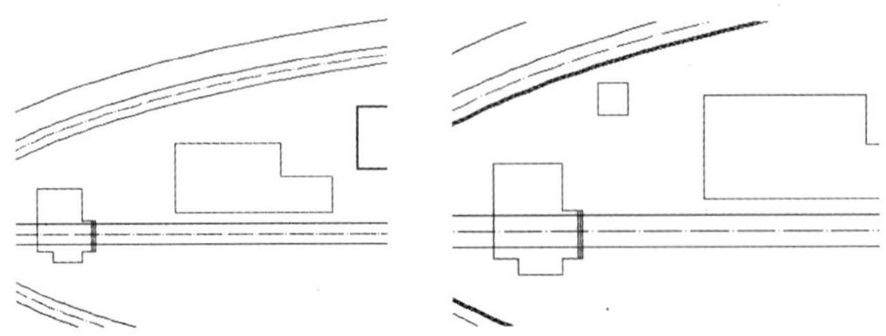

步骤18：单击“矩形”命令，在网球场的旁边绘制一个长和宽均为6000 mm的矩形作为观望台，如上右图所示。

步骤19：单击“矩形”命令，绘制一个长、宽都为12000 mm的矩形，作为山庄总监控室，其结果如下左图所示。

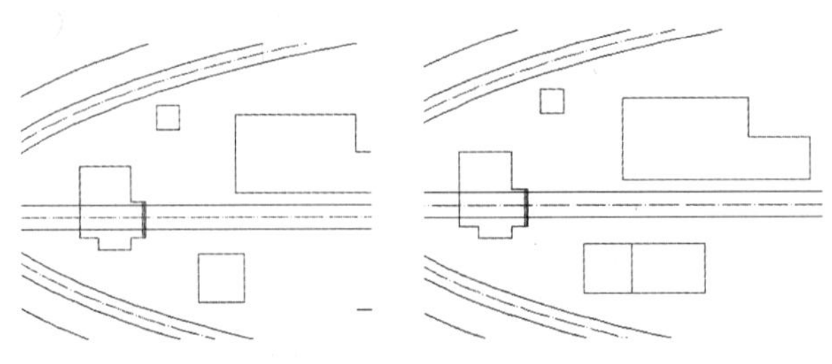

步骤 20：单击“矩形”命令，绘制一个长为 18000 mm、宽为 12000 mm 的长方形作为停车场，其结果如上右图所示。

21.1.3　绘制广场

绘制广场的操作步骤如下。

步骤 1：单击“圆”命令，绘制半径分别为 15600 mm、9000 mm 和 3000 mm 的圆，并放置图形到合适位置，其结果如下左图所示。

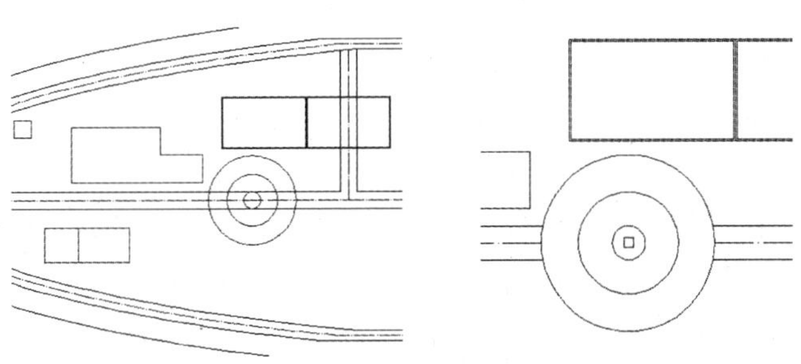

步骤 2：单击“修剪”命令，将圆中多余的直线进行修剪，单击“正多边形”命令，绘制外切圆半径为 1200 mm 的四边形，其结果如上右图所示。

命令行提示如下：

```
命令：_polygon 输入侧面数 <4>:4                    （输入多边形边数）
指定正多边形的中心点或［边(E)］:                  （指定任意一点）
输入选项［内接于圆(I)/外切于圆(C)］<I>:I         （选择“外切圆”）
指定圆的半径：1200                                （输入圆半径）
```

步骤 3：单击“偏移”命令，正四边形向内偏移 300 mm，然后单击“分解”命令，将两个四边形进行分解，如下左图所示。

> **操作提示：**
>
> 在绘制正多边形时，正多边形的边数储存在系统变量 POLYSIDES 中，当再次输入正多边形命令时，其“边数”提示的默认值是上次所给的边数。

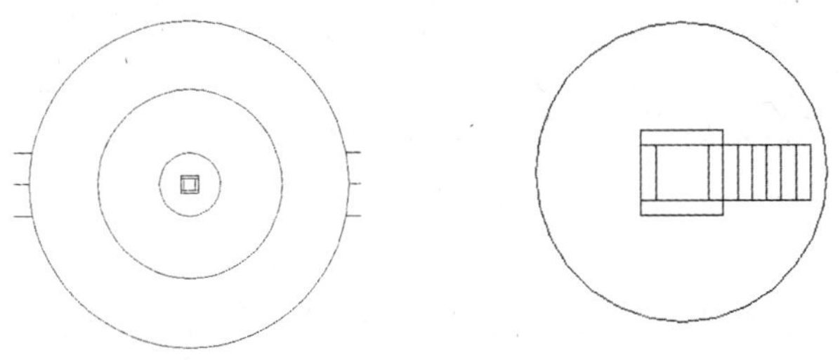

步骤 4：将大四边形右侧线段向右依次偏移 300 mm，共偏移 6 次，单击“直线”和“修剪”命令，将图形进行修剪操作，其结果如上右图所示。

21.1.4 绘制休闲场地

绘制休闲场地的具体操作方法如下。

步骤1：单击“圆”命令，绘制半径分别为15000 mm、9000 mm的同心圆，并放置图形到合适位置，其结果如下左图所示。

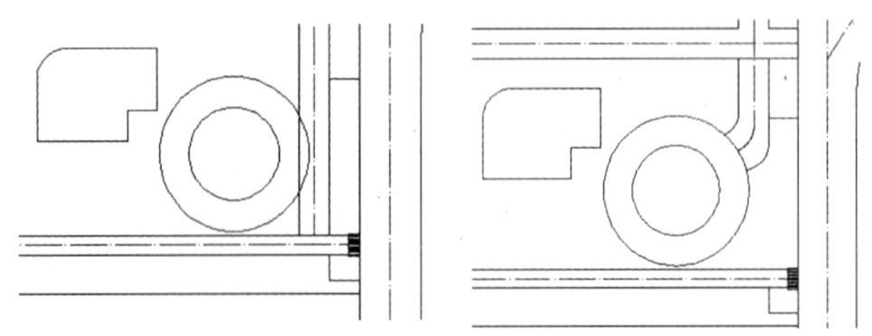

步骤2：单击“弧线”命令，绘制道路拐角，然后单击“修剪”命令，将多余的道路线进行修剪操作，其结果如上右图所示。

步骤3：单击“直线”命令，捕捉半径为15000 mm的圆的上象限点和下象限点，绘制直线，如下左图所示。

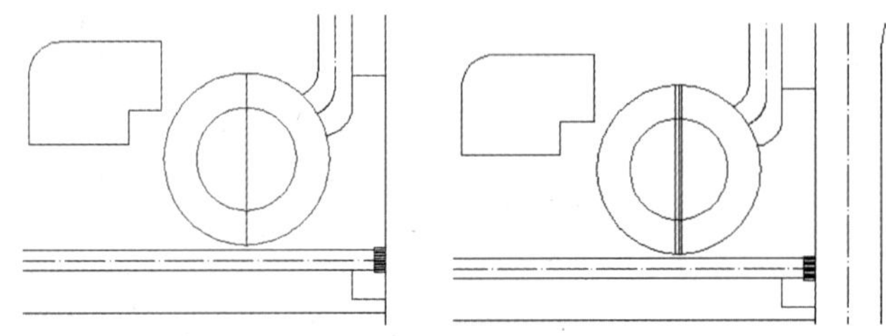

步骤4：单击“偏移”命令，将该直线分别向两边偏移，偏移距离为600 mm，其结果如上右图所示。

步骤5：单击“直线”命令，捕捉直线与圆的交点，绘制斜线，并单击“修剪”命令，将多余的线段删除，其结果如下图所示。

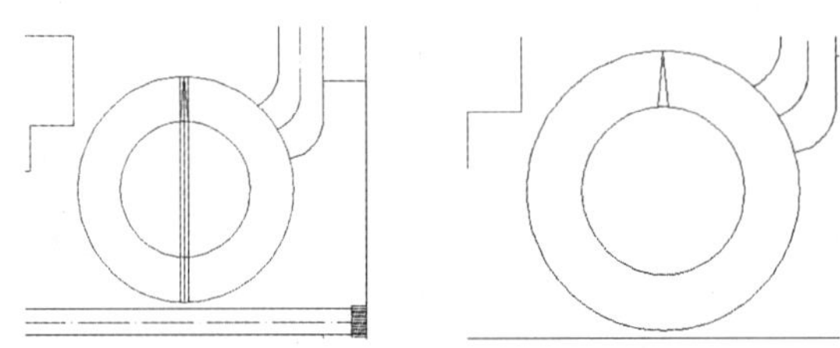

步骤6：单击“环形阵列”命令，以圆心为阵列中心，阵列数为8，其结果如下左图所示。

命令行提示如下：

```
命令：_arraypolar
选择对象：指定对角点：找到 2 个                    （选择所需阵列的对象）
选择对象：                                          （按回车键）
类型 = 极轴   关联 = 是
```

```
指定阵列的中心点或[基点(B)/旋转轴(A)]:
输入项目数或[项目间角度(A)/表达式(E)]<4>: e              (选择"表达式"选项)
输入表达式: 8                                              (输入阵列数目)
指定填充角度(+=逆时针、-=顺时针)或[表达式(EX)]<360>:     (按回车键)
按 Enter 键接受或[关联(AS)/基点(B)/项目(I)/项目间角度(A)/填充角度(F)/行(ROW)/层(L)/旋转项目(ROT)/退出(X)]
<退出>:                                                    (按回车键,完成操作)
```

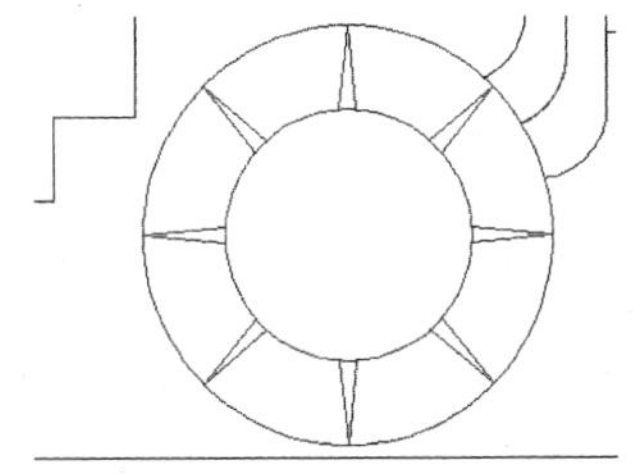

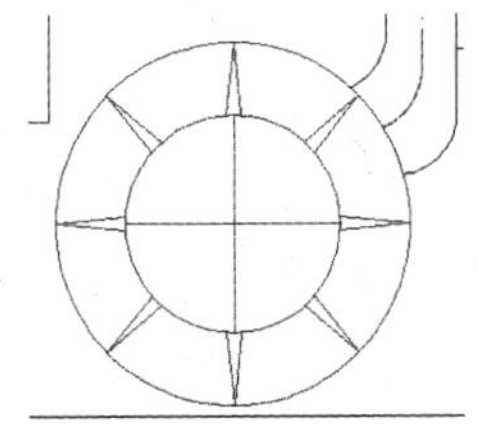

步骤 7：单击"直线"命令，捕捉半径为 9000 mm 的圆的象限点，绘制两条直线，其结果如上右图所示。

步骤 8：单击"偏移"命令，将水平直线向上偏移，距离为 2100 mm 和 2400 mm，然后将垂直直线向两边偏移 1500 mm，其结果如下左图所示。

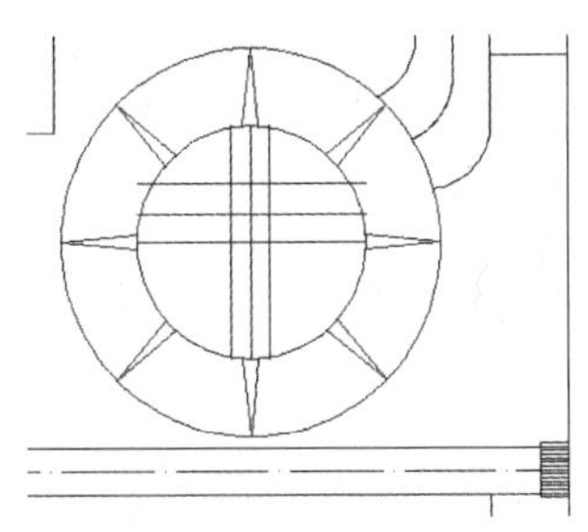

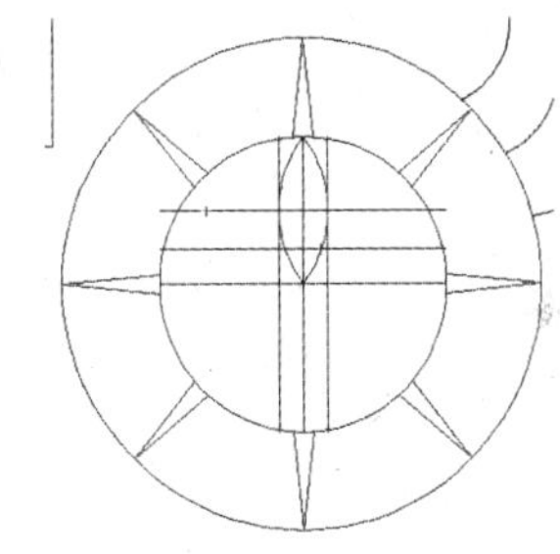

步骤 9：单击"弧线"命令，捕捉直线与圆弧交点，绘制圆弧，如上右图所示。

步骤 10：选择左边的圆弧，复制并移动圆，然后将其旋转 90°，如下左图所示。

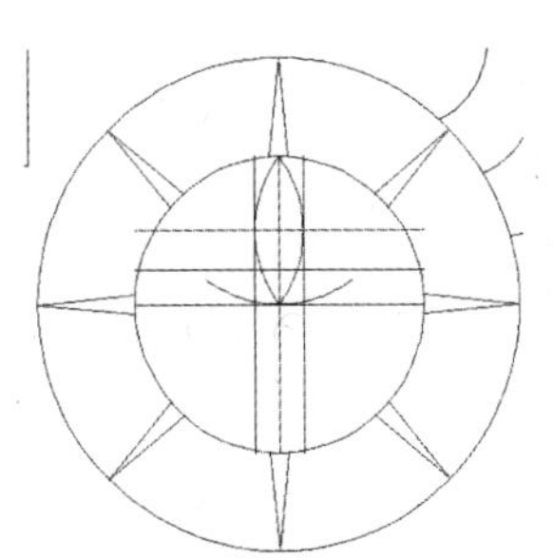

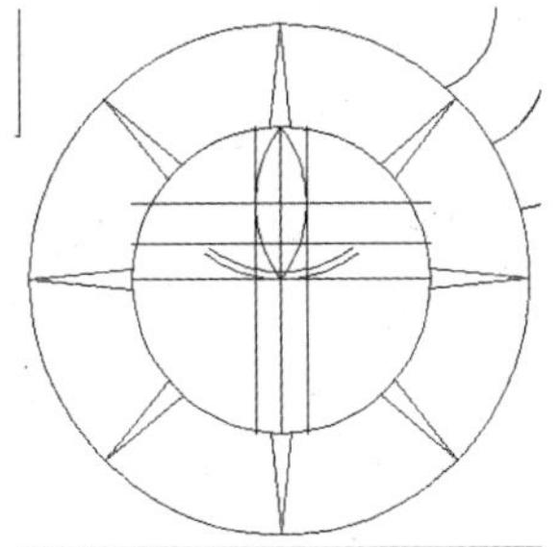

步骤 11：单击"偏移"命令，将绘制的圆弧向上进行偏移，偏移的距离为 450 mm，其结果如上右图所示。

步骤 12：将图形中多余的线段删除，并单击"偏移"命令，将两侧的弧线，向内各偏移 450 mm，单击"修剪"命令，将其修剪，其结果如下左图所示。

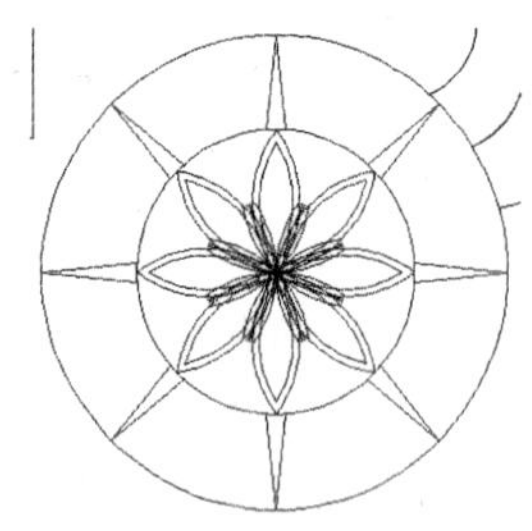

步骤13：单击“阵列”命令，将修剪后的图形以圆心为中心点，进行环形阵列，如上右图所示。

命令行提示如下：

```
命令：_arraypolar
选择对象：指定对角点：找到 6 个                                    （选择阵列图形）
选择对象：                                                        （按回车键）
类型=极轴  关联=是
指定阵列的中心点或［基点(B)/旋转轴(A)］：
输入项目数或［项目间角度(A)/表达式(E)］<3>：e                      （选择“表达式”选项）
输入表达式：8                                                     （输入阵列数目）
指定填充角度(+=逆时针、-=顺时针)或［表达式(EX)］<360>：            （按回车键）
按 Enter 键接受或［关联(AS)/基点(B)/项目(I)/项目间角度(A)/填充角度(F)/行(ROW)/层(L)/旋转项目(ROT)/退出(X)］
<退出>：                                                          （按回车键）
```


步骤14：单击“分解”命令，将阵列后的图形进行分解操作，单击“修剪”命令，删除多余的弧线，其结果如下左图所示。

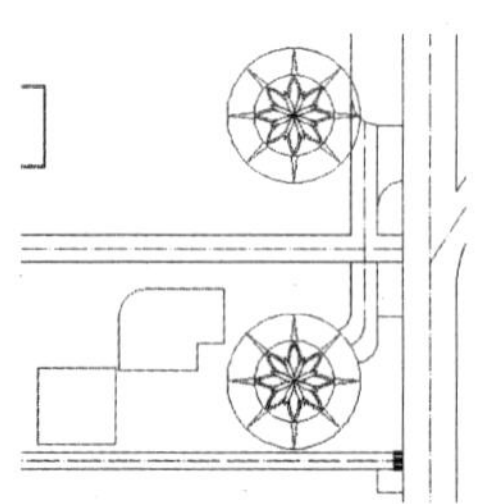

步骤15：单击“镜像”命令，将绘制好的图形进行镜像，其结果如上右图所示。

步骤16：单击“修剪”命令，将镜像后的图形进行修剪，并单击“圆弧”命令，绘制弯道路，其结果如下图所示。

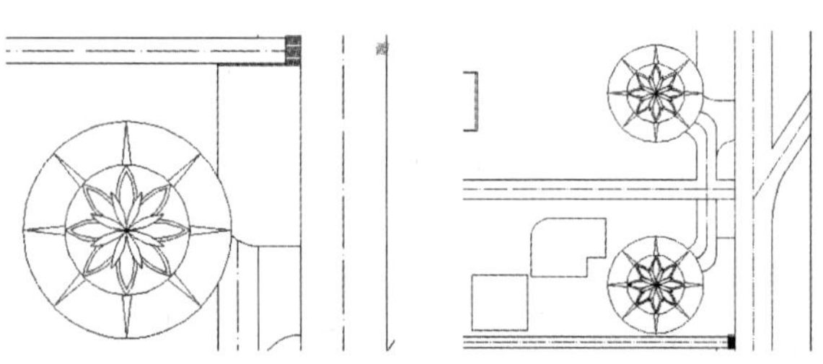

21.1.5 绘制游泳池

游泳池绘制的操作步骤如下。

步骤 1：单击“样条曲线”命令，绘制出不规则游泳池过道，并放置图形到合适位置，其结果如下左图所示。

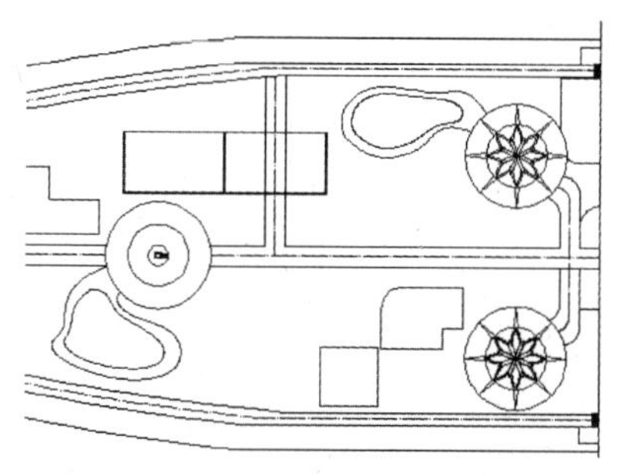

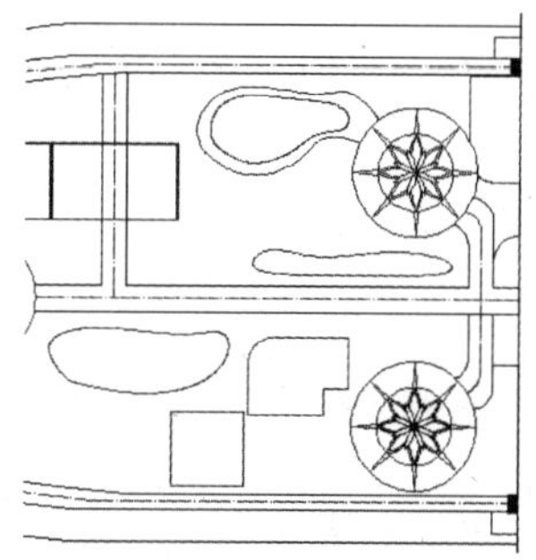

步骤 2：同样单击“样条曲线”命令，绘制出景观水池图形轮廓，其结果如上右图所示。

步骤 3：单击“图案填充”命令，将填充模式设置为“渐变色”，并选择好填充的颜色，其结果如下左图所示。

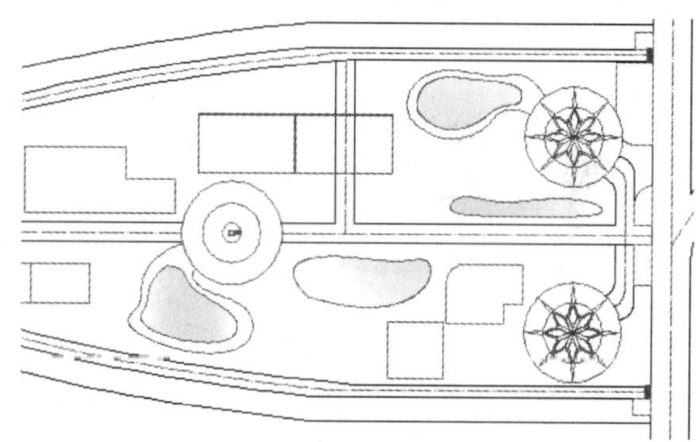

步骤 4：设置完成后，选中游泳池和景观池图形进行填充，其结果如上右图所示。

21.2 布置度假山庄规划图

当山庄所有建筑物的轮廓绘制完毕后，接下来即可对该山庄做细节描绘，在绘制过程中所运用到的操作命令有“样条曲线”、“多段线”、“云线”、“渐变色”、“圆”、“矩形”等。

21.2.1 人行过道的绘制

绘制人行道的操作步骤如下。

步骤 1：将“道路”图层设置为当前层，单击“样条曲线”、“直线”、“圆弧”命令，绘制出山庄人行过道图形，其结果如下左图所示。

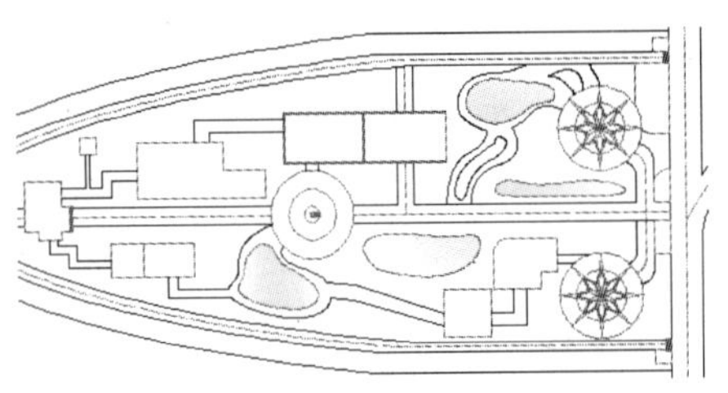

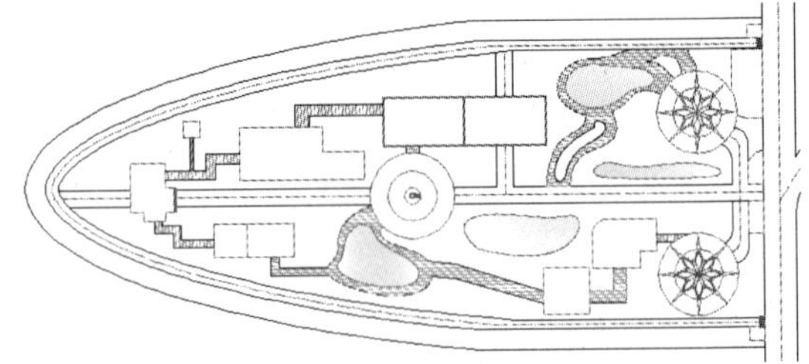

步骤2：单击“图案填充”命令，填充人行道，其结果如上右图所示。

21.2.2 插入植物

添加植物的操作方法如下。

步骤1：单击“图层”命令，打开“图层特性”对话框，新建“植物”图层，并设置好图层特性，其结果如下左图所示。

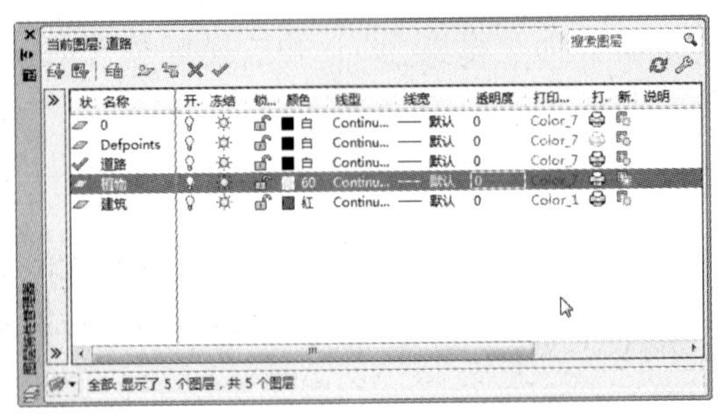

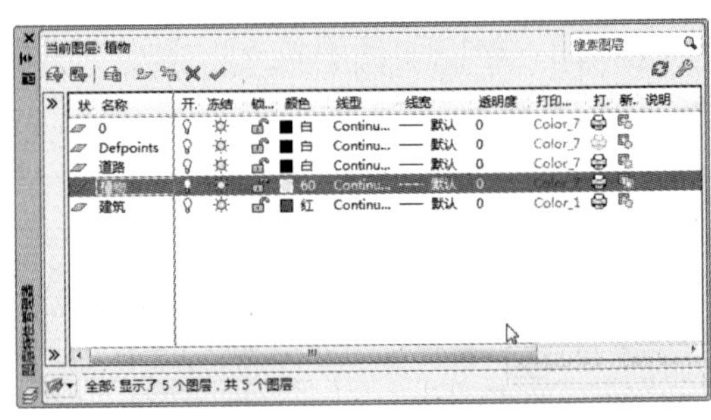

步骤2：双击该图层，将其设为当前图层，其结果如上右图所示。

步骤3：单击“多段线”命令，在图纸上绘制出植物区域，其结果如下左图所示。

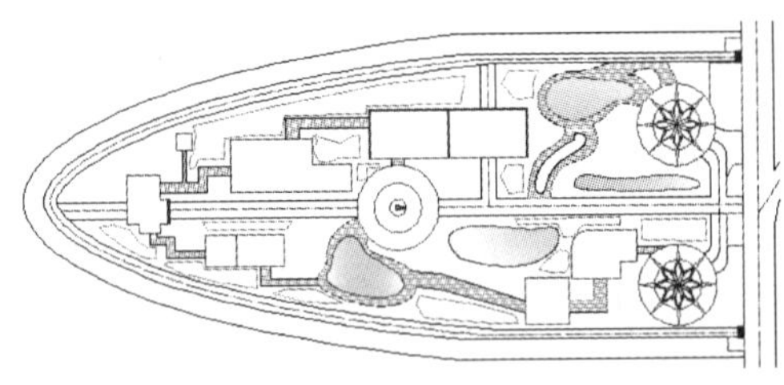

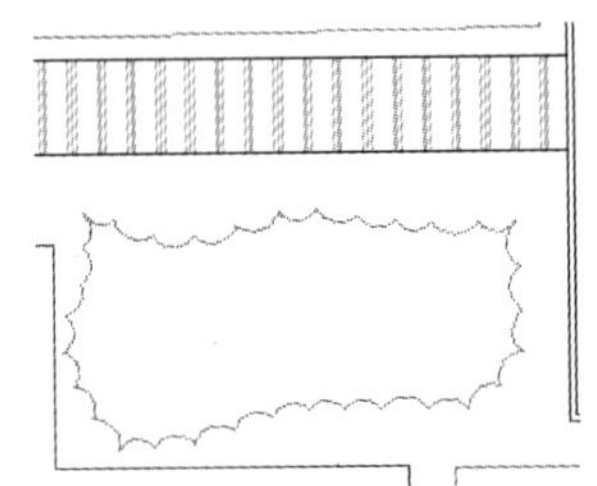

步骤4：单击“修订云线”命令，将多段线设置为云线，其结果如上右图所示。

命令行提示如下：

```
命令：_revcloud
最小弧长：2000    最大弧长：2000    样式：普通
指定起点或［弧长(A)/对象(O)/样式(S)］<对象>：a                    (选择“弧长”)
```

```
指定最小弧长 <2000>：1500                                   （设置最小弧长数值）
指定最大弧长 <1500>：2000                                   （设置最大弧长数值）
指定起点或［弧长(A)/对象(O)/样式(S)］<对象>：o              （选择"对象"选项）
选择对象：                                                 （选择多段线）
反转方向［是(Y)/否(N)］<否>：y                              （选择"是"）
修订云线完成。
```

步骤5：按照同样的方法，完成所有多段线的设置，其结果如下左图所示。

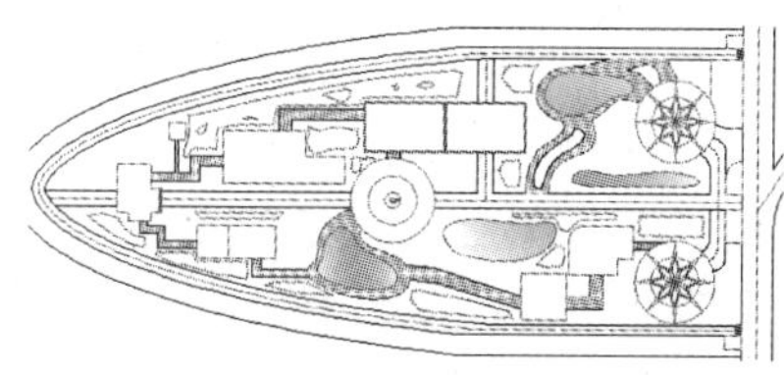
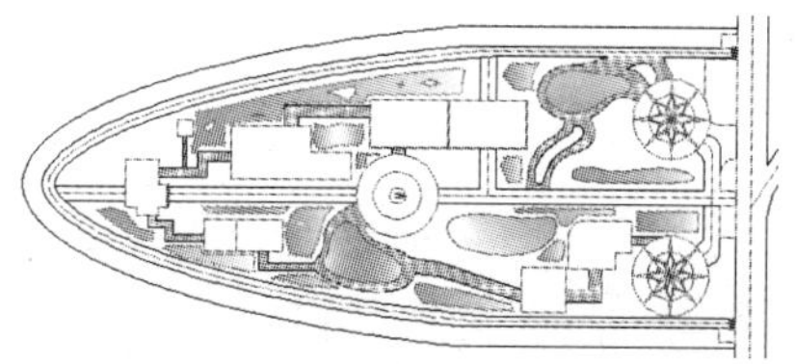

步骤6：单击“图案填充”命令，将植物区进行渐变色填充，其结果如上右图所示。

步骤7：单击“插入块”命令，将树木图块插入图形中，并放置图形到合适位置，结果如下图所示。

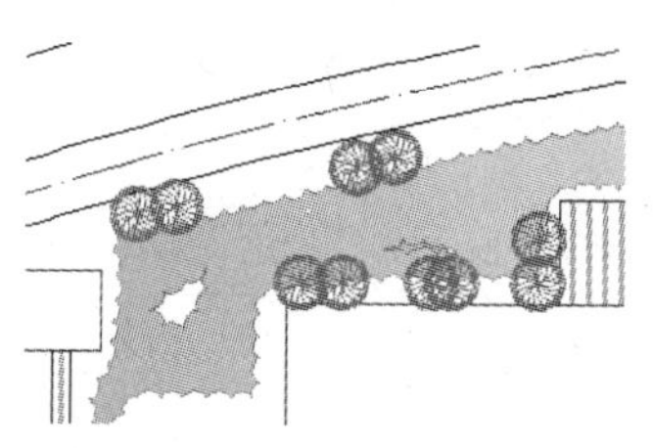
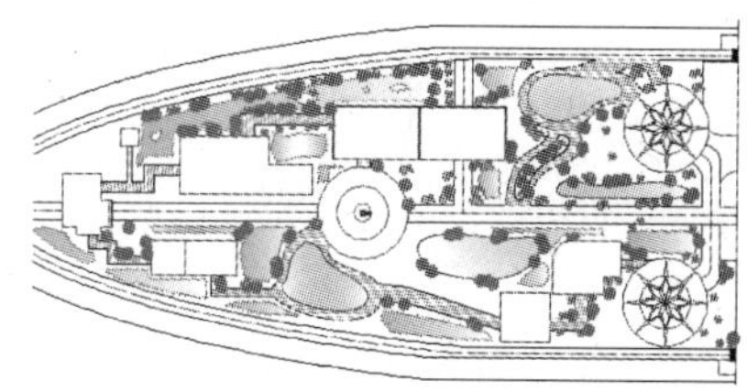

21.2.3　休息椅的绘制

休息椅的绘制方法如下。

步骤1：将“建筑”层置为当前层，单击“圆”命令，捕捉广场的圆心，绘制半径为15300 mm、16800 mm、17100 mm 的圆，其结果如下左图所示。

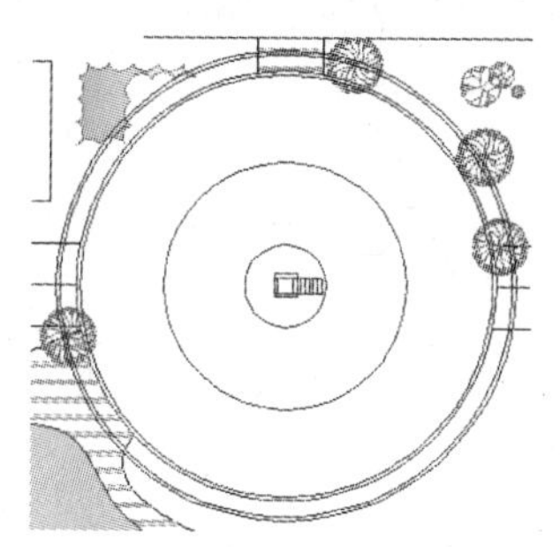
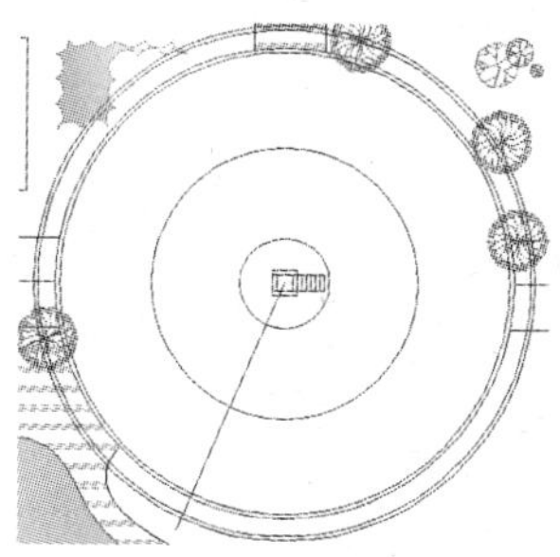

步骤2：单击“直线”命令，捕捉广场圆心中点为起点，绘制圆半径，结果如上右图所示。

步骤3：单击“旋转”命令，将圆半径进行旋转复制，其旋转角度为 1，并再次单击“旋转”命令，将旋转好的两条半径，再次进行旋转复制，其角度为 3，结果如下左图所示。

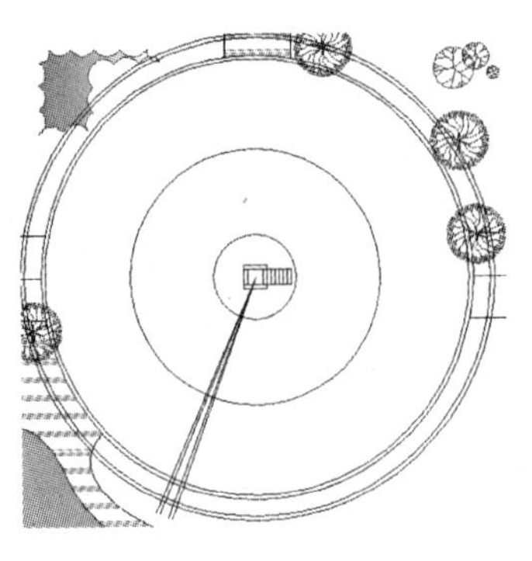
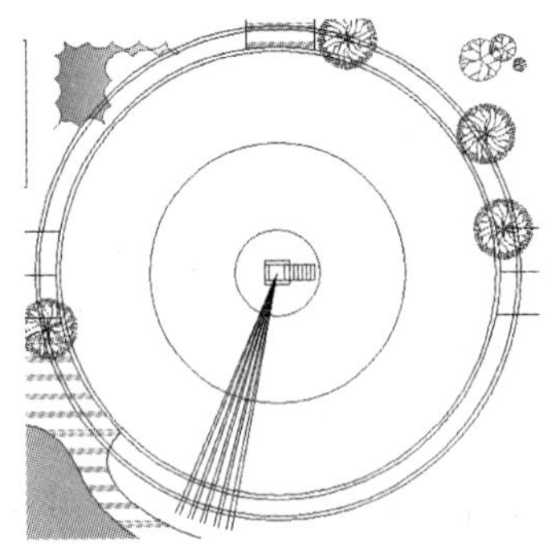

步骤4：按照同样的操作方法，单击“旋转”命令，对半径进行旋转并复制3次，如上右图所示。

步骤5：单击“修剪”命令，将线段进行修剪，其结果如下左图所示。

步骤6：按照同样绘制休息椅的方法，完成其他椅子的绘制，其结果如下右图所示。

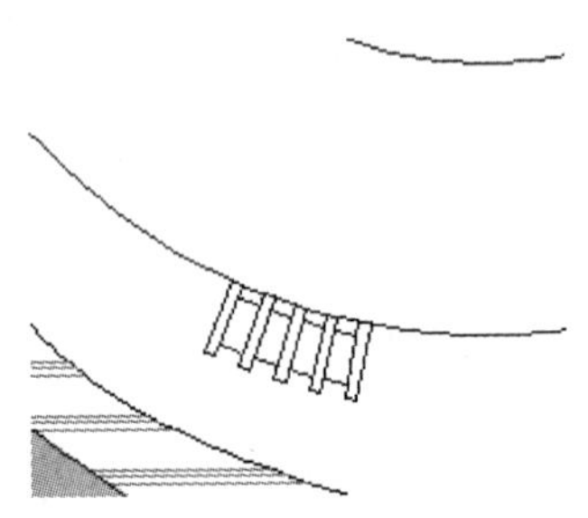
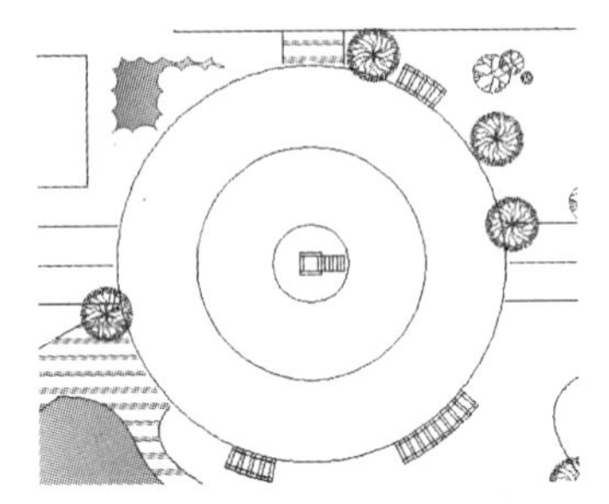

步骤7：单击“矩形”命令，绘制一个长为1200 mm、宽为1800 mm的长方形，放置图形到合适位置，单击“分解”和“偏移”命令，将长方形左侧边线向内偏移300 mm，如下左图所示。

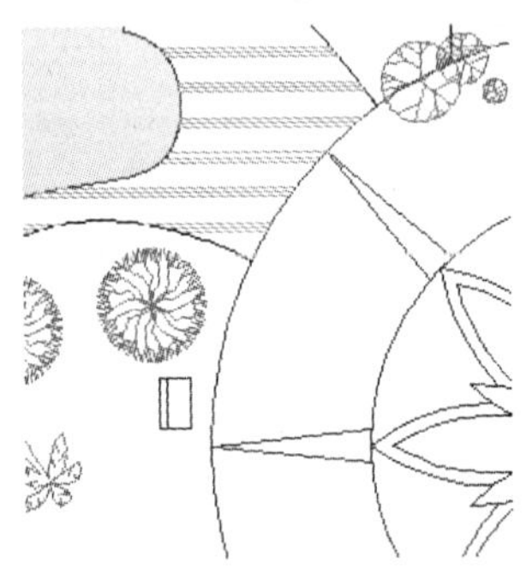
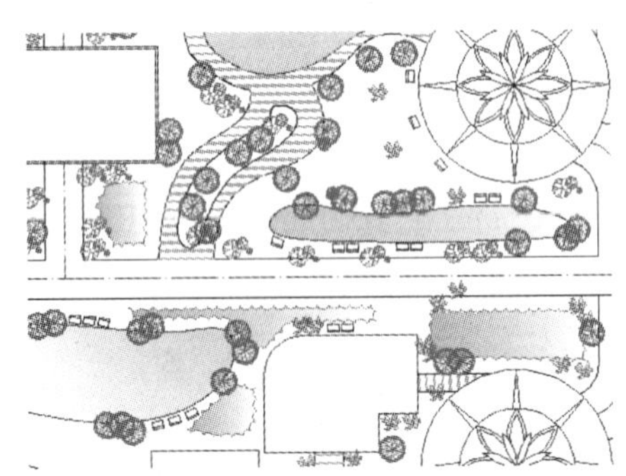

步骤8：单击“复制”和“旋转”命令，将该长椅复制多个，放置图形到合适位置，其结果如上右图所示。

21.2.4 亭子的绘制

下面就来绘制亭子的造型，具体操作步骤如下。

步骤1：单击“圆”命令，绘制半径分别为1500 mm和150 mm的同心圆，放置图形到合适位置，其结果如下左图所示。

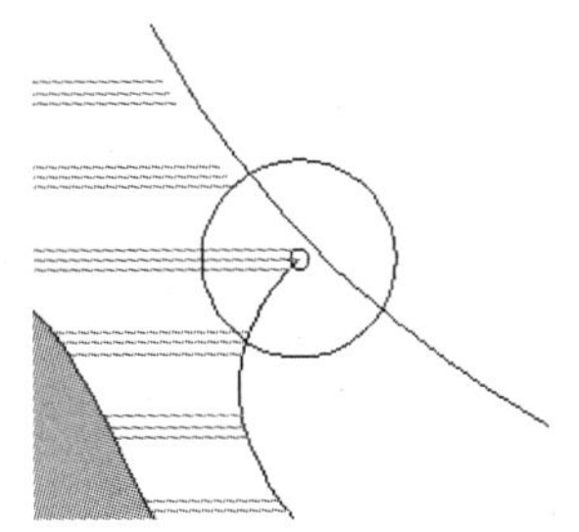
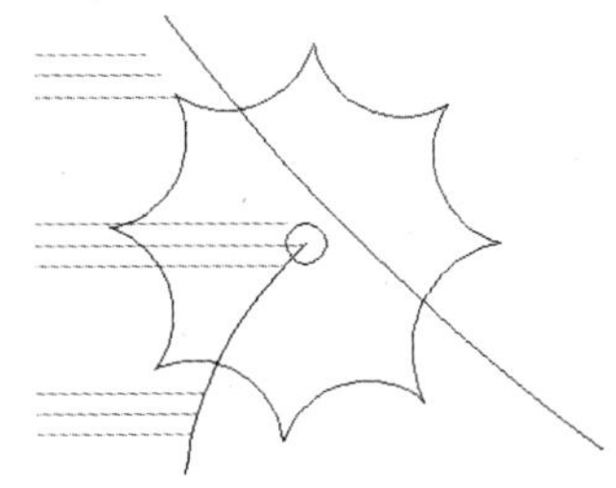

步骤 2：单击“修订云线”命令，将大圆设置为云线，其结果如上右图所示。

命令行提示如下：

```
命令：_revcloud
最小弧长：1500    最大弧长：2000    样式：普通
指定起点或[弧长(A)/对象(O)/样式(S)]<对象>：a          (选择“弧长”选项)
指定最小弧长<1500>：1148                              (输入大、小弧长数值)
指定最大弧长<1148>：
指定起点或[弧长(A)/对象(O)/样式(S)]<对象>：o          (选择“对象”选项)
选择对象：                                            (按回车键)
反转方向[是(Y)/否(N)]<否>：y                          (选择“是”选项)
修订云线完成。
```

步骤 3：单击“直线”命令，捕捉亭角端点到半径为 150 mm 的圆，绘制直线，如下左图所示。

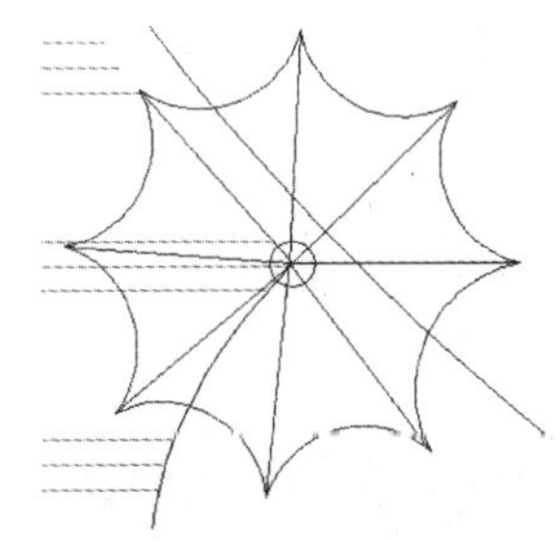
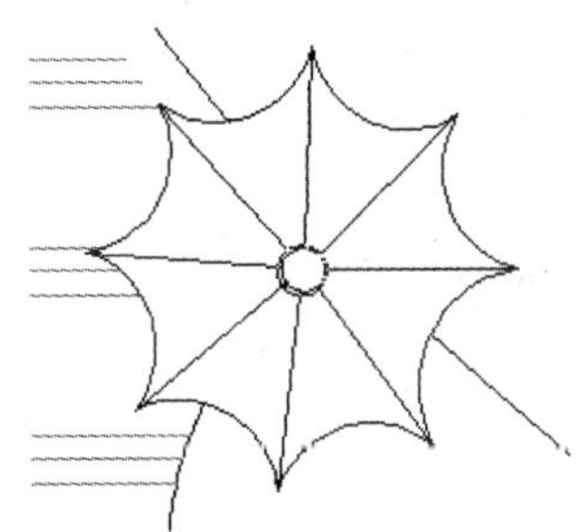

步骤 4：单击“修剪”命令，将亭子图形中多余的线删除，其结果如上右图所示。

步骤 5：按照同样的操作方法，完成其他亭子的绘制。

21.3　标注山庄规划图

文字说明和标注是一张完整的建筑图的后续部分，也是绘图的重点。施工单位要根据标注及文字说明进行施工，所以在进行这一部分工作时，一定要仔细、准确，确保标注无误。

21.3.1　文本标注

添加文本标注的方法如下。

步骤 1：单击“图层”命令，打开“图层特性”对话框，新建“标注”图层，并设置好图层特性，其结果如下图所示。

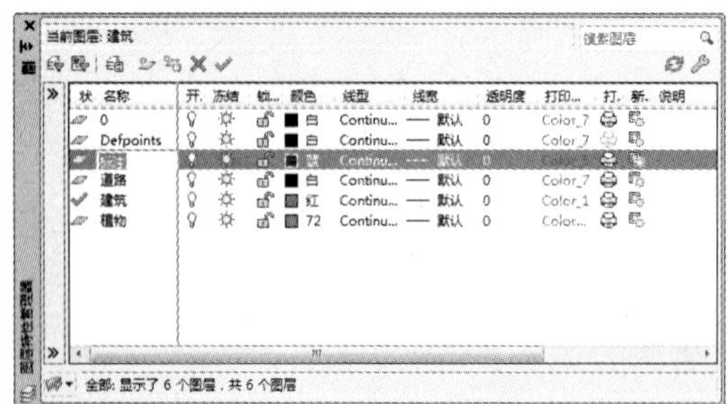

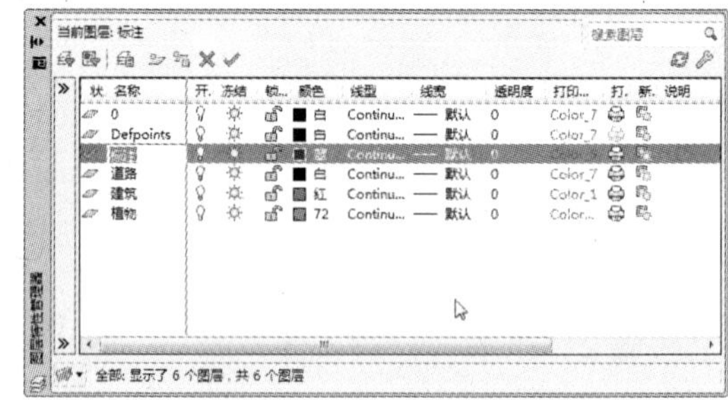

步骤2：单击“注释”→“文字”命令，打开“文字样式”对话框，如下左图所示。

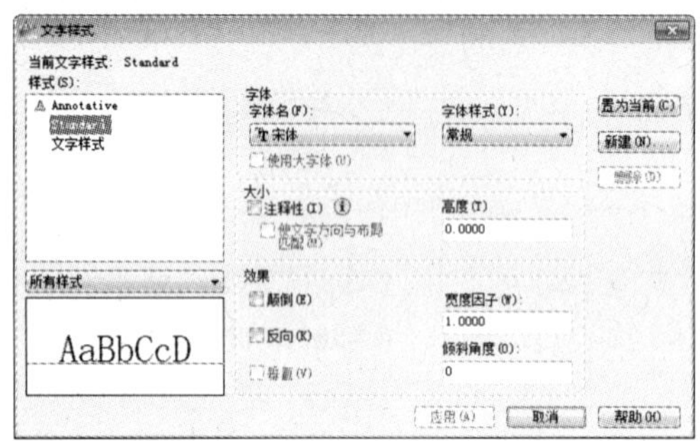

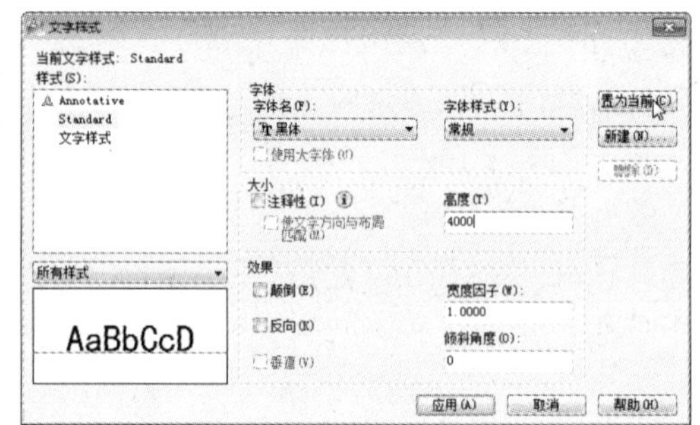

步骤3：在该对话框中，设置好字体的大小，字体样式，单击“置为当前”按钮，完成设置，其结果如上右图所示。

步骤4：单击“多行文字”命令，在图形合适位置创建文本内容，如下左图所示。

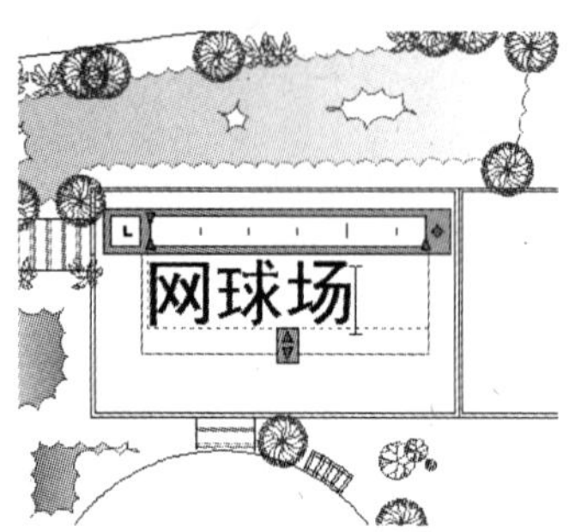

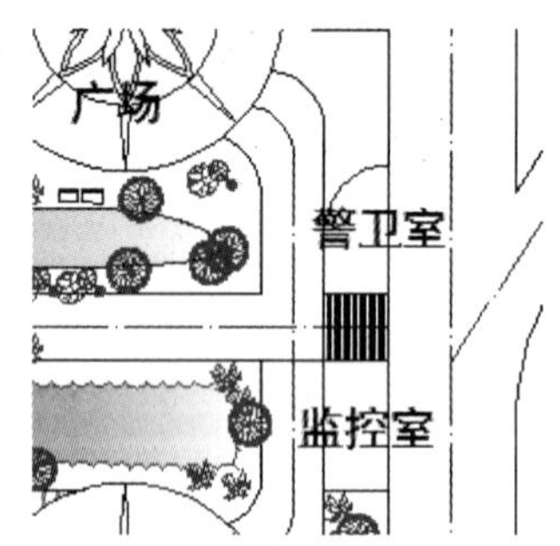

步骤5：按照同样的操作方法，将其余建筑进行文字标注，其结果如上右图所示。

步骤6：绘制入口标志，单击“多段线”命令，根据命令行中提示的尺寸，绘制出该标志，其结果如下左图所示。

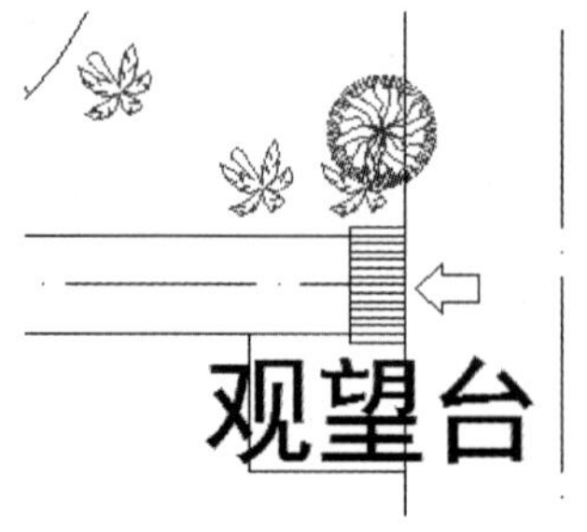

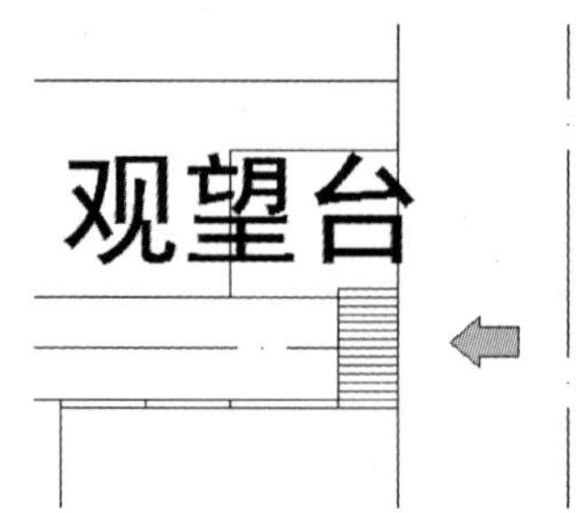

命令行提示如下：

```
命令：pl PLINE
指定起点：                                                        （输入任意点为起点）
当前线宽为 0.0000
指定下一个点或[圆弧(A)/半宽(H)/长度(L)/放弃(U)/宽度(W)]：@ -1000，-900
                                                                      （输入点坐标值）
指定下一点或[圆弧(A)/闭合(C)/半宽(H)/长度(L)/放弃(U)/宽度(W)]：@1000，-900
指定下一点或[圆弧(A)/闭合(C)/半宽(H)/长度(L)/放弃(U)/宽度(W)]：@0,400
指定下一点或[圆弧(A)/闭合(C)/半宽(H)/长度(L)/放弃(U)/宽度(W)]：@1400,0
指定下一点或[圆弧(A)/闭合(C)/半宽(H)/长度(L)/放弃(U)/宽度(W)]：@0,1000
指定下一点或[圆弧(A)/闭合(C)/半宽(H)/长度(L)/放弃(U)/宽度(W)]：@ -1400,0
指定下一点或[圆弧(A)/闭合(C)/半宽(H)/长度(L)/放弃(U)/宽度(W)]：c
```

步骤7：单击“复制”命令，将该入口标志复制至其他合适位置。并单击“图案填充”命令，将其标志进行填充，其结果如上右图所示。

步骤8：单击“多行文字”命令，将入口进行文字标注。

21.3.2　尺寸标注

尺寸添加的操作方法如下：

步骤1：单击“注释”→“标注”命令，打开“标注样式管理器”对话框，单击“修改”按钮，如下左图所示。

步骤2：打开“修改标注样式”对话框，设置好文字和箭头的大小，如下右图所示。

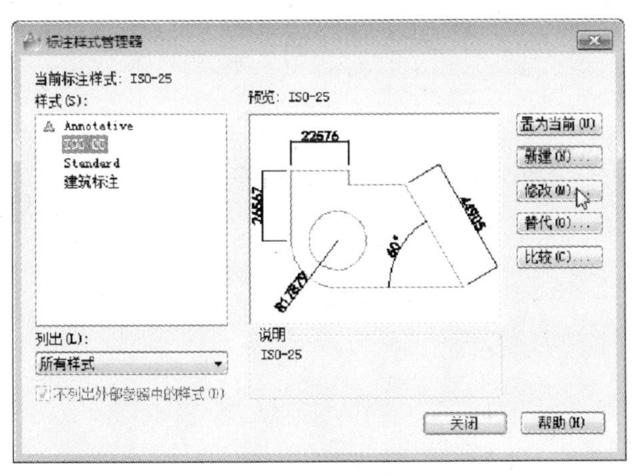

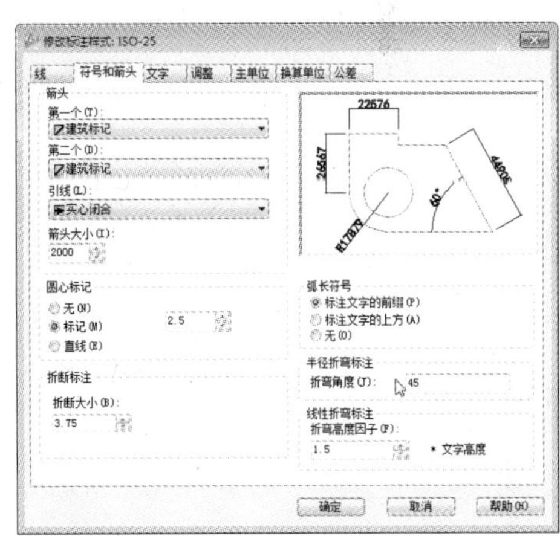

步骤3：设置好后，单击“置为当前”按钮，完成设置，单击“标注”→“线性标注”命令，将图形进行尺寸标注。

步骤4：单击“插入块”命令，打开“插入”对话框，单击“浏览”按钮，选择“指南针”图块，其结果如下左图所示。

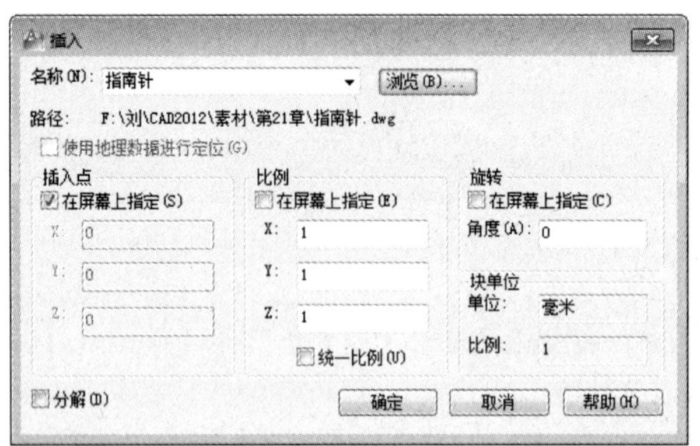

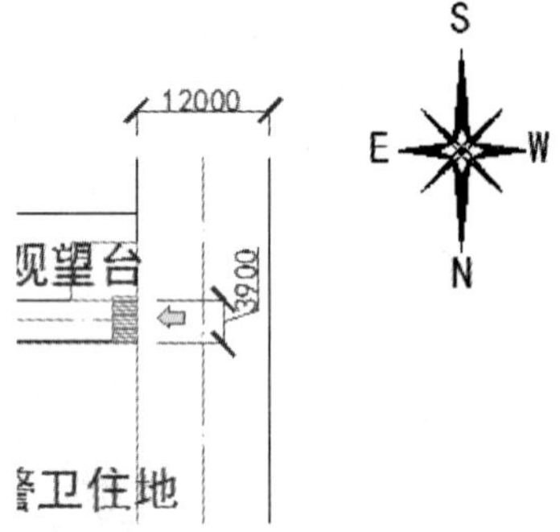

步骤5：选择好后，单击“确定”按钮，即可将指南针图块插入到合适位置，其结果如上右图所示。至此，度假山庄景观规划图已绘制完毕，最后保存图形即可。

第 22 章　机械模型的绘制

本章概述：

在以前章节中，向读者简单介绍了机械零件图以及装配图的绘制方法，通常在机械制图中，为了能够更准确地表达出机械模型的基本构造，还需绘制出三维效果图。本章将圆柱齿轮模型和三角垫片模型为例，结合 AutoCAD 中的三维操作命令，来介绍三维机械模型的绘制方法及技巧。

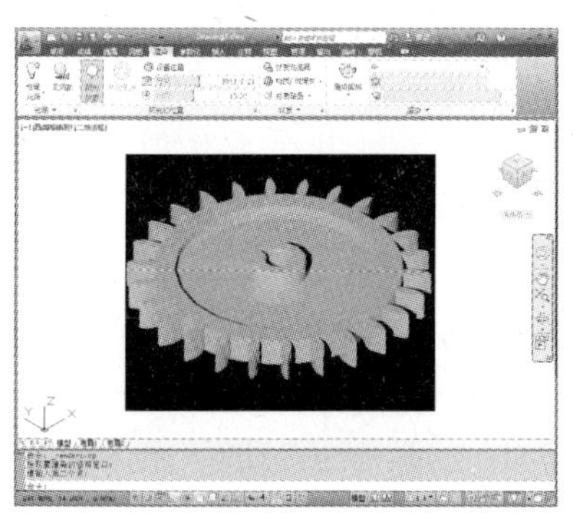

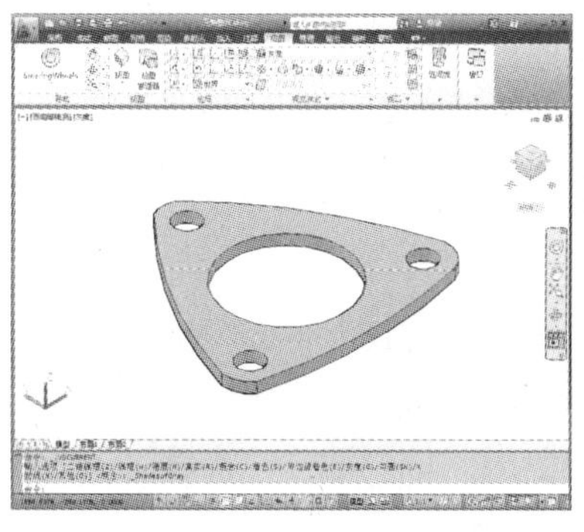

22.1　圆柱齿轮模型的绘制

在绘制圆柱齿轮时，所运用到的操作命令有“三维阵列”、“拉伸”、“差集”、“倒角”、“多段线”、“长方体”、“材质贴图”以及“渲染”等。

22.1.1　创建齿轮二维模型轮廓

圆柱齿轮绘制方法如下。

步骤 1：启动 AutoCAD 2012 软件，新建“轮廓线”图层，设置其图层属性，如下左图所示。

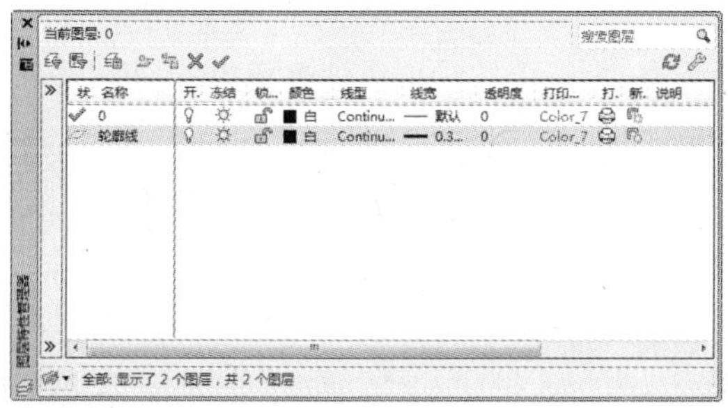

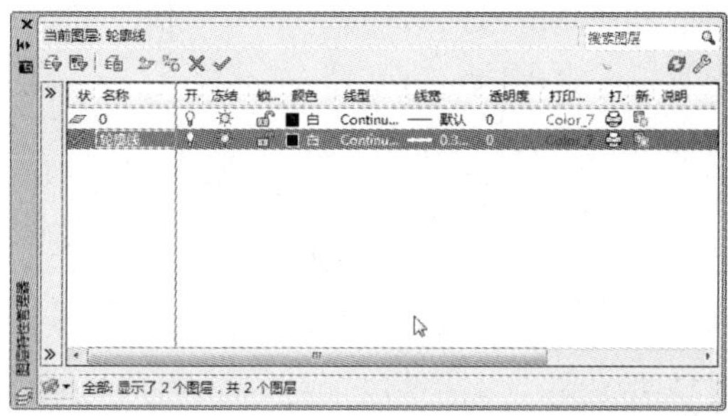

步骤2：双击“轮廓线”图层，将其设置当前层，如上右图所示。

步骤3：设置当前绘图环境。单击标题栏中的“工作空间”下拉按钮，选择“三维建模”选项，稍等片刻，即可转换成“三维建模”绘图环境，其结果如下左图所示。

操作提示：

当设置了图层线型的线宽后，要显示线宽，则需单击状态栏中的“线宽”按钮，使其成为打开状态，即可显示当前所设置的线宽，再次单击该按钮，则将其关闭。

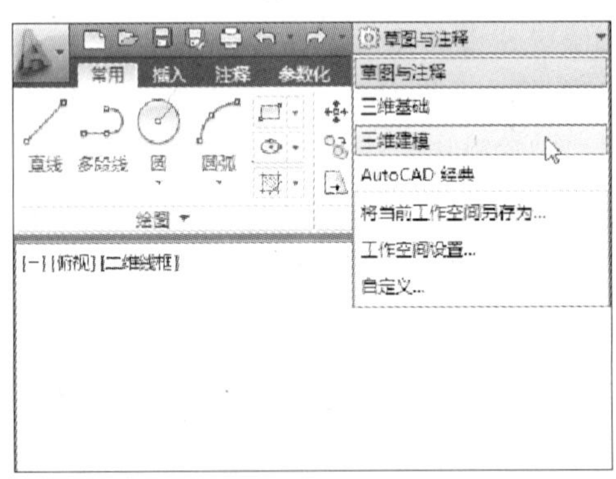

步骤4：单击“视图”→“视图”→“视图”命令，在打开的下拉列表中，选择“俯视图”选项，即可将当前视图设置为俯视图，如上右图所示。

步骤5：单击“圆”命令，绘制半径分别为80.5 mm的齿顶圆、73.5 mm的分度圆，以及64.7 mm的齿根圆，其结果如下左图所示。

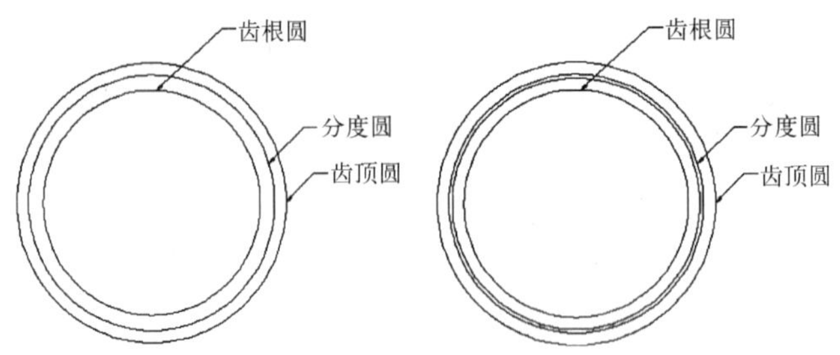

步骤6：单击“偏移”命令，将分度圆向内偏移2.1 mm，其结果如上右图所示。

步骤7：单击“直线”命令，绘制齿轮辅助线，单击“偏移”命令，将辅助线先向左侧偏移2.75 mm，后向右侧偏移14.7 mm，其结果如下左图所示。

命令行提示如下：

```
命令：l LINE 指定第一点：                                   （捕捉圆心）
指定下一点或[放弃(U)]：                            （捕捉齿顶圆上的象限点）
指定下一点或[放弃(U)]：
命令：o OFFSET
当前设置：删除源 = 否   图层 = 源   OFFSETGAPTYPE = 0
指定偏移距离或[通过(T)/删除(E)/图层(L)] <2.1000>： 2.75           （输入偏移值）
```

```
选择要偏移的对象,或[退出(E)/放弃(U)]<退出>:                    (选中辅助线)
指定要偏移的那一侧上的点,或[退出(E)/多个(M)/放弃(U)]<退出>:
                                                              (向左侧指定任意点)
选择要偏移的对象,或[退出(E)/放弃(U)]<退出>:
命令: OFFSET
当前设置:删除源 = 否　图层 = 源　OFFSETGAPTYPE = 0
指定偏移距离或[通过(T)/删除(E)/图层(L)]<2.7500>: 14.7         (输入偏移值)
选择要偏移的对象,或[退出(E)/放弃(U)]<退出>:                    (选中辅助线)
指定要偏移的那一侧上的点,或[退出(E)/多个(M)/放弃(U)]<退出>:
                                                              (向右侧指定任意点)
```

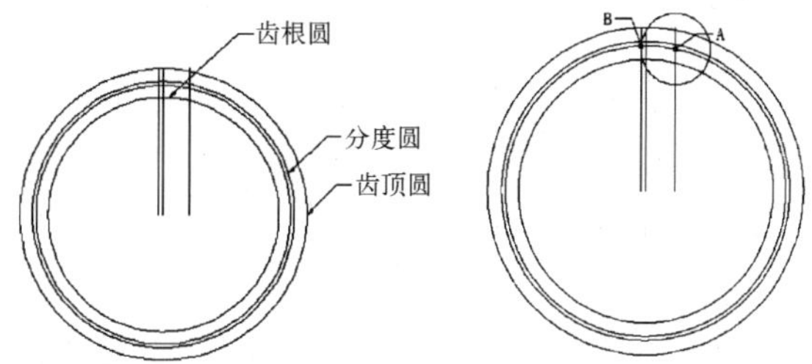

步骤 8：单击“圆”命令，以上右图中所示的 A 点为圆心，捕捉点 B 为圆半径，绘制齿轮辅助圆。

命令行提示如下：

```
命令: c CIRCLE
指定圆的圆心或[三点(3P)/两点(2P)/切点、切点、半径(T)]:          (捕捉点 A)
指定圆的半径或[直径(D)]<64.7000>:                              (捕捉点 B)
```

步骤 9：单击“镜像”命令，将辅助圆以中间辅助线为镜像中心进行镜像，结果如下左图所示。

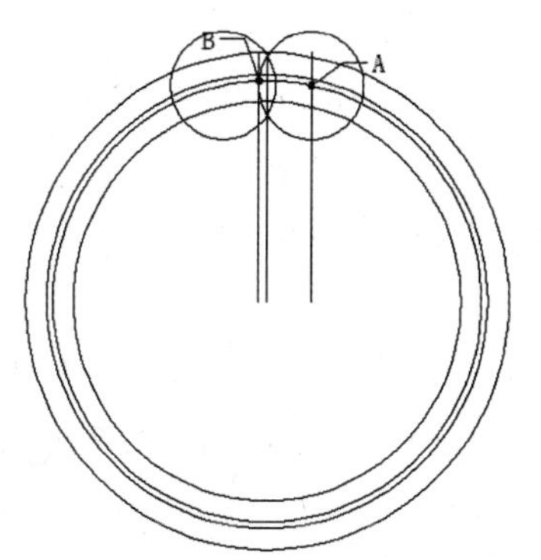

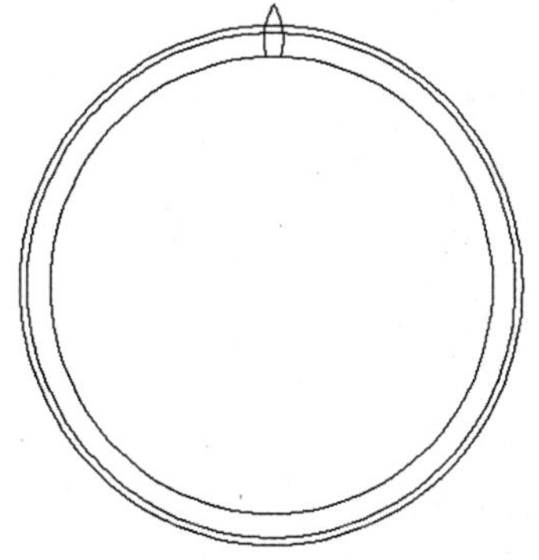

步骤 10：单击“修剪”命令，将图形多余的线段进行修剪，其结果如上右图所示。

步骤 11：单击“二维阵列”命令，将修剪后的轮齿环形阵列，其结果如下左图所示。

命令行提示如下：

```
命令：_arraypolar
选择对象：指定对角点：找到 2 个
选择对象：                                                  （选中轮齿）
类型 = 极轴  关联 = 是
指定阵列的中心点或[基点(B)/旋转轴(A)]：                      （选中圆心）
输入项目数或[项目间角度(A)/表达式(E)]<4>：e                  （选中"表达式"选项）
输入表达式：26                                              （输入阵列数值）
指定填充角度(+=逆时针、-=顺时针)或[表达式(EX)]<360>：         （按回车键）
按 Enter 键接受或[关联(AS)/基点(B)/项目(I)/项目间角度(A)/填充角度(F)/行(ROW)/层(L)/旋转项目(ROT)/退出(X)]
<退出>：                                                    （按回车键，完成操作）
```

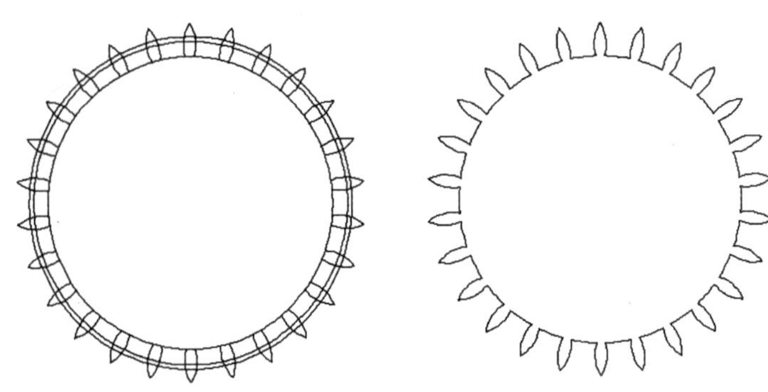

步骤12：单击“分解”和“修剪”命令，修剪齿轮多余的图形，其结果如上右图所示。

22.1.2 创建齿轮三维实体模型

步骤1：单击“编辑多段线”命令，将齿轮所有的线段都编辑成一条多段线，结果如下左图所示。

命令行提示如下：

```
命令：_pedit 选择多段线或[多条(M)]：                         （选中其中任意一条线段）
选定的对象不是多段线
是否将其转换为多段线？<Y>                                    （按回车键）
输入选项[闭合(C)/合并(J)/宽度(W)/编辑顶点(E)/拟合(F)/样条曲线(S)/非曲线化(D)/线型生成(L)/反转(R)/放弃(U)]：j      （选中"合并"选项）
选择对象：指定对角点：找到 78 个                              （框选全部图形线段）
选择对象：                                                  （按回车键，完成操作）
多段线已增加 77 条线段
输入选项[打开(O)/合并(J)/宽度(W)/编辑顶点(E)/拟合(F)/样条曲线(S)/非曲线化(D)/线型生成(L)/反转(R)/放弃(U)]：
```

操作提示：

在标注机械零件图形时，时常会碰到上标文字。例如输入“3^2”，就需用到“^”符号。打开 AutoCAD 文字编辑器，输入“32^”，并选中“2^”，单击鼠标右键，选择“堆叠”选项，即可完成上标文字的输入。

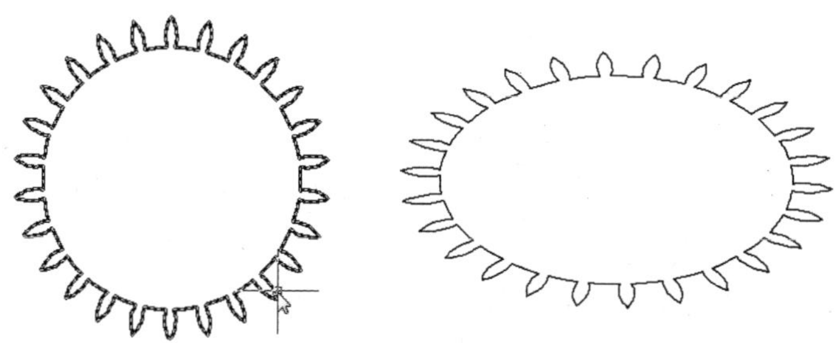

步骤 2：单击“视图”→“视图”→“西南等轴测图”命令，将当前视图设置成三维视图，其结果如上右图所示。

步骤 3：单击“常用”→“建模”→“拉伸”命令，将当前齿轮轮廓以 Z 轴正方向拉伸 15 mm，其结果如下左图所示。

```
命令：_extrude
当前线框密度： ISOLINES =4，闭合轮廓创建模式 = 实体
选择要拉伸的对象或[模式(MO)]：_MO 闭合轮廓创建模式[实体(SO)/曲面(SU)]<实体>：_SO
选择要拉伸的对象或[模式(MO)]：找到 1 个                    （选中齿轮轮廓）
选择要拉伸的对象或[模式(MO)]：                              （按回车键）
指定拉伸的高度或[方向(D)/路径(P)/倾斜角(T)/表达式(E)]：15   （输入拉伸高度）
```

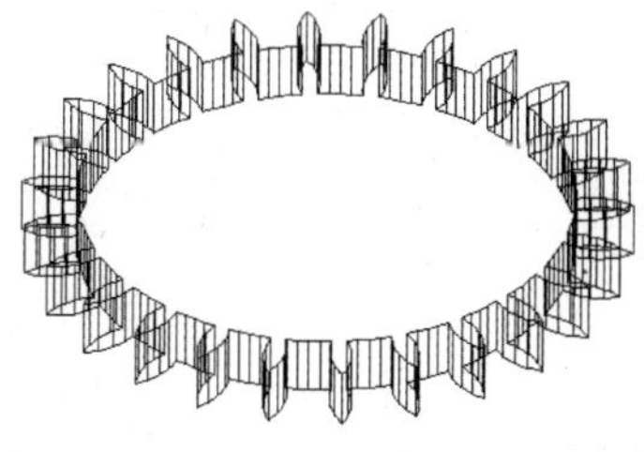 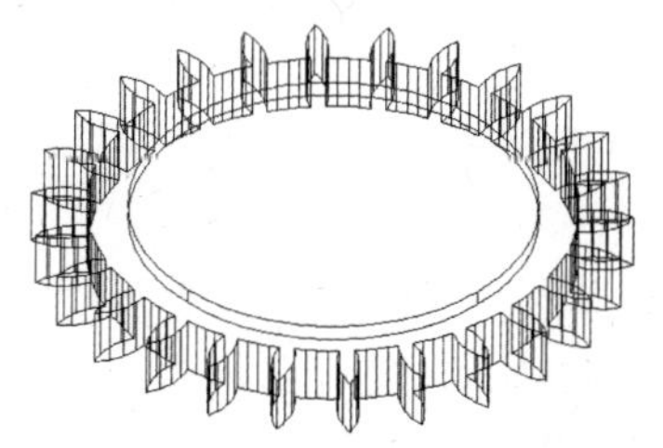

步骤 4：单击“建模”→“圆柱体”命令，以齿轮顶面圆心为圆柱底面圆心，向 Z 轴负方向绘制一个底面半径为 54 mm、高为 4 mm 的圆柱体，其结果如上右图所示。

命令行提示如下：

```
命令：_cylinder
指定底面的中心点或[三点(3P)/两点(2P)/切点、切点、半径(T)/椭圆(E)]：
                                                        （捕捉齿轮顶面圆心）
指定底面半径或[直径(D)]：54                             （输入圆柱底面半径值）
指定高度或[两点(2P)/轴端点(A)]<15.0000>：-4             （输入圆柱高度值）
```

步骤5：单击“实体编辑”→“差集”命令，将刚绘制的圆柱体从齿轮实体中减去，并将视图设置为“概念”视图，查看结果，如下左图所示。

命令行提示如下：

```
命令：_subtract 选择要从中减去的实体、曲面和面域...
选择对象：找到 1 个                                   （选中齿轮实体）
选择对象：选择要减去的实体、曲面和面域...
选择对象：找到 1 个                                   （选中圆柱实体）
选择对象：                                            （按回车键，完成操作）
```

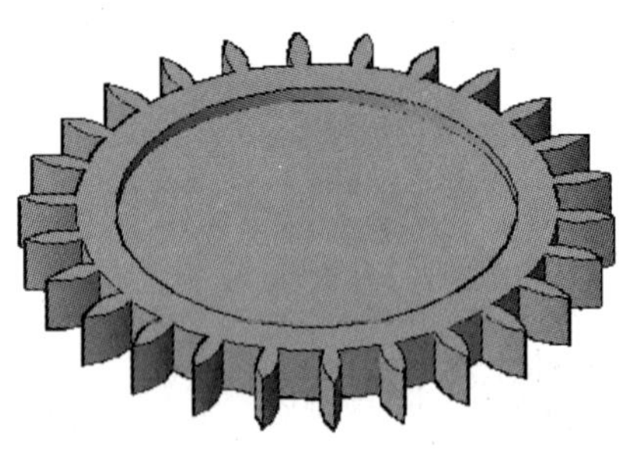

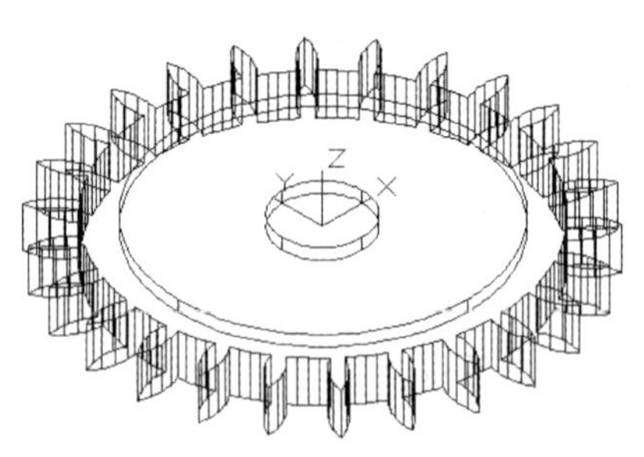

步骤6：改变用户坐标系。单击“圆柱体”命令，绘制一个底面直径为30 mm、高为4 mm的圆柱体，放置到齿轮合适位置，作为轮毂，其结果如上右图所示。

命令行提示如下：

```
命令：UCS
当前 UCS 名称：*世界*
指定 UCS 的原点或[面(F)/命名(NA)/对象(OB)/上一个(P)/视图(V)/世界(W)/X/Y/
Z/Z 轴(ZA)]<世界>：m                                  （输入“移动”命令）
指定新原点或[Z 向深度(Z)]<0,0,0>：                    （捕捉齿轮挖槽底面圆的圆心）
命令：_cylinder
指定底面的中心点或[三点(3P)/两点(2P)/切点、切点、半径(T)/椭圆(E)]：
                                                      （捕捉坐标原点）
指定底面半径或[直径(D)]<54.0000>：d                   （选中“直径”选项）
指定直径<108.0000>：30                                （输入直径值）
指定高度或[两点(2P)/轴端点(A)]<-4.0000>：4            （输入高度值）
```

步骤7：将三维坐标恢复到系统默认位置，单击“圆柱体”命令，捕捉齿轮底面圆心，绘制一个直径为14 mm、高为15 mm的圆柱体，如下左图所示。

命令行提示如下：

```
命令：UCS
当前 UCS 名称：*没有名称*                              （按回车键）
指定 UCS 的原点或[面(F)/命名(NA)/对象(OB)/上一个(P)/视图(V)/世界(W)/X/Y/
Z/Z 轴(ZA)]<世界>：                                    （按回车键）
```

```
命令：_cylinder
指定底面的中心点或[三点(3P)/两点(2P)/切点、切点、半径(T)/椭圆(E)]:
                                                  (捕捉齿轮实体底面圆心)
指定底面半径或[直径(D)]<7.0000>:d                          (选中"直径"选项)
指定直径<14.0000>:14                                      (输入直径值)
指定高度或[两点(2P)/轴端点(A)]<15.0000>:15                   (输入圆柱高度值)
```

操作提示：

通过三点方式来设置 UCS 坐标时，这 3 点指的是新原点、正 X 轴范围上的点以及 UCS 中 XY 平面的正 Y 轴上的点。

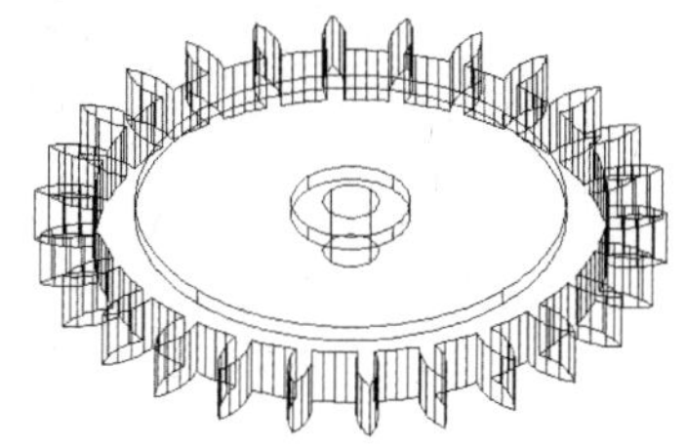

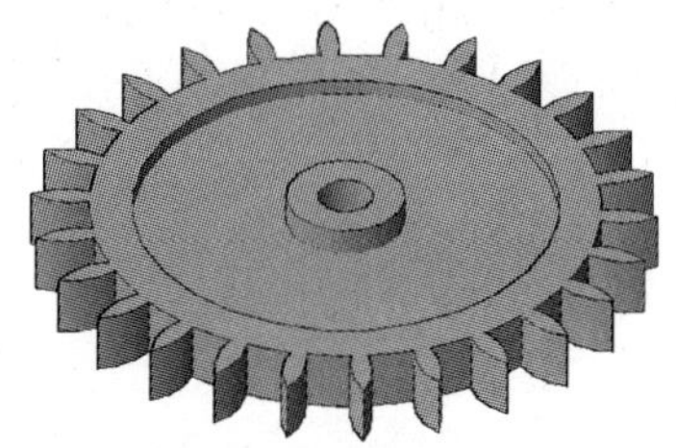

步骤 8：单击“并集”命令，将齿轮实体、轮辐实体进行合并，然后单击“差集”命令，将刚绘制的圆柱体从齿轮模型中减去，完成齿轮轮毂的绘制，其结果如上右图所示。

命令行提示如下：

```
命令：_union
选择对象：找到 1 个                                        (选中齿轮实体)
选择对象：找到 1 个，总计 2 个                              (选中齿轮的轮辐)
选择对象：                                                (按回车键，完成操作)
命令：_subtract 选择要从中减去的实体、曲面和面域...
选择对象：找到 1 个                                        (选中齿轮实体)
选择对象： 选择要减去的实体、曲面和面域...
选择对象：找到 1 个                          (选中刚绘制的底面直径为 14mm 圆柱体)
选择对象：                                                (按回车键，完成操作)
```

步骤 9：单击“实体编辑”→“拉伸面”命令，将轮毂实体面向 Z 轴方向拉伸 3 mm，其结果如下左图所示。

命令行提示如下：

```
命令：_solidedit
实体编辑自动检查： SOLIDCHECK=1
输入实体编辑选项[面(F)/边(E)/体(B)/放弃(U)/退出(X)]<退出>:_face
输入面编辑选项
[拉伸(E)/移动(M)/旋转(R)/偏移(O)/倾斜(T)/删除(D)/复制(C)/颜色(L)/材质(A)/放弃(U)/退出(X)]<退出>:
```

```
_extrude
选择面或[放弃(U)/删除(R)]：找到一个面。                              (选中轮毂顶面)
选择面或[放弃(U)/删除(R)/全部(ALL)]：                                 (按回车键)
指定拉伸高度或[路径(P)]：3                                         (输入拉伸高度值)
指定拉伸的倾斜角度<0>：                                               (按回车键)
已开始实体校验。
已完成实体校验。
输入面编辑选项
[拉伸(E)/移动(M)/旋转(R)/偏移(O)/倾斜(T)/删除(D)/复制(C)/颜色(L)/材质
(A)/放弃(U)/退出(X)]<退出>：                                          (按回车键)
实体编辑自动检查： SOLIDCHECK=1
输入实体编辑选项[面(F)/边(E)/体(B)/放弃(U)/退出(X)]<退出>：            (按回车键)
```

 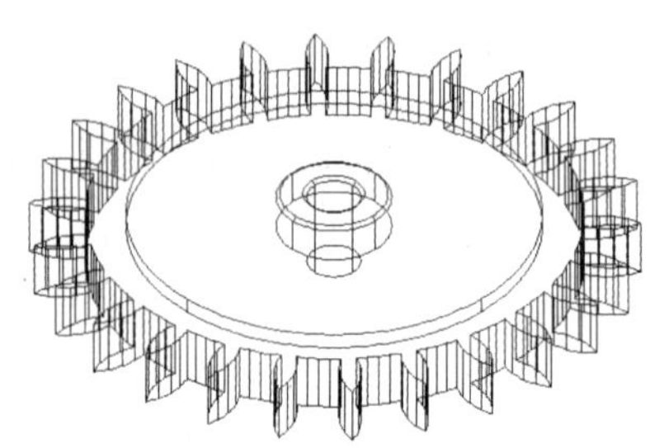

步骤10：绘制轮毂倒角。单击“倒角”命令，将轮毂的内外圈进行倒角，倒角距离为1mm，其结果如上右图所示。

命令行提示如下：

```
命令：_chamfer
(“修剪”模式) 当前倒角距离 1=0.0000,距离 2=0.0000
选择第一条直线或[放弃(U)/多段线(P)/距离(D)/角度(A)/修剪(T)/方式(E)/多个
(M)]：d                                                        (选中“距离”选项)
指定 第一个 倒角距离<0.0000>:1                            (输入第一个倒角距离值)
指定 第二个 倒角距离<1.0000>:1                            (输入第一个倒角距离值)
选择第一条直线或[放弃(U)/多段线(P)/距离(D)/角度(A)/修剪(T)/方式(E)/多个
(M)]：
基面选择...                                           (选中轮毂顶面外侧边缘线)
输入曲面选择选项[下一个(N)/当前(OK)]<当前(OK)>：                       (按回车键)
指定 基面 倒角距离或[表达式(E)]<1.0000>：                              (按回车键)
指定 其他曲面 倒角距离或[表达式(E)]<1.0000>：                          (按回车键)
选择边或[环(L)]：                                  (再次选中轮毂顶面外侧边缘线)
选择边或[环(L)]：                                                     (按回车键)
```

```
命令： CHAMFER
("修剪"模式) 当前倒角距离 1 = 1.0000,距离 2 = 1.0000
选择第一条直线或[放弃(U)/多段线(P)/距离(D)/角度(A)/修剪(T)/方式(E)/多个(M)]:
基面选择...                                          (选中轮毂顶面内侧边缘线)
输入曲面选择选项[下一个(N)/当前(OK)]<当前(OK)>:                   (按回车键)
指定 基面 倒角距离或[表达式(E)]<1.0000>:                          (按回车键)
指定 其他曲面 倒角距离或[表达式(E)]<1.0000>:                      (按回车键)
选择边或[环(L)]:                                (再次选中轮毂顶面内侧边缘线)
选择边或[环(L)]:                                                 (按回车键)
```

步骤 11：将当前视图设置为"左视图"，单击"多段线"命令，绘制齿轮轮齿的倒角线，如下图所示。

命令行提示如下：

```
命令：pl PLINE
指定起点：from                                              (输入"FROM")
基点：<偏移>：@0，-1                            (选取点 Q,并输入起点坐标值)
当前线宽为 0.0000
指定下一个点或[圆弧(A)/半宽(H)/长度(L)/放弃(U)/宽度(W)]:
                                                  @3<45(输入点坐标值)
指定下一点或[圆弧(A)/闭合(C)/半宽(H)/长度(L)/放弃(U)/宽度(W)]：@ -4,0
指定下一点或[圆弧(A)/闭合(C)/半宽(H)/长度(L)/放弃(U)/宽度(W)]：c
                                                          (闭合操作)
```

步骤 12：单击"二维镜像"命令，将倒角线以齿轮侧面两端中心点为镜像中心进行镜像，其结果如下图所示。

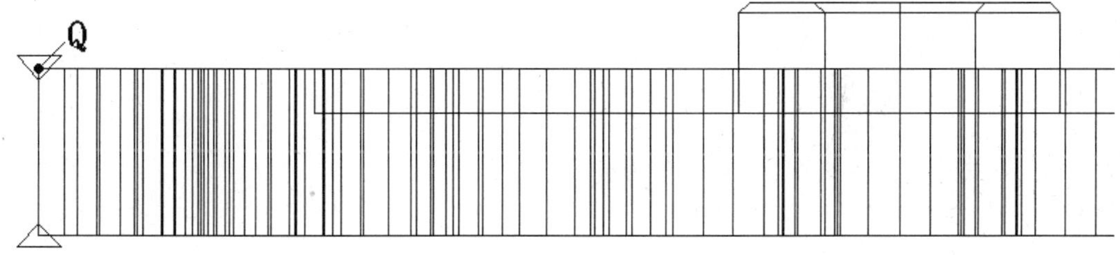

步骤 13：单击"直线"命令，绘制齿轮的中轴线，其结果如下图所示。

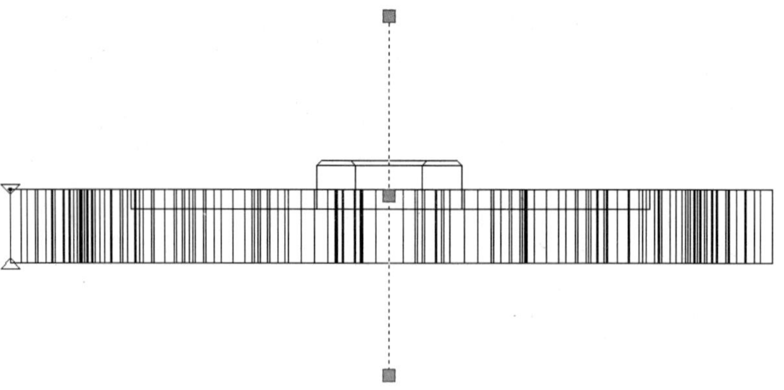

步骤 14：将视图转换为“西南视图”，单击“建模”→“旋转”命令，将倒角线沿着中轴线旋转拉伸，其结果如下左图所示。

命令行提示如下：

```
命令：_revolve
当前线框密度： ISOLINES =4，闭合轮廓创建模式 = 实体
选择要旋转的对象或[模式(MO)]：_MO 闭合轮廓创建模式[实体(SO)/曲面(SU)] <实体>：_SO
选择要旋转的对象或[模式(MO)]：找到 1 个                                    (选中两个倒角线)
选择要旋转的对象或[模式(MO)]：找到 1 个，总计 2 个
选择要旋转的对象或[模式(MO)]：                                            (按回车键)
指定轴起点或根据以下选项之一定义轴[对象(O)/X/Y/Z] <对象>：(选中中心轴的起点)
指定轴端点：                                                         (选择中心轴末点)
指定旋转角度或[起点角度(ST)/反转(R)/表达式(EX)] <360>：                    (按回车键)
```


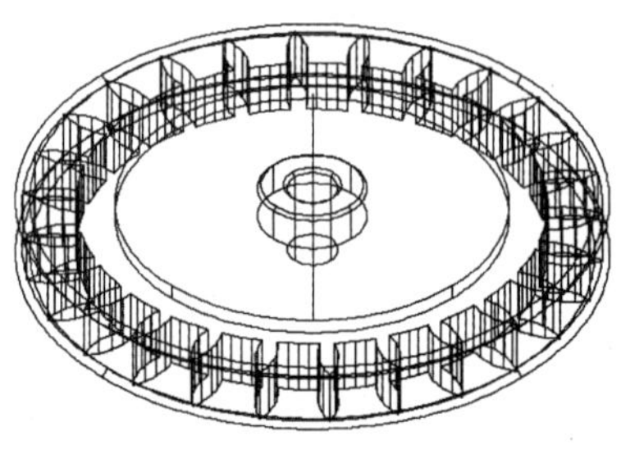
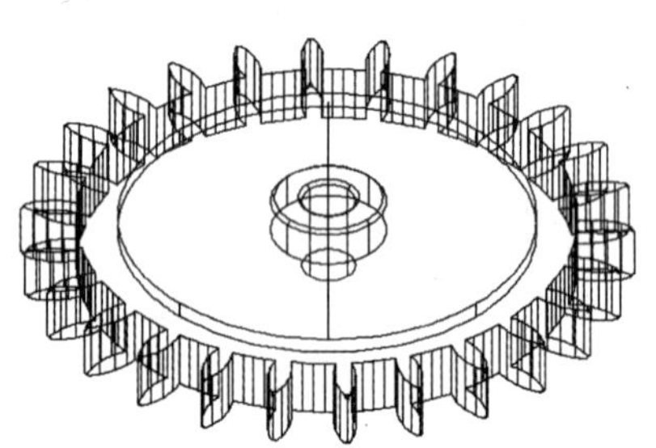

步骤 15：单击“差集”命令，将倒角线从齿轮实体中减去，其结果如上右图所示。

命令行提示如下：

```
命令：_subtract 选择要从中减去的实体、曲面和面域...
选择对象：找到 1 个                                                    (选择齿轮实体)
选择对象： 选择要减去的实体、曲面和面域...
选择对象：找到 1 个                                                (选择拉伸的倒角实体)
选择对象：找到 1 个，总计 2 个
选择对象：                                                      (按回车键，完成操作)
```

步骤 16：绘制齿轮键槽。将三维坐标移至轮毂圆心上，单击“矩形”命令，绘制一个长为 9.5 mm、宽为 5 mm 的长方形，如下左图所示。

命令行提示如下：

```
命令：UCS
当前 UCS 名称：*世界*
指定 UCS 的原点或[面(F)/命名(NA)/对象(OB)/上一个(P)/视图(V)/世界(W)/X/Y/Z/Z 轴(ZA)]<世界>：m                                  （输入“移动”命令）
指定新原点或[Z 向深度(Z)]<0,0,0>：                        （捕捉轮毂中心点）
命令：rec RECTANG
指定第一个角点或[倒角(C)/标高(E)/圆角(F)/厚度(T)/宽度(W)]：  （捕捉坐标原点）
指定另一个角点或[面积(A)/尺寸(D)/旋转(R)]：@5,9.5           （输入长、宽数值）
```

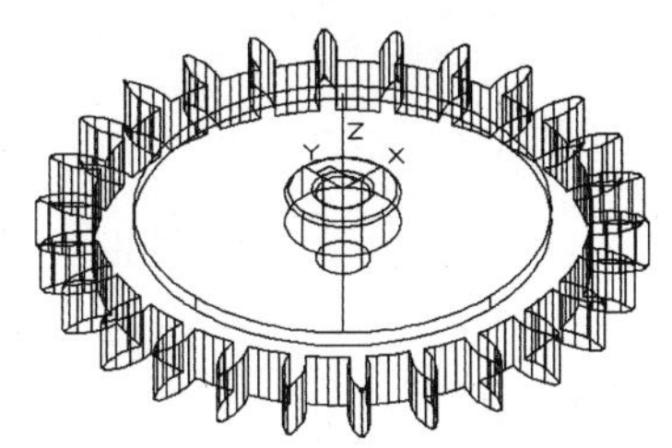

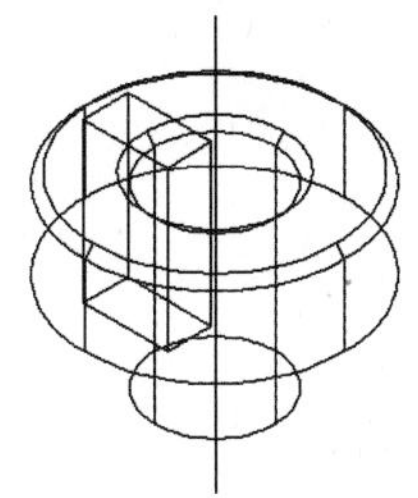

步骤 17：单击“建模”→“拉伸”命令，将绘制的长方形 Z 轴负方向进行拉伸，拉伸距离为 18 mm，并将其移动到轮毂适当位置，结果如上右图所示。

命令行提示如下：

```
命令：_extrude
当前线框密度： ISOLINES=4,闭合轮廓创建模式=实体
选择要拉伸的对象或[模式(MO)]：_MO 闭合轮廓创建模式[实体(SO)/曲面(SU)]<实体>：_SO
选择要拉伸的对象或[模式(MO)]：找到 1 个                   （选择长方形）
选择要拉伸的对象或[模式(MO)]：                            （按回车键）
指定拉伸的高度或[方向(D)/路径(P)/倾斜角(T)/表达式(E)]<15.0000>：-18
                                             （向下移动光标,输入拉伸值）
```

步骤 18：单击“实体编辑”→“差集”命令，将拉伸后的长方形从齿轮轮毂中减去，如下图所示。

命令行提示如下：

```
命令：_subtract 选择要从中减去的实体、曲面和面域...
选择对象：找到 1 个                                   （选择齿轮轮毂实体）
选择对象：选择要减去的实体、曲面和面域...
选择对象：找到 1 个                                   （选择长方体）
选择对象：                                         （按回车键,完成操作）
```

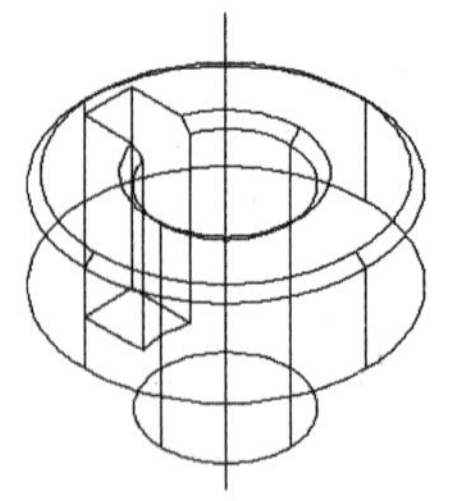
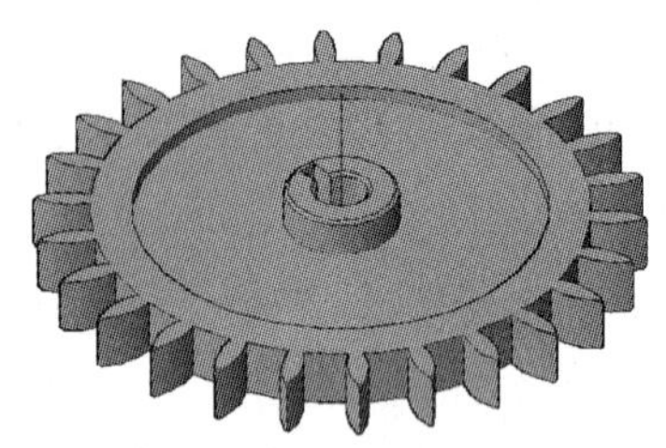

22.1.3 赋予齿轮模型材质

齿轮模型轮廓已绘制完毕，接下来将对齿轮模型赋予合适的材质，具体操作步骤如下。

步骤1：单击“渲染”→“材质”→“材质浏览器”命令，如下左图所示。

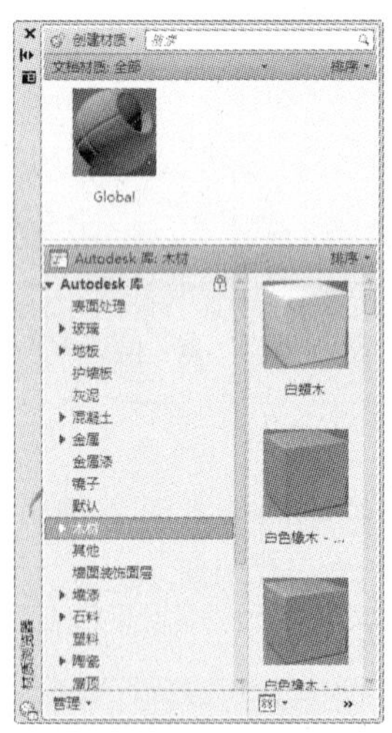
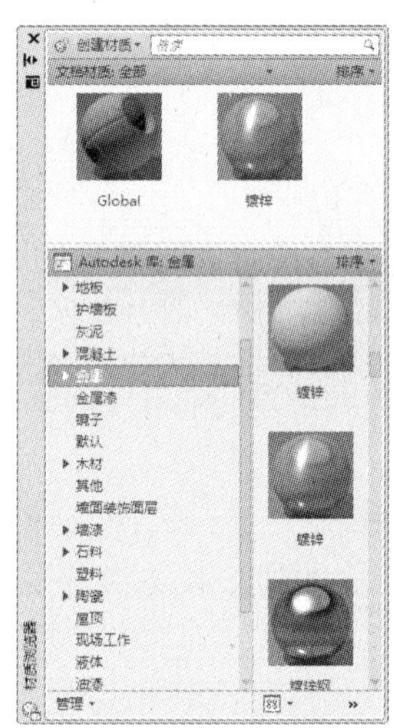

步骤2：在“Autodesk 库”下拉列表中，选择“金属”选项，并在右侧材质视图中，选择“镀锌”选项，如上右图所示。

步骤3：在该对话框中，右击“镀锌”材质，在打开的下拉列表中，选择“选择要应用到的对象”选项，如下左图所示。

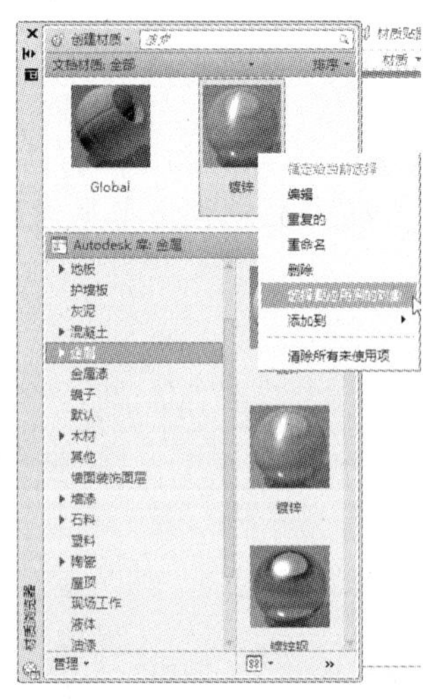
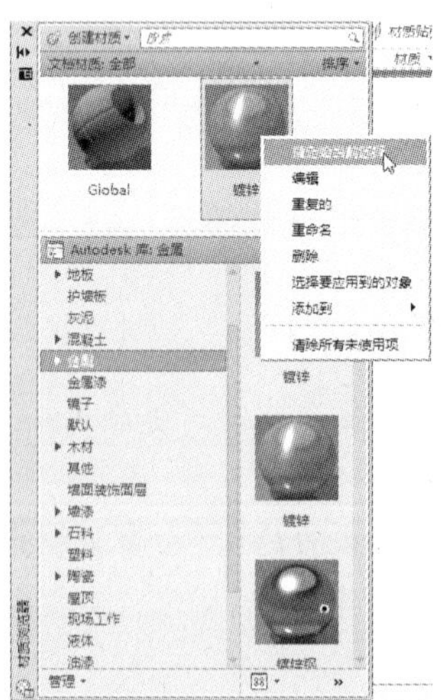

步骤 4：选中绘图区域中的齿轮实体模型，选择完成后，在“材质浏览器”对话框中，右击“镀锌”材质，选择“指定给当前选择”选项，如上右图所示。

步骤 5：单击“渲染”→“渲染”→“渲染面域”命令，将当前齿轮模型进行渲染。

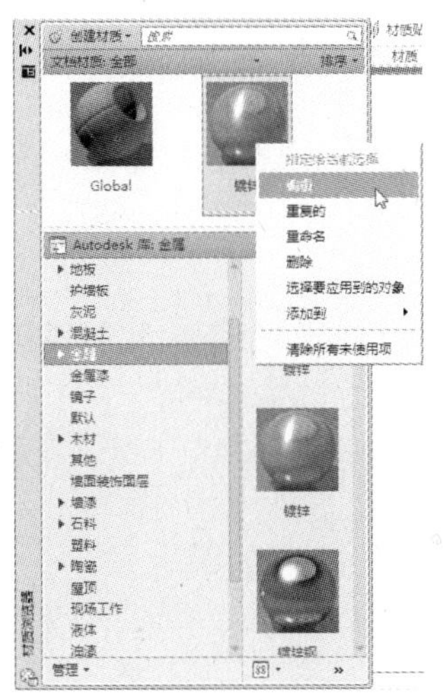

步骤 6：修改赋予的材质。再次打开“材质浏览器”对话框，右击选中“镀锌”材质，选择“编辑”选项，其结果如上左图所示。

步骤 7：在打开的“材质编辑器”对话框中，在“金属”扩展列表中，根据需要设置其参数，如上右图所示。

步骤 8：再次单击“渲染”→“渲染面域”命令，将齿轮实体模型进行渲染。

22. 1. 4 为模型添加灯光并渲染出图

材质赋予好之后，即可将当前模型添加灯光，并将其渲染出图，具体操作步骤如下。

步骤 1：单击“渲染”→“阳光和位置”→“阳光状态”命令，打开“光源－视口光源模式”提示框，单击“使默认光源保持打开状态”选项，如下左图所示。

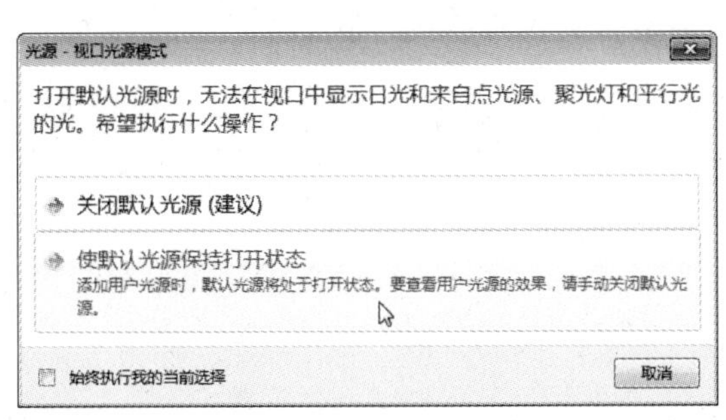

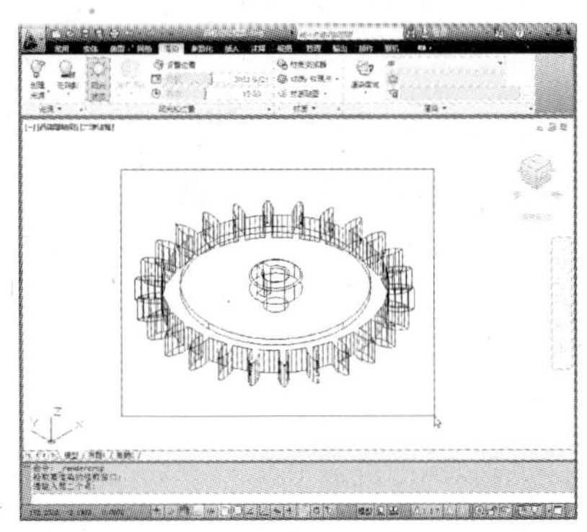

步骤 2：选择完成后，即可启动阳光状态功能，然后单击“渲染”→“渲染面域”命令，将其齿轮模型进行渲染，其结果如上右图所示。

至此，齿轮模型已全部绘制完毕，最后保存文件即可。

22.2 三角垫片的绘制

在绘制三角垫片模型时，所运用到的操作命令有“正多边形”、“圆”、“倒圆角”、“编辑多段线”、“拉伸”以及“差集”等命令。

22.2.1 绘制垫片二维轮廓

垫片二维轮廓图的操作步骤如下。

步骤1：将当前视图设置为俯视图，单击“正多边形”命令，绘制外切圆半径为15 mm的等边三角形，其结果如下左图所示。

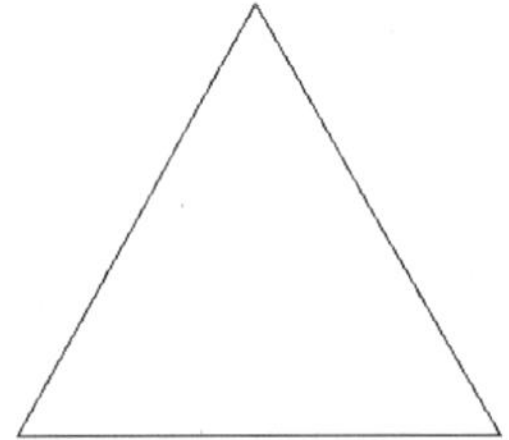

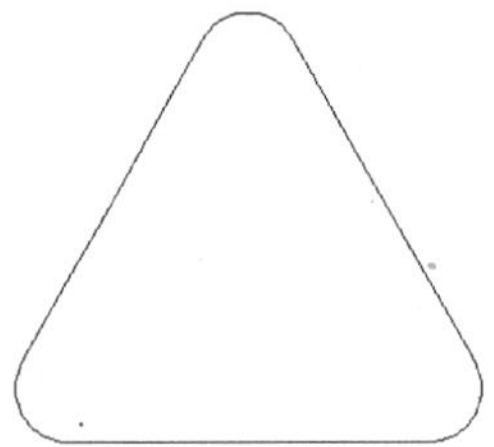

步骤2：单击“倒圆角”命令，将三角形倒圆角，圆角半径为5 mm，其结果如上右图所示。

命令行提示如下：

```
命令：f FILLET
当前设置：模式=修剪，半径=0.0000
选择第一个对象或[放弃(U)/多段线(P)/半径(R)/修剪(T)/多个(M)]：r
                                                    (选择“半径”选项)
指定圆角半径<0.0000>：5                               (输入半径值)
选择第一个对象或[放弃(U)/多段线(P)/半径(R)/修剪(T)/多个(M)]：
                                                (选择三角形两条倒角边)
选择第二个对象，或按住 Shift 键选择对象以应用角点或[半径(R)]：
```

步骤3：单击“弧线”命令，绘制三角形的一条圆弧边，其弧线与三角形圆角相切，其结果如下左图所示。

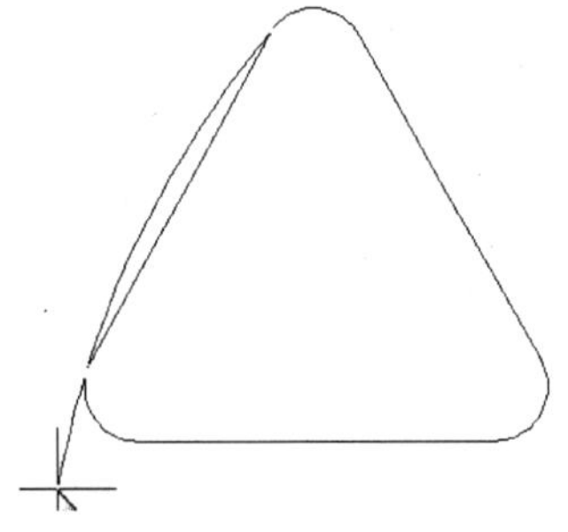

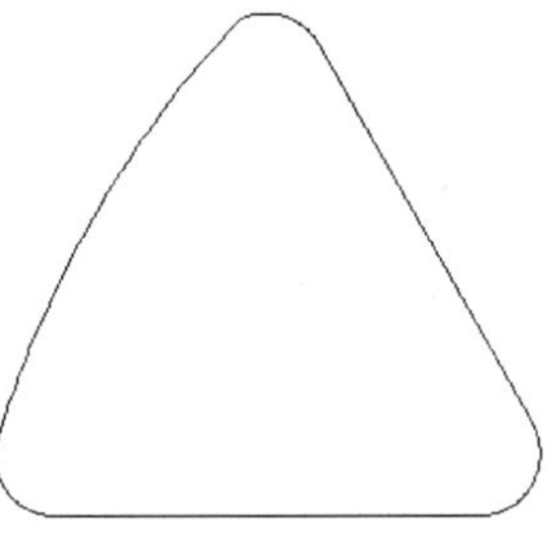

步骤 4：单击“修剪”命令，将多余的线段进行修剪，其结果如上右图所示。

步骤 5：单击“直线”命令，绘制三角形的 3 条中心线，其结果如下左图所示。

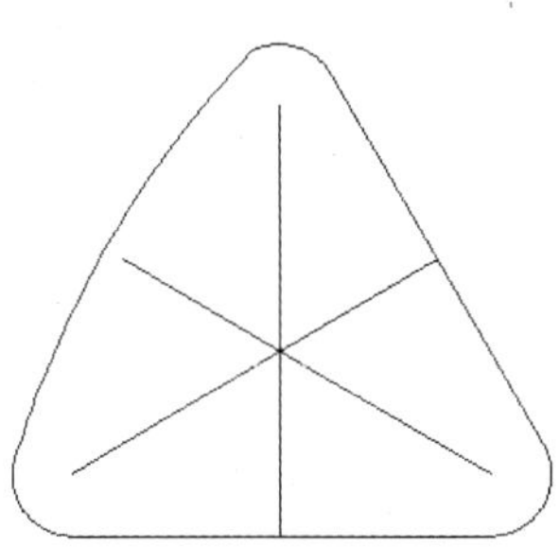

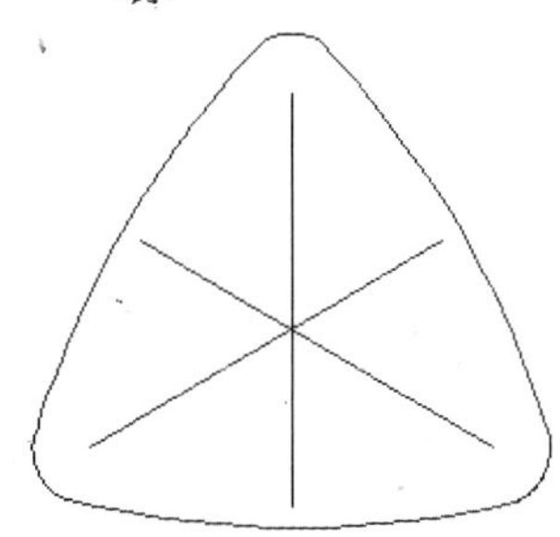

步骤 6：单击“二维镜像”命令，将绘制好的弧线进行镜像，然后单击“修剪”命令，将图形进行修剪，其结果如上右图所示。

命令行提示如下：

```
命令：mi MIRROR 找到 1 个                                    （选择弧线）
指定镜像线的第一点：                                     （选择中心线起点）
指定镜像线的第二点：                                     （选择中心线末点）
要删除源对象吗？[是(Y)/否(N)]<N>：                   （按回车键，完成操作）
```

22.2.2　创建三角垫片三维实体模型

绘制垫片三维实体的操作步骤如下。

步骤 1：将当前视图设置为“西南视图”，单击“编辑多段线”命令，将三角形轮廓编辑成一条多段线，其结果如下左图所示。

命令行提示如下：

```
命令：_pedit 选择多段线或[多条(M)]：                   （选择任意一条线段）
选定的对象不是多段线
是否将其转换为多段线？<Y>                                  （按回车键）
输入选项[闭合(C)/合并(J)/宽度(W)/编辑顶点(E)/拟合(F)/样条曲线(S)/非曲线化
(D)/线型生成(L)/反转(R)/放弃(U)]：j                     （选择“合并”选项）
选择对象：找到 1 个                                  （选择三角形所有线段）
选择对象：找到 1 个，总计 2 个
选择对象：找到 1 个，总计 3 个
选择对象：找到 1 个，总计 4 个
选择对象：找到 1 个，总计 5 个
选择对象：找到 1 个，总计 6 个
选择对象：                                                 （按回车键）
多段线已增加 5 条线段
输入选项[打开(O)/合并(J)/宽度(W)/编辑顶点(E)/拟合(F)/样条曲线(S)/非曲线化
(D)/线型生成(L)/反转(R)/放弃(U)]：                   （按回车键，完成操作）
```

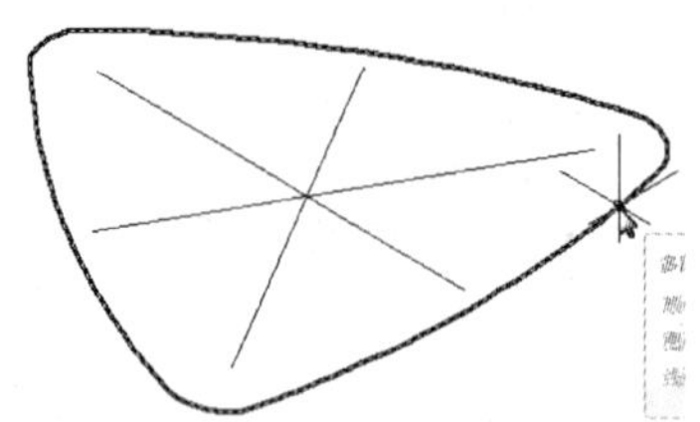

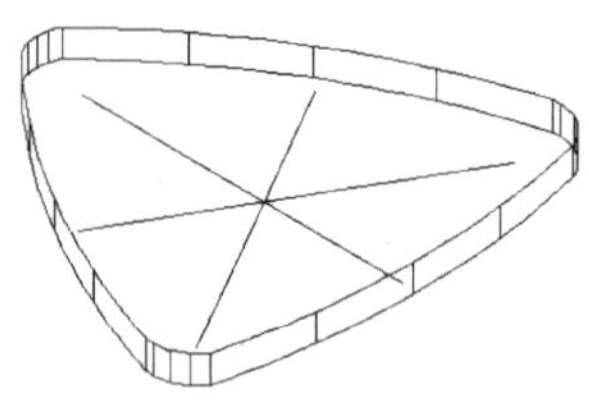

步骤2：单击“建模”→“拉伸”命令，将三角形向Z轴正方向拉伸3 mm，其结果如上右图所示。

命令行提示如下：

```
命令：_extrude
当前线框密度： ISOLINES =4,闭合轮廓创建模式 = 实体
选择要拉伸的对象或[模式(MO)]：_MO 闭合轮廓创建模式[实体(SO)/曲面(SU)]<实体>：_SO
选择要拉伸的对象或[模式(MO)]：找到 1 个
选择要拉伸的对象或[模式(MO)]：
指定拉伸的高度或[方向(D)/路径(P)/倾斜角(T)/表达式(E)]< -18.0000 >：3
```

步骤3：将三维坐标移动至三角模型的中心点，并单击“圆柱体”命令，以坐标原点为底面圆心，绘制底面半径为22.5 mm、高为2 mm的圆柱体，其结果如下左图所示。

命令行提示如下：

```
命令：UCS
当前 UCS 名称：*世界*
指定 UCS 的原点或[面(F)/命名(NA)/对象(OB)/上一个(P)/视图(V)/世界(W)/X/Y/Z/Z 轴(ZA)]<世界>：m                （输入“移动”命令）
指定新原点或[Z 向深度(Z)]<0,0,0>：              （选择三角形模型中心点）
命令：_cylinder
指定底面的中心点或[三点(3P)/两点(2P)/切点、切点、半径(T)/椭圆(E)]：
                                                （捕捉坐标原点）
指定底面半径或[直径(D)]<7.0000>：d                （选择“直径”选项）
指定直径<14.0000>：22.5                            （输入直径值）
指定高度或[两点(2P)/轴端点(A)]<3.0000>：2
                        （向Z轴正方向移动光标，并输入高度值）
```

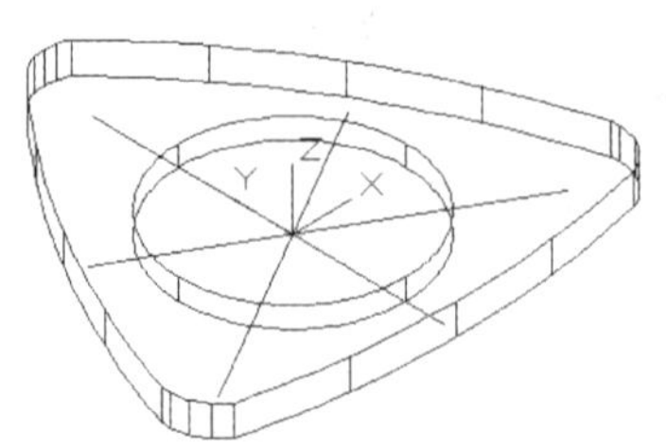

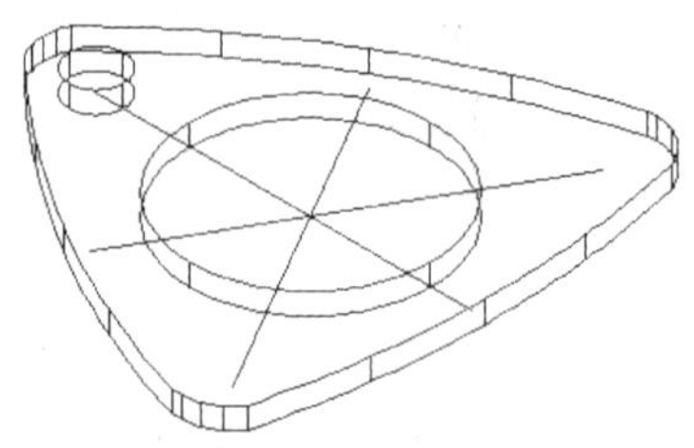

步骤4：将坐标原点放置三角形倒圆角的圆心上，并单击“圆柱体”命令，以坐标原点

为底面圆心，绘制一个直径为 5 mm、高为 2 mm 的圆柱体，其结果如上右图所示。

步骤 5：单击“复制”命令，将绘制的小圆体复制到其他两个倒角圆心上，结果如下左图所示。

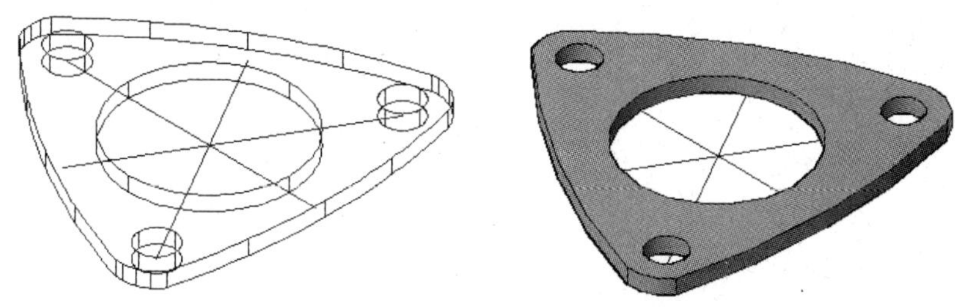

步骤 6：单击“差集”命令，将 4 个圆柱体从三角模型中减去，其结果如上右图所示。

22.2.3　赋予实体贴图

当三角垫片实体模型绘制完毕后，接下来即可对其模型赋予合适贴图，其操作步骤如下。

步骤 1：单击“渲染”→“材质”命令，打开“材质编辑器”对话框，在该对话框中根据需要设置相关贴图选项，其结果如下左图所示。

步骤 2：单击“显示材质浏览器”按钮，打开“材质浏览器”对话框，选中三角模型后，右击设置好的材质贴图，选中“指定给当前选择”选项，如下右图所示。

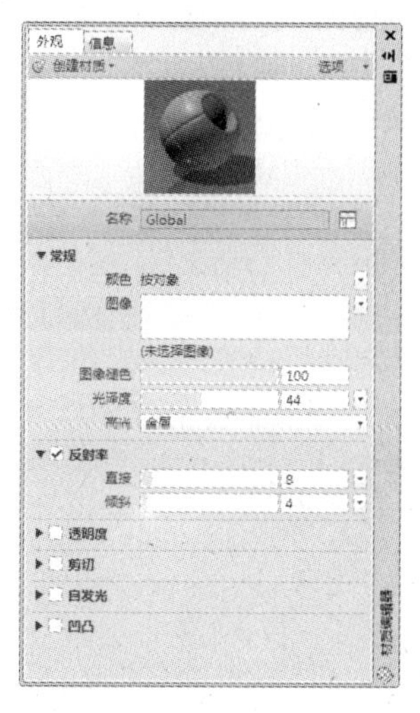

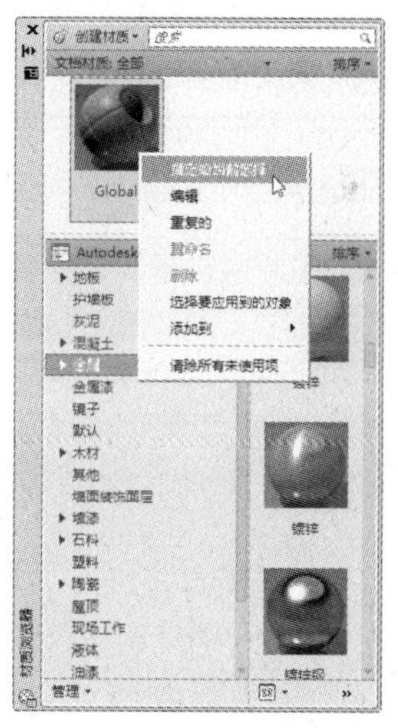

步骤 3：设置完成后，单击“渲染”→“渲染面域”命令，将赋予后的图形进行渲染操作。

22.2.4　渲染模型

赋予材质贴图后，则可将三角垫片模型渲染出图。

步骤 1：单击“渲染”→“阳光和位置”→“阳光状态”命令，在打开的系统提示框后，选择“使默认光源保持打开状态”选项，如下左图所示。

步骤 2：单击“渲染”→“渲染”→“渲染”命令，则可打开“渲染”对话框，稍等

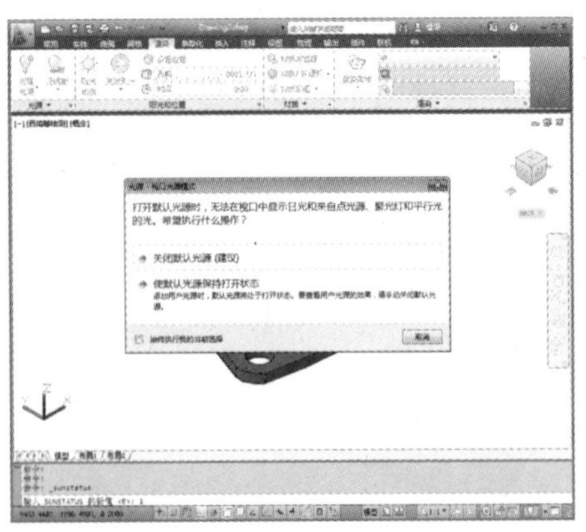

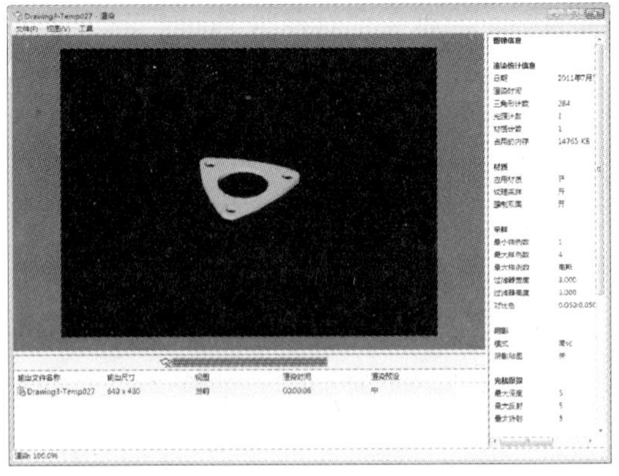

片刻，即可渲染出图，结果如上右图所示。

至此，三角垫片模型已绘制完成，最后保存文件即可。

操作提示：

在AutoCAD中，材质贴图的方式有几种，常用的有“漫射贴图”、“不透明贴图”以及“凹凸贴图”等。其中“漫射贴图”是AutoCAD系统默认的贴图方式，也是用户最为常用的方式；而“不透明贴图”方式是根据二维图形的颜色来控制对象表面的透明区域，在贴图中，白色部分对应的区域为不透明，而黑色对应的则是全透明，其他颜色将根据灰度的程度决定相应区域的透明度；“凹凸贴图”方式其特点是根据贴图材质的颜色来控制对象表面的凹凸程度，从而产生浮雕的效果，在贴图中，白色对应的区域凸起，黑色对应的区域凹陷，而其他颜色则根据灰度程度决定凹凸程度。

第 23 章　工业产品模型的绘制

本章概述：

产品模型设计是属于工业设计的一大类，而它是以工学、美学、经济学为基础对工业产品进行的设计，其理念是“在符合各方面需求的基础上，兼具特色”。工业设计在企业中有着广阔的应用空间。本章将以三通模型为例，结合 CAD 中的三维操作命令，来介绍三维产品模型的绘制方法及技巧。

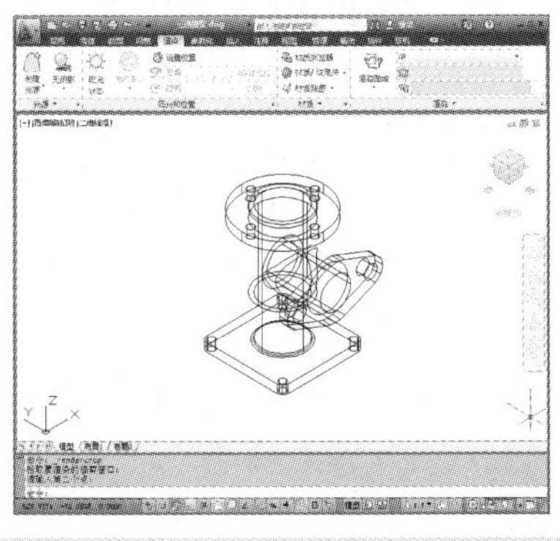

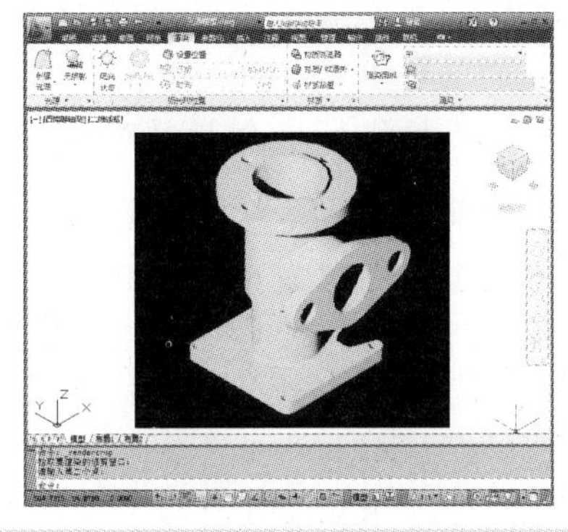

23.1　绘制三通模型轮廓

三通模型主要是将径直的管道进行分支，从而对不同接口的管道进行连接。在绘制的过程中所运用到的操作命令有“拉伸”、“三维镜像”、“差集”以及“并集”等。

23.1.1　绘制方形接头和通体孔

三通底座和通体孔的绘制方法如下。

步骤 1： 单击“视图”→“视图”→“视图”命令，将当前视图设置为俯视图，如下左图所示。

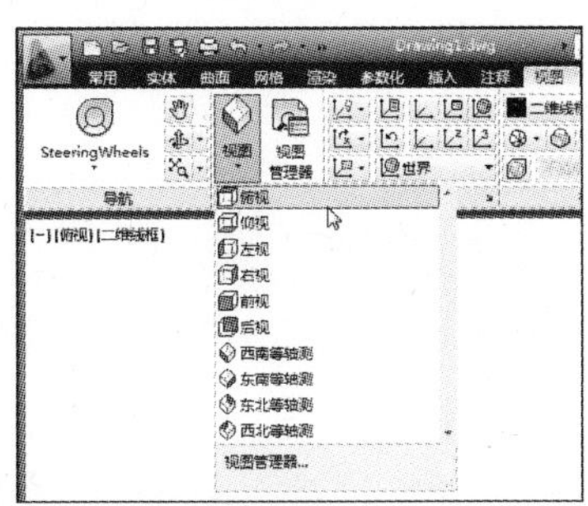

步骤2：单击“矩形”命令，绘制一个长为80 mm、宽为80 mm的矩形，并将其进行倒圆角，圆角半径为5 mm，其结果如上右图所示。

命令行提示如下：

```
命令：rec RECTANG
指定第一个角点或[倒角(C)/标高(E)/圆角(F)/厚度(T)/宽度(W)]：      (任意指定一点)
指定另一个角点或[面积(A)/尺寸(D)/旋转(R)]：@80,80                (输入长、宽值)
命令：f FILLET
当前设置：模式=修剪,半径=0.0000
选择第一个对象或[放弃(U)/多段线(P)/半径(R)/修剪(T)/多个(M)]：r
                                                          (选择“半径”选项)
指定圆角半径<0.0000>：5                                      (输入半径值)
选择第一个对象或[放弃(U)/多段线(P)/半径(R)/修剪(T)/多个(M)]：
                                                      (选择所需倒角的两条边)
选择第二个对象,或按住 Shift 键选择对象以应用角点或[半径(R)]：
```

步骤3：将当前视图设置为西南视图，单击“建模”→“拉伸”命令，将矩形向Z轴正方向进行拉伸，拉伸距离为8 mm，其结果如下左图所示。

命令行提示如下：

```
命令：_extrude
当前线框密度： ISOLINES=4,闭合轮廓创建模式=实体
选择要拉伸的对象或[模式(MO)]：_MO 闭合轮廓创建模式[实体(SO)/曲面(SU)]
<实体>：_SO
选择要拉伸的对象或[模式(MO)]：找到 1 个                          (选择矩形)
选择要拉伸的对象或[模式(MO)]：                                  (按回车键)
指定拉伸的高度或[方向(D)/路径(P)/倾斜角(T)/表达式(E)]：8          (输入拉伸值)
```

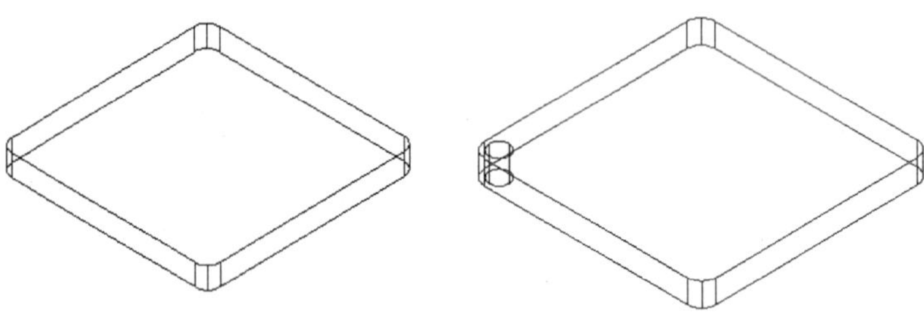

步骤4：单击“圆柱体”命令，以倒圆角的圆心为圆心，绘制一个底面直径为7 mm、高为8 mm的圆柱体作为螺孔，如上右图所示。

命令行提示如下：

```
命令：_cylinder
指定底面的中心点或[三点(3P)/两点(2P)/切点、切点、半径(T)/椭圆(E)]：
                                                          (指定圆角圆心)
指定底面半径或[直径(D)]：d                                  (选择“直径”选项)
```

```
指定直径：7                                                    （输入直径数值）
指定高度或[两点(2P)/轴端点(A)] <8.0000>： -8
                                        （向 z 轴反方向移动光标，输入高度值）
```

步骤 5：单击“三维镜像”命令，将绘制好的螺孔进行镜像，其结果如下左图所示。

命令行提示如下：

```
命令：_mirror3d
选择对象：找到 1 个                                            （选择螺孔实体）
选择对象：                                                      （按回车键）
指定镜像平面（三点）的第一个点或[对象(O)/最近的(L)/Z 轴(Z)/视图(V)/XY 平面
(XY)/YZ 平面(YZ)/ZX 平面(ZX)/三点(3)] <三点>：yz         （选择“yz”镜像平面）
指定 YZ 平面上的点 <0,0,0>：                     （选择方体顶面左上边线的中点）
是否删除源对象？[是(Y)/否(N)] <否>：                     （按回车键，完成操作）
命令： MIRROR3D
选择对象：找到 1 个                                    （选中绘制好的螺孔实体）
选择对象：找到 1 个，总计 2 个
选择对象：                                                      （按回车键）
指定镜像平面（三点）的第一个点或[对象(O)/最近的(L)/Z 轴(Z)/视图(V)/XY 平面
(XY)/YZ 平面(YZ)/ZX 平面(ZX)/三点(3)] <三点>：zx         （选择“zx”镜像平面）
指定 ZX 平面上的点 <0,0,0>：                     （选择方体顶面左下边线的中点）
是否删除源对象？[是(Y)/否(N)] <否>：                     （按回车键，完成操作）
```

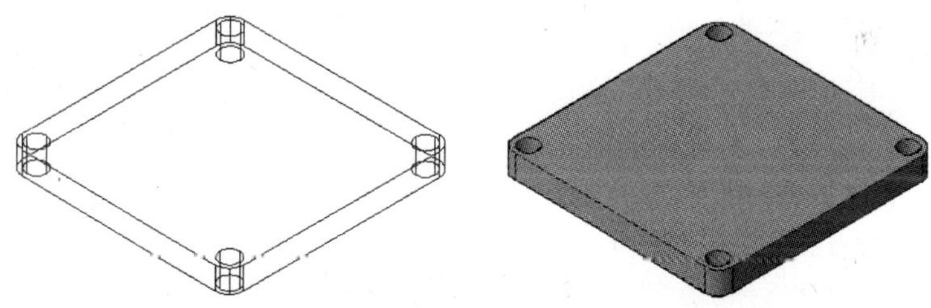

步骤 6：单击“差集”命令，将做镜像后的 4 个螺孔从长方体中减去，其结果如上右图所示。

命令行提示如下：

```
命令：_subtract 选择要从中减去的实体、曲面和面域...
选择对象：找到 1 个                                              （选择长方体）
选择对象： 选择要减去的实体、曲面和面域...
选择对象：找到 1 个                                         （选择 4 个螺孔实体）
选择对象：找到 1 个，总计 2 个
选择对象：找到 1 个，总计 3 个
选择对象：找到 1 个，总计 4 个
选择对象：                                                （按回车键，完成操作）
```

步骤7：单击“直线”命令，绘制方体顶面两条中轴线，其结果如下左图所示。

步骤8：单击“圆柱体”命令，捕捉两条中轴线的交点，绘制底面直径为40mm、高为40mm，以及底面直径为28mm、高为40mm的两个圆柱体，其结果如下右图所示。

命令行提示如下：

```
命令：_cylinder
指定底面的中心点或[三点(3P)/两点(2P)/切点、切点、半径(T)/椭圆(E)]：
                                                        （捕捉轴线中心点）
指定底面半径或[直径(D)]：d                              （选择“直径”选项）
指定直径：40                                            （输入直径距离）
指定高度或[两点(2P)/轴端点(A)]：40                      （输入高度值）
命令： CYLINDER
指定底面的中心点或[三点(3P)/两点(2P)/切点、切点、半径(T)/椭圆(E)]：
                                                        （捕捉轴线中心点）
指定底面半径或[直径(D)]<20.0000>：d                     （选择“直径”选项）
指定直径<40.0000>：28                                   （输入直径距离）
指定高度或[两点(2P)/轴端点(A)]<40.0000>：40             （输入高度值）
```

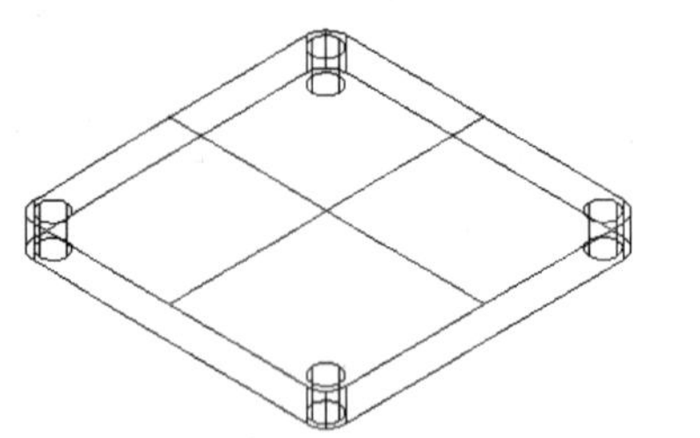

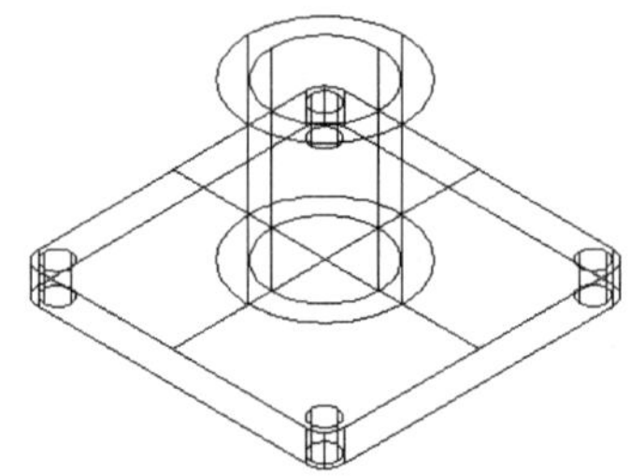

步骤9：单击“并集”命令，将方形接头与直径为40mm的圆柱体合并，结果如下左图所示。

命令行提示如下：

```
命令：_union
选择对象：找到 1 个                                     （选择方形接头）
选择对象：找到 1 个，总计 2 个                          （选择直径为40mm的圆柱体）
选择对象：                                              （按回车键，完成操作）
```

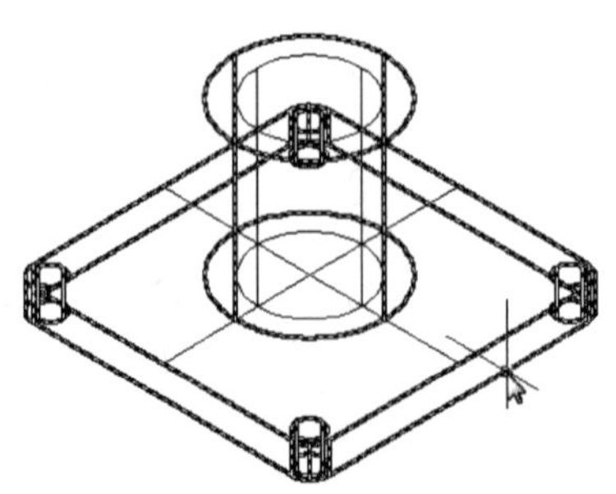

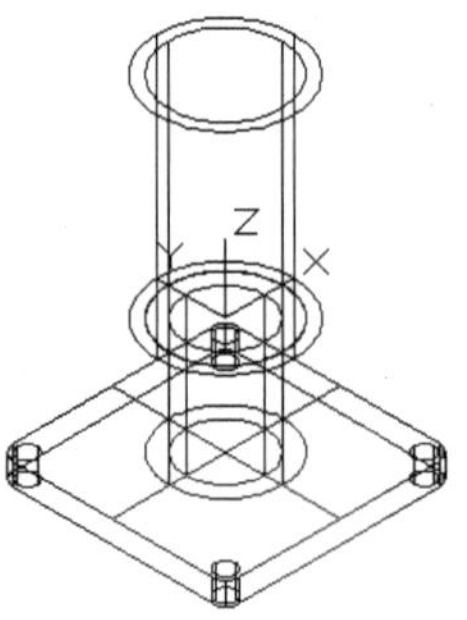

步骤10：设置用户坐标，单击“圆柱体”命令，以坐标原点为圆心，绘制两个圆柱体，如上右图所示。

命令行提示如下：

```
命令：UCS                                                          （输入“ucs”命令）
当前 UCS 名称：*世界*
指定 UCS 的原点或[面(F)/命名(NA)/对象(OB)/上一个(P)/视图(V)/世界(W)/X/Y/
Z/Z 轴(ZA)]<世界>：m                                              （输入“移动”命令）
指定新原点或[Z 向深度(Z)]<0,0,0>：                        （捕捉刚绘制的圆柱体的圆心）
命令：_cylinder
指定底面的中心点或[三点(3P)/两点(2P)/切点、切点、半径(T)/椭圆(E)]：
                                                                    （捕捉坐标原点）
指定底面半径或[直径(D)]<24.0000>：d                                （选择“直径”选项）
指定直径<48.0000>：40                                            （输入底面直径数值）
指定高度或[两点(2P)/轴端点(A)]<73.0000>:73                      （输入圆柱体高度值）
命令： CYLINDER
指定底面的中心点或[三点(3P)/两点(2P)/切点、切点、半径(T)/椭圆(E)]：
                                                                    （捕捉坐标原点）
指定底面半径或[直径(D)]<20.0000>：d                                （选择“直径”选项）
指定直径<40.0000>：48                                            （输入底面直径数值）
指定高度或[两点(2P)/轴端点(A)]<73.0000>：                       （按回车键，完成操作）
```

步骤11：再次单击“圆柱体”命令，绘制2个圆柱体，其结果如下左图所示。

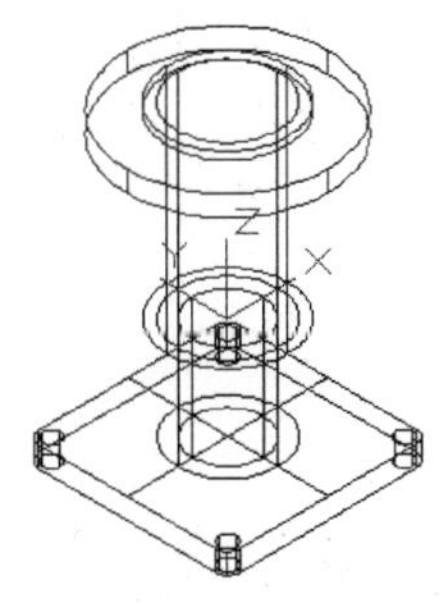

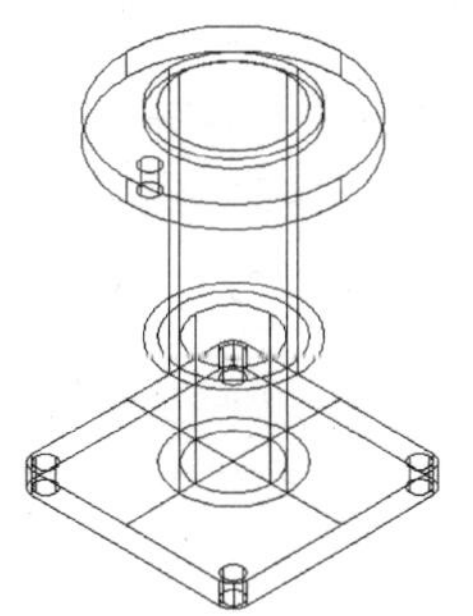

命令行提示如下：

```
命令：_cylinder
指定底面的中心点或[三点(3P)/两点(2P)/切点、切点、半径(T)/椭圆(E)]：0,0,70
                                                                      （指定圆心值）
指定底面半径或[直径(D)]<24.0000>：d                                （选择“直径”选项）
指定直径<48.0000>：48                                                （输入直径值）
指定高度或[两点(2P)/轴端点(A)]<73.0000>：3                            （输入高度值）
命令： CYLINDER
```

```
指定底面的中心点或[三点(3P)/两点(2P)/切点、切点、半径(T)/椭圆(E)]: 0,0,62
                                                              (指定圆心值)
指定底面半径或[直径(D)] <24.0000>: d                      (选择"直径"选项)
指定直径 <48.0000>: 80                                        (输入直径值)
指定高度或[两点(2P)/轴端点(A)] <3.0000>: 8                    (输入高度值)
```

步骤 12：单击“圆柱体”命令，绘制一个底面直径为 7 mm、高为 8 mm 的螺孔，放置圆形接头合适位置，其结果如上右图所示。

步骤 13：单击菜单栏中的“修改”→“三维操作”→“三维阵列”命令，将刚绘制的轴孔进行环形阵列，其结果如下左图所示。

命令行提示如下：

```
命令: _3darray
选择对象: 找到 1 个                                          (选取轴孔)
选择对象:                                                    (按回车键)
输入阵列类型[矩形(R)/环形(P)] <矩形>:p                  (选择"环形"选项)
输入阵列中的项目数目: 4                                    (输入阵列数目)
指定要填充的角度 (+=逆时针, -=顺时针) <360>:                 (按回车键)
旋转阵列对象? [是(Y)/否(N)] <Y>:                             (按回车键)
指定阵列的中心点:                                  (捕捉圆柱体顶面圆心)
指定旋转轴上的第二点:                              (捕捉圆柱体底面圆心)
```


操作提示：

在绘制长方体或圆柱体等简单几何模型时，除了可以使用三维命令里中“长方体”“圆柱体”等命令之外，还可以运用二维功能中的“矩形”或“圆形”命令，先根据尺寸绘制出长方体或圆柱体的横截面，然后选择三维建模里的“拉伸”命令，即可将该横截面拉伸成所需的实体。当然，两种方法都可以使用，而后者也经常用于绘制不规则模块。

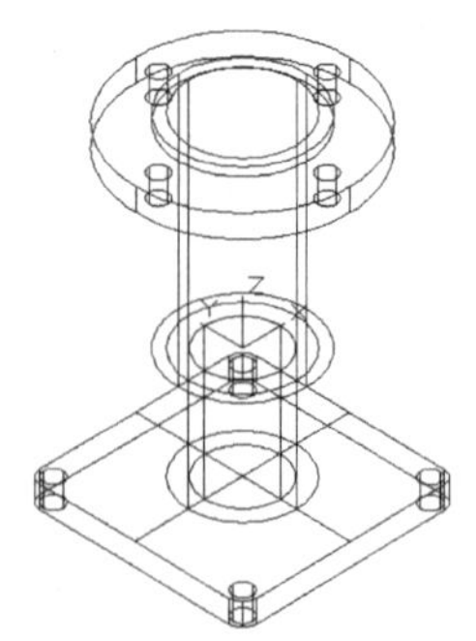

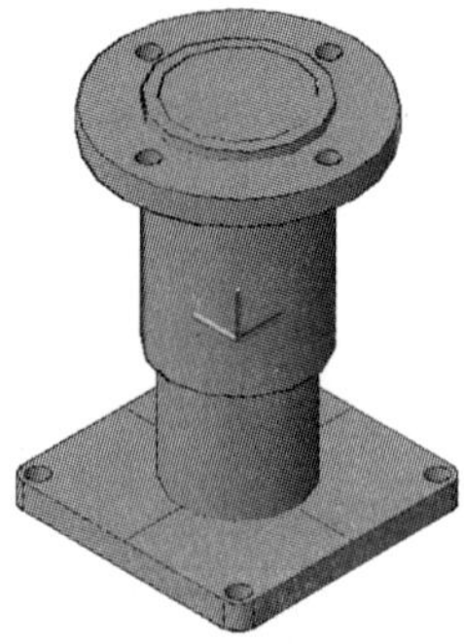

步骤 14：单击“差集”命令，将 4 个螺孔从圆形接头中减去，其结果如上右图所示。

```
命令：_subtract 选择要从中减去的实体、曲面和面域...
选择对象：找到 1 个                                    （选择圆形接头）
选择对象：  选择要减去的实体、曲面和面域...
选择对象：找到 1 个                                    （选择 4 个螺孔）
    选择对象：找到 1 个，总计 2 个
    选择对象：找到 1 个，总计 3 个
    选择对象：找到 1 个，总计 4 个
    选择对象：                                    （按回车键，完成操作）
```

步骤 15：单击“并集”命令，将圆柱直径为 48 mm、高为 73 mm，直径为 80 mm、高为 8 mm 以及直径为 48 mm、高为 3 mm 的 3 个圆柱体进行合并，如下左图所示。

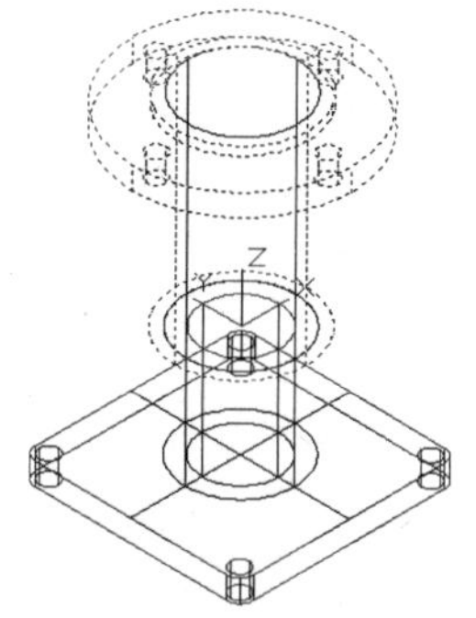

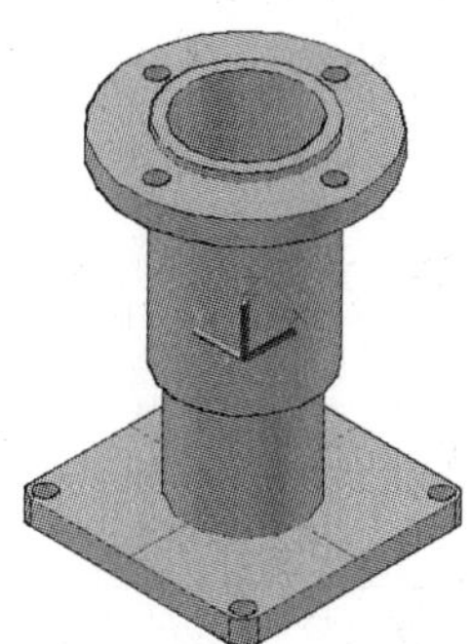

步骤 16：单击“差集”命令，将直径为 40 mm、高为 73 mm 的圆柱体从刚合并后的图形中减去，完成模型通孔的绘制，其结果如上右图所示。

命令行提示如下：

```
命令：_subtract 选择要从中减去的实体、曲面和面域...
选择对象：找到 1 个         （选择直径为 40 mm，高 73 mm 的圆柱体，按回车键）
选择对象：  选择要减去的实体、曲面和面域...
选择对象：找到 1 个                              （选择合并后的实体图形）
选择对象：                                      （按回车键，完成操作）
```

23.1.2 绘制模型各分支接头

三通各分支接头模型的绘制方法如下。

步骤 1：新建用户坐标，将该坐标向 Z 轴移动 65mm，并绕 X 轴方向旋转 90°，结果如下左图所示。

命令行提示如下：

```
命令：UCS
当前 UCS 名称：*俯视*
指定 UCS 的原点或[面(F)/命名(NA)/对象(OB)/上一个(P)/视图(V)/世界(W)/X/Y/
Z/Z 轴(ZA)]<世界>：m                                （输入“移动”命令）
```

```
指定新原点或[Z 向深度(Z)]<0,0,0>:                                (移至方形接头轴中心)
命令: UCS                                                          (按回车键)
当前 UCS 名称: *俯视*
指定 UCS 的原点或[面(F)/命名(NA)/对象(OB)/上一个(P)/视图(V)/世界(W)/X/Y/
Z/Z 轴(ZA)]<世界>: m                                            (输入"移动"命令)
指定新原点或[Z 向深度(Z)]<0,0,0>: 0,0,65                          (输入坐标原点值)
命令: UCS                                                          (按回车键)
当前 UCS 名称: *俯视*
指定 UCS 的原点或[面(F)/命名(NA)/对象(OB)/上一个(P)/视图(V)/世界(W)/X/Y/
Z/Z 轴(ZA)]<世界>: x                                                (选择 x 轴)
指定绕 X 轴的旋转角度<90>:                                          (按回车键)
```

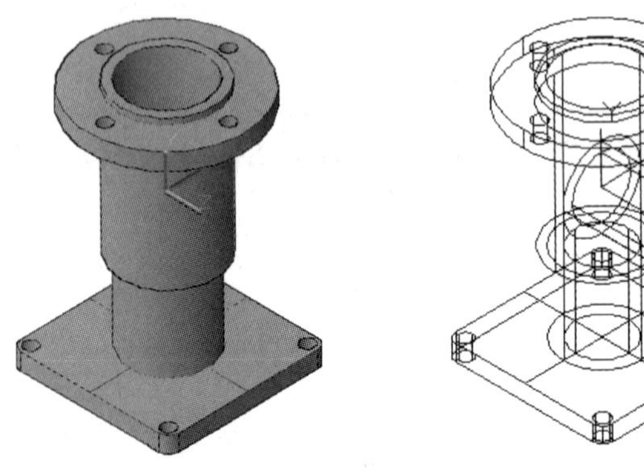

步骤2：单击“圆柱体”命令，以坐标原点为底面圆心，绘制底面直径为40 mm、高为52 mm 和直径为30 mm、高为52 mm 的两个同心圆柱，其结果如上右图所示。

命令行提示如下：

```
命令: _cylinder
指定底面的中心点或[三点(3P)/两点(2P)/切点、切点、半径(T)/椭圆(E)]: 0,0,0
                                                                    (输入原点)
指定底面半径或[直径(D)]<3.5000>: d                              (选择"直径"选项)
指定直径<7.0000>: 40                                              (输入直径值)
指定高度或[两点(2P)/轴端点(A)]<8.0000>: 52                        (输入圆柱高度)
命令: _cylinder
指定底面的中心点或[三点(3P)/两点(2P)/切点、切点、半径(T)/椭圆(E)]: (捕捉圆心)
指定底面半径或[直径(D)]<20.0000>: d                             (选择"直径"选项)
指定直径<40.0000>: 30                                             (输入直径值)
指定高度或[两点(2P)/轴端点(A)]<52.0000>:                      (按回车键,完成操作)
```

步骤3：单击“并集”命令，将方形接头与直径为40 mm、高为52 mm 的圆柱进行合并，其结果如下左图所示。

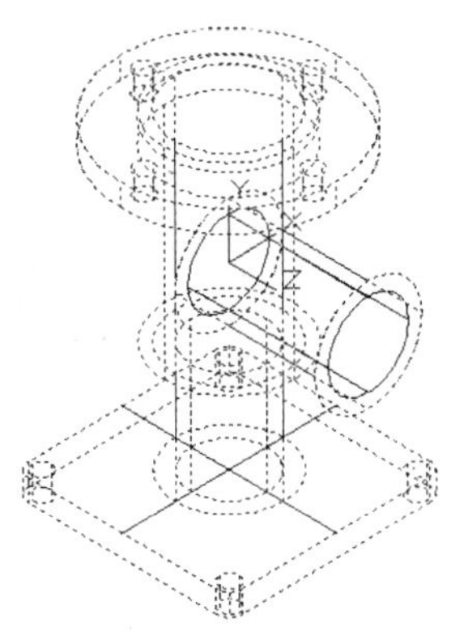

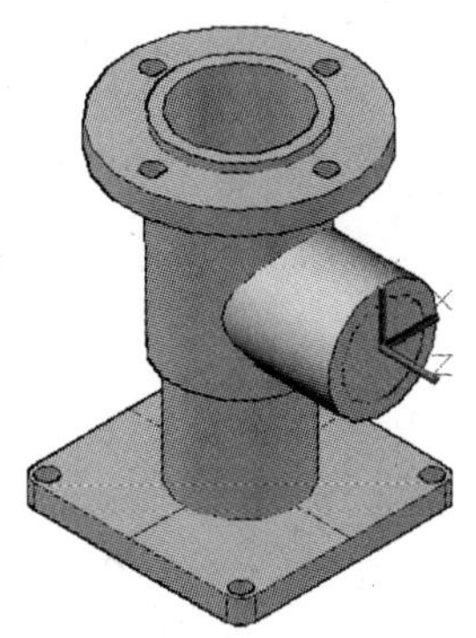

步骤 4：设置用户坐标，将坐标原点向 Z 轴移至分支接头圆柱顶面圆心上，其结果如上右图所示。

命令行提示如下：

命令：UCS　　　　　　　　　　　　　　　　　　　　　　　　（输入“UCS”命令）
当前 UCS 名称：*没有名称*
指定 UCS 的原点或[面(F)/命名(NA)/对象(OB)/上一个(P)/视图(V)/世界(W)/X/Y/Z/Z 轴(ZA)]<世界>：m　　　　　　　　　　　　　（输入“移动”命令）
指定新原点或[Z 向深度(Z)]<0,0,0>：　　　　　　　　　　（捕捉分支圆柱顶面圆心）

步骤 5：单击“圆”命令，以坐标原点为圆心，绘制一个直径为 50mm 的圆形，如下左图所示。

命令行提示如下：

命令：c CIRCLE
指定圆的圆心或[三点(3P)/两点(2P)/切点、切点、半径(T)]：　　　　（捕捉坐标原点）
指定圆的半径或[直径(D)]：d　　　　　　　　　　　　　　　（选择“直径”选项）
指定圆的直径：50　　　　　　　　　　　　　　　　　　　　　（输入圆直径值）

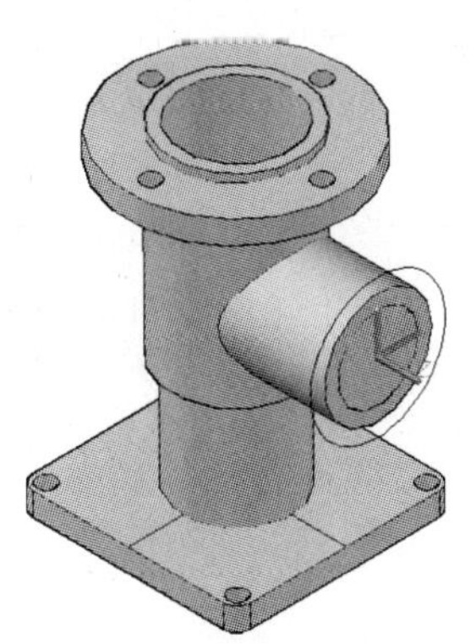

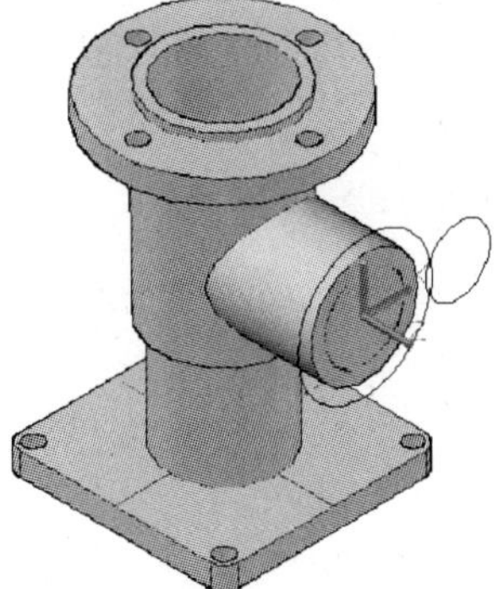

步骤 6：单击“圆”命令，在刚绘制的圆形旁侧，绘制一个半径为 12mm 的小圆形，其结果如上右图所示。

命令行提示如下：

```
命令：c CIRCLE 指定圆的圆心或[三点(3P)/两点(2P)/切点、切点、半径(T)]：tt
                                                              (输入"tt")
指定临时对象追踪点：                                          (选择坐标原点)
指定圆的圆心或[三点(3P)/两点(2P)/切点、切点、半径(T)]：35     (输入偏移距离值)
指定圆的半径或[直径(D)]<25.0000>：12                          (输入半径距离值)
```

步骤7：单击“三维镜像”命令，将半径为12 mm的圆，以YZ平面进行镜像，如下左图所示。

命令行提示如下：

```
命令：_mirror3d
选择对象：找到 1 个                                           (选择小圆形)
选择对象：                                                    (按回车键)
指定镜像平面（三点）的第一个点或[对象(O)/最近的(L)/Z 轴(Z)/视图(V)/XY 平面
(XY)/YZ 平面(YZ)/ZX 平面(ZX)/三点(3)]<三点>：yz                (选择 YZ 平面)
指定 YZ 平面上的点<0,0,0>：                                   (选择坐标原点)
是否删除源对象？[是(Y)/否(N)]<否>：                          (按回车键,完成操作)
```

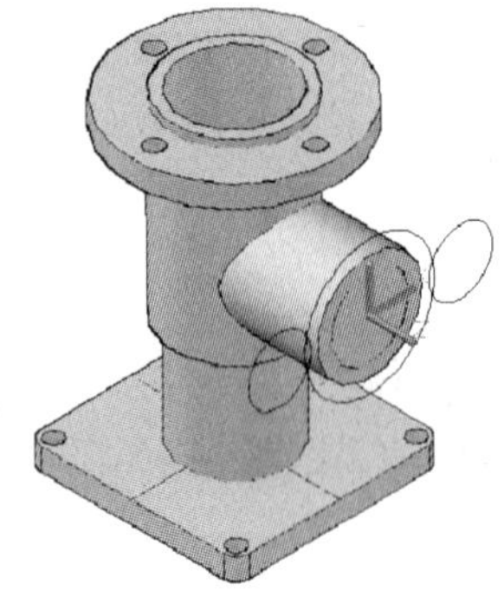

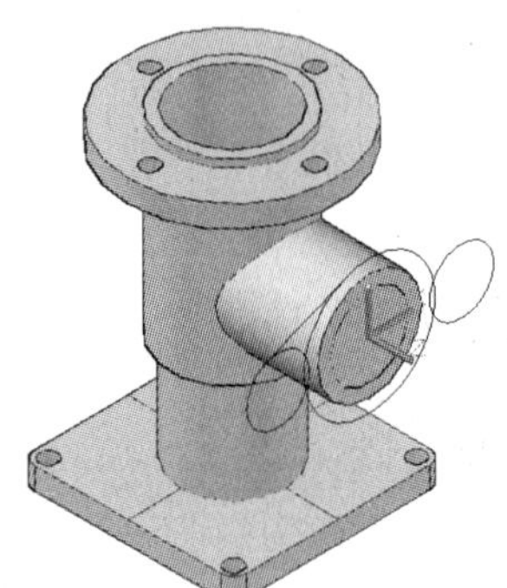

步骤8：单击“直线”命令，绘制直径为50 mm和半径为12 mm的相切线，结果如上右图所示。

命令行提示如下：

```
命令：l LINE 指定第一点：tan 到                 (输入"tan",捕捉小圆的切点)
指定下一点或[放弃(U)]：tan 到                   (输入"tan",捕捉大圆的切点)
指定下一点或[放弃(U)]：                         (按回车键)
```

步骤9：单击“三维镜像”命令，将刚绘制的相切线进行三维镜像，其结果如下左图所示。

命令提示如下：

```
命令：_mirror3d
选择对象：找到 1 个                                           (选择相切线)
选择对象：                                                    (按回车键)
```

指定镜像平面（三点）的第一个点或[对象(O)/最近的(L)/Z 轴(Z)/视图(V)/XY 平面(XY)/YZ 平面(YZ)/ZX 平面(ZX)/三点(3)]<三点>：yz （选择"yz"镜像平面）
指定 YZ 平面上的点<0,0,0>： （选择坐标原点）
是否删除源对象？[是(Y)/否(N)]<否>： （按回车键）
命令：_mirror3d
选择对象：找到 1 个 （选择所有相切线）
选择对象：找到 1 个，总计 2 个
选择对象： （按回车键）
指定镜像平面（三点）的第一个点或[对象(O)/最近的(L)/Z 轴(Z)/视图(V)/XY 平面(XY)/YZ 平面(YZ)/ZX 平面(ZX)/三点(3)]<三点>：zx （选择"zx"镜像平面）
指定 ZX 平面上的点<0,0,0>： （选择坐标原点）
是否删除源对象？[是(Y)/否(N)]<否>： （按回车键）

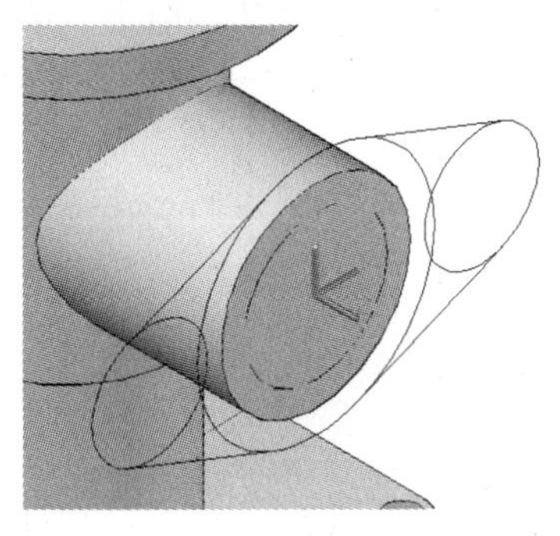
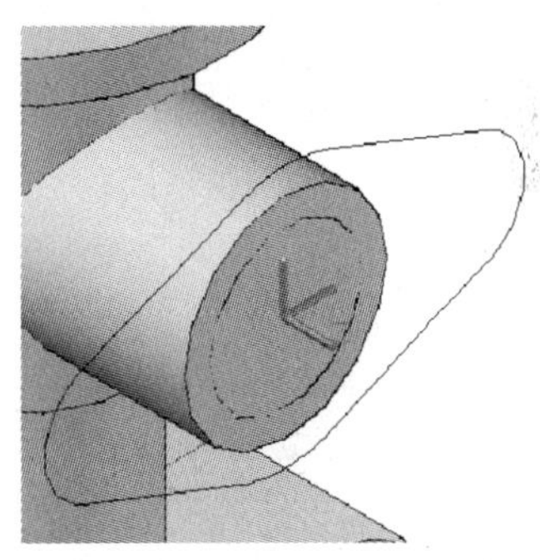

步骤 10：单击"修剪"命令，修剪绘制的线段，其结果如上右图所示。

步骤 11：单击"面域"命令，将其线段转换成面域，并单击"拉伸"命令，将其向 Z 轴负方向拉伸 8 mm，其结果如下左图所示。

命令行提示如下：

命令：_region
选择对象：指定对角点：找到 3 个 （选中所有修剪的线段）
选择对象：找到 1 个，总计 8 个
选择对象：找到 1 个，总计 9 个
选择对象： （按回车键，完成操作）
已提取 1 个环。
已创建 1 个面域。
命令：_extrude
当前线框密度： ISOLINES =4，闭合轮廓创建模式 = 实体
选择要拉伸的对象或[模式(MO)]：_MO 闭合轮廓创建模式[实体(SO)/曲面(SU)]<实体>：_SO
选择要拉伸的对象或[模式(MO)]：找到 1 个 （选择创建的面域）

```
选择要拉伸的对象或[模式(MO)]:                                        (按回车键)
指定拉伸的高度或[方向(D)/路径(P)/倾斜角(T)/表达式(E)]<52.0000>: -8
                                                                     (输入拉伸值)
```

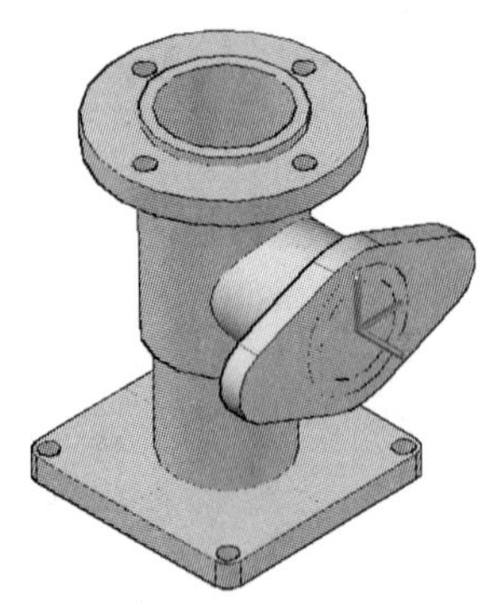
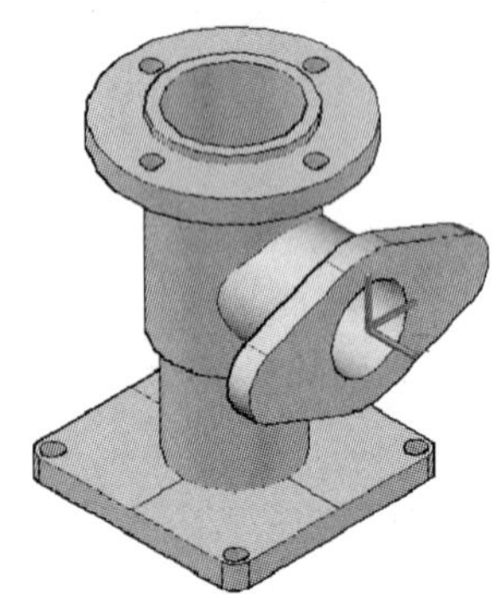

步骤12：单击“并集”命令，将方形接头和分支轮廓进行合并，单击“差集”命令，将底面直径为30 mm、高为52 mm的圆柱体，从合并后的图形中减去，其结果如上右图所示。

命令行提示如下：

```
命令:_union
选择对象:找到 1 个                                          (选择方形接头实体)
选择对象:找到 1 个,总计 2 个                                (选择分支接头实体)
选择对象:                                                   (按回车键,完成合并)
命令:_subtract 选择要从中减去的实体、曲面和面域...
选择对象:找到 1 个                                          (选择合并后的实体)
选择对象:  选择要减去的实体、曲面和面域...
选择对象:找到 1 个                      (选择直径为30mm,高52mm的圆柱体)
   选择对象:                                                (按回车键,完成操作)
```


步骤13：单击“圆”命令，绘制一个直径为13 mm的圆，并将向Z轴负方向拉伸为8 mm，其结果如下左图所示。

命令行提示如下：

```
命令:c CIRCLE 指定圆的圆心或[三点(3P)/两点(2P)/切点、切点、半径(T)]:tt
                                                                (输入“tt”)
指定临时对象追踪点:                                          (选择坐标原点)
指定圆的圆心或[三点(3P)/两点(2P)/切点、切点、半径(T)]:35     (输入圆心坐标值)
指定圆的半径或[直径(D)]:d                                    (选择“直径”选项)
指定圆的直径:13                                              (输入直径值)
命令:_extrude
当前线框密度:  ISOLINES =4,闭合轮廓创建模式 = 实体
```

```
选择要拉伸的对象或[模式(MO)]：_MO 闭合轮廓创建模式[实体(SO)/曲面(SU)]
<实体>：_SO
选择要拉伸的对象或[模式(MO)]：找到 1 个                    (选择圆形)
选择要拉伸的对象或[模式(MO)]：                            (按回车键)
指定拉伸的高度或[方向(D)/路径(P)/倾斜角(T)/表达式(E)]<-8.0000>：-8
                                                      (输入拉伸高度)
```

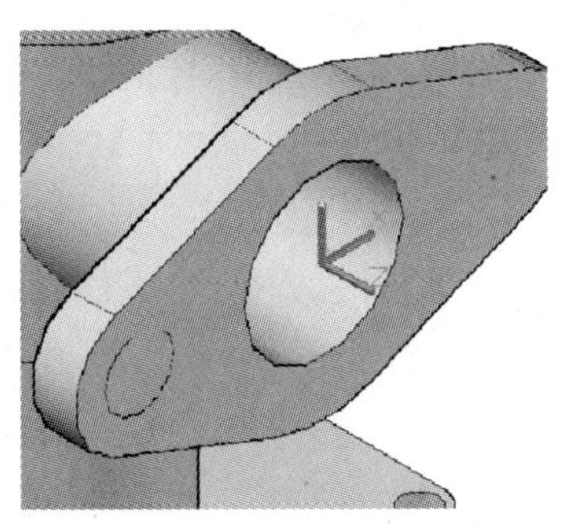

步骤 14：单击“三维镜像”命令，将拉伸好的圆柱体以 YZ 镜像平面，进行镜像，其结果如上右图所示。

命令行提示如下：

```
命令：_mirror3d
选择对象：找到 1 个                                  (选择刚拉伸的圆柱体)
选择对象：                                              (按回车键)
指定镜像平面（三点）的第一个点或[对象(O)/最近的(L)/Z 轴(Z)/视图(V)/XY 平面
(XY)/YZ 平面(YZ)/ZX 平面(ZX)/三点(3)]<三点>：yz          (选择“yz”平面)
指定 YZ 平面上的点<0,0,0>：                             (选择坐标原点)
是否删除源对象？[是(Y)/否(N)]<否>：                      (按回车键)
```

步骤 15：单击“差集”命令，将镜像后的圆柱体从三通实体模型中减去，结果如下左图所示。

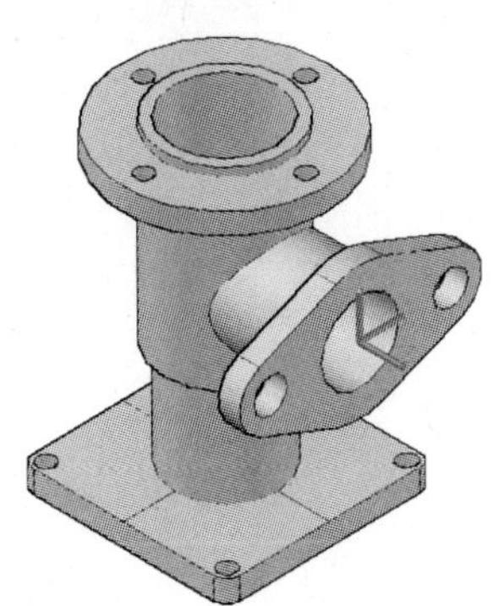

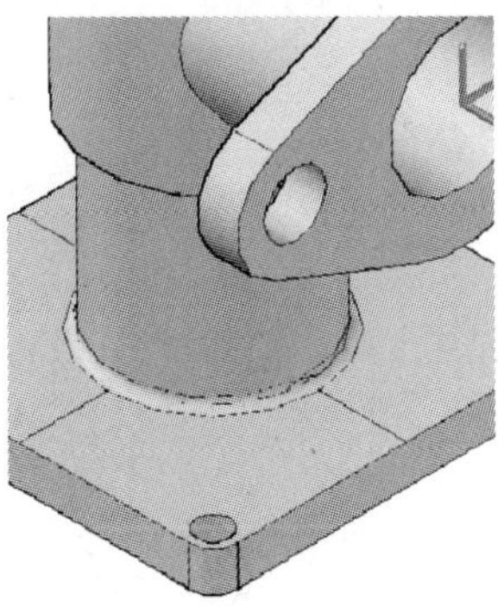

步骤 16：单击“倒圆角”命令，将该实体的通孔与方体接头连接边进行倒圆角，圆角半径为 2 mm，其结果如上右图所示。

命令行提示如下：

```
命令：f FILLET
当前设置：模式 = 修剪，半径 = 5.0000
选择第一个对象或[放弃(U)/多段线(P)/半径(R)/修剪(T)/多个(M)]：r
                                                    （选择"半径"选项）
指定圆角半径<5.0000>：2                              （输入半径值）
选择第一个对象或[放弃(U)/多段线(P)/半径(R)/修剪(T)/多个(M)]：   （选择倒圆角）
输入圆角半径或[表达式(E)]<2.0000>：                  （按回车键）
选择边或[链(C)/环(L)/半径(R)]：                 （按回车键，完成操作）
已拾取到边。
选择边或[链(C)/环(L)/半径(R)]：
已选定 1 个边用于圆角。
```

23.2 渲染三通模型

通常在绘制三维实体后，都需将其实体赋予合适材质，然后再将其模型渲染出图。在此，用户可使用"材质"命令，将绘制好的三通实体模型赋予材质，并运用"渲染面域"命令，将该模型渲染。

23.2.1 赋予三通模型材质

赋予模型材质的操作步骤如下。

步骤1：单击"渲染"→"材质"命令，打开"材质编辑器"对话框，在该对话框中，单击"创建材质"下拉按钮，选择"复制"选项，如下左图所示。

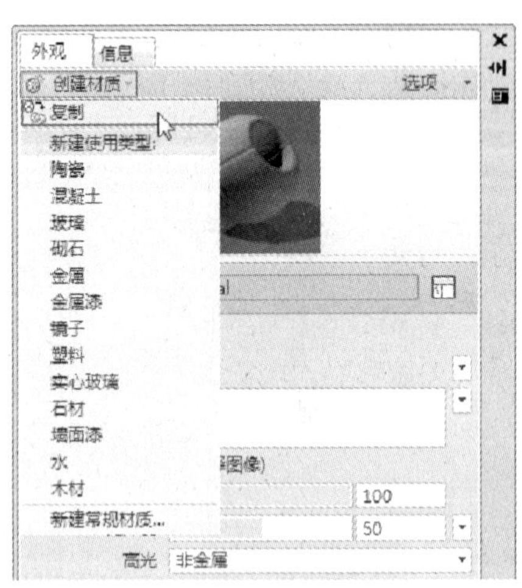

步骤2：勾选"反射率"复选框，在其扩展列表中，设置其反射率的参数，如上右图所示。

步骤 3：将“高光”选项设置为“金属”，并设置好其光泽度的参数，结果如下左图所示。

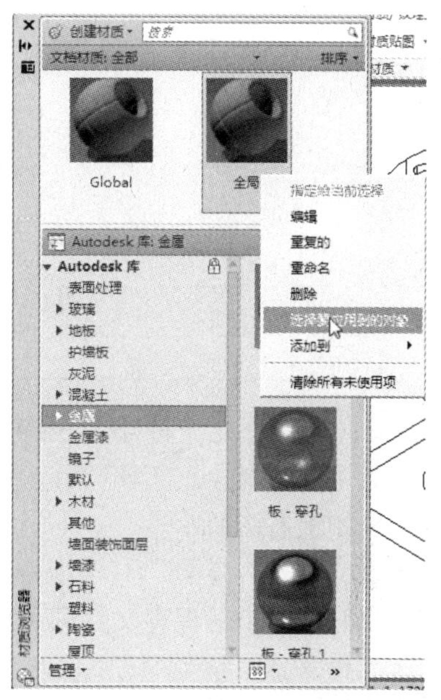

步骤 4：单击“显示材质浏览器”对话框，在打开的对话框中，右击所复制的材质球，选择“选择要应用到对象”选项，如上右图所示。

步骤 5：选择三通模型，然后再次右击该材质球，选择“指定给当前选择”选项，即可完成材质的赋予，如下左图所示。

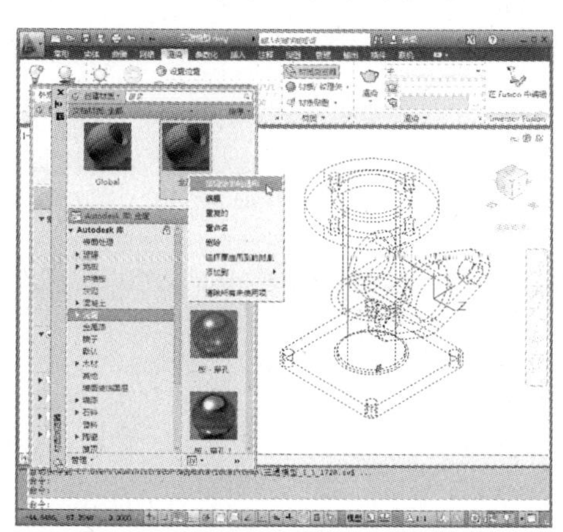

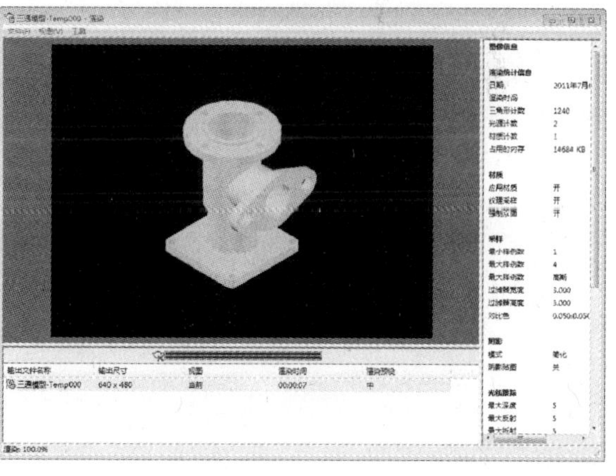

步骤 6：单击“渲染”→“渲染”命令，将赋予后的三通模型进行渲染，其结果如上右图所示。

23.2.2 渲染出图

材质赋予完成后，下面就可将该模型创建光源，并将其渲染出图，其结果如下。

步骤 1：单击“渲染”→“光源”→“创建光源”→“广域网灯光”命令，指定好灯光的起点和灯光放射方向，其结果如下左图所示。

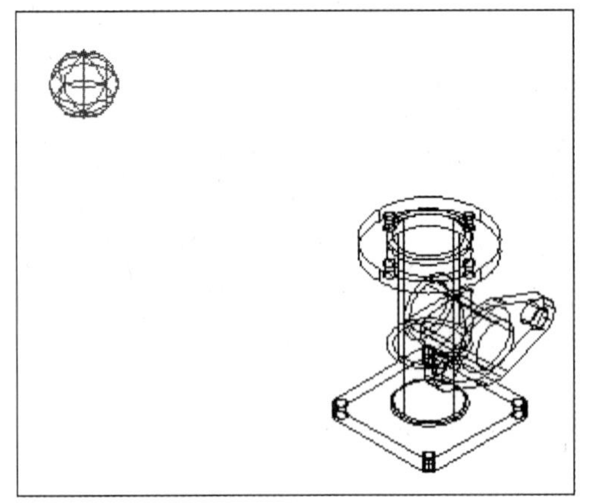

步骤2：调整灯光。将几个视图来回转换，调整好灯光的具体位置，其后，选择好灯光，并在命令行中输入“CH”后，在打开的“特性”面板中，调整好灯光参数及灯光颜色，其结果如上右图所示。

步骤3：单击“渲染”→“渲染面域”命令，将三通模型渲染出图。至此，三通模型已全部绘制完毕，最后保存文件即可。

第 24 章　三维室内效果图的绘制

本章概述：

通过对上几章内容的学习，相信读者已对 AutoCAD 三维建模这项功能有了一定的了解，从而自己能够独立完成一些简单模型的绘制。本章将以卧室为例，结合 AutoCAD 中的三维操作命令，来介绍室内效果图的绘制方法及技巧。

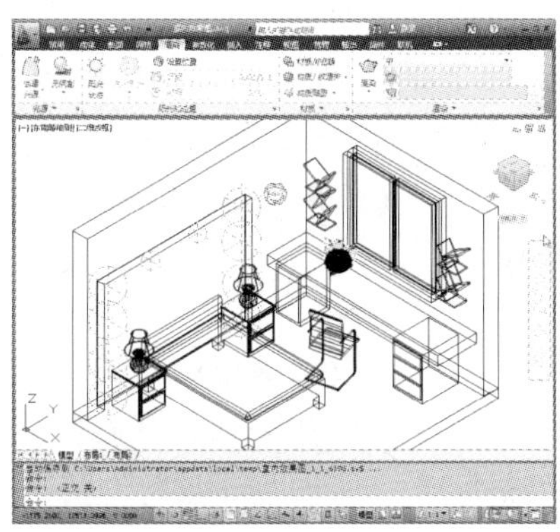

24.1　创建卧室区域

在绘制卧室效果图时，通常需要先将卧室大致区域绘制完整，其后在根据卧室区域添加家居装饰等模型。在绘制的过程中，所运用到的操作命令有“多段体”、“长方体”以及“差集”等。

24.1.1　绘制卧室墙体和地面

创建墙体、地面模型的操作步骤如下。

步骤 1：启动 AutoCAD 2012 软件，打开“三居室”素材文件，单击“视图”→“视图”→“东南视图”命令，设置当前视图，如下左图所示。

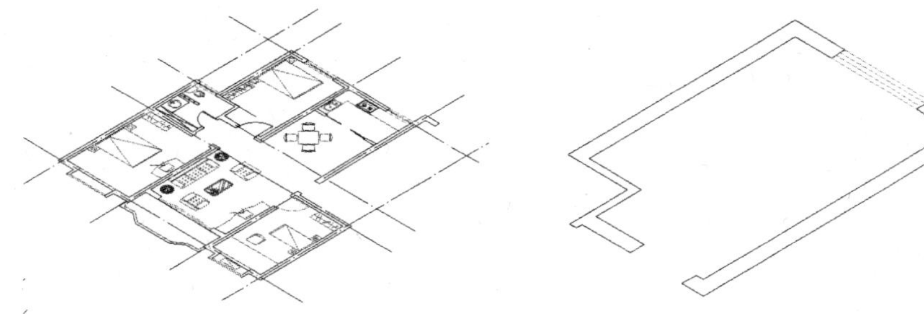

步骤 2：删除多余的室内空间，保留住所需绘制的卧室平面图，其结果如上右图所示。

步骤 3：单击“多段体”命令，沿着平面墙线，绘制出三维墙体，墙体高为 2600 mm、宽为 240 mm，其结果如下左图所示。

命令行提示如下：

```
命令：_Polysolid 高度=80.0000，宽度=5.0000，对正=居中
指定起点或[对象(O)/高度(H)/宽度(W)/对正(J)]<对象>：h          （选择“高度”选项）
指定高度<80.0000>：2600                                    （输入墙体高度值，按回车键）
高度=2600.0000，宽度=5.0000，对正=居中
指定起点或[对象(O)/高度(H)/宽度(W)/对正(J)]<对象>：w          （选择“宽度”选项）
指定宽度<5.0000>：240                                      （输入墙体宽度值，按回车键）
高度=2600.0000，宽度=240.0000，对正=居中
指定起点或[对象(O)/高度(H)/宽度(W)/对正(J)]<对象>：j          （选择“对正”选项）
输入对正方式[左对正(L)/居中(C)/右对正(R)]<居中>：l
                                                  （选择“左对正”选项，按回车键）
高度=2600.0000，宽度=240.0000，对正=左对齐
指定起点或[对象(O)/高度(H)/宽度(W)/对正(J)]<对象>：               （捕捉点 A）
指定下一个点或[圆弧(A)/放弃(U)]：                        （沿着墙体平面图，捕捉点 B）
指定下一个点或[圆弧(A)/放弃(U)]：                        （沿着墙体平面图，捕捉点 C）
指定下一个点或[圆弧(A)/闭合(C)/放弃(U)]：                     （按回车键，完成操作）
```

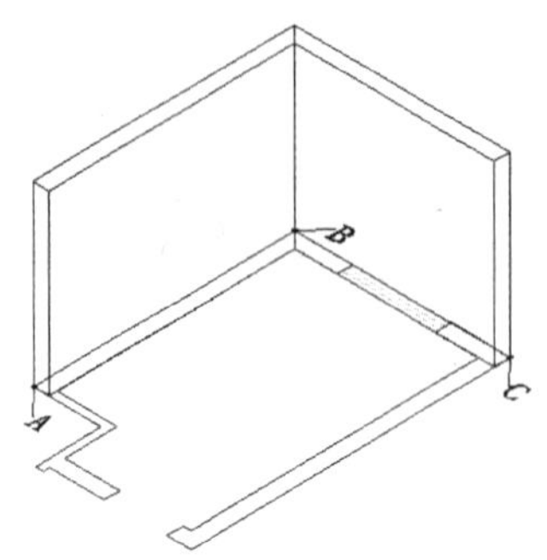

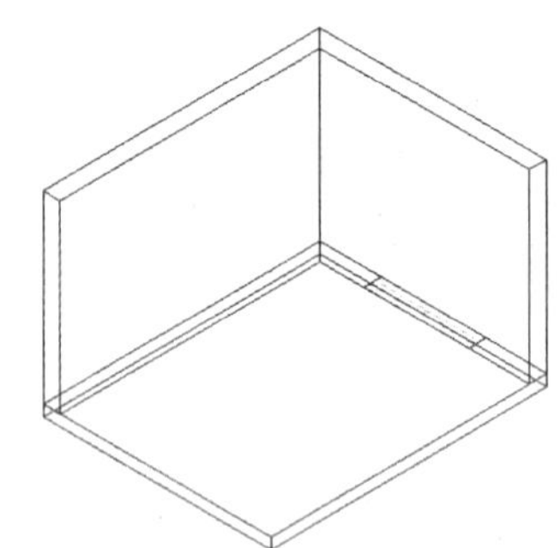

步骤 4：单击“长方体”命令，绘制出地面，并删除图中多余的线段，结果如上右图所示。

24.1.2 绘制卧室窗户

窗户模型的绘制方法如下：

步骤 1：单击“长方体”命令，绘制出地面，并绘制一个长为 1500 mm、宽为 240 mm，高为 1400 mm 的长方体作为窗户模块，如下左图所示。

命令行提示如下：

```
命令：_box
指定第一个角点或[中心(C)]：                          （捕捉窗户平面起点 D）
指定其他角点或[立方体(C)/长度(L)]：l                     （选择“长度”选项）
```

指定长度：　<正交 开>1500　　(输入窗户长度值)
指定宽度：240　　(输入窗口宽度值)
指定高度或[两点(2P)]<150.0000>：1400　　(输入窗口高度值)

操作提示：

选择视图角度时，需根据图纸的需要来设定的，哪个视图角度好，就使用哪个，而不是千篇一律地都选择西南视图，当然了，西南视图在其他几个视图中是首选。

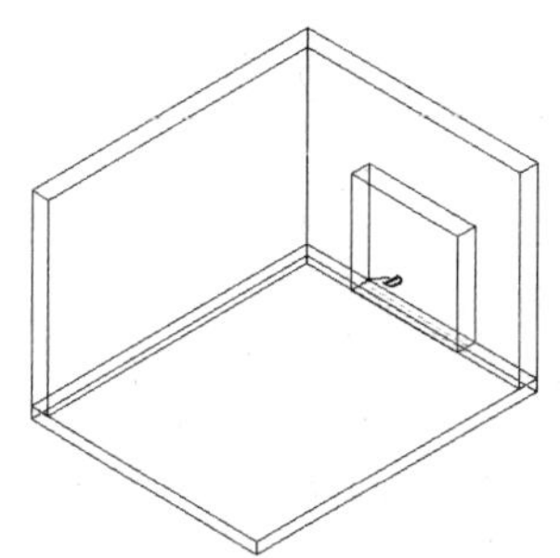
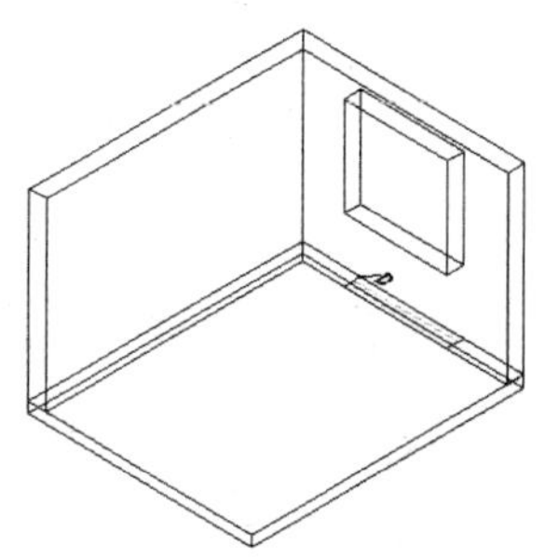

步骤 2：单击“移动”命令，将该长方体向 Z 轴正方向移动 900 mm，其结果如上右图所示。

命令行提示如下：

命令：m MOVE
选择对象：找到 1 个　　(选择长方体)
选择对象：　　(按回车键)
指定基点或[位移(D)]<位移>：　　(选择点 D)
指定第二个点或<使用第一个点作为位移>：　<正交 开>900 (向上移动光标，输入距离)

步骤 3：单击“差集”命令，将该长方体从墙体中减去，其结果如下左图所示。

命令行提示如下：

命令：_subtract 选择要从中减去的实体、曲面和面域...
选择对象：找到 1 个　　(选择墙体，按回车键)
选择对象：　选择要减去的实体、曲面和面域...
选择对象：找到 1 个　　(选择长方体，按回车键)

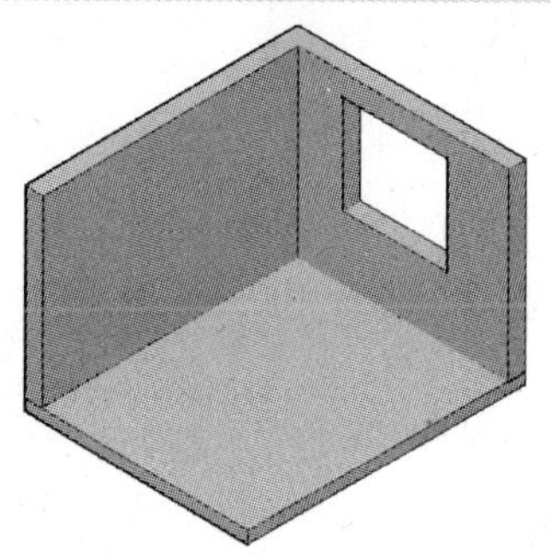
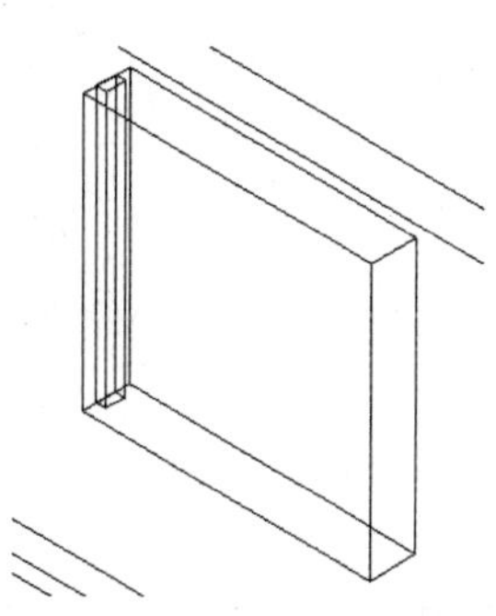

步骤4：单击“长方体”命令，绘制长为50 mm、宽为100 mm、高为1400 mm的长方体作为窗框，如上右图所示。

步骤5：单击“复制”和“旋转”命令，完成剩余窗框的绘制，其结果如下左图所示。

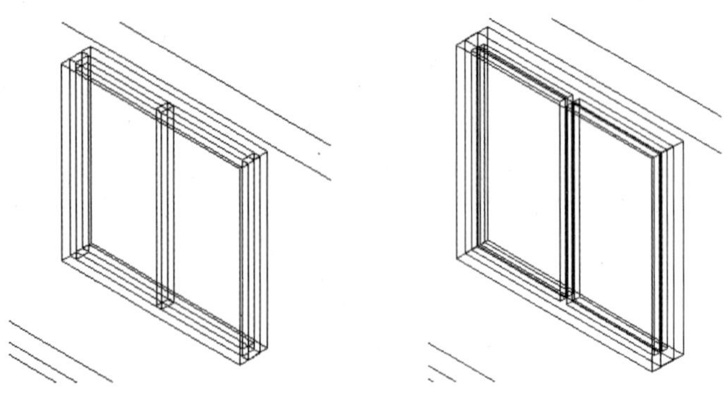

步骤6：单击“并集”命令，将窗框模型进行合并，其后，单击“长方体”命令，绘制长为675 mm、宽为20 mm、高为1300 mm的长方体作为窗户玻璃，单击“复制”命令，将其复制到另一扇窗框上，其结果如上右图所示。

24.2 创建卧室家居模型

当卧室区域创建好后，接下来就可对卧室进行布置了，例如绘制床、写字台、休闲椅等模型，并将其放置卧室合适位置。在绘制过程中所运用到的操作命令有“长方体”、“圆柱体”、“多段线”、“多段体”、“倒圆角”、“三维镜像”以及“差集”等。

24.2.1 绘制单人床模型

首先绘制单人床模型，其具体步骤如下。

步骤1：单击“长方体”命令，绘制长为1800 mm、宽为1300 mm、高为300 mm的长方体作为床板，放置到卧室合适位置，其结果如下左图所示。

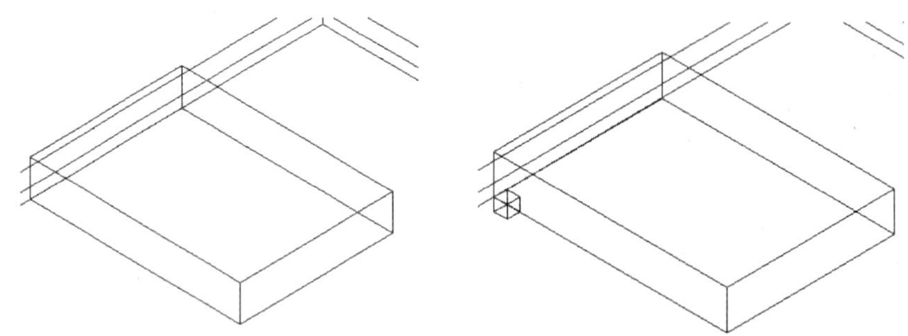

步骤2：单击“长方体”命令，绘制长、宽、高都为100 mm的正方体作为床脚，放置床板下方，如上右图所示。

步骤3：单击“三维镜像”命令，将绘制好的床脚进行镜像操作，其结果如下左图所示。

命令行提示如下：

```
命令：_mirror3d
选择对象：找到 1 个                                                    （选择床脚）
选择对象：                                                            （按回车键）
指定镜像平面（三点）的第一个点或[对象(O)/最近的(L)/Z 轴(Z)/视图(V)/XY 平面
(XY)/YZ 平面(YZ)/ZX 平面(ZX)/三点(3)]<三点>：yz             （选择“yz”镜像平面）
指定 YZ 平面上的点<0,0,0>：                                   （指定床板长边中点）
是否删除源对象？[是(Y)/否(N)]<否>：                                 （按回车键）
命令：  MIRROR3D
选择对象：找到 1 个                                             （选择 2 个床脚）
选择对象：找到 1 个，总计 2 个
选择对象：                                                            （按回车键）
指定镜像平面（三点）的第一个点或[对象(O)/最近的(L)/Z 轴(Z)/视图(V)/XY 平面
(XY)/YZ 平面(YZ)/ZX 平面(ZX)/三点(3)]<三点>：zx             （选择“zx”镜像平面）
指定 ZX 平面上的点<0,0,0>：                                   （指定床板宽边中点）
是否删除源对象？[是(Y)/否(N)]<否>：                                 （按回车键）
```

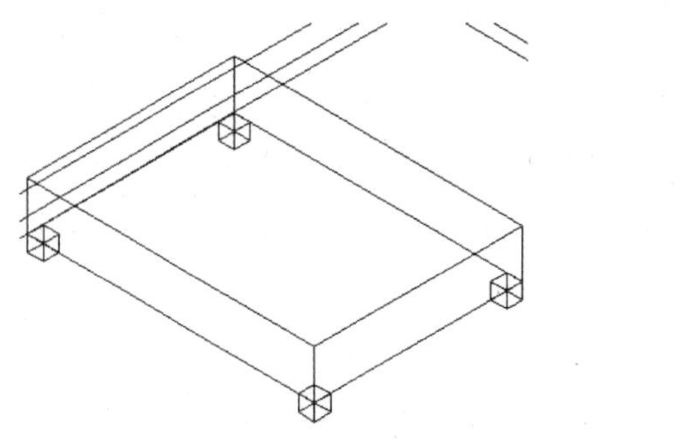

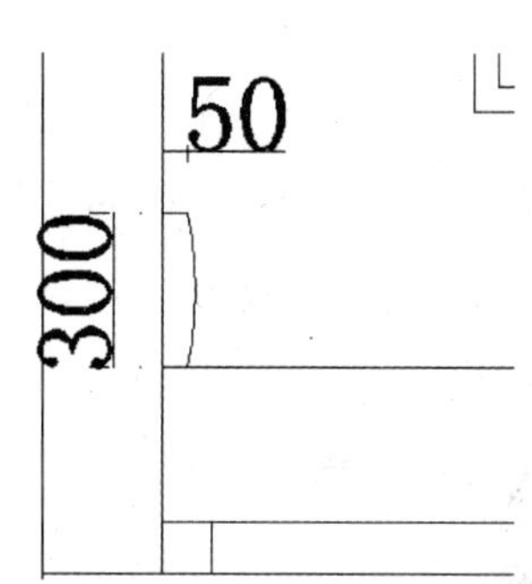

步骤 4：单击“并集”命令，将床板和床脚模型进行合并。将当前视图设置为前视图，单击“多段线”命令，绘制床板靠背，其结果如上右图所示。

步骤 5：将视图设为东南视图，单击“拉伸”命令，将多段线拉伸 1300 mm，作为床靠背实体，其结果如下左图所示。

命令行提示如下：

```
命令：_extrude
当前线框密度：  ISOLINES=4，闭合轮廓创建模式=实体
选择要拉伸的对象或[模式(MO)]：_MO 闭合轮廓创建模式[实体(SO)/曲面(SU)]
<实体>：_SO
选择要拉伸的对象或[模式(MO)]：找到 1 个                            （选择多段线）
选择要拉伸的对象或[模式(MO)]：                                      （按回车键）
指定拉伸的高度或[方向(D)/路径(P)/倾斜角(T)/表达式(E)]<100.0000>：-1300
                                                        （移动光标，输入拉伸距离）
```

操作提示：

在绘制三维墙体时，阻碍视线的那面墙需删除。通常只需绘制该视角中对角的两面墙，而这样的视角即为最佳视角。总之，在该区域中，墙体是不能遮挡所需表达的主体物效果。

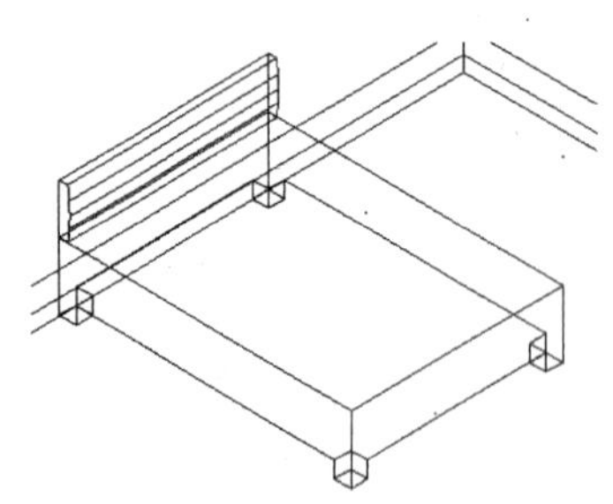

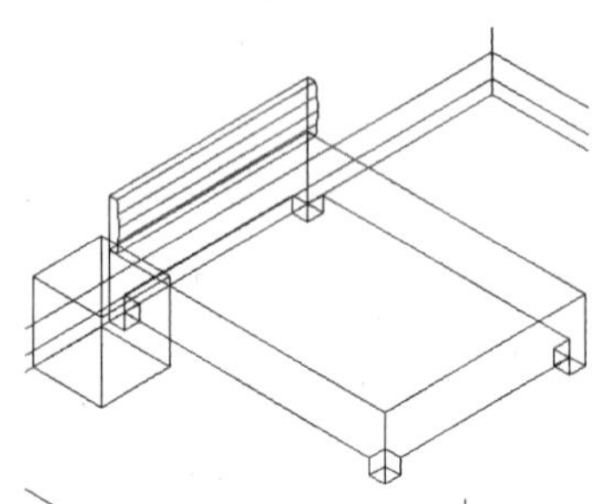

步骤6：单击“长方体”命令，绘制一个长、宽都为450 mm，高为500 mm的长方体作为床头柜，放置床旁边，其结果如上右图所示。

命令行提示如下：

```
命令：_box
指定第一个角点或[中心(C)]:                                      (指定任意起点)
指定其他角点或[立方体(C)/长度(L)]：@450,450                      (输入长、宽值)
指定高度或[两点(2P)] < -1300.0000 >：500                        (输入长方体高度)
```

步骤7：单击“长方体”命令，绘制一个长、宽都为470 mm、高为20 mm的长方体，放置到柜体顶面；同时绘制长为400 mm、宽为20 mm、高为200 mm的长方体，放置到柜体侧面，作为抽屉面板，其结果如下左图所示。

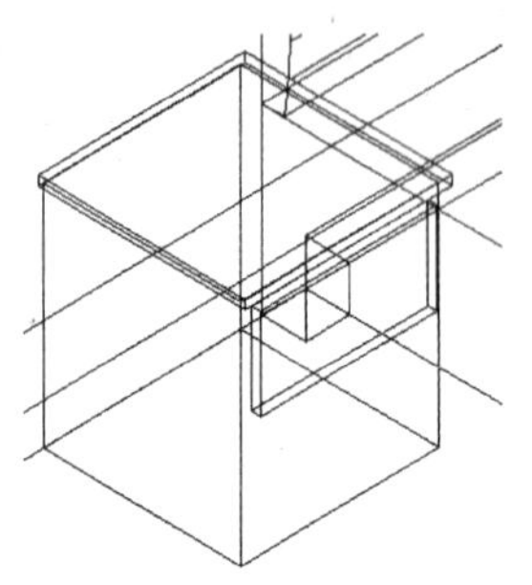

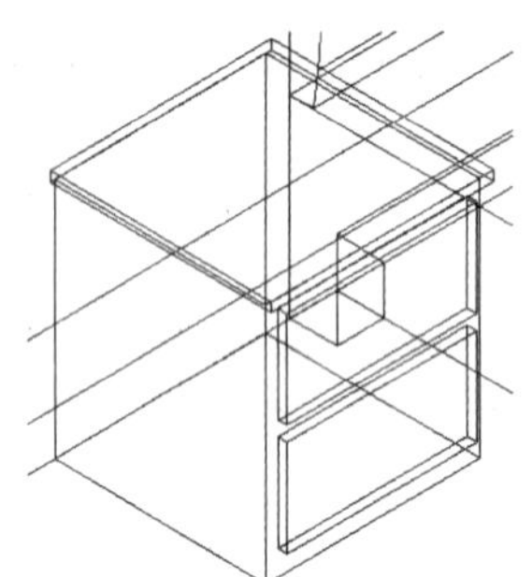

步骤8：单击“复制”命令，将抽屉面板进行复制操作，其结果如上右图所示。

步骤9：单击“并集”命令，将床头柜进行合并，其后单击“倒圆角”命令，将其边角进行倒圆角，圆角半径为10 mm，其结果如下左图所示。

命令行提示如下：

```
命令：f FILLET
当前设置：模式 = 修剪，半径 = 0.0000
选择第一个对象或[放弃(U)/多段线(P)/半径(R)/修剪(T)/多个(M)]：r
                                                        (选择“半径”选项)
```

```
指定圆角半径<0.0000>: 10                                          (输入半径值)
选择第一个对象或[放弃(U)/多段线(P)/半径(R)/修剪(T)/多个(M)]:
                                                                 (选择所需倒角边)
输入圆角半径或[表达式(E)]<10.0000>:                                 (按回车键)
选择边或[链(C)/环(L)/半径(R)]:                                  (再次选择该倒角边)
已拾取到边。
选择边或[链(C)/环(L)/半径(R)]:                                (按回车键,完成操作)
已选定 1 个边用于圆角。
```

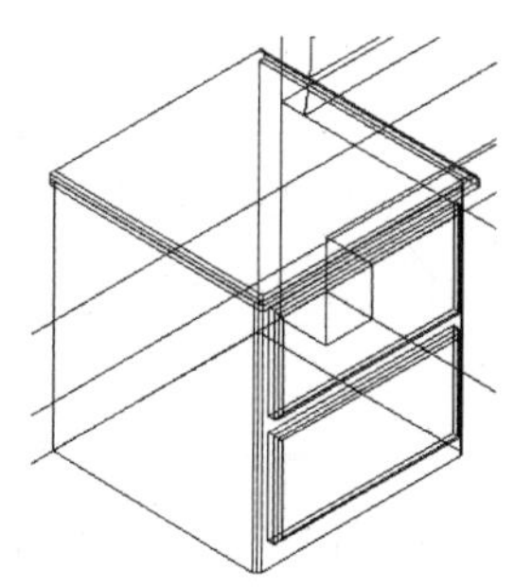

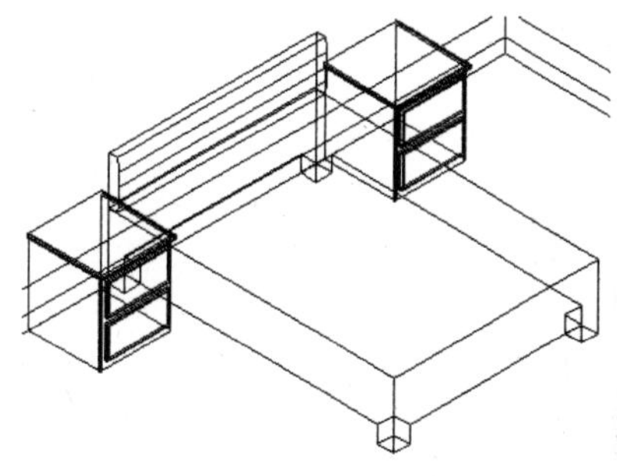

步骤 10：单击“三维镜像”命令，将床头柜进行镜像操作，其结果如上右图所示。

命令行提示如下：

```
命令: _mirror3d
选择对象: 找到 1 个                                                (选择床头柜)
选择对象:                                                          (按回车键)
指定镜像平面（三点）的第一个点或[对象(O)/最近的(L)/Z 轴(Z)/视图(V)/XY 平面
(XY)/YZ 平面(YZ)/ZX 平面(ZX)/三点(3)]<三点>: zx                (选择"zx"镜像平面)
指定 ZX 平面上的点<0,0,0>:                                      (选择床宽边中心点)
是否删除源对象? [是(Y)/否(N)]<否>:                            (按回车键,完成操作)
```

步骤 11：单击“并集”命令，将床靠背和床板进行合并，并单击“长方体”命令，绘制长为 1750 mm、宽为 1300 mm、高为 100 mm 的长方体，放置到床板上作为床垫，结果如下左图所示。

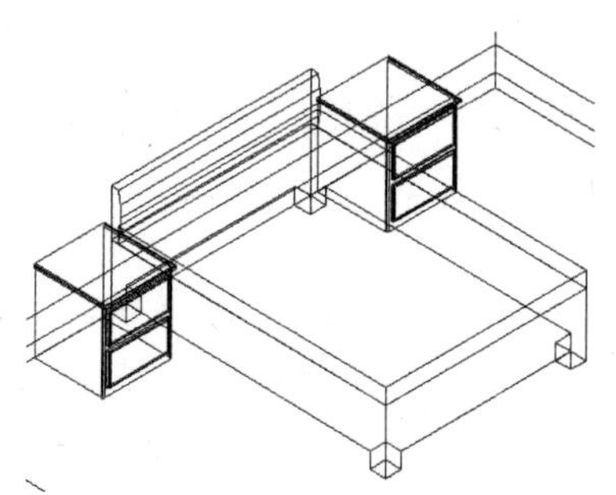

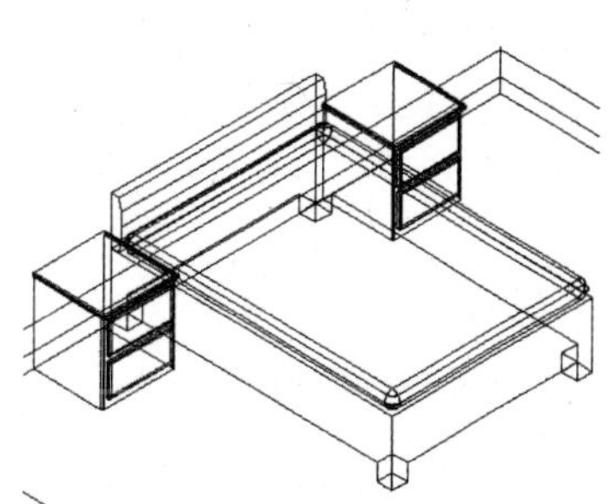

步骤 12：单击“倒圆角”命令，将床垫进行倒圆角，圆角半径为 50 mm，如上右图所示。

24.2.2 绘制写字台及装饰架

写字台及装饰架的操作步骤如下。

步骤1：单击“长方体”命令，绘制长为2880 mm、宽为650 mm、高为150 mm的长方体作为写字台面，并放置到窗户下方，结果如下左图所示。

步骤2：单击“长方体”命令，绘制长为500 mm、宽为600 mm、高为700 mm的长方体作为书柜，放置到写字台面下合适位置，其结果如下右图所示。

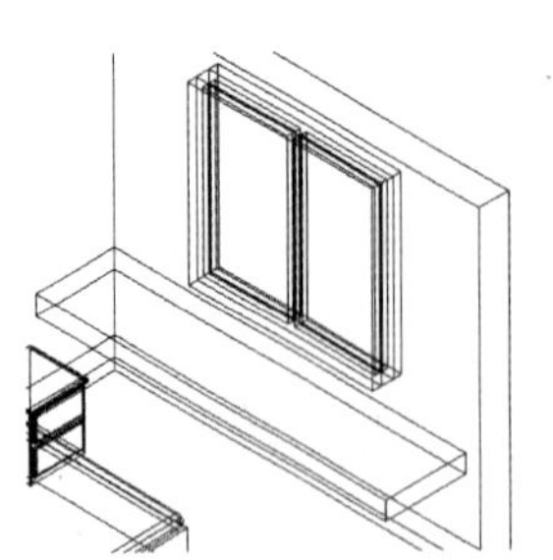

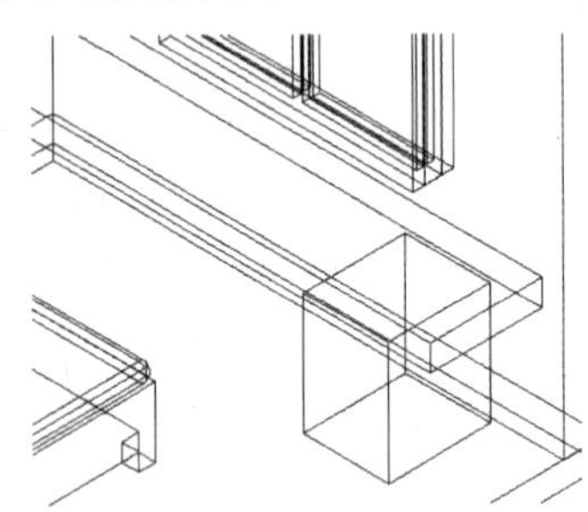

步骤3：同样单击“长方体”命令，绘制一个长为400 mm、宽为20 mm、高为200 mm的长方体，放置书柜前侧，作为抽屉面板，其结果如下左图所示。

步骤4：单击“复制”命令，将其面板向Z轴反方向复制2个，其结果如下右图所示。

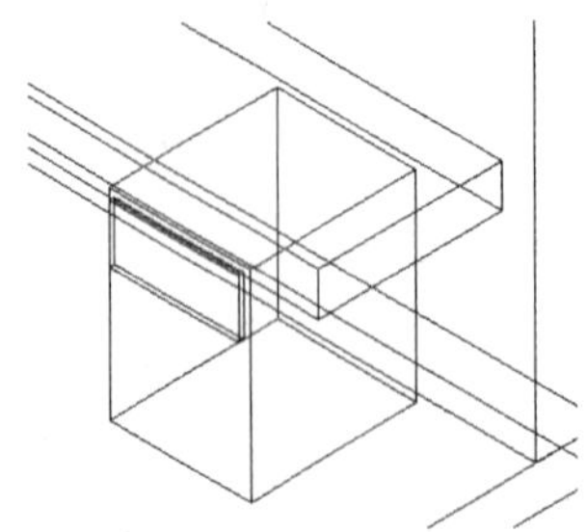

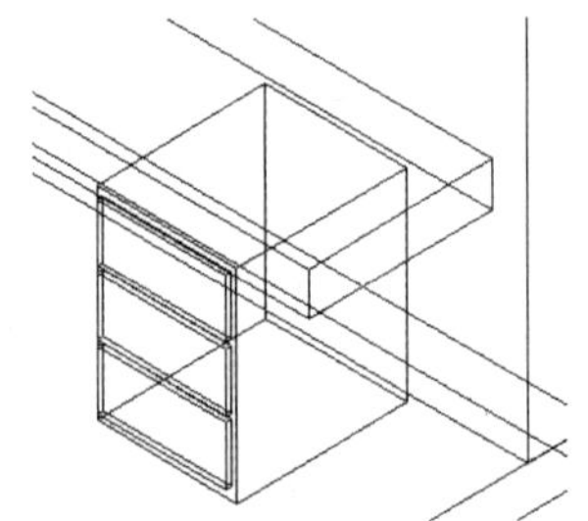

步骤5：单击“长方形”命令，绘制电脑机箱柜，其结果如下左图所示。

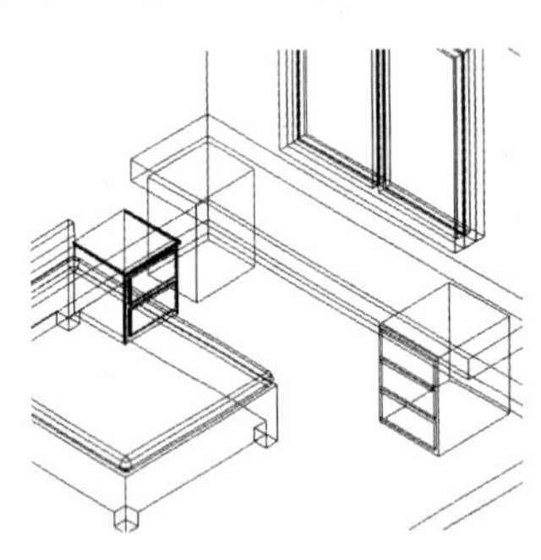

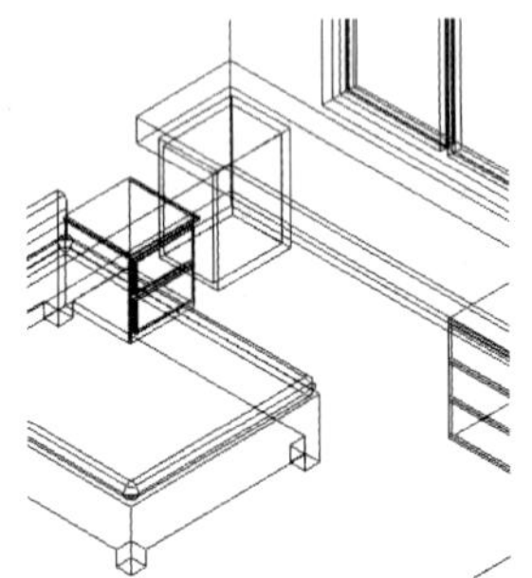

步骤6：单击“实体编辑”→“抽壳”命令，将机箱柜进行抽壳操作，抽壳距离为30 mm，其结果如上右图所示。

命令行提示如下：

```
命令：_solidedit
实体编辑自动检查： SOLIDCHECK = 1
```

```
输入实体编辑选项[面(F)/边(E)/体(B)/放弃(U)/退出(X)]<退出>: _body
输入体编辑选项
[压印(I)/分割实体(P)/抽壳(S)/清除(L)/检查(C)/放弃(U)/退出(X)]<退出>:
_shell
选择三维实体:                                           (选择刚绘制的长方体)
删除面或[放弃(U)/添加(A)/全部(ALL)]: 找到一个面,已删除 1 个。   (选择前侧面)
删除面或[放弃(U)/添加(A)/全部(ALL)]:                           (按回车键)
输入抽壳偏移距离: 30                                        (输入抽壳距离)
已开始实体校验。
已完成实体校验。
输入实体编辑选项
[压印(I)/分割实体(P)/抽壳(S)/清除(L)/检查(C)/放弃(U)/退出(X)]<退出>:
                                                              (按回车键)
实体编辑自动检查:  SOLIDCHECK = 1
输入实体编辑选项[面(F)/边(E)/体(B)/放弃(U)/退出(X)]<退出>:       (按回车键)
```

步骤 7：将床模型适当向左移动一点距离。单击“长方体”命令，绘制出一个长为 300 mm、宽为 200 mm、高为 20 mm 的长方体，作为墙体装饰板，其结果如下左图所示。

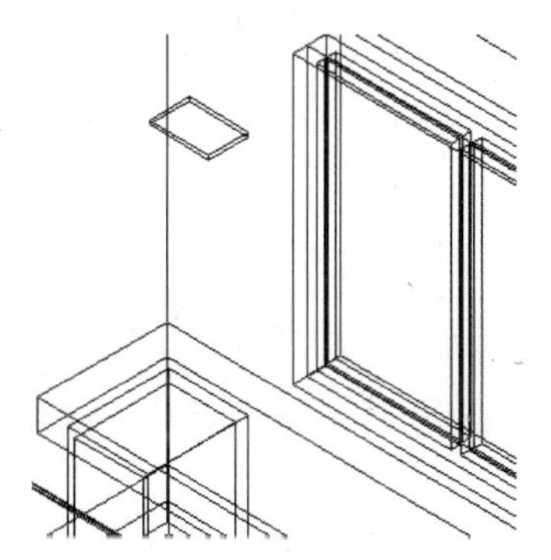

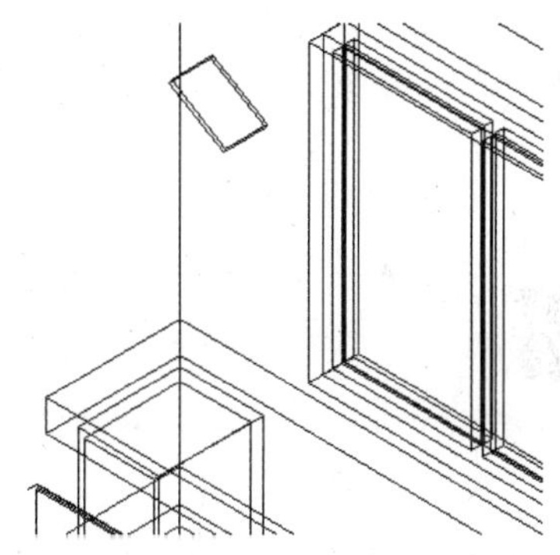

步骤 8：单击“三维旋转”命令，将该隔板以 Y 轴为旋转轴，进行 30°旋转，其结果如上右图所示。

命令行提示如下：

```
命令: _3drotate
UCS 当前的正角方向:  ANGDIR = 逆时针   ANGBASE = 0
选择对象: 找到 1 个                                          (选择隔板)
选择对象:                                                   (按回车键)
指定基点:                                             (选择隔板底部中心点)
拾取旋转轴:                                                 (选择 Y 轴)
指定角的起点或键入角度: -30                               (输入旋转距离)
```

步骤 9：单击“复制”和“三维旋转”命令，将旋转好的隔板放置到图形合适位置，其结果如下左图所示。

命令行提示如下：

命令：_3drotate
UCS 当前的正角方向： ANGDIR = 逆时针 ANGBASE = 0
找到 1 个 （选择复制好的隔板）
指定基点： （选择隔板中心点）
拾取旋转轴： （选择 y 轴）
指定角的起点或键入角度：90 （输入旋转角度）

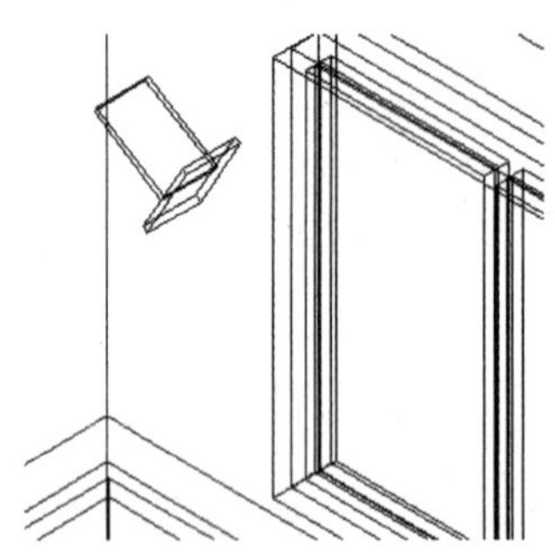

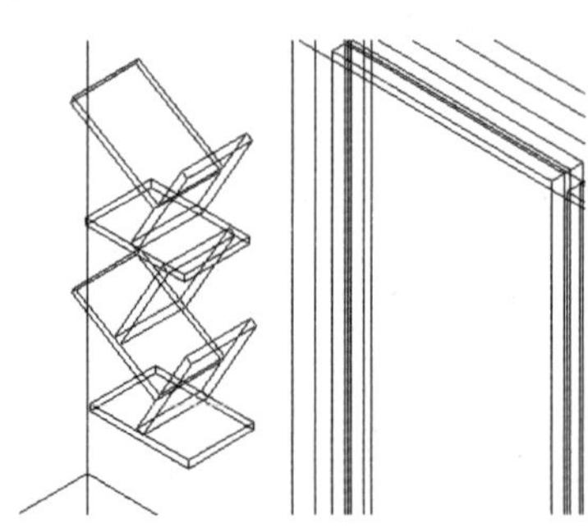

步骤 10：单击“长方体”和“三维旋转”命令，绘制其他剩余隔板，结果如上右图所示。

步骤 11：单击“并集”命令，将绘制好的装饰隔板进行合并，单击“三维镜像”命令，将该隔板进行镜像，如下左图所示。

命令行提示如下：

命令：_mirror3d
选择对象：找到 1 个
选择对象：
指定镜像平面（三点）的第一个点或[对象(O)/最近的(L)/Z 轴(Z)/视图(V)/XY 平面(XY)/YZ 平面(YZ)/ZX 平面(ZX)/三点(3)]<三点>：yz
指定 YZ 平面上的点<0,0,0>：
是否删除源对象？[是(Y)/否(N)]<否>：

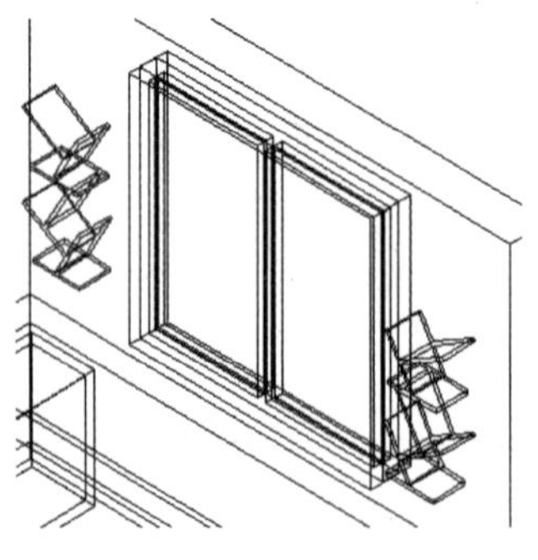

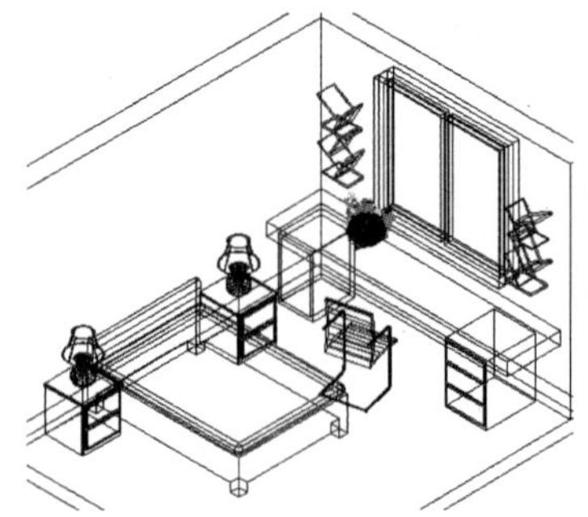

步骤 12：单击“插入”命令，将台灯模型、休闲椅模型以及花瓶模型调入该卧室中，其结果如上右图所示。

步骤 13：单击“长方体”命令，绘制一个长为 2500 mm、宽为 150 mm、高为 1800 mm 的长方体，并放置到床模型后，作为背景墙，其结果如下左图所示。

> **操作提示：**
>
> 当在创建一组三维模型时，创建出来的模型与其他模型的方向不一致，这是因为在几个视图之间来回转换时，用户坐标就会随着视图来变化方向。此时只要将坐标设置成当前视图的坐标，即可解决这类问题。所以不要忽视这小小的坐标，如果没有它的存在，是创建不出好的三维图的。

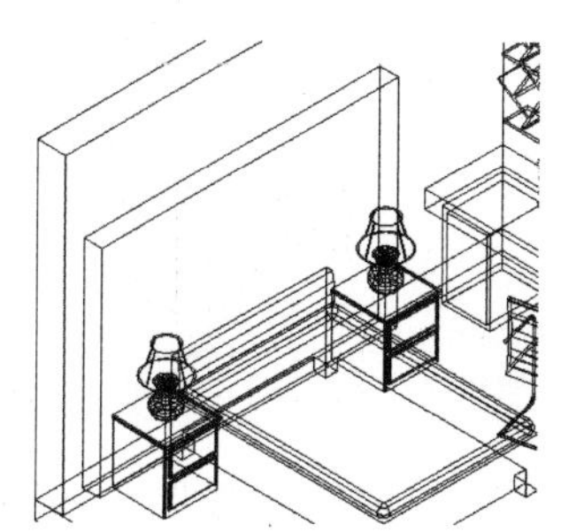

步骤 14：单击“差集”命令，将刚绘制的长方体从墙体中减去，其结果如上右图所示。

24.3　赋予卧室模型材质

卧室实体模型已绘制完成，为了图形的美观，还要将这些模型赋予合适的材质。

24.3.1　赋予床材质

赋予床材质的操作步骤如下。

步骤 1：单击“渲染”→“材质”命令，打开“材质编辑器”对话框，单击“创建材质”下拉列表，选择“复制”选项，创建材质球，其结果如下左图所示。

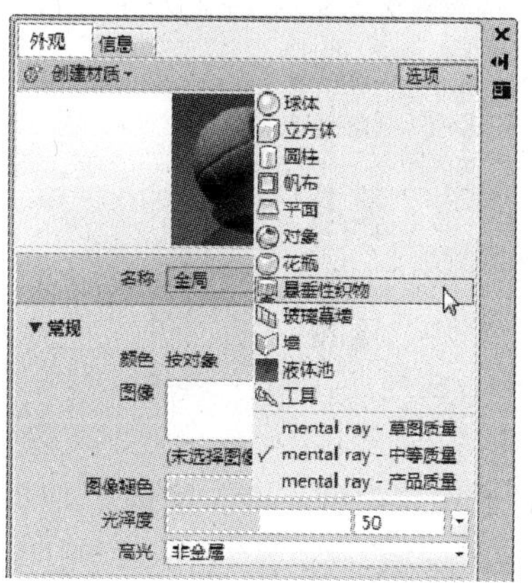

步骤 2：单击“选项”下拉列表，选择“悬垂性织物”选项，设置材质类别，结果如

上右图所示。

步骤3：单击“图像”后的方框，打开“材质编辑器选择文件”对话框，选择“床单”图片，如下左图所示。

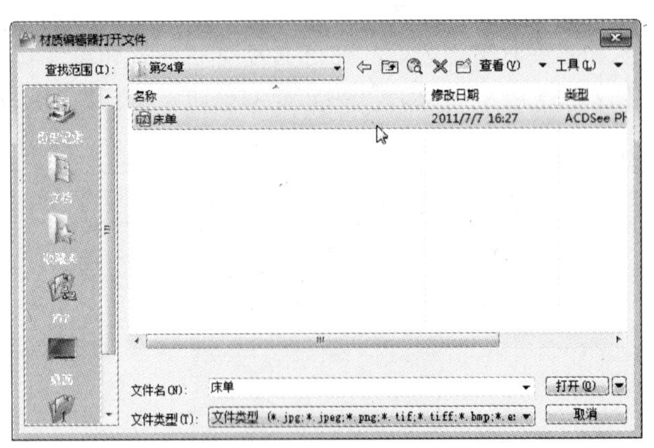

步骤4：选择好后，单击“打开”按钮，即可在“材质编辑器”对话框中显示当前材质，其结果如上右图所示。

步骤5：单击“显示材质浏览器”按钮，打开相应的对话框，然后选中床垫实体模型，右击“全局”材质图，选择“指定给当前选择”选项，如下左图所示。

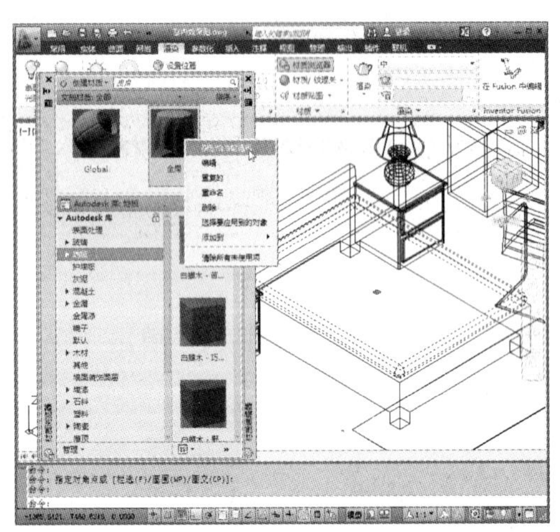

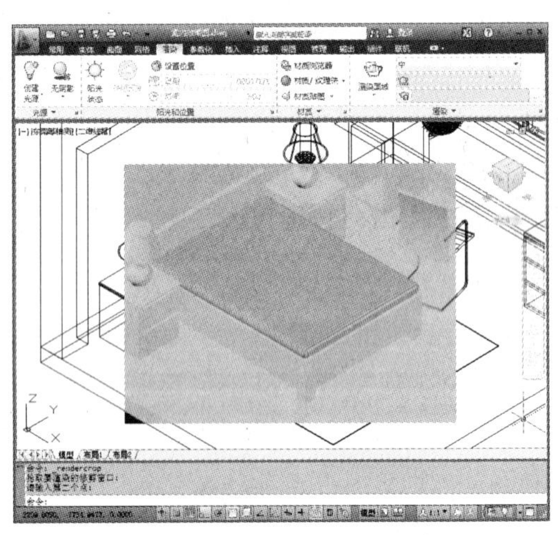

步骤6：单击“渲染”→“渲染”→“渲染区域”命令，框选床模型，将其进行渲染，其结果如上右图所示。

步骤7：单击“材质”→“材质浏览器”命令，打开其相应的对话框，在“Autodesk库”选项栏中，选择“木材”选项，并在右侧材质视图中，选择合适的木材图片，如下左图所示。

步骤8：选中床模型，右击刚选择的木材图，选择“指定给当前选择”选项，赋予该材质，单击“渲染面域”命令，将床模型进行渲染，其结果如下右图所示。

步骤9：将床头柜赋予同样的材质，并单击“渲染面域”命令，将床头柜进行渲染。

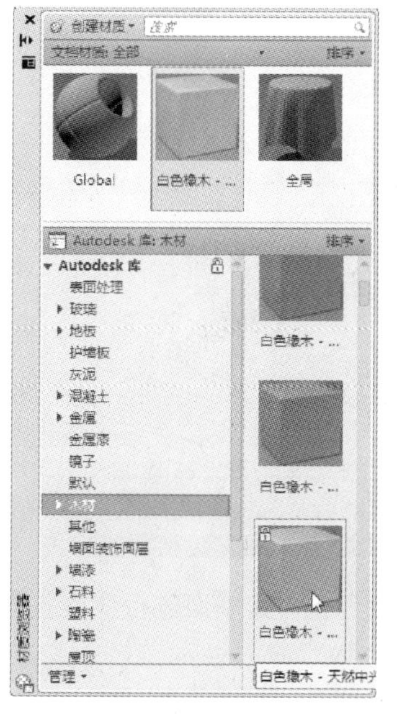

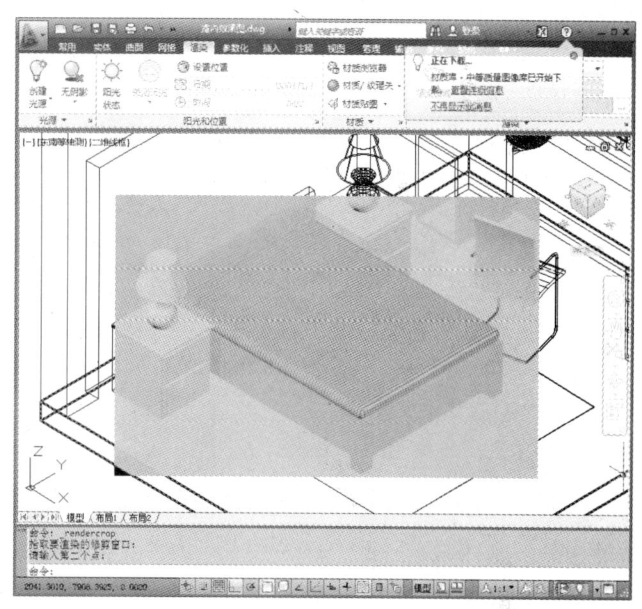

24.3.2　赋予卧室其他模型材质

将卧室其他模型赋予合适材质，其步骤如下。

步骤 1：打开“材质编辑器”对话框，在“Autodesk 库”选项列表中，选择“地板”选项，并在右侧选择合适的地板材质图，其结果如下左图所示。

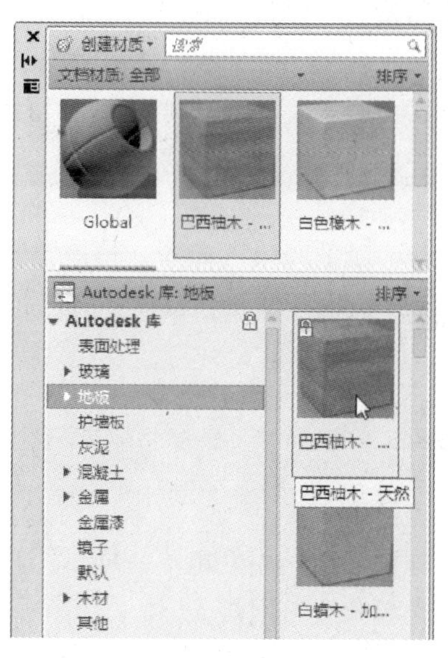

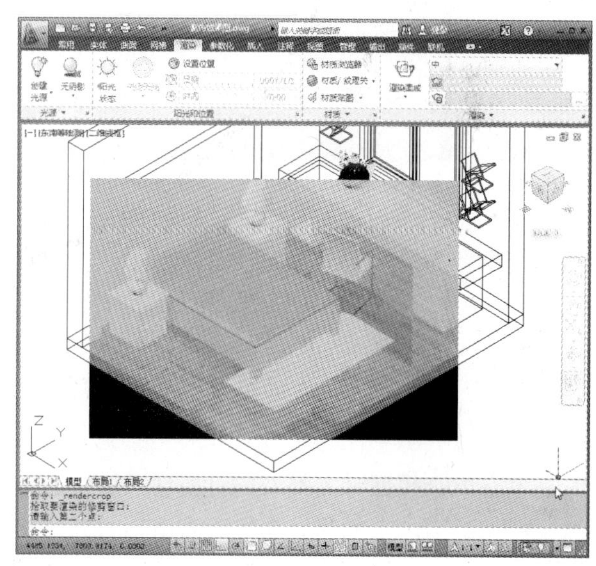

步骤 2：将该地板材质赋予至卧室地面上，单击“渲染面域”命令，将其地面进行渲染，其结果如上右图所示。

步骤 3：在“材质浏览器”对话框中，选择“墙面装饰面层”选项，并在右侧材质图中，选择合适的墙纸图案，其结果如下左图所示。

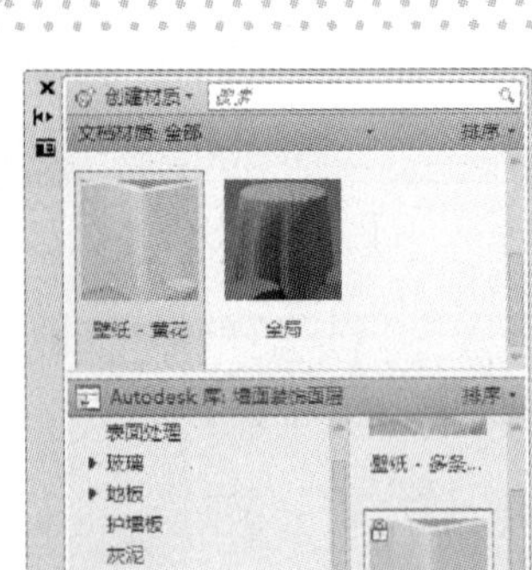

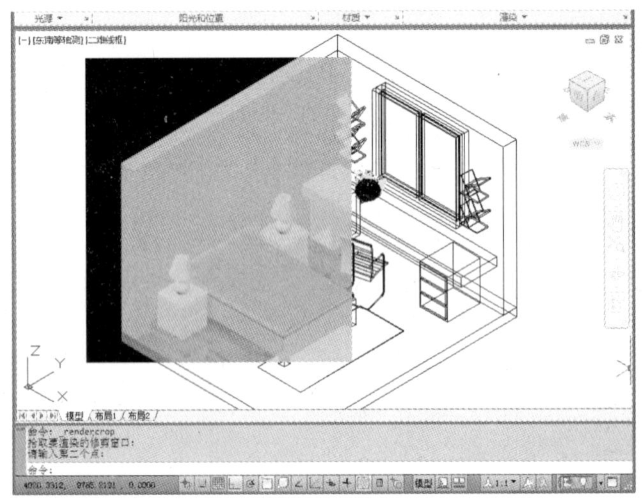

步骤4：将该材质赋予至卧室墙面上，单击“渲染面域”命令，将其墙面进行渲染，其结果如上右图所示。

步骤5：单击“长方体”命令，绘制一个长为2500 mm、宽为10 mm、高为1800 mm的长方体，放置到背景墙合适位置，其结果如下左图所示。

步骤6：绘制好后，将该背景墙赋予合适的材质图，单击“渲染面域”命令，将该背景墙进行渲染，其结果如上右图所示。

步骤7：按照同样的操作方法，完成卧室座椅以及写字台的材质赋予。

24.4 渲染卧室区域

通常在渲染模型时，都需先对模型添加所需的光源。而每种光源其用处也不一样，用户需根据模型的需求来创建。本案所需用到的光源有两种：点光源和光域网灯光。

24.4.1 创建点光源

创建点光源的操作步骤如下。

步骤1：单击“渲染”→“光源”→“创建光源”→“点”命令，打开“光源”对话框，单击“关闭默认光源”选项，如下左图所示。

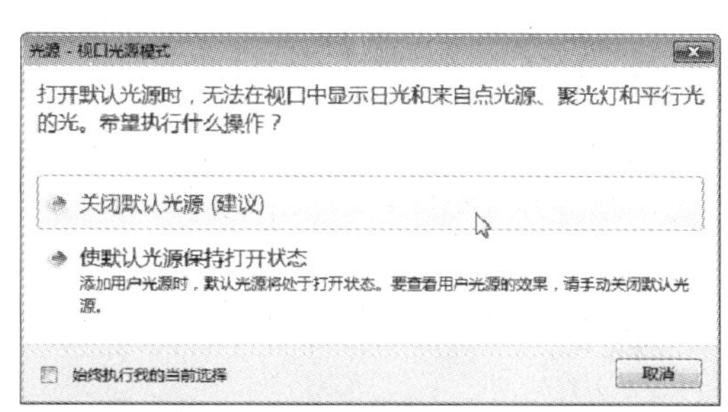

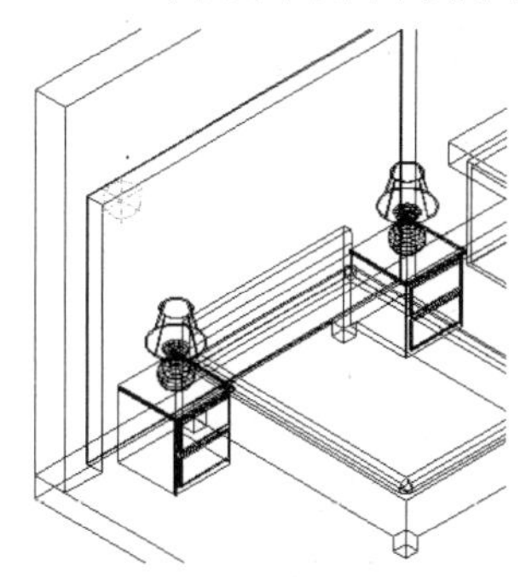

步骤2：在卧室背景墙合适位置放置点光源，并根据命令行中的提示信息，创建该光源的强度，其结果如上右图所示。

命令行提示如下：

```
命令：_pointlight
指定源位置 <0,0,0>：
输入要更改的选项[名称(N)/强度因子(I)/状态(S)/光度(P)/阴影(W)/衰减(A)/过滤颜色(C)/退出(X)]<退出>:I          (选择"强度因子"选项)
输入强度 (0.00 - 最大浮点数) <1>：1.5          (输入灯光强度值)
输入要更改的选项[名称(N)/强度因子(I)/状态(S)/光度(P)/阴影(W)/衰减(A)/过滤颜色(C)/退出(X)]<退出>：          (按回车键)
```

步骤3：选中该光源，在命令行中输入“CH”并按回车键，在打开的“特性”面板中，将该光源的颜色进行设置，然后单击“渲染面域”命令，查看该模型的效果，如下左图所示。

步骤4：单击“复制”命令，将该光源进行复制至背景墙其他合适的位置，然后打开“特性”面板，调整灯光强度，单击“渲染面域”命令，查看设置效果，如上右图所示。

24.4.2 创建光域网光源

光域网光源创建步骤如下。

步骤1：添加光域网灯光。单击“渲染”→“光源”→“创建光源”→“光域网灯光”命令，在卧室区域创建出灯光起点位置及灯光发射方向，其结果如下左图所示。

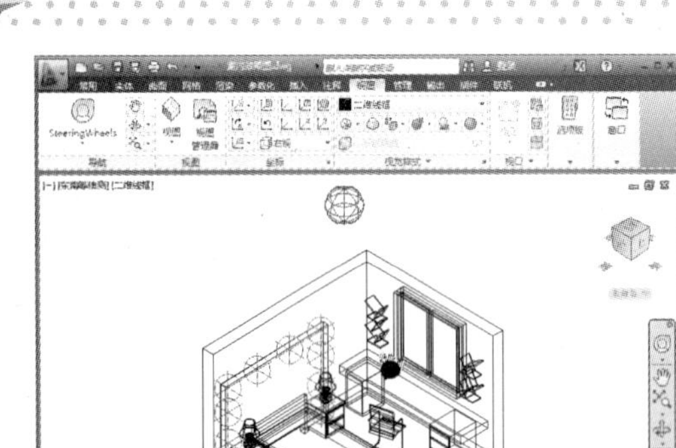

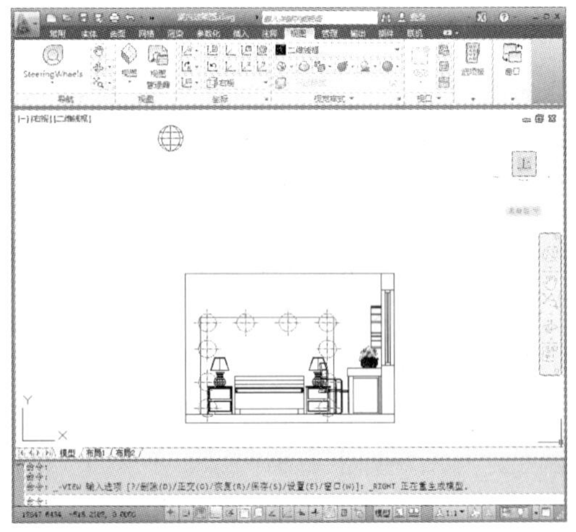

步骤2：调整视图视角，将该光域网放置卧室合适区域，如上右图所示。

步骤3：调整好之后，在命令行中输入“CH”并按回车键，在打开的“特性”面板中，将灯光的强度以及颜色进行适当的调整，如下左图所示。

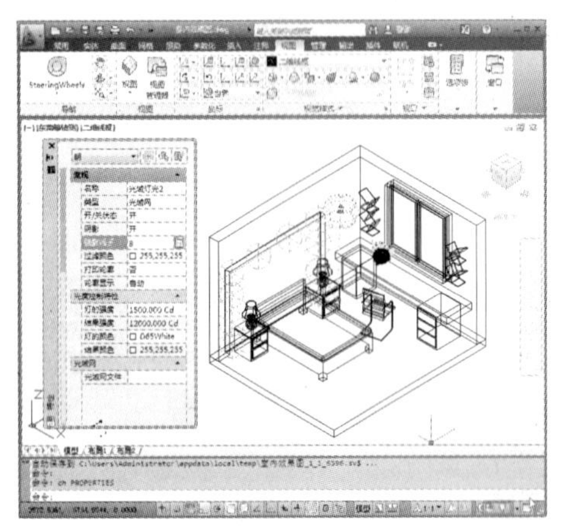

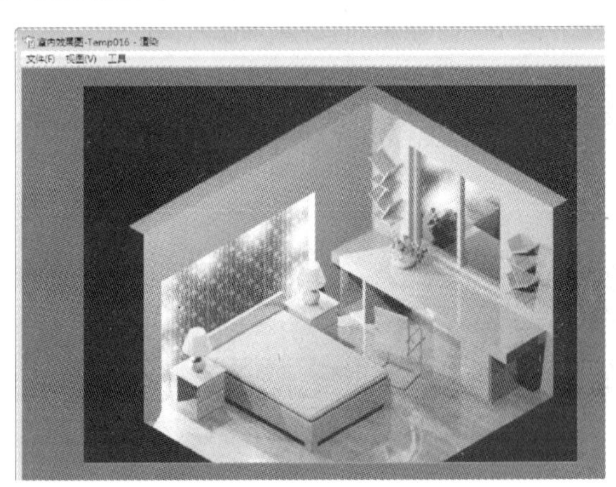

步骤4：调整好之后，单击“渲染”→“渲染”→“渲染”命令，将该卧室渲染出图，其结果如上右图所示。

至此，卧室三维效果图已全部绘制完毕，最后，保存该文件即可。